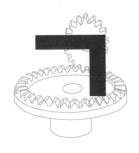

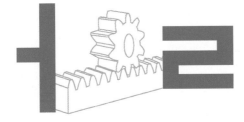

최신

기계설계

장희석
지음

청문각

대한민국은 제조업을 중심으로 전 세계인들이 부러워하는 경제성장을 이루었다. 이 제조업을 떠받치고 있는 뿌리산업[1]은 주조, 금형, 소성가공, 용접, 표면처리, 열처리 등 공정기술로 사업을 영위하는 업종(「뿌리산업진흥법」 제2조)인데, 이 뿌리산업의 기초가 되는 가장 중요한 공학분야가 기계공학이다.

주요 선진국들은 글로벌 금융위기 이후, 제조업의 중요성에 주목하여 제조업 르네상스 전략[2]을 추진 중이다. 국내 제조업계에서도 경쟁력에 빨간 불이 켜지며 위기의식이 높아지고 있지만, 이럴 때 일수록 기계공학의 기본(기계설계)에 충실하며 내실을 다지면 된다. 세월이 아무리 흘러도 뿌리산업에서 전수되는 제조업 기반기술은 변할 수 없다. 100년 전이나 지금이나 자동차 엔진과 변속장치의 크기는 거의 변함이 없고, 공작기계류와 열·유체 기계류와 보일러의 크기도 마찬가지이다. 우리가 사는 사회의 시설·장치 등 모든 공학적 시스템을 유지하기 위한 기반기술은 100년 후나 그 이후에도 변함없이 기계공학을 전공한 엔지니어를 필요로 할 것이다. 많은 학생들이 이 책을 통하여 성공적으로 기계설계를 공부하여, 장차 우리나라 제조업 중흥의 주역이 되기 바란다.

기계공학은 에너지를 창출하여 전달하고, 변환하여 인류의 삶을 풍요롭게 하는 본연의 목표를 기계장치를 통하여 실현한다. 이 기계장치를 창조하는 과정이 기계설계이다. 기계분야 전공자에게 최종적으로 요구되는 능력은 기계공학을 구성하는 주요 이론교과목 내용을 이해하고 이를 종합적으로 적용하여 기계장치를 설계할 수 있는 능력이다. 9급·7급 기술직 공무원 임용고시에서 기계설계 과목이 주요 단독과목이고, 5급 기술직 공무원 임용고시와 일반기계 1급 기사시험에서 기계설계 교과목이 유일한 주관식 출제과목임이 이러한 사실을 반증한다.

---

1) 출처 : 뿌리산업 진흥정책 및 지원사업 설명자료, KPIC(국가뿌리산업진흥센터), 2013
   뿌리산업은 나무의 뿌리처럼 겉으로 드러나지 않으나 최종 제품에 내재(內在)되어 제조업 경쟁력의 근간을 형성한다는 의미에서 명명되었다. 예를 들면, 자동차 1대당 6대 뿌리산업 관련 부품수가 90%(22,500개)이고, 조선 산업에서 선박 1대당 용접비용이 전체 건조비용의 35%에 달한다. 뿌리기술은 암묵적 지식(Tacit Knowledge)으로 잘 드러나지 않은 상태로 존재하는 공정기술로, 개도국이 쉽게 모방할 수 없는 선진국이 보유한 마지막 기술 프리미어 영역이다.
2) 출처 : 대한용접·접합학회 2015 미래전략포럼-제조업 경쟁력 강화를 위한 학회의 역할
   대한민국 : 제조업혁신 3.0(2014)-융합 신산업 선도형 전략
   중국 : 중국제조 2025(2015)-제조업 수준 독일, 일본 단계 도달 후 2049년 제조업 세계 제1강국 목표
   미국 : Remaking America(2009)-45개 제조업 혁신연구소 건립, 셰일가스 혁명 통한 reshoring 추진
   일본 : 산업재흥플랜(2013)-산업경쟁력 강화법 제정, 기업실증특례 등 파격적 신산업 규제 혁파
   독일 : Industry 4.0(2012)-산업계 Industry 4.0 Platform 발족, 스마트 공장 구축에 2억 유로 투자

이와 같이 기계설계 교과목이 기계공학 분야에서 차지하는 비중이 막중한데 반하여, 교재 개발이 활발히 이루어지지 못하여 학생들이 자습하고 교수들이 강의하기에 많은 어려움이 지속되어 왔음은 부인할 수 없는 사실이다. 이를 감안하여, 대학에서 20년 이상 기계설계학을 강의해왔고 관련 분야에서 많은 연구경력을 쌓은 교수 4인이 논의하여 2001년 청문각에서 '종합기계설계(정재천, 좌상운, 아용복, 장희석 공저)'를 출판하였고 최근까지 중판(重版)된 바 있다. 이 책은 '종합기계설계' 내용을 토대로 하여 그동안 강의하면서 정리한 보완 및 개선 내용을 반영한 개정판이라 할 수 있다. 아직까지도 미완의 상태이나 개정판을 더 이상 미룰 수 없어 용기를 내어 출판하는 바이다. 기계설계 분야에서 높은 학식과 덕망 있는 선배 동료 여러분의 아낌없는 충고와 지도편달을 부탁드린다.

이 교재는 4년제 대학교의 기계계열학과 3학년 학생들이 2학기에 걸쳐 기계설계 교과목을 수강하기 위한 주교재로 이용될 수 있도록 구성되어 있다. 신수과목으로 정역학, 고체역학 I을 권장한다.

제1부에서는 설계의 원리, 기계재료 및 응력, 재료의 파괴 등 기계설계에서 필요한 기초적인 내용을 다루었고, 제2부에서는 단원별 기계요소를 중심으로 기구학적 지식과 역학적 설계기법을 습득할 수 있도록 하였다. 제2부의 12장 캠(cam), 13장 최적설계(optimal design) 단원은 아직까지는 국가기술직(9급·7급·5급)채용시험 및 기계기사 자격시험 범위는 아니지만, 이 책에서 다룬 이유는 장래에 독자들이 기계설계 현장실무에 투입될 때를 대비한 내용임을 밝혀둔다. 각 장의 예제와 일부 연습문제의 풀이과정을 통하여 학생들이 내용을 이해하고 응용력을 키우는 데 도움을 주고자 하였다. 부록 A에는 자유물체도(free body diagram)를 그리지 않고 기계장치에서 힘을 분석할 때 흔히 범할 수 있는 오류를 짚고 넘어가기 위한 문제가 수록되어 있다. 부록 B에는 차량충돌사고가 인체에 미치는 상해에 관하여 기계설계의 관점에서 고찰한 내용이 소개되어 있으니 안전운전에 참고하기 바란다.

이 책을 출판하는 과정에서 그동안 많은 도움을 준 박승은 교수와 임한군, 김욱진, 김동준, 임송은 학생들에게 진심으로 고마움을 전한다. 끝으로, 국내 출판업계의 어려움에도 불구하고 모든 지원과 협조를 아끼지 않으신 청문각 담당자 분들에게 감사를 드린다.

2017년 1월
함박골에서 저자

PART 1
기계설계의 기초

CHAPTER 01 기계설계의 원리

CHAPTER 02 기계재료 및 응력

PART 2
기계요소설계

CHAPTER 01 나 사

CHAPTER 02 키, 코터 및 핀

부록

01 기계설계의 원리

1.1 기계설계의 개요

기계설계(machine design)는 기계공학(mechanical engineering)의 여러 분야 가운데 실제 기계장치를 제작하기 위한 가장 실무적인 학문 분야이다. 공학(engineering)이란 학문의 정의를 기계공학도 여러분들은 어떻게 내리고 있는가? 여러 관점이 있을 수 있겠지만 가장 보편 타당한 정의는 다음과 같다. "공학이란 순수과학을 응용하여 인간에게 유용한 유형·무형의 시스템(system)을 설계하고 제작하고 운용하는 학문 분야이다." 이러한 정의에서 기계공학 분야에서는 시스템이 기계 장치 또는 기계 시스템(mechanical system)을 의미할 것이다. 여기서 기계설계의 정의를 내려보자. "기계설계란 인간의 삶의 질을 향상시키기 위한 아이디어를 가용한 기술 및 자원을 사용하여 인간의 욕구를 충족시키면서 일련의 공학적 요건을 만족시키는 기계 혹은 기계 장치(시스템)를 창조하는 과정이다." 기계설계 분야는 제품의 크기, 형상, 구조의 관점에서 독창적인 작업을 필요로 할 뿐만 아니라 제조, 마케팅, 소비자의 사용패턴까지 여러 요소를 고려해야 하는 상당히 광범위한 공학기술 분야이다.

일반적으로 기계 장치에는 다양한 부속품들이 조립되어 있으나, 반드시 몇 개의 같은 종류의 기계 부속품들로 구성되어 있다. 이와 같은 부속품을 기계요소(mechanical element)라고 한다. 따라서 기계설계를 수행함에 있어 기계요소에 대한 충분한 기구학적 지식과 역학적 지식이 필요하다. 기계공학 분야의 용어를 사용하여 기계설계를 정의한다면, 기계설계란 연관되어 상호작용을 하며 설계목표를 구현할 수 있는 몇 개의 기구(mechanism)를 우선 설정하고, 각 기구를 구성하고 있는 각각의 기계요소들에 작용하는 외력과 관성력 등을 고려하여 그 내부에 생기는 응력을 계산하여 이에 적합한 기계재료를 선정하고, 기계가 안전하고 신뢰성 있게 동작할 수 있도록 형상과 치수를 결정하는 과정이라 할 수 있다.

이상과 같이 기계를 설계하려면 기계를 구성하는 기계요소와 시스템에 대한 역학적 지식이 우선 필요하지만, 역학적 해석이 복잡하거나 불가능한 경우에는 현장에서 오랫동안 축적된 경험적 데이터도 상당히 많이 활용된다는 점을 간과해서는 안 된다. 또한 고도로 발달한 자본주의 사회로 산업화된 현 시대는 국가나 회사를 막론하고 경쟁력이 각 집단의 생존을 좌우하는 무한경쟁시대인 바, 아무리 훌륭한 기계설계라 해도 필요 이상으로 형상이 복잡하고, 치수가 크거나 비싼 기계재료를 사용해서 제조비용이 많이 소요되면 내수시장이나 수출시장에서 경쟁력이 떨어지므로 필요한 기능을 충분히 발휘할 수 있는 범위 내에서 가능한 한 제조원가를 낮출 수 있는 설계를 해야 한다.

기계설계자(엔지니어)는 당면한 문제에 대하여 이상(以上)의 관점을 고려하여 설계작업을 수행해야 할 뿐만 아니라 충분한 기간에 걸쳐 시장(market)의 검증을 받으며 설계과정을 피드백(feedback)할 수 있어야 한다. 시장의 피드백 기능을 설계에 반영할 수 없는 경우, 즉 오픈 루프(open-loop) 설계의 일례를 들면 그림 1.1과 같다. 그림과 같이 판매시장에서의 성과에 관한 정보가 설계자에게 피드백되지 않는다면 결점은 보완될 수 없으며, 설계작업의 여러 단계에서 실효성 있는 판단을 내릴 수 없게 된다. 이러한 환경에서 일하는 설계자에게 성공적인 결과를 기대하기란 어렵다.

그림 1.2와 같이 피드백 루프(feedback loop)가 첨가된다고 가정하자. 이렇게 시장으로부터 검증을 받을 수 있는 피드백이란 과정은 시장에서의 성과를 개선할 수 있는 유일한 수단이다.

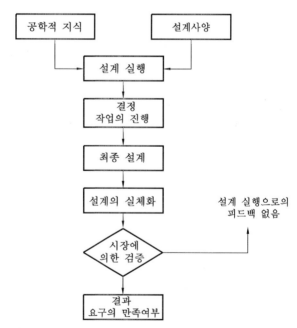

그림 1.1 ▶ 시장으로부터 피드백이 없는 경우 설계과정의 개략도

휴대폰 시장을 예로 들어보자. 젊은 학생들의 폭발적 수요를 무시할 수 없는 요즘, 2000년대 초에는 듀얼폴더(dual folder)의 구조로 되어 있지 않거나, 인터넷 접속기능이 없는 휴대폰 모델은 당시에도 젊은이들에게 외면당했다. PC보다는 못하지만 휴대폰에서도 상당한 정도의 모니터 기능이 필요하고, 휴대폰으로 모든 정보를 검색하고 처리할 수 있어야 하는 시대가 도래할 것을 예상하여 휴대폰 업체들은 개발에 박차를 가하여 현재에 이르렀다. 휴대폰, PC, 고성능 디지탈카메라 기능을 모두 갖춘 제품을 현대인들은 사용하고 있다. 이는 이동통신 분야에서 획기적인 기술발전이 진행되고 있는 외부환경을 감안하고 사용자의 취향을 휴대폰 설계과정에 성공적으로 피드백한 결과이다.

아직 수요가 본격적으로 발생하지 않은 전기자동차의 경우를 예로 들어보자. 만일 아랍산유국들의 돌발적 상황으로 국제 석유가격이 현재의 10배 정도로 폭등했다고 가정해 보자. 그러면 전기자동차를 시험설계하고 시험제작하던 여러 자동차회사들이 갑자기 양산체제로 돌입해야 하는 급박한 상황이 발생할 것이다. 이런 상황 하에서는 초기 단계의 시장을 선점하는 회사가 전체 시장을 장악하게 될 것이므로 시장으로부터의 피드백을 이용할 충분한 시간적 여유가 없다. 이 경우 시장으로부터의 피드백은 예(성공)와 아니오(실패)의 두 가지 극단적 결과뿐일 것이다. 만일 전체적으로 모든 회사의 전기자동차들이 성능면에서 시장의 호응을 받지 못하면 대체연료를 활용하는 연료전지 자동차로 시장이 급격히 바뀔지도 모른다. 이와 같이 급박하게 바뀌는 시장에서 성공을 거두는 자동차회사의 설계자는 주어진 상황에서 최

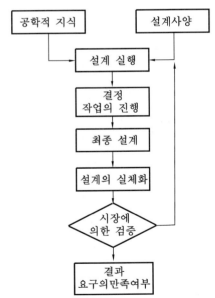

그림 1.2 ▶ 시장으로부터 피드백이 있는 경우 설계과정의 개략도

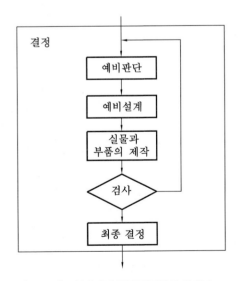

그림 1.3 ▶ 설계과정 중 결정과정의 확대도

상의 설계를 수행한 사람일 것이다. 시장으로부터 어떠한 정보도 얻지 못한 채 막대한 자본과 인력이 투입되는 앞과 같은 경우 설계자는 다른 형태의 피드백을 찾아서 이용해야 한다. 그 대표적인 예가 다양한 관점에서의 시험과 평가의 과정을 거쳐 가능한 한 실제 상황에 가깝게 시장의 시뮬레이션(simulation)을 수행하는 것이다. 시뮬레이션은 설계문제에 따라 또는 시장 상황에 따라 수많은 경우를 고려하는 과정을 의미하는데, 경우에 따라 수행방법이 다양하므로 설계자가 가장 효과적인 방법을 개발해야 한다. 지금까지 설명한 설계과정을 나타내는 그림 1.2에서 설계자들이 가장 많은 시간을 할애해야 하는 결정(decision making)과정을 좀 더 자세히 설명하고자 한다. 그림 1.3에는 그림 1.2에 있는 결정과정을 상세히 세분하여 표시하였다. 결정과정에서는 그림과 같이 예비판단이 행해져서 예비설계를 거쳐 시험모델과 시험부품을 제작하여 시험을 한다. 시험이 통과될 때까지 이 과정을 반복하면 최종 결정안이 정해지면서 결정과정이 종료된다. 여기서 예비판단과정이란 무엇일까? 그림 1.3에서 예비판단이라고 기재된 블록의 세부과정을 자세히 기술하면 그림 1.4와 같다. 그림에 있는 각 블록들은 수행해야 할 사항들과 그에 따른 논리판단과정을 보여 주고 있다. 우선 실현되어야 할 공학적 요구사항을 정량적 지수로 표현한 성능치를 설정한다. 여기서 공학적 요구사항이란 설계사양일 수도 있고 여러 기준에 의한 소비자의 만족도일 수 있고, 두 관점이 모두 복합된 것일 수도 있다. 당초 설계된 안(案)이 제시하는 성능치가 만족스럽지 못할 경우 대안(代案)을 여러 가지

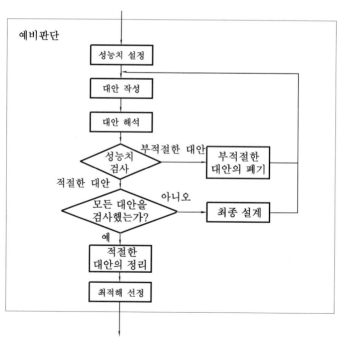

그림 1.4 ▶ 설계과정의 결정 블록 내의 예비판단과정의 상세도

로 작성한 후 그 대안을 해석하고 성능치를 구하여 부적절한 대안은 폐기하고, 적절한 대안들 중에서 최적안(最適案)을 선정하여 다음 설계단계로 넘어간다. 여기서 설명한 각 세부사항을 수행하기 위한 구체적인 방법은 설계 경우마다 다르기 때문에 여기서 기술하기가 어렵고, 다만 설계자가 자신의 경험에 근거하여 자신만의 방법을 개발해야 한다.

1.2 설계과정

설계를 실행한다는 것은 자료를 모으기도 하고 계산을 하기도 하며, 도면을 작성하는 작업 등이 그 일부가 될 수 있지만, 결국 설계자의 창의성이 발휘되는 사고과정이 가장 중요하다. 보통 브레인스토밍(brain storming)으로 명명된 이 사고과정에서는 설계자 개인 및 팀원의 창의성과 상상력이 총동원되어야 한다. 설계과정의 흐름도는 앞에서 설명한 바와 같으며, 설계과정에서 고려해야 할 모든 사항을 다음과 같이 대표적인 몇 가지 과정으로 요약하여 그 특징을 설명하고자 한다.

/1.2.1/ 설계요구사항의 규명

앞에서 공학의 정의에 관한 부분에서 설명한 바와 같이 막연히 불만족스럽거나 어딘가 모르게 불편한 느낌을 주는 인간의 생활환경을 개선시키려는 생각이 설계의 출발점이다. 설계 작업은 설계문제의 정의에 대한 결론을 내리기 위해 우선 설계요구사항을 선별하는 것으로부터 시작된다. 예를 들면, 자동차의 설계에서 일반 승용차에서 연료비의 경제성, 가속력, 승차감 등의 사용목적을 명확히 선택해야 한다. 경승용차의 경우는 연비를 향상시키는 것이 최우선 요구사항일 것이고, 젊은이들이 선호하는 스포츠카의 경우는 가속력과 외관일 것이다. 자동차설계는 이와 같은 설계요구사항을 우선 규명하는 것이다. 그런데 어떤 경우에는 동시에 서로 모순된 성능을 요구하는 경우도 있지만, 어느 하나만을 선택할 수 없는 어려운 점이 있다. 예를 들면, 경승용차 설계의 경우 경제성과 충돌사고 시 승객의 안전도는 서로 상충된 설계요구사항이다. 하지만 연비를 최소한으로 줄이며 안전도를 높일 수 있는 경승용차는 설계자가 창의적 노력을 경주하면 실현 가능할 것이다. 즉, 가볍고 튼튼한 엔지니어링 플라스틱 재료를 주로 사용하고 차체 구조도 혁신적으로 개량하면 될 것이다.

설계요구사항의 규명과 설계문제의 정의는 분명한 차이가 있다. 설계문제의 정의는 설계요구사항의 규명에 비해 더 세분화된 것이다. 만약 맑은 공기가 설계요구사항이라면 설계문제는 화력발전소 굴뚝의 연기 먼지를 줄이는 방법과 자동차 배기가스로부터 공해물질을 줄이는 방법을 찾는 것이 될 것이다.

/1.2.2/ 설계문제의 정의

설계요구사항이 정확하게 정리된 뒤에는 설계문제의 정의에 이르는 과정이, 설계자에게 가장 중요한 점이면서도 어느 의미에서는 설계자의 번뜩이는 창조력이 요구된다. 이 단계에서는 광범위한 설계정보를 모아야 한다. 예를 들면, 물리나 역학 공식과 같이 간단한 수식으로 모델화할 수 있는 것부터 경험, 직관이 필요한 항목들이 있다. 설계정보가 불충분하면 단순한 설계문제로 귀착되고 좋은 설계지침을 얻을 수 없을 것이다. 앞에서 기술한 설계요구사항의 규명 단계도 설계자의 분석력, 추리력, 창조력, 판단력 등에 의해 크게 달라진다. 더욱이 그 설계 문제점의 추출과 정의를 내리게 되면 더욱 큰 차이가 나타나게 된다. 이러한 사고과정은 설계과제가 새로운 것일수록 또는 기계 장치(시스템)가 큰 규모일수록 일반적으로 큰 어려움이 따르기 마련이다. 설계에서 이 과정을 1차 기능설계라고 한다.

기능설계의 결과는 수식, 기호, 문장 또는 상상 스케치 도면 등으로 나타낸다. 설계단계가 정리된 것을 사양서(specification)라고 한다. 사양서는 일반적으로 현장에서 스펙(spec.)이라고 하는데, 물건이 차지할 공간의 차원, 물건의 특성, 용량과 생산량 등 이러한 것들의 범위를 포함해야만 한다. 또한 가격과 제조해야 할 개수, 활용용도, 작동온도 그리고 보증서가 명시되어야 하고, 특히 속도, 가속도, 온도제한, 최고허용범위, 치수와 무게 제한을 명시해야만 한다. 이 단계가 끝나면 전체 설계를 위한 사고과정의 절반 이상이 끝났다고 말할 수 있다.

/1.2.3/ 타당성 조사

사양서가 준비되고 경영진과의 협의가 끝나면 다음 단계는 타당성 조사이다. 이 단계의 목적은 기술적이고 경제적인 관점에서 어떤 제안이 성공할 것인지 실패할 것인지를 판단하는 것이다. 이 단계에서는 다양한 조건에 대한 검토작업이 수반되어야 한다.

- 공산품에 대한 법적 규제에 저촉되지는 않는가?
- 사양서의 어떤 부분은 현재의 기술수준을 넘는 것은 아닌가?
- 희귀한 재료를 필요로 하는가?
- 최종 제품의 비용이 너무 높지 않은가?

이러한 조건에 상충되는 제품 사양을 포기하는 것이 타당성 조사의 목적인 것처럼 잘못 해석되어서는 안 된다. 어쨌든 이러한 과정에서 영업부서나 경영진의 과욕으로 설계에 너무 많은 인력과 시간을 낭비할 수 있기 때문에 설계자가 상당한 어려움을 겪을지 모른다. 또한 전체 설계 프로젝트 비용을 무시하고 끊임없이 완벽을 추구하는 의욕이 넘치는 설계기술자들 때문에 많은 시간과 인력이 낭비될지도 모른다. 물론 주어진 시간과 할당된 비용의 범위 내에서 설계 프로젝트가 종료된다고 무엇인가 잘 진행되고 있다는 의미는 아니다. 이는 단순히 경험에서 오는 판단력에 의존해야 한다. 설계목적은 적절한 공학적인 실현 과정을 통해서 얻어질 수 있으며, 그 이상의 노력은 인력과 자본의 낭비라는 것을 의미한다.

타당성 조사는 설계경험이 풍부하고 해박한 공학적 지식을 가지며, 영업부의 요구조건을 잘 파악하고 있는 기술자가 책임을 맡아야 한다. 타당성 조사결과 프로젝트를 더욱 성공적으로 이끌기 위해서 전 단계의 사양서가 수정되거나 변경되는 경우가 많이 있다.

/1.2.4/ 종합설계

일단 설계상의 기본 기능문제, 기술문제의 타당성이 확립되면 이를 종합적으로 통합하는 과정이 필요하다. 이 단계는 먼저 정의된 항목에 대해 자세한 사항을 해결하여 완전한 형태를 이룬 것으로 가정하여 검토하는 단계이다. 기계요소설계의 종합과정이 그 대표적인 예이다. 너트와 볼트, 기계의 구조와 베어링, 축과 기어, 풀리, 벨트 등을 도면 위에 나타내고, 동시에 재료, 공작법, 치수, 형상 등을 전부 종합하게 된다. 이 종합과정이 어떤 경우에는 계산에 의한 해석을 통하여 어떤 경우에는 경험이나 숙련된 기술 등으로 이루어진다. 주의해야 할 것은 해석은 단 한 가지의 결과를 생기게 하지만 종합은 다수의 결과를 낳는다는 점이다.

해석은 이미 존재하고 있는 것에서 검토하는 과정이고, 종합과정은 과거에 존재하지 않았던 것을 현실화하려고 노력하는 일종의 창조과정이다. 해석기술은 컴퓨터 등의 설계도구의 발달로 인하여 이미 높은 수준에 도달하였다. 종합과정에는 시스템 공학적 관점을 활용하기도 하지만, 아직까지도 설계 경험과 모형 실험, 직관적 판단 등이 많이 채용되고 있는 실정이다.

/1.2.5/ 예비설계와 개발

종합설계과정이 완성된 이후 주어진 사양서를 만족시키는 하나 또는 그 이상의 가능한 설계를 해야 한다. 예비설계와 개발단계에서는 여러 설계안 중 하나를 선택해야 한다. 결정을 내리는 기준은 매우 다양하다.

최적인 설계안이 선택되면 예비설계와 개발로 들어간다. 이 단계에서는 기계와 시스템 접속을 표시하는 레이아웃(layout) 도면이 전반적인 형상을 결정하고 기계나 시스템의 여러 가지 부품들 사이의 기능적인 관계가 확립된다. 이들 레이아웃 도면은 제안된 설계를 완전히 설명할 중요한 치수와 기호들 그리고 여러 가지 단면도를 모두 포함해야 한다. 그밖에 기구학적 관계를 나타내는 완전한 기계설계도면과 기계 사이클 다이어그램도 포함하게 된다.

/1.2.6/ 세부설계

세부설계는 예비설계에서 정해진 설계내용을 우선 제조기술 측면에서 최종 제품까지 완성하는데 필요한 비용의 측면에서 평가하여, 보다 경제적으로 적절한 제작기간을 실현하기 위한 설계의 기준을 결정하는 작업이다. 결국 예비설계에서 주어진 기본 수치, 기본 구조 등을 근거로 하여 각 부품들의 보완적 기능을 고려하여 구조를 도면화하고, 각 구성요소의 상세설계, 부품설계로 세부설계를 진행한다. 최종적으로는 각각의 부품에 대한 소재의 조달방법, 재료선정, 형상, 치수, 열처리, 가공방법, 조립방법, 검사방법 등 몇 개의 조합을 만들어 이것들에 대해 개별적인 예산과 원가를 미리 계산하게 된다. 결국 가장 유리한 방법을 선택해서 최종적인 제조도면으로 하기도 하고, 구입사양서, 제조지시서 등을 작성하기도 하는 것이 세부설계의 작업이다.

/1.2.7/ 원형(prototype)제작과 시험평가

세부설계가 끝나면 부품도와 재료, 부품목록이 포함된 조립도면과 같은 완성도면이 원형 (prototype)이나 축소모델의 제작을 위해 공장으로 보내진다. 원형제작과 시험평가는 설계과정의 중요한 단계 중의 하나이다. 시험평가는 성공적인 설계 여부를 판단하는 최종 단계이다. 여기서 설계가 정말로 필요에 만족하는지, 믿을 수 있는 것인지, 성공적으로 다른 생산품과 경쟁할 수 있는지, 제조하고 생산하는데 경제적인지, 쉽게 작동되고 적합한지, 판매이윤이 있는지 또는 이용가치가 있는지 등을 판단하게 된다. 또한 신뢰도 문제로 소비자 보호 단체의 소송이 일어나지는 않겠는가? 소비자 배상보험은 쉽게 저렴한 비용으로 들 수 있겠는가? 결함부품 때문에 리콜(recall) 사태가 발생하지는 않겠는가? 하는 여러 가지 평가를 내린다. 이상의 평가 과정을 통하여 최종적으로 하나의 설계안이 결정된다.

이 시험평가의 결과 예비설계 또는 세부설계 작업내용을 변경이나 수정해야 하는 경우가 있다. 변경과 수정이 이루어진 다음에 필요하다면 계속적인 시험과 평가를 위해 새로운 부품들의 원형이 제작된다. 계속적인 재시험평가 과정은 설계기술자가 만족할 때까지 되풀이된다. 일반적으로 원형모델의 제작, 시험 후 쉽게 고쳐지지 않는 부적합한 기능이 발견되면 이를 보완하기 위하여 전 단계인 예비설계나 또는 세부설계단계로 되돌려 보낸다.

/1.2.8/ 생산설계

이 단계는 가장 경제적인 생산방법을 찾기 위한 설계변경의 단계이다. 현대적 술어로 표현하면 이를 가치해석(value analysis)이라 하며, 설계에서 점점 더 그 중요성이 부각되고 있다. 예를 들면, 생산기술자는 한 부품제작에서 절삭, 주조 또는 단조가 적합한지 고려하게 된다. 대량생산이라면 개개의 부품을 절삭이 아닌 보다 경제적인 주조 또는 다이캐스팅 등의 방법을 택할 것이다. 물론 필요한 공구비용과 대량생산 시 설치된 설비의 감가상각비용을 고려해야 한다.

생산기술자는 몇 개의 부품을 하나로 된 일체형으로 제작할 수는 없는지 또는 고가의 재료를 똑같은 성능을 발휘하는 다른 재료로 대용할 수는 없는지 여부를 검토하게 된다. 생산설계 결과 생산도면이 완성되면 그것들은 대량생산 현장으로 넘어간다. 생산설계단계는 기본 설계와는 달리 최종제품의 종류에는 비교적 무관하게 거의 같은 방식으로 처리할 수 있는 부분이 많으므로 자동화가 쉬운 편이라 하겠다. 자동제도, 수치제어 가공프로그래밍, 재고관리 등이 이에 속한다.

1.3 CAD와 최적설계

/1.3.1/ 최근의 설계추세와 CAD

기계설계의 여러 단계는 1.2절에서 자세히 논의했으나 여기서는 컴퓨터 이용 설계(computer aided design)와 관련하여 다시 한 번 간략하게 언급하기로 한다. 기계설계의 단계는 제품이나 제작과정, 회사의 규모 등에 따라 차이가 많으나 대표적으로 그림 1.5와 같이 필요성에서부터 문제의 정의, 개념 설계, 공학해석 및 설계과정을 거쳐 도면을 얻기까지의 기본 설계과정과 도면제작, 생산계획, 생산관리, 부품가공, 공정설계, 품질관리 등으로 세분화될 수 있는 생산설계 과정으로 나눌 수 있다.

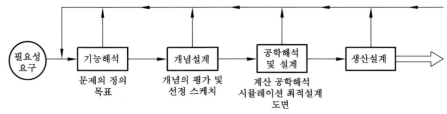

그림 1.5 ▶ 기계설계의 단계

이와 같이 여러 가지 단계를 거치는 복잡한 작업들을 컴퓨터를 이용하여 인간과 하나의 시스템으로 통합하는 것이 이상적인 컴퓨터 이용 설계(CAD : computer aided design)체제가 되며, 최근 전 세계적으로 모든 제조회사들이 지향하는 종합설계시스템이다.

일반적으로 CAD라는 용어는 너무 포괄적인 의미를 내포하고 있고, 명쾌한 정의가 내려지지 않은 상태에서 혼용되는 경우가 많아 학생들에게 혼돈만 가중시키는 경향이 없지 않다. 우선 CAD란 용어를 광의(廣義)로 정의하면, 컴퓨터를 어떠한 형태로든 이용하여 설계를 진행한다는 의미이다. 이 정의는 컴퓨터가 우리 생활과 어느 정도 가깝게 있느냐에 따라 달라질 수 있을 것이다. 1970년대 중반까지만 해도 컴퓨터가 현재와 같이 거의 모든 가정에 한 대 이상씩 보유할 정도로 보편화되리라고는 예상하지 못했다. 그때까지 CAD란 용어는 인간이 설계작업 시 손 또는 계산척으로 계산해야 하는 복잡한 수식을 컴퓨터가 대신 계산한다는 의미로 주로 사용되었다. 그러나 요즘에는 제도용구를 사용하여 도면을 작성하는 제도판(drafting table)이 학교나 현장에서 사라진지 이미 오래고, 모든 사람들이 AutoCAD란 소프트웨어를 사용하여 도면을 작성하고 있다. 이러한 작업을 CAD라 부르는 사람이 대부분이다. 그러나 공학적으로 CAD는 설계도면을 작성하는 그 자체보다는 제품 설계 초기부터 구체적인 치수가 정해지기 이전 단계, 즉 물체의 형상을 결정하기 위한 여러 안에 대하여 컴퓨터를 이용하여 제작 전 시뮬레이션하는 단계를 포함한 컴퓨터를 활용한 설계과정 전반을 CAD라 정의되어야 할 것이다.

인간의 삶의 질을 향상시키기 위한 기계(장치)의 설계 필요성이 대두되면 설계문제의 정의를 내리는 과정을 거쳐 개념설계과정으로 넘어간다. 개념설계과정에서는 현재 인간의 기술수준(state-of-the-art)이 바탕이 되는 동시에 설계작업의 한계가 된다. 개념설계과정은 설계자의 영감 등에 의한 새로운 아이디어의 창출단계인 만큼 가장 중요한 단계이지만, 공학적 지식보다는 번뜩이는 창의력이 설계자에게 요구된다. 이 과정에서는 컴퓨터를 이용한 스케치 및 의사결정을 위한 자료 활용작업 등에 CAD 시스템이 응용된다. 이 단계에서 선정된 여러 개의 안들에 대해서 표준자료, 치수, 설계순서 등에 따라 설계안을 구상하고, 초기 설계안을 실제 경계조건에 맞도록 해석을 수행하여 최적화된 설계안을 내놓는 일련의 모든 과정을 설계라 본다. 현대의 복잡한 기계 시스템을 설계할 때보다 정밀하고 우수한 품질의 설계를 위해서는 컴퓨터의 도움 없이는 불가능하며, 특히 이 중에서 설계검증에 사용되는 공학 해석 시뮬레이션 부분을 CAE(computer-aided engineering)라 한다. 또한 기본 명세를 주었을 때 설계순서나 판단의 기준이 논리적으로 기술될 수 있고, 표준표 등에서 크기 등을 선정하기만 하면 되는 컴퓨터를 통한 설계를 DA(design automation : 자동 설계)라 한다. 이는 기계요소 등의 비교적 간단한 설계에 적합하며 설계기간의 단축, 표준화, 정밀도 향상에 기여할 수 있다.

이에 비해 논리적인 순서로서 표현할 수 없는 경우에도 컴퓨터로 복잡한 해석과 계산결과를 구하고, 대화식으로 의사결정을 하여 종래의 시행착오를 막을 수 있으며, 설계기간의 단축에 크게 기여할 수 있다. 예를 들면, 편리한 도구로서 응력해석에 필요한 mesh를 생성해 주는 전처리(pre-processing) 또는 FEM 해석결과를 눈으로 보기 쉽게 하는 후처리(post-processing) 등의 기능을 컴퓨터는 설계자에게 제공한다.

1990년대 중반부터 제품수명주기관리(Product Lifecycle Management, PLM)라는 것이 대두되기 시작하고, 2000년도에 프랑스 Dassault Systems이 최초로 시장에 PLM을 선보이게 되면서 CAD 분야의 활용범위가 넓어지게 되었다. 제품수명주기관리란 초기의 제품에 대한 시장의 요구사항에서부터 개념정의, 설계, 개발 및 생산 그리고 유통과 제품의 마지막 단계인 유지보수 및 폐기까지 모든 것을 관리한다는 개념이다. 이러한 시스템을 통하여 설계자는 시장의 요구사항 혹은 실 사용시의 기존 제품의 문제점 등 설계 외의 업무내용 또한 실시간으로 공유할 수 있게 되었고, 새로운 제품의 개발 속도가 과거보다 훨씬 빨라지게 되었다. 재고관리 또한 실시간으로 이루어져 개념설계단계부터 소재의 예상 소요량을 계산할 수 있으며, 소재의 악성재고나 발주지연으로 인한 물질적·시간적 낭비를 최소화하여 원가절감에 더욱 힘쓸 수 있게 되었다. 현재는 대부분의 제품들이 PLM개념 하에 설계, 개발 및 관리되고 있으며, 설계엔지니어는 이 시스템에 익숙해져야 업무를 수행할 수 있다.

예를 들면, 본인이 어떠한 설비를 설계한다고 가정했을 때, 실시간 데이터 관리로 인하여 과거 제품의 문제점을 즉각 확인이 가능하여 시행착오를 거치지 않고 바로 새로운 제품을 개발할 수 있게 되었다. 또한 제품의 실질적 개발단계에 여러 설계자들끼리 서로의 진행사항을 확인할 수 있어 각 부서가 협업을 통하여 동시에 설계가 가능하게 되었고, 구매, 전장설계 등의 다른 부서에서도 실시간으로 확인하여 제품설계 과정별 시간낭비를 최소화하여 개발기간을 최소화할 수 있게 되었다.

다른 의미의 CAD 패러다임의 변화는 컴퓨터 연산능력의 폭증에 가까운 향상으로 인해 야기되었다. 과거의 CAD는 워크스테이션 같은 고가의 특정 컴퓨터에서만 실행이 되었지만, 현재는 어느 컴퓨터에다 설치만 해도 바로 실행하여 설계할 수 있을 정도로 능력이 향상되었다. 이러한 변화는 특히 OS의 Interface에서도 엿볼 수 있는데 과거의 운영체제인 DOS는 CLI(Character User Interface, Command-line Interface) 기반이였던 관계로 직접 콘솔에 명령어를 입력하여 컴퓨터를 응용하였다면, 최근의 Windows는 GUI(Graphical User Interface)로써 직관적인 그림으로 마우스를 활용하여 클릭만으로도 운용할 수 있게 되었다. 이러한 Interface의 변화는 CAD 프로그램도 벗어날 수 없는데 과거의 설계 프로그램이 명령어를 직접 입력하여 설계를 했다면 현재는 마우스 이를 이용해 그래픽화하여 사용자의 편의성을 높였다. 또한 API (Application Programing Interface) 기능과 매크로 기능이 매우 강화되어 설계자 혹은 개발자가 협의하여 반복되는 설계과정들을 자동화할 수 있게 되었다. 이는 단순반복설계에 의한 Human-Error도 줄일 수 있으며 적은 인력으로 높은 생산성을 획득할 수 있게 되었다. 이러한 기능을 활용할 수 있는 언어는 프로그램에 따라 C/C++로도 가능하며, VBA 혹은 AutoLisp 같은 언어로도 활용이 가능하다. 실제로 설계 프로그램 컨설팅 혹은 판매업체는 이러한 시스템 도입으로 인한 이점들을 기업들에게 홍보하고 있으며, 이를 적용하는 업체들도 지속적으로 늘어나고 있는 실정이다.

손으로 그리던 설계의 시대는 이제 과거의 유물이 되었으며, 컴퓨터를 이용 2D로만 설계하는 시대를 지나, 이제 3D 설계 프로그램으로 PLM까지 할 수 있는 시대에 살고 있다. 현재 아무리 작은 중소기업이라도 2D로만 설계하는 회사는 없다고 말할 수 있으며, 최소한 3D프로그램에서부터 설계를 출발한다고 해도 과언이 아니다. 실례로 3D프로그램으로 설계하여 2D 드래프팅 기능을 이용해 2D캐드프로그램으로써 치수만 기입하여 출도 및 가공하는 업체부터, 3D프로그램 하나만으로 2D도면제작 및 출도 그리고 이후 유지보수까지 하는 업체들도 있다. 최근에는 버튼 한 번만 클릭하면 일련의 작업이 이루어지는 반자동 설계를 행하는 업체도 있을 정도이다. 최근에는 공간에 제한받지 않는 클라우드 기반의 CAD 시스템이 빠른 속도로 개발되고 있으며, 3D 프린터까지 널리 보급되면서 설계 공간, 컴퓨터 하드웨어 성능, 툴(tool) 사용능력에 제한받지 않고도 제품설계에 도전할 수 있도록 접근성이 좋아지고 있다. 학생들은 장차 기계공학 엔지니어로써 현재 배운 지식에 만족하지 말고 항상 신기술 동향을 파악하고, 적응하려고 노력해야 앞으로 전개될 미래에서도 살아남을 수 있을 것이다.

/1.3.2/ 최적설계(Optimum Design)

앞절에서 설명한 설계과정의 각 단계들을 엄밀히 조사해 보면, 설계과정을 상세하게 나타내서 피드백과의 상관도를 도출해 내기에는 상당한 어려움이 있다. 그러나 중요한 점은 평가과정이 설계의 모든 단계에서 가능하다는 것이다. 문제에 따라 어떤 특정한 단계에서는 평가가 필요하거나 필요하지 않을지도 모른다.

시장에서의 실패를 피하기 위한 중요한 정보를 제시해 주는 피드백이 적시에 제공되지 못하는 상황에 직면하고 있는 설계기술자는 어떻게 그 상황을 타개해 갈 수 있을까? 보편타당한 공식적인 방법이 알려져 있지 않은 이상 그에게는 최소한 사용할 수 있는 방책이 하나 있다. 그 방책은 모든 다른 경쟁회사 제품들을 성능면에서 능가하는 설계를 하는 것이다. 그러나 그것은 모든 경쟁회사들의 목적이 아닌가? 만약에 그렇다면 어떻게 경쟁시장에서 살아남을 수 있을 것인가? 만약 그 설계가 더 이상 개선될 수 없는 것이라면 설계기술자와 그의 경쟁자들은 난관에 봉착하게 될 것이다. 그러면 어떤 설계가 더 이상 개선될 수 없을까? 그 답은 최적설계(optimum design)이다.

어떻게 최적설계(最適設計)를 얻을 수 있는가? 설계문제를 완전히 해석적으로 분석한다면 간단하게 처음부터 그것을 성취할 수 있다. 불완전하게 설계문제가 정의되었다면 많은 대안을 내어서 그중 가장 좋은 것을 최적설계에 근사한 것으로 선택한다. 그러나 이 대안들은 쉽게 얻어지는 것이 아니다. 운이 좋은 경우는 창의적인 상상력만으로 얻어지지만, 최악의 경우 많은 시간과 노력이 필요하다. 최적의 설계를 완벽하게 하면 할수록 계속해서 비용은 더 필요하게 된다. 그렇다면 어느 범위까지 최적의 설계를 해야 하는가? 어디까지 최적설계를 하면 모든 경쟁회사들을 앞서겠는가? 이것은 매우 의미있는 질문인 동시에 회사나 법인체에 대해 책임을 갖는 지위에 있는 모든 사람들이 사로잡혀 있는 의문이기도 하다.

기계설계에서 합리적인 설계는 무엇을 말하는 것인가? 또 필요한 개념은 무엇인가? 최적설계는 합리적인 설계를 위한 가장 중요한 기초 개념이다. 합리적인 설계를 위해 필요한 요소로는 다음과 같은 것들이 있다.

- 설계하고자 하는 기계시스템에 대한 모델을 설정하고, 이에 대한 수학적 표현과 이를 해석할 수 있는 능력이 있을 것
- 수식화된 최적 설계문제를 합리적으로 풀어서 이에 따른 해(solution)를 얻을 수 있을 것
- 가능한 한 구해진 해에 대하여 물리적으로 해석을 하고, 가능한 한 실험적으로 증명을 하는 평가과정이 있을 것

여기서의 '최적'이란 단어는 절대적인 최적이라기보다는 설계자에 따라 정해지는 시스템의 성능, 가치, 이익 등 수치로 표현 가능한 기준에 따라 정하는 것이므로 다분히 주관적이다. 예를 들면, 기계 시스템에 대한 초기 설치비용 및 운전에 따른 모든 비용이 있겠으나, 계산방법이 복잡하기 때문에 대개 이 비용에서 가장 중요한 요소인 재료비, 가공비 등 비교적 표현하기 쉬운 단순한 양을 정하거나 요구되는 성능의 정량적 단계를 수식화할 수 있겠다.

위에서 첫 번째 단계는 모든 역학 등 기초공학의 지식이 필요하며, 공학해석이 여기에 속한다. 열유체 시스템에 대한 시스템 상태의 해석 및 효율의 결정이나 고체나 동역학 시스템의 변위, 속도, 응력 등의 공학해석이 대표적이라 할 수 있다. 이들에 대해서는 1960년대에 이미 컴퓨터의 급속한 계산 능력의 발전에 힘입어 장족의 발전을 이룩하였으며, 특히 구조물 및 고체역학 부문에서는 유한요소법(FEM)의 발전과 함께 상업적인 컴퓨터 코드(code)가 많이 개발되어, 세계적인 엔지니어링회사는 거의 최적설계기법을 활용하고 있다. 위에서 설명한 최적설계의 수식화 과정은 다음과 같다.

- 설계자의 최적에 대한 기준을 정량적으로 표시하기 위하여 목적함수를 정의하며, 이는 비용, 이윤, 성능 등의 의미를 갖는다.

- 설계변수를 정해야 하는데 이는 설계하고자 하는 시스템을 표현하는 변수로서 설계자가 결정하고자 하는 것이다. 설계하고자 하는 각 부품의 치수, 형상, 재료의 물성 등이 설계변수가 된다.
- 제한조건식은 모든 실제의 시스템에서 있게 마련인 그 대상과 설계변수에 대한 제한을 수식화한 것이다. 물리적 크기, 무게의 제한, 재료가 견딜 수 있는 응력의 제한 등이다. 이들을 수식으로 표현하면 보통 부등식으로 나타낸다.

그러므로 대표적인 최적설계문제는 여러 가지 제한조건식을 모두 만족시키면서 목적함수를 최소화 또는 최대화하는 설계변수를 찾는 문제이다. 이 최적설계에 관한 설계이론은 대학원 과정에서 다루는 수학적 기법을 기초로 하기 때문에 학부 과정에서 다루기는 어렵지만, 2부 13장에 기초개념 위주로 소개되어 있다. 현재 국가고시 및 기술자격시험에서 출제되는 범위는 아니지만 추후 설계기술자가 되고자 하는 학생들은 흥미롭게 공부할 수 있을 것이다.

1.4 치수공차 및 끼워맞춤

일반적으로 치수란 물리적인 공간상에서 형체를 가진 부품의 실제 크기를 의미한다. 그런데 설계자가 원하는 크기, 즉 치수를 여러 개의 부품을 가공할 때 모두 설계치수와 동일하게 하기는 현실적으로 불가능하다. 기계재료의 표면조도 및 물성치가 서로 다르고 가공공정의 특성상 설계치수대로 가공하기가 어려우므로, 설계치수(기준치수)를 기준으로 일정한 범위 내에서 치수의 편차를 허용하는 것이다. 이러한 치수의 편차를 치수공차로 정의한다. 물론 치수공차의 값은 각 부품이 조립되었을 때 조립체가 당초 설계목적대로 동작을 이상 없이 할 수 있는 범위를 의미한다. 또한 대량생산체제에서 동일한 부품끼리는 철저하게 호환성(interchangeability)이 보장되어야 한다. 부품의 호환성을 좌우하는 것이 바로 부품의 치수공차이다. 기업 및 국가의 경쟁력이 각 집단의 생존을 위한 초미의 관심사가 된 현 시대에서 공차 분야는 기계공업 전반에 걸쳐 실무적으로 아주 중요한 분야이다. 일반적으로 부품의 공차를 작게 부여하면 생산원가는 높아지나 기계장치의 신뢰도는 높아지고, 부품의 공차를 크게 주면 생산원가는 낮아지나 신뢰도는 떨어지는 경향이 있다.

여기서는 치수공차의 일반적인 개념을 소개하기 위하여 기본 용어를 설명하고, 치수공차를 규제하는 방식을 소개한다. 그리고 기계장치의 조립을 위한 각종 끼워맞춤방식을 설명한다. 끝으로 치수공차만으로는 규제가 곤란한 부품의 형체를 규제하는 기하공차에 대하여 자세히 소개하기로 한다.

이 절에서는 주로 KS규격(KSB 0401)에 근거하여 용어설명이 되어 있다.

/1.4.1/ 적용범위

이 규격은 기준치수가 3,150 mm 이하인 형체의 치수공차방식 및 끼워맞춤방식에 대하여 규정한다.

> 비고   1. 이 규격의 치수공차방식은 주로 원통형체를 대상으로 하고 있지만, 원통 이외의 형체에도 적용한다.
> 2. 이 규격의 끼워맞춤방식은 예컨대 원통형체 또는 평행 2평면의 형체 등의 단순한 기하형상의 끼워맞춤에 대하여만 적용한다.
> 3. 특정의 가공방법에 대한 치수공차방법에 대하여 규정된 규격이 있을 때에는 그 규격을 적용하며, 기능상 특별한 정도가 요구되지 않을 때에는 보통허용차를 적용할 수 있다.
> (주1) 예컨대 KSB0426(동의 열간형 단조품공차(해머 및 프레스 가공))
> (주2) 예컨대 KSB0412(절삭가공 치수의 보통허용차)

/1.4.2/ 용어의 뜻

이 규격에서 사용하는 중요한 용어의 뜻은 다음과 같다.

- 형체 : 치수공차방법 맞춤방식의 대상이 되는 기계부품의 부분
- 내측형체 : 대상물의 내측을 형성하는 형체
- 외측형체 : 대상물의 외측을 형성하는 형체
- 구명 : 주로 원통형의 내측형을 말하나 원형단면이 아닌 내측형체도 포함한다.
- 축 : 주로 원통형의 외측형체를 말하나 원형단면이 아닌 외측형체도 포함한다.
- 치수 : 형체의 크기를 나타내는 양. 예컨대, 구명 혹은 축의 지름을 말하고 일반적으로 mm를 단위로 하여 나타낸다.
- 실치수 : 형체의 실측치수
- 허용한계치수 : 형체의 실치수가 그 사이에 존재하도록 정하고 허용할 수 있는 크고 작은 2개의 극한의 치수. 즉, 최대허용치수 및 최소허용치수(그림 1.6)
- 최대허용치수 : 형체가 허용할 수 있는 허용한계치수 중 최대치수(그림 1.6)
- 최소허용치수 : 형체가 허용할 수 있는 허용한계치수 중 최소치수(그림 1.6)
- 기준치수 : 윗치수허용차 및 아랫치수허용차를 적용하는 데 따라 허용한계치수가 주어진다. 기준이 되는 치수(그림 1.6 및 그림 1.7)

> 비고   기준치수는 정수 또는 소수이다. (예) 32, 15, 8.75, 0.5

- 치수차 : 치수(실치수, 허용한계치수 등)와 대응하는 기준치수와의 대수차, 즉 (치수) - (기준치수)
- 치수공차방식 : 표준화된 치수공차와 치수허용차의 방식
- 윗치수허용차 : 최대허용치수 대응하는 기준치수와의 대수차, 즉 (최대허용치수) - (기준치수)

  > **비고** 구멍 윗치수허용차는 기호 ES로, 축윗치수허용차는 기호 es로 나타낸다.

- 아랫치수허용차 : 최소허용치수와 대응하는 기준치수의 대수차, 즉 (최소허용치수) - (기준치수, 그림 1.6 및 그림 1.7)

  > **비고** 구멍의 아랫치수허용차는 기호 EI로, 축의 아랫치수허용차는 기호 ei로 나타낸다.

- 치수공차 : 최대허용치수와 최소허용치수와의 차, 즉 윗치수허용차와 아랫치수허용차와의 차를 의미한다(그림 1.6 및 그림 1.7). 기능적인 의미에서 좀 더 자세히 설명하면 치수공차란 요소부품의 치수에서 허용되는 변화량으로 부품의 기능을 감소시키지 않는 허용치수범위를 말한다.

  기준치수에 ±0.02의 공차는 기준치수보다 0.02가 크거나 작아도 된다는 것을 의미한다. 이것은 최대치수와 최소치수 사이의 허용되는 전 변화량이 0.04가 된다. 다시 말해서 상한 치수와 하한 치수의 차가 0.04로 이것이 공차가 된다. 치수공차는 다음의 두 가지 표기법이 있다.

(1) 편측공차

일반적으로 공차를 표기하는 두 가지 방법 중 하나로서 전 공차가 한 방향으로만 있는 것을 말한다. 즉, 기준치수가 20이고, +0.02의 공차를 가진다면 $20^{+0.02}_{-0}$로 표기될 것이고, -0.02라면 $20^{+0}_{-0.02}$로 표기될 것이다. 이러한 편측공차 표기법은 병기부품 등의 정밀부품 생산에 많이 사용된다.

만일 한계 치수로만 표기한다면 다음과 같다.

$$\text{구멍의 지름} : \frac{20.00}{20.02}, \quad \text{축의 지름} : \frac{19.99}{19.97}$$

이때 20.00의 기준구멍 치수에 어떤 끼워맞춤을 위해서 0.01의 허용치를 준다면 축의 최대치수는 필연적으로 19.99가 되어야 한다.

또한 공차를 가진 한 개의 한계치수로 표기한다면 다음과 같다.

$$\text{구멍의 지름} : 20.00^{+0.02}_{-0}, \quad \text{축의 지름} : 19.99^{+0}_{-0.02}$$

그리고 허용치와 공차로서 두 부분의 호칭치수로 표기한다면 다음과 같다.

$$\text{구멍의 지름} : 2^{+0.02}_{-0}, \quad \text{축의 지름} : 2^{-0.01}_{-0.03}$$

(2) 양측공차

양측공차는 용어가 의미하듯이 공차가 양쪽방향으로 명시되는 것으로, 양측공차를 사용하는 치수들은 (+), (−) 한계를 가진다. 만약 20.00 기준 치수에 0.02 공차를 같은 양으로 표시한다면 다음과 같이 명시할 수 있다.

$$20.00 \pm 0.01 \quad \text{또는} \quad \frac{20.01}{19.99}$$

다음은 같은 양을 가지지 않는 양측공차의 예이다.

$$20.00^{+0.03}_{-0.01} \quad \text{또는} \quad \frac{20.03}{19.99}$$

$$20.00^{+0.01}_{-0.03} \quad \text{또는} \quad \frac{20.01}{19.97}$$

양측공차 표기법은 오랫동안 사용되어 왔으나 편측공차시스템에 의해 점차 대체되고 있는 추세이다.

- 기준선 : 허용한계치수 또는 끼워맞춤을 도시할 때는 기준치수를 표시하고 치수허용차의 기준이 되는 직선(그림 1.6 및 그림 1.7)
- 기초가 되는 치수허용차 : 기준선에 대한 공차역의 위치를 정한 치수허용차, 윗치수허용차 또는 아랫치수허용차의 어느 쪽인가이며, 보통은 기준선에 가까운 쪽의 치수허용차
- 기본공차 : 이 치수공차방식. 끼워맞춤방식에 속하는 모든 치수공차

  비고 기본공차는 기호 IT로 표시한다.

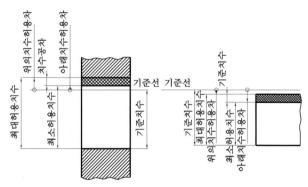

그림 1.6 ▶ KS 규격의 용어에 대한 정의

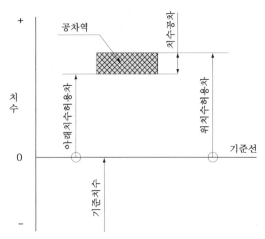

그림 1.7 ▶ 공차역의 정의

- 공차등급 : 이 치수공차방식. 끼워맞춤방식이며 모든 기준치수에 대하여 동일 수준에 속하는 치수공차의 일군

  비고 공차등급은 예컨대 IT 7과 같이 기호 IT에 등급을 표시하는 숫자를 붙여서 표시한다.

- 공차역 : 치수공차를 도시하였을 때 치수공차의 크기와 기준선에 대한 그 위치에 따라 정해지는 최대허용치수와 최소허용치수를 표시하는 2개의 직선 사이의 영역(그림 1.7)

- 공차역 클래스(class) : 공차역의 위치와 공차등급의 조합

  비고 이 그림은 공차역, 치수허용차, 기준선의 상호관계만을 표시하기 위해 단위화한 것이다. 이와 같이 단위화한 그림에서는 기준선은 수평으로 하고, 양(+)의 치수허용차는 그 위쪽에, 음(−)의 치수허용차는 그 아래쪽에 표시한다.

- 공차단위 : 기본공차의 산출에 사용한 기준치수의 함수로 표시한 단위

  비고 공차단위 i 는 500 mm 이하의 기준치수에, 공차단위 I 는 500 mm를 초과하는 기준치수에 사용한다.

- 최대실체치수 : 형체의 실체가 최대가 되는 쪽의 허용한계치수, 즉 내측형체에 대하여는 최소허용치수, 외측형체에 대해서는 최대허용치수

- 최소실체치수 : 형체의 실체가 최소가 되는 쪽의 허용한계치수, 즉 내측형체에 대해서는 최대허용치수, 외측형체에 대하여는 최소허용치수

- 끼워맞춤 : 구멍과 축의 조립 전의 치수의 차에서 생기는 관계

- 틈새 : 구멍의 치수가 축의 치수보다도 큰 경우 구멍과 축과의 치수의 차(그림 1.8)

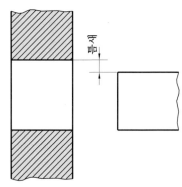

그림 1.8 ▶ 틈새의 정의

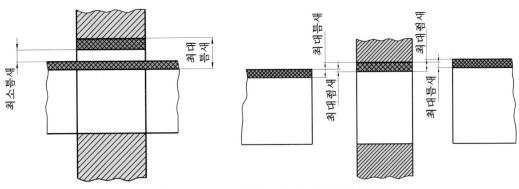

그림 1.9 ▶ 최대틈새와 최소틈새   그림 1.10 ▶ 틈새와 죔새의 비교

- 최소틈새 : 헐거운 끼워맞춤에서의 구멍의 최소허용치수와 축의 최대허용치수와의 차(그림 1.9)
- 최대틈새 : 헐거운 끼워맞춤 또는 중간 끼워맞춤에서 구멍의 최대허용치수와 축의 최소허용치수와의 차(그림 1.9 및 그림 1.10)
- 죔새 : 구멍의 치수가 축의 치수보다도 작을 때 조립 전의 구멍과 축과의 치수의 차(그림 1.11)
- 최소죔새 : 억지끼워맞춤에서 조립 전의 구멍의 최대허용치수와 축의 최소허용치수와의 차(그림 1.12)
- 최대죔새 : 억지끼워맞춤 또는 중간끼워맞춤에서 조립 전의 구멍과 최소허용치수와 축의 최대허용치수와의 차(그림 1.10과 그림 1.12)
- 헐거운끼워맞춤 : 조립하였을 때 항상 틈새가 생기는 끼워맞춤, 즉 도시한 경우에 구멍의 공차역이 완전히 축의 공차역의 상측에 있는 끼워맞춤(그림 1.13)을 의미한다. 만일 구멍

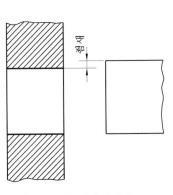

그림 1.11 ▶ 죔새의 정의

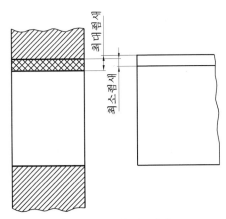

그림 1.12 ▶ 최대죔새와 최소죔새

의 치수가 $40^{+0.04}_{0}\left(\dfrac{40.00}{40.04}\right)$이고, 축의 치수가 $40^{-0.06}_{-0.10}\left(\dfrac{39.94}{39.90}\right)$일 때 구멍과 축이 제작공차 내로 가공되었다면 헐거운 끼워맞춤인 조립상태가 된다.

- 억지끼워맞춤 : 조립하였을 때 항상 죔새가 생기는 끼워맞춤, 즉 도시한 경우에 구멍의 공차역이 완전히 축의 공차 하측에 있는 끼워맞춤(그림 1.14)을 의미한다. 만일 구멍의 치수가 $40^{+0.02}_{0}\left(\dfrac{40.00}{40.02}\right)$이고, 축의 치수가 $40^{+0.05}_{+0.03}\left(\dfrac{40.05}{40.03}\right)$ 일 때 구멍과 축이 제작공차 내로 가공되었다면 조립조건은 0.01에서 0.05만큼의 죔새가 나타나는 억지끼워맞춤인 조립상태가 된다.

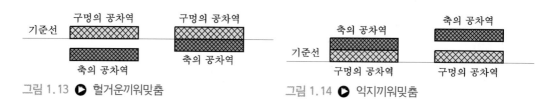

그림 1.13 ▶ 헐거운끼워맞춤　　　　　　그림 1.14 ▶ 억지끼워맞춤

- 중간끼워맞춤 : 조립하였을 때 구멍, 축의 실치수에 따라 틈새 또는 죔새의 어느 것인가가 되는 끼워맞춤. 즉, 도시된 경우에 구멍, 축의 공차역이 완전히 또는 부분적으로 겹치는 끼워맞춤(그림 1.15).

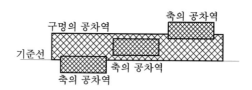

그림 1.15 ▶ 중간끼워맞춤

- 끼워맞춤방식 : 어떤 치수공차방식에 속하는 구멍축에 따라 구성되는 끼워맞춤의 방식
  - 구멍기준 끼워맞춤 : 각종의 공차역 클래스의 축과 한 개의 공차역 클래스의 구멍을 조립하는데 따라 필요한 틈새 또는 죔새를 주는 끼워맞춤방식. 이 규격에서는 구멍의 최소허용치수가 기준치수와 같다. 즉, 구멍아랫치수 허용차가 영인 끼워맞춤방식(그림 1.16).
  - 축기준 끼워맞춤 : 각종 공차역 클래스의 구멍과 1개의 공차역 클래스의 축을 조립하는 데 따라 필요한 틈새 또는 죔새를 주는 끼워맞춤방식. 이 규격에서는 축의 최대허용치수가 기준치수와 같다. 즉, 축의 윗치수허용차가 영인 끼워맞춤방식(그림 1.17).

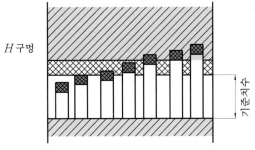
H구멍

기준치수

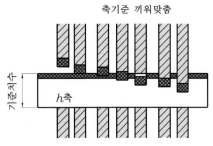
축기준 끼워맞춤

기준치수

h축

그림 1.16 ▶ 구멍기준 끼워맞춤

그림 1.17 ▶ 축기준 끼워맞춤

- 기준구멍 : 구멍기준 끼워맞춤으로 기준을 선택한 구멍이 규격에서는 아랫치수허용차가 영인 구멍.
- 기준축 : 축기준 끼워맞춤으로 기준을 선택한 축. 이 규격에서는 윗치수허용차가 영인 축.

/1.4.3/ 온도조건

이 규격에 규정하는 치수는 형체의 온도가 20℃인 경우로 한다.

/1.4.4/ 기호와 표시

(1) 공차등급 공차역 클래스의 기호

- 공차등급 : 공차등급은, 예컨대 IT 7과 같이 기호 IT에 등급을 표시하는 숫자를 붙여서 표시한다.
- 공차역의 위치 : 구멍의 공차역의 위치는 A부터 ZC까지의 대문자 기호로, 축의 공차역의 위치는 a에서 zc까지의 소문자 기호로 표시한다(그림 1.18). 다만 문자는 사용하지 않는다 (I, L, O, Q, w, i , I, o, w).

  비고 예컨대 공차역의 위치 H의 구멍을 생략하여 H구멍, 공차역의 위치 h의 축을 생략하여 h축 등으로 부른다.

- 공차역 클래스 : 공차역 클래스는 공차역의 위치기호에 공차등급을 나타내는 숫자를 표시하는 것을 말한다.
  ‣ 구멍의 경우 H7, 축의 경우 h7
- 치수허용차
  ‣ 윗치수허용차 : 구멍의 윗치수허용차는 기호 ES로, 축의 윗치수허용차는 기호 es로 표시한다.

‣ 아랫치수허용차 : 구멍의 아랫치수허용차는 기호 EI로, 축의 아랫치수허용차는 기호 ei
  로 표시한다.

(2) 치수의 허용한계 표시

치수의 허용한계는 공차역 클래스의 기호(이하 치수공차기호라 한다) 또는 치수허용차의
값을 기준치수에 계속하여 표시한다.

- 32H7   80js15   100g6 100 -0.012 -100 $\begin{matrix} -0.012 \\ -0.034 \end{matrix}$

> **비고** 텔렉스의 한정된 문자수의 수치로 통신할 경우는 구멍과 축을 구별하기 위하여 구멍에 대해서는
> H 또는 h를, 축에 대해서는 S 또는 s를 기준치수 앞에 붙인다.

- 50H5는 H50H5 또는 h50h5로 하고, 50h6은 S50H6 또는 s50h6으로 한다.

> **비고** 치수의 허용한계를 허용한계치수에 따라 표시하는 수가 있다. 이 경우 최대허용치를 위의 위치
> 에, 최소허용치수를 아래 위치에 겹쳐서 표시한다.

- 99.988
  99.966

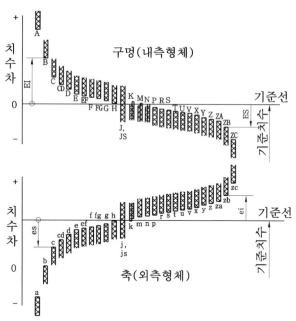

그림 1.18 ▶ 알파벳의 대·소문자로 표현된 공차역의 위치

(3) 끼워맞춤의 표시

끼워맞춤은 구멍, 축의 공통기준치수에 구멍의 치수공차기호와 축의 치수공차기호를 계속하여 표시한다.

- $52H7/g6$ $52H7 - g6$ 또는 $52\dfrac{H7}{g6}$

  비고 텔렉스 등의 한정된 문자수의 수치로 통신하는 경우는 구멍과 축을 구별하기 위하여 구멍과 축에 대하여 기준치수를 표시함과 동시에 구멍에 대하여는 H 또는 h를, 축에 대하여는 S 또는 s를 붙인다.

- $52H7/g6$은 $H52H7/S$ $52G6$ 또는 $h52h7/s$ $52g6$으로 한다.

/1.4.5/ 치수의 허용한계표시와 형상편차

(1) 특별한 지시를 하지 않은 경우

특별한 지시를 하지 않는 형체의 치수 허용한계표시는 형상편차를 규제하지 않는다. 이 경우 치수는 원칙적으로 2점 측정에 따라 결정한다.

(2) 포괄적인 조건을 지시하는 경우

포괄적인 조건을 지시한 형체는 최대실치수를 갖는 완전 형상의 포괄면을 초과하여서는 안 된다. 포괄적인 조건은 기호 E에 의하여 지시한다.

  비고 조립되는 형체에 끼워맞춤을 요구할 경우와 같이 포괄적인 조건이 필요하게 되는 수가 있다.

/1.4.6/ 기준치수의 구분

표 1.1에서 기준치수의 구분을 표시한다. 기본공차와 기초가 되는 치수허용차는 각각의 기준치수에 대하여 개별로 계산하는 것이 아니고, 표 1.1의 기준치수의 구분마다 그 구분을 구분짓는 2개의 치수 D_1 및 D_2의 기하평균 D에서 계산한다.

$$D = \sqrt{D_1 \times D_2}$$

  비고 최대의 기준치수의 구분(3 mm 이하)의 D는 1 mm와 3 mm의 기하평균, 즉 1.732 mm로 한다.

표 1.1 기준치수의 구분

500 mm 이하의 기준치수				500 mm 초과 3150 mm 이하의 기준치수			
일반구분		세부구분		일반구분		세부구분	
초과	이하	초과	이하	초과	이하	초과	이하
–	3			500	630	500 560	560 630
3	6	세부 구분하지 않는다		630	800	630 710	710 800
6	10			800	1,000	800 900	900 1,000
10	18	10 14	14 18	1,000	1,250	1,000 1,120	1,120 1,250
18	30	18 24	24 30	1,250	1,600	1,250 1,400	1,400 1,600
30	50	30 40	40 50	1,600	2,000	1,600 1,800	1800 2000
50	80	50 65	65 80	2,000	2,500	2,000 2,240	2,240 2,250
80	120	80 100	100 120	2,500	3,150	2,500 2,800	2,800 3,150
120	180	120 140 160	140 160 180				
180	250	180 200 225	200 225 250				
250	315	250 280	280 315				
315	400	315 355	355 400				
400	500	400 450	450 500				

/1.4.7/ 기본공차

- 기본공차의 계산
- 기본공차의 수치 : 공차등급 IT01~IT16에 대한 기본공차의 수치를 표 1.2에 표시한다.

표 1.2 500 mm 이하의 IT 기본공차표(각 공차등급에서 공차의 단위 : μm)

치수구분[mm] 초과	이하	IT01 01급	IT0 0급	IT1 1급	IT2 2급	IT3 3급	IT4 4급	IT5 5급	IT6 6급	IT7 7급	IT8 8급	IT9 9급	IT10 10급	IT11 11급	IT12 12급	IT13 13급	IT14 14급	IT15 15급	IT16 16급
−	3	0.3	0.5	0.8	1.2	2	3	4	6	10	14	25	40	60	100	140	250	400	600
3	6	0.4	0.6	1	1.5	2.5	4	5	8	12	18	30	48	75	120	180	300	480	750
6	10	0.4	0.6	1	1.5	2.5	4	6	9	15	22	36	58	90	150	220	360	580	900
10	18	0.5	0.8	1.2	2	3	5	8	11	18	27	43	70	110	180	270	430	700	1100
18	30	0.6	1	1.5	2.5	4	6	9	13	21	33	52	84	130	210	330	520	840	1,300
30	50	0.6	1	1.5	2.5	4	7	11	16	25	39	62	100	160	250	390	620	1,000	1,600
50	80	0.8	1.2	2	3	5	8	13	19	30	46	74	120	190	300	460	740	1,200	1,900
80	120	1	1.5	2.5	4	6	10	15	22	35	54	87	140	220	350	540	870	1,400	2,200
120	180	1.2	2	3.5	5	8	12	18	25	40	63	100	160	250	400	630	1,000	1,600	2,500
180	250	2	3	4.5	7	10	14	20	29	46	72	115	185	290	460	720	1,150	1,850	2,900
250	315	2.5	4	6	8	12	16	23	32	52	81	130	210	320	520	810	1,300	2,100	3,200
315	400	3	5	7	9	13	18	25	36	57	89	140	230	360	570	890	1,400	2,300	3,600
400	500	4	6	8	10	15	20	27	40	63	97	155	250	400	630	970	1,550	2,500	4,000

/1.4.8/ 기초가 되는 치수허용차

(1) 구멍의 기초가 되는 치수허용차

JS구멍을 제외한 구멍의 기초가 되는 치수허용차와 그 부호(+ 또는 −)를 표 1.3에 표시한다. 윗치수허용차 ES와 아랫치수허용차 EI는 그림 1.19에 도시된 대로 기초가 되는 치수허용차와 기본공차 IT에서 정한다.

(2) 축의 기초가 되는 치수허용차

js축을 제외한 축의 기초가 되는 치수허용차와 그 부호(+ 또는 −)를 표 1.4에 표시한다. 윗치수허용차 es와 아랫치수허용차 ei는 그림 1.19에 표시한 것과 같이 기본공차 IT에서 정한다.

표 1.3 기준치수 500 mm 이하에서 축의 치수허용차를 발췌한 표(단위 : $\mu\mathrm{m}$)

기초가 되는 치수허용차		위의 치수허용차											–
축종류		a	b	c	cd	d	e	ef	f	fg	g	h	js
IT 등급별 치수구분[mm]		01~16											(1) 기초가 되는 치수허용차는 없다
초과	이하												
–	3	−270	−140	−60	−34	−20	−14	−10	−6	−4	−2	0	
3	6			−70	−46	−30	−20	−14	−10	−6	−4		
6	10	−280		−80	−56	−40	−25	−18	−13	−8	−5	0	
10	14	−290	−150	−95	–	−50	−32	–	−16	–	−6	0	
14	18												
18	24	−300	−160	−110	–	−65	−40	–	−20	–	−7	0	
24	30												
30	40	−310	−170	−120	–	−80	−50	–	−25	–	−9	0	
40	50	−320	−180	−130									
50	65	−340	−190	−140	–	−100	−60	–	−30	–	−10	0	
65	80	−360	−200	−150									
80	100	−380	−220	−170	–	−120	−72	–	−36	–	−12	0	
100	120	−410	−240	−180									
120	140	−460	−260	−200	–	−145	−85	–	−43	–	−14	0	
140	160	−520	−280	−210									
160	180	−580	−310	−230									
180	200	−660	−340	−240	–	−170	−100	–	−50	–	−15	0	
200	225	−740	−380	−260									
225	250	−820	−420	−280									
250	280	−920	−480	−300	–	−190	−110	–	−56	–	−17	0	
280	315	−1,050	−540	−330									
315	355	−1,200	−600	−360	–	−120	−125	–	−62	–	−18	0	
355	400	−1,350	−680	−400									
400	450	−1,500	−760	−440	–	−230	−135	–	−68	–	−20	0	
450	500	−1,650	−840	480									

(계속)

표 1.3 기준치수 500 mm 이하에서 축의 치수허용차를 발췌한 표(단위 : μm)

기초가 되는 치수허용차		아래의 치수허용차															
축종류		j			k			m	n	p	r	s	t	u	v	x	y
IT 등급별 / 치수구분[mm]		5·6	7	8	01~3	4~7	8~16	01~16									
초과	이하																
–	3	-2	-4	-6	0	0	0	2	4	6	10	14	–	18	–	20	–
3	6			–	0	1	0	4	8	12	15	19	–	23	–	28	-2
6	10	-2	-5	–				6	10	15	19	–	23	–	28	–	34
10	14	-3	-6	–				7	12	18	23	28	–	33	–	40	–
14	18														39	45	–
18	24	-4	-8	–	0	2	0	8	15	22	28	35	–	41	47	54	63
24	30												41	48	55	64	75
30	40	-5	-10	–				9	17	26	34	43	48	60	68	80	94
40	50												54	70	81	97	114
50	65	-7	-12	–				11	20	32	41	53	66	87	102	122	144
65	80										43	59	75	102	120	145	174
80	100	-9	-15	–				13	20	32	51	71	91	124	146	178	214
100	120										54	79	104	144	172	210	254
120	140	-11	-18	0		3		15	27	43	63	92	122	170	202	248	300
140	160										65	100	134	190	228	280	340
160	180										68	108	146	210	252	310	380
180	200	-13	-21	–				17	31	50	77	122	166	236	284	350	425
200	225										80	130	180	258	310	385	470
225	250										84	140	196	284	340	425	520
250	280	-16	-260	–		4		20	34	56	94	158	218	315	385	475	580
280	315										98	170	240	350	425	525	650
315	355	-18	-28	–				21	37	62	108	190	268	390	485	590	730
355	400										114	208	294	435	530	660	820
400	450	-20	-32	–		5		23	40	68	126	232	330	490	595	740	920
450	500										132	252	360	540	660	820	1,000

표 1.4 기준치수 500 mm 이하에서 구멍의 치수허용차를 발췌한 표(단위 : μm)

기초가 되는 치수허용차		아래의 치수허용차											–
구멍종류		A	B	C	CD	D	E	EF	F	FG	G	H	JS
치수구분[mm] / IT 등급별		01~16											
초과	이하												
–	3	270	140	60	34	20	14	10	6	4	2	0	(1) 기초가 되는 치수허용차는 없다
3	6			70	46	30	20	14	10	6	4		
6	10	280	150	80	56	40	25	18	13	8	5	0	
10	14	290		95	–	50	32	–	16	–	6	0	
14	18												
18	24	300	160	110	–	65	40	–	20	–	7	0	
24	30												
30	40	310	170	120	–	80	50	–	25	–	9	0	
40	50	320	180	130									
50	65	340	190	140	–	100	60	–	30	–	10	0	
65	80	360	200	150									
80	100	380	220	170	–	120	72	–	36	–	12	0	
100	120	410	240	180									
120	140	460	260	200	–	145	85	–	43	–	14	0	
140	160	520	280	210									
160	180	580	310	230									
180	200	660	340	240	–	170	100	–	50	–	15	0	
200	225	740	380	260									
225	250	820	420	280									
250	280	920	480	300	–	190	110	–	56	–	17	0	
280	315	1,050	540	330									
315	355	1,200	600	360	–	120	125	–	62	–	18	0	
355	400	1,350	680	400									
400	450	1,500	760	440	–	230	135	–	68	–	20	0	
450	500	1,650	840	480									

(계속)

표 1.4 기준치수 500 mm 이하에서 구멍의 치수허용차를 발췌한 표(단위 : μm)

기초가 되는 치수허용차		위의 치수허용차									$\Delta = n - {}_{N-1}$					
구멍종류		J			K		M		N								
치수구분[mm] / IT 등급별		6	7	8	3~8	9~16	3~8	9~16	3~8	9~16	3	4	5	6	7	8
초과	이하															
−	3	2	4	6	0	0	−2	−2	−4	−4	0					
3	6	5	6	10	−1Δ	−	−4+Δ	−4	−8+Δ	0	1	1.5	1	3	4	6
6	10	5	8	12	−1Δ	−	−6+Δ	−6	−10+Δ	0	1	2	3	3	7	9
10	14	6	10	15	−1Δ	−	−7+Δ	−7	−12+Δ	0	1.5	2	3	4	8	12
14	18	6	10	15	−1Δ	−	−7+Δ	−7	−12+Δ	0	1.5	2	3	4	8	12
18	24	8	12	20	−2+Δ	−	−8+Δ	−8	−15+Δ	0	1.5	2	3	4	8	12
24	30	8	12	20	−2+Δ	−	−8+Δ	−8	−15+Δ	0	1.5	2	3	4	8	12
30	40	10	14	24	−2+Δ	−	−9+Δ	−9	−17+Δ	0	1.5	3	4	5	9	14
40	50	10	14	24	−2+Δ	−	−9+Δ	−9	−17+Δ	0	1.5	3	4	5	9	14
50	65	13	18	28	−3+Δ	−	−11+Δ	−11	−20+Δ	0	2	3	5	6	11	16
65	80	13	18	28	−3+Δ	−	−11+Δ	−11	−20+Δ	0	2	3	5	6	11	16
80	100	16	22	34	−3+Δ	−	−13+Δ	−13	−23+Δ	0	2	4	5	7	13	19
100	120	16	22	34	−3+Δ	−	−13+Δ	−13	−23+Δ	0	2	4	5	7	13	19
120	140	18	26	41	−3+Δ	−	−15+Δ	−15	−27+Δ	0	3	4	6	7	15	23
140	160	18	26	41	−3+Δ	−	−15+Δ	−15	−27+Δ	0	3	4	6	7	15	23
160	180	18	26	41	−3+Δ	−	−15+Δ	−15	−27+Δ	0	3	4	6	7	15	23
180	200	22	30	47	−4+Δ	−	−17+Δ	−17	−31+Δ	0	3	4	6	9	17	26
200	225	22	30	47	−4+Δ	−	−17+Δ	−17	−31+Δ	0	3	4	6	9	17	26
225	250	22	30	47	−4+Δ	−	−17+Δ	−17	−31+Δ	0	3	4	6	9	17	26
250	280	25	36	55	−4+Δ	−	−20+Δ	−20	−34+Δ	0	4	4	7	9	20	29
280	315	25	36	55	−4+Δ	−	−20+Δ	−20	−34+Δ	0	4	4	7	9	20	29
315	355	29	39	60	−4+Δ	−	−21+Δ	−21	−37+Δ	0	4	5	7	11	21	32
355	400	29	39	60	−4+Δ	−	−21+Δ	−21	−37+Δ	0	4	5	7	11	21	32
400	450	33	43	66	−5+Δ	−	−23+Δ	−23	−40+Δ	0	5	5	7	13	23	34
450	500	33	43	66	−5+Δ	−	−23+Δ	−23	−40+Δ	0	5	5	7	13	23	34

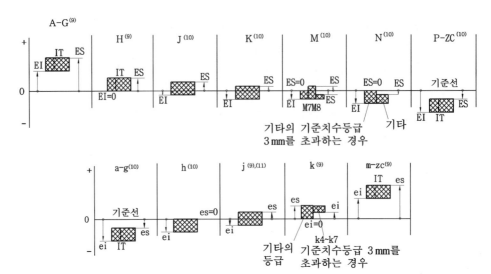

그림 1.19 ▶ 구멍과 축의 여러 치수허용차

(3) JS구멍, js축의 기초가 되는 치수허용차

JS구멍 및 js축의 경우 기본공차는 기준선에 대하여 대칭으로 나눈다(그림 1.20). 즉, JS구멍의 경우 $|ES| = |EI| = \dfrac{IT}{2}$, js축의 경우 $|es| = |ei| = \dfrac{IT}{2}$.

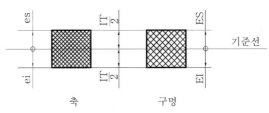

그림 1.20 ▶ JS구멍과 js축의 치수허용차

/1.4.9/ 상용되는 끼워맞춤

상용되는 끼워맞춤은 H구멍을 기준구멍으로 하고, 이에 적당한 축을 선택하여 필요한 죔새 또는 틈새를 주는 끼워맞춤(구멍기준 끼워맞춤) 또는 h축을 기준축으로 하여 이것에 적당한 구멍을 선택하여 필요한 죔새 또는 틈새를 주는 끼워맞춤(축기준 끼워맞춤) 중 하나를 선택한다. 기준치수 500 mm 이하의 상용되는 끼워맞춤에 사용하는 구멍, 축의 공차역 클래스는 표 1.5 및 표 1.6과 같다.

표 1.5 상용되는 구멍기준 끼워맞춤

기준구멍	축의 공차역 클래스																
	헐거운끼워맞춤							중간끼워맞춤			억지끼워맞춤						
	b	c	d	e	f	g	h	js	k	m	n	p	r	s	t	u	x
H6						g5	h5	js5	k5	m5							
H6					f6	g6	h6	js6	k6	m6	n6*	p6*					
H7					f6	g6	h6	js6	k6	m6	n6	p6*	r6	s6	t6	u6	x6
H7				e7	f7		h7	js7									
H8					f7		h7										
H8				e8	f8		h8										
H8			d9	e9													
H9			d8	e8			h8										
H9		c9	d9	e9			h9										
H10	b9	c9	d9														

(주) * 이들의 끼워맞춤은 치수의 구분에 따라 예외가 생긴다.

표 1.6 상용되는 축기준 끼워맞춤

기준축	구멍의 공차역 클래스																
	헐거운끼워맞춤							중간끼워맞춤			억지끼워맞춤						
	B	C	D	E	F	G	H	JS	K	M	N	P	R	S	T	U	X
h5							H6	JS6	K6	M6	N6*	P6					
h6					F6	G6	H6	JS6	K6	M6	N6	P6*					
h6					F7	G7	H7	JS7	K7	M7	N7	P7*	R7	S7	T7	U7	X7
h7				E7	F7		H7										
h7					F8		H8										
h8			D8	E8	F8		H8										
h8			D9	E9			H9										
h9			D8	E8			H8										
h9		C9	D9	E9			H9										
h9	B10	C10	D10														

(주) * 이들의 끼워맞춤은 치수의 구분에 따라 예외가 생긴다.

구멍기준방식에서는 틈새와 죔새의 정도가 축에 허용되며, 구멍의 정확한 이론적인 크기는 축을 만들기 위한 모든 치수 계산의 기준이 된다. 이때 구멍공차는 항상 (+)로 하여 표준리머나 게이지를 사용할 수 있도록 한다.

축기준방식에서는 틈새와 죔새의 정도가 구멍에 허용되며, 축이 치수결정을 하기 위한 기준이 된다. 이 방식은 구멍기준방식보다 자주 사용되지는 않으나 특수한 조립과 장비에 사용된다. 이 방식의 이점은 정밀하게 연삭된 축이나 시중에서 쉽게 구입할 수 있는 연삭봉의 외경을 변화시키지 않고 조립하는 데 사용할 수 있다. 그러나 축의 크기에 맞는 구멍을 가공하기 위해 특수한 리머와 게이지가 필요한 단점이 있다.

일반적으로 구멍기준방식을 많이 사용하나 장비의 성능과 특성이 매우 우수한 경우 등 축기준방식이 더 바람직한 경우가 있다.

기계설계에 필요한 공차를 결정할 때 설계자가 기계를 매우 정밀한 공차로 제작할 경우, 비용이 일반적으로 증가한다는 사실을 명심해야 한다. 많은 양의 제품을 생산할 때 높은 정밀도를 유지한다는 것은 매우 어렵고 제작비가 비싸게 든다. 따라서 제품의 용도와 기능을 고려하여 가능한 한 공차를 크게 적용하는 것이 바람직하다. 설계자는 제품도면에 명시된 제품공차를 충분히 검토한 후 제품이 요구하는 허용공차 내에서 생산할 수 있게 공차를 결정한다. 일반적으로 치공구 도면에서의 제작공차는 요구되는 제품공차의 20% 내지 50%를 부여한다. 지나치게 정밀한 공차는 경제적 낭비가 되며 부품의 가격만 높이게 된다.

예제 1-1 $\phi 65$ F7g5로 끼워맞춤 기호가 주어질 때 구멍과 축의 치수공차를 표기하시오.

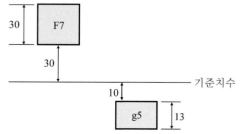

$\phi 65 F7g5$	
구멍 $\phi 65^{+0.06}_{+0.03}$	
축 $\phi 65^{-0.010}_{-0.023}$	
최대틈새	0.040 mm
최소틈새	0.083 mm
헐거운 끼워맞춤	

그림 1.21 ◗ $\phi 65$ F7g5 끼워맞춤의 공차역 위치

직경이 65 mm이므로 F7구멍의 기본공차는 표 1.2 IT기본공차표에서 IT7등급 30 μm 로 찾는다. 표 1.4에서 F구멍은 아래치수허용차가 30 μm 이므로 그림과 같이 기준치수선을 기준으로 구멍의 공차역 위치를 그리면 쉽게 치수공차를 이해할 수 있다. 그림에서 구멍의 치수는 최소 65.03 mm, 최대 65.06 mm로 계산된다. 축의 치수공차는 표 1.3에서 g5축은 위의 치수허용차가 -10 μm 이고, 표 1.2에서 IT5등급의 기본공차는 13 μm 이므로 이를 기준치수선 아래에 공차역을 그리면 알기 쉽다. 그림에서 축의 최소치수는 65-0.023=64.977 mm, 최대치수는 65-0.010=64.990 mm이다.

최소틈새는 0.010 mm, 최대틈새는 0.083 mm로 계산되므로 $\phi 65$ H6g5 기호는 헐거운 끼워맞춤을 의미한다.

예제 1-2 ϕ150 H7js6로 끼워맞춤 기호가 주어질 때 구멍과 축의 치수공차를 표기하시오.

$\phi150\,H7js6$	
구멍 $\phi150^{+0.04}_{\ \ 0}$	
축 $\phi150^{+0.0125}_{-0.0125}$	
최대틈새	0.0125 mm
최소죔새	0.0525 mm
중간끼워맞춤	

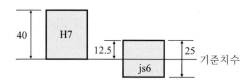

그림 1.22 ▶ ϕ150 H7js6 끼워맞춤의 공차역 위치

직경이 150 mm이므로 H7구멍의 기본공차는 표 1.2 IT기본공차표에서 IT7등급 40 μm. 표 1.4에서 H구멍은 아래치수허용차가 0 μm이므로, H구멍의 공차역은 기준치수선에 접하게 된다. 따라서 구멍의 치수는 최소 150 mm, 최대 150.040 mm이다.
표 1.3에서 js6축은 기초가 되는 치수허용차가 없으므로 통상 위치수 허용차＝아래치수허용차＝(IT기본공차)/2로 한다. 표 1.2에서 IT6등급의 기본공차는 25 μm이므로 축의 최소치수는 150－0.0125＝149.988 mm, 최대치수는 150＋0.0125＝150.025 mm이다. 따라서 죔새는 0.0125 mm, 틈새는 0.0525 mm로 계산되므로 ϕ150 H7js6는 중간끼워맞춤을 의미한다.

예제 1-3 ϕ100 H8e8로 끼워맞춤 기호가 주어질 때 구멍과 축의 치수공차를 표기하시오.

$\phi100\,H8e8$	
구멍 $\phi100^{+0.054}_{\ \ 0}$	
축 $\phi100^{-0.072}_{-0.126}$	
최대틈새	0.180 mm
최소틈새	0.072 mm
헐거운끼워맞춤	

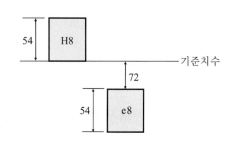

그림 1.23 ▶ ϕ100 H8e8 끼워맞춤의 공차역 위치

직경이 100 mm이므로 H8구멍의 기본공차는 표 1.2 IT기본공차표에서 IT8등급 54 μm로 찾는다. 표 1.4에서 H구멍은 아래치수허용차가 0 μm이므로 그림과 같이 기준치수선에 접하도록 H구멍 공차역을 그리면 쉽게 치수공차를 이해할 수 있다. 그림에서 구멍의 치수는 최소 100.000 mm, 최대 100.054 mm로 계산된다. 축의 치수공차는 표 1.3에서 e축은 위의 치수허용차가 － 72 μm이고 표 1.2에서 IT8등급의 기본공차는 54 μm이므로 이를 기준치수선 아래위치에 공차역을 그리면 알기 쉽다. 그림에서 축의 최소치수는

$100 - 0.126 = 99.874$ mm, 최대치수는 $100 - 0.072 = 99.928$ mm로 계산된다. 최소틈새는 0.072 mm, 최대틈새는 0.180 mm로 계산되므로 $\phi65$ H8e8 기호는 헐거운 끼워맞춤을 의미한다.

예제 1-4 $\phi20$ K7n6로 끼워맞춤 기호가 주어질 때 구멍과 축의 치수공차를 표기하시오.

$\phi20 K7n6$	
구멍 $\phi20^{+0.006}_{-0.015}$	
축 $\phi20^{+0.028}_{+0.015}$	
최대죔새	0.009 mm
최소죔새	0.043 mm
억지끼워맞춤	

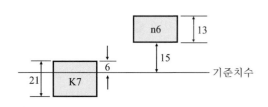

그림 1.24 ◐ $\phi20$ K7/n6 끼워맞춤의 공차역 위치

직경이 20 mm이므로 K7구멍의 기본공차는 표 1.2 IT기본공차표에서 IT7등급 $21\mu m$. 표 1.4에서 K구멍은 위의 치수허용차가 $-2+\Delta$이고 맨 우측열에서 IT7등급인 경우 $\Delta = 8$로 찾을 수 있으므로 위의 치수허용차는 $-2+8=6$으로 계산됨에 주의해야 한다. 이 결과를 이용하여 K7구멍의 공차역을 기준치수선을 기준으로 그리면 위의 그림과 같다. 따라서 구멍의 치수는 최소 19.985 mm, 최대 20.006 mm이다.
표 1.3에서 n6축은 아래의 치수허용차가 $15\mu m$이고, 표 1.2에서 IT6등급의 기본공차는 13 μm이므로 n6축의 공차역은 기준치수선 위쪽에 그려진다. 그림에서 축의 최소치수는 $20+0.015 = 20.015$ mm, 최대치수는 $20+0.028 = 20.028$ mm이다.
최소죔새는 0.009 mm, 최대죔새는 0.043 mm로 계산되므로 ϕ 20 K7n6는 억지끼워맞춤이다.

/1.4.10/ 결합부품간의 치수차를 실무적으로 관리하는 기법

조립부품의 계획적인 치수 차이를 허용공차여유(allowances)라 한다. 이것은 최소한의 여유 공간을 말하며, 가장 잘 맞게 허용할 수 있는 끼워맞춤의 조건을 의미한다. 이때 축이나 스터드(stud) 등 치수가 제한된 내부부품이 상대의 구멍이나 홈 등 치수가 일정한 외부결합부품보다 작을 때의 치수차를 틈새(clearance)라고 하며, 내부 축의 한계치수가 결합되는 외부구멍의 한계치수보다 클 때의 치수차를 죔새(interference)라고 한다.

(1) 선택 평균 틈새

공차범위 내에서 선택조립을 통해 얻어지는 결합부품 사이의 한정된 여유가 선택된 평균 틈새이다. 중요한 작동상태가 요구되는 경우에 움직이는 부품에 주어지는 틈새량이 표준규격 끼워맞춤에 의해 제공되는 틈새보다 작게 주어질 경우, 한정된 한계 내에서 조정되어야만 한다.

이때 상한치수로 만들어진 축은 상한치수로 가공된 구멍에 조립하고, 하한치수로 만들어진 축은 하한치수로 가공된 구멍에 조립하는 선택조립방법이 필요하다. 그리고 중간치수로 만들어진 축은 역시 중간치수로 가공된 구멍에 조립해야 할 것이다.

이론적으로 정확한 틈새를 만든다는 것은 매우 어려운 일이며, 어떤 허용량을 정하는 것은 응용되는 요구조건에 따라 달라진다. 예를 들면, 중요한 조립부품이 아닐 경우는 보다 더 중요한 조립부품보다 큰 틈새공차를 허용할 것이기 때문에 허용공차가 클수록 최대치수의 축이 최소치수의 구멍에 조립되는 경우가 많아질 것이다.

이러한 바람직하지 못한 상태를 피하기 위해서는 구멍과 축을 전체 허용되는 공차 내에서 그룹별 등급으로 나누어 각 관계되는 등급으로 선택 조립되게 한다.

예를 들면, 그림 1.25에서처럼 제작공차는 각각 0.02이나 축과 구멍을 선택해서 0.01 틈새가 되게 조립시키는 것으로, 이 예는 큰 기계 가공공차 내에서 최대 조립변화량이 0.01인 경우를 설명한 것이다. 즉, 선택 조립이 사용될 때는 선택공차량만큼 구멍치수가 축치수보다 항상 커야 한다.

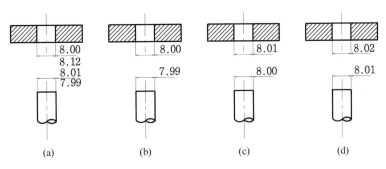

그림 1.25 ● 선택 조립에서 얻어지는 평균틈새(0.01)

(2) 선택 평균 죔새

금속의 선택 평균 죔새는 억지끼워맞춤이 요구되는 조립부품간의 적절한 치수차를 말한다. 이러한 조건은 조립부품들을 선택할 때 큰 축은 큰 구멍에, 작은 축은 작은 구멍에 조립함으로써 얻어지는데, 이것을 선택 조립이라 한다.

많은 부품들은 주어진 공차 내에서 만들어졌다 해도 공차범위 내에서 치수의 변화가 크기 때문에 조립 시 축과 구멍 사이에 선택 평균 쬠새를 얻기 위해서는 큰 축은 큰 구멍에, 작은 축은 작은 구멍에 조립시켜야 하며, 이 선택 조립과정은 해당 부품의 전부에 적용해야 한다.

/1.4.11/ 기하공차(형상 규제 공차)

기하공차는 도면상의 치수공차만으로는 형상 및 위치에 대한 기하학적 특성을 규제할 수 없기 때문에 이를 규제하기 위한 새로운 공차표현방식이다. 기하공차의 응용범위는 다음과 같다.

- 현장의 작업 표준이나 공작 수준이 요구하는 정밀도를 얻는데 신뢰할 수 없을 때
- 적절한 공작 수준을 확립할 만한 작업 표준이 만들어져 있지 않을 때
- 치수공차만으로는 필요한 형상규제가 이루어지지 않을 때

(1) 기하공차의 규격과 해석

ANSI Y14.5-1956의 기하학적 치수공차 표시법에 기초해 제정된 ISO/RI001-1969는 최근의 ANSI Y14.5M-1982가 최신규격으로 개정된 후 ISO 1101-1983도 다음 해에 개정되었다. 한국공업규격은 ISO규격에 기초해 기하공차의 정의 및 표시(KS, B0425-1986), 최대실체공차방식(KS B0242-1986), 기하공차를 위한 데이텀(KS B0243-1987), 기하공차의 도시방법(KS B0608-1987)이 규격으로 정해져 있다.

(2) 기하공차의 사용목적

기하공차는 형체의 기하학적 특성을 허용할 수 있는 오차로, 실제의 기능에 관련하여 설계의 치수 및 공차상의 요구가 명확하고, 조립에 있어서 결합부품의 호환성도 확실해진다. 즉, 기하공차는 가장 경제적으로 부품을 만들 수 있도록 부품형체의 실제적인 기능 관계에 중점을 두고 도면의 치수공차 및 형상, 위치공차를 정하는 수단이다.

기하공차의 사용목적은 다음과 같다.

- 기하공차 방식을 사용하면 제조비용을 절감할 수 있다.
- 최대의 제작공차를 통하여 생산성을 올릴 수 있다.
- 실제의 기능에 관련하여 설계상의 치수공차에 관한 요구가 명확해진다.
- 조립 시 결합부품의 호환성을 높일 수 있다.

- 기능게이지(functional gauge)를 적용하여 효율적인 검사를 할 수 있다.
- 표준화된 도면작성으로 일관성 있는 해석을 할 수 있다.

(3) 기하공차를 필요로 하는 형체

평행도, 직각도, 동심도, 구멍중심간의 대칭, 구멍의 위치 등 기하공차가 요구되는 경우에 치수허용공차만으로 형체를 규제하였다면 도면상에서 기하학적인 형상에 대해서 어느 정도로 정밀해야 하는가가 분명하지 않다. 이런 경우 이론적으로 정확한 기하학적인 형상을 만든다는 것은 거의 불가능하다.

구멍의 위치공차가 요구되는 경우를 예로 들면, 그림 1.26(a)에서 4개의 구멍 중 A구멍 중심의 변동 허용영역은 수평방향과 수직방향에 대해 15 ± 0.1이며, 좌표 $X=15$, $Y=15$의 위치를 중심으로 하여 한 변이 0.2인 정사각형 면적 안에 있어야 한다.

만약 A구멍이 P점에 있을 경우 다른 3개 구멍의 중심에 대한 허용공차역의 해석에 관하여 살펴보면

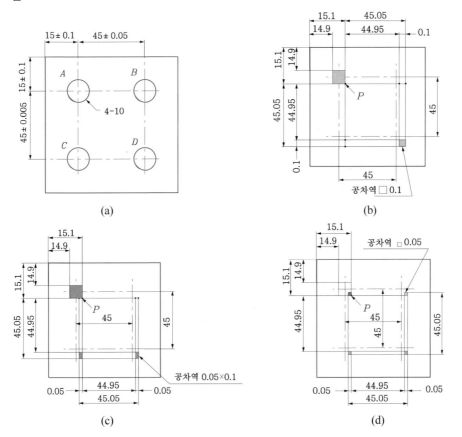

그림 1.26 ▶ 구멍의 위치공차를 나타내는 여러 방법

(해석 1) 그림 1.26(b)의 P점에서 수평방향과 수직방향으로 그린 선 위에 44.95~45.05 사이에 구멍중심이 존재해야만 하고, 구멍 D의 중심은 구멍 B와 C의 공차역을 연장해서 이루어진 □ 0.1의 공차역 내에 있는 것으로 한다.

(해석 2) 그림 1.26(c)에서 구멍중심의 치수 45 ± 0.05는 두 개의 구멍중심 사이에 대해 적용되는 것으로 판재(板材) 단면과는 아무 관계가 없다. 따라서 P 점에서 수평방향으로 최소허용한계치수 44.95를 취하여, 이와 대칭으로 최대허용한계를 잡아 이루어진 좌우 0.05의 직선상을 공차역으로 하고, 구멍 C의 중심은 이 공차역을 직각 아래로 연장해서 이루어진 0.05×0.1의 직사각형 공차역 내에 있는 것으로 한다.

(해석 3) 그림 1.26(d)에 있어서는 해석 2의 수평방향의 공차역 원리를 수직방향에도 적용하여 각각 □ 0.05의 공차역으로 한다.

위에서는 세 가지로 나누어 설명했으나 이런 식으로 생각하면 해석의 여지(餘地)는 아직도 많이 있다. 즉, 그림 1.26(a)의 경우 구멍 A를 제외한 3개의 구멍에 대한 중심위치의 공차역에 대해서는 동일한 해석이 없다. 그러므로 그림 1.26(a)처럼 종래의 조건만으로 표시된 도면은 제작도로서는 미흡한 대표적인 사례이다. 이것들을 확실히 하는 것이 기하공차이며, 이에 관하여 해석을 가능하게 한 것이 기하공차의 도시방법이다.

(4) 기하공차의 영역

부품의 기하학적 형상을 구성하는 점, 선, 축심, 면 및 중심면 등을 형체라 하며, 이 형체가 기하학적으로 정확한 모양으로부터 벗어나는 것을 허용할 수 있는 영역을 기하공차역이라 하고, 그 값을 기하공차라 한다.

① 직선 또는 평면의 기하편차와 기하공차역

부품이 직선 부분일지라도 기하학적으로 정확히 평행인 두 직선을 가정해서 부품의 직선 부분을 끼고, 이 두 직선의 거리가 최소가 되었을 때를 기하편차라 하고, 이를 제작하려고 하는 직선 부분을 기하학적으로 정확한 평행인 두 직선 사이에 존재함을 지정할 때 이 사이의 영역을 공차역이라 한다. 평면의 공차역인 경우는 여기서 말하는 평행인 두 직선을 평행인 두 평면으로 고쳐 읽으면 된다.

그림 1.27에서 직선이나 평면 $A_1 - B_1$, $A_2 - B_2$, $A_3 - B_3$에 각각 평행한 직선이나 평면과의 간격을 h_1, h_2, h_3이라 할 때 이 간격을 편차라 한다.

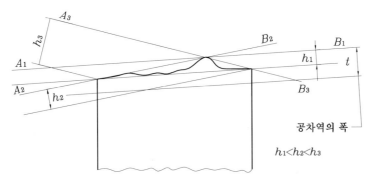

그림 1.27 ▶ 평면의 기하학적 편차

② 원 또는 원통의 기하편차와 기하공차역

부품에서 원이라고 하는 것은 실제로는 원통 부분으로 존재하는 것이 대부분이지만, 그 원통축에 직각으로 절단한 원형단면을 고찰해 보면, 기하학적으로 정확한 동심의 두 개 원으로 축의 직각단면의 원형 부분을 포함한다. 그 두 원의 반지름의 차가 최소가 되었을 때 중간 부분을 원의 기하편차라 하며, 제작할 경우에는 제품을 수용하지 않으면 안되는 두 개의 동심원(同心圓) 사이의 영역을 공차역이라 한다.

원통의 공차역인 경우에는 여기서 말하는 두 개의 동심원을 두 개의 원통으로 고쳐 읽으면 된다.

그림 1.28에서 A_1의 중심 C_1은 두 개의 동심원 또는 두 개의 동축원통의 위치를 결정하며, A_2의 중심 C_2는 반지름 방향의 거리가 최소가 되는 두 개의 동심원 또는 동축원통의 위치를 결정한다. 각각의 경우 반지름 방향의 거리는 Δr_1, Δr_2이고, 대소관계는 $\Delta r_1 > \Delta r_2$이다. 따라서 두 동심원 또는 두 동축원통의 위치는 A_2로 표시한다. 이때 Δr_1은 편차값이다.

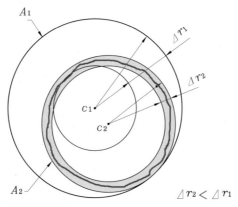

$$\triangle r_2 < \triangle r_1$$

그림 1.28 ▶ 원 또는 원통의 기하학적 편차

(5) 최대실체 공차방식

최대실체 공차방식은 치수공차와 기하공차 사이의 상호의존 관계를 최대실체 상태를 기본으로 하여 주어지는 공차방식으로, 기하공차의 기초이며 가장 중요한 원칙 중 하나이다.

즉, 최대실체 공차방식은 크기를 갖는 형체(구멍, 축, 홈, 돌출부)의 실체가 최대가 되는 상태를 말한다. 그러나 크기를 갖는 부품형체는 기하학적으로 이상적인 ±0이 되는 표면으로 가공되는 것은 불가능하다. 그러므로 상한치수와 하한치수의 허용한계치수인 치수공차를 갖는다.

축이나 돌출부의 경우에 가장 큰 체적을 갖는 치수가 상한치수이며 이 상한치수가 축이나 돌출부의 MMS(Maximum Material Size)치수이다. 구멍이나 홈의 경우에는 구멍이나 홈을 제외한 가장 큰 체적을 갖는 조건, 즉 하한치수가 구멍이나 홈의 MMS치수이다.

최대실체조건(Maximum Material Codition ; MMC)이 형체규제 테두리 안에 규제되는 경우, 규정된 공차는 규제되는 형체 또는 데이텀이 최대실체 치수에 있을 때에만 적용된다.

규세조건이 MMS로 규제될 경우 MMS에서 치수변화에 따라, 즉 구멍의 하한치수(MMS)에서 상한치수로 구멍이 커지면 구멍이 커진 크기만큼 기하공차가 추가된다. 축의 경우는 축의 상한치수(MMS)에서 하한치수로 작아지면 축이 작아진 크기만큼 기하공차가 추가된다. 이때 추가된 공차를 부가공차(bonus tolerance)라 한다(그림 1.29).

일반적으로 최대실체 공차방식의 원칙을 사용하면 최대실체 치수를 초과하는 공차변동에 따라 기하공차도 크게 허용되며, 이로써 결합부품 상호간에 호환성을 확실하게 하고, 기능게이지(functional gauge) 방법을 적용하여 많은 양의 부품을 효율적으로 검사, 측정할 수 있고 제작공차를 최대로 이용하여 경제적이고 효율적인 생산활동을 할 수 있다.

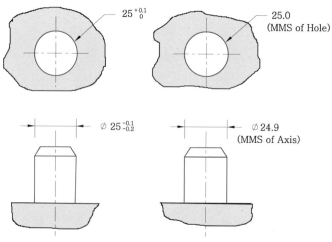

그림 1.29 ▶ 구멍과 축의 MMS

최대실체 공차방식의 원칙은 다음 두 가지 조건이 함께 존재할 경우에 한하여 유효하다.

- 두 개 또는 그 이상의 형체가 위치 또는 형상에 관하여 상호관계가 있고(예를 들면, 하나의 구멍과 하나의 면, 두 개의 구멍 등), 적어도 하나는 크기치수를 갖는 형체이어야 한다.
- 최대실체 공차방식을 적용하는 형체는 두 개 이상의 부품이 결합되는 형체이어야 한다.

예를 들면, 그림 1.30처럼 구멍의 지름이 최대실체 치수 $\varnothing 50$일 때 구멍의 중심은 데이텀 평면 A에 직각으로 $\phi 0.08$의 공차역 내에 있어야 하며, 이때 구멍은 데이텀 평면 A에 직각인 실효상태($\phi 49.92 = 50 - 0.08$)를 넘어서는 안 된다.

또한 구멍이 상한치수 $\phi 50.13$의 최소실체 치수일 때 최대 허용되는 직각도공차는 최대실체 치수 $\phi 50$에서 구멍이 커진 공차인 0.13만큼 직각도공차 0.08에 추가되어 0.21까지 허용되며, 그 범위 내에서 모양의 변화가 허용된다.

이 부품의 구멍에 결합되는 상대부품인 축의 최대치수는 실효치수(Virtual Size ; VS) $\phi 49.92$ 보다 커서는 안 되며, 축의 최대지름이 $\phi 49.92$일 때 그 축의 직각도는 0으로 완전해야 구멍에 축이 결합되며 실효치수 $\phi 49.92$가 이 부품의 구멍을 검사하는 기능게이지의 기본치수가 된다.

(6) 공차해석상의 문제

앞에서 설명한 모든 기하공차를 규제해야 할 경우 KS규격에 따라 공차규제를 해 나갈 수는

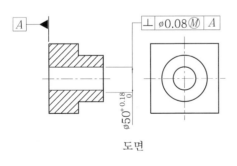

도면

실치수	직각도
50.00	0.08
50.10	0.18
50.11	0.19
50.12	0.20
50.13	0.21

실치수에 따라 추가되는 직각도 공차

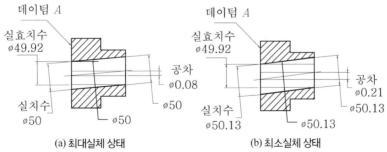

(a) 최대실체 상태   (b) 최소실체 상태

그림 1.30 ▶ MMS에 따른 직각도 공차

있으나 아직 실무적으로 적용하는 데에는 여러 가지 문제점이 있다. 그중 하나가 3차원 물체를 해석하는 능력에 한계가 있다는 것이다. 요즘에는 solid modeler를 활용한 컴퓨터 프로그램들이 부품도와 조립도를 3차원으로 시각화하여 이해하는데 도움을 주지만, 설계자로 하여금 3차원 물체를 정확하게 해석하는 데는 어려운 점이 있다. 그러므로 기하공차에 대한 현재의 표준은 2차원적인 설계에 주로 적용되고 있으며, 3차원 물체에 적용할 때에는 새로운 해석이 필요하다. 또한 기하공차는 측정방법에 기초를 두고 개발된 것이므로 각 부품의 품질 규제에는 잘 맞으나 각 부품이 조립되는 과정에서 생기는 최종 조립체의 공차누적현상을 분석하기에는 아직 어려운 문제로 남아있다.

기하공차 중에는 자주 복합적인 기하학적 특성으로 해석되는 것들이 있다.

기하공차에서 4가지의 예를 들어보면

- 평행도(parallelism)에는 평면도(flatness)와 진직도(straightness)가 포함된다.
- 흔들림(runout)에는 진원도(roundness) 및 진직도와 원통도(cylindricity)가 포함된다.
- 원통도공차에는 동시에 진원도 및 진직도와 원통 표면 요소들의 평행도가 포함된다.
- 위치도(position)는 복합공차로서 형체의 진직도, 평행도, 진원도 및 직각도(squareness)와 아울러 정확한 위치로부터의 축심 또는 중간면의 변동량(變動量)을 규제한다.

다른 문제 중의 하나는 각도(방향)공차의 정확한 표현이 부족하다는 것이다. 각도공차가 종종 누적 위치오차에 대한 중요한 원인이 되기도 하지만, 기하공차의 정의에서는 각도공차에 의해 발생될 수 있는 누적에 대해서는 정확한 언급이 없다.

직각도공차의 예를 들면, 공차영역의 여러 가지 형태에 대해 정의되어 있으며 직각도의 한계 영역은 다음과 같은 것들이 있다.

- 평행한 두 면 사이의 공차영역
- 원통형 공차영역
- 두 평행선 사이의 공차영역

/1.4.12/ 각종 기하공차의 규제방법

(1) 위치도(Position : ⊕)

위치도란 규제된 형체가 다른 형체나 기준 데이텀에 관계된 형체의 규정위치에 대해서 어느 정도 허용되는 위치의 변위량(變位量)이다. 그러므로 위치도에 대한 공차역은 규제형체의 생긴 형상에 따라 원형형상의 축심을 기준으로 한 지름공차역(ϕ)이냐 아니면 비(非)원형형상의 축심을 기준으로 한 폭공차역이냐에 따라 공차영역이 달라진다.

치수공차로 위치를 지정하는 경우에는 그 해석이 다양해져 일관성이 결여되는 일이 많다. 이에 반하여 위치도의 공차역을 지정하는 방법에는 다음과 같은 이점이 있다.

① 지름공차역의 채택으로 공차역이 확대

치수공차에 의해 그림 1.31과 같이 직교좌표 방식으로 위치를 결정할 경우에는 (b)와 같은 정방형 또는 직사각형의 공차역이 형성되며, 각도에 의한 극좌표 방식에서는 부채꼴의 공차역이 생긴다. (b)의 경우를 주의깊게 살펴보면 $\phi=20$ 구멍의 실제 위치는 X, Y 좌표의 중심 위치이며, 이 공차영역 내에서는 어디에 있어도 좋다는 것이다. 따라서 실제 중심위치로부터 허용되는 최대허용치는 대각선 방향으로 발생되며, 이때의 공차는 직교좌표로 지정된 공차의 약 1.4배가 된다.

그림 1.31(b)의 대각선 방향으로 표시된 최대 공차값은 원통형상의 결합부품과의 조립에 대해서 간섭을 일으키지 않고, 어느 쪽으로도 인정되는 경우가 많다. 따라서 그림 1.27(c)에 나타낸 것과 같이 $\phi0.14$의 지름공차역으로 바꾸어 놓을 수가 있다. 이와 같이 지름공차역의 위치도 공차를 사용하여 나타낸 것이 그림 1.31(d)이며, 위치도공차역은 직교좌표 공차역의 공차영역에 비해 그림 1.32에서처럼 57%의 큰 공차역이 확대됨에 따라 생산원가를 절감할 수 있다.

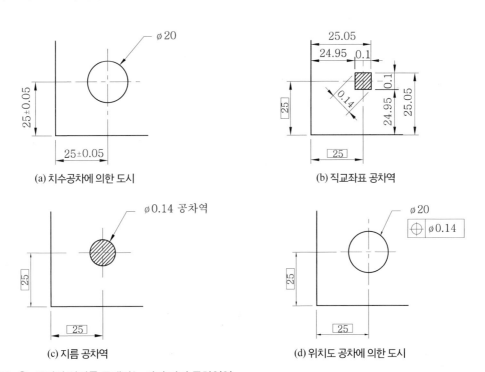

그림 1.31 ▶ 구멍의 위치를 규제하는 여러 가지 공차영역

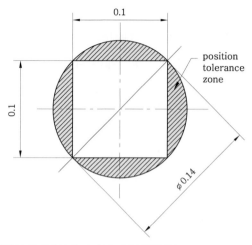

그림 1.32 ▶ 기하공차의 위치도 규제방식에 따라 증가된 공차영역

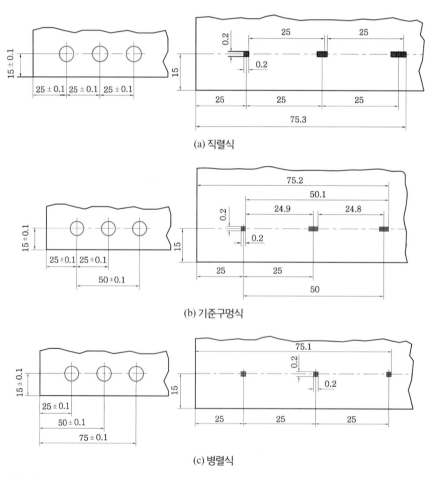

(a) 직렬식

(b) 기준구멍식

(c) 병렬식

그림 1.33 ▶ 치수공차방식으로 규제된 구멍의 위치

② 위치도공차에 의한 공차누적의 해결

위치를 치수만으로 지정하면 공차의 누적이 생기는 수가 많다. 그림 1.33처럼 공차가 누적되는데는 기준으로 정한 위치에 따라 해석도 달라져 일관성이 없다.

위치에 대해서 치수공차만으로 통일된 해석이 가능한 방법은 그림 1.33(c)에 제시한 병렬기입법뿐이다.

이에 대해 위치도를 사용하는 경우에는 그림 1.34처럼 이론적으로 정확한 치수로부터 진위치(眞位置)를 지정하여 그 둘레에 위치도의 공차역을 지정함으로써 공차의 누적이 생기지 않는다. 치수공차와 위치도공차영역을 비교해 보면, 그림 1.35(a)는 직교좌표방식에 의하여 규제된 부품으로 4개의 구멍과 구멍의 위치를 나타내는 치수에 공차를 주어 4개의 구멍에 적용된 4각형의 공차역을 나타낸 것이고, (c)그림은 구멍과 구멍간에 치수를 공차가 없는 기준치수로 규제하고, 위치도공차 $\phi 0.07$에 의해 4개의 구멍에 대한 위치관계를 도해(圖解)한 그림으로 차이점은 다음과 같다.

- 구멍중심에 대한 공차역에 있어서 직교좌표방식은 정사각형이고, 위치도 공차방식에서는 지름공차역이다.
- 구멍중심간의 치수에 있어서 직교좌표방식은 치수공차로 표시되어 있고, 위치도공차방식에서는 기준치수로 표시된다.
- 구멍에 대해서 직교좌표방식은 치수공차만으로 규제되었으나, 위치도 공차방식에서는 구멍에 치수공차와 위치도공차를 함께 규제하였다.

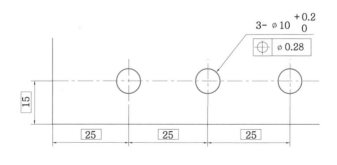

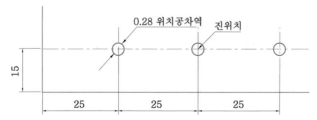

그림 1.34 ▶ 공차누적이 없는 위치도에 의한 위치규제

이 비교에서 0.05의 직교좌표공차역은 위치도공차역으로 0.07이 된다. 해칭된 정사각형이 직교좌표방식에 의해 규제된 최대실체 조건(Maximum Material Codition ; MMC)일 때 규제된 위치도공차역이고, 큰 원 0.13은 최소실체 조건(Least Material Condition)일 때, 즉 구멍이 상한치수로 가장 크게 가공되었을 때 적용될 수 있는 최대 위치도공차역이다.

결론적으로 직교좌표방식에서는 구멍중심으로부터 벗어남을 볼 때 대각선방향이 X방향이

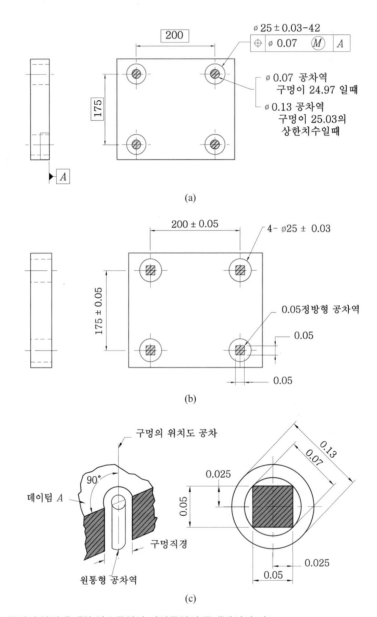

그림 1.35 ◉ 구멍의 위치에 대한 치수공차와 기하공차의 규제방식의 비교

나 Y방향보다 큰 공차역를 취할 수 있음을 말해 주고 있다. 따라서 구멍이 상대부품과 결합 되는 형체라고 보면 직교좌표에 의한 정사각형 공차역의 제한은 비합리적이라고 할 수 있으 며, 보다 큰 공차를 허용할 수 있는 위치도공차의 지름공차역은 실용적이라 할 수 있다.

(2) 직각도(Squareness : ⊥)

직각도는 대상이 되는 형체의 기준, 즉 데이텀이 있어야 규제되는 형상공차로, 데이텀 평면 이나 축심에 대해 90°를 기준으로 한 완전한 직각으로부터 규제 형체가 벗어난 크기를 말한다.

직각도를 규제하는 공차역은 규제 형체가 데이텀에 따라 다음과 같은 경우에 규제된다.

- 데이텀 평면에 대해 수직인 평면을 갖는 형체
- 데이텀 평면에 대해 수직인 중간면을 갖는 형체
- 데이텀 축심에 대해 수직인 축심을 갖는 형체
- 데이텀 평면이나 축심에 대해 수직인 축심이나 평면을 갖는 형체

예를 들어, 그림 1.36의 경우를 생각해 보면, 원통 형체에 규제되는 직각도 공차영역은 데이 텀 A 에 대하여 직각이며, $\phi 0.05$인 원통공차역 내에 들어가야만 한다. 이때 축 "a"의 길이를 알고 있으므로 최대허용 각도공차는 중심선과 데이텀 A 의 교점을 원점으로 잡을 경우 $\Delta \theta_{\max} = \tan^{-1} \dfrac{0.05}{a}$로 계산할 수 있다.

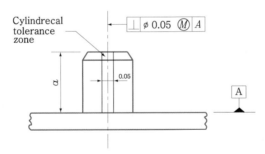

그림 1.36 ▶ 원통공차역으로 규제된 직각도 공차

(3) 경사도(Angularity : ∠)

경사도(angularity)는 90°를 제외한 임의의 각도를 규제하는 것으로서, 기준각도(basic angle) 의 각도편차에 의해 규제되는 것이 아니라 평행도와 직각도처럼 두 평행면 사이의 거리로 정 의되는 것이다.

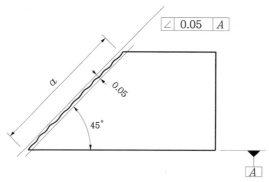

그림 1.37 ▶ 각도의 공차역

    그림 1.37에 있는 경사도의 예를 보면, 경사진의 표면은 규정된 경사도 범위 내에 있어야 하고, 데이텀 평면에 대해 45° 경사진 표면은 0.05 떨어진 두 개의 평행한 평면 사이에 들어가야만 한다. 그러나 45°로부터의 표면 방향의 최대 각도편차는 "a" 길이를 알고 있으므로 이때의 최대 각도공차는 "$\tan^{-1}\dfrac{0.05}{a}$"이다. 그리고 경사도는 표면의 평면도가 0.05가 되게 만든다는 것을 간접적으로 알려주고 있다. 각도로 표시된 공차는 그림 1.37과 같이 부채꼴의 공차역이 된다.

    실제로 공차는 정점에서 0이며 각도표면의 길이에 따라 증가한다. 그러나 경사도 공차역은 각도의 공차가 아니라 규정된 각도의 기울기를 갖는 두 평면 사이의 간격이고, 규제 형체의 표면, 축심 또는 중심면이 규제된 공차범위 내에 있지 않으면 안 된다.

(4) 평행도(Parallelism : //)

    평행도는 규제된 형체의 모든 점이 다른 표면으로부터 같은 거리에 있으면 평행이다. 즉, 평행도는 평행해야 하는 형체의 표면이나 축심이 데이텀을 기준으로 기하학적 직선 또는 평면으로부터 벗어난 크기를 말하며 다음과 같은 경우에 규제된다.

- 데이텀 평면에 대해 평행인 평면
- 데이텀 평면에 대해 평행인 축심이나 중간면
- 데이텀 축심에 대해 평행인 축심이나 중심면

    그림 1.38의 블록을 보면 규제표면은 규정치수 공차 내에 있어야 하며, 데이텀 평면 A에 대하여 0.02의 간격을 가진 두 개의 평행면 사이에 있어야 한다. 평행도공차로 규제된 표면이 데이텀에 평행하고 거리가 0.02인 두 개의 평행면 사이에 있어야 하므로, 최대각도공차는 블록의 좌측상단의 꼭짓점을 원점으로 할 경우 $\Delta\theta_{\max}=\tan^{-1}\dfrac{0.02}{a}$로 계산된다.

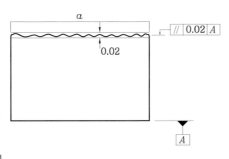

그림 1.38 ◐ 평행도의 공차역

/1.4.13/ 좌표계로 표현된 기하공차

여기서는 기하공차에 대한 이해를 돕기 위하여 KS 0680에 명시되어 있는 기하공차 규격을 상세히 설명한다. 기하공차방식이 부품의 기하학적 형상을 규제하는 규격이므로 직각좌표계를 도입하여 기하공차로 규제되는 형상을 일반 공학도에게 알기 쉽게 표현해 보았다.

각 공차역을 정의할 때 사용하고 있는 선은 다음의 뜻을 나타내고 있다.

- 굵은 실선 또는 파선 : 형체
- 가는 실선 또는 파선 : 공차역
- 굵은 1점 쇄선 : 데이텀
- 가는 1점 쇄선 : 중심선
- 가는 2점 쇄선 : 보충하는 투상면 또는 절단면
- 굵은 2점 쇄선 : 보충하는 투상면 절단면에서의 형체의 투상

(1) 진직도 공차

선의 진직도 공차

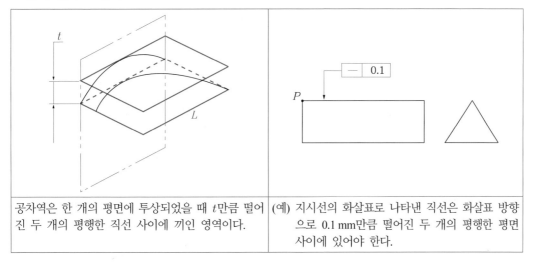

공차역은 한 개의 평면에 투상되었을 때 t만큼 떨어진 두 개의 평행한 직선 사이에 끼인 영역이다.	(예) 지시선의 화살표로 나타낸 직선은 화살표 방향으로 0.1 mm만큼 떨어진 두 개의 평행한 평면 사이에 있어야 한다.

표면의 요소로서의 선의 진직도 공차

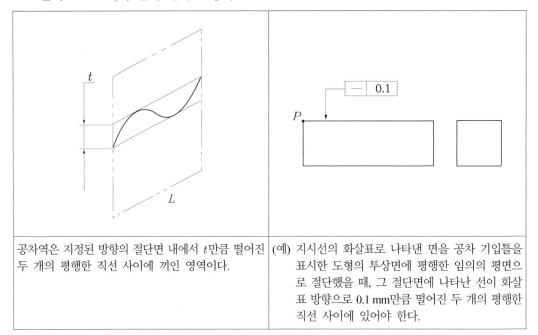

공차역은 지정된 방향의 절단면 내에서 t만큼 떨어진 두 개의 평행한 직선 사이에 끼인 영역이다.	**(예)** 지시선의 화살표로 나타낸 면을 공차 기입틀을 표시한 도형의 투상면에 평행한 임의의 평면으로 절단했을 때, 그 절단면에 나타난 선이 화살표 방향으로 0.1 mm만큼 떨어진 두 개의 평행한 직선 사이에 있어야 한다.

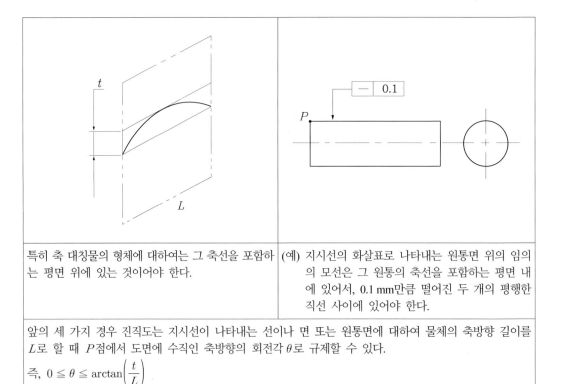

특히 축 대칭물의 형체에 대하여는 그 축선을 포함하는 평면 위에 있는 것이어야 한다.	**(예)** 지시선의 화살표로 나타내는 원통면 위의 임의의 모선은 그 원통의 축선을 포함하는 평면 내에 있어서, 0.1 mm만큼 떨어진 두 개의 평행한 직선 사이에 있어야 한다.

앞의 세 가지 경우 진직도는 지시선이 나타내는 선이나 면 또는 원통면에 대하여 물체의 축방향 길이를 L로 할 때 P점에서 도면에 수직인 축방향의 회전각 θ로 규제할 수 있다.

즉, $0 \leq \theta \leq \arctan\left(\dfrac{t}{L}\right)$

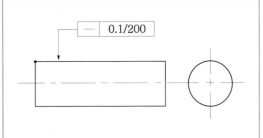

여기서는 축방향 길이가 200 mm로 명시되어 있으므로 P점에서의 회전각으로 역시 규제된다.

$$0 \leq \theta \leq \arctan\left(\frac{0.1}{200}\right)$$

지시선의 화살표로 나타내는 원통면의 임의의 모선 위에서 임의로 선택한 길이 200 mm의 부분은 축선을 포함하는 평면 내에 있어서는 0.1 mm만큼 떨어진 두 개의 평행한 직선 사이에 있어야 한다.

축선의 진직도 공차

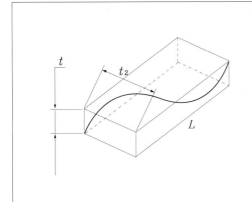

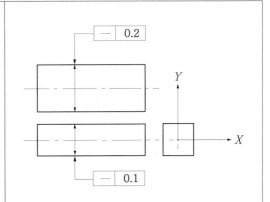

공차역의 지정이 서로 직각인 두 방향에서 실시되고 있는 경우에 이 공차역은 단면 $t_1 \times t_2$의 직육면체 안의 영역이다.
각봉 축선의 진직도는 축선을 좌표계의 중심으로 하여 x, y축방향의 회전각 θx, θy로 규제할 수 있다.

$$-\arctan\left(\frac{t_1}{2L}\right) \leq \theta_x \leq \arctan\left(\frac{t_1}{2L}\right)$$

$$-\arctan\left(\frac{t_2}{2L}\right) \leq \theta_y \leq \arctan\left(\frac{t_2}{2L}\right)$$

(예) 이 각봉의 축선은 지시선의 화살표로 나타내는 방향으로 각각 0.1 mm 및 0.2 mm의 너비를 갖는 직육면체 내에 있어야 한다.

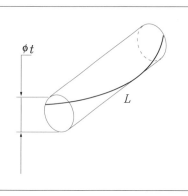	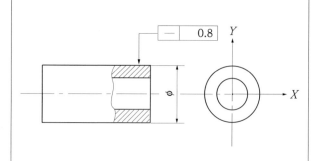
공차역을 표시하는 수치 앞에 기호가 붙어 있는 경우, 이 공차역은 지름 t 의 원통안의 영역이다. 원통축선의 진직된 원통을 중심으로 하여 $\theta x = \theta y = \theta$로 표시할 수 있다. 원통의 길이가 L일 때 $$-\arctan\left(\frac{t}{2L}\right) \leqq \theta \leqq \arctan\left(\frac{t}{2L}\right)$$	(예) 원통의 지름을 나타내는 치수에 공차 기입틀이 연결되어 있는 경우, 그 원통의 축선은 지름 0.8 mm의 원통 내에 있어야 한다.

(2) 평면도 공차

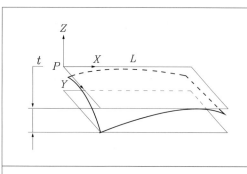	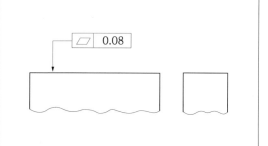
공차역의 t 만큼 떨어진 두 개의 평행한 평면 사이에 끼인 영역이다. 평면도는 길이 L 에 대하여 두께만큼 회전한 각도 이내로 규제가능하므로 P점을 기준으로 y축방향 회전각 θ_y로 변환된다. $$0 \leq \theta_y \leq \arctan\left(\frac{t}{L}\right)$$	(예) 이 표면은 0.08 mm만큼 떨어진 두 개의 평행한 평면 사이에 있어야 한다.

(3) 평행도 공차

데이텀 직선에 대한 선의 평행도 공차

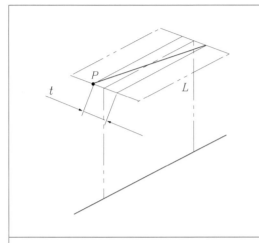	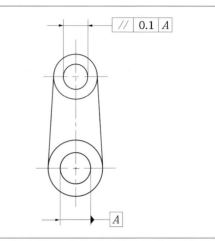
평행도는 데이텀 직선과 지시선이 나타내는 선을 포함한 평면에 수직인 평면에서의 회전각(P점이 중심) θ로 규제가능하다. $$0 \leq \theta \leq \arctan\left(\frac{t}{L}\right)$$	(예) 지시선의 화살표로 나타내는 축선은 데이텀 축 직선 A에 평행하고, 지시선의 화살표 방향(수직선 방향)에 있는 0.1 mm만큼 떨어진 두 개의 평면 사이에 있어야 한다.

데이텀 평면에 대한 면의 평행도 공차

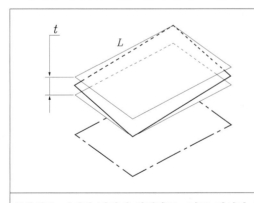	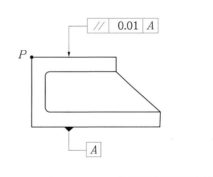
공차역은 데이텀 평면에 평행하고 t만큼 떨어진 두 개의 평행한 평면 사이에 끼인 영역이다. 데이텀 평면과 지시된 평면과의 떨어진 거리에 상관없이 P점에서 지면에 수직인 축을 중심으로 회전한 각 θ로 변환된다. $$0 \leq \theta \leq \arctan\left(\frac{t}{L}\right)$$	(예) 지시선의 화살표로 나타내는 면은 데이텀 평면 A에 평행하고, 지시선의 화살표 방향으로 0.01 mm만큼 떨어진 두 개의 평면 사이에 있어야 한다.

또한 우측 예에서는 임의로 선택한 길이가 주어져 있으므로 P점에서 지면에 수직인 축에 대한 회전각 θ가 규제되면 된다. $$0 \leq \theta \leq \arctan\left(\frac{0.01}{100}\right)$$	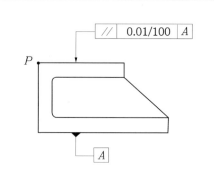
	(예) 지시선의 화살표로 나타내는 면 위에서 임의로 선택한 길이 100 mm 위의 모든 점은 데이텀 평면 A에 평행하고, 지시선의 화살표 방향으로 0.01 mm만큼 떨어진 두 개의 평면 사이에 있어야 한다.

(4) 직각도 공차

데이텀 직선에 대한 선의 직각도 공차

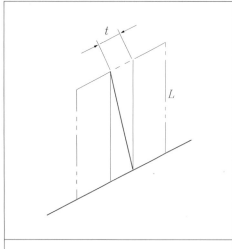	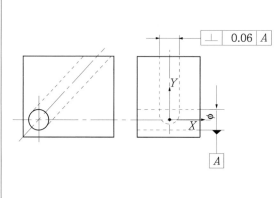
공차역은 한 평면에 투상되었을 때에는 데이텀 직선에 수직하고, t만큼 떨어진 두 개의 직선 사이에 끼인 영역이다.	(예) 지시선의 화살표로 나타내는 경사진 구멍의 축선은 데이텀 축직선 A에 수직하고, 지시선의 화살표 방향으로 0.06 mm만큼 떨어진 두 개의 평행한 평면 사이에 있어야 한다.

데이텀 평면에 대한 선의 직각도 공차

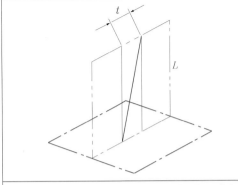

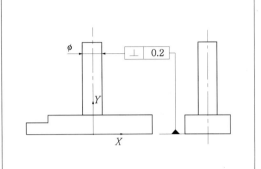

공차의 지정이 한 방향에만 실시되어 있는 경우, 한 평면에 투상된 공차역은 데이텀 평면에 수직하고, t 만큼 떨어진 두 개의 평행한 직선 사이의 끼인 영역이다.	(예) 지시선의 화살표로 나타내는 원통의 축선은 데이텀 평면에 수직하고, 지시선의 화살표 방향으로 0.2 mm만큼 떨어진 두 개의 평행한 평면 사이에 있어야 한다.

위의 원통축선에 대한 직각도 규제는 두 경우 모두 좌표 기준점에서 y축 중심 회전각 θy로 변환가능하다.

$$-\arctan\left(\frac{t}{2L}\right) \leq \theta_y \leq \arctan\left(\frac{t}{2L}\right)$$

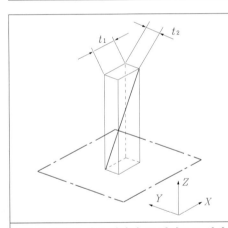

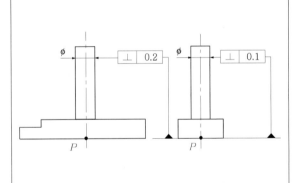

공차의 지정이 서로 직각인 두 방향으로 실시되어 있는 경우, 이 공차역은 단면이 $t_1 \times t_2$이고, 데이텀 평면에 수직한 직육면체 안의 영역이다. 원통축선에 대한 직각도 규제값이 t_1, t_2로 서로 다를 경우 P점에서 x, y축방향의 회전각 $\theta x, \theta y$로 규제가능하다. $$-\arctan\left(\frac{t_1/2}{L}\right) \leq \theta_x \leq \arctan\left(\frac{t_1/2}{L}\right)$$ $$-\arctan\left(\frac{t_2/2}{L}\right) \leq \theta_y \leq \arctan\left(\frac{t_2/2}{L}\right)$$	(예) 지시선의 화살표로 나타내는 원통의 축선은 각각의 지시선의 화살표 방향으로 각각 0.2 mm, 0.1 mm의 너비를 갖고, 데이텀 평면에 수직한 직육면체 내에 있어야 한다.

(5) 경사도 공차

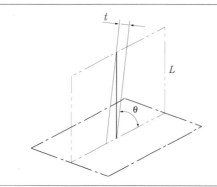
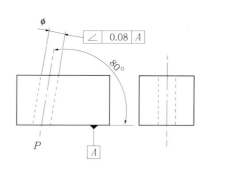

평면에 투상된 공차역은 데이텀 평면에 대하여 지정된 각도로 기울고, t만큼 떨어진 두 개의 평행한 직선 사이에 끼인 영역이다. 원통의 축선에 대하여 규제된 경사도 공차의 경우 P점에서 지면에 수직방향의 회전각도 공차 θ로 변환가능하다.

$$-\arctan\left(\frac{t}{2L}\right) \leqq \theta \leqq \arctan\left(\frac{t}{2L}\right)$$

(예) 지시선의 화살표로 나타내는 원통의 축선은 데이텀 평면에 대하여 이론적으로 정확하게 80° 기울고, 지시선의 화살표 방향으로 0.08 mm만큼 떨어진 두 개의 평행한 평면 사이에 있어야 한다.

(6) 동축도(동심도) 공차

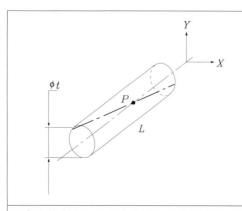
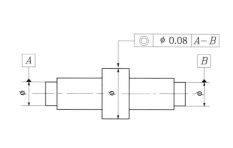

공차를 나타내는 수치 앞에 기호 ϕ가 붙어있는 경우, 이 공차역은 데이텀 축직선과 일치한 축선을 갖는 지름 t인 원통 안의 영역이다. 동축도 공차는 데이텀 축선 $A-B$를 이등분하는 점 P에서 x, y축방향의 회전각 θx, θy로 규제된다.
그런데 $\theta x = \theta y = \theta$이므로

$$-\arctan\left(\frac{t}{L/2}\right) \leqq \theta \leqq \arctan\left(\frac{t}{L/2}\right)$$

(예) 지시선의 화살표로 나타낸 축선은 데이텀 축직선 $A-B$를 축선으로 하는 지름 0.08 mm인 원통 안에 있어야 한다.

비고 KS규격에서는 동심도와 동축도를 다음과 같이 구분하여 적용하고 있다.

- 동축도(同軸度) : 데이텀 축직선과 동일 직선상에 있어야 할 축선이 데이텀 축직선으로부터 어긋남의 크기를 의미한다.
- 동심도(同心度) : 평면도형의 경우에는 데이텀 원이 중심에 대한 기타의 원형 형태의 중심위치의 어긋남의 크기를 의미한다.

1.5 단위

일반적으로 공학 계산에 사용되고 있는 단위계는 크게 SI 단위계(System International unit system)와 영국 단위계(British Standard unit system)로 구분할 수 있으며, 이들을 다시 절대 단위계(absolute unit system)와 공학 단위계(technical unit system)로 분류할 수 있다. 이와 같이 경우에 따라 여러 가지 단위계가 존재하지만 기본 단위가 자연법칙을 기준으로 하고 있고, 국제적으로 통용되는 SI 단위계를 주로 사용한다. SI 기본단위가 표 1.7에 주어져 있다.

공학 계산에 사용되는 물리적인 양은 매우 중요한 사항이다. 하나의 물리적인 양의 단위를 알게 되면 이를 비교함으로써 같은 종류의 다른 양을 알 수 있게 된다. 예를 들면, 인치(inch), 피트(feet), 마일(mile), 센티미터(centimeter), 미터(meter) 등은 모두 길이의 단위들이다. 또한 초(second), 분(minute), 시간(hour) 등은 시간의 단위들이다.

물리적인 양은 거의 대부분 물리적인 법칙이나 정의 등을 통해 규정되었는데(이를 기본 단위(primary dimension)라고 한다), 이를 통해 측정된 다른 물리적인 양들을 규정하는 데 이용된다. 이와 같이 기본 단위의 측정을 통해 규정된 물리량을 유도 단위(secondary dimension)라고 한다. 예를 들어, 질량, 길이, 시간 등은 기본 단위이고, 면적, 밀도, 속도 등은 유도 단위이다.

모든 물리 방정식 혹은 역학 방정식 등은 물리적인 양적 측면에서 보면 동일 차원을 가진다고 볼 수 있다. 이는 역학 방정식의 각 항(term)들이 같은 차원을 가져야 한다는 것을 의미한

표 1.7 SI 기본 단위의 분류

양	명칭	기호	양	명칭	기호
길 이	미 터	m	온 도	켈 빈	K
질 량	킬로그램	kg	물질량	몰	mol
시 간	초	s	광 도	칸델라	cd
전 류	암페어	A			

다. 예를 들어, 뉴턴의 운동 제2법칙과 같은 역학 방정식($F \propto ma$)의 경우 힘, 질량, 길이, 시간의 차원으로 구성되게 된다. 하지만 각 항을 기본 단위로 분해해서 차원 해석을 하게 되면 동일 차원으로 구성된 방정식임을 알 수 있다.

모든 시스템에서 사용되고 있는 기본 단위는 길이와 시간이다. 일부 시스템에서는 힘과 질량 단위도 기본 단위로 사용되기도 한다. 기계설계의 경우 다음과 같은 세 가지의 기본 차원 시스템을 정의할 수 있다.

- 힘[F], 질량[M], 길이[L], 시간[t]
- 힘[F], 길이[L], 시간[t]
- 질량[M], 길이[L], 시간[t]

첫 번째 시스템(1)의 경우 길이[L]와 시간[t] 그리고 힘[F]과 질량[M]이 기본 단위로 선정되었다. 이러한 시스템은 뉴턴 제2법칙($F = ma/g_c$)에서 비례상수 g_c를 정의할 수 있으며, 이 상수는 단위를 가지지 않는 값이다. 차원 해석을 통해 뉴턴 제2법칙을 살펴보게 되면 g_c의 차원은 [ML/Ft^2]이 된다. 두 번째 시스템(2)은 질량[M]이 유도 단위이며, 세 번째 시스템(3)은 힘[F]이 유도 단위가 된다.

모든 물리량들은 앞에서 언급한 바와 같은 기본 단위(primary dimension)와 또한 이 기본 단위를 응용해서 얻어진 유도 단위(secondary dimension)로서 측정 혹은 표시가 가능하다. 그리고 몇몇의 유도 단위는 특수한 명칭과 기호가 부여되어 있으며, 다음 표 1.8에는 공학에서 많이 사용되는 주요한 유도 단위가 주어져 있다.

표 1.8 SI 단위에서의 유도 단위

물리량	단위명칭	기호	기본 단위로서의 표시
힘	뉴턴(newton)	N	$1 \text{ N} = 1 \text{ kg} \cdot \text{m/s}^2$
일, 에너지, 열량	줄(joule)	J	$1 \text{ J} = 1 \text{ N} \cdot \text{m} = 1 \text{ kg} \cdot \text{m}^2/\text{s}^2$
동 력	와트(watt)	W	$1 \text{ W} = 1 \text{ J/s} = 1 \text{ kg} \cdot \text{m}^2/\text{s}^3$
	바(bar)	bar	$1 \text{ bar} = 10^3 \text{ N/m}^2$
압 력	표준대기압	atm	$1 \text{ atm} = 101325 \text{ N/m}^2 = 1.01325^-$
	파스칼(pascal)	Pa	$1 \text{ Pa} = 1 \text{ N/m}^2$

또한 위에서 언급한 주요한 유도 단위 외에 기계요소의 설계에서 많이 사용되고 있는 단위를 중심으로 표 1.9에 정리하였다. 앞으로 설명하게 될 단위계 사이의 변환을 위하여 다양한 환산계수를 표 1.10에 정리하였다.

표 1.9 기계설계 분야에서 쓰이는 SI 단위

물리량	단위기호	물리량	단위기호
면 적	m^2	회전속도	s^{-1}
체 적	m^3	밀도	kg/m^3
속 도	m/s	운동량	$kg \cdot m/s$
가속도	m/s^2	관성모멘트	$kg \cdot m^2$
각속도	rad/s	힘	N
각가속도	rad/s^2	힘의 모멘트	$N \cdot m$
진동수, 주파수	Hz	표면장력	N/m

표 1.10 SI 단위와 공학 단위 사이의 환산계수

물리량	SI 단위		공학 단위	
	단위기호	환산값	단위기호	환산값
질 량	[kg]	9.806	$[kgf \cdot s^2/m]$	1.01972×10^{-1}
힘	[N]	9.806	[kgf]	1.01972×10^{-1}
힘의 모멘트	$[N \cdot m]$	9.806	$[kgf \cdot m]$	1.01972×10^{-1}
압 력	[Pa]	9.806×10^4	$[kgf/cm^2]$	1.019×10^{-5}
	[Pa]	1.013×10^5	[atm]	9.869×10^{-6}
	[Pa]	1.333×10^2	[mmHG, Torr]	7.500×10^{-3}
응 력	$[Pa(N/m^2)]$	9.806×10^6	$[kgf/mm^2]$	1.019×10^{-1}
에너지, 일	[J]	9.806	$[kgf \cdot m]$	1.019×10^{-1}
	[J]	3.6×10^6	$[kW \cdot h]$	2.777×10^{-7}
일률, 동력	[W]	9.806	$[kgf \cdot m/s]$	1.019×10^{-1}
	[W]	7.355×10^2	[PS]	1.359×10^{-3}
충격치	$[J/m^2]$	9.806×10^4	$[kgf \cdot m/cm^2]$	1.019×10^{-5}
	[J]	9.806	$[kgf \cdot m]$	1.019×10^{-1}

/1.5.1/ 힘의 단위

SI 단위계에서 힘은 뉴턴(Newton)으로 정의하며, 1뉴턴은 질량이 1 kg인 물체가 1 m/sec^{2}의 가속도를 받았을 때의 힘으로 정의한다.

$$\text{힘}=\text{질량}\times\text{가속도}$$

$$1\,\text{N}=1\,\text{kg}\cdot\text{m/sec}^2$$

또한 뉴턴보다 작은 단위로서 다인(dyne) 단위를 사용하는데, 이는 단위질량 1 g의 물체가 1 cm/sec²의 가속도를 받았을 때의 힘으로 정의하고 있다.

$$1\,\text{dyne}=1\,\text{g}\cdot\text{cm/sec}^2=10^{-5}\,\text{N}$$

이와 같은 힘의 단위를 차원으로 표시하면 다음과 같이 쓸 수 있다.

$$F=ML/T^2=(\text{kg}\cdot\text{m/sec}^2=N)$$

$$F(\text{N}) : \text{힘}, \quad M(\text{kg}) : \text{질량}, \quad L(\text{m}) : \text{길이}, \quad T(\text{sec}) : \text{시간}$$

/1.5.2/ 중력 단위와 힘의 중력 단위

중력 단위는 힘의 단위로서 질량 1 kg의 물체에 작용하는 중력, 즉 질량 1 kg의 물체의 무게를 가지고 사용한다. 이것을 1중량 kg(kgw, kgf) 또는 1 kg 중이라고 말한다.

그리고 동일 물체의 질량과 무게는 동일하지 않은데 이는 중력가속도 g=9.806 m/sec²가 작용하기 때문이다. 따라서 절대 단위와 중력 단위의 관계는

$$1\,\text{kgf}=1\,\text{kg}\times9.806\,\text{m/sec}^2=9.806\,\text{N}$$

$$\therefore\ 1\,\text{N}≒0.1019\,\text{kgf}$$

$$1\,\text{dyne}=1.019\times10^{-6}\,\text{kgf}$$

$$1\,\text{kg(질량)}=0.1019\,\text{kgf}\cdot\text{sec}^2/\text{m}$$

질량의 차원식은

$$M=\frac{F\cdot T^2}{L}=\left(\frac{\text{kgf}\cdot\text{sec}^2}{\text{m}}\right),\quad M=\frac{W}{g}\,(\text{kgf}\cdot\text{sec}^2/\text{m})$$

와 같고 질량 1 kg의 물체의 표준중량은 1 kgf이다.

$$1\text{kg(질량)}\times\text{중력가속도(g)}=1\,\text{kgf(중량 kg)}$$

/1.5.3/ 일과 동력

1 N의 힘이 작용하여 그 방향으로 물체를 1 m 움직이는데 소요되는 일은

$$1 \text{ N} \cdot \text{m} = 1 \text{ Joule(J)} = 1 \text{ Watt} \cdot \text{sec}$$

로 표시되며, 동력 1 Watt(1 Watt=1 Joule/sec)는 매 초당 1 J의 일을 하는 것을 말한다.

또 운동에너지는

$$KE = \frac{1}{2}MV^2 \text{ kg} \cdot \text{m}^2/\text{sec}^2 \,(\text{Joule})$$

로 된다.

마력 단위에서 1마력(PS)은 75 kg · m/sec=0.735 kW이다.

/1.5.4/ 압력과 응력

종래 압력이나 응력의 단위는 kg/cm^2, kg/mm^2 및 1 b/in²이 널리 사용되었지만, 최근 1 m²당 1 N의 힘이 작용할 때의 단위를 1 pascal(1 Pa=1 N/m²)로 하여 사용하고 있다.

$$1 \text{ Pa} = 0.1019 \text{ kgf/m}^2, \ 1 \text{ kgf/mm}^2 = 9.8 \text{ Mpa}$$

또 메가파스칼(MPa)은

$$1 \text{ MPa} = 10^6 \text{ N/m}^2 = 101{,}900 \text{ kgf/m}^2 = 10.19 \text{ kgf/cm}^2 = 0.1019 \text{ kgf/mm}^2$$

이다.

/1.5.5/ 밀도, 비중량 및 비중

물질의 단위 체적당 질량을 밀도라고 하며, 1 kg(질량)/m³는 1 m³의 체적에 1 kg의 질량이 존재하는 것을 의미한다. 이것을 중력 단위로 표시하면

$$1 \text{ kg(질량)/m}^3 = 0.1019 \text{ kgf} \cdot \text{S}^2/\text{m}^4$$

이 된다.

또 단위 체적당 중량은 비중량이라고 하며, 밀도를 ρ, 비중량을 γ로 하면 $\gamma = \rho g$가 된다. γ를 중력 단위 kgf/m³로 표시한 수치는 ρ를 절대 단위 kg(질량)/m³로 표시한 수치와 같다.

비중은 물질의 질량과 표준기압하에서 4℃일 때 이와 동일 체적의 순수한 물의 질량과의 비를 말한다.

/1.5.6/ 점도 및 운동점도

유체 속에서 유체층 두께 1 cm에 대하여 넓이 1 cm^{2}의 판이 1 cm/sec의 속도로 움직일 때
1 dyne/cm^{2}의 마찰응력이 작용하면 절대점도(단위 : poise)는

$$1 \text{ poise} = 1 \text{ dyne} \cdot \text{sec/cm}^2$$

$$1 \text{ centi} - \text{poise(체)} = 10^{-2} \text{ poise}$$

공학 단위와의 관계는 $\eta(\text{kg} \cdot \text{sec/m}^2) = \eta(\text{cp})/9800$에서

$$1 \text{ poise} = 1 \text{ dyne} \cdot \text{sec/cm}^2 = 1.02 \times 10^{-2} \text{ kg} \cdot \text{sec/m}^2$$

또 $\eta\dfrac{\text{lb} \cdot \text{sec}}{\text{in}^2} = \eta(cp)/6895000$에서 $1\dfrac{\text{lb} \cdot \text{sec}}{\text{in}^2} = 6.9 \times 10^6 \text{(cp)}$이다. 운동점도 v(stokes)는 점
도 η(poise)를 밀도 ρ로 나눈 값 $v = \dfrac{\eta}{\rho}$로 정의되며, 1 stokes의 단위는

$$1\left(\frac{\text{dyne} \cdot \text{sec}}{\text{m}^2} \middle/ \frac{\text{dyne} \cdot \text{sec}^2}{\text{m}^4}\right) = 1 \text{ m}^2/\text{sec}$$

이며, 1/100 stokes, 즉 centi − stokes(cst)에는 cm^2/sec 단위도 사용된다. 단위 1 m^2/sec를
1 Reynolds(Re)로 부르도록 제안하고 있다. 무차원 매개변수(무단위의 수)의 레이놀즈수는

$$Re = \rho V d / \eta$$

$$V : \text{유속}, \ d : \text{지름}$$

로 표시된다.

/1.5.7/ 열량, 열의 일당량 및 열전달률

열량 단위로서 표준기압하에서 1 kg의 물의 온도를 1℃ 올리는 데 필요한 열량을 1 kcal라
고 한다.
열의 일당량은

$$1 \text{ kcal} = 4186 \text{ J} = 426.9 \text{ kg} \cdot \text{m}$$

이다.
열전달률은 단위 시간에 단위 면적을 통과하는 열량을 그 장소의 온도구배로 나눈 것이다.
즉, 1 cal/cm · sec · ℃ = 1 ℃/cm의 온도구배가 있을 때 1 cm^{2}의 면적을 매초 1 cal의 열량이
통과할 때의 값이며, 공학 단위로는 kcal/m · h · ℃를 사용한다.

1.6 차 원

/1.6.1/ 차원 해석

모든 공학은 물리적 현상에 기초를 두고 있으며, 공학자들은 이러한 물리 현상에 관심을 가지게 된다. 관심의 대상이 되는 물리량(힘, 속도, 에너지 등)은 1.5절에서 설명한 바와 같이 크기를 나타내는 수치와 이와 관련된 측정 단위로 표현될 수 있다. 이러한 모든 물리량들은 항상 일정한 차원을 가진다.

물리적 현상을 다루기 위하여 공학자들은 물리량을 나타내는 수학적인 기호를 사용하여 가속도, 질량, 힘 등을 계산할 수 있게 해주는 방정식이나 미분 방정식을 사용한다. 앞 절에서 예시한 뉴턴의 운동 제2법칙이 그것이다. 이러한 방정식들은 추상적인 수학적 공식이 아니라 자연의 물리적 법칙을 표시한다. 이러한 방정식의 각 항은 모두 같은 차원을 가져야 물리적 의미에 위배되지 않는다. 뉴턴의 운동 제2법칙 $\sum F = \sum ma$에서 보면 좌변의 항은 힘의 항이고, 우변의 항은 질량과 가속도의 곱으로 표시된다. 각 항을 구성하는 물리량들의 단위에 상관없이 방정식이 역학적으로 의미를 가지려면 그 방정식을 구성하는 각 항들은 동일 차원을 가진다. 단위가 변하면 항들의 수치값은 변한다. 그러나 방정식이 동일 차원을 가진 물리량으로 성립되기 위해서는 다음의 두 가지 사항을 만족해야 한다.

- 우변의 차원은 좌변의 차원과 같아야만 한다.
- 각 항을 구성하는 각 물리량의 차원에 상관없이 각 항은 같은 차원을 가져야 한다.

예를 들어, 힘[F], 길이[L], 시간[T]을 기본 차원으로 사용하여 다음과 같은 원심력 F_r의 차원을 따져보면

$$F_r = \frac{mv^2}{r}$$

$$F_r = [F]$$

$$\frac{mv^2}{r} = \frac{[FL^2L^{-1}][LT^{-1}]^2}{[L]} = F$$

와 같다. 따라서 원심력에 대한 식은 힘의 차원과 같은 차원이다. 이상과 같이 물리적 현상을 설명하는 방정식이나 미분 방정식은 반드시 동일 차원을 가진 물리량으로 구성된다.

표 1.11에는 길이[L], 시간[T], 힘[F], 질량[M]에 따른 기본 단위의 차원이 도시되어 있다. 물리량의 차원을 나타낼 때 표 1.11과 같이 두 가지 방식이 있다.

표 1.11 기본 단위의 차원식

물리량	$[L-F-T]$ 시스템	$[L-M-T]$ 시스템
길이	$[L]$	$[L]$
시간	$[T]$	$[T]$
힘	$[F]$	$[MLT^{-2}]$
질량	$[FT^2L^{-1}]$	$[M]$
속도	$[LT^{-1}]$	$[LT^{-1}]$
가속도	$[LT^{-2}]$	$[LT^{-2}]$

※ 기본 단위의 차원은 다음과 같이 표시한다. 길이$[L]$, 시간$[T]$, 힘$[F]$, 질량$[M]$

/1.6.2/ 차원 해석과 π 정리

기계설계나 성능시험을 할 때 무차원수를 이용하면 상당히 편리하다. 왜냐하면 무차원수는 차원이 있는 수와 달리 하나의 무차원수가 수많은 치수나 크기의 경우의 수를 나타낼 수 있기 때문이다. 기계공학의 다양한 여러 분야에서 무차원수를 유도하는데 활용할 수 있도록 차원 해석을 위한 π 정리를 소개하면 다음과 같다.

만약 어떤 물리적 현상이 $x_1 = f(x_2, x_3, ..., x_n)$와 같이 n개의 물리량 사이의 방정식(여기서 x는 차원을 가진 변수)으로 설명될 경우, 이 식은 다음과 같이 더 적은 $(n-k)$개의 무차원 변수(dimensionless variable)로 이루어진 등가 방정식이 존재한다.

$$\Pi_1 = F(\Pi_2, \Pi_3, ..., \Pi_{n-k})$$

여기서 Π는 차원을 가진 변수 x로 구성된 무차원 변수이다. 여기서 상수 k는 보통 x에 포함되어 있는 기본차원의 수이다. 즉, n개의 차원을 가진 변수로 표현된 물리적 현상을 설명하는 식에서 유도 가능한 무차원수는 $n-k$개이다.

예제 1-5 질량이 m인 물체가 반지름 r인 원주상을 v의 속도로 움직이고 있다. 이 운동에서 발생하는 물체에 발생하는 힘 F를 해석하기 위한 무차원수를 유도하라.

이 문제에서 주어지는 변수와 그에 대한 차원은 다음과 같다.

$$F = [L^0F^1T^0] \qquad m = [L^{-1}F^1T^2]$$
$$r = [L^1F^0T^0] \qquad v = [L^1F^0T^{-1}]$$

변수는 4개이고, 기본 단위는 3개이므로 4-3=1개의 무차원수를 가지게 된다. 이 수는 다음과 같다.

$$Fm^av^br^c = [L^0F^1T^0]^1[L^{-1}F^1T^2]^a[L^1F^0T^{-1}]^b[L^1F^0T^0]^c$$
$$= [L^{-a+b+c}F^{1+a}T^{2a-b}]$$

위의 식이 무차원수가 되기 위해서는 다음 식이 만족해야 한다.

$$1 + a = 0 \qquad\qquad a = -1$$
$$2a - b = 0 \qquad\qquad b = -2$$
$$-a + b + c = 0 \qquad\qquad c = 1$$

따라서 무차원수는 Fr/mv^2이며 이 운동을 방정식의 형태로 표시하면 다음과 같다.

$$\phi\left(\frac{Fr}{mv^2}\right) = 0$$

여기서 m, v와 r는 상수이고, F도 상수항이 되므로 방정식의 기본 형태는 다음과 같이 쓸 수 있다.

$$\frac{Fr}{mv^2} - C = 0$$

여기서 C는 무차원 상수이다. 따라서 다음과 같이 정리할 수 있다.

$$F = C\frac{mv^2}{r}$$

1 ϕ100인 구멍에 공차등급이 8일 때 IT 기본공차 값은?

2 공차등급이 6등급일 때 ϕ50과 ϕ80은 어느 쪽 공차가 더 큰가?

3 ϕ50인 구멍의 공차등급에서 3등급과 6등급 중 공차가 큰 쪽은?

4 ϕ45H6와 ϕ45f7 중 공차가 큰 쪽은?

5 구멍기준 끼워맞춤에 적용되는 IT 공차등급과 축기준 끼워맞춤에 적용되는 IT 공차등급은?

6 한 개의 구멍이 ϕ16±0.05이고 기준면에서 구멍중심의 거리가 50±0.1일 때 구멍에 결합되는 축의 직경을 구하라.

7 다음 문제표의 첫줄에서 표기된 끼워맞춤방식에 대한 치수공차와 틈새, 죔새가 수치로 나타나 있다. 이와 같은 요령으로 나머지 빈 칸에 구멍과 축의 치수공차를 기입하고 (최대 또는 최소)틈새, (최대 또는 최소)죔새를 계산하여 기입하시오.

(단위 : mm)

끼워맞춤 표기	구멍의 치수공차	축의 치수공차	틈새와 죔새	끼워맞춤 종류
ϕ150 H7js6	ϕ150 $^{+0.040}_{\ \ \ 0}$	ϕ150 $^{+0.0125}_{-0.0125}$	틈새 : 0.0525 죔새 : 0.0125	중간 끼워맞춤
ϕ65 H6g5				
ϕ20 H7s6				
ϕ100 H7js6				

연습문제 풀이

1 0.054 2 ϕ80

3 6등급 4 ϕ45f7

5 구멍기준 끼워맞춤 : IT6~IT10, 축기준 끼워맞춤 : IT5~IT9

6 ϕ15.75

7 • ϕ65 H6g5 : 헐거운끼워맞춤

직경이 65 mm이므로 H6 구멍의 기본공차는 표 1 IT기본공차표에서 IT6등급 19 μm. 표 5에서 H 구멍은 아래치수 허용차가 0이므로 구멍의 치수는 최소 65 mm 최대 65.019 mm.

표 4에서 g5 축은 위의 치수허용차가 $-10\,\mu\text{m}$ 이고, 표1에서 IT5등급의 기본공차는 $13\,\mu\text{m}$ 이므로 축의 최소치수는 $65-0.023=64.977\,\text{mm}$, 최대치수는 $65-0.010=4.990\,\text{mm}$ 이다.

따라서 최소틈새는 0.010 mm, 최대틈새는 0.042 mm이다.

$$\text{구멍} : \phi 65 \,{}^{+0.019}_{\quad 0} \qquad \text{축} : \phi 65 \,{}^{-0.010}_{-0.023}$$

- $\phi 20$ H7s6 : 억지끼워맞춤

직경이 20 mm이므로 H7 구멍의 기본공차는 표 1 IT기본공차표에서 IT7등급 $21\,\mu\text{m}$. 표 5에서 H 구멍은 아래치수허용차가 0이므로 구멍의 치수는 최소 20 mm 최대 20.021 mm.

표 4에서 s6축은 위의 치수허용차가 $35\,\mu\text{m}$ 이고 표 1에서 IT6 등급의 기본공차는 $13\,\mu\text{m}$ 이므로 축의 최소치수는 $20+0.035=20.035\,\text{mm}$, 최대치수는 $20+0.048=20.048\,\text{mm}$ 이다.

따라서 최소죔새는 0.014 mm, 최대죔새는 0.027 mm이다.

$$\text{구멍} : \phi 20 \,{}^{+0.021}_{\quad 0} \qquad \text{축} : \phi 20 \,{}^{+0.048}_{+0.035}$$

- $\phi 100$ H7js6 : 중간끼워맞춤

직경이 100 mm이므로 H7 구멍의 기본공차는 표 1 IT 기본공차표에서 IT7 등급 $35\,\mu\text{m}$. 표 5에서 H 구멍은 아래치수허용차가 0이므로 구멍의 치수는 최소 100 mm, 최대 100.035 mm.

표 4에서 js6축은 기초가 되는 치수허용차가 없으므로 통상 위치수 허용차=아래치수 허용차=(IT 기본공차)/2로 한다. 표 1에서 IT6 등급의 기본공차는 $22\,\mu\text{m}$ 이므로 축의 최소치수는 $100-0.011=99.989\,\text{mm}$, 최대치수는 $100+0.011=100.011\,\text{mm}$ 이다.

따라서 죔새는 0.011 mm, 틈새는 0.046 mm이다.

$$\text{구멍} : \phi 100 \,{}^{+0.035}_{\quad 0} \qquad \text{축} : \phi 100 \,{}^{+0.011}_{-0.011}$$

02 기계재료 및 응력

2.1 기계재료

기계재료는 크게 철강재료와 비철금속으로 나누어지며, 일부 복합재료가 포함된 비금속재료가 사용되기도 한다. 이 장에서는 기계재료로 사용되는 철강재료와 비철금속 및 비금속재료의 종류와 쓰임새에 대해서 살펴보고자 한다.

2.1.1 철강재료

철과 강은 다른 금속재료에 비해서 경도, 강도 및 인성이 높고, 연성도 상당히 크며, 열처리에 의해서 이러한 성질을 어느 정도까지 적당히 조정할 수 있는 특색이 있다. 또한 공업적으로 가장 우수하고 중요한 재료이며, 그 제조량의 많고 적음을 가지고 그 나라의 물질문명의 기준을 삼고 있기까지 하다. 철과 강은 광산에서 채굴한 철광석으로부터 직접 또는 간접적으로 제조하며, 원료 중에 섞여있든지 제조 중에 고의로 넣든지 하여 Fe 이외에도 여러 원소가 포함되어 있다. 주요한 원소로서는 C, Si, Mn, S, P 등이 있으며, 이것을 철강의 5대 성분이라고 한다. 이 중에서도 C 원소는 그 함유량이 많고 Fe에 미치는 영향이 극히 크며, 그 함량에 의해서 철강의 성질을 추정할 수가 있다.

(1) 탄소강

철강재료는 크게 순철, 탄소강, 특수강, 주철로 구분할 수 있다. 순철은 Fe이며, 탄소강은 보통 Fe에 C가 2.00% 이상 포함된 것으로, 일반적으로 주물재료로 사용된다. 먼저 탄소강에 대해서 간략하게 정리해 보면, 탄소강의 분류법은 여러 가지가 있으나 보통 탄소 함량에 따라서 다음과 같이 분류한다.

ⓐ 저탄소강(< 0.3%)　　　ⓑ 중탄소강(0.3~0.5%)　　　ⓒ 고탄소강(> 0.5%)

또는

ⓐ 암코철(arm co iron)　　ⓑ 극연강(C가 극히 적은 것)　　ⓒ 연 강

ⓓ 반연강　　　　　　　　ⓔ 반경강　　　　　　　　　ⓕ 경 강

ⓖ 최경강(C가 극히 많은 것)

ⓐ는 순철을 말하며, ⓑ항에서부터 ⓖ항의 이름에 따라서 탄소량이 많아진다. 즉, 최경강은 다량의 C가 포함되어 있는 것이다. 기타 방법으로는 Fe-C 평형상태도에 의한 분류법이 있다.

탄소강은 용도에 따라 일반구조용과 기계구조용으로 나뉜다. 일반구조용은 C가 약 0.3% 이하의 저탄소 림드강(rimmed steel), 세미킬드강(semi-killed steel)으로서 대부분은 열간압연 한 상태에서 건축, 교량, 차량, 선박 등의 구조용재로 사용된다. 이 강은 강판, 철근, 봉강, 형 강의 형태로서 인장강도는 350~500 MPa, 연신율은 13~30% 정도이며 비교적 가격이 싸다. 표 2.1은 구조용강의 성분과 기계적 성질을 표시한다. 기계구조용은 C가 0.08~0.6%의 범위 로서 일반구조용에 비하여 동일한 C 함유량에서 강도 및 인성이 높고, 종류가 다양하며, 열처 리에 의하여 필요한 강도와 인성을 얻을 수 있다. 이 강은 볼트, 너트, 키, 핀 이외에 차축, 크랭크축, 치차 등 중요한 기계구조의 부품에 널리 사용된다.

표 2.1 구조용 탄소강의 성분과 기계적 성질(KS D 3503-1982)

종류	기호	화학성분 [wt%]				기계적 성질		
		C	Mn	P	S	항복강도 kgf/mm^2	인장강도 kgf/mm^2 [MPa]	연신율 [%]
1종	SS34	−	−			≥ 21(206)	34~44 (333~431)	≥ (21~30)
2종	SS41	−	−	≤ 0.05	≤ 0.05	≥ 25(245)	41~52 (402~510)	≥ (17~24)
3종	SS50	−	−			≥ 29(284)	50~62 (490~608)	≥ (15~21)
4종	SS55	≤ 0.30	≤ 1.60	≤ 0.040	≤ 0.040	≥ 41(402)	≥55(539)	≥ (13~17)

※ 항복강도는 두께 16 mm 이하의 경우임

(2) 특수강

특수강이란 탄소강에 하나 또는 여러 종류의 합금원소를 첨가하여 이의 성질을 개선하여 여러 가지의 목적에 적합하도록 한 강, 즉 합금강(alloy steel)을 말한다. 주요한 합금원소로는

Ni, Cr, Mn, Mo, W, Si, Ti, Co, V 등이 있다. 특수강의 생산량은 세계적으로 보아 어느 나라든지 강 전체 생산량의 10% 이하지만 공업의 발전에 따라 강재에 대한 요구가 다양화되어 뛰어난 특성을 가진 다수의 새로운 특수강이 개발되어 사용량도 점점 증가하고 있다.

특수강은 합금원소의 첨가량에 따라 저합금강(low alloy steel)과 고합금강(high alloy steel)으로 나뉜다. 전자는 강의 소입성을 향상시켜 강도와 인성을 부여한 것으로 구조용 합금강이 여기에 속한다. 후자는 내마모성, 내열성, 내한성, 내식성 등의 특수한 성질을 가진 것으로 공구강, 내열강, 내한강, 내마모강, 내식강 등이 있다.

(3) 주철

주철은 C 및 Si를 주성분으로 한 철합금이며, C의 함유량이 2.1% 이하를 강, 그 이상을 주철이라고 한다. 일반적으로 회주철(gray iron), 가단주철(melleable iron), 백주철(white iron), 합금주철(high-alloy irons) 등이 있다. 보통 주철은 회주철에 상당하는 것으로 가장 광범위하게 사용되고 있다.

/2.1.2/ 비철금속

비철금속재료란 철 이외의 모든 금속재료를 말하며 그 종류가 대단히 많다. 그중 중요한 것을 살펴보면 Al 및 Al 합금, Cu 및 Cu 합금, Ni 및 Ni 합금, 저용점금속 및 이의 합금, 베어링용 합금 등이다. 이 외에도 귀금속, 고용점금속, 원자로재료 등을 들 수 있다. 비철금속은 생산량은 적지만 주조성, 가공성(성형성), 내식성, 열·전기의 전도성 등이 철금속재료에 비하여 우수하기 때문에 오늘날 수요가 증가하고 있다.

(1) 알루미늄

알루미늄은 지구상에서 산소, 질소 다음으로 많은 원소이며 약 8%가 된다. 또한 알루미늄은 철강 다음으로 다량으로 이용되고 있는 중요한 합금이다. 알루미늄은 가볍고(비중이 2.7), 내식, 가공성이 좋으며, 전기, 열의 전도도가 높고, 색도 아름다우므로 그 용도가 매우 넓다. 또한 Cu, Si, Zn, Mn, Ni 등의 원소를 첨가하여 고강도 알루미늄 합금, 내식용 알루미늄 합금을 만들 수 있다. 또한 주물, 다이캐스팅, 전선, 단조품, 분말 등으로 널리 사용된다. 표 2.2는 알루미늄의 물리적 및 기계적 성질을 표시한다. 도전율은 Cu의 60% 이상이며 가볍고 내식성이 크므로 전선용으로 많이 사용된다. 불순물, 특히 Si, Fe, Cu, Ti, Mn 등은 도전율을 저하시키므로 작을수록 좋다. 또한 표면에 생기는 산화피막의 보호작용 때문에 내식성이 우수하다. 대기 중에서는

표 2.2 알루미늄의 물리적·기계적 성질

물리적 성질	알루미늄 순도[wt%]			
	99.996		> 99.0	
비중[20℃]	2.6989		2.71	
용융점[℃]	660.2		653~657	
비열[kJ/(kg·℃)][100℃]	0.9320		0.9617	
전기 전도도[%IACS]	64.94		59(annealing)	
전기 저항 온도 계수[/℃]	0.00429		0.0115	
열팽창 계수[1/℃][20~100℃]	23.86×10-5		23.5×10-5	
결정형, 격자정수	fcc	a=0.40413 nm	fcc	a=0.404 nm
기계적 성질	annealing	75% 냉간압연	annealing	H 18
인장강도[MPa]	48	114	91	166
내력[0.2%][MPa]	13	108	34	145
연신율[%]	48.8	5.5	35	5
Brinel 경도	17	27	23	44

일반적으로 내식성이 좋으나, 부식률은 대기 중의 습도, 염분량, 불순물량 등에 크게 관계된다. 즉, 전원지방에서 0.001 mm/year, 해상에서 0.11 mm/year, 공업지대에서 0.08 mm/year 정도이다. 중성수용액에서는 내식성이 좋으나, 알칼리성 용액에서는 좋지 않다. 산성 용액에서도 수소이온농도가 증가함에 따라서 부식이 증가하며, 특히 염산에서는 심하게 부식한다. 알루미늄의 부식 방지법으로는 수산법, 염산법 등이 있다. 기계적 성질은 재료의 순도, 가공도, 열처리 등에 따라서 달라진다. 즉, 순도가 높으면 연하고, 가공도에 의해서 달라지며, 가공재는 250~300℃에서 재결정한다.

(2) 동(銅)

동은 알루미늄과 더불어 비철금속재료 중에서 가장 중요한 것 중 하나이다. 다른 금속재료에 비하여 다음과 같은 우수한 점이 있다.

- 전기 및 열의 전도성이 좋다.
- 유연하고 연성이 좋으며 가공이 용이하다.
- 화학적 저항력이 커서 부식되기 어렵다.
- 아름다운 색을 갖고 있어 귀금속과 유사하다.
- 모든 금속과 용이하게 합금을 만들 수 있다.

동의 기계적 성질은 표 2.3과 같다.

표 2.3 동의 기계적 성질

	내력[MPa]	인장강도[MPa]	연신율[%]	수축률[%]	경도[HB]
주물	44~59	137~196	25~50	40~70	30~55
압연재(40% 가공)	–	333~353	5	5	65~75
압연후 annealing	59	216~245	50~60	40~60	35~40

(3) 니켈

니켈(Nickel)은 면심이방격자구조를 가진 은백색의 금속으로, 비중은 8.9, 용융점은 1,455℃, 전기저항률은 6.84×10^{-6} Ω · cm이다. 상온에서는 강자성체이지만 360℃ 부근에 자기변태점이 있고, 이 온도 이상에서 강자성이 없어진다. 연성이 뛰어나서 소성가공이 용이하고 내식성이 대단히 뛰어나다. 니켈은 합금원소 및 도금용으로서 주로 사용되지만, 판, 선, 관 등으로 가공하여 화학기계나 장치, 전자관, 식품기계 등에 이용된다. 표 2.4는 공업용 순니켈의 기계적 성질이다.

표 2.4 공업용 니켈의 기계적 성질

	인장강도[MPa]	신장[%]	단면수축률[%]	경도[HB]
annealing 재	350~540	35~50	60~70	90~120
drawing 재	450~800	15~35	50~70	125~230

/2.1.3/ 비금속재료

(1) 플라스틱

플라스틱(plastic)은 가소성을 갖는 물질로 보통 금형을 사용하여 열이나 압력을 가하여 성형가공되는 고분자 물질을 말한다. 플라스틱은 보통 연화 상태에서 제조되는데, 여러 가지 모양으로 압출 혹은 주조된다. 공학자는 종종 양호한 성형성, 부식 저항성, 가벼움의 장점을 이용하여 기존의 금속재료를 플라스틱으로 대체시키려는 추세이다.

플라스틱의 두 가지 주요한 그룹은 열가소성 플라스틱과 열경화성 플라스틱이다. 열가소성은 실온에서 부드러워지며 차가워질 때 경화되고 강화된다. 과정은 반복적이며 열가소성은 재사이클링이 가능하다. 열경화성 플라스틱은 재가열될 수는 없으나, 재가공할 수는 있다.

또한 구조에 의해 비결정, 결정, 액체 결정으로 고분자(중합체)를 분류할 수 있다. 중합체의 기계적 성질은 그 분자 구조에 크게 좌우된다. 중합도나 분자의 형태 등이 강도에 영향을 준다. 중합체는 결정화하는데 따라서 강도와 밀도도 증가한다. 또 중합체를 가지는 플라스틱은 보통 글래스상, 레더상, 고무상, 점성 고무상, 액체의 다섯 상태를 경과한다. 무수한 유형과 서로 다른 등급의 플라스틱 재료가 사용되는데 매년 새로운 조직을 가진 플라스틱 재료가 개발되고 있다. 대표적인 공업용 플라스틱(engineering plastic)재료는 다음과 같다.

- 나일론(Nylon)
- 액정 중합체 플라스틱(Liquid-Crystal Ploymer Plastics)
- PPS(Polyphenlene Sulfide)
- PET(Injection-Moldable Polyethylene Terephalate)
- 장섬유보강 열가소성(Long-Fiber-Reinforced Thermoplastics)
- 폴리아랄레이트(Polyarylate)
- 페놀릭(Phenolics)
- 폴리카보나이트(Polycarbonates)

몇 가지 플라스틱재료의 기계적 특성을 표 2.5에 나타내었다. 플라스틱의 특성상 굽힘강도는 인장강도보다 높다. 또한 보강 플라스틱은 동일한 유형의 속이 빈 플라스틱보다 인장 및 굽힘강도가 높지만, 보강섬유 때문에 연신율이 감소하는 경향이 있다.

표 2.5 공학용 플라스틱의 기계적 특성

	인장강도[MPa]	연신율[%]	굽힘강도[MPa]	비중
일반 나일론	55.16~89.16	15~80	103.42~117.21	1.04~1.14
유리보강 나일론	117.2~220.64	2~4	189.61~275.80	1.23~1.47
유리보강 액정 중합체	158.58~255.15	1~3	206.85~299.93	1.50~1.89
유리보강 폴리페닐렌 황화물	68.95~165.48	0.5~1.5	102.04~234.43	1.64~2.00
유리보강 열가소성 폴리에스터	113.76~189.62	1~3	165.48~185.49	1.40~2.10
장섬유보강 열가소성	68.95~289.59	1.1~3	124.11~461.96	1.12~1.88
무급 폴리아랄레이트	68.95	50	99.97	1.21
유리보강 폴리아랄레이트	89.63~165.48	24	151.69~234.43	1.28~1.53
페놀화합물	34.47~62.05		62.05~75.84	1.35~1.84
유리보강 폴리카보나이트	110.32~127.55	4~6	131.00	1.35~1.43

(2) 구조용 세라믹(structural ceramics)

세라믹(ceramics)은 좁은 의미로는 비금속 무기질의 분체를 형성하고 소성하여 얻어지는 다결정질의 소결체이다. 넓은 의미의 세라믹에 대한 정의로는 기본성분 또는 그 대부분이 무기의 비금속 물질로 구성되어 있는 고체를 제조하고 이용하는 기술을 의미한다. 도자기, 내화물, 유리, 시멘트, 콘크리트, 연마제, 탄소제품, 페라이트, 안료, 형광체, 보석, 단결정 등 매우 광범위한 무기재료가 세라믹에 속한다.

무기재료의 여러 성질을 금속재료나 고분자 재료의 성질과 비교해 보면 일반적으로 경도가 높고, 마모되지 않고, 고온을 견디며, 타지 않고, 부식되지 않는 내구성이 우수한 특성을 가지고 있다. 또한 고온, 고압, 부식성 분위기 등 가혹한 조건에서 없어서는 안 될 재료이다. 그러나 가공하기 어렵다는 단점이 있다.

근년에 있어 전자공학, 우주공학 등 첨단과학기술의 진보로 종래의 재료에는 없는 우수한 특성이나 기능을 갖춘 새로운 재료를 요구하고 있다. 그 결과 종래부터 있었던 재료보다 물성이 현저히 향상된 것이나 질화물, 탄화물, 규화물 등 천연으로는 존재하지 않는 여러 종류의 뉴세라믹스(new ceramics)를 제조하는 기술이 발달하고 있다.

뉴세라믹스는 원료로서 주기율표상의 모든 원소를 대상으로 하는 점이 큰 특징이다. 따라서 취급하는 원소의 종류가 많고 그들의 조합은 무한하며, 변화가 풍부한 성질이나 전혀 다른 특성을 갖춘 새로운 재료를 만들 수 있는 가능성이 있다. 뉴세라믹스에 대한 연구는 아직 초기단계에 있으나, 다양성과 고기능을 기대할 수 있는 미래의 재료라고 할 수 있다.

구조용 세라믹은 연마 저항이 요구되는 고온 상태의 사용환경인 경우에 선택된다. 구조용 세라믹의 응용의 예는 제트엔진 터빈 블레이드, 왕복엔진 배기밸브 및 터보차저, 절삭공구, 펌프 구성부품 등이다. 대부분의 세라믹은 항복점을 보이지 않는다. 이들은 측정가능한 항복점 없이 파단되려는 경향을 갖는다. 따라서 세라믹스용 공학설계에서는 임계위치에서 갑작스러운 변화를 피하고, 큰 면적 전반에 하중을 분포시켜 응력집중을 피해야 한다. 기계적 및 열적 충격은 가능한 한 피해야 한다. 따라서 프로토타입(원형) 시험, 컴퓨터 시뮬레이션, 비파괴 시험이 세라믹재료를 이용한 설계 분야에서 권장되고 있다.

(3) 복합재료

종종 상이한 재료를 조합하여 최적의 특성을 얻을 수 있다. 재료를 크게 분류하면 유기재료, 금속재료 및 무기재료로 나누어진다. 이들은 각각의 특징을 가지고 있는데, 예를 들어 재료의 사용온도 범위는 플라스틱, 금속, 세라믹이 차례로 크며, 재료의 인성은 세라믹이 가장 작다. 이와 같이 재료 고유의 특성 때문에 그 재료의 사용 범위가 넓지 않다. 복합재료

(Composite materials)는 2종류의 상이한 재료의 장점을 살리며, 각각의 재료에서 얻을 수 없는 특성을 얻기 위해 인위적으로 제작한 재료이다.

이와 같은 재료 중에서 금속의 성질을 개선할 목적으로 제조된 재료는 일반적으로 금속기복합재료라고 부른다. 금속기복합재료에는 많은 종류가 있으며 클래드(clad), 분산강화(dispersion strengthening), 섬유강화(fiber reinforcing), 조직제어합금(in-situe composite) 등이 있다.

2.2 재료의 기계적 성질

재료 또는 기계요소에 하중 또는 하중에 상당하는 요인이 발생하게 되면 그 형상에 따라 부재에는 응력이 발생하게 된다. 이러한 응력은 기계재료의 기계적 성질에 의해 좌우되며 이를 근거로 하여 설계작업이 진행된다.

연강의 인장시험에서 얻은 응력과 스트레인(strain; 변형률)의 변화 선도를 표시하면 그림 2.1과 같은 응력－변형률 선도(stress-strain diagram)를 얻을 수 있고, 이 도선에서 실선으로 표시된 것은 재료에 작용하는 하중을 최초의 단면적으로 나눈 응력치, 즉 공칭응력(nominal stress)을 표시한 것이다. 또한 점선으로 표시한 것은 하중을 단면적의 변화에 따라 나눈 진응력(true stress)을 표시한 것이다.

이 응력－변형률 선도(stress-strain diagram)에 있어서 A 점까지의 응력은 스트레인과 비례 관계에 있으므로 A 점을 비례한도(proportional limit)라 부르고, OA 사이의 직선의 기울기로부터 재료의 탄성계수를 구할 수 있다. 또 이 범위 내에서 응력[σ]과 스트레인[ε] 사이에 후크의 법칙(Hooke's law)이 성립한다. 즉,

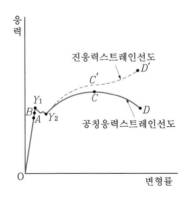

그림 2.1 ▶ 응력－스트레인 선도

$$\sigma = E\varepsilon$$

여기서 E는 재료의 종탄성계수(Young's moudlus)이다.

B 점은 응력을 제거하면 스트레인도 완전히 없어지는 한계점으로서, 이 점을 탄성한계(elastic limit)라 한다. B 점을 넘어서 응력이 더 가해지면 재료에는 영구변형(permanent set)이 발생하게 된다. 또 Y_1점에서는 응력이 그대로 있거나 혹은 감소하여도 스트레인만 급증한다. 이와 같은 점을 항복점(yield point)이라고 한다. 보통 항복점에는 제1항복점(상부항복점) Y_1과 제2항복점(하부항복점) Y_2가 나타난다. 제1항복점은 시험 속도나 시험편의 형상 등에 영향을 받으나 제2항복점은 재료의 고유한 특성치가 나타난다. 그러나 주철, 동, 알루미늄, 고무 등에는 항복점이 나타나지 않으므로 주의해야 한다. 따라서 이와 같은 재료에는 편의상 0.002의 영구 스트레인을 일으키는 응력치를 항복점으로 생각하고, 이것을 항복응력(yield stress)이라고 정의한다.

항복점(내력)을 초과하면 재료에는 균열이 발생하기 시작하고 공칭응력과 진응력과의 차는 커지게 된다. 그리고 C점에 도달하면 그 재료가 견딜 수 없는 최대응력치로 되고, 결국 최초 균열이 발생한 부위부터 파괴 현상이 발생한다. 이와 같은 C점의 응력을 극한강도(ultimate strength)라고 하며, 인장시험의 극한강도를 인장강도, 압축시험의 극한강도를 압축강도라고 한다. 표 2.6은 대표적인 합금강의 기계적 성질이고, 표 2.7은 일반적으로 사용되는 각종 공업용 금속재료의 기계적 성질이다.

표 2.6 합금강의 기계적 성질

재 료	열 처 리	인장강도 [MPa]	항복점 [MPa]	비례한도 [MPa]	파괴인장률 [%]	단면감소율 [%]
Ni-Cr강 (0.24C, 3.3Ni, 0.87Cr)	830℃ 기름 담금질 370℃ 템퍼링	961	883	794	18	62
Ni-Cr-Mo강 (0.40C, 1.8Ni, 0.80Cr, 0.25Mo)	845℃ 기름 담금질 620℃ 템퍼링	1,020	824	—	20	57
스테인리스강 (0.24C, 12-23Cr)	납품된 상태	765	628	304	22	59

표 2.7 금속재료의 기계적 성질 (단위 : kgf/mm^2)

재 료	종탄성 계수 E	횡탄성 계수 G	비례한도 σ_P	항복점 σ_S	극한강도 인장강도 σ_B	극한강도 압축강도 σ_C	극한강도 전단강도 τ
연 강	21,000	8,100	13~23	20~30	37~45	37~45	30~38
경 강	21,000	8,100~8,400	50~	—	100~	100~	65~70

(계속)

재 료	종탄성 계수 E	횡탄성 계수 G	비례한도 σ_P	항복점 σ_S	극한강도		
					인장강도 σ_B	압축강도 σ_C	전단강도 τ
스프링강							
담금질 않음	21,000	8,500	50~	—	~100	—	—
담금질	21,500	8,800	75~	—	~170	—	—
니켈강(2~3.5%)	20,900	—	33~	38	56~67	—	—
주 강	21,500	8,300	20~	21~	35~70	—	—
주 철	10,000	3,800	—	—	12~24	60~85	13~26
황 동							
주 물	8,000	—	6.5	—	15	10	15
압 연	—	—	—	—	30	—	—
인청동	9,300	4,300	—	40	23~39	—	—
알루미늄							
주 물	6,750	2,000	—	—	6~9	—	—
압 연	7,300	—	4.8	—	15	—	—
두랄루민	5,000~6,000	—	—	24~34	38~48	—	—

2.3 2축응력과 Mohr원

그림 2.2(a)와 같이 평면응력($\sigma_z = \tau_{zx} = \tau_{zy} = 0$)이 점 Q에 존재하며, 그 응력성분이 σ_x, σ_y 및 τ_{xy}인 요소를 생각해 보자. 이 요소를 그림 2.2(b)와 같이 z축에 대해 θ각만큼 회전시킨 다음 요소에 관계되는 응력성분 $\sigma_{x'}, \sigma_{y'}$ 및 $\tau_{x'y'}$을 $\sigma_x, \sigma_y, \tau_{xy}$ 및 θ의 항으로 유도해 보자. x'축에 수직인 면에 작용하는 수직응력 $\sigma_{x'}$과 전단응력 $\tau_{x'y'}$을 구하기 위해 그림 2.3(a)와 같이 x, y 및 x'축에 각각 수직한 면을 가진 삼각주요소(prismatic element)를 생각해 보자. 경사면의 면적을 ΔA로 하면 수직면과 수평면의 면적은 각각 $\Delta\cos\theta$와 $\Delta\sin\theta$가 된다. 따라서 세 면에 작용하는 하중은 그림 2.3(b)와 같이 표시된다. x'와 y'축에 따르는 응력성분을 생각할 때 다음 평형 방정식이 성립된다.

$$\sum F_{x'} = 0 \ : \ \sigma_{x'}\Delta A - \sigma_x(\Delta A\cos\theta)\cos\theta - \tau_{xy}(\Delta A\cos\theta)\sin\theta$$
$$- \sigma_y(\Delta A\sin\theta)\sin\theta - \tau_{xy}(\Delta A\sin\theta)\cos\theta = 0$$
$$\sum F_{y'} = 0 \ : \ \tau_{x'y'}\Delta A + \sigma_x(\Delta A\cos\theta)\sin\theta - \tau_{xy}(\Delta A\cos\theta)\cos\theta$$
$$- \sigma_y(\Delta\sin\theta)\cos\theta + \tau_{xy}(\Delta A\sin\theta)\sin\theta = 0$$

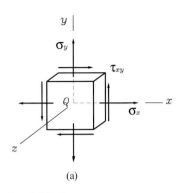

그림 2.2 ▶ 평면응력

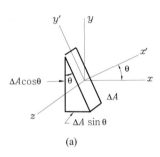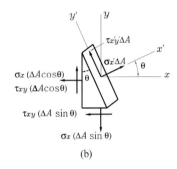

그림 2.3 ▶ 미소체적에 작용하는 수직·전단응력

$\sigma_{x'}$에 대해서는 첫 식을, $\tau_{x'y'}$은 두 번째 식을 풀면 다음 식을 얻는다.

$$\sigma_{x'} = \sigma_x \cos^2\theta + \sigma_y \sin^2\theta + 2\tau_{xy}\sin\theta\cos\theta \qquad (2.1)$$

$$\tau_{x'y'} = -(\sigma_x - \sigma_y)\sin\theta\cos\theta + \tau_{xy}(\cos^2\theta - \sin^2\theta) \qquad (2.2)$$

삼각함수의 관계식으로부터

$$\sin 2\theta = 2\sin\theta\cos\theta, \;\; \cos 2\theta = \cos^2\theta - \sin^2\theta \qquad (2.3)$$

$$\cos^2\theta = \frac{1 + \cos 2\theta}{2} \qquad \sin^2\theta = \frac{1 - \cos 2\theta}{2} \qquad (2.4)$$

이 관계식으로부터 식 (2.1)과 식 (2.2)는 다음과 같이 쓸 수 있다.

$$\sigma_{x'} = \sigma_x \frac{1 + \cos 2\theta}{2} + \sigma_y \frac{1 - \cos 2\theta}{2} + \tau_{xy}\sin 2\theta$$

또는

$$\sigma_{x'} = \frac{\sigma_x + \sigma_y}{2} + \frac{\sigma_x - \sigma_y}{2}\cos 2\theta + \tau_{xy}\sin 2\theta \qquad (2.5)$$

$$\tau_{x'y'} = -\frac{\sigma_x - \sigma_y}{2} sin2\theta + \tau_{xy} cos2\theta \tag{2.6}$$

$\sigma_{y'}$에 대한 표현식은 식 (2.5)의 θ를 $\theta + 90°$로 대치하면 얻을 수 있다.

$\cos(2\theta + 180°) = -\cos 2\theta$와 $\sin(2\theta + 180°) = -\sin 2\theta$이므로 $\sigma_{y'}$은 다음과 같이 표시된다.

$$\sigma_{y'} = \frac{\sigma_x + \sigma_y}{2} - \frac{\sigma_x - \sigma_y}{2} cos2\theta - \tau_{xy} sin2\theta \tag{2.7}$$

식 (2.5)와 식 (2.6)을 합하면

$$\sigma_{x'} + \sigma_{y'} = \sigma_x + \sigma_y \tag{2.8}$$

$\sigma_z = \sigma_{z'} = 0$이므로 재료의 입방체요소에 작용하는 수직응력의 합은 그 요소의 방향에는 무관하다는 것을 알 수 있다.

위에서 식 (2.5)와 식 (2.6)은 θ에 따라 변하는 원의 방정식이다. 이것은 직각좌표로 그것에 주어진 θ에 대한 점 $M(\sigma_{x'}, \tau_{x'y'})$을 작도하면 된다는 뜻이며, 이와 같이 얻은 모든 점들은 원상에 있게 된다. 원의 방정식을 만들기 위해 식 (2.5)와 식 (2.6)에서 θ를 소거하자. θ를 소거하려면 식 (2.5)의 $(\sigma_x + \sigma_y)/2$를 우측으로 이항하고, 양변을 제곱한 다음 식 (2.6)의 양변을 제곱한다. 이렇게 얻은 두 식을 서로 합하면 다음과 같은 식을 얻게 된다.

$$\left(\sigma_{x'} - \frac{\sigma_x + \sigma_y}{2}\right)^2 + \tau_{x'y'}^2 = \left(\frac{\sigma_x - \sigma_y}{2}\right)^2 \tau_{xy}^2 \tag{2.9}$$

여기서 아래와 같이 놓으면

$$\sigma_{ave} = \frac{\sigma_x + \sigma_y}{2} \quad 및 \quad R = \sqrt{\left(\frac{\sigma_x - \sigma_y}{2}\right)^{2+} \tau_{xy}^2} \tag{2.10}$$

따라서 식 (2.9)는 다음과 같이 된다.

$$(\sigma_{x'} - \sigma_{ave})^2 + \tau_{x'y'}^2 = R^2 \tag{2.11}$$

이것은 그림 2.4와 같은 점 $C(\sigma_{ave}, 0)$를 중심으로 하는 반지름 R인 원의 방정식이다.

수평축에 대하여 원이 대칭이기 때문에 $M(\sigma_{x'}, \tau_{x'y'})$ 대신에 $N(\sigma_{x'}, -\tau_{x'y'})$을 작도하는 경우도 같은 결과를 그림 2.4(b)와 같이 얻을 수 있다.

그림 2.4(a)의 원이 수평축과 교차하는 두 점 A와 B는 매우 흥미있는 점이다. 여기서 점 A는 수직응력 $\sigma_{x'}$의 최대치이며, 점 B는 최소치이다. 그리고 이 두 점의 전단응력 $\tau_{x'y'}$의 값

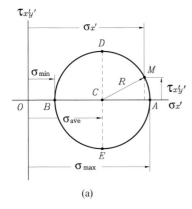
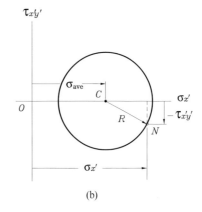

(a)   (b)

그림 2.4 ◐ 최대전단응력선도

은 0이다. 그러므로 점 A와 B에 대응하는 θ의 값 θ_p는 $\tau_{x'y'} = 0$으로 놓음으로써 얻을 수 있다. 즉,

$$\tan 2\theta_p = \frac{2\tau_{xy}}{\sigma_x - \sigma_y} \tag{2.12}$$

이 관계식은 식 (2.5)의 $\sigma_{x'}$을 미분하고 $d\sigma_{x'}/d\theta = 0$으로 놓으면 역시 얻을 수 있다. 식 (2.12)를 만족하는 $2\theta_p$의 값은 두 개이며, 그들 사이에는 180°의 차가 있으므로 결국 90°의 차를 갖는 두 개의 θ_p를 갖게 된다. 따라서 이 값의 어느 하나로 요소의 방향을 구하기 위해 이용될 수 있다(그림 2.6). 이렇게 얻은 요소면에 있는 수평을 점 Q에서의 응력의 주면 (principal plane of stress)이라 하고, 이 주면에 작용하는 수직응력의 최대치 $\sigma_{\max}$과 최소치 $\sigma_{\min}$을 Q에서의 주응력(principal stress)이라 한다.

식 (2.12)에 의해 구한 두 개의 값 θ_p는 식 (2.6)의 $\tau_{x'y'} = 0$으로 놓고 구한 것이기 때문에 주면에는 아무런 전단응력이 존재하지 않는다.

그림 2.4(a)로부터 다음 관계식이 성립됨을 알 수 있다.

$$\sigma_{\max} = \sigma_{\text{ave}} + R \ \ \text{및} \ \ \sigma_{\min} = \sigma_{\text{ave}} - R \tag{2.13}$$

식 (2.10)의 σ_{ave}와 R의 값을 대입하고 정리하면

$$\sigma_{\max,\min} = \frac{\sigma_x + \sigma_y}{2} \pm \sqrt{\left(\frac{\sigma_x - \sigma_y}{2}\right)^{2+} \tau_{xy}^2} \tag{2.14}$$

두 주면의 어느 것에 $\sigma_{\max}$와 $\sigma_{\min}$이 작용하는지를 관찰로 알 수 없다면 이 두 값의 어느 것이 최대수직응력치가 되는가를 구하기 위해 식 (2.5)에 θ_p의 한 값을 대입할 필요가 있다.

그림 2.4(a)의 원을 생각하면 원의 수직지름상에 놓여있는 점 D와 E가 전단응력 $\tau_{x'y'}$의 최대값이다. 점 D와 E의 횡좌표는 $\sigma_{ave} = (\sigma_x + \sigma_y)/2$이기 때문에 이 점에 해당하는 θ의 값 θ_s는 식 (2.5)에서 $\sigma_{x'} = (\sigma_x + \sigma_y)/2$로 놓으면 구할 수 있다. 이 식에서 마지막 두 항의 합은 영이 된다. 따라서 $\theta = \theta_s$로 놓으면

$$\frac{\sigma_x - \sigma_y}{2} cos2\theta_s + \tau_{xy}\sin2\theta_s = 0$$

또는

$$\tan2\theta_s = \frac{\sigma_x - \sigma_y}{2\tau_{xy}} \tag{2.15}$$

이 식을 만족시키는 $2\theta_s$의 값은 두 개이며, 그들 사이에는 180°의 차가 있으므로 결국 90°의 차를 갖는 두 개의 θ_s를 갖게 된다. 따라서 이 값의 어느 하나를 최대전단응력에 해당하는 요소의 방향을 구하기 위해 사용할 수 있다(그림 2.5). 그림 2.4로부터 전단응력의 최대치는 원의 반지름 R과 같으며 식 (2.10)에서

$$\tau_{max} = \sqrt{(\frac{\sigma_x - \sigma_y}{2})^2 + \tau_{xy}^2} \tag{2.16}$$

따라서 최대전단응력에 해당하는 수직응력은 다음과 같다.

$$\sigma' = \sigma_{ave} = \frac{\sigma_x + \sigma_y}{2} \tag{2.17}$$

식 (2.12)와 식 (2.15)를 비교하면 $\tan2\theta_s$는 $\tan2\theta_p$의 역수와 같다. 이것은 각 $2\theta_s$와 $2\theta_p$가 90°의 차가 있으며, 결국 θ_s와 θ_p는 45°의 차가 있다는 뜻이다. 그러므로 최대전단응력이 작

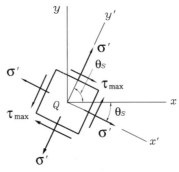

그림 2.5 ▶ 최대전단응력을 나타내는 요소의 방향

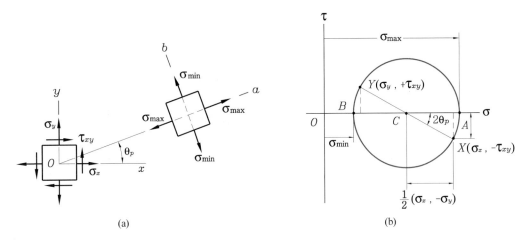

(a)   (b)

그림 2.6 ▶ 평면응력을 받는 정방형요소

용하는 면은 주면에서 45° 떨어진 곳이다.

평면응력의 변환해석은 응력면의 회전에 제한이 있다는 것을 알아야 한다. 그림 2.2와 같은 입방체요소가 z축이 아닌 다른 축에 대해 회전한다면, 각 면에는 식 (2.16)에서 얻은 응력보다 큰 전단응력을 받게 되므로 주의해야 한다.

평면응력의 변환에 관계되는 수식을 유도하기 위해 앞에서 설명한 원을 처음 소개한 사람은 독일의 Otto Mohr이고, 이것을 평면응력에 대한 Mohr원(Mohr's circle)이라고 한다. 실제 Mohr원을 작도하는 방법은 다음과 같다. 그림 2.6(a)와 같이 평면응력 σ_x, σ_y 및 τ_{xy}를 받는 정방형요소를 생각해 보자. 우선 σ와 τ를 각각 횡좌표와 종좌표로 잡은 평면상에서 점 $X(\sigma_x, -\tau_{xy})$와 점 $Y(\sigma_y, +\tau_{xy})$를 작도한다. 그림 2.6(a)에 표시된 방향으로 τ_{xy}가 작용한다면 점 X는 σ축 아래에, 점 Y는 그림 2.6(b)와 같이 위치하게 된다. 만일 τ_{xy}가 그림 방향과 반대로 작용하면 점 X는 σ축 위에, 점 Y는 아래에 있게 된다. 직선으로 XY를 연결하고 σ 축과 교차하는 점을 C라고 하면, 이 점 C를 원의 중심으로 XY를 지름으로 하는 원을 그릴 수 있다. 이때 C의 횡좌표 값과 원의 반지름이 식 (2.10)에서 얻은 σ_{ave} 및 R과 같으며, 이 원을 평면응력에 대한 Mohr원이라고 한다. 그러므로 원이 σ 축과 교차하는 점 A와 B의 횡좌표값이 각각 주응력 σ_{max}와 σ_{min}이 된다.

그림 2.6(b)에서 $\tan(\angle XCA) = 2\tau_{xy}/(\sigma_x - \sigma_y)$이므로 $\angle XCA$는 식 (2.12)를 만족시키는 각 $2\theta_p$의 크기와 같다는 것을 알 수 있다. 그러므로 그림 2.6(b)의 점 A에 해당하는(주면의 방향을 의미하는) 그림 2.6(a)의 각 θ_p는 Mohr원에서 측정한 $\angle XCA$를 이등분함으로써 얻을 수 있다. 여기서 생각한 경우와 같이 $\sigma_x > \sigma_y$이고 $\tau_{xy} > 0$이라면, 선분 CX를 선분 CA로 변환하는 회전은 반시계방향이다. 그리고 이 경우 식 (2.12)에서 구한 그림 2.6(a)에서 주면에

수직인 방향 Oa를 구하는 각 θ_p는 Ox를 Oa로 변환하는 각이며, 회전방향 역시 반시계방향이다. 따라서 그림 2.6(a)의 실제 공간 x, y의 좌표계에서나 그림 2.6(b)의 Mohr원을 작도하기위한 응력 σ, τ의 좌표계에서나 회전방향은 모두 같음을 알 수 있다.

Mohr원은 임의의 각도로 회전한 좌표계에서 그릴 수 있으므로 그림 2.7(a)와 같이 x'과 y'축에 해당하는 응력성분 $\sigma_{x'}, \sigma_{y'}$ 및 $\tau_{x'y'}$도 구할 수 있다. 그림 2.6의 경우와 마찬가지로 $X'(\sigma_{x'}, -\tau_{x'y'})$과 점 $Y'(\sigma_{y'}, \tau_{x'y'})$은 Mohr원상에 있게 되며, 그림 2.7(b)의 $\angle X'CA$는 그림 2.7(a)의 각 $x'Oa$의 2배가 된다. $\angle XCA$는 각 xOa의 2배이기 때문에 그림 2.7(b)의 $\angle XCX'$은 그림 2.7(a)의 $\angle xOx'$의 2배가 된다. 그러므로 수직응력 $\sigma_{x'}$과 $\sigma_{y'}$, 전단응력 $\tau_{x'y'}$으로 결정되는 지름 $X'Y'$은 그림 2.7(a)의 x'과 x축 사이의 각 θ의 2배만큼 지름 XY를 θ와 동일한 방향으로 회전하면 얻을 수 있다. 결국 그림 2.7(b)의 지름 XY를 지름 $X'Y'$으로 변환하는 회전은 그림 2.7(a)의 xy축을 $x'y'$축으로 변환하는 회전과 같다.

Mohr원은 축중심하중(centric axial load)과 비틀림하중을 받는 경우 얻은 응력을 검사하는데 매우 편리하다. 첫 경우(그림 2.8(a)) $\sigma_x = P/A, \sigma_y = 0$ 및 $\tau_{xy} = 0$이다. 점 X와 점 Y는 원의 반지름 $R = P/2A$를 정하고(그림 2.8(b)), 점 D와 E는 $\tau_{\max}$의 값은 물론 이에 대응하는 수직응력 σ'과 최대전단응력면의 방향을 나타낸다(그림 2.8(c)). 즉,

$$\tau_{\max} = \sigma' = R = \frac{P}{2A} \tag{2.18}$$

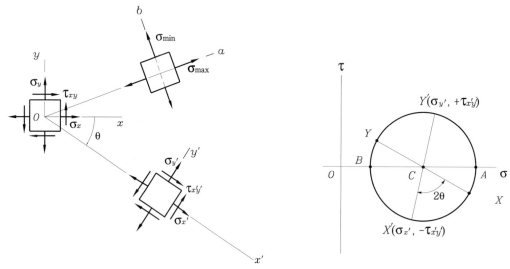

그림 2.7 ▶ 2차원 응력 상태에서의 Mohr원

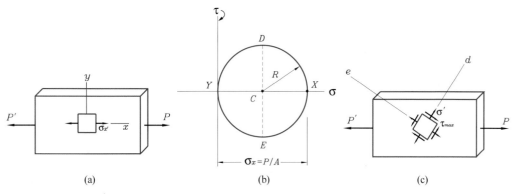

그림 2.8 ◉ 축중심하중에 대한 Mohr원

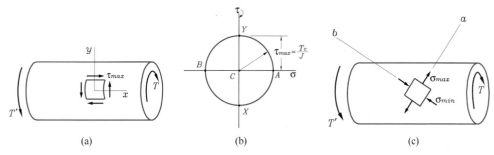

그림 2.9 ◉ 비틀림하중에 대한 Mohr원

두 번째 비틀림의 경우(그림 2.9(a)) $\sigma_x = \sigma_y = 0$, $\tau_{xy} = \tau_{\max} = T/Z_p$($T$는 가해진 토크, Z_p는 즉, 단면계수)이다. 그러므로 점 X와 점 Y는 τ축에 있게 되고, Mohr원은 원점이 중심인 반지름 $R = T/Z_p$인 원이다(그림 2.9(b)). 점 A와 점 B는 그림 2.9(c)와 같이 주면과 주응력을 정한다. 즉,

$$\sigma_{\max, \min} = \pm R = \pm \frac{T}{Z_p} \tag{2.19}$$

2.4 3축응력

/2.4.1/ 3차원 공간에서의 응력

2차원 평면상의 응력해석에서 3차원 공간에서의 응력을 고려해 보자. 그림 2.10과 같이 일반적인 3축응력이 존재하는 작은 사면체를 생각해 보자. 그림에서 T_x, T_y, T_z를 경사진 평면

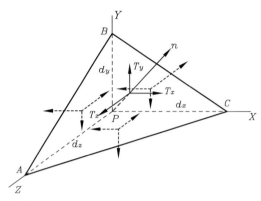

그림 2.10 ▶ 3차원 공간의 응력

ABC상의 임의의 한 점에서 직각좌표계 x, y, z방향으로 작용하는 3차원 응력의 벡터성분이라고 하자. 여기서 원점 P를 통과하는 x, y, z축에 수직인 평면, 즉 삼각형 PAB, 삼각형 PAC, 삼각형 PBC상에 작용하는 수직응력과 전단응력과 경사진 평면 ABC에 작용하는 수직응력과 전단응력과의 관계식을 유도해 보자.

우선 평면 ABC의 방향은 그림에 표시된 평면에 수직인 단위벡터 n과 x, y, z축이 이루는 각도로 정의될 수 있고, 다음과 같이 방향코사인(directional cosine)으로 나타내면

$$\cos(n,x) = l$$
$$\cos(n,y) = m$$
$$\cos(n,z) = n \tag{2.20}$$

위 식의 방향코사인 사이에는 다음의 관계식이 성립한다.

$$l^2 + m^2 + n^2 = 1 \tag{2.21}$$

3개의 삼각형 PAB, PAC, PBC의 면적은 평면 ABC의 면적을 A라 할 때 방향코사인을 사용하여 다음과 같이 구할 수 있다. 우선 삼각형 PAB의 면적은

$$A_{PAB} = A_x = A \cdot i = A(l \cdot i + m \cdot j + n \cdot k) \cdot i = Al$$

이다. 여기서 i, j, k는 x, y, z축방향의 단위벡터이다. 이와 같이 3개의 삼각형 면적을 구하면

$$A_{PAB} = Al, \quad A_{PAC} = Am, \quad A_{PBC} = An \tag{2.22}$$

T_x, T_y, T_z를 x, y, z축방향의 응력성분으로 나타내기 위하여 각 방향의 힘의 평형식을 세우고 면적 A를 소거하면

$$T_x = \sigma_x l + \tau_{xy} m + \tau_{xz} n$$

$$T_y = \tau_{xy} l + \sigma_y m + \tau_{yz} n$$

$$T_z = \tau_{xz} l + \tau_{yz} m + \sigma_z n \tag{2.23}$$

여기서 σ_x, σ_y, σ_z, τ_{xy}, τ_{xz}, τ_{yz}는 직교좌표계의 일반적인 3축 응력성분이다.

만일 그림 2.10의 사면체가 한없이 작아진다면 원점 P는 경사진 평면 ABC를 포함하게 된다. 여기서 3차원 공간상의 임의의 한 점(여기서는 P점)에 작용하는 응력을 서로 직교하는 3평면상에 작용하는 응력성분으로 나타낼 수 있다는 중요한 결론을 얻을 수 있다.

또 하나의 직교좌표계 x', y', z'을 생각해 보자. 여기서 x'축은 그림 2.10의 단위수직벡터 n과 일치하고, y', z'축은 경사면 ABC상에 있다고 가정한다. 그러면 $x'y'z'$ 좌표계와 xyz 좌표계 사이에는 다음과 같은 방향코사인으로 좌표변환식을 얻을 수 있다. 즉,

$$l_1 = \cos(x', x), \quad m_1 = \cos(x', y)$$

기타의 방향코사인값들은 다음의 표 2.8에서 찾으면 된다.

여기서 수직응력 $\sigma_{x'}$은 T_x, T_y, T_z를 x'방향으로 투영시킨 응력의 합으로 다음 식과 같이 구해진다.

$$\sigma_{x'} = T_x l_1 + T_y m_1 + T_z n_1 \tag{2.24}$$

식 (2.23)을 식 (2.24)에 대입하면

$$\sigma_{x'} = \sigma_x l_1^2 + \sigma_y m_1^2 + \sigma_z n_1^2 + 2(\tau_{xy} l_1 m_1 + \tau_{yz} m_l n_1 + \tau_{xz} l_1 n_1) \tag{2.25a}$$

마찬가지 방법으로 T_x, T_y, T_z를 y', z' 방향으로 투영시켜 전단응력을 구하면

$$\tau_{x'y'} = \sigma_x l_1 l_2 + \sigma_y m_1 m_2 + \sigma_z n_1 n_2 + \tau_{xy}(l_1 m_2 + m_1 l_2)$$
$$+ \tau_{yz}(m_1 n_2 + n_1 m_2) + \tau_{xz}(n_1 l_2 + l_1 n_2) \tag{2.25b}$$

$$\tau_{x'z'} = \sigma_x l_1 l_3 + \sigma_y m_1 m_3 + \sigma_z n_1 n_3 + \tau_{xy}(l_1 m_3 + m_1 l_3)$$
$$+ \tau_{yz}(m_1 n_3 + n_1 m_3) + \tau_{xz}(n_1 l_3 + l_1 n_3) \tag{2.25c}$$

표 2.8 xyz 좌표계와 $x'y'z'$ 좌표계 사이의 방향코사인값

	x	y	z
x'	l_1	m_1	n_1
y'	l_2	m_2	n_2
z'	l_3	m_3	n_3

앞에서 언급한 바와 같이 공간상의 한 점의 응력을 표시하려면 3개의 서로 수직한 평면상의 응력값들이 필요하므로, 나머지 응력성분들은 경사면 ABC에 수직인 평면들을 고려함으로써 구할 수 있다. 그중 하나의 평면에서는 단위수직벡터 n이 y'방향일 것이다.

따라서 각 응력성분 $\sigma_{y'}, \tau_{y'x'}, \tau_{y'z'}$을 다음과 같이 유도할 수 있다.

마찬가지 방법으로 $\sigma_{z'}$, $\tau_{z'x'}$, $\tau_{z'y'}$의 값은 단위수직벡터 n이 z' 방향과 일치하는 평면에서 구할 수 있다. 그런데 3차원 공간상의 응력텐서(stress tensor)는 대칭(symmetric)이므로 모두 9개의 응력성분 중 6개만 구하면 된다. 식 (2.25a)에서 식 (2.25c)까지 3개의 응력 이외에 나머지 3개의 값은 다음과 같다.

$$\sigma_{y'} = \sigma_x l_2^2 + \sigma_y m_2^2 + \sigma_z n_2^2 + 2\left(\tau_{xy} l_2 m_2 + \tau_{yz} m_2 n_2 + \tau_{xz} l_2 n_2\right) \tag{2.25d}$$

$$\sigma_{z'} = \sigma_x l_3^2 + \sigma_y m_3^2 + \sigma_z n_3^2 + 2\left(\tau_{xy} l_3 m_3 + \tau_{yz} m_3 n_3 + \tau_{xz} l_3 n_3\right) \tag{2.25e}$$

$$\tau_{y'z'} = \sigma_x l_2 l_3 + \sigma_y m_2 m_3 + \sigma_z n_2 n_3 + \tau_{xy}(m_2 l_3 + l_2 m_3)$$
$$+ \tau_{yz}(n_2 m_3 + m_2 n_3) + \tau_{xz}(l_2 n_3 + n_2 l_3) \tag{2.25f}$$

이상의 6개의 식 (2.25)는 3차원 공간상의 임의의 점에서 응력상태를 나타내는데 필요한 σ_x, σ_y, σ_z, τ_{xy}, τ_{xz}, τ_{yz}값이 다른 좌표계로 변환되는 과정을 보여 준다.

또 한 가지 흥미로운 사실은 x', y', z'축이 서로 직교하므로 표 2.8에 나와 있는 9개의 방향코사인이 다음 식을 만족시킴을 알 수 있다.

$$l_i^2 + m_i^2 + n_i^2 = 1 \; (i = 1, 2, 3) \tag{2.26}$$

$$l_1 l_2 + m_1 m_2 + n_1 n_2 = 0$$

$$l_2 l_3 + m_2 m_3 + n_2 n_3 = 0$$

$$l_1 l_3 + m_1 m_3 + n_1 n_3 = 0 \tag{2.27}$$

/2.4.2/ 3차원 주응력(principal stress)

여기서는 일반적인 3차원 응력상태에서 전단응력이 작용하지 않는 3개의 서로 수직인 평면이 존재하며, 그 평면상에서 수직응력은 최대값 또는 최소값을 가짐을 설명하고자 한다. 2차원 응력에서 설명한 바와 같이 이러한 수직응력을 주응력이라 하고, 보통 σ_1, σ_2, σ_3로 표기한다. 대수적으로 가장 큰 값의 주응력을 σ_1으로, 가장 작은 값을 보통 σ_3로 한다.

앞절과 같이 다시 경사진 x' 평면을 생각해 보자. 이 평면에 작용하는 수직응력은 식 (2.25a)에서

$$\sigma_{x'} = \sigma_x l^2 + \sigma_y m^2 + \sigma_z n^2 + 2\left(\tau_{xy} lm + \tau_{yz} mn + \tau_{xz} ln\right) \tag{2.28}$$

이 식에서 $\sigma_{x'}$은 방향코사인 l, m, n의 함수임을 알 수 있다. 그런데 $l^2 + m^2 + n^2 = 1$의 관계식이 성립하므로 l, m이 독립변수라 할 수 있다. 따라서

$$\frac{\partial \sigma_{x'}}{\partial l} = 0, \ \frac{\partial \sigma_{x}^{'}}{\partial m} = 0 \tag{2.29}$$

식 (2.28)을 식 (2.23)의 항으로 chain rule을 사용하여 미분하면

$$T_x + T_z \frac{\partial n}{\partial l} = 0, \ \mathrm{T}_y + \mathrm{T}_z \frac{\partial n}{\partial m} = 0 \tag{2.30}$$

그런데 $n^2 = 1 - l^2 - m^2$이므로 $\partial n / \partial l = -l/n$이고, $\partial n / \partial m = -m/n$이다. 이 관계식을 식 (2.30)에 적용하면 T의 각 축에 대한 성분과 수직단위벡터 n의 각 성분과의 관계식은

$$\frac{T_x}{l} = \frac{T_y}{m} = \frac{T_z}{n} \tag{2.31}$$

이 식으로부터 각 응력성분이 단위수직벡터와 평행하고, 전단응력성분이 없다는 사실을 알 수 있다. 즉, 2차원 평면응력의 경우와 마찬가지로 $\sigma_{x'}$이 최대 혹은 최소값을 나타낼 때(주응력 값일 경우) 전단응력은 나타나지 않는다. 주응력을 σ_p로 나타내면 식 (2.31)로부터

$$T_x = \sigma_p l, \ T_y = \sigma_p m, \ T_z = \sigma_p n \tag{2.32}$$

이 식을 식 (2.23)에 대입하면

$$(\sigma_x - \sigma_P) l + \tau_{xy} m + \tau_{xz} n = 0$$
$$\tau_{xy} l + (\sigma_y - \sigma_P) m + \tau_{yz} n = 0$$
$$\tau_{xz} l + \tau_{yz} m + (\sigma_z - \sigma_P) n = 0 \tag{2.33}$$

위 식에서 방향코사인값이 0이 될 수 없으므로

$$\begin{vmatrix} \sigma_x - \sigma_P & \tau_{xy} & \tau_{xz} \\ \tau_{xy} & \sigma_y - \sigma_P & \tau_{yz} \\ \tau_{xz} & \tau_{yz} & \sigma_z - \sigma_P \end{vmatrix} = 0 \tag{2.34}$$

위의 행렬식을 풀면

$$\sigma_P^3 - I_1 \sigma_P^2 + I_2 \sigma_P - I_3 = 0 \tag{2.35}$$

여기서

$$I_1 = \sigma_x + \sigma_y + \sigma_z$$

$$I_2 = \sigma_x\sigma_y + \sigma_x\sigma_z + \sigma_y\sigma_z - \tau_{xy}^2 - \tau_{yz}^2 - \tau_{xz}^2$$

$$I_3 = \begin{vmatrix} \sigma_x & \tau_{xy} & \tau_{xz} \\ \tau_{xy} & \sigma_y & \tau_{yz} \\ \tau_{xz} & \tau_{yz} & \sigma_z \end{vmatrix} \tag{2.36}$$

식 (2.35)의 3근(root)이 주응력값을 의미한다. 그리고 3근을 구하기 위한 3차 방정식을 유도하는 과정에서 식 (2.33)의 방향코사인값은 주응력이 존재하는 평면과 일반적인 응력이 존재하는 임의의 좌표계와의 좌표변환식을 의미한다는 사실은 앞에서 설명한 바 있다.

그리고 대학원 과정의 탄성이론에 의하면 주응력값들은 응력텐서(stress tensor) τ_{ij}의 고유치(eigenvalue)를 의미한다. 또한 방향코사인 l, m, n은 τ_{ij}의 고유벡터(eigenvector)이다.

여기서 중요한 것은 주응력값 I_1, I_2, I_3가 주어진 좌표계 x, y, z의 방향과 무관하고 유일하게 정해진다는 사실이다. 식 (2.25a), (2.25d)와 (2.25e)에서 $\sigma_{x'}$, $\sigma_{y'}$, $\sigma_{z'}$을 더하여 식 (2.27)을 이용하면

$$I_1 = \sigma_{x'} + \sigma_{y'} + \sigma_{z'} = \sigma_x + \sigma_y + \sigma_z$$

임을 증명할 수 있다. 따라서 좌표계와 무관하게 항상 일정한 값을 가지는 I_1, I_2, I_3값을 좌표변환 시 변하지 않는 스트레스 텐서(invariants of stress tensor)라고 한다.

/2.4.3/ 주응력으로 나타낸 경사진 평면의 응력

그림 2.11과 같이 임의의 경사진 평면에 작용하는 수직응력과 전단응력은 주응력을 사용하여 나타내는 과정을 설명하기도 한다. 그림과 같이 x, y, z축방향은 주응력방향과 평행하다. 평면 ABC의 방향코사인을 각각 l, m, n이라 하고, 식 (2.23)에서 $\sigma_x = \sigma_1$, $\tau_{xy} = \tau_{xz} = 0$으로 놓으면 $T_x = \sigma_1 l$, $T_y = \sigma_2 m$, $T_z = \sigma_3 n$이므로

$$T^2 = \sigma_1^2 l^2 + \sigma_2^2 m^2 + \sigma_3^2 n^2 = \sigma^2 + \tau^2 \tag{2.37}$$

식 (2.25a)에서

$$\sigma = \sigma_1 l^2 + \sigma_2 m^2 + \sigma_3 n^2 \tag{2.38}$$

으로 수직응력을 주응력의 항으로 나타낼 수 있다. 그리고 이 식을 식 (2.37)에 대입하여 정리하면

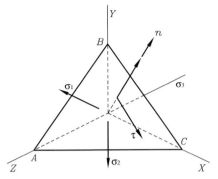

그림 2.11 ▶ 경사진 평면에서의 응력과 주응력의 관계

$$\tau^2 = \sigma_1^2 l^2 + \sigma_2^2 m^2 + \sigma_3^2 n^2 - (\sigma_1 l^2 + \sigma_2 m^2 + \sigma_3 n^2)^2 \tag{2.39}$$

위 식을 전개하면서 $1 - l^2 = m^2 + n^2$, $1 - n^2 = l^2 + m^2$의 관계식을 이용하면

$$\tau = [(\sigma_1 - \sigma_2)^2 l^2 m^2 + (\sigma_2 - \sigma_3)^2 m^2 n^2 + (\sigma_3 - \sigma_1)^2 n^2 l^2]^{1/2} \tag{2.40}$$

으로 전단응력을 주응력의 항으로 나타낼 수 있다.

예제 2-1   그림 2.11에서 삼각형 ABC로 표시된 평면에서 $PA = PB = PC$일 경우 그 평면의
수직응력과 전단응력을 주응력을 사용하여 유도하라.

그림에서 삼각형의 세 변의 길이가 같으므로 방향코사인값들은 모두 같은 값을 가진다.
한편 $l^2 + m^2 + n^2 = 1$의 관계식에서

$$l = m = n = \frac{1}{\sqrt{3}}$$

따라서 그림 2.12와 같이 평면 ABC는 정팔면체(octahedron)의 여덟 개의 면 중 하나
이다. 그리고 이 경우를 정팔면체의 전단응력(octahedral shearing stress)이라고 한다.
그 값은 식 (2.40)에서

$$\tau_{\text{oct}} = \frac{1}{3}[(\sigma_1 - \sigma_2)^2 + (\sigma_2 - \sigma_3)^2 + (\sigma_3 - \sigma_1)^2]^{1/2}$$

로 구해지고 수직응력도 역시 식 (2.38)에서 다음과 같이 구해진다.

$$\sigma_{\text{oct}} = \frac{1}{3}(\sigma_1 + \sigma_2 + \sigma_3)$$

즉, 수직응력은 3개의 주응력의 평균값임을 알 수 있다. 두 응력 σ_{oct}와 τ_{oct}의 방향은
그림 2.12에 표시된 바와 같다. 여기서 구한 두 응력은 일반적인 재료의 파괴이론에서
아주 중요한 의미를 지닌다.

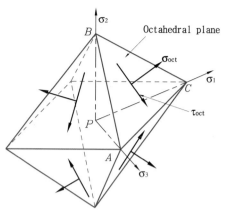

그림 2.12 ▶ 정팔면체 표면에서의 수직응력과 전단응력

3축응력에서의 Mohr원

앞절에서 임의의 경사진 평면에서 주응력과 그 경우의 방향코사인이 구해지면 식 (2.38)과 식 (2.40)을 이용하여 수직응력과 전단응력을 구할 수 있음을 설명하였다. 그런데 3축응력의 경우도 2축응력의 경우와 마찬가지로 Mohr원을 그려서 이용할 수도 있다. 2축응력의 경우와 차이가 나는 것은 3개의 주응력이 존재하므로 3개의 원이 그려진다는 점이다.

그림 2.13(a)와 같이 정육면체를 경사진 단면 $abcd$가 생기도록 자른 경우를 생각해 보자. 그림의 물체는 각각의 좌표축과 같은 방향으로 작용하는 주응력 σ_1, σ_2, σ_3를 받고 있고 좌표축의 교점인 원점은 P이다. 그림에서 점 Q를 경사진 평면 $abcd$ 위의 임의의 점이라 할 때 점 Q에 작용하는 수직응력과 전단응력을 구하고자 한다.

점 Q는 그림에서 중심이 P인 구(sphere)의 표면이 평면 $abcd$와 접하는 접점이다. 즉, 접점 Q에서 구에 접선을 그으면 그 접선이 경사진 평면 $abcd$상에 있도록 정육면체의 단면을 정한 것이다. 여기서 원점 P에서 점 Q에 내린 선분 PQ는 그림 2.13(a)에서 빗금친 두 평면이 교차하며 이루는 선분임을 알 수 있다. 그림에서 평면 PA_2QB_3가 σ_1축과 이루는 각도는 $\theta(\sigma_1$축과 σ_3축이 이루는 평면상에서 구한 각)이고, 평면 PA_3QB_1이 σ_1축과 이루는 각도는 $\phi(\sigma_1$축과 σ_2축이 이루는 평면상에서 구한 각)이다. 또한 원호 $A_1B_1A_2$와 원호 $A_1B_3A_3$는 각각 정육면체의 측면($\sigma_1\sigma_2$ 평면)과 아래면($\sigma_1\sigma_3$ 평면)에서 작도한 것이다. 그림에서 두 각 θ와 ϕ는 선분 PQ가 주응력방향과 이루는 각임을 알 수 있다.

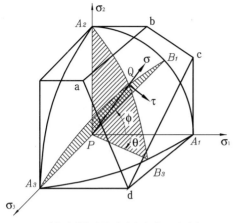
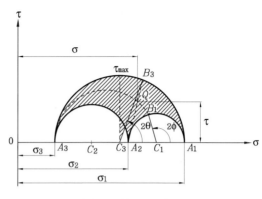

(a) 정육면체를 자른 단면상의 점 Q에서의
    수직응력과 전단응력

(b) 3축응력의 Mohr원으로 표현된 점 Q에서의
    수직응력과 전단응력

그림 2.13 ▶ 3축응력에서 경사진 평면의 수직응력과 전단응력

점 Q에서의 응력 σ와 τ를 주응력 σ_1, σ_2, σ_3로 나타내는 과정은 다음과 같다(그림 2.13(b) 참조).

(1) 직교좌표축을 이용하여 $+\sigma$축과 $+\tau$축을 정한다. 그리고 주응력 σ를 크기순으로 배열한다($\sigma_1 > \sigma_2 > \sigma_3$).

(2) 3개의 Mohr 반원을 중심 C_1, C_2, C_3를 정하여 작도한다(각각의 원을 c_1, c_2, c_3라 한다). 여기서 각각의 원의 반지름은 A_1A_2, A_2A_3, A_1A_3이다.

$$즉, \ C_1 = (\sigma_1 - \sigma_2)/2$$
$$C_2 = (\sigma_2 - \sigma_3)/2$$
$$C_3 = (\sigma_1 - \sigma_3)/2$$

(3) 중심 C_1에서 선분 C_1B_1을 수평축과 2ϕ의 각을 이루도록 긋는다. 마찬가지로 중심 C_3에서 선분 C_3B_3를 수평축과 2θ의 각을 이루도록 긋는다. 이 두 선분은 두 원 c_1, c_3와 점 B_1, B_3에서 교차한다.

(4) 점 A_3, B_1을 통과하고 중심이 σ축 위에 있는 원의 원호를 작도한다. 마찬가지로 점 A_2, B_3를 통과하고 중심이 σ축 위에 있는 원호를 작도한다. 이 두 원호의 교점이 Q점이 되며 그 수평좌표값이 수직응력 σ가 되고 수직좌표값이 전단응력 τ가 된다.

여기서 3차원 Mohr원의 중요한 특징을 살펴보면 다음과 같다.

• 점 Q는 그림 2.13(b)에서 각 θ와 각 ϕ의 값에 따라 빗금친 영역의 내부 혹은 영역의 경계

인 3개의 원 c_1, c_2, c_3의 원주상에 항상 존재한다.

- $\theta = \phi = 0$인 경우는 점 Q가 그림 2.13(a), (b)에서 점 A_1과 일치한다.
- $\theta = 45°$이고 $\phi = 0°$인 경우는 원 c_3의 가장 높은 점에 점 Q가 위치한다. 이때 각 $2\theta = 90°$이고 최대전단응력의 값은

$$\tau_{\max} = \frac{1}{2}(\sigma_1 - \sigma_3) \tag{2.41}$$

이다. 한편, 이 최대전단력은 전단력을 주응력으로 표현한 식 (2.40)에서 $n^2 = 1 - l^2 - m^2$의 관계식을 대입하고, l과 m에 관해 편미분한 식을 0으로 놓아 구할 수도 있다.

- $\theta = \phi = 45°$인 경우 선분 PQ는 주응력축을 같은 각으로 이등분하게 된다. 이 경우에 그림 2.13(a)의 경사진 평면은 그림 2.12의 정팔면체의 한쪽 면이 된다. 이 경사면에서의 응력값들은 앞절의 끝부분 예제에서 구한 바 있다.

2.6 충격응력

충격하중(dynamic load)에 의하여 물체에 발생하는 응력을 충격응력(dynamic stress) σ로 정의한다. 충격응력이 물체의 탄성한도 이하에 있으면 외력에 의하여 이루어진 일은 모두 스트레인 에너지 U로서 물체 내에 축적된다. 그림 2.14와 같이 Young's modulus E, 단면적 A, 길이 l인 막대(bar)의 축방향으로 높이 h에서 중량 W인 물체가 낙하하여 인장충격하중 P를 작용시켜서 λ만큼 변형이 생겼다면

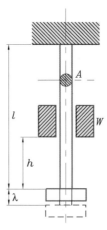

그림 2.14 ▶ 충격인장하중을 받는 막대의 변형

$$\lambda = \frac{Pl}{AE} = \sigma \cdot \frac{l}{E}$$

$$U = \frac{1}{2} P\lambda = \frac{1}{2} A\sigma l\epsilon = \frac{1}{2} \frac{\sigma^2}{E} Al$$

$$\sigma = \sqrt{\frac{2EU}{Al}} \tag{2.42}$$

또 $U = W(h+\lambda)$ 이므로

$$\frac{\sigma^2}{2E} Al = W(h+\lambda) = W\left(h + \frac{\sigma}{E}l\right)$$

σ 에 대하여 정리하면

$$\frac{Al}{2E}\sigma^2 - \frac{Wl}{E}\sigma - Wh = 0$$

$$\therefore \sigma = \frac{W}{A}\left(1 \pm \sqrt{1 + \frac{2EAh}{Wl}}\right) \tag{2.43}$$

여기서 W 의 하중이 정적하중(static load)으로 작용할 경우에는 정적인 상태의 막대의 변형량 은 $\lambda_0 = \frac{Wl}{AE}$ 이고, 정적응력은 $\sigma_0 = W/A$ 이다. 그리고 근호의 부호가 음(−)인 경우는 무의 미한 해이므로 식 (2.43)을 변형하면

$$\sigma = \sigma_0\left(1 + \sqrt{1 + \frac{2h}{\lambda_0}}\right) \tag{2.44}$$

충격하중에 의해서 발생하는 충격인장응력 σ 와 그 하중이 정적으로 가해졌을 때의 응력 σ_0 와의 비 γ 를 구하면

$$\gamma = \frac{\sigma}{\sigma_0} = \left(1 + \sqrt{1 + \frac{2h}{\lambda_0}}\right) \tag{2.45}$$

식 (2.44)는 낙하 물체의 충격 시에 운동에너지 전부가 전체 막대를 늘어나게 하는 데 사용 된 것으로 가정하여 유도한 것이다. 실제로는 에너지가 지지부, 추, 받침판 등의 변형에도 소 비되고, 소리나 열로 변하므로 강한 충격에서는 $\gamma = 2 \sim 3$, 가벼운 충격에서는 $\gamma = 1.25 \sim 1.5$로 보는 것이 보통이다. 그런데 일반적으로 정적 변형량 λ_0는 h에 비하여 대단히 적으므로 물체 의 낙하에 의한 충격인장응력은 정하 중의 인장응력에 비하여 상당히 큰 것임을 알 수 있다. 그리고 식 (2.45)에서 $h = 0$인 경우는 중량 W인 물체가 낙하 높이가 없는 상태에서 그대로 막대 밑부분에 갑자기 놓인 상태(sudden loading)로 설명될 수 있다. 이러한 경우도 식에서

$\sigma = 2\sigma_0$가 된다. 일반적으로 기계설계에서 충격하중으로 인한 충격응력을 이론적으로 계산하기 어려울 때 정적하중 상태에서 발생하는 정적응력값의 두 배 이상으로 취하는 설계법의 이론적 근거가 되는 식이 바로 식 (2.44)이다.

또한 식 (2.44)에서 알 수 있는 흥미있는 사실은 막대의 변형이 작게 발생할수록 $2h/\lambda_0$항이 커져서 충격응력이 커짐을 알 수 있다. 극단적으로 $\lim\limits_{\lambda_0 \to 0} \sigma = \infty$이므로 충격응력을 줄여야 하는 상황이라면 구조물에서 충격하중에 따른 변형량이 가능한 한 커지도록 설계해야 한다. 승용차 설계에서 충돌사고 시 승객을 보호하려면 차체가 어느 정도 변형되며 충격을 흡수해야 한다는 이론에 대한 근거가 되는 식도 역시 식 (2.44)이다. 충돌사고 시 탑승자의 안전과 차체 변형에 관한 내용을 부록 2에 수록하였으니 참고하기 바란다.

일반적으로 기계장치에서 가장 위험한 파괴는 변형이 거의 일어나지 않고 파괴되는 취성파괴이다. 연성재료는 식 (2.44)에서 변형량 λ_0가 크므로 취성재료에 비하여 심한 충격응력이 걸리지 않으며 많은 에너지를 흡수하기 때문에 취성재료에 비하여 안전하다. 충격응력이 탄성 한도를 넘어서면 영구 스트레인을 발생하고, 스트레인 에너지의 대부분은 소성변형으로 소비되므로 응력을 정확히 계산하기는 어렵고 실험에 의하여 추정할 수밖에 없다. Charpy 충격시험기를 이용한 충격시험(impact test)에서 얻은 충격치는 재료의 파괴까지의 변형치의 대소를 표시하는 것으로, 이 값이 높은 재료에서는 노치에 의한 응력집중 등으로 국부적인 응력상승이 있을 경우에도 국부적 소성변형에 의하여 파괴를 면할 수가 있다. 일반적으로 충격시험 결과 높은 충격치를 나타내는 재료는 낮은 충격치를 보이는 재료보다 충격응력의 관점에서 안전하다고 할 수 있다.

2.7 잔류응력

그림 2.15에 도시된 바와 같이 항복점보다 큰 인장응력이 가해지는 튜브와 봉(rod)으로 이루어진 결합체를 생각해 보자. 그림의 결합체에서 튜브와 판 그리고 로드와 판은 서로 용접되어 있고, 튜브 내부에 로드가 헐거운끼워맞춤이 되어 있는 구조이다. 하중을 제거하여도 봉은 원래의 길이로 되돌아 오지 않고 영구변형량만큼 길어질 것이다. 그런데 하중을 제거한 후에 모든 응력이 없어질까? 이러한 가설은 항상 옳다고 할 수 없다. 왜냐하면 확실하게 서로 체결된 구조물의 여러 부분은 서로 다른 소성변형을 하기 때문에, 구조물의 여러 부분의 응력은 보통 하중이 제거된 후에 "0"이 되지 않기 때문이다. 잔류응력(residual stress)이라 하는 응력이 구조물의 여러 부분에 남아 있게 된다.

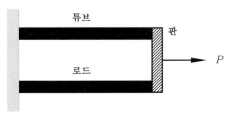

그림 2.15 ▶ 인장하중을 받는 튜브와 판으로 된 결합체

잔류응력을 계산하기는 일반적으로 매우 복잡하지만 다음은 잔류응력이 구조물에서 어떻게 나타나는가를 보여 준다.

그림 2.15에서 봉과 튜브의 결합체에 작용한 하중이 0에서 19.5 kN으로 증가되고, 다시 0으로 감소할 경우 2.7.1 결합체의 최대연신량, 2.7.2 하중을 제거한 후의 영구변형, 2.7.3 봉과 튜브에서의 잔류응력을 결정하는 문제를 생각해 보자.

/2.7.1/ 최대연신량

그림 2.16(a)에서와 같이 봉은 $P_r = (P_r)_Y = 9$ kN의 하중에 도달했을 때부터 소성변형이 시작된다. 봉의 단면적을 45 mm²라 하면 항복점의 응력은 $\sigma_r = (\sigma_r)_Y = 200$ MPa이다. 그런데 그림 2.16(b)에서와 같이 튜브에는

$$P_t = P - P_r = 19.5 \text{ kN} - 9 \text{ kN} = 10.5 \text{ kN}$$

의 하중이 걸리며, 아직 튜브는 탄성역 이내에 있음을 알 수 있다. 튜브와 봉의 Young's modulus를 각각 $E_t = 100$ GPa, $E_r = 200$ GPa라 하고, 튜브의 단면적과 길이를 다음과 같이 각각 60 mm²와 800mm라 하자. 그러면 튜브의 인장응력과 연신량을 다음과 같이 계산할 수 있다.

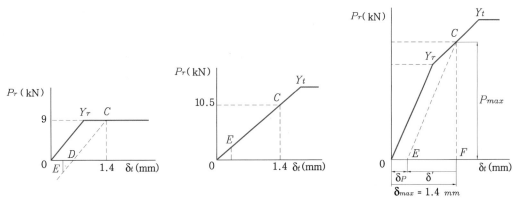

그림 2.16 ▶ 로드, 튜브 및 결합체의 하중 – 변형 선도

$$\sigma_t = \frac{P_t}{A_t} = \frac{10.5 \text{ kN}}{60 \text{ mm}^2} = 175 \text{ MPa}$$

튜브의 연신(elongation)은 튜브가 탄성한계 이내에 있으므로

$$\delta_t = \epsilon_t L = \frac{\sigma_t}{E_t} L = \frac{175 \text{ MPa}}{100 \text{ GPa}} (800 \text{ mm}) = 1.40 \text{ mm}$$

따라서 결합체의 최대연신은

$$\delta_{\max} = \delta_t = \delta_r = 1.40 \text{ mm}$$

/2.7.2/ 영구변형

그림 2.16(c)에서 최대하중 $P_{\max} = 19.5$ kN은 결합체의 하중–변형선도의 선분 $Y_r Y_t$ 상에 있는 점이다. 하중 P가 19.5 kN에서 0으로 감소할 때, 결합체에 나타나는 내력, 즉 힘 P_r과 P_t는 각각 그림 2.16(a)와 (b)에서와 같이 직선을 따라 감소한다. 힘 P_r은 로드가 이미 탄성한계를 넘는 하중을 받고 있었으므로 하중곡선의 초기 부분에 평행한 선분 CD를 따라 감소하고, 힘 P_t는 튜브가 아직 탄성한계 내에 있으므로, 선분 CO를 따라 탄성적으로 거동하며 감소한다. 따라서 그들의 합 P는 결합체의 하중–변형선도의 OY_r 부분에 평행한 CE선을 따라서 감소한다(그림 2.16(c)). 그림 2.16(c)에서 CE의 기울기와 OY_r의 기울기가 $m = 15/0.8 = 18.75$가 됨을 알 수 있다. 그림 2.16(c)에서 FE선분은 하중을 0으로 감소시키는 동안의 결합체의 변형 δ'을 나타낸다. 그리고 선분 OE는 하중 P가 완전히 제거한 후의 영구변형 δ'_P이다. 삼각형 CEF로부터

$$\delta' = \frac{P_{\max}}{m} = \frac{19.50}{18.75} = 1.04 \text{ mm}$$

따라서 영구변형은

$$\delta_p = \delta_{\max} - \delta' = 1.40 - 1.04 = 0.36 \text{ mm}$$

/2.7.3/ 잔류응력

그림 2.16에서 하중 P가 0이 된 후에 내력 P_r과 P_t는 0과 같지 않음을 알았다. 봉과 튜브에서 잔류응력을 계산하기 위해서는 하중제거 과정에서 생기는 역방향응력 σ'_r과 σ'_t를 계산

하여 (a)의 해에 의해서 결정된 최대응력 $\sigma_r = 200\,\text{MPa}$를 각각 더하여 주면 된다.

하중제거 과정에서 생긴 스트레인은 봉과 튜브에서 같다. 즉,

$$\epsilon' = \frac{\delta'}{L} = \frac{-1.04\,\text{mm}}{800\,\text{mm}} = -1.30 \times 10^{-3}$$

이다. 봉과 튜브에서 스트레인에 의해 발생하는 응력은 각각

$$\sigma'_r = \epsilon' E_r = (-1.30 \times 10^{-3})(200\,\text{GPa}) = -260\,\text{MPa}$$

$$\sigma'_t = \epsilon' E_t = (-1.30 \times 10^{-3})(100\,\text{GPa}) = -130\,\text{MPa}$$

잔류응력은 하중에 의한 응력과 하중제거 과정에서 발생한 반대응력을 중첩함으로써 계산할 수 있다.

$$(\sigma_r)_{\text{res}} = \sigma_r + \sigma'_r = 200\,\text{MPa} - 260\,\text{MPa} = -60\,\text{MPa}$$

$$(\sigma_t)_{\text{res}} = \sigma_t + \sigma'_t = 175\,\text{MPa} - 130\,\text{MPa} = +45\,\text{MPa}$$

온도변화에 의해서 발생하는 소성변형은 잔류응력을 생기게 할 수 있다. 예를 들어, 작은 막대가 큰 판에 용접되어 있다고 가정해 보자. 용접작업 동안에 막대의 온도는 1000℃ 넘게 증가하고, 그 온도에서 재료의 종탄성 계수, 즉 강성과 응력은 거의 0이 된다. 판의 크기 때문에 판의 온도는 상온(20℃)을 크게 초과하여 증가하지는 않는다. 따라서 용접이 완료되었을 때 20℃의 판에 접착된 응력이 없는 $T = 1000$℃의 막대로 생각할 수 있다. 막대가 냉각되면서 막대의 종탄성 계수는 증가하여 500℃에서 대략 200 GPa의 정상적인 값이 될 것이다. 막대의 온도가 더 낮아지면 막대는 온도변화에 따른 변형률 관계식 $\epsilon_T = \alpha(\Delta T)$를 만족하게 되므로 잔류응력은 $\sigma_{res} = E\epsilon_T$로 계산할 수 있다.

잔류응력은 주조되거나 열간압연된 금속의 냉각과정에서 또한 발생한다. 이러한 경우 외부층은 내부층보다 더 빨리 식는다. 이것은 외부층이 강성(상온에서의 종탄성계수 E를 의미함)을 내부층보다 더 빨리 회복함을 의미한다. 전체의 시편이 상온으로 되었을 때 내부층은 외부층보다 한층 더 수축할 것이다. 그 결과 내부에서는 길이 방향의 잔류인장응력이, 외부층에서는 잔류압축응력이 발생할 것이다.

그림 2.17은 큰 토크를 전달하는 탄소성재료로 제작한 축의 응력과 스트레인 관계를 나타내고 있다. 재료의 항복강도(Y)를 초과하는 전단응력이 걸려도 그 값이 항복강도의 2배 이상이 되지 않는 한 토크가 제거될 때 응력과 스트레인이 감소하며 나타내는 관계는 그림과 같이 직선이다. 그림과 같이 토크가 완전히 제거되어도 전단응력은 0이 되지 않는다. 이와 같은 현상은 축에 발생하는 잔류응력으로서 다음과 같이 설명할 수 있다.

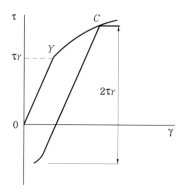

그림 2.17 ▶ 응력과 스트레인의 변화 선도

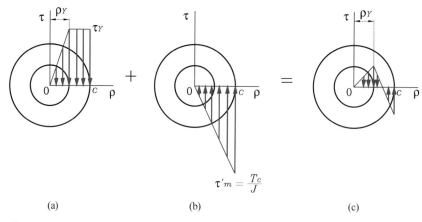

그림 2.18 ▶ 탄성체재료의 잔류응력

   그림 2.18은 탄소성재료로 된 축에서 잔류응력이 발생하는 과정을 보여 준다. 그림 2.18(a)에는 축에 가해지는 토크로 인한 전단응력의 반지름에 따른 분포가 나와 있다. 반지름 ρ_Y 이내의 영역은 탄성영역이고, ρ_Y 바깥 영역은 이미 항복강도 τ_Y에 도달해 있으므로 소성변형이 진행되었음을 알 수 있다. 하중을 제거하면 그림 2.17에서 설명한 바와 같이 잔류응력이 발생한다. 그 잔류응력을 계산하려면 토크를 제거하는 과정을 주어진 토크와 크기가 같고, 방향이 반대인 토크가 작용하는 것으로 간주하여 그림 2.18(b)와 같이 분포하는 전단응력을 초기의 토크로 인한 전단응력(그림 2.18(a))에 중첩하면 된다. 그 결과가 그림 2.18(c)에 나와 있는데 잔류응력의 크기와 방향은 반지름에 따라 심하게 변함을 알 수 있다.

일반적으로 기계구조물에서 온도변화가 발생할 경우 구조물이 자유롭게 수축하거나 팽창할 수 있는 구조라면 어떤 응력도 발생하지 않는다. 반면에 구조물이 자유롭게 팽창하거나 수축할 수 없이 기계적으로 제한(constrained)되어 있다면 온도변화에 따라 구조물의 일부분에 응력이 발생하고, 이를 열응력(thermal stress)이라 한다. 이 내용을 그림 2.19를 통하여 비교해 보도록 하자. 왼쪽의 그림은 막대의 한쪽 끝을 고정시키지 않은 경우이고, 오른쪽 그림은 양 끝단을 고정시킨 막대의 경우이다. 전자의 경우 일정한 온도 변화를 주었을 때 막대는 다음과 같은 양만큼 팽창한다.

$$\delta = \alpha L \Delta T \tag{2.46}$$

여기서 α : 열팽창 계수, L : 막대의 길이, ΔT : 온도 상승

후자의 경우 양 끝단이 고정되어 있기 때문에 막대의 인장은 발생하지 않지만, 대신에 온도의 상승으로 인해 막대에 압축력 R이 발생하게 된다. 팽창가능한 막대의 경우 온도 상승에 의해 $\alpha L \Delta T$만큼의 팽창이 윗방향으로 발생하게 되며, 팽창이 불가능한 막대의 경우에는 압축력 R에 의해 $\dfrac{RL}{EA}$만큼의 변위가 발생한 것으로 생각할 수 있다. 이 두 현상을 통하여 두 가지로 계산된 변위는 서로 동일하므로 다음의 식을 유도할 수 있다.

$$R = EA\alpha\Delta T$$

또한 위 식에서 압축응력과 스트레인을 계산할 수 있다.

$$\sigma = \frac{R}{A} = E\alpha\Delta T \tag{2.47}$$

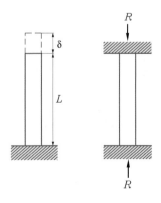

그림 2.19 ▶ 열응력

$$\epsilon = \frac{\sigma}{E} = \alpha \Delta T \qquad\qquad (2.48)$$

이를 통해 외력이 작용하지 않을 경우에도 온도의 변화에 의해 응력이 발생할 수도 있다는 것을 알 수 있다. 고온에서 작용하는 기계부품을 설계하는 경우, 열응력도 상온에서 계산된 외부 하중에 의한 응력과 더불어 반드시 고려해야 한다.

표 2.9 금속재료의 열팽창 계수

재료	열팽창 계수 $\alpha(\alpha \times 10^3 \ 1/^\circ\text{C})$
Aluminum	6.47
Beryllium	3.55
Boron	2.19
Cadmium	8.19
Chromium	2.19
Cobalt	3.36
Copper	4.53
Gold	3.88
Iron	3.36
Lithium	15.29
Magnesium	7.10
Molybdenum	1.37
Nickel	3.55
Silicon	0.66
Silver	5.16
Sodium	19.66
Tin	7.37
Titanium	2.95
Tungsten	1.17
Zinc	7.92

예제 2-2 가로 및 세로가 각각 4 cm, 5 cm의 단면을 갖는 길이 100 cm의 금속막대가 두 단단한 벽 사이에 틈이 없이 부드럽게 껴 있었다. 며칠 후 이 막대를 제거하려 했는데 날씨가 더워져서 뺄 수가 없었다. 이 경우 이 금속막대는 얼마의 압축하중(kN)을 받고 있는가? (단 $E=200$ GPa, 선팽창 계수 $a=5\times10^6$/CENTIGRADE, 온도 증가분은 20℃라 가정하고 이 벽면의 열변화는 없다고 가정한다)

$$\sigma = E \cdot a \cdot \Delta T$$
$$= 200 \times 10^9 \times 5 \times 10^{-6} \times 20$$
$$= 20,000,000 \ \text{N/m}^2$$

$$압축하중 = \sigma \times A$$
$$= 20,000,000 \times (0.04 \times 0.05)$$
$$= 40,000 \text{ N}$$

∴ 열응력으로 인한 압축하중은 40 kN이다.

예제 2-3 아래 그림은 알루미늄으로 만든 고리(ring)를 철제 실린더에 끼우기 위한 Shrink fit 과정을 나타낸다. 실린더 외경과 고리 내경에 요구되는 죔새(Interference) δ는 실린더 외경의 단위 mm당 0.003 mm이다. 현재 온도가 25℃일 때 고리를 실린더에 끼워맞춤하기 위해서는 고리를 몇 도까지 가열해야 하는가? 또한 고리가 Shrink fit되어 상온(25℃)까지 냉각되었을 때 고리에 발생하는 원주방향응력(hoop stress σ_θ)값은 얼마인가? (단 알루미늄의 Young's Modulus $E = 71$ GPa이고, 선팽창 계수 $\alpha = 24.7 \times 10^{-6}$ ℃$^{-1}$이며 Steel에서는 $E = 207$ GPa, $\alpha = 11.35 \times 10^{-6}$ ℃$^{-1}$이다)

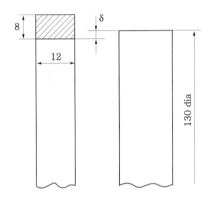

그림 2.20 ▶

고리는 실린더의 축방향으로 자유롭게 팽창할 수 있으므로 축방향의 열응력을 무시하고, 고리의 원주방향만 고려하면 1차원 문제로 간단히 풀 수 있다. 실린더의 반지름을 R이라 하자. 상온에서 고리의 원주길이는 $2\pi R$이고, Shrink fit하기 위해 팽창해야 하는 길이는 $2\pi(R+\delta)$이다. 따라서 원주방향의 열응력을 발생시키는 고리의 열팽창량은

$$2\pi(R+\delta) - 2\pi R = 2\pi\delta$$

한편 원주 방향 길이가 $2\pi R$인 고리에서 ΔT만큼의 온도가 상승할 때 고리의 열팽창량은 식 (2.46)에서

$$2\pi\delta = \alpha \cdot (\Delta T)(2\pi R)$$

그런데 문제에서 실린더 외경은 130 mm이고, 요구되는 열팽창량 δ는 단위 mm당 0.003 mm이므로

$$\delta = (0.003) \cdot (2R)\text{mm}$$

$$(0.003)(2R) = \alpha \cdot \Delta T \cdot R$$

$$\therefore \ \Delta T = \frac{0.003 \times 2}{24.7 \times 10^{-6}} = 243 \, [\degree\text{C}]$$

그러므로 243℃ + 25℃ = 268℃ 까지 올려야 한다. 또한 고리의 원주 방향 열응력은

$$\sigma_\theta = E\alpha(\Delta T)$$
$$= 71 \times 10^9 \text{Pa} \times 24.7 \times 10^{-6} \degree\text{C}^{-1} \times 243 \degree\text{C}$$
$$= 426 \, \text{MPa}$$

2.9 응력집중

　기계재료에서 기하학적인 형상이 급격히 변하는 부분에서는 응력값이 재료의 단면형상이 균일한 부분에 나타나는 평균응력값보다 훨씬 크다. 구조물에서 재료의 구멍 또는 횡단면에서의 급격한 단면형상 변화와 같은 불연속면이 존재하면 높은 국부적인 응력이 불연속 근방에서 일어난다. 그림 2.21과 그림 2.22는 이러한 두 경우에 대응하는 임계단면에서의 응력분포를 보여 준다. 그림 2.21은 원형구멍이 있는 평판에서 구멍의 중심을 통과하는 단면에서의 응력분포를 나타낸다. 그림 2.22는 필렛(fillets)에 의해서 연결된 폭이 다른 두 부분으로 되어 있는 평판에서 연결부에서의 응력분포를 보이는데, 이곳에서 가장 높은 응력이 발생한다.

　이러한 결과는 광탄성방법에 의해 실험적으로 얻어진 것이다. 실험결과 밝혀진 중요한 응력집중에 관한 사실은 부재의 크기나 사용된 재료와는 무관하며, 기하학적 형상인자의 비율

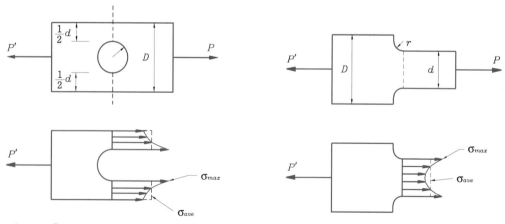

그림 2.21 ◗ 평판의 구멍 주위의 응력분포　　　그림 2.22 ◗ 평판의 필렛 주위의 응력분포

에만 의존한다는 것이다. 다시 말하면, 응력집중 현상은 원형 구멍일 경우 r/d의 비 그리고 필렛의 경우 D/d에 따라서만 달라진다. 실무적인 기계설계에서는 재료의 응력분포보다는 오히려 최대응력값이 중요하다. 왜냐하면 설계자의 주된 관심은 실제하중이 작용할 때 재료의 각 부분에 걸리는 응력값이 허용응력을 초과할 것인가 아닌가를 결정짓는 것이지 이 값을 초과하는 곳을 찾는 것이 중요한 것이 아니기 때문이다. 이러한 이유로 응력집중에 대한 설계지표로서 불연속의 임계단면에서 계산된 평균응력에 대한 최대응력의 비를 정의한다.

$$K = \frac{\sigma_{\max}}{\sigma_{\text{ave}}} \tag{2.49}$$

이 비를 주어진 기하학적 형상에 대한 응력집중계수(stress concentration factor)라고 한다. 응력집중계수는 기하학적 형상인자의 함수로 구할 수 있다. 그림 2.23은 부재의 형상에 따른 응력집중계수를 나타낸다. 축하중 P를 받고 있는 부재에서 불연속 근방에서 생기는 최대응력을 구하려면 설계자는 임계단면에서의 평균응력 $\sigma_{\text{ave}} = P/A$를 계산하고, 해당하는 최대응력계수 K를 곱하기만 하면 된다. 그러나 이러한 절차는 $\sigma_{\max}$가 재료의 비례한도를 초과하지 않는 범위 내에서만 유용하다. 왜냐하면 그림 2.23에 도시된 K의 값은 응력과 스트레인 사이의 선형관계를 가정함으로써 구해지기 때문이다.

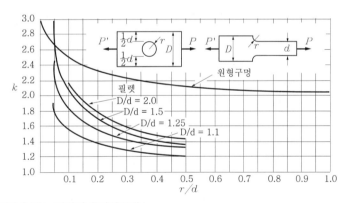

그림 2.23 ▶ 축하중을 받는 평판의 응력집중계수

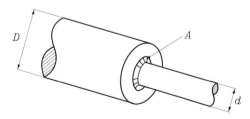

그림 2.24 ▶ 불연속면을 가지는 원형축

한편 비틀림공식 $\tau_{\max} = Tc/J$(T : 토크, c : 축의 반지름, J : 극관성모멘트)를 이용하면 여러 다른 단면을 가지고 있는 축에서 전단응력을 구할 수 있는데, 축의 지름이 급격히 변화하는 부분에서는 응력집중이 발생하여 그림 2.24와 같이 A부분에서 최대응력이 발생한다. 이러한 응력집중은 필렛(fillet)을 주면 완화할 수 있으며, 이 필렛에서 생기는 최대전단응력은 다음 식으로 표시할 수 있다.

$$\tau_{\max} = K\frac{Tc}{J} \tag{2.50}$$

여기서 응력 $\dfrac{Tc}{J}$는 축의 최소지름에 대해 계산한 전단응력이고, K는 응력집중계수이다. 이 계수 K는 그림 2.25와 같이 D/d와 r/d에 의해 변화하기 때문에 값이 주어지면 표 또는 도표에서 구할 수 있다. 그러나 국부전단응력을 결정하는 이러한 방법은 위 식에서 얻은 값이 재료의 비례한도를 넘지 않는 한도 내에서 유효하다. 왜냐하면 그림 2.25에서 표시한 K의 값은 전단응력과 스트레인 사이가 선형적인 관계라는 가정에서 얻었기 때문이다. 만일 소성변형이 일어난다면 위 식에서 얻은 값보다 작은 최대응력값을 가지게 된다.

식 $\sigma_m = Mc/I$는 대칭평면과 균일횡단면을 갖는 부재에서 굽힘모멘트에 의한 굽힘응력을 구하는 식이다. 여기서 M은 굽힘모멘트, c는 축의 반지름, I는 관성모멘트를 나타낸다. 굽힘모멘트 M이 균일한 단면을 가진 판재나 보에 적용된다면 부재의 전 길이에 걸쳐서 정확하게 굽힘응력이 계산될 것이다. 만일 부재의 횡단면에 갑작스런 변화가 생긴다면 위와 같이 계산

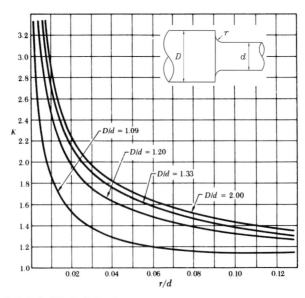

그림 2.25 ▶ 원형축의 필렛에 대한 응력집중계수

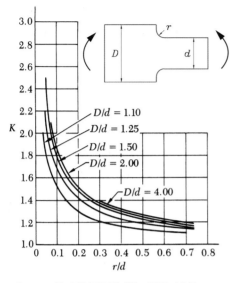

그림 2.26 ▶ 굽힘하중을 받는 필렛이 있는 판재의 응력집중계수

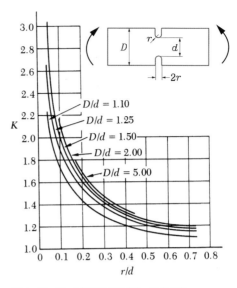

그림 2.27 ▶ 굽힘하중을 받는 홈을 갖는 판재의 응력집중계수

된 굽힘응력보다 더 높은 응력이 발생할 것이다. 두 개의 특별한 경우에 대하여 살펴보자. 그 중 하나는 폭이 급격히 감소하는 판재의 경우와 다른 하나는 노치 홈을 갖는 판재의 경우이다. 앞에서 설명한 바와 같이 임계 횡단면에서 응력의 분포는 부재의 기하학적 형상에 의존하므로 응력집중계수들은 그림 2.26, 2.27과 같이 형상인자에 따라 구해진다. 임계 횡단면에서 최대응력의 값은 다음과 같이 표현된다.

$$\sigma_{\max} = K\frac{Mc}{I} \tag{2.51}$$

여기서 K는 응력집중계수이다. 그림 2.26과 2.27에 나타난 응력집중계수에서 필렛 및 홈이 있는 경우는 형상인자값에 따라 평균응력의 3배에 가까운 응력집중이 발생함을 알 수 있다.

2.10 재료의 파괴

일반적으로 파괴(failure)라는 용어는 '기계시스템이나 구조물을 구성하고 있는 부품으로 가공된 기계재료가 설계자가 의도한 기능을 발휘할 수 없게 되는 상태'를 의미한다. 파괴는 두 가지로 분류되는데, 하나는 항복(yielding), 즉 과도한 탄성 변형이 발생하여 영구 변형 상태까지 진행된 경우이고, 다른 하나는 파단(fracture), 즉 재료가 두 개 이상으로 분리된 경우이다.

기계설계자는 기계부품을 구성하고 있는 각 재료에서 어떠한 하중조건에서 파괴가 일어나는지를 정확히 예측할 수 있어야 한다. 재료가 파괴되는 과정은 일반적으로 재료의 기계적 성질, 가해진 하중의 방향, 하중의 시간에 대한 변화율, 재료의 기하학적 형상, 하중을 받는 재료의 주위 환경 등 여러 가지 요인에 따라 다르다. 재료에서 일어나는 파괴현상을 정확히 정량적으로 해석하기 위한 많은 연구가 아직도 진행되고 있다. 앞에서 언급한 파괴에 영향을 미치는 여러 요인들 가운데 하중의 시간에 대한 변화율, 즉 하중을 가하는 속도에 따라 파괴가 시작되는 응력의 최저치가 많이 달라진다. 동하중(dynamic loading) 상태에서는 재료에 충격응력이 걸리고 가속도에 따른 관성력도 나타나며 진동현상까지 고려해야 한다. 또한 여러 요인들이 복합적으로 작용하여 각각의 응력들이 상쇄되는 현상과 중첩되는 현상까지 번갈아 일어나므로 정량적으로 해석하기가 상당히 까다롭다. 여기서는 정하중(static loading)을 우선 고려하기로 한다. 일반적으로 정하중상태란 단순인장시험(simple tension test)에서 하중을 받는 재료에서 1초에 10^{-4} 이하의 변형률(strain)이 발생하는 상태, 즉 시간에 따른 변형률(strain rate)이 $10^{-4}/sec$ 이하일 경우의 하중을 의미한다.

/2.10.1/ 항복과 파단

재료의 파괴는 일반적으로 다음의 두 가지로 분류할 수 있다.

(1) 항복(yielding)

재료에 가해지는 하중이 어느 일정값에 도달했을 때 재료의 내부에 가장 큰 응력이 걸리는 부분에서 국부항복(localized yielding)이 일어난다. 하중이 더 증가함에 따라 국부항복 부위가 넓어지면서 재료가 항복된다. 이때의 하중을 항복강도(yield strength)라 한다. 항복이란 원자(atom)가 배열된 두 평면 사이에 미끄럼(slip)이 일어나 두 평면 사이에 상대 변위가 발생함을 의미한다. 이와 같은 미끄럼이 일어나는 평면은 일반적으로 단위 면적당 포함된 원자의 숫자가 가장 큰 평면인 것으로 알려져 있다. 이러한 항복 현상은 방향이 일정하지 않은 재료 내부의 수많은 평면에서 동시에 일어난 국부적인 미끄럼 현상의 결과이므로, 항복강도(yield strength)에는 엄밀하게 말하면 통계적 개념이 내포되어 있다. 금속에서 항복을 일으키는 응력 성분은 전단응력임을 위의 설명에서 쉽게 알 수 있다.

(2) 파단(fracture)

응력을 받고있는 재료가 2개 이상으로 분리되며 새로운 면이 생길 때 재료는 파단되었다고 한다. 일반적으로 복합응력을 받고 있는 재료가 언제 파단될 것인가를 예측하기는 매우 어렵다. Griffith는 1920년에 재료가 파단되는 조건을 변형에너지(strain energy)를 이용하여 최초로 제시한 바 있다. Griffith는 당시 취성재료를 주로 사용하여 실험연구를 한 결과 인장응력이 압축응력에 비하여 재료의 파단을 일으키는 결정적 요인이라는 사실을 밝혀냈다.

일반적으로 재료는 힘을 받으면 먼저 항복이 일어나고 그 다음에 파단한다. 재료가 인장응력을 받아서 파단하는 경우 다음 두 가지 파단형식을 보인다.

① 분리형 파단

재료 내의 최대수직응력이 작용하는 면에서 분리하는 파괴로서, 주철과 같이 취성재료에 생긴다. 그림 2.28에서 취성재료에 발생한 분리형 파단의 예를 보이고 있는데, 그림을 보면 단면적 A의 주철제 원봉을 하중 P로써 인장할 때 재료 내부에서 $\sigma_t = \dfrac{P}{A}$의 인장응력이 생기고, 이 인장응력에 의해 재료에 변형이 발생하게 된다. 그리고 발생한 인장응력이 재료의 항복점을 지나 극한강도에 도달하게 되면 재료는 파괴된다(2.2절 참조).

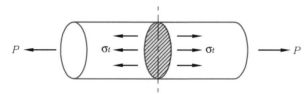

그림 2.28 ▶ 분리형 파단

② 미끄럼형 파단

재료 내의 일정한 면에 따라 크게 미끄러져서 분리하는 파단으로서, 연강과 같이 연성재료에서 주로 발생하며, 그림 2.29와 같이 45° 이상의 경사를 가진 경사단면에서 파단한다. 그러나 다결정 금속재료의 파단은 모두 위와 같이 2종류의 파단형식으로 구별되는 경우는 드물고 오히려 혼재하는 경우가 많다. 그리고 같은 재료라 할지라도 그 응력상태와 변형속도 및 시험온도에 의하여 파단의 형식에 차이가 생긴다.

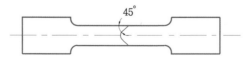

그림 2.29 ▶ 미끄럼형 파단

/2.10.2/ 재료의 항복에 대한 여러 가지 학설

연성재료에 가해지는 인장하중이 계속 증가하면 재료의 변형이 더 이상 초기상태로 복원될 수 없는 단계에 도달하게 되는데, 이러한 상태를 항복점이라 한다. 이때부터 재료의 비탄성거동이 시작되며 이때의 인장응력을 항복강도(yield strength)라고 한다. 물론 재료의 파단이 아직 시작되지 않은 상태이지만 일단 항복이 시작되면 기계재료의 거동이 설계자가 의도한 대로 진행된다는 보장을 할 수 없으므로 항복이 시작되는 하중을 정확히 예측하는 것은 기계설계자에게 아주 중요한 일이다.

일반적인 3축응력 상태에 있는 재료를 생각해 보자. 주응력을 각각 σ_1, σ_2, σ_3라 하고, 각 응력의 크기는 $\sigma_1 > \sigma_2 > \sigma_3$이다. 여기서 첨자 숫자는 주응력의 방향을 나타낸다. 만일 이 재료로 단순인장시험을 할 경우 σ_{tY}를 단순인장시험에서의 항복점이라 할 때 $\sigma_1 = \sigma_{tY}$, $\sigma_2 = \sigma_3 = 0$이 된다. 여기서 σ_{tY}는 재료의 항복이론에서 아주 중요한 의미를 가진다. 왜냐하면 복합응력을 받는 재료가 항복될 것인가를 판단하는 유일한 방법은 그 복합응력을 하나의 응력으로 환산하여 σ_{tY}와 비교하는 수밖에 없기 때문이다. 만일 어느 재료공학자가 세계 최초로 신소재를 개발했다고 가정하자. 그가 그 재료를 기계설계자에게 소개하려면 가장 첫 번째로 해야 하는 일은 그 신소재를 가지고 단순인장시험을 하여 σ_{tY}를 구하는 일일 것이다.

단순비틀림시험(simple torsion test)을 할 경우의 응력은 $\tau = \sigma_1 = -\sigma_3$이고, $\sigma_3 = 0$이다. 여기서 τ는 재료역학의 비틀림응력계산식에서 쉽게 구할 수 있다. 순수전단(pure shear)의 경우에는 $\tau = \tau_Y$일 때 항복이 일어난다.

단순인장시험이나 단순비틀림시험에서 재료의 거동은 응력-변형률 선도를 그리면 쉽게 파악할 수 있다. 이 두 경우 항복응력은 재료가 복합응력을 받는 경우에 비하여 아주 간단히 구해짐은 자명한 사실이다. 그러나 기계재료가 가공되어 부품으로 조립된 상태에서 받는 실제하중은 상당히 복잡한 복합하중 상태이므로, 재료에 발생하는 복합응력을 재료가 지탱할 수 있을지 또는 항복을 일으키는지의 여부를 어떻게 판단할까? 전술한 바와 같이 유일한 방법은 복합응력을 하나의 응력으로 환산하여 단순인장시험 결과 구해진 재료의 항복점 σ_{tY}와 비교하는 것이다. 다음에 소개하는 재료의 항복에 관한 여러 가지 학설들은 복합응력을 하나의 응력으로 환산하는 방법에 관한 학설이다. 그러나 불행하게도 모든 재료에 통용되는 학설은 아직 밝혀지지 않았고 재료의 물성에 따라 적용되는 학설이 달라짐에 주의해야 한다.

(1) 최대주응력설(Maximum principal stress theory)

W. J. M. Rankine에 의해 제기된 가장 오래된 학설로서 재료의 강도를 결정하는 것은 최대

주응력으로서, 가장 큰 주응력 σ_1이 재료의 단순인장강도 또는 그 항복점(σ_{tY})과 같게 되었을 때 재료의 항복이 시작된다는 것이다. 또는 가장 작은 주응력 σ_3가 재료의 단순압축강도 또는 그 항복점(σ_{cY})과 같게 되었을 때 재료의 항복이 시작된다는 것이다. 이 학설은 기계설계에서 연신율 5% 이하의 취성재료에 사용된다. 항복조건을 수식으로 표현하면,

$$|\sigma_1| = \sigma_{tY} \quad \text{또는} \quad |\sigma_3| = \sigma_{cY} \tag{2.52}$$

그러나 이 이론은 두 가지의 문제점이 있다. 하나는 재료가 비록 단순인장시험에서는 낮은 항복강도를 나타내더라도 매우 높은 정수압(hydrostatic pressure)에서는 항복이나 파단을 일으키지 않으며, 정수압을 지탱하는 현상에 대해서는 이 이론으로 설명할 수가 없다는 것이다. 또 다른 하나는 연성재료의 항복현상은 근본적으로 전단력 때문에 발생하므로 연성재료의 항복조건은 전단응력으로 표현되어야 한다는 것이다. 따라서 이 이론은 취성재료에 주로 적용된다.

만일 재료의 단순인장강도와 단순압축강도가 동일하다면($\sigma_{tY} = \sigma_{cY} = \sigma_Y$) 평면응력의 경우에 $\sigma_3 = 0$이므로 식 (2.52)는

$$|\sigma_1| = \sigma_Y \quad \text{또는} \quad |\sigma_2| = \sigma_Y \tag{2.53a}$$

이 식을 다시 쓰면

$$\frac{\sigma_1}{\sigma_Y} = \pm 1 \quad \text{또는} \quad \frac{\sigma_2}{\sigma_Y} = \pm 1 \tag{2.53b}$$

그림 2.30과 같이 재료가 일반적인 2축응력을 받고 있을 때 그림 2.31(a)에는 주어진 응력상태에서 주응력을 구하는 과정을 설명해주는 Mohr원이 도시되어 있다. 그리고 위 식 (2.53)로

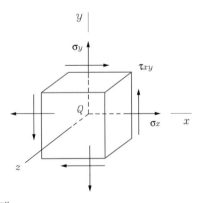

그림 2.30 ▶ 미소체적의 응력상태

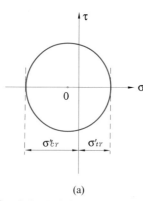
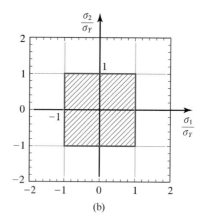

$$(a)$$

$$(b)$$

그림 2.31 ▶ 최대주응력설에 의한 항복조건

표현된 바와 같이 평면응력의 경우에 재료가 항복을 일으키는 영역은 그림 2.31(b)에서 빗금 친 부분의 바깥쪽이 될 것이다.

(2) 최대전단응력설(Maximum shear stress theory)

이 학설은 C. A. Coulomb이 연성재료에서 얻어진 실험결과를 관찰하는 과정에서 발전시킨 이론이다. 연성재료의 항복은 재료의 결정으로 이루어진 평면에서 전단력에 의한 미끄럼(slip) 이 발생하여 진행된다는 사실에 착안하여 제시된 이 이론을 추후 Guest와 Tresca가 광범위하 게 적용시키게 된다. 그 공로 때문에 Guest 또는 Tresca의 항복조건이라고도 한다.

복합응력을 받는 재료의 최대전단응력이 단순인장시험에서 항복점에 도달했을 경우의 최 대전단응력과 같게 되었을 경우에 항복이 시작된다는 이론이다. $\sigma_{tY} = \sigma_{cY}$와 같은 특성을 가 진 연성재료에 비교적 잘 맞는다는 실험결과가 보고되고 있고, 기계설계에서 연성재료에 대 하여 일반적으로 널리 사용되고 있다.

평면응력상태에서($\sigma_3 = 0$) 그림 2.13을 염두에 두고 다음 두 가지 경우를 고려해 보자.

첫 번째로 σ_1과 σ_2가 서로 반대부호를 가질 때, 즉 하나는 인장응력이고 다른 하나는 압축 응력일 때 최대전단응력은 $(\sigma_1 - \sigma_2)/2$이다. 따라서 항복조건은

$$|\sigma_1 - \sigma_2| = \sigma_Y \tag{2.54a}$$

위 식을 다시 쓰면

$$\frac{\sigma_1}{\sigma_Y} - \frac{\sigma_2}{\sigma_Y} = \pm 1 \tag{2.54b}$$

두 번째로 σ_1과 σ_2가 서로 같은 부호이면 최대전단응력은 식 (2.41)에서 $(\sigma_1 - \sigma_3)/2 = \sigma_1/2$이다.

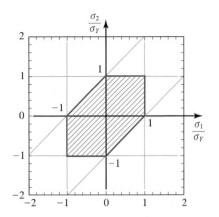

그림 2.32 ▶ 최대전단응력설에 의한 항복조건

그러면 $|\sigma_1| > |\sigma_2|$인 경우와 $|\sigma_2| > |\sigma_1|$인 경우에 대하여 각각 다음 식으로 항복조건이 구해진다.

$$|\sigma_1| = \sigma_Y \quad \text{그리고} \quad |\sigma_2| = \sigma_Y \tag{2.55}$$

그림 2.32는 식 (2.54)와 식 (2.55)를 도시한 것이다. 식 (2.54)는 그림의 2사분면과 4사분면에, 식 (2.55)는 1사분면과 3사분면에 각각 그려진 것이다. 이 육각형의 경계가 항복이 시작되는 응력상태를 의미하고, 빗금친 영역 내에 재료의 응력이 분포하면 안전하다. Tresca의 항복조건으로 불리는 이 조건은 복잡한 계산과정이 필요없는 장점이 있어 기계설계에서는 연신율 25% 이상의 연성재료에 널리 적용된다. 연신율 5~25%의 중간연성재료에서는 최대주응력설과 최대전단응력설을 모두 고려해야 한다.

예제 2-4　얇은 평판에서 아래와 같은 평면응력이 작용할 때 각 경우에 대하여 최대전단응력설을 적용하여 평판재료에 대한 안전율(safety factor)를 구하시오(단 안전율에 대한 판재의 기준강도는 800 MPa 이다).

(1) $\sigma_x = 0$, $\sigma_y = 0$, $\tau_{xy} = 100$ MPa

(2) $\sigma_x = 400$ MPa, $\sigma_y = 300$ MPa, $\tau_{xy} = 0$

(1) $\sigma_x = 0$, $\sigma_y = 0$, $\tau_{xy} = 100$ MPa인 경우

오른쪽 Mohr circle에서 $\tau = 100$ MPa이므로

$\sigma_1 = 100$ MPa, $\sigma_2 = -100$ MPa

최대전단응력설에 따라

$$\tau_{\max} = \frac{\sigma_1 - \sigma_2}{2} = \frac{1}{2}\sigma_Y = 100 \text{ MPa}$$

따라서 $\sigma_Y = 200$ MPa

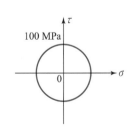

안전율 $S_f = \dfrac{\sigma_u}{\sigma_a}$, 여기서 σ_u(기준강도)$=800\,\text{MPa}$이므로

$$\Rightarrow S_f = \frac{\sigma_u}{\sigma_a} = \frac{800\,\text{MPa}}{200\,\text{MPa}} = 4$$

(2) $\sigma_x = 400\,\text{MPa}$, $\sigma_y = 300\,\text{MPa}$, $\tau_{xy} = 0$인 경우

$$\sigma_{ave} = \frac{400\,\text{MPa} + 300\,\text{MPa}}{2} = 350\,\text{MPa}$$

$\tau_{\max} = \sigma_{ave} - \sigma_x$

$\quad = 350\,\text{MPa} - 300\,\text{MPa} = 50\,\text{MPa}$

최대전단응력설에서

$$\tau_{\max} = \frac{\sigma_1 - \sigma_2}{2} = \frac{1}{2}\sigma_Y$$

이므로

$\sigma_Y = 100\,\text{MPa}$

$$\Rightarrow S_f = \frac{\sigma_u}{\sigma_a} = \frac{800\,\text{MPa}}{100\,\text{MPa}} = 8$$

---

(3) 최대주스트레인설(Maximum principal strain theory)

19세기 초 최초로 학설을 제기한 St. Venant의 항복조건이라고 불리는 이 학설은 복합응력을 받는 재료에서 발생하는 최대주응력에 의한 스트레인이 단순인장에 있어서 항복점의 스트레인과 같게 되든지 또는 최소주응력에 의한 스트레인이 단순압축에 있어서 항복점의 스트레인과 같은 경우, 그 재료의 항복이 시작된다는 이론이다. Hook의 법칙에서 위의 조건을 수식으로 표현하면

$$\left| \frac{\sigma_1}{E} - \frac{\nu}{E}(\sigma_2 + \sigma_3) \right| = \frac{\sigma_{tY}}{E} \tag{2.56a}$$

또는

$$\left| \frac{\sigma_3}{E} - \frac{\nu}{E}(\sigma_1 + \sigma_2) \right| = \frac{\sigma_{cY}}{E} \tag{2.56b}$$

여기서 σ_{tY} : 단순인장인 경우의 항복점 $\qquad \sigma_{cY}$: 단순압축인 경우의 항복점

$\qquad \nu$: 포아송비 $\qquad\qquad\qquad\qquad E$: 종탄성 계수(Young's modulus)

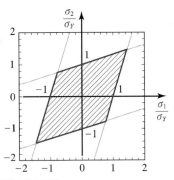

그림 2.33 ⊙ 최대주스트레인설에 의한 항복조건

평면응력상태인 경우($\sigma_3 = 0$) 위 식에서 E를 소거하고 다시 쓰면

$$|\sigma_1 - \nu\sigma_2| = \sigma_{tY}$$

$$|\sigma_2 - \nu\sigma_1| = \sigma_{cY}$$

연성재료에서는 $\sigma_{tY} = \sigma_{cY} = \sigma_Y$가 성립하므로 위 식을 정리하면

$$\frac{\sigma_1}{\sigma_Y} - \nu\frac{\sigma_2}{\sigma_Y} = \pm 1 \tag{2.57a}$$

$$\frac{\sigma_2}{\sigma_Y} - \nu\frac{\sigma_1}{\sigma_Y} = \pm 1 \tag{2.57b}$$

$\nu = 0.3$인 경우 위 식을 그래프로 나타낸 것이 그림 2.33이다. 그림에서 빗금친 영역을 벗어나는 응력상태에서는 항복이 발생함을 의미한다. 여기서 설명한 최대주스트레인설은 특히 두꺼운 실린더 형상을 가진 기계재료의 설계에 효과적으로 적용된다.

(4) 최대전단스트레인에너지설(Maximum shear strain energy theory)

1904년 M.T. Huber에 의해 제안된 이래 R. Von Mises와 H. Hencky에 의해 발전된 최대전단스트레인에너지설은 복합응력을 받는 재료 내부의 단위 체적당 전단스트레인에너지가 단순인장시험에서 재료가 항복점에 도달했을 때 단위 체적당 전단스트레인에너지와 같을 때 항복이 생긴다는 학설로서 이론연구에도 많이 사용된다. 연성재료에서는 광범위하게 적용되나 취성재료에는 적용되지 않는다.

일반적인 3축 응력상태에 있는 재료를 생각해 보자. 주응력을 각각 σ_1, σ_2, σ_3라 하고 각 응력의 크기는 $\sigma_1 > \sigma_2 > \sigma_3$이다. 재료에 축적되는 단위 체적당 스트레인에너지 U를 계산해 보자. 주응력 σ_1이 σ_2나 σ_3방향으로는 일(work)을 하지 않으므로 주응력 σ_1에 의하여 그 방향으로 행해진 일은 $\sigma_1 \epsilon_1 / 2$가 된다. 다른 주응력에 대해서도 마찬가지로 생각하면 스트레인에너지는 다음과 같이 표시된다.

$$U = \frac{\sigma_1 \epsilon_1}{2} + \frac{\sigma_2 \epsilon_2}{2} + \frac{\sigma_3 \epsilon_3}{2}$$

후크의 법칙에서

$$\epsilon_1 = \frac{1}{E}[\sigma_1 - \nu(\sigma_2 + \sigma_3)]$$

$$\epsilon_2 = \frac{1}{E}[\sigma_2 - \nu(\sigma_1 + \sigma_3)]$$

$$\epsilon_3 = \frac{1}{E}[\sigma_3 - \nu(\sigma_1 + \sigma_2)]$$

따라서 U는 다음과 같이 표시된다.

$$U = \frac{1}{2E}[\sigma_1^2 + \sigma_2^2 + \sigma_3^2 - 2\nu(\sigma_1\sigma_2 + \sigma_2\sigma_3 + \sigma_3\sigma_1)] \tag{2.58}$$

그런데 스트레인에너지 U는 체적변화에 의한 스트레인에너지 U_v와 전단력에 의해 체적변화 없이 발생하는 뒤틀림변형(distortion)에 따른 전단스트레인에너지 U_s로 구분된다.

여기서 U_v는 근사적으로 다음과 같이 구해진다.

$$U_v = \frac{1 - 2\nu}{6E}(\sigma_1 + \sigma_2 + \sigma_3)^2 \tag{2.59}$$

따라서 전단스트레인에너지는 $U_s = U - U_v$에서

$$U_s = \frac{1 + \nu}{6E}[(\sigma_1 - \sigma_2)^2 + (\sigma_2 - \sigma_3)^2 + (\sigma_3 - \sigma_1)^2] \tag{2.60}$$

한편 단순인장시험에서 항복점 σ_Y에서의 단위 체적당 전단스트레인에너지는 $\frac{(1 + \nu)\sigma_Y^2}{3E}$과 같으므로 이를 식 (2.60)과 같다고 놓으면 항복조건은 다음과 같이 된다.

$$(\sigma_1 - \sigma_2)^2 + (\sigma_2 - \sigma_3)^2 + (\sigma_3 - \sigma_1)^2 = 2\sigma_Y^2 \tag{2.61}$$

평면응력상태($\sigma_3 = 0$)에서의 항복조건은

$$\sigma_1^2 - \sigma_1\sigma_2 + \sigma_2^2 = \sigma_Y^2 \tag{2.62a}$$

이 식을 변형하면

$$\left(\frac{\sigma_1}{\sigma_Y}\right)^2 - \left(\frac{\sigma_1}{\sigma_Y}\right)\left(\frac{\sigma_2}{\sigma_Y}\right) + \left(\frac{\sigma_2}{\sigma_Y}\right)^2 = 1 \tag{2.62b}$$

위 식은 그림 2.34(a)의 타원의 경계를 나타낸다.

한편 식 (2.61)에서 항복조건은 각각의 주응력의 크기와는 무관하며, 단지 각 주응력의 차이에 의해 결정된다는 흥미있는 사실을 알 수 있다. 따라서 각 주응력에 일정한 응력값을 더해 줘도 항복조건에는 별다른 영향을 주지 않는다는 결론도 내릴 수 있다. 심해 잠수정 해저 수 km 깊이로 내려가면서 수압으로 인하여 잠수정 구조재료는 재료의 항복응력의 수십 배에 달하는 엄청나게 큰 압축응력을 받으면서도 파괴되지 않는 이유를 (2.61)식이 설명하고 있다. 여기서 각 응력의 차이값이 아주 작으려면 잠수정의 기하학적 구조가 축대칭으로 설계되어야 한다. 이러한 이유로 대부분의 심해 잠수정이 축대칭 또는 면대칭인 형상으로 제작된다.

그림 2.34(b)에는 식 (2.61)로 주어진 일반적인 3축응력의 항복조건을 나타내는 실린더가 도시되어 있다. 실린더의 표면이 항복을 일으키는 경계가 되며 경계내부의 응력상태는 항복에 대하여 안전하다고 할 수 있다. 그림 2.34(a)의 타원은 그림 2.34(b)의 실린더가 $\sigma_1\sigma_2$ 평면과 교차하며 형성된 것임을 알 수 있다. 한편 그림 2.34(b)의 타원 내부에 점선으로 경계가 그어진 육각형은 최대전단응력설로 구해진 항복조건이며, 그 조건은 최대전단스트레인에너지설에 의한 항복조건에 포함됨을 알 수 있다.

여기서 소개한 최대전단스트레인에너지설에 관한 많은 실험논문들이 보고된 바 있으며, 특히 연성재료와 평면응력 상태에 관한 연구결과들이 이 학설을 실험적으로 뒷받침해 주고 있다. 기계설계 분야에서 이 학설은 상당히 광범위하게 적용된다.

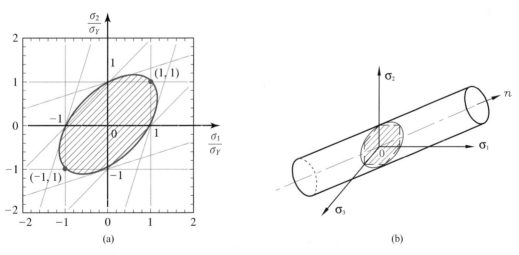

그림 2.34 ▶ 최대전단스트레인에너지설에 의한 항복조건

2.11 피로파괴, 피로한도 및 S-N 선도

토목이나 건축구조물의 설계에서 대부분 정적하중이 작용하는 것으로 하여 인장강도를 중요시하여 왔으나, 고속으로 회전 또는 왕복하는 기관이나 기계요소들에 대해서는 하중의 변동이 생기는 실례가 많아서 인장강도는 그다지 중요성이 없게 되고, 이와 같은 요소들에는 외력이 장시간에 걸쳐서 반복작용하고, 많은 경우 진동을 수반하게 되어 실제의 파단은 인장강도보다도 훨씬 낮은 항복점 이하의 응력하에서 생긴다. 이와 같이 정적시험에 의해서 결정되는 파단강도보다도 훨씬 낮은 응력을 되풀이해서 작용시켰을 때 그 재료 전체에 걸쳐서 혹은 국부적으로 미끄럼 변형이 생기고, 시간과 더불어 점차적으로 균열이 발생하여 나가는 현상을 피로(fatigue)라고 한다. 그리고 어느 한도까지 피로균열이 진행되면 파단하게 되는데, 이와 같은 파괴를 피로파괴(fatigue fracture)라고 한다. 재료의 피로파괴에 대해서는 1860년에 A. Wöhler가 처음으로 연구 발표를 하였다. 그 후 많은 연구가 발표되어 반복응력의 상한치와 하한치, 다시 말하면 최대응력, 즉 상한치와 최소응력인 하한치의 차이가 어떤 응력 범위에 있어서 파괴까지의 반복횟수를 지배한다는 사실이 알려졌다. 최대응력 및 응력변동 범위가 한계치보다 작은 값이면 대단히 많은 횟수를 반복하여도 파괴되지 않으므로, 실용상 무한 반복응력에 견딘다고 생각할 수 있다. 그리고 이론적으로 반복응력이 장기간 작용하여도 절대로 파괴가 생기지 않는 최대응력 및 응력 범위가 존재하느냐 하는 것에 대해서 여러 가지로 논의가 되어 왔다.

실제로 재료를 사용하는 입장에서 볼 때 무한 반복응력이라고 볼 수 있는 내구한도를 결정하는 것이 필요하고, 또한 그것은 가능한 일이다.

파단되거나 파단되지 않는 한계에 해당하는 응력 범위 또는 응력 진폭을 내구응력 범위 또는 내구한도의 진폭이라 하고, 최대응력을 내구한도 또는 피로한도라고 한다. 내구응력 범위는 반복되는 응력의 상한치와 하한치를 평균한 평균응력의 크기에 따라 다르며, 평균응력이 정적 시험의 강도와 같은 값이 될 때에는 영(0)이 된다.

반복응력의 상한치를 σ_1, 하한치를 σ_2로 하면 평균 응력 및 응력 진폭은

$$\text{평균 응력} : \sigma_m = \frac{\sigma_1 + \sigma_2}{2} \tag{2.63}$$

$$\text{응력 진폭} : \sigma_r = \frac{\sigma_1 - \sigma_2}{2} \tag{2.64}$$

S-N 선도는 금속의 피로를 이해하고 정량적으로 피로설계 자료를 얻기 위하여 사용되어 온 방법이다. 이 방법은 동력전달축과 같이 작용응력이 주로 재료의 탄성 영역 내에 있고 수

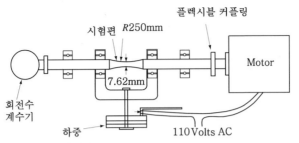

그림 2.35 ▶ R.R. Moore 회전굽힘 시험기

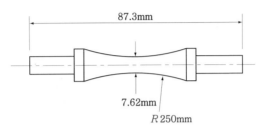

그림 2.36 ▶ 회전굽힘 피로 시험편

명이 긴 경우의 설계에 널리 응용된다. 소성성분이 뚜렷한 피로수명이 낮은 경우에는 잘 적용하지 않고, 그러한 영역에서는 변형률에 근거한 방법(strain-life)이 더 적합하다. 여기에서는 탄성영역 내에서만 응력이 작용하는 경우만 다루고자 한다.

일반적으로 파괴될 때까지의 반복수(N)와 교번반복응력(S: alternate repeated stress)의 관계를 선도로 나타내며, Wöhler 또는 S-N 선도라 한다.

S-N 선도를 그리기 위해서는 그림 2.35의 R. R. Moore 회전굽힘 시험기와 그림 2.36의 회전굽힘 시험편을 일반적으로 사용하고 있다. 시험편은 4개의 대칭 베어링으로 지지되어 순수 굽힘응력을 받도록 되어 있고, 시험편의 어느 한 점에 회전각도에 따라 인장 또는 압축응력을 반복적으로 받도록 되어 있다.

표준 시험편은 250 mm 이상의 곡률을 갖도록 하여 응력 집중을 받지 않도록 하고, 시험편 중앙의 지름을 6.35~7.62 mm로 하며, 표면은 평면연마하여 사용하고 있다. 하중은 필요응력 크기에 따라 선택할 수 있고 모터의 회전속도는 보통 1,750 rpm으로 하고 있다. 시험편이 파괴되면 하중이 접촉점 C와 분리되어 모터가 정지된다. 이때 파괴사이클수(N)는 회전계수기로부터 읽을 수 있다. 시험편의 표면응력은 재료의 항복강도를 초과하더라도 탄성보 식

$S = \dfrac{MC}{I}$ 로부터 구한다.

S-N 시험 데이터는 그 평균값을 실제 S-N 선도에 log-log 좌표로 나타낸다. 주로 BCC강은 내구한도 또는 피로한도(S_e)를 갖는데 그 응력 이하에서는 재료가 무한수명을 갖는다.

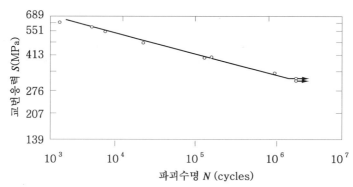

그림 2.37 ◉ 어닐링한 1045강의 S − N 선도

산업용 목적으로서 이러한 무한수명은 보통 100만 cycles(10^6 cycles) 정도로 고려되고 있다(그림 2.37). 피로한도는 철금속에 있는 탄소 또는 질소와 같이 전위를 고정시키는 침입형 불순물 요소들의 영향을 받는데, 이들은 미세한 균열의 형성원인이 되는 슬립기구(slip mechanism)를 방지하기 때문이다. 그러나 대부분의 비철합금은 명백한 피로한도를 가지고 있지 않으며, S − N 선도는 계속적인 경사를 나타내어 5×10^8 사이클의 수명에 상당하는 피로한도값을 갖는다.

강의 피로특성과 간단하게 얻은 단순인장 및 경도의 특성 사이에는 일정한 실험적 관계가 있다. 몇 가지 합금강에 대한 S − N 선도는 인장강도를 사용한 무차원 형태로 그릴 때 동일한 선도를 나타내는 경향이 있다(그림 2.38).

주어진 재료에서 인장강도에 대한 피로한도의 비(S_e / S_u)를 피로비(fatigue ratio)라고 한다. 1,378 MPa 이하의 인장강도를 갖는 대부분의 강은 피로비가 0.5(실제로 0.35∼0.6의 범위)이다. 그리고 그 이상의 인장강도를 갖는 강은 종종 마르텐사이트 조직을 뜨임할 때 형성되는 개재물인 탄화물(carbide inclusion)을 가지고 있다.

이러한 개재물들은 피로한도를 감소시키는 균열발생점으로 작용하고 있다.

강 재료의 경도와 인장강도의 관계를 경험적으로 알아보면 다음과 같다.

• 경도 및 인장강도와 피로한도의 관계

$$S_e = 0.5\, S_u (\text{회전굽힘시험}), \quad S_u \leq 1{,}378 \text{ Mpa} \tag{2.65}$$

에서 $S_u = 1{,}378$ MPa이면 $S_e \approx 689$ MPa 그리고 $S_e = 1.73\, H_B$(MPa)

$$S_e = 0.25\, H_B \,(\text{ksi}), \quad H_B \leq 400 \tag{2.66}$$

에서 $H_B = 400$이면 $S_e \approx 692$ MPa 또는 $S_e \approx 100$ ksi이다.

한편 인장강도와 피로한도와의 관계에 대하여 단련강의 실험결과를 나타내면 그림 2.39와 같다.

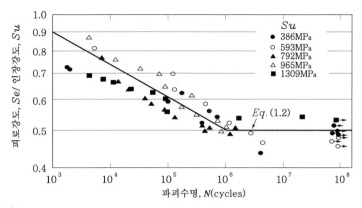

그림 2.38 ◐ S_e/S_u의 비율로 나타낸 여러 종류의 단련강에 대한 S－N 선도

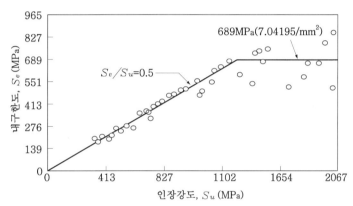

그림 2.39 ◐ 단련강의 인장강도와 피로한도의 관계

크리프

기계를 구성하는 재료가 어느 온도의 상태에서 일정한 하중을 받으면서 방치되면 시간의 경과와 더불어 스트레인이 증대하여 간다. 이 현상을 크리프(creep)라 하며, 하중이 가해지는 순간에 일어나는 스트레인을 기초 스트레인, 시간과 더불어 증대하는 스트레인을 크리프 스트레인이라 한다(그림 2.40).

크리프는 현저히 온도에 지배되고 강재에는 약 350~400℃ 이상에서 현저하게 영향을 받지만, 융점이 낮은 납(Pb), 동(Cu) 및 플라스틱 등은 상온에서도 상당한 크리프 스트레인을 발생한다.

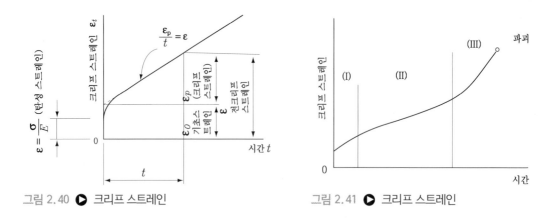

그림 2.40 ▶ 크리프 스트레인   그림 2.41 ▶ 크리프 스트레인

일반적으로 일정 온도하에서 일정 하중을 받고 있는 재료에 발생하는 스트레인과 시간과의 관계선도는 그림 2.41에 표시한 것과 같이 3단계로 구분하여 생각할 수 있다.

- 곡선의 경사가 점차 감소되는 상태로서 변화에 의한 경화가 열에 의한 연화보다 강하지만 점차로 그 작용이 감소하여 가는 경우
- 크리프율(크리프/시간)이 거의 일정한 상태로 스트레인 경화에 의한 영향이 열에 의한 연화와 대략 균형되는 경우
- 크리프율이 점차 증가하여 결국 파단에 도달하는 상태

열에 의한 연화의 영향이 스트레인 경화보다 클 경우가 있지만 설계상 위험한 것은 세 번째의 단계이다. 크리프 현상은 또 온도에 의해서도 현저하게 영향을 받지만, 응력의 변화에 따라서도 그림 2.42와 같이 현저하게 영향을 받는다.

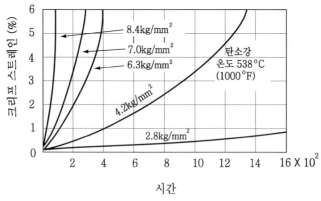

그림 2.42 ▶ 탄소강의 크리프 곡선(ASME hand book)

표 2.10 크리프한도(H. D. Newell)

| 철강의 종류 | 크리프한도(kg/mm²) | | | | | | | | | | | |
| | 1,000 hr에 1%의 크리프 스트레인을 발생하는 응력 | | | | | | 100,000 hr에 1%의 크리프 스트레인을 발생하는 응력 | | | | | |
	482℃	538℃	593℃	649℃	704℃	760℃	482℃	538℃	593℃	649℃	704℃	760℃
5 Cr − 0.5 Mo 강	12.6	6.47	3.37	1.27	–	–	10.5	5.06	1.69	0.63	–	–
9 Cr − 1.5 Mo 강	23.4	8.19	4.89	1.62	–	–	17.4	4.08	2.65	1.12	–	–
18 Cr − 8 Ni 강	16.9	12.9	8.12	3.87	–	–	12.7	8.09	4.99	2.99	–	–
13 Cr − 0.2 Al 철	–	5.80	2.37	1.05	0.69	–	–	5.27	1.95	0.69	0.42	–
16 Cr 철	–	5.98	3.52	1.55	0.84	0.56	–	4.92	3.16	1.12	0.63	–

일정 온도에서 일정 시간 후의 크리프가 정지하게 되는 응력 중에서 최대응력을 그 온도에 있어서의 크리프한도(creep limit)라고 한다. 그러나 편의상 일정 온도에서 일정 시간 중에 일정한 크리프를 발생시키는 응력을 크리프한도로 하고 있다. 표 2.10은 크리프 한도값을 보여 준다.

일반적으로 재료의 기계적 성질은 온도의 상승과 더불어 대체로 인장강도, 항복강도점이 저하하고 늘임이 증가한다. 그림 2.43은 저탄소강재의 기계적 성질이 온도상승에 따라 변화하는 현상을 보여 주고, 그림 2.44에서는 합금강(SCM), 그림 2.45에서는 여러 가지 금속재료에서 온도가 상승할 때 기계적 성질이 변하는 경향을 알 수 있다.

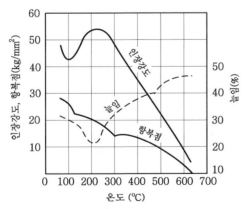

그림 2.43 ▶ 저탄소강의 기계적 성질에 미치는 온도의 영향

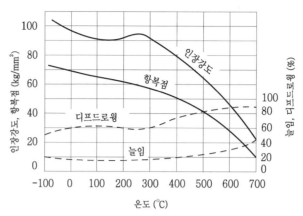

그림 2.44 ▶ 합금강(SCM)의 기계적 성질에 미치는 온도의 영향(J. E. Shiqley)

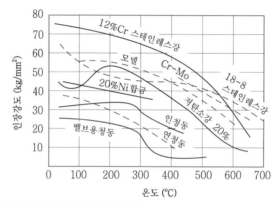

그림 2.45 ▶ 각종 금속재료의 고온에서의 기계적 성질

저온에서 사용되는 기계나 기계부품에서는 사용 온도에 있어서 재료의 기계적 성질에 따라서 설계해야 한다. 어떤 종류의 금속에서는 저온에 있어서 강도는 증가하지만 현저히 취성이 증가한다. 예를 들면, 탄소강은 상온에서 연성재료이지만 $-65℃$ 이하에서 사용되면 충격치가 현저하게 저하하므로 안전율을 충분히 크게 하거나 Ni, Cr, Mo 등을 첨가한 합금강을 사용하면 좋다.

2.13 응력집중계수 및 노치계수

S-N 선도에서 어느 특정한 반복횟수 N 에 대한 응력수준 또는 범위의 값을 피로강도(fatigue strength at N cycles)라 한다. 한편 $N \rightarrow \infty$의 반복횟수에 견디는 응력수준 또는 범위

의 상한치를 피로한계(fatigue limit or endurance limit)라 한다. 미국 등 여러 선진국의 강구조 피로설계에 있어서 기준으로 하는 피로강도는 $N = 2 \times 10^6$에 대한 것이며, 우리나라에서도 이 것을 기준으로 하고 있다.

2.9절에서 응력집중현상을 설명하였고 응력집중계수를 식 (2.29)에 정의한 바 있다. 피로강 도는 구조물 내에 포함되어 있는 노치의 응력집중계수(stress concentration factor) K에 반비례 하는 경향이 있어서 이것에 대한 관계를 아래와 같은 노치계수(factor of notch) K_f로 나타내 고 있다.

$$K_f = \frac{\text{노치가 없는 부재의 피로강도}}{\text{노치가 있는 부재의 피로강도}} \qquad (2.67)$$

한편 K와 K_f의 비교 검토를 위하여 노치감도계수(factor of notch sensitivity) η를 정하고 있다.

$$\eta = \frac{K_f - 1}{K - 1} \qquad (2.68)$$

노치 효과가 최대일 때는 $K_f = K$일 때이고, 이때 노치민감도 $\eta = 1$의 값을 갖는다. η의 값은 0부터 1까지의 범위를 가지며, $\eta = 0$, 즉 $K_f = 1$일 때 노치에 대한 영향은 없는 것으로 간주한다.

η의 값은 노치반지름과 재료에 따라 다르며, 노치민감도는 재료의 노치반지름과 주어진 재 료의 인장강도가 증가함에 따라 증가하는 경향을 보인다.

2.14 안전율

2.14.1 안전율의 개념

기계장치에 장착되어 하중을 받는 기계부품이 정상적인 내구한도까지 작동하려면 재료에 발생하는 응력이 탄성한도(또는 항복점)를 초과하면 곤란하다. 항복이나 파단 등으로 재료가 파괴될 경우에는 기계장치의 고장은 물론 그에 따른 물적피해도 발생한다. 더 심각한 것은 인명피해이다. 급격한 산업화 과정에서 공산품을 제조하는 기업들에 대한 소비자들의 권익이 상당히 유보되다시피 했던 지난 1970년대에는 소비자보호단체의 활동이 미약한 시기였으나, 최근에는 서구 사회의 소비자보호운동에 필적할 정도의 각종 소비자 권익보호활동이 활발해지고 있다. 이러한 상황에서 기계설계자의 설계상 실수는 설계자 개인은 물론 그가 속한 회사와 그 제품을 사용하는 사람들에게 돌이킬 수 없는 큰 재앙을 초래할 수 있다. 물론 소비자보호단체 때문에 설계를 보다 세심히 해야 한다는 논리는 있을 수 없으나, 공학의 당초 목표에 입각하여 인간의 삶의 질을 향상시키기 위한 공학자, 특히 설계자의 책임은 점점 더 커질 수밖에 없다.

항복이나 파단 등을 미연에 방지하려면 실제 하중이 가해질 때 재료에 발생하는 응력(보통 사용응력이라고 한다)이 재료의 탄성한도보다 상당히 작은 값이어야 한다. 안전의 관점에서 기계부품에 허용할 수 있는 최대응력을 허용응력(allowable stress) 또는 설계응력(design stress)이라고 한다. 이 허용응력은 재료의 탄성한도를 안전율로 나눈 것이므로 안전율이 클수록 허용응력이 탄성한도보다 작아지므로 안전도가 높다고 할 수 있다.

그러나 위와 같은 일반적인 안전율은 응력집중, 충격응력, 피로하중과 시편의 물성치와 실제 구조물과의 특성 차이 등과 같은 점은 고려하지 않고 있는 경우이다. 그 결과로 설계편람에서는 20~30 정도의 높은 안전율을 제시하는 경우가 많다. 이는 경제성을 고려할 때 바람직하지 못한 값이며, 현대의 공학설계는 보통 1.5~3의 범위인 안전율로 모든 가능한 인자에 대해서 적절한 안전율을 산출하고 있다. 그런데 인간의 생명과 직결되는 기계장치에는 안전율을 10 이상 두어야 하는 것이 일반적인 설계지침이다.

또한 최근에는 재료의 탄성한도가 아닌 기준강도에 대하여 안전율 산출의 기초를 두고 있다. 예를 들어, 재료가 파단되지 않더라도 항복을 일으키면 곤란한 기계부품에서는 재료의 항복응력이 기준강도가 된다. 만일 피로현상을 고려해야 하는 설계라면 기준강도는 피로강도가 된다. 따라서 안전율 S_f 는 다음과 같이 정의할 수 있다.

$$S_f = \frac{\text{재료의 기준강도}}{\text{허용응력}} = \frac{S}{\sigma_a} \tag{2.69}$$

여기서 S : 기준강도(탄성한도, 항복응력, 피로강도 등이 될 수 있다)
σ_a : 허용응력 또는 설계응력

/2.14.2/ 안전율의 선정

조립된 기계부품의 세부항목에 대한 안전율을 결정하는데 여러 가지 변수에 의한 불확실성의 문제가 항상 존재하게 된다. 부품은 평소 예상되는 하중보다 다소 큰 부하를 견딜 수 있도록 설계되어야 한다. 안전율의 결정은 경험에 근거한 기술적 판단이 필요하다. 때로는 안전율을 결정하기 위하여 특정 환경에 적용되는 특수설계지침(code)이 있다. 예를 들어, 압력용기코드, 건축설계코드 또는 특수한 기계시스템의 설계 및 개발 용역계약에서 규정한 지침 등이 있을 수 있을 것이다. 적절한 안전율을 선정하려면 다음과 같은 7가지 사항을 고려해야 한다.

(1) 재질 및 기계적 물성에 대한 신뢰도

일반적으로 연성재료는 내부결함의 강도에 대한 영향이 취성재료에 비하여 작고, 항복이 시작된 후에도 곧 파단이 일어나지 않으므로 신뢰도가 높고 따라서 연성재료에 대하여는 안전율을 작게 한다. 또 재료는 인장과 굽힘하중에 관한 기계적 거동은 자세히 밝혀져 있으나, 전단 비틀림, 압축 등의 하중에 대해서는 아직 불분명한 점이 많으므로 이런 경우에는 안전율을 크게 잡는 것이 좋다.

(2) 하중 예측의 정확성 정도

관성력, 열응력, 잔류응력 등은 대부분 고려되지 않는 수가 많다. 또한 유체의 유동에 의해 야기되는 하중이 작용하는 경우 그 복잡성 때문에 생략하는 경우가 많다. 따라서 이와 같은 경우에는 안전율을 크게 잡고 그 부정확성을 보완해야 한다.

(3) 응력계산의 정확성 정도

형상이 간단한 경우 및 응력의 작용상태가 단순한 경우에 대해서만 응력을 정확하게 계산할 수 있을 뿐이고, 보통은 사용상태에 가까운 단순화된 가정을 하여 응력 계산을 하게 된다. 또한 계산 도중에 고차의 항을 생략하는 수도 있으므로 이렇게 계산된 응력값은 실제의 응력값과 차이를 가질 수밖에 없다. 따라서 단순화시키기 위한 가정과 계산 편의상 생략된 항이 적을수록 정확한 응력값를 얻을 수 있고 안전율도 작게 잡을 수 있다.

(4) 응력의 종류 및 특성

기계 및 구조물에 작용하는 응력에는 인장, 압축, 비틀림, 굽힘, 전단 등이 있고, 하중에는 정하중, 동하중이 있으며 동하중의 경우 다시 변동하중으로 작용하는 경우도 있으며, 변동하중에도 균일한 변동과 주기적인 변동이 있으므로, 하중의 종류에 따라 안전율도 바뀌지는데, 정하중의 경우 안전율을 가장 작게 취할 수 있다.

(5) 불연속형상의 존재

단이 달린 축의 경우와 같이 불연속형상이 있으면 그곳에서 응력집중이 생기므로 이때는 안전율을 크게 잡아야 되고, 이 응력집중이 재료의 강도에 미치는 영향, 즉 노치효과(notch effect)는 동일 재료에 있어서도 정하중을 받을 경우와 동하중을 받을 경우가 상당히 다르게 된다. 또 재료가 다르게 되면 노치효과도 달라지게 되므로 안전율도 이에 따라 변화해야 하며, 취성재료가 저온에서 동하중, 특히 반복하중을 받을 경우에는 노치효과에 주의해야 하며, 이 때는 안전율을 상당히 크게 잡아주는 것이 좋다.

(6) 사용 중에 발생하는 예측 불가능한 변화

오랜 시간 동안 기계를 사용하다 보면 특정 부위에 마모가 생기기도 하고 부식도 일어난다. 따라서 사용 수명 중에 생기는 이와 같은 변화에 따라 안전율도 다르게 결정되어야 한다. 또 한 급격한 온도변화에 따라 열응력이 추가되며, 이것이 항복, 파단 좌굴 또는 피로에까지 이르게 되므로 급격한 온도변화가 발생할 수 있다면 안전율을 크게 잡는 것이 좋다.

(7) 제작정밀도

가공정밀도 및 다듬질면의 불량 유무도 기계수명을 좌우하는 요소이다. 치수공차 및 기하공차설계가 부적절하면 조립 후 예기치 못한 응력이 부가될 수 있으므로, 정밀도 및 공차등급에 따라 안전율을 다르게 잡아주는 것이 좋다.

/2.14.3/ 경험적 안전율

안전율은 이상과 같이 여러 가지 인자를 고려하여 각각의 경우에 대하여 결정하는 문제이므로, 일반적으로 통용되는 값을 결정한다는 것은 매우 어려운 일이다. 따라서 실제 과거부터 얻어진 경험적 데이터에서 안전율을 결정하는 수가 많다. 예를 들면, Unwin은 재료의 극한강도를 유효강도로 한 경우의 안전율의 일반적 평균치를 표 2.11에 제시하고 있다.

표 2.11 Unwin의 안전율

| 재료 | 정하중 | 반복하중 | | 변동하중 및 충격하중 |
		편진	양진	
주철	4	6	10	12
강, 연철	3	5	8	15
목재	7	10	15	20
석재, 벽돌	20	30	–	–

한편, 항복점, 피로한도를 기준강도로 했을 경우에는 안전율을 이 표의 값보다 상당히 낮은 값으로 취하는 것이 좋다.

/2.14.4/ 수량적 안전율

앞에서 언급한 바와 같이 안전율을 좌우하는 여러 가지 인자를 수치로 표시하기는 어려우나 Cardullo는 다음과 같이 안전율을 제안하고 있다. 즉, Cardullo의 안전율은 재료의 극한강도를 기준강도로 정하여, 다음 식으로 안전율 S_f를 계산한다.

$$S_f = A \times B \times C \tag{2.70}$$

여기서 A : 탄성률로서 허용응력을 재료의 파괴한도 이하로 제한하기 위한 값이다. 정하중의 경우에는 인장강도와 항복점 또는 내력과의 비를 말하고, 반복하중의 경우는 인장강도와 피로강도와의 비를 말한다.

B : 충격률로서 충격하중이 작용하는 경우에 생기는 응력과 동일한 값의 하중이 정적으로 작용하는 경우에 생기는 응력과의 비를 말한다. 정하중의 경우 $B=1$, 경충격하중(예를 들면, 레일의 이음매)의 경우 $B=1.25{\sim}1.5$, 강충격하중(예를 들면, 단조기계의 받침대)의 경우 $B=2{\sim}3$.

C : 재료적 결함, 응력 계산의 부정확성, 잔류응력, 열응력, 관성력 등의 예측 불가능한 추가응력에 대비하여 추가해 주는 값이다. 연성재료의 경우 $C=1.5{\sim}2$, 취성재료의 경우에는 $C=2{\sim}3$, 목재의 경우 $C=3{\sim}4$.

이상을 고려하여 Cardullo는 정하중에 대한 안전율을 표 2.12와 같이 제안하였다.

표 2.12 정하중에 대한 Cardullo의 안전율

구분	A	B	C	S_f
주철 및 그 밖의 주물	2	1	2	4
연철 및 연강	2	1	1.5	3
니켈강	1.5	1	1.5	2.25
담금질강(소입강)	1.5	1	2	3
청동 및 황동	2	1	1.5	3

1. 기계요소에서 그 재료가 단순인장 이외의 복합응력 상태에서 파괴될지의 여부는 재료의 파괴에 대한 여러 학설(theory)에 의존해야 한다. Simple Tension test에 의해 어떤 재료의 단순인장강도가 σ_Y로 구해졌을 때 다음에 답하라.

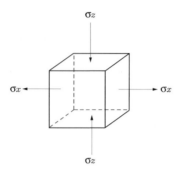

그림 P2.1 ◉ 연습문제 1

(1) 좌측의 응력상태에서 최대전단응력은 $\tau_{\max} = \sigma_x - \sigma_z$임을 보여라.

(2) 최대주응력설에 의하면 파괴조건은 $\tau_{\max} = \sigma_Y$임을 증명하라.

(3) 최대전단응력설에 의하면 파괴조건은 $\tau_{\max} = \dfrac{1}{2}\sigma_Y$임을 증명하라.

(4) 최대변형에너지설에 의하여 파괴조건을 구하면

$$\sigma_Y = \sqrt{\sigma_x^2 + \sigma_z^2 - \frac{2}{m}(\sigma_x \sigma_z)} \qquad m : \text{Poisson's number}$$

임을 증명하고, 이 조건을 (2), (3)과 같이 $\tau_{\max}$으로 나타내면 $\tau_{\max} = \sqrt{\dfrac{m}{2(m+1)}} \cdot \sigma_Y$임을 증명하라.

2. 단면적 A, 길이 L, Young's Modulus E인 Steel 막대 끝에 무게 W인 disc가 매달려 있고 속도 v(일정)로 운동하고 있다. 이때 막대의 위쪽 끝을 잡아서 정지시킬 때 막대에 걸리는 최대응력을 계산하시오(막대 자체의 무게는 무시한다).

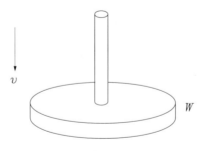

그림 P2.2 ◉ 연습문제 2

3   x, y, z 3축 양방향으로 팽창할 수 없도록 구속된(restrained) 직육면체 블록(block)의 온도가 ΔT 만큼 균일하게 상승했을 경우 블록에 발생하는 열응력 σ_x, σ_y, σ_z를 구하시오. 단 3축방향의 선팽창 계수는 α로 동일하고, Young's Modulus는 E, Poisson's ratio는 ν로 한다.

4   길이 l인 bolt가 그림 (b)와 같이 flange와 head를 조립할 때 사용되는데, flange와 head 재질이 bolt 의 재질보다 상당히 강하여 bolt가 조여지면서 δ_i만큼 늘어나 초기응력 σ_i를 받으며 설치되었다. 오 랜 시간이 경과하면 bolt에 생기는 creep 현상 때문에 소성변형이 발생하여 bolt 내부에는 시간 t 경과 후 응력 $\sigma(<\sigma_i)$가 나타난다. 너트를 풀지 않고 그림 (b)와 같이 설치된 bolt를 위로 이탈시키 면 그림 (c)와 같이 탄성적으로 δ만큼 수축하나 creep 현상 때문에 δ_c만큼 bolt 길이가 증가해 있음 을 발견하였다.

(1) $\delta_c = \delta_i - \delta$임을 착안하여 creep strain ϵ_c를 σ_i, σ, E(Young's Modulus)로 표현하라.

(2) σ_i는 초기설치응력으로 일정함을 고려하고, (1)식의 양변을 시간 t에 관해 미분하여

    $\epsilon_c = \dfrac{d\epsilon_c}{dt}$에 관한 미분 방정식을 구하라.

(3) $\dfrac{d\epsilon_c}{dt} = B\sigma^n$($B$와 n은 실험적으로 구해지는 상수)와 (2)의 결과를 이용하여 임의의 시간 t가 경과된 후 나타나는 응력 σ를 구할 수 있는 미분 방정식을 세우고 그 해를 구하시 오.(단 초기조건 $t = 0$일 때 $\sigma = \sigma_i$).

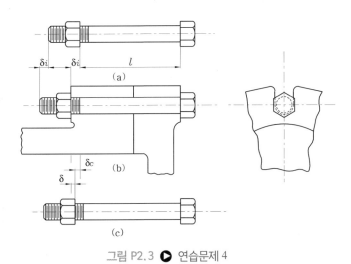

그림 P2.3 ▶ 연습문제 4

5   축방향의 인장하중 W를 받는 경우에 대하여 설계된 나사의 골지름을 d_1이라고 할 때 비틀림하중이 $T = 0.13 W d_1$과 같이 추가된다면 d_1의 값이 몇 % 증가해야 하는지 최대주응력설을 이용하여 답하 시오.

6 안지름 $d = 2r = 100$ mm, 두께 $t = 5$ mm인 철제 파이프가 양단이 막혀 있고 압력 $p = 150$ kgf/cm^{2}인 가스가 채워져 있다. 이 재료의 인장에 대한 항복점이 42 kgf/mm^{2}이다.

(1) 파이프의 원주방향 응력(hoop stress)은 $\sigma_\theta = $ p r/t, 축방향 응력은 $\sigma_z = $ p r/2t, 반경방향 응력은, $\sigma_r = $ p임을 증명하시오.

(2) 최대전단응력설과 최대변형에너지설에 의하여 파이프의 파괴에 관한 안전계수를 각각 구하시오(단 Poisson's ratio : $\nu = \dfrac{1}{2} = \dfrac{1}{m}$, m : Poisson's number).

연습문제 풀이

2 $\sigma_{\max} = \dfrac{W}{A}\left(1 + \sqrt{1 + \dfrac{2EAh}{Wl}}\right)$

3 x, y, z 3축 양방향으로 팽창할 수 없도록 구속된(restrained) 직육면체 블록(block)이므로 여기서 3축 방향으로 스트레인은 발생할 수 없다. 또한 블록에서 온도가 $\triangle T$만큼 균일하게 상승했으므로 thermal strain은 3축 방향으로 $\epsilon_{th} = \alpha \triangle T$로 동일하다.

따라서 Hook의 법칙에서 다음식이 성립한다. 여기서 $\nu, \alpha, \triangle T, E$는 정해진 상수이다.

$$\epsilon_x = \frac{1}{E}[\sigma_x - \nu(\sigma_y + \sigma_z)] + \alpha \triangle T = 0 \qquad (1)$$

$$\epsilon_y = \frac{1}{E}[\sigma_y - \nu(\sigma_x + \sigma_z)] + \alpha \triangle T = 0 \qquad (2)$$

$$\epsilon_z = \frac{1}{E}[\sigma_z - \nu(\sigma_x + \sigma_y)] + \alpha \triangle T = 0 \qquad (3)$$

(1), (2), (3)식을 정리하면 아래 (4), (5), (6)식이 된다.

$$\sigma_x - \nu(\sigma_y + \sigma_z) = -\alpha E \triangle T \qquad (4)$$

$$\sigma_y - \nu(\sigma_x + \sigma_z) = -\alpha E \triangle T \qquad (5)$$

$$\sigma_z - \nu(\sigma_x + \sigma_y) = -\alpha E \triangle T \qquad (6)$$

이 식은 $\sigma_x, \sigma_y, \sigma_z$ 3변수에 대한 3원 1차 연립방정식이므로 Cramer's rule을 이용하여 해를 구하면 된다.

5 인장하중 W를 받는 골자름 d_1인 나사에 발생하는 인장응력은 $\sigma = \dfrac{W}{\dfrac{\pi^2}{4}d_1^2}$ 이다.

비틀림하중 T가 추가될 때 발생하는 전단응력을 구하고 이 식을 변형하면, $\tau = \dfrac{0.13\,Wd_1}{\dfrac{\pi}{16}d_1^3} = \dfrac{0.13\,W}{\dfrac{1}{4}\left(\dfrac{\pi}{4}d_1^2\right)} = 0.52\,\sigma$가 성립한다. σ, τ가 걸리는 재료의 최대주응력은 Mohr 원을 그려 계산하면 $\sigma_{\max} = \dfrac{1}{2}\sigma + \sqrt{\dfrac{1}{4}\sigma^2 + \tau^2} = 1.28\,\sigma$가 된다. 최대주응력설에 의하면 이 최대주응력에 도달할 때 나사가 파괴된다. 인장하중만 받는 경우로 생각하여 비틀림하중이 추가된 효과는 인장하중이 1.28배로 증가한 볼 수 있다. 이때 골지름 d_1이 증가하여 인장하중 증가효과를 상쇄시키면 안전하다. 즉, $\sqrt{1.28} = 1.13$이므로 d_1이 13% 증가하면 된다.

PART

2

기계요소설계

CHAPTER 01 나 사

보통 사람들은 나사 혹은 나사 부품을 매우 하찮은 기계부품으로 여길지 모른다. 그러나 나사 하나가 모든 기계구조물에서 사고의 원인이 될 수 있는 만큼 소홀히 해서는 안 된다. 차량의 바퀴를 허브에 고정하는 볼트와 대형 구조물의 기초볼트는 반드시 단조볼트를 사용해야 할 정도로 중요하다. 하지만 조금만 깊게 생각해 보면 간단해 보이는 나사에도 다양성과 설계 관점에서의 창의성을 엿볼 수 있다. 나사 및 나사부품의 설계는 경제성, 안전성, 부식성, 사용의 편리성 등 다양한 요구를 만족시켜야 하므로 창의성 있는 설계를 해야 한다. 여기서는 나사 및 나사 부품의 역학적 해석을 주로 다룬다.

1.1 나사 용어

그림 1.1은 지름 d_2인 원통 둘레에 밑변의 길이가 πd_2되는 직각 삼각형 ABC를 감아서 생긴 나선 AB를 나타낸다. 이 나선을 따라서 삼각형 또는 사다리꼴 단면을 갖는 띠를 감으면 나사(screw thread)가 생긴다. 이 나사의 감긴 방향에 따라서 오른나사(right-hand thread)와 왼나사(left-hand thread)로 부른다. 또 1줄의 나선으로 이루어진 나사를 한줄나사(single-screw thread), 2줄 이상의 나선이 동일 원주 단면에서 180° 또는 120°의 위상차를 갖고 틀어져 있는 것을 이중나사(double-screw thread) 및 삼중나사(triple-screw thread) 등으로 부른다. 또한 원통의 외주에 나사산이 있는 것을 수나사(external thread), 원통의 내면에 있는 것을 암나사(internal thread)라고 말한다.

나사산은 봉우리와 골이 그림 1.2(a)에 나타낸 바와 같이 있고, 피치 p란 인접한 나사산의 봉우리 사이의 거리 또는 골 사이의 거리를 말한다. 리드 l 이란 나사를 1회전시켰을 때 진행한 거리를 말하는데, 나사의 줄수를 n이라 하면

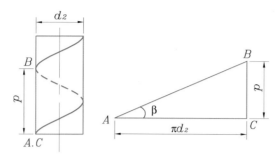

그림 1.1 ◐ 나사의 리드각

$$l = np$$

가 되고 리드각 β는 그림 1.1에서

$$\tan\beta = \frac{l}{\pi d_2} \tag{1.1}$$

이 된다. 여기서 d_2는 수나사의 유효지름을 나타내는데, 유효지름은 산의 나비가 나사홈의 나비와 같게 되도록 한 가상적인 원통의 지름으로서 수나사에서는 d_2, 암나사에서는 D_2로 나타낸다.

그림 1.2에서 수나사의 바깥지름을 d, 골지름을 d_1이라고 할 때 유효지름 d_2와 나사산의 높이 h는 다음과 같이 계산된다.

$$d_2 = \frac{d + d_1}{2}, \ \ h = \frac{d - d_1}{2}$$

보통나사는 특별히 표시하지 않는 한 한줄, 오른나사를 나타내며 나선각은 유효지름 d_2 (D_2)를 기준으로 정해진다.

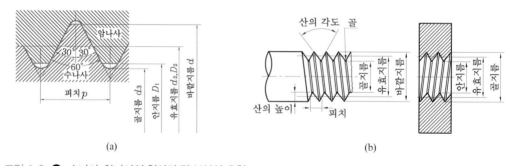

그림 1.2 ◐ 수나사, 암나사의 형상과 각 부분의 호칭

나사의 종류

나사는 산의 형상에 의하여 삼각나사, 사각나사, 사다리꼴나사 등과 같이 여러 가지 종류가 있으며, 용도에 따라 체결용과 운동용으로 나눌 수 있다.

/1.2.1/ 체결용 나사

체결용 나사(fastening screw thread)로는 삼각나사가 주로 쓰이며 다음과 같은 종류가 있다.

(1) 미터나사(metric thread)

ISO 및 KS에서는 미터나사를 표 1.1, 1.2와 같이 각 부의 비례치수를 정하고 있으며, 산의 각도는 60°, 피치는 mm 단위를, 호칭치수는 바깥지름(mm)으로 나타내고 있다. 보통나사 (coarse thread)는 일반적인 죔에 사용되며 지름에 따라서 피치가 하나씩 정해져 있고, 가는나 사(fine thread)는 동일 호칭치수에 대하여 피치가 여러 종류로 정해져 있어서 용도에 따라서 적당한 것을 선택할 수 있다. 그림 1.3에서 기초산의 높이 h는

$$h = \frac{p}{2}\cot 30° \cong 0.866p$$

이고, 기초산의 접촉높이는

$$h_1 = h - \frac{h}{8} - \frac{h}{4} = 0.625h = 0.541p$$

이 된다. 여기서 기초산이란 나사산의 접촉면을 연장했을 때 봉우리와 골에서 교차된 점을 꼭짓점으로 하는 삼각형이 이루는 산의 형태를 말한다.

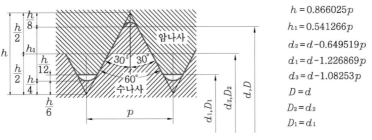

$$h = 0.866025p$$
$$h_1 = 0.541266p$$
$$d_2 = d - 0.649519p$$
$$d_1 = d - 1.226869p$$
$$d_3 = d - 1.08253p$$
$$D = d$$
$$D_2 = d_2$$
$$D_1 = d_1$$

그림 1.3 ▶ 미터나사의 형상

표 1.1 미터나사의 기준 치수(보통나사 KS B 0201) (단위 : mm)

나사의 호칭			피치 p	접촉 높이 H_1	암나사		
					골지름 D	유효지름 D_2	안지름 D_1
1란	2란	3란			수나사		
					바깥지름 d	유효지름 d_2	골지름 d_1
M 1			0.25	0.135	1.000	0.838	0.729
	M 1.1		0.25	0.135	1.100	0.938	0.829
M 1.2			0.25	0.135	1.200	1.038	0.929
	M 1.4		0.3	0.162	1.400	1.205	1.075
M 1.6			0.35	0.189	1.600	1.373	1.221
	M 1.8		0.35	0.189	1.800	1.573	1.421
M 2			0.4	0.217	2.000	1.740	1.567
	M 2.2		0.45	0.244	2.200	1.908	1.713
M 2.5			0.45	0.244	2.500	2.208	2.013
M 3			0.5	0.271	3.000	2.675	2.459
	M 3.5		0.6	0.325	3.500	3.110	2.850
M 4			0.7	0.379	4.000	3.545	3.242
	M 4.5		0.75	0.406	4.500	4.013	3.688
M 5			0.8	0.433	5.000	4.480	4.134
M 6			1	0.541	6.000	5.350	4.917
		M 7	1	0.541	7.000	6.350	5.917
M 8			1.25	0.677	8.000	7.188	6.647
		M 9	1.25	0.677	9.000	8.188	7.647
M 10			1.5	0.812	10.000	9.026	8.376
		M 11	1.5	0.812	11.000	10.026	9.376
M 12			1.75	0.947	12.000	10.863	10.106
	M 14		2	1.083	14.000	12.701	11.835
M 16			2	1.083	16.000	14.701	13.835
	M 18		2.5	1.353	18.000	16.376	15.294
M 20			2.5	1.353	20.000	18.376	17.294
	M 22		2.5	1.353	22.000	20.376	19.294
M 24			3	1.624	24.000	22.051	20.752
	M 27		3	1.624	27.000	25.051	23.752
M 30			3.5	1.894	30.000	27.727	26.211
	M 33		3.5	1.894	33.000	30.727	29.211
M 36			4	2.165	36.000	33.402	31.670
	M 39		4	2.165	39.000	36.402	34.670
M 42			4.5	2.436	42.000	39.077	37.129

(계속)

나사의 호칭			피치 p	접촉 높이 H_1	암나사		
					골지름 D	유효지름 D_2	안지름 D_1
1란	2란	3란			수나사		
					바깥지름 d	유효지름 d_2	골지름 d_1
	M 45		4.5	2.436	45.000	42.077	40.129
M 48			5	2.706	48.000	44.752	42.587
	M 52		5	2.706	52.000	48.752	46.587
M 56			5.5	2.977	56.000	52.428	50.046
	M 60		5.5	2.977	60.000	56.428	54.046
M 64			6	3.248	64.000	60.103	57.505
	M 68		6	3.248	68.000	64.103	61.505

* 1란을 우선 선택하고, 필요에 따라 2란, 3란 순으로 선정한다.

표 1.2 미터가는 나사의 지름과 피치와의 조합 (단위 : mm)

호칭지름[1]			피치											
1란	2란	3란	6	4	3	2	1.5	1.25	1	0.75	0.5	0.35	0.25	0.2
1														0.2
	1.1													0.2
1.2														0.2
	1.4													0.2
1.6														0.2
	1.8													0.2
2													0.25	
	2.2												0.25	
2.5												0.35		
3												0.35		
	3.5											0.35		
4											0.5			
	4.5										0.5			
5											0.5			
		5.5									0.5			
6										0.75				
		7								0.75				
8									1	0.75				
		9							1	0.75				
10								1.25	1	0.75				
		11							1	0.75				

(계속)

표 1.2 미터가는 나사의 지름과 피치와의 조합 (단위 : mm)

호칭지름[1]			피치											
1란	2란	3란	6	4	3	2	1.5	1.25	1	0.75	0.5	0.35	0.25	0.2
12	14[2]						1.5	1.25	1					
							1.5	1.25	1					
		15					1.5		1					
16							1.5		1					
	17						1.5		1					
		18				2	1.5		1					
20						2	1.5		1					
	22					2	1.5		1					
24						2	1.5		1					
		25				2	1.5		1					
	27	26					1.5							
						2	1.5		1					
		28				2	1.5		1					
30					(3)	2	1.5		1					
		32				2	1.5							
	33				(3)	2	1.5							
		35[3]				2	1.5							
36					3	2	1.5							
		38					1.5							
	39				3	2	1.5							
		40			3	2	1.5							
42				4	3	2	1.5							
	45			4	3	2	1.5							
48				4	3	2	1.5							
		50			3	2	1.5							
	52			4	3	2	1.5							
		55		4	3	2	1.5							
56				4	3	2	1.5							
		58		4	3	2	1.5							
	60			4	3	2	1.5							
		62		4	3	2	1.5							
64				4	3	2	1.5							
		65		4	3	2	1.5							
	68			4	3	2	1.5							
		70	6	4	3	2	1.5							
72			6	4	3	2	1.5							

(계속)

표 1.2 미터가는 나사의 지름과 피치와의 조합 (단위 : mm)

호칭지름[1]			피치											
1란	2란	3란	6	4	3	2	1.5	1.25	1	0.75	0.5	0.35	0.25	0.2
		75		4	3	2	1.5							
	76		6	4	3	2	1.5							
		78				2								
80			6	4	3	2	1.5							
		82				2								
	85		6	4	3	2								
90			6	4	3	2								
	95		6	4	3	2								
100			6	4	3	2								
	105		6	4	3	2								
110			6	4	3	2								
	115		6	4	3	2								
	120		6	4	3	2								
125			6	4	3	2								
	130		6	4	3	2								
		135	6	4	3	2								
140			6	4	3	2								
		145	6	4	3	2								
	150		6	4	3	2								
		155	6	4	3									
160			6	4	3									
		165	6	4	3									
	170		6	4	3									
		175	6	4	3									
180			6	4	3									
		185	6	4	3									
	190		6	4	3									
		195	6	4	3									
200			6	4	3									
		205	6	4	3									
	210		6	4	3									
		215	6	4	3									
220			6	4	3									
		225	6	4	3									
		230	6	4	3									
		235	6	4	3									

(계속)

표 1.2 미터가는 나사의 지름과 피치와의 조합 (단위 : mm)

호칭지름[1]			피치											
1란	2란	3란	6	4	3	2	1.5	1.25	1	0.75	0.5	0.35	0.25	0.2
	240		6	4	3									
		245	6	4	3									
250			6	4	3									
		255	6	4										
	260		6	4										
		265	6	4										
		270	6	4										
280			6	4										
		275	6	4										
		285	6	4										
		290	6	4										
		295	6	4										
	300		6	4										

주 (1) 1란을 우선적으로 하고, 필요에 따라 2란, 3란의 순으로 선택한다.
  (2) 호칭지름 14 mm, 피치 1.25 mm의 나사는 내연기관용 점화 플러그의 나사에 한하여 사용할 수 있다.
  (3) 호칭지름 35 mm의 나사는 롤러 베어링을 고정하는 나사에 한하여 사용할 수 있다.
비고 1. 괄호를 붙인 피치는 될 수 있는 한 사용하지 않는다.
  2. 표 1.2에 표시된 나사보다 피치가 더 작은 나사가 필요한 경우에는 다음 피치 중에서 선택한다.
    3, 2, 1.5, 1, 0.75, 0.5, 0.35, 0.25, 0.2
    다만 이들의 피치에 대하여 사용되는 최대의 호칭지름은 표 1.3에 따르는 것이 바람직하다.
  3. 호칭지름의 범위 150 mm에서 6 mm보다 큰 피치가 필요한 경우에는 8 mm를 선택한다.

표 1.3 가는 피치의 나사에 사용하는 최대의 호칭지름

피치	0.5	0.75	1	1.5	2	3
최대의 호칭지름	22	33	80	150	200	300

(2) 유니파이 나사(unified thread)

제2차 세계대전 후부터 미국, 캐나다, 영국 등 3국의 협정에 의해 규격을 통일한 것으로 KS나사이기도 하다. 이 나사의 호칭 방법은 바깥지름을 인치로 표시한 치수를 기호로 사용하고, 산의 형상과 비례치수는 미터나사와 동일하다. 이 나사는 동일 호칭치수에 대하여 보통나사나 가는나사의 인치당 산수가 한 종류씩 정해져 있다(그림 1.4, 표 1.4, 1.5).

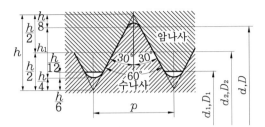

$$p = \frac{25.4}{n}$$
$$h = 0.866025p$$
$$h_1 = 0.61343p$$
$$h_1' = 0.541266p \text{(유효높이)}$$
$$D_2 = d_2$$
$$D_1 = d_2$$

$$D = d$$
$$d_2 = d - d - 0.649519p$$
$$d_1 = d - 2h_1'$$
$$r = 0.14434p$$

그림 1.4 ◐ 유니파이 보통나사의 형상

표 1.4 유니파이 보통나사의 기준 치수

나사의 호칭		나사산수 (25.4 mm 에 대하여) n	피치 p (참고)	작용 높이 h_1	암나사		
					골지름 D	유효지름 D_2	안지름 D_1
					수나사		
1	2				바깥지름 d	유효지름 d_2	골지름 d_1
	No. 1-64 UNC	64	0.3969	0.215	1.854	1.598	1.425
No. 2-56 UNC		56	0.4536	0.246	2.184	1.890	1.694
	No. 3-48 UNC	48	0.5292	0.286	2.515	2.172	1.941
No. 4-40 UNC		40	0.6350	0.344	2.845	2.433	2.156
No. 5-40 UNC		40	0.6350	0.344	3.175	2.764	2.487
No. 6-32 UNC		32	0.7938	0.430	3.505	2.990	2.647
No. 8-32 UNC		32	0.7938	0.430	4.166	3.650	3.307
No.10-24 UNC		24	1.0583	0.573	4.826	4.138	3.680
	No. 12-24 UNC	24	1.0583	0.573	5.486	4.798	4.341
$^1/_4$-20 UNC		20	1.2700	0.687	6.350	5.524	4.976
$^5/_{16}$-18 UNC		18	1.4111	0.764	7.938	7.021	6.411
$^2/_2$-16 UNC		16	1.5875	0.859	9.525	8.494	7.805
$^7/_{16}$-14 UNC		14	1.8143	0.982	11.112	9.934	9.149
$^1/_2$-13 UNC		13	1.9538	1.058	12.700	11.430	10.584
$^6/_{16}$-12 UNC		12	2.1167	1.146	14.288	12.913	11.996
$^5/_8$-11 UNC		11	2.3091	1.250	15.875	14.376	13.376
$^3/_4$-10 UNC		10	2.5400	1.375	19.050	17.399	16.200
$^7/_8$-9 UNC		9	2.8222	1.528	22.225	20.391	19.169
1-8 UNC		8	3.1750	1.719	25.400	23.338	21.963
$1^1/_3$-7 UNC		7	3.6286	1.964	28.575	26.218	24.648
$1^1/_4$-7 UNC		7	3.6286	1.964	31.750	29.393	27.823
$1^3/_2$-6 UNC		6	4.2333	2.291	34.925	32.174	30.343
$1^1/_2$-6 UNC		6	4.2333	2.291	38.100	35.349	33.518
$1^3/_4$-5 UNC		5	5.0800	2.750	44.450	41.151	38.951

(계속)

나사의 호칭		나사산수 (25.4 mm 에 대하여) n	피치 p (참고)	작용 높이 h_1	암나사 골지름 D / 수나사 바깥지름 d	암나사 유효지름 D_2 / 수나사 유효지름 d_2	암나사 안지름 D_1 / 수나사 골지름 d_1
1	2						
2-4$^1/_2$ UNC		4$^1/_2$	5.6444	3.055	50.800	47.135	44.639
2$^1/_4$-4$^1/_2$ UNC		4$^1/_2$	5.6444	3.055	57.150	53.485	51.039
2$^1/_2$-4 UNC		4	6.3500	3.437	63.500	59.375	56.627
2$^3/_4$-4 UNC		4	6.3500	3.437	69.850	65.725	62.977
3-4 UNC		4	6.3500	3.437	76.200	72.075	69.327
3$^1/_4$-4 UNC		4	6.3500	3.437	82.550	78.425	75.677
3$^1/_2$-4 UNC		4	6.3500	3.437	88.900	84.775	82.027
3$^3/_4$-4 UNC		4	6.3500	3.437	95.250	91.125	88.377
4-4 UNC		4	6.3500	3.437	101.600	97.475	94.727

표 1.5 유니파이 보통나사 및 유니파이 가는나사의 치수와 산수의 조합

크기		바깥지름의 기준 치수 mm	보통나사(UNC) 산수 n (25.4 mm 에 대하여)	보통나사(UNC) 피치 환산값 mm	가는나사(UNG) 산수 n (25.4 mm 에 대하여)	가는나사(UNG) 피치 환산값 mm	크기	바깥지름의 기준 치수 mm	보통나사(UNC) 산수 n (25.4 mm 에 대하여)	보통나사(UNC) 피치 환산값 mm	가는나사(UNG) 산수 n (25.4 mm 에 대하여)	가는나사(UNG) 피치 환산값 mm
1	2						1					
NO.0		1.524	64	0.3969	80	0.3175	3/4	19.050	10	2.5400	16	1.5875
NO.2	NO.1	1.854	56	0.4536	72	0.3525	7/8	22.225	9	2.8222	14	1.8143
		2.184			64	0.3969	1	25.400	8	3.1750	12	2.1167
NO.4		2.515	48	0.5292	56	0.4536	11/8	28.575	7	3.6286	12	2.1167
NO.5	NO.3	2.845	40	0.6350	48	0.5292	11/4	31.750	7	3.6286	12	2.1167
		3.175	40	0.6350	44	0.5773	13/8	34.925	6	4.2333	12	2.1167
NO.6		3.505	32	0.7938	40	0.6350	11/2	38.100	6	4.2333	12	2.1167
NO.8	NO.12	4.166	32	0.7938	36	0.7056	13/4	44.450	5	5.0800		
NO.10		4.826	24	1.0583	32	0.7938	2	50.800	4$^1/_2$	5.6444		
		5.486	24	1.0583	28	0.9071						
1/4		6.350	20	1.2700	28	0.9071	21/4	57.150	4$^1/_2$	5.6444		
5/16		7.938	18	1.4111	24	1.0583	21/2	63.500	4	6.3500		
3/8		9.525	16	1.5875	24	1.0583	23/4	69.850	4	6.3500		
7/16		11.112	14	1.8143	20	1.2700	3	76.200	4	6.3500		
1/2		12.700	13	1.9538	20	1.2700	31/4	82.550	4	6.3500		
9/16		14.288	12	2.1167	18	1.4111	31/2	88.900	4	6.3500		
5/8		15.875	11	2.3091	18	1.4111	33/4	95.250	4	6.3500		
							4	101.600	4	6.3500		

(3) 관용나사(pipe thread)

가스관 등 각종 파이프를 연결하는데 사용되는 나사로서 관용 테이퍼나사와 관용 평행나사 2종류가 있다(그림 1.5, 그림 1.6, 표 1.6).

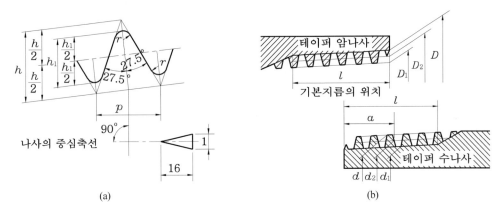

그림 1.5 ▶ 관용 테이퍼나사의 형상

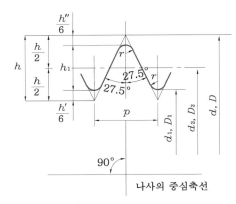

그림 1.6 ▶ 관용 평행나사의 형상

표 1.6 관용나사의 호칭과 산수의 조합[25.4 mm에 대하여] (KS B 0221, 0222)

나사의 호칭		나사부 바깥 지름의 기준 치수(mm)	산수 n (25.4 mm)	피치 환산값 p (mm)	배관용 탄소강관의 치수(참고)	
관용 테이퍼나사	관용 평행나사				바깥지름(mm)	두께(mm)
PT 1/8	PS 1/8	9.728	28	0.9071	10.5	2.0
PT 1/4	PS 1/4	13.157	19	1.3368	13.8	2.3
PT 3/8	PS 3/8	66.662	19	1.3368	17.3	2.3
PT 1/2	PS 1/2	20.955	14	1.8143	21.7	2.8
PT 3/4	PS 3/4	26.441	14	1.8143	27.2	2.8
PT 1	PS 1	33.249	11	2.3091	34	3.2

(계속)

나사의 호칭		나사부 바깥 지름의 기준 치수(mm)	산수 n (25.4 mm)	피치 환산값 p (mm)	배관용 탄소강관의 치수(참고)	
관용 테이퍼 나사	관용 평행 나사				바깥지름(mm)	두께(mm)
PT $1\frac{3}{4}$	PS $1\frac{3}{4}$	41.910	11	2.3091	42.7	3.5
PT $1\frac{1}{2}$	PS $1\frac{1}{2}$	47.803	11	2.3091	48.6	3.5
PT 2	PS 2	59.614	11	2.3091	60.5	3.8
PT $2\frac{1}{2}$	PS $2\frac{1}{2}$	75.184	11	2.3091	76.3	4.2
PT 3	PS 3	87.884	11	2.3091	89.1	4.2
PT $3\frac{1}{2}$	PS $3\frac{1}{2}$	100.330	11	2.3091	101.6	4.2
PT 4	PS 4	113.030	11	2.3091	114.3	4.5
PT 5	PS 5	138.430	11	2.3091	139.3	4.5
PT 6	PS 6	163.830	11	2.3091	165.2	5.0
PT 7	PS 7	189.230	11	2.3091	190.7	5.3
PT 8	PS 8	214.630	11	2.3091	216.3	5.8
PT 9	PS 9	240.030	11	2.3091	241.8	6.2
PT 10	PS 10	265.430	11	2.3091	267.4	6.6
PT 12	PS 12	316.230	11	2.3091	318.5	6.9

/1.2.2/ 운동용 나사

운동용 나사(power screw)는 회전운동을 비교적 늦은 속도의 직선운동으로 바꾸어 주는 데 쓰이는 나사이다. 운동용 나사의 사용 예로는 물건을 들어올리는 데 쓰이는 스크루잭, 마이크로미터의 나사 또는 선반의 리드스크루 등 다양하다.

(1) 사다리꼴나사

운동용 나사로서 효율이 좋은 것은 사각나사이지만 제작이 곤란하기 때문에 사다리꼴나사 (trapezoidal screw thread)가 많이 사용된다. 사다리꼴나사는 산의 뿌리 부분이 강하고, 자동조

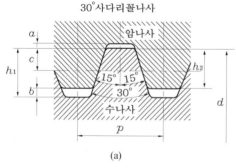
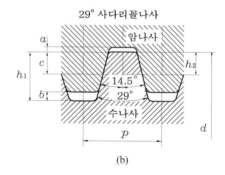

그림 1.7 ▶ 사다리꼴나사

표 1.7 사다리꼴나사의 피치, 산수의 조합 (단위 : mm)

30° 사다리꼴나사								29° 사다리꼴나사					
나사의 호칭	피치 p	나사의 호칭	피치 p	나사의 호칭	피치 p	나사의 호칭	피치 p	나사의 호칭	산수 n (25.4 mm에 대하여)	피치 환산값 mm	나사의 호칭	산수 n (25.4 mm에 대하여)	피치 환산값 mm
TM 10	2	(TM 44)	8	(TM 85)	12	(TM 165)	16	TW 10	12	2.116 7	TW 52	3	8.466 7
TM 12	2	(TM 45)	8	(TM 88)	12	(TM 170)	16	TW 12	10	2.540.0	TW 55	3	8.466 7
TM 14	3	(TM 46)	8	(TM 90)	12	(TM 175)	16	TW 14	8	3.175 0	TW 58	3	8.466 7
TM 16	3	(TM 48)	8	(TM 92)	12	TM 180	20	TW 16	8	3.175 0	TW 60	3	8.466 7
TM 18	4	TM 50	8	(TM 95)	12	(TM 185)	20	TW 18	6	4.233 3	TW 62	3	8.466 7
TM 20	4	(TM 53)	8	(TM 98)	12	(TM 190)	20	TW 20	6	4.233 3	TW 65	21/2	10.160 0
TM 22	5	TM 55	8	TM 100	12	(TM 195)	20	TW 22	5	5.080 0	TW 68	21/2	10.160 0
(TM 24)	5	(TM 58)	8	(TM 105)	12	TM 200	20	TW 24	5	5.080 0	TW 70	21/2	10.160 0
TM 25	5	(TM 60)	8	TM 110	12	(TM 210)	20	TW 26	5	5.080 0	TW 72	21/2	10.160 0
(TM 26)	5	TM 62	10	(TM 120)	16	TM 220	20	TW 28	5	5.080 0	TW 75	11/2	10.160 0
TM 28	5	(TM 65)	10	TM 125	16	(TM 230)	20	TW 30	4	6.350 0	TW 78	21/2	10.160 0
(TM 30)	6	(TM 68)	10	(TM 130)	16	(TM 240)	24	TW 32	4	6.350 0	TW 80	21/2	10.160 0
TM 32	6	TM 70	10	(TM 135)	16	TM 250	24	TW 34	4	6.350 0	TW 82	21/2	10.160 0
(TM 34)	6	(TM 72)	10	TM 140	16	(TM 260)	24	TW 36	4	6.350 0	TW 85	2	12.700 0
TM 36	6	(TM 75)	10	TM 145	16	(TM 270)	24	TW 38	41/2	7.257 1	TW 88	2	12.700 0
(TM 38)	6	(TM 78)	10	(TM 150)	16	TM 280	24	TW 40	31/2	7.257 1	TW 90	2	12.700 0
TM 40	6	TM 80	10	(TM 155)	16	(TM 290)	24	TW 42	31/2	7.257 1	TW 92	2	12.700 0
(TM 42)	6	(TM 82)	10	TM 160	16	(TM 300)	24	TW 44	31/2	7.257 1	TW 95	2	12.700 0
								TW 46	3	8.466 7	TW 98	2	12.700 0
								TW 48	3	8.466 7	TW	2	12.700 0
								TW 50	3	8.466 7	100		

(단위 : mm)

피치 p	틈새 a	틈새 b	c	h_2	h_1	H	r	산수 (25.4 mm 에 대하여)	틈새 a	틈새 b	c	h_2	h_1	H	r
2	0.25	0.50	0.50	0.75	1.25	1.00	0.25	12	0.25	0.50	0.50	0.75	1.25	1.00	0.25
3	0.25	0.50	0.75	1.25	1.75	1.50	0.25	10	0.25	0.50	0.60	0.95	1.45	1.20	0.25
4	0.25	0.50	1.00	1.75	2.25	2.00	0.25	8	0.25	0.50	0.75	1.25	1.75	1.50	0.25
5	0.25	0.75	1.25	2.00	2.75	2.25	0.25	6	0.25	0.50	1.00	1.75	2.25	2.00	0.25
6	0.25	0.75	1.50	2.50	3.25	2.75	0.25	5	0.25	0.75	1.25	2.00	2.75	2.25	0.25
8	0.25	0.75	2.00	3.50	4.25	3.75	0.25	4	0.25	0.75	1.50	2.50	3.25	2.75	0.25
10	0.25	0.75	2.50	4.50	5.25	4.75	0.25	$3^{1}/_{2}$	0.25	0.75	1.75	3.00	3.75	3.25	0.25
12	0.25	0.75	3.00	5.50	6.25	5.75	0.25	3	0.25	0.75	2.00	3.50	4.25	3.75	0.25
16	0.50	1.50	4.00	7.00	8.50	7.50	0.50	$2^{1}/_{2}$	0.25	0.75	2.50	4.50	5.25	4.75	0.25
20	0.50	1.50	5.00	9.00	10.50	9.50	0.50	2	0.25	0.75	3.00	5.50	6.25	5.75	0.25
24	0.50	1.50	6.00	11.00	12.50	11.50	0.50								

심 작용이 사각나사보다 좋다. 이 나사의 규격으로는 인치계에는 산의 각도가 29°, 미터계에는 30°의 2종류가 있으며, 29°의 인치계 사다리꼴나사를 애크미(acme)나사라고도 한다. 산의 높이는 다음과 같이 정한다(그림 1.7, 표 1.7).

$$c = 0.25\,p$$
$$h_2 = 2c + a - b$$

(2) 톱니나사

톱니나사(buttress thread)는 축하중의 방향이 한쪽만으로 되는 경우에 사용되는 것으로 하중을 받는 면은 수직에 가까운 3°의 경사로 하므로 효율이 좋고, 반대쪽은 30°의 경사로 하여 뿌리를 강하게 한다. 이것은 스크루잭, 바이스나사 등에 적합하다. 그림 1.8에 규격의 형상을, 표 1.8에 수치를 표시한다.

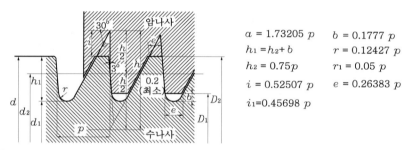

$$a = 1.73205\,p \qquad b = 0.1777\,p$$
$$h_1 = h_2 + b \qquad r = 0.12427\,p$$
$$h_2 = 0.75p \qquad r_1 = 0.05\,p$$
$$i = 0.52507\,p \qquad e = 0.26383\,p$$
$$i_1 = 0.45698\,p$$

그림 1.8 ▶ 톱니나사의 기본 산형

표 1.8 피치 계열(톱니나사)

지름 계열	보통이	거친이	지름 계열	보통이	거친이	지름 계열	보통이	거친이	지름 계열	보통이	거친이
22	5	8	60	9	14	110	12	20	200	18	32
24	5	8	62	9	14	115	14	22	210	20	36
26	5	8	65	10	16	120	14	22	220	20	36
28	5	8	68	10	16	125	14	22	230	20	36
30	6	10	70	10	16	130	14	22	240	22	36
32	6	10	72	10	16	135	14	24	250	22	40
31	6	10	75	10	16	140	14	24	260	22	40
36	6	10	78	10	16	145	14	24	270	24	40
38	7	10	80	10	16	150	16	24	280	24	40
40	7	12	82	10	16	155	16	24	290	26	44
42	7	12	85	12	18	160	16	28	300	−	44
44	7	12	88	12	18	165	16	28	320	−	44

(계속)

지름 / 계열	보통이	거친이	지름 / 계열	보통이	거친이	지름 / 계열	보통이	거친이	지름 / 계열	보통이	거친이
46	8	12	90	12	18	170	16	28	340	–	44
48	8	12	92	12	18	175	16	28	360	–	48
50	8	12	95	12	18	180	18	28	380	–	48
52	8	12	98	12	18	185	18	32	400	–	48
55	9	14	100	12	20	190	18	32	–	–	–
58	9	14	105	12	20	195	18	32	–	–	–

(3) 사각나사(square thread)

축방향 하중을 크게 받는 운동용 나사로 적합하며, 하중의 방향이 일정하지 않고 교번 하중의 경우에 효율이 좋다. 그러나 공작이 어렵고 자동조심 작용이 없으므로 고정밀도의 나사로는 적합하지 않다.

일반적으로 바깥지름을 d라 할 때 피치와 나사산의 높이는 다음과 같이 취한다.

$$\text{피치 } p = 0.09d + 2\,[\text{mm}], \quad \text{산의 높이 } h = \frac{p}{2}\,[\text{mm}]$$

그림 1.2에서 수나사의 바깥지름을 d, 골지름을 d_1이라고 할 때 사각나사에서 유효지름 d_2와 나사산의 높이 h는 다음과 같이 계산된다.

$$h = \frac{d - d_1}{2} = \frac{p}{2} \text{ 이므로 } d = d_1 + p \text{ 이고}$$

$$d_2 = \frac{d + d_1}{2} = \frac{d_1 + p + d_1}{2} = d_1 + \frac{p}{2} = d - p + \frac{p}{2} = d - \frac{p}{2} \text{ 가 성립한다.}$$

(4) 원형나사

원형나사(round thread)는 그림 1.9와 같이 나사산과 골을 반지름이 같은 원호로 연결한 모양이다. 그림 1.9(a)는 전구용 나사와 같이 박판 원통을 전조(轉造)하여 만든 나사이며, 원호의 접촉점의 접선에 이루는 각도는 75°~93°로 하고 있다.

이동용 나사의 경우에는 원호의 접촉부에 직선 부분을 넣는 것이 좋다. DIN에서는 그림 1.9(b)와 같이 30° 사다리꼴나사의 크레스트와 골을 동일 반지름의 원호 모양으로 둥금새를 붙인 모양이다. 비례치수는 다음과 같다.

$$t = 1.86603\,p, \; h = 0.5\,p, \; r = 0.23851\,p$$

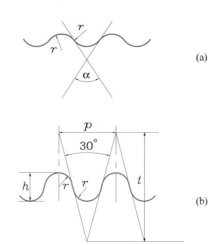

그림 1.9 ▶ 원형나사

(5) 볼나사

볼나사(ball screw thread)는 나사홈이 강구를 수용할 수 있도록 원호상으로 된 수나사와 암나사를 각각 홈 부분이 서로 대향하도록 배치하고, 이들 사이에 강구를 연속으로 삽입하고 볼의 구름 접촉에 의하여 나사 운동을 시키는 나사이다(그림 1.10).

너트의 일단에서 굴러나오는 강구는 너트의 벽이나 외주에 만들어진 구멍홈을 따라서 너트의 타단으로 유도되고, 볼은 순환하여 나사홈 속을 굴러서 나사 운동을 전달하며, 나사 사이의 마찰을 감소시킨다.

보통나사에 비하여 마찰계수가 극히 작아서 0.005 이하이고, 효율의 값은 90% 이상으로 좋다. 또 너트를 이중으로 하고 축방향에 예압(豫壓)을 가하여 백래시를 0으로 하여도 회전토크는 별로 상승하지 않는 장점이 있어서 수치제어용 공작기계의 이송나사로서 적당하다. 볼나사의 바깥지름과 리드의 관계를 표 1.9, 리드오차를 표 1.10, 흔들림 정밀도에 대하여는

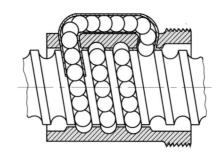

그림 1.10 ▶ 볼나사

표 1.11에 각각 규정하고 있다. 현재 사용되는 강구는 롤링 베어링의 볼이 사용되며, 일반적으로 볼은 나사 피치의 0.6배 되는 지름의 볼을 사용한다.

표 1.9 볼나사축의 지름과 리드 (단위 : mm)

나사축의 바깥지름			리드									
구분 범위		추천치										
초과	이하											
−	10	8 10	3									
10	14	12	3	5								
14	18	15	3	5	6							
18	24	20 22	3	5	6							
24	30	25 28 30		5	6	8	10					
30	40	32 36 40		5	6	8	10	12				
40	50	45 50		5	6	8	10	12	16			
50	65	55 60			6	8	10	12	16	20		
65	80	70 80				8	10	12	16	20	24	
80	100	90 100						12	16	20	24	32

표 1.10 볼나사의 리드오차

항목 \ 등급	보통급	상급	정밀급
단일 리드오차	−	0.008	0.005
리드 300 mm의 범위에서 누적오차	0.3	0.05	0.025

표 1.11 볼나사의 흔들림 정밀도

L/D		등급 단위 $1\mu = 0.001$		
초과	이하	보통급	상급	정밀급
–	10	40	20	10
10	15	60	30	15
15	20	80	40	20
20	25	100	50	25
25	30	120	60	30
30	40	160	80	40
40	50	200	100	50

L : 나사축의 길이, D : 나사의 바깥지름

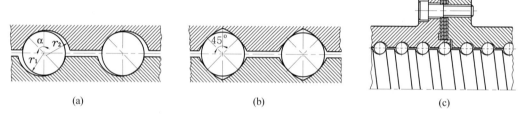

(a)   (b)   (c)

그림 1.11 ▶ 볼나사 및 너트짝

그림 1.11(a)와 같이 나사홈은 볼보다 3~5% 큰 반지름을 갖는 반원형으로 하고, 접촉각 α를 갖게 조립하여 백래시를 제거한다. 또 가공이 조금 어렵지만 그림 1.11(b)와 같은 오지브 (ogive)형도 나사홈으로 사용되며, 이것은 적당한 지름의 볼을 선택함으로써 예압을 줄 수 있다.

1.3 나사의 역학

1.3.1 사각나사

그림 1.12와 같이 사각나사가 축방향으로 Q의 힘을 받고 있다고 하자. 사각나사의 유효지름을 d_2, 피치를 p라고 했을 때 이 하중을 들어올리기 위한 토크와 하중을 내리는 데 필요한 토크를 구하려고 한다.

나선각을 β로 하고 유효지름의 접선 방향에 가해지는 회전력을 P라고 하면, 하중 Q를 들어올리기 위한 P는 사면 방향과 법선 방향의 힘의 평형으로부터 그림 1.13(a)에서 다음과 같이 구할 수 있다.

$$P\cos\beta = Q\sin\beta + \mu F_n$$

$$F_n = P\sin\beta + Q\cos\beta$$

위 식들로부터

$$P = \frac{\mu\cos\beta + \sin\beta}{\cos\beta - \mu\sin\beta} Q$$

여기서 마찰계수 μ는 마찰각 ρ로 나타낼 수 있으므로

$$\mu = \tan\rho$$

가 되고

$$P = \frac{\tan\rho\cos\beta + \sin\beta}{\cos\beta - \tan\rho\sin\beta} Q = \frac{\tan\rho + \tan\beta}{1 - \tan\rho\tan\beta} Q = Q\tan(\rho + \beta) \qquad (1.2)$$

만일 $\tan\beta = \dfrac{p}{\pi d_2}$를 대입하면

$$P = Q\frac{p + \mu\pi d_2}{\pi d_2 - \mu p} \qquad (1.3)$$

나사를 풀어서 부하(하중)를 내릴 때에는 그림 1.13(b)에서

$$F_n = -P\sin\beta + Q\cos\beta$$

$$\mu F_n - P\cos\beta - Q\sin\beta = 0$$

이 되고

$$P = Q\frac{\mu\cos\beta - \sin\beta}{\mu\sin\beta + \cos\beta} = Q\tan(\rho - \beta) \qquad (1.4)$$

이 된다. 여기서 $\rho > \beta$이면 P는 양의 수로서 나사를 내리는 데 필요한 힘을 나타내게 된다. 그리고 $\rho < \beta$이면 P는 음의 수로서 너트는 스스로 풀리게 된다. 따라서 나사가 스스로 풀리지 않고 자립하려면 $\rho > \beta$이어야 한다. 이 조건을 나사의 자립조건이라 부른다. 예를 들어, 나사면의 마찰계수를 0.1로 하면 마찰각 ρ는 약 6°가 되고, β는 이 각도보다 작아야 체결된 나사가 풀리지 않는다.

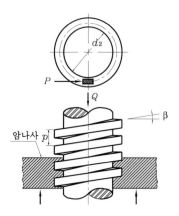

그림 1.12 ▶ 사각나사의 역학

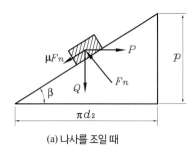

(a) 나사를 조일 때

(b) 나사를 풀 때

그림 1.13 ▶ 빗면으로 표시된 나사의 역학

/1.3.2/ 삼각나사

지금까지는 사각나사에 대해서 회전력을 유도했다. 삼각나사는 나사산의 각도 2α와 나선각 β에 의해서 나사의 수직하중이 기울어지게 된다. 나선각 β는 일반적으로 작기 때문에 이 각도에 의해 기울어진 영향은 무시하고, 나사산의 각도에 의한 영향만 고려하면 나사면에 작용하는 수직력은 쐐기효과에 의해 증가하므로 2α를 나사산의 각도로 할 때(그림 1.14)

$$Q' = \frac{Q}{\cos\alpha}$$

이 된다. 이 수직력에 의한 마찰력은

$$\mu Q' = \frac{\mu Q}{\cos\alpha} = \mu' Q$$

여기서

$$\mu' = \frac{\mu}{\cos\alpha} = \tan\rho'$$

이다. 따라서 삼각나사일 때 나사를 돌리는 힘 P는

$$P = Q\tan(\beta+\rho') \tag{1.5}$$

로 나타낼 수 있다.

나사를 죄는데 필요한 토크 T는

$$T = P\frac{d_2}{2} = Q\frac{d_2}{2}tan(\beta+\rho') \tag{1.6}$$

여기서 마찰각은 사각나사에서는 ρ, 삼각나사에서는 ρ'을 사용한다. 그림 1.15에서와 같이 실제로 나사를 죄는데에는 너트 또는 와셔의 마찰도 추가되므로 너트 좌면의 평균 지름을 d_n, 너트 좌면의 마찰계수를 μ라고 하면 나사를 죄는데 필요한 토크는

$$T = \frac{Q}{2}\{d_2\tan(\beta+\rho') + \mu d_n\} \tag{1.7}$$

여기서 마찰계수 μ는 0.15 정도로 취한다.

일반적으로 체결용 나사에서는 충분히 안전을 고려하여 $\mu=0.15$까지 작게, $\beta ≒ 2°30'$으로 하고 있으므로 $\mu=0.15$, $\alpha=30°$, $\beta=2°30'$, $d_2=d/1.1$, $d_n=1.45d$로 하면

$$T ≒ 0.2dQ \tag{1.8}$$

로 나타낼 수 있다.

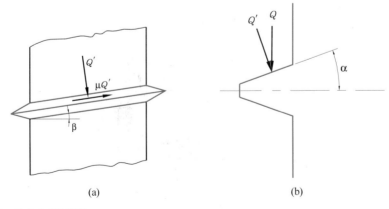

그림 1.14 ▶ 삼각나사의 역학

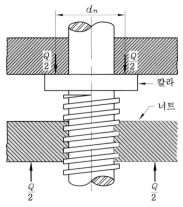

그림 1.15 ▶ 칼라와 너트에 작용하는 수직항력

예제 1-1 그림과 같은 외경이 25 mm, 피치가 4 mm인 사각나사 잭으로 500 kg의 하중을 들어올리려고 한다. 축하중을 받는 칼라 부위의 평균지름은 38 mm이고, 나사부와 칼라 부위의 모든 마찰계수는 0.12로 동일하다. 칼라 부위에 가해야 할 토크를 구하시오. 또한 핸들의 길이가 200 mm일 때 핸들을 회전시키는데 필요한 힘 F를 구하시오.

사각나사에서는 아래와 같이 유효지름, 바깥지름, 피치 사이의 관계식이 성립하므로

$$d_2 = d - \frac{p}{2} = 25 - \frac{4}{2} = 23 \text{ mm}$$

$$\tan\beta = \frac{p}{\pi d_2} = \frac{4}{\pi \times 23} = 0.055, \quad \beta = 3.148°$$

$$\mu = \tan\rho = 0.12, \quad \rho = 6.84°$$

$$T = Q\left\{\frac{d_2}{2}\tan(\beta + \rho) + \frac{d_n}{2}\mu\right\}$$

$$= 500\left\{\frac{2.3}{2}\tan(3.148 + 6.84) + \frac{3.8}{2}0.12\right\} = 215.2 \text{ kgf} \cdot \text{cm}$$

$$F = \frac{T}{\ell} = \frac{215.2}{20} = 10.8 \text{ kgf}$$

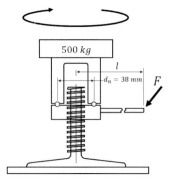

/1.3.3/ 나사의 효율

나사의 효율은 나사의 성능을 평가하는 중요한 수단이 된다. 나사의 효율은 나사가 마찰이 없을 때 1회전 중에 한 일 Qp와 마찰이 있을 때 가해진 일 $2\pi T$와의 비율로써 정의된다. 즉,

$$\eta = \frac{Qp}{2\pi T} = \frac{Q\pi d_2 \tan\beta}{2\pi Q\dfrac{d_2}{2}\tan(\beta+\rho)} = \frac{\tan\beta}{\tan(\beta+\rho)} \tag{1.9}$$

삼각나사의 효율은 ρ 대신에 ρ'을 사용하여 나타낼 수 있다. 다시 말하면,

$$\eta = \frac{\tan\beta}{\tan(\beta+\rho')} = \frac{\cos\alpha - \mu\tan\beta}{\cos\alpha + \mu\cot\beta} \tag{1.10}$$

삼각 또는 사각나사에서 마찰이 없다면 효율은 1이 될 것이다. 그러나 실제로는 마찰이 있으므로 1보다 작은 값을 갖게 된다. 또한 나선각에 따라서 효율이 달라지게 되는데, 효율의 최대를 취하는 나선각은 $\dfrac{d\eta}{d\beta}=0$으로 놓음으로써

$$\tan\left(\beta+\frac{\rho}{2}\right)=1$$

$$\beta = 45° - \frac{\rho}{2}$$

로 얻어진다.

이것을 식 (1.9)에 대입하여

$$\eta_{\max} = \tan^2\left(45° - \frac{\rho}{2}\right) \tag{1.11}$$

나사가 스스로 풀리지 않는 한계에서는 $T=0$, 즉 $\beta=\rho$이므로

$$\eta = \frac{\tan\rho}{\tan 2\rho} = \frac{1}{2}\left(1 - \tan^2\rho\right) < 0.5$$

즉, 자립상태를 유지하는 나사의 효율은 반드시 50% 이해야 한다.

그림 1.16에 나선각 β와 효율 η의 값을 도시하고 있으며, ρ'은 ρ보다 항상 크므로 삼각나사의 효율은 항상 작다. 운동용 나사에서는 효율이 큰 편이 유리하고, 삼각나사에서는 자립상태를 유지하여 풀리지 않는 것이 중요하다.

사각나사로서 $\mu = 0.1$로 할 때 $\rho = 6°$이므로

$$\beta = 45° - \frac{\rho}{2} = 45° - \frac{6°}{2} = 42°$$

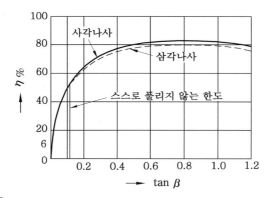

그림 1.16 ◐ 나사의 효율

$$\therefore \eta_{\max} = \tan^2(45° - 3°) = \tan^2 42° = 0.81$$

또 삼각나사에서 $\alpha = 30°$이면

$$\mu' = \frac{\mu}{\cos 30°} = \frac{0.1}{0.866} = 0.12$$

$$\rho' = 7°$$

$$\eta_{\max} = 0.78$$

예제 1-2   3,600 kg의 무게를 이송할 나사 이송장치를 설계하고자 한다. 이송속도는 1.5[cm/sec]이고, 모터 동력은 웜기어 감속기(감속비 $i_w = 1/20$)를 사용하여 이송나사에 연결시킨다. 이송나사의 외경은 60 mm, 피치는 12 mm인 한줄 사각나사일 때 모터의 회전수 및 동력을 구하시오. 단 나사부의 마찰계수는 0.12, 웜기어 감속기의 효율은 0.85 그리고 베어링 부위의 마찰은 무시한다.

유효지름 $d_2 = d - \dfrac{p}{2} = 54\,\mathrm{mm}$

리드 $L = 12\,\mathrm{mm}$

리드각 $\beta = \tan^{-1}\left(\dfrac{L}{\pi d_2}\right) = 4.05°$

마찰각 $\rho = \tan^{-1}(0.12) = 6.84°$

나사의 효율 $\eta_s = \dfrac{\tan\beta}{\tan(\beta + \rho)} = 0.368$

테이블의 이송을 위한 모터의 회전수 $v = 15\,\mathrm{mm/s} = \dfrac{L\ N}{60\ i_w} = \dfrac{12\,N}{60 \times 20}$

$\therefore N = 1500\,\mathrm{rpm}$

테이블의 이송에 필요한 동력 $\quad P_{\text{out}} = \dfrac{\text{F} \cdot \text{v}}{75} = \dfrac{3600 \times 0.015}{75} = 0.139$

전체 시스템의 효율 $\quad\quad\quad \eta = \eta_s \cdot \eta_w \cdot \eta_b = 0.368 \times 0.85 \times 1 = 0.313$

여기서 η_s는 나사의 효율, η_w는 웜 감속기의 효율, η_b는 베어링의 효율이다.

따라서 모터의 동력 $\quad\quad\quad P_m = \dfrac{P_{\text{out}}}{\eta} = \dfrac{0.139}{0.313} = 0.437\,\text{PS}$

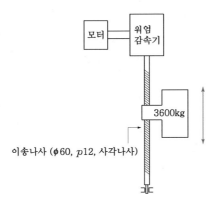

1.4 나사의 강도

/1.4.1/ 축방향에 힘을 받는 나사

축방향에 Q의 인장력을 받는 바깥지름 d, 골지름 d_1의 나사에 발생하는 인장응력 σ는

$$Q = \frac{\pi}{4} d_1^2 \sigma = \frac{\pi}{4} d^2 \left(\frac{d_1}{d} \right)^2 \sigma$$

미터나사 M5 이상에서는 $d_1 \geqq 0.8d$이므로

$$Q = \frac{\pi}{4} (0.8d)^2 \sigma \fallingdotseq \frac{1}{2} d^2 \sigma$$

$$\therefore d \fallingdotseq \sqrt{\frac{2Q}{\sigma_a}} \tag{1.12}$$

여기서 $\sigma_a = \sigma_B / S$이며, S는 안전율이다.

나사골 부분의 노치효과를 고려하였을 때 상당응력 $\sigma_{\max}$과 나사의 안전율을 구하시오.

나사골 부분의 반지름 $r = 0.1083$, $p = (0.163 \sim 0.12)d$

나사높이 $h_1 = 0.541266p$이므로

응력집중계수 α는 그림에서

$$\left(\frac{t}{p}\right) = \frac{h_1}{r} = \frac{0.541266p}{0.1083p} \fallingdotseq 5$$

나사산의 각 $\theta = 2\alpha = 60°$에서 인장응력에 대하여 $\alpha_1 \fallingdotseq 5$, 전단응력에 대하여 $\alpha_2 \fallingdotseq 3$, $\tau = 0.5\sigma_t$로 하면(최대전단응력설)

$$\sigma_{\max} = \sqrt{(\alpha_1\sigma_t)^2 + 4(\alpha_2\tau)^2} = 5.2\sigma_t$$

정하중의 경우에 $\alpha \geq 3$에서는 응력집중 경사가 급하므로 항복응력 σ_s의 1.5배까지 $\sigma_{\max}$가 도달하면 항복이 일어나므로

$$\sigma_{\max} = \frac{1.5\sigma_s}{S_f} = 5.2\sigma_t, \quad \text{안전계수 } S_f = f_m f_s$$

강재에 대하여 $\sigma_s = 2/3\sigma_B$, $S_f = 1.5$로 하면

$$\sigma_t = \frac{1}{8.7}\sigma_B \fallingdotseq \frac{1}{9}\sigma_B$$

축방향 하중에 의하여 발생한 인장응력은 재료의 파괴응력 σ_B의 1/9까지 허용된다.

허용응력 $\sigma_a = \dfrac{\sigma_B}{9}$이고, 안전율 $S = 9$이다.

/1.4.2/ 축방향에 힘과 비틀림을 받는 나사

축방향에 힘 Q를 받으며, 나사를 죄는 데 필요한 토크는

$$T = Q\frac{d_2}{2}\tan(\beta + \rho')$$

이 토크에 의하여 나사의 골 단면에 발생하는 전단응력 τ는

$$\tau = \frac{T}{\frac{\pi}{16}d_1^3} = \frac{16}{\pi d_1^3} \cdot \frac{d_2}{2}Q\tan(\beta + \rho') \tag{1.13}$$

$$= \frac{4Q}{\pi d_1^2} \cdot \frac{2d_2}{d_1}\tan(\beta + \rho') = 2\sigma \cdot \frac{d_2}{d_1}\tan(\beta + \rho')$$

삼각미터 나사에서 $\alpha = 30°$, $\beta = 2.5°$, $\mu = 0.15$, $d_2/d_1 = 1.1$로 놓으면 식 (1.13)은

$$\tau = 0.481\sigma \tag{1.14}$$

이 된다. 볼트재료는 일반적으로 연강 또는 반경강이 사용되므로 이들 재료에 잘 맞는 전단변형 에너지설의 파손이론을 적용하면

$$\sigma_{\text{oct}} = \sqrt{\sigma^2 + 3\tau^2} \fallingdotseq 1.3\sigma \leqq \sigma_a$$

따라서 σ와 τ를 동시에 받는 나사의 지름은 식 (1.12)로부터 다음과 같이 구할 수 있다.

$$d = \sqrt{\frac{2 \times 1.3 Q}{\sigma_a}} \fallingdotseq \sqrt{\frac{8Q}{3\sigma_a}} \tag{1.15}$$

볼트재료의 허용응력 σ_a는 응력집중을 고려하여 재료의 인장강도 σ_B에 대한 안전율을 9로 하여 정한다.

$$\sigma_a = \frac{\sigma_B}{S} = \frac{\sigma_B}{9}$$

표 1.12 강철 볼트의 기계적 성질 및 너트의 조합

구분	0T	4T	5T	6T	7T	8T	10T
각인	무인	4	5	6	7	8	10
인장강도[kg/mm²]	–	40 이상	50 이상	60 이상	70 이상	80 이상	100 이상
경도 H_B	–	105~229	135~241	170~255	201~277	229~321	293~352
연신율[%]	–	10 이상	10 이상	10 이상	15 이상	15 이상	15 이상
항복점[kg/mm²]	–	23 이상	28 이상	40 이상	50 이상	65 이상	90 이상
적용 재료의 예	–	SS 41 S 20C SWRM 3 SUM1-D	SS 50 S 35C S20 C-D SWRH-1	S 40 C S 35 C-D SWRH 2	S 45 C S 50 C	SCr 2 SCr 3 SCM 2 SCM 3	SNCM 5 SNCM 7 SNCM 8
조합으로 추천되는 너트	0T	4T	4T	4T	6T	6T	8T

예제 1-4 다음 그림과 같은 브래킷을 벽에 고정하는데 M20의 볼트 3개를 사용하였다. 이때 볼트에 생기는 응력은 얼마인가? 단 볼트의 허용인장응력을 600 kg/cm², 허용전단응력을 400 kg/cm²로 한다.

A 볼트가 받는 인장력을 P_a 라고 하고, 브래킷이 강체라고 하면

$$\frac{P_a}{l_a} = \frac{P_b}{l_b}$$

이므로

$$M = PL = 2P_a l_a + P_b l_b = 2P_a l_a + \frac{P_a l_b^2}{l_a} = \frac{P_a(2l_a^2 + l_b^2)}{l_a}$$

$$\therefore P_a = \frac{PL l_a}{2l_a^2 + l_b^2} = \frac{1500 \times 50 \times 55}{2 \times 55^2 + 5^2} = 679 \text{ kg}$$

M20 볼트의 단면적 $A = \frac{\pi}{4}d_1^2 = 2.145 \text{ cm}^2$

$$\sigma_t = \frac{P_a}{A} = \frac{679}{2.145} \fallingdotseq 316 \text{ kg/cm}^2$$

볼트 1개가 받는 전단응력은

$$\tau = \frac{1500}{3 \times 2.145} \fallingdotseq 233 \text{ kg/cm}^2$$

따라서 전단스트레인에너지설에 의하면

$$\sigma_s = \sqrt{\sigma^2 + 3\tau^2} = \sqrt{316^2 + 3 \times 233^2}$$
$$= 513 \text{ kg/cm}^2 < 600 \text{ kg/cm}^2$$

따라서 안전하다.

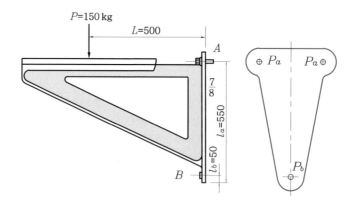

/1.4.3/ 나사산의 전단강도

나사산의 각이 2α 되는 각 나사에 있어서 축방향의 힘 Q를 받아 나사산이 전단할 경우를

그림 1.17에 나타내었다. 실험에 따르면 수나사산의 전단파괴는 그림 1.17의 AB' 선, 암나사산의 전단은 CD' 선 방향에 일어나지만, 단순화하기 위하여 AB 선, CD 선 방향으로 일어난다고 하자.

수나사의 바깥지름 및 유효지름을 d, d_2 로, 암나사의 안지름 및 유효지름을 D_1, D_2 로 하면, 한 산의 전단길이는

$$AB = (p/2) + (d_2 - D_1)\tan\alpha$$
$$CD = (p/2) + (d - D_2)\tan\alpha$$

로 표시된다.

수나사의 나사산이 전단파괴할 때의 축방향 하중을 Q_B, 암나사산이 전단파괴될 때의 축방향 하중을 Q_N 으로 하면

$$Q_B = \pi D_1 \{(p/2) + (d_2 - D_1)\tan\alpha\}z \cdot \tau_B \tag{1.16}$$
$$Q_N = \pi d \{(p/2) + (d - D_2)\tan\alpha\}z \cdot \tau_N \tag{1.17}$$

여기서 τ_B : 수나사 재료의 전단파괴강도

τ_N : 암나사 재료의 전단파괴강도

로 되고, 여기서 z 는 부하능력을 갖는 나사산의 수이며

$$z = (H - 0.5p)/p \tag{1.18}$$

로 주어진다(H : 너트의 길이).

따라서 H 는 주어진 D_1, D_2, d, d_2, p, α, τ_B, τ_N, S(정하중일 때 3, 충격하중일 때 12를 사용)를 사용하여 식 (1.16), (1.17)로부터 산수 z 를 구하여 이것을 식 (1.18)에 대입함으로써 얻어진다. 또 나사산의 전단파괴하중이 수나사의 인장하중보다 크게 되도록 H 를 정하고자 할 때는 식 (1.16)을 대신하여 다음 식을 사용하면 좋다.

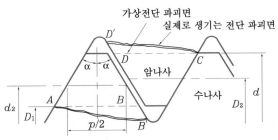

그림 1.17 ▶ 나사산의 전단파괴

$$\sigma_B \cdot A \leqq (Q_B, Q_N \text{ 중 작은 값}) \tag{1.19}$$

여기서 A는 단면적으로서 삼각나사에서는 유효단면적 A_2, 사다리꼴나사에서는 골단면 A_3로 한다.

또 축하중을 Q로 할 때 나사봉의 단면적 A는

$$Q/A \leqq \sigma_B/S \tag{1.20}$$

로 계산된다.

여기서 $d \geqq 10 \, \text{mm}$를 생각하고 $p/d = 0.15$, $\sigma/\tau_S = 2$, $\epsilon = 0.5$(실제와 기준 나사의 유효높이의)로 놓으면

$$H \fallingdotseq 4.4p = 0.7d \tag{1.21}$$

즉, 너트의 높이는 나사의 바깥지름의 0.7~1.0배 이상이면 가능하다.

/1.4.4/ 접촉면압을 고려한 나사강도

기계 부분의 이송용 나사, 밸브의 죔나사와 같이 마찰이 문제가 되는 운동용 나사에서는 나사면에 작용하는 면압을 제한할 필요가 있다.

지금 축방향의 하중을 Q, 수나사의 바깥지름을 d, 암나사의 안지름을 D_1, 접촉하고 있는 나사산의 수를 z로 하면 접촉면압은

$$q = \frac{Q}{A_0 \cos \alpha \, z}, \qquad A_0 = \frac{\pi}{4}(d^2 - D_1^2)\frac{1}{\cos \alpha}$$

이므로

$$q = \frac{Q}{\dfrac{\pi}{4}(d^2 - D_1^2)z} \tag{1.22}$$

가 된다. 여기서 접촉면압 q를 허용한계치 이내로 규제할 필요가 있는데, 이 값을 허용면압이라 하며 이 값은 표 1.13과 같다. 따라서 허용면압으로부터 너트의 산수와 높이를 구하면

$$z = \frac{4Q}{\pi(d^2 - D_1^2)q_a}$$

$$H = zp = \frac{4pQ}{\pi(d^2 - D_1^2)q_a} \tag{1.23}$$

표 1.13 나사의 허용면압

재료		허용면압 q_a(kg/mm^2)	
수나사	암나사	체결용	운동용
연 강	연강 또는 청동	3	1
경 강	연강 또는 청동	4	1.3
경 강	주철	1.5	0.5

예제 1-5 축하중 2,330 kg을 받는 지름 28 mm의 30° 사다리꼴나사가 있다. 이 나사를 돌려서 하중을 들어 올릴 때 발생하는 응력에 대하여 안전한지 검토하시오. 또 너트의 길이는 얼마로 하면 좋은가? 단 너트의 안지름은 $D_1 = 24$ mm이고 강재의 항복응력은 $\sigma_s = 24$ kg/mm^2, $\mu = 0.12$로 한다.

나사 규격표에서 TM28은 $p = 5$ mm, $d_2 = 25.5$ mm, $d_3 = 22.5$ mm

$$\therefore \tan\beta = \frac{p}{\pi d_2} = \frac{5}{\pi \times 25.5} \qquad\qquad \therefore \beta = 3° 34'$$

$$\tan\rho' = \frac{\mu}{\cos 15°} = \frac{0.12}{\cos 15°}$$

$$\therefore \rho' = 7° 4'$$

$$\sigma = \frac{Q}{A} = \frac{2,330}{\pi/4 \times 2.25^2} = \frac{2,330}{3.98} = 586 \, \text{kg/cm}^2$$

$$\tau = \frac{T}{\frac{\pi}{16} d_3^{\,3}} = \frac{\frac{d_2}{2} Q \tan(\beta + \rho')}{\frac{\pi}{16} d_3^{\,3}} = \frac{\frac{2.55}{2} \times 2,330 \times \tan(10° 38')}{\frac{\pi}{16} \times 2.25^3}$$

$$= \frac{558}{\frac{\pi \times 2.25^3}{16}} = 250 \, \text{kg/cm}^2$$

$$\therefore \tau_{\max} = \frac{1}{2}\sqrt{\sigma^2 + 4\tau^2} = \frac{1}{2}\sqrt{586^2 + 4 \times 250^2} = 385 \, \text{kg/cm}^2$$

재료의 항복점 $\sigma_s = 2400$ kg/cm^{2}를 기준응력으로 할 때 Q는 동적으로 작용한다고 보고 안전율을 $S_s = 3$으로 하면 허용응력은

$$\tau_a = \frac{\sigma_a}{2} = \frac{\sigma_s}{2S_s} = \frac{2400}{2 \times 3} = 400 \, \text{kg/cm}^2$$

$\tau_{\max} \leqq \tau_a$ 이므로 안전하다. 또 허용면압력 $q_a = 1$ kg/mm^{2}로 하면 너트의 높이 H는

$$H = \frac{4pQ}{\pi(d^2 - D_1^{\,2})q_a} = \frac{4 \times 5 \times 2,330}{\pi(28^2 - 24^2) \times 1} ≒ 53 \, \text{mm}$$

/1.4.5/ 나사의 좌굴

긴 나사에 압축하중이 작용할 때 좌굴에 대한 고려가 필요하다. 예를 들면, 압축하중을 받는 길이가 긴 잭나사에서 한쪽 끝은 고정단, 다른 끝은 나사에 직각방향으로 자유롭게 움직일 수 있는 자유단으로 경계조건을 해석하여 좌굴하중을 받는 기둥으로 생각해야 한다.

긴 나사가 나사재료의 항복점 미만의 압축하중을 받아서 비례한도 이내에서 탄성적으로 거동한다고 할 때 오일러의 기둥공식에서 오일러의 좌굴하중은

$$Q_{cr} = n\frac{\pi^2 EI}{l^2} \tag{1.24}$$

여기서 n : 단말계수 l : 나사의 길이

        E : Young's Modulus I : 단면2차 모멘트

임계응력은 좌굴하중을 단면적으로 나눠서 계산한다. 즉,

$$\sigma_{cr} = n\frac{\pi^2 EI}{A l^2}$$

한편, 회전 반지름 k는 단면 2차 모멘트 I와 단면적 A의 관계식 $I = k^2 A$을 이용하여

$$k = \sqrt{\frac{I}{A}}$$

와 같이 계산된다. 여기서 좌굴해석에서 중요한 파라미터인 세장비(細長比, slenderness ratio)를 $\frac{l}{k}$로 정의하자. 여기서 세장비 값은 기둥에서 좌굴 발생 여부를 오일러 공식으로 판단할 수 있는지 없는지를 결정해 주는 아주 중요한 파라미터이다. 예를 들면, 세장비가 높으면 길고 가느다란 기둥 형상인데 오일러의 좌굴하중으로 유도되는 임계응력이 낮게 계산되고, 이 값에 따라 좌굴발생 여부를 정확히 판단할 수 있다. 그런데 세장비가 낮으면 짧고 두꺼운 기둥 형상이고 오일러의 좌굴이론으로 유도되는 임계응력보다 높은 응력에서 좌굴된다. 즉, 비례한도를 넘는 응력범위에서 좌굴이 일어나기 때문에 이를 비탄성좌굴이라 한다. 이를 규명하고자 많은 실험적 연구가 진행되었고 대표적인 결과가 랭킨의 식(Rankin Gordon formula)이다.

$$\frac{1}{Q_{buckling}} = \frac{1}{Q_c} + \frac{1}{Q_{cr}}$$

여기서 $Q_{buckling}$: 실제 좌굴이 발생하는 하중

$\qquad Q_c$: 기둥에 가할 수 있는 최대압축하중

$\qquad Q_{cr}$: 오일러의 좌굴하중

즉, 기둥에 가해지는 축하중이 $Q_{buckling}$에 도달했을 때 좌굴이 발생한다고 주장하고 있다. 이 식을 정리하면

$$\sigma_{buckling} = \frac{Q_{buckling}}{A} = \frac{1}{\dfrac{A}{Q_c} + \dfrac{A}{Q_{cr}}} = \frac{1}{\dfrac{1}{\sigma_c} + \dfrac{A\,l^2}{n\pi^2 EI}} = \frac{\sigma_c}{1 + \dfrac{\sigma_c}{n\pi^2 E}(\dfrac{l}{k})^2} \qquad (1.25)$$

과 같이 널리 사용되는 랭킨의 식이 유도된다. 여기서 σ_c는 기둥에 가할 수 있는 최대압축응력인데 보통 재료의 항복응력을 대입한다.

표 1.14에는 기계재료에 따라 오일러의 좌굴공식을 적용할지, 아니면 랭킨의 식을 적용할지 판단할 수 있는 기준이 제시되어 있다. 보통 기둥의 세장비는 40에서 150 사이이다. 도표에 제시된 세장비보다 큰 값이어야 오일러의 좌굴공식을 적용할 수 있다. 만일 작은 값인 경우는 랭킨의 식을 사용하여 좌굴하중과 좌굴응력을 구해야 한다.

표 1.14 오일러의 좌굴공식을 적용할 수 있는 세장비$\left(\dfrac{l}{k}\right)$의 하한값(개략치)

기계재료	알루미늄합금	주철	목재	구조용강	연강
세장비$\left(\dfrac{l}{k}\right)$	60	70	87	91	100

나사의 형상과 설치상태에 따라 식 (1.24)와 식 (1.25)의 단말계수 n값을 신중하게 선정해야 한다. 나사 잭과 같이 나사의 양단이 지지되고 너트에 의하여 나사 전장에 압축하중이 작용하면 일단 고정, 타단 회전으로 보고 $n = \dfrac{1}{4}$로 한다. 나사가 $l/d \le 2$인 미끄럼베어링이나, 양단이 1개씩의 구름베어링으로 지지되는 이송나사에서는 양단 회전으로 보고 $n = 1$, 또 일단이 지지되고 타단은 너트로 유도될 때도 동일한 지지조건으로 보고 $n = 1$로 한다.

예제 1-6 하중 8 ton, 양정 250 mm의 나사 잭(jack)의 나사를 설계하시오. 또 하중을 들어올리는 데 필요한 토크와 잭의 효율을 구하시오. 단, 나사는 30° 사다리꼴나사를, 재료는 S45C를 사용하고 안전율은 5로 한다. 또 잭의 칼라의 평균지름은 75 mm, 마찰계수는 0.15로 한다.

S45C의 인장강도 $45\,\mathrm{kg/mm^2}$(항복점 $30\,\mathrm{kg/mm^2}$)로 하고, $\sigma_t = \sigma_c$(최대전단응력설)를 생각하면 허용압축응력은

$$\sigma_c = \frac{45}{5} = 9.0\,\mathrm{kg/mm^2}$$

$(\sigma_c)_{\max} = 1.2\sigma_c$로 취하면

$$d_3 = \sqrt{\frac{4Q}{\pi\sigma_c}} = \sqrt{\frac{4 \times 1.2 \times 8{,}000}{\pi \times 9}} = 37\,\mathrm{mm}$$

따라서 나사 TM50을 사용하기로 한다. 즉,

$$d = 50\,\mathrm{mm},\ d_2 = 46\,\mathrm{mm},\ d_3 = 41.5\,\mathrm{mm},\ p = 8\,\mathrm{mm}\,\text{이다.}$$

다음에 좌굴에 대하여 검토하면 나사의 지름 41.5 mm, 길이 250 mm이고 한쪽 단은 고정단, 다른 단은 자유단으로 볼 수 있어서 단말계수 $n = 1/4$로 한다. 세장비를 구해 보면

$$I = \pi d_3^4 \,/\, 64 = 14.5\,\mathrm{cm^4},\ \ A = \pi d_3^4 \,/\, 4 = 13.5\,\mathrm{cm^2}$$

이므로 단면 2차 반지름은 $k = \sqrt{I/A} = 10.4\,\mathrm{cm}$, 따라서 세장비는 $\lambda = l/k = 24$로 된다. S45C 연강에서 세장비가 100 이상일 경우 오일러의 좌굴응력공식을 사용할 수 있고, 그 이하 값일 때는 랭킨의 좌굴응력 공식을 사용해야 하므로 식 (1.25)를 사용한다.

$E = 2.1 \times 10^6\,\mathrm{kg/cm^2}$로 하면 좌굴응력은

$$\sigma_{buckling} = \frac{\sigma_c}{1 + \dfrac{\sigma_c}{n\pi^2 E}\left(\dfrac{l}{k}\right)^2} = \frac{3{,}000}{1 + 4 \times \dfrac{3{,}000}{\pi^2 \times 2.1 \times 10^6}\left(\dfrac{25}{1.04}\right)^2} = 2{,}249\,\mathrm{kgf/cm^2}$$

여기서 나사에 걸리는 실제응력 $\sigma = 9\,\mathrm{kgf/mm^2}$이므로 좌굴에 대한 안전율은 $\sigma_{buckling}/\sigma = 2{,}249/900 = 2.5$가 되므로 좌굴에 대하여 안전하다.

암나사를 청동으로 하고 허용면 접촉압력을 $1\,\mathrm{kg/mm^2}$로 하면 나사의 길이는

$$L = \frac{4pQ}{\pi(d^2 - d_1{}^2)q} = \frac{4 \times 8 \times 8{,}000}{\pi(50^2 - 41.5^2) \times 1} = 104.8 \fallingdotseq 110\,\mathrm{mm}$$

나사산의 수는

$$z = \frac{L}{p} = \frac{110}{8} = 13.75$$

하중을 들어 올리는데 필요한 토크는

$$\tan\alpha = \frac{p}{\pi d_2} = \frac{8}{\pi \times 46} = 0.055$$

$$\therefore\ \alpha = 3°\,10'$$

또 $\tan\rho = 0.15$, $\rho = 8°50'$이므로

$$T = \frac{d_2}{2}Q\left\{\tan(\alpha + \rho) + \frac{d_n}{d_2}\mu_n\right\}$$
$$= \frac{46}{2}\times 8,000\times\left\{\tan(3°10' + 8°50') + \frac{75}{46}\times 0.15\right\} = 82,800\,\text{kgf}\cdot\text{mm}$$

나사 잭의 효율은

$$\eta = \frac{Qp}{2\pi T} = \frac{8,000\times 8}{2\pi\times 82,800} = 0.12$$

1.5 나사 부품

나사 부품으로 일반적인 것은 체결용 볼트·너트 및 그 부속품으로 이들은 대부분 KS규격으로 제정되어 있다.

1.5.1 볼트 및 너트

볼트·너트의 재질은 인장강도 $\sigma_B = 34\sim45\,\text{kg/mm}^2$, 연신율 $15\sim30\%$의 냉간인발재 연강이 사용되고 있으나, 부식을 염려할 때는 황동, 청동 또는 스테인리스강 등이 사용되고 있다. 규격에는 가공 정도에 따라서 상·중·하의 3종으로 구분하고 있다. 상 볼트는 치수 정밀도가 높고 외관도 아름답다. 중 볼트는 6각의 측면만 흑피로 남게 하고, 하 볼트는 나사부 이외에는 흑피로 남기고 목재의 죔에 사용된다.

KS 6각 볼트, 6각 너트의 주요 치수는 표 1.15와 같다. 또한 볼트는 사용 목적과 방법에 따라서 그림 1.18과 같은 명칭이 있다.

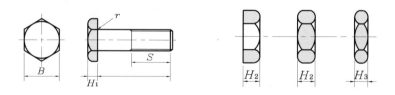

표 1.15 6각 볼트(中) 및 너트(中)의 치수 (단위 : mm)

호칭지름	바깥 지름 d	머리 높이 H_1	대변 거리 B	상뿌리의 반지름 r	너트높이		나사길이		생크길이 l
					H_2	H_3	S	S'	
M 6	6	4	10	0.5	5	3.6	18	–	8~ 71
(M 7)	7	5	11	0.5	5.5	4.2	20	–	12~100
M 8	8	5.5	13	0.5	6.5	5	22	–	12~100
M 10	10	7	17	0.8	8	6	26	30	14~100
M 12	12	8	19	0.8	10	7	30	34	18~140
(M 14)	14	9	22	0.8	11	8	34	38	20~140
M 16	16	10	24	1.2	13	10	38	42	22~140
(M 18)	18	12	27	1.2	15	11	42	45	25~140
M 20	20	13	30	1.2	16	12	46	50	28~200
M 22	22	14	32	1.2	18	13	50	53	28~200
M 24	24	15	36	1.6	19	14	54	60	32~200
(M 27)	27	17	41	1.6	22	16	60	63	36~250
M 30	30	19	46	1.6	24	18	66	71	40~250
(M 33)	33	21	50	2.0	26	20	72	75	45~250
M 36	36	23	55	2.0	29	21	78	80	50~250
(M 39)	39	25	60	2.0	31	23	84	90	50~250
M 42	42	26	65	2.0	34	25	90	95	56~315
(M 45)	45	28	70	2.0	36	27	96	100	56~315
M 48	48	30	75	2.0	38	29	102	106	63~315

주 (1) 호칭 치수에 ( )한 것은 될 수 있는 한 사용하지 말 것
　　(2) 나사의 길이 S'은 이중 너트를 사용하는 경우의 것

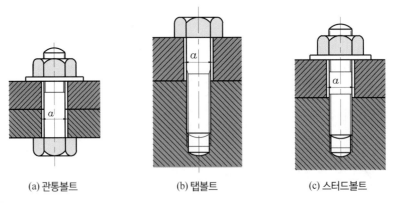

(a) 관통볼트　　　　(b) 탭볼트　　　　(c) 스터드볼트

그림 1.18 ▶ 볼트의 사용 예

　그림 1.18(a)를 관통볼트(through bolt), (b)를 탭볼트(tap bolt), (c)를 스터드볼트(stud bolt)라
고 하며, 특히 스터드볼트는 봉재의 양단에 나사를 쳐서 머리 없는 볼트로 만들고 태핑하여

암나사를 낸 상대방에 강하게 틀어 막아서 세우면, 기계의 분해에 의하여 몸체에 있는 암나사가 손상을 입지 않게 된다. 이 볼트의 선단과 탭 구멍 바닥 사이에는 반드시 공간을 두어야 하며, 박음 나사부의 길이 b 및 암나사 구멍의 깊이 f는 재질에 따라서 다음과 같은 값을 취한다.

$$\text{강 또는 청동 } b = d$$
$$\text{주 철 } b = 1.3d$$
$$f = b + (2 \sim 10)\,\text{mm}$$
$$\text{경금속 } b = (1.8 \sim 2.0)d$$

죔을 받는 축의 볼트 구멍은 일반적으로 볼트 지름보다 크게 하며, 이 값은 볼트 지름 및 나사의 등급에 의하여 대략 표 1.16에 표시하는 정도를 취하면 좋다.

때에 따라서는 구멍과 볼트와의 끼워맞춤이 정지(중간) 또는 죔(억지)이 되도록 요구될 경우는 구멍을 리머로 다듬질하고, 다듬어진 볼트를 때려 박는다. 이러한 예를 리머볼트(reamer bolt)라고 한다.

표 1.16 볼트 구멍의 지름

볼트 지름 \ 볼트 또는 구멍의 다듬질 정도	다듬질 볼트		흑피볼트	주조구멍
	1급	2급	3급	4급
1~15 mm	$1.07d$	$1.1d$	$1.2d$	$1.25d$
15~25 mm	$1.05d$	$1.1d$	$1.15d$	$1.2d$
25~30 mm	$1.03d$	$1.07d$	$1.1d$	$1.17d$

/1.5.2/ 특수볼트 및 특수너트

그림 1.19 및 그림 1.20에 표시하는 바와 같이 사용 목적에 따라서 여러 종류가 있으며, 각각 다른 명칭을 가지고 있다.

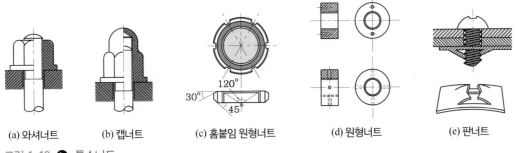

(a) 와셔너트   (b) 캡너트   (c) 홈붙임 원형너트   (d) 원형너트   (e) 판너트

그림 1.19 ▶ 특수너트

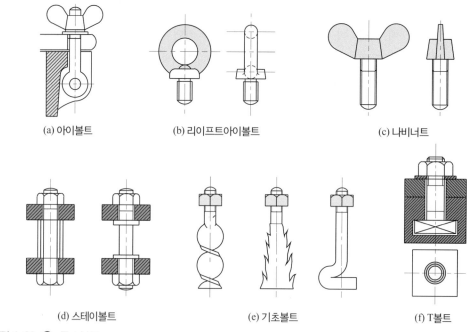

(a) 아이볼트   (b) 리이프트아이볼트   (c) 나비너트

(d) 스테이볼트   (e) 기초볼트   (f) T볼트

그림 1.20 ▶ 특수볼트

/1.5.3/ 캡스크루

지름이 9 mm 이하의 머리 붙임 나사를 캡스크루(cap screw) 또는 작은나사(machine screw)라고 말한다. 그림 1.21과 같이 머리의 형상에 따라서 여러 종류가 있고 머리부에 일자형의 드라이버 홈을 낸 것을 일자홈 캡스크루, 십자형의 홈을 낸 것을 십자홈 캡스크루라고 한다.

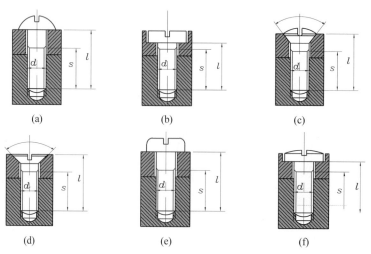

(a)   (b)   (c)

(d)   (e)   (f)

그림 1.21 ▶ 캡스크루

/1.5.4/ 세트스크루

2편의 결합부의 미끄럼이나 회전, 정지를 위하여 사용되는 작은 나사를 세트스크루(set screw)라고 하며, 머리부와 생크 선단은 각각 그림 1.22에 표시하는 것과 같은 모양이다.

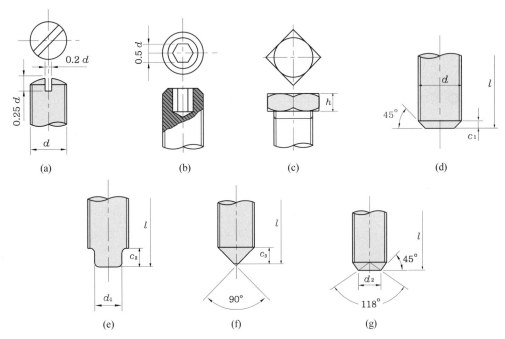

그림 1.22 ▶ 세트스크루

/1.5.5/ 기타 나사

(1) 태핑나사(tapping screw)

열처리에 의하여 경화한 작은나사로서 선단부의 몇 개의 피치를 테이퍼로 하고, 탭과 같이 축방향에 한 개의 홈이 만들어져 있어서 드릴 구멍에 직접 암나사를 내면서 죄게 된다. 대개는 얇은 판을 결합하는 데 쓰인다(그림 1.23).

(2) 헬리인서트(helicoid insert)

이것은 단면 마름모형으로 된 철사를 가지고 코일 모양으로

그림 1.23 ▶ 태핑나사

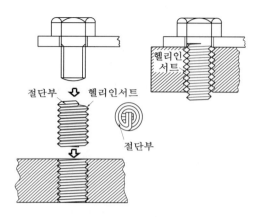

그림 1.24 ▶ 헬리인서트

피치가 좁게 말린 나사면 부시로서 나사면 사이(수나사와 암나사 사이)에 틀어 박아서 사용한다(그림 1.24). 헬리인서트의 재질은 피아노선, 스테인리스선, 인청동 등으로 만들어지며, 너트·볼트보다 고급 재질이기 때문에 지름이 작은 볼트를 사용하여도 나사산이 파괴될 염려가 없다. 주철, 알루미늄, 합성수지 등의 암나사 구멍에 끼워서 사용하면 유효하고, 또 암나사산이 파손되었을 때 확대 구멍을 뚫어서 이것을 끼우면 재사용 수리가 가능하다.

/1.5.6/ 나사의 풀림과 이완 방지

체결용 나사의 장점은 부품을 파손시키지 않고 손쉽게 분리시킬 수 있다는 것이다. 반면에 단점은 체결된 나사가 이완되어서 스스로 풀리는 것이다. 나사가 풀리는 이유는 다음과 같은 면에서 생각할 수 있다.

첫째로, 그림 1.13에서 보듯이 너트를 죄는 것은 경사면 상에 놓인 작은 블록을 밀어올리는 것과 같다. 만일 블록이 미끄러져 내려오는 것을 막을 만큼 마찰이 충분히 크다면 나사는 자립조건(self locking)에 있다고 말한다. 모든 체결용 나사는 나선각이 작고 마찰계수가 충분히 커서 정적 상태에서 자립조건을 만족하도록 설계한다. 그러나 진동이나 열팽창 그리고 축방향의 하중에 의한 너트의 늘어남 등에 의해서 볼트와 너트 사이에 상대 운동이 발생하게 되면 너트는 풀리게 된다.

그러면 왜 너트와 볼트의 상대적 움직임이 나사를 풀리게 하는가를 이해하려면 다음과 같은 것을 생각하는 것이 편리하다. 먼저 작은 물체를 경사진 면에 올려놓고 경사진 면을 임의의 방향으로 건드려서 작은 물체와 경사진 면 사이에 상대적 움직임을 일으켰다고 하자. 이때 물체는 결국 경사진 면을 미끄러져 내려오는 방향으로 움직이게 된다.

다음은 나사가 풀리는데 영향을 끼치는 인자들을 나열한 것이다.

- 나선각이 커지면 나사의 풀림이 잘 일어난다. 보통나사는 가는나사보다 쉽게 풀린다.
- 초기 체결력이 클 때 마찰력이 커져서 초기의 풀림을 방지한다.
- 연한 재질이나 거친 나사면은 쉽게 국부적인 소성변형을 일으키므로 초기 체결력을 줄이 게 되고 결국은 나사의 이완을 촉진하게 된다.
- 표면의 마찰계수를 증가시키는 표면처리는 나사의 이완을 줄이게 된다.

나사의 이완을 막기 위하여 수많은 독창적인 설계를 모색해 왔으며 보다 싸고 효과적인 해 결책을 지금까지 찾고 있다. 일반적으로 많이 사용하는 나사의 이완 방지 대책은 다음과 같다.

- 그림 1.25와 같은 스프링와셔(spring lock washer)나 이붙이와셔(toothed lock washer)를 사 용한다.
- 로크너트(lock nut) 사용 : 볼트와 너트의 나사산 사이에는 다소 틈새가 있으므로 너트 한 개로 죄면 자연적으로 풀릴 수도 있다. 이것을 방지하기 위하여 2개의 너트를 사용하여 충분히 죈 다음에 밑에 있는 너트(로크너트 : 높이가 조금 낮은)를 조금 반대 방향으로 돌려서 상하의 너트를 서로 반력으로 누르게 하여 나사면의 마찰력을 증가시킨다(그림 1.26).
- 홈붙이너트와 분할핀 사용 : 이 방법은 확실한 이완 방지를 이룰 수 있지만 핀구멍과 너 트의 홈을 맞추기 위해서 지나치게 죄거나 약간 덜 죄게 되는 일이 생길 수 있다(그림 1.27).
- 그림 1.28과 같이 특수한 와셔를 사용하여 너트의 이완 방지를 할 수 있다.
- 프리베일링 토크(prevailing-torque)형 풀림방지 너트 사용 : 상대 수나사 부품에 나사를 끼 우거나 풀 때 필요한 토크가 발생하도록 장치한 특수한 너트를 사용하는 방법으로서, 그 림 1.29와 같이 전금속제나 나일론 인서트 붙이 너트가 있다.
- 접착제나 실리콘 등을 체결되는 나사 부위에 발라서 볼트와 너트의 이완을 줄이는 방법도 있다.

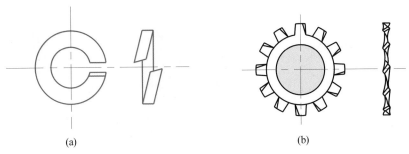

(a)   (b)

그림 1.25 ▶ 스프링와셔와 이붙이와셔

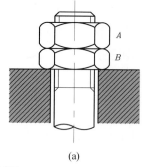
(a)

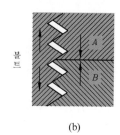
(b)

그림 1.26 ▶ 로크너트

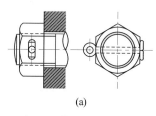
(a)

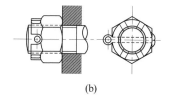
(b)

(c) 홈붙이너트

(d) 캐슬(Castle)너트

그림 1.27 ▶ 분할핀 및 홈너트

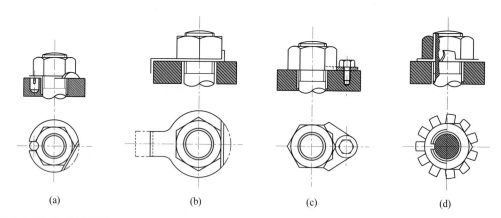

(a)　　　　(b)　　　　(c)　　　　(d)

그림 1.28 ▶ 특수와셔

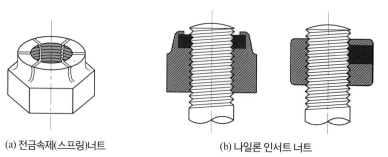

(a) 전금속제(스프링)너트　　　(b) 나일론 인서트 너트

그림 1.29 ▶ 프리베일링 토크너트

볼트 결합체에 외력이 작용할 때의 체결력

볼트는 대개 미끄러지거나 분리되려는 부품을 반대방향으로 힘을 가해서 지지해 주는 역할을 한다. 그림 1.30(a)는 볼트 결합체의 한 예로서 두 부품이 볼트로 체결되어 있다. 여기서 볼트로 체결된 상태란 볼트를 죄어서 초기 체결력 Q 가 가해지고 있는 상태를 말한다. 이 문제를 좀 더 쉽게 이해하기 위하여 볼트와 결합체는 힘을 가할 때 변형하는 탄성체이므로, 볼트를 C_1의 강성계수를 갖는 인장 스프링으로, 결합체를 C_2의 강성계수를 갖는 압축 스프링으로 각각 모델링한다(그림 1.30(b)). 볼트는 힘을 가했을 때 그림 1.30(c)와 같이 늘어나게 되고 결합체는 힘을 가했을 때 줄어들게 된다. 따라서 초기에 체결된 상태란 볼트에 가해지는 힘과

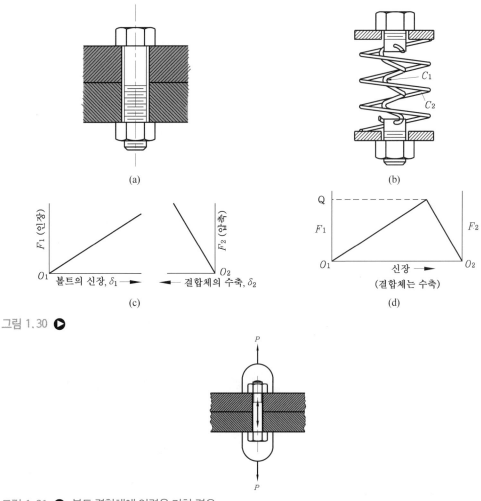

그림 1.30 ▶

그림 1.31 ▶ 볼트 결합체에 외력을 가한 경우

결합체에 가해지는 힘이 Q일 때를 말하며 이때 볼트의 늘어난 길이를 δ_1, 결합체의 줄어든 길이를 δ_2라고 하면 이 상태를 그림 1.30(d)와 같이 한 그림으로 나타낼 수 있다. 여기에 다시 외력 P를 작용시키면(그림 1.31) 볼트는 δ만큼 더 늘어나서 $\delta_1 + \delta$가 늘어나고 결합체도 δ만큼 늘어나기 때문에 결국 $\delta_2 - \delta$ 만큼의 수축을 남기게 된다. 이때 볼트의 자유 물체도를 그리면 그림 1.32(a)와 같이 된다. 즉, 볼트에 작용하는 힘은 $Q + C_1\delta$가 되고, 결합체에 걸리는 힘은 $Q - C_2\delta$가 된다.

$$P + (Q - C_2\delta) - (Q + C_1\delta) = 0$$
$$\therefore P = C_1\delta + C_2\delta$$

여기서 $C_1\delta$는 외력 P 중에서 볼트에 걸리는 힘이고, $C_2\delta$는 결합체에 작용하는 힘으로서 이들을 다음과 같이 가정할 때

$$P_1 = C_1\delta, P_2 = C_2\delta$$

따라서 외력 P는

$$P = P_1 + P_2$$

이 된다. 외력 P는 주어진 값이므로 P_1과 P_2를 구하면

$$P_1 = \delta C_1 = \frac{P}{C_1 + C_2} C_1 = \frac{C_1}{C_1 + C_2} P \tag{1.26}$$

$$P_2 = \delta C_2 = \frac{C_2}{C_1 + C_2} P \tag{1.27}$$

(a) 볼트의 자유물체도

(b) 볼트 조인트 선도

그림 1.32 ▶

그림 1.32(b)는 P_1과 P_2 그리고 P의 관계를 나타낸다. 따라서 볼트에 작용하는 힘은

$$P_s = Q + P_1 = Q + P \frac{C_1}{C_1 + C_2} \tag{1.28}$$

이 되고 결합체에 작용하는 압축력은

$$P_c = Q - P_2 = Q - P \frac{C_2}{C_1 + C_2} \tag{1.29}$$

이 된다. 만일 외력 P 가 계속 증가해서 결합체의 압축력이 0이 되면 결합체는 분리되기 시작하며, 볼트는 하중 P를 모두 받게 된다. 그러나 이러한 경우는 어느 볼트 결합에서든지 발생해서는 안 된다.

지금까지 볼트와 결합체의 강성계수를 C_1과 C_2라고 가정했는데 이 값은 스프링의 강성계수, 즉 하중을 늘어난 길이로 나눈 값을 나타낸다. 따라서 볼트의 강성계수는 볼트를 원기둥으로 가정했을 때 다음과 같이 구할 수 있다.

$$C_1 = \frac{Q}{\delta_1} = \frac{E_1 A_1}{l} \tag{1.30}$$

여기서 E_1, A_1 그리고 l 은 볼트의 종탄성계수, 단면적 그리고 길이이다. 결합체의 스프링상수 C_2는 그림 1.33과 같이 볼트의 압력을 받는 면적이 결합체 안으로의 거리에 따라서 변하므로 정확한 값을 구하기가 쉽지 않다. 여러 가지의 모델이 제시되었으나 일반적으로 그림 1.34

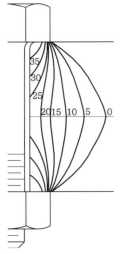

그림 1.33 ▶ 볼트의 체결력에 따른 등압축 응력선도

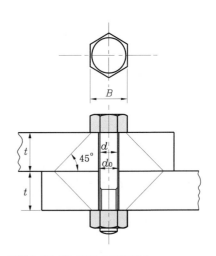

그림 1.34 ▶ 판의 스프링상수

와 같이 육각볼트 머리 또는 너트의 대면거리를 지름으로 하고, 이 면에 45° 경사로 구성되는 원뿔대를 상하 2개로 생각하여 여기에 힘 Q가 작용하는 것으로 간주할 때 근사적으로 계산할 수 있다. 즉,

$$C_2 = \frac{Q}{\delta_2} = \frac{E_2 A_2}{2t} = \frac{E_2}{2t}\left\{\frac{\pi}{4}(B+2t)^2 - \frac{\pi}{4}d_0{}^2\right\} \tag{1.31}$$

이 된다. C_2/C_1값은 주철 또는 강관에 대하여 대체로 1~5 정도이며 개스킷을 사용하면 다소 적어진다. C_2/C_1값 대신에 외력 중에서 볼트에 가해지는 부분(P_1/P)을 사용하기도 한다. 이 값은 볼트, 너트, 개스킷의 종류 및 두께, 외력의 작용위치 등에 따라서 다르지만 개략적으로 표 1.17과 같다.

표 1.17 내력과 외력의 비(P_1/P)

볼 트 너 트 결합체의 형 식	콘로드 볼트	개스킷 없음	고무패킹	동판아스벳트패킹	가축패킹
P_1/P	0.3~0.5	0.1 이하	0.9 정도	0.8 정도	0.7 정도

예제 1-7　$10\ \mathrm{kg/cm^2}$의 내압력을 받는 안지름 $D = 220\ \mathrm{mm}$인 강관의 개스킷의 좌면 지름이 $280\ \mathrm{mm}$, 볼트는 M20, 14개이다. 만약 $C_2/C_1 = 4$, 볼트의 최초 체결력을 압력에 의한 하중 P의 1.3배로 하는 경우, 볼트에 발생하는 최대응력은 얼마이며, 플랜지(flange)의 기밀은 유지되겠는가?

관 내의 압력으로 인한 외하중은 내압력이 개스킷의 중앙까지 작용한다고 생각하여

$$P = \frac{\pi}{4}(22+3)^2 \times 10 = 4,900\ \mathrm{kg}$$

$$\therefore Q = 1.3P = 1.3 \times 4,900 = 6,370\ \mathrm{kg}$$

$C_2/C_1 = 4$이므로 $C_1/(C_1 + C_2) = 0.2$

$$P_s = Q + P\frac{C_1}{C_1 + C_2} = 6,370 + 0.2 \times 4,900 = 7,350\ \mathrm{kg}$$

M20의 볼트 14개의 골단면적의 합은

$$A_1 = \frac{\pi}{4} \times 1.68^2 \times 14 = 31.03\ \mathrm{cm^2}$$

따라서 볼트의 최대인장응력은

$$\sigma = \frac{P_s}{A_1} = \frac{7,350}{31.03} = 236.9 \text{ kg/cm}^2$$

또 내압을 받을 때 개스킷에 남는 압축력 P_c는

$$P_c = Q - P_2 = Q - P\frac{C_2}{C_1 + C_2} = 6,370 - 4,900 \times 0.8 = 2,450 \text{ kg}$$

개스킷의 단면적은

$$A_2 = \frac{\pi}{4}(28^2 - 22^2) \fallingdotseq 235 \text{ cm}^2$$

따라서 내압이 작용하였을 때 개스킷에 남는 압력은

$$p = \frac{P_c}{A_2} = \frac{2450}{235} \fallingdotseq 10.5 \text{ kg/cm}^2$$

이 압력은 내압력의 1/2, 즉 $10 \times 0.5 = 5 \text{ kg/cm}^2$보다 크므로 이 체결에는 누출이 일어나지 않을 것이다. 또 한 개의 볼트의 초기 체결력은 $Q_1 = \frac{6,370}{14} = 455 \text{ kg}$이므로, 너트를 회전시키기 위한 토크의 크기는

$$T = 0.2dQ = 0.2 \times 2.0 \times 455 = 182 \text{ kg} \cdot \text{cm}$$

따라서 렌치 자루의 길이를 210 mm로 하면 자루끝에 가해지는 힘의 크기는

$$Q_t = \frac{182}{21} = 8.67 \text{ kg}$$

Q_t는 약 9 kg이다.

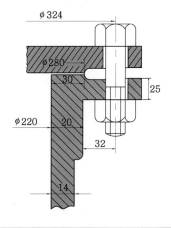

그림 1.35는 스프링상수가 다른 이종의 볼트에 대하여 동일한 죄는 힘 Q가 작용할 때의 볼트의 에너지 흡수 상태를 나타낸다. 즉, 스프링상수가 적은 볼트(늘어나기 쉬운 것)가 스프링상수가 큰 볼트에 비하여 외력에 대한 흡수에너지가 크다. 큰 충격에 강하게 하기 위해서는 충격에너지를 많이 흡수할 수 있도록 해야 하며, 일반적으로 볼트에 충격력이 작용하였을 때 볼트가 잘 늘어나도록 설계하여 에너지를 많이 흡수하게 한다. 그림 1.36은 볼트의 섕크 (shank)를 가늘게 또는 섕크에 작은 구멍을 뚫어서 충격에 대하여 많은 에너지를 흡수하게 한 예이다. 또 나사의 골 부분에는 어느 정도의 응력집중이 생기므로 충격하중이나 변동하중에 약하며, 나사의 골단면적은 볼트의 섕크의 단면적보다 크게 할 필요가 있다.

지금 볼트가 충격을 받아서 λ만큼 순간적으로 늘어났고, 이때 가해진 에너지를 $W(h+\lambda)$, 볼트가 흡수한 에너지를 U로, C를 스프링상수로 하면 $\lambda = F/C$이므로

$$U = \frac{1}{2}F \cdot \lambda = \frac{F^2}{2C}$$

$$W(h+\lambda) = \frac{F}{2}\lambda \tag{1.32}$$

발생하는 응력 $F = \sigma A$

$$\sigma = \frac{2W}{A}\left(\frac{h}{\lambda} + 1\right) \tag{1.33}$$

λ가 분모에 있으므로 볼트가 늘어나기 쉬울수록 발생하는 응력은 작다는 것을 알 수 있다.

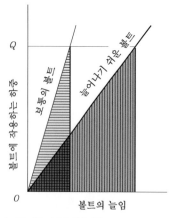

그림 1.35 ▶ 볼트의 늘림

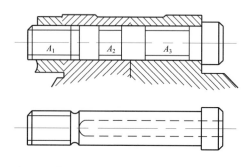

그림 1.36 ▶ 충격에 강한 볼트의 구조

또 흡수되는 충격에너지 U는 단붙임에 대하여 각 단면적을 A_1, A_2 길이를 l_1, l_2 또 $A_1 = nA_2$, $l_1 + l_2 = l$로 할 때

$$U = \frac{\sigma_1^2}{2E} A_1 l_1 + \frac{\sigma_2^2}{2E} A_2 l_2 = \frac{\sigma_2^2}{2nE} \{A_2 l + (A_1 - A_2) l_2\} \tag{1.34}$$

즉, 봉에 흡수되는 에너지의 크기는 지름차 $A_1 - A_2$가 크고 가는 부분의 길이 l_2가 길수록 크다. 따라서 가는 부분에 발생하는 충격응력은

$$\sigma_2 = \sqrt{\frac{2UnE}{A_2 l + (A_1 - A_2) l_2}} \tag{1.35}$$

식 (1.35)에 외부에서 가해지는 충격에너지를 대입하면 충격응력을 구할 수 있다. 충격을 받는 볼트는 생크를 가늘게 하여 스프링상수를 작게 하면 피로한도도 높아져서 보통 볼트보다 안전하지만, 원통부를 가늘게 하는 한계는 처음 체결 때의 초기응력에 의하여 결정한다.

예제 1-8 지름 12 mm, 길이 300 mm의 탄소강 볼트가 46 kg·cm의 충격하중을 받게 될 때

(1) 볼트 골단면적에 발생하는 응력을 구하시오.
(2) 만약 볼트 머리에서 너트까지의 생크 지름이 골단면과 같게 감소할 때의 응력을 구하시오. 단 $E = 21{,}000 \text{ kg/mm}^2$

(1) 지름 12 mm의 부분(너트의 인접부분)이 충격력에 의하여 늘어난다면

$$A = \frac{\pi}{4}(12)^2 = 113 \text{ mm}^2$$

$$C = \frac{AE}{l} = \frac{113\,E}{300} = 0.377\,E$$

$$F = \sqrt{2CU} = \sqrt{2 \times 0.377 \times 21{,}000 \times 460} = 2{,}699 \text{ kg}$$

$$A_1 = 81.6 \text{ mm}^2 \text{ (응력 단면적)}$$

$$\sigma = \frac{2{,}699}{81.6} = 33 \text{ kg/mm}^2$$

응력집중에는 위 응력보다 더 큰 응력이 발생한다.

(2) $$C = \frac{AE}{l} = \frac{81.6\,E}{300} = 0.272$$

$$F = \sqrt{2 \times 0.272 \times 21{,}000 \times 460} = 2{,}292 \text{ kg}$$

$$\sigma = \frac{2{,}292}{81.6} = 28.1 \text{ kg/mm}^2$$

볼트축 직각 방향으로 힘을 받는 볼트

볼트 조인트에 힘이 작용하여 결합체가 서로 미끄러지고자 할 때 조인트에는 전단력이 작용하게 된다. 대표적인 예로서 강구조물을 들 수 있는데 건물, 교량, 보일러 등이 있다.

/1.8.1/ 볼트의 축방향으로 전단력이 작용할 때

서로 인장하고 있는 판을 체결하는 볼트는 축방향에 체결력 Q 이외에 판에 인장력 P를 받게 된다(그림 1.37). 이러한 볼트 조인트는 종종 결합체간에 미끄러지는 것을 방지할 필요가 있다. 예를 들면, 볼트의 위치를 조절할 수 있도록 볼트 구멍을 길게 만든 경우 체결된 부재가 긴 홈을 따라 미끄러지게 되면 체결된 볼트가 풀릴 수 있다. 미끄러짐을 방지하려면 다음과 같이 미끄러짐이 발생하는 면에서의 마찰력이 외력 P보다 커야 한다. 즉, 볼트의 체결력이 Q, 마찰계수가 μ, 마찰면의 수를 n_s라고 하면

$$P = \mu Q n_s \tag{1.36}$$

가 된다. 마찰력이 커지기 위해서는 마찰계수가 큰 것이 바람직하며 마찰면의 기름이나 먼지 등이 제거되는 것이 유리하다. 실험적으로 마찰계수는 구조용 강의 볼트 조인트인 경우 보통 0.34 정도 된다.

대부분의 볼트 조인트는 마찰에 견디는 것이지만 때로는 볼트의 전단에 의해 외력 P를 견디는 곳일 때도 있다. 예를 들면, 볼트 구멍과 꼭맞는 리머볼트를 사용한 경우 볼트의 지름을 d, 전단강도를 τ라고 했을 때

$$P = \frac{\pi}{4} d^2 \tau n_p \tag{1.37}$$

여기서 n_p는 전단면의 수이다.

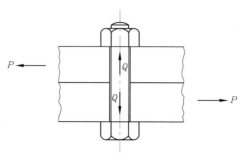

그림 1.37 ▶ 전단하중을 받는 볼트

/1.8.2/ 볼트 조인트의 중심에 전단모멘트 M_s가 작용할 때

볼트 조인트의 중심에 전단모멘트 M_s가 작용할 때 마찰에 의한 지지와 볼트의 전단에 의해 지지되는 경우로 나누어 생각할 수 있다.

먼저 그림 1.38과 같은 조인트에서 마찰력은 조인트의 회전 중심으로부터의 거리에 비례하는 것으로 가정한다. 이 가정은 체결 부재가 강체가 아니고 탄성체라는 사실로부터 세워진 것이다. 따라서 회전 중심에서는 ρ만큼 떨어진 곳에서 마찰계수는 $\mu\dfrac{\rho}{R}$로 볼 수 있다. Q의 체결력을 갖는 z개 볼트에 의해서 발생하는 조인트의 평균 압력은

$$p = \frac{Qz}{A}$$

이 되고, 미소면적 dA에 작용하는 마찰력은

$$dF = p\mu\frac{\rho}{R}dA$$

여기서 R은 회전 중심에서 가장 먼 곳까지의 거리이고 μ는 평균 마찰계수이다. 따라서 마찰력에 의한 체결모멘트는 $\displaystyle\int_A \rho dF$가 되고, 이 값은 전단모멘트 M_s보다 커야 한다. 즉,

$$\int_A p\mu\frac{\rho^2}{R}dA \geq S \cdot M_s \tag{1.38}$$

여기서 S는 체결안전계수로서 1보다 큰 값을 갖는다. 극점에 대한 조인트 면적의 극관성모멘트 I_p를 도입하고 p 값을 대입하면

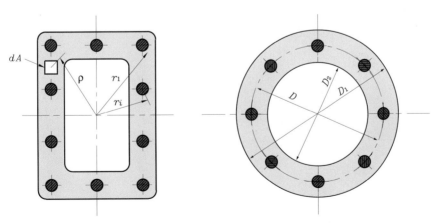

그림 1.38 ▶ 전단모멘트를 받는 볼트조인트

$$\frac{Qz\mu I_p}{AR} \geqq S \cdot M_s$$

$$\therefore Q \geqq \frac{SM_sRA}{\mu zI_p} \tag{1.39}$$

예를 들어, 외경 D_1과 내경 D_2를 갖는 플랜지 조인트를 볼트로 체결할 경우

$$R = \frac{D_1}{2}, \ A = \frac{\pi}{4}\left(D_1{}^2 - D_2{}^2\right)$$

그리고 $I_p = \frac{\pi}{32}\left(D_1{}^4 - D_2{}^4\right)$이므로

$$\therefore Q \geqq \frac{4SM_sD_1}{\mu z\left(D_1{}^2 + D_2{}^2\right)} \tag{1.40}$$

이 된다. 마찰을 고려한 볼트조인트의 설계는 볼트 구멍에 틈새가 있는 경우가 해당된다.

다음으로 볼트의 전단에 의해 전단모멘트 M_s를 지지하는 경우 그림 1.38과 같은 조인트에서 i번째 볼트에 가하는 전단력을 P_i라고 하면

$$\sum P_i r_i = M_s \tag{1.41a}$$

각 볼트에 작용하는 전단력 P_i는 거리 r_i에 비례하며, r_i가 볼트의 중심을 나타낼 때 이와 수직인 방향으로 작용한다는 가정을 세우면

$$\frac{P_1}{r_1} = \frac{P_2}{r_2} = \frac{P_i}{r_i} \tag{1.41b}$$

가 된다. 식 (1.41b)를 식 (1.41a)에 대입하여 P_1의 값으로 모든 P_i를 나타내면

$$P_1 r_1 + P_1 \frac{r_2{}^2}{r_1} + \dots + P_1 \frac{r_i{}^2}{r_1} = M_s$$

$$\frac{P_1}{r_1}\left(r_1{}^2 + r_2{}^2 + \dots + r_i{}^2\right) = M_s$$

$$\therefore P_1 = \frac{Msr_1}{\sum r_i{}^2} \tag{1.42}$$

마찬가지로 j 번째 볼트에 걸리는 전단력을 계산하면

$$P_j = \frac{M_s r_j}{\sum r_i^{\,2}} \tag{1.43}$$

따라서 가장 큰 전단력이 걸리는 곳에서 이 전단력을 견딜 수 있는 볼트의 지름을 설계하면 안전하다.

/1.8.3/ 편심된 전단하중을 받을 때

그림 1.39와 같이 구조용 볼트 조인트에서 하중의 작용선이 조인트의 중심을 지나지 않을 때 조인트는 편심된 하중을 받게 된다.

먼저 마찰에 의한 편심하중의 지지를 생각할 수 있다. 이때의 편심하중은 조인트를 회전시 킴과 동시에 병진 이동시키게 된다. 이 두 가지 움직임은 순간 중심에 대하여 회전하는 것과 같이 볼 수 있으며, 각 볼트에 작용하는 마찰력은 회전 반지름에 대하여 수직으로 작용한다. 만일 결합체가 완전 강체라는 가정을 한다면 모든 볼트는 동시에 미끄러질 것이며, 마찰력은 모두 같게 된다. 실제로 구조물의 볼트조인트에서 마찰력에 의한 지지보다는 볼트의 전단에 의해 지지되는 경우가 많다.

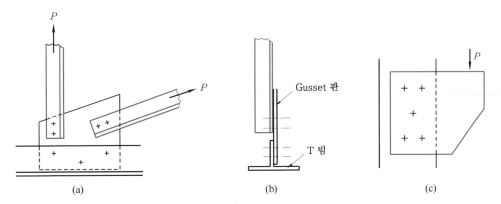

그림 1.39 ▶ 볼트조인트에 편심하중이 작용하는 경우

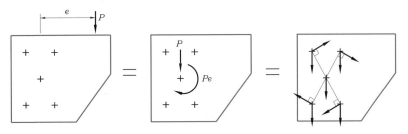

그림 1.40 ▶ 편심 전단하중을 받는 구조물에서 각 볼트에 걸리는 힘(3.8 편심하중을 받는 리벳이음 참조)

둘째로 대부분의 편심하중을 볼트의 전단에 의해서 지지하는 경우를 살펴보면, 이 경우는 하중이 볼트의 중심에 작용하는 경우와 볼트조인트의 중심에 전단모멘트가 작용하는 경우가 중첩된 것과 같다. 즉, 그림 1.40에서 보듯이 편심하중은 볼트조인트의 중심에 같은 크기의 힘이 작용하며, 편심에 의한 모멘트가 작용하는 것과 같이 볼 수 있다. 그리고 중심에 작용하는 하중은 z개의 볼트가 균등하게 받는다고 보고, 각각에 걸리는 전단하중은

$$V = \frac{P}{z} \tag{1.44}$$

가 된다. 모멘트에 의해 발생하는 각 볼트의 전단력은 식 (1.43)을 사용하여 구할 수 있다. 따라서 각 볼트에 작용하는 하중은 식 (1.44)에 의한 단순 전단력과 식 (1.43)에 의한 전단력의 합력으로서 그림 1.40과 같이 구할 수 있다. 여기서 가장 큰 합력이 걸리는 곳이 위험하므로 이 하중을 받을 수 있는 볼트의 지름을 결정하면 안전하다(3.8 편심하중을 받는 리벳이음 단원에 상세한 풀이 과정이 기술되어 있으므로 참고하기 바란다).

1.9 축방향 편심하중을 받는 볼트

한쪽 편심머리 볼트로 조일 때 그림 1.41(a)와 같다면 체결력 Q에 의한 인장응력 σ_t와 굽힘응력 σ_b가 발생하므로 전체 응력은

$$\sigma = 1.25\sigma_t \pm \sigma_b = \frac{1.25 \times 4Q}{\pi d_s^{\,2}} \pm \frac{32 \times Q \cdot e}{\pi d_s^{\,3}} = \sigma_t\left(1.25 \pm \frac{8 \cdot e}{d_s}\right) \tag{1.45}$$

로 되고, 편심량 $e = 0.5 d_s$로 하면 전체 응력은 $\sigma = 5.3\sigma_t$로 인장응력의 5배 이상이 된다.

그림 1.41(b)와 같이 경사 접촉하는 볼트는 각 φ에 따라서 굽어지고 주어진 각 φ의 탄성선에서 나사에 작용한 굽힘모멘트를 결정할 수 있다.

$$M = \frac{EI\phi}{l}\left(\frac{1}{\rho} = \frac{\varphi}{l}\right)$$

$$\sigma_b = \frac{32M}{\pi d_s^{\,3}} = \frac{\varphi\, E}{2} \times \frac{d}{l} \tag{1.46}$$

예로서, $\phi = \frac{1}{2}°$, $\frac{l}{d} = 5$, $E = 2 \times 10^6\,\mathrm{kgf/cm^2}$이면 $\sigma_b = 1745\,\mathrm{kgf/cm^2}$가 된다.

실제 굽힘응력값은 위와 같이 계산된 것보다 작다. 그 이유는 부분적 탄소성 접속과 구멍의 저항 때문이다.

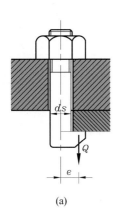
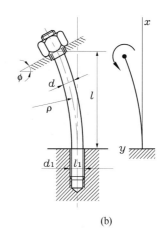

(a)   (b)

그림 1.41 ▶ 편심하중 받는 볼트

1.10 나사산의 하중분포

   동일 재료로 제작된 볼트·너트에 있어서 볼트에 너트를 죄었을 때의 맞물린 나사산 위의 하중분포 상태는 그림 1.42와 같이 맞물려져 있는 나사산의 최초 나사산만이 전체 하중의 1/3 정도로 받게 된다. 이렇게 되는 이유는 너트는 압축력을 받아 피치가 약간 줄게 되고, 반대로 볼트는 인장력을 받아 피치가 약간 늘어나게 되므로 최초의 나사산에서 큰 하중을 받기 때문이다.

   이러한 이유로 일반의 나사 결합체에서는 보통 나사산의 맞물림 시작 부분에서 가장 파손되기 쉽다. 그러므로 볼트와 너트 사이의 하중분포 상태를 가능한 한 균등화하여 볼트의 파손을 방지하기 위해서는 개선 수단을 강구하게 된다.

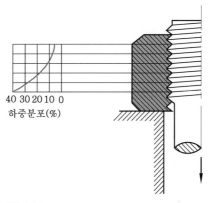

40 30 20 10 0
하중분포(%)

그림 1.42 ▶ 나사산에 있어서의 하중분포

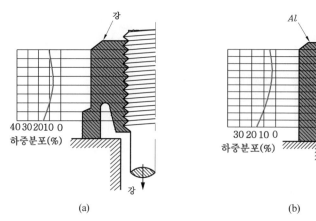

그림 1.43 ▶ 하중분포 개선

예를 들면, 그림 1.43(a)에 표시한 형상의 너트를 사용하면 맞물리는 각 나사산에 작용하는 하중분포는 많이 균등화된다. 또 그림 1.43(b)와 같이 너트에 볼트보다 탄성률이 낮은 재료를 사용하여도 하중분포 상태가 많이 균등화된다.

1   체결용 볼트에서는 삼각나사가, 이송용 나사에는 사다리꼴나사 또는 각나사가 사용되는 이유를 설명
    하시오.

2   그림과 같은 클램프(Clamp)로 두 개의 나무토막을 압축하
    려고 한다. 클램프의 나사부가 유효지름이 10 mm이고 피
    치가 2 mm인 2중 사각나사로 되어있고, 마찰계수는 0.3이
    다. 만일 4.08[kgf*m]의 토크로 클램프를 조일 때, (1) 나
    무토막을 압축시키는 힘의 크기는? (2) 클램프를 풀 때 필
    요한 토크의 크기는?

    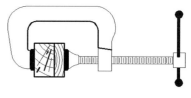

    그림 P1.1 ▶ 연습문제 2

3   30° 사다리꼴나사($d = 50$ mm)의 효율을 산출하시오.

4   35 ton의 스크루 프레스용 나사로서 바깥지름 100 mm, 골지름 80 mm, 리드 80 mm되는 3중 사각나
    사를 채용할 경우 나사 각부의 응력, 안전율은 얼마나 되는가?

5   밀링 머신의 테이블 이송용 나사로서 $d = 36$ mm, 30° 사다리꼴나사를 사용할 때, 절삭력 및 기타에
    의한 축방향의 힘을 1,000 kg으로 가정하고, 테이블의 최대이송속도 $S = 2,000$ mm/min으로 하려면
    구동력은 몇 마력이 필요한가?

6   M12의 강재볼트로 다음과 같이 조인트를 만들었다. 볼트는 등급 5T를 사용하고 너트를 렌치로 잠그
    되 볼트 인장강도의 절반에 해당하는 인장응력이 발생할 때까지 조인다고 가정한다. 이 인장력의
    60%가 판재를 가압하는데 유효하다고 보고, 판재와 판재 사이의 마찰계수가 0.4라고 할 때 견딜 수
    있는 하중 F를 구하시오.

    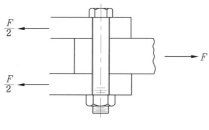

    그림 P1.2 ▶ 연습문제 6

7   다음과 같은 세 개의 볼트로 고정되는 브래킷이 있다. 하중 P는 측면에서 보았을 때 브래킷의 중앙
    에 작용하지만 최악의 경우를 가정하여 한쪽에 치우쳐서 작용하는 것으로 간주한다. 볼트의 인장강
    도를 50 kg/mm², 전단강도를 30 kg/mm², 안전율을 6으로 잡았을 때 적절한 볼트 치수를 구하시오.
    단 전단하중은 마찰에 의해서 지지되고 브래킷은 강체로 가정한다.

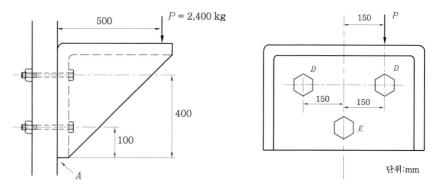

그림 P1.3 ▶ 연습문제 7

8 문제 7에서 마찰력에 의한 전단하중의 지지는 무시하고 볼트의 전단에 의해서 전단하중이 완전히 지지된다고 가정했을 때 적절한 볼트의 치수를 구하시오.

9 1톤의 축하중이 작용하는 외경 30 mm의 리드 스크루가 있다. 이 나사는 사각나사로서 피치가 8 mm 이고, 허용면압은 1 kg/mm²일 때 너트의 높이를 구하시오. 그리고 수나사 및 암나사의 재질은 연강 으로서 인장강도가 30 kg/mm²이고 안전율을 6으로 가정했을 때 발생하는 응력은 안전한가?(단 마찰 계수는 0.12로 한다)

10 다음 그림은 M12 볼트로써 체결된 기계 부품을 나타낸다. 이 부품에는 0부터 F_{max}까지 변화하 는 반복하중이 작용한다. 체결되는 부품과 볼트의 스프링상수 비(C_2/C_1)는 4이고 볼트의 재료 는 S45C로서 피로한도 σ_w는 13 kg/mm²이고, 항복강도 σ_y는 60 kg/mm²이며, 인장강도 σ_B는 70 kg/mm²이다.

(1) 볼트에 초기장력을 가하지 않았을 때 허용할 수 있는 최대 F_{max}를 구하시오.

(2) 볼트에 인장강도의 절반에 해당하는 응력이 발생하는 초기장력을 가했을 때 허용할 수 있는 F_{max}을 구하시오.

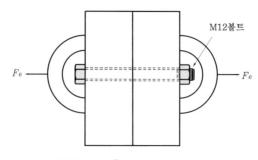

그림 P1.4 ▶ 연습문제 10

11 하중 5 ton(톤)을 들어올리는 나사잭(Screw Jack)을 다음순서로 설계하시오.

(1) 허용압축응력 $\sigma_a = 500[\text{kgf/cm}^2]$일 때 수나사의 지름을 규격에서 결정하시오.

규격 : 사다리꼴 나사의 기본 치수

	호칭	피치	바깥지름	유효지름	골지름
나사산각도 $\alpha = 30°$	TM36	6	36	33.0	29.5
	TM40	6	40	37.0	33.5
	TM45	8	45	41.0	36.5
	TM50	8	50	46.0	41.5
	TM55	8	55	51.0	46.5

(2) 나사를 회전시킬 때 필요한 토크를 구하시오(단 나사부의 마찰계수 $\mu = 0.15$, 드러스트 칼러면의 마찰계수 $\mu_c = 0.01$).

(3) 나사부에 발생하는 전단응력을 계산하시오.

(4) 드러스트 칼러바닥면의 마찰을 고려한 경우와 무시한 경우 각각 나사의 효율을 구하시오.

(5) 너트 재료의 허용접촉압력 $q = 170[\text{kgf/cm}^2]$일 경우 너트의 높이를 구하시오.

(6) 나사잭 핸들을 50[kgf]로 돌려서 하중을 들어올릴 경우 핸들의 길이와 지름을 설계하시오 (단 재료의 허용굽힘응력 $\sigma_b = 1400[\text{kgf/cm}^2]$).

(연습문제 풀이)

2 (1) 클램프가 나무토막을 압축시키는 힘=1,837 kgf
   (2) 클램프를 풀 때 필요한 토오크=1,526 kgf · mm

3 마찰계수 $\mu = 0.12$로 가정하면 효율 $\eta = 0.31$

4 $\tau_a = 400 \text{ kg/mm}^2 \Rightarrow S = 1.20$, $\sigma_a = 600 \text{kg/mm}^2 \Rightarrow S = 1.16$

5 1.39 PS   6 1,357.15 kgf

7 $d = 20.68 \text{ mm}$ 8 $d = 14.18 \text{ mm}$

9 안전하다.

10 (1) $F = 33,929 \text{ kgf}$
   (2) $F = 14,137 \text{ kgf}$

11 (1) 수나사의 지름규격 결정

$$\sigma_a = \frac{Q}{\frac{\pi d_1^2}{4}} \text{ 이므로, } d_1 = \sqrt{\frac{4Q}{\pi \sigma_a}} = \sqrt{\frac{4 \times 5,000}{\pi \times 500}} = 3.568 \text{ cm}$$

따라서 35.68 mm 보다 큰 <TM45> 선정

(2) 나사를 회전시킬 때 필요한 토크

$$T = T_1(\text{나사 자체}) + T_2(\text{칼라마찰면}) = \frac{d_2}{2} Q \tan(\lambda + \rho) + \mu_c r_c Q$$

$$T = \left(\frac{41 \times 5,000 \times \tan(3.55 + 8.53)}{2} \right) + (0.01 \times 2 \times 5,000)$$

$$= 21936.68 + 100 = 22,036.68 \,\text{kgf.mm}$$

$$\because \tan\rho = 0.15, \;\; \rho = 8.53°, \;\; \tan\lambda = \frac{p}{\pi d_2} = \frac{8}{41\pi} = 0.062,$$

$$\lambda = 3.55°, \;\; \pi r_c^2 = 12.5 \,\text{mm}, \;\; r_c = \sqrt{\frac{12.5}{\pi}} = 2 \,\text{mm}$$

(2) 나사부에 발생하는 전단응력

$$\tau = \frac{T}{Z_P} = \frac{T}{\dfrac{\pi d_1^2}{16}} = \frac{22,036.68}{\dfrac{\pi(36.5)^3}{16}} = 2.31 \,\text{kgf/mm}^2$$

(4) ① 칼러면 마찰고려

$$\eta = \frac{Qp}{2\pi T} = \frac{5,000 \times 8}{2\pi \times 22,036.68} = 0.2889 = 28.89\%$$

② 칼러면 마찰무시

$$\eta = \frac{Qp}{2\pi T_1} = \frac{5,000 \times 8}{2\pi \times 21,936.68} = 0.2902 = 29.02\%$$

(5) 너트의 높이

$$H = Zp = \frac{Qp}{\dfrac{\pi(d^2 - d_1^2)q}{4}} = \frac{5,000 \times 8}{\dfrac{\pi(45^2 - 36.5^2)1.7}{4}} = 43.25 \,\text{mm}$$

(6) ① 핸들길이 $l = \dfrac{T}{F} = \dfrac{22,036.68}{50} = 440.73 \,\text{mm}$

② $Fl = M = Z\sigma_b = \dfrac{\pi d^3}{32} \sigma_b$ 이므로

지름 $d = \sqrt[3]{\dfrac{32M}{\pi \sigma_b}} = \sqrt[3]{\dfrac{32 \times 22,036.68}{\pi \times 14}} = 25.22 \,\text{mm}$

02 키, 코터 및 핀

2.1 키

키(key)는 회전축에 끼워질 기어, 풀리 등의 기계 부분을 고정하여 회전력을 전달시키기 위한 기계요소이다. 회전 방향에는 보스(boss)와 축이 견고하게 고정되어야 하지만, 축방향에는 키의 종류에 따라서 고정하지 않은 것(미끄럼 키)과 고정하는 것이 있다. 미끄럼 키는 키와 키홈(key way) 사이에 반지름 방향의 틈새가 있지만, 후자는 키의 타입(打込)에 의하여 보스에 내압을 가할 수 있도록 키의 윗면 및 키홈의 밑면에 1/100 정도의 경사를 주게 된다.

/2.1.1/ 키의 종류 및 치수

키에는 그림 2.1에 표시한 것과 같은 여러 가지 종류가 있다.

(1) 새들키(saddle key)

윗면에 1/100 경사를, 아랫면에는 축의 지름과 같은 윗통면을 갖는 키이며, 보스에만 키홈을 가공하고 윗통면 축에 맞추어서 때려 박으면 쐐기작용에 의하여 보스에 내압을 주게 되고, 고정 토크를 전달하게 된다. 큰 토크는 전달할 수 없으나(축의 토크의 1/4 정도), 축에 가공이 필요 없으며 축의 임의의 위치에 보스를 고정할 수 있는 특징이 있다.

그림 2.2에서 새들키와 축 사이에 작용하는 힘이 P이고, 마찰계수가 μ라고 할 때 키의 전달토크 T는

$$T = 2\mu P \frac{d}{2} = \mu P d \tag{2.1}$$

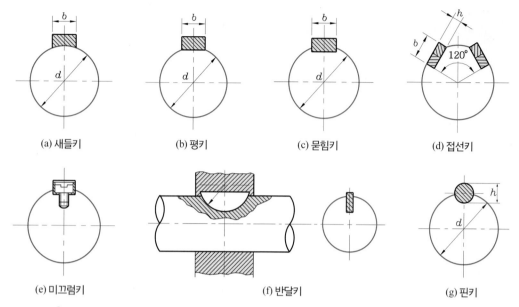

(a) 새들키   (b) 평키   (c) 묻힘키   (d) 접선키

(e) 미끄럼키   (f) 반달키   (g) 핀키

그림 2.1 ▶ 키의 종류

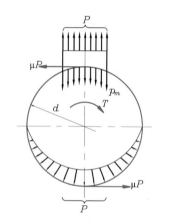

그림 2.2 ▶ 새들키의 압력분포

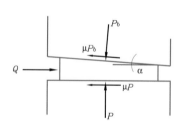

그림 2.3 ▶ 키에 작용하는 수직항력과 마찰력

여기서 P는 키를 Q의 힘으로 박았을 때 쐐기작용에 의해 그림 2.3과 같이 발생하는 힘이다. 키의 경사를 α, 마찰각을 ρ로 하면 키의 윗면과 아랫면에는 P_b와 P가 작용하게 되고 $P_b = \dfrac{P}{\cos \alpha}$가 성립한다. 따라서 키를 타입하는 힘은 그림 2.3으로부터

$$Q = \mu P + \mu P_b \cos \alpha + P_b \sin \alpha$$

$$= \mu P + \mu P + P \tan \alpha$$

키의 경사는 1/100이므로 $\alpha = 0.6°$이고 $\mu = 0.1$로 하면

$$Q = (0.1 + 0.1 + \tan 0.6)P ≒ 0.21P$$

식 (2.1)에 P값을 대입하면

$$T = 0.476dQ \tag{2.2}$$

가 된다. 지금 키의 타입력 Q의 한계로써 키 단면에 작용하는 압축응력을 사용하면

$$Q = \sigma_c bh = \frac{\sigma_B}{S}bh$$

여기서 S는 안전율이고 σ_B는 인장강도이다. 따라서 키의 전달토크 T는

$$T = 0.476\frac{bh}{S}d\sigma_B \tag{2.3}$$

σ_B는 축 또는 재질 중에서 약한 쪽의 인장강도이며, p_m의 허용치로서는 강의 축에 주철 보스의 경우 $300 \sim 500\,\mathrm{kg/cm^2}$, 보스가 강의 경우에는 $500 \sim 900\,\mathrm{kg/cm^2}$를 취한다. 새들키에 대한 비례치수는 DIN에 다음과 같이 정해져 있다.

$$b = \left(\frac{3}{10} \sim \frac{1}{4}\right)d + 3\,[\mathrm{mm}] \tag{2.4}$$

$$h = \frac{d}{9} + 2\,[\mathrm{mm}]$$

예를 들어, 키의 폭 $b = \dfrac{d}{4}$, 높이 $h = \dfrac{b}{2}$의 경우 키의 전달토크는 안전율 $S = 3$으로 했을 때 식 (2.3)에서

$$T = 0.476\frac{d}{4} \cdot \frac{d}{8}d\frac{\sigma_B}{3} = 0.476\frac{\pi d^3}{16}\frac{\sigma_B}{6\pi} ≒ 0.24\frac{\pi d^3}{16}\left(\frac{\sigma_B}{9}\right)$$

축 재료와 키 재료를 같은 것으로 가정하면 $\dfrac{\sigma_B}{9}$는 축의 허용전단응력이 될 수 있으므로

$$T = 0.24\,T_d \tag{2.5}$$

가 된다. 여기서 T_d는 축의 전달토크를 나타낸다. 따라서 새들키는 축의 전달토크의 약 1/4을 전달할 수 있다.

예제 2-1 축의 지름 $d = 55\,\mathrm{mm}$에 대한 새들키의 나비 $b = 15\,\mathrm{mm}$, 보스의 길이 $l = 80\,\mathrm{mm}$이다. 압력을 $p = 50\,\mathrm{kg/cm^2}$, 마찰계수를 $\mu = 0.2$로 할 때, 축에 얼마 정도의 토크가 작용하면 미끄러지기 시작하는가? 단 $\tau_a = 300\,\mathrm{kg/cm^2}$로 한다.

$$M = \mu \cdot b \cdot l \cdot p \cdot d = 0.2 \times 1.5 \times 8 \times 500 \times 5.5 = 6{,}600\,\mathrm{kg \cdot cm}$$

$$T = \frac{\pi}{16} d^3 \cdot \tau_a = \frac{\pi}{16} \times 5.5^3 \times 300 = 9{,}800\,\mathrm{kg \cdot cm}$$

축의 토크가 $6{,}600\,\mathrm{kg \cdot cm}$에 도달하면 미끄러지기 시작하게 되므로 축의 전 토크 $T \fallingdotseq 9{,}800\,\mathrm{kg \cdot cm}$를 감당할 수 없다.

(2) 평키(flat key)

새들키의 마찰력을 증가시키기 위하여 축의 접촉면을 평평하게 한 것으로서, 이 키는 축의 회전에 의하여 보스에 작용하는 내압이 증가하므로 새들키보다도 큰 토크를 전달할 수 있다 (축의 토크의 1/2 정도). 그림 2.4와 같이 축이 회전하기 시작하면 키의 반은 중앙에서 0, 끝에서 최대 p_0의 면압 분포가 생기고, 이것이 토크를 전달하게 된다. 키 하면의 압력분포를 간단히 하기 위하여 직선적으로 생각하면 이 압력분포의 합력 P에 의한 전달토크 T_1은

$$T_1 = P \frac{b}{3} = P \frac{1}{3} \frac{2d}{5} = \mu P d \frac{2}{15\mu}$$

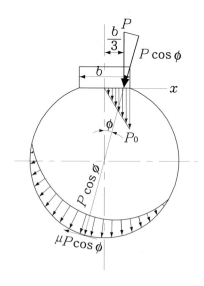

그림 2.4 ▶ 평키의 압력분포

마찰계수 $\mu = 0.1$로 잡았을 때 $T_1 = 1.33\mu Pd$ 가 된다. 또한 P는 축의 마찰면에 $P\cos\phi$의 합력으로 작용하게 되는데, 이 힘에 의한 전달토크 T_2는

$$T_2 = \mu P\cos\phi\,\frac{d}{2}$$

그런데 $\sin\phi = \dfrac{b}{d} = \dfrac{1}{4}$ 이고, $\phi = 14.48°$ 이므로

$$T_2 = 0.48\mu Pd$$

따라서 평키에 의한 전달토크 T는

$$T = T_1 + T_2 ≒ 2\mu Pd \tag{2.6}$$

가 된다. 이 결과가 의미하는 것은 평키를 새들키와 같은 정도의 힘 Q로 때려 박아서 사용하면 새들키의 약 2배, 즉 축의 전달토크의 1/2까지 전달할 수 있다는 것이다.

(3) 묻힘키(sunk key)

축과 보스에 다같이 키홈을 가공하여 사용하는 정각형 또는 직각형 단면을 갖는 키이며, 가장 일반적으로 많이 사용된다(그림 2.5). 묻힘키는 그 형상으로부터, 즉 키의 상하면이 평행한 평행키(parallel key), 윗면에만 1/100 경사를 붙인 테이퍼키(taper key)가 있다. 또 테이퍼키에 때려 박기 위한 머리를 만들어 붙인 머리붙임 테이퍼키(gib head taper key)도 있다.

평행키에는 키와 키홈의 끼워맞춤 정밀도에 의해 1종, 2종의 구별이 있고, 1종은 정밀급으로 선택 조합에 의하여 사용되며, 2종은 보통급으로 호환성은 같고 비교적 정밀도나 강도를 필요로 하지 않는 곳에 사용된다. 평행키로 보스는 회전 방향으로 고정되지만 축방향으로

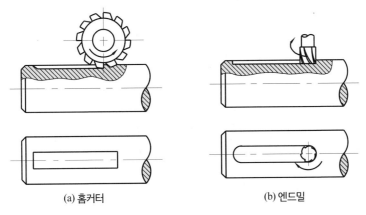

(a) 홈커터   (b) 엔드밀

그림 2.5 ▶ 묻힘키 홈의 가공

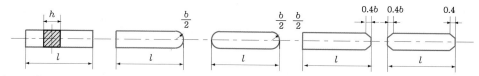

그림 2.6 ▶ 묻힘키의 길이 방향 형상

고정되지 않으므로, 축과 보스 구멍을 죔쇠가 있는 끼워맞춤으로 하든지, 세트 스크루를 사용할 필요가 있다. 키의 길이 방향 형상은 그림 2.6에 표시한 각형, 한쪽 둥근형, 양쪽 둥근형, 뾰족형 등이 있으나, 보통 둥근형이나 각형이 많이 사용된다.

평행 묻힘키의 강도 계산에는 키의 전단력이나 키홈의 면압에 관하여 고려한다. 전달토크를 T, 축의 지름을 d, 키의 나비를 b, 높이를 h, 길이를 l_1, 축의 회전력을 P로 하면 마찰력에 의한 토크 전달은 평키 때와 같으나 이것을 무시하고 전단력을 고려한다(그림 2.7).

$$\tau = \frac{P}{bl} = \frac{2T}{dbl} \tag{2.7}$$

키 홈벽의 면압력은

$$\sigma_c = \frac{P}{h/2 \cdot l} = \frac{4T}{dhl} \tag{2.8}$$

키가 축의 강도에 상당하는 토크를 전달하는 것으로 생각하여 축의 허용전단응력을 τ_d로 하면

$$T = \frac{\pi}{16} d^3 \tau_d \tag{2.9}$$

식 (2.7)과 (2.9)에서

$$b = \frac{\pi d \tau_d}{8l\tau} d \tag{2.10}$$

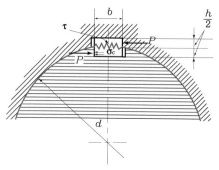

그림 2.7 ▶ 묻힘키에 작용하는 전단하중

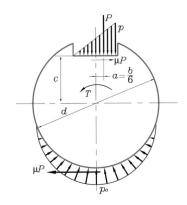

그림 2.8 ▶ 묻힘키의 압력분포

$\tau_d = \tau,\ \ l = 1.5\,d$ 로 가정하면

$$b = \frac{\pi}{12}d \fallingdotseq \frac{1}{4}d \tag{2.11}$$

식 (2.8)과 (2.9)에서

$$h = \frac{\pi}{4} \cdot \frac{d}{l} \cdot \frac{\tau_d}{\sigma_c}d \tag{2.12}$$

또 σ_c의 허용치로서는 $800 \sim 1{,}000\ \mathrm{kgf/cm^2}$ 정도이지만 축의 허용응력은 보통 $\tau_d = \dfrac{\tau_B}{4.5}$ 또는 $\dfrac{\sigma_B}{9}$ 정도까지 취하여 허용응력은

$$\sigma_{ca} = (1/3 \sim 1/5)\sigma_c,\ \ \sigma_c = \sigma_B$$

로 가정하면

$$h = \frac{\pi}{12 \sim 18}d \fallingdotseq \left(\frac{1}{4} \sim \frac{1}{5.5}\right)d = (1 \sim 0.7)b \tag{2.13}$$

가 얻어진다. 규격의 치수는 식 (2.11)과 식 (2.13)을 기본으로 하고 있다. 또 키에 발생하는 전단응력보다 평행키에서는 측면의 내압력이 현저하게 커지고, 테이퍼키에서는 상하면의 면압이 현저하게 크므로 이들의 면을 정확하게 적합시키는 것이 중요하다.

묻힘키로서는 테이퍼키를 사용할 때 전달토크는 키의 분포압력 p가 삼각형을 이루고, 그 합력 P는 중심선에서 $a = b/6$만큼 편심하고, 축과 보스 사이의 접촉압력은 $p_0 \fallingdotseq p$이므로

$$T = P \cdot a + P\mu \cdot c + P \cdot \mu \cdot \frac{d}{2}$$
$$= P\left(\frac{b}{6} + \mu \cdot c + \mu \cdot \frac{d}{2}\right) \tag{2.14}$$

여기서 $c \cong 0.5d$, $P = 0.5blp_0$(삼각형 압력분포에서)로 하고 위 식에 대입하면

$$T \leq \frac{bl}{12}(b + 6\mu d)p_0 \tag{2.15}$$

그리고 보스에 작용하는 최대분포압력 p_0는 키의 평형조건에서 $p_0 < p$이므로 강도상 접촉 면압은 키홈에서만 고려하면 된다.

표 2.1 평행키 및 키홈의 모양 및 치수 (단위 : mm)

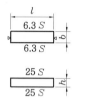

키의 호칭 치수 $b \times h$	키의 치수						키홈의 치수								참고
	b		h				$b_1 \cdot b_2$의 기준 치수	정밀급	보통급		r_1 및 r_2	t_1의 기준 치수	t_2의 기준 치수	$t_1 \cdot t_2$의 허용차	적응하는 축지름 $d^{(4)}$
	기준 치수	허용차 (h 9)	기준 치수	허용차	c	$l^{(3)}$		b_1, b_2 허용차 (P 9)	b_1 허용차 (N 9)	b_2 허용차 (Js 9)					
2×2	2	0 −0.025	2	0 −0.025	0.16 ~0.25	6~20	2	−0.006 −0.031	−0.004 −0.029	±0.0125	0.08 ~0.16	1.2	1.0	+0.1 0	6~8
3×3	3		3			6~36	3					1.8	1.4		8~10
4×4	4		4			8~45	4	−0.012 −0.042	0 −0.030	±0.0150		2.5	1.8		10~12
5×5	5	0 −0.030	5	0 −0.030		10~56	5				0.16 ~0.25	3.0	2.3		12~17
6×6	6		6		0.25 ~0.40	14~70	6					3.5	2.8		17~22
(7×7)	7	0 −0.036	7	0 −0.036		16~80	7	−0.015 −0.051	0 −0.036	±0.0180		4.0	3.0		20~25
8×7	8		7			18~90	8					4.0	3.3		22~30
10×8	10		8	0 −0.090		22~110	10					5.0	3.3		30~38
12×8	12		8			28~140	12					5.0	3.3		38~44
14×9	14		9		0.40 ~0.60	36~160	14				0.25 ~0.40	5.5	3.8	+0.2 0	44~50
(15×10)	15	0 −0.043	10			40~180	15	−0.018 −0.061	0 −0.043	±0.0215		5.0	5.0		50~55
16×10	16		10			45~180	16					6.0	4.3		50~58
18×11	18		11			50~200	18					7.0	4.4		58~65
20×12	20		12	0 −0.110		56~220	20					7.5	4.9		65~75
22×14	22	0 −0.052	14		0.60 ~0.80	63~250	22	−0.022 −0.074	0 −0.052	±0.0260	0.40 ~0.60	9.0	5.4		75~85
(24×16)	24		16			70~280	24					8.0	8.0		80~90

(계속)

키의 호칭 치수 $b \times h$	키의 치수						키홈의 치수								참고
	b		h		c	$l^{(3)}$	$b_1 \cdot b_2$의 기준치수	정밀급	보통급		r_1 및 r_2	t_1의 기준치수	t_2의 기준치수	$t_1 \cdot t_2$의 허용차	적응하는 축지름 $d^{(4)}$
	기준치수	허용차 (h 9)	기준치수	허용차				b_1, b_2 허용차 (P 9)	b_1 허용차 (N 9)	b_2 허용차 (Js 9)					
25×14	25	0 −0.052	14	0 −0.110 (h11)	0.60 ~0.80	70~280	25	−0.022 −0.074	0 −0.052	±0.0260	0.40 ~0.60	9.0	5.4	+0.2 0	85~95
28×16	28		16			80~320	28	−0.022 −0.074	0 −0.052	±0.0260		10.0	6.4		95~110
32×18	32	0 −0.062	18			90~360	32	−0.026 −0.088	0 −0.062	±0.0310		11.0	7.4		110~130
(35×22)	35		22	0 −0.130 (h11)	1.00 ~1.20	100~400	35				0.70 ~1.00	11.0	11.0		125~140
36×20	36		20			−	36					12.0	8.4		130~150
(38×24)	38		24			−	38					12.0	12.0		140~160
40×22	40	0 −0.062	22			−	40	−0.026 −0.088	0 −0.062	±0.0310		13.0	9.4		150~170
(42×26)	42		26			−	42					13.0	13.0	+0.3 0	160~180
45×25	45		25			−	45					15.0	10.4		170~200
50×28	50		28			−	50					17.0	11.4		200~230
56×32	56		32	0 −0.160	1.60 ~2.00	−	56				1.20 ~1.60	20.0	12.4		230~260
63×32	63	0 −0.074	32			−	63	−0.032 −0.106	0 −0.074	±0.0370		20.0	12.4		260~290
70×36	70		36			−	70					22.0	14.4		290~330
80×40	80		40		2.50 ~3.00	−	80				2.00 ~2.50	25.0	15.4		330~380
90×45	90	0 −0.087	45			−	90	−0.037 −0.124	0 −0.087	±0.0435		28.0	17.4		380~440
100×50	100		50			−	100					31.0	19.5		440~500

주   (3) l은 표의 범위 내에서 다음 중에서 택한다.

또한 l의 치수허용차는 원칙으로 KS B 0401의 h 12로 한다.

6, 8, 10, 12, 14, 16, 18, 20, 22, 25, 28, 32, 36, 40, 45, 50, 56, 63, 70, 80, 90, 100, 110, 125, 140, 160, 180, 200, 220, 250, 280, 320, 360, 400

(4) 적응하는 축 지름은 키의 강도에 대응하는 토크에 적응하는 것으로 한다.

비고   1. ( )가 있는 호칭치수의 것은 되도록 사용하지 않는다.

2. 보스의 홈에는 1/100의 기울기를 두는 것을 보통으로 한다.

[참고] 본문에서 정한 키의 허용차보다도 공차가 작은 키를 필요로 하는 경우에는 키의 나비 b에 대한 허용차를 h 7로 한다.

이 경우의 높이 h의 허용차는, 키의 호칭치수 7×7 이하는 h 7, 키의 호칭치수 8×7 이상은 h 11로 한다.

표 2.2 경사키, 머리붙이 경사키 및 키홈의 모양 및 치수 (단위 : mm)

$h_1 = h$, $f \fallingdotseq h$, $e = b$

키의 호칭치수 $b \times h$	키의 치수							키홈의 치수						참고
	b		h		h_1	c	$l^{(5)}$	b_1 및 b_2		r_1 및 r_2	t_1의 치수 기준	t_2의 기준 치수	$t_1 \cdot t_2$의 허용차	적응하는 축지름[(6)] d
	기준 치수	허용차 (h9)	기준 치수	허용차				기준 치수	허용차 (D 10)					
2×2	2	0 −0.025	2	0 −0.025	−	0.16 ~0.25	6~20	2	+0.060 +0.020	0.08 ~0.15	1.2	0.5	+0.10	6~8
3×3	3		3		−		6~36	3			1.8	0.9		8~10
4×4	4	0 −0.030	4	0 −0.030	7		8~45	4	+0.078 +0.030	0.16 ~0.25	2.5	1.2		10~12
5×5	5		5		8		10~56	5			3.0	1.7		12~17
6×6	6		6		10	0.25 ~0.40	14~70	6			3.5	2.2		17~22
(7×7)	7	0 −0.036	7.2	0 −0.036	10		16~80	7	+0.098 +0.040		4.0	3.0		20~25
8×7	8		7	0 −0.090	11		18~90	8			4.0	2.4	+0.20	22~30
10×8	10		8		12		22~110	10			5.0	2.4		30~38
12×8	12		8		12		28~140	12			5.0	2.4		38~44
14×9	14	0 −0.043	9		14		36~160	14		0.25 ~0.40	5.5	2.9		44~50
(15×10)	15		10.2	0 −0.110	15	0.40 ~0.50	40~180	15	+0.120 +0.050		5.0	5.0	+0.10	50~55
16×10	16		10	0 −0.090	16		45~180	16			6.0	3.4		50~58
18×11	18		11		18		50~220	18			7.0	3.4	+0.20	58~65
20×12	20		12		20		56~220	20			7.5	3.9		65~75
22×14	22	0 −0.052	14		22		63~250	22		0.40 ~0.60	9.0	4.4		75~85
(24×16)	24		16.2	0 −0.110	24	0.60 ~0.80	70~280	24	+0.149 +0.065		8.0	8.0	+0.10	80~90
25×14	25		14		22		70~280	25			9.0	4.4		85~95
28×16	28		16		25		80~320	28			10.0	5.4	+0.20	95~110
32×16	32		18		28		90~360	32	+0.180 +0.080		11.0	6.4		110~130
(35×22)	35	0 −0.062	22.3	0 −0.130	32	1.00 ~1.20	100~400	35		0.70 ~1.00	11.0	11.0	+0.150	125~140

(계속)

키의 호칭치수 $b \times h$	키의 치수							키홈의 치수						참고 (6) 적응하는 축지름 d
	b		h		h_1	c	$l^{(5)}$	b_1 및 b_2		r_1 및 r_2	t_1의 치수기준	t_2의 기준치수	$t_1 \cdot t_2$의 허용차	
	기준치수	허용차 (h9)	기준치수	허용차				기준치수	허용차 (D 10)					
36×20	36	0 −0.062	20	0 −0.130	32	1.00 ~1.20	−	36	+0.180 +0.080	0.70 ~1.00	12.0	7.1	+0.30	130~150
(38×24)	38		24.3		36		−	38			12.0	12.0	+0.150	140~160
40×22	40		22		36		−	40			13.0	8.1	+0.30	150~170
(42×26)	42		26.3		40		−	42			13.0	13.0	+0.150	160~180
45×25	45		25	h 11	40		−	45			15.0	9.1		170~200
50×28	50		28		45		−	50			17.0	10.1		200~230
56×32	56	0 −0.074	32		50	1.60 ~2.00	−	56	+0.220 +0.100	1.20 ~1.60	20.0	11.1		230~260
63×32	63		32		50		−	63			20.0	11.1		260~290
70×36	70		36	0 −0.160	56		−	70			22.0	13.1	+0.30	290~330
80×40	80		40		63	2.50 ~3.00	−	80			25.0	14.1		330~380
90×45	90	0 −0.087	45		70		−	90	+0.260 0.120	2.00 ~2.50	28.0	16.1		380~440
100×50	100		50		80		−	100			31.0	18.1		440~500

주 (5) l은 표의 범위 내에서 다음 중에서 택한다.
또한 l의 치수허용차는 원칙으로 KS B 0401의 h 12로 한다.
6, 8, 10, 12, 14, 16, 18, 20, 22, 25, 28, 32, 36, 40, 45, 50, 56, 63, 70, 80, 90, 100, 110, 125, 140, 160, 180, 200, 220, 250, 280, 320, 360, 400
(6) 적응하는 축 지름은 키이의 강도에 대응하는 토크에 적용하는 것으로 한다.

비고 1. ( )가 있는 호칭 치수는 되도록 사용하지 않는다.
2. 보스의 홈에는 1/100의 기울기를 두는 것을 보통으로 한다.

예제 2-2 풀리의 지름 500 mm, 축의 지름 50 mm, 보스의 길이 80 mm의 벨트차를 $b \times h = 12 \times 8$ mm의 묻힘키로 축에 고정하고, 차의 외주에 접선력 $W = 150\,\mathrm{kg}$을 작용시킬 때 키의 강도를 계산하시오. 단 강재의 허용전단응력 $\tau_a = 350\,\mathrm{kg/cm^2}$, 허용압축응력 $\sigma_{ca} = 1000\,\mathrm{kg/cm^2}$로 한다.

축에 작용하는 회전력 P는

$$P = \frac{500}{50}W = 10 \times 150 = 1500\,\mathrm{kg}$$

발생전단응력 $\tau = \dfrac{P}{b \cdot l} = \dfrac{1500}{1.2 \times 8} = 156\,\mathrm{kg/cm^2}$

발생압축응력 $\sigma_c = \dfrac{2P}{hl} = \dfrac{2 \times 1500}{0.8 \times 8} = 469\,\mathrm{kg/cm^2}$

예제 2-3 지름 75 mm의 풀리축에 사용할 묻힘키의 치수를 결정하시오. 단 축은 250 rpm으로 90 마력을 전달한다.

$$T = \frac{716,200 H}{N} = \frac{716,200 \times 90}{250} = 258,000 \, \text{kg} \cdot \text{mm}$$

표 2.1로부터

$d = 75$에 대하여 $b = 20 \, \text{mm}$, $h = 13 \, \text{mm}$, 키재료를 강으로 하여 허용전단응력 $\tau_b = 4.6 \, \text{kg/mm}^2$로 하면

$$l = \frac{2T}{b\tau_b d} = \frac{2 \times 258,000}{20 \times 4.46 \times 75} = 75 \, \text{mm}$$

(4) 접선키(tangential key)

1면에 경사를 갖는 2개의 키를 조합하여 축의 접선 방향에 때려 박은 키로 강력한 토크를 전달하는 데 사용된다(그림 2.9). 동일 강도에 대하여 묻힘키보다 얇은 것이 사용되며, 그로 인하여 축, 보스 등의 강도를 약화시키지는 않는다. 키가 받은 압축력은 묻힘키의 2배이므로

$$\sigma_c = \frac{P_t}{hl} = \frac{2T}{dhl}$$

식 (2.13)과 같은 방법으로

$$h = (0.13 \sim 0.08)d \tag{2.16}$$

또 $b^2 = (d/2)^2 - ((d/2) - h)^2$이므로 $b = \sqrt{dh - h^2}$, $h = 0.1d$로 하면

$$b \fallingdotseq \frac{1}{3}d \tag{2.17}$$

위 식은 회전 방향이 한 방향일 때의 식이므로 회전 방향이 양방향일 때는 120° 떨어져서 1조의 키를 때려 박는다.

DIN에서는 비례치수를 다음과 같이 정하고 있다.

$$\text{충격 교번하중} : h = 0.1d, \ b = 0.3d$$

$$\text{보통 교번하중} : h = \frac{1}{15}, \ b = 0.25d \tag{2.18}$$

표 2.3 접선키의 치수와 전달토크

축지름 d [mm]	높이 t [mm]	나비 b [mm]	T_{10} [kg·cm/mm]	축지름 d [mm]	높이 t [mm]	나비 b [mm]	T_{10} [kg·cm/mm]
60	7	19.3	210	190	14	49.6	1,330
70	7	21.0	245	200	14	51.0	1,400
80	8	24.0	320	210	14	52.4	1,470
90	8	25.6	360	220	16	57.1	1,760
100	9	28.6	450	230	16	58.5	1,840
110	9	30.1	495	240	16	59.5	1,920
120	10	33.2	600	250	18	64.6	2,250
130	10	34.6	750	260	18	66.0	2,340
140	11	37.7	770	270	18	67.4	2,430
150	11	39.1	825	280	20	72.1	2,800
160	12	42.1	960	290	20	73.5	2,900
170	12	43.5	1,020	310	20	74.8	3,000
180	12	44.9	1,080				

표 2.3은 DIN의 접선키이다. 표에서 T_{10}은 면압 10 kg/mm²로 할 경우의 키의 길이 1 mm당 전달토크(kg·cm)를 나타낸다. 보스 재질에 의하여 다음과 같이 주어진다.

$$\text{강철} : \quad T = T_{10}l \ \ [\text{kg·cm}]$$
$$\text{주철} : \quad T = 0.8\,T_{10}l \ \ [\text{kg·cm}]$$

여기서 l은 키의 길이이다.

또 이론상 접선키의 전달토크는(그림 2.10 참조) 다음과 같이 구할 수 있다.

$$T = \mu P_0 \frac{d}{2} + P_t \frac{d-h}{2}$$

여기서 $P_0 = \dfrac{4}{\pi} P_t$: 축과 보스 사이의 압력에 의한 힘(전압력)

$\quad\quad\quad P_t$: 회전력

여기서 $h = 0.1d$, $P_t \leq (h-a)l \cdot \sigma_c$를 대입하면

$$T \leq \left(0.45 + \frac{2}{\pi}\mu\right) dl \, (h-a)\sigma_c$$

여기서 a는 키의 모따기 깊이를 나타낸다(표 2.4).

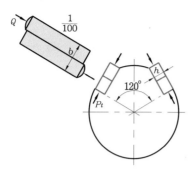

그림 2.9 ◐ 접선키

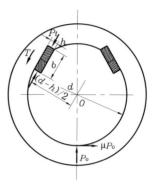

그림 2.10 ◐ 접선키에 작용하는 회전력

표 2.4 접선 키의 치수

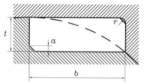

축지름 [mm]	보통의 경우		변동하중의 경우		축지름 [mm]	보통의 경우		변동하중의 경우	
	높이 t [mm]	나비 b [mm]	높이 t [mm]	나비 b [mm]		높이 t [mm]	나비 b [mm]	높이 t [mm]	나비 b [mm]
60	7	19.3	–	–	420	30	108.2	42	126
70	7	21.0	–	–	440	30	110.9	44	132
80	8	24.0	–	–	460	30	113.6	46	138
90	8	25.6	–	–	480	34	123.1	48	144
100	9	28.6	10	30	500	34	125.9	50	150
110	9	30.1	11	33	520	34	128.5	52	156
120	10	33.2	12	36	540	38	138.5	54	162
130	10	34.6	13	39	560	38	140.8	56	168
140	11	37.7	14	42	580	38	143.5	58	174
150	11	39.1	15	45	600	42	153.1	60	180
160	12	42.1	16	48	620	42	155.8	62	186
170	12	43.5	17	51	640	42	158.8	64	192
180	12	44.9	18	54	660	46	168.1	66	193
190	14	49.6	19	57	680	46	170.8	68	204
200	14	51.0	20	60	700	46	173.4	70	210
210	14	52.4	21	63	720	50	183.0	72	216
220	16	57.1	22	66	740	50	185.7	74	222
230	16	58.5	23	69	760	50	188.4	76	228
240	16	59.9	24	72	780	54	198.0	78	234

(계속)

축지름 [mm]	보통의 경우		변동하중의 경우		축지름 [mm]	보통의 경우		변동하중의 경우	
	높이 t [mm]	나비 b [mm]	높이 t [mm]	나비 b [mm]		높이 t [mm]	나비 b [mm]	높이 t [mm]	나비 b [mm]
250	18	64.6	25	75	800	54	200.7	80	240
260	18	66.0	26	78	820	54	203.4	82	246
270	18	67.4	27	81	840	58	213.0	84	252
280	20	72.1	28	84	860	58	215.7	86	258
290	20	73.5	29	87	880	58	218.4	88	264
300	20	74.8	30	90	900	62	227.9	90	270
320	22	81.0	32	96	920	62	230.6	92	276
340	22	83.6	34	102	940	62	233.2	94	282
360	26	93.2	36	108	960	66	242.9	96	288
380	26	95.9	38	114	980	66	245.6	98	294
400	26	98.6	40	120	1000	66	248.3	100	300

보통의 경우	축지름[mm]	60~150	160~240	250~340	360~460	480~680	700~1000
	홈의 둥굶새 r	1	1.5	2	2.5	3	4
	키의 각절삭 a	1.5	2	2.5	3	4	5
변동하중의 경우	축지름[mm]	100~220	230~360	380~460	480~580	600~860	880~1000
	홈의 둥굶새 r	2	3	4	5	6	8
	키의 각절삭 a	3	4	5	6	7	9

(5) 미끄럼키(feather key, sliding key)

이것은 보스를 축방향으로 미끄럼 이송할 수 있도록 한 평행키이므로 키는 축 또는 보스에 고정된다. 하중이 작용한 채 미끄러질 필요가 있으므로 키의 측면압력은 상당히 낮게 취해야 하며(보통 $1\sim2\,\mathrm{kg\cdot cm^2}$ 정도), 큰 토크를 전달할 수 없다. 큰 토크를 전달하기 위해서는 스플라인이 사용된다(그림 2.11).

미끄럼키에서는 고정용 나사를 사용하지 않는 1종과 나사를 사용하는 2종의 구별이 있고, 축에 만든 키홈의 깊이 t_1은 묻힘키의 깊이와 같으나 보스 쪽의 키홈 깊이 t_2는 묻힘 키의 깊이보다 $0.5\sim1\,\mathrm{mm}$ 크게 한다. 전달토크는 그림 2.12에서 다음과 같이 구할 수 있다.

$$T = P_t \frac{d}{2} = \frac{1}{2} t l p_a d$$

t는 t_1, t_2에서 작은 값을 사용한다.
미끄럼키의 허용면압력 p_a는 표 2.5와 같다.

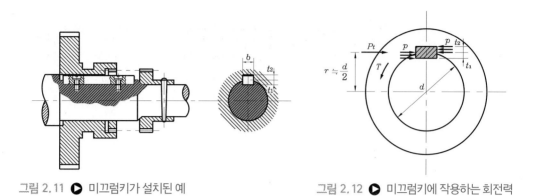

그림 2.11 ▶ 미끄럼키가 설치된 예   그림 2.12 ▶ 미끄럼키에 작용하는 회전력

표 2.5 허용면압력

키	보스 또는 축	p_a [kg/mm^2]	
		정 토크	변동토크
반경강	주철강	1~2 1~2	1 1
열처리강	열처리강	4	2

표 2.6

(a) 미끄럼 키의 모양 및 치수 (단위 : mm)

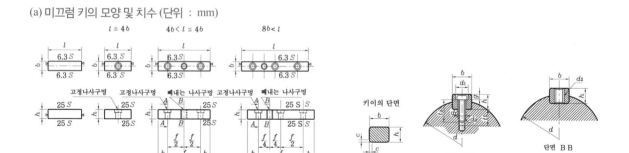

$f = l - 2b$

키의 호칭 치수 $b \times h$	키의 치수												참고		
	b		h		c	l	d_1	나사의 호칭 d_2	d_3	g		고정나사		적응하는 축지름 d
	기준 치수	허용차 (h9)	기준 치수	허용차								l_1	l_2	
2×2	2	0 − 0.025	2	0 − 0.025	h9	0.16 ~0.25	6~20	−	−	−	−	−	−	6 초과 8 이하
3×3	3		3				6~36	−	−	−	−	−	−	6 초과 10 이하

(계속)

| 키의 호칭 치수 $b \times h$ | 키의 치수 | | | | | | | | | | | | 참고 |
| | b | | h | | c | l | d_1 | 나사의 호칭 d_2 | d_3 | g | 고정나사 | | 적응하는 축지름 d |
	기준 치수	허용차 (h9)	기준 치수	허용차							l_1	l_2	
4×4	4	0 −0.030	4	0 −0.030 (h9)	0.16 ~0.25	8~45	–	–	–	–	–	–	10 초과 12 이하
5×5	5		5		0.25 ~0.40	10~56	–	–	–	–	–	–	12 초과 17 이하
6×6	6		6			14~70	–	–	–	–	–	–	17 초과 22 이하
(7×7)	7	0 −0.036	7	0 −0.036		16~80	–	–	–	–	–	–	20 초과 25 이하
8×7	8		7	0 −0.090 (h11)		18~90	6.0	M3×0.5	3.4	2.3	5	8	22 초과 30 이하
10×8	10		8		0.40 ~0.60	22~110	6.0	M3×0.5	3.4	2.3	6	10	30 초과 38 이하
12×8	12	0 −0.043	8			28~140	8.0	M4×0.7	4.5	3.0	7	10	38 초과 44 이하
14×9	14		9			36~160	10.0	M5×0.8	5.5	3.7	8	12	44 초과 50 이하
(15×10)	15		10			40~180	10.0	M5×0.8	5.5	3.7	10	14	50 초과 55 이하
16×10	16		10			45~180	10.0	M5×0.8	5.5	3.7	8	12	50 초과 58 이하
18×11	18		11			50~200	11.5	M6	6.5	4.3	10	14	58 초과 65 이하
20×12	20		12	0 −0.110	0.60 ~0.80	56~220	11.5	M6	6.5	4.3	8	14	65 초과 75 이하
22×14	22		14			63~250	11.5	M6	6.5	4.3	8	16	75 초과 85 이하
(24×16)	24	0 −0.052	16			70~280	15.0	M8	8.8	5.7	14	20	80 초과 90 이하
25×14	25		14			70~280	15.0	M8	8.8	5.7	10	16	85 초과 95 이하
28×16	28		16			80~320	17.5	M10	11.0	10.8	14	16	95 초과 110 이하
32×18	32		18			90~360	17.5	M10	11.0	10.8	16	20	110 초과 130 이하
(35×22)	35	0 −0.062	22	0 −0.130	1.00 ~1.20	100 ~400	17.5	M10	11.0	10.8	16	25	125 초과 140 이하

(계속)

(b) 미끄럼 키홈의 모양 및 치수 (단위 : mm)

키이홈의 단면

키의 호칭 치수 $b \times h$	키홈의 치수								참고
	b_1		b_2		r_1 및 r_2	t_1의 기준 치수	t_2의 기준 치수	t_1, t_2의 허용차	적응하는 축지름 d
	기준 치수	허용차 (H 9)	기준 치수	허용차 (D 10)					
2×2	2	+0.025 0	2	+0.060 +0.020	0.08~0.16	1.2	1.0	+0.1 0	6 초과 8 이하
3×3	3		3			1.8	1.4		8 초과 10 이하
4×4	4	+0.030 0	4	+0.078 +0.030	0.16~0.25	2.5	1.8		10 초과 12 이하
5×5	5		5			3.0	2.3		12 초과 17 이하
6×6	6		6			3.5	2.8		17 초과 22 이하
(7×7)	7	+0.036 0	7	+0.098 +0.040		4.0	3.5		20 초과 25 이하
8×7	8		8			4.0	3.3		22 초과 30 이하
10×8	10		10		0.25~0.40	5.0	3.3		30 초과 38 이하
12×8	12	+0.043 0	12	+0.120 +0.050		5.0	3.3	+0.2 0	38 초과 44 이하
14×9	14		14			5.5	3.8		44 초과 50 이하
(15×10)	15		15			5.0	5.5		50 초과 55 이하
16×10	16		16			6.0	4.3		50 초과 58 이하
18×11	18		18			7.0	4.4		58 초과 65 이하
20×12	20	+0.052 0	20	+0.149 +0.065	0.40~0.60	7.5	4.9		65 초과 75 이하
22×14	22		22			9.0	5.4		75 초과 85 이하
(24×16)	24		24			8.0	8.5		80 초과 90 이하
25×14	25		25			9.0	5.4		85 초과 95 이하
28×16	28		28			10.0	6.4		95 초과 110 이하
32×18	32	+0.062 0	32	+0.180 +0.080	0.70~1.00	11.0	7.4	+0.3 0	110 초과 130 이하
(35×22)	35		35			11.0	12.0		125 초과 140 이하
36×20	36		36			12.0	8.4		130 초과 150 이하
(38×24)	38		38			12.0	13.0		140 초과 160 이하
40×22	40		40			13.0	9.4		150 초과 170 이하
(42×26)	42		42			13.0	14.0		160 초과 180 이하

(계속)

키의 호칭 치수 $b \times h$	키홈의 치수								참고
	b_1		b_2		r_1 및 r_2	t_1의 기준 치수	t_2의 기준 치수	t_1, t_2의 허용차	적응하는 축지름 d
	기준 치수	허용차 (H 9)	기준 치수	허용차 (D 10)					
45×25	45	+0.062 0	45	+0.180 +0.080	0.70~1.00	15.0	10.4	+0.3 0	170 초과 200 이하
50×28	50		50			17.0	11.4		200 초과 230 이하
56×32	56	+0.074 0	56	+0.220 +0.100	1.20~1.60	20.0	12.4		230 초과 260 이하
63×32	63		63			20.0	12.4		260 초과 290 이하
70×36	70		70			22.0	14.4		290 초과 330 이하
80×40	80		80		2.00~2.50	25.0	15.4		330 초과 380 이하
90×45	90	+0.087 0	90	+0.260 +0.120		28.0	17.4		380 초과 440 이하
100×50	100		100			31.0	19.5		440 초과 500 이하

비고 : (   )가 있는 호칭치수는 되도록 사용하지 않는다.

(6) 반달키(woodruff key)

반달키의 사용 예를 그림 2.13에 표시한다. 이 키의 원호 반지름과 축에 가공한 키홈의 곡률 반지름이 같으므로, 키는 홈 속에서 어느 각도의 범위 내에서 자유로이 기울어질 수 있고, 축에 키의 상면의 경사가 자동적으로 조정되기 때문에 보스의 키홈에 테이퍼가 있을 경우나, 테이퍼 축단에 사용하기에 좋다. 그러나 키홈이 깊어서 축을 약화시키므로 강도를 고려하지 않는 축에 사용된다. 전달토크 식은 다음과 같다(표 2.7).

$$T \leqq bl\tau_s \cdot \frac{d}{2} \tag{2.19}$$

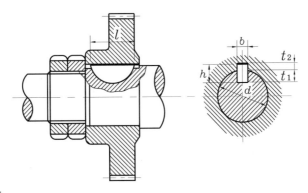

그림 2.13 ▶ 반달키

표 2.7 반달키

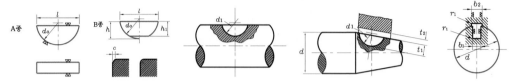

키의 호칭치수 $b \times d_0$	적용하는 축지름(참고) d	반달키의 치수					반달키홈의 치수				
		b	d_0	$h^{(1)}$	$h^{(2)}$	c 또는 r	b_1, b_2	t_1	t_2	r_1	d_1
2.5×10	7~12	2.5	10	3.7	3.55	0.5		2.5	1.4	0.4	10
3×10	8~14	3	10	3.7	3.55	0.5		2.5	1.4	0.4	10
3×13	9~16	3	13	3	4.75	0.5		3.8	1.4	0.4	13
3×16	11~18	3	16	6.5	6.3	0.5		5.3	1.4	0.4	16
4×13	11~18	4	13	5	4.75	0.5		3.5	1.7	0.4	13
4×16	12~20	4	16	6.5	1.3	0.5		5	1.7	0.4	16
4×19	14~22	4	19	7.5	7.1	0.5		6	1.7	0.4	19
5×16	14~22	5	16	6.5	6.3	0.5		4.5	2.2	0.4	16
5×19	15~24	5	19	7.5	7.1	0.5		5.5	2.2	0.4	19
5×22	17~26	5	22	9	8.5	0.5		7	2.2	0.4	22
6×22	19~28	6	22	9	8.5	0.6		6.6	2.6	0.5	22
6×25	20~30	6	25	10	9.5	0.6		7.6	2.6	0.5	25
6×28	23~32	6	28	11	10.6	0.6		8.6	2.6	0.5	28
6×32	24~34	6	32	13	12.5	0.6		10.6	2.6	0.5	32
(7×22)	20~29	7	22	9	8.5	0.6	b와 같음	6.4	2.8	0.5	22
(7×25)	22~32	7	25	10	9.5	0.6		7.4	2.8	0.5	25
(7×28)	24~34	7	28	11	10.6	0.6		8.4	2.8	0.5	28
(7×32)	26~37	7	32	13	12.5	0.6		10.4	2.8	0.5	32
(7×38)	29~41	7	39	15	14	0.6		12.4	2.8	0.5	38
(7×45)	41~45	7	45	16	15	0.6		12.2	2.8	0.5	45
8×25	24~34	8	25	10	9.5	0.6		7.2	3	0.5	25
8×28	26~37	8	28	11	10.6	0.6		8.2	3	0.5	28
8×32	28~40	8	32	13	12.5	0.6		10.2	3	0.5	32
8×38	30~44	8	38	15	14	0.6		12.2	3	0.5	38
10×32	31~46	10	32	13	12.5	0.8		9.8	3.4	0.6	32
10×45	38~54	10	45	16	15	0.8		12.8	3.4	0.6	45
10×55	42~60	10	55	17	16	0.8		13.8	3.4	0.6	55
10×65	46~65	10	65	29	12	0.8		14.8	3.4	0.6	65
12×65	50~73	12	65	19	18	0.8		15.2	4	0.6	65
12×80	58~82	12	80	24	22.4	0.8		20.2	4	0.6	80

주   (1) h의 허용차는 $h\,11$에 의한다.
     (2) $h1$의 허용차는 보통 허용차(절삭 가공)의 중급에 의한다.
     ◎ 키의 모서리는 모두 면따기한다. 호칭 치수에 괄호를 붙인 것은 가급적 사용하지 않는다.

(7) 둥근키(round key, pin key)

축과 보스를 끼워맞춤하고 접선상에 구멍을 뚫어서 핀을 때려 박은 것이므로 공작이 쉽고 간단하다. 분해가 필요하지 않은 경하중의 부분이나 압입 고정한 것을 한층 고정을 확실히 하기 위하여 사용한다. 이 키는 일반적으로 토크 전달용이 아니고 그림 2.14(b), (c)와 같이 축방향의 고정을 한다. 핀에서 테이퍼핀(1/50)이 사용되며 소단부의 지름 δ는 다음 식에 따르는 것이 보통이다.

$$\delta = (1.9 \sim 2.2)\sqrt{d} \ [\text{mm}] \tag{2.20}$$

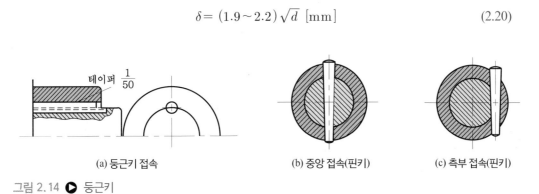

(a) 둥근키 접속 (b) 중앙 접속(핀키) (c) 측부 접속(핀키)

그림 2.14 ▶ 둥근키

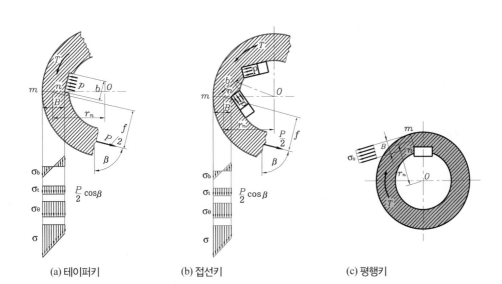

(a) 테이퍼키 (b) 접선키 (c) 평행키

그림 2.15 ▶ 키 접촉부의 응력

/2.2.1/ 스플라인(spline)

스플라인은 키와 같이 동력 전달을 하기 위하여 축과 구멍을 결합시키는데 사용되는 것으로서, 축에 직접 수개의 키에 해당하는 이가 절삭되어 있으므로 키보다 훨씬 강한 토크를 전달할 수 있으며, 주로 공작기계, 자동차 등의 속도 변환 기어축으로 사용된다. 잇줄은 평행이고 또 이끝원 및 이뿌리원에 테이퍼가 없는 것이 보통이며, 축과 구멍과는 그 끼워맞춤의 치수차의 채택에 의하여 고정용과 미끄럼용으로 할 수 있다. 일반적으로 후자가 많이 사용된다. 스플라인에서 축과 구멍이 중심을 맞추는 방법으로는 그림 2.16과 같이 이의 이끝원과 구멍의 이뿌리원을 맞추는 방법(큰 지름 맞춤(a)), 축의 이뿌리원과 구멍의 이끝원에 의한 방법(작은 지름 맞춤(b)), 잇면에 의한 방법(잇면 맞춤(c)) 및 따로 중심을 맞추는 특수 맞춤(d)이 있다. 스플라인에는 이의 형상에 따라 각형 스플라인과 인벌류트 스플라인 2종류가 있다(그림 2.17).

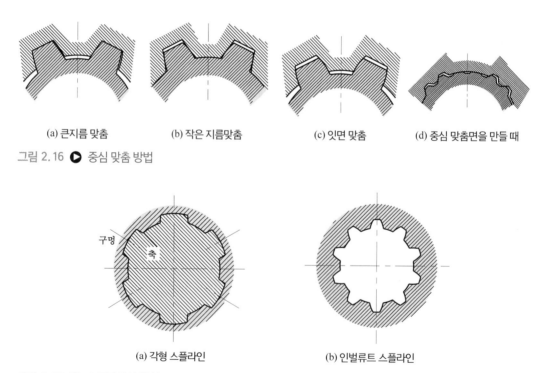

(a) 큰지름 맞춤　　(b) 작은 지름맞춤　　(c) 잇면 맞춤　　(d) 중심 맞춤면을 만들 때

그림 2.16 ▶ 중심 맞춤 방법

(a) 각형 스플라인　　　　(b) 인벌류트 스플라인

그림 2.17 ▶ 스플라인의 형상

(1) 각형 스플라인(straight sided spline)

이의 양 측면이 평행인 스플라인을 각형 스플라인이라고 말하며 규격에 정해져 있다. 홈의 수는 6, 8 및 10 등 3종류로 이의 높이(홈의 깊이)에 의하여 경하중용 1형과 중하중용 2형으로 구분된다. 중심 맞춤은 가공면으로 생각하여 구멍의 이끝을 내면 연삭, 축의 이골부를 스플라인 연삭하는 것이 편하며, 따라서 작은 지름 맞춤법만이 채용되고 있다. 축의 이골부에는 연삭 회피홈이 만들어져 있다. 각형 스플라인의 허용토크 T는 잇수가 많으므로 이의 전단저항보다 측면의 압력에 의하여 정하게 된다. 치측면압 p, 잇수 z, 스플라인 길이 l, 큰 지름 d_2, 작은 지름 d_1인 경우, 실제 이의 접촉효율을 75%로 하면 규격 표 2.9(b)에 도시된 각형 스플라인에서 다음과 같이 허용전달토크를 계산한다.

$$T = 0.75 z h l p r \tag{2.21}$$

$r = (d_1 + d_2)/4$: 스플라인의 평균 반지름

$h = (d_2 - d_1)/2$: 이의 높이

$l/d = 1 \sim 2$

보통 측면압은 $p = 3 \sim 4\,\mathrm{kg/mm^2}$로 한다(표 2.8). 실제의 접촉효율은 정밀한 가공 방법에서 90% 정도를, 밀링, 슬롯 같은 분할 가공에 대해서는 30% 이상을 취한다.

또 서로 맞물리는 길이는 $l/d_1 = 1 \sim 2$ 정도로 한다. 축 지름(작은 지름 d_1)의 강도 설계를 위하여 축홈 바닥의 비틀림 응력집중계수는 $\alpha = 1 \sim 2$ 정도로 한다. 축 지름(작은 지름 d_1) 강도 설계를 위하여 축홈 바닥의 비틀림 응력집중계수는 $\alpha = 2.3 \sim 2.7$로, 축의 비틀림 피로한도의 노치계수를 $\beta_k = 2 \sim 2.5$로 하면

$$d_1 = 1.36 \sqrt[3]{\frac{16\, T \cdot S}{\pi \cdot \tau_{wo}}} \tag{2.22}$$

τ_{wo} : 평활재의 비틀림 피로한도

완만한 변동하중 때의 안전율 : $S = 1.5 \sim 2$

충격적 변동하중 때의 안전율 : $S = 2.3 \sim 3$으로 한다.

표 2.8 스플라인 허용면압 p [kg/mm²]

고 정	무하중의 활동	하중 상태에서 활동
7 이상	4.5 이상	3 이하

표 2.9, 2.10은 각형 스플라인의 상세 치수를 나타낸다.

표 2.9 경화중용 각형 스플라인(1형) (단위 : mm)

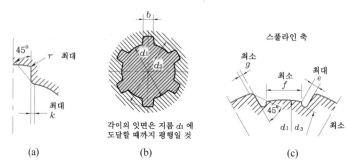

각이의 잇면은 지름 d_1 에 도달할 때까지 평행일 것

(a)　　　　　(b)　　　　　(c)

호칭지름 d	잇수 n	작은 지름 d_1	큰 지름 d_2	이두께 b	g 최소	k 최대	r 최대	d_3 최소	e 최대	f 최소	면적 최대 s_0 [mm²]
23		23	26	6				22.08	1.27	3.44	6.6
26		26	30	6			0.2	24.56	1.90	3.75	9.5
28		28	32	7				26.69	1.80	3.96	9.6
32		32	36	8	0.3			30.74	1.73	5.21	9.6
36		36	40	8			0.3	34.64	1.74	7.31	9.5
42	6	42	46	10		0.3		40.80	1.60	8.69	9.6
46		46	50	12				44.96	1.50	8.95	9.7
52		52	58	14				50.30	2.40	8.24	15.1
56		56	62	14				54.21	2.42	10.34	14.9
62		62	68	16	0.4	0.4	0.5	60.34	2.30	11.68	15.0
72		72	78	18				70.38	2.21	15.10	14.9
82		82	88	20				80.43	2.12	18.48	14.9
92		92	98	22				90.48	2.05	21.85	14.8
32		32	36	6				30.37	1.12	2.69	11.0
36		36	40	7	0.4	0.4	0.3	34.46	1.82	3.45	11.9
42		42	46	8				40.50	1.74	4.97	11.1
46	8	46	50	9				44.58	1.68	5.66	11.1
52		52	58	10				49.65	2.73	4.90	17.9
56		56	62	10	0.5	0.5	0.5	53.55	2.73	6.47	17.7
62		62	68	12				59.78	2.56	7.16	17.9
72		72	78	12				69.59	2.56	6.45	22.0
82		82	88	12				79.42	2.54	8.64	21.7
92	10	92	98	14	0.5	0.5	0.5	89.59	2.42	10.02	21.8
102		102	108	16				99.73	2.10	11.59	21.9
112		112	120	18				108.84	3.23	10.65	32.1

CHAPTER 02 키, 코더 및 핀

표 2.10 중하중용 각형 스플라인(2형) (단위 : mm)

호칭지름 d	잇수 n	작은 지름 d_1	큰 지름 d_2	이두께 b	g 최소	k 최대	r 최대	d_3 최소	e 최대	f 최소	면적 최대 s_0[mm²]
11		11	14	3				9.96	1.54	–	6.6
13		13	16	3.5				11.98	1.49	0.28	6.6
16		16	20	4	0.3	0.3	0.3	14.53	2.11	0.11	9.6
18		18	22	5				16.68	1.97	0.41	9.7
21		21	25	5				19.53	2.01	1.93	9.5
23		23	28	6				21.26	2.37	1.24	12.7
26		26	32	6				23.67	3.16	1.24	14.6
28		28	34	7				25.84	3.01	1.55	14.8
32	6	32	38	8	0.4	0.4	0.4	29.90	2.90	2.87	14.8
36		36	42	8				33.73	2.93	4.93	14.6
42		42	48	10				39.94	2.72	6.46	18.5
46		46	54	12				43.35	3.69	4.56	20.2
52		52	60	14				49.51	3.50	6.04	20.4
56		56	65	14				52.95	4.24	6.69	23.2
62		62	72	16	0.5	0.5	0.5	58.71	4.51	7.27	26.4
72		72	82	18				68.75	4.69	10.12	26.3
82		82	92	20				78.80	4.55	13.63	26.3
92		92	102	22				88.85	4.42	17.12	26.2
32		32	38	6				29.37	3.20	0.12	19.1
36		36	42	7	0.4	0.4	0.4	33.48	3.07	0.95	19.2
42		42	48	8				39.51	2.94	2.56	19.2
46	8	46	54	9				42.63	4.10	0.80	26.0
52		52	60	10				48.66	3.88	2.60	26.0
56		56	65	10	0.5	0.5	0.5	52.01	4.76	8.41	29.9
62		62	72	12				57.81	5.01	2.24	34.1
72		72	82	12				67.47	5.30	–	42.2
82		82	92	12				77.18	5.35	3.02	41.9
92	10	92	102	14	0.5	0.5	0.5	87.40	5.11	4.63	42.1
102		102	112	16				97.60	4.90	6.17	42.1
112		112	125	18				106.16	6.49	4.12	57.3

예제 2-4 각형 스플라인 축의 큰 지름 $d_2 = 58$ mm, 작은 지름 $d_1 = 52$ mm, 잇수 $z = 8$, 보스의 길이 $l = 80$ mm이다. 이에 대한 내압을 $p = 400$ kg/cm²로 할 때, 스플라인의 전달토크 는 얼마인가?

이의 높이 $h = \dfrac{d_2 - d_1}{2} = \dfrac{58 - 52}{2} = 3\,\text{mm}$

$$T = 0.75z \cdot h \cdot l \cdot p \cdot \frac{d}{2}$$

$$= 0.75 \times 8 \times 0.3 \times 8 \times 400 \times \frac{5.8 + 5.2}{2} = 31,680 \, \text{kg} \cdot \text{cm}$$

(2) 인벌류트 스플라인(involute spline)

잇면이 인벌류트 곡선을 이루는 스플라인이며 인벌류트 외치차를 내치차에 끼워맞춤한 것이다. 각형 스플라인에 비하여 인벌류트 스플라인은 다음과 같은 이점이 있다.

- 치형이나 피치의 정밀도를 높이기 쉬우므로 회전력을 원활하게 전달할 수 있다.
- 회전력이 작용하면 자동적으로 동심이 된다.
- 축의 이뿌리 강도가 크고 이의 골부에 노치 홈이 필요 없기 때문에 동력전달능력이 크다.

① 모듈식 인벌류트 스플라인

자동차용 인벌류트 스플라인은 잇줄의 틀어짐 및 테이퍼가 없는 것으로 하고, 이의 기준 유효높이를 1모듈[m], 기준 피치원 위에서의 압력각을 20°, 전위량을 0.8모듈[m]로 하여 치절삭한 것을 표준으로 하고 있다. 그림 2.18은 기호의 설명, 그림 2.19는 기준 래크를 나타내고 있다. 모듈은 0.5, 0.75, 1, 1.25, 1.5, 1.667, 2, 2.5, 3, 3.75, 4.5, 5, 6, 7.5, 10의 15종류, 잇수는 6~40에 관하여 정하고 있다.

호칭지름 d는 큰 지름 d_2(축) 혹은 D_2(구멍)의 기본 치수로서 전위계수(x)가 0.8인 경우와 아닌 경우에 대해서 다음과 같이 구한다.

$$d = (z + 2)\,\text{m} : x = 0.8\text{인 경우} \tag{2.23}$$
$$d = (z + 2x + 0.4)\,\text{m} : x \neq 0.8\text{인 경우}$$

그림 2.18에서 d_2와 D_2는 큰 지름 맞춤인 경우를 나타내고, d_1과 D_1은 잇면 맞춤인 경우를 나타낸다. S_o는 기준 피치원상의 이두께를 나타낸다.

중심 맞춤은 인벌류트 스플라인의 자동적 동심성을 이용하기 위하여 잇면 맞춤하기를 바라고 있지만 특별히 틈새가 큰 끼워맞춤을 할 경우나, 열처리에 의하여 생긴 잇면의 변화를 제거하기 곤란할 경우 때문에 큰 지름 맞춤법도 규정되어 있다. 끼워맞춤에는 반드시 틈새가 있는 자유, 작은 틈새가 있는 활동, 작은 죔쇠가 있는 고정, 반드시 죔쇠가 있는 압입의 4종류를 표 2.11에 표시하였다.

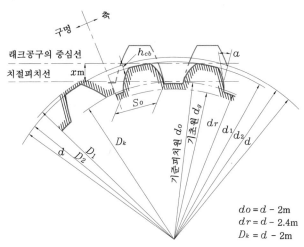

그림 2.18 ▶ 인벌류트 스플라인

$$do = d - 2m$$
$$dr = d - 2.4m$$
$$D_k = d - 2m$$

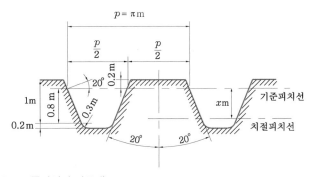

그림 2.19 ▶ 인벌류트 스플라인과 기준래크

인벌류트 스플라인의 이의 압력각은 30°가 가장 적당하며, 규정되어 있는 스플라인 축의 기준래크는 압력각이 20°이지만, 일반적으로 0.8 m의 전위량을 주어 치절하므로 축과 구멍과의 이의 접촉 높이 중앙부에서 약 30°의 압력각이 된다(그림 2.19).

표 2.11 잇면의 치수 단계와 끼워맞춤

조합		자유	활동	고정	압입
잇면 맞춤	큰 지름	–	–	–	–
	잇면	a급	b급	c급	d급
큰 지름 맞춤	큰 지름	–	2급	3급	–
	잇면	–	a급	a급 또는 b급	–

② 지름 피치식 인벌류트 스플라인

SAE 규격으로 지름 피치 기준인 표준치 높이의 1/2에 해당하는 낮은치이며, 압력각은 30°, 잇수는 6~60의 55종, 피치는 2.5/5, 3/6, 4/8, 5/10, 6/12, 8/16, 10/20, 12/24, 16/32, 20/40, 24/48, 32/64, 40/80, 48/96의 14종이다.

예를 들어, 8/16은 이의 피치가 DP에 해당하고 어덴덤 및 디덴덤은 16DP에 해당하는 낮은 치를 의미한다.

끼워맞춤은 큰 지름 맞춤, 치면 맞춤으로 하고 활동, 고정의 등급을 정하고 있다. 스플라인 길이는 토크나 중심 맞춤에 대하여 피치원지름 이하의 길이면 대략 충분하다. 인벌류트 스플라인의 작은 지름을 D_r이라 하고 축의 허용전단응력을 τ, 토크를 T로 하면

$$T = \tau \pi D^3_{/16r} \tag{2.24}$$

이홈 바닥의 응력집중계수는 잇수의 증가와 더불어 크게 되고, 큰 지름과 같은 실축과의 比비틀림각을 동일하게 하는 경우 잇수 30매 이상에서는 거의 일정치 $\alpha_o \geq 1.65$로 되고, 비틀림모멘트를 동일하게 하면 $\alpha_T = 2 \sim 3$으로 된다. 또 지름 피치원에 있어서 이의 전단강도를 생각하면

$$T = \tau(\pi DL/2) \cdot D/2$$
$$T = \tau \pi D^2 L/4 \tag{2.25}$$

T의 처음 식 (2.24)와 최후 식 (2.25)를 비교하면

$$L = 0.250 D^3_{/D^2 r} \tag{2.26}$$

로 정해지지만, 이가 모두 일시에 접촉하는 일은 없을 것이므로 25%만 접촉하는 것으로 하면

$$L = D^3_{/D^2 r} \tag{2.27}$$

또 이의 면압력 P는 다음과 같이 구할 수 있다.

$$P = \frac{T\alpha}{zhL\dfrac{d_m}{2}} \tag{2.28}$$

여기서 T는 전달토크, α는 압력집중계수, L은 스플라인의 접촉길이, h는 이높이로서 0.8~0.9 m(module)이며, $d_m = d - h$가 된다.

/2.2.2/ 세레이션(serration)

세레이션은 축과 구멍을 결합하기 위하여 사용되는 것으로 삼각 세레이션과 인벌류트 세레이션이 있다. 이들은 잇줄에 틀어짐이 없고, 피치가 가늘며, 잇수를 많이 하여 결합의 위상을 조밀하게 조절할 수 있는 특징이 있다. 그리고 테이퍼가 없는 것이 보통이며 부품을 활동시키지 않는 경우에 사용된다.

(1) 삼각 세레이션

삼각 세레이션은 표 2.12와 같은 DIN의 규격이 있으나, 일반적으로 정밀도가 낮고 공작에 손이 많이 가기 때문에 많이 사용되고 있지 않다.

표 2.12 삼각 세레이션 및 전달토크

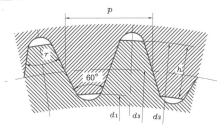

호칭지름 $d_1 \cdot d_2$	d_1	d_2	d_3	p	$r°$	z	$T[\text{cm} \cdot \text{kg/mm}]$
7·8	6.9	8.1	7.5	0.842	47° 8′ 35″	28	47.2
8·10	8.1	10.1	9	1.010	47° 8′ 35″	28	95.7
10·12	10.1	12	11	1.152	48°	30	118
12·14	12	14.2	13	1.317	48° 23′ 14″	31	167
15·17	14.9	17.2	16	1.571	48° 25′	32	221
17·20	17.3	20	18.5	1.761	49° 5′ 27″	33	311
21·24	20.8	23.9	22	2.033	49° 24′ 42″	34	464
26·30	26.5	30	28	2.513	49° 42′ 52″	35	649
30·34	30.5	34	32	2.792	50°	36	761
36·40	36	39.9	38	3.226	50° 16′ 13″	37	1025
40·44	40	44	42	3.472	50° 31′ 35″	38	1,198
45·50	45	50	47.5	3.826	50° 46′ 9″	39	1,735
50·55	50	54.9	52.5	4.123	51°	40	1,930
55·60	55	60	57.5	4.301	51° 25′ 43″	42	2,265

주 전달토크 $T = 0.75 zhr_m Lp/10[\text{cm} \cdot \text{kg}]$, 유효 이높이 $h[\text{mm}]$, 면압 $p[\text{kg/mm}^2]$, 잇수 z, 길이 $L[\text{mm}]$

$$r_m = \frac{d_1 + d_3}{4}[\text{mm}] \quad (p = 10\text{kg/mm}^2, \ L = 1.0\text{mm})$$

(2) 인벌류트 세레이션

① 모듈식 인벌류트 세레이션은 이의 유효높이를 0.8 m, 기준 피치원상의 압력각을 45°, 전위량을 0.1 m로 하고, 모듈은 0.5~2.5의 6종류, 잇수는 10~60으로 정하고 있다. 또 중심 맞춤은 잇면 맞춤으로, 끼워맞춤은 고정 맞춤으로 규정되어 있다. 표 2.13은 KS에 규정된 인벌류트 스플라인의 기본 치형 및 호칭지름을 나타낸다.

② 지름 피치식 인벌류트 세레이션(SAE 규격)은 그림 2.21과 같으며, 압력각 45°, 지름 피치 10/20, 16/32, 20/40, 24/48, 32/64, 40/80, 48/96, 64/128, 80/160, 128/256의 10종, 잇수는 처음 4종류의 지름피치에 대하여 6~100의 95종, 바깥지름은 0.1″(2.5 mm)~10.00″(254 mm)의 범위이다. 다른 피치에 대해서는 정하지 않고 있다.

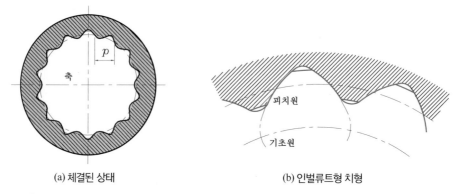

(a) 체결된 상태 (b) 인벌류트형 치형

그림 2.20 ▶ 인벌류트 세레이션

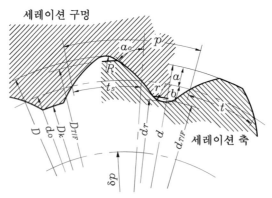

그림 2.21 ▶ SAE 인벌류트 세레이션

표 2.13 인벌류트 세레이션 이의 기본 모양 및 호칭지름(단위 : mm)

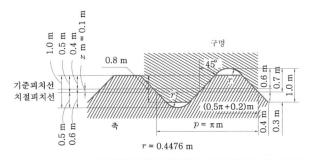

잇수 \ 모듈	0.50	0.75	1.00	1.50	2.00	2.50
10	5.50	8.25	11.00	16.50	22.00	27.50
11	6.00	9.00	12.00	18.00	24.00	30.00
12	6.50	9.75	13.00	19.50	26.00	32.50
13	7.00	10.50	14.00	21.00	28.00	35.00
14	7.50	11.25	15.00	22.50	30.00	37.50
15	8.00	12.00	16.00	24.00	32.00	40.00
16	8.50	12.75	17.00	25.50	34.00	42.50
17	9.00	13.50	18.00	27.00	36.00	45.00
18	9.50	14.25	19.00	28.50	38.00	47.50
19	10.00	15.00	20.00	31.00	40.00	50.00
20	10.50	15.75	20.00	31.50	42.00	52.50
21	11.00	16.50	22.00	33.00	44.00	55.00
22	11.50	17.25	23.00	34.00	46.00	57.50
23	12.00	18.00	24.00	36.00	48.00	60.00
24	12.50	18.75	25.00	37.50	50.00	62.50
25	13.00	19.50	26.00	39.00	52.00	65.00
26	13.50	20.25	27.00	40.50	54.00	67.50
27	14.00	21.00	28.00	42.00	56.00	67.00
28	14.50	22.50	29.00	43.50	58.00	72.50
29	15.00	23.25	30.00	51.00	60.00	75.00
30	15.50	23.25	31.00	46.50	62.00	77.50
31	16.00	24.00	32.00	48.00	64.00	80.00
32	16.50	24.75	33.00	49.50	66.00	82.50
33	17.00	25.50	34.00	51.00	68.00	85.00
34	17.50	26.25	35.00	52.50	70.00	87.50
35	18.00	27.00	36.00	54.00	72.00	90.00
36	18.50	27.75	37.00	55.50	74.00	92.50
37	19.00	28.50	38.00	57.00	76.00	95.00
38	19.50	29.25	39.00	58.50	78.00	97.00

(계속)

잇수 \ 모듈	0.50	0.75	1.00	1.50	2.00	2.50
39	20.00	30.05	40.00	60.00	80.00	100.50
40	20.50	30.75	41.00	61.50	82.00	102.50
41	21.00	31.50	42.00	63.00	84.00	105.00
42	21.50	32.25	43.00	64.50	86.00	107.50
43	22.00	33.00	44.00	66.00	88.00	110.00
44	22.50	33.75	45.00	67.50	90.00	112.50
45	23.00	34.50	46.00	69.00	92.00	115.00
46	23.50	35.25	47.00	70.50	94.00	117.50
47	24.00	36.00	48.00	72.00	96.00	120.00
48	24.50	36.75	49.00	83.50	98.00	122.50
49	25.00	37.50	50.00	75.00	100.00	125.00
50	25.50	39.25	51.00	76.50	102.00	127.50
51	26.00	39.00	52.00	78.00	104.00	130.00
52	26.50	39.75	53.00	79.50	106.00	132.50
53	27.00	40.50	54.00	81.00	108.00	135.00
54	27.50	41.25	55.00	82.50	110.00	137.50
55	28.00	42.00	56.00	84.00	112.00	140.00
56	28.50	42.75	57.50	85.50	114.00	142.50
57	29.00	43.50	58.00	87.00	116.00	145.00
58	29.50	44.25	59.50	88.50	118.00	147.50
59	30.00	45.00	60.00	90.00	120.00	150.00
60	30.50	45.75	61.50	91.50	122.00	152.50

(주) 표 중의 굵은 선의 테두리 안의 호칭지름은 상용임을 나타낸다.

/2.2.3/ 볼 스플라인

볼 스플라인(ball spline)은 그림 2.22에 표시한 것과 같이 스플라인 축과 그 위를 운동하는 외통으로 구성되고, 외통은 또 본체와 엔드캡(end cap) 및 강구로 구성되어 있다. 볼은 스플라인 축과 외통 본체에 새겨진 홈내를 전동하며 외통 본체에 설치된 리턴홈을 통하여 순환 운동을 한다. 볼홈은 축지름에 의하여 3개 혹은 6개가 설치되고, 볼을 끼워넣어 축과 외통 본체 사이에 토크를 전달하도록 조립되어 있다.

이와 같은 볼 스플라인은 축방향의 이동에 대한 마찰저항이 극히 작고, 예압(preload)을 줄수 있기 때문에 회전할 때의 편진동을 완전히 제거할 수가 있고, 더 나아가서는 비틀림모멘트에 대한 강성을 상당히 증가시킬 수 있는 장점을 구비하고 있다.

볼 스플라인은 정밀기계분야의 자동화 이송장치에서 이송나사와 연결된 구조물의 회전 및

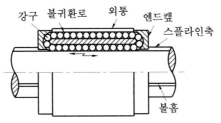

그림 2.22 ▶ 볼 스플라인의 구조 예

회전 흔들림을 방지하기 위하여 반드시 사용되어야 한다. 다음에 소개되는 K 프로필도 동일한 회전방지 기능이 있다.

/2.2.4/ K 프로필(K profile)

그림 2.23과 같이 오스트리아의 Ernst Krause CO가 1938년에 정삼각형의 각을 둥글게 한 모양의 단면축 및 구멍을 전용 연삭기로 연삭하여 K 프로필이라고 명명하였다.

이것의 제작은 스플라인보다 손쉽고 또 키홈의 노치가 없으므로 축의 강도도 크고, 마모하여도 3점 지지 때문에 편심이 작다. 그 후에 이 형상을 개량하여 배를 부르게 하고 전주를 곡선으로 한 변형비원(變形非圓)의 것을 제작하였다. 전달토크 T는

$$T = zed_mlp \tag{2.29}$$

여기서 그림 2.24와 같이 작은 지름 d_i에 대하여 $2e$의 높이의 키가 z개 있는 것으로 생각하여 식을 세웠다. e는 편심량, d_m은 비원 지름, l은 보스의 길이, p는 허용면압이고 키의 경우보다 낮게 취하며, 대략 $p = 0.4 \sim 0.7\,\text{kg/mm}^2$ 정도로 한다.

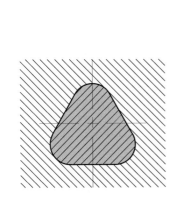

그림 2.23 ▶ K 프로필

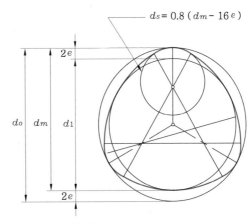

그림 2.24 ▶ 변형비원

/2.2.5/ 각축 이음

각축과 사각구멍과의 맞춤은 구조가 간단하고 공작이 쉽기 때문에 공구의 끝, 핸들축의 끝부분 등에 널리 사용되어 왔다. 각축 이음은 보통 그림 2.25와 같이 사각원의 축과 구멍을 제작하며 결합한 접촉면은 $\overline{AB}$ 가 된다.

이들의 축지름은 $\phi 14 \sim 95$의 범위이고 끼워맞춤은 틈새 끼워맞춤 또는 죔 끼워맞춤을 모두 사용할 수 있다. 여기서 허용면압이 p일 때 회전력은 $Q = 4\overline{AB}\,lp$가 되고 각축의 전달토크는

$$T = W \cdot \overline{OC} = Q \cdot \overline{OC} \cos\alpha$$
$$= 4\overline{AB} \cdot \overline{OC}\, lp \cos\alpha \tag{2.30}$$

W : AB의 중점 C에서 반지름 OC의 직각 방향으로 작용하는 회전력

$$p = 4 \sim 6\, \text{kg/mm}^2 (\text{허용면압력})$$

또 D를 기준으로 하여 각축의 한 변의 길이 및 보스의 드릴구멍 지름은

고정형 : $d/D = 0.73$, $d'/D = 0.75$

활동형 : $d/D = 0.8$, $d'/D = 0.83$

D : 각축의 바깥지름 d : 각축의 한 변의 길이

d' : 보스 드릴구멍의 지름

으로 한다. 이것을 위 식에 대입하면 전달토크는

고정형 : $T = 0.017 D^2 lp$

활동형 : $T = 0.025 D^2 lp$ (2.31)

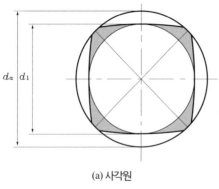

(a) 사각원

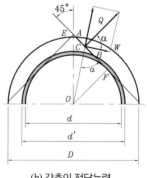

(b) 각축의 전달능력

그림 2.25 ▶ 각축(角軸) 이음

예제 2-5 그림에서 보는 바와 같이 윈치의 핸들축의 축단의 각축을 설계하시오.

비틀림모멘트 $T=47.7\times35=1670\,\mathrm{kg\cdot cm}$, aa 단면의 굽힘모멘트 $M=47.7\times20=954\,\mathrm{kgf\cdot cm}$, 사각 단면의 대변의 길이, 즉 내면압의 지름을 d 라고 하면

$$비틀림응력 \quad \tau=\frac{T}{Z_p}=\frac{1{,}670}{0.208d^3}\fallingdotseq\frac{8{,}000}{d^3}$$

여기서 Z_p : 극단면계수$= 0.208d^3$(사각 단면이므로)

$$또 \ 굽힘응력 \quad \sigma=\frac{M}{Z_z}=\frac{954}{\left(\dfrac{\sqrt{2}}{12}\right)d^3}\fallingdotseq\frac{8{,}100}{d^3}$$

$$최대전단응력 \quad \tau_{\max}=\frac{1}{2}\sqrt{\sigma^2+4\sqrt{\tau^2}}$$

$$=\frac{1}{2}\sqrt{\left(\frac{8{,}100}{d^3}\right)^2+4\sqrt{\left(\frac{8{,}000}{d^3}\right)^2}}=\frac{4{,}050}{d^3}$$

축재를 $0.35\%\ C$의 강철로 하면

$$\sigma_u=50,\ \ \sigma_e=30,\ \ n_e=3,\ \ \tau_w=\frac{\sigma_e}{2n_e}=\frac{30}{2\times3}=5\,\mathrm{kgf/mm^2}$$

이것을 $\tau_{\max}$에 대입하면

$$500=\frac{4{,}050}{d^3},\ \ d=\sqrt[3]{\frac{8{,}950}{500}}=2\mathrm{cm}\fallingdotseq20\,\mathrm{mm}$$

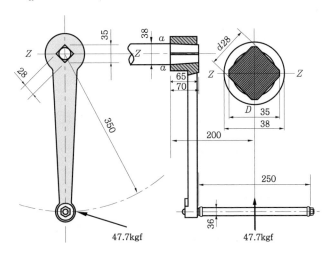

　　코터 이음(cotter joint)은 그림 2.26과 같이 코터, 소켓(socket), 로드엔드(rod end)로 구성된다. 코터 이음은 보통 피스톤 로드, 크로스 헤드, 연결봉 사이의 체결과 같이 축방향으로 인장 또는 압축을 받는 봉을 연결하는 데 사용된다. 연결할 두 축 또는 봉의 양쪽 끝을 로드엔드와 소켓 형상으로 그림과 같이 가공하여 체결한 후 테이퍼 가공된 판상의 쐐기형상의 코터를 때려 박는다. 코터 재료는 연결되는 로드보다 딱딱한 강철을 사용한다. 코터 테이퍼각은 때때로 분해할 것에 대비하여 비교적 크게 하고 영구적으로 체결하는 것에는 작게 가공한다. 그러나 로드에 힘이 작용하였을 때 코터가 이탈되지 않도록 자립상태를 유지할 수 있도록 설계해야 한다.

　　그림 2.27과 같이 축(로드엔드)을 소켓에 틈새 없이 끼우고 코터를 때려 박으면 축과 코터, 코터와 소켓 사이에 압력 p_m이 분포된다.

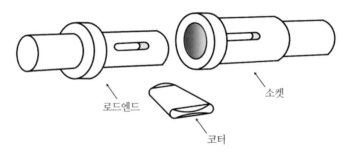

그림 2.26 ▶ 코터 이음의 부품

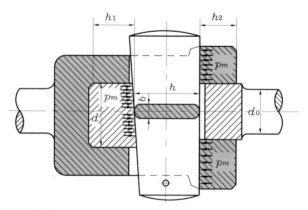

그림 2.27 ▶ 코터 이음의 압력분포

지금 양측에서 α_1, α_2의 경사를 갖는 코터를 Q의 힘으로 박아서 축방향에 P의 힘을 나타나게 할 때, 코터에 미치는 좌우 반력을 R_1, R_2, 마찰각을 ρ_1, ρ_2로 하면(그림 2.28 참조)

$$Q = R_1 \sin(\alpha_1 + \rho_1) + R_2 \sin(\alpha_2 + \rho_2)$$
$$P = R_1 \cos(\alpha_1 + \rho_1) = R_2 \cos(\alpha_2 + \rho_2)$$

따라서 축방향에 P의 힘을 받으며 코터를 박는 힘은

$$\therefore Q = P\left\{\tan(\alpha_1 + \rho_1) + \tan(\alpha_2 + \rho_2)\right\} \tag{2.32}$$

축방향에 P의 힘을 받으며 코터를 빼낼 때 필요한 힘은

$$Q' = P\left\{\tan(\rho_1 - \alpha_1) + \tan(\rho_2 - \alpha_2)\right\} \tag{2.33}$$

자연적으로 빠져나오지 않기 위해서는 $Q' \geqq 0$이어야 하므로 자립조건은 $\alpha_1 = \alpha_2 = \alpha$, $\rho_1 = \rho_2 = \rho$의 경우에는 $\alpha \leqq \rho$이다.

또 $\alpha_2 = 0$인 한쪽 경사의 코터 조인트에서 코터를 빼낼 때는

$$Q' = P\left\{\tan(\rho_1 - \alpha_1) + \tan\rho_2\right\} \tag{2.34}$$

이때 자립조건은 $\alpha_1 = \alpha$, $\alpha_2 = 0$, $\rho_1 = \rho_2 = \rho$의 경우에는 $\alpha \leqq 2\rho$이다(그림 2.27).

마찰계수 μ는

$$\text{윤활이 있는 경우 } \mu = 0.05 \sim 0.10\,(\rho = 3° \sim 6°)$$
$$\text{윤활이 없는 경우 } \mu = 0.15 \sim 0.4\,(\rho = 8.5° \sim 22°)$$

일반적으로 경사는 분해하지 않는 것에 대하여 1/100이지만

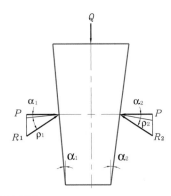

그림 2.28 ▶ 코터를 때려 박을 때 힘의 평형

$$\tan\alpha = 1/20 \sim 1/40 \; : \; \text{미끄럼 방지 불필요}$$
$$\tan\alpha = 1/15 \sim 1/10 \; : \; \text{미끄럼 방지에 핀 사용}$$
$$\tan\alpha = 1/15 \sim 1/5 \;\; : \; \text{미끄럼 방지에 너트 사용}$$

/2.3.1/ 코터 이음의 강도설계

코터 및 코터 이음의 강도 설계에서 코터와 로드엔드의 접촉응력, 로드엔드의 인장 및 전단 코터의 굽힘, 소켓의 인장 및 전단강도 그리고 로드엔드 칼라의 강도 등을 다음과 같이 고려해야 한다.

(1) 인장력에 의한 로드의 인장파괴

$$P = \frac{\pi}{4}{d_0}^2 \sigma_t \tag{2.35}$$

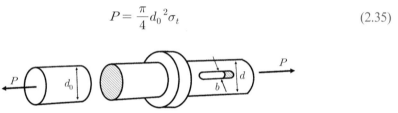

그림 2.29 ▶ 로드의 인장응력 해석

(2) 인장력에 의한 로드 코터 구멍 부위의 인장파괴

$$P = \left(\frac{\pi}{4}d - b\right)d\sigma_t \tag{2.36}$$

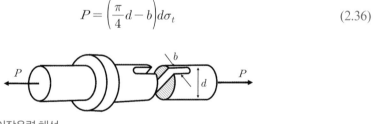

그림 2.30 ▶ 로드엔드의 인장응력 해석

(3) 코터의 압축력에 의한 로드의 코터 구멍과 끝단 사이의 전단파괴

그림 2.31에서 구멍 안쪽으로 작용하는 압축력 P로 인하여 이중전단이 전단단면적 dh_1에서 발생하므로

$$P = 2dh_1\tau_s \tag{2.37}$$

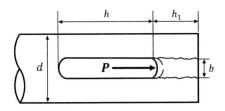

그림 2.31 ▶ 로드엔드의 코터구멍에서 발생하는 전단과 압축

(4) 코터의 압축력에 의한 로드 코터구멍의 압축파괴

그림 2.31에서 압축단면적은 db이므로

$$P = db\sigma_c \tag{2.38}$$

(5) 소켓 끝의 압축력에 의한 로드 칼러의 압축파괴

그림 2.32에서 소켓 끝단이 로드 칼러에 접촉하여 압축력 P가 작용하므로 칼러에서 압축응력은 다음과 같이 계산된다.

$$P = \frac{\pi}{4}(d_3{}^2 - d^2)\sigma_c \tag{2.39}$$

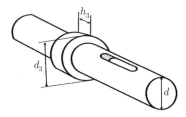

그림 2.32 ▶ 로드 칼러의 응력해석

(6) 소켓 끝의 압축력에 의한 로드 칼러의 전단파괴

그림 2.32에서 소켓 끝단이 로드 칼러에 접촉하여 압축력 P가 작용하고, 전단 단면적이 πdh_3이므로 로드 칼어에서 다음과 같이 전단응력이 발생한다.

$$P = \pi dh_3 \tau_3 \tag{2.40}$$

(7) 인장력에 의한 소켓 구멍 단면의 인장파괴

$$P = \left\{ \frac{\pi}{4}(d_1{}^2 - d^2) - (d_1 - d)b \right\} \sigma_t \tag{2.41}$$

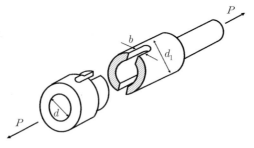

그림 2.33 ▶ 소켓 구멍 단면의 인장파괴

(8) 코터의 압축력에 의한 소켓의 코터 구멍 옆 벽과 소켓 플렌지 사이의 전단파괴

그림 2.34에서 플렌지 위쪽 파단부의 전단 단면적은 $2(\dfrac{D-d}{2})h_2$ 이므로

$$\frac{P}{2} = 2(\frac{D-d}{2})h_2\tau_s \text{ 에서}$$

$$P = 2(D-d)h_2\tau_s \tag{2.42}$$

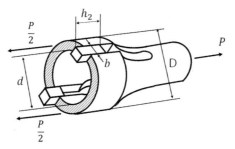

그림 2.34 ▶ 소켓의 코터 구멍 옆 벽과 소켓 플렌지 사이의 전단파괴

(9) 로드와 소켓의 압축력에 의한 코터의 이중 전단파괴

그림 2.27에 도시된 바와 같이 코터에서 이중 전단이 일어난다. 코터의 단면적이 bh 이므로

$$P = 2bh_2\tau_s \tag{2.43}$$

(10) 로드와 소켓의 압축력에 의한 코터의 굽힘파괴

그림 2.27과 같이 조립된 코터에 작용하는 균일분포하중을 집중하중이 각 부위의 도심에 작용한다고 보면 그림 2.35와 같이 굽힘모멘트를 계산할 수 있다.

$$M_{\max} = \frac{P}{2}\left(\frac{3}{8}D - \frac{1}{8}D\right) = \frac{PD}{8} \ \text{에서} \ \ \sigma_b = \frac{M}{Z} = \frac{M}{\frac{bh^2}{6}} = \frac{\frac{PD}{8}}{\frac{bh^2}{6}} = \frac{3PD}{4bh^2}$$

$$P = \frac{4bh^2\sigma_b}{3D} \tag{2.44}$$

여기서 h에 관하여 풀면

$$h = \sqrt{\frac{3PD}{4b\sigma_b}} \tag{2.45}$$

$D = 2d, \ P = \sigma_t\left(\frac{\pi}{4}d^2 - bd\right)$를 대입하면

$$h = \sqrt{\frac{3}{2}\left(\frac{\pi}{4}\cdot\frac{d}{b} - 1\right)\frac{\sigma_t}{\sigma_b}\cdot d} \tag{2.46}$$

$b = \dfrac{d}{3}, \ \sigma_t = \sigma_b$로 하면

$$h \fallingdotseq \frac{2}{3}d \tag{2.47}$$

일반적으로 h와 d의 비율은 다음과 같이 설계한다.

$$h = (1 \sim 1.25)d \tag{2.48}$$

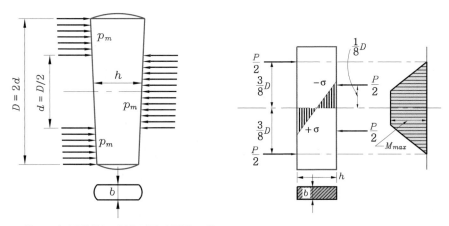

그림 2.35 ▶ 코터의 균일분포 압축하중과 굽힘모멘트

코터에는 굽힘응력 외에 전단응력도 작용하므로 $\dfrac{d+0.5d}{h} < 0.7$ 이면 $\tau = \dfrac{P}{2dh}$ 로 계산하는 것이 좋다. 이때 P는 축이 받는 힘 P_0의 1.25배, 즉 $P = 1.25P_0$로 한다.

(11) 축 플랜지(칼라 : collar)의 강도

인장, 압축, 두 방향의 힘을 교대로 받는 코터 조인트에서 인장력은 코터로 받아지고, 압축력은 축 테이퍼부 또는 플랜지부에서 받는 구조로 되어 있기 때문에 코터를 때려 박는 것만으로도 축 내부에 응력이 발생하고 또 작용력에 의한 응력이 가산된다.

그림 2.36과 같이 코터를 박으면 내축 사이는 인장력 $+P$ 가 작용하고 원통부 사이에는 압축력 $-P$ 가 작용한다. 축의 작용력을 P_0라고 하면 전체 축방향의 힘 $P = 1.25P_0$로 취한다. 즉, 코터 박음에 의하여 발생하는 $+P$, $-P$는 P_0의 125% 정도로 본다. 그림 2.36과 같이 압축력이 작용할 때의 축 플랜지부의 강도는

$$\text{압축강도} : \sigma_c = \frac{P}{\dfrac{\pi}{4}(d_2^2 - d^2)} \tag{2.49}$$

$$\text{굽힘강도} : \sigma_b = \frac{P\dfrac{1}{2}(d_2 - d) \cdot \dfrac{1}{2}}{\dfrac{\pi df^2}{6}} \tag{2.50}$$

$$\text{전단강도} : \tau_s = \frac{P}{\pi df} \tag{2.51}$$

σ_c의 허용값은 보통 6 kg/mm^2 정도로 하면 식 (2.50)에서 d_2, 식 (2.51)에서 f를 구할 수 있다.

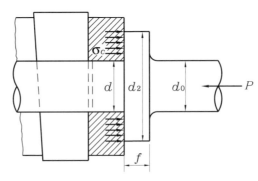

그림 2.36 ▶ 플랜지의 강도해석

/2.3.2/ 축 선단이 원뿔형인 코터 이음

압축력을 받을 수 있는 원뿔축의 코터 이음은 압축력에 의하여 원통 구멍이 확장되어 균열될 염려가 있다.

그림 2.37에서 접촉 압력은 전 원뿔면에 균일하게 분포하는 것으로 가정하고, 단위 면적당 압력을 p로 하면 전 접촉력 R은

$$R = \pi d_m \frac{l}{\cos \alpha} p, \qquad d_m = \frac{d_1 + d_2}{2}$$

$\mu = \tan \rho$로 하면

$$Q = R \sin(\alpha + \rho)$$

$$Q = \pi d_m l p \frac{\sin(\alpha + \rho)}{\cos \alpha} \tag{2.52}$$

$\cos \alpha \doteqdot \cos(\alpha + \rho) \doteqdot 1$로 놓으면

$$Q = \pi d_m l p (\alpha + \rho)$$

$$\therefore \ p = \frac{Q}{\pi d_m l (\alpha + \rho)} \tag{2.53}$$

이 p에 의하여 원통 길이 방향 단면에 발생하는 원주 방향의 인장응력 σ_t는 얇은 원통의 경우를 생각하여

$$\sigma_t = \frac{p d_m l}{2 S(l - h)} = \frac{Q}{2 \pi S(l - h)(\alpha + \rho)} \tag{2.54}$$

따라서 이 p 및 σ_t 가 허용값 이하로 되도록 치수를 결정해야 한다.

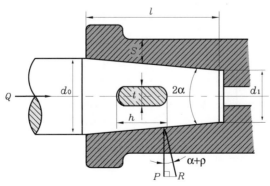

그림 2.37 ▶ 원뿔형 코터 이음

/2.3.3/ 테이퍼 박음의 마찰 토크

원뿔형의 보스 구멍에 동일 테이퍼의 원뿔형 축을 박고 축방향에 힘 Q를 가하면 원뿔 접촉면에는 압력이 발생하고, 그 전 압력이 수직항력 R로 작용한다. 이때 접촉면에는 마찰저항이 나타나며 이것을 μR로 하면

$$Q = R(\sin\beta + \mu\cos\beta) \tag{2.55}$$

축을 회전시킬 때 R에 의하여 원뿔면의 원주 접선 방향에 발생하는 마찰력은

$$F = \mu^* R = \frac{\mu^* Q}{(\sin\beta + \mu\cos\beta)}$$

여기서 회전방향 운동을 방해하는 마찰계수는 μ^*이고 빗면방향 운동을 방해하는 마찰계수는 μ임에 주의할 필요가 있다. 두 방향의 마찰계수가 반드시 동일하지는 않다.

전달토크는 $d_m = (d_1 + d_2)/2$로 하여

$$T = \frac{Fd_m}{2} = \frac{\mu^* Q\, d_m}{2(\sin\beta + \mu\cos\beta)} \tag{2.56}$$

축을 뺄 때는

$$Q = R(\sin\beta - \mu\cos\beta) \tag{2.57}$$

$\tan\beta < \mu$이면 기름기 있을 때 $\mu = 0.05\sim0.1$로 하여 $\beta < 3°\sim5°$ 또는 테이퍼가 1/20 이하로 되어 Q가 부($-$)로 되고 축을 빼는 데 힘이 필요하게 된다.

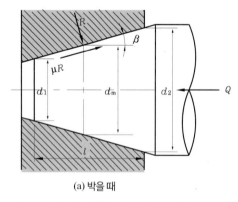
(a) 박을 때

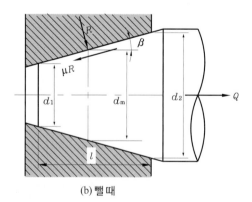
(b) 뺄 때

그림 2.38 ▶ 테이퍼 박음에서 힘의 해석

2.4 핀과 핀 조인트

핀에는 원주형의 평행핀(nock pin, dowel pin), 원뿔형의 테이퍼핀, 스플릿핀, 스프링핀 등 4종류가 있다. 평행핀은 리머 구멍에 박아서 위치 결정의 용도로 사용되고, 테이퍼핀은 키의 대용 또는 부품 고정의 목적으로 사용되며, 스플릿핀과 스프링핀은 핀을 박은 후 이탈되는 것을 방지할 때 사용한다(그림 2.39). 스프링핀 대신에 핀의 주위에 노치가 파진 그루브핀을 사용하기도 한다(그림 2.40). 표 2.14는 각종 핀의 규격을 나타내고 있다.

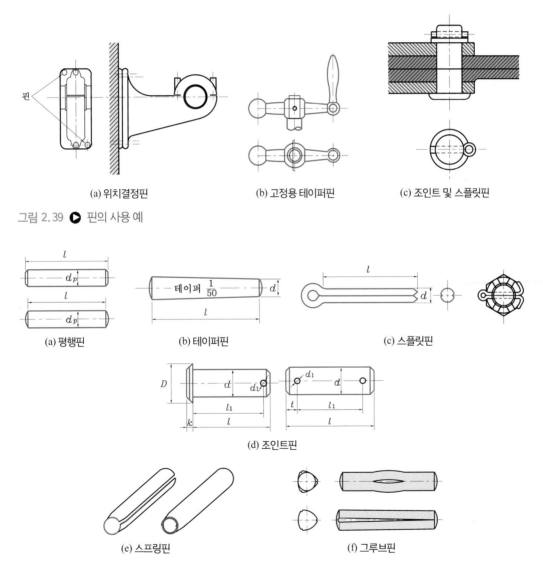

(a) 위치결정핀 (b) 고정용 테이퍼핀 (c) 조인트 및 스플릿핀

그림 2.39 ▶ 핀의 사용 예

(a) 평행핀 (b) 테이퍼핀 (c) 스플릿핀

(d) 조인트핀

(e) 스프링핀 (f) 그루브핀

그림 2.40 ▶ 핀의 종류

표 2.14 핀의 규격

호칭	평행핀			테이퍼핀		스플릿핀		지름[mm]		호칭
	지름 [mm]	정밀도[mm]		지름 [mm]	정밀도 [mm]	지름 [mm]	정밀도 [mm]	최대	최소	
		m6	h8							
0.6 0.8 1 1.2	1.0 1.25	+0.009 +0.002	0 −0.014	0.6 0.8 1.0 1.2	+0.018 −0	0.5 0.7 0.9 1.0	±0.05	1.2 1.4	1.1 1.3	0.6 0.8 1 1.2
1.4 1.6 2 2.5	– 1.6 2.0 2.5			– 1.6 2.0 2.5	+0.025 −0	– 1.4 1.8 2.3		1.6 1.8 2.3 2.8	1.5 1.7 2.2 2.7	1.4 1.6 2 2.5
3 4 5 6	3.15 4.0 5.0 6.3	+0.012 +0.004	0 −0.018	3.0 4.0 5.0 6.0	+0.03 −0	2.7 3.6 4.6 5.9		3.3 4.4 5.4 6.4	3.2 4.2 5.2 6.2	3 4 5 6.3
7 8 10	– 8.0 10.0	+0.015 +0.006	0 −0.022	7.0 8.0 10.0	+0.036 −0	7.5 9.5	±0.1	8.6 10.6	8.3 10.3	8 10
13	12.5	+0.018 +0.007	0 −0.027	13.0	+0.043 −0	12.4		13.7	14.7	13
16	16.0			16.0		15.4		–	–	16
20 25 30	20.0 25.0 31.5	+0.021 +0.008	0 −0.33	20.0 25.0 30.0	+0.052 −0					
40 50	40.0 50.0	+0.025 +0.09	0 −0.039	40.0 50.0	+0.06 −0					

주 테이퍼핀은 가는 쪽의 지름을 호칭치수로 사용하고, 스플릿핀은 호칭치수보다 작은 지름으로 되어 있다.

핀 조인트는 그림 2.41과 같이 2개의 구멍을 갖는 포크(fork) 중간에 1개의 구멍을 갖는 로드엔드(rod end)를 너클핀으로 끼워서 조립한 것으로서, 2개의 축과 연결된 로드가 상대적 각운동을 할 수 있는 연결구조로 되어 있다. 이 핀 조인트는 너클 조인트(knuckle joint)라고도 하며, 왕복적 축력이 작용하는 동력전달 기구에 사용되므로, 핀 조인트의 틈새를 가능한 한도로 작게 하여 충격과 소음을 방지할 필요가 있다.

핀 조인트의 강도는 너클핀, 로드엔드 아이, 포크 아이에서의 전단강도, 로드엔드 아이와 포크 아이에서의 압축강도 및 인장강도 그리고 핀의 굽힘강도를 고려해야 한다. 핀 조인트는 핀을 중심으로 회전운동을 하면서 축력을 받게 되므로 핀과 로드엔드와의 면압력이 중요하다. 따라서 면압력이 p [kg/mm^2]라고 하면 축력 P는

$$P = d_1 a p \tag{2.58}$$

$a = md_1 \ (m = 1 \sim 1.5)$이라고 표현하면

$$d_1 = \sqrt{\frac{P}{mp}} \tag{2.59}$$

가 된다. 경험치에 의하면 축의 지름을 d로 할 때

$$a = 1.25d$$
$$b = 0.75d$$

이 된다. 일반적으로 핀의 지름이 작을 때는 핀의 전단강도가 중요하고, 핀의 지름이 클 때는 핀의 굽힘강도가 중요하다. 이것에 대한 경계치는 핀의 지름과 길이의 비가 다음과 같을 때로 계산한다. 즉,

$$\frac{l}{d_1} < \frac{8}{5} : \ d_1 = \sqrt{\frac{2P}{\pi \tau_a}} \ \text{(전단강도)} \tag{2.60}$$

$$\frac{l}{d_1} > \frac{8}{5} : \ \frac{Pl}{8} = \frac{\pi}{32} d_1^3 \sigma_a \ \text{(굽힘강도)} \tag{2.61}$$

여기서 $l = a + 2b = 1.5md_1$. 따라서 식 (2.53)으로부터

$$d_1 = \sqrt{\frac{mP}{0.52\sigma_a}} \tag{2.62}$$

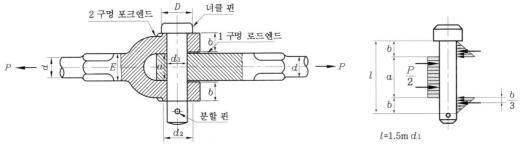

그림 2.41 ▶ 너클 조인트

예제 2-6 너클 조인트에서 축방향 하중 10,000 kg을 받는 핀의 지름 d_1을 설계하시오. 로드엔드의 두께를 $1.5d_1$으로 하고, 재료의 허용인장, 압축응력을 600 kg/cm², 허용전단응력을 300 kg/cm², 지지압축응력을 200 kg/cm²로 한다.

(1) 최대굽힘응력은 $\sigma_b = \dfrac{\dfrac{P}{2}\left(\dfrac{a}{2}+\dfrac{b}{3}\right)}{\dfrac{\pi}{32}d_1^3}$ 이므로

$$600 = \frac{5,000\left(\dfrac{5}{6}\times 0.75d_1\right)32}{\pi d_1^3}$$

여기서 $a = 2b = 1.5d_1$

$$\therefore d_1 = \sqrt{\frac{5,000\times 3.75\times 32}{6\pi\times 600}} = 7.28\,\text{cm}$$

(2) 핀의 전단강도에서 $d_1 \geqq \sqrt{\dfrac{4\times 10,000}{2\pi\times 300}} \geqq 4.60\,\text{cm}$

(3) 핀과 아이 사이의 접촉압력으로

$$d_1 \geqq \sqrt{\frac{10000}{1.5\times 200}} \geqq 5.75\,\text{cm}\ [\text{m} = 1.5]$$

이상 세 가지 값 중 가장 큰 값으로 된 지름을 설계한다.

따라서 핀 지름 $d_1 = 730\,\text{mm}$

2.5   고정륜

고정륜(retaining rings)은 축과 같은 원주상의 부재나 원통상의 내면을 갖는 기계 부분에 있어서 이것에 조립 박음되는 부재를 축방향으로 고정하거나, 위치 결정을 할 경우에 사용된다.

고정륜을 축에 사용할 때는 축심 방향에서 삽입하는 것과 축직각 방향에서 삽입하는 것이 있다. 또 축에 그대로 끼우는 것과 미리 축의 정해진 위치에 홈을 만들어 두고 그 홈에 끼워서 사용하는 것이 있다. 원통 내면을 갖는 구멍에 사용할 경우에는 일반적으로 구멍의 소정의 위치에 홈을 만들어 놓고, 그 홈에 구멍의 축심 방향으로 고정륜을 오므려서 삽입한 후 홈 안에서 확장하여 사용하는 것이 많다.

축에 삽입하는 고정륜을 축용 고정륜이라 하고, 구멍에 사용되는 고정륜을 구멍용 고정륜이라고 한다.

고정륜의 성능은 어느 것이나 스프링으로서의 충분한 강도(경도는 약 HRC 40~50)를 갖추고, 축용도 구멍용도 지름 방향의 탄성변형을 이용하여 축 또는 구멍에 끼워 고정하고, 부재의 축방향의 위치를 보전하는 것과 착탈이 쉽게 될 수 있는 장점이 있다. 사용 중의 고정륜에

는 스러스트하중이 부하되므로 고정륜에 허용되는 스러스트하중은 사용상 충분한 값으로 설계할 필요가 있다. C형 고정륜은 그림 2.42와 같으며 호칭지름은 10에서 125까지의 것이 규격화되어 있고, 형상은 내외주가 편심되어 있으며 개구부 양측에는 착탈 시에 펀치로 벌리거나 오므리기 위한 작은 구멍이 만들어져 있다. 그림 2.39는 고정륜에 허용되는 스러스트하중을 도시하고 있다.

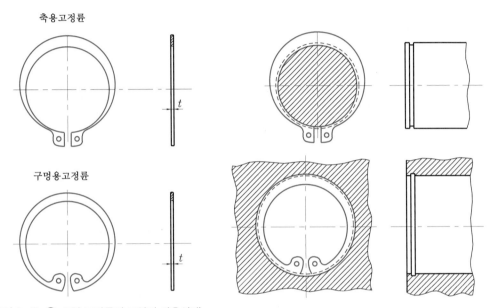

그림 2.42 ▶ C형 고정륜의 모양과 사용상태

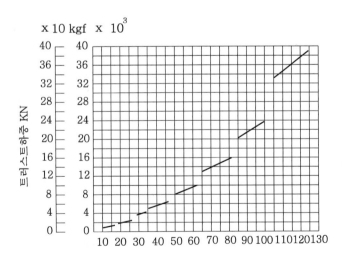

그림 2.43 ▶ C형 고정륜에 허용되는 스러스트하중

표 2.15 E형 고정륜에 허용되는 스러스트하중

호칭	판두께 t [mm]	축지름 d_1의 구분 [mm]		허용 스러스트하중 N [kgf]	
		이상	미만	d_1 : 최소	d_2 : 최대
0.8	0.2	1	1.4	19.6 | 2 |	29.4 | 3 |
1.2	0.3	1.4	3	39.2 | 1 |	78.5 | 8 |
1.5	0.4	2	2.5	68.9 | 7 |	117.7 | 12 |
2	0.4	2.5	3.2	78.5 | 8 |	156.9 | 16 |
2.5	0.4	3.2	4	98.1 | 10 |	196.1 | 20 |
3	0.6	4	5	196.1 | 20 |	441.3 | 45 |
4	0.6	5	7	245.2 | 25 |	539.4 | 55 |
5	0.6	6	8	343.2 | 35 |	686.5 | 70 |
6	0.8	7	9	490.3 | 50 |	1,078.7 | 110 |
7	0.8	8	11	539.4 | 55 |	1,127.8 | 115 |
8	0.8	9	12	588.4 | 60 |	1,372.9 | 140 |
9	0.8	10	14	637.4 | 65 |	1,171.0 | 150 |
10	1.0	11	15	735.5 | 75 |	1,765.2 | 180 |
12	1.0	13	18	784.5 | 80 |	1,961.3 | 200 |
15	1.5	16	24	1,274.3 | 130 |	2,942.0 | 300 |
19	1.5	20	31	1,372.9 | 140 |	3,628.5 | 370 |
24	2.0	25	38	1,961.3 | 200 |	5,393.7 | 550 |

CHAPTER 02 키, 코더 및 핀

E형 고정륜은 비교적 작은 지름의 축용으로서 가장 널리 보급되어 있는 고정륜으로, 적용축 지름은 1.0~38 mm(홈의 지름은 0.8~24 mm)까지 규격화되어 있다. 이 고정륜은 축용뿐이고 축에 만들어진 홈에 축직각 방향으로부터 삽입하고, 홈에 끼워 맞추어서 사용하는 형식의 것이므로 착탈이 편리한 특징이 있다. 그림 2.44는 E형 고정륜을 나타내며 E형 고정륜에 작용시킬 수 있는 스러스트하중은 표 2.15에 나타나 있다.

그림 2.45는 축 또는 구멍에 그대로 끼워서 사용하는 푸시온(push-on)형 고정륜을 나타낸다. 축이나 구멍에 끼우게 되면 이의 탄성력에 의해서 휘어지면서 축이나 구멍에 위치하게 되며, 이탈 시에는 이들이 축이나 구멍의 표면을 찍고 들어가기 때문에 저항을 하게 되어 이탈이 잘 안 된다.

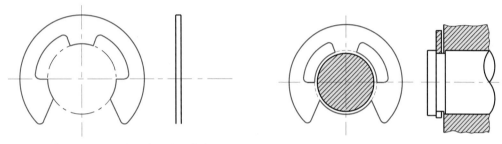

그림 2.44 ◐ E형 고정륜의 형상과 사용상태

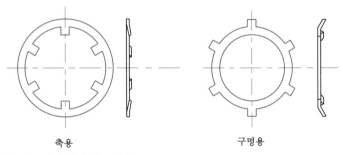

축용 구멍용

그림 2.45 ◐ 푸시온형 고정링(홈이 필요 없음)

예제 2-7 그림에 표시하는 크랭크에서 A 단에 수직하중 500 kg이 작용하고, B단에는 수평하중이 이와 평형하는 경우, AB단 및 지지점 C의 각 핀 조인트를 정하시오. 단 핀의 투영면에 있어서의 면압력을 1.5 kg/mm^{2}로 한다.

$$W_A = 500\,\text{kg}, \quad W_B = \frac{W_A \cdot L_A}{L_B} = \frac{500 \times 255}{115} = 1{,}110\,\text{kg}$$

$$W_C = \sqrt{500^2 + 1{,}110^2} = 1{,}216\ \text{kg}$$

$m = 1$, $a = d_1$, $p = 1.5\,\mathrm{kg/mm^2}$로 하여

핀 A 의 지름은 $d_\mathrm{A} = \sqrt{500/1.5} \fallingdotseq 20\,\mathrm{mm}$

핀 B 의 지름은 $d_\mathrm{B} = \sqrt{1110/1.5} \fallingdotseq 28\,\mathrm{mm}$

핀 C 의 지름은 $d_\mathrm{C} = \sqrt{1216/1.5} \fallingdotseq 30\,\mathrm{mm}$

핀 A 의 굽힘강도는

$$\sigma_b = \frac{W \cdot m}{0.52 d_\mathrm{A}^2} = \frac{500 \times 1}{0.52 \times 20^2} = 2.4\,\mathrm{kg/mm^2}$$

핀재료의 인장강도를 $\sigma_B = 50\,\mathrm{kg/mm^2}$ 라 할 때 안전율은

$$S = \frac{\sigma_B}{\sigma_a} = \frac{50}{2.4} \fallingdotseq 20$$

이므로 안전은 충분하다. B, C핀도 같은 방법으로 안전한 것을 알 수 있다.

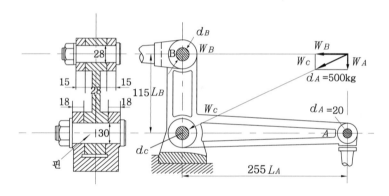

1 접선키의 경우 키의 박는 힘 Q에 의하여 발생하는 축과 보스 사이의 마찰력 및 축의 전달토크로부터 발생하는 마찰력은 어느 정도인가?

2 타입키(묻힘키)의 나비 b, 두께 h와 축 지름과의 관계를 식으로 표시하고, 도시하시오.

3 묻힘키에서 내압에 의한 마찰력을 고려한 전달토크는 어떠한가?

4 최대 6 ton의 인장 압축력을 교대로 받는 플랜지 붙음 코터의 각부 치수를 산출하시오. 단 재료는 $\sigma_B = 48\ kg/mm^2$의 연강으로 하고, 안전율 S는 교번하중에 대하여 8, 반복하중에 대하여 5, 정하중에 대하여 3으로 한다.

5 스플라인 축은 어떠한 경우와 어떤 곳에서 사용되는가?

6 평행키와 미끄럼키를 비교하시오.

연습문제 풀이

1 $\mu P_0 = \dfrac{2T}{d} - Pt\left(1 - \dfrac{h}{d}\right)$

2 $h = \dfrac{1}{4}b \sim \dfrac{1}{5.5}b$

3 $T \leq \dfrac{bl}{12}(b + 6\mu d)P_0$

4 $d \fallingdotseq 22\ mm,\quad d_2 \fallingdotseq 36\ mm,\quad f = 14\ mm$

CHAPTER 03 리벳 이음과 접착제 이음

3.1 리벳 이음의 개요

리벳 이음은 강판을 포개서 체결하는 접합법으로 오래 전부터 볼트와 더불어 건축물, 교량, 보일러, 탱크, 선박과 기타 구조물에 널리 사용되어 왔다. 리벳은 리베팅 머신 등을 이용하여 자동조립이 용이하고, 비용이 적게 들어 경제적일 뿐 아니라 체결부를 분해하려면 연결부를 파괴해야 하는 반영구적인 이음에 속한다. 리벳에는 냉간 성형 리벳과 열간 성형 리벳이 있고, 재료는 냉간성형 리벳에 대하여는 연강 선재, 황동, 동, 알루미늄을, 열간 성형 리벳에 대하여는 리벳용 압연 강재를 사용하며, 보통 결합하는 재료와 같은 종류의 재료를 사용한다. KS 규격에 의한 리벳의 필수조건은 인장강도가 적어도 $34 \, \text{kgf/mm}^2$는 되어야 하고, 연신율은 26%를 넘어야 한다. 냉간 성형 리벳은 온도 180°에서 균열 없이 리벳 생크가 굽혀져야 하고, 650℃까지 가열한 후 담금질하여 동일 시험에 통과해야 한다. 열간 성형 리벳은 머리부가 생크 지름의 2.5배까지 균열 없이 성형되어야 하고, 체결 후 리벳의 초기 응력을 크게 하기 위하여 체결 성형중인 리벳의 변태점의 영향을 고려하여 제작해야 한다. 그러므로 강재에 대해서는 변태점이 높은 저탄소강 쪽이 합금강보다 리벳재료로서는 유리하다. 또 고장력강은 리벳 이음보다 고장력 볼트에 의한 결합이 더 유리하다. 알루미늄 합금 판재를 결합하는 데 강이나 동 합금의 리벳은 부식을 촉진하므로 사용해서는 안 된다.

최근 용접기술의 비상한 진보에 따라 지금까지의 리벳구조 분야는 하나 둘 용접구조로 바뀌어가고 있다. 그러나 리벳구조는

- 일부분에 하중이 집중되면 이 부분의 리벳이 느슨해져 다른 부분으로 힘이 전달되어 응력 집중이 완화된다.

- 리벳 이음에는 용접 이음에서 문제가 되는 잔류응력이 존재하지 않기 때문에 왜곡 혹은 비틀림 같은 문제가 없다.
- 판의 재질이 용접만큼 문제되지는 않는다(주로 판의 재질과 동일한 재질의 리벳 사용).
- 작업이 용접보다 쉽고, 특히 현장작업에서 용접보다 신뢰도가 높을뿐 아니라 검사도 간단하다.

이상과 같이 용접 이음에서는 찾아볼 수 없는 장점을 지니고 있으며, 앞으로도 용접 이음과 함께 박판을 체결하는 공정에서 그 역할을 다할 것으로 생각된다. 또한 이음의 신뢰도를 더욱 높이기 위해 리벳 이음 이전에 판재 사이에 접착제를 바르는 리벳·접착제 이음 방식도 최근 사용되고 있다. 그러나 최근 강구조물에서는 고장력 볼트에 강력한 체결력을 부여해서, 이것으로 마찰력을 발생시켜 이용하는 고장력 볼트체결 방식 때문에 차츰 리벳의 사용 분야가 좁아지고 있는 실정이다.

3.2 리벳의 종류

/3.2.1/ 리벳의 모양에 의한 분류

리벳에는 제작 시에 냉간에서 성형되는 냉간 리벳(리벳지름 3~13 mm의 작은 지름)과 열간에서 성형되는 열간 리벳(리벳지름 10~40 mm)이 있으며, 보일러용에는 44 mm까지 큰 지름의 2가지 형태의 리벳이 있다. 냉간 리벳은 연강선재와 비철선재를 사용하고, 열간 리벳은 압연선재를 사용한다. 그림 3.1은 리벳의 분류를 나타낸 것이다.

(1) 열간 리벳과 냉간 리벳

열간 리벳은 둥근머리 리벳, 접시머리 리벳, 둥근 접시머리 리벳, 납작머리 리벳, 보일러용 둥근머리 리벳, 보일러용 둥근 접시머리 리벳, 선박용 둥근 접시머리 리벳 등 7종류가 KS B1102에 규격화되어 있으며, 냉간 성형리벳은 둥근머리 리벳, 작은 둥근머리 리벳, 접시머리 리벳, 얇은 납작머리 리벳, 남비머리 리벳 등 5종류가 KS B1101에 규격화되어 있다.

리벳의 종류 및 명칭은 그 머리부의 형상으로 하고, 크기는 리벳 생크의 지름으로 표시한다. 리벳의 지름 d는 목 밑으로부터 $\frac{1}{4}d$의 곳에서 측정하는 것을 원칙으로 하고 있다.

그림 3.2, 3.3, 3.4, 3.5 등은 여러 종류의 리벳 형상이다.

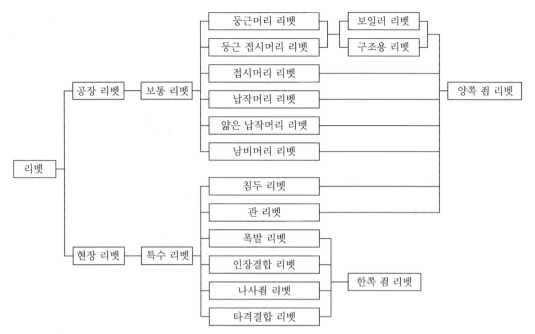

그림 3.1 ▶ 리벳의 분류

(a) 둥근머리 리벳   (b) 작은 둥근머리 리벳   (c) 접시머리 리벳   (d) 얇은 납작머리 리벳   (e) 남비머리 리벳

그림 3.2 ▶ 리벳의 모양에 의한 분류

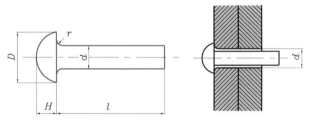

그림 3.3 ▶ 냉간성형 리벳의 치수

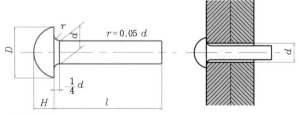

그림 3.4 ▶ 둥근머리 리벳의 치수

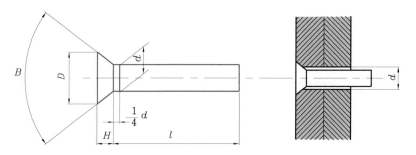

그림 3.5 ◐ 접시머리 리벳의 치수

표 3.1과 3.2는 냉간 성형 리벳의 규격과 둥근머리 리벳의 규격이다.

표 3.1 냉간성형 리벳의 규격(KS B 1101) (단위 : mm)

지름 호칭	1란	3		4		5	6	8	10	12		
	2란		3.5		4.5							14
	3란										13	
축지름 d	기본치수	3	3.5	4	4.5	5	6	8	10	12	13	14
	허용차	+0.12	+0.14	+0.16	+0.18	+0.2	+0.24	+0.32	+0.4	+0.48	+0.5	+0.6
		−0.03	−0.04	−0.04	−0.05	−0.05	−0.06	−0.08	−0.08	−0.08	−0.08	−0.1
머리부의 지름 D	기본치수	5.7	6.7		7.2	8.1	9	13.3	16	19	21	22
	허용차		±0.2					±0.3				
머리부의 높이 H	기본치수	2.1	2.5	2.8	3.2	3.5	4.2	5.6	7	8	9	10
	허용차		±0.15				±0.2		±0.25			
머리밑의 둥글기	최대	0.15	0.18	0.2	0.23	0.25	0.3	0.4	0.5	0.6	0.65	0.7
구멍의 지름 d_1	참고	3.2	3.7	4.2	4.7	5.3	6.3	8.4	10.6	12.8	13.8	15
길이 l		3~20	4~22	4~24	5~26	5~30	6~36	8~40	10~56	12~60	14~65	14~70

표 3.2 둥근머리 리벳의 규격(KS B1102) (단위 : mm)

호칭	지름	10	12	13	14	16	18	19	20	22	24	25	27	28	30	32	33	36	40
축지름 d	기본 치수	10	12	13	14	16	18	19	20	22	24	25	27	28	30	32	33	36	40
	허용차		+0.6					+0.8								+1.0			
			0					0								0			

(계속)

머리지름 D	기본치수	16	19	21	22	26	29	30	32	35	38	40	43	45	48	51	54	58	64
	허용차	+0.5			+0.55		+0.6				+0.7							+0.8	
		−0.25			−0.3		−0.35				−0.4							−0.5	
머리높이 H	기본치수	7	8	9	10	11	12.5	13.5	14	15.5	17	17.5	19	19.5	21	22.5	23	25	28
	허용차	+0.6					+0.8				+0.9					+1.0			
		0					0				0					0			
d_1 구멍지름	(참고)	11	13	14	15	17	19.5	20.5	21.5	23.5	25.5	26.5	28.5	29.5	32	34	35	38	42

/3.2.2/ 용도에 의한 분류

(1) 보일러용 리벳

압력에 견딜 수 있는 동시에 이음을 기밀하게 유지해야 하며 보일러에 사용되는 리벳이다.

(2) 기밀용 리벳

강도보다는 이음을 기밀하게 유지하는 것을 주로 하는 리벳으로서, 물탱크, 저압가스 탱크 등에 사용하는 리벳이다.

(3) 구조용 리벳

주로 강도만을 필요로 하고 기밀은 별로 문제가 되지 않는 항공기, 철교, 선체, 차량 등의 구조물에 사용하는 리벳이다.

/3.2.3/ 장소에 의한 분류

공장에서 리베팅 작업을 완료하는 리벳을 공장 리벳이라고 한다. 큰 구조물은 운반상 몇 개로 나누어 제작하고 현장에서 조립하여 졸라매기 때문에 현장에서 사용되는 리벳을 현장 리벳이라고 한다. 이것은 주로 철골 구조물에 적용한다.

표 3.3은 여러 가지 리벳에 대한 규격을 표시한 것이다.

표 3.3 여러 가지 리벳의 규격

		리벳 지름 d_0		6	8	10	13	16	19	22	25	28	30	32	34	36	38	40
보일러용 리벳		리벳 구멍지름 d				11	14	17	20	23	26.5	29.5	31.5	33.5	35.5	37.5	39.5	41.5
	둥근 머리 리벳	D				17	22	27	32	37	42	48	51	54	57.5	61	64.5	68
		H				7	9	11	13.5	15.5	17.5	19.5	21	22.5	23.5	25	26.5	28
		r				1	1.5	1.5	2	2	2.5	3	3	3	3.5	3.5	4	4
	둥근 접시머리 리벳과 접시머리 리벳	D				15.5	21	25	30	35	39.5	39.5	42.5	45	48	51	53.5	57
		H				3.5	5	8	9.5	11	12.5	14	15	16	17	18	19	20
		h				1.5	2	2.5	3	3.5	4	4	4.5	5	5	5.5	6	6
		α_0				75	75	60	60	60	45	45	45	45	45	45	45	45
구조용 리벳		리벳구멍지름 d		7	9	11	14	17	20.5	23.5	26.5	29.5		34		38		42
	둥근 머리 리벳과 납작 머리 리벳	D		10	13	16	21	26	30	35	40	45		51		58		64
		H		4	5.5	7	9	11	13.5	15.5	17.5	19.5		22.5		25		28
		D_1		6	8	10	13	16	19	22	25	28		32		36		40
		r		0.05d 이상														
	둥근 접시머리와 접시머리 리벳	D		10	12.5	15.5	21	25	30	35	39.5	39.5		45		51		57
		H		2.5	3	3.5	5	8	9.5	11	12.5	14		16		18		20
		h		1	1	1.5	2	2.5	3	3.5	4	4		5		5.5		6
		α_0		75	75	75	75	60	60	60	45	45		45		45		45

/3.2.4/ 특수 리벳

항공기용의 경합금구조물을 체결시키기 위해 개발된 리벳이다.

(1) 침두 리벳

머리가 강판의 표면 이하에 침하된 리벳으로 강도가 크며, 항공기 운항 시 공기저항을 줄이기 위한 리벳이다.

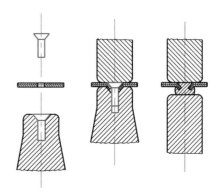

그림 3.6 ▶ 침두 리벳

(2) 죔 리벳

한쪽에서 리벳 죔할 수 있도록 고안된 것이 한쪽 죔 리벳이고, 양쪽에서 리베팅한 것은 양쪽 죔 리벳이다. 그림 3.7은 나사를 죔으로서 인장력이 가해지는 한쪽 죔 리벳의 일종인 나사죔 리벳을 보여 준다.

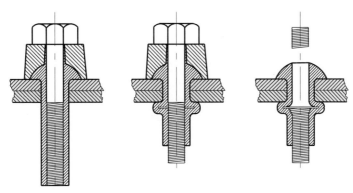

그림 3.7 ▶ 나사죔 리벳

3.3 리벳 작업

리벳 작업은 접합시킬 판에 프레스 펀치 또는 드릴로 구멍을 뚫고 2장의 구멍을 포개서 리벳을 박고 머리를 때려서 접합시킨다. 리벳은 가열하여 리베팅하는 경우와 상온의 상태에서 리베팅하는 경우가 있는데, 가열하여 리베팅하면 열수축에 의하여 판을 잘 결합할 수 있다. 이 점이 리벳 조인트의 특징으로서 기밀의 효과가 생기는 이유이다. 가열 리베팅에서 처음에는 리벳과 구멍 사이에 다소 틈새가 있지만, 머리를 때리면 리벳축은 굵어지고 구멍에 꼭 맞게 된다. 다음 단계는 머리가 완성되고 리베팅이 완료된다.

머리의 경우 지름 25 mm까지는 해머나 망치 등을 사용할 수 있지만, 리베팅 머신(riveting machine)과 같은 기계를 사용하는 것이 신뢰도를 높이는 한 방법이다. 리베팅 머신에는 수압, 증기, 공기 및 기계적 지렛대를 이용한 것 등이 있다. 리베팅 머신을 사용하면 결합 압력은 리벳의 머리 면적에 대하여 $65 \sim 80 \, \text{kg/mm}^2$ 정도이고, 과대한 값을 사용하게 되면 리벳 구멍이 손상될 수도 있으므로 주의를 요한다.

리벳 구멍은 예를 들어, 판 두께가 20 mm까지는 프레스 펀치에 의하여 뚫을 수 있지만 기밀을 요하는 것, 즉 보일러와 같은 경우 드릴로 뚫은 후에 판과 판을 포개서 리머로 다듬질하

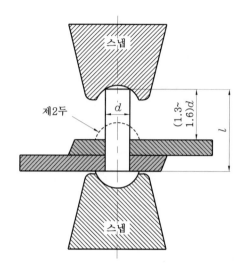

그림 3.8 ▶ 리벳 작업

여 마무리하는 것이 안전하다.

리벳 구멍의 지름은 리벳보다 약 1~1.5 mm 크게 뚫는 것이 좋다. 따라서 머리를 때려서 박은 후의 리벳 지름은 구멍의 지름에 거의 같아진다. 기밀을 요구하는 작업에는 리벳 머리를 때린 후에 판의 끝을 코오킹(caulking : 보일러와 같이 기밀을 필요로 할 때 리벳 작업이 끝난 뒤에 리벳머리의 주위와 강판의 가장자리를 정과 같은 공구로 때리는 작업을 말한다) 또는 풀러링(fullering : 코오킹 작업 후 더 기밀을 완전하게 하기 위한 작업으로 강판과 같은 나비의 풀러링 공구로 때려붙이는 작업을 말한다) 작업에 의하여 판에 밀착시킨다. 판 두께가 5 mm 이하에서는 이 작업을 할 수 없으므로 마포, 종이, 석면(고온에 노출되는 리벳 부위에 사용) 등의 패킹(packing)을 끼워서 기밀을 유지할 수도 있다.

열간 상태에서 리베팅한 리벳 이음은 냉각수축하여 축방향으로 큰 인장응력이 발생하고, 이 인장응력에 의해 판은 대단히 큰 힘으로 죄어지게 된다. 이 힘에 의해 발생하는 마찰력과 리벳의 전단응력에 의해 판은 체결 상태가 되는 것이다. 리벳 내부에 발생하게 되는 인장 응력은 리벳재료의 항복응력에 가까운 값을 가질수록 좋다.

구조물과 같이 강도가 중요한 파라미터인 리벳 이음에서는 미끄럼이 일어난다고 하더라도 리벳의 전단저항으로 외력을 지탱하는 것으로 해석할 수 있으며, 기밀을 요하는 경우는 판의 미끄럼 현상을 방지해야 하므로 판의 마찰력을 고려하여 설계해야 한다.

3.4 리벳 이음의 강도 계산

3.4.1 판의 마찰저항

리벳 이음이 완성된 후 리벳의 내부에는 매우 큰 인장응력이 발생한다. 이 인장응력 때문에 판재는 큰 힘으로 죄어지고, 이 죔에 의한 마찰력과 리벳의 전단저항으로 리벳 이음은 하중을 지탱하게 된다.

열간 리벳팅된 리벳은 특히 인장응력이 크며, 리벳 재료의 항복응력에 거의 가까운 값이 된다. 리벳 지름을 d, 리벳의 인장응력을 σ_t, 판 사이의 마찰계수를 μ라 하면 리벳 한 개당 마찰저항 F는

$$F = \mu \cdot \frac{\pi}{4} d^2 \sigma_t \tag{3.1}$$

열간 리벳팅으로 리벳 이음이 완성된 경우, 리벳과 판의 온도차가 구해지면 리벳의 열응력 (thermal stress)을 다음과 같이 계산할 수 있다.

$$\epsilon_{th} = \alpha \Delta T \ (\alpha \ : \ 선팽창계수, \ \Delta T \ : \ 온도차)$$
$$\therefore \sigma_t = \sigma_{th} = E\epsilon_{th} = E\alpha\Delta T \tag{3.2}$$

$E = 2.1 \times 10^4\,[\mathrm{kgf/mm^2}]$, $\alpha = 11.0 \times 10^{-6}\,[^\circ\mathrm{C}^{-1}]$인 리벳이 사용되고 온도차 $\Delta T = 100[^\circ\mathrm{C}]$일 경우 리벳의 열응력은 식 (3.2)에서

$$\sigma_t = 2.1 \times 10^4 \times 11.0 \times 10^{-6} \times 100 = 23.1\,[\mathrm{kgf/mm^2}]$$

보통 리벳 재료의 인장강도는 $\sigma_B = 34 \sim 50[\mathrm{kgf/mm^2}]$이므로, 여기서 계산된 σ_t는 거의 항복강도에 가까운 값이다. 실제 열간 리벳팅 작업에서 온도차는 100℃ 이상이므로 열응력에 의한 잔류 인장응력은 더욱 큰 값이 된다. 온도차의 한계는 보통 200℃이며, 일반적으로 판의 결합 길이가 $3d$ 이상일 때는 판의 예열이 필요하다.

리벳 내부의 인장응력을 판의 탄성한계 σ_e에 가까운 값이라고 보고, Bach의 실험결과에 의하면 마찰계수 $\mu = 0.45$이므로

$$\mu\sigma_t \fallingdotseq 0.5\sigma_e$$

그리고 항복점 $\sigma_B < 50[\mathrm{kgf/mm^2}]$인 강(steel)에서 탄성한계 $\sigma_e \fallingdotseq 1/2\sigma_B$이므로

$$\mu\sigma_t = 0.5\sigma_e = 0.25\sigma_B \tag{3.3}$$

재료의 파괴에 관한 최대전단응력설에 의하면 탄성한도 내에서 $\tau = 0.5\,\sigma$이므로 리벳에 걸리는 전단응력을 τ라 놓으면

$$\tau = \frac{1}{2}\sigma_e = 0.25\sigma_B \tag{3.4}$$

식 (3.3)과 식 (3.4)에서 $\mu\sigma_t$ 항과 τ값은 같다고 볼 수 있다. 또한 식 (3.1)로 표현되는 리벳의 인장응력에 의해 발생하는 판의 조임에 따른 마찰저항은 리벳의 전단저항으로 계산될 수 있다. 즉, 전단저항은

$$P = \frac{\pi}{4}d^2\tau = \frac{\pi}{4}d^2 \cdot (\mu\sigma_Y) = F \text{ (마찰저항)} \tag{3.5}$$

따라서 기밀을 필요로 하는 리벳 이음에서 판의 마찰저항을 고려하여 설계하려면 식 (3.1)을 사용해야 하나, 마찰계수 μ와 잔류응력 σ_t를 정확히 알 수 없으므로 식 (3.5)를 사용하여 리벳의 전단저항을 기준으로 계산하는 것이 편리하다.

리벳 이음의 경우 판재에서 미끄럼이 발생하여도 압력용기나 보일러 등의 파괴로 이어지지는 않는다. 리벳의 전단파괴가 가장 중요한 강도해석의 관점이므로 리벳 이음을 설계할 경우 리벳의 허용전단응력을 기준으로 하면 된다. 즉, 마찰저항을 감안한 전단저항 P는 허용전단응력 τ_a에 대한 식으로 표시할 수 있다.

$$P = \frac{\pi}{4}d^2\tau_a \tag{3.6}$$

안전율을 고려하면 강철제의 리벳에 대하여 일반적으로 τ_a는 $6\sim7\,\mathrm{kg/mm^2}$의 값을 갖는다. 이상과 같이 리벳 이음에서는 압력 용기와 같이 미끄럼 저항을 기준으로 생각하는 설계법이나 구조물과 같이 전단저항을 기준으로 하는 설계법에서, 결과적으로 리벳의 허용 전단 응력 τ_a에 의하여 리벳 이음에 가할 수 있는 허용하중을 구할 수 있다.

리벳의 길이가 너무 길면 죄는 힘이 감소하고, 또 축방향의 수축에 의하여 리벳머리에 과다한 응력이 발생하므로 판의 전체 두께가 $3.5 \times d$ 이상인 경우에는 볼트를 사용하는 것이 바람직하다.

/3.4.2/ 리벳의 전단저항

그림 3.9(a)에 도시된 겹치기 리벳 이음과 같은 단일전단면의 리벳 이음의 강도는 다음과 같다.

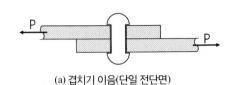 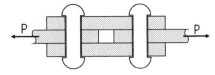

(a) 겹치기 이음(단일 전단면)　　　　　(b) 맞대기 이음(복수 전단면: 여기서는 이중 전단면)

그림 3.9 ▶ 겹치기 리벳 이음과 맞대기 리벳 이음

$$P = \frac{\pi}{4}d^2\tau_a \tag{3.7}$$

또한 그림 3.9(b)의 맞대기 리벳 이음과 같은 복수 전단면(여기서는 이중 전단면)의 리벳 이음 강도는 양쪽 스트랩 버트 이음과 같이 1개의 리벳에 2개의 전단면이 발생할 경우에 단면 적을 2배로 계산하지 않고 1.8배로 취하여 계산하는 것이 옳다.

$$P = 1.8\frac{\pi}{4}d^2\tau_a \tag{3.8}$$

그리고 다수열 리벳의 경우(1열다수 리벳) 외측과 내측에서 리벳에 작용하는 힘이 다르게 되므로 균일하게 취급할 수 없다. 하중의 분포 상태는 표 3.4와 같고 3열 이상에는 가장 바깥 쪽의 리벳은 평균하중보다 10~15%의 과부하를 받는 것이 보통이다. 따라서 리벳 1피치당 강도는

$$P = \alpha_z z \tau_a \frac{\pi}{4}d^2 \tag{3.9}$$

여기서 z : 리벳의 열수

$\quad\quad\alpha_z$: 열수에 의한 부하평균화 계수

설계 시에는 식 (3.9)와 같이 α_z의 계수를 생각하여 계산하고, 최외측 리벳이 파괴되지 않는

표 3.4 다수열 리벳의 하중분포 상태

리벳수열 \ 번호	리벳하중의 분포 비율						최외측 리벳 하중의 평균치보다 초과 %	허용응력에 대한 평균화 계수 $\alpha_z(\alpha_z, \tau_a)$
	1	2	3	4	5	6		
2	0.5	0.5					0	1.0
3	0.368	0.264	0.368				11	0.9
4	0.307	0.193	0.193	0.307			23	0.8
5	0.272	0.163	0.130	0.163	0.272		36	0.75
6	0.247	0.147	0.106	0.106	0.147	0.247	48	0.7

조건으로 해야 한다. 내측 리벳은 외측 리벳보다 하중을 작게 받지만 동일 지름의 리벳으로 설계하는 것이 좋다. 그러므로 열수를 너무 많이 두는 것은 경제적이지 못하며, 일반적으로 3~4열을 한도로 하는 편이 좋다.

또한 다수열 리벳 이음에서 강도상 소요되는 리벳의 수 Z는 하중을 P로 할 때 다음과 같다.

$$Z = \frac{P}{\frac{\pi}{4}d^2 \cdot \tau_a} \tag{3.10}$$

/3.4.3/ 이론적 강도계산

일반적으로 리벳 이음에서 리벳 생크에 직각 방향으로 인장력이 작용하여 파괴되는 경우, 그 파괴 상태는 다음 5가지 경우가 고려된다.

ⓐ 리벳이 전단으로 파괴되는 경우   ⓑ 리벳구멍 사이의 강판이 찢어지는 경우
ⓒ 강판 가장자리가 절단되는 경우   ⓓ 리벳 또는 강판이 압괴되는 경우
ⓔ 강판이 절개되는 경우

P : 인장하중[kgf] p : 리벳의 피치[cm] t : 강판의 두께[cm]
e : 리벳의 중심에서 강판의 가장자리까지의 거리[cm]
d : 리벳으로서 졸라맨 후의 리벳지름 또는 구멍의 지름
τ : 리벳의 전단응력[kgf/cm^2] τ' : 강판의 전단응력[kgf/cm^2]
σ_t : 강판의 인장응력[kgf/cm^2] σ_c : 리벳 또는 강판의 압축응력[kgf/cm^2]

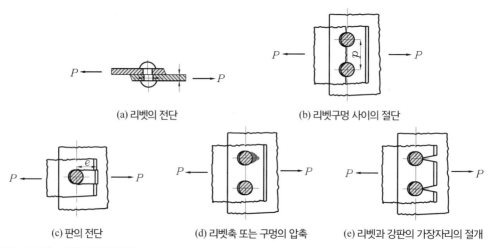

(a) 리벳의 전단   (b) 리벳구멍 사이의 절단

(c) 판의 전단   (d) 리벳축 또는 구멍의 압축   (e) 리벳과 강판의 가장자리의 절개

그림 3.10 ▶ 리벳 이음의 파괴

이라 하면, 단위 길이에 대한 강도를 생각하는 것이 편리하고, 각 리벳의 줄에 있어서는 최대의 피치 길이를 단위 길이로 정하므로 그림 3.10에 있어서 p가 단위 길이이다.

ⓐ의 리벳의 전단(그림 3.10(a)) ························ $P= \dfrac{\pi}{4}d^2\tau$ (3.11)

ⓒ의 강판의 가장자리의 전단(그림 3.10(c)) ············ $P= 2et\tau$ (3.12)

ⓑ의 리벳의 구멍 사이의 절단(그림 3.10(b)) ········· $P= (p-d)t\sigma_r$ (3.13)

ⓓ의 리벳의 지름 또는 강판의 압축(그림 3.10(d)) ·· $P= dt\sigma_c$ (3.14)

그리고 이때 내압면은 원주면이지만 압축응력은 투영면적 $d \times t$ 에 균일하게 생긴다고 가정한다.

ⓔ의 강판의 절개의 경우(그림 3.10(e)) ···················· 이때는 리벳의 지름과 같은 길이의 판자의 중앙에 P의 집중하중을 받아 판자가 굽는다고 생각할 수 있다. 따라서 굽힘 모멘트를 M이라 하면

$$M= \frac{1}{8}Pd, \ \ 단면 \ 계수 \ \ Z= \frac{1}{6}\left(e-\frac{d}{2}\right)^2 t$$

$$M= \sigma_b Z의 \ 관계식으로부터$$

$$M= \frac{1}{8}Pd= \sigma_b Z= \sigma_b \frac{1}{6}\left(e-\frac{d}{2}\right)^2 t$$

$$P= \frac{1}{3d}(2e-d)^2 t\sigma_b \tag{3.15}$$

이상의 각 저항력이 모두 같은 값을 갖도록 각 부의 치수를 결정하여 설계하는 것이 가장 좋으나 이것을 모두 만족시킬 수는 없으므로, 실제적인 경험치를 기초로 하여 결정한 값에 대하여 위 식을 적용시켜서 그 한계 이내에 있도록 설계한다. 예를 들면, 전단저항과 압축저항을 같도록 하면

$$\frac{\pi}{4}d^2\tau= dt\sigma_c \quad \therefore \ d= \frac{4t\sigma_c}{\pi\tau} \tag{3.16}$$

이 식으로 주어진 강판의 두께 t 에 대하여 리벳지름 d를 결정할 수 있으나, 리벳 이음을 만드는 강판의 σ_c 의 적당한 값을 취할 수 없으므로 식 (3.16)은 정확하지 않고 t에 대한 d 의 경험치를 사용하는 수가 많다. 그리고 전단저항을 인장저항과 같게 하면

$$\frac{\pi}{4}d^2\tau= (p-d)t \cdot \sigma_t$$

$$p= d+ \frac{\pi d^2\tau}{4t\sigma_t} \tag{3.17}$$

τ와 σ_t의 적당한 값을 취할 수 있으므로 위 식에서 d와 t의 값에 대하여 p를 계산할 수 있다. 그리고 한줄맞대기 리벳 이음 이외일 때에는 단위길이 내에 있는 리벳이 전단을 받는 곳의 수를 n이라고 하면

$$p = d + \frac{\pi d^2 n \tau}{4 t \sigma_t} \tag{3.18}$$

그리고 이때, 즉 강판 3장을 졸라맬 때 리벳 1개에 대하여 전단하는 곳이 2개가 있으므로 $n = 2$로 해야 하나, 안전을 기하기 위하여 $n = 1.75 \sim 1.875$로 한다.

예제 3-1 그림과 같은 구조용 겹치기 리벳 이음에 있어서 $W = 9$톤, $d = 17$[mm], $b = 120$[mm], $t = 10$[mm]라 할 때, 리벳에 생기는 전단응력, 리벳구멍에 생기는 압축응력 및 도시한 그림에서 각 단면에 생기는 인장응력을 구하시오.

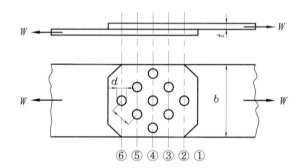

(i) 리벳의 전단응력 $\tau = \dfrac{W}{(\pi d^2/4) \cdot n} = \dfrac{9,000}{(\pi \times 17^2/4) \times 9} = 4.40 \, [\mathrm{kgf/mm^2}]$

(ii) 리벳의 압축응력 $\sigma_c = \dfrac{W}{dtn} = \dfrac{9,000}{17 \times 10 \times 9} = 5.88 \, [\mathrm{kgf/mm^2}]$

(iii) 각 단면의 인장응력

$\sigma_1 = \dfrac{W}{bt} = \dfrac{9,000}{120 \times 10} = 7.50 \, [\mathrm{kgf/mm^2}]$

$\sigma_2 = \sigma_6 = \dfrac{W}{(b-d)t} = \dfrac{9,000}{(120 - 17) \times 10} = 8.74 \, [\mathrm{kgf/mm^2}]$

$\sigma_3 = \sigma_5 = \dfrac{W - W/9}{(b - 2d)t} = \dfrac{9,000}{(120 - 2 \times 17) \times 10} = 9.30 \, [\mathrm{kgf/mm^2}]$

$\sigma_4 = \dfrac{W - W/9}{(b - 3d)t} = \dfrac{9,000 - 3,000}{(120 - 3 \times 17) \times 10} = 8.70 \, [\mathrm{kgf/mm^2}]$

3.5 리벳의 효율

리벳의 구멍 또는 노치(notch) 등이 전혀 없는 강판을 무지의 강판(unriveted plate)이라고 한다면, 이때 리벳 이음을 한 강판의 강도와 무지의 강판의 강도와의 비(ratio)를 리벳 이음의 효율이라고 한다. 이 중에서 특히 인장강도의 비를 강판효율이라고 한다.

즉, 단위 길이의 폭에 있어서 무지의 강판의 인장저항을 R이라고 하면 $R = pt\sigma_t$이므로 강판의 효율을 η_t라고 하면

$$\eta_t = \frac{1\text{피치폭에 있어서 구멍이 있는 강판의 인장강도}}{1\text{피치폭에 있어서 무지의 강판의 인장강도}}$$

$$= \frac{(p-d)t \cdot \sigma_t}{pt\sigma_t} = \frac{p-d}{p} = 1 - \frac{d}{p} \tag{3.19}$$

무지의 강판의 강도에 대한 리벳의 전단강도의 비를 리벳의 효율이라 하고, 이것을 η_s로 표시하면

$$\eta_s = \frac{1\text{피치 내에 있는 리벳의 전단강도}}{1\text{피치 폭의 무지의 강판의 인장강도}}$$

$$= \frac{n\frac{\pi}{4}d^2\tau}{pt\sigma_t} = \frac{n\pi d^2\tau}{4pt\sigma_t} \tag{3.20}$$

단 n : 1피치 내에 있는 리벳의 전단면의 수

3.6 보일러의 리벳 이음

보일러 또는 압력탱크는 모두 강판을 원통형으로 말아서 리베팅을 한다. 이와 같이 길이 방향의 리벳 이음을 세로 이음이라고 한다. 또 보통 원통은 길기 때문에 한 장으로는 부족하고 2장, 3장, … 등 길게 이어야 되므로 다시 반지름 방향으로 이어야 한다. 따라서 원둘레에 따라 리베팅을 해야 되고, 이것을 원주 이음이라 한다. 이와 같이 하여 양단은 경판(end plate)을 대고 역시 원주 이음을 하게 된다. 일단 이음이 완성되면 기밀하게 하기 위하여 코오킹(caulking) 작업을 강판의 가장자리 또는 리벳의 머리에 대하여 행한다. 원통형의 보일러 동체가 내부압력을 받을 때, 그 파괴는 종단면에 생기는 경우와 횡단면에서 일어나는 경우의 두 가지를 생각할 수 있다.

D : 보일러 동체의 안지름 [cm] t : 강판의 두께 [cm]

p : 증기의 사용압력[kgf/cm^2] σ_t : 강판의 인장응력[kgf/cm^2]

l : 보일러 동체의 길이 [cm]

그림 3.11의 종단면 AB선을 따라 상하로 파괴될 때의 강도를 생각해 보자. 증기압력에 의해 반원주에 걸리는 윗방향의 총합력은 압력이 가해지는 곡면의 투영면적 Dl 에 압력 p가 가해지는 경우와 동일하므로 pDl로 된다. 이 힘을 해당 종단면에 있어서 동판의 두께($2t$)가 지탱해야 한다. 그리고 좌우동판의 단면적은 $2tl$이 되므로, 인장저항은 $2tl\sigma_t$가 된다.

$$pDl = 2tl\,\sigma_t$$

$$\therefore \sigma_t = \frac{pDl}{2tl} = \frac{pD}{2t} \tag{3.21}$$

한편, 보일러 동체의 축에 직각한 횡단면(FF)에 작용하는 힘을 생각하면 동판의 횡단면적은 πDt이고, 여기에 작용하는 힘은 $\frac{\pi}{4}d^2p$이므로 동판에 걸리는 보일러 축방향의 인장응력 $\sigma_t{}'$은

$$\sigma_t{}' = \frac{\dfrac{\pi}{4}D^2p}{\pi Dt} = \frac{Dp}{4t} \tag{3.22}$$

이것을 식 (3.21)의 경우와 비교해 보면 $\dfrac{1}{2}$이다. 따라서 보일러 축방향으로 동판에 걸리는 인장응력은 고려하지 않아도 무방하고 식 (3.21)로 설계할 수 있다.

식 (3.21)에서 계산된 강판의 두께 t는

$$t = \frac{pD}{2\sigma_t} \tag{3.23}$$

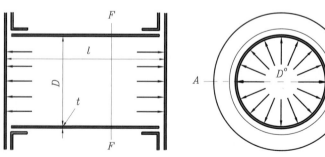

그림 3.11 ▶ 보일러의 리벳 이음 설계

식 (3.23)은 리벳 이음의 효율과 안전율 그리고 부식을 고려하여 다음과 같이 수정한다. 먼저 동판에 걸리는 인장응력은 동판 재료의 인장강도 σ와 안전율 S로서 정해지는 허용인장응력보다 커서는 안 될 것이다. 즉,

$$\sigma_t \leqq \frac{\sigma}{S}$$

다음에 동판의 강도는 리벳 이음 때문에 약해져 있으므로 실제의 동판 강도는 효율 η를 곱한 것이어야 한다.

$$\sigma_t = \frac{\sigma \eta}{S}$$

또 부식을 고려하여 1[mm]의 두께를 가산한다. 즉,

$$t = \frac{pDS}{2\sigma\eta} + 1[\text{mm}] \tag{3.24}$$

3.7 구조용 리벳 이음

철교, 초중기, 철근건축물 등의 형강(rolled steel), 평강, 강판 등을 적당히 리벳으로 이어서 만든다. 리벳 이음의 부분에 있어서 리벳에 전단력만 작용하도록 각 부분을 배치하고, 굽히는 힘 등은 나타나지 않도록 하는 것이 좋다.

구조물에 작용하는 힘으로는 자중, 작용중량, 풍압과 관성력 등을 생각할 수 있다. 이 모든 힘의 합계의 최대치에 대하여 생각하고, 다시 힘이 정하중인가, 동하중인가, 충격하중인가 또는 진동도 수반하는가 등을 고려해야 될 것이다.

피치 사이에 있는 리벳의 수를 n이라고 하면 강판의 미끄럼저항 $P = n\mu\frac{\pi}{4}d^2\sigma_t, \sigma_t$의 값은 충격하중에 대해서는 정하중 경우의 약 절반으로 추정한다.

만일 미끄럼 저항을 생각하지 않고, 리벳의 전단응력에 대하여 생각하면

$$P = n\frac{\pi}{4}d^2\tau$$

다음에 생각해야 할 것은 리벳과 강판의 구멍과의 접촉면에 생기는 압축력이고, 이 압축응력을 σ_c라고 하면

$$P = ndt\sigma_c \tag{3.25}$$

구조물에 있어서 전단강도 τ는 인장강도의 약 0.8이며, 압축강도 σ_c는 전단강도의 약 2.5배로 잡는다.

전단강도와 압축응력의 점에서 겹치기 이음 또는 한쪽 덮개판맞대기 이음 때는

$$\frac{\pi}{4}d^2\tau = dt\,\sigma_c = dt\,2.5\tau(\sigma_c = 2.5\tau)$$

$$\therefore t = \frac{\pi}{10}d = 0.314d$$

$$\therefore d = 3.2t \tag{3.26}$$

즉, $d < 3.2t$ 의 경우는 리벳의 전단에 의하여, $d > 3.2t$ 의 경우는 리벳의 압괴에 의하여 파괴된다고 생각된다. 다음에 전단면수가 2개일 때는

$$2\frac{\pi}{4}d^2\tau = dt\sigma_c = dt\,2.5\,\tau$$

$$t = \frac{\pi}{5}d$$

$$\therefore d = 1.6t \tag{3.27}$$

그리고 리벳의 전단력과 강판의 구멍만을 제거한 부분의 인장저항력을 같게 하려면

$$\frac{\pi}{4}d^2\tau = (p-d)t\sigma_t \ \ \text{및} \ \ \tau = 0.8\sigma_t$$

전단면수를 1로 하면

$$d = 3.2t$$

$$\therefore \frac{\pi}{4}d^2 0.8\sigma_t = (p-d)\frac{d}{3.2}\sigma_t$$

이것을 풀어서 $p = 3d = 9.6\,t$

$$\eta = \frac{p-d}{p} = \frac{3d-d}{3d} = \frac{2}{3} = 0.67 \tag{3.28}$$

같은 방법으로 전단면수 2에 대하여 계산한 결과는 표 3.5와 같다.

표 3.5 구조용 리벳의 설계 치수

리벳 이음 전단면의 수	1	2
리벳구멍의 지름 d	3.20t	1.60t
리벳축의 길이	0.63d	1.25d
피 치 p	9.54t	4.77t
효 율 η	0.67	0.67

표에서 보듯이 전단면수가 1일 경우 리벳은 매우 짧게 되고, 전단면수가 2일 경우는 작은 리벳을 많이 사용한 셈이 된다. 보통의 리벳에 있어서 전단면수가 1일 경우는 강판의 인장저항, 즉 미끄럼저항이 크게 되고 또는 리벳의 전단저항이 크게 되는 데 비하여, 전단면수가 2일 경우는 압축응력이 크게 된다. 그러나 이상은 이론적인 견지에서 생각한 것이고, 경험적으로는 다음 식으로 계산한다.

$$d = (\sqrt{500t} - 2)[\mathrm{mm}]$$

그리고 그림 3.12에서 리벳과 판재의 가장자리까지의 거리는

$$e = (1.5 \sim 2.5)d$$
$$e' = (1.5 \sim 2)d \tag{3.29}$$

또는 표 3.6에 의하여 결정해도 좋다.

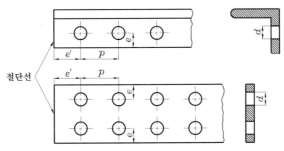

그림 3.12 ▶ 구조용 리벳의 설계

표 3.6 구조용 리벳의 피치와 두께

두께 t	리벳 지름 d	피치 p	e	e'
10[mm] 이하	14	40~100	22 이상	25 이상
	17	50~110	25 〃	28 〃
10~12.5	20.5	57~150	28 〃	32 〃
12.5~15	23.5	66~150	32 〃	38 〃

피치 p가 너무 크면 강판의 이은 틈으로 물, 먼지 등이 들어가서 해를 끼치므로 형강과 강판을 접합할 때에는 다음의 제한을 주도록 하는 것이 좋다.

$$t = 8 \sim 11 \,[\text{mm}] \quad p \leqq 5\text{d}$$
$$t > 11 \,[\text{mm}] \quad p \leqq 6\text{d}[\text{mm}] \tag{3.30}$$

3.8　편심하중을 받는 리벳 이음

그림 3.13에 도시된 리벳 이음으로 구성된 구조물은 편심하중을 받는 대표적인 예이다. 각 리벳에 걸리는 하중을 해석하기 위해 채널 부위의 자유물체도를 그리면 그림 3.14와 같다. 그림에서 보는 것처럼 편심하중을 받고 있는 리벳 이음에 있어서 리벳의 수를 Z, 하중을 $F[\text{kgf}]$라 하고, 이 하중이 고르게 각 리벳에 분포하고 있다고 가정하면, 각각의 리벳은 하중 방향의 전단하중 $F/Z[\text{kgf}]$와 편심하중에 의한 모멘트 Fe의 영향을 받는다. 모멘트에 의하여 생기는 힘은 리벳군의 중심에서 리벳까지의 거리에 비례하고, 중심까지의 반지름에 직각하게 작용한다고 하면, 그림에서

$$Fe = T_1 D_1 + T_2 D_2 + \ldots + T_n D_n \tag{3.31}$$

그러나 T_j는 D_j와 비례하므로 다음과 같이 쓸 수 있다.

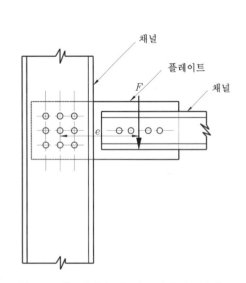

그림 3.13 ▶ 편심하중을 받는 리벳 이음의 예

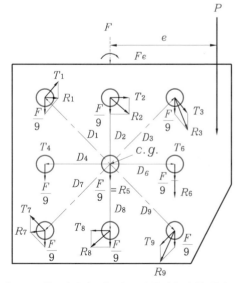

그림 3.14 ▶ 편심하중을 받는 리벳 이음의 힘 해석

$$\frac{T_1}{D_1} = \frac{T_2}{D_2} = \frac{T_3}{D_3} = \dots = \frac{T_n}{D_n}$$

그러므로

$$T_2 = T_1 \frac{D_2}{D_1} \quad T_3 = T_1 \frac{D_3}{D_1} \quad \dots \quad T_n = T_1 \frac{D_n}{D_1} \tag{3.32}$$

식 (3.45)와 식 (3.46)을 연립하여 풀면 다음과 같은 식을 얻을 수 있다.

$$Fe = T_1 D_1 \frac{D_1}{D_1} + T_1 \frac{D_2}{D_1} D_2 + T_1 \frac{D_3}{D_1} D_3 + \dots + T_1 \frac{D_n}{D_1} D_n$$

$$= \frac{T_1}{D_1}(D_1^2 + D_2^2 + D_3^2 + \dots + D_n^2)$$

이를 T_1에 대하여 풀면

$$T_1 = \frac{Fe D_1}{D_1^2 + D_2^2 + D_3^2 + \dots + D_n^2}$$

마찬가지로

$$T_2 = \frac{Fe D_2}{\sum_{k=1}^{n} D_k^2}$$

로 쓸 수 있고, 이를 정리하면 다음과 같이 쓸 수 있다.

$$T_j = \frac{Fe D_j}{\sum_{k=1}^{n} D_k^2} \tag{3.33}$$

이상과 같이 편심하중에 의한 모멘트로 인하여 각 리벳에 걸리는 힘 T_j를 구한 후 이 힘과 전단력 F/Z와의 합력 R_j를 각 리벳에서 구해야 한다. 그런데 모든 리벳에서 합력을 구할 필요는 없고 최대 합력이 나타나는 리벳에서만 구하면 된다. 그림에서 6번 리벳보다는 4번, 5번 리벳에서 합력이 작을 것임을 쉽게 알 수 있고, 또한 1, 2, 7, 8번 리벳에서는 합력이 같을 것임을 힘을 벡터로 나타낸 평행사변형에서 알 수 있다. 그리고 서로 동일한 3, 9번 리벳의 합력이 다른 그룹의 합력보다 클 것이다. 그러므로 여기서는 3번 리벳과 6번 리벳의 합력만 계산하여 이 중 최대치를 기준으로 리벳의 강도설계를 하면 된다.

그림 3.15와 같은 편심하중을 받는 리벳 이음에서 리벳의 전단 파괴를 고려하여 리벳에 적용할 수 있는 최대허용하중 F를 구하시오. 리벳의 지름은 7/8 cm이며 안전율을 고려한 허용전단응력은 6 kgf/mm2이다.

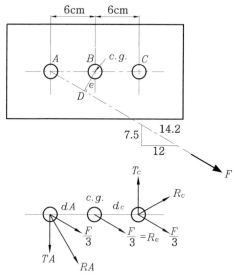

그림 3.15 ▶ 편심하중을 받는 리벳 이음

그림 3.15의 아래 자유물체도에서 A, C리벳에는 앞에서(그림 3.14) 설명한 바와 같이 편심하중과 비틀림 모멘트에 대한 반작용 모멘트 때문에 반력 T_A, T_C가 발생하나 B리벳에는 모멘트에 의한 반력 T_B가 없다. 또한 그림에서 각 리벳에 걸리는 힘의 합력을 벡터로 그려보면 A리벳에서 가장 큰 합력이 발생함을 쉽게 알 수 있다.

앞에서 편심하중을 받는 리벳의 경우에 유도된 식 (3.33)을 적용하면

$$T_A = T_C = \frac{Fed_A}{d_A^2 + d_C^2}$$

그리고 그림에 표시된 삼각형 ABD로부터 편심량 e를 구할 수 있다.

$$\frac{e}{6} = \frac{7\frac{1}{2}}{14.2}$$

편심량 $e = 3.18$ cm $T_A = \dfrac{F \times 3.18 \times 6}{6^2 + 6^2} = 0.265F$

따라서 T_A와 $F/3$의 합벡터를 구하면 A리벳에 걸리는 합력 R_A가 된다.

R_A의 수평성분과 수직성분을 각각 R_{AX}, R_{AY}라 하면

$$\sum R_{AY} = 0.265F + 0.333F \times \frac{7\frac{1}{2}}{14.2}$$
$$= 0.265F + 0.176F = 0.441F$$

$$\sum R_{AX} = 0.333F \times \frac{12}{14.2}$$

$$= 0.281F$$

$$R_A = \sqrt{(0.441F)^2 + (0.281F)^2}$$

$$= 0.523F$$

$$R_A = 0.523F = \frac{\pi}{4} \times \left(\frac{7}{8}\right)^2 \times 100 \times 6 = 1{,}442 \text{ kgf}$$

그러므로 최대허용하중 F는

$$F = 2{,}758 \text{ kgf}$$

예제 3-3 편심하중을 받는 나사 이음과 리벳 이음은 동일한 방법으로 응력해석이 가능하다. 편심하중에 기인한 전단하중과 인장하중을 받기 때문에 볼트나 리벳에는 합성하중에 의한 응력이 작용한다. 이러한 형태의 문제를 다루기 위해 다음과 같은 문제를 생각해 보자. 그림 3.16은 두 열(row)의 볼트가 지지하고 있는 구조물을 보여 주고 있다. 각 열은 각각 두 개의 볼트로 이루어진다. 볼트의 외경이 20 mm(체결길이가 10 cm)이고, 나사부의 단면적은 2.15 cm²이다. 볼트재료의 허용인장응력 $\sigma_a = 1407$ kg/cm²이고 허용전단응력 $\tau_a = 774$ kg/cm²일 때 구조물에 가할 수 있는 최대허용하중 F를 구하시오.

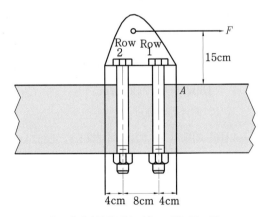

그림 3.16 ▶ 편심하중을 받는 볼트 이음 구조물

각 볼트에 작용하는 전단하중은 모두 동일하다고 가정하면 전단하중은 $F/4$가 된다. 또한 볼트에서 전단하중을 받는 부위는 나사산이 있는 나사부가 아니므로 전단단면적은 $\frac{\pi}{4} \times (2)^2 = 2.74$ cm²이다. 따라서 전단응력은

$$\tau = \frac{P}{A} = \frac{F/4}{2.74} = 0.0912F \, [\text{kgf/cm}^2]$$

A점을 모멘트 중심으로 작용하는 $F \times 15$ 크기의 모멘트는 각 볼트에 반작용 모멘트를 발생시켜 각 볼트에 인장력이 걸리게 된다. 이 인장력의 크기는 앞에서 유도한 식 (3.33)을 적용하여 구할 수 있다. 여기서 A에서 볼트 중심선까지의 거리를 이용하여 식 (3.33)을 적용하면

$$T_j = \frac{Fe D_j}{\sum_{k=1}^{n} D_k^2}$$

문제의 구조물에서는 두 번째 열의 볼트가 첫 번째 열의 볼트보다 더 많은 하중을 받으므로 두 번째 열의 볼트에 걸리는 인장력만 계산한다. 각 열에는 볼트가 2개씩 있으므로

$$T_2 = \frac{Fe D_2}{(D_1^2 + D_2^2)} = \frac{F \times 15 \times (8+4)}{[2 \times (4)^2 + 2 \times (12)^2]} = 0.562F [\mathrm{kgf/cm^2}]$$

두 번째 열의 볼트가 받는 인장력은 $0.562F$이므로 볼트에 걸리는 인장응력은

$$\sigma_t = \frac{0.562F}{2.15} = 0.261F [\mathrm{kgf/cm^2}]$$

두 응력의 합성응력을 구하기 위해 최대주응력설을 이용하면

$$\sigma_{t(\mathrm{max})} = \frac{\sigma_t}{2} + \sqrt{\left(\frac{\sigma_t}{2}\right)^2 + \tau^2}$$

$$= \frac{0.261F}{2} + \sqrt{\left(\frac{0.261F}{2}\right)^2 + (0.0912F)^2}$$

$$= 0.290F = \sigma_a 1407 \mathrm{kgf/cm^2}$$

$$\therefore\ F = 4,852\,\mathrm{kgf}$$

$$\tau_{(\mathrm{max})} = \sqrt{(\sigma_t/2)^2 + \tau^2} = \sqrt{(0.261F/2)^2 + (0.0912F)^2}$$

$$159F = \tau_a 774 \mathrm{kgf/cm^2}$$

$$\therefore\ F = 4,868\,\mathrm{kgf}$$

따라서 구조물이 지탱할 수 있는 최대하중은 4,852 kgf이다.

3.9 접착제를 이용한 접합

/3.9.1/ 개요

접착제 접합(bonding)은 접착제를 피착제(adherends)라 불리는 물체의 접착되는 표면 사이에 도포하거나 침투시켜 접합시키는 공정이다. 두 표면 사이에서 접착제는 응고되거나 경화

되는 도중 물리적 또는 화학적 변화를 일으키며 그 결과 피착제를 접합시키기 위한 기계적 강도를 나타내게 된다. 일반적으로 접착제는 피착제의 표면에 고르게 퍼질 수 있도록 적당한 점도가 유지되어야 한다. 접착제는 시멘트, 아교, 고무풀(점액), 풀 등을 지칭하는 일반적인 용어이다. 천연의 유기물 또는 무기물 접착제가 이용될 수 있지만, 일반적으로 합성된 유기적 중합체(synthetic organic polymer)가 금속 피착제를 접합하는 데 사용된다.

접착제를 분류하면 접착제의 물리적 형태에 따라 액체, 페이스트(paste) 또는 점착성 고체로 분류되고 화학적 성분에 따라 규산염 접착제(silicate adhesive), 에폭시 접착제(epoxy adhesive), 석탄산 접착제(phenolic adhesive)로 분류될 수 있다. 비록 접착제를 이용한 접합이 많은 비금속 물질을 결합하는 데 사용되지만, 여기서는 금속들끼리의 또는 비금속 구조물과의 접합에 대해서만 논하였다.

접착제 접합은 어떠한 관점에서는 금속의 납땜(soldering/brazing)과 유사하지만 금속조직학적인 원소의 결합은 일어나지 않는다. 접합될 표면을 가열하는 경우가 있지만 용융은 되지 않는다. 액체, 페이스트 또는 점착성의 고체 형태의 접착제를 접합되는 표면 사이에 도포한 후 열을 가하거나 압력을 가하여(또는 가열과 가압을 동시에) 두 표면 사이에서 접합이 이루어진다. 보통 접착 이음을 설계할 때 주의해야 하는 사항은 다음과 같다.

- 접합 시 접착제는 금속 피착제의 표면에 고르게 퍼질 수 있을 정도로 적당한 점도를 가져야 한다.
- 접착제를 피착제의 표면에 바른 후 접합부가 고정되는 즉시 경화되기 시작해야 한다.
- 접착제는 금속 표면과 충분한 친화력이 있어야 하며, 이를 바탕으로 발생된 접착력은 추후 실제 사용하중을 받는 상태에서 금속과 접착제의 경계면을 따라 파괴에 견딜 수 있는 충분한 강도와 인성을 보장해야 한다.
- 접착제가 응고되면서 과도하게 수축되면 안 된다. 과도한 수축이 발생하면 접합부에서 예상치 못한 내부응력이 발생할지 모른다. 접합부가 고온에서 작동해야 하는 경우에도 마찬가지로 피착제의 선팽창계수가 접착제의 선팽창계수와 비슷한 온도특성을 가지도록 접착제를 선정해야 한다.
- 양호한 접합부를 형성하기 위해서는 금속 표면은 깨끗해야 하고, 먼지, 산화물, 기름, 윤활유 등이 제거되어야 한다.
- 접착제와 금속 사이의 공간에 잔류할 수 있는 공기, 습기, 유기용매 등은 적당한 방법으로 외부로 배출할 수 있어야 한다.

/3.9.2/ 피착제 표면처리와 접합부 가압

접착체를 바를 때, 피착제 표면의 자유 에너지(free energy)는 접착제보다 커야 한다. 보통 금속성 피착제와 중합체로 된 접착제의 경우에 위와 같으나 금속 표면에 흡수된 오염물질이 자유 에너지를 떨어뜨릴 수 있기 때문에 주의해야 한다. 오염물질은 유기용매로 세척하거나 연마과정을 거쳐 제거시킬 수 있다. 연삭숫돌이나 사포(sand paper) 등이 접착 전 금속 표면 처리과정에서 자주 사용된다.

표면에너지 학설에 의하면 접착제는 피착제 표면에 쉽게 퍼지기 위해 접착 초기에 낮은 점도를 가져야만 한다. 점도가 높을수록 접착제가 표면에 완전히 발라지지 않을 가능성이 높아지고, 그 내부공간에 기체, 액체 또는 증기가 잔류할 수도 있다. 이러한 경향은 경화될 동안 압력을 가함으로써 방지할 수 있다.

/3.9.3/ 접합 조인트의 이점

접착제를 이용한 접합은 저항점 용접 이음이나 리벳 이음, 나사 이음과 같은 다른 기계적 결합방법과 비교했을 때 몇 가지 이점을 가진다.

(1) 이종재료 접합

접착제층(layer)이 피착물 금속간에 전기적 절연을 유지할 수 있다면 접착제를 사용하여 부식(galvanic corrosion)을 근본적으로 방지할 수 있는 이종 금속의 접합이 가능하다. 부식은 보통 이종 금속간의 이온화 에너지가 차이가 나므로 발생하는데, 근본적으로 두 금속간의 전자의 이동의 불가능하도록 하면 내부식성이 뛰어난 이종재료의 접합이 된다. 현재 이종재료 접합을 용접 이음방식으로 설계할 경우 용접부에서 발생하는 부식이 가장 큰 난제로 남아있다. 요즈음 시판되는 많은 종류의 접착제는 열팽창계수가 아주 다른 이종 금속의 접합도 가능하도록 제조된다. 물론 접착부품의 크기와 접합부에 요구된 강도에 따라 정도의 차이가 나지만 한 종류의 접착제가 몇 개의 이종 금속을 접합하기 위해 사용될 수 있을 정도이다.

또한 접착제를 이용하면 플라스틱이나 세라믹과 같은 비금속재료와 금속의 접합이 가능하다.

(2) 얇은 금속판의 접합

매우 얇은 금속판으로 된 부품은 접합할 수 있다. 예를 들면, 여러 겹의 얇은 금속층(layer)이 서로 접착시켜 전기모터의 부품을 제작할 수 있고, 금속판(foil)들이 서로 또는 다른 물질과 어려움 없이 접합될 수 있다.

(3) 저온영역에서 접합이 가능

대부분의 접착제의 경화를 위한 온도는 보통의 납땜하는 온도 범위보다 낮은 65~176℃이다. 보통 상온에서 응고된 접착제 접합은 상대습도 70%를 초과하지 않는 습한 상태 하에서 82℃까지의 온도에서 충분한 접합강도를 나타낸다. 특수 에폭시 접착제의 경우 상온에서 응고되더라도 150℃까지 훌륭한 접합강도를 유지할 수 있다. 따라서 열에 민감한 부품이나 부속을 접합하는 경우 접착제를 이용한 접합을 우선 고려해야 한다. 납땜이나 용접 이음방식을 사용할 때 높은 온도가 부품에 야금학적 변화 또는 구조적 변형을 일으킬 수 있을 경우에는 접착제 접합이 바람직하다.

(4) 밀폐(방수)와 단열(전기절연)

접착제 접합은 기름, 화학물질, 습기 등으로부터 접합부위를 보호하기 위해 밀폐 또는 방수용으로 사용된다. 또한 접착제는 접착되어 있는 두 표면 사이에 단열 또는 전기 절연층을 제공할 수 있다. 현재 대량생산되는 대부분의 인쇄회로기판은 접착제를 사용하여 접합한다.

(5) 균일한 응력 분포

접합부의 응력 집중을 최소화하기 위해 상대적으로 넓은 접합부가 형성되도록 설계할 수 있다.

(6) 진동과 소음의 감소

충격과 진동을 흡수하는 접착제를 사용한 접합부는 훌륭한 피로 수명과 소음 흡수특성을 나타낸다. 리벳보다 접착제를 사용하면 어떤 경우 열 배 또는 그 이상으로 피로수명을 연장할 수 있다. 예를 들면, 헬리콥터 회전 날개에 접착제를 이용하면 피로 수명이 향상되므로 현재 대부분의 헬리콥터 날개 제작공정에 접합이 적용된다.

(7) 구조물의 경량화

접착제 접합은 리벳 이음이나 나사 이음보다 상당히 경량화된 구조물을 제작 가능하게 해준다.

/3.9.4/ 접합 조인트의 단점

(1) 낮은 접합 강도

접착제는 120℃ 이상에서는 접합부를 분리시키는 방향의 하중을 견디지 못한다. 150℃의 높은 온도에서 높은 인장 강도와 전단 강도를 가지는 접착제들조차 그렇다. 따라서 높은 분리 하중을 받을 경우 기계적 보강재가 보완되어야 한다.

(2) 장비와 공정(처리) 비용

넓은 부위에 걸쳐 접합부를 형성하려면 별도의 장비와 치공구가 필요하여 제조원가가 높아 진다. 또한 접합공정의 관리비용도 다른 기계적 결합공정보다 높을 것이다. 최상의 접합 내구 성이 요구된다면 접합하기에 앞서 표면을 깨끗이 처리해야 되고 오염물질로부터 격리되어야 한다. 표면처리 작업은 여러 단계의 세척, 에칭 그리고 건조과정까지 포함되며 주위 환경의 온도와 습도의 제어 또한 필요하다.

(3) 경화 시간

완전한 접합강도를 보장하기 위해서 접합부는 일정 시간 동안 정해진 온도를 유지하며 경 화되어야 한다. 반면에 다른 기계적 이음공정은 생산성의 측면에서 접합공정보다 유리하다고 할 수 있다.

/3.9.5/ 접착제

접착제는 보통 열경화성 접착제와 열가소성 접착제로 구분된다.

(1) 열경화성 접착제

열경화성 수지에 경화제와 촉매를 섞어 일어나는 화학 반응에 의해 경화된다. 가열하거나 가압 등의 방법으로 경화속도를 증가시킬 수 있다. 열경화성 접착제는 일단 경화되면 다시 가열 등의 방법으로 용융이 불가능하므로, 파괴된 접합부는 가열에 의해 다시 접합될 수 없다. 열경화성 접착제는 구조물 접착제로 주로 사용된다.

(2) 열가소성 접착제

열가소성 수지는 가열되면 부드러워지고, 냉각되면 굳어지는 긴 분자사슬구조를 가진 복합

표 3.7 금속 접합에 사용되는 중합 접착제의 종류

솔벤트 계열	Hot Melt 계열	화학 반응형 계열
네오프렌	에틸렌 – 비닐 아세테이트	에폭시
니트릴고무	블럭 혼성중합체	페놀
우레탄	폴리에스테르	구조형 아크릴
블럭 혼성중합체	폴리아미드	시아노아크릴레이트
스티렌 – 부타디엔		우레탄

체이다. 열가소성 접착제는 가열되어도 하등의 화학변화가 없으므로 가열과 냉각과정을 반복할 수 있다. 그러나 극도의 고온에서는 산화되고 분해되므로 가열·냉각과정의 반복이 불가능하다. 많은 열가소성 수지는 유기용매로 실내 온도에서 연화될 수 있고 용매를 증발시켜 다시 굳어진다. 열에 약한 거동이나 용매로 쉽게 연화되는 특성이 있으므로 열가소성 수지가 구조물 접착제로서는 일반적으로 적합하지 않다. 유연제나 합성고무를 첨가한 열가소성 접착제는 주로 충격과 진동하중을 받는 구조물의 접합에 사용된다.

금속을 접합하는데 사용되는 중합체(polymer)로 된 접착제의 유형이 표 3.7에 나와 있다.

/3.9.6/ 접합부의 설계

접착제를 이용한 접합의 장점을 충분히 살리기 위해서는, 초기 설계단계에서부터 고려되어야 한다. 만약 접합공정으로 초기 설계단계가 아닌 재설계 과정에서 다른 기계적 이음공정을 대체하려고 할 경우는 별로 바람직스러운 절차가 아니다. 즉, 접착제 접합을 다른 이음공정의 보조적 공정으로 사용하는 것은 옳지 않다.

비록 접합의 주목적이 일정 이상의 강도를 가지는 구조물을 만드는 것이지만, 적당한 접합 이음설계는 공정에 부수되는 다른 비용을 절감하는 효과도 종종 가져온다. 적절하게 접합부를 설계하면 접합부의 품질관리에 소요되는 비용도 최소한으로 줄일 수 있어 만족스러운 결과를 기대할 수 있다.

접합 이음설계에서는 접합되는 부위의 형상에 유의해야 한다. 접착제가 충분히 침투할 수 있는 공간이 있어야 하고 경화될 때까지 고정시키기 위한 치공구설계도 해야 한다.

접착제 접합 이음의 설계에서는 다음의 세 가지 사항을 중점적으로 고려해야 한다.

• 설계하중은 접합부위에서 인장응력이나 전단응력만을 발생시키도록 접합 이음을 설계해야 한다. 쐐기하중(cleavage loading)이나 박리하중(peel loading)은 가능한 한 최소화되도록 한다(그림 3.17 참조).

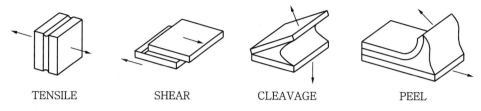

| TENSILE | SHEAR | CLEAVAGE | PEEL |

그림 3.17 ▶ 접착 이음 부위에 가해지는 하중의 네 가지 형태

- 접합부에서 정하중(static load)이 가해진 경우 접착제의 탄소성 영역을 벗어나지 않도록 설계해야 한다.
- 반복하중을 받는 접합부에서 판재의 겹쳐지는 부분을 충분하게 설계하여 경화된 접착제 내부에서 발생할 수 있는 저온 creep 현상이 최소화되도록 해야 한다.

하지만 위의 사항을 실제 현장에서 모두 지키기는 매우 어렵다. 어떤 경우에는 응력 집중 현상을 피하기 어려운 경우가 있는가 하면, 또 다른 경우에는 한 종류 이상의 응력이 복합적으로 발생하는 경우도 있다.

그림 3.17에 네 가지의 대표적인 하중 형태가 도시되어 있다. 그중 접착제를 이용한 접합에 있어서 가장 많은 형태의 하중이 전단하중 형태이다. 즉, 하중의 방향이 접합면에 평행한 방향으로 하중이 작용하는 것을 뜻한다. 박막 금속 접합의 경우 접합 설계는 금속의 단면적에 비례하여 넓은 접착 면적을 주어야 한다. 이 경우는 접착제를 이용한 접합을 통하여 피착재료와 같은 강도를 유지하는 것이 주목적이다.

그림 3.18에는 접합강도와 접착길이(overlap length) 사이의 관계가 도시되어 있다. 그림에서 볼 수 있듯이 접합강도와 접착길이는 일정 범위 내에서 비례하고 있는 것을 알 수 있다(점 A). 또한 그 바깥 부분(점 B 이후)에서는 파괴하중이 접착길이와 상관없어짐을 알 수 있다.

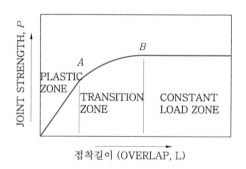

그림 3.18 ▶ 접합강도(P)와 접착길이(L) 사이의 관계

(1) 전단하중

그림 3.19는 서로 다른 접착길이(short, medium, long)에 하중 P가 작용하였을 때 발생하는 전단응력 분포도이다. 접착 길이가 짧을 경우 그림 3.19(a), 전단하중은 접합부에서 균일하다 (uniform). 이 경우 접합부는 시간이 흐름에 따라 creep 현상이 발생할 수 있고, 그에 따라 파괴가 일어날 수 있다. 접착길이가 임계값을 초과하게 되면 접합부 끝단에서 가장 큰 하중을 받게 된다. 이에 반하여 중앙부는 가장 작은 전단응력을 받게 되어 creep 현상이 발생할 확률이 낮아진다(그림 3.19(b) 참조). 접합길이가 긴 경우 그림 3.19(c), 각 부분에서의 전단응력이 작아져 균열의 잠재성 또한 최소화된다.

일반적으로 creep 현상을 방지하기 위한 접착길이는 피착재료의 물성치, 접착제의 특성 및 두께, 하중의 종류 그리고 실제 하중상태 등의 조건에 영향을 받는다.

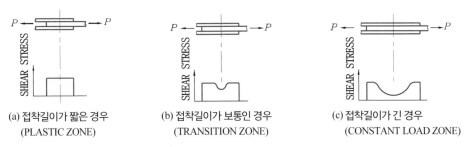

(a) 접착길이가 짧은 경우
(PLASTIC ZONE)

(b) 접착길이가 보통인 경우
(TRANSITION ZONE)

(c) 접착길이가 긴 경우
(CONSTANT LOAD ZONE)

그림 3.19 ▶ 정하중 상태에서 접착길이의 변화에 따른 전단응력 분포의 변화

(2) 박리하중(peel loading)

쐐기하중(cleavage loading)이나 박리하중(peel loading)이 존재하는 경우 매우 어려운 문제가 발생하게 된다. 쐐기하중은 접합부에 불균일한 응력을 발생시키며 접착부의 모서리에서 초기 상태의 파괴를 일으킨다. 따라서 이는 균일한 형태의 전단 – 인장응력을 받는 동일한 크기의 접합부보다 상당히 취약해진다. 박리하중을 받을 경우는 훨씬 심각해진다. 경화된 접착제의 극히 일부분(하중 방향에 수직인 선(line) 부분)이 대부분의 하중을 견뎌야 하므로 순수 인장하중이나 전단하중을 받을 경우의 하중보다 극히 낮은 하중에서 파괴가 일어난다.

가장 보편적으로 사용되는 접합 이음의 형식이 그림 3.20에 도시되어 있다. (a)의 butt 이음은 편심하중이 작용할 경우 쐐기하중이 접합부에 나타나는 가장 바람직스럽지 못한 접합 이음이므로 피해야 한다. 접합 단면적을 (b)와 같이 증가시키면 접합부의 가장자리에서 응력집중이 발생하는 것을 줄일 수 있어 목재를 접합할 경우에 많이 쓰이나, 금속판을 접합할 경우에는 가공하기 어렵고 경화되는 동안 두 금속판을 정렬시켜 가압하기가 곤란하다. (g)의

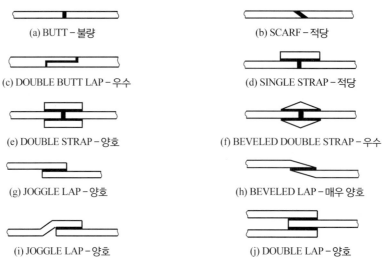

그림 3.20 ◉ 박판재료에서 접착제를 이용한 접합 이음설계

single lap 이음은 가장 많이 사용된다. 여기서 접착부의 양단에서 응력집중을 감소시키려면 (h)와 같이 하여 피착제의 끝이 하중을 받으면 변형하도록 설계하면 분리하중이 접착부에 최소로 걸린다. 접합강도가 아주 중요하고 피착제가 얇아서 하중을 받아 굽힘이 일어날 수 있을 경우 (i)가 좋다. 왜냐하면 쐐기하중이 작용하기가 어렵기 때문이다. 만일 금속판이 너무 얇아 끝단을 경사지게 가공할 수 없는 경우는 (e)의 double strap 이음이 적당하다. 가장 좋은 접합부 설계는 (f)이다.

/3.9.7/ 세라믹과 플라스틱의 접착제 접합

(1) 세라믹 접합

세라믹의 접합에 사용되는 접착제는 유기접착제와 무기접착제가 있으며, 취급이 간단하고 빠르게 작업할 수 있을 뿐 아니라, 경제성 면에서도 유리하므로 사용 예가 많다. 또한 고온에서 내마모성이 요구되는 기계부품에 엔지니어링 세라믹재료가 많이 쓰이고 있는 바 용접 이음이나 나사 이음이 불가능한 이상 세라믹재료는 접착제 접합이 유일한 방법이다.

① 유기물 접착제

유기접착제는 항공우주 분야를 비롯하여, 기계, 토목, 생체 분야에 이르기까지 사용 분야가 매우 광범위하다. 접착제로는 상온 전단강도가 4.2 MPa인 산경화니트릴페놀릭, 316℃에서 16 MPa의 전단강도를 가지는 내열구조용 접착제 폴리아미드 등이 사용되고 있다. 유기접착제로 접합한 부위는 리벳으로 기계적 접합한 부위보다는 상온 전단강도 및 피로강도가 높기 때문에 통상의 조건하에서 사용하기에는 적합하지만, 고온에서 사용하는 경우에는 분해가 일어나므로 내열성에 문제가 있다. 그러나 최근에는 542℃의 고온에서 수분간 접착강도를 유지하는 접착제가 개발되어 있고, 앞으로의 발전이 기대되는 접합 분야이다.

② 무기물 접착제

무기접착제는 수성형, 화학반응형 및 고온메탈형 접착제로 분류된다.

수성형 접착제는 물과 혼합에 의해서 경화하며, 내수성은 좋지만, 접착력 및 기밀성은 낮다. 이들 접착제는 알루미늄이나 시멘트를 제외하고는 내열성이 낮다.

화학반응형 접착제는 결합제, 경화제, 충진제로 구성되어 있고, 150~300℃로 가열하여 화학반응에 의해서 경화시켜 접합한다. 결합제로서는 알칼리금속 실리케이트, 인산금속염이 사용되고, 경화제로는 MgO, ZrO 등이 사용되고 있다. 충진제로는 접합되는 재료의 열팽창률을 조정할 목적으로 Al_2O_3, SiO_2, ZrO 등이 사용되고 있다. 이들 접착제는 사용법이 간단하고, 내열성도 좋지만, 접착력 및 기밀성이 나쁜 것이 결점이다.

고온메탈형에 의한 접합은 산화물 솔더법이라고 불리는 접합법으로, 2종류 이상의 산화물을 혼합한 산화물 솔더를 이용하여 접합하는 방법이다. AWS의 용접 분류에 의하면 솔더링보다도 브레이징으로 분류하는 것이 정확한 표현이라고 되어 있다. 접합은 저온의 경우에는 대기 중에서 실시하고, 고온의 경우는 불활성 상태 혹은 진공 상태에서 실시한다. 산화물 솔더는 PbO를 다량 함유한 융점이 300~400℃인 것으로부터 Al_2O_3, CaO, MgO, ZrO_2, ThO_2, Si_3N, SiC, AlN을 주성분으로 한 융점이 1,200~1,300℃인 것도 있다. 표 3.8은 대표적인 산화물 솔더의 예를 나타낸 것이다. 각각의 솔더는 조성과 접합온도 및 열팽창률과의 관계 등을 고려하여 선택해야 한다. 이들 솔더는 접착력, 내수성, 기밀성 및 전기절연성이 우수하지만, 유리

표 3.8 산화물 솔더의 예

- $B_2O_3 - PbO - ZnO$, $B_2O_3 - PbO - SiO_2$, $B_2O_3 - ZnO - SiO_2$
- $Al_2O_3 - SiO_2$, $Al_2O_3 - SiO_2 - B_2O_3$, $Al_2O_3 - SiO_2 - B_2O_3 - PbO$
- $Al_2O_3 - SiO_2 - MnO$
- $Al_2O_3 - BaO - B_2O_3$
- $Al_2O_3 - MgO$, $Al_2O_3 - MgO - SiO_2 - B_2O_3 - PbO$
- $Al_2O_b - CaO$, $AL_2O_3 - CaO - MgO$, $Al_2O_3 - CaO - Y_2O_3$
- $Al_2O_3 - Y_2O_3$
- $ZrO_2 - CaO$, $ZrO_2 - Y_2O_3$

질이므로 주로 세라믹스간의 접합에 많이 사용된다. 특히 고온 산화물 삽입금속으로 사용하는 경우 내열성이 높은 접합부를 얻을 수 있으므로 내열구조 부품의 접합에 사용된다.

(2) 플라스틱의 접합

유기용제를 사용하고, 용제에 가용성인 플라스틱끼리의 접합방법으로 비결정성의 열가소성 플라스틱(ABS, 셀룰로오스류, PC, PMMA, PVC 등)에 적용된다. 용제만을 사용하는 경우는 아주 적고, 건조 속도의 조절, 틈 사이의 충진성, 작업성(점도, 칠하기 쉬움 등)을 고려한 첨가재료와 모재의 합성수지를 용제에 5~30% 용해시킨 혼합용제를 사용하는 경우가 많다. 이와 같은 모재 플라스틱을 용해시킨 접착제를 도프 시멘트(dope cement)라고 한다. 이 방법은 취급하기가 쉽고, 접합강도를 얻을 수 있는 속도도 빠르며, 경제성도 우수하지만, 유기용제를 사용하기 때문에 균열, 투명 플라스틱의 백화 현상, 독성 등의 문제가 발생한다. 따라서 용제를 사용하지 않는 접착방법으로 이행되는 추세에 있다.

수도형 경질 염화비닐관의 접합에 사용하는 도프 시멘트의 품질에 대해서는 일본 수도협회 규격(JWWAS 101)이 있다. 용제의 선택은 대상 플라스틱의 용해도 파라미터(SP)에 가까운 SP값을 이용하는 것이 원칙이다.

플라스틱은 사전에 적당한 접착제를 선택하면 접합할 수 있으며, 접착제의 젖음성이 양호해야 한다. 시판되고 있는 접착제는 젖음성에 대한 표시가 있으므로 문제가 없지만, 실제로는 여러 가지 검사를 할 필요가 있다. 양호한 접착부를 얻기 위해서는 접착제의 선정도 중요하지만, 표면상태도 대단히 중요한 요인이 된다. 플라스틱의 표면에는 이형제, 광택제, 기름 등이 존재하기 때문에 이것들을 제거하지 않으면 안 되며, 사포 등에 의한 기계적 제거 및 용제에 의한 화학적 제거법이 이용되고 있다. 예를 들면, 무극성의 폴리에틸렌에 대해서는 코로나방전, 화염, 플라즈마, 약품 등에 의한 극성화를 위한 표면처리가 필요하고, 표면에 존재한다고 생각되는 저분자량의 약한 층(Weak Boundary Layer:WBL)을 제거하는 것도 유효하다. 접착제의 형태에는 에멀젼형, 용제형, 핫멜트(hot-melt)형, 필름형, 반응형(무용제) 등이 있고, 그 성분에 따라 내수성, 내열성 등의 특성이 다르다. 표 3.9는 접착제의 성능, 접착조건 등을 나타낸 것이다.

접착할 때에는 이음매의 형상, 접착두께, 접착온도, 압력 등과 그 외의 모든 조건에 주의를 기울일 필요가 있다. 또 접착 후의 접착부에 관한 역학적, 물리적, 화학적 성질과 사용하는 환경조건과의 관련성에 대해서 미리 검토해야 한다.

번호	업계 용어	화학명	포장 용기 (a)	접착제형	사용법	접착 조건		기계적 강도	
						온도	시간	크리프성 (b)	박리 충격
13	구조용 접착제 (폴리머 합금형)	폴리비닐 니트릴고무 나이론/에폭시 니트릴고무/에폭시	1	시트상 테이프상	가열, 경화	120~ 180℃	30분~ 1시간	◎	
14	폴리 아미드	폴리아미드	1	프로폴리머의 용액	가열, 경화	200℃	2시간 이상	◎	×
			2 - 4	베스트상 무용액형					
			3 - 4	오리고무 - 혼합형					
15	아크릴 수지	아크릴산 에스테르 공중합체	1	용액	물 또는 용제의 증발에 따라서 고화	실온 가열	1분 이상	×	×
16	니트릴 고무	아크릴니트릴 프타디렌고무	1	용액	용제 또는 물의 증발에 따라 고화	실온 가열	30분 이상	△	○

(a) 1은 일액형이라 불리고, 접착제가 1개의 용기에 담겨서 사용 가능함. 2는 이액형이라 불리고 접착제의 경화제(또는 촉매)가 다른 용기에 들어

(b) 절단강도(kg/cm²)   (c) 박리강도(kg 25 mm)

  × 50 이하   × 5 이하

  △ 50 - 100   △ 5 - 10

  ○ 100 - 200   ○ 10 - 20

  ◎ 200 이상   ◎ 20 이상

(c) - 80 - 100은 (-)80℃에서 (+)100℃까지 사용 가능

    100은 (+)100℃까지 사용 가능

| 접착 강도 | | | | 용도 | | | | | | | | 비고 |
| 환경 | | 사용가능 온도(℃) | | | | | | | | | | |
내용제성 (보통의 용제)	내산성 내알카리성	크리프성	박리 굽힘 충격 피로	금속	무기물	목재	종이	섬유	플라스틱	고무	피혁	
○	△	−180 ~100℃	−	◎	◎	△	−	−	○−×	○−×	○	기름이 묻지 않도록 주의
○	○	100℃	80	◎	◎	△	−	−	○−×	○−×	○	maker에 따라 차이가 크다 악취가 있다
○	○	100℃	−	◎	◎	−	−	−	−	−	−	나사구멍을 막아서 고착시키는 용도 등급이 다수
◎	◎	100℃	−	◎	◎	△	−	−	○−×	−	−	굽힘, 충격불가 전단에 대해서는 범용
◎	○	100℃	−40	○	○	◎	◎	◎	△−×	×	−	소형총에 이용
◎	○	80~ 150℃	0~70	◎	◎	−	−	◎	−	−	○	등갑에 따라 용점, 내열성 다름
○	△	−200 ~100℃	0~80	◎	◎	○	◎	◎	◎−×	◎−△	◎	상품에 따라 큰 차이가 있다
◎	○	200℃	−200 ~200	◎	◎	○	−	−	○−×	○	−	접착곤란후 경우 printer 사용, 내열내동, 내수 내노화성 우수
◎	◎	100	−30 ~100	◎	○	◎	−	◎	−	◎−×	◎	고무계접착제 중에 가장 범용
×	△	60	10~60	−	−	△	◎	−	○−×	−	△	종이용,앨범용 연질염화비닐용
×	△	60	50	−	−	◎	◎	◎	−	−	−	목공이 최대용도
×	○		−10	△	△	△	○	△				내노화성이 나쁨
×	○		−50	△	△	△	○	△				내노화성 양호
◎	○		−20	◎	◎	−	−	−				내열성, 내수성, 내노화성 아주 우수
			−60									전기관계의 특수용도

(계속)

표 3.9 접착제의 종류와 접착조건 및 접착 특성

번호	업계 용어	화학명	포장 용기 (a)	접착제형	사용법	접착 조건		기계적 강도		
						온도	시간	크리프성 (b)	박리굽힘 충격피로 (c)	내수성
1	순간 접착제	알킬 α 시안아크레이트	1	액상 monomer	도포 급속한 중합고화	실온	2초~2분	○	×	△
2	SGA (제2세대 아크릴)	각종의 디메타크릴레이트 또는 디아크릴레이트 수지, 개시제, 고무를 배합한 것	2	액상 무용제	1. 2액을 단면만큼 도포, 급속고화 2. 사용직전에 두용액 혼합	실온	2~30분	○	△-○	○
3	염기성 접착제	각종의 디메타크릴레이트 또는 디아크릴레이트 수지, 개시제와 산소	1	액상 무용제	도포하면 자연히 중합, 고합	실온	30~60분	△-○	×	○
4	에폭시 수지	에폭시수지	2	액상 무용제	사용직전에 두액혼합, 도포, 경화	실온 100℃	1~4일 30~60분	○-◎	×	△
5	EVA	에칠렌-초산비닐 공중합체	1	Hot melt (film, 종이 Chip)	열에 녹은 후 접착 냉각하면 고화	130~210℃	순간적	◎	△	△
6	나이론	나이론11, 나이론12 공중합나이론	1	Hot melt (film, 분체)	열에 녹은후 접착 냉각하면 고화	100~200℃	순간적	◎	△	△
7	폴리 우레탄	폴리우레탄	1 2	무용제 베스트상	1액-공기중에 수분이 남아 서서히 경화 2액-혼합하면 경화	실온	1액-순간적에서 1일 2액-혼합하면 경화	×-△	△-◎	△-○
8	실리콘 RTV	실온경화형 실리콘고무	1	무용제	접착후 공기 중의 수분에 따라 반응, 경화, 고무로 됨	실온	1-3일	△	○	◎
9	폴리 프로필렌	폴리프로필렌	1	용액	도포, 용제 휘발후 접착	실온	순간-수분	△	◎	◎
10	염산 초산수지	염화비닐-초산비닐 공중합체	1	베스트상 용액	도포, 용제의 휘발후 접착	실온	수분	○	△	△
11	초산 (PVAc)	폴리초산비닐	1		도포, 접착, 물의 휘발에 따라 고화	실온	수분-반일 이상	◎	△	△
12	감압 테이프	고무계 아크릴계 실리콘계	1 1 1	테이프상 테이프상 테이프상	테이프를 압착 테이프를 압착 테이프를 압착	실온 실온 실온	순간적 순간적 순간적	× × ×	× × ×	○ ○ ◎

접착 강도						용도								비고
	환경			사용가능 온도(°C)										
굽힘 피로 c)	내수성	내용제성 (보통의 용제)	내산성 내알카리성	크리프성	박리 굽힘 충격 피로	금속	무기물	목재	종이	섬유	플라스틱	고무	피혁	
◎	◎	◎	◎	150	−50 −150	◎	◎	−	−	−	○−×	−	−	강도,내열성 우수 제트기의 조립 브레이크 접착 프린터배선의 기판과 동박의 접착
○	◎	◎	◎	250	250	◎	◎	−	−	−		−	−	내열성우수 항공우주용 금속 폴리아미드 접착
○	○	×−○	△	80	60	−	−	−	◎	◎	◎	−	−	상품에 따라 크게 차이가 있음
◎	◎	◎	◎	100	−30 −100	◎	◎	−	−	◎	○	○	◎	고무접착제 중에 폴리크로로플렌 다음으로 많이 사용

있음.

1 그림 3.21에 보여 주고 있는 겹치기 이음에서 조인트의 파괴 가능한 모드를 검토하시오. 또한
   조인트에 적용할 수 있는 안정한 인장력을 계산하시오. 단 허용응력은 인장 1,420 kgf/cm², 전단
   1,025 kgf/cm², 베어링 압력 2,360 kgf/cm²이다.

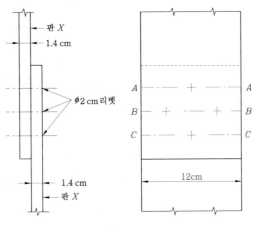

그림 P3.1 ▶ 연습문제 1

2 그림 3.22와 같이 22.86 cm × 1.56 cm인 사각단면의 판이 위아래 양 덮개판으로 맞대기 이음되어 인
   장을 받고 있다. 조인트의 양쪽에 지름 2.22 cm의 리벳을 각각 6개, 전체 12개의 리벳을 사용하도록
   제안되어 있는 경우이다. 최소효율을 계산하시오. 단 τ_s(리벳에 대하여)$= 0.8\sigma_t$(판재료) 그리고 2개
   의 전단리벳저항은 리벳 한 개의 전단저항의 1.75배로 하고, 리벳과 판의 베어링 파괴는 무시한다.

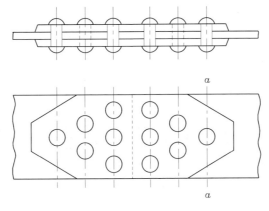

그림 P3.2 ▶ 연습문제 2

3 내압 60 N/cm²에 저항하는 지름 200 cm의 보일러가 있다. 보일러 판의 두께는 20 mm이며 그림
   3.23과 같이 이중 덮개맞대기 이음되어 있다. 최대베어링파단과 전단응력을 계산하시오. 리벳의 지름
   은 2.5 cm이다.

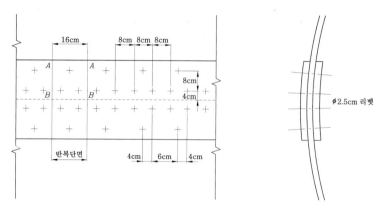

그림 P3.3 ▶ 연습문제 3

4 그림 3.24의 조인트에서 가장 크게 하중을 받는 리벳의 하중을 구하시오. 지름 2 cm, 판두께 1 cm인 경우 리벳의 전단응력과 판의 베어링응력을 계산하시오.

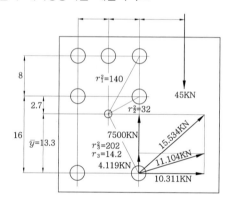

그림 P3.4 ▶ 연습문제 4

5 그림 3.25에서 가장 극심한 하중을 받는 리벳의 합력을 구하시오.

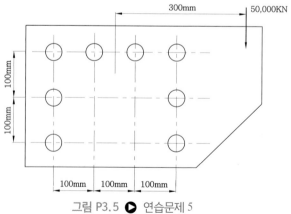

그림 P3.5 ▶ 연습문제 5

6 그림 3.26과 같은 편심하중을 받는 겹치기 이음의 강재의 브라켓을 설계하려 한다. 브라켓 판의 두께는 25 mm이다. 모든 리벳의 크기는 같은 것으로 한다. 브라켓 하중 $P = 5,000$ kgf, 리벳 간격 $C = 10$ cm, 하중의 팔길이 $L = 40$ cm이다. 허용전단응력은 650 kgf/cm²이고, 허용 베어링응력은 1,200 kgf/cm²이다. 조인트에 사용된 리벳의 크기를 결정하시오.

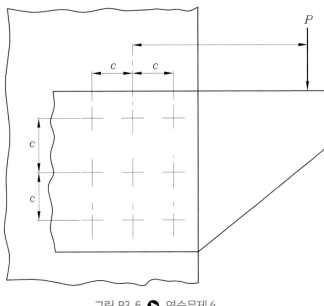

그림 P3.6 ▶ 연습문제 6

7 그림 3.27의 조인트 DF 선상의 리벳 그룹의 합력을 계산하시오. 또한 각각의 리벳에 작용하는 전단응력을 구하시오. 각 리벳의 지름은 22 mm이다.

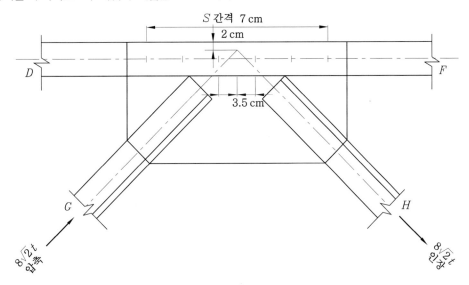

그림 P3.7 ▶ 연습문제 7

1 적용 가능한 인장력은 19,880 kgf이다.

2 $\eta_{\min} = 73.84\%$

3 $\sigma_t = \dfrac{P_a D}{2t} = \dfrac{60 \times 200}{2 \times 2} = 300 \text{ N/cm}^2$

$\sigma_t = \dfrac{w}{(P-d')t}$

$w = 6t - (P-d')t = 300(16-2.5) \times 2 = 81,000 \text{ N}$

$\sigma_c = \dfrac{w}{\delta t n} = \dfrac{81,000}{\pi(2.5)^2 \times 1.8 \times 4} = 2,291.83 \text{ N/cm}^2$

4 직접전단력 $F_1 = \dfrac{w}{n} = \dfrac{45}{n} = 6.428 \text{ kN}$

모멘트에 의한 전단하중

$wL = 2Fr_1 + 2Fr_2 + 2Fr_3 + 2Fr_4 = F(2r_1 + 2r_2 + 2r_3 + 2r_4)$

$\therefore F_2 = \dfrac{wL}{2r_1 + 2r_2 + 2r_3 + 2r_4} = \dfrac{wL}{2\sqrt{140} + 2\sqrt{32} + 2 \times 142 + 8} = 9.457 \text{ kN}$

$R_{\max} = \sqrt{F_1^2 + F_2^2 + 2F_1 F_2 \cos\theta}$

$\qquad = \sqrt{6.428^2 + 9.457^2 + 2 \times 6.428 \times 9.457 \times \dfrac{13.3}{14.2}} = 15.64 \text{ kN}$

$Z_{\max} = \dfrac{4\pi_{\max}}{\pi d^2} = \dfrac{4 \times 15.64}{\pi \times 2^2} = 4.97 \text{ kN/cm}^2$

$\sigma_c = \dfrac{R_{\max}}{\delta t} = \dfrac{15.64}{2 \times 1} = 7.82 \text{ kN/cm}^2$

5 직접전단력 $F_1 = \dfrac{w}{n} = \dfrac{5,000}{8} = 6,250 \text{ kN}$

모멘트에 의한 전단하중

$wL = 2F(\sqrt{150^2 + 100^2}) + 2F(\sqrt{50^2 + 100^2}) + 2F(150) + 2F(\sqrt{150^2 + 100^2})$

$F_2 = \dfrac{50,000 \times 300}{2\sqrt{150^2 + 100^2} + 2\sqrt{50^2 + 100^2} + 2 \times 100 + 2\sqrt{150^2 + 100^2}} = 12,050.93 \text{ kN}$

$R_{\max} = \sqrt{F_1^2 + F_2^2 + 2F_1 F_2 \cos\theta} = \sqrt{6,250^2 + 1,205.93^2 + 2(6,250)(120,500.03)}$

$\qquad = \dfrac{100}{\sqrt{150^2 + 100^2}} = 16,365.99 \text{ kN}$

6 직접전단력 $F_1 = \dfrac{w}{n} = \dfrac{5,000}{9} = 555.55 \text{ kgf}$

모멘트에 의한 전단흐름

$PL = 4F(\sqrt{10^2 + 10^2} + 4F(10))$

$F_2 = \dfrac{5,000 \times 40}{4\sqrt{10^2 + 10^2} + 4(10)}$

$$R_{max} = \sqrt{F_1^2+F_2^2+2F_1F_2\cos\theta} = \sqrt{555.55^2+2,071.07^2+2\,(555.55)\,(2071.07)}$$

$$= \frac{10}{\sqrt{10^2+20^2}} = 2,495.02\ \mathrm{kgf}$$

$$\tau = \frac{4R_{max}}{\pi d^2}, \quad d = \sqrt{\frac{4R_{max}}{\pi\tau}} = \sqrt{\frac{4\times2,495.02}{\pi\times650}} = 2.21\ \mathrm{cm}$$

$$\sigma_c = \frac{R_{max}}{\delta t}, \quad d = \frac{R_{max}}{\delta_c t} = \frac{2,495.02}{1,200\times2.5} = 0.83\ \mathrm{cm}$$

$d = 2.21\ \mathrm{cm}$ 로 한다.

7 $t = 2\ \mathrm{cm}$ 로 가정

$$8\sqrt{2}\,t = \frac{w}{(P-d')t}$$

$$w = 8\sqrt{2}\,(P-d')t^2 = 8\sqrt{2}\,(42-13.2)\times2^2 = 1,303.34\ \mathrm{kgf}$$

$$\therefore \tau = \frac{4w}{\pi d^2 n} = \frac{4\times1,303.24}{\pi\times22^2\times6} = 57.144\ \mathrm{kgf/cm^2}$$

CHAPTER 04 용접 이음

세계철강협회 2012년도 자료에 의하면 우리나라의 1인당 철강소비량은 1,114 kg으로 세계 최고이며 2위 대만의 769 kg, 3위 체코의 565 kg보다 월등히 높고, 세계 평균이 217 kg임을 고려하면 한국은 철강강국임에 틀림없다. 그런데 철강제품 가공을 통하여 부가가치를 높이는 가장 중요한 기술인 용접분야 기술자 규모는 철강소비량에 비하여 형편없이 초라하다.

용접·접합기술은 중공업, 철강, 자동차, 반도체 관련 산업의 핵심 기반 기술이며, 대다수 부품산업에서 애로(bottle neck) 공정이 용접·접합기술의 한계와 맞물려 있다. 이 공정이 해결되어야 수입대체 효과를 볼 수 있고, 가격경쟁력이 향상되어 선진국 제품과 경쟁할 수 있다.

철강, 조선, 자동차 산업에서 우리나라는 수출을 통하여 경제성장을 이루고 국부를 창출해 왔다. GDP의 46%가 수출로 달성되는 우리나라 경제의 세계 2위 수준인 수출의존도(세계 1위는 47% 독일)를 고려하면 국부를 창출하는 용접·접합산업이 세계화, 국제화되지 않으면 우리가 살아남을 수 없다.

최근 EU에서는 EU로 수출 예정인 선박건조현장에서 근무하는 용접기술자 수준을 국제수준으로 요구하는 하고 있는 바, 자격증 및 국제인증제도를 통한 보이지 않는 무역장벽이 서서히 확장되고 있다. 대한용접·접합학회에서는 1983년도 창립 이래 국내 용접산업의 국제경쟁력을 높이기 위해 세계용접학회(IIW : International Institute of Welding)에서 운영 중인 국제 용접기술자(IWE) 교육 및 검정시스템을 2007년부터 도입하여 운영 중이다.

저출산, 청년실업 등 우리의 미래를 어둡게 하는 현실에 대한 유일한 타개책은 우리 공산품의 가격경쟁력 제고를 통한 수출증대로 실현되는 경제이다. 용접, 소성가공, 주조 등 뿌리산업 진흥을 위한 국가 정책이 가동되기 시작했지만 문제해결의 핵심은 인력양성이다. 뿌리산업 분야에 종사하는 훌륭한 공학도들의 어깨에 국가의 미래가 달려있다고 해도 과언이 아니므로, 이 교재로 공부하는 학생들은 국운을 걸고 불철주야 노력해주기 바란다.

   용접 이음(Weld joint)을 단순히 '재료를 접합하는 것'으로 정의한다면 용접 공정은 '재료의 접합을 보다 경제적이고 신뢰성 있게 하는 공정'이라고 할 수 있다. 이러한 의미의 용접 이음 공정은 그림 4.1에서 알 수 있듯이, 주조, 금형, 열처리, 표면처리 및 소성가공과 같이 재료를 가공하여 반제품을 생산하는 공정기술일뿐만 아니라 조립 단계에서 다시 도입되어 최종 제품의 품질에 중요한 영향을 미치는 공정이다.

   이와 같은 용접 이음 공정은 주요 산업 분야인 중공업, 자동차공업, 전기, 전자공업 등 대부분의 제조업 분야에서 요소 기술로 적용되고 있으나 아직 선진국 수준에는 못 미치고 있다. 또한 철강 생산 규모에서 세계적인 생산시설을 보유하고 있는 우리나라는 대부분 조강(粗鋼)을 수출하는 실정이어서, 용접 공정을 거쳐 고부가가치를 가진 철강재료로 수출채산성을 높여야 할 필요성이 대두되고 있다. 용접 이음 공정은 제조업의 국제경쟁력을 높여야 하는 국내 산업이 처한 상황에서 앞으로 그 역할은 더욱 커질 것이다.

   용접 이음은 기타 가공조립법에 비해서 재료를 절약할 수 있고 일체화된 제품형상이 얻어지며, 수밀이나 기밀이 필요한 제품에 적합하다. 또한 높은 생산성이 기타 이음 공정보다 아주 우수하다는 이점을 가지고 있다. 그러나 신뢰도가 다소 떨어지는 점, 열에 의한 재료의 변질과 변형 및 잔류응력의 발생, 적용 가능한 대상재료에 대한 제한 등 결점이 있다. 용접 이음 공정에서 이러한 결점을 보완하고자 새로운 방법과 기기가 개발되고 있다.

   역사적으로 금속의 접합가공은 약 3000년 전에 이미 단접(forged welding)이 사용되었고, 납땜법도 옛날부터 이용되고 있는 방법의 하나로 알려져 있다. 그러나 공업적으로는 1890년경에 축전지에 의한 탄소 아크용접법이 개발되면서 산업계에 용접 공정을 급속히 확산시키는 계기가 되었다. 그 후 다양한 아크 용접법, 접합법, 전자빔 용접법, 레이저빔 용접법 등이 개발

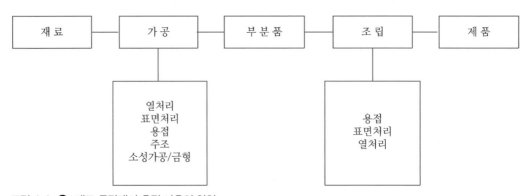

그림 4.1 ▶ 제조 공정에서 용접 이음의 위치

되었으며, 전자공업의 발전에 따라서 반도체 집적회로 등 전자 부품에서 마이크로 접합법과 같은 새로운 기술이 개발되어 현재에 이르고 있다. 한편 조선, 플랜트 등 중공업 분야에 있어서는 현재까지도 아크용접기술이 가장 중요한 용접 공정이다.

산업기술의 발전과 함께 사용되는 기계재료가 고성능화, 고기능화, 다양화되면서 비철금속, 무기재료, 고분자 재료 등으로 확대되었고, 최근에는 이들 재료를 적절히 조합시켜 복합화함으로써 종래의 재료에서는 얻을 수 없었던 고성능 구조재료 혹은 고기능성 재료로 발전하고 있다. 이와 같이 재료의 기능이 다양하게 전개되는 과정에서 기존의 용접 이음법으로는 충분한 결과를 얻지 못하여 고상(固狀) - 고상(固狀) 접합, 고상(固狀) - 액상(液狀) 반응 접합, 기상(氣狀) - 고상(固狀) 접합 및 증착(蒸着)기술이 여러 분야에서 사용되고 있다.

4.2 용접의 종류

/4.2.1/ 피복 아크용접

(1) 피복 아크용접의 원리

피복 아크용접(Shielded Metal Arc Welding ; SMAW)은 피복 아크용접봉과 피용접물 사이에 아크를 발생시켜 그 에너지를 이용하는 용접방법이다.

홀더에 물린 피복 아크용접봉(이하 용접봉)과 피용접물(모재) 사이에 교류 혹은 직류의 전원을 가해서 그 사이에 아크를 발생시키면, 그림 4.2와 같이 아크열에 의해서 모재의 일부를 녹이며 용융지를 형성한다. 이때 용접봉도 용해되어 용적의 형태로 아크 기둥을 통과하여 용융지로 이행한다. 피복재료는 고온에서 분해되어 가스로 방출되므로 별도의 보호 가스(Shield gas)가 필요하지 않다.

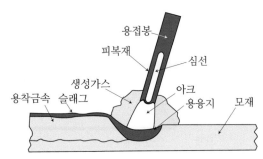

그림 4.2 ▶ 피복 아크용접의 원리

피복 아크용접법은 용접장비가 간단하여 이동이 용이할 뿐만 아니라, 전자세 용접이 가능하다. 또 보호 가스를 사용하지 않기 때문에 옥외용접도 가능하며, 거의 모든 금속재료에 적용할 수 있기 때문에 가장 광범위하게 사용되고 있는 용접법이다. 그러나 이 용접법은 기계화가 어렵고, 용접봉 교체 등으로 소비되는 시간이 많아 아크율이 낮을 뿐만 아니라, 단위 시간당 용착량(용착 속도)이 낮기 때문에 생산성에서는 취약한 측면이 있다. 용접에는 교류 혹은 직류의 전원을 모두 사용할 수 있는데, 교류 전원을 사용하는 경우를 교류용접, 직류의 경우를 직류용접이라고 한다. 직류용접에서 용접봉을 전원의 (−)측에 접속한 경우를 정극성(DCEN)이라 하며, 역으로 (+)측에 접속한 경우를 역극성(DCEP)이라고 한다.

(2) 피복 아크용접 장비

수작업으로 수행되는 피복 아크용접 장비는 그림 4.3에서와 같이 용접 전원, 용접 케이블, 용접봉 홀더로 구성되어 있다.

① 용접 전원

용접 전원에는 교류와 직류가 있으며 각 전원은 표 4.1과 같은 장단점을 가지고 있다. 교류, 직류 모두 정전류 특성의 용접 전원을 사용하며, 직류의 경우 특수한 목적을 제외하고 역극성을 사용한다. 교류용접 전원은 직류에 비해 가격이 저렴하고, 용접 케이블에서의 전압강하가 적고, 아크 쏠림이 없다는 등의 장점이 있는 반면, 직류용접 전원은 교류에 비해 저전류용접에서 아크가 안정하다. 직류용접 전원은 지름이 작은 용접봉에서도 용접 작업이 쉽고, 아크 발생이 용이하며, 짧은 아크길이에서도 용접이 쉬운 장점이 있기 때문에 박판용접에 적합하다.

교류용접 전원은 80~100 V의 최대 무부하 전압을 가지고 있기 때문에 용접사의 감전사고의 예방 대책으로 전격 방지기를 사용한다. 용접을 하지 않을 때에는 전격(電擊) 방지기가 보조 변압기에 의해 무부하 전압을 20~30 V로 낮추며, 용접봉을 모재에 접촉시키면 순간적으로 마그네틱 스위치가 작동하여 아크가 발생될 수 있는 전압(원래의 무부하전압)으로 올려주게 된다.

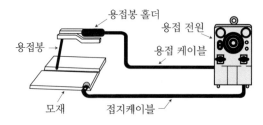

용접봉 홀더
용접봉
용접 전원
용접 케이블
모재
접지케이블

그림 4.3 ▶ 피복 아크용접 장비의 구성

표 4.1 직류 아크용접기와 교류 아크용접기의 비교

비교되는 항목	직류용접기	교류용접기
아크 안정성	우수	약간 불안
극성 이용	가능	불가능
무부하 전압	약간 낮음(최대 60 V)	높음(80~100 V)
전격(전기충격)의 위험	적다	많다(무부하전압이 높음)
구조	복잡	간단
고장률	많다	적다
역률	매우 양호	불량
가격	비싸다	싸다
자기 쏠림 방지	불가능	가능(자기 쏠림이 거의 없음)

② 용접 케이블

용접기에 사용되는 전선에는 전원에서 용접기까지 연결하는 1차측 케이블과 용접기에서 홀더나 모재까지 연결하는 2차측 케이블이 있다. 용접기 용량이 200 A, 300 A, 400 A일 때 1차측 케이블은 각각 5.5 mm², 8 mm², 14 mm²가 적당하고, 2차측 케이블은 각각의 단면이 50 mm², 60 mm², 80 mm²가 적당하다. 특히 2차측에 사용하는 케이블은 유연성이 풍부한 용접용 캡타이어 전선을 사용하는데, 이것은 지름 0.2~0.5 mm 정도의 가는 동선을 수백 내지 수천 개를 꼬아서 튼튼한 종이로 감은 후 그 위에 고무로 피복한 것이다.

③ 용접봉 홀더

용접봉 홀더는 용접봉의 끝부분을 단단히 물고 용접전류를 케이블에서 용접봉으로 전하는 기구이다. 용접봉 홀더는 용접봉을 쉽게 물리고 뺄 수 있어야 하며 가볍고 튼튼해야 한다. 또 홀더 자신의 전기저항뿐만 아니라 용접봉을 고정하고 있는 부분과 케이블이 접속되는 부분은 접촉저항을 작게 하여 홀더가 가열되지 않아야 하며, 용접봉을 고정하는 부분 외에는 완전히 절연되어 있어야 한다. 일반적으로 용접 중의 전기충격 사고는 홀더의 절연 불량에 의한 경우가 많기 때문이다. 표 4.2는 용접용 홀더의 규격을 나타낸 것이다.

/4.2.2/ 가스 텅스텐 아크용접(GTAW, TIG)

(1) 원리

가스 텅스텐 아크용접(Gas Tungsten Arc Welding : GTAW)은 그림 4.4에서와 같이 텅스텐

표 4.2 피복 아크용접용 홀더의 종류(KS C 9607)

종류	정격			사용 가능 용접봉 지름[mm]
	사용률[%]	용접 전류[A]	아크 전압[V]	
100호	70	100	25	1.2~3.2
200호	70	200	30	2.0~3.0
300호	70	400	30	4.0~8.0
400호	70	400	30	4.0~8.0
500호	70	500	30	5.0~9.0

전극을 사용하여 발생한 아크열로 모재를 용융시켜 접합하며, 용가재를 공급하여 모재와 함께 용융시키기도 한다. 보호 가스로는 모재와 텅스텐 용접봉의 산화를 방지하기 위하여 불활성 가스인 Ar이나 He 등을 사용하므로 TIG(Tungsten Inert Gas) 용접으로 부르기도 한다.

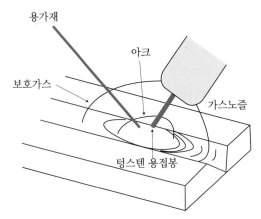

그림 4.4 ▶ GTAW 공정의 개략도

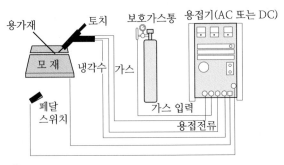

그림 4.5 ▶ GTAW 시스템

GTAW 공정은 모든 용접자세에 적용이 가능하며, 아크가 안정되고 용접부 품질이 우수하므로 산화나 질화 등에 민감한 재질의 용접 및 피복 아크용접을 적용하기 곤란한 경우에 사용된다. 그러므로 탄소강뿐만 아니라 스테인리스 강, 알루미늄 합금 등의 용접에 사용되지만, 가스 메탈 아크용접(Gas Metal Arc Welding : GMAW)에 비하여 용접속도가 느리므로 생산성은 낮다. GTAW 시스템은 일반적으로 그림 4.5와 같이 용접기, 토치, 보호 가스 및 필요에 따라서 용가재 송급 장치 등을 사용한다.

GTAW 전원은 정전류를 사용하므로 아크전압이 아크길이의 변화에 따라 선형적으로 변화한다. 정전류 특성으로 인하여 모든 전류 영역에서 아크는 항시 안정하며, 아크길이가 변화하여도 용접전류가 일정하게 유지되어 모재의 용융량이 일정하게 된다. 용융량은 극성에 의하여 영향을 받는다. 정극성(DCEN)을 사용하면 전자의 움직임에 의하여 용접봉보다 모재에 열이 많이 발생하므로 모재의 용융량을 증가시킨다. 역극성(DCEP)을 사용하는 경우는 용접봉보다 모재에 열이 적게 발생하므로 박판을 용접하거나 청정 효과를 이용하여 산화막을 제거하는 알루미늄 등의 용접에 사용된다. 일반 탄소강의 용접에서는 모재의 용융량을 증가시켜 생산성을 높이기 위하여 정극성을 사용한다. 교류 전원을 사용하면 정극성과 역극성의 효과를 동시에 얻을 수 있지만, 아크의 소멸과 생성이 반복되므로 아크가 불안하게 된다. 그러므로 교류 전원을 사용할 때에는 항시 아크 발생기를 작동시켜야 한다.

용접봉의 재질은 순수 텅스텐을 사용하거나, 정극성을 사용하는 경우에 용접봉에서 전자의 방출이 쉽도록 일함수가 낮은 산화토륨(ThO_2)을 1~2% 첨가한 텅스텐 용접봉을 사용한다. 용접전류가 증가함에 따라 용접봉에서 발생하는 저항열도 커지므로 지름이 큰 용접봉을 사용한다. 극성과 용접전류에 따른 용접봉 지름은 다음 표 4.3과 같다.

표 4.3 용접전류 및 극성에 따른 용접봉 지름

용접봉 지름 [mm]	전류(A)			
	AC(교류)		DCEN(정극성)	DCEP(역극성)
	W(순수 텅스텐)	ThW(토륨 첨가)	W/ThW	W/ThW
0.5	5~15	5~20	5~20	−
1.0	10~60	15~80	15~80	−
1.6	50~100	70~150	70~150	10~20
2.4	100~160	140~235	150~250	15~30
3.2	150~210	225~325	250~400	25~40
4.0	200~275	300~425	400~500	40~55
4.8	250~350	400~525	500~800	55~80
6.4	325~475	500~700	800~1,100	80~125

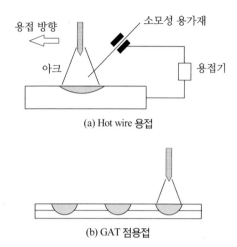

(b) GAT 점용접

그림 4.6 ▶ Hot wire와 GTA 점용접

보호 가스는 Ar이나 He 등의 불활성 가스를 사용하며 용접봉과 용융지의 산화를 방지한다. Ar 가스가 He 가스에 비하여 가격이 저렴하고 아크의 발생이 용이하므로 널리 사용되나, He 가스는 Ar 가스에 비하여 아크의 온도가 높기 때문에 깊은 용입 상태를 얻을 수 있다. 따라서 Ar과 He 가스의 특징을 이용한 혼합 가스를 사용하기도 한다.

Hot wire 용접에서 용가재의 예열은 용가재에 전류를 가하여 발생하는 저항열을 이용하며, 용접 시 아크열과 함께 용가재를 용융시키므로 용착량이 일반 GTA 용접에 비하여 2배 정도 증가한다. 점용접은 토치가 정지된 상태에서 아크를 발생시켜 용접하는 공정으로 박판용접에 적용되며, 저항 점용접에 비하여 용융부의 크기와 품질이 우수하지만 용접시간이 저항 점용접에 비하여 길기 때문에 생산성은 낮다.

(2) 용접장비

① 용접전원

GTAW 전원은 정전류이며, 사용자가 전류를 설정하면 용접기는 아크길이에 무관하게 설정된 전류를 제공한다. 기존의 GTAW용 직류용접기는 그림 4.7(a)와 같이 교류 리액터(reactor)를 이용하여 용접전압 – 전류 특성 곡선의 수하(垂下) 특성을 가지게 하며, 변압기를 통하여 감압시킨 후에 정류하여 직류 전류를 발생시키고, 직류 리액터로 전류의 맥동량을 평활한다. 이와 같은 기존의 용접기는 변압기, 리액터 및 직류의 경우 정류기로 구성되어 용접기의 무게와 부피가 상당히 크고 용접전류를 고속으로 제어하기 어렵다.

전자 부품이 대용량, 소형화되는 추세에 따라 피드백 제어(feedback control)를 이용하여 정밀한 용접전류와 전압을 제어하는 용접기가 개발되었으며, 그림 4.7(b)와 같이 싸이리스터를

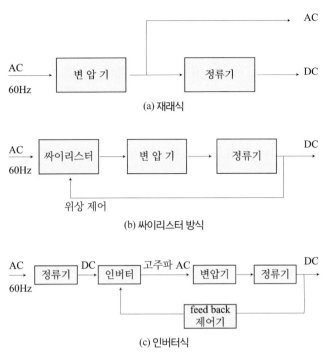

그림 4.7 ▶ 전원 공급 장치의 개략도

제어소자로 한 용접기를 개발하여 기존의 용접기보다 용접전력을 정밀하게 제어할 수 있었다. 한편, 인버터 회로를 이용한 용접기는 용접기의 무게를 획기적으로 감소시키고 용접전류를 정밀하게 제어할 수 있다. 인버터 회로는 그림 4.7(c)와 같이 60 Hz의 교류를 직류로 변환하고 다시 10~30 kHz의 고주파 교류로 변환시킨다. 변환된 고주파 교류 전류는 변압기를 이용하여 전압을 강하시키고, 정류 회로를 통하여 직류로 변환시킨 다음 용접에 사용된다.

용접기 무게의 상당 부분을 차지하는 변압기는 입력 전류의 주파수가 증가할수록 소형화할 수 있으므로, 인버터 회로를 이용하면 용접기의 무게와 크기를 획기적으로 감소시킬 수 있다. 또한 PWM 기술을 이용하여 수십 kHz의 고주파 전류를 사용하므로 시스템의 응답 속도와 출력 전류를 더욱 능동적으로 제어할 수 있으므로, 인버터 용접기의 사용이 증가하는 추세이다.

열에 의한 변형을 감소시키기 위한 방법으로 그림 4.9와 같은 펄스 형태의 전류를 사용한다. 펄스 전류를 사용하면 직류에 비하여 입열 에너지와 변형을 감소시키고 동일한 평균 전류 값으로 용입을 증가시킨다. 이때 피크 전류(peak current, I_p) 구간에서는 용입을 증가시키고, 베이스 전류(base current, I_b) 구간에서는 아크와 모재의 용융 상태를 유지시키는 역할을 한다. 펄스 전류를 사용하려면 적절한 피크와 베이스 전류 및 지속 시간을 선정해야 한다. 펄스 전류를 사용하면 용융지의 유동이 증가하여 응고 과정에서 결정이 성장하는 것을 방해하므로, 금속 조직이 미세화되어 용접부의 기계적 성질도 향상된다.

GTA 용접기는 정전류를 제공하는 것 이외에 용접을 쉽게 하고 불량을 줄일 수 있도록 다양한 기능을 부여하기도 한다. 일반적으로 용접 초기와 말기에 발생하기 쉬운 불량을 줄이기 위하여 전류의 상승과 하강 기울기를 설정할 수 있다.

② 토치와 용가재 송급 장치

토치의 내부 구조는 그림 4.8과 같고, 전극봉에서 발생하는 열에 의하여 토치의 온도가 증가하는 것을 억제하기 위하여 물 또는 가스를 이용하여 냉각한다. 일반적으로 저전류 영역에서는 보호 가스를 이용한 공랭이 가능하지만, 200 A 이상의 고전류를 사용하는 경우에는 냉각수를 이용한 수냉 방법을 사용한다.

용가재 송급 장치는 모재와 유사한 재질의 소모성 용가재를 아크의 전방에서 공급하여 아크열로 용융시켜 용융부에 이행되도록 한다. 이때 용가재의 송급 위치는 아크의 안정성과 용접 품질에 영향을 미친다. 용가재의 송급 위치는 아크의 중심 또는 약간 아래쪽이며, 아크의 위로 치우치면 용적의 부피가 증가하면서 텅스텐 전극봉과 접촉할 확률이 높다. 용적과 텅스텐 전극봉이 접촉하게 되면 공정을 중단시키고 전극봉을 교환해야 한다. 송급 위치가 아크의 아래쪽으로 치우치면 고체 상태의 용가재가 용융풀에 접촉하므로 스패터 등이 발생하여 아크의 안정성을 저해할 수 있다. 그러므로 용가재의 송급 위치를 정확하게 제어하고 정형 롤러 등을 이용하여 용가재를 직선으로 만드는 것이 필요하다.

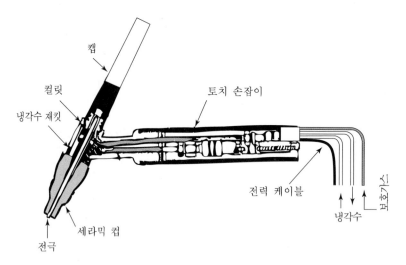

그림 4.8 ▶ GTA 용접 토치

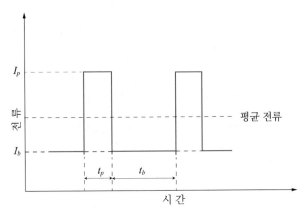

그림 4.9 ▶ 펄스 전류

(1) 원리

가스분자가 전기적 에너지에 의하여 양이온과 음이온(전자)으로 유리되어 전류를 통할 수 있는 상태를 플라즈마 상태라고 한다. 일반 아크용접에서도 아크 기둥은 플라즈마 상태이다. 플라즈마 아크용접(Plasma Arc Welding : PAW)은 고속으로 분출되는 플라즈마 제트를 이용한 용접법으로서, GTA 용접의 특수한 형태라고 할 수 있다. 그림 4.10과 같이 플라즈마 용접에서는 보호 가스 이외에도 플라즈마 가스가 별도로 공급되고 있고, 텅스텐 전극봉은 수냉형 수축 노즐 내부에 위치한다.

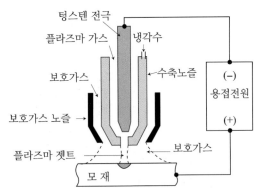

그림 4.10 ▶ 플라즈마 아크용접의 원리

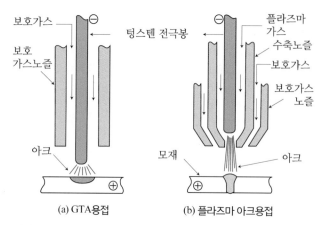

(a) GTA용접　　　(b) 플라즈마 아크용접

그림 4.11 ▶ GTA 용접과 플라즈마 아크용접의 비교

그림 4.11은 플라즈마 용접과 GTA 용접을 비교한 것으로 GTA 용접에서는 텅스텐 전극봉이 노즐 밖에 노출되어 있고, 원뿔 모양의 아크와 함께 용융 면적이 넓은 반면 용입 깊이는 얕다. 그러므로 GTA 용접에서는 모재와 전극 사이의 거리가 멀어지면 열을 받는 모재 부위가 넓어져 단위 면적당 용접 입열이 크게 감소한다. 그러나 플라즈마 아크용접에서는 아크가 수축노즐에 의해 수축되어 원통 형상을 가지기 때문에 노즐과 모재 사이의 거리가 변하더라도 아크열을 받는 모재 부위의 면적은 거의 변하지 않는다는 특징이 있다. 결국 플라즈마 아크용접은 수축 노즐에 의해 아크의 집중성을 향상시킨 측면을 제외하고는 GTA 용접 공정과 거의 동일하다고 할 수 있다.

플라즈마 아크용접법에는 그림 4.12와 같이 이행형 아크(transferred arc)와 비이행형 아크(non-transferred arc)용접법으로 분류된다. 이행형 아크용접에서는 텅스텐 전극에 (−)극을 연

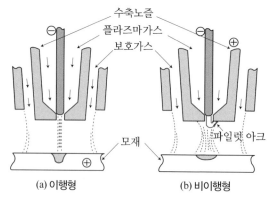

(a) 이행형　　　(b) 비이행형

그림 4.12 ▶ 이행형 및 비이행형 플라즈마 아크용접

결하고 모재에 (+)극을 연결하는 직류 정극성의 특성을 가지며, 비이행형 아크용접에서는 모재 대신에 수축노즐에 (+)극을 연결한 것이다. 이행형 아크용접에서는 모재가 전기회로의 일부이므로 반드시 전기전도성을 가져야 하는데, 이때 열은 플라즈마 제트와 모재의 양극점에서 집중적으로 발생하기 때문에 비교적 많은 열이 모재로 전달되어 용입이 깊다. 한편 비이행형 아크용접에서는 아크가 전극봉과 수축노즐 사이에서 생성·유지되기 때문에, 모재로 전달되는 열량은 플라즈마 제트에 의해서만 이루어진다. 그러므로 비이행형 아크용접은 이행형 아크에 비해서 열효율이 낮고 수축노즐이 과열될 위험이 있다. 그러나 모재가 전기적으로 비전도체인 경우에도 적용이 가능하기 때문에 비금속의 용접이나 절단에 이용할 수 있는 장점이 있다.

(2) 용접장비

플라즈마 용접에 사용되는 장치의 구성 요소는 그림 4.13과 같이 전원, 용접 토치, 제어장치, 가스 공급장치, 토치 냉각장치, 원격 제어장치(전류) 등으로 되어 있다.

플라즈마 용접 공정을 자동화하기 위해서는 이 외에도 이송장치, 고주파 아크 발생장치, 와이어 송급장치 등이 필요하다.

① 용접 토치

플라즈마 용접용 토치의 구조는 GTAW 토치보다 복잡하다. 이유는 플라즈마 가스와 보호가스를 분리 공급할 수 있도록 별도의 통로가 필요하고, 수축노즐을 반드시 수냉시켜야 하기 때문이다. 그림 4.14는 수동 플라즈마 용접 토치의 단면 구조를 보여 주고 있는데, 세부적으로는 손잡이용 핸들, 텅스텐 전극봉을 고정시키는 홀더, 전극봉에 전류를 전달시키는

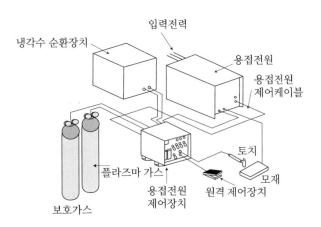

그림 4.13 ▶ 플라즈마 아크용접 장치의 구성

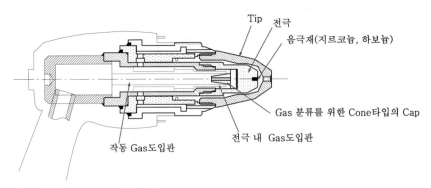

그림 4.14 ▶ 수동 플라즈마 아크용접 토치

전류 접촉자, 플라즈마 가스와 보호 가스를 공급하는 별도의 통로, 수냉식 수축노즐(Cu)과 보호 가스노즐(일반적으로 세라믹) 등으로 구성되어 있다. 최대 사용전류는 직류 정극성에서 225 A까지 가능하며 자동용접장치에 부착하여 사용할 수도 있다.

② 전원 및 아크 발생장치

플라즈마 아크용접의 전원은 정전류 특성으로서 GTAW 전원과 동일하다. 그러나 전극봉이 수축노즐 안에 들어 있기 때문에 모재로의 접근이 불가능하여 GTAW와 같은 방법으로는 아크가 발생되지 않는다. 그러므로 처음에는 저전류의 파일롯 아크(pilot arc)를 발생시키는데, 저전류 파일롯 아크는 고주파 발생 장치에 의해 노즐과 용접봉 사이에서 발생한다. 파일롯 아크는 단지 주아크(main arc) 발생을 돕는 역할만 하고, 주아크가 발생되면 이 파일롯 아크는 자동적으로 소멸된다.

/4.2.4/ 가스 메탈 아크용접(GMAW, MIG, CO_2 용접)

(1) 원리

이 용접법에서는 그림 4.15와 같이 연속적으로 송급되는 와이어가 아크의 높은 열에 의해 용융되어 아크 기둥을 거쳐 용융지로 이행하게 되며, 용융부는 가스노즐을 통하여 공급되는 보호 가스에 의해 주위의 대기로부터 보호되며, 응고하여 비드(bead)를 형성하며 원하는 용접 강도를 나타내게 된다. 이 용접법은 융착량을 크게 할 수 있어 최근 산업현장의 거의 모든 분야에서 가장 많이 사용되고 있으나, 용접조건을 잘못 조정하면 스패터가 많이 발생하고 기공(void) 등 용접결함도 흔히 나타날 수 있어 주의가 요구된다.

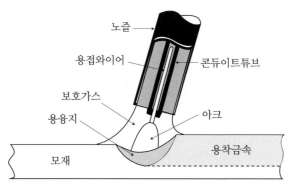

그림 4. 15 ▶ GMA 아크용접의 원리

(2) 가스 메탈 아크용접 장비

가스 메탈 아크용접(Gas Metal Arc Welding : GMAW)은 기본적으로 용가재로서 작용하는 소모전극 와이어를 일정한 속도로 용융지에 송급하면서 전류를 통하여 와이어와 모재 사이에서 아크가 발생하도록 하는 용접법이다(그림 4.16, 그림 4.17 참조).

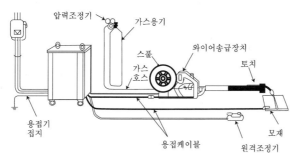

그림 4. 16 ▶ 반자동 GMA 용접장치의 구성

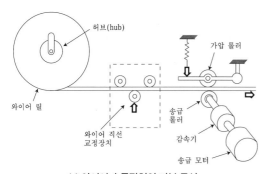

(a) 와이어 송급장치의 기본 구성   (b) 4롤러 송급방식의 와이어 송급장치

그림 4. 17 ▶ 와이어 송급장치

GMA 용접에 사용되는 용접장비는 반자동 용접장비와 자동 용접장비로 분류된다. 반자동 용접에서는 용접사가 용접토치를 손으로 쥐고 다루는데 비하여 자동용접에서는 용접토치가 주행대차나 로봇에 부착되어 기계적으로 또는 자동적으로 용접선을 따라 이동하며 용접한다. GMA 용접기는 그림 4.16과 같이 용접기, 와이어 송급장치, 용접토치로 구성된다.

GMA 용접기는 전압 변동과 같은 외부조건이 변화해도 안정된 출력을 제공하며, 출력전류의 파형을 제어하여 스패터 발생을 억제하는 역할을 한다. 이외에도 용접기는 와이어 송급 속도, 가스 공급, 용접 순서 등을 제어하기 위한 장치를 내장하고 있는 것이 일반적이다.

용접기의 용량은 통상 최대 출력 전류값으로 나타내는데, 100~750 A 정도가 일반적이다. 직류용접기가 대부분을 차지하고 있지만, Al 합금의 용접에서는 극성에 따른 효과를 얻기 위해 교류용접기가 사용되고 있으며, 비철금속의 용접에는 펄스 기능을 가진 용접기도 사용된다.

① 용접기의 전기적 특성

GMA 용접에서 사용되는 용접전원의 전기적 특성은 정전압이며, 와이어는 일정한 속도로 송급한다. 이와 같은 조합을 이용하면 자기제어 효과에 의해 아크길이를 자동적으로 일정하게 유지할 수 있는 장점이 있다. 전류제어는 SCR 제어방식에서 통상 3상 교류를 입력으로 하고, 변압기와 SCR을 6상 반파 정류회로로 구성하여 위상제어로 출력을 제어하는 것으로, 리액터에 의해 출력파형의 평활 및 용적의 제어를 행한다. 트랜지스터 제어 방식은 교류 입력을 직류로 변환한 후 제어하는 것으로, 용접용 변압기를 트랜지스터의 입력측에 설치하는 형식(아날로그 제어, 초퍼 제어)과 출력측에 설치하는 형식(인버터 제어)으로 구분하며, 인버터 제어 방식이 더 일반적으로 쓰이고 있다.

② 보호 가스에 의한 분류

이 용접법은 사용되는 보호 가스의 종류에 따라 분류되고 있는데, Ar과 같은 불활성 가스를 사용하는 것을 미그(Metal Inert Gas, MIG)용접이라 하고, 순수한 탄산 가스만을 사용하는 것을 탄산 가스 아크용접(CO_2 용접)이라고 한다. 그리고 탄산 가스와 Ar 가스가 혼합된 가스를 사용하는 것을 마그(Metal Active Gas, MAG)용접이라 부르고 있다. GMA 용접법은 피복 아크용접(SMAW)법에 비해서 능률적이다. 이것은 비교적 세경(0.9~1.6 mm)의 전극 와이어를 사용하므로 대전류 밀도(SMAW 용접의 약 6배)가 가능하게 되어 용착속도가 높기 때문이다. 또 용접 로봇이나 자동화기기 등을 사용하여 용접 자동화가 비교적 용이한 것도 용접 생산성을 높일 수 있는 요인 중의 하나이다. 결점으로는 SMAW에 비해서 장비가 다소 복잡하고 고가라는 측면과 경우에 따라서는(CO_2 용접) 스패터(spatter)가 다량 발생한다는 것이다. 스패터가 모재 표면에 부착하면 외관을 손상시키고, 노즐에 부착하면 보호 가스의 공급을 원할치 못하게 하여 품질을 저하시키고 화재의 위험성이 있다.

③ 와이어 송급장치

와이어 송급장치는 와이어를 스풀(spool) 또는 릴(reel)에서 뽑은 와이어를 토치 케이블을 통해 용접부까지 일정한 속도로 공급하는 역할을 한다. 와이어 송급장치는 그림 4.17(a)와 같이 직류전동기, 감속장치, 송급기구, 송급속도 제어장치로 구성되어 있으며, 그림 4.17(b)는 와이어 송급장치의 사진이다.

송급기구는 가압롤러(상단)와 송급롤러(하단)가 각각 한 개씩 1조가 된 것이 주로 사용되고 있지만, Al 등과 같이 연질의 와이어를 사용할 경우에는 와이어 단면 형상이 변형되거나, 와이어 표면이 손상되는 것을 방지하기 위하여 그림 4.17(b)와 같이 2조(4롤러)로 된 것을 사용한다. 와이어 송급방식에는 송급장치의 배치에 따라 그림 4.18의 4종류가 있으며, 반자동 용접기에는 주로 푸시 방식이 사용되고 있다.

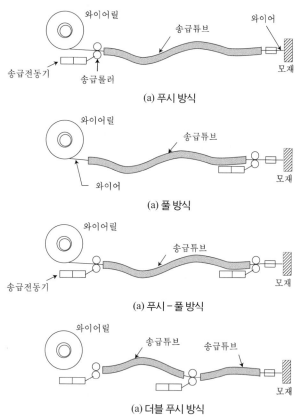

그림 4.18 ▶ 와이어 송급 방식의 종류

- 푸시(push) 방식 : 푸시 방식은 와이어 스풀 바로 앞에 송급장치를 부착하여 송급 튜브를 통해서 와이어를 용접 토치에 송급하는 방식이다. 송급장치가 부착되지 않은 용접 토치는 가볍기 때문에 반자동 용접에 적합하다.
- 풀(pull) 방식 : 송급장치를 용접 토치에 직접 연결시켜 토치와 송급장치가 하나로 되어 있어 송급 시 마찰 저항이 감소하여 와이어 송급을 원활하게 한 방식이다. 주로 직경이 작고 Al 등과 같이 재질이 연한 와이어에 사용된다.
- 푸시 - 풀(push-pull) 방식 : 와이어 스풀과 토치의 양측에 송급장치를 부착하는 방식으로, 송급 튜브가 길고 재질이 연한 재료에 사용된다. 이 방식은 송급성은 양호하지만 토치에 송급장치가 부착되어 있어 조작이 불편하다.
- 더블 푸시(double push) 방식 : 이 방식은 푸시식 송급장치와 용접 토치와의 중간에 또 하나의 푸시 송급장치(보조 송급장치)를 장착시켜 2대의 푸시 전동기에 의해 송급하는 방식이다. 송급 튜브가 매우 긴 경우에 사용되며, 용접 토치는 푸시 방식을 사용할 수 있어 조작이 간편하다.

④ GMAW의 장·단점

보호 가스 대신 플렉스 분말을 사용하는 서브머지드 아크용접(SMAW)과 비교하여 GMAW의 장·단점을 살펴보면 표 4.4와 같다.

표 4.4 GMAW의 장·단점(SMAW에 대한 비교)

장점	단점
• 용접봉을 갈아 끼우는 작업이 불필요하기 때문에 능률적이다. • 슬래그(slag)가 없으므로 슬래그 제거시간이 절약된다. • 용접재료의 손실이 적으며, 용착효율이 95% 이상이다(SMAW : 약 60%). • 전류밀도가 높기 때문에 용입이 크다.	• 용접장비가 무거워서 이동하기 곤란하고, 구조가 복잡하고 고장률이 높으며 가격이 비싸다. • 용접 토치가 용접부에 접근하기 곤란한 조건에서는 용접이 불가능하다. • 바람이 부는 옥외에서는 보호 가스가 보호역할을 충분히 하지 못하므로 방풍막을 설치해야 한다.

(3) 금속 이행 형태에 따른 분류

① 용융금속의 이행 현상

용융금속 이행이란 소모성 전극을 이용한 아크용접에서 용융된 금속이 용융지로 이행하는 현상을 말하는데, 단순히 금속이행이라고도 한다. 금속이행이란 넓은 의미로서 용융금속의 이행뿐만 아니라, 스패터와 같은 불필요한 이행까지도 포함한다. 아크용접에 있어서 금속 이행 현상은 용접재료, 보호 가스, 용접조건 등에 따라 여러 가지 형태로 나타나는데, 이것은 용접변수(용접전류, 용접전압, 와이어 송급속도 등)들의 변화에 따라 와이어 선단의 용적에 작용하는 힘들의 크기와 방향이 변화하기 때문이다.

② 용적에 작용하는 힘

용적에 작용하는 힘은 여러 가지가 있으나, 크게는 그림 4.19와 같이 다음의 4가지 힘으로 설명되고 있다.

- 중력(gravitational force) : F_G
- 표면장력(surface tension) : F_r
- 전자기력(electromagnetic force) : F_{em}
- 항력(plasma drag force) : F_S

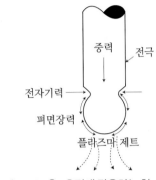

그림 4.19 ▶ 용적에 작용하는 힘

GMAW 용접에서 금속 이행의 여러 가지 형태는 용접품질을 결정하는 아주 중요한 인자이다. 피용접물의 재질과 형상에 적합한 금속 이행 상태가 유지되도록 용접 공정을 제어해야 한다. 국제용접학회(IIW)에서는 용가재가 아크열에 의해 용융되어 용융지로 이행하는 모든 형태를 표 4.5와 같이 분류하고 있다.

표 4.5 국제용접학회(IIW)의 금속 이행 현상 분류

이행 현상 명칭	용접기법(예)
① 자유비행(free flight) 이행	
• 입상용적(globular) 이행	
– 드롭(drop) 이행	저전류 GMAW
– 반발(repelled) 이행	CO_2 GMAW
• 스프레이(spray) 이행	
– 프로젝티드(projected) 이행	중저전류 GMAW
– 스트리밍(streaming) 이행	중전류 GMAW
– 회전(rotating) 이행	고전류 GMAW
• 폭발(explosive) 이행	SMAW
② 브리징(bridging) 이행	
• 단락(short circuiting) 이행	GMAW(단락조건), SMAW
• 연속브리징(bridging without interruption)	용가재를 첨가하는 용접
③ 슬래그 보호(slag-protected) 이행	
• 플럭스유도(플렉스-wall guided) 이행	SAW
• 기타	SMAW, FCAW, ESW

GMAW에서 용융금속이 이행하는 양상(mode)은 크게 두 가지로 분류된다. 하나는 와이어 선단에서 생성된 용적이 와이어로부터 이탈되어 금속방울 상태로 아크 기둥을 거쳐 용융지로 이행하는 형태로서, 이를 자유비행 이행이라고 한다. 이것은 다시 이행되는 용적의 크기에 따라 입상용적 이행과 스프레이 이행으로 분류된다.

다른 하나는 와이어 선단에 형성된 용적이 용융지와 순간적으로 접촉하여 가교(bridging)를 형성한 상태에서 용융금속이 용융지로 흘러내리는 형태인데, 가교가 형성된 상태에서는 전기적 단락이 발생하기 때문에 이를 단락 이행이라고 한다.

③ 단락 이행(short circuiting)

단락 이행은 보호 가스의 조성에 관계 없이 저전류·저전압 조건에서 나타나는 이행 형태이다. 그림 4.20은 단락 이행 과정과 그에 수반되는 용접전류–전압의 순간적인 변화를 보여 주고 있다.

먼저 와이어 선단에서 형성된 용적이 충분히 성장하지 못한 상태에서 용융지와 접촉하게 되면, 전기저항이 급격히 저하하고 용접아크는 소멸된다. 따라서 단락과 동시에 용접전압은 거의 수직으로 감소하고, 용접전류는 단락이 유지되는 동안(a~d) 급격히 상승한다.

용융금속은 단락이 유지되는 동안 중력과 용융지로부터의 흡인력(표면장력)에 의해 용융지로 이동하게 되는데, 단락 말기에는 단면적이 적어지면서 전류 밀도가 증가하여 저항열에 의한 단락부의 온도 상승과 전자기력에 의한 핀치 효과가 추가되어 용융금속의 이행은 더욱 촉진되며, 결국 와이어와 용융지는 분리된다(e). 용융지와 와이어가 분리되는 순간 아크는 재생성되면서 아크전압 상태로 급상승하게 되고, 전류는 아크가 유지되는 동안 점차적으로 감소하여 최종적으로 아크 전류 상태가 되면서 한 주기를 마무리하게 된다. 단락 이행 과정에서 용접전류는 상승과 하강을 반복하게 되는데, 상승 및 하강속도는 용접전원의 인덕턴스(inductance)에 의해 결정된다.

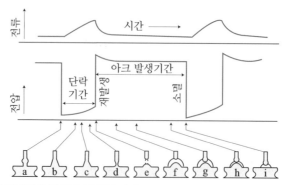

그림 4.20 ▶ 단락 이행 과정과 용접전류, 전압의 변화

단락 이행 과정에서 가장 큰 역할을 하는 힘은 전자기력, 중력과 표면장력인데, 표면장력의 크기는 보호 가스의 조성에 따라 변화한다. 따라서 보호 가스의 조성은 단락 기간과 횟수 등에 큰 영향을 주게 된다.

④ 입상용적(globular) 이행

GMAW에서 전류가 비교적 낮은 경우에는 보호 가스 조성에 관계없이 입상용적 이행이라는 이행 형태가 나타난다. 그러나 보호 가스가 CO_2나 He일 경우에는 사용 가능한 용접전류 전 범위에서 입상용적 이행이 나타난다. 입상용적 이행은 이행되는 용적의 지름이 용접 와이어의 지름보다 크다는 것과 용적이 용융지와 직접 접촉하지 않는다는 것이 특징인데, 와이어 선단에서 와이어 지름의 2~3배 정도의 크기로 성장된 용적이 중력에 의해 이탈되어 초당 수 개에서 수십 개씩 용융지로 자유 낙하되는 형태이다. 용적이 매우 불규칙한 형상을 가질 뿐만 아니라 이행 과정에서 큰 스패터가 다량 발생한다. 이와 같이 입상용적 이행에서는 용적형상이 반발력 유무에 따라 상이한 관계로, 전자를 드롭(drop) 이행, 후자를 반발(repelled) 이행이라고 구분하기도 한다.

⑤ 스프레이(spray) 이행

Ar 가스를 주성분으로 하는 보호 가스 분위기에서는 용접전류가 증가함에 따라 특정 전류에서 용적의 크기가 급격히 변화한다. 이러한 전류를 천이전류(transition current)라고 하는데, 용접전류가 천이전류보다 낮은 경우에는 입상용적 이행이 나타나고, 그 이상일 때는 와이어의 지름보다 작은 용적들이 초당 수백 회 정도의 높은 빈도수로 이행하는 현상이 나타난다. 이러한 이행 형태를 스프레이 이행이라고 하는데, 입상용적 이행이 스프레이 이행으로 바뀌는 천이전류는 용접재료의 화학조성 및 와이어 지름에 따라 표 4.6과 같다.

표 4.6 용접재료 및 지름에 따른 천이전류

용접와이어 종류	와이어 지름	보호 가스	천이전류[A]
연 강	0.9 1.2 1.6	Ar + 2% O_2	165 220 275
스테인리스 강	0.9 1.2 1.6	Ar + 2% O_2	170 225 285
알루미늄	0.8 1.2 1.6	Ar	95 135 180

스프레이 이행에서는 전자기력이 가장 큰 영향을 미치는 힘이 되는데, 전자기력은 와이어 축에 수직인 방향으로 작용하며 핀치 효과가 있어 용적이 크게 성장하기 전에 와이어 선단부로부터 이탈시켜 용융지로 투사하는 원동력이 된다. 스프레이 이행 형태는 전류가 증가함에 따라 프로젝티드(projected) 이행, 스트리밍(streaming) 이행 및 회전(rotating) 이행 등으로 구분된다. 실제 용접 아크를 자세히 관찰하여 보면 프로젝티드 이행인 경우는 삼각형 모양의 아크 기둥만 보이고, 스트리밍 이행인 경우에는 삼각형의 아크 기둥 중앙에 용적이 물줄기를 이루고 있는 검은 선을 관찰할 수 있으며, 회전 이행의 경우에는 아크 기둥이 종 모양으로 바뀌면서 매우 큰 소음을 낸다.

/4.2.5/ 플럭스 코어드 아크용접(FCAW)

플럭스 코어드 아크(플렉스 Cored Arc Welding : FCAW)용접의 원리는 GMAW와 유사하나, 이름 자체가 의미하는 바와 같이 와이어 중심부에 플럭스가 채워져 있는 플럭스 코어드 와이어(FC 와이어)를 사용한다(그림 4.21 참조).

그림 4.21 ◐ FC 와이어의 단면 형상

와이어의 최종 직경은 0.8~3.2 mm로 상품화되고 있는데, 이 중에서 1.2 mm가 가장 많이 사용된다. FC 와이어는 제조능력, 생산성, 경제성, 용접작업성, 용접품질 등을 극대화하기 위해 그림 4.22와 같이 다양한 단면 형상을 갖는다. 와이어 단면 형상은 기계적 성질, 용착금속의 화학성분 등에는 영향을 미치지는 않지만 플럭스 충진율, 아크 안정성, 용적 이행, 와이어 용융속도 등에 큰 영향을 미친다. 이들 단면 형상은 다음과 같이 크게 3가지 형태로 구분되고 있다.

(1) 튜브 형상

스트립의 끝이 맞대기 형상을 하고 있는 경우로 이음부가 없거나 스트립의 끝이 겹쳐있는 형상이다.

(2) 심장 형상

스트립의 양쪽 끝이 접혀져 와이어 안쪽으로 내려온 형상으로 제조회사에 따라 여러 가지로 나눌 수 있다.

(3) 이중 겹침 형상

튜브 내부에 또 다른 튜브를 가지고 있는 형상으로 외부 공간에는 플럭스를, 내부 공간에는 금속 분말을 채운다.

FCA 용접은 FC 와이어를 일정한 속도로 공급하면서 전류를 통하여 와이어와 모재 사이에 아크가 발생하도록 하고, 발생된 아크열로 용융지와 용접비드가 형성되도록 하는 용접법이다. FCA 용접은 보호 가스 사용 여부에 따라 가스보호 FCA 용접과 자체보호 FCA 용접으로 분류된다. 가스보호 FCA 용접에서는 외부에서 별도의 보호 가스를 공급하여 용접부가 보호 가스뿐만 아니라 플럭스에서 생성된 슬래그에 의해 보호된다. 따라서 용융지가 이중으로 보호되는 것으로서, GMAW 와이어 형태만 다를 뿐 원리는 동일하다. 그러나 자체보호 FCA 용접에서는 외부에서 추가적인 보호 가스가 공급되지 않기 때문에 FC 와이어의 플럭스에서 발생하는 가스와 슬래그에 의해 용접부가 보호된다. 따라서 이것은 SMA 용접의 원리와 유사하다.

한편 코어드 와이어는 내부에 충진된 재료에 따라 슬래그를 형성하는 플럭스가 주성분일 경우에는 플럭스 코어드(FC) 와이어라 하며, 금속 분말이 주성분일 경우에는 특별히 메탈 코어드 와이어라고 부른다. 메탈 코어드 와이어는 슬래그가 생성되지 않고 보호 가스를 필히 사용해야 하기 때문에 GMAW 와이어의 일종으로 분류하기도 한다.

FCA 용접에서는 플럭스가 용융되어 슬래그를 형성하기 때문에 SMA 용접에서와 같이 응고된 슬래그는 브러시나 치핑 해머 등으로 철저히 제거해야 한다.

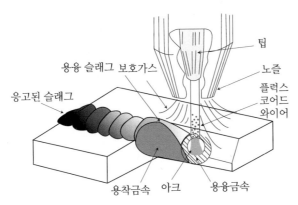

그림 4.22 ▶ 가스보호 플럭스 코어드 아크용접의 원리

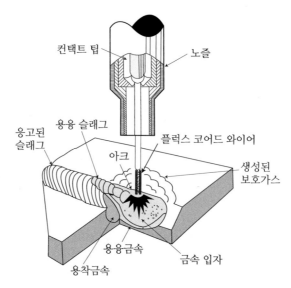

그림 4.23 ▶ 자체 보호 플럭스 코어드 아크용접의 원리

이러한 측면에서 FCA 용접은 SMA 용접과 GMAW의 특성을 조합시킨 용접법이라고 할 수 있는데, GMAW 법이 가지는 장점 외에 다음과 같은 점이 추가된다.

- 와이어의 단면적 감소로 인한 전류밀도 상승으로 용착속도 증가
- 플럭스에 의한 용접부의 금속학적 성질 향상
- 슬래그에 의한 매끄러운 비드 외관 유지
- 수직상향 용접에서 슬래그에 의한 비드 처짐 방지로 고전류 사용 가능

특히 표 4.7에서 보듯이 수직상향 용접에서 고전류 사용이 가능하며, 용착속도가 높은 것이 커다란 장점이다.

표 4.7 용접기법 및 자세에 따른 용착속도 비교

용접법 (용접재료)	용접자세	적정 용접조건		용착속도 [g/min]
		전류[A]	전압[V]	
피복 아크용접 (D5016, 4 mm)	아래보기	170	25	24
	수직상향	140	23	22
CO_2 용접 (1.2 mm, 솔리드 와이어)	아래보기	280	30	87
	수직상향	130	20	28
FCA 용접 (1.2 mm, FC 와이어)	아래보기	300	32	88
	수직상향	200	24	45

/4.2.6/ 서브머지드 아크용접(SAW)

조선소에서 가장 많이 사용되는 서브머지드 아크용접(Submerged Arc Welding : SAW) 방법은 그림 4.24와 같이 용접하고자 하는 부위에 분말 플럭스를 일정 두께로 살포하고, 그 속에 전극 와이어를 연속적으로 송급하면서 와이어 선단과 모재 사이에 아크를 발생시키는 용접방법이다. 발생된 아크열은 와이어, 모재 및 플럭스를 용융시키며, 용융된 플럭스는 슬래그를 형성하고, 용융금속은 용접 비드를 형성한다. SAW에서는 용접 아크가 플럭스 내부에서 발생하여 외부로 노출되지 않기 때문에 잠호 용접이라고도 부른다.

SAW에서 용접이 시작되는 순간에는 플럭스가 용융되어 있지 않기 때문에 전류가 흐르지 않는다. 따라서 용접을 시작할 때에는 모재와 와이어 사이에 스틸 울(steel wool) 등을 끼워 아크 발생을 쉽게 하거나, 고주파를 사용하여 아크를 발생시킨다. 아크가 발생되면 아크열에 의하여 용융 슬래그와 가스가 생성되어 아크는 지속적으로 유지된다.

SAW의 가장 큰 장점은 대전류 용접이 가능하며 열효율이 아크용접 공정 중에서 가장 높다는 것이다. SAW의 적용전류 범위가 대전류 영역으로 크게 확장될 수 있는 것은 플럭스가 아크를 보호하고 아크의 안정성을 유지시켜 주기 때문이다. SAW는 고전류 용접으로 1 kg/min 이상의 용착 속도가 가능하며, 용입이 깊어서 모재가 두꺼워질수록 경제적인 용접방법이 된다. 그 밖에도 슬래그가 비드를 덮고 있기 때문에 아크열이 외부로 방출되는 것을 차단하여 열효율을 높여주고, 비드 외관이 양호하며, 플럭스가 용접 아크를 보호하고 있어 용접 퓸 발생이 적고 아크 광선이 밖으로 노출되지 않기 때문에 작업 환경이 청결하다. 뿐만 아니라 슬래그-금속 반응에 의하여 용착금속의 정련 작용과 기타 합금원소의 첨가도 가능하기 때문에 용착금속의 기계적 성질이 양호하다. 그러나 이 용접법은 대부분 자동화된 설비를 필요로 하기 때문에 초기 설비투자 부담이 높고, 용접 자세가 아래보기로 한정된다. 또 용접

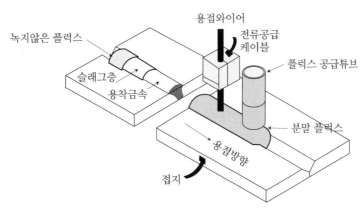

그림 4.24 ◑ SAW의 원리

표 4.8 서브머지드 아크용접의 장·단점

장점	단점
• 고전류 사용이 가능하여 용착속도가 빠르고 용입이 깊다. • 기계적 성질(강도, 연신율, 충격치, 균일성 등)이 우수하다. • 유해 광선이나 품이 적게 발생되어 작업환경이 깨끗하다. • 비드 외관이 매우 아름답다. • 열효율이 높다.	• 장비의 가격이 비싸다. • 용접선이 짧거나 복잡한 경우 수동에 비하여 비능률적이다. • 용접 상태를 육안으로 확인할 수 없다. • 적용 자세에 제약을 받는다(대부분 아래보기 자세). • 적용 소재에 제약을 받는다(탄소강, 저합금강, 스테인리스강 등에 사용).

부가 슬래그로 덮여 있기 때문에 용접진행 상태를 육안으로 확인할 수 없으며, 대전류 용접으로 용접 열영향부의 기계적 성질이 나빠지는 단점이 있다.

/4.2.7/ 일렉트로 가스용접(EGW)

일렉트로 가스용접(Electro Gas Welding, EGW)은 그림 4.25와 같이 수직자세의 맞대기 이음부를 CO_2 중에서 GMAW를 적용하여 용접하는 방법으로서 GMAW의 특수한 형태이다. 즉, 이 용접법은 보호 가스로서 CO_2를 사용하며, 그 분위기에서 와이어 가이드 노즐을 통하여 용접 와이어를 송급하여 아크를 발생시킨다. 아크열에 의해 용접 와이어와 모재가 녹아 용융지를 형성하고, 용접은 위 방향으로 진행한다.

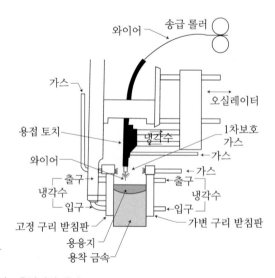

그림 4.25 ▶ 일렉트로 가스용접기의 개념도

모재 양측에는 용융금속이 흘러내리지 않도록 수냉 Cu판을 설치한다. 수냉된 Cu판은 용접 진행과 더불어 미끌려 올라가면서 용융지를 보호하게 되는데, 이는 일렉트로 슬래그(electroslag) 용접법에서와 동일하다. 따라서 EGW는 일렉트로 슬래그 용접의 장점과 GMAW의 장점을 조합한 아크용접 방법이다. 일렉트로 슬래그 용접법에서는 용접 홈의 간격이 넓으므로 용착금속의 양이 많게 되나, EG 용접법은 판 두께와 관계없이 2~16 mm 정도로서, 일렉트로 슬래그 용접에 비해 좁기 때문에 용접 입열이 적고 용접 속도가 빠르며 작업성도 양호하다.

/4.2.8/ 저항용접(Resistance Welding)

(1) 점용접(Spot Welding)

점용접은 $Q = i^2 Rt$의 주울열(Joule heating)을 이용하는 저항용접의 일종으로 용접 속도가 빠르기 때문에 박판재료를 다루는 산업현장에서는 가장 중요한 용접법의 하나이다. 점용접의 원리는 그림 4.26과 같이 용접 변압기의 2차측에서 봉 모양의 Cu계 합금 전극을 통하여 피용접재에 가압한 후 큰 전류(7,000~20,000A)를 인가하는 것이다. 그 결과 피용접재의 접촉부에서 접촉저항 때문에 빠른 속도로 발열이 일어나며, 소재의 두께 방향 중심 부근이 가장 높은 온도로 가열되어 금속이 용융된 후 응고하여 너깃(nugget)을 형성한다(그림 4.27 참조).

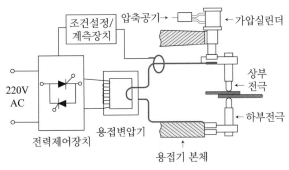

그림 4.26 ▶ 점용접기의 구성

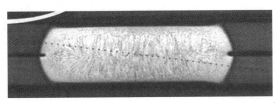

그림 4.27 ▶ 점용접에서 형성된 너깃(weld nugget)

점용접은 아크용접에 비하여 다음과 같은 장점을 가지고 있다.

• 짧은 시간에 용접을 이룰 수 있고, 가열 영역이 용접부 근처에만 한정되므로 용접 후의 열변형이 적다.
• 자동 용접이기 때문에 작업자의 숙련도가 거의 필요 없다.
• 한쪽의 전극을 평탄한 전극으로 바꾸어 사용하면 용접 후 전극에 의한 압흔이 없으므로 표면품질을 높일 수 있다.
• 용가재나 플럭스가 불필요하므로 용접부의 품질 재현성이 우수하다.
• 용접 과정에서 아크용접에서와 같이 강력하고 유해한 자외선을 발생하지 않는다.

그러나 점용접은

• 용접 시 대전류를 필요로 하기 때문에 용접기 및 수전 설비의 규모와 투자비가 크다.
• 용접전류, 통전시간, 가압력, 전극형상, 피용접물의 재질과 두께 등에 따라서 각각의 용접 조건을 선정할 필요가 있다.
• 점용접부는 너깃 주위의 노치 효과 때문에 비교적 낮은 기계적 성질을 나타낸다.
• 용접이 완료된 다음 접합 상태를 외관으로는 판정이 불가능하며, 적당한 비파괴 검사법이 없다는 등 몇 가지 제한점이 있으나, 점용접은 박판재를 이용한 용접 제품의 대량생산에 적합하여 자동차 및 가전제품의 제조 공정에서는 필수 불가결한 용접방법이다.

그림 4.28은 두 장의 판재를 점용접할 때 용접부 두께 방향의 저항분포와 온도분포를 개략적으로 나타낸 것이다.

이 그림에서 용접부의 중심 온도가 가장 높기는 하지만 피용접재와 전극 사이의 계면 온도 또한 각각의 모재 중심 온도보다 높음을 알 수 있다. 이것은 전극과 모재의 계면에 존재하는 산화 피막, 각종 오염 물질을 포함하여 그 계면들의 표면 거칠기가 원인이 된 접촉 저항이 모재의 고유 저항보다 훨씬 높은 것에 기인한다.

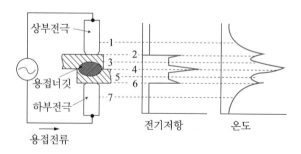

그림 4.28 ▶ 점용접에서 접촉저항과 온도분포의 개략도

(2) 심용접(Seam Welding)

그림 4.29는 심용접의 원리를 나타낸 것이다. 심용접은 원판형의 전극 사이에 두 장의 피용접물을 끼우고 압력을 인가한 상태에서 전극을 회전시키면서 용접전류를 통전하는 용접법이다. 심용접은 점용접을 연속적으로 반복해 나가는 방법이라고 할 수 있다. 원판형 전극의 구동은 구동축에 의하여 동력을 직접 전달하는 방법과 동력축의 끝부분에 회전력 전달 바퀴를 장착하여 용접전극을 회전시키는 방법이 있다. 또 두 개의 전극에 모두 회전 동력을 인가하는 방법, 한쪽에는 동력을 인가하지만 다른 한쪽의 전극은 자유롭게 회전할 수 있도록 하는 방법 및 피용접재를 이송시키면서 그 힘을 이용하여 전극이 회전할 수 있도록 하는 방법이 있다. 심용접에서는 점용접보다 높은 전류와 압력을 사용하기 때문에 구조적으로 충분한 강성과 함께 회전전극으로의 용접전력 전달 효율을 높이는 것이 중요하다. 일반적으로 회전전극의 축에는 전기적 저항과 기계적 마찰을 감소시키기 위하여 도전성 그리스(graphite grease)를 사용한다.

심용접은 연속된 직선 또는 곡선용접이 가능하기 때문에 유밀, 기밀 및 수밀 등을 요구하는 용기의 접합에서 중요한 용접법이다. 심용접을 적용하기 위한 소재의 두께는 점용접보다 좁

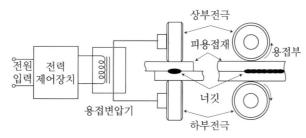

그림 4. 29 ▶ 심용접의 원리

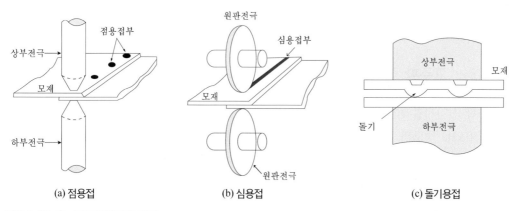

(a) 점용접   (b) 심용접   (c) 돌기용접

그림 4. 30 ▶ 저항용접법의 종류

으며, 일반적으로는 0.2~4 mm 범위이다. 심용접의 응용 분야는 자동차의 연료 탱크용접, 각종 캔의 용접 등 소형 용기에서 대형 드럼에 이르기까지 넓다.

(3) 프로젝션 용접(Projection Welding)

프로젝션 용접, 돌기용접은 피용접재를 서로 밀착시킨 상태에서 용접전류를 인가할 때 발생하는 에너지를 열원으로 하여 접합한다는 측면에서 점용접과 같은 저항용접에 해당한다. 통상의 저항용접에서는 소정의 전극을 사용하여 평면상의 용접부에 전류를 흘리는 방법을 사용하여 모재를 용접하나, 그림 4.30(c)와 같이 프로젝션 용접은 용접하기 전에 피용접재의 한쪽 혹은 양쪽에 돌기(projection)를 가공하고 그 돌기를 통하여 전류를 집중시킨다는 점에서 점용접 혹은 심용접과 구별된다. 프로젝션 용접의 장점은

- 여러 점을 동시에 용접할 수 있으므로 생산성이 높다.
- 좁은 공간에 많은 점을 용접할 수 있다.
- 피용접재의 특성, 즉 두께, 강도, 재질이 현저히 다른 경우도 양호한 용접부를 얻을 수 있다.
- 너깃의 크기 및 간격이 작은 용접이 가능하다.
- 용접부 외관이 깨끗하며 열변형이 적다.
- 전극의 형상이 복잡하지 않으며 수명이 길다.

한편 프로젝션 용접의 단점은

- 용접기의 용량이 커야 하므로 설비비가 높아진다.
- 용접할 부위에 일정한 형상의 돌기를 미리 가공해야 하기 때문에 공정의 수가 증가하며, 제조 원가의 상승 요인이 된다.
- 전극의 가격이 고가이며, 교환이 다소 번거롭다.

/4.2.9/ 고주파 전기저항 용접(ERW)

고주파 전기저항 용접법(High Frequency Electric Resistance Welding, HF-ERW 또는 ERW)이란 450 kHz 정도의 고주파 전류를 용접재에 인가하여 발생하는 저항열을 이용하여 국부적으로 가열하고, 압축력을 가하여 용접부를 형성하는 접합방법이다. 고주파 전기저항 용접법이 적용되는 대표적인 제품으로는 강관과 H 빔이 있는데, 우리나라에서 생산되는 강관의 70% 이상이 ERW 방법으로 제조되고 있다.

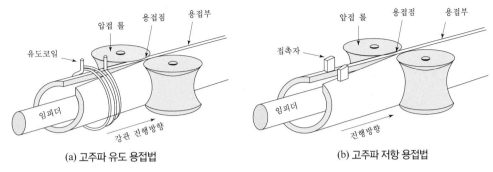

압접 롤 　용접점　 용접부

유도코일

임피더

강관 진행방향

(a) 고주파 유도 용접법

압접 롤 　용접점　 용접부

접촉자

임피더

진행방향

(b) 고주파 저항 용접법

그림 4.31 ▶ 강관의 고주파 전기저항 용접법

ERW는 용접재에 고주파 전류를 인가하는 방법에 따라서 고주파 유도 용접법과 고주파 저항 용접법으로 나누어지며, 그림 4.31에 개략적으로 나타내었다.

고주파 유도 용접법은 유도 코일을 이용하여 용접재에 고주파 전류를 유도시켜 가열하는 방식이고, 고주파 저항 용접법은 접촉자를 용접재에 접촉시켜 고주파 전류를 직접 인가시키는 방법이다. 이와 같이 인가된 고주파 전류가 용접재의 표면을 저항열로 용융시키면서 용접점에서 가압 롤(roll)로 압력을 가하여 용접선 밖으로 용융된 금속을 배출시켜 고상 용접과 유사한 용접부 조직을 얻게 된다. 즉, 고주파 저항 용접부에는 일반 용융 용접에서 관찰되는 주조 조직이 잔류하지 않고, 열간 가공된 모재 조직과 유사한 미세 조직이 얻어지게 된다. 이와 같이 ERW에서는 용접하고자 하는 부분의 표피만이 가열되기 때문에 소모되는 전력량이 적어 용접 속도가 10~200 m/min로 매우 빠르며, 단접에 의하여 용접을 수행하기 때문에 용접 결함의 발생빈도도 상대적으로 작다는 장점이 있다. 따라서 ERW에 의하여 제조되는 용접 강관은 기존의 심 리스(seamless) 강관이 주로 사용되었던 분야까지 사용 범위가 확대되고 있다.

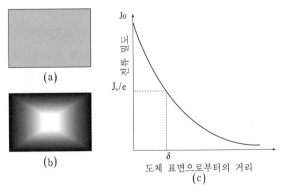

(a)

(b)

J_o

J_o/e

전류 밀도

δ

도체 표면으로부터의 거리

(c)

그림 4.32 ▶ 주파수에 따른 도체 단면의 전류 밀도 분포
(a) 도체 단면에 균일한 전류 밀도를 나타내는 직류, (b) 전류가 표피에 집중하는 고주파 전류, (c) 표피로부터 거리에 따른 고주파 전류 밀도의 분포

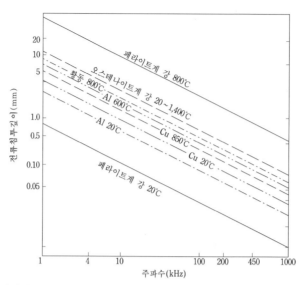

그림 4.33 ▶ 금속의 재질과 온도에 따른 고주파 전류의 침투 깊이

　　고주파 전류가 용접재에 인가되면 직류 또는 저주파 교류의 경우와는 상이하게 용접재의 표피에 용접전류가 집중되는 현상이 나타난다. 이를 표피효과(skin effect)라고 하는데, 표피효과가 전류밀도에 미치는 영향은 그림 4.32와 같다. 직류가 도체에 흐를 경우에는 전류가 도체의 단면에 균일하게 분포하는데 비하여(그림 3.32(a)), 고주파 전류의 경우에는 도체의 표면에 집중되는 경향을 나타낸다(그림 3.32(b)). 이러한 현상의 대부분은 도체에 흐르는 전류에 의하여 자기유도된 기전력 때문에 발생하는데, 자기유도된 기전력의 크기는 시간에 따른 자속의 변화속도에 비례한다. 전류 밀도는 그림 3.32(c)와 같이 표피로부터 지수함수적으로 감소하며, 주파수가 높을수록 표피효과가 증가한다.

　　그림 4.33은 대표적인 금속의 종류와 온도에 따른 고주파 전류의 침투 깊이를 나타낸다. 그림에서 보듯이 주파수가 증가함에 따라서 침투 깊이가 감소하고, 온도가 증가함에 따라서는 침투 깊이가 증가하고 있다. 주파수가 400 kHz인 경우에 상온에서 철강 소재의 침투 깊이는 약 0.05 mm 미만이고, 온도가 증가하여 오스테나이트로 변태한 경우에는 침투 깊이가

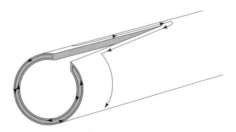

그림 4.34 ▶ 고주파 유도 용접 시 대강 단면에 흐르는 전류의 통전 궤적

1 mm 정도까지 증가한다. 그림 4.34에는 파이프 고주파 용접 시 흐르는 전류의 경로가 나타나 있다. V형상 부위에 전류가 집중되어 가열된 후 그림 3.31에 도시된 접합 롤러(roller)로 양쪽에서 압착하여 파이프가 완성된다.

/4.2.10/ 전자빔 용접(EBW)

전자빔 열원은 진공(Electron Beam Welding ; EBW) 중에서 필라멘트(음극)를 가열하여 방출된 전자를 고전압으로 가속하고 전자렌즈로 집속시킴으로써 얻는다. 이렇게 집속된 전자빔은 고밀도 에너지로서, 피용접재에 적용하면 전자의 운동에너지가 열에너지로 변환되기 때문에 피용접재를 가열, 용융시켜 용접에 이용된다. 이 용접법은 용접 아크보다 10,000배 이상의 에너지 밀도를 가지며, 용접 공정을 고속, 고정밀 제어할 수 있다는 특징이 있다. 러시아에서 쏘아 올린 우주 정거장을 조립하거나 간단하게 수리할 때 우주인들이 손에 들고 사용할 수 있도록 소형화시킨 소형전자빔 용접기가 이미 실용화되어 있을 정도로 우주·항공산업에서는 중요한 용접 방식이다.

전자빔을 금속에 주사하면 에너지를 잃지 않고 표면층을 관통하여 수~수십 μm의 층 내에서 운동에너지가 열에너지로 변환되어 가열하게 된다. 따라서 빔을 조사한 순간에는 표면보다도 그 내부가 고온 상태가 되고, 내부의 층은 급격한 가열에 의해 비등점 이상이 된다. 이때 발생하는 급속한 팽창은 내측으로부터의 증기압에 의해 표면층이 파괴되면서 작은 구멍을 형성하는데, 이를 키홀(key hole)이라고 한다. 내부의 증기는 이 키홀을 통하여 표면으로 배출된다. 이 부분에 연속적으로 전자빔이 조사되면 키홀의 선단부에 전자빔이 다시 충돌하여 가열–증발–키홀의 형성을 반복하면서 용접이 이루어지며, 이러한 현상 때문에 키홀용접이라고 불리기도 한다. 키홀용접에서는 피용접물의 표면에서부터 열전도에 의하여 용접이 이루어지는 아크용접과 다르게, 그림 4.35와 같이 전자빔 에너지가 키홀의 안쪽에 직접 전달되기 때문에 폭이 좁고 깊은 용접부를 얻을 수 있다.

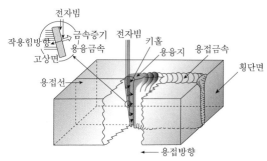

그림 4.35 ▶ 전자빔 용접의 원리

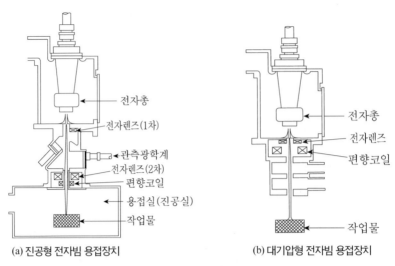

(a) 진공형 전자빔 용접장치	(b) 대기압형 전자빔 용접장치

그림 4.36 ▶ 전자빔 용접기의 기본 유형

(1) 전자빔 용접기의 구조

전자를 방출시키는 방법으로는 충분히 높은 온도까지 가열된 필라멘트로부터 열전자를 얻는 방법과 광전효과에 의한 방법 혹은 강전계를 부여하여 전계방출시키는 방법 등이 있다. 이들 중에서 고융점 소재(W, Ta, Mo)로 만들어진 필라멘트를 고온으로 가열하여 열전자를 방출시키는 방법이 전자빔 용접법에서 가장 널리 사용되고 있다. 전자총 안에 장착된 필라멘트는 다량의 전자류를 공급할 수 있어야 하고, 주변의 분위기에 따라 영향을 받지 않아야 하기 때문에 고진공 상태를 유지시키는 것이 일반적이다. 고밀도 에너지의 전자빔을 얻기 위하여 전자빔 용접기는 그림 4.36과 같은 2가지 기본구조로 되어 있다. 용접실의 진공도에 따라 고진공형, 저진공형, 대기압형 전자빔 용접기로 구별되며, 각각의 특징은 다음과 같다.

① 고진공형 전자빔 용접기
- 용접실의 진공도는 10^{-1} Pa 이하
- 범용 용접기로 사용되고 활성금속의 용접에 적당함
- 가공거리(집속렌즈로부터 피용접물까지의 거리)가 길어서 집속성을 중요시하는 경우에 적합함

② 저진공형 전자빔 용접기
- 용접실의 진공도는 10~1 Pa임
- 진공을 위한 배기 시간이 짧음

- 양산형 전자빔 용접기로 사용되며 활성금속을 제외하고 고진공형과 동등한 용접 품질을 얻을 수 있음

③ 대기압형 전자빔 용접기
- 진공실이 필요 없기 때문에 용접물의 크기 제한이 없음
- 대기압 상태에서 용접을 행하기 때문에 배기 시간 불필요함
- 양산형 전자빔 용접기로 가공거리는 노즐 선단으로부터 약 30 mm까지 적용됨

(2) 전자빔의 에너지

필라멘트와 양극 사이에 고전압(통상 60~150 kV)을 인가하여 전자를 가속하지만, 필라멘트 근처에는 그리드(grid) 또는 웨네트(Wehnelt) 전극이라고 부르는 제3의 전극이 배치되어 있다. 필라멘트와 양극간에 공간전위 분포를 형성하면 가속된 전자는 양극 중앙에 설치된 작은 구멍을 통과하여 용접실로 방출됨으로써 전자빔이 된다. 제3전극의 전위를 제어하면 필라멘트에서 양극으로 흐르는 전자량(전자빔 전류값)을 제어할 수 있다. 이러한 전극들의 집합체를 전자총이라고 부른다.

전자총에서 방출된 전자빔은 진행하면서 퍼지는 성질(전자간 반발력에 기인)이 있기 때문에 집속렌즈(통상은 특수한 형상을 한 자장)에 의해 집속된다. 집속된 전자빔은 용접실로 들어가 용접물에 충돌하고, 이때 전자의 운동에너지가 열에너지로 변환되어 용접물을 용융시킨다. 전자의 운동에너지와 속도는 아래의 식들로 나타낼 수가 있으며, 전자속도는 가속전압의 제곱근에 비례하여 빠르게 되므로 운동에너지는 속도의 제곱에 비례하게 된다.

$$E = \frac{1}{2} m v^2$$

$$v = \sqrt{2 e V / m}$$

여기서　E : 전자의 운동에너지　　　m : 전자의 질량(9.1×10^{-28} g)

　　　　v : 전자의 속도(m/s)　　　　e : 전자의 전하

　　　　V : 가속전압

전자빔 용접에서 전자빔의 초기 에너지 밀도는 $10^8 \sim 10^9$ W/cm^2 정도이므로 아크에너지에 비해 매우 높지만 전자총을 떠나 피용접물에 도달할 때까지 분위기 가스의 분자와 충돌하여 에너지를 잃거나 산란되므로 에너지 밀도는 감소한다. 그러므로 에너지 밀도를 향상시키기 위하여 용접실의 진공도를 높이는 것이 바람직하지만, $1 \sim 10$ Pa 정도의 진공도는 용접에 거의 영향을 미치지 않기 때문에 고품질이 요구되지 않는 일반 제품의 대량생산에 많이 적용되고 있다.

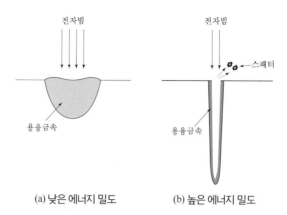

(a) 낮은 에너지 밀도   (b) 높은 에너지 밀도

그림 4.37 ▶ 전자빔에 의한 가열 모식도

그림 4.37은 전자빔 가열의 상태를 모식적으로 나타낸 것이다. 그림 4.37(a)에서는 전자빔을 집속시키지 않아 에너지 밀도가 낮은 상태이기 때문에 전자빔이라 하더라도 아크열원과 같은 열전도형의 용융형태를 나타낸다. 그러나 집속에 의하여 에너지 밀도가 증가하면 그림 4.37(b)와 같은 키홀 용융 형태를 나타내게 된다. 이러한 상황에서는 에너지 집중이 크기 때문에 전자빔 에너지는 거의 모두 조사 위치의 가열에 이용되어 열확산 비율을 낮춘다. 따라서 용융부는 과열되어 끓는 상태로 되고 부분적인 폭발과 함께 용융금속이 스패터로 튀어나가면서 키홀을 형성하게 된다.

고밀도 전자빔 용접에서는 이러한 과정이 반복적으로 일어나기 때문에 깊은 키홀이 형성된다. 전자빔은 키홀을 통하여 용접물 내로 들어가 키홀 선단(고－액 계면)의 물질을 용융시키고 과열에 의해 격렬하게 금속증기를 분출시킨다. 금속증기는 진공 중이기 때문에 확산하기 쉽고 그 결과 큰 반발력(제트추진력)이 작용하여 용융금속을 용접 방향과 반대방향으로 밀어내게 된다. 그러므로 전자빔 용접에서는 용융폭이 좁고 깊은 용접부 형상을 얻을 수 있고, 용접변형을 최소화시킬 수 있기 때문에 후판의 고능률 용접이나 소형 부품의 정밀 용접에 적합하다.

(3) 전자빔 용접의 특징

전자빔은 고에너지 밀도의 점열원이기 때문에 다음과 같은 특징이 있다.

- 용접속도가 빠르고 박판에서 후판까지 광범위한 용접이 가능
- 용접물에 대한 입열이 작기 때문에 고정밀도 용접이 가능
- 고융점 재료의 용접가능
- 열영향부가 좁은 용접부가 얻어짐

- 이종재료 용접이 다른 용접법에 비하여 용이

또 진공 중에서 용접이 이루어지기 때문에 용접부의 산화, 질화의 염려가 없으므로 Ti, Zr 등과 같은 활성금속의 용접이 가능하며 용접부의 재질변화가 적다. 그 밖에도 용접조건의 제어성과 재현성이 극히 우수하므로 다음과 같은 장점이 있다.

- 용접부 품질편차가 적어 대량생산에 적합
- 정밀부품의 용접가능
- 용접공정의 자동화에 적합

/4.2.11/ 레이저 용접

(1) 개요

빛은 에너지를 얻은 원자나 분자로부터 방출되는 것으로 햇빛과 같은 성질을 가지고 있는데 이와 같은 빛을 자연광(natural light)이라 한다. 이에 반하여 레이저에서 얻은 빛, 즉 레이저광은 인공적인 빛으로 자연광에 존재하지 않는 우수한 성질을 가지고 있다. 레이저(LASER, Light Amplification by Stimulated Emission of Radiation)는 '유도방출에 의한 빛의 증폭'이라는 의미의 머리글자이지만 통상 레이저 장치 또는 그 장치에서 얻어진 레이저광을 의미하기도 한다. 레이저 장치에서 빛의 증폭현상은 레이저 발생의 기본 원리이며 전자회로에서 말하는 증폭과는 전혀 다르다.

그림 4.38은 빛을 포함한 전자파의 파장에 따른 분류 및 주요 가공용 레이저의 파장을 나타내었다. 그림에서 알 수 있듯이 CO_2 레이저(10.6 μm)와 YAG(Yttrium Aluminium Garnet, $Y_3Al_5O_{12}$) 레이저(1.06 μm)는 대표적인 적외선 레이저이다. 자외선 영역에는 엑시머(excimer) 레이저가 있으며, 그들을 세분하면 ArF 레이저(193 nm)와 XeF 레이저(352 nm)가 있다. 또 고체 레이저의 한 종류인 디스크 레이저(1,030 nm)와 파이버 레이저(1,070±5 nm)도 가공용 레이저로서 관심의 대상이 되는 레이저에 속한다.

레이저 용접은 매우 작은 점으로 집속된 레이저광에서 변환된 고밀도의 에너지가 조사될 때 키홀(key hole) 용융 현상을 이용하는 용접 방법이다. 이때 레이저빔은 용접할 소재의 표면 근처에 집속되며, 이 집속 에너지는 빔 조사 순간의 극히 짧은 시간 동안에 많은 양이 모재의 표면에서 반사되는 것으로 알려져 있다. 이렇게 반사 손실이 많은 것은 대부분의 금속재료가 입사되는 레이저의 파장에 대하여 좋은 반사체이기 때문이다. 그러나 흡수된 소량의 레이저 에너지는 재료를 급속하게 가열하여 고온의 금속 증기와 함께 이온의 생성을 야기한다. 이와

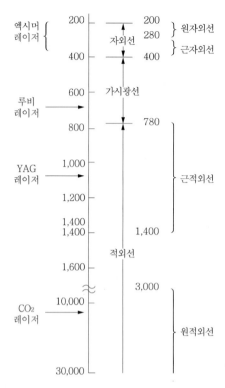

그림 4.38 ▶ 전자파의 파장에 따른 분류 및 주요 가공용 레이저 (단위 : nm)

같은 금속 증기의 이온체를 플라즈마라고 부르며, 용접의 초기에는 입사되는 레이저빔 에너지 흡수를 돕지만 점차 용접의 에너지 효율에 부정적인 역할을 하게 된다. 레이저의 종류는 많으나, 산업적으로 용접에 쓰이는 레이저 장치는 CO_2 레이저와 Nd : YAG 레이저로 대별할 수 있다. 레이저 용접은 높은 에너지 밀도의 열을 이용하는 용접이기 때문에 기존의 용접법처럼 열전도에 의존하지 않고 용접부를 형성한다. 아크용접의 경우 모재의 용융과 용접부 형성이 열전도에 의하여 이루어지며, 그림 4.39와 같이 용융 등온선이 열원에서 바깥쪽으로 움직인다.

이때 용접부의 폭은 용입 깊이보다 크기 때문에 입열 에너지의 양도 원하는 용입 깊이를 얻기 위하여 당연히 높아져야 한다. 따라서 아크용접의 용입 깊이는 수 mm가 한계이며, V-홈과 같은 용접홈을 미리 가공하여 여러 차례 반복 용접(다층 용접)을 실시해야 하며, 용접속도 또한 매우 느리다. 레이저 용접과 같은 키홀용접은 용접 에너지를 재료에 전달함에 있어서 표면을 기점으로 점진적인 열의 전달이 아니라 재료의 두께 방향으로 직접 투입(키홀용접)하는 형식의 고속 용접법이다.

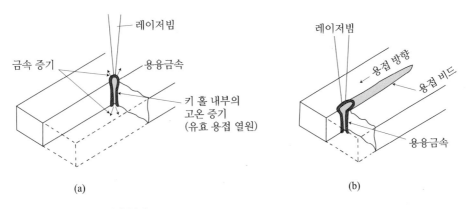

(a)   (b)

그림 4.39 ▶ 레이저빔 용접의 원리

   기존의 연구 결과들을 볼 때 $1\,kW$의 CO_2 레이저 에너지를 이용하여 철강재료를 용접할 경우에 $1.5\,mm$의 용입 깊이를 목표로 한다면 대략 $1\,m/min$의 속도를 얻을 수 있다. 또 레이저의 출력을 높이면 두꺼운 부재도 한번의 용접으로 접합이 가능하여 조선·공업 등 중공업 분야의 응용도 가능하다. 아크용접법과 레이저 용접법을 비교한 실험 결과에 의하면, 아크용접으로 11번 용접해야 할 두께의 철강재료를 레이저 용접으로는 상·하 양쪽에서 각각 한번의 용접으로 접합이 가능할 정도로 깊은 용입이 얻어진다.

(2) 레이저 용접의 원리

   레이저 용접은 높은 에너지 밀도의 점 열원을 이용하는 이른바 키홀 용접법이기 때문에 용접부 형성기구가 아크용접 등 기존의 용융 용접법과는 다르다. 아크용접의 경우 아크열에 의한 모재의 용융과 열전도가 용접 에너지 전달의 기본이므로 용접부의 폭이 그 깊이에 비하여 넓다. 따라서 두꺼운 재료를 용접하기 위하여 용접 그루브를 가공하고 용접봉 등의 용가재를 사용하여 다층용접을 실시하는 것이 일반적이다. 여기에 대하여 레이저 용접법은 용접에 필요한 에너지를 전달할 때 재료 표면을 기점으로 점진적인 전달이 아니라 두께 방향으로 직접 열을 투입(키홀용접의 원리)하는 용접법이다. 그림 4.40은 철강재료에 대한 키홀용접의 원리를 보인 것이며, 용입 깊이는 다른 조건이 일정할 때 사용된 레이저의 출력에 직접 관계된다.

   레이저에 의한 용접은 빛을 이용하는 용접 공정이며 작은 점으로 집속된 레이저광에서 변환되는 높은 밀도의 에너지로 키홀 용융 현상을 이용하는 용접법이다. 레이저 집속광의 에너지 밀도가 $10^6\,W/cm^2$ 이상인 경우에는 수 μs의 짧은 시간에 재료가 기화 온도 이상으로 상승하지만, $10^5\,W/cm^2$ 정도의 에너지 밀도에서는 수 ms에서 용융이 일어나는 것으로 알려져 있다. 한편 집속된 레이저빔이 용접할 소재 표면에 조사되면 용융이 일어나기 직전의 극히 짧

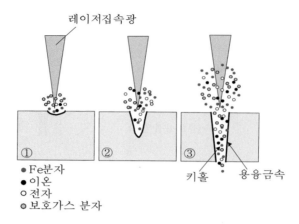

키홀   용융금속

그림 4.40 ▶ 레이저에 의한 키홀용접의 원리

은 시간 동안 상당량의 레이저 에너지가 모재 표면에서 반사된다. 이와 같이 반사 손실이 많은 것은 대부분의 금속재료가 가공용 레이저 파장에 대하여 반사율이 높기 때문이다. 그러나 비록 적은 양이지만 재료 내부로 흡수된 레이저는 그림 4.40과 같이 모재를 급속하게 가열하여 고온의 금속 증기와 함께 전자 및 이온의 생성을 야기한다.

일단 모재금속이 용융을 시작하면(그림의 ①) 레이저 집속광의 흡수율은 급속하게 상승하여 비등점 이상으로 가열하기 때문에 모재의 용융과 기화를 가속하게 되고(그림의 ②), 그 결과 그림의 ③에 보인 것과 같은 키홀을 만든다. 이 과정에서 형성된 금속 증기는 일부가 해리되어 이른바 플라즈마 상태로 되며, 용접 초기에는 입사되는 레이저 에너지의 흡수를 돕지만 CO_2 레이저 용접에서는 점차 에너지 흡수효율에 부정적인 역할을 하게 된다.

CO_2 레이저 용접에서 키홀의 직경은 대략 0.2~1 mm에 달하는 것으로 알려지고 있다. 또 철강재료 용접에서 키홀 형성에 필요한 임계에너지 밀도는 10^5 W/cm^2 내외로 보고되고 있다. 그러나 이 정도의 에너지 밀도에서 얻어진 용접 비드는 얕고 넓으며 레이저빔의 긴 조사 시간을 요구한다. 에너지 밀도를 좀 더 높이면 용접부가 깊고 좁으며 요구되는 조사 시간도 단축시킬 수 있으므로 고속 용접이 가능하다. 박판 재료를 고속으로 용접할 경우에는 계산에 의한 입열량보다도 높은 레이저 출력을 사용하는 경향이며, 초과 에너지의 대부분은 키홀 바닥을 통해서 외부로 배출되면서 안정적인 용접부의 형성과 함께 기공 결함도 경감시킨다.

그림 4.41은 아크용접법과 레이저 용접법을 비교한 실험 예로서, 아크용접법을 적용할 때 20패스 이상 반복 용접을 해야 할 두께의 철강 재료라고 하더라도 고출력 레이저를 사용하면 한 번에 용접할 수 있을 정도로 깊은 용입을 고속으로 실시할 수가 있음을 보여 주고 있다.

아크용접	레이저 용접
• 판 두께 : 29 mm • 용접패스 수 : 26 • 속도 : 0.5 m/(min, 패스) 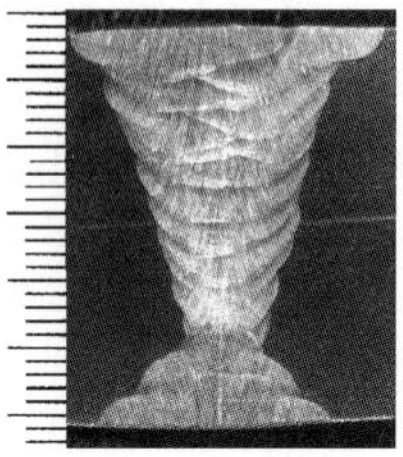	• 판 두께 : 25 mm • 용접패스 수 : 1 • 속도 : 1 m/(min, 패스) 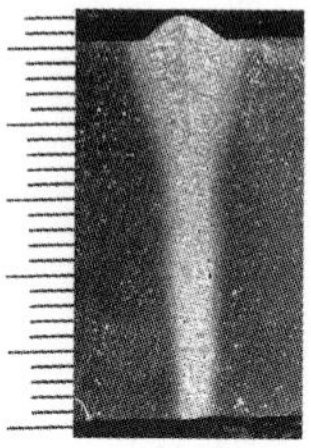

그림 4.41 ▶ 아크용접법과 레이저 용접법의 비교

(3) 레이저 용접의 장점

① 좁고 깊은 용접부를 얻을 수 있다. 즉, 출력이 충분하면 1패스 용접으로도 상당히 깊은 용접부를 쉽게 얻을 수 있다. 예를 들면, 10 kW 출력의 레이저 용접장치로 철강재를 용접할 경우 두께 15 mm 정도의 판재를 한 번에 용접할 수가 있으며, 그림 4.41과 같이 50 kW급 레이저를 이용하면 두께 30 mm 정도의 철강재료도 1패스로 용접이 가능하다. 이러한 특성은 두꺼운 판재용접에서 필요한 그루브 가공과 용접봉 사용을 배제할 수 있기 때문에 용접부 특성과 생산성에서 매우 유리하다.

② 매우 적은 입열 에너지로 용접할 수 있다. 소입열 용접은 결과적으로 소재의 열변형을 최소화할 수 있어서 용접 후처리 공정을 생략하거나 축소할 수 있다. 또 용접열에 의하여 영향을 받기 쉬운 복합 부품에 근접하여 용접을 행할 수 있다. 용접 금속학적으로는 열영향부의 취화 경감을 포함하여 용접부 근처에서 발생하는 조직의 조대화를 크게 줄일 수 있다.

③ 고속용접과 용접 공정의 융통성을 부여할 수 있다. 즉, 용접 속도를 수 m/min까지 높일 수 있고, 몇 개의 작업대를 하나의 레이저 발진기로 번갈아 가면서 용접을 실시하는 것이 가능하여 용접 생산성을 크게 높일 수 있다.

④ 접합되어야 할 부품의 조건에 따라서 한 방향의 용접으로 접합이 가능하다. 즉, 별도의 그루브를 가공한 다음 양면에서 용접할 필요가 없다.

레이저 용접은 이상과 같은 장점이 있음에도 불구하고 제한점 또한 간과할 수 없는 부분이 적지 않다. 집속광의 직경이 1 mm 이하이므로 용접면의 정밀가공이 필요하며 레이저 집속광과 용접선의 정렬도 매우 중요하다. 접합부 정렬이 적절하지 않으면 레이저빔 에너지의 많은 부분이 접합면 사이의 틈을 통해 손실될 수도 있다. 또 용융 폭이 좁기 때문에 용접선과 레이저빔을 잘 일치시키지 않으면 표면에서는 용접이 잘 이루어진 것 같이 보이지만, 이면 비드가 용접선을 벗어나 원하는 용접부를 형성할 가능성이 낮아진다. 따라서 정밀한 용접부 가공과 용접장치(특히 용접 지그)를 구비하는 것이 용접품질과 생산성을 높이는데 중요한 요소이다. 이것은 집속빔과 용접선의 정렬도를 좋게 할 뿐만 아니라 초점 위치 등을 용이하면서도 재현성 있게 제어할 수 있다는 의미를 내포하고 있으나 정밀도가 올라갈수록 비용도 상승한다는 점을 인식해야 한다.

(4) 레이저 용접의 공정변수

그림 4.42는 레이저 용접에 영향을 미치는 요인들을 정리한 것이다. 즉, 레이저 용접에서 논의되는 공정변수들은 빛을 이용하여 용접한다는 점을 감안하면 예측할 수 있는 바와 같이 광학 전송계의 특성인 집속장치의 초점 거리, 초점 크기 및 초점 심도를 비롯하여 레이저빔 자체의 성질, 용접점에서의 초점 위치 등이다. 이러한 공정 변수들은 용접장치가 정해지면 작업자로서 손댈 수 없는 부분이 있는 반면 용접을 행할 때마다 소재의 조건에 따라 작업자가 최적의 상태로 유지해야 하는 조건들이 있다. 예를 들면, 절삭가공이나 소성가공된 피용접물의 형상정밀도, 기하학적 정렬상태 등이 세밀하게 유지 관리되지 못하면 레이저 광선의 초점이 맞지 않아 효과적으로 열을 집중시킬 수 없어 용접결함이 자주 발생하기도 한다.

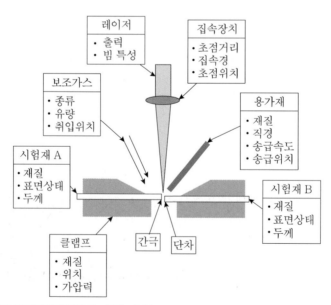

그림 4.42 ▶ 레이저 용접품질에 영향을 미치는 요인

/4.2.12/ 마찰용접

(1) 개요

마찰용접은 회전 또는 직선운동을 하는 한쪽 재료에 다른 한쪽을 접촉시키고, 축방향으로 힘을 가하여 생성되는 마찰열을 이용하는 용접 공정이다. 이 용접법은 소성변형만을 고려할 때 계면의 접촉 및 기계적 결합으로 접합이 이루어진다. 그러나 미시적으로는 마찰운동에 의한 가열 및 표면 오염물질의 제거로 새로운 하부 금속 표면을 생성하고, 압력에 의해 이들 표면이 원자간 견인 범위 이내로 접촉하였을 때 접합이 이루어지는 것을 기본 원리로 한다.

기본적인 용접의 형태를 그림 4.43에 나타내었다. 원형의 마찰운동체와 고정 상태의 용접 대상물은 축방향 압력에 의해 접촉시키면 접합 계면이 마찰에 의하여 가열된다. 계면에서 소성변형이 일어나고 플래쉬(flash)가 생길 때 회전운동을 정지시키면 접합이 완료된다.

용접부의 품질은 적정한 재료의 선택, 용접부의 형상, 용접변수 및 용접 후처리에 따라 다르다. 마찰용접은 1950년대 구소련에서 개발되었으나, 1960년대에 들어서 산업현장에서 사용되기 시작했고, 현재는 소형 정밀 용접장치에서 대형 자동용접 시스템에 이르기까지 발전하였다. 상용장치로는 지름 0.2 mm에서 600 mm 또는 그 이상의 소재까지 용접이 가능하며, 우리 나라에서도 1980년대 들어 마찰용접기의 국산화 이후 사용이 증가하고 있는 추세이다.

마찰용접은 그림 4.44와 같이 에너지 적용 방법과 상대 마찰운동에 의한 분류로 나눌 수 있다. 연속구동 마찰용접법은 한쪽 재료를 모터 등에 의해 일정 속도로 마찰시키면서 축방향 압력을 가하고, 미리 설정된 시간 또는 축방향 수축량에 이르게 되면 마찰운동을 중지시킨다. 이때 압력을 그대로 유지하거나 추가압력을 가하는 방법을 쓴다. 관성 마찰용접법의 경우는 플라이휠의 크기에 의해 관성값을 선택하고 정해진 마찰운동에너지, 즉 정해진 마찰운동 속도에 이르기까지 마찰시킨 후 구동장치와 플라이휠을 분리하고 축방향으로 응력을 가한다. 그 과정에서 마찰운동 속도가 낮아져 일정한 값이 되면 추가압력을 가하거나 그대로 유지하는 방법으로 용접이 이루어진다.

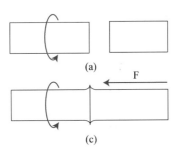
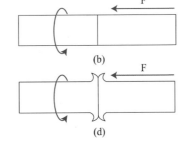

그림 4.43 ▶ 마찰용접의 원리

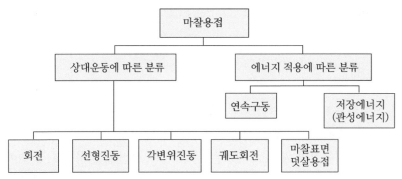

그림 4.44 ▶ 마찰용접의 분류

(2) 마찰용접기

일반적으로 마찰용접기는 상부구조, 기기본체, 용접 대상물의 고정장치, 마찰운동 및 축방향 압축장치, 전원 공급장치, 제어장치와 공정 모니터링 장치로 구성되나 공정에 따라 용접기의 설계상의 차이가 있고 작동 방법 또한 다르다.

① 연속구동 마찰용접기

연속구동 마찰용접기는 그림 4.45와 같이 용접하려는 대상물의 한쪽은 바이스에 고정되고, 다른 한쪽은 마찰운동 스핀들의 고정기구(chuck)에 고정된다. 일반적으로 축대칭이 아니거나 판재 형상의 대상물은 바이스에 장착한다. 용접을 위해서는 한쪽 재료를 모터 등에 의해 일정속도로 마찰운동시키면서 축방향 압력을 가한다. 이때 미리 설정된 시간 또는 축방향 수축량에 이르게 되면 마찰운동을 중지시키고 압력을 그대로 유지시키거나 추가압력(단조압력)을 가한다.

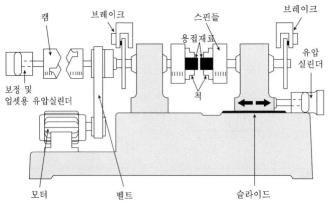

그림 4.45 ▶ 연속구동 마찰용접기의 구조

연속구동 마찰용접기는 스핀들이 모터에 의해 직접 구동되도록 하거나 모터와 스핀들 사이에 클러치를 설치한 구조이다. 스핀들에는 고속 브레이크를 장착하여 설정된 마찰시간과 축수축량에서 급격히 마찰운동을 감소시켜 용접부의 길이와 용접변수를 조절하도록 한다.

용접공정은 기본적으로 가열 단계와 업셋 단계로 구분된다. 가열 단계에서 일정 압력을 가하면서 일정 속도로 마찰 운동시켜 가열 및 단조 온도까지 이르게 한 다음 업셋공정을 거치면 고상 결합을 이루게 되는데, 마찰운동 속도와 압축력은 재료에 따라 다르다. 예열이 필요한 경우에는 가열 단계에서 압력을 두 단계로 나누어 적용함으로써 그 효과를 부여한다.

이러한 2단계의 작업은 경화성 강의 경우, 열영향부의 냉각속도를 낮추어 용접부 연성이 증가하고 냉각 시 균열을 방지한다. 업셋 단계는 가열 단계 최종 시점에서 브레이크를 작동시켜 마찰운동 속도를 급격히 감속시킬 때 토크의 증가에 의해 압착이 이루어지는 단계를 말한다. 경우에 따라서는 업셋 단계에서 압축 압력을 높여 계면에 단조 작용의 부여와 함께 열영향부의 열간 가공량을 증가시킨다. 밀려나온 플래쉬는 용접 후 절삭 등의 기계가공으로 제거하지만, 경우에 따라서는 그대로 남겨둘 수도 있다.

② 관성 마찰용접기

관성 마찰용접기는 그림 4.46과 같이 플라이휠이 구동부와 마찰운동 척의 중간에 설치되어 있다. 플라이휠, 스핀들, 척 및 용접 대상물은 함께 가속되어 정해진 에너지에 도달하는 마찰운동 속도까지 가속한다. 목표 속도에 도달하면 모터 구동을 정지시키고 클러치에 의해 구동부와 분리한 후 플라이휠과 용접 대상물은 자유로이 마찰운동한다. 이 시점에서 유압장치에 의해 용접 대상물을 접촉 및 정해진 압축력을 가한다. 플라이휠의 운동에너지는 용접부 계면에 인가되어 열로 전환되고 결과적으로 마찰운동 속도가 감소하여 정지하는데 일반적으로 이 시간은 수초에 불과하다.

관성 마찰용접기에서 압축력은 2단계로 가하도록 설계되어 있다. 2단계 압력은 용접 사이클의 최종 단계에서 정해진 마찰운동 속도에서 작동되도록 하며, 일반적으로 업셋 압력이라고 부른다. 이러한 2단계의 압력 적용은 연속구동의 경우와 유사하게 1단계에서 예열 및 최종

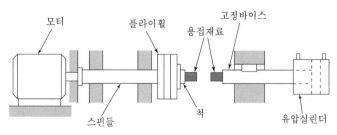

그림 4.46 ▶ 관성 마찰용접기의 구조

단계에서 용접이 되도록 하거나, 최후의 단계에서 토크와 압력을 높여 계면에서 연화된 재료를 배출할 목적으로 사용한다.

/4.2.13/ 스터드 용접

(1) 원리와 특징

스터드 용접(stud welding)은 볼트나 핀의 금속 고정구의 끝면을 용융시키고, 용융된 끝면을 모재에 눌러 융합시키는 용접법이다. 그림 4.47은 아크 스터드 용접 단계를 나타낸 것으로, 스터드 끝에는 작은 돌출부가 마련되어 있어 이 돌출부를 모재에 대고 용접 토치의 스위치를 누르면 축전된 전기에너지가 돌출부를 통해 순간적으로 흐른다.

이때 높은 저항발열이 생기면서 돌출부는 녹아 버리고 순간적으로 아크가 발생하여 모재와 스터드의 접촉면이 용융된다. 용융된 두 면은 스프링 작용 또는 공기 압력으로 눌려지게 되는데, 눌려진 순간 융합이 이루어져 용접이 되는 것이다. 따라서 스터드 용접에서는 탭 작업, 구멍 뚫기 등이 필요 없이 모재에 볼트나 핀 등을 용접할 수 있기 때문에 그 응용범위가 조선, 철도, 건축, 자동차, 항공기, 병기제작 등 많은 분야에 이르고 있다.

이 용접에 쓰이는 스터드와 모재의 재질은 아크용접이 가능한 재질이면 모두 용접할 수 있으나, 용접 후의 냉각속도가 빠르기 때문에 제한되는 경우도 있다. 대체로 모재가 급열, 급냉되기 때문에 저탄소강이 용접하기에 좋으며, 고탄소강은 용접부 또는 열 영향부의 경도가 지나치게 높아진다. 스터드 용접법에는 열원에 따라 아크 스터드 용접법, 충격 스터드 용접법, 저항 스터드 용접법으로 구분할 수 있는데, 아크 스터드 용접법이 가장 일반적이다.

스터드 용접은 아크 스터드와 커패시터 방전(Capacitor Discharge, CD) 스터드 용접공정으로 분류할 수 있다. 아크 스터드 용접은 SMAW에서 사용하는 용접기와 유사한 수하 특성의

(a) 스터드를 용접하고자 하는 점에 맞추어 놓음

(b) 용접 토치를 아크보호벽(페룰)이 모재에 단단히 밀착하도록 누름

(c) 토치 스위치를 당기면 모재와 스터드의 끝부분이 용융됨

(d) 아크가 바램되면서 모재와 스터드의 끝부분이 용융됨

(e) 조절된 용접시간이 지나면 아크는 소멸되고 스터드의 끝이 모재에 용착됨

(f) 용융금속은 즉시 응고되어 스터드의 주위에 비드가 형성되고 용접이 완료됨

그림 4.47 ▶ 아크 스터드 용접 공정의 순서

용접기를 사용하며, 그림 4.47에 아크 스터드 용접 공정의 단계를 개략적으로 나타내었다. 스터드 끝에 가공된 작은 돌출부(ignition tip)를 모재에 접촉시키고 높은 전류를 인가하면 저항 발열에 의해 돌출부가 용융되면서 순간적으로 아크가 발생하여 모재와 스터드의 접촉면이 용융된다. 스터드에 압력을 가하면 스터드가 모재의 용융부로 이동하여 두 용융부가 접촉하면서 용접이 완료된다. 아크 스터드 용접에 사용되는 스터드의 끝은 그림 4.48과 같이 원추형으로 가공하고 아크 안정제, 탈산제 등의 플럭스가 충전되어 있다. 아크를 보호하기 위하여 세라믹 재질의 페룰(ferrule)을 사용하는 경우가 많은데, 페룰은 용접하기 전에 스터드와 함께 스터드 건에 장착하고 모재에 접촉시킨 상태에서 스터드 용접을 한다.

CD 스터드 용접은 그림 4.49와 같이 커패시터에 전기를 저장하고 저장된 전기를 방전시키면, 스터드와 모재 사이에 아크가 발생하여 용접이 이루어진다. CD 스터드 용접은 접촉(contact) 방법과 갭(gap) 방법 및 드론 아크(drawn arc) 방법이 있으며, 그림 4.50은 3가지 용접방법을 개략적으로 보여 준다. 그림의 방법들은 스터드의 끝에 가공된 작은 돌출부(ignition tip)와 모재 사이에 아크를 발생시키고 압력을 가해 접합하는 점에서 유사하지만, 아크를 발생시키는 방법에서 차이가 있다. 접촉 방법은 돌출부와 모재를 접촉시킨 상태에서 아크를 발생시키고, 갭 방법은 스터드를 모재에 이동시키면서 스터드의 돌출부가 모재에 접촉하는 순간에 아크가 발생한다. 갭 방법을 사용하면 스터드가 가속되어 속도가 빠르기 때문에 아킹 시간이 접촉 방법보다 단축되며, 열전도도가 높은 알루미늄 용접에 적합하다.

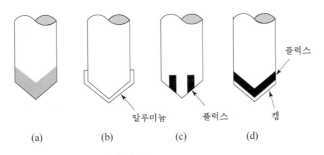

그림 4.48 ▶ 아크 스터드 용접용 스터드 형상 및 구조

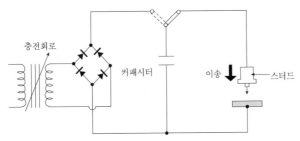

그림 4.49 ▶ CD 스터드 용접의 작동 원리

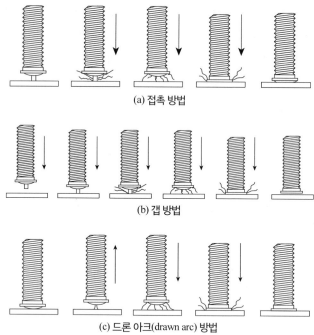

(a) 접촉 방법

(b) 갭 방법

(c) 드론 아크(drawn arc) 방법

그림 4.50 ▶ CD 스터드 용접공정

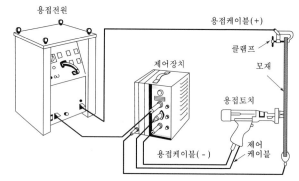

그림 4.51 ▶ 스터드 용접장치의 구성

드론 아크 방법은 아크 스터드 용접 방법과 유사하게 스터드를 모재에 접촉시키고 솔레노이드 코일을 이용한 전자석으로 스터드를 용접할 재료로부터 분리시키는 순간 아크를 발생시킨다. CD 스터드 용접에서는 아킹 시간이 수 ms로 매우 짧기 때문에 아크를 보호할 필요가 없으므로 페룰을 사용하지 않는 이점이 있으나, 커패시터 용량의 제한 때문에 일반적으로 스터드의 직경이 아크 스터드에 비해 작다.

스터드 용접에 사용되는 스터드와 모재의 재질은 아크용접이 가능한 재질을 모두 용접할 수 있지만, 용접 후 냉각속도가 매우 빠르기 때문에 제한되는 경우도 있다. 대체로 모재가 가열되고 냉각되는 속도가 빠르기 때문에 용접부의 경도가 매우 높으며, CD 스터드 용접의 경우에는 용접부의 냉각속도가 용접공정 중에서 가장 빠른 것으로 알려져 있다.

(2) 용접장치

스터드 용접기는 그림 4.51과 같이 용접전원, 제어장치, 용접토치 또는 건(gun)으로 이루어져 있다. 아크 스터드에는 주로 수하 특성을 갖는 직류 용접기가 사용되며, 정전압 용접기는 용접전류를 제어하기 곤란하기 때문에 사용하지 않는다. 아크 스터드 용접에서는 스터드를 이동하는 시간이 있으므로 일반 아크용접기에 비해 정격 사용률이 낮지만, 용접과정에서 순간적으로 높은 전류를 발생시키고 용접전류와 시간을 제어해야 하기 때문에 제어장치가 별도로 설치되어 있으나, 용접기에 따라서는 용접전원과 제어장치가 하나로 통합된 경우도 있다. 아크를 용이하게 발생시키기 위해 70~100 V의 높은 개방 전압을 사용하며, 스터드의 재질과 직경에 따라 200~1,000 A 범위의 높은 전류를 수초 동안 공급한다. CD 스터드 용접기는 대용량의 커패시터를 사용하기 때문에 출력 전류와 전압은 사용하는 커패시터의 용량과 전압 및 스터드의 직경에 의해 결정된다.

/4.2.14/ 초음파 용접

(1) 원리 및 특징

초음파 용접은 그림 4.52와 같이 20 kHz 이상의 고주파 진동을 용접 재료에 국부적으로 가해 접합부를 형성하는 공정이다. 초음파가 재료의 표면과 평행한 횡방향으로 가해지는 경우에는 금속 재료의 용접에 사용되며, 재료 표면과 수직한 종방향으로 가해지는 경우에는 주로 플라스틱 재료의 용접에 사용된다. 여기에서는 금속의 접합에 사용되는 횡방향 초음파 용접에 대해 주로 설명하고, 종방향 초음파를 이용한 용접에 대해 간략하게 설명한다.

횡방향 초음파 용접은 그림 4.53과 같이 혼(horn) 또는 소노트로드(sonotrode)를 통해 겹쳐진 접합재에 압력을 가한 상태에서 접합재 표면의 수평 방향으로 초음파 진동을 인가하여 접합면에 고상 용접부를 형성한다. 초음파 진동은 압전(piezo-electric) 소재의 진동자에서 발진하며, 진동자의 끝에 부착된 소노트로드는 미세한 초음파 진동을 수십 μm 크기로 증폭시키는 역할을 한다. 소노트로드는 상부 접합재의 표면에 압력을 가해 구속시킨 상태에서 진동하기 때문에, 상부 접합재와 하부 접합재의 접촉면은 소노트로드와 동일한 주파수로 진동하면서 마찰한다. 마찰에 의해 접합면에 존재하는 산화막과 불순물이 제거되며, 압력에 의해 상부와 하부 접합재의 금속이 밀접하게 접촉하여 고상 용접부를 형성한다. 접합 과정에서 마찰열이

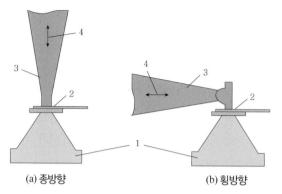

그림 4.52 ▶ 초음파 용접 시스템 개요 (1: 앤빌, 2: 용접재료, 3: 혼, 4: 초음파 진동 방향)

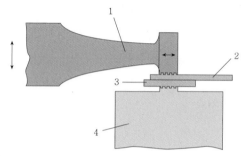

그림 4.53 ▶ 횡방향 초음파 용접 시스템 개요 (1: 혼, 2,3: 용접재료, 4: 앤빌)

발생하여 접합면의 온도가 증가하지만, 초음파 용접부의 형성에는 큰 영향을 미치지 않는다. 그러나 초음파 용접 전에 예열 등으로 접합재의 온도를 증가시키면 고상 접합부를 용이하게 형성하거나 생산성을 높일 수 있다.

초음파 용접은 고상 용접이기 때문에 동종 재료뿐만 아니라 이종 재료의 접합에도 적용할 수 있고, 특히 산화막을 제거하기 때문에 알루미늄과 같은 표면에 산화막을 형성하는 재료의 접합에 적용이 가능하며, 접합 시간이 매우 짧기 때문에 생산성이 높은 장점이 있다. 그러나 일반적으로 박판이나 와이어 접합 등의 소형 제품으로 사용 용도가 제한되고, 요철이 있는 소노트로드의 끝단과 접합재 사이에 압력이 가해지므로 접합재 표면에 자국이 남게 된다. 초음파 용접은 자동차 산업과 항공 산업 및 반도체 산업에 사용되고 있다. 반도체 산업에 사용되는 와이어 본딩(wire bonding) 공정은 반도체 패키징 공정의 90% 이상을 차지하고 있다.

종방향 초음파 용접은 주로 열가소성 플라스틱 용접에 사용되며, 그림 4.52(a)와 같이 재료의 표면에 수직한 방향으로 초음파와 압력을 가해서 접합부를 형성한다. 소노트로드를 통해 압력과 초음파 진동을 가하면 플라스틱의 점탄성 특성에 의해 플라스틱 내부에서 열이 발생하여 용융되고 접합부가 형성된다. 플라스틱 접합을 효율적으로 수행하기 위하여 플라스틱

재료의 접합면에 돌출부(energy director)를 가공하는 경우가 많으며, 이와 같은 돌출부는 초음파 에너지를 돌출부에 집중시키는 역할을 하기 때문에 플라스틱 재료의 크기가 큰 경우에 매우 효과적이다. 돌출부를 형성하는 경우에는 플라스틱의 점탄성 특성에 의해 발열되어 돌출부가 용융되고, 압력에 의해 용융부가 접합면 전체로 퍼지면서 접합부를 형성한다. 이와 같이 초음파를 이용한 플라스틱의 점탄성 발열은 용접뿐만 아니라 볼트 형상의 금속 부품을 플라스틱에 삽입하거나 볼트 형상으로 만들어 기계적 체결을 하는 경우에도 사용하고 있다.

(2) 용접장치

초음파 용접기는 그림 4.54와 같이 초음파 영역의 높은 주파수를 공급하는 전원장치(고주파 발생장치)와 초음파 진동자를 포함한 컨버터(converter), 진동을 증폭 및 전달하는 부스터(booster)와 소노트로드 그리고 용접 가압력을 유지하기 위한 앤빌(anvil)로 되어 있다. 컨버터, 부스터, 소노트로드 및 앤빌은 기계적 구성요소이기 때문에 이들을 합쳐서 트랜스듀서(transducer) 또는 용접헤드라고 부르기도 한다. 그러므로 초음파 용접기는 크게 초음파 용접전원장치와 트랜스듀서(또는 헤드)로 구성되어 있다고 할 수 있다.

초음파 용접전원은 60 Hz의 전원을 이용하여 높은 주파수로 만든 다음 출력하는 전기적 주파수 변환 및 증폭장치에 해당한다. 초음파 용접전원, 즉 고주파 발생장치의 출력 전력은 압전 소자인 초음파 진동자에 인가된다. 초음파 진동자는 고주파 발생장치로부터 받은 전기적 입력 크기와 주파수에 비례하여 그 에너지를 기계적 에너지로 변환시키는 역할을 한다.

그림과 같이 초음파 진동자에서 발생한 미세한 초음파 진동은 부스터와 소노트로드를 통해 증폭되어 접합재에 전달된다. 소노트로드는 초음파 주파수에 공진하여 그 진동을 접합재에

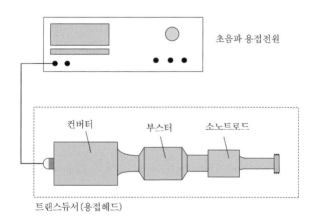

그림4.54 ▶ 초음파 용접기의 구성 개략도

전달하는 역할을 한다. 소노트로드의 재질은 강성과 경도가 높은 철강재료를 사용하며, 초음파 주파수에 공진할 수 있도록 형상을 설계하는 것이 중요하다.

일반적으로 초음파는 20 kHz 이상의 주파수 영역을 말하지만, 초음파 용접에서는 10~80 kHz 영역의 주파수를 사용한다. 고주파 발생장치는 싸이리스터나 트랜지스터를 사용하여 주파수를 변환한다. 싸이리스터는 응답속도가 비교적 느리기 때문에 20 kHz 이상의 초음파 영역으로 변환시키기 어렵지만 대용량 제어에 적합하며, 트랜지스터는 20 kHz 이상의 높은 주파수 영역에서 효율적으로 사용될 수 있으나 출력 전력이 커지면 가격이 높아진다. 와이어 본딩 공정과 같이 미세 접합에 사용하는 경우에는 40 kHz 이상의 트랜지스터 제어형 초음파 발생장치가 널리 이용되고 있다.

가압장치는 소노트로드를 통해 용접재에 힘을 가해 접합면을 압착시키며, 주로 스프링이나 공압을 이용하여 압력을 가한다. 초음파 용접으로 점용접뿐만 아니라 심(seam)용접도 가능하다. 심용접의 경우에는 소노트로드의 끝에 롤러(roller)를 부착하고 모터를 이용하여 접합재를 이송시키며 연속적으로 용접한다.

종방향 초음파의 경우에도 유사한 장치를 사용하며, 부스터와 소노트로드를 이용하여 초음파 발진자의 진동을 증폭 및 용접할 재료에 그 진동을 전달한다. 횡방향 초음파 용접장치에서 사용하는 소노트로드는 접합재의 표면에서 미끄러짐을 방지하기 위하여 소노트로드의 끝(가장자리)에 요철을 형성하지만, 종방향 초음파 용접장치에서는 외부 압력과 초음파 진동이 같은 방향으로 작용하며, 그 결과 접합재를 구속할 필요가 없기 때문에 소노트로드의 끝에 요철을 가공할 필요가 없다.

(3) 용접재료

초음파 용접에서는 초음파 진동에너지에 의해 고상 접합부가 형성되기 때문에 대부분의 금속 재료에서 양호한 접합부를 얻을 수 있다. 일반적으로 알루미늄 합금, 구리 합금, 탄소강과 스테인리스강, 금, 은 등의 재료는 쉽게 용접되지만, 용융점이 높은 내화 금속(refractory metal)은 용접성이 나쁘다.

초음파 용접은 다양한 재료에 적용할 수 있지만, 적용 범위는 용접재의 두께에 의해 제한되는데, 이는 초음파 용접기의 출력 용량 때문이다. 한편 알루미늄이나 구리와 같이 연한 재질의 경우에 접합재의 최대 두께는 2.5 mm 정도이고, 강재의 경우에는 1 mm 정도가 최대 두께이다.

종방향 초음파 용접은 플라스틱의 용융에 의해 접합부가 형성되므로 열가소성(thermoplastic) 플라스틱의 접합에 적용하며, 열경화성(thermoset) 플라스틱에는 적용할 수 없다. 플라스틱의 초음파 용접은 점탄성 발열에 의해 플라스틱이 용융되기 때문에 플라스틱의 물성치인 손실 계수(loss factor)에 의해 점탄성 발열량이 결정된다. 그러므로 접합재로 사용하는 플라스틱의 손실 계수로부터 용접성을 판단할 수 있다.

(4) 용접조건

초음파 용접은 다양한 재료에 적용할 수 있고 재료의 두께에 의해 적용 범위가 제한되기 때문에 용접조건의 범위는 매우 넓다. 그러므로 재료의 종류와 두께에 따라 초음파 출력과 주파수, 압력 및 용접시간을 변화시켜야 한다. 초음파 주파수는 용접장비에 따라 다르지만, 대부분 고정된 주파수로 진동 및 출력하도록 되어 있다. 또 초음파장치의 출력 범위는 수십 W에서 수천 W에 이르며, 접합할 재료의 종류와 크기와 형식을 결정해야 한다. 초음파 용접에서 용접품질과 관련하여 영향을 미칠 수 있는 요인들은 다음과 같다.

① 초음파 출력

초음파 출력은 소노트로드를 진동시키기 위한 초음파 에너지로서 진폭의 크기를 의미하기도 한다. 용접과정에서는 소노트로드에서 일정한 진폭을 용접할 재료에 인가해야 하며 최대 진폭크기가 50 μm에 달하기도 하지만, 소재의 종류, 두께 및 접합조건에 따라 달라진다. 초음파 출력이 너무 작으면 냉접이 발생 가능성이 높다. 또 초음파 출력이 과도하면 접합부에서 지나친 변형 발생과 결함을 유발한다.

② 용접 시간

용접할 소재에 인가하는 초음파 진동 부여시간을 의미한다. 재료와 두께에 따라 다르며 통상 2~3초 이하의 값이다. 용접 시간이 지나치게 짧으면 냉접이 발생하며, 용접시간이 길어지면 접합부에서 과도한 변형 발생에 의하여 용접불량을 일으킨다.

③ 가압력

가압력은 소노트로드가 용접할 소재와 앤빌에 가하는 압력을 말하며, 일반적으로 2 kN 이하의 값을 사용한다. 가압력은 재료의 종류, 치수 및 용접부의 품질 요구조건에 따라서 다르게 선정한다. 초음파 출력이 증가하면 가압력도 증가시켜야 한다. 왜냐하면 초음파 출력에 비해 압력이 낮을 경우 소노트로드와 접합할 재료 사이에서 미끄럼 현상이 발생되기 쉽기 때문이다.

④ 주파수

극박판재료의 초음파 용접에서는 주파수를 높이고 진폭을 작게 하면 접합부 강도를 높일 수 있다. 한편 20 kHz 이상의 주파수를 사용하는 경우, 무부하 상태에서는 소음이 발생하지 않지만 용접을 할 때에는 가압력으로 인하여 소노트로드의 진동을 구속하기 때문에 주파수가 감소하고 소음이 발생할 수 있다. 따라서 초음파 용접 시 청각을 보호하기 위한 안전보호구를 착용해야 한다.

⑤ 접촉부의 형상

소노트로드의 선단은 용접할 재료와 직접 접촉하게 되기 때문에 미끄럼 방지를 위하여 그 끝이 거칠게 가공되어 있으며, 마모가 발생하면 용접 효율을 떨어뜨린다.

⑥ 소재의 표면상태

용접할 재료의 표면 상태는 초음파 용접성에 영향을 미친다. 표면이 지나치게 거칠거나 오염이 심하면 접합 강도가 낮아지기 때문에 평활하고 청정한 표면을 유지하는 것이 필요하다. 횡방향 초음파 용접은 마찰에 의해 접합할 재료 표면에 존재하는 산화막이나 불순물이 상당 부분 제거되지만, 산화막이나 불순물이 과다하면 용접부의 품질이 저하한다.

⑦ 앤빌

초음파 용접에서 앤빌은 소노트로드만큼 중요한 역할을 한다. 앤빌의 재질과 형상 및 구조적 안정성이 충분히 유지되었을 때 양호한 초음파 용접부를 얻을 수 있다.

4.3　용접설계의 기본 사항

/4.3.1/　용접 이음의 형식

용융용접에 의한 기본적인 이음 구조의 예를 그림 4.55에 나타내었다. 실용적으로는 이러한 형식이 변형 혹은 응용된 형태로 이루어진다. 이들 이음의 기본이 되는 형식은 맞대기 이음과 필렛(fillet) 이음으로, 그림 4.56에 필렛 용접 이음의 구체적인 모양을 나타내었다. 어떠한 경우에서도 필요한 이음부의 강도를 얻기 위해서는 용입 깊이(penetration), 덧살부, 비드폭, 각장(leg length) 등을 충분히 확보할 필요가 있다. 또한 일반적으로 4 mm 이상의 판두께의 경우에는 충분한 용입 깊이를 얻기 위해, 그림 4.57과 같이 용접부의 모재 단면을 가공하여 그루브(groove)를 만든다. 여기에는 V형, L형, J형, X형, K형 등이 있으나, 이 중에서 가장 많이 사용되는 형식은 V형이다. 그림 4.58은 V형을 나타낸 것으로, 그루브 각도를 비롯한 각 부위의 치수는 판두께, 재질에 따라 다르지만, 일반적인 그루브 각도는 60~90도, 루트 간격은 1.5~3 mm 정도로 하는 경우가 많다. 또한 판두께가 10 mm 이하의 경우에는 일반적으로 V형 그루브가 사용되지만, 판 두께가 두꺼워짐에 따라 U형, J형 등을 이용하여 깊은 용입을 얻게 한다.

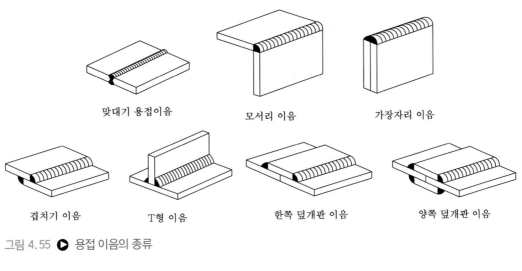

맞대기 용접이음   모서리 이음   가장자리 이음

겹치기 이음   T형 이음   한쪽 덮개판 이음   양쪽 덮개판 이음

그림 4.55 ▶ 용접 이음의 종류

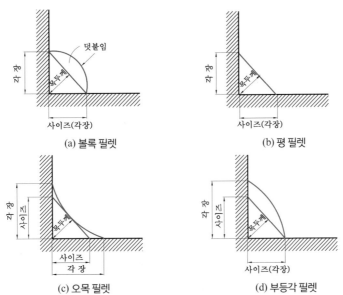

(a) 볼록 필렛   (b) 평 필렛

(c) 오목 필렛   (d) 부등각 필렛

그림 4.56 ▶ 필렛 이음의 호칭과 형상

맞대기 이음은 형상이 가장 간단하여 용접하기 쉬울 뿐만 아니라 응력집중이 작고, 하중의 전달도 확실하며, 안전성, 신뢰성이 높기 때문에 가능한 한 맞대기 이음 구조로 하는 것이 바람직하다. 이에 반해서 필렛용접에서 10 mm 이하의 판두께에서는 그루브를 가공하지 않고 용접할 수가 있다. 판두께가 두꺼워짐에 따라 V형, J형, K형, 양면 J형 등으로 적정한 용입 깊이를 얻을 수 있는 형상의 그루브를 이용한다.

필렛용접 이음부는 맞대기 이음부에 비하여 일반적으로 변형이 일어나기 쉽고, 정확한 이음부 형상을 얻기 어려우며, 응력집중도 일어나기 쉬운 결점이 있다. 또한 용접위치에 있어서도 그림 4.58과 같이 부하 방향에 대해 바른 위치로 용접하여 외력에 대한 충분한 저항을 확보하도록 하는 것이 필요하다. 그밖에 필렛용접 강도와 직접 관련된 것으로서 목두께, 각장, 사이즈(size) 등의 영향이 있다. 그림 4.56과 같이 사이즈란 필렛 덧살부의 이등변 삼각형의 한 변의 길이를 말하며, 각장이란 용접금속의 모재와의 접합길이를 가리키는 것으로, 두 변의 접합길이가 항상 같지는 않다. 판두께가 6 mm 이상의 경우 제품의 크기, 형상과 비교하여 너무 작은 각장 또는 사이즈로 용접하면, 피용접금속의 결정조직이 불균일해지고 잔류응력이 발생하며, 응력을 지탱하는 데 문제가 생긴다.

일반적으로 필렛용접의 최소 사이즈는 다음 식에 의해 구해진다.

$$S = 1.3\sqrt{t}$$

여기서 S : 사이즈

t : 판두께

형상	용접조건	기호	치수[mm]	형상	용접조건	기호	치수[mm]
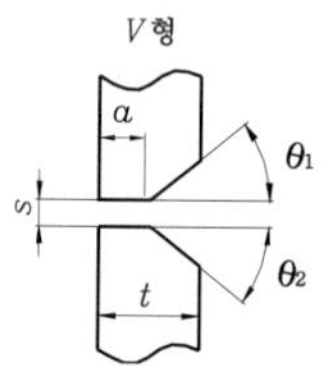 V형	수평 양면용접	t θ_1 θ_2 $\theta_1 + \theta_2$ s a	≥4 45~50 10~15 ≥60 ≤3 ≤2	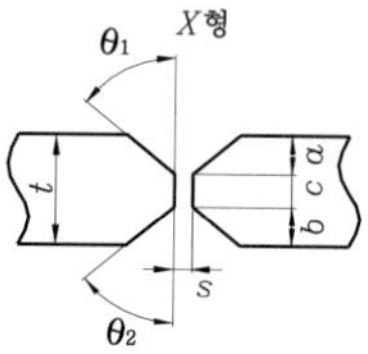 X형	양면용접	θ_1 θ_2 r s a b c	≥10 ≥10 약 6 ≤3 $2/3(t-c)$ $1/3(t-c)$ 1.5~5
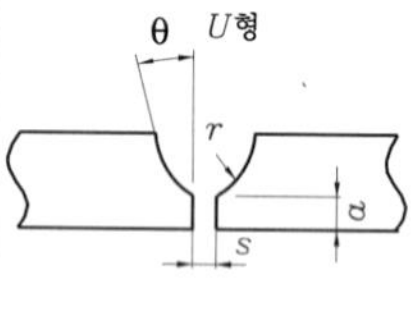 U형	양면용접	t θ_1 θ_2 s a b c	≥12 ≥30 ≥40 ≤3 $2/3(t-c)$ $1/3(t-c)$ ≤2	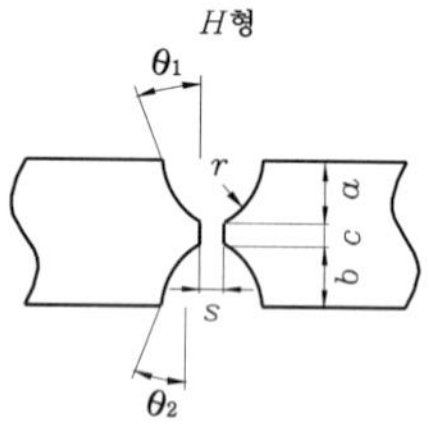 H형	양면용접	θ r s a	≥30 약 12 ≤4 1.5~5
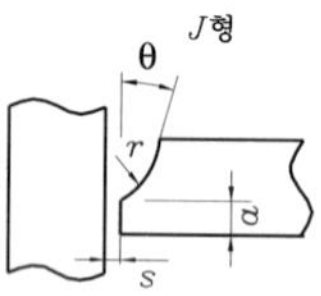 J형	양면용접	θ r s a	≥10 약 6 ≤3 1.5~5	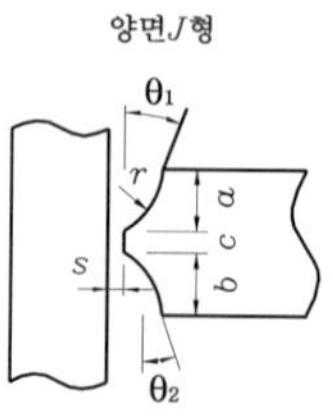 양면J형	양면용접	θ_1 θ_2 r s	≥30 ≥30 약 12 ≤6 $2/3(t-c)$ $1/3(t-c)$ 1.5~5

그림 4.57 ◉ 각종 그루브의 기본 형상

판의 겹침용접, T형 이음과 같은 용접에서는 용접부의 강도가 너무 커지는 경우가 있기 때문에, 용접부 전 길이를 용접하지 않고 단속적으로 용접하여 변형을 적게 하고, 용접공수를 줄이는 효과도 아울러 거둘 수 있다. 그러나 반복 하중이 걸리는 경우는 연속용접에 비하여 피로강도가 크게 저하하기 때문에 주의해야 한다.

또한 저온취성, 수소취성 등에 의한 소위 취성파괴에 대해서는 맞대기, 필렛용접을 불문하고 다음의 사항에 유의하여 설계할 필요가 있다.

- 용접 이음부의 노치, 치수 및 형상
- 사용 응력의 크기 및 종류, 특히 충격 및 반복응력의 최고치
- 잔류응력의 크기 및 종류
- 최저 사용온도
- 응력부식 및 환경부식에 의한 재질열화의 영향

이들 중 특히 유의해야 할 것은 이음부에 노치가 발생되지 않도록 해야 하며, 취성파괴가 예상되는 부분에 대해서는 각별한 주의가 필요하다. 또한 저온취성에 대해서는 최저 사용온도가 그 재료의 저온취성 한계온도보다 항상 고온이 될 수 있도록 재료를 선정한다.

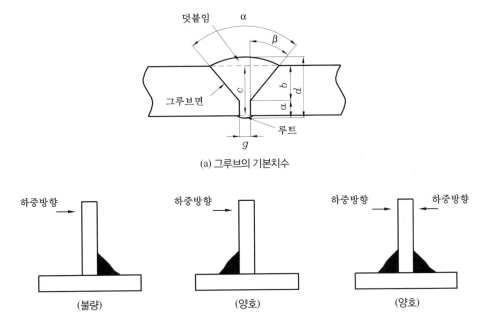

(a) 그루브의 기본치수

그림 4.58 ▶ 그루브의 기본치수와 필렛용접 위치

용접의 종류, 그루브 형상, 치수, 공장용접, 현장용접의 구별 등 설계도면상에 표시하기 위한 기호와 표시방법은 KS B 0052에 규격화되어 있다.

그림 4.59는 용접 기호기입 표준위치를 표시한 것으로 그림과 같이 설명선(기선, 지시선, 화살), 기본적 용접 기호, 치수 및 기타 보조 기호와 꼬리로 구성되어 있다. 또한 그림 4.60은 기본 기호의 기재방법을 예시한 것이다.

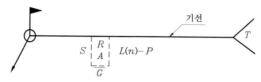

(a) 용접하는 쪽이 화살표쪽 또는 앞쪽일 때

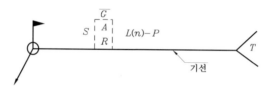

(b) 용접하는 쪽이 화살표 반대쪽 또는 맞은편 쪽일 때

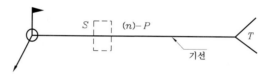

(c) 겹침 이음부의 저항용접(점용접 등)일 때

용접시공 내용의 기호 예시

□ : 기본 기호
S : 용접부의 단면치수 또는 강도(그루브 깊이, 필렛의 각장, 플러그 구멍의 지름, 슬롯 그루브의 폭, 점용접의 너깃 지름 등)
R : 루트 간격
A : 그루브 각도
L : 단속 필렛용접의 용접길이, 슬롯용접의 그루브 길이 또는 필요한 경우는 용접길이
n : 단속 필렛용접, 플러그 용접, 슬롯용접, 점용접 등의 수
P : 단속 필렛용접, 플러그 용접, 슬롯용접, 점용접 등의 피치
T : 특별 지시사항(J형·U형 등의 루트 반지름, 용접방법, 비파괴 시험의 보조 기호)
$-$: 표면 모양의 보조 기호
G : 다듬질 방법의 보조 기호, 전체 둘레 현장용접의 보조 기호
○ : 전체 둘레용접의 보조 기호

그림 4.59 ▶ 용접 기호 기입 표준위치

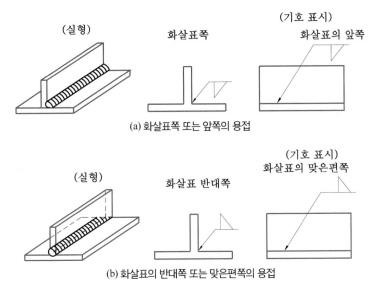

(a) 화살표쪽 또는 앞쪽의 용접

(b) 화살표의 반대쪽 또는 맞은편쪽의 용접

그림 4.60 ▶ 필렛용접 기본 기호의 예시

/4.3.3/ 용접 이음 방식의 선정

용접 이음설계에서는 재료 이음형상, 용접방법 등을 설정해 둘 필요가 있다. 먼저 재료는 용접성이 좋고, 사용목적에 합치하는 것을 선택해야 한다.

대부분의 경우 이음형상은 강도상의 요구에 의해 결정되지만 이음의 종류에 따라서 각각의 특성이 다르기 때문에 이 점을 고려하여 이음형상을 결정하지 않으면 안 된다. 이음형상을 선정하기 위해 고려해야 할 요인들을 열거하면, ① 구조물의 종류(사용 중 받는 외력의 종류), ② 이음의 여러 가지 특성(맞대기, 필렛, 겹침, 연속과 단속 등 주로 강도상의 특성), ③ 용접에 의한 변형(이음형상에 따라 다름), ④ 부식(뒷판대음 맞대기 이음이나 단속 필렛 용접의 경우 재료의 접촉부에 간격이 있으면 문제가 될 수 있음), ⑤ 사용온도(고온에서는 중첩 이음 형식은 부적당), ⑥ 강판의 층상편석(코너용접의 박리현상 등), ⑦ 미관 등이 있다.

다음으로 그루브 형상을 선정하는 경우에는 다음과 같은 요인을 고려하지 않으면 안 된다. 즉, ① 용착량, ② 용접자세, ③ 용접시공 장소의 환경, ④ 뒷면용접 여부, ⑤ 그루브 가공의 난이도, ⑥ 용접방법 등을 들 수 있다.

이 중에서 용착량은 그루브 형상에 의해 지배되며, 작업능률, 즉 경제성에 영향을 미치는 중요한 요인이다. 또한 용접에 의한 변형, 수축 등은 용접열에 의해 나타나는 것이기 때문에 용착량이 될 수 있는 한 작은 그루브를 채용함이 바람직하다. 그러나 그루브 가공에 많은 공정이 소요되는 것도 문제가 되므로 가공의 난이도를 고려하여 설계자가 여러 가지를 종합하여 검토하지 않으면 안 된다.

용접방법은 여러 가지 방법 중에서 그 특성을 충분히 파악한 후에 가장 능률이 좋은 용접방법이 채용될 수 있도록 그 구조 및 이음매를 검토할 필요가 있다. 예를 들어, 서브머지드 아크용접과 피복 아크용접을 비교하면 전자의 장점으로서는 ① 용접속도가 높다, ② 용착금속이 작아진다, ③ 용접기능사의 기량에 관계없이 균일한 용접이 될 수 있다, ④ 표면이 아름답다, ⑤ 보호 안경이 필요 없다 등을 들 수 있다. 그러나 단점으로는 ① 장치가 복잡하고 대형이다, ② 복잡한 공작물의 용접에는 적합하지 않다, ③ 아래보기 자세 이외에는 비교적 곤란하다, ④ 그루브 치수의 정밀도가 필요하다, ⑤ 녹이나 수분들의 감수성이 크다, ⑥ 용착부의 충격값이 비교적 낮다, ⑦ 입열량이 커서 모재의 재질 열화를 가져온다 등을 들 수 있다.

이와 같이 용접방법의 장·단점을 알고, 보유설비의 유무, 가격 및 능률과 품질 등 종합적인 검토를 통해 어떤 용접방법을 채용하면 가장 효과적인가를 조사하여, 적절한 용접방법을 선택하지 않으면 안 된다.

/4.3.4/ 용접설계상의 주의사항

용접구조물의 신뢰성은 용접부의 품질로 결정될 경우가 많다. 용접부의 품질은 재료, 공작의 문제와도 관련되는 경우가 많지만, 설계상의 배려도 중요하다. 설계상의 주의사항으로서는 여러 가지가 있으며, 구조물의 사용목적에 따라 크게 다르므로 여기서는 일반적인 주의사항을 기술한다.

(1) 경제성을 고려한 이음설계를 할 것

경제성은 구조물 전체로서 고려할 필요가 있다. 요즈음과 같이 재료비에 비해 가공비가 상승하는 경우에는, 재료비와 가공비를 함께 고려하여 가공 공정이 경제적으로 되도록 설계해야 한다. 또한 가능하면 큰 판을 사용하여 용접길이를 줄이는 방법을 적극적으로 검토해야 한다. 나아가서 반자동 또는 전자동용접을 도입하여 용접시간을 단축시키는 설계기법이 요구된다.

(2) 공작이 쉬운 이음설계를 할 것

설계에 있어서는 부재의 조립순서, 용접자세, 용접방법 등을 고려하여 공작이 쉬운 이음설계를 해야 한다. 공작상의 문제를 알지 못하는 설계자는 용접 시 용접봉의 삽입각도나 용접기능사의 시야 등을 고려하지 않는 설계를 하는 경우도 있어서 용접이 불가능하게 되거나, 신뢰성이 떨어지는 이음이 되는 경우가 있으므로 주의가 필요하다. 또한 대형구조물에서는 부재의 가공정밀도나 조립정밀도를 충분히 확보하기 어려운 경우가 있으므로, 이러한 경우에는 공작오차가 생기는 것도 고려하여 필요에 따라 강도설계 시에 배려할 필요가 있다.

(3) 강도계산 확인

요즘과 같이 구조물이 대형화되고, 복잡한 경우의 강도계산 결과는 최종적으로 강성구조, 과대중량으로 되기 쉽다. 이와 같은 경우에는 탄성범위를 넘는 탄소성학적 강도계산의 도입이 필요한 경우도 고려하여 설계강도에 대한 확인 작업을 실시할 필요가 있다.

4.4 용접 이음의 강도

용접 이음이 상온에서 정하중을 받을 경우, 결함이 존재하지 않는 이음의 경우에는 연성파괴 현상이 발생하는 것이 보통이다. 용접 이음의 강도는 용접 이음의 종류, 접합되는 모재 및 용접금속의 기계적 성질 그리고 부가되는 하중의 종류에 따라 달라진다. 비교적 균일한 재질의 모재와 비교해서 다음과 같은 점을 고려해야 한다.

- 용접 이음에는 덧살, 이음의 종류에 따른 불용착부 등 형상의 불연속부가 존재하여 이음부의 힘의 흐름이 균일하지 못하여 커다란 응력 집중부를 생성하게 된다.
- 용접 이음부에는 모재, 열영향부, 용착금속 등 기계적 성질이 서로 다른 부분이 연속적으로 존재하여 소위 재질적 불균일을 형성하고 있다. 이 재질적 불균일은 시행되는 용접방법, 용접재료, 용접자세 등의 일체의 조건에 따라 달라지게 되며, 이음의 강도에 큰 영향을 미친다.
- 용접 이음에는 용접에 의한 잔류응력 또는 용접 변형이 존재하여 이들이 이음의 강도에 악영향을 미치는 경우가 있다. 또한 설계 시에는 예기치 못한 결함, 즉 용접 결함 또는 부재 부착의 부정확함에 의한 과도한 공작오차 등이 발생하므로 이에 대한 고려도 필요하다.

/4.4.1/ 맞대기 이음의 파괴 강도

(1) 맞대기용접 이음에 따른 용접 강도의 일반적 특성

맞대기용접 이음이 상온에서 정하중을 받는 경우 용접 이음에 커다란 결함이 없는 한 일반적으로 그 파괴는 연성파괴가 된다. 폭이 넓은 용접 이음의 형태에서 인장하중을 받는 경우, 용접부가 차지하는 비율이 모재와 비교해서 작기 때문에 그 응력 – 변형률 곡선(무한거리에서 작용하는 응력 σ_∞와 무한길이의 표점 거리로 측정한 연신변형률 ϵ_∞의 관계)은 거의 모재의 응력 – 변형률 곡선과 같게 된다. 후술하는 바와 같이 특별한 경우를 제외한 맞대기 이음의 용접선에 수직하게 하중이 작용하는 경우, 덧살의 영향을 제외하면 각부에는 거의 균일한 응력이 생기며 이음은 강도가 가장 낮은 부분에서 네킹(necking)이 생겨 파단한다. 따라서 용접 이음의 연성강도는 가장 낮은 부분의 강도와 같게 된다. 보통 용접 이음의 설계에 있어서는 용착금속의 강도가 모재의 강도보다 높게(overmatching) 용접재료를 선택하는 것이 좋다. 이러한 이음이 인장 하중을 받는 경우는 파단이 모재부에서 생기고 이음효율[(이음의 강도/모재의 강도)×100%]은 100%라고 간주할 수 있다. 그러나 조질고장력강, 저탄소당량 TMCP강의 대입열 용접 또는 가공경화한 오스테나이트 스테인리스강이나 열처리 알루미늄 합금의 용접에 있어서는 열영향부가 연화한다거나 용착금속의 강도가 모재와 비교해서 낮은 경우(undermatching)가 생긴다.

그러나 이러한 연화부가 생긴 경우 또는 용착금속의 강도가 모재에 비해서 낮은 경우에도 이음 강도가 모재와 동등하게 되는 경우가 있다. 이것은 용착금속부의 소성변형이 강도가 높은 모재 부분에 의하여 구속되기 때문이다. 단 파단연성은 모재에 비하여 떨어진다.

이종재료의 용접 이음에 대하여서는, 예를 들어 덧살의 영향을 제거하여도 응력의 분포가 균등하지 않은 경우가 있다. 즉, 접합된 두 모재의 기계적 성질이 크게 다른 경우에는 용접부 근방에 현저한 응력 및 변형률의 집중이 생긴다.

맞대기 이음의 용접선 방향으로 하중이 걸리는 경우에는 각부가 거의 균등하게 늘어나서 연성이 가장 낮은 부분(예를 들면, 열영향부)에 최초로 균열이 발생하여 파단에 이르게 된다. 따라서 이음의 파단연성은 모재에 비하여 떨어지게 된다. 그러나 이음의 강도는 각 부분의 응력 – 변형률 곡선과 각 부분의 하중/단면적의 비율에 따라 정해지므로 근사적으로 다음의 식과 같이 주어진다.

$$\text{이음의 강도 } \sigma_J = \left(1 - \frac{1}{m}\right)\sigma_B + \frac{1}{m}\sigma_W$$

여기서 σ_B : 모재의 강도

σ_W : 용착금속의 강도

m : 판폭(W)/용착금속의 폭(H)

그림 4.61에 연강을 800 MPa급 용접봉을 사용하여 용접한 이음의 인장강도를 일례로서 나타내었다. 판의 폭이 작은 경우에는 이음 강도가 용착금속의 강도의 영향을 받지만, 판의 폭

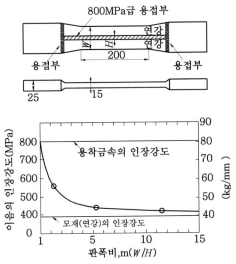

그림 4.61 ◐ 용접선 방향 하중을 받는 용접 이음의 인장 강도에 미치는 용착금속의 영향

이 커지면 이음 강도는 모재와 동등한 것으로 간주할 수 있으므로 이음 강도와 용착금속의
강도는 무관하게 된다.

(2) 용착금속의 강도의 영향

용착금속의 강도가 모재와 비교해서 낮은 경우에는, 일반적으로 이음은 강도가 낮은 부분
에서 파단되므로 이음의 강도는 모재보다도 낮은 것으로 생각되지만, 용접부의 폭이 판두께
에 비해서 충분히 작으면 이음으로서 강도의 저하를 일으킬 염려가 없다는 것이 실험적으로
나 이론적으로 확인되었다. 그림 4.62는 용착금속의 강도가 모재의 강도와 비교해서 낮은 용
접 이음을 가정하여 2개의 탄소강(S55C재) 사이에 두께 H의 저탄소강(S10C재)을 끼워넣어
플래시 용접한 지름 10 mm의 환봉 모형 이음의 인장 시험결과를 나타낸 것이다. 그림에는
시험편의 경도분포 및 사용재료의 기계적 특성을 나타내었다. 이음의 인장강도는 저강도부
(연질부)의 두께 H가 큰 경우(약 10 mm 이상)에는 저강도의 강도(S10C의 강도 431 MPa)와
거의 같지만, 연질부의 두께가 작아짐에 따라 강도는 상승한다. 연질부의 두께가 2 mm 이하
가 되면 파단은 모재부, 즉 S55C 재부분에서 일어나고 이음의 강도는 S55C 재의 인장강도

표 4.9 이종금속 용접부의 기계적 성질(그림 4.62 참조)

	재료	인장강도[MPa]	항복강도[MPa]	수축률[%]	연신율[%]
연질부	S10C	431	263	71.0	34.1
모 재	S55C	718	452	47.8	20.9

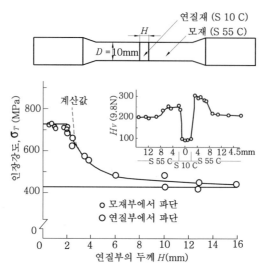

그림 4.62 ▶ 연질부를 가진 플래시 용접 이음의 인장강도

718 MPa과 거의 같게 된다. 그림에서 점선으로 표시한 계산값은 모재를 강체로 가정한 이론적 고찰로부터 계산된 것이다. 이음의 강도는 연질부의 두께 H와 시험편 지름 D와의 비율 H/D(상대두께)에 의존하는 것이 밝혀져 있으며, 상대두께가 작을수록 강도의 상승이 뚜렷하다. 이와 같이 인장강도가 상승하는 것은 연질부의 소성변형이 강도가 높은 모재부에 의하여 구속되는 이른바 소성구속 때문이다. 이상의 결과는 환봉시험편에 대해서 얻어진 것이지만, 평판의 용접 이음에서는 판두께 h, 판의 폭 W 및 연질부의 두께 H의 3개의 요인이 이음의 인장강도에 영향을 미친다. 즉, 이음의 강도는 상대두께 $H/h(=X)$와 판두께와 판의 폭의 비 h/W에 의해 결정된다.

그림 4.63은 용착금속의 강도의 영향을 조사한 예로서 800 MPa급 고장력강판(판두께 70 mm, 판의 폭 500 mm)을 다양한 강도 레벨의 용접봉을 사용하여 용접한 이음의 인장강도를 나타낸 것이다. 600 MPa급 고장력강용 용접봉을 사용하여 용착금속의 인장강도가 약 700 MPa의 경우에도 이음의 강도는 모재의 강도와 같은 값을 나타내고 있다. 이때 파단은 용착금속에서 발생하므로 이음부의 연성은 보통의 용접 이음에 비해서 다소 저하된다. 용접설계의 견지에서 용착금속의 강도를 모재의 강도와 동등 또는 그 이상으로 하는 소위 오버매칭의 원칙이 종래의 통념이었다. 그러나 그림 4.63의 실험결과로부터 알 수 있듯이 용착금속의 강도가 반드시 모재의 강도를 넘어설 필요는 없고, 모재 강도보다도 낮은 용착금속을 사용한 이음이라도 모재와 동등하게 되는 경우가 있다. 800 MPa급 고장력강과 같이 강도가 높은 후판용접에서는 용접 균열방지의 관점으로부터 모재보다도 다소 강도가 낮은 용접재료를 사용한 이른바 연질용접 이음이 사용되는 경우가 있다.

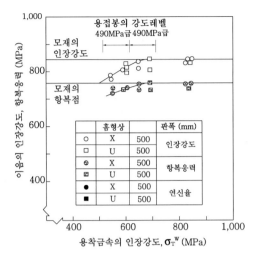
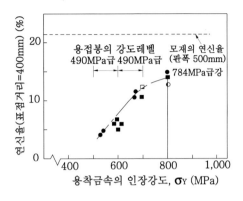

그림 4.63 ▶ 연질용접 이음의 강도와 연성에 미치는 용착금속의 영향

이상은 용접부 전체가 연질인 이음의 경우이지만 용착금속의 일부, 예를 들면 루트부 만을 연질로 한 부분, 연질용접 이음 혹은 보수용접에 연질 용접재를 사용하는 경우에도 앞에서 설명한 바와 같은 이유로 이음의 강도는 모재와 동등하게 되므로 균열방지 대책의 하나로서 유효하다고 볼 수 있다.

(3) 용착금속과 모재의 적합성

용접 이음은 구조설계상 요구되는 성능을 만족할 필요가 있다는 것은 말할 것도 없지만, 그 역학적 제특성의 요구치는 구조 이음설계의 기본 사상에 따라 달라진다. 용접 이음의 인장 요구 성능을 이음강도와 연성의 두 가지 측면으로 생각할 때

① 재료의 보증강도 σ_T^D(예를 들면, 800 MPa 강에서는 800 MPa)
② 필요한 연성 ϵ_R

의 양자를 만족시키는 것이 필요하다고 하는 인식이 넓게 통용되고 있다. 이와 같은 요구 성능의 관점에서 보면 다음과 같은 수법에 의하여 용착금속의 필요 강도 레벨이 결정된다. 연질 용접 이음의 인장강도 σ_T와 파단연신율 ϵ_U는 용착금속과 모재의 강도 ϵ_T^W, σ_T^B에 대하여 그림 4.64(a)와 같은 경향을 나타낸다. 모재의 강도가 주어지면, 그림 4.64(a)의 결과를 이용하여 전술한 요구조건 ①, ②의 양자를 만족하는 용착금속의 강도 범위를 그림 4.64(b)와 같이 구할 수 있다.

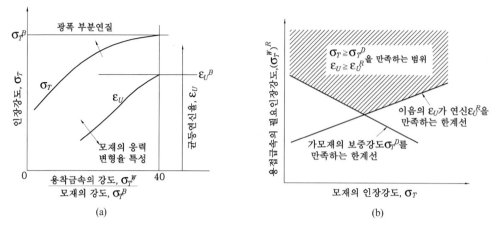

그림 4.64 ◐ 연질용접 이음의 성능에 영향을 미치는 용접 금속의 강도의 영향과 필요성능을 만족시키기 위한 용접 금속의 필요강도 범위의 결정법

/4.4.2/ 필렛용접 이음의 정적 연성강도

(1) 힘의 전달

일반적으로 필렛용접 이음에서 용접부 단면은 기하학적으로 복잡한 형상을 하고 있다. 이러한 이유로 용접부에서의 응력 흐름은 맞대기 이음에 비하여 복잡하며, 루트부나 토우부에 커다란 응력집중이 생겨 이음의 강도는 맞대기 이음의 경우에 비해서 일반적으로 떨어진다. 전면 필렛용접에서 힘의 흐름을 그림 4.65와 같다. 그림에서 AB, A′B′ 부분은 주판과 덮개판 혹은 주판과 끼움판이 단순히 접촉하고 있는 부분으로 주판에 작용하는 인장력은 이 부분을 통과할 수 없다. 따라서 힘의 흐름은 그림에 점선으로 나타낸 것과 같이 굽게 되고 루트부와 토우부에 응력집중이 발생한다.

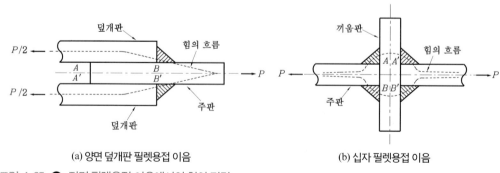

(a) 양면 덮개판 필렛용접 이음   (b) 십자 필렛용접 이음

그림 4.65 ◐ 전면 필렛용접 이음에서의 힘의 전달

표 4.10 측면 필렛 이음의 최대 전단력과 응력집중

용접길이 목두께의 합	10	20	30	40	50
최대 전단력의 비	1.000	0.681	0.554	0.484	0.431
최대 전단력 평균 전단력	2.04	2.80	3.41	3.95	4.39
최소 전단력 평균 전단력	0.563	0.347	0.227	0.156	0.109

표 4.10은 용접부가 항복하지 않는 경우에 대하여 측면 필렛용접부에 발생하는 최대 전단력에 미치는 용접길이의 영향을 나타낸 것이다. 용접길이가 길어지면 용접부의 최대 전단력은 점차 감소하지만 용접길이가 목두께의 40~50배 이상이 되면 감소하는 비율은 매우 작아지고 최소 전단력과 평균 전단력의 비도 매우 작아진다. 따라서 용접길이를 극단적으로 길게 하면 용접선 중앙부 부근은 거의 힘을 받아내지 못하여 강도상 유효하지 못한 것을 알 수 있다.

(2) 필렛용접 이음의 연성강도

필렛용접 이음의 강도는 다음의 식과 같이 목단면(throat area)당의 강도로 표시하는 것이 보통이다.

$$\sigma_J = \frac{P}{h_w l}$$

여기서 P : 이음의 항복하중 혹은 파괴하중

$\quad\quad h_w$: 목두께

$\quad\quad l$: 용접길이

위의 식에서 표시된 필렛 용접 이음의 항복강도 및 최대강도는 일반적으로 다음 식과 같다.

$$\sigma_J = \alpha \sigma_W$$

여기서 σ_W : 용접금속의 항복강도 또는 인장강도

$\quad\quad \alpha$: 이음 형식 및 하중의 종류에 따라 정해지는 계수

위의 식에서 계수 α의 값에 대하여 강의 필렛용접 이음의 실험 및 이론적 연구의 결과를 종합하여 정리한 것이 표 4.11이다.

표 4.11 각종 필렛용접 이음의 강도비 $\alpha\,(=\sigma_J/\sigma_w)$

		양면덮개판 전면필렛이음	십자 필렛 이음	겹치기 이음	측면필렛이음
$\dfrac{\sigma_T^{\,J}}{\sigma_T^{\,W}}$	인장	1.0~1.07	0.7~0.85	0.6~0.8	0.55~0.58
	압축	0.7~0.9	–	0.75	0.7~0.8
$\dfrac{\sigma_Y^{\,J}}{\sigma_Y^{\,W}}$	인장	1.0~1.06	0.7~0.75	–	0.61~0.64
	압축	0.7~0.9	–	–	0.7~0.85

경사진 필렛 이음의 강도는 용접선과 하중선이 이루는 각도 θ에 따라 바뀌어 대개 전면필렛 이음의 강도와 측면 필렛 이음의 강도의 중간값을 잡는다(그림 4.66).

전면 필렛용접과 측면 필렛용접을 병용한 병용 필렛 이음의 강도도 경사진 필렛 이음과 같이 전면 필렛 이음과 측면 필렛 이음의 중간값이 된다. 병용 필렛 이음의 강도는 전면 필렛용접과 측면 필렛용접이 전달하는 하중의 비가 문제로서 각각의 필렛용접 단독의 경우의 강도의 합(PL)보다도 작게 된다. 이는 전면 필렛용접은 측면 필렛용접과 비교해서 강도는 크지만 연성이 작은 반면, 측면 필렛용접은 강도는 작지만 연성이 크므로 각각의 필렛용접부의 하중분담의 특성이 달라지기 때문이다. 전면 필렛 이음의 최대강도는 일반적으로 각장이 커지면 저하하는 경향을 나타낸다. 이와 같은 강도저하의 원인으로 용접입열의 증가에 따른 용착금속의 강도저하라는 야금학적 효과와 목두께의 증가에 따른 강도저하, 즉 기하학적 형상 효과의 두 가지를 생각할 수 있다.

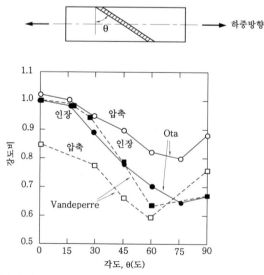

그림 4.66 ◐ 경사진 필렛용접 이음의 강도

(3) 부분 용입 이음의 연성강도

부분 용입용접 이음이란 판의 전 두께에 걸쳐 완전히 용입시키지 않는 이음으로, 맞대기용접 이음이나 필렛용접 이음에 비해서 비교적 새로운 이음 형식이다. 비교적 후판의 T 이음이나 모서리 이음에서는 그림 4.67과 같은 부분 용입용접과 필렛용접으로부터 구성된 이음, 이른바 모판에 미리 개선을 만든 필렛용접 이음이 사용되는 경우가 있다.

부분 용입된 용접 이음이 인장력을 받는 경우 힘의 전달은 십자 필렛용접 이음의 경우와 마찬가지로 복잡하다. 이와 같은 경우의 이음부의 변형률 분포를 모형시험편(연강의 박판으로 제작)으로 측정한 결과에 의하면 용입량이 작으면 필렛용접 이음의 경우와 거의 마찬가지이지만, 용입량이 많아지게 되면 변형률이 커지는 영역은 루트부와 종판 토우부를 연결하는 선을 중심으로 넓어진다.

즉, 필렛용접부의 변형은 거의 없고, 소성변형은 대부분 종판에서 생긴다. 용입이 큰 경우는 종판에 작용하는 인장력은 필렛용접부에 거의 흐르지 않고 직접 횡판에 전달되고 있다.

그림 4.67(b)와 같이 종판의 한쪽이 필렛용접, 다른 쪽이 부분 용입용접 이음이 인장을 받는 경우에는 비대칭성 때문에 접합부에 굽힘과 인장이 작용한다. 그러므로 비대칭이 큰 경우에는 이음강도가 저하한다.

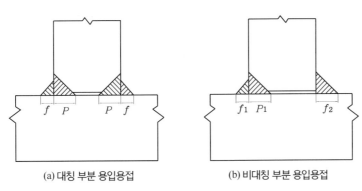

(a) 대칭 부분 용입용접   (b) 비대칭 부분 용입용접

그림 4.67 ▶ 부분 용입용접 이음

4.5 용접 이음의 강도계산

/4.5.1/ 맞대기 용접 이음

맞대기 이음에 있어서는 극히 얇은 강판을 제외하고는 표면을 용접한 뒤에는 표면도 잘 깎

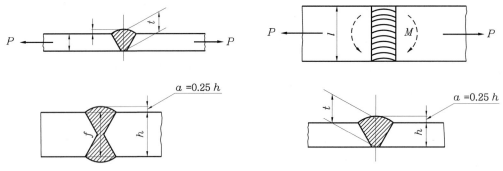

그림 4.68 ▶ 맞대기 용접 이음

아서 용접을 하는 것이 원칙이다. 표면용접을 하지 않으면 강도가 약해지며 효율이 아주 낮아진다.

일반적으로 구조물의 안전성을 확보하려면 인장강도와 더불어 충분한 연성이 필요하다. 강도가 중요한 곳의 맞대기 이음에 완전한 표면용접의 시공이 요구되는 것은 이 때문이다. 맞대기 이음에는 판자의 두께에 따라 보통 보강높임을 하나, 이음의 강도 계산에 있어서는 안전한 쪽을 취하고, 이 보강높임을 무시하기도 한다. 보강높임 a는 모재의 두께를 h 라고 할 때, V형에서는 $a = 0.25\,h$, X형에서는 보통 $a = 0.125\,h$로 잡는다(그림 4.68).

여기서 P : 하중[kgf], h : 모재의 두께[cm], t : 목두께[cm], l : 용접 유효길이[cm], σ : 응력[kgf/cm^3]이라고 하면

$$P = tl\sigma \tag{4.1}$$

$t = h$로 하든지 더욱 안전을 기하기 위하여 $t = h - 1$[mm]로 하기도 한다.

그리고 굽힘모멘트 M은

$$M = \frac{1}{6}tl^2\sigma \tag{4.2}$$

이때 용접부의 인장강도는 대체로 모재와 같든지 또는 그 이상으로 여겨진다. $\sigma_u = 27 \sim 43$[kgf/cm^2], 피로한도는 표면용접한 것은 $\sigma_f = 18$[kgf/cm^2], 하지 않은 것은 $\sigma_f = 12$[kgf/cm^2]이다.

/4.5.2/ 필렛용접 이음

필렛용접은 겹치기 용접 이음(lap weld joint)과 T형 용접 이음에서 생기는 용접이고, 하중 방향에 의하여 그림 4.69와 같은 전면 필렛 이음(fillet weld transversely loaded)과 그림 4.70과

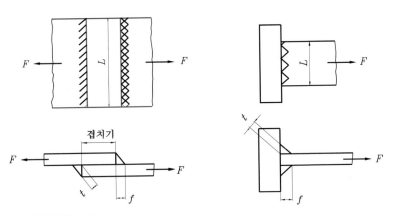

그림 4.69 ▶ 전면 필렛용접 이음

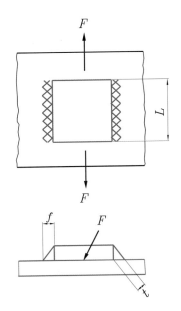

그림 4.70 ▶ 측면 필렛용접 이음

같은 측면 필렛 이음(fillet weld longitudinally)의 경우가 있다.

(1) 겹치기 용접 이음(lap weld)의 경우

필렛 다리의 길이 f(다리 길이가 다른 경우는 짧은 쪽을 취한다)를 한변으로 하는 직각 이등변 삼각형을 생각하여 그 높이를 목두께 t 라 하면

$$t = f\cos 45 = \frac{f}{\sqrt{2}} \doteqdot 0.707f \tag{4.3}$$

만일 f를 강판의 두께 h와 같게 하면

$$t = 0.707h$$

그림 4.71(a)와 같은 측면 필렛 이음의 경우 목의 단면에 전단이 작용하므로 전단응력 τ는 목 부분의 전단단면적을 A, 하중을 P라 하면

$$\tau = \frac{P}{A} = \frac{P}{2lt} = \frac{P}{\sqrt{2}\, lf} = \frac{0.707P}{lf} \tag{4.4}$$

그림 4.71(b)와 같은 전면 필렛 이음의 경우, 목의 단면에 작용하는 전단력과 인장응력은 다음과 같이 구할 수 있다. 그림 4.71(c)와 같이 강판의 표면과 45도를 이루는 가장 취약한 단면을 고려하여 그 단면에 작용하는 수직인장력을 F_n, 전단력을 F_s라 하자.

여기서 수평 방향에 대한 힘의 평형조건으로 다음 식이 성립된다.

$$P - F_s \sin 45 - F_n \cos 45 = 0$$

그리고 수직 방향에 대한 힘의 평형조건으로부터 다음 관계가 성립된다.

$$F_s \cos 45 = F_n \sin 45$$

두 식으로부터

$$F_n = F_s = \frac{P}{\sqrt{2}}$$

따라서 전단력 τ와 인장응력 σ는

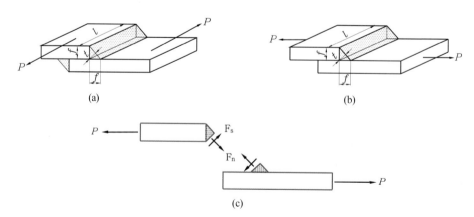

(a)   (b)

(c)

그림 4.71 ▶ 겹치기 용접 이음

$$\tau = \sigma = \frac{F_n}{lt} = \frac{\sqrt{2}\,P}{2lt} \tag{4.5}$$

만일 f를 판자의 두께 h와 같게 잡으면 $\left(t = \dfrac{f}{\sqrt{2}}\right)$

$$\tau = \sigma = \frac{P}{lf} = \frac{P}{lh} \tag{4.6}$$

일반적으로 연강의 전단강도는 $\tau = 27 \sim 30[\text{kgf/mm}^2]$, 피로한도는 $\tau_f = 12[\text{kgf/mm}^2]$ 정도이다.

(2) T형 이음의 경우

T형 이음은 강구조의 용접에 많이 쓰이는 경우이다. 이때도 전면 필렛 이음의 경우와 측면 필렛 이음의 두 가지 경우가 고려된다.

먼저 그림 4.72에서 보는 것처럼 용접선에 평행하게 하중이 작용하는 측면 필렛 이음의 경우를 생각해 보자.

$$t = f / (\sin\theta + \cos\theta)$$

따라서 단면적 A는 다음과 같이 된다.

$$A = tl = fl / (\sin\theta + \cos\theta)$$

그리고 전단응력 τ는 다음과 같이 된다.

$$\tau = \frac{P/2}{A} = \frac{P(\sin\theta + \cos\theta)}{2fl} \tag{4.7}$$

$d\tau/d\theta = 0$을 만족시키는 θ의 값이 τ의 최대치를 줄 것이다.

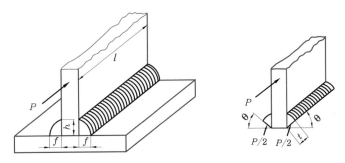

그림 4.72 ⓞ 측면 필렛 이음의 T형 이음

$$\frac{d\tau}{d\theta} = \frac{P}{2fl}(\cos\theta - \sin\theta) = 0$$

또는 $\cos\theta - \sin\theta = 0$

따라서 $\sin\theta = \cos\theta$, 즉 $\theta = 45°$일 때 전단응력의 최대치를 얻을 수 있다. 이때 τ의 값은

$$\tau_{\max} = \frac{P \cdot 2}{2fl \cdot \sqrt{2}} = \frac{P}{\sqrt{2}\,fl} = \frac{P}{2tl} \tag{4.8}$$

로 되어 필렛의 목에서 전단이 일어나는 것으로 생각하고, 이것에 견딜만한 필렛용접을 하면 된다.

다음에 그림 4.73과 같은 하중이 용접선에 수직으로 작용하는 전면 필렛의 경우는 필렛의 임의의 단면에 수직력 F_n과 전단력 F_s가 작용하게 된다. 지금 수직축에 대한 힘의 평형조건으로 다음 식이 성립된다.

$$P - 2F_s\sin\theta - 2F_n\cos\theta = 0 \tag{4.9}$$

그리고 수평축에 대한 힘의 평형조건식으로부터 다음 관계가 성립된다.

$$F_s\cos\theta = F_n\sin\theta \tag{4.10}$$

를 얻는다. 지금 $F_n = F_s\left(\dfrac{\cos\theta}{\sin\theta}\right)$를 위의 평형조건식에 대입하면

$$P - 2F_s\sin\theta - \frac{2F_n\cos\theta}{\sin\theta} \cdot \cos\theta = 0 \tag{4.11}$$

또는

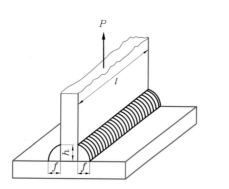
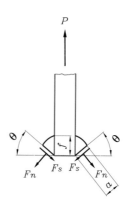

그림 4.73 ◉ T형 이음에 작용하는 수직하중

$$F_s = \frac{P}{2}cos\theta$$

로 된다. 이것을 대입하면

$$F_n = \frac{P}{2}cos\theta \tag{4.12}$$

를 얻는다. 따라서 전단응력은

$$\tau = \frac{F_s}{tl} = \frac{P\sin\theta}{2tl} = \frac{P\sin\theta}{2fl/(\sin\theta+\cos\theta)} = \frac{P(\sin^2\theta+\sin\theta\cos\theta)}{2fl} \tag{4.13}$$

지금 $\tau_{\max}$으로 되는 θ를 구하기 위하여 $d\tau/d\theta = 0$으로 하면

$$\frac{d\tau}{d\theta} = \frac{P}{2fl}[(\sin\theta)(-\sin\theta+\cos\theta)+(\cos\theta+\sin\theta)\cdot(\cos\theta)] = 0$$

이 되는데, 이 삼각 방정식을 풀면

$$\tan2\theta = -1 \qquad \therefore\ \theta = 135°/2 = 67.5° \tag{4.14}$$

로 된다. 이 θ의 값을 대입하여 $\tau_{\max}$을 구하면

$$\tau_{\max} = \frac{P[(\sin67.5)^2+(\sin67.5)(\cos67.5)]}{2fl} = \frac{1.21P}{2fl} \tag{4.15}$$

$$\tau_{\max} = \frac{0.855P}{2tl} \tag{4.16}$$

한편 이 단면에서의 인장응력 σ는

$$\sigma = \frac{F_n}{tl} = \frac{P\cos\theta}{2fl/(\cos\theta+\sin\theta)} = \frac{[P\cos\theta(\cos\theta+\sin\theta)]}{2fl} \tag{4.17}$$

로 된다. 지금 σ가 최대로 되는 단면의 각도 θ를 구하기 위하여 $d\sigma/d\theta = 0$으로 하면

$$\frac{d\sigma}{d\theta} = \frac{P}{2fl}[(-2\sin\theta\cos\theta)+(\cos^2\theta-\sin^2\theta)] = \frac{P}{2fl}(\cos2\theta-\sin2\theta) = 0$$

또는 $\cos2\theta = \sin2\theta$, $\theta = 22.5$로 된다. 따라서 최대인장응력 $\sigma_{\max}$는 다음과 같이 된다.

$$\sigma_{\max} = \frac{P}{2fl}[\cos22.5(\cos22.5+\sin22.5)] = \frac{1.208P}{2fl} \tag{4.18}$$

용접다리의 길이 f를, 강판의 두께 h와 같이 하면

$$\sigma_{\max} = \frac{1.208P}{2hl} \tag{4.19}$$

목두께 t로 표시하면

$$\sigma_{\max} = \frac{0.855P}{2tl} \tag{4.20}$$

그런데 일반적으로 $\sigma > \tau$이므로 수직하중을 받는 T형 이음에서는 전단강도를 기초로 하여 응력상태를 검토한다.

(3) 편심하중을 받는 필렛용접 이음

그림 4.74와 같은 경우 용접부에 있어서의 굽힘모멘트 M은 $M = Fa$, 목구멍을 통하는 단면의 단면계수(section modulus)는 $Z = \dfrac{tl^2}{6}$이다. 각각 한쪽의 용접에 대해서는

$$Z = \frac{tl^2}{6} \tag{4.21}$$

이 값을 굽힘 공식(bending formula) $M = \sigma Z$에 대입하면 다음 식이 성립한다.

$$\sigma = \frac{M}{Z} = \frac{3Fa}{tl^2} = \frac{3Fa}{fl^2 \cos 45} = \frac{4.24Fa}{fl^2} \tag{4.22}$$

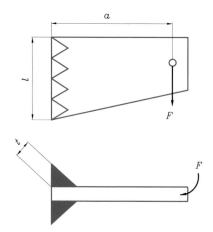

그림 4.74 ◉ 편심하중을 받는 필렛 이음

다음에서는 전단응력이 균일하게 분포되어 있다고 하면 전단응력 τ_s는

$$\tau_s = \frac{F}{A} = \frac{F}{2tl} = \frac{F}{2lf\cos 45} = \frac{0.707F}{lf} \tag{4.23}$$

최대전단응력설(maximum shearing stress theory)에 의하여 다음과 같은 최대전단응력 $\tau_{\max}$을 얻는다.

$$\tau_{\max} = \left[\tau_s^2 + \left(\frac{\sigma}{2} \right)^2 \right]^{1/2} = \left[\left(\frac{F}{2tl} \right)^2 + \left(\frac{3Fa}{2tl^2} \right)^2 \right]^{1/2} \tag{4.24}$$

그림 4.75와 같은 경우는 Fe의 모멘트를 받을 때 Fe로 인하여 용접부의 어느 점에 생기는 응력은 중심 G에서의 거리에 비례한다. 즉,

$$\frac{\tau}{\rho} = \frac{\tau_1}{\rho'}$$

여기서 τ는 임의의 점 B의 응력이고, τ_1은 최대반지름 ρ'을 가지고 있는 H점에 일어나는 최대응력이다.

B점에 미소면적 dA를 취하면 dA에 생기는 저항모멘트(resistance moment)는 $\rho\tau\,dA$가 된다.

$$\therefore Fe = \int \rho\,\tau\,dA = \frac{\tau_1}{\rho'}\int \rho^2 dA \tag{4.25}$$

그런데 $\int \rho^2 dA$는 단면의 극관성모멘트(polar moment of inertia) J_G이다.

$$\therefore Fe = \frac{\tau_1 J_G}{\rho'} \tag{4.26}$$

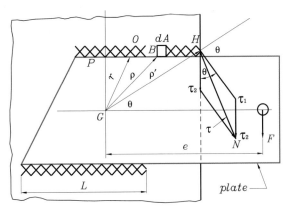

그림 4.75 ▶ 편심하중을 받는 필렛의 응력해석

$$\therefore \ \tau_1 = \frac{Fe\rho'}{J_G} \qquad (4.27)$$

만일 단면의 G에 관한 극관성모멘트 J_G 대신에 용접선의 G에 관한 극관성모멘트를 I_G라고 하면

$$I_G = \int \rho^2 dL, \ dA = t \cdot dL$$

$$J_G = \int \rho^2 dA = \int \rho^2 t \cdot dL = t\int \rho^2 dL = t \cdot I_G = 0.7f \cdot I_G$$

$$\therefore \ \tau_1 = \frac{Fe\rho'}{0.7f I_G} \qquad (4.28)$$

I_G의 값은 그림 4.76에서

$$4측 \ 필렛 : I_G = \frac{(L+b)^3}{6} \qquad (4.29)$$

$$상하 \ 2측 \ 필렛 : I_G = \frac{L(3b^2 + L^2)}{6} \qquad (4.30)$$

$$좌우 \ 2측 \ 필렛 : I_G = \frac{b(3L^2 + b^2)}{6} \qquad (4.31)$$

J_G는 G축에 대한 전체의 목 면적(throat area)의 극관성모멘트이다. 그러나 면적에 수직인 중심축 O에 관한 길고 가는 면적의 극성모멘트(the moment of inertia of a long slender area with respect to a centroidal axis of perpendicular to the area)는

$$J = \frac{AL^2}{12} \qquad (4.32)$$

또 극관성모멘트에 대한 정리를 이용하면

$$J_G = J + Ad^2 = \frac{AL^2}{12} + Ar^2 \qquad (4.33)$$

여기서 r은 목 면적의 중심 O와 전체 목 면적의 중심 G와의 거리이다. 그리고 H의 아래 방향으로 전단응력 τ_2가 생기고

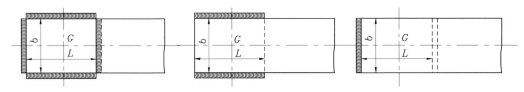

그림 4.76 ▶ 여러 필렛의 형상

$$\tau_2 = \frac{F}{A} = \frac{F}{\sum Lt} = \frac{F}{\sum 0.7fL} \qquad (4.34)$$

H점에 있어서 τ_1과 τ_2를 합성하면 코사인법칙에 의해서

$$\tau_{\max} = \sqrt{\tau_1^2 + \tau_2^2 + 2\tau_1\tau_2\cos\theta} \qquad (4.35)$$

그림 4.77은 굽힘모멘트 M을 받는 환상 필렛의 경우이다. 즉, 미소길이 $rd\theta$의 밑의 인장응력을 σ 라고 하면 그곳의 인장하중은

$$dP = \sigma dA = \sigma tr d\theta \qquad (4.36)$$

Navier 법칙에 의하여 중심면(neutral plane)에서의 거리에 비례하여 응력이 생긴다고 하면, 최대인장응력 σ_1은

$$\frac{\sigma_1}{r} = \frac{\sigma}{r\sin\theta} \quad \text{또는} \quad \sigma = \sigma_1\sin\theta$$

$$\therefore dP = \sigma_1\sin\theta\, tr d\theta \qquad (4.37)$$

$$\int dP(r\sin\theta) = \sigma_1 tr^2 \int \sin^2\theta d\theta$$

$$\therefore M = \sigma_1 tr^2 \int_0^\pi \sin^2\theta d\theta = \sigma_1 tr^2 \frac{\pi}{2} \qquad (4.38)$$

$$\therefore \sigma_1 = \frac{8M}{\pi t D^2} = \frac{8M}{\pi(h\cos 45)D^2} = \frac{11.31M}{\pi h D^2} \qquad (4.39)$$

그러나 일반적으로 다음 식으로 구하기도 한다.

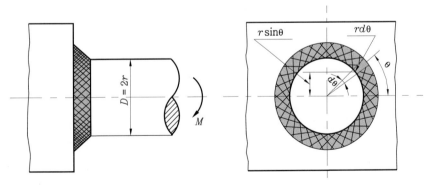

그림 4.77 ◐ 굽힘을 받는 환상 필렛용접부

인장하중 $\qquad P = \dfrac{\pi}{4}[(D+1.4f)^2 - D^2]\sigma \qquad (4.40)$

굽힘모멘트 $\qquad M = \dfrac{\pi}{64} \dfrac{2}{D+1.4f}[(D+1.4f)^4 - D^4]\sigma \qquad (4.41)$

비틀림모멘트 $\qquad T = \dfrac{\pi}{32} \cdot \dfrac{2}{D+1.4f}[(D+1.4f)^4 - D^4]\tau \qquad (4.42)$

그림 4.78과 같은 경우

$$Pr = \dfrac{\pi}{32} \cdot \dfrac{4}{D+1.4f}[(D+1.4f)^4 - D^4]\tau \qquad (4.43)$$

T형 이음의 경우에는 그림 4.79(a)에 있어서

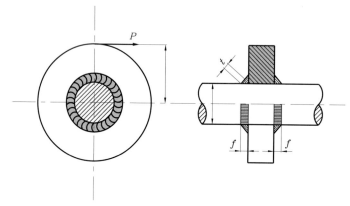

그림 4.78 ◉ 비틀림하중을 받는 환상 필렛용접부

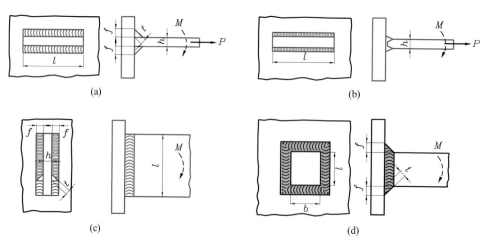

(a)

(b)

(c)

(d)

그림 4.79 ◉ 여러 종류의 T형 이음

$$\text{인장하중} \quad P = 1.4fl\sigma \tag{4.44}$$

$$\text{굽힘모멘트} \quad M = \frac{(h+1.4f)^3 - h^3}{6(h+1.4f)}l\sigma \tag{4.45}$$

$$f = h\text{이면} \quad M = 0.97lh^2\sigma \tag{4.46}$$

그림 4.79(b)의 경우 $t = h$로 하여

$$\text{인장하중} \quad P = hl\sigma \tag{4.47}$$

$$\text{굽힘모멘트} \quad M = \frac{lh^3}{6}\sigma \tag{4.48}$$

그림 4.79(c)의 경우 $t = 0.7f$로 하여

$$M = \frac{1.4fl^3}{6}\sigma = 0.23fl^3\sigma \tag{4.49}$$

그림 4.79(d)의 경우

$$M = \frac{(b+1.4f)(l+1.4f)^3 - bl^3}{6(l+1.4f)} \tag{4.50}$$

(4) 제닝의 응력계산식(Jenning's formula)

용접 이음의 여러 가지 경우에 대하여 제닝이 제시한 응력계산식을 그림 4.80에서 찾아서 사용하면 편리하다.

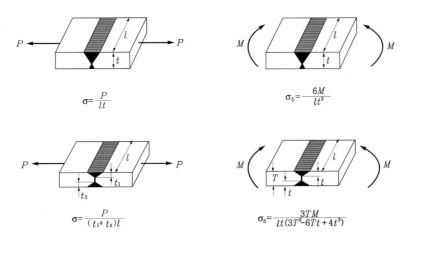

$$\sigma = \frac{P}{lt}$$

$$\sigma_b = \frac{6M}{lt^2}$$

$$\sigma = \frac{P}{(t_1 + t_2)l}$$

$$\sigma_b = \frac{3TM}{lt(3T^2 - 6Tt + 4t^2)}$$

(계속)

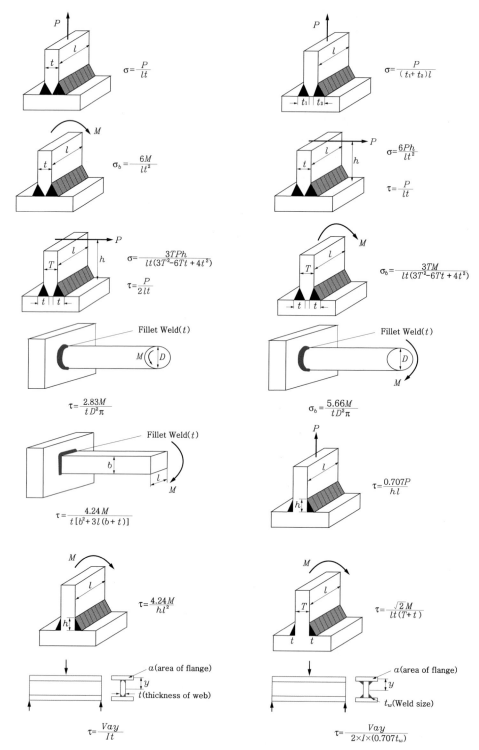

$$\sigma = \frac{P}{lt}$$

$$\sigma = \frac{P}{(t_1 + t_2)l}$$

$$\sigma_b = \frac{6M}{lt^2}$$

$$\sigma = \frac{6Ph}{lt^2}$$

$$\tau = \frac{P}{lt}$$

$$\sigma = \frac{3TPh}{lt(3T^2 - 6Tt + 4t^2)}$$

$$\tau = \frac{P}{2lt}$$

$$\sigma_b = \frac{3TM}{lt(3T^2 - 6Tt + 4t^2)}$$

Fillet Weld(t)

$$\tau = \frac{2.83M}{tD^2\pi}$$

Fillet Weld(t)

$$\sigma_b = \frac{5.66M}{tD^2\pi}$$

Fillet Weld(t)

$$\tau = \frac{4.24M}{t[b^2 + 3l(b+t)]}$$

$$\tau = \frac{0.707P}{hl}$$

$$\tau = \frac{4.24M}{hl^2}$$

$$\tau = \frac{\sqrt{2}M}{lt(T+t)}$$

a(area of flange)

t(thickness of web)

$$\tau = \frac{Vay}{It}$$

a(area of flange)

t_w(Weld size)

$$\tau = \frac{Vay}{2 \times I \times (0.707 t_w)}$$

그림 4.80 ◑ 제닝의 응력계산식

4.6 용접 이음설계의 실례

일반적으로 산업현장에서 용접 이음부에 문제가 발생했을 경우, 용접공정관리가 적절하지 못하여 용접 도중 발생한 용접결함에 의해 파괴 현상이 발생할 수도 있지만, 용접 이음의 부적절한 설계로 인하여 발생하는 잔류응력, 열응력 등에 의해 소성변형이 일어나 파괴되는 수도 많다.

용접 이음의 경우 판 전체가 균일하게 가열된 후 냉각되었을 경우, 팽창과정과 수축과정이 외부구속 없이 자유롭게 일어나면 판은 처음 상태로 돌아간다. 그러나 외부 구속이 없는 경우라도 판의 일부분이 가열되었을 때 가열부의 팽창은 다른 가열되지 않은 부분에 의해서 방해를 받는다. 또한 일반적으로 기계재료는 고온에서 항복점이 현저하게 낮아지므로 부분가열에 의해 발생한 열응력에 의해서도 쉽게 소성변형 상태에 도달하게 된다.

따라서 용접 이음을 설계할 경우에는 그림 4.81에 도시된 여러 용접 이음의 경우와 같이 용접 시 발생하는 열응력과 잔류응력을 감소시키기 위하여 최대한의 노력을 기울여야 한다.

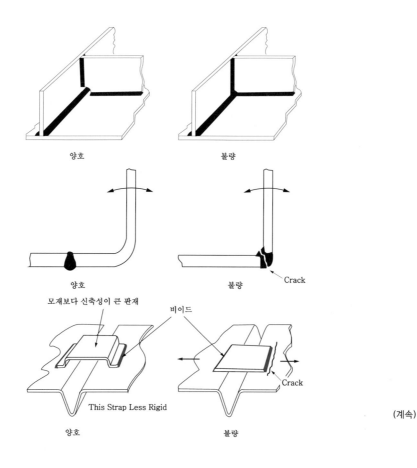

(계속)

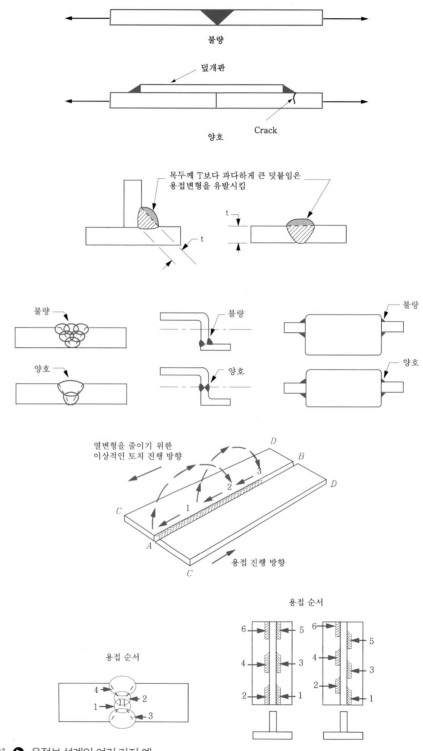

그림 4.81 ▶ 용접부 설계의 여러 가지 예

그림 4.82와 같은 용접 이음에 있어서 하중 1,000[kgf]를 작용시킬 경우, 용접부의 크기를 구하시오. 단 용접부의 허용전단응력을 7[kgf/mm²]라 한다.

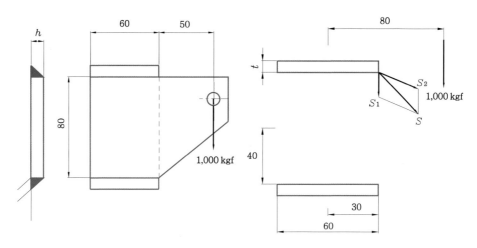

그림 4.82 ▶

$$S = \frac{P}{2tl} = \frac{100}{2 \times t \times 60} = \frac{8.33}{t}$$

$$M = Pe = 80 \times 1,000 = 80,000\,[\mathrm{kgf \cdot mm}]$$

$$I_G = \frac{bL(3b^2 + L^2)}{6} = \frac{60 \times L(3 \times 80^2 + 60^2)}{6} = 228,000L$$

$$r = 50\,[\mathrm{mm}]$$

$$\tau_2 = \frac{Mr}{I_G} = \frac{80,000 \times 50}{228,000L} = \frac{17.55}{L}$$

그림에서 합성응력은 허용응력의 7[kgf/mm²]와 같아야 된다.

$$7^2 = \tau_1^2 + \tau_2^2 + 2\tau_1\tau_2\frac{30}{50}$$

$$= \left(\frac{8.33}{L}\right)^2 + \left(\frac{17.55}{L}\right)^2 + 2\left(\frac{8.33}{L}\right)\left(\frac{17.55}{L}\right) \times \frac{30}{50}$$

$$L = \sqrt{\frac{553}{49}} = \sqrt{11.3} = 3.36$$

$$h = \frac{L}{0.707} = \frac{3.36}{0.707} = 4.75 \fallingdotseq 5\,[\mathrm{mm}]$$

예제 4-2 그림 4.83과 같은 200 mm 철제 채널(channel)이 용접 이음되어 있다. 50 kN의 하중을 견딜 수 있도록 설계하였는데 이때 용접부에서의 최대응력을 계산하시오.

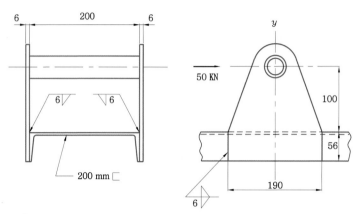

그림 4.83 ◉

그림 4.83을 보면 용접부의 목(throat)의 면적은 다음과 같다.

$$A = 0.707h(2b+d) = 0.707(6)[2(56)+190] = 1,280\,\mathrm{mm}^2$$

따라서 전단응력은

$$\tau = \frac{V}{A} = \frac{25(10)^3}{1,280} = 19.5\,\mathrm{MPa}$$

구조물의 자유물체도를 그리면 그림 4.84, 4.85와 같이 표시할 수 있으며, 자유물체도에서 볼 수 있듯이 용접부에 작용하는 하중의 도심의 위치를 다음과 같이 계산해서 알 수 있다.

$$\bar{x} = \frac{56^2}{2(56)+190} = 10.4\,\mathrm{mm}$$

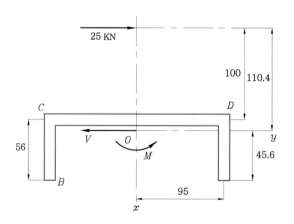

그림 4.84 ◉

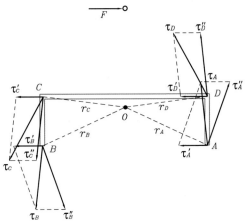

그림 4.85 ▶ 구조물의 자유물체도

또한 거리 r_i를 구하면 다음과 같다.

$$r_A = r_B = [(190/2)^2 + (56 - 10.4)^2]^{1/2} = 105\,\mathrm{mm}$$

$$r_C = r_D = [(190/2)^2 + (10.4)^2]^{1/2} = 95.6\,\mathrm{mm}$$

그리고 극관성모멘트 J를 구하면

$$J = \frac{8b^3 + 6bd^2 + d^3}{12} - \frac{b^4}{2b + d}$$

$$= 0.707\,(6)\left[\frac{8\,(56)^2 + 6\,(56)(190)^2 + (190)^3}{12} - \frac{(56)^4}{2\,(56) + 190}\right]$$

$$= 7.07 \times 10^6\,\mathrm{mm}^4$$

이다. 그리고 모멘트 M은

$$M = Fl = 25\,(100 + 10.4) = 2{,}760\,\mathrm{N \cdot m}$$

이다. 따라서 그림의 각 격자의 끝부분 혹은 꺾어진 부분에서의 전단응력 $\tau^{''}$ 은

$$\tau_A^{''} = \tau_B^{''} = \frac{Mr}{J} = \frac{2{,}760\,(10)^3\,(95.6)}{7.07\,(10)^6} = 37.3\,\mathrm{MPa}$$

$$\tau_C^{''} = \tau_D^{''} = \frac{2{,}760\,(10)^3\,(105)}{7.07\,(10)^6} = 41.0\,\mathrm{MPa}$$

이다. 따라서 앞에서 구한 $\tau^{'}$ 과 $\tau^{''}$ 을 각 지점에 대한 조합응력으로 계산하기 위하여 벡터로서 합성하면 다음과 같이 구할 수 있다.

$$\tau_A = \tau_B = 38\,\mathrm{MPa} \qquad\qquad \tau_C = \tau_D = 44\,\mathrm{MPa}$$

따라서 최대응력은 $\tau_{\max} = 44\,\mathrm{MPa}$이다.

예제 4-3 그림 4.86과 같은 편심하중을 받는 구조물이 있다. 그림과 같은 하중이 걸릴 때 구조물의 자유물체도를 그리고, 용접부에 걸리는 전단응력과 굽힘응력을 구하시오.

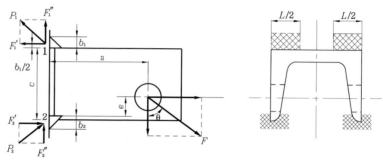

그림 4.86 ◐

그림 4.86에서 아래쪽 용접부에 대해서 모멘트 평형을 유도하고자 한다. 용접부 외에는 벽과 접촉되는 부분이 없기 때문에 용접부에 작용하는 하중은 $b/2$의 위치에 집중하중의 형태로 작용하게 된다. 모든 하중은 벽에 평행하게 작용하는 것으로 가정한다.

따라서 F_1'과 F_2'에 대한 식으로 모멘트 평형을 풀면

$$\sum M_2 = 0 \quad \left(c + \frac{b_1}{2} + \frac{b_2}{2}\right)F_1' - a(F\cos\theta) - \left(e + \frac{b_2}{2}\right)(F\sin\theta) = 0$$

$$\sum F_x = 0 \quad F_2' + F\sin\theta - F_1' = 0$$

여기서 용접부의 길이 b는 결정되어 있지 않지만, F_1'에 대한 첫 번째 방정식을 통하여 구할 수 있다. 모든 용접부는 벽과 평행한 방향으로 동일한 변형이 생긴다고 가정하고, 이에 따라 용접부에서의 전단변형률 γ과 전단응력 τ는 모두 같다. 또한 용접부에 걸리는 전단력은 전단응력 τ와 응력이 작용하는 면적 A에 비례하므로, $F_1'' = A_1\tau$와 $F_2'' = A_2\tau$를 만족한다. 이로부터 $\sum F_y = 0$,

$$F_1'' + F_2'' - F\cos\theta = A_1\tau + A_2\tau - F\cos\theta = 0$$

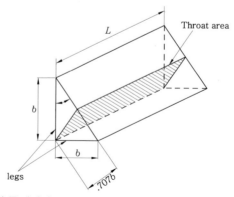

그림 4.87 ◐ 필렛의 목 단면적

이 식에서 $\tau = (F\cos\theta)\dfrac{A_1}{A_1+A_2}$ 이므로 $F_1^{''}$ 과 $F_2^{''}$ 을 계산할 수 있다.

$$F_1^{''} = (F\cos\theta)\frac{A_1}{A_1+A_2}, \quad F_2^{''} = (F\cos\theta)\frac{A_2}{A_1+A_2}$$

그림 4.87을 보면 필렛용접부의 투상도가 도시되어 있다. 다리 면적 bL에 대한 용접부의 목의 면적은 $bL\sin45° = 0.707bL$이므로 이를 $F_1^{''}$ 에 대한 식과 $F_2^{''}$ 에 대한 식에 적용하여 정리하면 결과적으로 용접부에 작용하는 하중 P에 대한 식을 구할 수 있다.

$$P_1 = \sqrt{(F_1^{'})^2 + (F_1^{''})^2}, \quad P_2 = \sqrt{(F_2^{'})^2 + (F_2^{''})^2}$$

그림으로부터 필렛 접합부는 매우 작은 크기이고 본질상 불균일한 연결이므로, 매우 정확한 응력 해석을 할 수는 없다. 그래서 하중 P의 방향에 관계없이 목이나 폭이 매우 좁은 단면에 대한 용접부 해석은 불가능하다. 따라서 여기서는 안전율 개념이 도입된 허용 안전응력(Allowable safe stress) σ_a를 정의하고, 이를 목 면적 $bL\sin45°$ $= 0.707bL$과 곱하고 응력집중계수 K로 나누어서 용접부의 응력 전달 용량으로 간단히 표현하기도 한다.

$$P = \frac{(0.707bL)\sigma_a}{K}$$

위 식의 P는 용접부에 작용하는 하중 P_1, P_2를 의미하며, 길이 b나 L에 대한 식으로 풀 수 있다. 정하중의 경우 $K=1.0$이며, 동하중의 경우 $K=1.5$(횡방향 필렛용접부)인 값을 갖는다.

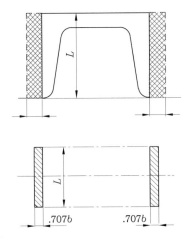

그림 4.88 ▶

만약 필렛용접부가 그림 4.88과 같은 형태를 가지게 되면, 두 개의 목 단면은 굽힘을 받는 직사각형의 빔 단면으로 가정하여 해석할 수 있다. 각 면적에 대한 관성모멘트는 다음과 같이 쓸 수 있다.

$$I = (1/12)(0.707b)L^3 = 0.059bL^3$$

그리고 c는 $L/2$이므로 최대굽힘응력은 다음과 같다.

$$\sigma = K\frac{M}{2(I/c)} = K\frac{M(L/2)}{2(0.059)bL^3} = \frac{KM}{0.236bL^2}$$

그리고 용접부의 전단응력은

$$\tau = F_y/2A = F_y/2(0.707bL)$$

이다.

마찬가지로 용접부가 그림 4.89와 같다고 가정하면 면적에 대한 관성모멘트는

$$I = \int y^2 dA = A\overline{y}^2$$

여기서 $\overline{y} = L_2/2$이므로

$$Z = \frac{I}{c} = \frac{2(0.707b_1L_1)(L_2/2)^2 + (1/12)(0.707b_2)L_2^3}{L_2/2}$$
$$= 0.236L_2(3b_1L_1 + b_2L_2)$$

따라서 최대굽힘응력은

$$\sigma = K\frac{M}{2(I/c)} = \frac{KM}{0.472L_2(3b_1L_1 + b_2L_2)}$$

임을 알 수 있다.

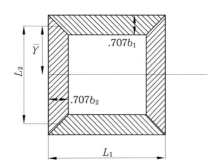

그림 4.89 ▶

4.7 용접 이음의 비파괴 검사법

현재까지 여러 공학 분야에서 여러 가지 비파괴 검사법(NDT : Non Destructive Test)이 개발되었으며, 용접에서도 결함을 발견하기 위한 방법으로 응용되고 있다. 이 절에서는 실제 용접 이음의 결함 검사에 사용되고 있는 비파괴 검사를 소개하고자 한다.

4.7.1 방사선 검사법

방사선 검사법(Radiographic inspection)은 X-선이나 방사성 물질로부터 생성되는 감마선 등의 투과 현상을 이용하는 검사법이다. X-선이나 감마선과 같은 단파장 복사선은 가시광선의 경우 통과하지 못하는 물체를 투과하는 성질이 있다. 대체적으로 파장이 짧을수록 투과성은 더 좋은 성질을 가지므로 용접부 내부의 결함을 검사하는 데 이를 이용한다. 만약 용접부 내부에 기공(blowhole)과 같은 용접 불량 요인이 존재한다면, 결함이 없는 용접부보다 투과되는 복사선의 양은 감소하게 된다. 결론적으로 용접부 내부에 결함이 존재하면 방사선의 투과량이 달라지게 되고, 이것은 방사선의 투과량에 따라 감광되는 방사선 사진에 영향을 미치게 되어 결함의 존재를 이미지상의 명암으로 알 수 있게 한다. 이미지에서 어두운 부분(X-선의 그림자)이 용접 결함이고, 이러한 그림을 뢴트겐 사진 혹은 방사선 사진이라 한다.

방사선 검사법은 대체적으로 약 2% 정도의 감광도 차이량까지 식별해 낼 수 있다. 이로부터 알 수 있듯이 방사선 검사법에 의한 감도는 매우 높아서 작은 용접부 두께의 차이에 대해서도 방사선 사진을 통하여 육안으로 알아낼 수 있다.

방사선 검사법에 의한 용접부의 품질평가 방법은 다음과 같다.

대표적인 용접부의 방사선 사진 모양은 주조품과 유사하며, 용접부의 구조만 확인 판독하면 되기 때문에 비교적 쉽다. 보통 용접금속은 모재금속에 비해 기공이 많은 상태가 되며, 용착금속이 모재 두께와 같거나 그 이하일 경우 방사선 사진상에서는 약간 검게 나타나는데, 이것은 용접부에서 적은 양의 방사선이 흡수되기 때문이다. 그러나 실제로는 모재 두께에 비해 용착금속의 두께가 더 두껍기 때문에 대부분의 방사선 사진상에서는 모재 금속 또는 그 주위 부분들보다 용접부가 밝은 농도를 나타내게 된다. 그러나 모재금속과 같은 두께로 용접부를 가공해 버리면 농도의 차이가 사진상에 나타나지 않기 때문에 주의해야 한다.

용접 제품이나 구조물 등의 방사선 검사에 의해 검출될 수 있는 용접부 결함은 여러 가지가 있으며 대표적인 것은 다음과 같다.

(1) 균열(crack)

균열은 용접축의 횡방향 균열과 종방향 균열 등이 발생하며, 용접축에 수직으로 나타나는 균열은 모재까지 연장되는 수가 많다. 균열은 용접 결함 중에서도 품질에 가장 큰 영향을 미치는 요인이므로, 특히 방사선 사진을 검사할 때에는 주의해야 하며, 입자가 큰 필름을 사용하게 되면 균열상이 선명하게 나타나지 않으므로 세심한 주의가 필요하다. 방사선 사진상에서 균열은 좁은 폭의 검은 띠의 형태로 나타나게 된다.

(2) 언더컷(undercut)

용접에서 상당히 빈번히 발생하는 결함 중의 하나가 언더컷이며 종종 육안으로 관찰이 가능하다. 언더컷의 형태는 연속적이거나 또는 짧은 선의 형태로 용접부에 평행하게 나타나며 선명한 테두리를 갖는 경우도 있다. 방사선 사진상에서 언더컷은 폭이 일정하지 않은 검은 선으로 나타나며, 용접 비드의 양측 면과 모재와의 경계에서 쉽게 볼 수 있다. 사진상에서의 농도는 언더컷의 깊이에 따라 좌우되며, 특히 예리하고 좁게 나타나는 것이 용접부의 품질에 큰 영향을 미친다.

(3) 용입불량(incomplete penetration)

맞대기 용접에서 루트부에 발생하는 용입불량은 일종의 균열과 같은 중요한 결함이며, 이러한 상태는 용접부의 전단면에 걸쳐 연속적으로 또는 중단되어 나타나기도 한다. 용입불량 사진상에서 용접부의 중앙에 선명한 직선의 형태로 나타난다. 때로는 슬래그 혼입이나 기공이 이런 결함과 연계하여 나타나는 경우도 있으며, 이 경우 검은 선의 폭이 넓어지거나 불규칙해진다.

(4) 크레이터(crater)

용접 시의 용융부위가 그대로 응고되어 움푹하게 패인 부분을 말한다. 크레이터는 슬래그나 기공이 완전히 제거되지 않았기 때문에 결함을 내장하여 균열발생의 원인을 제공하며 사진상에서 검게 나타난다.

(5) 용입과잉(excessive penetration)

이것은 루트의 폭이 넓거나 용융금속의 온도가 너무 높을 경우 발생한다. 일반적으로 이것은 연속되지 않고 과도한 용융금속의 방울이 매달린 형태의 불규칙한 모양을 갖는다. 방사선 사진에서는 용접부의 중심에 밝은 농도를 갖는 폭형태로 나타난다. 용융금속의 방울이 매달린 경우 용접부의 중심에 검은점으로 나타나며, 종종 이 속에 기공을 포함하고 있어 흰점 속에 작은 검은점으로 나타나는 경우도 있다.

(6) 기공(blowhole)

기공의 가장 일반적인 발생원인은 용융 시의 높은 온도와 불순물과의 관계에 의한 것이다. 방사선 사진상에서 나타나는 기공의 형태는 구형의 검은점들이다.

(7) 슬래그(slag)

슬래그는 아크용접 시 자주 발생하며 주로 용접부를 따라 종방향으로 용착금속이 침전하는 가장자리에 위치한다. 슬래그는 원자번호가 철보다 낮은 산화물로 되어 있기 때문에 X-선을 많이 통과시켜 사진상에 검은점을 만든다. 슬래그 혼입은 그 크기가 일정하지 않고 불규칙한 모양을 갖는 것이 보통이다. 어떤 경우에는 불규칙한 테두리를 갖는 점 모양으로 나타나기도 하고, 연결된 검은선 또는 중간 중간이 끊어진 상태의 검은선으로 나타나기도 한다.

(8) 텅스텐 혼입

텅스텐 혼입은 불활성 가스용접 시 나타나는 특징 중의 하나로 텅스텐 전극봉이 용융금속에 혼입되어 존재하는 현상이다. 텅스텐은 용접부보다 X-선의 흡수가 더 많이 일어나므로, 방사선 사진상에서 용접부의 상보다 더 밝은 형태를 갖게 되며 모서리가 매우 날카롭고 불규칙한 특징을 가지고 있다.

(9) 오버랩(overlap)

용착금속이 모재를 너무 많이 덮어서 나타나는 현상으로 방사선 사진상에서 용착금속의 끝 부위에서 불규칙한 파장 형태로 나타나며 가스혼입을 포함할 수도 있다. 언더컷과 같은 위치에 있으나 상의 농도는 언더컷과는 반대로 이 부분이 밝은 빛을 가지고 있다.

/4.7.2/ 자기입자 검사법

자기입자 검사법(magnetic particle inspection, 일명 자분 탐상 시험법)은 강자성체 내부의 균열, 갈라진 틈, 혼입, 분리, 기공, 용입불량 등의 존재를 찾아내는 데 쓰이는 비파괴 검사법이다(그림 4.90 참조). 따라서 비자성체 재료에는 이용될 수 없다. 이 검사법은 너무 작아서

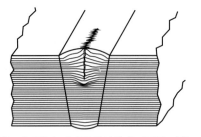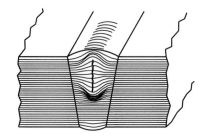

그림 4.90 ▶ 자기입자 검사법에 의한 용접결함 검출

육안으로 확인할 수 없는 표면의 불균일한 부분이나 표면 내부의 결함, 특수 장비가 필요한 깊은 부분의 결함을 찾을 수 있다. 다양한 형태와 색깔을 가진 자기입자가 이용되고 있으며, 표면 조건이나 찾고자 하는 결함의 형태에 따라 사용되는 자기입자가 결정된다. 사용되는 자기입자에 따라 건식법(dry method)과 습식법(wet method)의 두 가지로 구분된다.

건식법(dry method)은 입자의 유동성을 보다 좋게 하기 위해 코딩된 분말 형태의 강자성체 입자를 사용하는데, dusting bag, atomizer나 스프레이 건에 의해 균일한 형태로 입자화된다. 자기입자들은 회색, 흑색, 적색 등의 색깔을 가진다. 이 방법은 거친 표면을 가지는 재료의 검사에 유리하며 휴대하기 간편하다는 장점이 있다.

습식법(wet method)은 건식법에서 사용하는 입자보다 더 작은 입자를 사용하는 방법으로 물이나 정제된 석유의 용액 형태로 사용된다. 입자 크기가 작기 때문에 습식법은 표면의 결함 여부에 상당히 민감하나, 표면 밑의 결함을 발견하지 못하는 단점도 가지고 있다. 또한 건식법에 비해 결함에 민감하지 못하다.

자기입자 검사법은 재료의 전처리, 재료의 자화, 자기입자의 도포, 자기입자 모양의 관찰 및 탈자 등 여러 과정을 거쳐야 한다.

첫 번째로 전처리 과정은 재료를 단일부품으로 분해한 상태여야 하며, 관찰하고자 하는 면에 유지 또는 페인트 등 이물질이 있을 경우에는 이를 제거하여 재료와 전극과의 접촉 부분을 청결하게 해야 한다. 둘째로, 재료의 자화방법을 결정한 다음에는 결함의 파면과 자장이 직교하도록 자기장의 방향을 정해야 한다. 자기장의 방향은 관찰면에 가능한 한 평행이 되도록 하며 반자장이 생기지 않도록 유의해야 한다. 셋째로, 자기입자는 흡착성 및 식별 성능이 좋은 것을 사용한다. 미세한 결함 식별에는 비형광성 입자보다는 형광성 입자가 유리하다. 넷째로, 자기입자 모양의 관찰은 입자를 도포하였을 때부터 입자의 흐름이 멈출 때까지 실시한다. 형광 입자를 사용한 경우에는 어두운 곳에서 자외선 등을 이용한다. 한편 비형광자분의 경우에는 가능한 한 밝은 환경에서 실시한다. 마지막으로 재료의 잔류자기를 제거하는 과정이 필요한데, 재시험을 하거나 잔류자기가 제품의 품질에 나쁜 영향을 미칠 때 또는 후가공에서 잔류자기가 영향을 줄 우려가 있을 때 실시하게 된다.

/4.7.3/ 초음파 검사법

초음파 검사법(ultrasonic inspection)은 초음파 펄스를 이용하여 용접부에서의 결함, 결함 위치 혹은 용접부 내부의 불균일 등을 측정하는 방법이다. 이 기법을 성공적으로 적용하려면 용접시편을 취하여 시험의 대상과 범위를 정한 후 적절한 센서를 이용해야 하고, 시험 결과를 판독하는 숙련된 경험이 필요하다. 그렇지 못하면 용접 품질을 올바르게 평가할 수 없게 된다.

용접부의 초음파 검사는 이미 공학적으로 보편화된 음파 탐사기술을 기본으로 하고 있다. 전기적 펄스 신호로 초음파를 생성하여 시편에서 반사된 소리 신호를 변환기를 통하여 전기 신호로 변환한다. 용접부 검사에 사용되는 음파 신호의 주파수 범위는 1 MHz에서 5 MHz 사이의 범위이다.

초음파는 음파이지만 귀로 들을 수 있는 범위를 넘어선 음파이며, 공기 중에서 초음파 시험에 사용하는 고주파수의 음파는 심한 감쇠 특성을 갖는다.

그림 4.91과 같이 용접부의 불균일 면에서는 음파의 일부가 반사되고 이를 검출하여 스크린상에 표시한다. 이것은 초음파 반사경(ultrasonic reflectoscope)의 원리를 응용한 방법이다. 초음파 검사기는 불균일 면에서 반사한 음파를 시간에 따라 기록하도록 설계되었으며, 시간의 길이는 초음파의 왕복 거리(반사된 거리)에 비례하도록 되어 있다. 즉, 결함의 위치는 송신된 초음파가 수신될 때까지의 시간으로부터 측정하고, 결함의 크기는 수신되는 초음파의 높이 혹은 폭으로부터 측정할 수 있다.

초음파 검사법은 방사선 시험과 함께 체적 시험(volumetric examination)이라 하며, 내부와 표면의 결함을 모두 검출할 수 있다. 그러나 결함 검출 원리가 다르기 때문에 검출 성능은

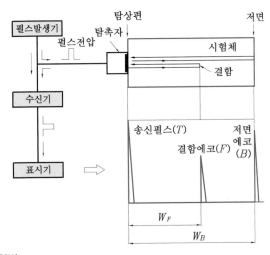

그림 4.91 ▶ 초음파 시험법

경우에 따라 각각 다르다. 초음파 시험법의 최대 장점은 균열과 같은 면상 결함의 검출능력이 방사선 시험법보다 탁월하다는 것이다. 균열과 같은 면상 결함에 초음파가 수직으로 부딪히면 탐촉자에 되돌아오는 반사파는 큰 결함에코(defect echo)가 되나, 기공과 같은 구형 결함에서의 반사파는 여러 방향으로 산란되기 때문에 탐촉자에 되돌아오는 반사파는 매우 약한 결함에코가 된다. 면상 결함도 경사져 있으면 반사파는 거의 되돌아오지 않는다. 이와 같이 결함의 형상과 방향이 결함검출에 현저한 영향을 미치기 때문에 고장력강 등의 균열검출에 초음파 시험법을 적용할 때는 균열면에 초음파를 가능한 한 수직으로 입사시키는 것이 중요하다.

앞에서도 언급하였듯이 초음파 시험에서는 상당히 작은 결함을 검출하는 일이 가능하다. 즉, 시험조건이 좋다면 파장의 1/2 정도 크기의 결함도 검출하는 일이 가능하며, 주파수가 2 MHz의 경우에는 3 mm 정도 크기의 결함까지도 확실히 검출할 수 있다.

초음파 시험법의 최대 결점은 결함종류의 식별이 매우 곤란하다는 것이다. 결함의 정량적 평가에 관한 연구가 현재까지도 진행되고 있으나 아직 결함의 식별 확률은 미약하다. 그리고 초음파 시험법은 금속 조직의 영향, 특히 결정립 크기의 영향을 많이 받는다. 금속 조직이 미세하면 초음파의 투과성이 양호하기 때문에 두께 2 mm 이내의 작은 결함까지도 검출이 가능하다. 하지만 조직이 커지게 되면 결정입계에서 초음파가 산란되어 감쇠하는 것 이외에 산란파가 잡음에코로 되어 결함에코를 검출할 때 방해가 되기 때문에, 두께 50 mm 이하의 용접부에서 큰 결함을 검출하기 어려운 경우도 발생한다.

용접부 초음파 시험법의 경우 미세균열, 용입량, 융합량 등의 검출은 방사선 투과시험보다 우수하지만 결함의 종류를 판별하는 일이 어려우며, 검사 결과가 검사기술자의 기량에 의존하며 기록해야 한다는 점이 단점이다.

/4.7.4/ 액체 침투 시험법

액체 침투 시험법(Liquid-penetrant inspection)은 용접부 표면에 존재하고 있으나 육안으로는 확인할 수 없는 미세한 결함에 침투액(적색의 염료 혹은 황색, 녹색 등의 형광물질)을 침투시키고, 모세관 현상에 의해 침투액을 용접부 표면에 나타나게 함으로써 결함을 검출하는 방법으로 다음과 같은 순서에 따라 행한다. 첫째, 용접부 표면 및 결함 내부의 이물질을 제거한다. 둘째, 침투액을 용접부에 칠하여 결함에 침투하도록 한다. 셋째, 용접부의 표면에 잔존하는 침투액의 잉여분은 세정처리한다. 넷째, 백색의 현상제를 용접부 표면에 뿌려서 결함 내부의 침투액이 표면에 나타나게 한다. 다섯째, 염색 침투액을 사용하였을 경우에는 자연광으로, 형광침투액의 경우에는 자외선 등으로 조사하여 결함을 찾아낸다.

액체 침투 시험법에서는 모세관 현상을 이용하여 용접부 표면에 존재하고 있는 미세한 결함을 확대하여 볼 수 있기 때문에 거의 모든 재료에 적용 가능한 시험법이지만, 목재나 다공질 재료 등에는 적용할 수 없다는 단점이 있다. 시험법 자체가 수작업이 많고 시험결과에 대한 신뢰성이 개인의 숙련도에 좌우되는 경우가 많다. 표면 결함의 검출능력은 앞에서 소개한 자기입자 검사법에 비해 다소 떨어지며, 검출 가능한 결함의 최소 크기는 길이 1 mm, 깊이 20 μm, 폭 1 μm 정도이다.

앞에서 설명한 여러 가지 비파괴 검사기법에 대한 비교가 표 4.12에 정리되어 있다.

표 4.12 용접부의 결함 검출에 사용되는 비파괴 시험법

시험 종류	시험 방법	필요 장비	적용 범위	장점	단점
방사선 검사 (감마선)	용접부에 감마선을 투과시켜 필름에 나타나는 영상으로 결함을 판별	감마선 발생기, 감마선 카메라 프로젝터, 필름 홀더, 필름, 리드스크린, 필름처리장치, 노출장비, 조사 모니터링 장비	용입불량, 슬래그, 기공, 두께 및 갭 측정 등이며, 보통 두꺼운 금속재에 주로 사용됨. 적용 대상으로 주조물이나 대형구조물을 들 수 있으며, 특히 X-선 검사법을 적용하기 곤란한 형상에 적용	기록을 반영구적으로 보존하여 오랜 기간 후에도 검토 가능. 감마선은 도시가스(LNG) 파이프 등과 같은 부위의 내부에도 적용가능. 감마선 발생에 전원이 요구되지 않음	방사능의 노출에 대한 특별한 주의가 요구됨. 균열이 조사선에 평행해야 함. 감마선 발생기는 제어가 X-선만큼 쉽지 않다.
방사선 검사 (X-선)	감마선과 동일	X-선 발생기, 전원, 나머지는 감마선 검사와 동일	용입불량, 슬래그, 기공, 두께 및 갭 측정 등이며, 금속, 비금속, 복합재료에 적용가능. 주조물, 전자부품, 항공기용 부품, 자동차 부품 등에 적용	에너지 조절이 가능하고 감마선에 비해 양질의 방사능을 가짐. 영구기록 보존이 가능	장비가 고가이고 방사능 노출 시 위험도가 감마선보다 커서 소정의 자격을 갖춘 작업자에 의하여 검사를 실시해야 함
초음파	1 MHz 이상의 주파수를 가지는 음파를 용접부의 표면에 조사하여 결함에서의 반사파를 탐측	초음파 센서, 초음파 탐상기, 접촉매질	용접균열, 슬래그, 용입불량, 두께측정	평면형상의 결함측정에 적당. 측정결과가 즉시 나옴. 장비이동이 용이	표면을 접촉매질로 전처리과정이 필요. 용접부가 작거나 판이 얇은 경우 탐상이 어려움. 상당한 숙련도가 요구됨
자기 입자	용접부에 적절한 자장을 가하고 자기입자를 발라서 결함부에 생기는 자기입자의 모양으로 결함 존재를 확인	자화장치, 자외선 조사장치, 자기입자, 자속계, 전원	용접부 혹은 용접부 바로 아래 부분에 노출된 용접기공, 균열	경제적이고 검사설비의 이동이 용이함	용접부가 강자성체여야 함. 표면이 깨끗하고 평탄해야 함. 균열 길이가 0.5 mm 이상이어야 검출가능하며 결함깊이는 알 수 없음

(계속)

시험 종류	시험 방법	필요 장비	적용 범위	장점	단점
액체 침투	검사 대상의 표면에 침투액을 뿌린 후 세정하고, 현상액을 뿌려서 결함을 검출하는 방법	침투액, 세정제, 현상액, 자외선 램프	용접부에 노출된 용접기공, 균열 등	다공질 재료가 아닌 모든 재료에 적용가능. 이동이 용이하고 상대적으로 비용이 저렴. 결과를 쉽게 판독할 수 있으며 전원이 필요 없음	코팅이나 산화막이 있으면 결함검출이 곤란. 검사 전후 세정을 해주어야 함. 결함깊이를 알 수 없음

1 125×95×10 mm인 앵글이 125 mm의 모서리를 따라 강판에 2개의 평행한 필릿용접이 되어 있다.
   앵글은 18,000 kgf의 인장하중을 받는다. 그림 P 4.1과 같이 배치하려 할 때 용접길이를 구하시오.
   단위 길이당 허용하중을 48 kgf/mm라 가정하고, 필릿 용접 크기는 9×9 mm이다.

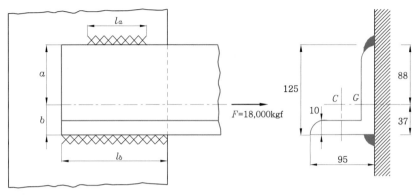

그림 P4.1 ▶ 연습문제 1

2 그림 P4.2와 같은 굽힘을 받는 원환(annular)의 필릿용접에서 수직응력이 $5.66M/\pi tD^2$임을 증명
   하시오. 여기서 M은 굽힘모멘트, t는 용접크기, D는 평판에 용접된 원통형 요소의 지름이다.

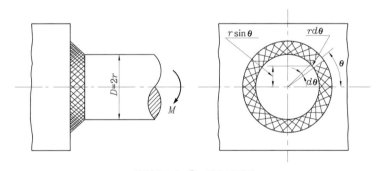

그림 P4.2 ▶ 연습문제 2

3 그림 P4.3에서처럼 기어가 강재의 링과 림(rim) 그리고 허브(hub)에 용접되어 있다. 기어에 작용하는
   토크는 3 kN·m로 일정하다. 허브와 림의 용접부의 크기를 얼마로 결정하면 좋겠는가?

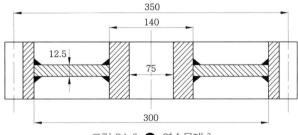

그림 P4.3 ▶ 연습문제 3

4   그림 P4.4를 보면 각 봉이 판에 겹치기 용접되어 있다. 봉은 40 mm 너비와 6 mm 두께이다. 두 개의 필렛의 길이가 45 mm이며, 용접다리(각장)는 6 mm이다. 용접물에서 허용전단응력이 99 MPa이면 용접물이 지지할 수 있는 하중 P는 얼마인지 정하시오.

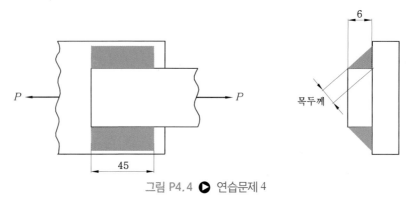

그림 P4.4 ▶ 연습문제 4

연습문제 풀이

1 $l_a = 111$ mm, $l_b = 264$ mm

3 $t = 1.6$ mm

2 $\sigma = \dfrac{5.66M}{\pi t D^2}$

4 $P = 3.7778$ kgf

5.1 축

/5.1.1/ 축의 분류

축(shaft, wellen)은 주로 회전에 의하여 동력을 전달하는 목적으로 사용되며, 하중의 지지, 축의 형상, 용도에 따라서 일반적으로 전동축(transmission shaft), 기계축(스핀들), 차축, 크랭크축, 프로펠러축, 휨축 등으로 분류된다.

- 차축(axle) : 주로 굽힘하중을 받는 것으로 철도 차량의 차축이 있다.
- 전동축(shaft) : 주로 비틀림을 받는 동력전달축이다.
- 스핀들(spindle) : 지름에 비하여 짧은 축이고, 하중은 굽힘, 비틀림을 받는다.
- 저널(journal) : 레이디얼 베어링으로 지지되어 있는 축부분이다.
- 피봇(pivot) : 축의 끝단부에서 스러스트 베어링으로 지지되는 부분이다.

축의 재질로는 일반적으로 강재가 사용된다. 보통 0.2~0.4% C의 탄소강이 가장 많이 사용되며 피로한도의 영향을 크게 받는 고속, 고응력의 축의 경우는 Ni강, Ni-Cr강 등의 특수강이 사용된다. 저널부는 고주파 경화, 침탄 처리 등의 표면 경화 처리를 하며 표면 정밀도가 높게 다듬질한다.

축의 설계에 있어서는 축에 작용하는 하중의 종류에 따라서 파괴강도를 산출하지만, 강성도 충분히 고려할 필요가 있다. 즉, 굽힘 작용을 받는 축에서는 축의 굽힘에 의한 베어링과의 한쪽 접촉, 휨이 과대하여 기어의 정상적 맞물림을 해칠 점 등을 주의해야 한다. 또 비틀림 각도가 한도를 초과하면 비틀림 진동의 원인이 된다. 기타 진동, 부식에 의한 표면 손상 등에 대해서도 충분히 고려해야 한다.

/5.1.2/ 축의 강도(强度 : Strength)

(1) 굽힘모멘트만을 받는 축

축에 작용하는 굽힘모멘트를 M, 축에 발생하는 최대굽힘응력을 σ_b, 축의 단면계수를 Z로 하면

① 내실축(內實軸)

$$Z = \frac{\pi}{32}d^3, \ M = Z\sigma_b = \frac{\pi}{32}d^3\sigma_b \tag{5.1}$$

σ_a를 축의 허용굽힘응력으로 하면

$$d = \sqrt[3]{\frac{32M}{\pi\sigma_a}} \fallingdotseq 2.17\sqrt[3]{\frac{M}{\sigma_a}} \tag{5.2}$$

② 중공축(中空軸)

$x = d_1/d_2$(안지름/바깥지름)으로 놓으면

$$Z = \frac{\pi}{32}\left(\frac{d_2^{\ 4} - d_1^{\ 4}}{d_2}\right) = \frac{\pi}{32}d_2^{\ 3}(1 - x^4)$$

$$M = \frac{\pi}{32}d_2^{\ 3}(1 - x^4)\sigma_b \tag{5.3}$$

$$d_2 = \sqrt[3]{\frac{32M}{\pi(1 - x^4)\sigma_a}} = 2.17\sqrt[3]{\frac{M}{(1 - x^4)\sigma_a}} \tag{5.4}$$

(2) 비틀림모멘트만을 받는 축

비틀림모멘트를 T, 발생하는 전단응력을 τ, 극단면계수를 Z_p로 하면

① 내실축

$$Z_p = \frac{\pi}{16}d^3 = \frac{I_p}{d/2}$$

$$T = Z_p\tau = \frac{\pi}{16}d^3\tau \tag{5.5}$$

τ_a를 축의 허용전단응력으로 하면

$$d = \sqrt[3]{\frac{16\,T}{\pi}\tau_a} \tag{5.6}$$

② 중공축

$$Z_p = \frac{\pi}{16}\left(\frac{d_2{}^4 - d_1{}^4}{d_2}\right) = \frac{\pi}{16}d_2{}^3(1-x^4)$$

$$T = \frac{\pi}{16}d_2{}^3(1-\kappa^4)\tau_a \tag{5.7}$$

$$\therefore d_2 = \sqrt[3]{\frac{16\,T}{\pi(1-x^4)\tau_a}}$$

내실축과 중공축의 강도가 같을 때 각각의 지름을 비교하면

$$\frac{d_2}{d} = \sqrt[3]{\frac{1}{1-x^4}} \tag{5.8}$$

즉, 중공축에서 바깥지름을 약간 증가시키면 강도가 내실축과 같아지고 중량은 상당히 가벼워진다.

예제 5-1 지름이 8 cm되는 내실축과 강도가 같고, 안팎의 지름의 비 $x = d_1/d_2 = 0.6$이 되는 중공축의 바깥지름을 구하시오. 또 중량은 몇 %로 감소되는가?

$x = 0.6$에 대하여

$$d_2/d = \sqrt[3]{\frac{1}{1-x^4}} = 1.047$$

$$\therefore d_2 = 1.047d = 8.38 \text{ cm}$$

중량비 $\omega = \dfrac{d_2^2(1-x^2)}{d^2} = \dfrac{83.8^2(1-0.6^2)}{80^2} = 0.702$

즉, 중량은 30% 감소한다.

---

(3) 굽힘과 비틀림을 동시에 받는 축

이때는 축단면에 σ_b와 τ의 조합응력이 발생하므로 2종류의 모멘트를 합성하여 상당모멘트 M_e, T_e를 재료의 파괴에 대한 여러 가지 학설(2.10 재료의 파괴)을 적용하여 구하고 이 값을

이용하여 축경을 설계한다.

최대주응력설에 의하면

$$M_e = \frac{1}{2}(M + \sqrt{M^2 + T^2})$$

$$\sigma_{max} = \frac{16}{\pi d^3}(M + \sqrt{M^2 + T^2}) \tag{5.9}$$

최대전단응력설에 의하면

$$T_e = \sqrt{M^2 + T^2}$$

$$\tau_{max} = \frac{16}{\pi d^3}\sqrt{M^2 + T^2} \tag{5.10}$$

① 연성재료

축은 일반적으로 연강재 0.2~0.4% C의 탄소강이 사용된다. 이와 같은 재료에는 최대전단응력설로 계산되며 전단강도는 인장강도의 1/2로 하여 τ_a를 결정한다.

$$내실축 : d^3 = \frac{16}{\pi \tau_a}\sqrt{M^2 + T^2}$$

$$중공축 : d_2{}^3 = \frac{16}{\pi(1-x^4)\tau_a}(\sqrt{M^2 + T^2}) \tag{5.11}$$

② 취성재료

주철과 같은 취성재료에 대해서는 최대주응력설을 적용한다.

$$내실축 : d^3 = \frac{16}{\pi \sigma_a}(M + \sqrt{M^2 + T^2})$$

$$중공축 : d_2{}^3 = \frac{16}{\pi(1-x^4)\sigma_a}(M + \sqrt{M^2 + T^2}) \tag{5.12}$$

③ 중간재료

중간의 연성, 취성을 갖는 재료의 경우에는 식 (5.11)과 (5.12)에서 계산된 지름의 큰 쪽을 취하는 것이 안전하다. 또는 최대변형률설을 적용하여 상당굽힘모멘트를 Saint Vennant의 식으로부터 아래와 같이 구하여 축경설계를 할 수 있다.

$$M_e = 0.35M + 0.65\sqrt{M^2 + T^2} \tag{5.13}$$

(4) 전동마력에 의하여 계산되는 축

주로 비틀림에 의하여 동력을 전달하는 축에서는 전달마력과 회전수로부터 비틀림모멘트, 즉 토크를 산출하여 축의 지름을 정한다.

전동마력을 H[PS], 회전수를 N[rpm]으로 하면, 비틀림모멘트 T는 공학단위를 사용하면

$$T = 71,620 \times \frac{H}{N} [\text{kg} \cdot \text{cm}] = 71,6200 \times \frac{H}{N} [\text{kg} \cdot \text{mm}] \tag{5.14}$$

SI 단위를 사용하면,

$$T = 7,023.5 \times \frac{H}{N} [\text{N} \cdot \text{m}] \tag{5.15}$$

전동마력을 H'[kW], 회전수를 N[rpm]으로 하면, 비틀림모멘트 T는 공학단위를 사용하면

$$T = 97,400 \times \frac{H'}{N} [\text{kg} \cdot \text{cm}] = 974,000 \times \frac{H'}{N} [\text{kg} \cdot \text{mm}] \tag{5.16}$$

SI 단위를 사용하면

$$T = 9,549 \times \frac{H'}{N} [\text{N} \cdot \text{m}] \tag{5.17}$$

식 (5.6)에 식 (5.14)를 대입하여 축경 d에 대하여 풀면

$$d = \sqrt[3]{\frac{16T}{\pi \tau_a}} = K \sqrt[3]{\frac{H}{N}} \ [\text{cm}] \tag{5.18}$$

여기서 $K = \dfrac{71.5}{\sqrt[3]{\tau_a}}$ 이고 허용전단응역 τ_a값에 따라 계산된 K값이 표 5.1에 수록되어 있다. 이 값은 실제 축경설계에 자주 이용된다. τ_a는 재료에 따라서 다음과 같이 취한다.

- 압연강의 경우 $\tau_a = 120 \, \text{kg/cm}^2$
- 연강의 경우 $\tau_a = 200 \, \text{kg/cm}^2$
- 반경강의 경우 $\tau_a = 300 \, \text{kg/cm}^2$

표 5.1 허용전단응력 τ_a에 따라 계산된 K값(식 (5.18))

허용응력 τ_a[kg/cm²]	130	170	210	270	370	500	600
계수 K	14	13	12	11	10	9	8.9

• Ni – Cr강의 경우 $\tau_a = 500\,\mathrm{kg/cm^2}$

그림 5.1은 식 (5.18)을 계산하여 그래프로 나타낸 것이고, 가로축에 H/N 또는 $T[\mathrm{cm\cdot kg}]$의 값을 취하고 허용응력 τ_a의 값을 파라미터로 하여 세로축에 축의 지름 $d\,[\mathrm{mm}]$를 나타내고 있다. 전동축의 설계에는 비틀림 외에 자중, 벨트 풀리, 기어, 축 이음 등으로부터 굽힘 작용도 상당히 받지만, 예측이 곤란하므로 허용응력의 값을 비교적 낮게 취하여 강도에 여유를 둔다. 일반적으로 공장용 전동축에는 $\tau_a = 210\,\mathrm{kg/cm^2}$의 탄소강이 많이 쓰이므로 $K=12$(표 5.1)로 잡았을 때

$$d = 12\sqrt[3]{\frac{H}{N}} \tag{5.19}$$

토크 T와 굽힘모멘트 M을 동시에 받는 축에 대해서는

$$T_e = \sqrt{M^2 + T^2}$$

$$d = \sqrt[3]{16\frac{T_e}{\pi\cdot\tau_a}}\,[\mathrm{cm}]$$

로 한다.

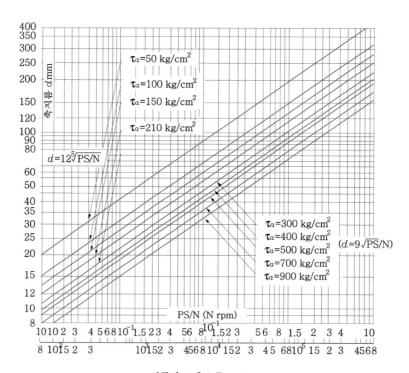

그림 5.1 ▶ 전달마력과 축 지름

(5) 비틀림, 굽힘 및 축력을 동시에 받는 축

프로펠러축은 배의 원동기로부터 프로펠러에 회전력을 전달하는 축으로, 주로 토크 T와 프로펠러로부터의 추력(인장 또는 압축) P를 받으며, 추력이 중심을 벗어났을 경우는 큰 굽힘모멘트 M을 받게 된다.

$$\sigma_{\max} = \frac{1}{2}(\sigma_p + \sigma_b) + \frac{1}{2}\sqrt{(\sigma_p + \sigma_b)^2 + 4\tau^2}$$

$$= \frac{16}{\pi d^3}\left[\left(\frac{d}{8}P + M\right) + \sqrt{\left(\frac{d}{8}P + M\right)^2 + T^2}\right] \tag{5.20}$$

$$\tau_{\max} = \frac{1}{2}\sqrt{(\sigma_p + \sigma_b)^2 + 4\tau^2}$$

$$= \frac{16}{\pi d^3}\left[\left(\frac{d}{8}P + M\right) + \sqrt{\left(\frac{d}{8}P + M\right)^2 + T^2}\right] \tag{5.21}$$

중공축에 대하여는

$$T_e = \sqrt{[M + Pd_2(1+x^2)/8]^2 + T^2}$$

$$\tau_{\max} = \frac{16}{\pi d_2^{\ 3}(1-x^4)}\sqrt{\left[\frac{Pd_2(1+x^2)}{8} + M\right]^2 + T^2} \tag{5.22}$$

$$d_2^{\ 3} = \frac{16}{\pi \tau_a (1-x^4)}\sqrt{\left[Pd_2\frac{(1+x^2)}{8} + M\right]^2 + T^2} \tag{5.23}$$

$$M_e = \frac{1}{2}\left[\left\{M + Pd_2(1+x^2)/8\right\} + \sqrt{\left\{M + Pd_2(1+x^2)/8\right\}^2 + T^2}\right]$$

$$\sigma_{\max} = \frac{16}{\pi d_2^{\ 3}(1-x^4)}\left[\left\{\frac{P(1+x^2)d_2}{8} + M\right\} + \sqrt{\left\{M + Pd_2\frac{(1+x^2)}{8}\right\}^2 + T^2}\right] \tag{5.24}$$

축 지름을 구할 때는 먼저 적당한 축 지름의 수치를 예견하여 대입하고 좌우 양변을 비교하면서 양변이 거의 같게 되는 수치를 발견하여 나가야 한다. T_e는 $P=0$으로 하여 d를 구하고, 다음에 이 값을 사용한 T_e에서 d를 다시 구한다.

축방향의 힘이 압축력이고, 축이 가늘고 길 때에는 좌굴의 위험성을 고려하기 위하여 계수를 사용하지 않으면 안 된다. 이 계수는 축을 베어링 사이에서 지지되는 장주로 생각하고 다음과 같이 취한다.

l : 베어링 사이의 거리 σ_s : 압축 항복강도

E : 종탄성계수 k : 축의 회전반지름

$$내실축 : k = \frac{d}{4}$$

$$중공축 : k = \frac{(1+x^4)d_2}{4}$$

n : 축단의 단말계수

$$볼\ 베어링\ 지지 : n = 1$$
$$플레인\ 베어링 : n = 2.5$$
$$완전\ 고정 : n = 4$$

η : 좌굴의 영향을 나타내는 계수

η는 l/k 값에 따라서 다음과 같이 구한다.

$$\frac{l}{k} < 110 \ : \ \eta = \frac{\sigma_s}{1 - 0.0037\left(\frac{l}{k}\sqrt{n}\right)} \ \text{(Tetmajer 식)} \tag{5.25}$$

$$\frac{l}{k} > 110 \ : \ \eta = \frac{\sigma_s}{n\pi^2 E \left(\frac{k}{l}\right)^2} \ \text{(Euler 식)}$$

따라서 η를 도입했을 때 내실축의 외경은 다음과 같이 나타낼 수 있다.

$$d^3 = \frac{16}{\pi \tau_a} \sqrt{\left(\frac{\eta P d}{8} + M\right)^2 + T^2} \tag{5.26}$$

축의 지름을 구할 때는 처음에 k와 η는 미지수이므로 최초에 적당한 d_2를 가정하여 먼저 η를 구하고, d_2 및 η의 값을 식 (5.26)에 대입하여 좌우 양변을 비교한다. 그 결과로부터 d_2, η을 수정하면서 점차 d_2의 근사치를 구하도록 한다.

(6) 하중의 동적효과계수를 고려한 축경 계산식

기계축에 작용하는 굽힘모멘트(M)와 비틀림모멘트(T)는 운전 중에 복잡하게 변동하고, 반복적이며 충격적으로 작용하므로 이들의 영향을 고려할 필요가 있다. 이론적 해석보다는 경험적으로 얻어진 동적효과계수 k_m, k_t 를 M, T에 각각 곱하여 $k_m M$, $k_t T$, 로 하여 앞에서 유도한 축경계산공식에 대입한다.

즉, 최대전단응력설을 적용하면 내실축의 경우 식 (5.11)에서

$$d^3 = \frac{16}{\pi \tau_a} \sqrt{(k_m M)^2 + (k_t T)^2} \tag{5.27}$$

또한 최대주응력설을 적용하면 중공축의 외경은 식 (5.12)에서

$$d^3 = \frac{16}{\pi \sigma_{\max}} \left[k_m M + \sqrt{(k_m M)^2 + (k_t T)^2} \right] \tag{5.28}$$

회전축은 자중, 회전체의 중량, 풀리에 작용하는 인장력 등에 의하여 회전할 때마다 반복굽힘응력을 받으므로 재료의 피로파괴를 고려하여 동적 효과를 나타내는 계수를 도입하여 $k_m \geq 1.5$로 취할 필요가 있다. 또 비틀림 및 굽힘모멘트가 변동하며 작용할 때나 충격적으로 작용할 때는, 정하중의 경우보다 큰 응력이 축에 발생하므로 k_t, $k_m > 1$로 취해야 한다. 표 5.2는 동적효과 계수에 대한 미국 규격의 추천치를 나타낸다.

표 5.2 비틀림 및 굽힘모멘트에 대한 동적효과계수 (k_t, k_m)

하중의 종류	회전축		정지축	
	비틀림(k_t)	굽힘(k_m)	비틀림(k_t)	굽힘(k_m)
정하중 또는 극히 완만한 변동하중	1.0	1.5	1.0	1.0
급속 변동하중, 가벼운 충격하중	1.0~1.5	1.5~2.0	1.5~2.0	1.5~2.0
심한 충격하중	1.5~3.0	2.5~3.0	1.5~2.0	1.5~2.0

예제 5-2 정적토크 18,500 kg·cm와 정적 굽힘하중 30,800 kg·cm를 받는 축의 지름을 구하라. 단 동적효과계수를 굽힘과 비틀림에 대하여 $k_m = 1.5$, $k_t = 1.0$로 각각 적용하고 키홈이 가공되어 있음을 고려하라.

키홈 때문에 허용전단응력을 평활한 축의 75%로 하면

$$\tau_a = 0.75 \times 600 = 450 \, \text{kg/cm}^2$$

동적효과계수 $k_m = 1.5$, $k_t = 1.0$를 감안하여 각각 굽힘과 비틀림모멘트를 수정하여 다음과 같이 설계한다.

$$\frac{\pi d^3}{16} \tau_a = T_e = \sqrt{(k_m M)^2 + (k_t T)^2} \text{ 이므로}$$

$$d^3 = \frac{16}{450\pi}\sqrt{(1.5\times 30{,}800)^2 + 18{,}500^2} = 563.24$$

$$\therefore d = 8.26\,\text{cm}$$

예제 5-3   다음 그림은 캐터필러의 구동부로서 구동축은 베어링 A와 B에 의해 지지되어 있고, 스프로킷 C에 의해 구동되며 트랙 스프로킷 T_1과 무한궤도의 트랙을 회전시킨다. 스프로킷 C가 엔진과 1 : 1의 속도비로 연결되어 있고 엔진의 출력이 30마력일 때(회전수 $=1500\,\text{rpm}$) 구동축을 설계하시오. 단 축재료는 탄소강으로서 $\sigma_a = 600\,\text{kg/cm}^2$, $\tau_a = 300\,\text{kg/cm}^2$이다.

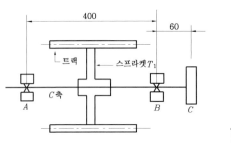
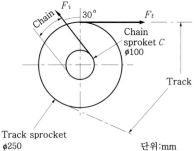

▶ 체인전동장치

트랙 스프로킷 T_1과 스프로킷 C를 감아서 회전시키는 체인에서 이완측의 장력은 무시할 수 있으므로, 긴장측의 장력이 유효장력이 되고 베어링하중을 계산할 때 유효장력만 고려하면 된다.

엔진 동력이 손실 없이 무한궤도 트랙에 전달된다고 가정할 때 무한궤도 트랙의 회전력(유효장력)은

$$F_t = \frac{75P}{v} = \frac{75\times 30}{\dfrac{\pi \times 0.25 \times 1{,}500}{60}} = 114.6\,\text{kg}\text{이고}$$

체인의 장력은 $F_c = \dfrac{F_t \times 250}{100} = 286.5\,\text{kg}$로 계산된다.

T_1점을 스프로킷이 설치된 축지점이라 표시하고 A, B, C 지점의 베어링하중(수직력과 수평력)을 계산하고 이를 이용하여 축에 작용하는 전단력 선도(SFD : Shear Force Diagram) 및 굽힘모멘트 선도(BMD : Bending Moment Diagram)를 구하면 다음과 같다.

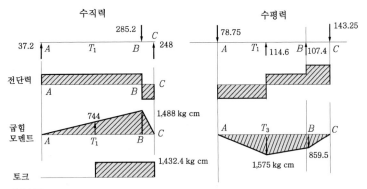

▶ SFD와 BMD

T_1 지점과 B점에서 수직력과 수평력에 의한 굽힘모멘트를 합성하면

$$M_{\mathrm{T_1}} = \sqrt{744^2 + 1575^2} = 1,741.9 \ \text{kg} \cdot \text{cm}$$

$$M_{\mathrm{B}} = \sqrt{1,488^2 + 859.5^2} = 1,718.4 \ \text{kg} \cdot \text{cm}$$

최대굽힘모멘트는 T_1점에서 발생하고 이를 이용하여 등가비틀림모멘트를 구하면

$$T = 71,620 \frac{H}{N} = 71,620 \frac{30}{1,500} = 1,432.4 \ \text{kg} \cdot \text{cm}$$

$$T_e = \sqrt{M^2 + T^2} = \sqrt{1,741.9^2 + 1,432.4^2} = 2,252.2 \ \text{kg} \cdot \text{cm}$$

$$\therefore d = \sqrt[3]{\frac{16 T_e}{\pi \tau_a}} = \sqrt[3]{\frac{16 \times 2,252.2}{\pi \times 300}} = 3.37 \ \text{cm}$$

T_1점에서 등가굽힘모멘트를 구하면

$$M_e = \frac{1}{2}\left(M + \sqrt{M^2 + T^2}\right) = 1,997 \ \text{kg} \cdot \text{cm}$$

$$d = \sqrt[3]{\frac{32 M_e}{\pi \sigma_a}} = \sqrt[3]{\frac{32 \times 1,997}{\pi \times 600}} = 3.24 \ \text{cm}$$

따라서 $d = 34 \ \text{mm}$를 취한다.

---

(7) 키홈의 영향계수(e)

축의 키홈을 절삭하면 홈바닥 구석에 응력집중이 일어나서 축의 강도를 감소시키며, 특히 반복하중 또는 충격하중을 받을 때는 그 영향이 현저하다. 키홈을 판축 및 이와 동일한 지름을 갖고 키홈이 없는 축의 강도의 비를 e라고 하면

$$e = \frac{\sigma_{ak}}{\sigma_a} = 1.0 - 0.2\frac{b}{d} - 1.1\frac{t}{d} \tag{5.29}$$

여기서 σ_{ak}는 키홈이 있는 경우의 허용응력, σ_a는 키홈이 없는 경우의 허용응력, b는 키의 나비, t는 키홈의 깊이, d는 축지름이다.

키홈에 의한 축의 강도는 표준 치수에서는 대체로 75%로 감소하는 것으로 본다. 묻힘키의 경우를 하한 지름에 대하여 도시하면 그림 5.2와 같고, $d > 20$ mm에서는 $e = 0.75 \sim 0.85$로 할 수 있다.

강도의 감소를 고려하여 키홈 축의 지름을 정할 때는 허용응력을 키홈이 없을 경우의 e배로 한다. 또는 홈 바닥의 지름을 갖는 환축과 동등하게 보는 방법도 있다. 비틀림각은 홈이 있는 부분에서 증가하지만 미끄럼키가 사용되는 긴 홈의 경우 이외에는 비틀림각의 증가는 무시해도 지장이 없다.

키홈부의 응력집중계수 α의 값은 그림 5.3과 같고, 그림에서는 아는 바와 같이 키홈 구석의 둥굴새 반지름 ρ는 지름의 2~3% 이상으로 할 필요가 있다.

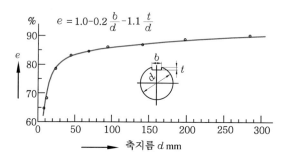

그림 5.2 ◐ 키홈으로 인한 축강도의 감소

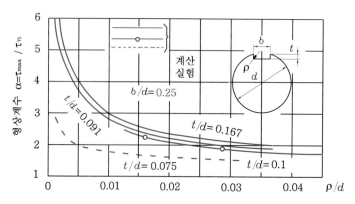

그림 5.3 ◐ 키홈의 응력집중계수(형상계수) α

(8) 압입에 의한 피로한도의 저하

축에 허브(hub) 또는 베어링의 내륜 등을 압입하거나, 열박음을 하면 축이 억지끼워맞춤된다. 이때 축의 피로한도는 그림 5.4, 5.5와 같이 현저하게 저하한다. 따라서 이 영향도 설계할 때는 무시할 수 없다. 그러나 축의 표면을 미리 롤러 등으로 압연 가공하여 두거나 또는 고주파 담금질을 시행하면 이 저하현상은 현저하게 감소한다.

이외에 상온가공, 사용온도, 하중반복속도 등도 피로한도에 영향을 준다.

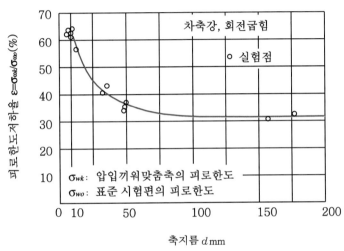

그림 5.4 ▶ 억지끼워맞춤으로 인한 축의 피로한도 감소

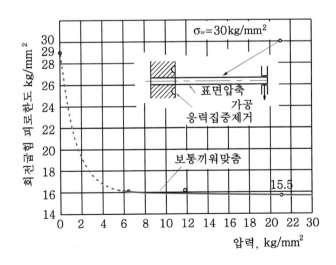

그림 5.5 ▶ 끼워맞춤 압력증가에 따른 피로한도 감소

(9) 직선축의 열팽창 및 열응력

증기터빈 및 가스터빈 축과 같이 사용 온도가 변화하는 경우나 공장 전동축과 같은 장축에서는 온도 변화에 의한 열팽창이 발생하고, 이때 축방향의 늘임을 허용하지 않으면 열응력이 발생하여 축방향의 힘이 작용하게 된다.

축의 열팽창량 δ는 온도가 $t_0\,℃$에서 $t\,℃$까지 상승하고, 재료의 팽창계수를 α로 하면

$$\delta = \alpha(t-t_0)l \,[\mathrm{mm}] \tag{5.30}$$

이때 팽창을 허용하지 않으면 열응력 σ를 발생하여

$$\sigma = -\frac{E\delta}{l} = -E\alpha(t-t_0)\,[\mathrm{kg/mm^2}] \tag{5.31}$$

위 식에서 $-$는 $t > t_0$일 때 압축, $t < t_0$일 때 인장응력을 발생하는 것을 의미한다. l은 축 길이이고 E는 Young's modulus이다.

/5.1.3/ 축의 강성(剛性 : Rigidity)

(1) 비틀림강성

전동축은 동력을 전달할 때 비틀림각이 커지면 전동 기구의 작동 및 정밀도상에 여러 가지 문제가 생긴다. 축의 강성이 부족하면 축계의 비틀림 진동의 원인이 되므로 적당한 강성을 확보할 필요가 있다. 보통 비틀림모멘트에 대한 비틀림각은 축의 길이 1 m에 대하여 1/4° 이내로 설계해야 한다고 Bach가 제안하여 지금까지 설계현장에서 널리 적용되고 있다.

축의 두 단면 사이의 거리를 l, 그 사이의 비틀림각을 θ, 축재료의 횡탄성계수를 G로 하면

$$T = \frac{\pi d^4}{32}G\left(\frac{\theta}{l}\right)$$

이 되고, 따라서 축지름 d는

$$d = \sqrt[4]{\frac{32\,T}{\pi G(\theta/l)}} \tag{5.32}$$

일반적으로 θ는 축길이 1 m당 1/4° 이하로 제한하므로

$$\frac{\theta}{l} = \frac{0.25}{100} = 4.363 \times 10^{-5}\,\mathrm{rad/cm}$$

$$G = 8.3 \times 10^5 \, \text{kg/cm}^2$$

$T = 71{,}620 \cdot \dfrac{H}{N}[\text{kg} \cdot \text{cm}]$를 대입하면 널리 적용되는 Bach의 축공식이 유도된다.

$$d \fallingdotseq 12 \sqrt[4]{\frac{H}{N}} \; [\text{cm}] \tag{5.33}$$

같은 식으로 중공축에 대하여 외경을 구하면

$$d_2 = 12 \sqrt[4]{\frac{H}{(1-\chi^4)N}} \; [\text{cm}] \tag{5.34}$$

또 비틀림각의 제한을 $l = 20d$에 대하여 $\theta \leq 1°$로 하는 방법도 있으므로 $\theta = 1° = \pi/180 \, \text{rad}$, 축재료가 강재인 경우 횡탄성계수 $G = 8.3 \times 10^5 \, \text{kg/cm}^2$으로 하면

$$\tau = 1/2 \cdot G\theta d/l = 362 \, [\text{kg/cm}^2]$$

$$d = 10.03 \sqrt[4]{\frac{H}{N}} \; [\text{cm}] \tag{5.35}$$

로 된다.

사용응력 τ_a는 362 kg/cm²보다 작으면 비틀림강성은 소요범위 내에 들어선다. 여기서 횡탄성계수 G의 값은 강재의 종류에 따라 거의 변함이 없으므로 강성에 의한 강재의 축지름을 설계할 때 식 (5.35)를 강재의 종류에 관계없이 적용할 수 있다.

그림 5.6은 d와 H/N의 관계를 표시한다. 연강축의 경우 $H/N \leq 1$에서는 비틀림강성에 의한 축지름이 강도에 의해 계산된 지름보다 크게 설계되므로 비틀림 강성에 대한 계산식을 적

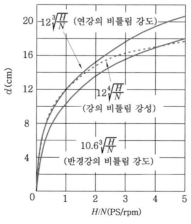

그림 5.6 ▶ 강재의 비틀림강도와 비틀림강성에 의한 축경설계 비교

용해야 하고, $H/N \geqq 1$에서는 점선으로 표시된 강성에 의한 축지름은 강도에 의한 설계값보다 작으므로 이 범위에서는 강성보다 강도를 만족시키는 조건으로 설계해야 한다.

예제 5-4 그림과 같이 B점에 $T = 10,000\,\text{kg} \cdot \text{cm}$의 토크가 작용할 때 축의 양단 A, C를 고정단으로 하면 양단에 걸리는 토크 T_1, T_2는 각각 얼마인가?

AB, BC 구간에서 비틀림각은

$$\theta_1 = \frac{38\,T_1}{I_p G}, \quad \theta_2 = \frac{60\,T_2}{I_p G}$$

AB의 비틀림각 θ_1과 BC의 비틀림각 θ_2는 같으므로

$$38\,T_1 - 60\,T_2 = 0$$
$$T_1 + T_2 = 10,000$$
$$\therefore\ T_1 = 6,122.5\,\text{kg} \cdot \text{cm}, \quad T_2 = 3,877.5\,\text{kg} \cdot \text{cm}$$

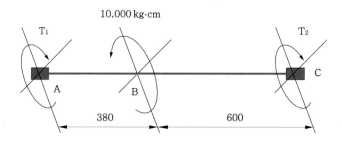

예제 5-5 200 rpm으로 10마력을 전달하는 축으로 비틀림 각도를 0.25°/m로 제한 할 때 축지름을 설계하시오. 단 축재료는 강재이고 허용전단응력은 $\tau = 300\,\text{kg/cm}^2$이다.

비틀림 강성에 의한 축경계산식인 Bach의 축공식 식 (5.33)에서

$$d = 12\sqrt[4]{\frac{10}{200}} = \frac{12}{2.11} = 5.7\,\text{cm}$$

한편 비틀림강도에 의한 축경계산식 식 (5.18)을 적용하여 $\tau = 300\,\text{kg/cm}^2$로 하면

$$d = 71.5\sqrt[3]{\frac{10}{300 \times 200}} = \frac{71.8}{18.2} = 3.93\,\text{cm}$$

비틀림강성을 고려한 축지름이 비틀림 강도에서 설계된 축지름보다 크므로 축지름을 5.7 cm로 설계해야 한다.

(2) 축의 굽힘강성 및 베어링 사이의 거리

축에 발생하는 굽힘응력이 축재료의 허용응력 이하라도 휨이 어느 정도 이상 크게 되면, 베어링에서 불균일한 접촉이 발생하거나 기어의 맞물림 성능을 저하시키고, 굽힘 진동을 일으키는 원인이 된다. 따라서 축의 휨에 대한 어떤 제한을 만들어서 설계할 필요가 있다.

축에 횡 하중 W가 작용할 때의 최대 휨 δ 및 최대 휨각 $i\,[\text{rad}]$는 일반적으로

$$\delta = m\,Wl^3/IE$$
$$i = n\,Wl^2/EI$$

여기서 m과 n은 하중 분포에 따른 상수로서

- 중앙집중하중의 양단 단순 지지축 : $m = 1/48, n = 1/16$
- 자중에 의한 균일분포하중일 때 : $m = 5/384, n = 1/24, W = wl$

만일 δ/l를 지정할 때

$$d = \sqrt[4]{\frac{64m\,Wl^2}{\pi E(\delta/l)}} \tag{5.36}$$

또는 i를 지정할 때

$$d = \sqrt[4]{\frac{64n\,Wl^2}{\pi Ei}} \tag{5.37}$$

로 축의 지름을 정할 수 있다. 내공축인 경우에 식 (5.36), (5.37)은 다음과 같이 쓸 수 있다.

$$d_2 = \sqrt[4]{\frac{64m\,Wl^2}{\pi(1-x^4)(\delta/l)\cdot E}} \tag{5.38}$$

$$d_2 = \sqrt[4]{\frac{64n\,Wl^2}{\pi(1-x^2)Ei}} \tag{5.39}$$

굽힘강성에 대한 대책은 축의 지름뿐 아니라 베어링 사이의 간격으로도 조정할 수 있다. 굽힘강성으로 정하는 베어링 사이의 간격은 축의 자중 및 하중에 의한 최대 휨량 δ 또는 최대 경사각 i의 제한에 의하여 결정된다.

$$\text{공장용 전동축} : \delta \leq \frac{1}{1{,}200}l$$

$$\text{기어를 사용한 축} : \delta \leq \frac{1}{3{,}000}l$$

$$\delta \leq 0.35 \text{ mm/m}, \ i \leq 1/1000 \text{ rad}$$

터빈축

$$\text{원통형 롤러축} : \delta \leq 0.026 \sim 0.128 \text{ mm/m}$$
$$\text{원판형 롤러축} : \delta \leq 0.128 \sim 0.165 \text{ mm/m}$$

경사각 i 의 제한으로는 그림 5.7에서 보는 바와 같이 베어링 내의 휨이 틈새 이내에 있을 필요가 있으므로

$$i \leq \frac{D-d}{b} = \frac{\varphi d}{b} \tag{5.40}$$

베어링 틈새비 $\varphi = \dfrac{D-d}{d}$ 는 일반적으로 0.001로 취하게 된다. 지금 베어링 나비를 $b = d$ 로 하면

$$i \leq 0.001 \text{ rad} \tag{5.41}$$

즉, 축의 최대 휨각을 1/1000 이하로 한다.

안전한 축의 설계를 위하여 축의 지지조건을 양단지지로 보고, 축에 작용하는 하중을 자중도 포함하여 균등분포하중으로 보며, δ / l 의 한계치를 주면 식 (5.36)으로부터

$$l = \sqrt[3]{\frac{384}{5} \cdot \frac{EI}{w} \cdot \frac{\delta}{l}}$$

부하를 축의 자중의 n 배로 보면

$$w = n\frac{\pi}{4}d^2\gamma$$

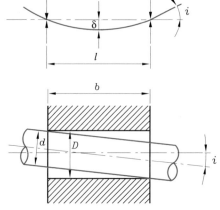

그림 5.7 ▶ 베어링으로 지지되는 축의 휨 경사각

표 5.3 $l = k_1{}^3\sqrt{d^2}$ 의 계수 k_1의 값

허용휨		계수 k_1				
δ/l	δ[mm/m]	$n=1$	$n=2$	$n=3$	$n=4$	$n=5$
1/1000	1.0	109	87	76	69	64
1/1200	0.83	103	81	71	65	60
1/1500	0.67	95	76	66	60	55
1/2000	0.50	87	69	60	55	51
1/3000	0.33	76	60	52	48	44
1/4000	0.25	69	55	48	43	40
1/5000	0.20	64	51	44	40	37
1/10000	0.10	51	40	35	32	30

(주) n=부하비=하중(자중포함)/축의 자중

여기서 $r = 0.00785 \text{ kg/cm}^2$이고, $E = 2.1 \times 10^6 \text{ kg/cm}^2$를 대입하면

$$l = k_1{}^3\sqrt{d^2} \text{ [cm]} \tag{5.42}$$

이 된다. 여기서 k_1은 δ/l과 부하비 n에 따라서 표 5.3에 나타나 있다.

δ/l의 허용값이 작고 부하비 n의 값이 커서, 즉 계수 k_1의 값이 작을 때는 l은 강성 조건에서 제한되고, 반대로 k_1의 값이 클 때는 l은 강도조건에서 제한받는다. 또 고속회전축에서 원심력에 의한 영향 등을 고려하여 다음 식에 의하여 l을 구한다.

$$l = k_1\{1500/(N+1500)\}^3\sqrt{d^2} \text{ [cm]} \tag{5.43}$$

여기서 N은 축의 회전수[rpm]이다.

베어링 사이의 거리를 구하는 또 다른 방법은 축의 굽힘강도로부터 구하는 것이다.

굽힘강도로부터 베어링 사이의 간격을 정할 때는 축을 연속보로 보고, 자중 및 지지물의 중량에 의한 굽힘모멘트와 허용굽힘응력으로부터 소요 간격을 구할 수 있다.

그림 5.8과 같이 연속보의 양단에 있는 베어링 사이의 거리 l_1, 축은 일단지지 타단고정의 보로 생각하고, 기타의 스팬 l_2의 중간축은 양단고정보로 보면 중간 베어링부에 발생하는 최대굽힘모멘트는 균일분포하중

$$w = W/l$$

에 대하여

$$M_1 = wl_1{}^2/8 = W_1l_1/8, \quad M_2 = wl_2{}^2/12 = Wl_2/12$$

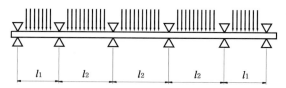

그림 5.8 ● 연속보의 축지름 설계

로 된다. 따라서 허용응력을 지정하면 베어링 사이의 거리는

$$l_1 = \sqrt{\frac{\pi}{4} \cdot \frac{\sigma_a}{w} d^3} = 0.866 \sqrt{\frac{\sigma_a d^3}{w}}$$

$$l_2 = \sqrt{\frac{3\pi}{8} \cdot \frac{\sigma_a}{w} d^3} = 1.085 \sqrt{\frac{\sigma_a d^3}{w}}$$

Unwin에 의하면 경험적으로 다음과 같은 식을 사용한다.

$$l = K\sqrt{d} \ [\text{cm}] \tag{5.44}$$

여기서 K는 표 5.4에 나타나 있으며 부하 상태와 허용응력에 따라 변한다.

표 5.4 $l = K\sqrt{d}$의 K값 (Unwin에 의함)

축의 종류	계수 K의 값
축의 자중(중간축)	90~120
2~3의 풀리, 기어를 갖는 축(원축)	80~88
방적공장 등의 작동축	64~72

예제 5-6 다음 그림과 같이 단순 지지된 강재축이 커플링을 통하여 모터와 연결되어 있다. 모터의 동력은 20마력에 1200 rpm일 때 비틀림강성 및 굽힘강성을 고려하여 축의 지름과 베어링의 지지부의 거리를 구하시오. 단 축의 재질은 연강으로 한다.

축의 비틀림강성으로부터 지름을 구하면 Bach의 축공식에서

$$d = 12\sqrt[4]{\frac{H}{N}} = 12\sqrt[4]{\frac{20}{1,200}} = 4.31 \, \text{cm}$$

따라서 축 지름 $d = 44 \, \text{mm}$로 한다.
공장용 전동축에서는 자중에 의한 처짐량 δ를 길이 l의 1/1,200로 허용한다.

$$\delta \leq \frac{l}{1,200}$$

처짐량 δ 는

$$\delta = \frac{5wl^4}{384EI}$$

$$w = \frac{\pi}{4}d^2\rho = \frac{\pi}{4} \times 0.044^2 \times 7{,}800 = 11.86\,\text{kg/m} = 0.1186\,\text{kg/cm}$$

$$EI = 21 \times 10^5 \times \frac{\pi}{64} \times 4.4^4 = 38.64 \times 10^6$$

$$\therefore l = \sqrt[3]{\frac{384EI}{5w \times 1{,}200}} = 275.2\,\text{cm}$$

따라서 베어링간의 거리 $l = 275\,\text{cm}$ 로 한다.

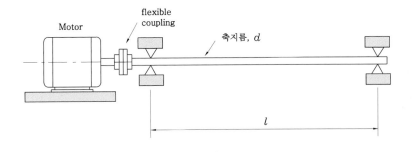

예제 5-7 공장의 기둥 사이의 거리는 3.6 m이다. 각각의 기둥에 베어링을 설치하고자 한다. 선축의 최소 지름을 얼마로 하면 좋은가? 단 굽힘이 없는 경우 $l \leq 97\sqrt[3]{d^2}\,[\text{cm}]$로 한다.

$$360 \leq 97\sqrt[3]{d^2}$$

$$\therefore d = \sqrt{\left(\frac{360}{97}\right)^3} = 7.15\,\text{cm}$$

즉, 선축의 지름을 최소 7.15 cm 이상으로 설계한다.

---

(3) 단축(段軸)의 비틀림각과 힘

단달림 축(단축)을 설계할 때는 균일 지름을 갖는 등가축(等價軸)으로 수정할 필요가 있다. 그림 5.9와 같은 단축에 비틀림모멘트 T를 가하면

$$\theta = \frac{32\,Tl_1}{\pi d_1^{\,4}G} + \frac{32\,Tl_2}{\pi d_2^{\,4}G} + \cdots + \frac{32\,Tl_n}{\pi d_n^{\,4}G} = \frac{32\,T}{\pi d_1^{\,4}G}\left(l_1 + l_2\frac{d_1^{\,4}}{d_2^{\,4}} + \cdots + l_n\frac{d_1^{\,4}}{d_n^{\,4}}\right) \quad (5.45)$$

$$l = \left(l_1 + l_2 \frac{d_1{}^4}{d_2{}^4} + \cdots + l_n \frac{d_1{}^4}{d_n{}^4} \right) \tag{5.46}$$

$$\theta = \frac{32\,Tl}{\pi d_1{}^4 G} \tag{5.47}$$

길이 l, 지름 d_1의 균일 단면축은 단축과 비틀림강성이 같은 등가축이 된다.

단면이 일정하지 않은 축의 휨 및 경사각을 구하는데는 균일단면을 갖는 축의 문제로 고쳐서 해결한다. 그림 5.10과 같은 단축을 생각할 때 지름 d_0의 부분을 기준으로 하여 단축의 지름 d_0인 균일단면축으로 개선한다. 우선 그림과 같이 지름 d_0의 균일단면의 굽힘모멘트 선도 ABC를 그리고, 다음에 축의 각 단 부분에 관하여 굽힘모멘트의 크기를 각 부분의 단면 2차 모멘트의 비로 수정한다. 즉,

지름 d_1 부분에서는

$$ED'/DD' = I_0/I_1 = d_0{}^4/d_1{}^4$$

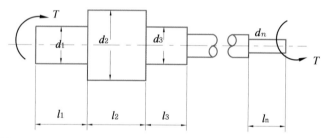

그림 5.9 ◑ 단달림축

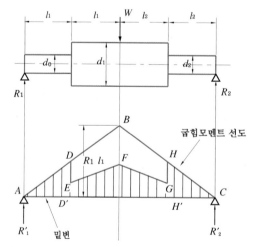

그림 5.10 ◑ 단달림축의 굽힘모멘트 선도

지름 d_2 부분에서는

$$GH' / HH' = I_0 / I_2 = {d_0}^4 / {d_2}^4$$

만큼 굽힘모멘트 선도를 수정하고, 결국 d_0의 균일단면축에는 ADEFGHC로 표시되는 굽힘모멘트가 작용하는 것으로 생각해도 좋다. 결국 단축의 임의의 위치에 있어서 수정된 굽힘모멘트 선도의 밑변(공역축 : conjugate shaft) 위의 대응점에서 굽힘모멘트 또는 전단력을 구하여 EI_0로 나누면 휨 또는 휨각을 구할 수 있다.

또 면적 모멘트법을 사용하여 $[M/EI]$도형에서 임의의 2점 A, B의 휨각을 i_A, i_B로 하면 휨각의 차는 $[M/EI]$도의 면적과 같다.

$$i_B - i_A = -\int_{x_B}^{x_A} \frac{M}{EI} dx$$

또 임의의 점 C에서 B까지의 처짐의 차는

$$y_C - y_B = \int_{x_B}^{x_A} (x_B - x) \frac{M}{EI} dx$$

이므로 이것은 $[M/EI]$도의 C점에서 B점까지의 사이에 있는 면적의 공역축에 대한 수직선에 관한 1차 모멘트를 나타낸다.

/5.1.4/ 휨축

휨축(flexible shaft)은 비틀림강성은 있으나 굽힘강성이 약한 축으로 비교적 같은 토크를 임의의 방향에 전달하는 데 사용된다. 강철사를 여러 층 코일로 감아서 만든 것이 일반적으로 사용되고 있다(그림 5.11).

코일은 4~10층으로 되어 있고 서로 감는 방향이 반대로 되어 있다. 최대 전달토크와 회전 방향은 최외층의 소선의 지름과 감긴 방향으로 결정된다. 역방향의 회전에 대해서는 정방향

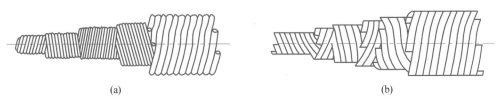

(a)   (b)

그림 5.11 ▶ 코일선형 휨축

표 5.5 코일선형 휨축의 지름

HP \ N[rpm]	200	400	800	1,250	2,000
1/20	9	8	6	6	5
1/10	15	12.5	10	10	8
1/4	25	25	15	15	10
1/2	30	30	20	20	12.5
1	40	35	30	25	15
2	50	45	35	30	20
3	60	55	45	35	30
4	–	60	45	40	35

의 15%의 토크만이 전달할 수 있다. 이 휨축의 지름 d는 다음과 같이 정한다.

$$d = (20 \sim 30)^3 \sqrt{\frac{N}{H}} \tag{5.48}$$

일반적인 코일선형 휨축의 지름이 표 5.5에 나와 있다.

/5.1.5/ 축의 위험속도

축의 비틀림 또는 휨의 변형이 급격하면 축은 탄성체이므로 이것을 회복하려는 에너지를 발생하고, 이 에너지는 운동에너지로 되어 축의 원형을 중심으로 하여 교대로 변형을 반복하는 결과로 된다. 특히 이 변화의 주기가 축 자체의 비틀림 또는 휨의 고유진동과 일치할 때는 진폭은 점차로 증대하고, 공진 현상을 일으켜서 결국 축의 탄성한계를 초과하여 파괴한다. 이와 같은 축의 진동 회전수를 비틀림 또는 휨의 위험속도(critical speed)라 하고 여기서 가장 진동이 심하게 일어난다.

예를 들어서, 기통수가 작은 크랭크축은 베어링 사이의 간격이 가까우므로 휨변형 진동을 고려할 염려가 없고, 왕복운동 부분의 관성력 변화로부터 오는 주기적 비틀림모멘트의 변화에 대한 비틀림 진동을 검토할 필요가 있다.

또 송풍기, 압축기, 터빈, 펌프 등은 베어링 간격이 커서 회전자의 중량, 자중에 의한 휨이 크게 되므로 휨 진동을 검토하지 않으면 안 된다. 이때 재료의 불균일, 가공 조립의 정밀도 불량 등에 의한 축심과 중심의 불일치로 기인하는 원심력도 진동의 큰 원인이 된다.

기계의 상용 회전수는 항상 1차 위험속도로부터 상하 ±20% 이상 떨어지게 정해야 한다. 회전축은 일반적으로 제1, 2, 3차…와 같이 다수의 위험속도를 갖고 있다.

양단 지지축에 균일분포하중이 작용할 때의 위험속도비는 $1^2 : 2^2 : 3^2 \cdots$, 양단 고정의 축에서 위험속도의 비는 $1 : 3^2 : 5^2 : 7^2 \cdots$이다. 축의 설계에는 강도 및 강성을 고려하여 축지름이나 축 길이를 결정하는 외에, 이 1차 위험속도에 관해서도 반드시 검토해야 한다.

(1) 휨진동(횡진동)

휨에 의한 위험속도는 축재료, 지름, 베어링 간격, 하중의 종류 및 대소, 축의 지지 상태 등에 의하여 다르다. 스프링상수 k[kg/cm] , 질량 M[kg·s²/cm]의 스프링 질량계의 진동수 f(c/s)는

$$f = \frac{1}{2\pi}\sqrt{k/M} = \frac{1}{2\pi}\sqrt{g/\delta}$$

여기서 g는 중력가속도, δ는 정적인 상태에서 $W = Mg$에 의한 처짐을 말한다.

그림 5.12와 같이 축의 중앙에 $W = Mg$의 회전체가 고정되어 있고, 회전체의 중심이 축심과 e만큼 편심되어 있다면, 각속도 ω로 회전시킬 때 원심력에 의하여 축은 x만큼 휘게 된다.

지금 단위량의 휨을 발생시키기 위한 힘, 즉 스프링상수를 k로 하면 축에 작용된 힘 kx는 이 회전체에 작용하는 원심력과 서로 같다.

$$kx = M(x+e)\omega^2 \tag{5.49}$$

$$\therefore x = \frac{Me\omega^2}{k - M\omega^2}$$

만약 k가 $M\omega^2$과 같게 되면 $x = \infty$로 되고, 축은 극심하게 진동하고 파괴될 염려가 있다. 이때의 위험 원운동속도를 ω_c로 보면

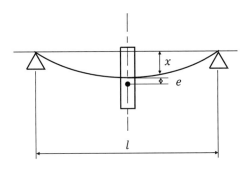

그림 5.12 ▶ 축의 휨진동

$$\omega_c = \sqrt{\frac{k}{M}} = \sqrt{\frac{kg}{W}} \qquad (5.50)$$

따라서 축의 위험속도 $N_c[\text{rpm}]$는

$$N_c = \frac{30}{\pi}\sqrt{\frac{kg}{W}} = \frac{30}{\pi}\sqrt{\frac{g}{\delta}} \qquad (5.51)$$

그림 5.13과 같이 무게 W인 회전체가 축에 설치되어 있을 경우, 위험속도를 식 (5.51)을 사용하여 다음과 같이 계산할 수 있다. E를 Young's modulus, I를 극단면 2차모멘트, g를 중력가속도라 하면,

양단이 단순보와 같이 베어링으로 지지된 경우 위험속도는

$$N_c = \frac{30}{\pi}\sqrt{\frac{3EI(a+b)g}{Wa^2b^2}} \qquad (5.52)$$

양단이 고정보와 같이 베어링으로 지지된 경우 위험속도는

$$N_c = \frac{30}{\pi}\sqrt{\frac{3EI(a+b)^3g}{Wa^3b^3}} \qquad (5.53)$$

또한 회전체가 설치되어 있지 않은 경우 축의 자중 $m[\text{kg/cm}]$이 균일분포하중으로 축에 가해진다고 보고 역시 식 (5.51)을 사용하여 축의 위험속도를 계산할 수 있다.

양단이 단순보와 같이 베어링으로 지지된 경우 위험속도는

$$N_c = \frac{30}{\pi}\pi^2\sqrt{\frac{EIg}{ml^4}} \qquad (5.54)$$

양단이 고정보와 같이 베어링으로 지지되 경우 위험속도는

$$N_c = \frac{30}{\pi}22.45\sqrt{\frac{EIg}{ml^4}} \qquad (5.55)$$

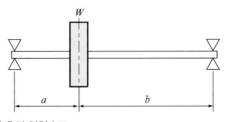

그림 5.13 ▶ 회전체가 설치된 축의 위험속도

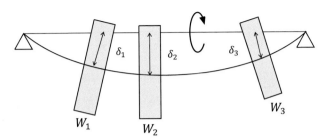

그림 5.14 ▶ 여러 개의 회전체가 설치된 축의 위험속도

　지금까지는 한 개의 회전체를 생각했으나 실제로는 여러 개의 회전체가 축에 설치될 수 있다. 그림 5.14와 같이 양단 자유롭게 지지된 자중을 무시할 수 있는 축에 질량 W_1, W_2, W_3 …의 회전체가 고정되어 있다고 하자. 각 회전체가 현 위치에 단독 설치될 경우의 정적 처짐을 각각 $\delta_1, \delta_2, \delta_3$ …로 하면 처짐으로 인하여 축에 저장되는 위치에너지 U는

$$U = \frac{1}{2}\left(W_1\delta_1 + W_2\delta_2 + W_3\delta_3 + \cdots \right)$$

　축이 수평선을 기준선으로 상하로 진동(휨진동)을 할 때, 축이 기준선을 통과하는 순간 축에 저장된 위치에너지는 0이 되고, 축의 운동에너지는 최대가 됨을 단진동(simple harmonic vibraton) 이론을 통하여 알 수 있다. 축 단진동의 고유진동수(circular natural frequency)를 ω라 하면, $\delta(t) = \delta\sin\omega t, \frac{d}{dt}\delta(t) = -\delta\omega\cos\omega t$ 이므로 최대속도는 $\delta\omega$ 가 된다. 따라서 각 회전체의 최대운동에너지의 합 $E_k)_{\max}$ 는

$$E_k)_{\max} = \frac{\omega^2}{2g}\left(W_1{\delta_1}^2 + W_2{\delta_2}^2 + W_3{\delta_3}^2 + \cdots \right)$$

에너지 보존에 의하여 $E_k)_{\max} = U$이므로

$$\frac{1}{2}\left(W_1\delta_1 + W_2\delta_2 + W_3\delta_3 + \cdots \right) = \frac{\omega^2}{2g}\left(W_1{\delta_1}^2 + W_2{\delta_2}^2 + W_3{\delta_3}^2 + \cdots \right)$$

따라서

$$\omega = \sqrt{\frac{g\left(W_1\delta_1 + W_2\delta_2 + W_3\delta_3 + \cdots \right)}{W_1{\delta_1}^2 + W_2{\delta_2}^2 + W_3{\delta_3}^2 + \cdots}} \text{ [rad/sec]}$$

위험속도는 축의 고유진동수와 동일하므로 축의 위험속도 N_c [rpm]로 나타내면

$$\omega = 2\pi f = 2\pi\frac{N_c}{60} = \frac{\pi}{30}N_c \text{ 이므로 } (f \; : \text{cycle/sec})$$

$$N_c = \frac{30}{\pi} \sqrt{\frac{g\left(W_1\delta_1 + W_2\delta_2 + W_3\delta_3 + \cdots\right)}{W_1\delta_1^{\,2} + W_2\delta_2^{\,2} + W_3\delta_3^{\,2} + \cdots}} \ [\text{rpm}] \tag{5.56}$$

여러 개의 회전체가 고정된 축의 휨진동 고유진동수을 구하기 위하여 각 회전체의 각각의 무게를 $W_1, W_2, W_3 \cdots$라 하고, 각 회전체를 단독으로 설치했을 때의 위험속도를 식 (5.56)을 이용하여 각각 $N_1, N_2, N_3 \cdots$으로 계산하고, 축 자체의 자중만 고려한 위험속도를 N_0라고 하면 다음의 Dunkerley 공식을 사용하여 1차 위험속도를 근사적으로 구할 수 있다.

$$\frac{1}{N_c^{\,2}} = \frac{1}{N_o^{\,2}} + \frac{1}{N_1^{\,2}} + \frac{1}{N_2^{\,2}} + \frac{1}{N_3^{\,2}} + \dots \tag{5.57}$$

여기서 N_c는 축계 전체의 1차 위험속도를 나타낸다.

예제 5-8 지름 60 mm의 축이 있다. 베어링 사이의 거리는 1 m로, 하나의 베어링으로부터 0.3 m 의 위치에 무게 60 kg인 회전체가 설치되어 있다. 이 축의 위험속도를 구하시오.

자중만의 경우 위험속도 N_0를 구하면 축의 단면 2차 모멘트는

$$I = \frac{\pi}{64}d^4 = \frac{\pi}{64} \times 60^4 = 6.36 \times 10^5 \ \text{mm}^4$$

축의 단위 길이의 중량 w는 축재의 밀도 $\gamma = 7.85 \times 10^{-6}$ kg/mm^{3}로 하면

$$w = \gamma\frac{\pi}{4}d^2 = 7.85 \times 10^{-6} \times \frac{\pi}{4} \times 60^2 = 2.22 \times 10^{-2} \ \text{kg/mm}$$

따라서

$$N_0 = 30\frac{\pi}{l^2}\sqrt{\frac{EIg}{w}}$$

$$= \frac{30\pi}{(10^3)^2}\sqrt{\frac{2.1 \times 10^4 \times 6.36 \times 10^5 \times 9.8 \times 10^3}{2.22 \times 10^{-2}}} = 7,260 \ \text{rpm}$$

다음에 집중하중에 의한 축의 휨 δ를 구하면

$$\delta = \frac{W\,l_1^{\,2}l_2^{\,2}}{3EI\,l} = \frac{60 \times (3\times10^2)^2 \times (7\times10^2)^2}{3 \times 2.1 \times 10^4 \times 6.36 \times 10^5 \times 10^3} = 6.6 \times 10^{-2} \ \text{mm}$$

따라서 집중하중만에 의한 위험속도 N_1은

$$N_1 = \frac{30}{\pi}\sqrt{\frac{g}{\delta}} = \frac{30}{\pi}\sqrt{\frac{9.8 \times 10^3}{6.6 \times 10^{-2}}} = 3,680 \ \text{rpm}$$

축 전체의 위험속도 N_c 는

$$\frac{1}{N_c^2} = \frac{1}{N_0^2} + \frac{1}{N_1^2} = \frac{1}{7,260^2} + \frac{1}{3,680^2} = 9.28 \times 10^{-8}$$

$$\therefore n_c = \sqrt{\frac{10^8}{9.28}} = 3,280 \text{ rpm}$$

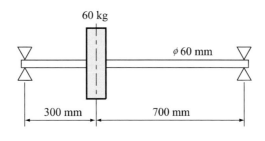

(2) 비틀림 진동

위험속도는 일반적으로 축의 재료, 지름, 베어링 간격, 축에 가해지는 하중의 종류, 하중의 대소 등에 의하여 다르나, 축에 작용하는 비틀림모멘트의 변동 주기가 축의 고유진동 주기와 합치되면 공진이 일어난다.

축의 비틀림 탄성계수를 k_t 라고 하면

$$k_t = \frac{T}{\theta} = \frac{I_p G}{l} = \frac{\pi G d^4}{32l}$$

축의 자중을 무시하고 회전체의 지름 D [cm], 두께 h [cm], 밀도 γ[kg/cm^3]인 회전체가 그림 5.15(a)와 같이 설치되어 있을 경우 회전체에서

$J = \dfrac{\gamma h}{g} I_p$ 인 관계식으로부터

시스템의 고유진동수는

$$\omega = \sqrt{\frac{k_t}{J}} = \sqrt{\frac{G I_p}{Jl}}$$

$$\therefore N_c = \frac{30}{\pi} \sqrt{\frac{G I_p}{Jl}} = \frac{30}{\pi} \sqrt{\frac{Gg}{\gamma h l}} \tag{5.58}$$

여기서 I_p : 축의 극단면 2차 모멘트[cm]

　　　$J(J_1, J_2)$: 회전체의 극관성모멘트[kg·cm·sec^2]

축의 극관성모멘트 J_s를 고려하면

$$N_c = \frac{30}{\pi} \sqrt{\frac{GI_p}{(J + J_s/3)l}} \tag{5.59}$$

지름 d의 축에 그림 5.15(b)와 같이 2개의 회전체가 붙어있고, 서로 반대 방향으로 비틀림 모멘트가 가해지면 축의 자중을 생략할 때 축의 위험속도는

$$N_c = \frac{30}{\pi} \sqrt{\frac{GI_p}{l} \cdot \frac{J_1 + J_2}{J_1 J_2}} \tag{5.60}$$

회전체의 지름 D [cm], 두께 h[cm], 밀도 γ[kg/cm^3], 전 중량 W[kg]인 원판의 극관성모멘트는

$$J = \frac{\pi D^4 h \gamma}{16g} = \frac{WD^2}{4g} \tag{5.61}$$

지금 전 중량이 평균지름 D_m[cm]인 원주상에 집중한 것으로 볼 수 있는 회전체에서는

$$J = \frac{WD_m^2}{4g} \tag{5.62}$$

로 주어진다. 그림 5.15(c)에 $\dfrac{a}{b} = \dfrac{J_1}{J_2}$인 단면 mn에서는 진동이 없고 이곳을 절(節 : node)이라고 한다.

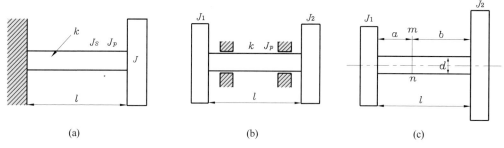

그림 5.15 ▶ 축의 비틀림 진동

다음 그림은 3기통 300마력 2사이클 디젤 엔진용 크랭크축을 표시한다. 폭발은 120°마다 일어난다. 축은 플랜지 커플링에 의하여 발전기에 고정 연결되어 있다. 플라이휠 및 발전기의 관성모멘트를 각각 93,000 및 109,700 $kg \cdot m^2$로 한다. 또 플라이휠보다 우측에 존재하는 부분 및 연결봉의 일부의 관성모멘트를 950 $kg \cdot mm^2$로 한다. 이 엔진에서 회전수가 142~158 rpm일 때 운전 상태가 대단히 나쁘며, 잠시 후에 커플링 부근에서 파괴되었다고 한다. 문제점을 검토하고 대책을 세우시오.

연결봉 및 기타의 관성모멘트를 플라이휠에 가하여 진동체 2개를 갖는 경우로 볼 수 있고, 모든 질량이 반지름 $r = 0.5\,m$의 원주상에 집중한 것으로 보면 진동체의 중량은 약 93,000 + 1,000 = 94,000 kg 및 109,700 kg이 된다.
다음에 $l = 1,395\,mm$의 구간을 등가지름 d로 환산하면

$$l = \left(\frac{100}{350}\right)^4 \times 205 + \left(\frac{100}{610}\right)^4 \times 190 + \left(\frac{100}{250}\right)^4 \times 850 + \left(\frac{100}{300}\right)^4 \times 150$$

$$= 25.117\,mm$$

$$W_1 = 109,700\,kg, \quad W_2 = 94,000\,kg, \quad D_1 = D_2 = 100\,kg$$

$$G = 820,000\,kg/cm^2, \quad l = 25,117\,cm, \quad g = 980\,cm/sec^2$$

로 놓으면

$$N_c = \frac{1}{2\pi} \sqrt{\frac{\pi \times 820,000 \times 10^4 \times (109,700 + 94,000) \times 4 \times 980}{32 \times 109,700 \times 94,000 \times 100^2 \times 2.5117}}$$

$$= 7.95\,\text{회}/sec = 7.95 \times 60\,\text{회/min} = 477\,rpm$$

즉, 위험속도는 477 rpm이다.
그런데 1회전에 3회의 폭발이 일어나므로 축이 받는 최대 비틀림모멘트의 횟수는 매분 142×3=426회 사이에 있다. 즉, 사용속도가 축의 위험속도에 극히 접근하여 있었음을 알 수 있다. 이러한 축의 공진을 피하기 위해 W_1, W_2 및 축의 지름 d 중 어느 것을 변경해야 하는데 W_1, W_2는 플라이휠의 성능에 영향을 주게 되므로 축을 변경하는 편이 좋다. 따라서 지름 250 mm의 부분을 $d = 300\,mm$로 개조하면 공진 현상이 일어나지 않는다.

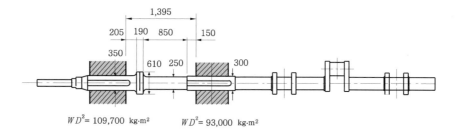

$WD^2 = 109,700\ kg \cdot m^2$ $WD^2 = 93,000\ kg \cdot m^2$

예제 5-10 그림과 같은 차축에 5톤의 하중을 가할 때 차축의 지름은 얼마이면 좋은가? 단 허용굽힘응력을 5 kg/mm²로 한다.

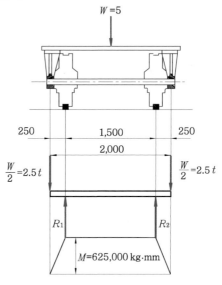

반력 : $R_1 = R_2 = 2,500\,\text{kg}$

축의 최대굽힘모멘트 M은

$$M = 2,500 \times 250 = 625,000 \text{ kg} \cdot \text{mm}$$

이므로

$$d \fallingdotseq \sqrt[3]{\frac{10 \cdot M}{\sigma_b}} = \sqrt[3]{\frac{10 \times 625,000}{5}} = \sqrt[3]{1,250,000} = 108 \text{ mm}$$

그러므로 축지름은 110 mm이다.

예제 5-11 200 rpm으로 60마력을 전달하는 축에 $M = 17,000 \text{ kg} \cdot \text{cm}$의 굽힘모멘트가 작용한다. 허용응력을 $\sigma = 500 \text{ kg/cm}^2$, $\tau = 400 \text{ kg/cm}^2$로 할 때 축의 지름은 얼마로 하면 좋은가?

$$T = \frac{71,620H}{N} = \frac{71,620 \times 60}{200} = 21,500 \text{ kg} \cdot \text{cm}$$

$$\therefore T_e = 1,000\sqrt{17^2 + 21.5^2} = 27,400 \text{ kg} \cdot \text{cm}$$

또 $M_e = \dfrac{1,000}{2}(17 + 27.4) = 22,200 \text{ kg} \cdot \text{cm}$

$$\therefore d_1 = \sqrt[3]{\frac{16\,T_e}{\pi\tau}} = \sqrt[3]{\frac{16 \times 27,400}{\pi \times 400}} = 7.05 \text{ cm}$$

$$d_2 = \sqrt[3]{\frac{32 M_e}{\pi \sigma}} = \sqrt[3]{\frac{32 \times 22,200}{\pi \times 500}} = 7.68 \, \text{cm}$$

이 경우에 큰 값을 취하면 축지름을 7.68 cm로 한다.

예제 5-12 800 kg·m의 비틀림모멘트를 받는 축의 지름을 구하시오.
단 허용비틀림응력을 4.8 kg/mm^{2}로 한다. 또 여기서 축을 중공축으로 하면, 그 바깥지름
을 120 mm로 할 때 안지름은 얼마인가?

$$d \fallingdotseq \sqrt[3]{\frac{5T}{\tau_a}} = \sqrt[3]{\frac{5 \times 800,000}{4.8}} = 94 \, \text{mm}$$

$$T = \tau_a \cdot \frac{\pi}{16} d_2{}^3 (1 - x^4) \fallingdotseq \tau_a \cdot \frac{d_2{}^3}{5} (1 - x^4)$$

$$\therefore x^4 = 1 - \frac{5T}{\tau_a \cdot d_2{}^3} = 1 - \frac{5 \times 800,000}{4.8 \times 120^3} = 1 - 0.482 = 0.518$$

$$\therefore x = \frac{d_1}{d_2} = \sqrt[4]{0.518} = 0.85$$

$$\therefore d_1 = 0.85 \times 120 = 102 \, \text{mm}$$

예제 5-13 지름 45 mm의 연강축이 있다. 키홈의 나비 $b = 12$ mm, 깊이 $t = 4.5$ mm이다. 이 축에
의하여 300 rpm, 25마력을 전달하려고 한다. 키 부근에 발생하는 응력은 얼마인가?

먼저 키홈이 없는 축에서는

$$\frac{\pi}{16} d^3 \tau = \frac{71,620 HP}{N}$$

$$\tau = \frac{71,620 HP \times 16}{\pi N d^3} = \frac{71,620 \times 25 \times 16}{\pi \times 300 \times (4.5)^3} = 334 \, \text{kg/cm}^2$$

그런데 식 (5.29)에서 키홈이 있는 경우의 응력집중을 고려하면

$$e = 1.0 - 0.2\frac{b}{d} - 1.1\frac{t}{d} = 1.0 - \frac{0.2 \times 1.2}{4.5} - \frac{1.1 \times 0.45}{4.5} = 0.837$$

따라서 키홈 부근의 응력은

$$\tau' = \frac{\tau}{e} = \frac{334}{0.837} \fallingdotseq 400 \, \text{kg/cm}^2$$

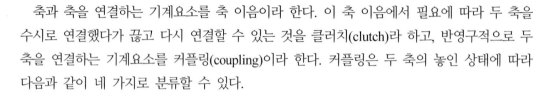

5.2 커플링

축과 축을 연결하는 기계요소를 축 이음이라 한다. 이 축 이음에서 필요에 따라 두 축을 수시로 연결했다가 끊고 다시 연결할 수 있는 것을 클러치(clutch)라 하고, 반영구적으로 두 축을 연결하는 기계요소를 커플링(coupling)이라 한다. 커플링은 두 축의 놓인 상태에 따라 다음과 같이 네 가지로 분류할 수 있다.

• 두 축이 동일선상에 있을 때 : 고정 커플링(fixed coupling)
• 두 축이 동일선상에 있으나 정확하지 않을 때 : 플렉시블 커플링(flexible coupling)
• 두 축이 평행하나 편심되어 있을 때 : 올덤 커플링(Oldham's coupling)
• 두 축이 어느 각도로 교차할 때 : 유니버설 커플링(universal coupling)

이러한 축 이음을 설계할 때 주의할 사항은

• 두 축의 중심맞춤을 별도로 할 필요가 없을 것
• 조립과 분해가 쉬울 것
• 회전에 대한 중량 균형이 완전할 것
• 가능한 한 소형일 것
• 가능한 한 돌기물이 적을 것, 경우에 따라서 보호장치를 붙일 것
• 진동에 의하여 조립상태가 이완되지 않을 것

등이 있다.

표 5.6 커플링의 종류

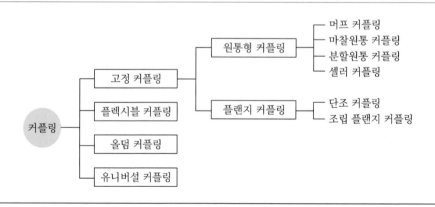

/5.2.1/ 고정 커플링

(1) 머프 커플링(muff coupling)

머프 커플링은 두 축의 외주에 간단한 실린더 모양의 통으로 씌운 후 머리붙이 키로축과 원통을 고정한다(그림 5.16). 작은 하중이 축지름이 작은 축에 작용할 때 적당하다. 축방향으로 인장력이 작용할 때는 사용할 수 없다. 또한 고속회전하는 머리붙이 키의 머리는 눈에 보이지 않아 작업자가 상해를 입을 수 있으므로 반드시 안전장치로 안전커버(safety cover)를 설치해야 한다.

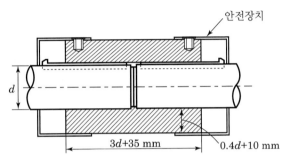

그림 5. 16 ▶ 머프 커플링

(2) 마찰원통 커플링(friction clip coupling)

그림 5.17과 같이 축방향으로 두 개로 쪼개진 실린더 원통의 외원주 부분에 테이퍼(중앙에서 양단방향으로 $\frac{1}{20} \sim \frac{1}{30}$) 가공하여, 축에 씌우고 2개의 연강제 고리(ring)로 때려박아 고정한 것이다. 큰 동력을 전달하기에는 부적당하나 임의의 축 위치에 설치할 수 있으므로 긴

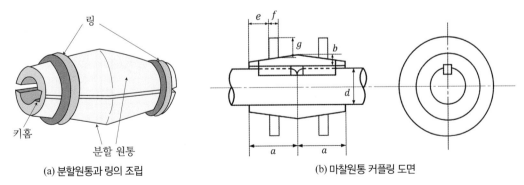

(a) 분할원통과 링의 조립

(b) 마찰원통 커플링 도면

그림 5. 17 ▶ 마찰원통 커플링

전동축 연결에 편리하다. 일반적으로 직경 150 mm 이하의 진동이 없는 축에 사용한다. 원통 내벽과 축 외원주 사이의 마찰력으로 동력전달을 하는데 슬립(slip)을 방지하기 위해 묻힘 키 (sunk key)를 사용하기도 한다. 축직경을 d라 할 때 원통의 길이를 보통 $5d$로 한다. 표 5.7에는 보통 사용되는 마찰원통커플링의 설계 치수가 나와 있다.

표 5.7 마찰원통커플링의 설계 치수 (단위 : mm)

d	a	b	d	f	g
50	100	30	20	20	25
60	120	36	25	25	25
70	140	42	30	30	30
80	160	48	30	30	30
90	180	54	35	35	35
100	200	60	40	40	37
110	220	66	45	45	39
120	240	72	50	50	41
130	260	78	55	55	43
140	280	84	60	60	44
150	300	90	60	60	70

(3) 분할원통 커플링(split muff coupling)

축지름 200 mm까지 사용되며 보통 클램프 커플링(clamp coupling)이라고 한다. 그림 5.18과 같이 주철제 반원통을 클램프처럼 사용하여 연결할 축을 맞대고 씌운 후 볼트로 체결한 커플링이다. 설치장소를 임의로 결정할 수 있고 축을 이동하지 않은 채 조립과 분해를 할 수 있는

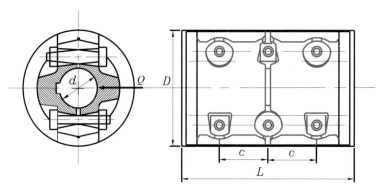

그림 5.18 ▶ 박스 커플링

이점이 있으므로 긴 전동축에 적용하면 좋다. 키는 주로 미끄럼 키를 사용한다. 재질은 보통 주철 또는 주강제로 하고 각부 치수는 표 5.8을 표준으로 한다(DIN).

표 5.8 박스 커플링의 표준치수(DIN)

d [mm]	25	30	35	40	45	50	55	60	70	80	90	100
D [mm]	82	100	115	125	140	155	170	185	200	220	240	280
L [mm]	90	110	125	145	160	180	200	220	240	275	310	350
C [mm]	40	52	58	68	78	85	95	65	78	92	100	110
볼트의 수	4	4	4	4	4	4	4	6	6	6	6	8
볼트의 지름 [in]	3/8	3/8	3/8	1/2	1/2	1/2	5/8	5/8	5/8	3/4	7/8	1

박스 커플링에서 볼트를 충분히 죔으로써 축과 커플링 사이에 수직항력을 발생시키고 그 마찰력에 의하여 동력을 전달한다.

전 볼트의 체결력의 반이 한쪽 축을 죄고 있는 것으로 하고, 그 힘을 Q로 하면

$$Q = \left(\frac{\pi}{4} d_1{}^2 \sigma_a \right) \times \frac{z}{2} \tag{5.63}$$

여기서 d_1 : 볼트의 골지름　　σ_a : 볼트의 허용인장응력

　　　z : 볼트의 전체 수　　d : 축지름

이고, 축의 회전방향 마찰력은 μQ이므로, 전달토크는

$$T = \mu Q \frac{d}{2} = \frac{\pi z \sigma_a d_1^2}{16} \tag{5.64}$$

가 된다.

예제 5-14　축지름 $d = 50$ mm인 축을 연결하는 박스 커플링에 M12 볼트(골지름 $d_1 = 9.73$ mm)가 4개 사용되고 있다. 볼트의 허용인장응력을 $\sigma = 500 \, \text{kg/cm}^2$로 하면 이 커플링으로 얼마 정도의 토크를 전달할 수 있는가? 단 마찰계수 $\mu = 0.2$이다.

$$Q = \left(\frac{\pi}{4} d_1{}^2 \sigma \right) \times \frac{z}{2} = \frac{\pi}{4} \times 0.973^2 \times 500 \times \frac{4}{2}$$

$$T = \frac{\mu Q d}{2} = \frac{0.2 \times 745 \times 5}{2} = 372.5 \, \text{kgf} \cdot \text{cm}$$

그런데 만일 축 재료의 허용전단응력을 $\tau = 300 \, \text{kg/cm}^2$라 하면, 축이 전달가능한 토크는

$$T_1 = \frac{\pi}{16}d^3\tau = \frac{\pi}{16}\times 5^3\times 300 = 7,363 \; \mathrm{kgf} \cdot \mathrm{cm}$$

이므로 커플링의 마찰토크로는 축의 전달토크를 감당할 수 없으므로 축과 커플링 사이의 미끄럼을 방지하기 위하여 키를 박아야 한다.

(4) 셀러 커플링(seller's coupling)

그림 5.19(a)에 구성부품과 조립도가 나와 있다. 조립순서는 다음과 같다. 연결할 두 축을 슬릿(slit)가공된 원뿔쐐기 내경에 각각 조립한 후, 축과 조립된 원뿔쐐기 꼭지각 부분이 서로 맞닿도록 외통 내부에 삽입한다. 원뿔쐐기를 축방향으로 관통하는 볼트로 조이면 조립이 완성된다. 볼트의 체결력이 그림 5.19(b)에서 해칭 방향이 서로 반대로 도시된 외통 내면과 원뿔

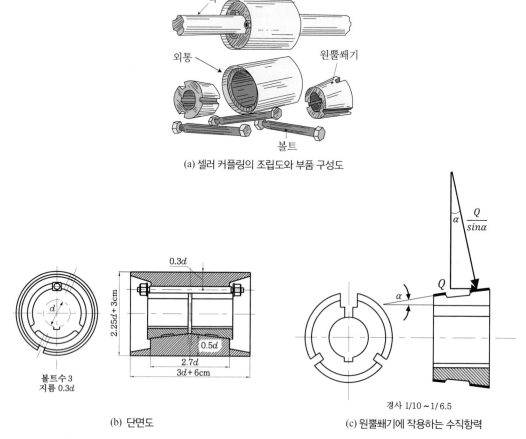

(a) 셀러 커플링의 조립도와 부품 구성도

(b) 단면도

(c) 원뿔쐐기에 작용하는 수직항력

그림 5.19 ▶ 셀러 커플링

쐐기의 외면 사이에 수직항력을 발생시켜서 원뿔쐐기의 접선방향으로 작용하는 회전 마찰력으로 동력전달을 하는 구조이다. 미끄럼을 방지하기 위하여 보통 평행키가 사용된다.

그림 5.19(c)에서 한 개의 볼트의 체결력을 Q, 원뿔면의 평균 반지름을 R_m 으로 하고 원뿔쐐기 외원주면과 외통내면 접촉면에서 회전방향 마찰계수를 μ 라 하면, 여기서 발생하는 회전방향 마찰력은 $\mu \dfrac{Q}{\sin\alpha}$ 이다. 볼트 개수를 z 로 하면 셀러 커플링의 전달토크 T는

$$T = z\mu \frac{Q}{\sin\alpha} R_m \tag{5.65}$$

볼트 3개($z = 3$), $\mu = 0.15$, $\tan\alpha = \dfrac{1}{10}$, $R_m \risingdotseq d$로 하면 전달토크 T는

$$T = 4.5\,Qd \tag{5.66}$$

인 근사식을 얻을 수 있다.

(5) 플랜지 커플링(flange coupling)

고속으로 회전하는 정밀기계축에 적당하고 공장전동축 또는 일반 기계의 커플링으로서 널리 사용되고 있다. 그림 5.20과 같이 양 축단에 억지끼워맞춤한 플랜지를 볼트 또는 리머볼트로 죄어서 큰 동력을 전달할 수 있다.

보통급은 볼트의 체결력에 의하여 발생하는 플랜지 면의 마찰력으로 회전력을 전달하고, 상급은 리머볼트의 전단력에 의하여 회전력을 전달한다. 또 보통급에는 중심맞춤을 위하여 끼워맞춤부가 있고, 상급은 리머볼트에 의한 중심맞춤을 하므로 끼워맞춤부는 원칙적으로 필요 없다.

표 5.9는 상급 플랜지 커플링의 규격 치수를 표시한다.

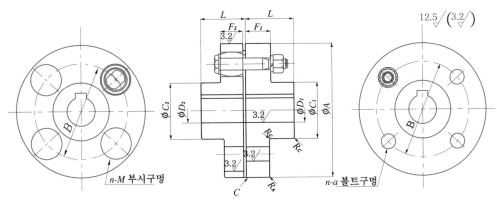

그림 5.20 ▶ 플랜지형 고정축 커플링

표 5.9 플랜지 커플링(단위 : mm)

커플링 바깥지름 A	D		L	C	B	F	n (개)	a	참고								
	최대축 구멍지름	(참고) 최소축 구멍지름							끼움부			R_c (약)	R_A (약)	c (약)	볼트뽑기 여유		
									E	S_2	S_1						
112	28	16	40	50	75	16	4	10	40	2	3	2	1	1	70		
125	32	18	45	56	85	18	4	14	45	2	3	2	1	1	81		
140	38	20	50	71	100	18	6	14	56	2	3	2	1	1	81		
160	45	25	56	80	115	18	8	14	71	2	3	3	1	1	81		
180	50	28	63	90	132	18	8	14	80	2	3	3	1	1	81		
200	56	32	71	100	145	22.4	8	16	90	3	4	3	2	1	103		
224	63	35	80	112	170	22.4	8	16	100	3	4	3	2	1	103		
250	71	40	90	125	180	28	8	20	112	3	4	4	2	1	126		
280	80	50	100	140	200	28	8	20	125	3	4	4	2	1	126		
315	90	63	112	160	236	28	10	20	140	3	4	4	2	1	126		
355	100	71	125	180	260	35.5	8	25	160	3	4	5	2	1	157		

(비고) 1. 볼트뽑기 여유는 축 끝에서의 치수로 나타낸다.
2. 커플링을 축에서 뽑기 쉽게 하기 위한 나사 구멍은 적당히 설정하여도 무방하다.

보통급 플랜지 커플링에서 볼트 1개의 체결력은

$$Q = 0.75 \frac{\pi}{4} d_1{}^2 \sigma_s = 0.75 \frac{\pi}{4} d_1{}^2 (1.3\sigma_a) = 0.97 \frac{\pi}{4} d_1{}^2 \sigma_a$$

가 되고, 따라서 플랜지 면의 마찰력에 의한 전달토크는

$$T = \mu z Q \frac{B}{2} \frac{1}{S} \tag{5.67}$$

여기서 B는 볼트 중심을 지나는 원의 지름이고, S는 안전계수로서 $1.2 \sim 1.5$의 값을 갖는다. 또한 축의 지름이 d일 때 축의 전달토크는

$$T = \frac{\pi}{16} d^3 \tau_a \fallingdotseq \frac{\pi}{16} d^3 \frac{\sigma_a}{2}$$

이므로 위 식과 식 (5.67)을 같게 놓으면 볼트의 골지름은

$$d_1 = \sqrt{\frac{Sd^3}{4\mu z B}} \tag{5.68}$$

여기서 $\mu = 0.15 \sim 0.25$이다.

또한 상급 커플링에서 리머볼트의 전단저항에 의한 전달토크는

$$T = z \cdot P \cdot \frac{B}{2} = z\frac{\pi}{4}d_1{}^2\tau_{aB}\frac{B}{2} \tag{5.69}$$

여기서 τ_{aB}는 볼트의 허용전단응력이고, d_1는 볼트의 골지름이다.

앞에서와 같이 축의 전달토크를 위 식과 같이 놓고 $\tau_a = \tau_{aB}$로 생각하면

$$d_1 = \sqrt{\frac{d^3}{2zB}} \tag{5.70}$$

보통볼트의 허용인장응력은 약 $300\,\mathrm{kg/cm^2}$ 이하로, 허용전단력은 약 $200\,\mathrm{kg/cm^2}$ 이하로 취해 설계한다.

플랜지 커플링에 사용되는 재질은 FC20, SC42 및 S25C 또는 SF45이고 이들의 재질에 의하여 허용회전수는 다르나, 전달토크는 상급, 보통급의 차이는 있지만 커플링 본체의 재질에는 관계없다. 그림 5.21은 각종 재질로 제작된 플랜지 커플링에 대한 허용회전수와 허용토크를 표시한다.

축지름이 대단히 큰 단조 커플링에서는 그림 5.22와 같이 축단에 플랜지를 단조하여 직접 리머볼트로 죈다. 키를 사용할 때는 축에 직각, 반지름 방향으로 때려 박는다. 플랜지의 지름

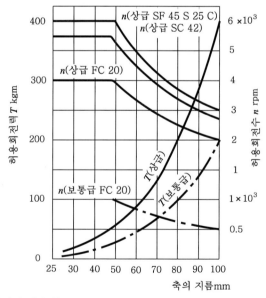

그림 5.21 ▶ 플랜지 커플링의 전달성능

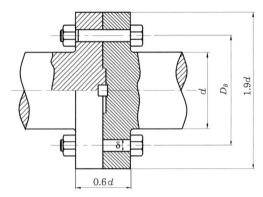

그림 5.22 ⭕ 축 플랜지 커플링

은 가능한 한 작게 하고, 이 커플링에서는 마찰력은 별로 고려하지 않고 볼트의 전단력으로만 토크를 전달하는 것으로 보고 볼트를 설계한다.

예제 5-15 지름 50 mm의 축에 대한 플랜지 커플링에서 지름 $d = 16$ mm의 죔 볼트를 6개 사용하고, 볼트 원의 지름 $D_B = 140$ mm일 경우 볼트의 허용인장응력 $\sigma = 500$ kg/cm^{2}로 하면 마찰에 의하여 얼마의 토크를 전달할 수 있는가? 또 $N = 200$ rpm으로 40 HP를 전달시키면 볼트에 작용하는 전단응력은 얼마나 되는가?

볼트의 전체 죔력 Q는

$$Q = z\left(\frac{\pi}{4}d_1^{\,2}\right)\sigma = 6 \times \frac{\pi}{4} \times 1.34^2 \times 500 = 4,230\,\text{kg}$$

$\mu = 0.2$로 할 때

$$T_1 = \mu Q \frac{D_B}{2} = 0.2 \times 4,230 \times \frac{14}{2} = 5,930\ \text{kg} \cdot \text{cm}$$

축에 대한 전단 허용응력을 $\tau = 300\,\text{kg/cm}^2$로 할 때 축의 토크는

$$T = \frac{\pi}{16}d^3\tau = \frac{\pi}{16} \times 5^3 \times 300 = 7,360\ \text{kg} \cdot \text{cm}$$

이므로 커플링의 마찰저항만을 가지고 축의 전체 토크를 전달할 수 없고 미끄러지게 된다. 리머볼트를 사용하였을 때 전단저항으로 감당할 수 있다. 또 200 rpm, 40 HP를 전달할 때 발생하는 전단응력 τ'은

$$\frac{71,620 \times 40}{200} = \frac{14}{2} \times 6 \times \frac{\pi}{4} \times 1.6^2 \times \tau'$$

$$\tau' = \frac{71,620 \times 40 \times 2 \times 4}{200 \times 14 \times 6 \times \pi \times 1.6^2} = 169\,\text{kg/cm}^2 \qquad \tau < 300\,\text{kg/cm}^2$$

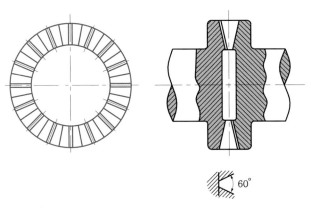

그림 5.23 ▶ 세레이션 커플링

(6) 세레이션 커플링(serration coupling)

단조 플랜지 커플링의 플랜지의 접촉면에 그림 5.23과 같은 반지름 방향으로 삼각이의 세레이션을 절삭하여 서로 맞물리는 이로 토크를 전달하는 커플링을 말한다.

이 커플링에서 볼트는 산형 잇면의 압력각에 의한 스러스트를 지지할 수 있도록 설계한다. 보통 이홈각은 60°의 것이 많이 사용된다.

5.2.2 플렉시블 커플링(휨 커플링)

고정 커플링축에서는 두 축의 중심이 완전히 일치하지 않으면 축과 베어링에 무리가 발생하고, 축의 피로, 베어링의 손상, 커플링의 파손 등을 일으킬 위험이 있고, 또 진동의 원인도 된다. 그러나 실제로는 양 축심을 완전히 일치시키기가 극히 곤란하고 공작 조립상의 오차나 운전 중의 축의 열팽창, 축·프레임 등의 휨, 베어링의 마모 등에 의한 틀림이 생기는 것은 보통이므로, 다소의 축심의 틀림을 허용하는 구조의 플렉시블 커플링(휨커플링)이 필요하게 된다.

또 플렉시블 커플링은 변형 토크, 충격 토크, 진동 등의 완충물로서 때로는 전기나 소음의 절연을 겸하여 사용되는 등, 각각의 특성을 갖는 구조의 것이 있고, 또 축심의 틀림의 허용치도 구조에 따라서 다르므로 목적에 적합한 커플링을 선택하는 것이 중요하다. 그러나 플렉시블 커플링은 고정 커플링만큼 큰 토크를 전달할 수 없다.

(1) 압축고무 플랜지 커플링

그림 5.24와 같이 한쪽 플랜지의 볼트 구멍에 고무 또는 가죽링을 끼우고 고무 또는 가죽의

압축강도로 토크를 전달한다. 볼트는 반대편의 플랜지에 너트로 고정하고, 볼트에는 굽힘력이 작용한다. 허용굽힘응력 $\sigma_a = (0.4 \sim 0.5)\sigma_s$로 굽힘에 저항하며 면압의 허용치는 20~30 kg/cm²로 설계된다. 표 5.10은 플랜지형 플렉시블 축 커플링의 회전속도 및 허용전달토크를 나타낸 것이다.

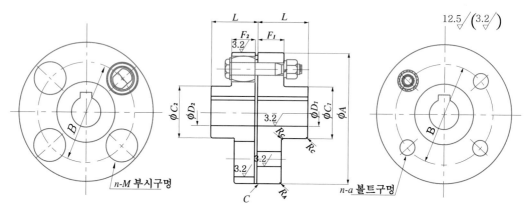

그림 5.24 ▶ 압축고무 플랜지형 플렉시블 축 커플링

표 5.10 플랜지형 플렉시블 축 커플링

커플링 바깥지름 A	D			L	C		B	F		n (개)[1]	a	M	t[2]	참고			
	최대축 구멍지름		(참고) 최소축 구멍지름		C_1	C_2		F_1	F_2					R_c (약)	R_A (약)	c (약)	볼트 뽑기 여유
	D_1	D_2															
90	20		-	28	35.5		60	14		4	8	19	3	2	1	1	50
100	25		-	35.5	42.5		67	16		4	10	23	3	2	1	1	56
112	28		16	40	50		75	16		4	10	23	3	2	1	1	56
125	32	28	18	45	56	50	85	18		4	14	32	3	2	1	1	64
140	38	35	20	50	71	63	100	18		6	14	32	3	2	1	1	64
160	45		25	56	80		115	18		4	14	32	3	3	1	1	64
180	50		28	63	90		132	18		4	14	32	3	3	1	1	64
200	56		32	71	100		145	22.4		8	20	41	4	3	2	1	85
224	63		35	80	112		170	22.4		8	20	41	4	3	2	1	85
250	71		40	90	125		180	28		8	25	51	4	4	2	1	100
280	80		50	100	140		200	28	40	8	28	57	4	4	2	1	116
315	90		63	112	160		236	28	40	10	28	57	4	4	2	1	116

(계속)

표 5.10 플랜지형 플렉시블 축 커플링

커플링 바깥 지름 A	D			L	C		B	F		n (개)[1]	a	M	t[2]	참고			볼트 뽑기 여유
	최대축 구멍지름		(참고) 최소축 구멍지름		C_1	C_2		F_1	F_2					R_c (약)	R_A (약)	c (약)	
	D_1	D_2															
355	100		71	125	180	260		35.5	56	8	35.5	72	5	5	2	1	150
400	110		80	125	200	300		35.5	56	10	35.5	72	5	5	2	1	150
450	125		90	140	224	355		35.5	56	12	35.5	72	5	5	2	1	150
560	140		100	160	250	450		35.5	56	14	35.5	72	5	6	2	1	150
630	160		110	180	280	530		35.5	56	18	35.5	72	5	6	2	1	150

(주) 1) n은 부시 구멍 또는 볼트 구멍의 수를 말한다.
　　 2) t는 조립했을 때의 커플링 몸체의 틈새이며, 커플링 볼트의 와셔 두께에 상당한다.
(비고) 1. 볼트 뽑기 여유는 축끝에서의 치수를 표시한다.
　　 2. 커플링을 축에서 뽑기 쉽게 하기 위한 나사 구멍은 적당히 설치해도 무방하다.

(2) 고무축 커플링

고무를 많이 사용하여, 고무의 압축이나 전단 등의 탄성 효과를 이용한 커플링을 고무축 커플링(rubber shaft coupling)이라 말한다.

형상은 그림 5.25와 같은 스프로킷(sprocket)형 고무 커플링(턱이 3~4개)과 그림 5.26과 같은 타이어형 고무 커플링이 있다.

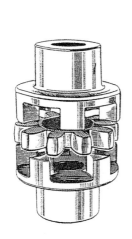

그림 5.25 ▶ 스프로킷형 고무 커플링

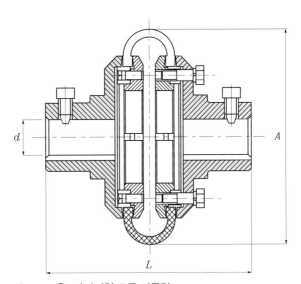

그림 5.26 ▶ 타이어형 고무 커플링

이들은 윤활이 필요 없고 운전 소음을 발생하지 않는 것, 또 두 축의 전기절연이 가능한 것들의 이점이 있으나, 구조상 바깥지름 치수가 크게 되는 것, 동일한 축지름 구멍을 같은 플랜지형 플렉시블 커플링에 비교하여 허용전달토크나 허용회전수가 약 1/2로 저하하는 결점이 있다. 비교적 큰 축심의 편기(偏寄)가 있을 때나, 진동흡수의 경우에 사용된다.

스프로킷형 고무 커플링에서 축의 경사는 $1°$ 정도 허용되며, 허용압력은 $n = 1,750\,\text{rpm}$에서 $20\,\text{kg/cm}^2$, $n = 100\,\text{rpm}$에서 $70 \sim 100\,\text{kg/cm}^2$로 설계된다.

타이어형 고무 커플링의 주요 치수와 성능은 표 5.11에 나타나 있다.

표 5.11 타이어형 고무축 커플링의 주요 치수와 전달토크

최대축 구멍지름 d [mm]	최대 전장 L [mm]	최대 바깥지름 A [mm]	축심의 편심허용치[mm]			허용전달토크 T[N·m]
			E_1	E_2	E_3	
16	80	100	<0.2	<0.5	<1	9.8
20	100	125	<0.3	<0.6	<1.2	19.6
32	160	200				78.4
40	200	250	<0.4	<0.8	<1.6	157
63	280	400				617
80	355	500	<0.5	<1	<2	1225
125	500	800				4990
160	630	1000	<0.6	<1.2	<2.5	9800
200	800	1250				19600

(비고) $d = 25, 50, 100, 140, 180\,\text{mm}$의 것은 생략함.
이 표에서 허용토크는 한쪽 방향으로 정상속도로 장시간에 걸쳐서 전달할 수 있는 토크이며, 만약 단시간 운전이면 최대전달토크는 허용전달토크의 약 두 배로 취할 수 있다.

(3) 압축 스프링 플랜지 커플링

그림 5.27과 같이 두 개의 플랜지 사이에 코일 스프링을 넣어서 토크를 전달하는 것으로 충격 및 진동을 흡수하는 효과가 있다.

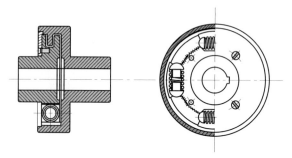

그림 5.27 ▶ 압축 스프링식 플렉시블 커플링

(4) 인장 고무륜 커플링

그림 5.28과 같이 양 플랜지에 나온 핀에 고무륜을 걸어서 이것의 인장으로 토크를 전달한다. 회전 중의 고무륜의 기울기를 α로 하면 전달토크는

$$T = zP\cos\alpha R \tag{5.71}$$

여기서 z는 고무륜의 개수이고, R은 핀 위치의 반지름이며, P는 고무의 인장력이다. 고무의 나비를 b, 두께를 s로 하면 고무의 인장력은

$$P = 2bs\sigma_a$$

허용인장응력 σ_a는 고무의 경우 $20 \sim 30\,\mathrm{kg/cm^2}$ 정도로 한다.

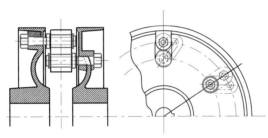

그림 5.28 ▶ 인장 고무륜 커플링

(5) 인장 가죽벨트 커플링

그림 5.29와 같이 한 줄의 가죽벨트를 축단에 고정한 원판에 교대로 걸어서 가죽의 인장을 통하여 토크를 전달하는 형식으로 신축성이 크다.

가죽벨트의 허용인장응력은 $\sigma_a = 20 \sim 30\,\mathrm{kg/cm^2}$ 정도로 한다.

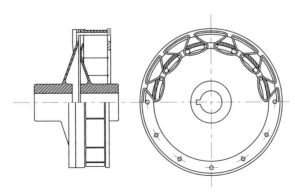

그림 5.29 ▶ 인장 가죽벨트 커플링

(6) 기어형 축 커플링(geared type shaft coupling)

그림 5.30과 같이 내치차를 절삭한 외통에 이끝 및 잇면을 크라우닝(crowning)한 같은 잇수를 갖는 내통의 외치차를 맞물리게 한 것으로 축심의 틀림, 경사를 허용할 수 있다. 외통과 내통의 경사각은 보통의 것에는 1.5° 정도이지만 설계에 따라서는 배 이상의 경사각을 허용할 수 있다. 또 커플링 내에는 치면의 윤활을 위하여 양질의 유압유를 주입하여 둘 필요가 있다. 특징은 탄성체를 개재하지 않고 있기 때문에 큰 마력을 전달할 수 있고 고속에도 견딜 수 있다. 치형은 보통 압력각 20°의 인벌류트 치형을 사용한다.

표 5.12는 규격에 정해진 기어축 커플링의 성능을 나타낸다.

표 5.12 기어형 축 커플링의 성능

바깥지름 A[mm]	최대축 구멍지름 d[mm]	허용전달 토크[1] T[N·m]	허용회전수[2] $n° \cdot S^{-1}$	바깥지름 A[mm]	최대축 구멍지름 d[mm]	허용전달 토크[1] T[N·m]	허용회전수[2] $n° \cdot S^{-1}$
100	25	196	66.7	400	180	34,800	31.7
112	32	392	66.7	–	–	–	–
125	40	784	66.7	450	200	49,000	28.3
140	50	1,225	66.7	500	220	69,600	25.0
160	63	1,760	66.7	560	250	98,000	22.0
180	71	2,450	66.7	630	280	137,000	19.7
200	80	3,480	62.5	710	320	196,000	17.7
224	90	4,900	55.8	800	360	274,000	15.8
250	100	6,960	50.0	900	400	392,000	14.2
280	125	11,000	44.2	1,000	450	549,000	12.5
315	140	15,700	39.3	1,120	500	784,000	11.2
335	160	24,500	35.3	1,250	560	110,000	10.0

(주) 1) 회전속도 $1.67 S^{-1}$, 경사각 $\phi = 0$일 때의 값
　　 2) 경사각 $\phi = 1.5°$로 전달토크가 충분히 작을 때의 값

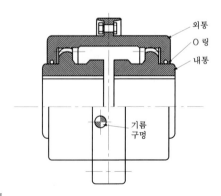

외통
O 링
내통
기름 구멍

그림 5.30 ▶ 기어형 축 커플링

(7) 롤러체인 축 커플링(roller chain typed shaft coupling)

이 커플링은 그림 5.31과 같이 스프로킷이 새겨진 커플링 본체 외주에 2열 롤러체인으로 결합하여 회전력을 전달한다. 이 커플링은 스프로킷의 이와 롤러 사이의 놀음(틈 흔들림), 롤러와 부시 또는 부시와 핀의 틈 및 체인의 처짐 등에 의하여 축심의 약간의 틀림을 흡수할 수 있다. 마모를 피하기 위하여 저속일 때는 그리스를 바르지만, 고속일 때는 기름의 비산을 방지하기 위하여 커버가 필요하다. 비교적 편심이 작고 회전속도가 느린 곳에 사용하기에 적합하다.

표 5.13에 이 커플링의 주요 치수와 성능의 일부를 나타낸다.

표 5.13 롤러체인 축 커플링의 성능

최대축 구멍지름 d[mm]	허용전달토크 T[N·m]	허용회전수 $n_0 S^{-1}$	
		케이스 없음	케이스 사용
22	78.4	20.9	75.0
28	110	16.7	66.7
32	159	16.7	66.7
35	220	13.3	59.2
40	274	13.3	52.5
45	348	10.5	46.7
56	617	10.5	41.7
71	882	8.3	37.3
80	1,370	6.7	33.3
100	2,200	6.7	30.0
110	3,480	5.3	26.7
125	4,900	4.2	23.3
140	6,960	4.2	20.9
160	11,000	3.3	18.7
200	17,000	3.3	16.7

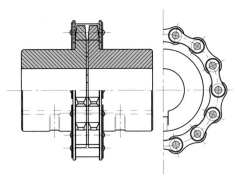

그림 5.31 ▶ 롤러체인식 커플링

(8) 금속스프링 축 커플링(steel flex coupling)

전단에 대한 탄성을 이용하는 축 커플링이며, 그림 5.32에는 판스프링을 사용한 금속스프링 커플링을 표시한다. 이 구조는 원동축과 종동축의 축심이 약간 편심되는 것이 허용된다. 연결 재료에 발생하는 응력을 피로한도 이하가 되도록 설계하면 커플링의 사용수명은 길게 된다.

이 커플링은 굽힘에 의하여 탄성을 주게 되며, 하중의 대소에 따라서 그림 5.32에 표시하는 바와 같이 스프링의 지점이 변화하고 따라서 스프링상수가 변한다.

표 5.14는 이 커플링의 주요 치수 및 성능을 예시한다.

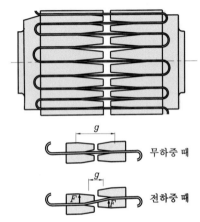

그림 5.32 ▶ 금속스프링 커플링

표 5.14 금속스프링 축 커플링의 주요 치수 및 성능

주요 치수 [mm]			성능		
최대축 구멍지름 d	바깥지름 A	L	허용전달 토크 $T[\text{N}\cdot\text{m}]$	허용회전수 $n_0 \, S^{-1}$	허용엔드 프레이 [mm]
27	95	85.2	28.6	100	2.0
32	103	111.2	63.7	100	2.4
38	114	111.2	107	100	2.4
45	127	111.2	181	100	2.4
55	143	111.2	274	100	2.4
67	181	155.2	568	83.3	3.2
71	194	169.2	853	75	3.2
82	210	194.8	1,140	62.5	4.8
90	226	194.8	1,610	60	4.8
98	246	200.8	2,490	60	4.8

/5.2.3/ 올덤 커플링(Oldham coupling)

두 축이 평행이고 교차하지 않을 때 그 편심거리가 크지 않을 경우 사용되는 축 커플링이다. 양축의 각속도비는 일정하지만 중간편은 이동운동을 하며 돌출부와 홈 사이는 미끄럼운동을 하게 된다. 중간편의 홈이나 돌출은 서로 직각이다. 이 커플링은 밸런스와 마찰의 난점이 있고, 편심량이 큰 회전전달이나 고속의 경우에는 적합하지 않다. 축의 지름의 범위는 16~150 mm이고, 최대 토크는 1.6~1,600 kgf·m, 최대 회전수는 250 rpm 정도이다(그림 5.33).

또 그림 5.34와 같이 평행사각편을 슬라이드 블록으로 하여 좌우 커플링 플랜지 돌기(2개씩) 내에 재개시킨 사각블록 슬라이드 커플링이 올덤 커플링과 유사하게 사용된다.

이 슬라이드 블록은 일반적으로 박판층의 조직 기초를 가지며 전기적 절연과 질량경감을 가져오나 많은 마모를 초래한다. 그리고 회전 시 디스크나 블록은 마찰력과 운동이 느리기 때문에 회전력의 0.2~0.4배(금속 슬라이드 블록) 또는 0.1~0.3배(박판층 조직)의 레이디얼 하중이 축에 미치게 된다.

허용응력은 경화된 강의 작용표면에 대해서는 250 kgf/cm²이고, 박판층 조직의 슬라이드 블록의 사용시는 100 kgf/cm²까지 취한다.

그림 5.33 ▶ 올덤 커플링

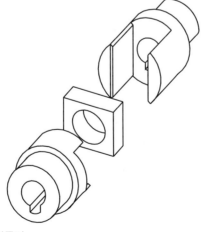

그림 5.34 ▶ 크로스 슬라이딩 커플링

/5.2.4/ 유니버설 조인트

(1) 부등속형 유니버설 조인트(Hooke's joint)

두 축이 동일 평면 내에 있고, 그 중심선이 α 각도($\alpha \le 30°$)로 교차하는 경우의 축이음으로, 구조는 그림 5.35와 같이 두 축단의 요크(yoke) 사이에 십자형 핀을 넣어서 연결하도록 되어 있다.

두 축의 경사각을 α, 구동축의 회전각을 θ, 종동축의 회전각을 ϕ로 하면 종동축, 구동축의 회전각 관계는 그림 5.36으로부터 구할 수 있다. 이 그림은 그림 5.35에서 요크의 끝단 A, C 가 그리는 궤적을 나타낸 것이다. 직각 삼각형 ADC'으로부터

$$\cos\alpha = \frac{R\tan\phi}{R\tan\theta}$$

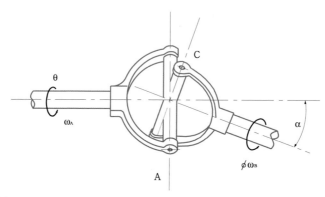

그림 5.35 ▶ 유니버설 조인트

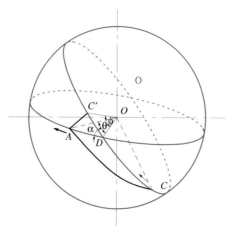

그림 5.36 ▶ 구동축 회전각 θ와 종동축 회전각 ϕ의 기구학적 관계

이므로 종동축의 회전각 ϕ 는

$$\tan\phi = \cos\alpha \tan\theta \tag{5.72}$$

두 축의 경사각 α 는 정해진 각도이므로 양변을 미분하면 종동축과 주동축의 각속도비를 다음과 같이 구할 수 있다.

$$\frac{\dot{\phi}}{\dot{\theta}} = \frac{\omega_B}{\omega_A} = \frac{\cos^2\phi}{\cos^2\theta}\cos\alpha \tag{5.73}$$

$$= \frac{\cos\alpha}{\cos^2\theta(1+\tan^2\phi)} = \frac{\cos\alpha}{1-\sin^2\alpha\sin^2\theta}$$

주동축의 각속도 ω_A 가 일정하다고 했을 때 종동축의 ω_B 는 $\sin\theta = 1$, 즉 $\theta = \pi/2, 3\pi/2$, …에서 최대가 되며 $\omega_{B\max} = \dfrac{\omega_A}{\cos\alpha}$ 가 된다. 반면에 ω_B 는 $\sin\theta = 0$, 즉 $\theta = 0, \pi, 2\pi,$…에서 최소가 되며 그때 값은 $\omega_{B\min} = \cos\alpha\,\omega_A$ 가 된다. 따라서 교차각 α 에 따른 종동축의 불균일회전율은

$$k = \frac{\omega_{B\max} - \omega_{B\min}}{\omega_A} = \tan\alpha\sin\alpha \tag{5.74}$$

가 된다. 그림 5.37은 α 에 따른 k 의 값을 그린 것이다. α 가 작으면 $k \cong \alpha^2$ 로 표시된다. 각속도비는 축이 1/4 회전하는 사이에 $\cos\alpha$ 에서 $1/\cos\alpha$ 까지 변동하게 되고, 비틀림모멘트도 같이 변동하게 되므로 그만큼 비틀림 진동이 전달된다. 이를 방지하려면 그림 5.38과 같이 유니버설 조인트를 두 개 사용하여 중간축을 배치시키면 각속도의 변화는 없어지고 항상 일정하게 되어 부드러운 동력전달이 가능하다.

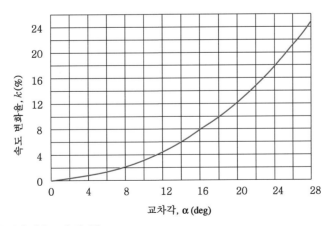

그림 5.37 ▶ α 에 대한 각속도의 변화율

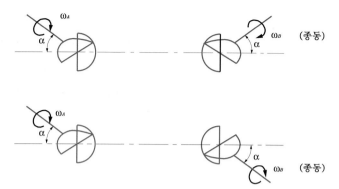

그림 5.38 ● 일정 각속도를 전달하기 위한 유니버설 조인트와 중간축 사용 예

요크와 십자형 핀 사이에는 니들 베어링 또는 베어링 부시를 넣어서 이것을 그리스로 윤활하는 것이 보통이며, 축의 교각은 $\alpha = 45°$까지 취할 수 있으나 동력전달에서는 $n \fallingdotseq 2,000\,\text{rpm}$일 때 $\alpha \leq 20°$로 취하는 것이 좋다. 보통은 $\alpha \leq 30°$로 한다.

토크를 생각하면 구동축과 중간축, 중간축과 종동축 사이에는 각속도의 변동이 있으므로 각 후크 조인트에는 변동하는 토크가 작용하게 된다.

지금의 구동축에는 토크 T_A의 변동이 없는 것으로 하고 종동축의 토크를 T_B로 하면 전달되는 회전력은 각속도에 반비례하므로

$$\frac{T_B}{T_A} = \frac{\omega_A}{\omega_B} = \frac{1 - \sin^2\alpha \sin^2\theta}{\cos\alpha}$$

종동축 유니버설 조인트에 작용하는 토크의 최대치를 $T_{\max}$, 최소치를 $T_{\min}$으로 하면

$$T_{\max} = T_A \frac{\omega_A}{\omega_B}\bigg|_{\theta=0°} = \frac{T_A}{\cos\alpha} \tag{5.75}$$

$$T_{\min} = T_A \frac{\omega_A}{\omega_B}\bigg|_{\theta=90°} = \cos\alpha\, T_A$$

여기서 평균토크를 T_m으로 하고, 변동토크의 진폭을 T_r로 하면

$$T_m = \frac{1}{2} T_A \left(\frac{1}{\cos\alpha} + \cos\alpha \right) = \frac{1 + \cos^2\alpha}{2\cos\alpha} T_A \tag{5.76}$$

$$T_r = \frac{1}{2} T_A \left(\frac{1}{\cos\alpha} - \cos\alpha \right) = \frac{\sin^2\alpha}{2\cos\alpha} T_A$$

지금 유니버설 조인트에 작용하는 상당 정적토크를 T_e로 하면

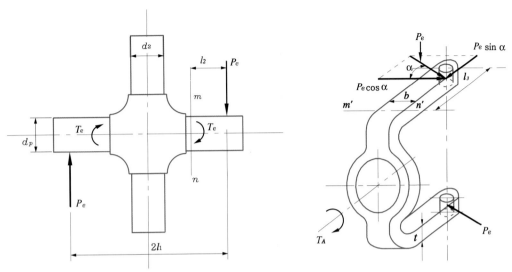

그림 5.39 ▶ 핀에 작용하는 힘   그림 5.40 ▶ 요크에 작용하는 힘

$$T_e = T_m + \beta_{kt}\left(\frac{\sigma_s}{\sigma_w}\right)T_r = \left\{\frac{1+\cos^2\alpha}{2\cos\alpha} + \beta_{kt}\left(\frac{\sigma_s}{\sigma_w}\right)\frac{\sin^2\alpha}{2\cos\alpha}\right\}T_A \qquad (5.77)$$

여기서 σ_s : 인장항복강도

    σ_w : 양진인장 압축피로한도

    β_{kt} : 노치 등에 의한 비틀림 피로한도의 수정계수

T_e에 의하여 십자형 핀에 작용하는 힘이나 유니버설 조인트의 요크가 받는 힘은 그림 5.39 및 5.40과 같다. 보통 요크의 나비 b는 핀의 지름 d_p에 대하여 $b \geq 2.5d_p$로 한다.

핀에 작용하는 힘 P_e 및 굽힘모멘트 M_e는 다음과 같다.

$$P_e = T_e / 2l_1 \qquad M_e = P_e l_2$$

핀의 지름 d_p는 굽힘허용응력을 σ_b로 할 때

$$d_p{}^3 = 32M_e/\pi\sigma_b$$

요크의 단면 $m'n'$에는 굽힘모멘트 $P_e\cos\alpha l_3$에 의한 굽힘응력과 압축력 $P_e\sin\alpha$에 의한 압축응력이 작용하게 된다. 안전율은 보통 1.25로 하나 파괴토크에 대해서는 3~3.2로 한다.

(2) 등속형 유니버설 조인트

여기에는 벤딕스(Bendex)형(그림 5.41)과 바필드형(그림 5.42)이 있다. 그 원리는 좌우의 요

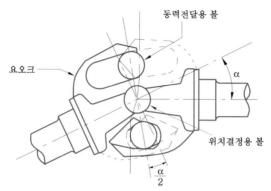

동력전달용 볼

요오크

α

위치결정용 볼

$\dfrac{\alpha}{2}$

그림 5.41 ▶ 벤딕스형 유니버설 조인트

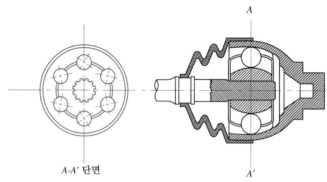

A

A-A' 단면

A'

그림 5.42 ▶ 바필드형 유니버설 조인트

크로 4개의 볼을 안고 있어서 항상 축의 교각의 이등분선상에 볼이 위치하도록 되어 있으므로 등속전달을 할 수 있다. 또 회전력의 변동도 없다. 그러나 회전력 T에 의하여 축에 굽힘모멘트 M이 발생한다. 이 조인트는 굽힘모멘트가 작용하므로 베어링 기구에 주의해야 한다. 이들의 조인트는 주로 자동차의 앞바퀴 구동에 사용된다.

5.3 클러치

축과 축을 연결하는 기계요소를 축 이음이라 한다. 이 축 이음에서 반영구적으로 두 축을 연결하는 기계요소인 커플링(coupling)과 달리 필요에 따라 두 축을 수시로 연결했다가 끊고 다시 연결할 수 있는 것을 클러치(clutch)라 한다. 클러치는 구동축(동력원)을 정지하지 않고 종동축에 동력 전달을 할 수 있기 때문에 자동차 등 많은 기계장치에 사용되는 기계요소이다.

클러치는 운전 중 또는 정지상태에서 간단한 기계적 조작으로 운동을 전달했다 끊었다 할 수 있어야 하므로 보통 두 축은 일직선상에 있어야 한다. 표 5.15에서 확동 클러치(positive clutch)는 두 축에 사각돌기나 삼각돌기가 설치되어 미끄럼없이 확실한 기계적 연결을 하는 클러치이며 주로 저속, 경하중 축에 적용된다. 마찰 클러치는 두 축에 연결된 마찰판을 밀어붙여 수직항력을 발생시켜 회전마찰력을 이용하여 동력전달을 한다. 축방향 힘을 제거하면 수직항력이 없어지므로 마찰에 의한 동력전달은 중지되는 구조이다. 원동축이 고속으로 회전하는 경우에도 문제없이 종동축을 연결할 수 있으므로 자동차에 이용된다. 일방향 클러치는 한쪽 회전방향으로만 동력전달이 가능하고, 역회전 시 종동축은 자유롭게 공회전하는 구조이고 주로 역회전 방지장치에 사용된다. 원심클러치는 원동축 회전에 의한 원심력을 이용한 클러치이다. 대표적으로 유체클러치 및 유체토크컨버터가 있다.

표 5.15 클러치의 분류

확동 클러치	클로오 클러치		
	세레이션 클러치		
마찰 클러치	축방향 클러치	• 원판 클러치	• 원추 클러치
	원주 클러치	• 블록클러치 • 밴드 클러치	• 분할륜 클러치
	자기 클러치	• 자기유체 클러치	• 자기분체 클러치
일방향 클러치	래칫클러치		
	로울러 클러치		
원심 클러치	유체클러치		

/5.3.1/ 클로오 클러치(claw clutch)

두 축에 연결된 올가미(jaw)의 맞물림으로 동력전달이 이루어지므로 올가미(jaw) 클러치라고도 한다. 한쪽 축의 클로오(jaw)를 향하여 다른 축의 클로오가 축방향으로 전진 또는 후진하면 동력이 연결되거나 끊어진다. 미끄럼이 없는 기계적 맞물림에 동력전달이 이루어지므로 확동 클러치라 한다.

클로오의 모양은 그림 5.43과 같이 각치형(角齒形), 사다리꼴형, 톱니꼴형, 스파이럴(spiral)형 등이 있다. A, B는 양방향 토크용이고, 각치형 A는 운전 중에 접속이 불가능하다. 사다리꼴형 B는 착탈이 용이하여 과부하 방지작용을 갖게 할 수도 있으며, θ는 8°~9° 이하로 한다. C, D는 한쪽 방향 토크용이고, D는 스파이럴 클로오형으로 일반적으로 사용된다.

클로오 클러치의 강도설계는 클로오의 굽힘강도, 전단강도 그리고 면압강도를 고려해야 한

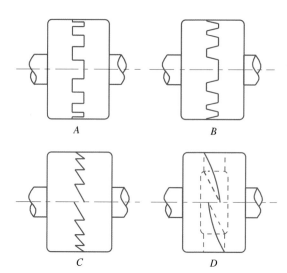

그림 5.43 ▶ 클로오 클러치의 올가미(jaw)의 종류

다. 그림 5.44에서 가공이 정밀하지 않거나, 잇수가 많을 때 최악의 경우를 생각하여 접선력 P_t 가 종동축 클로오의 선단에 작용한다고 하면, 클로오의 뿌리 단면에 작용하는 굽힘응력은

$$\sigma_b = \frac{P_t\, h}{Z}$$

그런데 $P_t = \dfrac{T}{z\,R_m}$ 이고, 그림 5.44(a), (b)에서 b와 t를 각각 클로오의 폭(width), 원주방향의 두께라 하면 단면계수 $Z = \dfrac{b\,t^2}{6}$ 이 되고, 하중의 불균일계수 $k(=2\sim5)$와 안전계수 $S(\geq1.5)$ 를 도입하면

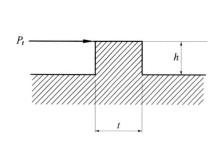

(a) 클로오 클러치 선단에 작용하는 전달력(회전력)

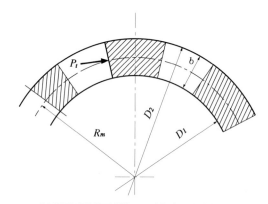

(b) 평균반경 원주방향으로 작용하는 전달력(회전력)

그림 5.44 ▶ 클로오 클러치

$$\sigma_b = \frac{6kTh}{zR_m bt^2} \le \frac{\sigma_s}{S} \tag{5.78}$$

여기서 z는 클로오의 개수이고, R_m은 클로오의 평균 반지름이다. 또한 클로오의 전단강도는 클러치의 전달력이 클로오 중앙에 작용하는 것으로 보면

$$\tau_a = \frac{T}{zR_m A_1} \le \frac{\tau_s}{S} \tag{5.79}$$

이 된다. 여기서 A_1은 클로오 뿌리의 단면적이다.

클로오의 허용접촉면압을 p_a라고 하면 전달토크는

$$T = zA_2 p_a R_m \tag{5.80}$$

이 된다. 여기서 A_2는 클로오의 접촉면적으로 bh가 된다. 만일 면압강도에 의한 전달토크와 전단에 의한 전달토크를 같이 놓으면

$$\tau_a z R_m A_1 = zbh p_a R_m$$

이 성립한다. 여기서 $A_1 = \frac{\pi}{8}(D_2{}^2 - D_1{}^2)$이고, $b = \frac{D_2 - D_1}{2}$ 이므로 클로오의 높이 h를 구하면

$$h = \frac{\pi R_m}{z} \frac{\tau_a}{p_a} \tag{5.81}$$

일반적으로 허용면압 p_a는 300~400 kg/cm^2 정도로 취한다. 하중이 작용하고 있는 상태에서 클러치를 떼는 데 필요한 축방향의 힘 P_a는 클로오 사이의 마찰저항에 이겨야 하므로

$$P_a = \mu P = \mu \frac{T}{R_m} \tag{5.82}$$

여기서 $\mu \fallingdotseq 0.1$로 한다.

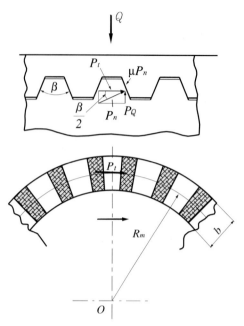

그림 5.45 ▶ 사다리꼴형 클로오 클러치

또 그림 5.45와 같은 삼각이의 클러치나 사다리꼴 클로오의 클러치에서는 클로오의 사면이 서로 접촉하여 토크를 전달하기 때문에 축방향으로 스러스트 분력이 작용하여 회전 중에 맞물림이 떨어지므로 클러치를 축방향으로 밀어야 할 힘 Q가 필요하다. 즉,

$$Q = z \cdot P_Q = z \cdot P_t \left(\tan \frac{\beta}{2} - \mu \right) \tag{5.83}$$

$$= \frac{T}{R_m} \left(\tan \frac{\beta}{2} - \mu \right)$$

그림 5.46과 표 5.16에 스파이럴형 클로오 클러치의 형상과 치수가 나와 있다.

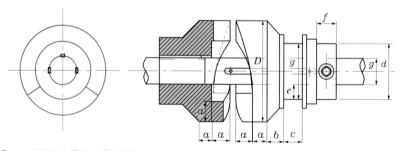

그림 5.46 ▶ 스파이럴형 클로오 클러치

표 5.16 스파이럴형 맞물림 클러치의 주요 치수

d [mm]	40	50	60	70	80	90	100	110	120
D [mm]	100	125	150	175	200	225	250	275	300
a [mm]	20	23	25	30	35	40	45	50	55
b [mm]	40	50	60	70	80	90	100	110	120
c [mm]	20	25	30	35	40	45	50	55	60
e [mm]	16	18	20	22	24	26	28	30	32
f [mm]	30	32	34	36	38	40	42	44	46
g [mm]	72	86	100	114	128	142	156	170	186
클로오의 수	3	3	4	4	4	5	5	6	6

예제 5-16 축지름 50 mm의 각치형 클로오 클러치에서 조(jaw)의 수 $z=3$, 클러치 바깥지름 $D_2=125$mm, 안지름 $D_1=70$ mm, 클로오의 높이 $H=33$ mm로 할 때, 맞물림 면압력 p와 클로오의 뿌리에 생기는 전단응력을 계산하시오. 단 축의 허용비틀림응력 $\tau_a=2.1$ kg/mm^2, 클러치의 재질은 주철로 허용면압 $p=0.5$ kg/mm^{2}로 한다.

축의 토크 $T=\dfrac{\pi}{16}d^3\,\tau=\dfrac{\pi}{16}\times50^3\times2.1=51,500\,\text{kgmm}$

면압력 $p=\dfrac{8T}{(D_2{}^2-D_1{}^2)H\cdot z}=\dfrac{8\times51,500}{(125^2-70^2)\times33\times3}=0.388\,\text{kg/mm}^2$

$p_\alpha=0.5\,\text{kg/mm}^2$보다 얕게 발생하므로 안전하다. 클로오 뿌리에 발생하는 전단응력은

$$\tau=\frac{32T}{\pi(D_1+D_2)(D_2{}^2-D_1{}^2)}$$

$$=\frac{32\times51,500}{\pi(70+125)(125^2-70^2)}=0.251\,\text{kg/mm}^2$$

$\tau_o<\tau_\alpha$로 되어 안전하다.

/5.3.2/ 마찰 클러치

마찰 클러치는 구동축과 종동축에 붙어있는 마찰면을 서로 밀어붙여서 여기서 발생하는 마찰력에 의하여 동력을 전달하는 것으로서, 축방향의 힘을 가감하여 마찰면에 슬립시키며 원활히 종동축의 회전속도를 증가시켜서 구동축의 속도와 같게 한다. 또 과대한 부하가 작용할 경우에는 마찰면에서 미끄러져서 종동축에 일정 이상의 토크가 전달되지 않으므로 안전장치

도 될 수 있고 회전도중의 착탈이 가능한 특징이 있다. 마찰면은 축에 직각인 원판의 것과 축방향 힘을 작게 하기 위한 원뿔면 등이 있다. 원판 클러치에는 단판마찰 클러치와 다판마찰 클러치가 있다.

(1) 원판 클러치

원판 클러치의 마찰면을 누르는 수직력을 P, 마찰면의 평균 반지름을 R_m, 마찰면의 수를 z로 하면 전달토크는

$$T = \mu z P R_m \tag{5.84}$$

여기서 R_m은 마찰면의 평균 반지름으로 다음과 같이 극단면 1차 모멘트로부터 구할 수 있다. 그림 5.47에서

$$\int_A r\,dA = A R_m$$

$$R_m = \frac{\int_{R_1}^{R_2} 2\pi r^2 dr}{\pi(R_2{}^2 - R_1{}^2)} = \frac{2(R_2{}^3 - R_1{}^3)}{3(R_2{}^2 - R_1{}^2)}$$

그러나 보통 $R_1 = (0.6 \sim 0.7)R_2$ 이므로 $R_m \fallingdotseq \dfrac{R_2 + R_1}{2}$ 이 된다.

지금 p를 마찰면상의 단위 면적당 압력, 면의 나비를 b로 하고, p가 접촉면에서 일정하다고 가정하면 마찰면을 누르는 힘은

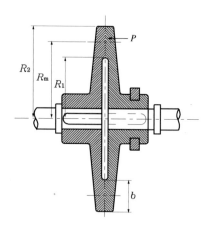

그림 5.47 ▶ 원판마찰 클러치

$$P = 2\pi R_m bp \tag{5.85}$$

가 된다. 이 가정은 마모되지 않은 새 것 또는 정밀하게 제작된 클러치에서는 성립한다. 그러나 실제로 클러치의 마찰면에는 마모가 발생하므로 p는 일정하지 않다. 일반적으로 마모는 마찰일에 비례한다. 즉, 일정한 마찰계수하에서 마모는 압력과 미끄러지는 속도의 곱에 비례하여 발생한다. 따라서 클러치의 마찰면에서 속도는 반지름에 비례하므로 마찰일은 압력과 클러치 반지름의 곱에 비례한다. 이러한 가정에 근거하여 아직 마모가 되지 않은 새 클러치는 바깥쪽에서 마모가 시작될 것이고, 마모가 일정한 속도로 진행되어 전체 마찰면으로 확산될 것이다. 일정한 마모율은 마찰일률이 일정하다는 가정하에서 나온 것이므로

$$pr = \mathrm{constant}$$

가 되고, 따라서 $p_{\max}$은 그림 5.48에서 보듯이 R_1에서 발생한다. $p_{\max}$는 클러치 라이닝 재료의 허용면압 내에 있어야 안전하다. 앞 식의 상수를 R_1과 $p_{\max}$으로 나타내면

$$pr = p_{\max}R_1 \tag{5.86}$$

이 식을 이용하면 식 (5.85) 대신에 다음과 같이 P를 나타낼 수 있다.

$$P = \int_{R_1}^{R_2} 2\pi pr dr = \int_{R_1}^{R_2} 2\pi p_{\max}R_1 dr = 2\pi p_{\max}R_1(R_2 - R_1) \tag{5.87}$$

일정한 면압을 가정했을 때의 전달동력은

$$T = \frac{2}{3}\mu P\frac{(R_2{}^3 - R_1{}^3)}{(R_2{}^2 - R_1{}^2)} \tag{5.88}$$

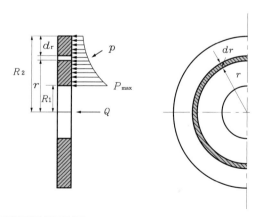

그림 5.48 ▶ 원판 클러치 마찰면의 압력분포

균일 마모율의 가정하에서 전달동력은

$$T = \pi \mu p_{\max} z R_1 (R_2{}^2 - R_1{}^2)$$ (5.89)

앞의 두 식에서 알 수 있는 것은 균일 마모율의 가정하에서 구한 전달동력이 균일 면압의 경우보다 약간 작다는 사실이다. 따라서 클러치의 설계에 있어서 균일 마모율을 가정하는 것이 안전하다.

표 5.17은 각종 라이닝 재료에 대한 μ와 p의 허용치이다. 클러치의 설계는 μ와 p를 적절하게 선정하고, R_2와 R_1을 정하는 것이다. 식 (5.89)에서 전달토크를 최대로 하는 R_1을 구해 보면

$$R_1 = \sqrt{\frac{R_2}{3}} = 0.58 R_2$$ (5.90)

가 된다. 일반적으로 R_1은 $(0.45 \sim 0.8) R_2$의 범위 안에서 결정한다.

표 5.17 마찰계수와 허용압력 p

마찰면의 재료	건식	급유	$p[\text{kg/cm}^2]$
주철 : 주철	0.15~0.2	0.05~0.1	10~18
주철 : 동	0.25~0.35	0.06~0.12	8~14
주철 : 청동	0.15~0.2	0.05~0.1	5~8
주철 : 목재	0.2~0.35	0.08~0.12	4~6
금속 : 아스베스토	0.35~0.6	0.2~0.3	2~6
금속 : 파이버	–	0.1~0.12	0.7~2.8
금속 : 코르크	0.3~0.35	0.2~0.3	0.6~1.1
금속 : 가죽	0.3~0.5	0.15~0.25	0.7~2.8

그림 5.49는 자동차에 사용되는 원판 클러치의 구조도와 마찰판을 나타내고 있다. 그리고 큰 마력을 전달하기 위해서는 마찰원판의 수를 증가시키면 좋다.

다판식은 습식이 많으며 마찰계수는 건식의 약 1/3 정도이지만 연결이 원활하고 내구성이 좋다. 그림 5.50은 유압식 다판 클러치이며, 마찰판의 접촉을 유압으로 하게 되어 있다. 축으로부터 유압 $10\,\text{kg/cm}^2$로 기름을 보내어 급유구에서 피스톤을 작용시켜 마찰면을 누르게 된다.

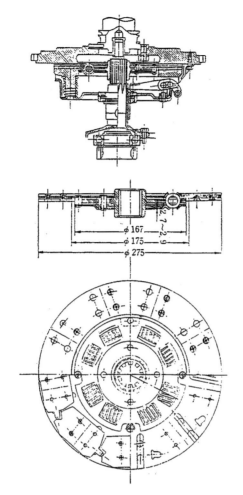

그림 5.49 ▶ 마찰 클러치 구조와 마찰판

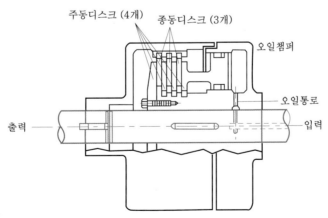

그림 5.50 ▶ 유압식 다판 클러치

예제 5-17 평균 지름 $D = 100$ mm, $b = 25$ mm의 원판 클러치에서 $p = 5$ kg/cm^2, $\mu = 0.15$로 하고 600 rpm으로 회전할 때 몇 마력을 전달할 수 있는가?

$$P = \pi \times 10 \times 2.5 \times 5 = 392 \, \text{kg}$$

$$\therefore \text{HP} = \frac{10 \times 0.15 \times 392 \times 600}{2 \times 71,620} \fallingdotseq 2.5 \, \text{HP}$$

예제 5-18 원판 클러치의 회전수 $N = 2,400$ rpm, 접촉면의 바깥지름 160 mm, 안지름 112 mm, 접촉면의 마찰계수 $\mu = 0.35$로 하여 20마력을 전달하면 클러치를 밀어붙이는 힘 P와 평균 접촉면 압력 p는 각각 얼마인가?

평균 지름 $\quad D = \dfrac{D_1 + D_2}{2} = \dfrac{160 + 112}{2} = 136 \, \text{mm}$

접촉면의 나비 $\quad b = \dfrac{D_2 - D_1}{2} = \dfrac{160 - 112}{2} = 24 \, \text{mm}$

가압력 $\quad P = \dfrac{1,432,400H}{\mu D N} = \dfrac{1,432,400 \times 20}{0.35 \times 136 \times 2,400} = 251 \, \text{kg}$

평균 접촉압력 $\quad p = \dfrac{P}{\pi \times D \times b} = \dfrac{251}{\pi \times 136 \times 24} = 0.0245 \, \text{kg/cm}^2$

(2) 원뿔 클러치

원뿔 클러치에서는 그림 5.51(a)와 같이 왼쪽 원뿔 플랜지를 축에 고정하고, 오른쪽 원뿔 플랜지는 우측 축상에 미끄럼키에 의하여 좌우로 미끄러질 수 있도록 조립되어 있다. 우측

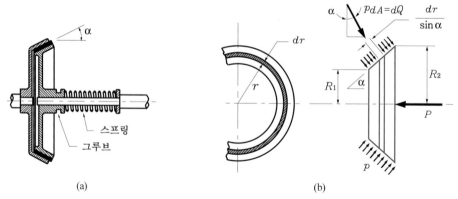

(a)   (b)

그림 5.51 ▶ 원뿔 마찰 클러치

원뿔을 좌측 원뿔에 밀어대면 원뿔 표면에는 압력이 발생하고 이 압력에 의한 마찰 동력이 전달된다.

그림 5.51(b)에서 미소반지름 dr을 갖는 링의 표면적에 작용하는 수직력은 국부면압을 p라고 할 때

$$dQ = \frac{2\pi r dr}{\sin\alpha} p$$

이고, 클러치를 밀어주는 힘은

$$dP = dQ\sin\alpha = 2\pi r dr p$$

따라서 미소면적에 작용하는 힘에 의한 전달토크는

$$dT = \mu dQr = \frac{2\pi\mu pr^2 dr}{\sin\alpha}$$

만일 균일분포 압력의 가정을 사용하면 전달토크는

$$T = \frac{2\pi\mu p}{3\sin\alpha}(R_2{}^3 - R_1{}^3) \tag{5.91a}$$

$$T = \frac{2\mu P}{3\sin\alpha}\frac{(R_2{}^3 - R_1{}^3)}{(R_2{}^2 - R_1{}^2)} \tag{5.91b}$$

만일 균일 마모율의 가정을 따르면 $pr = p_{\max}R_1$이 되므로

$$T = \frac{\pi\mu p_{\max}}{\sin\alpha}R_1(R_2{}^2 - R_1{}^2) \tag{5.92a}$$

$$T = \frac{\mu P}{\sin\alpha}\left(\frac{R_2 + R_1}{2}\right) \tag{5.92b}$$

$\alpha \geq 20°$로 하지만 $\tan\alpha > \mu$로 하지 않으면 $P = 0$으로 할 때 접촉이 떨어지지 않는다. μ의 값은 마찰판의 재질에 의하여 변하지만 자동차용 마찰판은 석면(asbestos)을 주성분으로 하여 고무 또는 합성수지 등의 결합제로 열프레스로 성형한 것이 많이 쓰인다.

또 석면을 끈 모양으로 하고 황동선을 넣고 포를 짜서 결합제로 몰드(mold)한 것이 있다. 이들은 $\mu = 0.3 \sim 0.6$이고, 두께는 $3 \sim 4\,\mathrm{mm}$ 정도이다.

클러치의 용량은 관성력 등을 고려하여 전달할 정격토크에 대하여 여유를 가질 필요가 있다. 한편, 급접속 시에 축에 생기는 충격토크는 클러치의 용량과 더불어 증대하므로 과대한 것도 바람직하지 않다. 자동차용 클러치에서는 엔진의 최대 토크의 1.5~2.5배로 한다.

예제 5-19 원뿔 마찰 클러치에서 전달토크 9,600 kg·mm, 접촉면의 지름 $D=210$ mm로 하여 접촉압력 $p=0.012$ kg/cm²가 되도록 접촉면의 나비를 정하시오. 또 원뿔각의 반분 $\alpha=12°$, $N=1200$ rpm이면 클러치의 축방향 가응력 P와 전달동력[kW]은 얼마인가? 단 마찰계수는 $\mu=0.3$으로 한다.

접촉면 수직력 $\quad Q=\dfrac{2T}{\mu D}=\dfrac{2\times9,600}{0.3\times210}=305\ \mathrm{kg}$

접촉면의 나비 $\quad b=\dfrac{Q}{\pi Dp}=\dfrac{305}{\pi\times210\times0.012}=38.5\ \mathrm{mm}$

클러치의 축방향 가응력 P는

$$P=\frac{2\pi NT}{102\times60\times1,000}=\frac{\mu QDN}{974,000\times2}=\frac{\mu QDN}{1,948,000}$$

$$=\frac{\mu\cdot Q\cdot D\cdot N}{1,948,000(\sin\alpha+\mu\cos\alpha)}=\frac{0.3\times153\times210\times1,200}{1,948,000(0.208+0.3\times0.978)}=11.8\ \mathrm{kW}$$

(3) 원주 클러치(rim clutch)

이 클러치는 마찰면이 원주가 되고, 마찰면에 힘을 작동시킬 때 마찰면은 반지름 방향, 즉 축심을 향하여 움직인다. 전동능력은 비교적 크나, 저속중하중용에 사용한다.

그림 5.52는 마찰면이 V형으로 되어 있고, 그림 5.53은 평면형으로 되어 있는 원주 클러치의 원리를 표시한 것이다.

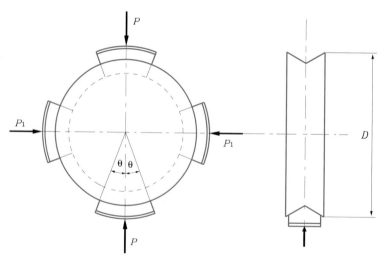

그림 5.52 ▶ V형 원주 클러치

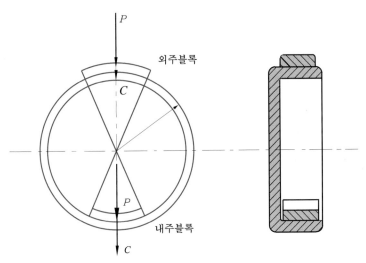

그림 5.53 ▶ 평면형 원주 클러치

(4) 원통형 반지름 방향 수축식 공기 클러치 및 브레이크(cylindrical radially contracting air clutch and brake)

이 클러치는 그림 5.54와 같이 외통의 내면과 내부의 클러치 멤버 사이에 고무 타이어가 재개(在介)되어 있고(외통에 고정됨), 압축공기에 의하여 고무 타이어를 팽창시켜서 내통의 표면을 슈(shoe)로 균일하게 가압하여 마찰력을 발생시켜서 토크를 전달하는 클러치이다.

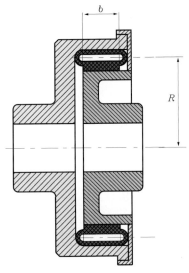

그림 5.54 ▶ 반지름 방향 압축식 공기 클러치

/5.3.3/ 전자 클러치(electric-magnetic clutch)

전자 클러치는 유압 대신에 전자력을 이용하여 마찰력 발생에 필요한 수직항력을 발생시키는 클러치이며 원격제어가 용이하다. 그림 5.55는 전자 클러치의 한 예를 표시한 것이며, 기어로부터 회전력을 마찰판을 통하여 축에 전달하는 구조이며, 사선 부분은 항상 고정되어 회전하지 않는다.

전자 클러치에도 건식, 습식이 있으며, 그림 5.56의 습식다판 클러치는 마찰판의 마모를 특별히 보상하지 않아도 클러치 압력이 변화하지 않는 구조로 되어 있다. 자극의 자속밀도의 포화 때문에 일반적으로 다판 클러치는 동일 치수의 유압식보다 전달토크 용량의 한계치가 낮다.

자분식 전자 클러치는 자기화된 자분의 결합력을 이용하여 동력을 전달하는 것으로, 투자율이 높고 잔류자기가 작은 특별한 자분이 사용된다. 그림 5.57은 건조 자분식 전자 클러치의 구조의 예를 나타낸 것이다. 자분식 전자 클러치는 마찰계수가 미끄럼 속도에 무관하고, 연결이 원활한 특징이 있다.

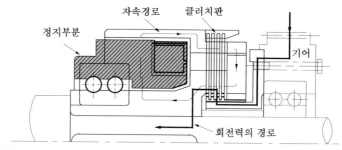

그림 5.55 ▶ 전자 클러치

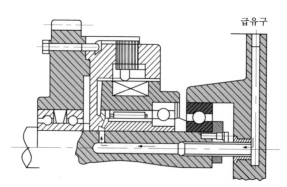

그림 5.56 ▶ 습식다판 전자 클러치

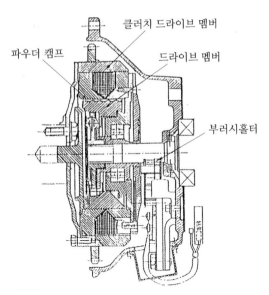

그림 5.57 ▶ 건조 자분식 전자 클러치

/5.3.4/ 유체 클러치(fluid clutch, fluid coupling)

　원동축의 회전속도가 일정 속도 이상에서만 구동축에 동력이 전달되는 원심 클러치의 대표적인 예가되는 유체 클러치는, 일반적으로 직선 방사형의 날개를 갖는 2개의 임펠러(펌프 및 터빈)를 서로 마주보게 배치하고 이것에 적당량의 기름을 채운 구조이다. 펌프 임펠러를 구동축에 터빈을 구동축에 연결하면 유체(기름)의 모멘텀에 의하여 동력이 전달되므로 유체 클러치라 부른다. 그림 5.58은 유체 클러치의 개략적인 구조를 나타낸다. 임펠러의 내부에는 유체의 흐름을 안내하는 코어링(core ring)이 만들어져 있다.

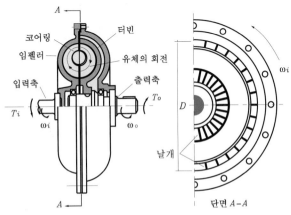

그림 5.58 ▶ 유체 클러치

두 임펠러의 회전 속도차에 의한 원심작용에 의하여 기름이 순환하고, 기름의 흐름에 의한 운동량의 변화로부터 토크의 전달이 이루어진다. 정상적인 운전 상태에서 종동축이 느리게 회전하면 주동축은 미끄러지게 된다. 주동축과 종동축의 각속도를 ω_i와 ω_o라고 하면 미끄럼률 S는

$$S = \frac{\omega_i - \omega_o}{\omega_i} \tag{5.93}$$

S가 의미하는 바는 미끄럼이 없으면 임펠러와 터빈 사이에 유체의 유동이 없으며, 따라서 동력의 전달이 없게 된다는 것이다.

종동축에 전달되는 토크용량은

$$T = k\omega_i^2 D^5 S \tag{5.94}$$

여기서 D는 임펠러의 지름이고, k는 유체 커플링의 구조, 작동유의 종류에 따른 계수이다.

식 (5.94)가 주는 결론은 첫째, 토크용량은 지름의 5제곱에 비례한다는 것이다. 즉, 지름이 배로 커졌을 때 용량은 32배가 된다. 둘째로, 토크용량은 속도의 제곱에 비례한다는 것이다. 이것은 엔진에 일반적으로 사용되는 속도범위에서 최대 출력을 전달하고, 공회전 시에는 아주 작은 토크가 전달된다는 것을 설명한다. 실제로 공회전 시에는 유체가 커플링 내에서 빠져나와 작은 토크가 전달되게 만든다.

식 (5.93)으로부터 동력전달의 효율을 구하면

$$e = \frac{w_0}{w_i} = 1 - S \tag{5.95}$$

잘 설계된 유체 커플링은 정상운전 상태에서 약 95~98%의 효율을 나타낸다.

종동축의 회전수가 감소하면 S가 증가하고 토크도 크게 된다. 자동차 등에서는 이 사실은 대단히 바람직하지만, 저속회전 때 토크가 너무 크면 원동기에 무리가 생길 수 있으므로 대개의 유체 클러치에서는 축의 회전이 감소하면 유압의 관계로부터 자동적으로 임펠러 내의 기름이 빠져나와서 기름 용기에 귀환하고, 이 때문에 토크가 극도로 커지는 것을 방지하도록 되어 있다. 이러한 이유로 자동차용 유체 클러치에서는 시동 초기에 엔진의 회전이 차륜에 전달되지 않고 엔진의 회전수가 어느 정도(300~400 rpm)로 되면 자동적으로 차륜이 회전을 시작하게 되어 있다.

유체 커플링은 특히 디젤엔진의 회전충격을 줄이는 데 유용하며, 중하중용 호이스트 장비에도 중요하게 쓰인다.

또 다른 응용 예는 자동차용 토크 컨버터이다(그림 5.59). 유체 커플링은 원동 토크와 종동 토크가 같아야 한다는 사실로부터 출발되었는데, 토크 컨버터는 고정익의 리액터를 설치하여 저속에서는 큰 토크가 나오게 하므로 자동차 출발이 용이하다. 차량 바퀴와 연결된 종동축이 회전하게 되면 토크가 감소하며 속도가 증가하게 된다.

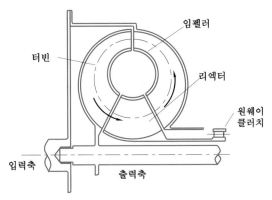

그림 5.59 ▶ 토크 컨버터

/5.3.5/ 일방향 클러치(비역전 클러치: overrunning clutch)

구동축으로부터 한쪽 방향의 회전토크만 종동축에 전달하고 역방향의 회전토크는 전달하지 않는 클러치이며, 그림 5.60에 도시된 자전거용 래칫(ratchet) 클러치나 볼 또는 롤러를 사용한 클러치가 있다(그림 5.61).

그림 5.61에서 롤러의 지름을 d, 스파이더의 지름을 D라고 하면, 보통 $d \cong D/8$, 롤러의 길이 $l = (1.5 \sim 2)d$로 하며 롤러의 접촉 중심 A, B에서 힘의 경사각 $\theta/2$는 마찰각을 ρ로

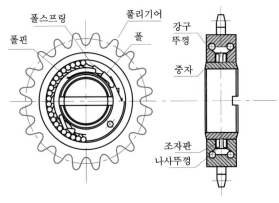

그림 5.60 ▶ 래칫 클러치

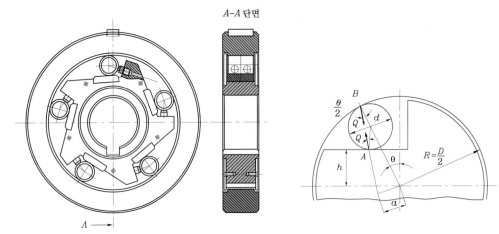

그림 5.61 ▶ 롤러식 오버런닝 클러치

했을 때 $\dfrac{\theta}{2} < \rho$가 된다. 스파이더의 높이 h는

$$h = \left(R - \frac{d}{2} \right)\cos\theta - \frac{d}{2}$$

롤러에 가해진 힘의 암은

$$a = R\sin\frac{\theta}{2}$$

토크 T를 전달하는데 롤러에 작용하는 힘은

$$Q = \frac{T}{z \cdot R\sin\dfrac{\theta}{2}} \tag{5.96}$$

롤러와 스파이더 사이의 최대 접촉응력(kgf/cm^2)은

$$\sigma_H = 0.418\sqrt{\frac{2QE}{d \cdot l}} = 850\sqrt{\frac{Q}{d \cdot l}} \leq \sigma_{Ha} \tag{5.97}$$

만약 압축 표면의 경도가 $60R_c$ 이상이면 $\sigma_{Ha} = 15,000\,\mathrm{kg/cm^2}$로 허용된다. 이 접촉응력과 $\theta = 7$ °를 택하면 전달토크는

$$T = 8.5z \cdot d \cdot l \cdot D \tag{5.98}$$

가 된다.

/5.3.6/ 안전 마찰 클러치

이 클러치는 순간적 과부하나 충격형의 부하를 위한 용도로 사용된다. 이들은 조절기구(단속기구)를 갖지 않고 마찰 멤버가 계속적으로 스프링에 의하여 힘을 받게 되며, 단기간의 미끄럼(슬립)을 위하여 높은 응력이 안전 클러치에 허용된다.

그림 5.62는 다판식 안전 클러치의 구성을 나타내며, 그림 5.63은 볼형 안전 클러치를 나타낸다. 볼형 안전 클러치에서는 미끄럼 마찰이 부분적으로 구름 마찰로 대치되며, 마모는 감소된다. 이 클러치는 각 볼에 작용하는 스프링을 가지고 설계되고, 볼에 더 균일한 하중이 성취된다. 이 클러치의 축지름의 범위는 12~50 mm, 토크는 0.25~25 kgf/m의 범위로 설계된다.

그림 5.64는 원심 클러치(centrifugal clutch)에 속한다. 이 클러치는 구동축이 주어진 회전속도에 도달하였을 때 종동축과 자동 연결되는 구조이다. 원심 클러치는 구동축의 회전이 증가하면 원심편에 가해지는 원심력이 증가하게 되고 마찰판을 눌러서 회전력을 전달한다. 구동축의 회전속도가 떨어지면 마찰판에서 수직항력이 없어지므로 종동축과의 연결은 자동으로 해제된다.

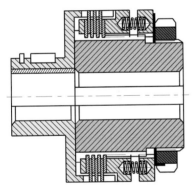

그림 5.62 ▶ 다판식 안전 마찰 클러치

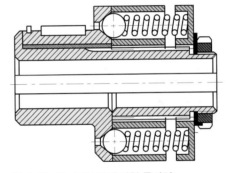

그림 5.63 ▶ 볼형 안전 마찰 클러치

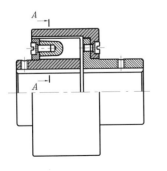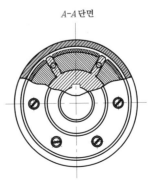

그림 5.64 ▶ 원심 클러치

1   30 HP, 750 rpm의 전동축의 지름을 산출하시오. 단 허용전단응력 $\tau_d = 210\ \mathrm{kg/cm^2}$로 한다.

2   굽힘모멘트 $M = 400\ \mathrm{kg \cdot cm}$, 비틀림모멘트 $T = 800\ \mathrm{kg \cdot cm}$를 받고 1,000 rpm으로 회전하는 축의 지름을 산출하시오. 단 허용응력 $\tau_\alpha = 210\ \mathrm{kg/cm^2}$로 한다.

3   문제 2의 경우 축이 장축일 때 베이링 사이의 간격은 얼마로 할 것인가?

4   서로 직각 방향으로 M_1, M_2의 굽힘모멘트를 받고, 또 비틀림모멘트 T를 받는 축의 상당 비틀림모멘트 M_α, T_e를 산출하는 식을 유도하시오.

5   지름 45 mm의 축이 500 mm 떨어져서 2개의 베어링으로 지지되고, 그 중앙에는 중량 $W = 4.8\ \mathrm{kg}$의 펌프 날개가 고정되어 있다. 축은 1,750 rpm으로 30마력을 전달한다면 위험속도는 얼마인가?

6   그림과 같은 크랭크 암의 나비 b, 두께 t와 축지름 d와의 사이에 다음과 같은 관계가 있음을 유도하시오.

$$tb^2 = (0.8 \sim 1.0)d^3$$

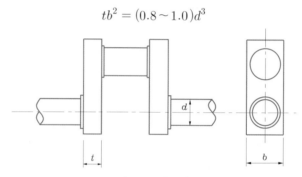

그림 P5.1 ▶ 연습문제 6

7   그림과 같이 공기 압축기계의 크랭크핀에 2,000 kg의 힘이 가해진다. 크랭크의 반지름은 75 mm이고, 크랭크핀의 중심에서 베어링 중심까지의 거리는 150 mm이다. 허용응력을 $\tau = 450\ \mathrm{kg/cm^2}$, $\sigma = 550\ \mathrm{kg/cm^2}$로 할 때 축의 지름은 얼마로 해야 하는가?

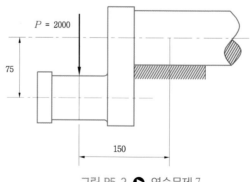

그림 P5.2 ▶ 연습문제 7

8 다음 그림은 베벨기어와 축을 나타낸다. 축의 좌측은 모터와 연결되어 있고 우축 끝단은 자유롭게 놓여있다. A와 B는 베어링 지지부를 나타내며 A부가 베벨기어의 모든 축방향 하중을 받는다. 먼저 두 베어링부에 작용하는 레이디얼 및 스러스트 하중을 구하고 축의 지름을 구하시오. 단 축의 재료는 연강($\sigma_a = 600$ kg/cm², $\tau_a = 300$ kg/cm²)으로 한다. 그리고 비틀림, 굽힘, 축력에 대한 동적 하중계수는 각각 1.3, 1.7, 1.1로 한다.

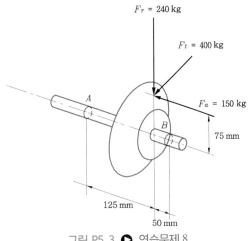

그림 P5.3 ▶ 연습문제 8

9 15마력에 1,100 rpm으로 회전하는 모터의 동력을 전동축을 사용하여 다음 그림과 같이 전달하고자 할 때 축의 지름을 구하시오. 단 축의 재질은 연강($\tau_a = 210$ kg/cm², $G = 38.3 \times 10^5$ kg/cm²)으로 한다.

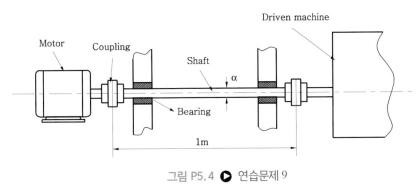

그림 P5.4 ▶ 연습문제 9

10 다음의 축에 대한 임계속도를 구하시오. 단 축의 재질은 연강($E = 21000$ kg/cm²)이다.

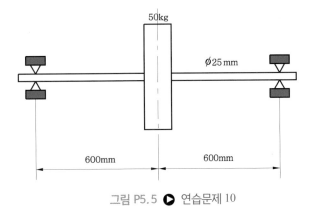

그림 P5.5 ▶ 연습문제 10

11 다음 그림은 수차 터빈과 발전기의 로터가 내공축으로 연결된 시스템을 나타낸다. 발전기 로터의 중량 및 외경은 1,500 kg, 900 mm이고, 수차 터빈의 중량 및 외경은 800 kg, 1,000 mm이다. 연결축은 강재($G = 8.3 \times 10^5$ kg/cm²)이고, 외경은 80 mm, 내경은 70 mm, 길이는 1,500 mm일 때 이 시스템의 비틀림 고유진동수를 구하시오.

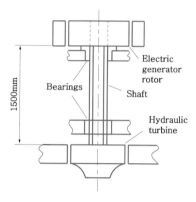

그림 P5.6 ▶ 연습문제 11

12 플랜지 커플링의 축지름이 $d = 120$ mm이다. 볼트는 M24의 것을 6개 사용하고, 볼트 원의 지름은 $D_\delta = 320$ mm이다. 축의 전단응력이 400 kg/cm²로 될 때까지 토크를 가할 경우 볼트에 발생하는 전단응력은 얼마나 되겠는가?

13 지름 30 mm로서 900 rpm으로 회전하는 두 축을 연결하는 스프링 커플링이 있다. 스프링은 두께 0.5 mm, 나비 4 mm의 것이 사용되고, 축의 중심에서 스프링 나비의 중앙까지의 반지름은 38 mm이다. 지금 이 커플링으로 10 ps를 전달시킨다고 하면 스프링의 겹쳐 감는 수는 몇 번으로 하면 좋은가? 단 스프링 강철의 전단강도는 60 kg/cm²라 하고 설계상의 안전율은 4로 한다.

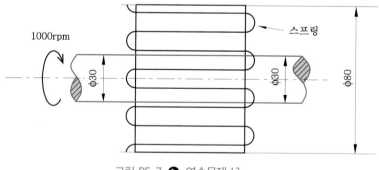

그림 P5.7 ▶ 연습문제 13

14 원판 클러치에서 바깥지름 $D_2 = 150$ mm, 안지름 $D_1 = 100$ mm이고, 750 rpm으로 7.5 ps를 전달시키기 위하여 얼마의 축방향 힘을 가해야 하는가? 단 마찰계수 $\mu = 0.15$로 한다.

15 300 rpm으로 30 ps의 동력을 전달하는 원뿔 클러치가 있다. 축방향에 힘을 몇 kg이나 가해야 하는 가? 단 마찰계수 $\mu=0.3$, 원뿔의 평균지름 $D=250$ mm, 원뿔각 $\alpha=12°$로 한다. 또 클러치를 탈락 시키기 위한 힘은 얼마나 되는가?

연습문제 풀이

1 $d=5.4$ cm

2 $d=4$ cm

3 $l=258.33$ cm

4 $M_e = \dfrac{1}{2}\sqrt{M_1^2 + M_2^2} + \dfrac{1}{2}\sqrt{M_1^2 + M_2^2 + T^2}$, $T_e = \sqrt{M_1^2 + M_2^2 + T^2}$

5 4,300 rpm

6 $tb^2 = (0.8 \sim 1.0)d^3$

7 $d=84$ mm

8 $d=4.78$ cm

9 $d=2.9$ cm

10 436.8 rpm

11 2,612 rpm

12 $\tau_B = 312.5$ kgf/cm^2

13 약 140번

14 763.9 kgf

15 163.4 kgf

CHAPTER 06 베어링

6.1 구름 베어링의 개요

구름 베어링은 일반적으로 궤도륜, 전동체(轉動體) 및 리테이너(retainer, cage)로 구성되어 있고, 베어링에 가해지는 하중 방향에 따라 레이디얼(radial) 베어링과 스러스트(thrust) 베어링으로 구분된다. 또한 전동체의 종류에 따라서 볼 베어링과 롤러 베어링으로 나눌 수가 있고, 그 형상이나 전문적인 용도에 의해서도 구분할 수 있다. 대표적인 형식의 베어링에 대해서 각부의 명칭을 그림 6.1에 표시하였고, 일반적인 구름 베어링의 분류를 특성과 함께 표 6.1에 표시하였다.

구름 베어링은 미끄럼 베어링과 비교하면 다음과 같은 특징을 가지고 있다.

- 초기 동작 시 마찰이 작고, 동마찰과의 차이도 작다.
- 국제적으로 표준화, 규격화가 이루어져 있으므로 호환성이 뛰어나다.

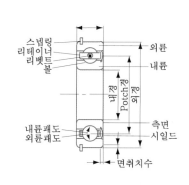

단열 깊은홈 볼 베어링

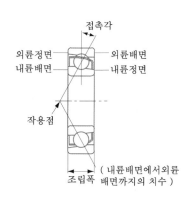

단열 앵귤러 볼 베어링

(계속)

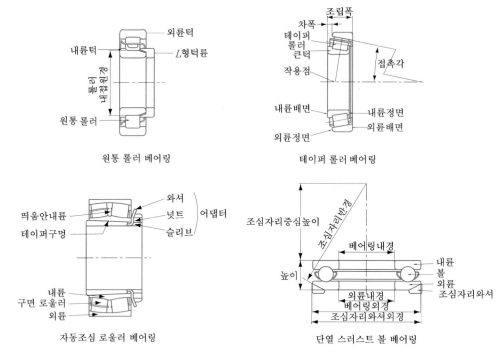

원통 롤러 베어링

테이퍼 롤러 베어링

자동조심 로울러 베어링

단열 스러스트 볼 베어링

그림 6.1 ◐ 각종 구름 베어링의 종류와 각부 명칭

- 베어링의 주변 구조를 간략하게 할 수 있고, 보수 및 점검이 용이하다.
- 일반적으로 반지름 방향 하중과 축방향 하중을 동시에 받을 수가 있다.
- 온도에 관계없이 사용이 비교적 용이하다.

또한 구름 베어링은 형식마다 각각의 특징을 갖고 있다. 대표적인 구름 베어링에 대해서 그 특징을 표 6.1에 표시하였다.

표 6.1 구름 베어링의 형식과 특징

특성	축형식	깊은 홈 볼베어링	앵귤러 볼베어링	복렬앵귤러 볼베어링	조합앵귤러 볼베어링	자동조심 볼베어링	원통롤러 베어링	복렬원통 롤러베어링	니들롤러 베어링
부하용량	레이디얼 하중	○	◎	◎	◎	○	◎	●	◎
	스러스트 하중	↔ ○	← ◎	↔ ◎	↔ ◎	↔ ○	△	△	△
	합성하중	○	◎	◎	◎	○	△	△	△
고속회전		●	●	○	◎	◎	●	◎	◎
고정밀도		●	●		●		●	●	

(계속)

특성 \ 축형식	깊은 홈 볼베어링	앵귤러 볼베어링	복렬앵귤러 볼베어링	조합앵귤러 볼베어링	자동조심 볼베어링	원통롤러 베어링	복렬원통 롤러베어링	니들롤러 베어링
저소음 저토크	●					◎		
강성				◎		◎	●	◎
내륜과 외륜의 허용기울기	◎	○	○	○	●	○	△	▲
조심작용					☆			
내륜과 외륜의 분리						☆	☆	☆
고정측용	☆		☆	☆	☆			
자유측용	★		★	★	★	☆	☆	☆
내륜테이퍼 구명						☆	☆	

(범례) ● 특히 가능, ◎ 충분히 가능, ○ 가능, ▲ 조금 가능, △ 불가, ← 일방향만, ↔ 양방향
☆ 적용가능, ★ 적용가능, 단, 베어링의 끼워맞춤면에서 축의 변형이 없도록 한다.

특성 \ 축형식		테이퍼 롤러 베어링	복렬 테이퍼 롤러 베어링	자동조심 롤러 베어링	스러스트 볼베어링	조심자리 와셔 스러스트 볼베어링	복식 스러스트 앵귤러 볼베어링	스러스트 원통 롤러 베어링	스러스트 테이퍼 롤러 베어링	스러스트 자동조심 롤러 베어링
부하용량	레이디얼 하중	◎	●	●	△	△	△	△	△	△
	스러스트 하중	← ◎	↔ ◎	↔ ○	← ◎	← ◎	↔ ◎	← ●	← ●	← ●
	합성하중	◎	●	◎	△	△	△	△	△	▲
고속회전		○	○	○	△	△	○	▲	▲	▲
고정밀도		◎			◎		●			
저소음 저토크										
강성		◎	●				◎	●	●	
내륜과 외륜의 허용기울기		○	▲	●	△	●	△	△	△	●
조심작용				☆		☆				☆
내륜과 외륜의 분리		☆	☆		☆	☆	☆	☆	☆	☆
고정측용			☆	☆						
자유측용			★	★						
내륜테이퍼구명			☆							

(범례) ● 특히 가능, ◎ 충분히 가능, ○ 가능, ▲ 조금 가능, △ 불가, ← 일방향만, ↔ 양방향
☆ 적용가능, ★ 적용가능, 단, 베어링의 끼워맞춤면에서 축의 변형이 없도록 한다.

6.2 구름 베어링의 표시

구름 베어링의 호칭 번호와 주요 치수

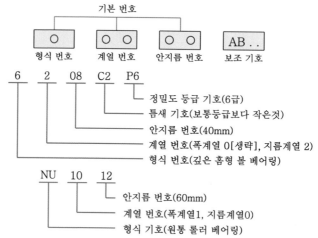

그림 6.2 ▶ 베어링의 호칭 번호 표시

　유럽에서 처음으로 베어링을 규격화하였기 때문에 대부분의 구름 베어링은 전통적으로 미터법을 채택하고 있다. 테이퍼 롤러 베어링과 니들 베어링은 영미쪽에서 보다 향상 및 개발되어 왔다. 규모가 큰 공급처들이 세계 도처에 있었기 때문에 SI 단위를 쓰자는 주장이 제기되었다. 그래서 베어링 호칭 번호, 평가방법 등이 미국베어링제조협회(AFBMA)와 국제표준기구(ISO)에 의해서 규정되었다. 그 후 베어링에 호칭 번호를 붙이는 목적은 제조나 사용시 혼란을 방지하고 또 정리의 편의를 도모하기 위한 것이다. 호칭 번호로 안지름이나 바깥지름 등의 주요 치수를 손쉽게 찾아볼 수 있으며, 호칭 번호 앞뒤에 붙이는 기호를 통하여 그 베어링의 특수한 형태나 용도, 특성 등을 쉽게 알아볼 수 있다. 구름 베어링의 호칭 번호는 베어링의 형식, 주요 치수, 회전 정도, 틈새 기타 사양을 표시하여 부르고 있고, 기본 번호와 보조 기호로 구성되어 있다. 베어링의 기본 번호와 보조 기호의 표시방법과 그 의미에 대해 그림 6.2에 표시하였다.

　인치 계열 테이퍼 롤러 베어링의 호칭 번호의 구성에 대해서는 미국베어링제조협회(AFBMA) 표준에 규정되어 있다. 미국베어링제조협회(AFBMA)에서 규정한 베어링 표시방법을 그림 6.3에 나타내었다. 그림에 표시된 바와 같이 베어링은 2자리 숫자의 계열 번호로 표시된다. 번호의 첫 번째 숫자는 폭 계열로 0, 1, 2, 3, 4, 5 그리고 6까지 있다. 두 번째 숫자는 지름계열로서 8, 9, 0, 1, 2, 3 그리고 4까지 있다. 그림 6.3은 특정한 안지름에 대하여 해당하

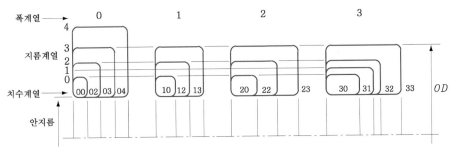

폭계열

지름계열

치수계열

안지름

그림 6.3 ▶ AFBMA의 베어링 표기법

는 베어링의 다양한 형태를 보여 준다. 호칭 번호로부터 베어링의 실제 치수는 알 수 없고 표를 통하여 찾아야 한다. 안지름 표시의 경우 20 mm~500 mm의 베어링 치수는 안지름 치수의 1/5 숫자로서 그리고 500 mm 이상의 것 또는 중간 치수인 22 mm, 28 mm, 38 mm의 것은 / 의 뒤에 안지름 치수를 숫자로서(예 /560, /28과 같이) 표시한다. 지름 계열은 안지름에 대응한 바깥지름의 계열이고, 같은 안지름에 대하여 단계적으로 수종류의 바깥지름이 결정되어 있다.

지름 계열에는 레이디얼 베어링의 경우 8종류, 원추 롤러 베어링에 4종류, 스러스트 베어링 단식에 6종류, 복식에 3종류가 있고, 1자리의 숫자로 표시한다. 또 폭 계열(스러스트 베어링에서는 높이 계열)은 같은 베어링의 안지름과 바깥지름에 대응한 폭(또는 높이)의 계열을 표시한 것이고, 이를 단계별로 수종의 폭으로 정하여 1자리의 숫자를 사용하고 있다. 그리고 이 폭 계열과 지름 계열을 조합한 것이 치수 계열이고, 같은 베어링 안지름에 대한 폭(또는 높이)과 베어링 바깥지름의 계열을 표시하는데 폭 계열을 표시하는 숫자와 지름 계열을 나타내는 숫자를 순서대로 조합한 2자리의 숫자(치수 기호)로 표시한 것이다.

우리나라에서는 ISO에 준하여 KS 규격으로 정하고 있는데, 주로 KS B 2001, KS B 2021 등에 기본 번호와 보조 번호로 나누어서 베어링 치수, 정도, 성능 등을 결정하고, 그 순서대로 호칭하도록 규정하고 있다. 기본 번호는 베어링의 형식을 표시하는 형식 기호, 치수 계열을 표시하는 치수 기호(폭의 기호는 생략하는 수가 있다), 베어링 안지름을 표시하는 안지름 번호 및 접촉각을 표시하는 접촉각 기호 등을 이 순서로 조합한 것이다. 접촉각 기호는 단열 앵귤러 볼 베어링과 단열 원추 롤러 베어링의 경우에만 나타나는 각이다.

표 6.2는 베어링 호칭 번호의 배열 상태를 표시한 것이다.

표 6.2 베어링의 기호

기본 기호			보조 기호				
베어링 계열 번호	안지름 번호	접촉각 기호	시일 기호 혹은 시일드 기호	레이스 모양 기호	조합 기호	틈새 기호	등급 기호

표 6.3 접촉각 기호

베어링의 종류	호칭접 촉각	기호
단열 앵귤러 볼 베어링	10~22°	C
	22~32°(보통 30°)	A
	32~45°(보통 40°)	B
단열 원추 롤러 베어링	24~32°	D

표 6.4 보조 기호

보조 기호		시일 기호 혹은 시일드 기호		궤도바퀴형상 기호		조합 기호		틈새 기호		등급 기호	
기호	내용	기호	내용	기호	내용	기호	내용	기호	내용	기호	내용
V	케이지 없음	UU	양시일	K	내측테이퍼 구멍 기준 테이퍼 1/12	BD	배면 조합	C1	C2보다 작음	무기호	0급
		U	편측시일					C2	보통 틈새 보다 작음	P6	6급
		ZZ	양측시일드	N	바퀴홈 붙이기	DF	정면 조합	무기호	보통 틈새	P5	5급
								C3	보통 틈새 보다 큼	P4	4급
		Z	편측시일드	NR	중지륜 붙이기	DT	반열 조합	C4	C3보다 큼		
								C5	C4보다 큼		

* C : clearance, P : precision

표 6.5 안지름 번호

안지름 번호	안지름 치수 [mm]	안지름 번호	안지름 치수 [mm]	안지름 번호	안지름 치수 [mm]	안지름 번호	안지름 치수 [mm]	안지름 번호	안지름 치수 [mm]
1	1	06	30	22	110	72	360		
2	2	/32	32	24	120	76	380		
3	3	07	35	26	130	80	400		
4	4	08	40	28	140	84	420		
5	5	09	45	30	150	88	440		
6	6	10	50	32	160	92	460		
7	7	11	55	34	170	96	480		
8	8	12	60	36	180	/500	500		
9	9	13	65	38	190	/530	530		
00	10	14	70	40	200	/560	560		

(계속)

표 6.5 안지름 번호

안지름 번호	안지름 치수 [mm]	안지름 번호	안지름 치수 [mm]	안지름 번호	안지름 치수 [mm]	안지름 번호	안지름 치수 [mm]
01	12	15	75	44	220	/600	600
02	15	16	80	48	240	/630	630
03	17	17	85	52	260	/670	670
04	20	18	90	56	280	/710	710
/22	22	19	95	60	300	/750	750
05	25	20	100	64	320	/800	800
/28	28	21	105	68	340	/850	850

6.3 구름 베어링 수명의 기초이론

/6.3.1/ 구름 베어링의 부하용량 이론계산식

구름 베어링이 회전하지 않는 상태에서 정적 부하를 받고 있을 때 견딜 수 있는 하중의 크기를 정적 부하용량(static capacity)이라 한다. 이때 전동체는 회전하지 않고 있으므로 정적 부하용량은 하중 방향에 존재하는 전동체의 각각이 받을 수 있는 접촉응력에 의거하여 정해지는 허용하중의 총합으로서 얻을 수 있다.

스트리벡(Stribeck)은 같은 지름의 강구(steel ball) 3개를 1열로 포개서 시험한 결과, 어느 일정한 영구변형(미세한 자국)을 일으키는 데 필요한 하중 P_0는 지름 d의 제곱에 비례하는 것을 발견하였다. 또 헤르츠(Hertz)의 탄성 접촉 이론에서도 지름이 동일한 강구 대 강구의 접촉응력을 유도한 결과 회전체가 볼인 경우에는

$$P_0 = Kd^2 \tag{6.1}$$

가 성립함을 밝혔다. 여기서 상수 K를 비하중(specific load)이라 하며, 허용단위압력으로서 재료의 종류, 면의 경도, 홈의 모양 등에 의하여 결정된다.

그러면 볼 베어링에서 전체 하중이 각 볼에 어떻게 분포하는지 알아보자. 레이디얼하중 P가 작용할 때 그림 6.4에서 것처럼 하반 부분의 볼에 총하중 P가 작용하고, 상반부분의 볼은 무부하의 상태에 있다. 그리고 각각의 볼에 작용하는 힘을 각각 P_0, P_1, P_2, ... 라 하면, P

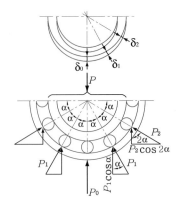

그림 6.4 ▶ 볼 베어링의 부하해석

방향에 있는 가장 아래 위치의 볼이 받는 힘을 P_0라 할 때, 이 값이 각 볼에 걸리는 하중 가운데 최댓값을 갖게 된다. P_0를 받는 볼에서 다음 볼의 중심을 통과하는 선과 이루는 중심각을 α로 하면

$$P = P_0 + 2P_1\cos\alpha + 2P_2\cos 2\alpha + ... + 2P_n\cos n\alpha \tag{6.2}$$

여기서 $n\alpha \leq 90°$

볼이 압력을 받으면 변형하여 내륜과 외륜간의 거리는 작아지게 된다. 이때 양륜간의 직선거리는 볼의 압축변형률(compressive strain)에 의하여 변화하게 된다. 그러나 볼이 동일한 크기이고 볼과 레이스 사이에는 틈이 없으며, 레이스는 아주 강경하여 외력에 의한 볼의 압축변형이 없다고 가정하면, 하중 P에 의한 내륜의 수직 방향의 접근량을 δ_0로 하면 각각의 볼의 위치에 있어서의 접근량 δ_1, δ_2는

$$\delta_1 = \delta_0\cos\alpha, \quad \delta_2 = \delta_0\cos 2\alpha, \cdots, \quad \delta_n = \delta_0\cos n\alpha \tag{6.3}$$

또 Hertz의 볼접촉에 관한 이론식에서 δ^3은 P^2에 비례하므로

$$\frac{\delta_0^3}{\delta_n^3} = \frac{P_0^2}{P_n^2}$$

즉,

$$P_n = P_0\left(\frac{\delta_n}{\delta_0}\right)^{3/2} \tag{6.4}$$

$$\therefore P_1 = P_0\left(\frac{\delta_1}{\delta_0}\right)^{3/2} = P_0\cos^{3/2}\alpha, \quad P_2 = P_0\left(\frac{\delta_2}{\delta_0}\right)^{3/2} = P_0\cos^{3/2}2\alpha \tag{6.5}$$

식 (6.2)에 식 (6.5)를 대입하여 정리하면

$$P = P_0(1 + 2\cos^{5/2}\alpha + 2\cos^{5/2}2\alpha + \ldots) = P_0K$$

볼의 수를 z라 하면 $\alpha = \dfrac{360°}{z}$ 이고, 또 $\dfrac{1}{4}$ 원 내부에 있는 볼의 수를 n이라 하면 $n = \dfrac{z}{4}$ 로 할 수 있다.

z와 K와의 관계를 구하면 다음과 같다.

$$z = 10\,(\alpha = 36°)\text{일 때 } K = 2.28 = \frac{z}{4.38}$$

$$z = 15\,(\alpha = 24°)\text{일 때 } K = 3.44 = \frac{z}{4.36}$$

$$z = 20\,(\alpha = 18°)\text{일 때 } K = 4.58 = \frac{z}{4.37}$$

보통 베어링에서는 $z = 10 \sim 20$이므로, K의 평균값은 $K = \dfrac{z}{4.37}$ 로 취할 수 있다.

$$P = P_0\frac{z}{4.37} \fallingdotseq \frac{z}{5}P_0 \tag{6.6}$$

식 (6.1)에 대입하면

$$P = 0.2Kzd^2 \tag{6.7}$$

이 식이 레이디얼 볼 베어링의 정적부하용량식이며 스트리백의 공식이라 한다. 여기서 K는 베어링 재료, 접촉면의 경도, 강구의 홈의 형상, 하중 상태 등에 따라 결정되는 상수이다. 그러나 K값은 베어링 제조회사마다 고유한 축적된 자료와 경험을 바탕으로 산정하므로 여기서는 자세한 설명을 생략하기로 한다.

일반적으로 베어링의 정적하중, 즉 고속회전을 하지 않거나 사람의 수동 조작에 의하여 움직이는 기계에 설치된 베어링에 걸리는 하중을 설계할 경우에는, 다음과 같이 정의될 수 있는 기본 정적부하용량을 베어링 제조회사의 카탈로그(catalog)에서 찾아서 사용한다.

정하중을 받고 전동체와 궤도면의 접촉부에 생기는 영구변형이 회전 성능에 영향을 주지 않는 한도 내에서, 즉 전동체 지름의 1/10,000에 해당하는 영구변형량을 발생시키는 정적하중을 기본 정적부하용량(C_0)이라 하며, 베어링이 견딜 수 있는 정적하중의 최대한도를 의미한다.

/ 6.3.2 / 구름 베어링의 기본 동적부하용량(dynamic load)

베어링의 설계에서 그 수명을 추정한다는 것은 사용하려는 기계의 수명에 적당한 베어링을 선택함에 있어서나 또는 운전 중 손상된 베어링에 의한 작업정지 때문에 생기는 경제적 손해를 미연에 방지하는 견지에서 중요한 문제이다. 베어링이 정확하고 견고히 설치되어 있고 적당히 윤활된 상태에서 운전되고 있으면서도 사용할 수 없게 되는 것은 접촉압축응력에 의한 피로박리(fatigue flaking)의 현상 때문이다. Palmgren과 Lundberg 등은 재료파손의 학설에 입각하여 재료의 피로강도에 관한 실험계수를 도입하여 통계적으로 부하용량의 계산식을 구하였다.

실용상 베어링 수명의 정의로서 '동일 조건하에 있어서 베어링 그룹의 90%가 피로박리 현상을 일으키지 않고 회전할 수 있는 총회전수'라 하고, 이것을 베어링의 계산수명이라고 한다. 따라서 기본 동적부하용량(C)은 100만 회전, 즉 $33\frac{1}{3}$[rpm]의 속도로 500시간 회전하는 총회전속도의 계산수명을 갖는 일정하중을 말한다. 수명을 시간으로 나타낼 경우에는 보통 500시간을 기준으로 하며, 100만 회전의 수명은 $33.3 \times 60 \times 500 = 10^6$이므로 33.3[rpm]에서 500시간의 수명에 견디는 하중이 된다. 기본 동적부하용량 C[kgf]는 정적부하용량(C_0)과 같이 베어링 제조회사의 카탈로그에서 찾아서 사용한다.

이론과 경험에 의한 베어링의 동적부하용량의 계산식이 도입될 수 있으나, 구름 베어링은 가공법이 다양하고 접촉부 형상의 약간의 차이에 의해서도 C값이 크게 차이가 나므로, 여러 가지 형식의 베어링에 대하여 정확한 C값을 계산하기가 어렵다. 보통 베어링 제조회사에서 제공하는 부하용량에 관한 도표를 찾아서 C값을 구하는 것이 일반적이다.

표 6.6, 6.7에는 상용되는 여러 가지 구름 베어링의 호칭 번호와 베어링의 안지름, 기본정적부하용량 C_0, 기본 동적부하용량 C가 수록되어 있다. 특히 표 6.7에는 두 가지 윤활방식, 즉 그리스 윤활의 경우와 윤활유 윤활의 경우에 대한 C_0, C값과 허용 회전수가 나와 있다. 구름 베어링에서 예전에는 윤활을 거의 고려하지 않았으나 고속회전하는 기계장치가 많이 사용되는 최근에는 베어링의 안지름 d[mm]와 회전수 N[rpm]의 곱을 한계속도 dN으로 정의하여 윤활방식에 따른 적정 회전수를 관리하기 위해서 사용한다. 베어링 제조회사에서는 베어링 형식과 윤활 방식에 따라 적정한 dN값을 권장하고 있고, 설계자는 이에 따라 운전 회전수를 정해야 한다. 윤활방식에 따라 권장되는 한계속도 dN값은 다음과 같다.

- 그리스 윤활 : $dN = 100,000 \sim 200,000$
- 윤활유 윤활 : $dN = 200,000 \sim 300,000$
  (윤활유 펌프 미사용, 즉 베어링이 회전하며 윤활유에 잠기는 경우를 의미함)
- 윤활유 강제순환/분무 : $dN = 1,000,000$
  (윤활유 펌프를 사용한 강제순환 방식 또는 제트(jet) 방식으로 분무할 경우)

표 6.6(a) 구름 베어링의 부하용량

종류	단열 깊은 홈 레이디얼 볼 베어링						단열 앵귤러 컨택트 볼 베어링				자동조심형 레이디얼 볼 베어링				원통 롤러 베어링			
하중의 구분	경하중용		중(中)하중		중(重)하중		경하중용		중하중용		경하중용		중하중용		경하중용		중하중용	
형번 / 안지름	6200		6300		6400		7200		7300		1200		1300		N 200		N 300	
번호 d	C	C_0	C	C_0	C	C_0	C	C_0	C	C_0	C	C_0	C	C_0	C	C_0	C	C_0
00 10	400	195	640	380							430	135	560	185				
01 12	535	295	760	470							435	150	740	240				
02 15	600	355	900	545							585	205	750	265				
03 17	755	445	1060	660	1770	1100					650	245	975	375				
04 20	1010	625	1250	790	2400	1560					775	325	980	410	980	695	1370	965
05 25	1100	705	1660	1070	2810	1900	1270	850	2080	1460	940	410	1410	610	1100	850	1860	1370
06 30	1530	1010	2180	1450	3350	2320	1770	1270	2650	1910	1220	590	1670	790	1460	1160	2450	1930
07 35	2010	1380	2610	1810	4300	3050	2330	1720	3150	2350	1230	675	1960	1000	2120	1700	3000	2360
08 40	2280	1580	3200	2260	5000	3750	2770	2130	3850	2930	1440	820	2310	1240	2750	2320	3750	3100
09 45	2560	1800	4150	3050	5850	4400	3100	2430	5000	3950	1700	975	2970	1620	2900	2500	4800	3900
10 50	2750	2000	4850	3600	6800	5000	3250	2600	5850	4700	1780	100	3400	1780	3050	2700	5850	4960
11 55	3400	2530	5650	4250	7850	6000	4000	3300	6750	5500	2090	1360	4000	2290	3650	3250	7100	5850
12 60	4100	3150	6450	4960	8450	6700	4850	4050	7700	6350	2350	1580	4450	2710	4400	4000	8500	7200
13 65	4500	3450	7300	5600	9250	7650	5500	4750	8700	7300	2410	1750	4850	2990	5100	4750	9500	8150
14 70	4850	3800	8150	6400	11100	10200	6000	5250	9800	8300	2710	1920	5800	3600	5300	5000	10400	9000
15 75	5150	4200	8900	7250	12000	11000	6200	5550	10600	9400	3050	2180	6200	3900	6200	5850	12700	11000
16 80	5700	4500	9650	8100	12700	12000	6950	6250	11500	10500	3100	2400	6900	4300	7100	6800	13400	12000
17 85	6500	5450	10400	9000	13600	13200	7800	7200	12400	11700	3850	2900	7600	4950	8150	7800	15000	13200
18 90	7500	6150	11200	10000	14500	14600	9200	8500	13400	13000	4450	3250	9050	5700	9800	9300	17300	15600
19 95	8500	7050	12000	11000			10500	9750	14300	14300	5000	3750	10300	6500	11400	11000	18600	17000
20 100	9550	8000	13600	13200			11300	10400	16200	17200	5400	4100	11100	7350	12700	12200	21600	19600
21 105	10400	9050	14400	14400			12300	11700	17200	18700	5800	4500	12100	8250	14000	13700	25000	22400
22 110	11300	10100	16100	16900			13300	13200	17300	22000	6850	5320	12700	9350	16300	15300	30000	26000
23 115																		
24 120	12100	11500	16200	16900			14300	14700	21000	25000					18300	18000	34000	3000

(계속)

표 6.6(b) 구름 베어링의 부하용량

종류	테이퍼 베어링				구면 구름 베어링				단식스러스트 볼 베어링				복식스러스트 볼 베어링			
하중의 구분	경하중용		중하중용		경하중용		중하중용		경하중용		중하중용		경하중용		중하중용	
형번 / 안지름	30200		30300		22200		22300		51100		51200		52200		52300	
번호 d	C	C_0	C	C_0	C	C_0	C	C_0	C	C_0	C	C_0	C	C_0	C	C_0
00 10									570	1140	720	1400				
01 12									570	1140	770	1550				
02 15			1290	980					615	1250	990	2000	990	2200		
03 17	1040	850	1630	1250					690	1480	1060	2200				
04 20	1600	1290	2550	1600					920	2000	1400	3050	1400	3050		
05 25	1760	1560	3050	2160					1300	3000	1800	4100	1800	4100	2260	4990
06 30	2400	2080	3550	2850					1420	3400	1980	4700	1980	4700	2780	6400
07 35	3100	2650	4750	3750					1580	4050	2650	6350	2650	6350	3600	8500
08 40	3600	3100	5400	4500			6300	5850	1970	5100	3200	7980	3200	7980	4500	11000
09 45	4150	3600	6800	5700			8000	7500	2100	5600	3350	8500	3350	8500	5270	13300
10 50	4550	4050	8000	6700			11000	10000	2230	6150	3500	9050	3500	9050	6350	16400
11 55	5600	5200	9150	7800			12900	11800	2750	7550	4900	12900	4900	12900	7600	20000
12 60	6100	5600	10800	9150			15600	14000	3250	9150	5300	14500	5300	14500	8000	21700
13 65	7200	6550	12500	10800			17600	15300	3350	9550	5500	15300	5500	15300	8400	23300
14 70	7800	7100	14300	12200			22400	19600	3500	10300	5700	16100	5700	16100	9800	27600
15 75	8650	8150	16000	13700			23200	21200	3680	11100	5900	16900	5900	16900	11200	32000
16 80	9650	8800	17600	15300	9500	10200	27500	24500	3750	11400	6050	17700	6050	17700	11700	34000
17 85	11400	10600	20000	17000	12200	13200	30000	26500	3900	12200	7250	21400	7250	21400	13200	39700
18 90	12700	12000	21600	19000	15600	16000	35500	31000	5000	15400	8750	26500	8350	26500	13200	39700
19 95	14000	13200	25500	22800	18300	19000	38000	34000								
20 100	16300	15600	28000	25500	21200	21200	45500	40500	6950	21800	10760	33300	10700	33300	15600	48400
21 105	18300	17000	30500	27500												
22 110	20400	19600	33500	30000	27500	26000	56000	50000	7300	23400	11400	36700	11400	36700		
23 115																
24 120	22800	21600	40000	36500	34000	33500	68000	60000	7600	25000	11700	38800	11700	38800		

표 6.7(a) 부하용량과 윤활 방식에 따른 허용회전수

종류	깊은 홈 볼 베어링					단열앵귤러 볼 베어링 / 조합앵귤러 볼 베어링					복렬 앵귤러 볼 베어링				
구분		기본정격하중		허용회전수		구분		기본정격하중		허용회전수		구분	기본정격하중		허용회전수
d	호칭번호	C	C_0	그리스윤활	기름윤활	d	호칭번호	C	C_0	그리스윤활	기름윤활	d	호칭번호	C	C_0	그리스윤활	기름윤활
10	6900	465	201	22000	36000	10	7900	550	266	32000	43000	10	5200	730	400	17000	22000
12	6901	520	241	28000	32000	12	7901	590	305	28000	38000	12	5201	1070	590	15000	20000
15	6902	570	289	24000	28000	15	7902	625	350	24000	32000	15	5202	1800	1040	11000	15000
17	6903	610	330	22000	26000	17	7903	655	390	22000	30000	17	5203	2140	1280	10000	13000
20	6904	810	455	18000	20000	20	7904	1110	670	18000	24000	20	5204	2510	1530	9000	12000
22		1870	940	13000	16000	25	7905	1150	750	16000	22000	25	5205	3350	2110	7500	10000
25	6905	905	570	15000	18000	30	7906	1480	1030	13000	18000	30	5206	4150	2870	6300	8500
28		2730	1430	10000	13000	35	7907	1870	1370	12000	16000	35	5207	5200	3700	5600	7500
30	6906	1150	750	13000	15000	40	7908	1990	1570	10000	14000	40	5208	5800	4200	5300	6700
32		3050	1730	9000	11000	45	7909	2360	1910	9500	13000	45	5209	7000	5200	4500	6000
35	6907	1190	835	11000	13000	50	7910	2500	2150	8500	12000	50	5210	8300	6250	4300	5600
40	6908	1290	985	10000	12000	55	7911	3300	2830	7500	11000	55	5211	9700	7450	3800	5000
45	6909	1520	1160	9000	11000	60	7912	3350	3000	7100	10000	60	5212	12800	10000	3400	4500
50	6910	1570	1260	8500	10000	65	7913	3550	3350	6700	9500	65	5213	14500	11500	3200	4300
55	6911	1980	1660	7500	9000	70	7914	4500	4200	6300	8500	70	5214	16200	13100	3000	3800
60	6912	2040	1780	7100	8500	75	7915	4600	4450	6000	8000	85	5217	11800	11200	2800	3600
65	6913	2090	1910	6700	8000	85	7917	5750	5700	5300	7100						
70	6914	2730	2410	6000	7100	95	7919	6800	6800	4500	6300						
75	6915	2820	2580	5600	6700	105	7921	8150	8350	4300	5600						
85	6917	3350	3200	5000	6000	120	7924	10400	10900	3600	5000						
95	6919	4350	4250	4500	5300	140	7928	12200	13500	3200	4300						
105	6921	5300	5150	4000	4800	160	7932	26800	31500	1900	2600						
120	6924	5800	5850	3600	4300	180	7936	31000	39000	1700	2200						
140	6928	7900	8400	2800	3400	200	7940	34500	46000	1500	2000						
160	6932	10100	11000	2400	2800												
180	6936	14700	16000	2000	2400												
200	6940	16400	18300	1900	2200												
220	6944	18400	22100	1600	2000												
240	6948	19900	24700	1500	1900												
260	6952	24100	31500	1400	1700												
280	6956	24700	33500	1300	1600												
300	6960	29000	41000	1200	1400												
340	6968	27800	40500	1100	1300												
380	6976	33000	52000	950	1200												
420	6984	35000	58500	900	1100												

(계속)

표 6.7(b) 부하용량과 윤활 방식에 따른 허용회전수

종류		자동조심 볼 베어링				단열원통 롤러 베어링						복렬원통 롤러 베어링					
구분		기본정격하중		허용회전수				기본정격하중		허용회전수				기본정격하중		허용회전수	
d	호칭번호	C	C_0	그리스윤활	기름윤활	d	호칭번호	C	C_0	그리스윤활	기름윤활	d	호칭번호	C	C_0	그리스윤활	기름윤활
10	2200	760	162	24000	28000	20	NU 204	2110	1880	13000	16000	25	3005	2630	3050	14000	17000
12	2201	790	177	22000	26000	25	NU 205	2990	2830	13000	15000	30	3006	3150	3800	12000	14000
15	2202	795	188	18000	22000	30	NU 206	4000	3800	11000	13000	35	3007	4000	5100	10000	12000
17	2203	1010	247	16000	20000	35	NU 207	5150	5100	9500	11000	40	3008	4400	5650	9000	11000
20	2204	1310	340	14000	17000	40	NU 208	5700	5650	8500	10000	45	3009	5300	7000	8500	10000
25	2205	1270	350	12000	14000	45	NU 209	6450	6800	7500	9000	50	3010	5400	7400	7500	9000
30	2206	1560	460	10000	12000	50	NU 210	7050	7800	7100	8500	55	3011	7050	9850	6700	8000
35	2207	2210	675	8500	10000	55	NU 211	8800	10100	6300	7500	60	3012	7450	10800	6300	7500
40	2208	2290	750	7500	9000	60	NU 212	9950	10900	6000	7100	65	3013	7850	11800	6000	7100
45	2209	2380	830	7100	8500	65	NU 213	11000	12100	4800	5600	70	3014	9950	15100	5600	6700
50	2210	2380	865	6300	8000	70	NU 214	12100	14000	4500	5600	75	3015	9850	15200	5300	6300
55	2211	2720	1010	6000	7100	75	NU 215	12700	15100	4300	5300	80	3016	12200	19000	4800	6000
60	2212	3500	1290	5300	6300	80	NU 216	14200	17000	4000	4800	85	3017	12800	20500	4500	5600
65	2213	4450	1670	4800	6000	85	NU 217	17000	20300	3800	4500	90	3018	14600	23200	4300	5000
70	2214	4500	1740	4500	5600	90	NU 218	18500	22200	3600	4300	95	3019	15300	25100	4000	5000
75	2215	4550	1820	4300	5300	95	NU 219	21500	25400	3400	4000	100	3020	16000	27000	4000	4800
80	2216	5000	2030	4000	5000	100	NU 220	25400	31000	3200	3800	105	3021	20200	33000	3800	4500
85	2217	5950	2400	3800	4800	110	NU 222	29800	37000	2800	3400	110	3022	23300	38000	3400	4300
90	2218	7200	2930	3600	4300	120	NU 224	34000	43000	2600	3200	120	3024	24400	41500	3200	3800
95	2219	8550	3500	3400	4000	130	NU 226	35500	43500	2400	2800	130	3026	29000	48500	3000	3600
100	2220	9650	3900	3200	3800	140	NU 228	40000	52500	2200	2600	140	3028	30500	52500	2800	3400
110	2222	12500	5250	2800	3400	150	NU 230	45500	60500	2000	2400	150	3030	34000	60000	2600	3000
						160	NU 232	51000	68000	1900	2200	160	3032	38000	67500	2400	2800
						170	NU 234	61500	81500	1800	2200	170	3034	46000	82000	2200	2600
						180	NU 236	64000	87000	1700	2000	180	3036	57500	102000	2000	2400
						190	NU 238	71000	97500	1600	1900	190	3038	60500	110000	2000	2400
						200	NU 240	78000	108000	1500	1800	200	3040	66500	119000	1800	2200
						220	NU 244	122000	161000	1200	1500						
						240	NU 248	139000	186000	1100	1300						
						260	NU 252	157000	213000	1000	1200						

(계속)

표 6.7(c) 부하용량과 윤활 방식에 따른 허용회전수

종류		테이퍼 롤러 베어링				자동조심 롤러 베어링						단식 스러스트 볼 베어링					
구분		기본정격하중		허용회전수		구분		기본정격하중		허용회전수		구분		기본정격하중		허용회전수	
d	호칭번호	C	C_0	그리스윤활	기름윤활	d	호칭번호	C	C_0	그리스윤활	기름윤활	d	호칭번호	C	C_0	그리스윤활	기름윤활
15	30202	2400	2160	9500	13000	25	22205	4350	4150	5300	6700	10	51200	1300	1740	6000	9000
17	30203	2400	2160	9500	13000	30	22206	5600	5500	4500	6000	15	51201	1710	2530	5000	7500
20	30204	2850	2900	8000	11000	35	22207	7250	7750	4000	5300	20	51202	2290	3850	4300	6300
22	30205	2780	3000	7500	10000	40	22208	8900	9500	3600	4500	25	51203	2860	5150	3800	5600
25	30206	2860	3200	6700	9500	45	22209	10500	10900	3200	4000	30	51204	3000	5950	3400	5300
30	30207	3650	3800	5600	7500	50	22210	12100	13000	2800	3800	35	51205	4050	7950	3000	4500
35	30208	4950	6650	5600	8000	55	22211	14300	16700	2600	3400	40	51206	4850	10000	2800	4300
40	30209	6000	8300	5300	7100	60	22212	16600	19900	2400	3200	45	51207	4900	10700	2600	4000
45	30210	6800	9650	4800	6300	65	22213	18400	22100	2200	3000	50	51208	5000	11400	2400	3600
50	30211	7150	10600	4300	6000	70	22214	22000	26300	2000	2800	55	51209	7150	16200	2200	3200
55	30212	9600	14600	3800	5300	75	22215	24000	28800	1900	2600	60	51210	7300	17200	2000	3000
60	30213	9800	15300	3600	5000	80	22216	26900	32000	1800	2400	65	51211	7700	19200	1900	2800
65	30214	9950	15900	3400	4500	85	22217	29600	36500	1700	2200	70	51212	7550	19200	1900	2800
70	30215	12900	20800	3000	4300	90	22218	32500	41000	1600	2200	75	51213	7950	21300	1800	2800
80	30216	19000	29400	2600	3600	100	22219	38000	50000	2200	2600	80	51214	8050	22300	1800	2600
85	30217	23500	37000	2400	3400	110	22221	47000	76500	1600	2000	85	51215	9800	26900	1600	2400
90	30218	26500	41500	2400	3200	120	22223	47500	73500	1400	1800	90	51216	11600	31500	1400	2200
95	30219	22800	29200	2200	2800	130	22225	51500	84500	1300	1700	100	51218	13700	38500	1300	2000
100	30220	26000	34000	2000	2600	140	22227	59000	96500	1200	1600	110	51220	13900	40000	1300	1900
110	30222	32000	43000	1800	2400	150	22229	74000	121000	1100	1400	120	51222	14400	44000	1200	1800
120	30224	34000	46000	1600	2200	160	22231	69000	128000	1100	1400	130	51224	18700	56000	1100	1600
130	30226	34000	44500	1500	2000	170	22233	84000	155000	1000	1300	140	51226	18900	59000	1000	1500
140	30228	37500	49500	1400	1900	180	22235	98500	178000	950	1200	150	51228	24300	75000	950	1400
150	30230	44000	58000	1300	1700	190	22237	99500	188000	900	1200	160	51230	25400	82000	900	1400
160	30232	47500	62000	1200	1600	200	22239	116000	216000	850	1100	170	51232	28500	93000	850	1300
170	30234	51500	90500	1200	1700	220	22243	138000	265000	750	1000	180	51234	28900	97000	800	1200
180	30236	65000	115000	1200	1600	240	22247	141000	278000	710	950	190	51236	32500	113000	750	1100
190	30238	66000	119000	1100	1500	260	22251	135000	262000	850	1100	200	51238	32500	113000	710	1100
200	30240	77500	139000	1000	1400	280	22255	140000	280000	800	1000	220	51242	33500	123000	670	1000
220	30244	90500	164000	950	1300	300	22259	166000	330000	710	900	240	51246	43000	168000	560	850
240	30248	94000	177000	850	1200	320	22263	172000	350000	670	850	260	51250	43500	176000	560	850
260	30252	118000	220000	800	1100	340	22267	218000	440000	600	800	300	51254	55000	246000	450	670
						360	22271	222000	460000	600	750	320	51258	59500	273000	450	670
						380	22275	226000	475000	560	710	340	51262	60500	285000	430	630
						400	22279	257000	555000	500	630	360	51266	72000	355000	380	560

(계속)

표 6.7(d) 부하용량과 윤활 방식에 따른 허용회전수

종류		복식 스러스트 볼 베어링				스러스트 원통 롤러 베어링					스러스트 자동조심 롤러 베어링				
구분		기본정격하중		허용회전수		구분		기본정격하중		허용회전수		구분		기본정격하중		허용회전수
d	호칭번호	C	C_0	그리스윤활	기름윤활	d	호칭번호	C	C_0	그리스윤활	기름윤활	d	호칭번호	C	C_0	윤활유
10	52202	1710	2530	4800	7100	35	35TMP14	9700	25200	1000	3000	60	29412	33500	90000	2600
15	52204	2290	3850	4000	6000	40	40TMP93	6450	19700	1200	3600	65	29413	41500	112000	2400
20	52205	3650	6250	3000	4500	45	45TMP11	7250	23800	1100	3400	70	29414	46000	126000	2400
25	52206	4400	8000	2600	4000	50	50TMP74	11600	36000	1000	3000	75	29415	52500	146000	2200
30	52207	4850	10000	2600	3800	55	55TMP93	13600	45500	900	2600	80	29416	58500	163000	2000
35	52209	8200	16700	1900	2800	60	60TMP12	14200	49000	850	2600	85	29417	64500	179000	1900
40	52210	9950	20600	1700	2600	65	65TMP12	14800	52500	850	2600	90	29418	70500	199000	1800
45	52211	11800	24900	1500	2400	70	70TMP74	19400	65000	750	2200	100	29420	86000	245000	1600
50	52212	12100	26800	1500	2200	75	75TMP11	21300	75000	710	2200	110	29422	103000	299000	1500
55	52213	12500	28700	1500	2200	80	80TMP12	21200	75500	710	2000	120	29424	119000	350000	1400
60	52215	16200	37500	1200	1800	85	85TMP11	26200	102000	630	1900	130	29426	135000	400000	1200
65	52216	16700	40000	1200	1800	90	90TMP11	25500	90000	630	1900	140	29428	140000	425000	1200
70	52217	21100	50000	1100	1600	100	100TMP93	29700	113000	560	1700	150	29430	162000	500000	1100
75	52218	21900	53500	1100	1600	110	110TMP12	40000	152000	560	1700	160	29432	178000	550000	1100
80	52420	38000	100000	670	1000	120	120TMP12	51500	197000	500	1500	170	29434	171000	595000	1000
90	52422	42000	118000	600	900	130	130TMP12	91500	335000	320	950	180	29436	191000	665000	900
100	52224	53500	162000	530	800	140	140TMP12	101000	385000	300	900	190	29438	215000	760000	850
110	52226	56500	178000	500	750							200	29440	234000	835000	800
120	52228	63000	205000	480	710							220	29444	240000	880000	800
130	52230	66000	226000	430	630							240	29448	247000	930000	750
150	52234	76500	278000	380	560											

(계속)

표 6.7(e) 부하용량과 윤활 방식에 따른 허용회전수

종 류		복식 스러스트 앵귤러 볼 베어링				시이브형 원통 롤러 베어링					
구 분		기본정격하중		허용회전수		구 분		기본정격하중		허용회전수	
d	호칭번호	C	C_0	그리스 윤활	기름 윤활	d	호칭번호	C	C_0	그리스 윤활	기름 윤활
35	35TAC20D+L	2340	5450	6700	9500	50	RS-4910E4	4900	7700	2000	4000
40	40TAC20D+L	2420	6050	6000	8500	60	RS-4912E4	6950	12000	1600	3200
45	45TAC20D+L	2690	6900	5600	7500	65	RS-4913E4	7150	12700	1600	3200
50	50TAC20D+L	2790	7550	5000	7100	70	RS-4914E4	10400	17200	1400	2800
55	55TAC20D+L	3450	9550	4500	6300	80	RS-4916E4	11100	19500	1300	2600
60	60TAC20D+L	3600	10400	4300	6000	90	RS-4918E4	15000	27400	1100	2200
65	65TAC20D+L	3700	11200	4000	5600	100	RS-4920E4	19800	41000	1000	2000
70	70TAC20D+L	5050	14900	3600	5000	105	RS-4921E4	20300	43000	950	1900
75	75TAC20D+L	5100	15600	3400	4800	110	RS-4922E4	20600	44000	900	1800
80	80TAC20D+L	6000	18500	3200	4500	120	RS-4924E4	23100	49000	800	1600
85	85TAC20D+L	6100	19200	3000	4300	130	RS-4926E4	26700	56500	750	1500
90	90TAC20D+L	8050	25100	2800	4000	140	RS-4928E4	27700	60500	710	1400
95	95TAC20D+L	8150	26100	2800	3800	150	RS-4930E4	40000	88500	670	1300
100	100TAC20D+L	8250	27200	2600	3600	160	RS-4932E4	41500	95000	600	1200
110	110TAC20D+L	10500	35500	2400	3200	170	RS-4934E4	42500	99500	600	1200
120	120TAC20D+L	10800	38000	2200	3000	180	RS-4936E4	50500	115000	530	1100
130	130TAC20D+L	13700	46500	2000	2800	190	RS-4938E4	52000	120000	500	1000
140	140TAC20D+L	14800	53500	1800	2600	200	RS-4940E4	68000	153000	480	950
150	150TAC20D+L	17500	63500	1700	2400	220	RS-4944E4	70500	165000	430	850
160	160TAC20D+L	18900	69500	1600	2200	240	RS-4948E4	74000	181000	400	800
170	170TAC20D+L	22200	82500	1500	2000	260	RS-4952E4	107000	258000	360	710
180	180TAC20D+L	28700	104000	1400	1900	280	RS-4956E4	111000	277000	340	670
190	190TAC20D+L	29000	108000	1300	1800	300	RS-4960E4	149000	350000	300	600
200	200TAC20D+L	32000	120000	1200	1700	320	RS-4964E4	153000	365000	280	560
220	220TAC20D+L	36500	142000	1100	1500	340	RS-4968E4	159000	395000	260	530
240	240TAC20D+L	37000	147000	1000	1400	360	RS-4972E4	163000	415000	260	500
260	260TAC20D+L	44500	193000	900	1300	380	RS-4976E4	209000	530000	240	450
280	280TAC20D+L	45000	200000	850	1200	400	RS-4980E4	214000	555000	220	450
300	300TAC20D+L	40500	185000	850	1200	420	RS-4984E4	219000	580000	200	430
320	320TAC20D+L	41500	196000	800	1100	440	RS-4988E4	289000	750000	190	380
340	340TAC20D+L	42000	206000	750	1000	460	RS-4992E4	293000	765000	190	380
360	360TAC20D+L	43000	217000	710	950	480	RS-4996E4	325000	865000	180	360
380	380TAC20D+L	49500	261000	630	900						
400	400TAC20D+L	50500	275000	600	850						

6.4 구름 베어링의 수명

구름 베어링에 요구되는 기능은 용도에 따라 달라지지만, 설계자가 정한 기간 동안 지속운전되어야 한다는 점은 당연한 공통기능이다. 베어링을 일정한 용도에 올바르게 사용하더라도 시간이 경과됨에 따라 소음, 진동의 증가, 마모에 의한 정밀도 저하, 윤활 그리스의 열화, 구름면의 피로 손상 등에 따라 사용할 수가 없게 된다. 이 베어링이 사용불능이 되기까지의 기간을 베어링 수명으로 정의하며, 각각 음향 수명, 마모 수명, 그리스 수명, 구름피로 수명 등으로 불리고 있다.

앞에서 언급한 베어링의 사용불능 요인 외에도 타붙음, 깨짐, 결손, 궤도륜의 유해한 브리넬링, 밀봉시일의 손상 등이 있다. 이것들은 베어링의 자체 고장으로서 수명과 구별되어야 할 성질의 것이고, 베어링 선정의 오류, 축 및 하우징의 설계불량, 설치불량, 사용방법 혹은 보수의 잘못 등에 기인하는 일도 많다.

6.4.1 구름피로 수명, 정격피로 수명

구름 베어링이 하중을 받아 회전하면, 내륜, 외륜의 궤도면 및 전동체의 전동면은 반복하중을 받으므로, 재료의 피로에 따라 플레이킹이라 하는 비늘 모양의 손상이 궤도면 혹은 전동면에 나타난다. 이 최초의 플레이킹이 생기기까지의 총회전수를 구름피로 수명이라 하며, 임의로 수명이라 불릴 때도 많다. 베어링의 피로 수명은 치수, 구조, 재료, 열처리, 가공방법 등을 동일하게 하여 제작한 베어링을 동일 조건으로 운전해도 상당히 큰 편차가 있으며, 이것은 재료 자체의 특성 때문이다. 따라서 이 편차를 통계적으로 처리하여 베어링의 성능 기준으로 사용하기 위해 다음과 같이 정의된 정격피로 수명을 사용한다. 정격피로 수명이란 일군의 동일 호칭 번호의 베어링을 동일 운전조건으로 각각 회전시켰을 때 그중 90%의 베어링이 구름피로에 의한 플레이킹을 일으키지 않고 회전할 수 있는 총회전수를 말한다. 일정한 회전속도로 운전될 경우에는 정격피로 수명을 총회전시간으로 나타내는 일도 많다.

베어링의 수명을 검사할 경우, 피로 수명만을 고려하는 경우가 많은데, 이는 많은 오류를 발생시킬 수 있으므로 베어링에 요구되는 기능에 따라서 다른 관점에서 정의된 베어링의 사용한도를 추가로 고려해 볼 필요가 있다. 예를 들면, 그리스 봉입 베어링의 그리스 수명은 피로수명과 다를 수가 있다. 음향 수명이나 마모 수명 등은 베어링의 용도에 따라 사용한도의 기준이 달라지므로 미리 경험적인 한도를 정해놓는 일이 많다.

/6.4.2/ 사용기계와 설계 수명

베어링을 설계할 때 피로 수명을 크게 하고자 하면 그만큼 큰 베어링으로 설계해야 하므로 오히려 경제적이지 못하다. 또 축의 강도, 강성, 설치 치수 등을 고려할 때 반드시 베어링의 피로 수명만을 기준으로 설계할 수 없는 경우도 있다. 각종 기계에 사용되고 있는 구름 베어링에는 사용조건에 따라 기준이 되는 설계 수명이 있는데, 경험적인 피로 수명계수로 나타내면 표 6.9와 같다.

계산수명을 L[rev: 회전]로 표시하면 L은 다음 식으로 주어진다.

$$L = \left(\frac{C}{P}\right)^r \times 10^6 \, [\mathrm{rev}] \tag{6.8}$$

여기서 C[kgf]는 기본 동적부하용량이고, P[kgf]는 베어링에 걸리는 실제하중이다. 그리고 r 값은 볼 베어링에서는 3, 롤러 베어링에서는 10/3이다.

축회전속도는 N[rpm]으로 주어지나 수명은 실제 시간이므로 다음과 같이 시간에 대한 식으로 변형할 수 있다. 기본 동적부하용량 C는 100만 회전에 대하여 정의되어 있으므로 L의 단위는 10^6이다. L_h를 수명시간이라 하면 L과의 관계식은 다음과 같다.

$$L_h = \frac{L}{60 \times N} [\mathrm{h}] \tag{6.9}$$

그런데 $10^6 = 33.3 \times 500 \times 60$이므로 식 (6.8)과 (6.9)에서

$$\frac{L_h \times 60 \times N}{500 \times 33\frac{1}{3} \times 60} = \left(\frac{C}{P}\right)^r$$

$$\therefore L_h = 500 \left(\frac{C}{P}\right)^r \times \frac{33.3}{N} \tag{6.10}$$

한편

$$L_h = 500 f_h^{\,r} \tag{6.11}$$

로 변형하고 f_h를 수명계수라 정의하면 식 (6.10)에서 다음과 같이 구해진다.

$$f_h = \frac{C}{P} \sqrt[r]{\frac{33.3}{N}} \tag{6.12}$$

한편 $f_n = \sqrt[r]{\dfrac{33.3}{N}}$ 을 속도계수라 정의하고, 이것을 식 (6.12)에 대입하면 속도계수와 수

명계수의 관계식이 구해진다.

$$f_h = f_n \frac{C}{P} \tag{6.13}$$

따라서 수명시간은 식 (6.11)에서 수명계수가 구해지면 간단히 구해지며, 수명계수는 식 (6.13)으로부터 속도계수로 계산된 회전속도와 베어링의 기본 동적부하용량 C, 실제 사용하중 P가 결정되면 구해진다.

그리고 표 6.8에는 볼 베어링과 롤러 베어링에 대한 수명시간, 수명계수, 속도계수 등이 정리되어 있다.

표 6.9는 구름 베어링의 여러 가지 용도에 의한 수명계수의 선정기준을 표시한 것이다.

표 6.8 볼 베어링과 롤러 베어링의 수명계산 공식

	볼 베어링	롤러 베어링
수명시간	$L_h = 500 f_h^3$	$L_h = 500 f_h^{10/3}$
수명계수	$f_h = f_n \cdot \dfrac{C}{P}$	$f_h = f_n \cdot \dfrac{C}{P}$
속도계수	$f_n = \left(\dfrac{33.3}{N}\right)^{1/3}$	$f_n = \left(\dfrac{33.3}{N}\right)^{3/10}$

표 6.9 수명계수 f_h의 선정기준

조건	f_h의 값과 사용기계				
	~3	2~4	3~5	4~7	6~
때때로 또는 단시간 사용한다.	• 가정에서 쓰이는 소형전동기 • 전동공구	• 농업기계			
항시 사용하지 않지만 확실한 운전이 요구된다.		• 가정용 냉난방기용 전동기 • 건설기계	• 컨베어 • 엘리베이터		
불연속이지만 비교적 장시간 운전한다.	• 압연기 롤네크	• 소형 전동기 • 데키크레인 • 일반하역크레인 • 피니온스텐더 • 승용차	• 공장 전동기 • 공작기계 • 일반치차장치 • 진동부위 • 크레셔	• 크레인시브 • 콤프레서 • 중요 치차장치	

(계속)

조건	f_h의 값과 사용기계				
	~3	2~4	3~5	4~7	6~
때때로 또는 단시간 사용한다.	• 가정에서 쓰이는 소형전동기 • 전동공구	• 농업기계			
항시 사용하지 않지만 확실한 운전이 요구된다.		• 가정용 냉난방기용 전동기 • 건설기계	• 컨베어 • 엘리베이터		
불연속이지만 비교적 장시간 운전한다.	• 압연기 롤네크	• 소형 전동기 • 데키크레인 • 일반하역크레인 • 피니온스텐더 • 승용차	• 공장 전동기 • 공작기계 • 일반치차장치 • 진동부위 • 크레셔	• 크레인시브 • 콤프레서 • 중요 치차장치	
1일 8시간 이상의 항시운전 혹은 연속의 장시간 운전한다.		• 에스컬레이터	• 원심분리기 • 공조설비 • 송풍기 • 목공기계 • 대형전동기 • 객차차축	• 광산호이스트 • 프레스 플라이휠 • 차량용주 전동기 • 기관차차축	• 제지기계
24시간 연속운전으로 사고에 의한 정지는 허용되지 않는다.					• 수도설비 • 송전소설비 • 광산배수펌프

예제 6-1 회전속도 1,000[rpm]이고, 베어링하중 300[kgf]을 받는 단열 레이디얼 볼 베어링을 선정하시오. 단 수명시간은 100,000시간으로 가정한다.

$$f_h = \left(\frac{L_h}{500}\right)^{1/3} = \left(\frac{100,000}{500}\right)^{1/3} = 200^{1/3} = 5.85$$

베어링하중 $\quad P = f_w \cdot P_0 = 1.5 \times 300 = 450$

속도계수 $\quad f_n = \sqrt[3]{\frac{33.3}{n}} = \sqrt[3]{\frac{33.3}{1,000}} = 0.32$

동적부하용량 $\quad C = \frac{f_h}{f_n} \cdot P = \left(\frac{5.85}{0.32}\right)(450) = 8,226[\text{kg}]$

표 6.6(a)를 참조하여 No. 6315나 No. 6412로 선정한다.

예제 6-2 베어링 No.1312의 자동조심형 레이디얼 볼 베어링에 그리스 윤활로 50,000시간의 수명 시간을 보장하려 한다. 이 조건에서의 베어링하중을 구하시오.

표 6.6(a)에서 베어링 No.1312의 안지름은 60[mm]이고, 한계속도 dN 값을 200,000이라 하면

$$\text{RPM} \quad N = \frac{dN}{d} = \frac{200,000}{60} = 3,333[\text{rpm}]$$

$$\text{수명계수} \quad f_h = \sqrt[3]{\frac{1}{500}L_h} = \sqrt[3]{\frac{1}{500} \times 50,000} = 4.64$$

$$\text{속도계수} \quad f_n = \sqrt[3]{\frac{33.3}{3,333}} = 0.215$$

표 6.6(a)에서 $C = 4,450[\text{kg}], C_0 = 2,710[\text{kg}]$이므로 베어링하중 P는

$$\therefore P = C \cdot \frac{f_n}{f_h} = 4,450 \times \frac{0.215}{4.64} = 206.2[\text{kg}]$$

예제 6-3 원통 롤러 베어링 N 206이 1,000[rpm]으로 200[kg]의 베어링하중을 받는다고 한다. 이 때의 수명시간은 얼마인지 계산하시오.

표 6.6(a)를 참조하면 문제에서 주어진 원통 롤러 베어링 N 206의 규격을 찾을 수 있는데 주어진 베어링의 규격은 다음과 같다.

$$d = 30[\text{mm}], C = 1,460[\text{kg}], C_0 = 1,160[\text{kg}]$$

$$\text{베어링하중} \quad P = f_w \cdot P_0 = 1.5 \times 200 = 300[\text{kg}]$$

$$\text{속도계수} \quad f_n = \left(\frac{33.3}{N}\right)^{3/10} = \left(\frac{33.3}{1,000}\right)^{3/10} = 0.3603$$

$$\text{수명계수} \quad f_h = \left(\frac{C}{P}\right) \cdot f_n = \left(\frac{1,460}{300}\right) \times 0.3603 = 1.7535$$

$$\therefore L_h = 500 f_n^r = 500(1.7535)^{10/3} = 3,250[\text{hr}]$$

예제 6-4 그림 6.5의 기어축이 5 PS, 100 rpm의 동력을 전달할 때 축경 d를 예상하고 축을 지지하고 있는 원통형 구름 베어링 N205($C = 1,450$ kg)의 수명시간을 계산하시오. (단 $l = 100$ mm, 기어의 압력각 $\alpha = 15°$, 기어 피치원의 지름은 200 mm, 축재료의 허용전단응력 $\tau_a = 4$ kgf/mm^2, 허용굽힘응력 $\sigma_a = 5$ kgf/mm^2).

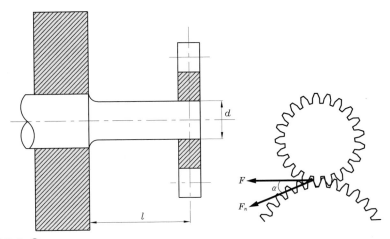

그림 6.5 ◐

$$T = 716,200 \frac{5}{100} = 35,810 [\text{kgf} \cdot \text{mm}]$$

$$v = 0.000524 \, DN = 1.05 [\text{m/sec}]$$

그림의 평기어에서 피치원 접선방향으로 전달되는 회전력 F는

$$F = 75 \frac{H}{v} = 358 [\text{kgf}]$$

기어의 압력각 정의에 따라 접선방향 회전력 F 와 $\cos \alpha$ 관계인 베어링하중(기어치면에 수직인 법선방향 하중) F_n은

$$F_n = F/\cos \alpha = 370 [\text{kgf}]$$

굽힘모멘트는

$$M = W_r \times l = 370 \times 100 = 37,000 \, \text{kgf} \cdot \text{mm}$$

$$\therefore M_e = \frac{1}{2}(M + \sqrt{M^2 + T^2}) = 44,246 \, \text{kgf} \cdot \text{mm}$$

$$T_e = \sqrt{M^2 + T^2} = 51,491 \, \text{kgf} \cdot \text{mm}$$

$$T_e = \frac{\pi d^3}{16} \tau_a \text{에서} \ d = 40.32 \, \text{mm}$$

$$M_e = \pi \frac{d^3}{32} \sigma_a \text{에서} \ d = 44.84 \, \text{mm}$$

$$\therefore \text{축경} \ d = 44.84 \, \text{mm} \rightarrow d = 45 \, \text{mm}$$

$C = 1,450 \, \text{kgf}$ 이므로

$$P = f_w \cdot W_r = 1.5 \times 370 = 555 \, \text{kgf}$$

$$f_n = \left(\frac{33.3}{N}\right)^{3/10} = \left(\frac{33.3}{100}\right)^{3/10} = 0.719$$

$$f_h = \left(\frac{C}{P}\right) \cdot f_n = \left(\frac{1,450}{555}\right) \times 0.719 = 1.8785$$

$$\therefore L_h = 500 f_n^r = 500(1.8785)^{10/3} = 4,090[\text{hr}]$$

6.5 구름 베어링의 설계

6.5.1 베어링 선정의 개요

구름 베어링을 사용하는 정밀기계 및 일반기계 각 분야가 고도로 발달함에 따라 베어링에 요구되는 조건, 성능도 점점 다양화되고 있다. 수많은 형식과 치수 중에서 이들 용도에 가장 적합한 베어링을 선정하기 위해서는 여러 각도로 검사할 필요가 있다. 베어링 선정에 있어서 가장 먼저 고려해야 할 사항이 베어링이 사용될 축에 대한 내용이다. 축의 무게, 회전속도, 형상, 운동 상태 등을 고려하여 베어링 배열, 설치, 해체의 용이함 정도, 베어링을 위해 허용되는 공간, 치수, 베어링의 시장성 등 최적의 베어링 형식을 결정하며, 베어링을 사용할 각종 기계의 설계 수명과 베어링의 내구한도를 비교 검사하면서 베어링의 치수를 결정해 간다. 베어링 선정에 있어서 자칫하면 베어링의 피로 수명만을 생각할 수가 있는데, 그리스의 열화에 의한 그리스 수명, 마모, 소음 등에 대해서도 고려할 필요가 있다. 또한 용도에 있어서는 정밀도, 클리어런스, 리테이너의 형식, 그리스 등 내부사양을 고려한 베어링을 선정할 필요가 있다.

그러나 베어링 선정에 일정한 순서나 규칙은 없다. 베어링에 요구되는 조건, 성능에 맞도록 선택기준을 세우고 최적의 베어링을 선택하는 것이 중요하다. 일반적인 베어링 선정과정의 예를 표 6.10에 표시하였다.

6.5.2 하중계수

일반적으로 베어링하중 P는 축이 받는 중량, 기어나 풀리와 벨트의 장력에 의한 힘을 받고 있으나 베어링의 설비오차에 의한 진동, 기어의 정밀도와 다듬질의 정도, 변형에 의한 영향, 벨트에 가해지는 초장력의 영향 등으로 인하여 이론적으로 계산되지 못하는 하중까지도 받게 되는데, 이를 베어링하중 P로 정의하고 베어링 선정의 최적화를 위하여 이용하고자 한다.

표 6.10 구름 베어링 선정 과정

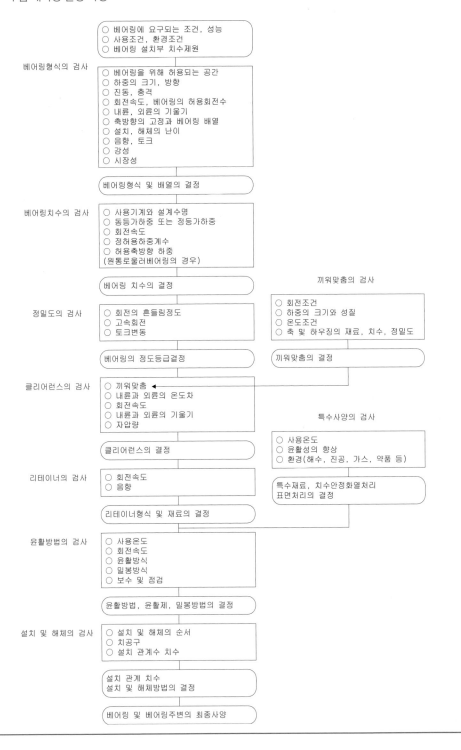

베어링형식의 검사
- ○ 베어링에 요구되는 조건, 성능
- ○ 사용조건, 환경조건
- ○ 베어링 설치부 치수제원

- ○ 베어링을 위해 허용되는 공간
- ○ 하중의 크기, 방향
- ○ 진동, 충격
- ○ 회전속도, 베어링의 허용회전수
- ○ 내륜, 외륜의 기울기
- ○ 축방향의 고정과 베어링 배열
- ○ 설치, 해체의 난이
- ○ 음향, 토크
- ○ 강성
- ○ 시장성

베어링형식 및 배열의 결정

베어링치수의 검사
- ○ 사용기계와 설계수명
- ○ 동등가하중 또는 정등가하중
- ○ 회전속도
- ○ 정허용하중계수
- ○ 허용축방향 하중
  (원통로울러베어링의 경우)

베어링 치수의 결정

정밀도의 검사
- ○ 회전의 흔들림정도
- ○ 고속회전
- ○ 토크변동

끼워맞춤의 검사
- ○ 회전조건
- ○ 하중의 크기와 성질
- ○ 온도조건
- ○ 축 및 하우징의 재료, 치수, 정밀도

베어링의 정도등급결정

끼워맞춤의 결정

클리어런스의 검사
- ○ 끼워맞춤
- ○ 내륜과 외륜의 온도차
- ○ 회전속도
- ○ 내륜과 외륜의 기울기
- ○ 자압량

클리어런스의 결정

특수사양의 검사
- ○ 사용온도
- ○ 윤활성의 향상
- ○ 환경(해수, 진공, 가스, 약품 등)

리테이너의 검사
- ○ 회전속도
- ○ 음향

특수재료, 치수안정화열처리
표면처리의 결정

리테이너형식 및 재료의 결정

윤활방법의 검사
- ○ 사용온도
- ○ 회전속도
- ○ 윤활방식
- ○ 밀봉방식
- ○ 보수 및 점검

윤활방법, 윤활제, 밀봉방법의 결정

설치 및 해체의 검사
- ○ 설치 및 해체의 순서
- ○ 치공구
- ○ 설치 관계수 치수

설치 관계 치수
설치 및 해체방법의 결정

베어링 및 베어링주변의 최종사양

표 6.11 하중계수 f_w의 값

하중계수 f_w \ 수명시간 L_h	2,000~4,000 h	5,000~15,000 h	20,000~30,000 h	40,000~60,000 h
	때때로 사용	단속적으로 사용 항상 사용하지 않음	연속적으로 사용	연속운전으로서 중요한 것
1~1.2 충격이 없는 원활한 운전	가정용 정전기 기구, 자전거 핸드·그라인더	• 컨베이어 • 호이스트 • 엘리베이터 • 에스컬레이터 • 톱날판	• 일반 펌프 • 전동축 • 분리기 • 공작기계 • 윤전기 • 정밀분압기 • 모터 • 원심분리기	• 중요한 주전동축 • 중요한 모터
1.2~1.5 보통의 운전 상태		자동차	• 철도 차량 • 전차 • 소형 엔진 • 감속치차장치	• 배수 펌프 • 제지기계 • 볼 밀(ball mill) • 송풍기 • 기중기(crane)
1.5~2 어느 정도 충격과 진동을 수반		압연기		전차주전동기
2~2.5 진동, 충격을 수반하는 운전		건설기계, 진동이 많은 기어장치	바이브레이터	전차구동장치

따라서 베어링 선정에 있어서 베어링하중 P는 이론적 계산에서 구한 것에 경험으로부터 얻어진 보정계수인 하중계수를 곱하여 사용한다. 즉, 이론적 하중을 P_{th}라 하면, 사용하중 P는 하중계수 f_w를 P_{th}에 곱하여 구한다.

$$P = f_w P_{th} \tag{6.14}$$

6.5.3 등가베어링하중(equivalent bearing load)

베어링하중은 레이디얼하중과 스러스트하중의 합성하중이 작용하는 경우가 아주 많고, 또 레이디얼 베어링의 경우에는 스러스트하중만 작용할 때도 가끔 있다.

이와 같은 경우 횡하중에 대해서는 추력하중을, 또 스러스트 베어링에 대해서는 레이디얼을 각각 등가횡하중 또는 등가추력하중으로 환산한 것을 베어링하중으로 해야 한다.

레이디얼하중을 R, 스러스트하중을 T라 하면 등가하중 P_r은 다음 식으로 계산된다.

$$P_r = vR$$

$$P_r = xvR + yT \tag{6.15}$$

여기서 v : 회전계수

x : 레이디얼 계수

y : 스러스트 계수

각각 베어링의 구조, 치수에 따라 표 6.12에서 구한다. 단열 베어링의 경우는 앞의 두 식으로 계산한 결과 중에서 큰 편을 취한다. 복렬의 베어링의 경우는 $P_r = xvR + yT$ 의 식으로 계산한다.

복렬 베어링의 경우는 스러스트하중이 어느 한계까지는 복렬 중 한쪽의 열이 레이디얼 하중의 일부를 받고, 다른 단열이 횡하중의 일부와 스러스트하중을 받는데, 스러스트하중이 어느 한도를 넘으면 열 중의 어느 한쪽의 열만이 하중을 받게 되므로, 표 6.13 (A)란과 (B)란에서 표시한 바와 같이 $P_r \geq 2vR$, $P_r \leq 2vR$ 에 따라 x, y 의 값이 다르게 된다.

이 경우의 P_r 을 계산하는 x, y 는 (A), (B)란 어느 편을 사용하더라도 좋다.

표 6.12 단열 구름 베어링의 v, x 와 y 의 값

베어링의 종류	호칭번호		v		$P_r \leq vR$	
			내륜회전	외륜회전	x	y
단열 레이디얼 볼 베어링			1	1.2	0.5	
단열 앵귤러 컨택트 볼 베어링	7,202~7,215		1	1.2	0.2	
	7,303~7,315					
단열 원통 롤러 베어링	전종류		1	1.3	1	–
원추 롤러 베어링	30,203~30,204		1	1.3	0.3	2.2
	30,205~30,213					2
	30,214~30,230					1.7
	30,302~30,303					2.8
	30,304~30,307					2.5
	30,308~30,324					2.2
	전종류		7,202~7,215			
			7,303~7,315			
$\dfrac{T}{D^2-d^2}$	0.01	0.03	0.09	0	0.2	0.4
y	2	1.6	1.2	0.9	0.8	0.7

표 6.13 복렬 구름 베어링의 v, x, y의 값

베어링의 종류	호칭번호	v		(A) $P_r \geq 2vR$		(B) $P_r \leq 2vR$	
		내륜회전	외륜회전	x	y	x	y
복렬 자동조심형 볼 베어링	1,200～1,203	1	1	0.6	3.5	1	2.5
	1,204～1,205				3.8		2.72
	1,206～1,207				4.5		3.25
	1,208～1,209				5.0		3.5
	1,210～1,212				5.5		4.0
	1,213～1,222				6.3		4.5
	1,300～1,303				3.2		2.25
	1,304～1,305				3.8		2.75
	1,306～1,309				4.2		3.0
	1,310～1,313				4.5		3.25
	1,314～1,322				5.0		3.5
	2,204～2,207				2.8		2.0
	2,208～2,209				3.5		2.5
	2,210～2,213				3.8		2.75
	2,214～2,215				4.2		3.0
	2,304				2		1.5
	2,305～2,310				2.5		1.75
	2,311～2,315				2.8		2
복렬 앵귤러 컨택트 볼 베어링	3,204～3,215	1	1.2	0.4	1.3	1	0.8
	3,304～3,313						
구면 롤러 베어링	22,216～22,217	1	1.3	0.6	4.2	1	3.0
	22,218～22,220				3.8		2.75
	22,222～22,260				3.7		2.6
	22,308～22,312				2.5		1.8
	22,313～52,340				2.8		2.0
	22,344～22,352				3.0		2.1

기타 여러 가지 등가하중은 레이디얼 베어링에 레이디얼하중 R과 스러스트하중 T가 동시에 작용할 때

$$P_r = xR + yT \tag{6.16}$$

로 구한다. 여기서 계수 x, y는 표 6.14에 의한다.

표 6.14 x, y의 값($e = T/R$)

베어링 종류	베어링 번호		$\dfrac{T}{R} \le e$		$\dfrac{T}{R} > e$		e
			x	y	x	y	
단열고정형 레이디얼 볼 베어링	60, 62 63, 64 등의 각번호	=0.04	1	0	0.35	2	0.32
		=0.08			0.35	1.8	0.36
		=0.12			0.34	1.6	0.41
		=0.25			0.33	1.4	0.48
		=0.4			0.31	1.2	0.57
원추롤러 베어링	30,203~30,204		1	0	0.4	1.75	0.34
	05~06					1.6	0.37
	09~22					1.45	0.41
	24~30					1.35	0.44
	30,302~30,303					2.1	0.28
	04~07					1.95	0.31
	08~24					1.75	0.34
자동 조심형 레이디얼 볼 베어링	1,200~1,203		1	2	0.65	3.1	0.31
	04~05			2.3		3.6	0.27
	06~07			2.7		4.2	0.23
	08~09			2.9		4.5	0.21
	10~12			3.4		5.2	0.19
	13~22			3.6		5.6	0.17
	24~30			3.3		5	0.20
자동 조심형 레이디얼 롤러 베어링	1,300~1,303		1	1.8	0.65	2.8	0.34
	04~05			2.2		3.8	0.29
	06~09			2.5		3.9	0.25
	10~24			2.8		4.3	0.23
	26~28			2.6		4	0.24

예제 6-5 레이디얼하중 $R = 500[\text{kg}]$, 스러스트하중 $T = 210[\text{kg}]$을 동시에 받고 200[rpm]으로 이용할 단열 레이디얼 볼 베어링을 선정하시오(단, 요구수명시간은 20,000시간이라 가정한다).

레이디얼하중과 스러스트하중의 비 $e = \dfrac{T}{R} = \dfrac{210}{500} = 0.42$

따라서 표 6.14를 참조하면 $x = 0.34, y = 1.6$으로 생각할 수 있으므로 등가하중 P_r은

$$P_r = xR + yT = 0.34 \times 500 + 1.6 \times 210 = 506[\text{kg}]$$

$$L_h = 500\left(\frac{C}{P}\right)^3 \frac{33.3}{N} \text{에서}$$

$$20,000 = 500\left(\frac{C}{506}\right)^3 \frac{33.3}{200}$$

$$\therefore C = 3,145[\text{kg}]$$

위의 값을 참고로 하여 표 6.6(a)에서 6309 계열을 선택하면

$C = 4,150[\text{kg}], \ C_0 = 3,050[\text{kg}]$이다. 따라서

$$L = \left(\frac{C}{P}\right)^3 \times 10^6 = \left(\frac{4,150}{506}\right)^3 \times 10^6 = 551.5 \times 10^6$$

$$\therefore L_h = \frac{L}{60N} = \frac{551.5 \times 10^6}{60 \times 200} = 45,958[\text{hr}]$$

이 되어 문제에서 요구하는 조건을 충분히 만족하므로 No.6309 베어링을 사용할 수 있다.

예제 6-6 복렬 자동조심형 볼 베어링으로 300[kg]의 레이디얼하중과 100[kg]의 스러스트하중을 받고 있다. 회전속도 300[rpm]으로 30,000시간의 수명을 주려고 할 때 베어링을 선정하시오. 단, 운전은 보통의 운전 상태($f_w = 1.5$)에 있다고 가정한다.

레이디얼하중과 스러스트하중의 비 $e = \dfrac{T}{R} = \dfrac{100}{300} = 0.33$

따라서 표 6.14를 참조하면 $x = 0.65, y = 3.1$로 생각할 수 있으므로 등가하중 P_r은

$$P_r = f_w(xR + yT) = 1.5(0.65 \times 300 + 3.1 \times 100) = 757.5[\text{kg}]$$

$$L = \frac{60NL_h}{10^6} = \frac{60 \times 300 \times 30,000}{10^6} = 540$$

따라서

$$\therefore C = P_r \sqrt[3]{L} = 757.5 \times \sqrt[3]{540} = 6,168.5[\text{kg}]$$

위의 값을 참고로 하여 표 6.6(a)에서 1315 계열을 선택하면

$$\therefore C = 6,200[\text{kg}], \ C_0 = 3,900[\text{kg}]\text{이다.}$$

6.6 구름 베어링의 설치

6.6.1 베어링의 끼워맞춤

베어링 설치 시 세심한 주의를 기울여야 하는 부분이 바로 끼워맞춤이다. 끼워맞춤의 목적은 운전 중 축과 내륜, 하우징(housing)과 외륜이 항상 일체가 되어 상호간에 미끄럼이 일어나지 않도록 하는 데 있다. 끼워맞춤 조건을 생각할 때 가장 중요한 사항은 하중의 방향과 궤도륜 회전 방향과의 상대적 관계, 또 하중의 크기 및 하우징 지지부의 형상 등도 관계가 있다.

이때 베어링의 틈새(bearing clearance)가 너무 작아서 음(−)의 틈새가 되지 않도록 해야 한다. (−)의 틈새란 죔새를 의미하므로 회전체에 과도한 부하가 걸려 발열과 조기마모 및 파손의 위험 등이 수반된다. 그런데 어떤 경우는 어느 정도 죔새가 있어도 하중이 가해지고 운전이 지속되면 내륜 또는 하우징이 탄성변형하거나 온도 상승차에 의한 팽창 때문에 운전 중에 끼워맞춤면에 틈새가 생겨서 미끄럼을 발생시키는 원인이 된다.

끼워맞춤에 있어서 죔새가 필요한 것은 원칙적으로 레이디얼하중이 작용할 때이며, 스러스트하중만이 작용할 때는 죔새는 필요가 없다. 따라서 축, 하우징 지름의 진원도 및 원통도는 베어링 안지름, 바깥지름 공차의 1/2 이하로 하는 것이 바람직하다.

축의 지름을 d, 베어링 폭을 b, 레이디얼하중을 R, 온도 상승을 ΔT, 겉보기의 죔새(측정 죔새)를 Δd로 하면 중실축과 내륜에 대하여 필요한 죔새는 식 (6.17)과 같다.

$$\frac{l \times d}{1000} > \text{죔새} > \Delta d = \frac{d+3}{d}\left(0.25\sqrt{\frac{dR}{b}} + 0.0015d\Delta T\right) \tag{6.17}$$

이 식에서 괄호 안의 제1항은 운전 중의 내륜의 팽창 정도, 제2항은 온도차에 의한 죔새의 감소량을 고려하고 있는 식이다.

외륜에 대해서는 하우징의 재질, 살 두께 등에 의하여 죔새가 다르므로 경험적인 값을 취하는 것이 보통이다.

그리고 끼워맞춤을 내외륜별로 생각할 때 하중 방향에 대하여 내륜이 회전할 때는 내륜을 견고하게 끼워맞추고, 외륜이 회전할 때는 외륜을 하우징에 견고하게 고정한다.

또 중하중을 받을 때 하우징 및 그 지지부의 강성이 충분하지 못하면 탄성변형이 크게 되므로, 죔새만을 증가시켜서는 크리프(creep)를 방지할 수 없다. 따라서 하우징의 살 두께와 그 주위의 형상이 고르게 강성을 갖도록 설계한다. 그러나 과도하게 지지 강성이 크면 그 위치에 고정된 베어링이 다른 베어링에 비해 큰 모멘트를 받는 결과가 되므로 피해야 한다.

/6.6.2/ 베어링의 틈새

베어링은 반드시 내륜궤도, 볼, 외륜궤도 사이에 반지름 방향의 틈새가 어느 정도 있도록 제작되어 있다. 이 틈새가 지나치게 작아서 운전 상태에서 음(-)의 틈새가 되면, 즉 죔새를 준 상태가 되면 전동면에 과대한 부하가 걸리게 되어 발열, 조기 손상 등의 원인이 된다.

이상적으로는 운전 상태에서 반지름 방향의 틈새가 0이 되는 것이 좋으며, 이때 베어링의 부하용량은 최대가 된다. 베어링은 끼워맞춤에 의하여 내륜이 죔새의 60~80% 가량 팽창하고 외륜에도 수축이 일어나므로 틈새는 작아진다. 운전 중에는 하중에 의한 반지름 방향 틈새의 증가량과 온도에 의한 틈새의 감소량은 서로 상쇄된다고 생각한다.

따라서 일반적으로 베어링을 끼워맞춤한 후에 반지름 방향의 틈새가 음(-)이 되지 않도록 사용상 지장이 없는 범위의 레이디얼 틈새를 선정해야 한다. 결론적으로 내외륜 온도차가 큰 상태에서 사용되는 베어링은 표준값보다 작은 틈새를 가지고 있는 베어링이 필요하기 때문에 간단히 틈새를 정할 수 없고, 동일 종류의 베어링에 대해서도 사용 목적에 따라 틈새를 변경시켜야 한다. 표 6.15는 원통 구멍의 베어링 틈새값을 표시한다. 틈새의 크기는 C_2, 보통 C_3, C_4로 갈수록 크다.

표 6.15 베어링의 레이디얼 틈새(단위 : μm)

베어링 안지름		깊은 홈 볼 베어링								원통 롤러 베어링										자동조심 롤러 베어링							
		C_2		보통		C_3		C_4		C_2		보통		C_3		C_4		C_5		C_2		보통		C_3		C_4	
초과	이하	최소	최대	최소	최대	최소	최대	최소	최대	최소	최대	최소	최대	최소	최대	최소	최대	최소	최대	최소	최대	최소	최대	최소	최대	최소	최대
2.5	10	–	7	2	13	8	23	–	–	–	–	–	–	–	–	–	–	–	–	–	–	–	–	–	–	–	–
10	18	–	9	3	18	11	25	18	33	–	–	–	–	–	–	–	–	–	–	–	–	–	–	–	–	–	–
18	24	–	10	5	20	13	28	20	36	0	30	10	40	25	55	35	65	55	85	10	20	20	35	35	45	45	60
24	30	–	11	5	20	13	28	23	41	0	30	10	45	30	65	40	70	60	90	15	25	25	40	40	55	55	75
30	40	–	11	6	20	13	33	28	46	0	35	15	50	35	70	45	80	70	105	15	30	30	45	45	60	60	80
40	50	–	11	6	23	18	36	30	51	5	40	20	55	40	75	55	90	85	120	20	35	35	55	55	75	75	100
50	65	–	15	8	28	23	43	38	61	5	45	25	70	45	90	65	105	100	140	20	40	40	65	65	90	90	120
65	80	–	15	10	30	25	51	46	71	5	55	30	80	55	105	75	125	115	165	30	50	50	80	80	110	110	145
80	100	–	18	12	36	30	58	53	84	6	60	35	85	65	115	90	140	145	195	35	60	60	100	100	135	135	180
100	120	–	20	15	41	36	66	61	97	10	65	35	90	80	135	105	160	165	220	40	75	75	120	120	160	160	210
120	140	–	23	18	48	41	81	71	114	10	75	40	105	90	155	115	180	185	250	50	95	95	145	145	190	190	240
140	160	–	23	18	53	46	91	81	130	15	80	50	115	100	165	130	195	210	275	60	110	110	170	170	220	220	280
160	180	–	25	20	61	53	102	91	147	20	85	60	125	110	175	150	215	235	300	65	120	120	180	180	240	240	310
180	200	–	30	25	71	63	117	107	163	25	95	70	135	125	195	165	235	260	330	70	130	130	200	200	260	260	340

(계속)

베어링 안지름		깊은 홈 볼 베어링								원통 롤러 베어링										자동조심 롤러 베어링							
		C_2		보통		C_3		C_4		C_2		보통		C_3		C_4		C_5		C_2		보통		C_3		C_4	
초과	이하	최소	최대	최소	최대	최소	최대	최소	최대	최소	최대	최소	최대	최소	최대	최소	최대	최소	최대	최소	최대	최소	최대	최소	최대	최소	최대
200	225	–								30	105	75	150	140	215	180	225	290	365	80	140	140	220	220	290	290	380
225	250	–	–	–	–	–	–	–	–	40	115	90	165	155	230	205	280	320	395	90	150	150	240	240	320	320	420
250	280	–	–	–	–	–	–	–	–	45	125	100	180	175	255	230	310	355	435	100	170	170	260	260	350	350	460
280	315	–	–	–	–	–	–	–	–	50	135	110	195	195	280	255	340	400	485	110	190	190	280	280	370	370	500
315	355	–	–	–	–	–	–	–	–	55	145	125	215	215	305	280	370	440	530	120	200	200	310	310	410	410	550
355	400	–	–	–	–	–	–	–	–	65	160	140	235	245	340	320	415	500	595	130	220	220	340	340	450	450	600
400	450									70	190	155	275	270	390	355	455	555	675	140	240	240	370	370	500	500	660
450	500									85	205	180	300	300	420	395	515	620	740	140	260	260	410	410	550	550	720
500	560																			150	280	280	440	440	600	600	780
560	630																			170	310	310	480	480	650	650	850
630	710																			190	350	350	530	530	700	700	920
710	800																			210	390	390	580	580	770	770	1010
800	900																			230	430	430	650	650	860	860	1120
900	1000																			260	480	480	710	710	930	930	1220

6.7 구름 베어링의 관리

일반적으로 구름 베어링은 바르게 취급하면 피로 수명에 이르기까지 오래 사용할 수 있지만 의외로 빨리 손상되어 사용할 수 없게 되는 경우가 있다. 이 조기손상은 피로 수명과 무관하여 고장 또는 사고로 불리우며 설치상의 오류, 윤활상의 불충분, 외부로부터 이물질 침입, 축 하우징의 열영향에 대한 검토 불충분 등에 기인하는 수가 많다.

베어링의 손상 상태로서는, 예를 들어 롤러 베어링의 궤도륜 턱부의 갉아먹음에 대해서 그 원인으로서 생각할 수 있는 것은 윤활유의 부족·부적당, 이물질의 침입, 베어링의 설치오차나 축의 휨의 과대 등이 있으며 또 이들의 원인이 중복되는 경우도 있다.

따라서 손상 베어링만을 조사해도 손상의 참된 원인을 안다는 것은 어려운 일이다. 그러나 베어링의 사용기계, 사용조건, 베어링 주변의 구조를 알고 나서 사고발생 전의 상황을 이해한다면 베어링의 손상 상태와 몇 개의 원인을 연결하고 고찰하여 같은 종류의 사고 발생을 방지하는 것은 가능하다. 표 6.16에 베어링 손상 예의 대표적인 것에 대한 원인 및 대책을 표시하였다.

최근에는 가속도계를 하우징에 설치하여 운전 중 가속도계 출력 신호를 FFT Analyzer로 분석하는 기법이 널리 활용되고 있다.

표 6.16 베어링의 손상과 그 원인 및 대책

손상 상태	원인	대책
플레이킹		
레이디얼 베어링의 궤도의 한쪽에만 플레이킹	이상 액셜하중	자유단측 베어링 외륜의 끼워맞춤을 헐거운 끼워맞춤으로 한다.
궤도의 원주방향위치에 플레이킹	하우징의 불량	하우징의 내측면의 정밀도 수정
레이디얼 볼 베어링에서 궤도에 대해 비스듬히 플레이킹	설치불량, 축의 휨, 중심내기불량 축과 하우징의 정밀도 불량	설치주의, 중심내기주의 큰 클리어런스의 베어링을 선정한다. 축과 하우징 턱의 직각도 수정
롤러 베어링에서 궤도면, 운동면의 단 부근에 플레이킹		
궤도에 운동체 피치간격의 플레이킹	설치 시 커다란 충격하중 운동휴지 시의 녹 원통 롤러 베어링의 조립 시 긁힌 자국	설치에 주의 운전휴지가 장기일 때 방청처리
궤도면, 운동면의 간기플레이킹	클리어런스 과소, 과대하중 윤활불량, 녹 등	적정의 끼워맞춤, 베어링 클리어런스를 선정한다. 윤활제를 다시 선정한다.
조합 베어링의 간기플레이킹	자압과대	자압량의 적정화
갉아먹음		
궤도면의 운동면을 갉아먹음	초기의 윤활불량 그리스가 너무 단단하다. 시동 시의 가속도가 너무 크다.	연성 그리스 사용 급격한 가속을 피한다.
스러스트 볼 베어링의 궤도면에 나선상의 갉아먹음	궤도륜이 평행하지 않다. 회전속도가 너무 빠르다.	설치를 수정하고 자압을 건다. 적정의 베어링 형식을 선정한다.
롤러 단면과 턱 안내면의 갉아먹음	윤활불량, 설치불량 액셜하중 과다	적정의 윤활제를 선정한다. 설치의 수정
파손		
외륜 또는 내륜의 깨짐	과대한 충격하중, 간섭과대 축의 원통도불량, 슬리이브 테이퍼도 불량, 설치부 구석의 rounding 과다, 써멀클랙의 발전, 플레이킹의 진전	하중조건의 재인식, 끼워맞춤의 적정화, 축이나 슬리이브의 가공정밀도의 수정, 구석의 rounding을 면취치수보다 작게 한다.
운동체의 깨짐 턱파손	플레이킹의 진전 설치 시의 턱에로의 타격 취급 부주의에 의한 낙하	취급, 설치 주의

(계속)

손상 상태	원인	대책
파손		
리테이너 파손	설치불량에 의한 리테이너의 이상 하중 윤활불량	설치오차를 작게 한다. 윤활법 및 윤활제 검사
압흔		
궤도면에 운동체 피치에의 압흔	설치 시의 충격하중 정지 시의 과대하중	취급 주의
궤도면, 운동면의 압흔	금속분, 모래 등 이물질의 맞물림	하우징의 세정, 밀봉장치의 개선. 깨끗한 윤활제의 사용
이상마모		
폴스브리넬링 (브리넬링과 비슷한 현상)	운송 중이나 베어링정지 중의 진동 진폭이 작은 반복운동	축과 하우징을 고정한다. 윤활제로서 오일을 사용한다. 자압을 주고 진동을 경감한다.
크렛칭 끼워맞춤면에 적강색상의 마모분을 수반한 국부마모	끼워맞춤면의 미소 틈새로 인한 미끄럼 마모	간섭량을 크게 한다. 오일을 바른다.
궤도면, 운동면, 턱면, 리테이너 등의 마모	이물질의 침입, 윤활불량, 녹	밀봉장치의 개선, 하우징의 세정 깨끗한 윤활제를 사용한다.
크리프 끼워맞춤면의 갉아먹음 마모	간섭량 부족 슬리이브의 간섭량 부족	끼워맞춤의 수정 슬리이브의 체결을 적정으로 하게 한다.
타붙음		
궤도면, 운동면, 턱면의 변색, 연화 융착	클리어런스 과소, 윤활불량, 설치 불량	끼워맞춤, 베어링 클리어런스의 재조정, 적정윤활제를 적량공급 설치방법 및 설치관계부분의 재검사
녹, 부식		
베어링 내부, 끼워맞춤면 등의 녹 이나 부식	공기 중의 수분의 결로 플렛팅 부식성 물질의 침입	고온, 다습한 곳에서는 보관에 주의 장기간 운동 휴지시에는 방청 대책

6.8 미끄럼 베어링의 개요

미끄럼 베어링은 기계류에서 사용되는 베어링 가운데 가장 일반적인 형태이다. 하중의 방향에 따라 반지름 방향의 하중을 받는 레이디얼 미끄럼 베어링(radial sliding bearing)과 축방향 하중을 받는 스러스트 미끄럼 베어링(thrust sliding bearing)으로 구별할 수 있으며, 윤활의 원리에 따라 동압과 정압으로 나누어진다. 동압은 베어링과 축 사이의 상대운동에 의하여 동역학적으로 유막에 압력을 발생시킴으로써 하중을 받치는 것이고, 정압 베어링은 정역학적으로 유막압력을 발생시켜서 이것으로 하중을 받치는 것이다. 일반적으로 미끄럼 베어링은 윤활을 위하여 외부로부터 윤활유를 공급받는다. 윤활은 축과 베어링 사이의 상대운동에 따른 마찰저항을 감소시킨다.

윤활방법은 크게 두 가지 방법으로 유체 윤활(fluid film lubrication)과 경계 윤활(boundary lubrication)로 나눌 수 있다. 상대운동을 하는 표면 사이에서 물체를 서로 완전히 분리하는 데 충분할 정도로 윤활유가 존재하는 경우를 유체 윤활이라 한다. 반면에 경계 윤활은 유막 (oil film)이 너무 얇아서 부분적으로 금속과 금속의 접촉이 발생한다. 윤활과 관련된 베어링의 성능은 유체동역학(hydrodynamic) 이론, 즉 하중·속도·윤활유의 유체 특성과 베어링 틈새 사이의 수학적인 관계로부터 유도된다. 그러나 모든 조건이 유체동역학 이론만으로 해결될 수는 없고, 다른 많은 외적인 요인이 존재한다.

표 6.17 미끄럼 베어링의 종류

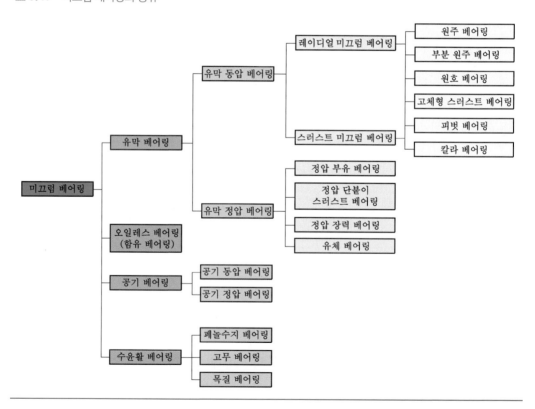

서로 접촉하고 있는 두 면 사이에 수직항력 W가 작용할 때 마찰력 F와의 관계는

$$F = \mu W \tag{6.18}$$

이다. 여기서 μ를 마찰계수라 하며, 일반적으로 운동마찰계수일 때는 정지마찰계수 때보다 조금 작은 값이 된다. 마찰계수 μ는 상수로 취급되지만 실제로는 겉보기 값의 계수이며, 두 물체의 재질, 면의 거칠기, 면의 상태, 윤활제의 유무, 대기의 종류, 온도, 속도 및 크기에 의하여 변화하는 값이다. 일반적으로 마찰의 상태를 다음의 3가지로 분류할 수 있다.

/6.9.1/ 고체마찰

2개의 면이 서로 접촉하여 상대운동을 할 때, 고체 접촉면 사이에 윤활제가 존재하지 않는 상태의 마찰을 고체마찰(coulomb friction)이라 한다. 접촉면 사이에 윤활제가 결핍되거나, 상대운동 초기에 윤활제가 충분히 분포하지 않으면 고체마찰의 상태가 된다. 마찰계수의 값은 $\mu = 0.14 \sim 0.25$ 정도이다. 마찰계수의 값은 재료의 탄성, 면의 거칠기, 미끄럼 속도, 압력 등에 의하여 현저하게 변화한다. 실험에 의하면 운동마찰계수 μ는 압력이 증가함에 따라 증가하고 미끄럼 속도가 커짐에 따라 감소한다(표 6.18, 6.19, 6.20 참조).

표 6.18 미끄럼 마찰계수(압력 $0.96 \sim 1.37 \, \text{kg/cm}^2$인 경우)

물체	표면상태	정지마찰계수(μ_0)	운동마찰계수(μ)
주철과 주철 또는 청동	건조	–	0.21
	소량의 윤활유	0.16	0.15
	충분한 윤활유	–	0.31
단철과 단철	건조	–	0.44
	소량의 윤활유	0.13	–
단철과 단철 또는 청동	건조	0.19	–
	충분한 윤활유	–	0.18
연강과 연강	건조	0.15	–
청동과 청동	건조	–	0.20

표 6.19 압력에 따른 운동마찰계수

접촉면 압력 [kg/cm²]	μ			
	단철과 단철	주철과 주철	연강과 주철	황동과 주철
8.79	0.140	0.174	0.166	0.157
13.08	0.250	0.275	0.300	0.225
15.75	0.271	0.292	0.333	0.219
18.28	0.285	0.321	0.340	0.214
20.95	0.297	0.329	0.344	0.211
23.62	0.312	0.333	0.347	0.215
26.22	0.350	0.351	0.351	0.206
27.42	0.376	0.363	0.353	0.205
31.50	0.396	0.365	0.354	0.208
34.10	0.403	0.366	0.356	0.221
36.77	0.409	0.366	0.357	0.223
39.37	접촉면 손상	0.367	0.358	0.233
42.18		0.367	0.359	0.234
44.58		0.367	0.367	0.235
47.25		0.367	0.403	0.233
49.92		0.434		0.234
55.12		접촉면 손상	접촉면 손상	0.232
57.65				0.273

표 6.20 속도와 운동마찰계수

강차륜과 주철편	속도 [km/hr]	0	8.05	16.09	40.03	72.36
	μ	0.330	0.273	0.242	0.166	0.127
강차륜과 레일	속도 [km/hr]	0	10.93	21.8	43.9	65.8
	μ	0.242	0.088	0.072	0.07	0.057

/6.9.2/ 경계마찰

두 고체면 사이에 윤활제 또는 불순물(산화막, 먼지 등)이 존재하고 있지만, 점도가 낮거나 미끄럼 속도가 작을 때는 점성 유막이 얇아져서 간신히 윤활되는 상태로 된다. 이것을 경계

윤활이라고 하며, 이때의 마찰을 경계마찰(boundary friction)이라 한다. 윤활제의 유체 분자도 고체 분자와 같이 작용하므로 마찰 저항은 일반적으로 유체마찰 때보다 크며 마찰계수의 값은 $\mu = 0.1 \sim 0.02$ 정도이다.

윤활면을 생각할 때 경계 윤활은 유체 윤활면 중에서 접촉면 거칠기나, 단면굴곡 부위의 깊이가 유체마찰을 유지시키는 경계층(boundary layer)의 두께와 비슷한 값을 가지기 때문에 국부적으로 두 마찰면이 직접 접촉하는 곳에 나타난다. 경계마찰 현상은 운전 중 계속 마모를 초래함과 동시에 유체마찰 부분보다 마찰이 심하므로 국부적 과열과 열붙음의 원인이 되기 쉽다.

/6.9.3/ 유체마찰(fluid friction)

두 고체 사이에 완전한 유체의 점성유막(oil film)이 형성되어 두 면이 직접 접촉함이 없이 상대운동을 할 수 있을 때의 마찰을 유체마찰이라고 한다. 이때의 윤활 상태를 유체 윤활이라고 하며, 두 면의 마찰과 마모를 방지할 수 있는 이상적인 윤활 상태이고 마찰계수도 최소로 되어 $\mu = 0.01 \sim 0.001$ 정도가 된다.

표 6.21 각종 베어링의 마찰계수

	운동마찰계수(μ)	정지마찰계수(μ_0)
미끄럼 베어링(완전 윤활)	0.001~0.006	0.05~0.2
미끄럼 베어링(경계 윤활)	0.01~0.1	
볼 베어링	0.001~0.003	0.002~0.004
롤러 베어링	0.002~0.007	0.004~0.006

6.10 미끄럼 베어링의 기초이론

/6.10.1/ 레이놀즈의 방정식

앞절에서 설명하였듯이 미끄럼 베어링은 유체마찰로서 회전축을 받치는 것이 이상적이다. 베어링 면 사이에 채워진 윤활유의 유동 상태가 그림 6.6에 도시되어 있다. 베어링의 축 중심은 일정하나 회전축(저널)의 축 중심이 하중 방향과 회전 방향에 따라 변하게 된다. 여기서

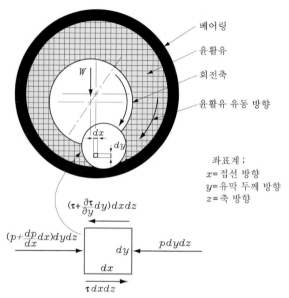

그림 6.6 ▶ 유막 압력 분포 상태

회전 방향, 즉 접선 방향(x방향)에 따른 압력분포를 구하기 위하여 미소체적(z방향 두께 dz)을 고려해 보자. 기름이 비압축성 유체이고, 점도는 균일하며, 흐름은 층류, 고체면과 유체막과의 계면은 미끄럼이 생기지 않으며, 유체압력은 유막의 두께 방향(y방향)에 대하여 균일하다고 가정한다.

그림 6.6에서 보는 것처럼 x를 유체의 흐름 방향, y를 두께의 방향으로 하고 기름의 점도를 η라 하고, 임의의 층에 있어서 속도를 u, 기름의 전단응력을 τ, 압력을 p라 할 때 미소체적에서 힘의 평형에 의하면

$$p \ dydz - \left(p + \frac{dp}{dx}dx\right)dydz - \tau \ dxdz + \left(\tau + \frac{d\tau}{dy}dy\right)dxdz = 0 \qquad (6.19)$$

2차 미분항을 생략하면

$$\frac{dp}{dx} = \frac{d\tau}{dy} \qquad (6.20)$$

뉴턴의 점성 방정식으로부터

$$\tau = \frac{F}{A} = \eta\frac{\partial u}{\partial y} \qquad (6.21)$$

여기서 F : 점성저항력, A : 전 단면적

식 (6.20)과 (6.21)로부터

$$\frac{dp}{dx} = \eta \frac{\partial^2 u}{\partial y^2} \tag{6.22}$$

$$\therefore u = \frac{1}{2\eta} \frac{dp}{dx} y^2 + c_1 y + c_2 \tag{6.23}$$

점 x에 있어서 유막 두께를 h라 하면 $y = 0$(축의 표면)에서 $u = U$, $y = h$(베어링 표면)에서 $u = 0$, 적분상수 $c_1 = -(h/2\eta) \cdot (dp/dx) - U/h, c_2 = U$로 되고 유속 u는 다음 식으로 얻어진다.

$$\therefore u = \frac{U(h-y)}{h} - \frac{y(h-y)}{2\eta} \cdot \frac{dp}{dx} \tag{6.24}$$

식 (6.24)는 윤활 중의 임의의 점에 있어서 속도분포를 표시하는 일반식이다. 틈새를 흘러가는 단위 유량 Q는

$$Q = \int_0^h u\,dy = \frac{Uh}{2} - \frac{h^3}{12\eta} \frac{dp}{dx} \tag{6.25}$$

위의 식에서 윤활유 유량은 x방향에 대하여 일정하므로 $dQ/dx = 0$이므로

$$\frac{dQ}{dx} = \frac{U}{2} \frac{dh}{dx} - \frac{d}{dx}\left(\frac{h^3}{12\eta} \frac{dp}{dx}\right) = 0 \tag{6.26}$$

$$\therefore \frac{d}{dx}\left(\frac{h^3}{\eta} \frac{dp}{dx}\right) = 6U\frac{dh}{dx} \tag{6.27}$$

이것을 윤활유의 1차원 유동에 대한 레이놀즈 방정식(Reynolds equation)이라 한다. h는 x의 함수이므로 이 식을 풀면 p가 x의 함수로서 구해진다. 식 (6.27)을 적분하여 $dp/dx = 0$, $h = h_0$(h_0는 최대압력 위치에 있어서의 유막 두께)로부터 적분상수를 결정하면 식 (6.28)이 얻어진다.

$$\frac{dp}{dx} = 6\eta U\left(\frac{1}{h^2} - \frac{h_0}{h^3}\right) \tag{6.28}$$

만일 축방향(z방향)의 흐름을 생각하면 식 (6.27)은 다음과 같이 된다.

$$\frac{\partial}{\partial x}\left(\frac{h^3}{\eta} \frac{\partial p}{\partial x}\right) + \frac{\partial}{\partial z}\left(\frac{h^3}{\eta} \frac{\partial p}{\partial z}\right) = 6U\frac{\partial h}{\partial x} \tag{6.29}$$

식 (6.29)는 2차원 흐름에 대한 레이놀즈의 방정식이다. 레이놀즈 방정식은 미끄럼 베어링

설계 시 베어링의 형상(편심률)과 운전조건에 따라 최소유막두께를 항상 유지시키기 위한 윤활유 유량을 계산하는 데 이용되는 아주 중요한 식이다.

/6.10.2/ 페트로프의 베어링 방정식

그림 6.7에서 반지름 r 방향의 베어링 틈새(radial clearance)를 c, 베어링의 길이를 l, 회전속도를 N'(rpm), $N = N'/60$(rpm/sec), η를 절대점도(poise, $\mathrm{dyn \cdot sec/cm^2}$)라 하면 반지름 방향 틈새가 어느 곳에서나 일정하다고 가정하고 F를 유체의 마찰력이라 하면, 윤활유의 점성저항에 의한 전단력은 뉴턴의 점성 방정식으로부터

$$\tau = \frac{F}{A} = \eta \frac{U}{h} = \eta \frac{U}{c} \tag{6.30}$$

그림 6.7에서 보는 바와 같이 원통 속에서 반지름 r의 축이 원통과의 틈새 c, 원주속도 u로 회전하고 있을 때 단위 길이마다에 작용하는 마찰저항 F는 다음과 같이 구해진다.

$$F = A \cdot \tau = (2\pi r l) \cdot \eta \frac{U}{c} = 2\pi r \frac{\eta U l}{c} \tag{6.31}$$

점성저항에 의한 전단력 때문에 발생하는 마찰저항 토크 T는 $U = 2\pi r N$을 대입하여

$$T = (\tau A)r = \left(\eta \frac{2\pi r N}{c}\right)(2\pi r l)r = \eta \frac{4\pi^2 r^3 l}{c} N \tag{6.32}$$

베어링 수압력 p는 베어링하중 P를 투형면적 $2rl$로 나눈 것이므로

$$p = P/2rl \qquad\qquad T = \mu P r = \mu(2rlp)r = 2r^2\mu lp$$

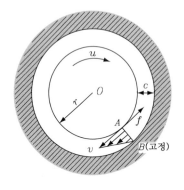
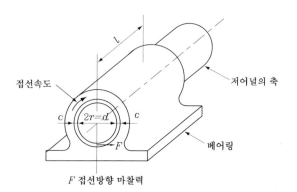

그림 6.7 ▶ 페트로프의 방정식과 저널 베어링

위의 식과 식 (6.32)로 표현된 토크는 의미상 동일하므로, 두 식에서

$$\therefore \mu = 2\pi^2 \frac{\eta N}{p}\left(\frac{r}{c}\right) \tag{6.33}$$

이것을 페트로프(Petroff)의 식이라 하고, 편심량이 작을 때의 미끄럼 베어링의 여러 설계값과 마찰계수와의 관계를 나타낸다. 여기서 $\eta N/p$, r/c의 값은 미끄럼 베어링의 성능 결정에 중요한 파라미터(parameter)이다. 이들은 유체역학의 차원해석이론에 의하여 역시 무차원수로 유도될 수 있다.

/6.10.3/ π 이론에 의한 무차원수 유도

앞에서 설명한 베어링계수($\eta N/p$)와 틈새비 $\left(\varPhi = \dfrac{c}{r}\right)$는 베어링의 성능을 결정하는 중요한 파라미터(parameter)가 되며 차원이 없는 무차원수 형태를 가진다. 따라서 여기서는 Buckingham의 π 이론을 이용하여 두 무차원수를 유도하여 그 물리적 의미를 검토해 보자.

그림 6.7의 미끄럼 베어링에서 반지름 r, 베어링 틈새(clearance) c, 베어링의 길이를 l로 하고 1초당 회전속도는 N(revolution per second)이고 베어링 틈새에는 절대점도(absolute viscosity) η의 윤활유가 압력 p를 유지하며 채워져 있다고 가정하자. 각각의 변수들의 단위는 $[M], [L], [T]$ 단위계를 사용할 때

$$[\eta] = [ML^{-1}T^{-1}]$$
$$[p] = [ML^{-1}T^{-2}]$$
$$[N] = [T^{-1}]$$
$$[r] = [L]$$
$$[c] = [L]$$

여기서 총 변수의 개수 $k = 5$이고 기본차원의 개수 $m = 3$이므로 π 이론에 의하여 유도되는 무차원 수의 개수는 $k - m = 5 - 3 = 2$이다.

따라서 Buckingham의 π 이론을 이용하여 두 무차원수 π_1, π_2를 구하면

$$\pi_1 = \eta N^a p^b r^c = [ML^{-1}T^{-1}]^a[ML^{-1}T^{-2}]^b[L]^c$$
$$= [M]^0[L]^0[T]^0$$

여기서 a, b, c는 π_1이 무차원으로 유도되도록 하는 지수들이다. π_1은 무차원이어야 하므로

$$\therefore \ M : 1+b=0 \qquad b=-1$$
$$L : -1-b+c=0 \qquad c=0$$
$$T : -1-a-2b=0 \qquad a=1$$

임을 알 수 있다. 이 값을 π_1에 대입하여 식을 완성하면

$$\therefore \ \pi_1 = \eta \frac{N}{p} \text{(베어링계수)} \tag{6.34}$$

마찬가지 방법으로

$$\pi_2 = rc^a N^b p^c = [L][L]^a[T^{-1}]^b[ML^{-1}T^{-2}]^c = [M]^0[L]^0[T]^0$$
$$\therefore \ M : c=0 \qquad c=0$$
$$L : 1+a-c=0 \qquad a=-1$$
$$T : -b-2c=0 \qquad b=0$$
$$\therefore \ \pi_2 = \frac{r}{c} \text{(틈새비의 역수)} \tag{6.35}$$

/6.10.4/ 베어링계수($\eta N/p$)

$\eta N/p$는 유막의 상태와 두께에 관한 값으로 이 무차원량을 베어링계수(bearing modulus)라 한다. 베어링계수의 값이 클 때는 유막이 두껍게 되어 유체 윤활 상태가 되고, 이 값이 작으면 유막이 얇게 되어 축과 베어링 사이의 아주 작은 굴곡부가 직접 접촉하여 마찰계수가 큰 경계 윤활 상태가 된다.

그림 6.8은 $\eta N/p$의 베어링계수와 마찰계수와의 일반적 관계를 표시한 것이다.

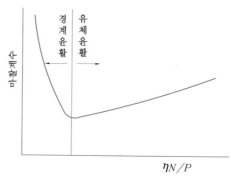

그림 6.8 ▶ 마찰계수와 베어링계수와의 관계

/6.10.5/ 틈새비

그림 6.9에 있어서 축과 베어링의 반지름 틈새를 c,
축의 반지름을 r이라 한다.

$$\Phi = \frac{c}{r} \qquad (6.36)$$

를 베어링 틈새비라 하고 마찰계수와 관계가 있다.

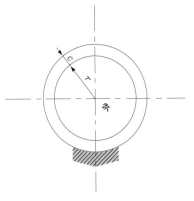

그림 6.9 ▶ 반지름 틈새

/6.10.6/ 좀머펠트수

식 (6.33)의 $\mu = 2\pi^2 \dfrac{\eta N}{p}\left(\dfrac{r}{c}\right)$에 있어서 반지름 틈새비의 역수, 즉 $\dfrac{r}{c} = \dfrac{1}{\Phi}$ 로 표시하면

$$S = \frac{\eta N}{p}\left(\frac{r}{c}\right)^2 = \frac{\eta N}{p}\left(\frac{1}{\Phi}\right)^2 \qquad (6.37)$$

S를 좀머펠트수라 하고, 저널 베어링 설계에 있어서 기본이 되는 설계계수로서, S값이 클수록 축심은 베어링 중심에 가까워지고 S값이 작아질 때는 그 반대의 현상이 일어난다.

6.11 미끄럼 베어링의 재료

/6.11.1/ 미끄럼 베어링의 재료조건

- 하중에 견딜 수 있도록 충분한 압축강도를 가지고 있을 것
- 저널에 잘 융화하기 위하여 붙임성이 좋고 적당한 점도를 가지고 있을 것
- 마찰계수가 작을 것
- 마찰열을 잘 소산시키기 위하여 열전도율이 좋을 것
- 마모가 작고 내구성이 클 것
- 주조와 다듬질 등의 공작이 쉬울 것
- 내식성이 높을 것
- 유막의 형성이 쉬울 것
- 피로강도가 높을 것
- 열붙음이 일어나기 어려울 것

등이다.

이들 성질은 베어링 재료의 특성으로서 서로 모순되는 경우가 있고, 일반적으로 피로한도나 압축강도의 특성을 동시에 갖기 어려울 때가 많다. 또 마찰과 마모의 관점에서 보면 상대방 재료와의 조합과 윤활유의 선택에 따라 특성이 크게 변화하게 되므로 베어링 재료 자체의 특성으로서 정하기 어렵다. 주철, 포금, 황동, 인청동, 연청동 등은 그 예이다. 화이트 메탈은 베어링으로서의 강성을 유지하게 하기 위하여 다른 경질 금속으로 베어링 부시를 구성하고, 그 내면에 입혀서 축과의 친화력을 좋게 한다.

베어링으로 사용되는 것에는 화이트메탈, 동-아연합금, 주철, 소결합금 등이 있으며, 합성수지, 나일론 등의 유기 물질도 이용되고 있다. 열붙음에 대하여 저항력이 큰 베어링합금으로는 화이트메탈, 동-아연합금 등이 있다. 이러한 것은 모두 연질합금이며, 축하중 지지력이 작으므로 대금(back metal)에 이러한 합금을 얇게 접합한 2중구조의 베어링으로 하면 내하중성이 좋아진다. 이 박층의 두께를 0.5 mm 이하로 하면 베어링의 피로강도가 커진다는 것이 확인되고 있다. 그러므로 박층과 대금과의 밀착결합도는 크게 하는 것이 좋다. 이와 같은 바이메탈 베어링(bimetal bearing)을 만드는 방법은 지금까지는 베어링합금을 연강내면에 주입주조하거나 원심주조하여 절삭가공하였으나, 최근에는 자동차용 베어링과 같이 대량생산할 때에는 강대판에 베어링합금을 주조결합시켜서 이것을 적당히 절단, 굴곡가공하여 만드는 방법도 실시하고 있다. 함연청동은 대금을 쓰지 않고 슬리브 모양의 베어링으로 주조하는 것이 보통이다.

/6.11.2/ 화이트 메탈

화이트 메탈은 주석(tin), 아연 등 연한 금속으로 된 백색합금의 총칭이고, 충격에 잘 견디며, 국부적으로 무거운 하중을 받더라도 과도하게 변형되지 않아서 유막이 파괴되지 않는다. 압축저항력, 점성, 인성 등이 사용목적에 대하여 충분하고 마찰계수도 작고 공작도 용이하다. 화이트 메탈에는 Sn계 화이트 메탈과 Pb계 화이트 메탈, Zn계 화이트 메탈의 3종류가 있고, 이 중에서는 Sn계 화이트 메탈이 가장 우수하다.

(1) Sn계 화이트 메탈

이 계의 합금을 보통 배빗 메탈(Babbit metal)이라고도 하며, 주로 Sn-Sb-Cu계의 합금이나 값을 낮추기 위해서 30% Pb을 첨가한 합금도 있다. 이 계의 합금은 Sb 및 Cu가 많아짐에 따라 경도, 인장강도, 압축저항성이 증가한다. 화이트 메탈에 해로운 불순물은 Fe, Zn, Al, Bi, As 등이며 고주석합금에서는 Pb도 불순물이다. 화이트 메탈의 KS 규격은 표 6.22와 같으며, WM1~WM4가 주석계, WM6~WM10이 아연계이다.

(2) Pb계 화이트 메탈

Pb - Sn - Sb 합금이 이 계에 속하며, 표 6.22의 WM6~9가 이것에 해당한다. 이 합금에 As를 넣은 것이 WM10이며 베어링 특성이 좋으므로 자동차, 디젤기관 등에 사용된다. 이 계의 합금 외에 Pb에 Ca, Ba, Na 등을 넣은 합금도 실용화되고 있다.

① Pb-Sb-Sn계 합금

이 계의 합금은 Sb, Sn 성분이 높을수록 압축저항은 커진다. 합금원소가 적어서 아연상 또는 주석고용체상이 초정으로 나타나는 합금은 베어링용으로는 너무 연하다. 또 Sb 성분이 너무 많아서 Sb 고용체나 β 화합물상이 많아지면 경도가 높아지고 취약해진다. 조직상으로는 β 상과 공정조직과의 면적비가 약 1 : 3 정도에서 마찰계수가 최소가 되며, 이에 해당하는 합금조직은 Sn이 15%, Sb이 15%, 나머지는 Pb이다.

표 6.22 화이트 메탈 규격(KS D 6003)

화이트 메탈 종류	기호	화학성분 [%]													적용
		Sn	Sb	Cu	Pb	Zn	As	불순물							
								Pb	Fe	Zn	Al	Bi	As	Cu	
1종	WM1	나머지	5.0~7.0	3.0~5.0	–	–	–	0.50 이하	0.08 이하	0.01 이하	0.01 이하	0.08 이하	0.10 이하	–	고속고 하중용
2종	WM2	나머지	8.0~10.0	5.0~7.0	–	–	–	0.50 이하	0.08 이하	0.01 이하	0.01 이하	0.08 이하	0.10 이하	–	고속고 하중용
3종	WM3	나머지	11.0~12.0	4.0~5.0	3.0 이하	–	–		0.10 이하	0.01 이하	0.01 이하	0.08 이하	0.10 이하	–	고속중 하중용
4종	WM4	나머지	11.0~13.0	3.0~5.0	13.0~15.0	–	–		0.10 이하	0.01 이하	0.01 이하	0.08 이하	0.01 이하	–	중속중 하중용
6종	WM6	44.0~46.0	11.0~13.0	1.0~3.0	나머지	–	–	–	0.10 이하	0.15 이하	0.01 이하		0.20 이하	–	고속소 하중용
7종	WM7	11.0~13.0	13.0~15.0	1.0 이하	나머지	–	–	–	0.10 이하	0.05 이하	0.01 이하		0.20 이하	–	중속중 하중용
8종	WM8	6.0~8.0	16.0~18.0	1.0 이하	나머지	–	–	–	0.10 이하	0.05 이하	0.01 이하		0.20 이하	–	중속중 하중용
9종	WM9	5.0~7.0	9.0~11.0	–	나머지	–	–	–	0.10 이하	0.05 이하	0.01 이하		0.20 이하	0.30 이하	중속소 하중용
10종	WM10	0.8~1.2	14.0~15.0	0.1~0.5	나머지	–	0.75~1.25	–	0.10 이하	0.05 이하	0.01 이하		–	–	중속소 하중용

아연계와 주석계 화이트 메탈을 비교하면 열붙음성은 큰 차가 없고 또 피로강도는 아연계가 약간 낮으나, 메탈층의 두께를 0.5 mm 정도로 얇게 하면 거의 차이가 없으므로 값이 싼 아연계가 베어링용으로 널리 사용되고 있다.

② Pb-Ca-Ba-Na 합금

이 합금은 철도용 차량 등에 쓰이며, 그 조직은 Pb_3Ca, Pb_3Ba 등이 공정조직 중에 미세하게 존재한다. Pb-(0.5~2)% Ca-(0.6~4)% Ba 합금은 공기 중이나 수중에서도 안정하다. 이 종류의 합금에 Lurgimetall(Pb-0.4% Ca-2.8% Ba-0.3% Na 합금), Bahnmetall(Pb-0.7%, Ca-0.6% Na-0.05% Li 합금), 미국에서는 11.5% Sn, 0.5~0.75% Ca, 기타 소량의 타원소를 포함한 것이 사용된다. Ca 등과 같이 산화하기 쉬운 원소를 포함하므로 용해 중에 slag가 발생하기 쉬우며 산성유에 대하여 내식성이 좋지 않은 결점이 있다.

(3) 아연계 화이트 메탈

아연을 주성분으로 Sn을 가하고, 다시 경도를 크게 하기 위하여 Sb, Cu, Pb, Al 등을 첨가한 베어링합금으로서, 경도가 크고 압축저항력도 상당히 크므로 압력이 큰 곳에 사용된다.

/6.11.3/ Cu계 베어링 합금

(1) 청동

포금(Cu-Sn-Zn 합금)과 인청동(Cu-Sn-P)이 있고 경질이며 내마모성이 우수하나, 융화성은 좋지 못하다. 인청동은 포금보다 내마모성이 우수하고 또 기계적 강도도 크기 때문에 동합금 중에서 가장 우수하다. 이것은 높은 압력과 충격을 받는 공기압축기의 크로스 헤드·핀의 베어링, 내연기관의 피스톤 베어링, 중간기어 베어링, 공작기계의 메인 베어링 등에 많이 사용된다.

(2) 켈멧(Kelmet : Cu-Pb 합금)

Cu와 Pb의 합금으로서 Pb이 20~40%, Cu가 60~80%이다. Cu 성분에 의하여 강도와 강성을 가지며 Pb 성분이 윤활성과 융화성을 좋게 한다. 이 켈멧은 격렬히 사용하여도 내구력이 강하고 피로한도와 내열성이 강하므로 항공기, 자동차의 내연기관의 베어링으로 널리 사용된다.

표 6.23 베어링용 동-아연 합금 주물 규격(KS D 6004)

종별		기호	화학성분 [%]						경도 시험 [Hv]	용도
			Pb	Ni 또는 Ag	Fe	Sn	기타	Cu		
베어링용 동-아연 합금 주물	1종	KM 1	38~42	2.0 이하	0.8 이하	1.0 이하	1.0 이하	나머지	30 이하	고속고하중 베어링용 하중의 증가에 따라 Pb의 양이 적은 것을 사용한다.
	2종	KM 2	33~37	2.0 이하	0.8 이하	1.0 이하	1.0 이하	나머지	35 이하	
	3종	KM 3	28~32	2.0 이하	0.8 이하	1.0 이하	1.0 이하	나머지	40 이하	
	4종	KM 4	23~27	2.0 이하	0.8 이하	1.0 이하	1.0 이하	나머지	54 이하	

/6.11.4/ Al계 베어링 합금

베어링용으로는 Al-Sn계 합금이 적당하나 현재는 널리 사용되지 않는다. 이 합금의 베어링 성능으로서는 내하중성, 내마모성, 내식성이 우수하나 순응성이 좋지 않으므로 열붙음 현상이 쉽게 발생할 수 있다. 또한 열팽창률이 크다는 결점이 있고, 바이메탈 베어링(bimetal bearing)을 만들 때에는 대금에 알루미늄 합금을 밀착시켜야 하는 기술적 문제도 있으나, 주조 베어링·바이메탈 베어링의 어느 것에나 이용할 수 있고, 중·고속 고하중용에 적당하다. Al-Sn계 합금 외에 독일에서는 Al-5% Zn-1.5% Si-0.75% Cu 합금이 자동차 엔진의 주베어링에 사용되고 있다. 이 베어링은 파이프로 압출가공하여 제조한다. 표 6.24는 알루미늄 합금 베어링의 규격이다.

표 6.24 베어링용 알루미늄 합금 주물 규격의 예

종류	기호	화학성분 [%]						열처리	경도 시험	용도
		Sn	Cu	Ni	Mg	기타	Al	소둔	Hv	
베어링용 알루미늄 합금주물 1종	AJ 1	10.0~ 13.0	0.5~ 1.0	1.0 이하	0.5 이하	2.0 이하	나머지	약 200℃ 약 1시간 공냉	30~ 40	고속 고하중 베어링용
베어링용 알루미늄 합금주물 2종	AJ 2	6.0~ 9.0	2.0~ 3.0	1.5 이하	1.0 이하	2.0 이하	나머지	약 200℃ 약 1시간 공냉	45~ 55	

/6.11.5/ Cd과 Zn 계통의 베어링 합금

(1) 카드뮴 합금

Cd은 고가이므로 별로 사용되지 않으나 미국 등에서는 표 6.25와 같은 SAE 규격의 합금이 다소 사용되고 있다. 이것은 Cd에 Ni, Cu 등을 넣어서 경화한 합금이며, 그 피로강도가 화이트 메탈보다 우수하다고 한다. 부식성의 유류에 침식되기 쉬우나 In을 전도하여 가열해서 확산침투시키면 내식성이 좋아진다.

(2) 아연계 합금

순도가 낮은 아연으로 만든 아연 합금 베어링은 부식이 심해 사용되지 않았으나, 요즈음 고순도의 아연을 얻을 수 있게 됨에 따라 베어링용으로서의 아연 합금도 개발되었다. 일본의 ZAM 합금(4% Al, 1% Cu, 0.04% Mg 혹은 기타 원소)은 경도 85~120 BHN이고 인청동과 비슷한 특성을 갖고 있다. 따라서 화이트 메탈보다 경도가 높으므로 전차용 베어링에 사용된다. 오스트레일리아에서 개발된 아연 합금에 Alzen 305가 있는데, 그 조성은 30~40% Al, 5~10% Cu, 나머지는 Zn이며, BHN 100~150이고 비중은 4.8이다. 또 독일에서는 30%까지의 Al과 약 1% Cu를 품는 아연 합금을 베어링으로 검토하고 있다. 이 계의 합금은 내식성이 뛰어나므로 염수용 펌프의 베어링 등에 이용할 수 있다.

표 6.25 카드뮴계 베어링 합금

	SAE 18	SAE 180
Cd	98.4(최소)	98.25(최소)
Ni	1.0~1.6	–
Ag	0.01(최대)	0.5~1.0
Cu	0.20(최대)	0.4~0.75
Sn	0.02(최대)	0.01(최대)
Pb	0.05(최대)	0.02(최대)
Zn	0.05~0.15	0.02(최대)

/6.11.6/ 은

은은 연하고 전성이 크며 열전도성이 좋기 때문에 베어링 특성 측면에서 보면 베어링 재료 중 최상급이다. 베어링하중 4[kgf/mm^2], 베어링온도 150[℃] 이상, 원주속도 14[m/s] 정도의 조건에서 사용된다.

강의 백 메탈에 순은으로 도금을 하며, Pb – Sn 합금을 표면층(두께 0.005~0.01[mm] 정도)으로 한 3층 베어링으로 사용된다. 고가이기 때문에 항공기용 이외에는 그다지 사용되지 않는다.

/6.11.7/ 함유 베어링(Oilless bearing)

함유 베어링은 다공질 재료에 윤활유를 함유시켜 항상 급유할 필요가 없게 한 것이다. 이 종류의 베어링은 대부분이 분말야금법으로 제조되나 특수한 것으로 주철을 반복가열하여 주철의 성장 현상에 의하여 다공질화해서 만든 주철 함유 베어링도 실용화되고 있다.

(1) 소결 함유 베어링

미국에서 oillte라는 상품명으로 시판된 것이 처음이며 그 후 각종 조성의 합금이 이용되고 있다. 동일계 합금에는 Cu – Sn, Cu – Sn – C, Cu – Sn – Pb – C, 철계에는 Fe – C, Fe – Pb – C, Fe – Cu, Fe – Cu – C 등이 있으나, 가장 많이 생산되는 것은 Cu – Sn – C 합금이다. 제조법은 5~100 μ의 동 분말과 Sn·흑아연 분말을 혼합하고 윤활제 또는 휘발성 물질을 가한 후 가압 성형하여 환원기류 중에서 400℃로 예비소결하고 다음에 800℃로 본소결한다. 이렇게 하여 얻어진 합금은 10~40%(용적)의 윤활유 함유가 가능하기 때문에 상시 주유할 필요가 없다. 함유 베어링은 다공질이어서 강성은 낮으나 급유 횟수를 적게 할 수 있으므로 급유가 곤란한 링, 상시 급유할 수 없는 베어링, 급유에 의하여 오손될 염려가 있는 베어링에 쓰이며, 베어링 면하중, 축 주변속도가 크지 않은 때에 이용된다. 또한 이 베어링은 열붙음 현상을 잘 일으키지 않는 특징이 있다. 표 6.26에 소결 함유 베어링의 조성 예를 나타내었다.

표 6.26 소결 함유 베어링 조성 예

종류		화학성분 [%]							함유율 용량 [%]	압축강도 [MPa]
		Cu	Fe	Sn	Pb	Zn	C	기타		
동계	1종	나머지	–	8~11	3 이하	–	3 이하	0.5 이하	18 이상	147 이상
	2종	나머지	–	11 이하	3 이하	5 이하	3 이하	0.5 이하	18 이상	147 이상
철계	1종	–	나머지	–	3~15	–	3 이하	0.5 이하	18 이상	196 이상
	2종	–	나머지	–	3~15	–	3 이하	0.5 이하	18 이상	196 이상
	3종	3~25	나머지	–	–	–	3 이하	0.5 이하	18 이상	274 이상

(2) 주철 함유 베어링

주철의 주조품에 가열냉각을 반복하면 그 치수가 증가함과 동시에 내부에 미세한 균열이 다수 발생하여 다공질이 되고, 또 조직에 흑아연상이 크게 발달하여 재질이 전부 ferrite화하므로 함유시키면 좋은 베어링 특성을 갖게 된다. 고속·고하중에 견디고 또 내열성이 있고 대형 베어링도 제조할 수 있다.

/6.11.8/ 고융점금속

텅스텐(tungsten), 레니움(rhenium), 탄탈(tantalum), 몰리브덴(molybdenum), 바나듐(vanadium), 크롬(chromium) 등은 융점이 2,000~3,000℃로서 고융점금속(refractory metal)이라고 한다. 표 6.27은 고융점금속의 성질이다. 이들 금속은 본질적으로 연성이고 실온에서는 내식성이 뛰어나다. 또한 합금에 의해 내산화성, 내열성이 현저히 개선되므로 고온발열체, 전자공업용 재료, 초내열 재료, 초경공구, 방진 재료 등에 사용된다.

신소재금속으로서 Zr(zirconium)은 Ti과 비슷한 금속이지만, 비중은 6.5이고 융점은 1,852℃이다. 내식성은 Ti보다 뛰어나고 원자로용 재료로서 중요하다.

또한 Be(beryllium)은 비중이 1.84로서 Al보다 가볍고 탄성계수가 28,000 kgf/mm^2[274.4 GPa]로서 Al의 4배 정도이다. 융점은 1,290℃이다. 냉간가공성이 좋지 않으므로 800~1,000℃의 고

표 6.27 고융점금속의 성질

성질	V	Cr	Nb	Mo	Ta	W	Re
원자번호	23	24	41	42	73	74	75
융점[℃]	1,900	1,850	2,415	2,610	2,996	3,410	3,180
밀도[g/cm^2]	6.1	6.2	7.2	5.1	6.5	4.5	6.3
선팽창계수 [10^{-6}/℃]	8.3	6.2	7.2	5.1	6.5	4.5	6.3
인장강도[MPa]	380	550	300	630	430	420	1,200
연신율[%]	32	5	28	15	30	10	–
탄성률[GPa]	133	287	106	320	181	413	–
경도[Hv]	140	130	100	250	120	300	–
용도 예	• 전자공업 • 합금용	• 도금 • 합금용	• 합금용	• 전자관구 • 고온도 • 발열체 • 합금용	• 전자공업 • 고온발열체 • 초경공구 • 합금용 공구	• 전구, 진공관 • 고온발열체 • 초경공구 • 합금, FRM용	• 전자공업 • 합금 • 열전대 • FRM용

온에서 성형가공을 한다. Al이나 Mg보다 고온강도와 내열성이 뛰어나므로 항공기용 재료로서 사용된다.

저널의 기본설계

베어링의 형태는 축을 지지하는 방법에 따라서도 정의될 수 있는데, 베어링에 작용하는 하중이 축방향에 수직이면 저널 베어링(journal bearing)이라 하고, 베어링에 지지되고 있는 축부분을 저널(journal)이라 한다. 일반적으로 베어링은 고정되어 있고, 저널이 회전한다. 어떤 경우에는 그 반대도 가능하다. 또한 왕복엔진의 커넥팅 로드 베어링과 크랭크핀과 같이 두 부분이 모두 회전하는 경우도 있다.

베어링은 대부분 일체형으로 저널의 전체 표면이 모두 베어링 속에 있는 경우가 많다. 그러

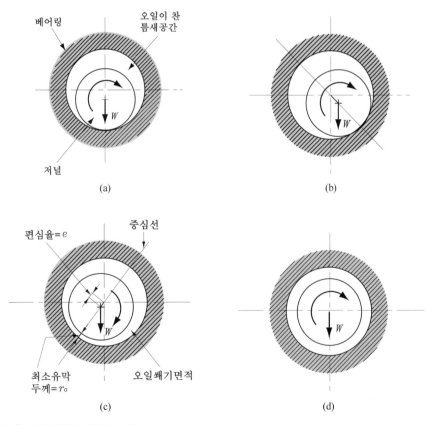

그림 6.10 ▶ 베어링에서 저널의 거동

나 하중이 항상 한 방향으로 작용하면 부분 베어링이 360° 베어링보다 기능이 더 만족스러운 경우도 있다.

그림 6.10은 베어링에서 저널의 회전하는 양상을 실재보다 과장하여 나타낸 것이다. 베어링과 저널 사이에 가득 찬 오일은 빠져나가면 곧바로 보충하게 되어 있다. 축이 회전하지 않고 정지되어 있을 때는 하중 P 때문에 베어링 틈새는 없고 저널과 베어링은 그림 6.10(a)와 같이 접촉하게 될 것이다. 회전하는 축에서는 표면을 분리시킬 만큼의 충분한 오일 압력이 발생하므로 그림 6.10의 (b), (c)와 같은 형태가 된다. 축이 회전하기 시작하면서 축이 베어링벽을 타고 올라갈 것이다(그림 6.10(b)). 그러나 속도가 증가하면서 움직이는 저널은 축과 베어링 사이의 쐐기 형상의 공간으로 오일을 밀어내려는 경향이 생기게 된다. 이러한 결과로 오른쪽의 오일 압력은 왼쪽보다 커진다. 그림 6.10(b), (c)는 축의 회전수가 작은 경우와 큰 경우, 최소틈새가 h_0인 유막에 의해 표면이 분리되어 평형 상태에 도달한 그림이다. 그림 6.10(d)는 축의 회전속도가 고속인 경우 베어링과 저널의 중심은 편심 없이 동심원이 됨을 나타낸 것이다.

최소유막두께 h_0의 크기와 중심선의 위치는 하중과 오일의 유체특성, 축의 크기와 속도, 베어링의 간극과 길이에 따라 결정된다. 위의 내용으로부터 베어링의 성능에 영향을 미치는 사항을 다음과 같이 결론내릴 수 있다.

① 축의 기동과 정지 시에는 매끄러운 베어링 재료가 바람직하다. 그러나 일단 유막이 형성되면 베어링 재료는 덜 중요하다.

② 저널의 회전속도가 높을수록 그림 6.10(c)의 틈새공간에서 쐐기모양의 정점으로 오일을 더 밀어내게 될 것이다. 이 결과 보다 큰 베어링 압력이 발생된다.

③ 베어링 압력의 증가는 유막두께 h_0를 증가시키고 편심률을 감소시킨다.

④ 편심률 e가 감소하면 양쪽의 쐐기면이 거의 같게 되어 베어링 압력은 감소하게 된다.

⑤ ③과 ④의 내용은 서로 모순되므로 유막의 최소두께는 축의 속도가 증가하면서 반지름 방향 틈새(베어링과 저널의 반지름 사이의 차이)에 접근하게 될 것이다.

⑥ 유막의 두께 h_0는 하중 P와 오일의 점도에 의존한다.

⑦ 또한 유막의 두께 h_0는 베어링 틈새의 변화에 영향을 받는다.

이와 같은 사항을 기초로 하여 저널의 기본설계에 대하여 알아보도록 하자.

위에서 언급한 최소유막두께(h_0)가 나타나는 위치는 베어링의 형상과 운전조건에 따라 다양하게 변한다. 원통 부시로 되어 있는 미끄럼 베어링에서 좀머펠트의 수(S)에 따른 최소유막두께가 나타나는 위치각(φ_0)이 그림 6.11에 도시되어 있다. 이 도표는 여러 가지 형상의 베어링, 즉 다양한 지름과 길이의 비(L/D)값을 파라미터로 계산한 것이다.

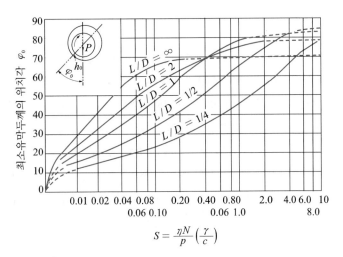

$$S = \frac{\eta N}{p}\left(\frac{\gamma}{c}\right)$$

그림 6.11 ▶ 최소유막두께(h_0)의 위치

또한 저널 베어링의 궤적을 나타내는 편심률(ϵ)과 최소유막두께(h_0)가 발생하는 편심각 (φ)의 관계가 그림 6.12에 도시되어 있다.

베어링 수압력이 클 때는 축심의 궤적 l/d의 대소에 관계 없이 거의 그림 6.13의 우측 그림과 같이 반원호에 가까우나 베어링 수압력이 작을 때 궤적은 거의 수평으로 된다.

그림 6.13은 좀머펠트의 수(S)에 대한 축심의 위치를 나타내고 있다. S가 클수록 축심은 베어링의 중심에 가까워지고 편심률 ϵ는 작아지고, 편심각 ϕ_0는 커지며, S가 작을 때는 그 반대이다. 또한 동일한 편심률 ϵ에 대해서 L/D값이 커질수록 S값은 작아짐을 알 수 있다.

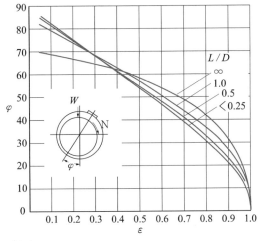

그림 6.12 ▶ 축의 궤적과 편심각

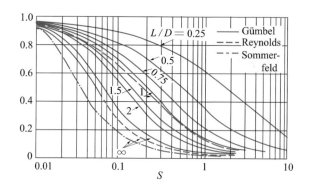

그림 6.13 ▶ S와 편심률 및 편심각

저널 베어링의 마찰계수 μ는 이론식이나 성능계산표에서 구할 수 있으나, 원통부시로 된 미끄럼 베어링에서는 간단하게 McKee의 실험식을 사용하는 것이 좋다.

$$\mu = 33.3(\eta N/p)(r/c) \times 10^{-10} + \mu_0 \tag{6.38}$$

여기서 단위는 η[centi poise], N[rpm], p[kg/cm^2]이고, μ_0는 그림 6.14에 표시한 것과 같이 l/d에 따라 정해지는 상수이다.

설계에 있어서는 점도 η, 단위 면적당의 하중 p, 속도 N, 베어링의 치수, 즉 반지름 r, 틈새 c, 길이 l은 사용조건에 의하여 주어지거나 설계자가 결정할 수 있다.

특히 베어링 틈새는 베어링 성능에 가장 큰 영향을 주게 된다. 사용될 윤활유의 종류는 확실한 유막을 얻기 위하여 P, N, r, c 및 l을 고려한다. 즉, 좀머펠트의 수(S)를 통하여 편심률과 편심각도 고려해야 한다.

설계를 최적화하기 위해서는 그림 6.15와 같은 성능선도를 사용하는 것이 좋다. 이 선도는 모든 베어링 틈새 범위에서 틈새 c를 독립변수로 하여 대응하는 베어링 성능을 산출하여 도

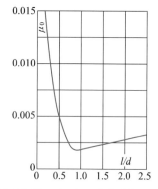

그림 6.14 ▶ l/d과 μ_0와의 관계

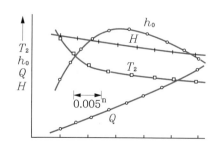

그림 6.15 ▶ 틈새와 베어링 성능

표화한 것이다.

베어링의 온도상승과 열의 발산 문제도 미끄럼 베어링 설계에서 간과해서는 안 된다.

베어링의 마찰손실일은 윤활유의 온도와 인접 부품의 온도상승을 초래한다. 이때 마찰 모멘트는 축경을 d, 저널의 길이를 l, 하중을 P, 마찰계수를 μ라 할 때

$$T = \frac{1}{2}\mu P d \tag{6.39}$$

이며, 축의 1분간의 회전각 ω는 $2\pi N$이므로 1분간의 마찰일은

$$W_f = T\omega = 2\pi TN = \pi\mu P dN$$

이다. 그런데 $P = pdl$ 이므로

$$W_f = \pi\mu p\,d^2 lN \,[\text{kgf}\cdot\text{cm/min}]$$

또 열의 일당량은 $J = 427.2 \times 10^2\,[\text{kgf}\cdot\text{cm/kcal}]$이므로 발생열량 H는

$$H = \frac{W_f}{J} = \frac{\pi\mu p l d^2 N}{427.2 \times 10^2}\,[\text{kcal/min}] \tag{6.40}$$

위와 같이 발생한 열은 양호한 운전조건을 유지할 수 있도록 빠른 비율로 소산되어야 한다.

강제급유식 베어링에서는 윤활유로 과다 발생한 열을 흡수하고 급유되기 전에 냉각되므로 별 문제가 없으나, 대부분의 베어링에서는 윤활유와 주위의 공기에 의하여 냉각될 뿐이므로 베어링의 온도상승에 주의해야 한다.

예제 6-7 그림 6.16과 같이 저널 베어링의 지름이 50.0 mm이고, 베어링의 길이가 25.0 mm이다. 이 베어링이 3,000N의 하중을 지지하며 회전속도는 3,000[rpm]으로 설계되었다. 또한 베어링과 축간의 틈새가 0.04 mm이고 50℃의 사용 온도 조건에서 SAE 10 오일에 의해 윤활된다. 이때 베어링에서 윤활유의 온도 상승치, 필요한 윤활량, 최소유막두께, 마찰을 극복하기 위한 최소 토크, 베어링에서 소산되는 일량 등을 구하시오.

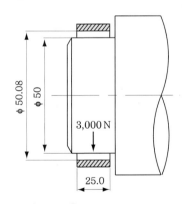

그림 6.16 ▶

베어링의 지름 $D = 50.0\,\mathrm{mm}$, 길이 $L = 25.0\,\mathrm{mm}$, 하중 $W = 3{,}000\mathrm{N}$, 회전속도 $N = 3{,}000\,\mathrm{rpm}$, 반지름 틈새 $c = 0.04\,\mathrm{mm}$, 사용온도 $T_1 = 50\,^\circ\!\mathrm{C}$ 윤활유의 점도를 알기 위해 윤활유의 온도를 알아야 한다. 윤활유의 온도는 윤활유의 유입구와 유출구에서의 평균온도로 결정한다.

$$T_{av} = T_1 + \frac{T_2 - T_1}{2} = T_1 + \frac{\Delta T}{2}$$

여기서 T_1 : 윤활유 유입구의 온도, T_2 : 윤활유 유출구의 온도

위의 식에서 ΔT를 가정하여 윤활유의 최적 점도를 구한다. 윤활유의 온도 상승치 ΔT를 $20\,^\circ\!\mathrm{C}$로 가정하면,

$$T_{av} = T_1 + \frac{\Delta T}{2} = 50 + \frac{20}{2} = 60\,^\circ\!\mathrm{C}$$

그림 6.17에서 SAE10의 $60\,^\circ\!\mathrm{C}$일 때의 값을 읽으면 윤활유의 점도는 다음과 같다.

$\mu = 0.014\mathrm{Pa} \cdot \mathrm{s}$

$N_s = 3{,}000/60 = 50\,\mathrm{rps}$

$L/D = 25/50 = 0.5$

$P = \dfrac{W}{LD} = \dfrac{3{,}000}{0.025 \times 0.05} = 2.4 \times 10^6\,\mathrm{N/m^2}$

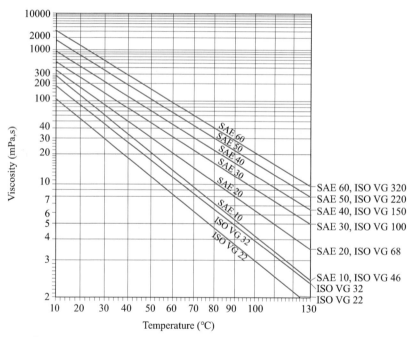

그림 6.17 ▶

$$S = \left(\frac{r}{c}\right)^2 \frac{\mu N_s}{P} = \left(\frac{25 \times 10^{-3}}{0.04 \times 10^{-3}}\right)^2 \frac{0.014 \times 50}{2.4 \times 10^6} = 0.1139$$

따라서 그림 6.19로부터 $S = 0.1139$, $L/D = 0.5$이므로 $(r/c)f = 3.8$이고, 그림 6.20에서 $S = 0.1139$, $L/D = 0.5$이므로 $Q(rcN_sL) = 5.34$이고, 그림 6.21에서 $S = 0.1139$, $L/D = 0.5$이므로 $Q_s/Q = 0.852$이다.

그리고 그림 6.18에서 구한 값들을 기초로 하여 Childs가 제안한 식을 통해 이론적인 윤활유의 온도 상승치 ΔT를 구할 수 있으며, 이를 처음 가정한 값과 비교하여 반복계산한다.

$$\Delta T = \frac{8.30 \times 10^{-6} P}{1 - \dfrac{1}{2}(Q_s/Q)} \times \frac{(r/c)f}{[Q/(rcN_sL)]}$$

$$= \frac{8.3 \times 10^{-6} \times 2.4 \times 10^6}{1 - (0.5 \times 0.852)} \times \frac{3.8}{5.34} = 24.70℃$$

가정한 $\Delta T = 20℃$ 와 $2.70℃$ 의 차이를 보이므로 $\Delta T = 24.7℃$ 로 T_{av}를 반복계산한다.

$$T_{av} = 50 + \frac{24.70}{2} = 62.35℃$$

앞에서와 동일한 순서대로

$$\mu = 0.0136\mathrm{Pa} \cdot \mathrm{s}$$

$$S = \left(\frac{25 \times 10^{-6}}{0.04 \times 10^{-3}}\right) \frac{0.0136 \times 50}{2.4 \times 10^6} = 0.1107$$

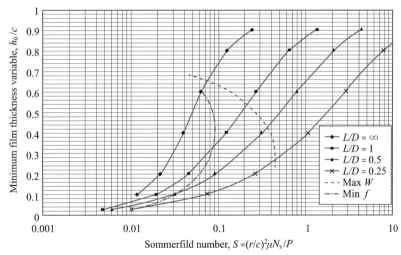

그림 6.18 ▶

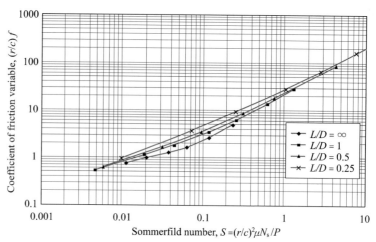

그림 6.19 ▶

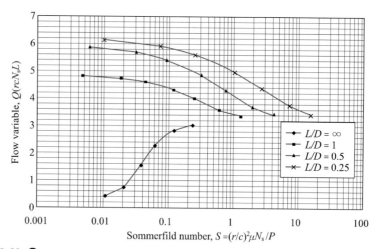

그림 6.20 ▶

그림 6.19에서 $(r/c)f = 3.7$

그림 6.20에서 $Q(rcN_sL) = 5.35$

그림 6.21에서 $Q_s/Q = 0.856$

$$\Delta T = \frac{8.3 \times 10^{-6} \times 2.4 \times 10^6}{1 - (0.5 \times 0.856)} \times \frac{3.7}{5.35} = 24.08℃$$

$$T_{av} = 50 + \frac{24.08}{2} = 62.04℃$$

ΔT의 값을 보면 수렴하고 있으므로 $T_{av} = 62.04℃$, $\mu = 0.0136\text{Pa} \cdot \text{s}$, $S = 0.1107$을 최종값으로 결정한다. 베어링의 윤활량을 구하면(그림 6.18 참조)

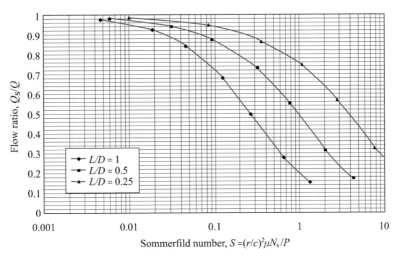

그림 6.21 ▶

$$Q = rcN_sL \times 5.35 = 25 \times 0.04 \times 50 \times 25 \times 5.35$$
$$= 6,688 \text{ mm}^2/\text{s}$$

최소유막두께를 구하기 위해 그림을 보면

$$h_0/c = 0.22 \qquad h_0 = 0.0088 \text{ mm}$$

또한 마찰에 소모되는 토크는

$$Torque = fWr$$

여기서 $f = 3.7 \times (c/r) = 3.7 \times 0.04/25 = 0.00592$

$$T = 0.00592 \times 3,000 \times 0.025 = 0.444 \text{ N} \cdot \text{m}$$

그리고 베어링에서 소산되는 일량은

$$Power = 2\pi \times T \times N_s = 139.5 \text{ W}$$

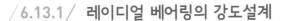

6.13 미끄럼 베어링의 설계

6.13.1 레이디얼 베어링의 강도설계

(1) 저널의 강도설계

저널은 축에 직접 연결하는 기계부품이므로 그 지름은 보통 축과 동일하거나 부품의 공차에 따라 좀 더 큰 지름을 줄 수도 있다. 저널에는 축의 끝부분에 설치되는 엔드저널(end journal)과 축의 중간부에 설치되는 중간저널 등이 사용되고 있다.

그림 6.22를 보면 엔드저널의 예가 도시되어 있고, 하중 P가 베어링의 길이 방향(x 방향)의 중간부에 집중하중의 형태로 작용하는 것으로 해석하여 그림에 대한 굽힘(bending) 모멘트의 평형 방정식을 생각해 보면

$$\frac{Pl}{2} = \frac{\pi}{32} d^3 \sigma_b$$

위 식을 단저널의 지름에 대해 정리하면 다음과 같은 식을 얻을 수 있다.

$$\therefore d = \sqrt[3]{\frac{5.1 Pl}{\sigma_b}} \tag{6.41}$$

한편 단저널에 작용하는 하중 P는 그림에서 볼 수 있듯이 다음과 같은 식으로 쓸 수 있다.

$$P = p_a dl \quad \text{혹은} \quad p_a dl \frac{l}{2} = \sigma_b \frac{\pi}{32} d^3$$

위 식을 단저널의 길이와 지름에 대한 식으로 정리하면 다음과 같다.

$$\left(\frac{l}{d}\right)^2 = \frac{\pi}{16} \frac{\sigma_b}{p_a}$$

$$\therefore \frac{l}{d} = \sqrt{\frac{1}{5} \cdot \frac{\sigma_b}{p_a}} \tag{6.42}$$

중간저널의 경우는 여러 가지 형태의 중간저널에 대해서 고려할 수 있으나 여기서는 가장 간단한 외팔보의 형태에 대하여 해석해 보고자 한다. 그림 6.23에 중간저널의 응력분포 상태가 도시되어 있다. 그림에서 보듯이 베어링의 양단으로 $\frac{P}{2}$ 의 하중이, W 의 지지력이 작용한

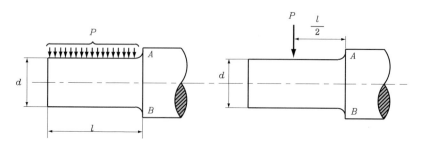

그림 6.22 ▶ 엔드저널의 압력 분포

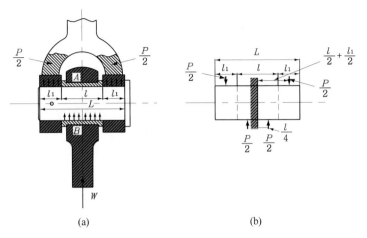

(a)   (b)

그림 6.23 ◐ 중간저널의 압력 및 하중 분포

다고 하면 최대굽힘모멘트 M이 저널의 중앙단면에 발생하게 된다. 따라서 이 저널에 대하여 다음과 같은 평형 방정식을 세울 수 있다.

$$M_{\max} = \frac{P}{2}\left(\frac{l}{2} + \frac{l_1}{2}\right) - \frac{P}{2}\cdot\frac{l}{4} = \frac{P}{2}\left(\frac{l}{2} + \frac{l_1}{2} - \frac{l}{4}\right)$$

$$= \frac{P}{2}\left(\frac{l}{4} + \frac{l_1}{2}\right) = \frac{P}{2}\cdot\frac{1}{4}(l + 2l_1) = \frac{P}{8}L \tag{6.43}$$

따라서 $M_{\max}$은 다음과 같다.

$$\frac{P}{8}L = \sigma_b\frac{\pi}{32}d^3$$

위 식을 저널의 지름에 대한 식으로 정리하면 다음과 같이 쓸 수 있다.

$$\therefore\ d = \sqrt[3]{\frac{4}{\pi}\frac{PL}{\sigma_b}} \tag{6.44}$$

그리고 축과 중간저널의 전체 길이를 L, 중간저널의 길이를 l이라 할 때 이들의 비를 $\frac{L}{l} = e$라 하면 식 (6.44)는 다음과 같이 쓸 수 있다($L = e \times l = 1.5 \times l$이라 할 때).

$$d = \sqrt[3]{\frac{4}{\pi}\frac{ePl}{\sigma_b}} \fallingdotseq \sqrt[3]{\frac{1.25 \times 1.5p_a dl^2}{\sigma_b}} \tag{6.45}$$

또한 식 (6.45)를 길이 l과 지름 d에 대한 식으로 정리하면 다음과 같은 식으로 쓸 수 있다.

$$\therefore \frac{l}{d} = \sqrt{\frac{1}{1.25 \times 1.5} \frac{\sigma_b}{p_a}} = \sqrt{\frac{1}{1.88} \frac{\sigma_b}{p_a}} \qquad (6.46)$$

(2) 하우징(베어링 본체)의 강도설계

그림 6.24에는 하우징(베어링 본체)의 형상과 응력 및 하중의 분포 상태가 도시되어 있다. 그림에서 볼 수 있듯이 δ를 상부 베어링 본체와 하부 베어링 본체를 죄어주는 볼트의 골지름이라 하면 다음과 같은 식이 성립한다.

$$\frac{P}{z} = \frac{\pi}{4} \delta^2 \sigma_t \qquad (6.47)$$

여기서 z는 볼의 개수, σ_t는 볼트의 허용인장응력이며 $\sigma_t \leq 450[\text{kg/cm}^2]$의 값을 가지고 있다. 또한 상부 베어링 본체의 중심부의 두께 h_1 및 h_2, 그리고 하부 베어링 본체의 중심부의 두께 h_3 및 h_4 등은 다음과 같은 식으로 표시할 수 있다.

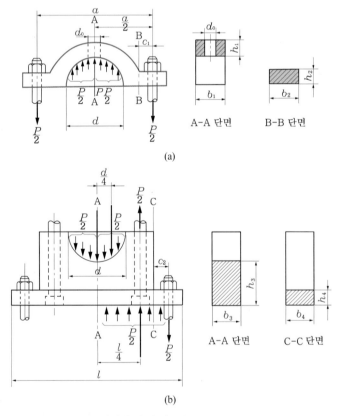

그림 6.24 ▶ 하우징(베어링 본체)의 형상과 응력 및 하중 분포

그림 6.24(a)에서 $A-A$ 단면에 걸리는 굽힘모멘트를 고려하면

$$\frac{P}{2}\left(\frac{a}{2}-\frac{d}{4}\right)=\frac{1}{6}(b_1-d_0)h_1^2\,\sigma_b$$

이를 정리하면

$$\therefore h_1=\sqrt{\frac{3P}{\sigma_b(b_1-d_0)}\left(\frac{a}{2}-\frac{d}{4}\right)} \tag{6.48}$$

그리고 h_2를 구하기 위하여 $B-B$ 단면에 걸리는 굽힘모멘트를 고려하면 다음과 같이 쓸 수 있다.

$$\frac{P}{2}c_1=\frac{1}{6}h_2^2\,b_2\sigma_b$$

$$\therefore h_2=\sqrt{\frac{3Pc_1}{b_2\sigma_b}} \tag{6.49}$$

또한 그림 6.24(b)에서 h_3 및 h_4는 $A-A$ 단면 및 $C-C$ 단면에서 굽힘모멘트를 고려하려 다음과 같이 각각 구할 수 있다.

$$\frac{P}{2}\left(\frac{l}{4}-\frac{d}{4}\right)=\frac{1}{6}h_3^2\,b_3\sigma_b$$

$$\therefore h_3=\sqrt{\frac{3P}{b_2\sigma_b}\left(\frac{l}{4}-\frac{d}{4}\right)} \tag{6.50}$$

$$\frac{P}{2}c_2=\frac{1}{6}h_4^2 b_4\sigma_b$$

$$\therefore h_4=\sqrt{\frac{3Pc_2}{b_4\sigma_b}} \tag{6.51}$$

/6.13.2/ 스러스트 베어링의 강도설계

(1) 스러스트 미끄럼 베어링의 베어링 압력

그림 6.25(a)와 같은 스러스트 미끄럼 베어링의 경우, 베어링과 저널의 접촉면의 중심에서 외경 방향으로 멀어질수록 미끄럼의 정도는 더 커지기 때문에 마찰량도 커지게 된다. 그렇기 때문에 베어링의 사용시 초기에는 베어링과 저널 사이의 압력 분포는 균일하지 않고, 그림 6.25(a)에서 도시한 바와 같이 중심부에서 멀수록 압력은 작고, 중심부는 고압 상태에서 회전 하게 된다. 따라서 중심부에서는 작은 단면적에 고압이 작용하기 때문에 베어링과 저널의 틈

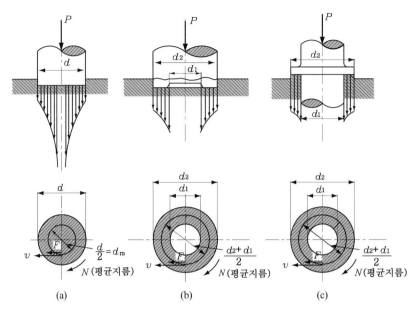

그림 6.25 ▶ 하우징(베어링 본체)의 형상과 응력 및 하중 분포

새에서 윤활유가 밀려나가는 현상이 발생하고, 이 부분에 과열 현상이 발생하게 된다. 이를 방지하기 위한 방법으로 그림 6.25(b)와 같이 고압이 작용하는 중심부를 오목하게 만들어 윤활 작용이 항상 원활하도록 하든지 아니면 그림 6.25(c)와 같이 칼라저널을 사용하기도 한다.

스러스트 미끄럼 베어링의 베어링 압력은 다음과 같다.

그림 6.25(a)와 같은 형태의 베어링의 경우

$$p = \frac{P}{\pi d^2/4} \tag{6.52}$$

그림 6.25(b)와 (c)와 같은 저널에서는

$$p = P / \frac{\pi}{4}(d_2^2 - d_1^2) \tag{6.53}$$

식 (6.53)을 평균 베어링 압력 p와 압력이 작용하는 면의 치수를 대입하여 풀면, 추력 P에 대한 식으로 정리할 수 있다.

$$P = \frac{\pi}{4}(d_2^2 - d_1^2)zp = \pi d_m bzp \tag{6.54}$$

여기서 d_m : 베어링 압력이 작용하는 면의 평균지름$= \dfrac{d_2 + d_1}{2}$

$$b \, : \, \text{베어링 압력이 작용하는 면의 나비} = \frac{d_2 - d_1}{2}$$

$z \, : \,$ 베어링 압력이 작용하는 면의 개수, 즉 칼라의 개수

(2) 마찰열을 고려한 스러스트 미끄럼 베어링의 설계

앞에서 언급하였듯이 스러스트 미끄럼 베어링의 경우 베어링과 저널의 중심부에서 고압 상태가 발생하기 때문에 매우 높은 온도조건하에서 사용된다. 따라서 이 경우 발생하는 마찰력에 의한 마찰열은 베어링의 직접적인 손실의 한 원인이 되기도 한다. 따라서 이 절에서는 베어링에서 발생하는 마찰일량과 베어링의 과열을 방지하기 위한 방법을 해석해 보고자 한다.

마찰력 F는 $F = \mu P$이므로 단위 시간의 마찰일량을 W_f라 하면

$$W_f = Fv = \mu Pv \tag{6.55}$$

따라서 그림 6.25(a)와 같은 베어링의 경우 마찰일량은 다음과 같이 쓸 수 있다.

$$v = \frac{\pi \left(\dfrac{d}{2}\right) N}{1{,}000 \times 60} = \frac{\pi d N}{1{,}000 \times 120} \tag{6.56}$$

$$\therefore \; W_f = \mu Pv = \frac{\pi d N}{1{,}000 \times 120} \mu P \tag{6.57}$$

또한 식 (6.55)를 단면적 A로 나누게 되면 단위 시간, 단위 면적당의 마찰작업량 w_f를 구할 수 있다.

$$w_f = \frac{W_f}{A} = \frac{\mu Pv}{\dfrac{\pi}{4}d^2} = \mu \frac{P}{\dfrac{\pi}{4}d^2} v = \mu pv \tag{6.58}$$

베어링의 과열을 방지하려면 레이디얼 베어링의 경우와 같이 w_f의 값을 어느 한도 내에 유지하도록 pv의 값을 제한하면 된다. 스러스트 미끄럼 베어링에서 일반적인 베어링은 0.17 이하, 강제급유가 가능한 베어링은 0.4~0.8, 냉각장치가 있는 베어링은 0.8 이하에서 pv의 허용치를 제한하고 있다. 즉,

$$pv = \frac{P}{\dfrac{\pi}{4}d^2} \cdot \frac{\pi d N}{1{,}000 \times 120} = \frac{1}{1{,}000 \times 30} \cdot \frac{PN}{d}$$

$$\therefore \; d = \frac{1}{1{,}000 \times 30} \cdot \frac{PN}{pv} \tag{6.59}$$

그리고 그림 6.25(b), (c)와 같은 베어링의 경우

$$v = \frac{\pi\left(\dfrac{d_2 + d_1}{2}\right)N}{1{,}000 \times 60} = \frac{\pi(d_2 + d_1)N}{1{,}000 \times 120}$$

그리고

$$W_f = \mu P \frac{\pi(d_2 + d_1)N}{1{,}000 \times 120}$$

$$w_f = \frac{W_f}{A} = \frac{\mu Pv}{\dfrac{\pi}{4}(d_2^2 - d_1^2)} = \mu \frac{P}{\dfrac{\pi}{4}(d_2^2 - d_1^2)} \cdot v = \mu pv$$

$$pv = \frac{P}{\dfrac{\pi}{4}(d_2^2 - d_1^2)} \cdot \frac{\pi(d_2 + d_1)N}{1{,}000 \times 120}$$

$$= \frac{P(d_2 + d_1)N}{1{,}000 \times 30 \times (d_2 + d_1)(d_2 - d_1)} = \frac{1}{1{,}000 \times 30} \cdot \frac{PN}{d_2 - d_1}$$

$$\therefore d_2 - d_1 = \frac{1}{1{,}000 \times 30} \cdot \frac{PN}{pv} \tag{6.60}$$

칼라저널에서 칼라의 수가 z개일 경우

$$p = \frac{P}{z\dfrac{\pi}{4}(d_2^2 - d_1^2)}$$

$$pv = \frac{1}{1{,}000 \times 30} \cdot \frac{PN}{d_2 - d_1} \cdot \frac{1}{z}$$

이므로

$$\therefore d_2 - d_1 = \frac{1}{1{,}000 \times 30} \cdot \frac{PN}{pv} \cdot \frac{1}{z} \tag{6.61}$$

/6.13.3/ 미끄럼 베어링의 운전조건 설정

베어링의 설계로서 큰 하중을 받는 베어링에서는 pv값, 일반적으로는 베어링계수 $\eta(N/p)$ 값을 기준으로 하고, 허용수압력 p_a, 최소유막두께 $h_{\min}$, 마찰계수 μ, 윤활유의 유량 Q, 온도 상승 등을 고려해야 한다. 여러 기계장치에 대한 미끄럼 베어링의 표준 설계치가 표 6.28에 제시되어 있다.

표 6.28 미끄럼 베어링의 설계자료

기계명칭	베어링	최대허용압력 p_m [kgf/cm²]	최대허용압력속도계수 $p_m V$ [kgf/cm² · m/sec]	적정점성계수 η [cp]	최소허용 $\eta N/p$ $\left[\dfrac{\text{cp} \times \text{rpm}}{\text{kgf/cm}^2}\right]$	표준틈새비 ϕ	표준폭지름비 l/d
자동차 및 항공기용엔진	메인 베어링	60~120	2,000	7~8	200	0.001	0.8~1.8
	크랭크 핀	100~350	4,000		140	0.001	0.7~1.4
	피스톤 핀	150~400	–		100	<0.001	1.5~2.2
가스, 중유기관 (4사이클)	메인 베어링	60~120	150~200	20~65	280	0.001	0.6~2.0
	크랭크 핀	120~150	200~300		140	<0.001	0.6~1.5
	피스톤 핀	150~200	–		70	<0.001	1.5~2.0
가스, 중유기관 (2사이클)	메인 베어링	40~50	100~150	20~65	350	0.001	0.6~2.0
	크랭크 핀	70~100	150~200		170	<0.001	0.6~1.0
	피스톤 핀	80~130	–		140	<0.001	1.5~2.0
선박용 증기기관	메인 베어링	35	40~70	30	280	0.001	0.7~1.5
	크랭크 핀	40	70~100	40	200	<0.001	0.7~1.2
	피스톤 핀	100	–	30	140	<0.001	1.5~1.7
증기기관 (저속)	메인 베어링	30	20~30	60	280	<0.001	1.0~2.0
	크랭크 핀	100	50~100	80	80	<0.001	0.9~1.3
	피스톤 핀	130	–	60	70	<0.001	1.2~1.5
증기기관 (고속)	메인 베어링	20	30~40	15	350	<0.001	1.5~3.0
	크랭크 핀	40	40~80	30	80	<0.001	0.9~1.5
	피스톤 핀	130	–	25	70	<0.001	1.3~1.7
왕복 펌프 압축기	메인 베어링	20	20~30	30~80	400	0.001	1.0~2.2
	크랭크 핀	40	30~40		280	<0.001	0.9~2.0
	피스톤 핀	70	–		140	<0.001	1.5~2.0
차량	축	35	100~150	100	700	0.001	1.8~2.0
증기터빈	메인 베어링	100~120	400	2~10	1,500	0.001	1.0~2.0
발전기, 전기모터, 원심펌프	회전자 베어링	10~15	20~30	25	2,500	0.0013	1.0~2.0
전동축	경하중	2	10~20	25~60	1,400	0.001	2.0~3.0
	자동	10			400	0.001	2.5~4.0
	심중하중	10			400	0.001	2.0~3.0
공작기계	메인 베어링	5	5~10	40	15	<0.001	1.1~2.0
펀칭기 전단기	메인 베어링	280	–	100	–	0.001	1.0~2.0
	크랭크 핀	550	–	100	–	0.001	1.0~2.0
압연기	메인 베어링	200	500~800	50	140	0.0015	1.1~1.5
감속기어	베어링	5~20	50~100	30~50	500	0.001	2.0~4.0

(1) 베어링의 마찰특성

그림 6.26은 마찰계수 μ와 베어링계수 $\eta(N/p)$와의 관계를 도시한 것이다. 그림에서 곡선 $ABCD$를 마찰특성곡선 또는 스트리벡곡선이라 하는데, 마찰계수가 A와 B 사이의 영역에서는 감소하고, B와 C 사이의 영역에서는 급격히 증가한다. 곡선을 보다 세분화하여 설명하면 AB 사이를 유체윤활영역(완전윤활영역), BC 사이를 혼합윤활영역, CD 사이를 경계윤활영역이라 한다. BC 사이는 혼합윤활영역에서 마찰면의 굴곡 혹은 베어링과 저널 사이의 편심량 등의 영향에 의하여 윤활유의 일부가 박막 형태로 윤활되는 상태를 말하고, 다른 쪽은 유체윤활 상태가 지속되고 있는 불규칙한 윤활 상태를 말한다. B점은 유체윤활에서 혼합윤활로 옮기게 하는 천이점으로 마찰계수가 최소로 되는 점이다.

(2) 유막의 두께(h)와 베어링계수 $\eta(N/p)$와의 관계

축과 베어링 사이에 존재하는 윤활유막의 두께 h는 베어링계수 $\eta(N/p)$의 값이 커질수록 크게 된다는 것이 실험으로 증명되었다. 즉, 윤활유의 점도가 높을수록(η가 클수록) 그리고 점도가 일정하면 원주속도(회전속도)가 빠를수록, 즉 N이 클수록, 하중이 낮을수록(p가 작을수록) 윤활유막 h는 두껍게 되고 축과 베어링과는 윤활유에 윤활되어 마찰도 작고, 마모 현상도 발생하지 않는다. 반대로 $\eta(N/p)$의 값이 작으면 윤활유막이 얇아지게 되어 경계윤활 상태가 된다. 따라서 저속고하중의 경우에는 $\eta(N/p)$의 값이 작게 되므로 윤활유가 충분히 공급될 수 있어야 베어링과 축의 마모 현상을 방지할 수 있다.

축심이 베어링 중심 둘레를 회전하면 축의 선회에 의하여 기름은 오일휘프(oil whip) 현상을 일으킨다. 이것은 축계의 진동과 관계가 있으며 계의 위험 속도의 2배, $2N_c$ 또는 그 이하

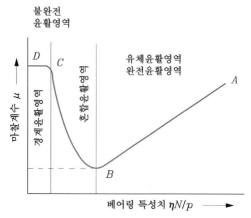

그림 6.26 ▶ 마찰특성곡선

의 회전속도에서 일어난다. 방지책으로는 폭을 짧게 하고, η가 작은 기름을 사용하기도 하고 틈새를 크게 하기도 한다(6.14절 참조).

(3) 마찰계수

그림 6.27은 베어링계수 $\eta(N/p)$와 마찰계수 μ의 관계를 도시한 것이다. 그림을 보면 마찰계수 μ의 최저값에 대한 베어링계수 $\eta(N/p)$가 존재하고, 이것을 한계점으로 하여 왼쪽은 불완전 윤활, 오른쪽은 완전 윤활을 하고 있는 것으로 판단할 수 있다.

그림 6.27에서 곡선 A는 지름 70 [mm], 길이 137 [mm]의 화이트 메탈의 경우이고, B곡선은 지름 70 [mm], 길이 230 [mm]의 주철제 베어링의 경우를 도시한 것이며 각각 마찰계수 μ의 최저값의 위치가 다르다. A의 경우는 저속고압에서도 빨리 완전윤활을 할 수 있지만 B의 주철의 경우는 훨씬 늦다. 화이트 메탈(white metal)은 연질이고 마찰면이 운전 중 압력 때문에 미끈해지고 기름에 대해서도 잘 융화되는 성질이 있으므로 빨리 유막이 형성되는 것이다. 베어링은 μ의 최저 상태에서 사용할 수 있으면 가장 좋으나, 이 상태에서는 매우 불안정하고 마찰열이 유막의 온도를 상승시키면 점도 η를 감소시키고, 따라서 $\eta(N/p)$의 값이 작게 되고 곧 불완전 윤활의 구역으로 빠지게 되어 μ가 갑자기 커지게 된다. 그러므로 다소 μ의 값이 증가하더라도 이 한계점보다 오른쪽의 상태에 있어서 운전시키는 것이 오히려 안전하고, 실용상은 $\eta(N/p)$의 값을 μ의 최저 한계값의 4~5배 정도로 취하여 운전 상태로 하는 것이다. 상태가 분명하지 못할 경우는 15배 정도로 취하여 운전 상태로 하기도 한다.

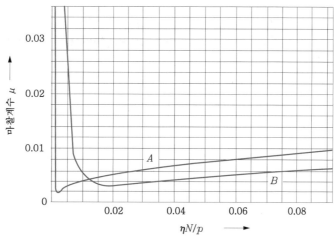

그림 6.27 ▶ 마찰계수와 베어링계수와의 관계

오일 휘프

/6.14.1/ 오일 휘프의 이론

슬라이딩 베어링으로써 받쳐져 있는 회전축을 위험속도의 2배 이상의 고속으로 돌리면, 유막의 작용에 의하여 폭이 심한 횡진동을 일으키는 수가 있다. 이 현상을 오일 휘프(oil whip) 현상이라 한다.

이 현상은 외부 진동과의 공진현상에 의하여 발생하는 것이 아니고, 축의 회전에 의하여 발생하는 유막압력의 특이성 때문에 발생한다. 오일 휘프의 진폭은 위험속도의 진동과 같은 크기를 가지며, 한 번 발생한 진동은 위험속도와는 달리 회전속도를 변경시켜도 감쇄되지 않는다. 이는 유체흐름에 의해 야기된 진동(flow-induced vibration) 또는 자기가진진동(self-excited vibration) 이론으로 설명될 수 있다. 따라서 오일 휘프는 고속회전기계에서 기계 파손의 한 요인으로 작용하며, 위험속도보다 더 취급하기 어려운 문제로서 최근 이에 대한 연구가 활발히 진행되고 있다. 그림 6.28에 전형적인 오일 휘프 현상이 나타나 있는데, 5장 식 (5.56)으로 계산되는 위험속도 N_c의 2배가 되는 $2N_c$[rpm]에서 오일 휘프가 시작되며, 회전속도를 높여도 진폭이 그대로 유지됨을 보여 준다.

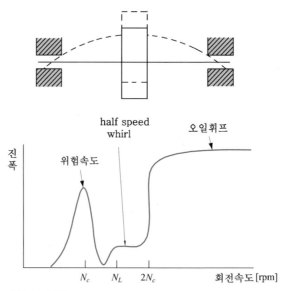

그림 6.28 ▶ 전형적인 오일 휘프 현상

또한 그림 6.28에서는 half speed whirl 현상을 설명하고 있는데, 이는 오일 휘프와는 달리 위험속도의 2배 이하의 속도(N_L)에서 축이 조용히 선회하는 현상을 말하고, 선회속도는 그때의 축의 회전속도의 1/2이다. 이때 축은 거의 휘어지지 않고 선회한다. 또 베어링 조건에 따라서 위험속도의 2배를 넘어서 오일 휘프로 발전하는 경우도 있다. 이런 경우에는 회전속도를 감소시키게 되면 오일 휘프는 위험속도의 약 2배되는 지점까지 지속된다. 이 현상을 오일 휘프의 관성 효과라 부른다(그림 6.29 참조).

앞에서 언급했듯이 오일 휘프 현상은 어떤 특정한 축의 회전각속도에서 발생한다. 이를 설명하기 위해서 저널베어링의 단면을 그림 6.30에 도시하였다. 축의 회전각속도를 N이라 하자. 그림에서 오일의 손실을 무시할 수 있다고 가정하면 일정 단면적을 통하여 흐르는 윤활유의 양은 일정하다. 이때 베어링 틈새 A와 B를 통한 오일의 양을 고려해 보자. 그림에서 보듯이 오일의 속도는 0에서부터 저널 표면의 속도 $V = RN$까지 선형적으로 변한다고 가정할 수 있다. 베어링의 틈새를 ϵ라 할 때 A지점에서 위로 흘러나가는 오일의 양은 $\frac{1}{2}V(\epsilon - \Delta)$이고, B지점에서 아래로 흐르는 오일의 양은 $\frac{1}{2}V(\epsilon + \Delta)$이다. 따라서 위로 흐르는 오일의 양보다

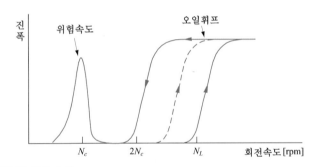

그림 6.29 ▶ 오일 휘프의 관성 효과

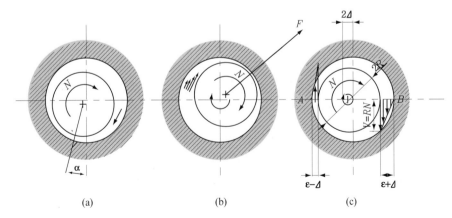

그림 6.30 ▶ 오일 휘프 현상

아래로 흐르는 오일의 양이 ΔV만큼 크기 때문에 저널은 위 방향으로 이동하게 된다. 틈새 A, B의 위치가 그림 6.30(c)의 위치에서 90도 시계방향으로 회전하여 바뀌면 저널은 우측으로 이동한다. 이어서 틈새 A, B 위치가 180도 시계방향으로 회전하여 그림 6.30(c)의 위치와 반대로 되면 저널은 아래 방향으로 이동한다. 계속 270도 시계방향으로 회전하여 틈새 위치가 바뀌면 저널은 좌측으로 이동한다. 윤활유 유량차 ΔV로 인하여 야기되는 이러한 축의 연속적 이동현상이 축의 선회운동(whirling motion)이고, 이 선회운동의 회전각속도를 ω, 선회운동 반지름을 Δ라 하자.

축의 선회운동으로 인한 축심의 직선운동속도 v는 그림 6.30(c)에서 선회운동 반경 Δ에 선회 회전운동각속도 ω를 곱하여 $v = \Delta\omega$로 구해진다. 축의 선회운동에 의해 이동되는 오일의 양은 $2Rv = 2R\Delta\omega$이고, 이 양은 틈새 A, B를 통하여 흐르는 윤활유의 유량차와 동일하므로 다음과 같이 쓸 수 있다.

$$2R\Delta\omega = \Delta V = \Delta RN$$

따라서 축의 선회운동각속도는 아래와 같이 축의 회전각속도의 1/2이 된다.

$$\omega = \frac{1}{2}N$$

여기서 위 식의 좌변에서 선회운동각속도를 선회운동 rpm, N_ω로 환산하고, 우변에서 축의 회전각속도를 축의 rpm, N_N으로 환산하면

$$\frac{2\pi}{60}N_\omega = \frac{1}{2}\frac{2\pi}{60}N_N$$

따라서 선회운동 rpm은 축의 회전 rpm의 1/2임이 다음과 같이 증명된다.

$$N_\omega = \frac{1}{2}N_N \tag{6.62}$$

이 선회운동은 축에 설치된 베어링에 충격을 줄 만큼 심각하므로 오일 휘프(oil whip) 현상이라 칭한다. 그림 6.28, 그림 6.29에서 오일 휘프 현상이 축의 회전속도가 축 자체의 위험속도의 2배인 회전속도에서 나타남을 보여주고 있다.

이상에서 이론적인 선회속도는 축회전속도의 1/2이나 베어링 내의 오일의 양이 항상 일정할 경우에만 성립한다. 실제로는 베어링 양단에서 오일이 조금씩 누설(leakage)된다고 보면 이론적인 선회속도보다 약간 낮은 값으로 실제 선회속도가 나타난다.

/6.14.2/ 오일 휘프의 방지법

- $\omega < \omega_c$가 되도록 한다. 즉, 베어링 면적, 특히 베어링 길이를 감소시키든지, 기름의 점성 계수를 감소시키고 베어링 틈새를 증가시키든지 하여 편심률 ϵ를 증가시키는 것이 안전하다. 대체로 $\epsilon > 0.8$ 정도로 하면 좋고 이것은 경험상의 사실과 일치한다.
- $\omega < 2\omega_c$로 한다. 즉, 위험속도 ω_c를 높인다.
- 비원형단면의 베어링을 사용한다. 즉, 다원호 베어링으로 한다.
- 부동 부시 베어링을 사용한다.
   이것은 부동 부시라고 하는 엷은 살두께의 원통을 메탈과 저널 사이에 집어넣는 것으로서 부동 부시 내외에 유막이 존재한다. 외측유막의 멸쇠효과가 기대된다.
- 패드 베어링(pad bearing)을 사용한다.

이것은 이동 가능한 몇 개의 패드로써 축을 받치는 것으로 안정성이 좋으므로 최근 많이 주목되는 방법이다.

대체로 저속저하중의 경우에는 보통의 원통 베어링이 좋고, 고속저하중의 경우는 미첼 베어링이 좋고, 그 중간에서는 비원형 베어링, 부동 부시 베어링이 좋다.

1 다음 그림은 체인구동 장치를 나타낸다. 95%의 신뢰도를 가지고 400 rpm의 속력에서 50,000시간의 수명이 요구될 때 A, B의 위치에 설치할 베어링을 선정하시오. 축의 크기는 38~51 mm 사이에 있다.

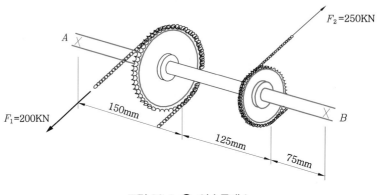

그림 P6.1 ▶ 연습문제 1

2 다음 그림은 1.2 kN의 법선하중을 전달받는 지름이 150 mm이고, 압력각이 20°인 평기어(spur gear) 에 의해 구동되는 스퀴즈 롤러를 나타내고 있다. 롤러의 아래 표면에서는 상향으로 4 N/mm의 균일 하중이 작용하도록 다른 롤러와 접촉하고 있다. 롤러의 속도는 350 rpm이며, 30,000시간의 수명시간 을 가지도록 설계하고자 한다. 하중계수를 1.2로 할 때 A와 B에 설치될 레이디얼 볼 베어링을 선택 하시오.

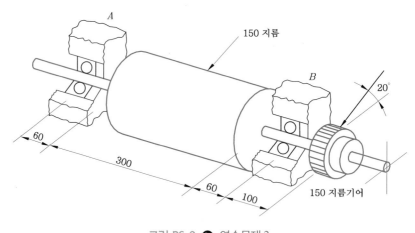

그림 P6.2 ▶ 연습문제 2

3 다음 그림과 같은 저널 베어링에서는 지름 100 mm인 축이 길이 80 mm인 베어링 재료로 500 N의 반지 름 방향 하중을 지지한다. 베어링의 틈새(clearance)는 $c = 0.05$ mm이고, 절대점도(absolute viscosity) $\eta = 50$ mPa·sec인 기름으로 베어링의 틈새가 채워져 있다고 가정한다. 축의 회전속도는 600 rpm이다.

(1) 저널 베어링의 마찰계수를 구하시오.

(2) 축이 회전할 때 발생하는 마찰토크(Friction Torque)를 구하시오.

(3) 저널 베어링의 동력손실(power loss)을 구하시오.

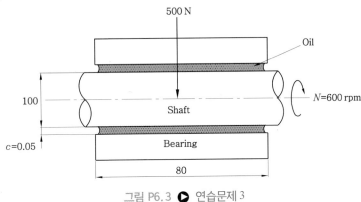

그림 P6.3 ▶ 연습문제 3

4 다음 그림과 같은 평벨트와 헬리컬 기어를 이용한 감속장치에서 다음에 답하시오.

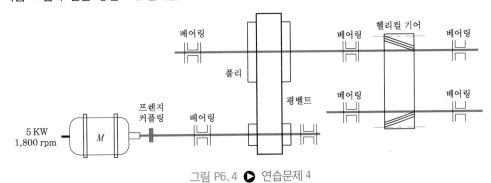

그림 P6.4 ▶ 연습문제 4

(1) 플렌지 커플링의 bolt 피치원의 지름이 80 mm, bolt 재료의 허용전단응력 $\tau_B = 120$ kgf/cm², bolt의 숫자는 3개일 때 bolt의 지름을 구하시오.

(2) Motor와 직접 연결된 축의 지름을 아래에서 선정하시오. 단, 축재료의 허용전단응력 $\tau_a = 200$ kgf/cm², 커플링을 축에 고정할 때 성크키(sunk key)의 크기는 $b \times h = 7 \times 7$ [mm]이다 (규격 축지름(mm) : 10, 12, 16, 20, 24, 28, 30, 32, 36, 40).

(3) 작은 풀리의 지름이 150 mm일 때 긴장측의 장력 T_t를 구하시오.

(4) 벨트에 생기는 최대응력을 벨트의 굽힘응력까지 고려하여 계산하시오(단, (3), (4) 문제에서 원심력을 무시하고 $e^{\mu\theta} = 2$로 하고 벨트가 Hook의 법칙에 따라 거동한다고 본다. E (Young's Modulus)=2,000(kgf/mm²), 또한 벨트의 치수는 $b \times h = 2 \times 5$(mm)).

(5) 헬리컬 기어의 비틀림각 $\beta = 30$, 축직각 모듈 $m_s = 4$이고 피니언의 피치원지름이 160 mm일 때 축방향에 작용하는 추력(thrust force)을 계산하시오.

(6) 헬리컬 기어의 축간 거리와 바깥지름을 구하시오.

(7) 중간축에서 (5)문제의 추력(thrust force)을 칼라 스러스트(collar thrust bearing) 베어링을 사용할 때 저널 칼라의 바깥지름을 구하시오(단, 중간축 지름은 40 mm, 칼러의 수는 2이고 베어링의 압력속도계수 $pv = 0.1\left(\dfrac{\mathrm{kgf}}{\mathrm{mm}^2} \cdot \dfrac{\mathrm{m}}{\mathrm{sec}}\right)$).

연습문제 풀이

1 $C > 8{,}286\,\mathrm{kgf} \Rightarrow 22{,}310$을 선정한다.

2 $C > 1{,}450\,\mathrm{kgf} \Rightarrow 6{,}209$를 선정한다.

3 (1) 마찰계수 μ?

(유의사항 : $\eta = 50\,\mathrm{mPa \cdot sec}$, $\eta = 50\,\mathrm{MPa \cdot sec}$가 아님에 주의할 것!)

$$\mu = 2\pi^2\left(\frac{\eta N}{\rho}\right)\left(\frac{r}{c}\right) = 2\pi^2\left(\frac{\eta\dfrac{\mathrm{rpm}}{60}}{\dfrac{P}{2rl}}\right)\left(\frac{r}{c}\right)$$

$$= 2\pi^2\left(\frac{50*10^{-3}Pa*\sec*\dfrac{600\,rpm}{60}}{\dfrac{500\,\mathrm{N}}{2*0.05m*0.08m}}\right)*\left(\frac{50\,\mathrm{mm}}{0.05\,\mathrm{mm}}\right) = 0.157$$

(2) 마찰토크 T?

$$T = \mu \mathrm{P}r = \mu 2rl\rho r = \mu 2r^2 l\rho$$

$$= 1.58*10^8*2*(50\,\mathrm{mm})^2*80\,\mathrm{mm}*\frac{500\,\mathrm{N}}{8{,}000\,\mathrm{mm}}$$

$$= 1.58*10^8*500\,\mathrm{N}*50\,\mathrm{mm}$$

$$= 3.95*10^{12}\,\mathrm{Nmm} = 3.95*10^9\,\mathrm{Nm}$$

(3) 동력손실 P?

$$P = T \times \omega = T*2\pi\frac{\mathrm{rpm}}{60} = 3.95*10^9\,\mathrm{Nm}*\frac{600\,\mathrm{rpm}}{60}*2\pi = 2.48*10^{11}\,\mathrm{Nm}$$

4 (1) $\delta = 15.4\,\mathrm{mm}$ (2) $d = 20\,\mathrm{mm}$ (3) $T_t = 72.2\,\mathrm{kgf}$

(4) $\sigma = \sigma_t + \sigma_b = 7.2 + 66.7 = 73.9\,\mathrm{kgf/mm}^2$

(5) $F = 33.84\,\mathrm{kgf}$, $P_t = F\tan\beta = 33.84\tan30° = 19.54\,\mathrm{kgf}$

(6) $C = 147.43\,\mathrm{mm}$. $D_1 = 134.86\,\mathrm{mm}$

(7) $d_2 - d_1 = 2.931$, $d_2 = 40 + 2.931 = 42.931\,\mathrm{mm}$

07 마찰차

7.1 개요

마찰차(friction wheel)는 중심거리가 비교적 짧은 두 축 사이에 적당한 형태의 마찰이 큰 바퀴를 설치하고, 이 두 바퀴에 힘을 가해 접촉면에 생기는 마찰력으로 동력을 종동축에 전달하는 직접 전동장치의 일종이다.

회전운동의 전달이 접촉면에서의 마찰에 의해 이루어지므로 두 마찰차의 상대적 미끄러짐을 완전하게 제거할 수는 없다. 따라서 회전운동의 확실한 전동이 요구되는 곳에는 부적합하고, 속도비가 일정하게 유지되지 않아도 되는 곳에 주로 사용된다. 한편, 이러한 미끄러짐은 종동축에 걸리는 과부하의 전달로 인한 원동축의 손상을 막을 수 있고, 운전 중에도 무리 없는 동력전달의 단속이 가능하며, 접촉을 분리하지 않고 속도비를 변화시킬 수 있다는 장점이 있다.

동력전달 용량을 크게 하기 위해서는 접촉면의 압력이 커야 하겠지만 밀어붙이는 힘을 크게 하면 축과 베어링에 걸리는 힘도 증가하며, 접촉면의 마찰손실도 많아지게 되므로 가능한 한 미는 힘을 줄이면서 마찰계수가 큰 재질의 마찰차를 사용하는 것이 바람직하다. 마찰차는 마찰에 의한 동력전달이므로 큰 동력을 전달하는데는 부적당하지만, 회전속도가 큰 경우이거나, 운전 중에 자주 단속(斷續)되거나 또는 소음, 진동이 없어야 할 곳에 특히 유익하다. 전동효율은 기어보다 좋지 않아서 원통차와 원추차는 85~90% 정도이고 홈붙이 마찰차인 경우는 90%, 변속 마찰차인 경우는 80%가 일반적이다.

/7.2.1/ 각속도비

두 마찰차 사이에 미끄럼이 없이 회전운동을 전달한다고 가정하면 접촉원주면상의 속도는
동일해야 하므로, 원동차와 종동차 각각의 각속도를 ω_A, ω_B, 반지름을 r_A, r_B, 회전속도를
N_A, N_B라고 하면 원주상의 속도는

$$v = r_A \omega_A = r_B \omega_B \tag{7.1}$$

위 식에서 원동차와 종동차의 각속도는

$$\omega_A = \frac{2\pi N_A}{60}, \quad \omega_B = \frac{2\pi N_B}{60} \tag{7.2}$$

그러므로 마찰차의 속도비 i는 다음과 같다.

$$i = \frac{r_A}{r_B} = \frac{\omega_B}{\omega_A} = \frac{N_B}{N_A} \tag{7.3}$$

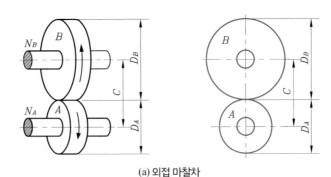

(a) 외접 마찰차

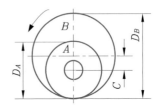

(b) 내접 마찰차

그림 7.1 ▶ 원통 마찰차의 회전운동

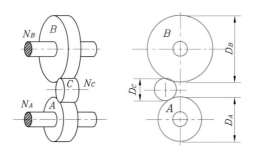

그림 7.2 ◐ 아이들 휠

원통 마찰차의 중심거리 C는 외접 마찰차일 경우에

$$C = r_B + r_A$$

내접 마찰차일 경우에 중심거리는 다음 식으로 표시된다.

$$C = r_B - r_A$$

외접의 경우는 회전 방향이 반대이고 내접의 경우는 회전 방향이 같게 된다.

외접시켜 회전 방향을 같게 하려면 그림 7.2에서 보듯이 두 차 사이에 중간차를 하나 더 설치한다. 이때 원동축과 종동축의 속도비는 중간차의 크기에 상관없이 동일하게 되는데, 이 중간차를 아이들 휠(idle wheel)이라고 한다.

/7.2.2/ 전달동력

그림 7.3과 같이 두 마찰차를 힘 P로 밀 때 양차의 접촉면에서는 마찰력 F가 발생하고, 이 힘에 의해서 원동축의 회전운동이 종동축으로 전달된다. 이 힘 F를 회전력(driving force)이라고 한다. P와 F 사이에는

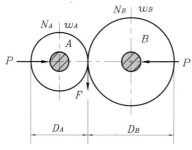

그림 7.3 ◐ 원통 마찰차에 작용하는 하중

$$F = \mu P \tag{7.4}$$

관계가 성립하고, 여기서 μ는 마찰차의 마찰계수이다.

$$\mu = F/P = \tan\rho \tag{7.5}$$

이고, 두 힘의 기하학적 관계를 마찰각 ρ로 표현할 수 있다.

이때 종동차의 회전토크 T는

$$T = F\frac{D_B}{2} = \mu P\frac{D_B}{2} \tag{7.6}$$

이다. 마찰차의 원주속도를 v(m/s)로 하면

$$v = \frac{\pi D_A N_A}{1,000 \times 60} = \frac{\pi D_B N_B}{1,000 \times 60} \tag{7.7}$$

가 되고, 따라서 마찰차의 전달동력은 다음과 같다.

$$H_{ps} = \frac{Fv}{75} = \frac{\mu Pv}{75}\,[\mathrm{PS}]$$

$$H_{kw} = \frac{Fv}{102} = \frac{\mu Pv}{102}\,[\mathrm{kW}] \tag{7.8}$$

바퀴의 폭은 두 마찰차의 접촉선에서 단위 길이당 작용하는 힘을 p_0[kgf/cm]라고 하면

$$b = \frac{P}{p_0}, \quad (b \le D) \tag{7.9}$$

와 같이 하여 필요한 회전력을 얻도록 계산한다. 폭 b를 크게 하면 접촉면의 접촉이 균일하게 이루어지기 어려우므로 마찰차의 지름과 폭의 관계는 대략 같게 하면 무리가 없다.

이미 언급했듯이 베어링에 걸리는 하중을 가능한 한 줄이고 회전력을 크게 하기 위해서는 되도록 마찰계수가 큰 재질의 마찰차를 사용해야 한다. 마찰차 표면의 재질은 일반적으로 마찰계수 μ를 크게 하기 위하여 원동차를 종동차보다 연질의 재료를 선택한다. 일반적으로 목재, 고무, 가죽, 판지, 특수 섬유질 등으로 원동차의 표면에 라이닝하여 사용하고, 주강, 주철 등의 금속재료들이 종동차에 사용된다. 원동차 표면에 연질 마찰재를 라이닝하는 이유는 원동차가 고르게 마모되는 장점이 있기 때문이다.

그림 7.4와 같이 원동차 A와 종동차 B 사이에 중간차 C를 설치하여 운전을 단속하는 기구에서는 A와 B의 표면은 금속을 사용하고, C의 표면은 가죽이나 나무 등의 연한 재질을 사용한다.

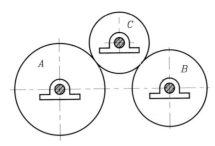

마찰차 A, B : 금속 재질, 중간차 C : 가죽 또는 나무의 연한 재질

그림 7.4 ▶ 표면 재질의 선택

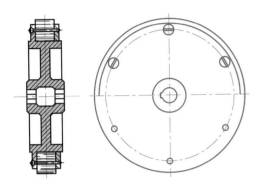

그림 7.5 ▶ 목재를 이용한 마찰차

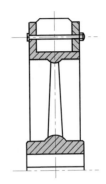

그림 7.6 ▶ 비금속재료를 이용한 마찰차

그림 7.5, 7.6은 연질의 재료를 마찰차의 표면에 라이닝한 평 마찰차의 경우이다.

표 7.1은 원동차와 종동차의 여러 가지 표면재질에 따른 마찰계수 μ의 값과 접촉선상의 허용응력 p_0를 나타낸다. 한편, 뢰셸(Rätschel)은 μ와 p_0를 표 7.2와 같이 제안하였다.

표 7.1 여러 재료의 마찰계수

표면의 마찰재료		μ			p_0 [kgf/cm]
		주철	알루미늄	화이트 메탈	
목 재		0.150	–	–	27
가 죽		0.135	0.216	0.246	27
코르크가공 재료		0.210	–	–	9
특수 섬유질 재료	sulphite fiber	0.330	0.318	0.309	25
	straw fiber	0.255	0.273	0.186	27
	leather fiber	0.309	0.297	0.183	34
	tarved fiber	0.150	0.183	0.165	43

표 7.2 뢰셀에 의한 마찰계수

표면재질	μ	p_0[kgf/cm]
주철과 주철	0.10~0.15	45~70
주철과 종이	0.15~0.20	45~23
주철과 목재	0.20~0.30	17~25
주철과 가죽	0.20~0.30	7~15

그림 7.7과 같이 원동차 A와 종동차 B 사이에 아이들 휠 C를 넣어 회전을 전달하는 경우를 생각해 보자. 이때 C차에 미는 힘을 작용시키지 않아도 3개의 바퀴에 서로 미는 힘이 발생되어 자동적으로 회전을 전동시키는 것이 가능하게 된다.

P_1 : A와 C 사이의 서로 미는 힘 F_1 : A와 C 사이의 회전력

P_2 : B와 C 사이의 서로 미는 힘 F_2 : B와 C 사이의 회전력

θ : P_1, P_2 사이의 교각 α : F_1, F_2 사이의 교각

그림 7.7에서 작용하는 모든 하중의 상·하 방향의 합력을 각각 Q, R이라고 하면, $R \geq Q$을 만족하도록 하여 C가 A, B 사이에 끌려 들어가도록 해야 하므로

$$Q = P_1\cos\frac{\theta}{2} + P_2\cos\frac{\theta}{2} = 2P_1\cos\frac{\theta}{2} \tag{7.10}$$

$$R = F_1\cos\frac{\alpha}{2} + F_2\cos\frac{\alpha}{2} = 2F_1\cos\frac{\alpha}{2} \tag{7.11}$$

이다. $P_1 = P_2$, $F_1 = F_2 = \mu P_1$이고, $R \geq Q$ 이어야 하므로 다음 관계식을 만족해야 한다.

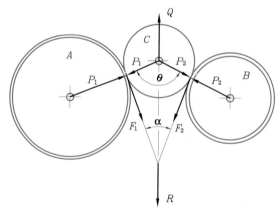

그림 7.7 ▶ 아이들 휠에 작용하는 힘

$$2\mu P_1 \cos\frac{\alpha}{2} \geq 2P_1 \cos\frac{\theta}{2}$$

$$\mu\cos\frac{\alpha}{2} \geq \cos\frac{\theta}{2}$$

또한 $\alpha = \pi - \theta$이므로

$$\mu\cos\left(\frac{\pi}{2} - \frac{\theta}{2}\right) \geq \cos\frac{\theta}{2}, \ \ \mu\sin\frac{\theta}{2} \geq \cos\frac{\theta}{2}$$

$$\therefore \ \mu \geq \cot\frac{\theta}{2} \tag{7.12}$$

이다. 즉, θ가 위의 식을 만족하도록 취하면 C에 미는 힘을 주지 않아도 자동적으로 힘을 전달할 수 있다.

예제 7-1 지름이 400 mm인 원통 마찰차의 원동차가 600 rpm으로 회전하면서 지름이 600 mm인 종동차에 회전을 전달한다. 마찰차의 폭 $b = 80$ mm일 때 다음을 구하시오. 단 마찰계수는 $\mu = 0.25$이고, 허용접촉면압이 $p_0 = 3$ kgf/mm이다.

(1) 마찰차를 누르는 힘과 회전력을 구하시오.
(2) 마찰차의 속도비를 구하시오.
(3) 마찰차의 전달동력을 구하시오.

(1) 마찰차를 누르는 힘과 회전력
　　마찰차의 폭과 접촉면압을 고려하여 마찰차를 누르는 힘을 구한다.

$$P = bp_0 = 80 \times 3 = 240\,\mathrm{kgf}$$

마찰차의 회전력은

$$F = \mu P = 0.25 \times 240 = 60\,\mathrm{kgf}$$

(2) 마찰차의 속도비
　　원동차와 종동차의 지름이 주어져 있으므로

$$i = \frac{D_A}{D_B} = \frac{400}{600} = \frac{2}{3}$$

(3) 마찰차의 전달동력
　　마찰차의 전달동력은 다음 식으로 구할 수 있다.

$$H_{ps} = \frac{\mu Pv}{75}$$

위 식에서 마찰차의 원주속도는

$$v = \frac{\pi D_A N_A}{1,000 \times 60} = \frac{\pi \times 400 \times 600}{1,000 \times 60} = 12.57 \, \text{m/s}$$

위 식에 대입하면 마찰차의 전달동력은

$$H_{ps} = \frac{0.25 \times 240 \times 12.57}{75} = 10.06 \, \text{PS}$$

예제 7-2 중심거리가 400 mm이고 6 PS의 동력을 전달하는 한 쌍의 원통 마찰차의 속도비가 $i = 0.25$, 원동차의 회전수가 500 rpm, 마찰차의 마찰계수가 $\mu = 0.2$, 허용접촉면압이 5 kgf/mm일 때 다음을 구하시오.

(1) 외접 마찰차인 경우 마찰차를 설계하시오.
(2) 내접 마찰차인 경우 마찰차를 설계하시오.

(1) 외접 마찰차의 설계
　① 마찰차의 지름 설계 : 마찰차의 속도비와 중심거리를 이용하여 구한다.

$$C = \frac{D_A + D_B}{2} = 400 \tag{a}$$

$$i = \frac{D_A}{D_B} = 0.25 \tag{b}$$

　위의 두 식을 연립하여 풀면, 즉 $D_A = 0.25 D_B$를 (a)식에 대입하여 풀면

$$D_A = 160 \, \text{mm}, \ D_B = 640 \, \text{mm}$$

　② 마찰차를 밀어붙이는 힘과 마찰차의 폭
　마찰차를 밀어붙이는 힘은 마찰차의 전달동력을 이용하여 구한다.

$$H_{ps} = \frac{\mu P v}{75}$$

먼저 마찰차의 원주속도는

$$v = \frac{\pi D_A N_A}{1,000 \times 60} = \frac{\pi \times 160 \times 500}{1,000 \times 60} = 4.19 \, \text{m/s}$$

따라서

$$P = \frac{75 H_{ps}}{\mu v} = \frac{75 \times 6}{0.2 \times 4.19} = 537 \, \text{kgf}$$

마찰차의 허용면압력이 주어져 있으므로 마찰차의 폭은

$$b = \frac{P}{p_0} = \frac{537}{5} = 107.4 \, \text{mm}$$

(2) 내접 마찰차의 설계

① 마찰차의 지름 설계 : 마찰차의 속도비와 중심거리를 이용하여 구한다.

$$C = \frac{D_A - D_B}{2} = 400$$

$$i = \frac{D_A}{D_B} = 0.25$$

위의 두 식을 연립하여 풀면

$$D_A = 266.67\,\text{mm}, \quad D_B = 1066.67\,\text{mm}$$

② 마찰차를 밀어붙이는 힘과 마찰차의 폭

마찰차의 원주속도는

$$v = \frac{\pi D_A N_A}{1,000 \times 60} = \frac{\pi \times 266.67 \times 500}{1,000 \times 60} = 6.981\,\text{m/s}$$

$$H_{ps} = \frac{\mu P v}{75}$$

이므로

$$P = \frac{75 H_{ps}}{\mu v} = \frac{75 \times 6}{0.2 \times 6.981} = 322.3\,\text{kgf}$$

마찰차의 폭은 마찰차의 허용면압력을 이용하여 구한다.

$$b = \frac{P}{p_0} = \frac{322.3}{5} = 64.46\,\text{mm}$$

7.3 홈 마찰차

원통 마찰차를 이용할 때 대동력의 전달을 위해서 양 차를 누르는 힘을 크게 하여 회전력 F를 크게 해야 하겠지만, 마찰차와 베어링에도 걸리는 하중이 커져 마찰손실이 많아진다. 마찰계수의 값이 큰 재료를 사용하는 것도 한계가 있으므로 마찰차에 홈을 가공하여 두 차가 맞물리게 하는 그림 7.8과 같은 홈 마찰차(grooved friction wheel)를 사용한다. 홈 마찰차는 동일 압력이 작용하는 원통 마찰차에 비해서 큰 회전력을 얻을 수 있으며, 같은 크기의 회전력일 때 홈 마찰차의 미는 힘은 원통 마찰차일 경우의 35~44%의 힘으로 가능하다.

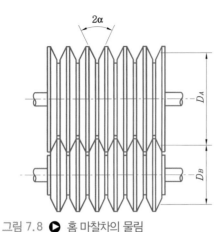

그림 7.8 ▶ 홈 마찰차의 물림

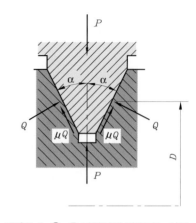

그림 7.9 ▶ 홈 마찰차에 작용하는 하중

그림 7.9와 같이 홈의 각도를 $2\alpha(30\sim40°)$, 양 마찰차를 누르는 힘을 P, 홈의 측면에 작용하는 수직하중이 Q일 때, 마찰력은 μQ가 되고 힘의 정적 평형을 고려하면 다음과 같은 관계식이 성립된다.

$$P = 2Q\sin\alpha + \mu 2Q\cos\alpha$$

$$= 2Q(\sin\alpha + \mu\cos\alpha)$$

$$\therefore Q = \frac{P}{2(\sin\alpha + \mu\cos\alpha)} \tag{7.13}$$

따라서 홈 마찰차의 회전력 F는

$$F = 2\mu Q = \frac{\mu P}{\sin\alpha + \mu\cos\alpha} = \mu' P \tag{7.14}$$

위 식에서 $\mu' = \dfrac{\mu}{\sin\alpha + \mu\cos\alpha}$는 유효마찰계수 또는 등가마찰계수라 한다. 홈 마찰차는 원통 마찰차와 비교해 마찰계수 μ가 마찰차의 재질이 같은 경우라도 μ'으로 증가하고, 같은 압력으로도 증가한 회전력 $F = \mu' P$를 얻을 수 있다.

이제 홈 마찰차의 원주속도를 v(m/s)라고 할 때, 홈마찰차의 전달동력은 다음과 같이 된다.

$$H_{ps} = \frac{\mu Qv}{75} = \frac{\mu' Pv}{75} \, [\mathrm{PS}]$$

$$H_{kW} = \frac{\mu Qv}{102} = \frac{\mu' Pv}{102} \, [\mathrm{kW}] \tag{7.15}$$

원통 마찰차의 μ가 홈붙이 마찰차에서는 μ'으로 증가한다. 힘 Q로 밀어준 원통 마찰차의 회전력은

$F = \mu Q$이므로

$$F : F' = \mu Q : \frac{\mu}{\sin\alpha + \mu\cos\alpha} Q$$

로 비교되고, 예로서 $\alpha = 15°$이고, $\mu = 0.1$일 때

$$F : F' = 0.1 : 0.28 \ (\mu = 0.15일 \ 때는 \ 0.248)$$

같은 크기의 힘으로 눌러 줄 경우에 홈 마찰차는 2.8배의 회전력을 얻을 수 있다. 다시 말하면 같은 회전력을 얻고자 할 때 마찰차를 누르는 데 필요한 힘 Q는 홈 마찰차가 원통 마찰차의 약 1/3이면 되므로, 마찰계수가 작은 재료를 사용할 수도 있고, 베어링에 걸리는 하중도 작아지는 장점이 있다.

홈 마찰차의 접촉운동은 홈의 평균지름에서만 정확한 구름접촉이 이루어지고, 그 외에는 미끄럼 운동이므로 발열, 마모, 소음이 문제가 된다. 이것은 원주속도와 깊이에 관계되므로 보통 홈의 깊이(h)는 $h \leq 0.05D$로 제한하며, 보통 $h = 5 \sim 10 \ \mathrm{mm}$ 정도이다.

일반적으로는 회전력에 따른 다음의 경험식으로 홈의 깊이를 설계한다.

$$h = 0.94 \sqrt{\mu' P} \ [\mathrm{mm}] \tag{7.16}$$

탈착을 쉽게 하기 위해서 홈의 각도 2α는 보통 $30 \sim 40°$이며, 홈의 수가 많을수록 전달동력은 커질 수 있지만 너무 많으면 홈이 동시에 정확하게 맞물리기 어려우므로 대략 홈의 개수 $n = 3 \sim 5$개로 제한한다. 그리고 홈 마찰의 접촉길이 l은 허용접촉압력을 p_0라고 할 때 다음과 같다.

$$l = \frac{Q}{p_0} = \frac{2nh}{\cos\alpha} \tag{7.17}$$

예제 7-3 지름 $D_A = 300 \ \mathrm{mm}$인 원통 마찰차가 $N_A = 150 \ \mathrm{rpm}$의 속도로 2PS의 동력을 전달한다. 마찰계수가 0.2일 때 다음을 구하시오.

(1) 마찰차를 밀어붙이는 힘을 구하시오.

(2) 홈각이 $40°$인 V홈 마찰차로 대체할 때 마찰차를 밀어붙이는 힘은 얼마만큼 감소하는가?

(1) 평 마찰차를 밀어붙이는 힘 : 전달마력을 고려하면

$$H_{ps} = \frac{\mu P v}{75}$$

위 식에서 마찰차의 원주속도는

$$v = \frac{\pi D_A N_A}{1,000 \times 60} = \frac{\pi \times 300 \times 150}{1,000 \times 60} = 2.356 \, \text{m/s}$$

따라서

$$P_1 = \frac{75 H_{ps}}{\mu v} = \frac{75 \times 2}{0.2 \times 2.356} = 318.34 \, \text{kgf}$$

(2) V홈 마찰차를 밀어붙이는 힘 : 마찰차의 전달마력을 고려하면

$$P_2 = \frac{75 H_{ps}}{\mu' v}$$

위 식에서 홈의 반각이 $\alpha = 20°$이므로 수정된 상당마찰계수는

$$\mu' = \frac{\mu}{\sin\alpha + \mu\cos\alpha} = \frac{0.2}{\sin 20 + 0.2 \times \cos 20} = 0.3774$$

따라서

$$P_2 = \frac{75 \times 2}{0.3774 \times 2.356} = 168.7 \, \text{kgf}$$

$$\therefore P_1 - P_2 = 318.34 - 168.7 = 149.64 \, \text{kgf}$$

즉, 평 마찰차에 비해 V홈 마찰차의 밀어붙이는 힘은 149.64 kgf만큼 감소한다.

예제 7-4 중심거리가 800 mm이고, 4 kW의 동력을 전달하는 V홈 마찰차에서 $N_A = 500$ rpm, $N_B = 250$ mm이고 마찰계수가 0.2이다. 홈각이 40°일 때 다음을 구하시오(단, 접촉면 압력은 $p_o = 3$ kgf/mm이다).

(1) 마찰차의 지름을 구하시오.
(2) 마찰차를 밀어붙이는 힘을 구하시오.
(3) 홈의 깊이와 개수를 구하시오.

(1) 마찰차의 지름설계

마찰차의 지름은 축간거리와 속도비를 이용하여 구할 수 있다.

$$C = \frac{D_A + D_B}{2} = 800 \tag{a}$$

$$i = \frac{N_B}{N_A} = \frac{D_A}{D_B} = \frac{250}{500} \tag{b}$$

(b)식에서 $D_B = 2D_A$이므로 (a)식에 대입하면

$$D_A + 2D_A = 1,600$$

$$\therefore D_A = 533.33 \, \text{mm}$$

$$D_B = 2D_A = 2 \times 533.33 = 1,066.67\,\text{mm}$$

(2) 마찰차를 밀어붙이는 힘

마찰차를 밀어붙이는 힘은 마찰차의 전달마력을 이용하여 구할 수 있다.

$$H_{kW} = \frac{\mu' P v}{102}$$

마찰차의 수정된 상당마찰계수는 홈각의 반이 $\alpha = 20°$이므로

$$\mu' = \frac{\mu}{\sin\alpha + \mu\cos\alpha} = \frac{0.2}{\sin 20 + 0.2 \times \cos 20} = 0.3774$$

마찰차의 원주속도를 구하면

$$v = \frac{\pi D_A N_A}{1,000 \times 60} = \frac{\pi \times 533.33 \times 500}{1,000 \times 60} = 13.96\,\text{m/s}$$

따라서

$$P = \frac{102 H_{kW}}{\mu' v} = \frac{102 \times 4}{0.3774 \times 13.96} = 77.44\,\text{kgf}$$

(3) 홈의 깊이와 개수

$$h = 0.94\sqrt{\mu' P} = 0.94 \times \sqrt{0.3774 \times 77.44} = 5.08\,\text{mm}$$

$$n = \frac{Q}{2hp_0}$$

위 식에서 마찰면에 작용하는 수직하중을 구하면

$$Q = \frac{P}{\sin\alpha + \mu\cos\alpha} = \frac{77.44}{\sin 20 + 0.2 \times \cos 20} = 146.125\,\text{kgf}$$

따라서 홈의 개수는

$$n = \frac{146.125}{2 \times 5.08 \times 3} = 4.79 \fallingdotseq 5\,\text{개}$$

7.4 원추 마찰차

회전을 전달하려는 두 축이 서로 기울어져 만날 때 원추형의 마찰차를 사용하며, 이것을 원추 마찰차(cone friction wheel) 또는 베벨 마찰차(bevel friction wheel)라고 한다. 그림 7.10 에서 보듯이 내접인 경우와 외접인 경우가 있으며 내접인 경우는 회전 방향이 같고, 외접인

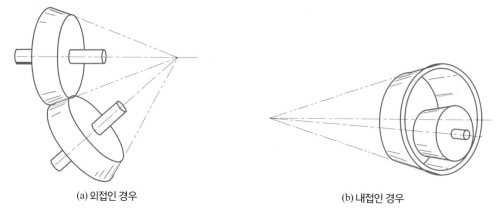

(a) 외접인 경우　　　　　　　　　　　　　(b) 내접인 경우

그림 7.10 ▶ 원추 마찰차

경우는 회전 방향이 반대이다. 또 서로 밀어붙이기 위해서는 축방향의 힘이 작용하여 베어링의 선정이나 축설계 시 충분히 고려해야 한다.

/7.4.1/ 속도비

그림 7.11에서 2개의 원추차 A, B가 축 I, II를 중심으로 회전을 전달할 때 두 차의 접촉선은 직선 $\overline{OC}$ 선상에 있다. 이 접촉선상에 임의의 점 P를 두고, 이 점에서 두 축까지의 수선을 $\overline{PM}$, $\overline{PN}$이라 하면 양차의 속도비는

$$i = \frac{N_A}{N_B} = \frac{\overline{PN}}{\overline{PM}} = \frac{r_B}{r_A} \tag{7.18}$$

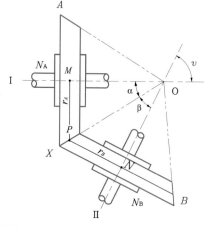

그림 7.11 ▶ 원추 마찰차의 속도비

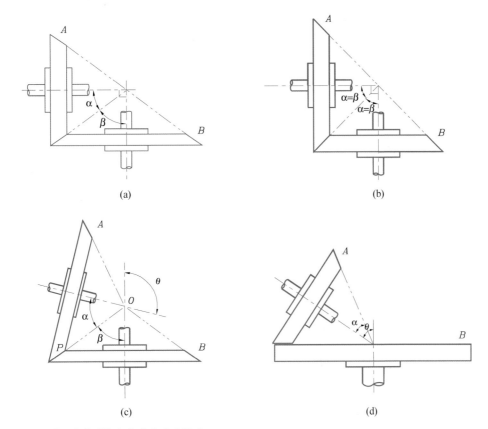

그림 7.12 ▶ 외접 마찰차의 여러 가지 형태

로 나타난다. 위 식에서 $\overline{PM}$, $\overline{PN}$은 일정하지 않고 P점의 위치에 따라 변하므로, 일반적으로 반지름의 관계에서 속도비를 나타내는 데는 어려움이 있다. 한편, 원추차의 형상은 일정한 원추각으로 결정되므로 이 각으로 속도비를 표시하는 것이 편리하다.

외접하는 원추차 A, B의 원추각을 각각 α, β 라 하고, 두 축 I, II가 이루는 축각을 θ 라 하면(그림 7.12(c)),

$$i = \frac{N_B}{N_A} = \frac{w_B}{w_A} = \frac{r_A}{r_B} = \frac{\overline{OP}\sin\alpha}{\overline{OP}\sin\beta}$$

$$= \frac{\sin\alpha}{\sin\beta} = \frac{\sin\alpha}{\sin(\theta-\alpha)} = \frac{\sin\alpha}{\sin\theta\cos\alpha - \cos\theta\sin\alpha}$$

$$= \frac{\tan\alpha}{\sin\theta - \cos\theta\tan\alpha}$$

$$\therefore \tan\alpha = \cfrac{\sin\theta}{\cfrac{N_A}{N_B} + \cos\theta} = \cfrac{\sin\theta}{\cfrac{1}{i} + \cos\theta}$$

$$\tan\beta = \cfrac{\sin\theta}{\cfrac{N_B}{N_A} + \cos\theta} = \cfrac{\sin\theta}{i + \cos\theta} \tag{7.19}$$

즉, 속도비는 두 원추각 α, β의 sin값에 반비례한다.

　마찬가지의 방법으로 내접하는 마찰차의 경우에 각속도비 i는 외접의 경우와 같고 축각은 다음과 같다.

$$\tan\alpha = \cfrac{\sin\theta}{\cos\theta - \cfrac{N_A}{N_B}} = \cfrac{\sin\theta}{\cos\theta - \cfrac{1}{i}}$$

$$\tan\beta = \cfrac{\sin\theta}{\cos\theta - \cfrac{N_B}{N_A}} = \cfrac{\sin\theta}{\cos\theta - i} \tag{7.20}$$

실제적으로 많이 사용되는 그림 7.12(a)의 경우는 축각이 90°이므로

$$\tan\alpha = \cfrac{N_B}{N_A} = i$$

$$\tan\beta = \cfrac{N_A}{N_B} = \cfrac{1}{i} \tag{7.21}$$

　그림 7.12(b)는 두 원추차의 크기가 서로 같고, 축각 $\theta = 90°$이고 속도비가 $N_B / N_A = 1$이 된다. 이러한 마찰차를 마이터 휠(mitre wheel)이라고 한다.

　그림 7.12(d)에서 원추차 B의 정각이 180°가 되면 B차는 원판차(disc wheel)가 되고, 상대방인 A차는 원추차가 되는데, 이때 A의 원추차를 크라운 휠(crown wheel)이라고 한다.

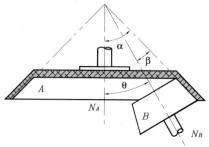

그림 7.13 ▶ 내접하는 경우의 마찰차의 속도비

/7.4.2/ 원추 마찰차의 전달동력

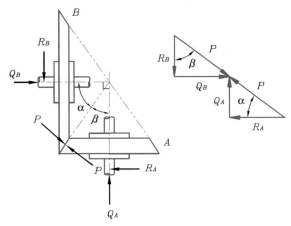

그림 7.14 ▶ 원추 마찰차의 힘의 역학

그림 7.14와 같이 두 원추차 A, B를 축방향의 힘 Q_A, Q_B로 밀어주면 접촉면에 수직으로 힘 P가 발생하고, 이때의 마찰력 $F = \mu P$에 의해 원추 마찰차는 회전을 전달한다. 이때 베어링에는 축방향의 힘뿐만 아니라 횡방향의 반력이 존재하게 되며, 두 마찰차의 원추각을 α, β라고 할 때 축방향의 하중은

$$Q_A = P\sin\alpha, \, Q_B = P\sin\beta$$

$$\therefore P = \frac{Q_A}{\sin\alpha} = \frac{Q_B}{\sin\beta} \tag{7.22}$$

횡방향 하중 R_A, R_B는

$$R_A = P\cos\alpha = \frac{Q_A}{\tan\alpha}, \quad R_B = P\cos\beta = \frac{Q_B}{\tan\beta} \tag{7.23}$$

로 베어링에 작용하고, 축각 $\theta = 90°$인 원추 마찰차에서는 다음과 같다.

$$R_A = Q_B, \quad R_B = Q_A$$

힘 F가 접촉선의 중앙에 작용한다고 하고, 이 면에서 원추차의 속도를 v(m/s)라고 하면 전달동력은 다음과 같다.

$$H_{ps} = \frac{\mu P v}{75} = \frac{\mu Q_A v}{75\sin\alpha} = \frac{\mu Q_B v}{75\sin\beta} \tag{7.24}$$

$$H_{kW} = \frac{\mu P v}{102} = \frac{\mu Q_A v}{102\sin\alpha} = \frac{\mu Q_B v}{102\sin\beta}$$

평 마찰차와 마찬가지로 바퀴의 접촉면 접촉선에서의 단위 길이당 작용하는 힘을 p_0라고 할 때 다음의 관계로 구할 수 있다.

$$b = \frac{P}{p_0} = \frac{Q_A}{p_0 \sin\alpha} = \frac{Q_B}{p_0 \sin\beta} \tag{7.25}$$

예제 7-5 한쌍의 원추 마찰차의 원동차와 종동차의 최대지름이 각각 $D_1 = 400\,\text{mm}$, $D_2 = 200\,\text{mm}$이고, 마찰차의 접촉폭이 $80\,\text{mm}$, 종동차의 회전수가 $400\,\text{rpm}$, 두 축의 축각이 $60°$, 마찰차의 허용접촉면압력이 $2\,\text{kg/mm}$, 접촉면의 마찰계수가 0.25일 때 다음을 구하시오.

(1) 마찰차의 평균지름과 원추속도를 구하시오.
(2) 마찰차의 원추각을 구하시오.
(3) 마찰차의 전달마력을 구하시오.
(4) 마찰차의 스러스트하중과 베어링하중을 구하시오.

(1) 마찰차의 원추각
　　원추 마찰차의 속도비는

$$i = \frac{D_1}{D_2} = \frac{400}{200} = 2$$

따라서 원추각은 두 축의 축각이 $\theta = 60°$이므로

$$\alpha = \tan^{-1}\left(\frac{\sin 60}{\dfrac{1}{2} + \cos 60}\right) = 40.89°$$

$$\beta = \tan^{-1}\left(\frac{\sin 60}{2 + \cos 60}\right) = 19.11°$$

(2) 마찰차의 평균지름과 원주속도
　　마찰차의 평균지름은 최대지름과 폭, 원추각을 이용하여 구한다.

$$D_A = D_1 - 2 \times \frac{b}{2}\sin\alpha = 400 - 2 \times \frac{80}{2} \times \sin 40.89 = 347.63\,\text{mm}$$

$$D_B = D_2 - 2 \times \frac{b}{2}\sin\beta = 200 - 2 \times \frac{80}{2} \times \sin 19.11 = 173.81\,\text{mm}$$

그러므로 원주속도는

$$v = \frac{\pi D_B N_B}{1,000 \times 60} = \frac{\pi \times 173.81 \times 400}{1,000 \times 60} = 3.64\,\text{m/s}$$

(3) 마찰차의 전달마력

마찰차를 밀어붙이는 힘은

$$P = bp_0 = 80 \times 2 = 160\,\text{kgf}$$

$$H_{ps} = \frac{\mu P v}{75}\,\text{이므로}$$

$$H_{ps} = \frac{0.25 \times 160 \times 3.64}{75} = 1.941\,\text{ps}$$

(4) 마찰차의 스러스트하중(Q_A, Q_B)과 베어링하중(R_A, R_B)

$$Q_A = P\sin\alpha = 160 \times \sin 40.89 = 104.74\,\text{kgf}$$

$$Q_B = P\sin\beta = 160 \times \sin 19.11 = 52.38\,\text{kgf}$$

$$R_A = \frac{Q_A}{\tan\alpha} = \frac{104.74}{\tan 40.89} = 120.96\,\text{kgf}$$

$$R_B = \frac{Q_B}{\tan\beta} = \frac{52.38}{\tan 19.11} = 151.18\,\text{kgf}$$

7.5 마찰차에 의한 무단변속기구

무단변속을 위해서는 끊김이 없이 접촉선상의 회전 반지름이 비연속적으로 변화해야 한다. 마찰차는 운전 중 두 마찰차가 접촉한 상태에서 바퀴를 이동시킬 수 있고, 지름을 어느 범위 내에서 자유롭게 변화시킬 수 있으므로 원동축의 일정한 회전속도에 대해서 연속적으로 변하는 임의의 속도를 종동축에서 쉽게 얻을 수 있는 장점 때문에 무단변속 기구에 사용된다.

무단변속기의 회전비 i는 원동축의 회전수를 N_A(rpm), 종동축의 회전수를 N_B(rpm)라고 할 때, 접촉점에서 두 차의 회전중심까지의 거리 r_x, r_B를 이용하면 다음과 같이 나타낼 수 있다.

$$i = \frac{N_B}{N_A} = \frac{r_x(\xi)}{r_B} \tag{7.26}$$

여기서 ξ는 미끄럼을 고려한 계수이다.

$$\xi = \begin{pmatrix} 0.995 - \text{건 식 구 동} \\ 0.950 - \text{습 식 구 동} \end{pmatrix}$$

단속이나 불연속이 없이 속도를 변화시키기 위해서는 두 마찰차의 접촉위치에서 회전 반지름을 연속적으로 변화시켜야 한다. 마찰식 무단변속기에서는 원통, 원추 및 구면차를 이용하여 일반적으로 변속장치를 구성하여 축방향의 이동을 주거나, 회전축의 각도를 조절하여 두 마찰차간의 접촉점을 임의로 취하여 접촉하는 반지름의 크기 조절이 가능하게 된다. 이때 접촉점에서는 마찰과 미끄럼에 의해 손실이 발생하게 된다. 종동축에 전달되는 힘을 P, 법선력을 F라고 할 때, 두 힘 P와 F의 비를 트랙션계수($\mu_t = P/F$, traction coefficient) 또는 전동계수라고 한다.

마찰차를 이용한 변속기구는 두 회전체를 밀어붙일 때 발생하는 접선 방향의 회전력에 의해 동력을 전달하는 것이므로, 전달력을 크게 하기 위해서는 밀어붙이는 힘을 크게 하는 것이 필요하고, 이 힘을 변화시키기 위해서 캠이나 스프링 장치를 사용한다.

마찰차의 지름 d는 접촉강도를 고려하여 결정하게 된다. 마찰차를 밀어붙이는 힘, 즉 수직압력 F는 축의 토크가 T일 때, 트랙션계수 μ_t와 마찰을 고려하면($S = 1.25 \sim 1.5$)

$$F = \frac{2T}{d} \cdot \frac{S}{\mu_t}$$

이고, 종탄성계수가 E_1, E_2이고, 반지름이 r_1, r_2인 두 원통차를 수직압력 F로 밀어붙일 때, 접촉응력은 다음과 같다.

$$\sigma_c = 0.418 \sqrt{\frac{F\,E}{b\,\rho}}$$

여기서 E : 상당종탄성계수$\left(\dfrac{2E_1 E_2}{E_1 + E_2}\right)$

ρ : 마찰차의 곡률 반지름$\left(\dfrac{1}{\rho} = \dfrac{1}{r_1} + \dfrac{1}{r_2}\right)$

b : 접촉길이

따라서 마찰차의 지름은 다음과 같이 설계된다.

$$D = \frac{0.836}{|\sigma_c|} \sqrt{\frac{S\,E\,T}{\mu_t\,b}}$$

/7.5.1/ 원판차에 의한 무단변속기구

그림 7.15에서 I축에는 고정되어 회전하는 원판차 A가 있고, II축에는 회전하면서 축방향으로 이동이 가능하도록 마찰차 B가 설치되어 있다.

이 두 차의 속도비 i는 B차의 위치에 따라 변화한다. II축에서 B차까지의 거리를 x라 할 때, r_B는 일정하므로 속도비 i와 토크의 변화는 다음과 같다.

$$i = \frac{N_A}{N_B} = \frac{r_B}{x}, \quad \frac{T_A}{T_B} = \frac{x}{r_B} \tag{7.27}$$

위의 식에서

(a) I축을 원동축으로 할 때

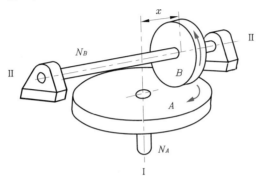

그림 7.15 ▶ 롤러 원판 변속기구

$$N_A = \text{일정} \quad \therefore N_B = \frac{N_A}{r_B} \times x \ [x\text{에 비례(직선)}]$$

$$T_A = \text{일정} \quad \therefore T_B = T_A r_B \times \frac{1}{x} \left[\frac{1}{x} (\text{쌍곡선}) \right]$$

(b) II축을 원동축으로 할 때

$$N_B = \text{일정} \quad \therefore N_A = N_B r_B \times \frac{1}{x} (\text{쌍곡선적})$$

$$T_B = \text{일정} \quad \therefore T_A = \frac{T_B}{r_B} \times x (\text{직선적})$$

그림 7.16은 N_A, N_B와 x와의 관계를 나타낸 그래프이다. 그림 7.16(a)는 I축이 원동차인 경우로서 N_A는 일정하므로

$$N_B = N_A \frac{x}{r_B}$$

로 된다. 그림에서 보듯이 마찰차 B의 속도는 x의 변화에 따라 직선적으로 변화하므로 원활한 변속을 얻기 위해서는 I축이 원동축일 때, 즉 N_A가 일정한 경우가 적합하다. 회전수의

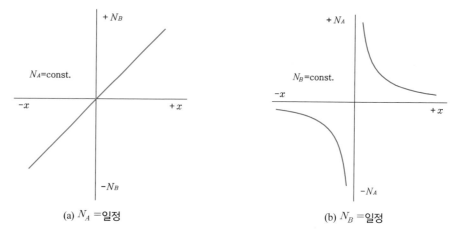

(a) N_A =일정   (b) N_B =일정

그림 7.16 ▶ 원판 변속기구의 속도비

(－)부호는 역회전을 의미한다.

그림 7.16(b)에서는 N_B가 일정하게 II축이 구동되고 있을 때이며

$$N_A = N_B \frac{r_B}{x}$$

으로 되며, x의 변화에 따른 원판차 A의 속도는 쌍곡선적으로 변화한다. 이 그래프상에서는 x가 0일 때, 즉 B차가 A차의 중앙에 위치할 때 이론상 N_A는 무한대가 되겠지만, 실제로는 마찰차의 접촉점 양측에서의 미끄럼으로 정지하게 된다. B차는 접촉선의 중앙에서는 구름접촉을 하지만 중앙의 좌우에서는 미끄럼이 생기므로 마모나 발열이 생겨서 좋지 않다. 따라서

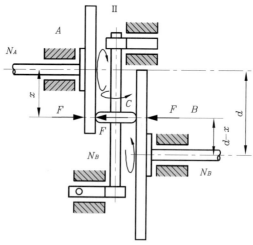

그림 7.17 ▶ 2쌍원판 무단변속 장치

가능하면 폭을 좁게 만드는 것이 바람직하다.

그림 7.17은 두 개의 원판차 사이에 마찰차 C를 넣은 것으로 이 C차의 상하이동에 따라 평행한 두 축간의 변속이 이루어진다. 이때 마찰차 C는 양쪽의 A, B에서 동시에 누르는 힘을 받기 때문에 직교축 변속기구의 II축에서 발생하는 굽힘모멘트로 인해 발생하는 휘어짐을 제거할 수 있는 이점이 있다. 축간거리가 d일 때

A차와 B차의 속도비 i는

$$\frac{N_A}{N_C} = \frac{r_C}{x}, \qquad \frac{N_C}{N_B} = \frac{d-x}{r_C}$$

이므로

$$i = \frac{N_A}{N_B} = \frac{d-x}{x}$$

$$\therefore N_B = \frac{x}{d-x} N_A \tag{7.28}$$

두 축간의 토크 변화의 관계는 접촉면에서의 접선력이 F이면

$$F = \frac{T_A}{x} = \frac{T_B}{d-x}$$

$$\therefore T_B = \frac{d-x}{x} T_A \tag{7.29}$$

로 되며, A차와 B차의 회전 방향은 같게 된다.

그림 7.18은 2쌍의 원판 변속기구를 응용한 나사 프레스이다. C차는 중량과 크기를 가진 피동 마찰차이고, 플라이휠(fly wheel)의 작용을 겸한다. 우측의 레버 L은 좌우로 움직여 A나 B차의 한쪽만 C에 접촉하도록 한다. L을 좌측으로 밀면 B차는 C차와 접촉하여 회전하고,

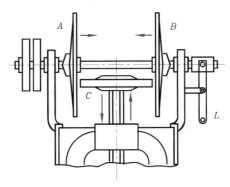

그림 7.18 ▶ 마찰차의 이용 – 마찰 프레스

이때 C는 회전하며 위쪽으로 올라가고, 반대로 우측으로 밀면 C차는 B차와는 접촉이 떨어지고 A차에 의해 구동되어 반대 방향으로 회전하며 아래로 내려간다. C차가 내려가는 경우에는 중력과 회전력에 의해 관성력이 커진다. 이를 이용해서 만든 것이 마찰 프레스(friction press)이다.

예제 7-6 평 마찰차를 이용한 그림 7.17과 같은 변속장치에서 지름 500 mm인 원동차가 회전속도 1,500 rpm으로 지름 600 mm, 폭 40 mm인 종동차에 동력을 전달한다. 종동차의 이동범위는 $x = 50{\sim}200$ mm이다. 마찰계수 $\mu = 0.2$이고, 허용접촉압력은 2 kgf/mm이다.

(1) 종동차의 최소·최대회전속도를 구하시오.
(2) 변속기구의 전달동력을 구하시오.

(1) 최소·최대회전속도
   먼저 종동차의 반지름은

$$R_B = \frac{600}{2} = 300 \, \text{mm}$$

   $N_B = \dfrac{N_A}{R} x$이므로 x가 커질수록 회전속도 N_B도 커지므로 N_B는 $x = 50 \, \text{mm}$에서 최소, $x = 200 \, \text{mm}$에서 최대가 된다.

$$\therefore N_{B\min} = \frac{N_A}{R_B} x = \frac{1,500}{300} \times 50 = 250 \, \text{rpm}$$

$$N_{B\max} = \frac{N_A}{R_B} x = \frac{1,500}{300} \times 200 = 1,000 \, \text{rpm}$$

   그러므로 마찰차의 원주속도는 다음과 같다.

$$v_{\min} = \frac{\pi \times 100 \times 1,500}{60 \times 1,000} = 7.85 \, \text{m/s}$$

$$v_{\max} = \frac{\pi \times 400 \times 1,500}{60 \times 1,000} = 31.42 \, \text{m/s}$$

(2) 전달동력
   양차를 서로 누르는 힘 P는 마찰차의 폭과 접촉압력에서

$$P = p_0 b = 2 \times 40 = 80 \, \text{kgf}$$

   종동차의 최대·최소 회전속도에서 전달동력은 최소·최대가 된다.

$$H_{\min} = \frac{\mu P v_{\min}}{75} = \frac{0.2 \times 80 \times 7.85}{75} = 1.67 \, \text{ps}$$

$$H_{\max} = \frac{\mu P v_{\max}}{75} = \frac{0.2 \times 80 \times 31.42}{75} = 6.70 \, \text{ps}$$

/7.5.2/ 원추차에 의한 무단변속기구

그림 7.19는 원추차를 이용한 변속장치의 간단한 형태이다. 원추차 A와 평 마찰차 B가 접촉하여 회전운동하면서 마찰차가 축 B의 방향으로 움직이면서 속도비가 변화한다.

원추차가 원동차일 때 A차의 회전속도를 N_A, B차의 회전속도를 N_B라고 하면

$$N_B = N_A \frac{r_A}{r_B} = \frac{N_A R}{r_B} \frac{x}{l} \tag{7.30}$$

여기서 $r_A = R \dfrac{x}{l}$

로 된다. 이 경우는 그림 7.19와 같이 B차의 속도는 x의 변화에 따라 직선적으로 변화한다.

토크의 변화는 접촉면에서 작용하는 접선력이 F일 때

$$F = \frac{T_A}{r_A} = \frac{T_B}{r_B}$$

$$\therefore 1\, T_B = T_A \frac{r_B}{r_A} = T_A \frac{r_B}{R} \frac{l}{x} \tag{7.31}$$

이다. 위 식과 같이 토크의 변화는 쌍곡선의 형태이다.

한편, 평 마찰차가 구동하여 원추차로 회전운동을 전달할 때는 A차의 회전속도는 쌍곡선적으로, 토크는 직선적으로 변화한다. 이 관계는 다음과 같이

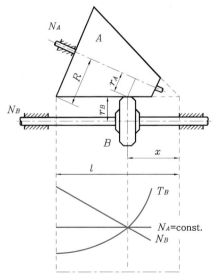

그림 7. 19 ▶ 원추차를 이용한 변속기구

$$N_A = N_B \frac{r_B}{r_A} = \frac{N_B r_B}{R} \frac{l}{x}$$

$$T_A = T_B \frac{r_A}{r_B} = T_B \frac{R}{r_B} \frac{x}{l} \tag{7.32}$$

로 된다.

그림 7.20은 한쌍의 원추차 사이에 다른 하나의 평 마찰차를 설치한 것으로 평행축 사이의 변속에 사용된다. 속도비와 토크의 관계를 얻기 위해서 먼저 x의 위치에 따른 원추차 A의 반지름의 변화는

$$l_0 = l_A \frac{R_0}{R_A}$$

$$l_A + l_0 = l_A \left(1 + \frac{R_0}{R_A}\right)$$

이고, 따라서

$$r_A = R_A \cdot \frac{x}{l_A}, \quad r_B = \frac{R_A}{l_A} \left[l_A\left(1 + \frac{R_0}{R_A}\right) - x\right] \tag{7.33}$$

가 된다. 원추차 A, B와 평 마찰차 사이의 관계는

$$\frac{N_C}{N_A} = \frac{r_A}{r_C}, \quad \frac{N_B}{N_C} = \frac{r_C}{r_B}$$

이다. 이제 원동차와 종동차의 속도비를 i 라고 하면

$$i = \frac{N_B}{N_A} = \frac{N_C}{N_A} \frac{N_B}{N_C} = \frac{r_A}{r_C} \frac{r_C}{r_B} = \frac{r_A}{r_B}$$

으로 나타난다. 여기서 속도비 i 는 중간차 C의 반지름과는 무관하고, 단지 두 원추차의 접촉점에서의 반지름에 관계한다.

위 식에 r_A와 r_B를 대입하면

$$i = \frac{r_A}{r_B} = \frac{x}{l_A\left(1 + \dfrac{R_0}{R_A}\right) - x} = \frac{R_A x}{l_A(R_A + R_0) - R_A x} \tag{7.34}$$

의 결과를 얻는다.

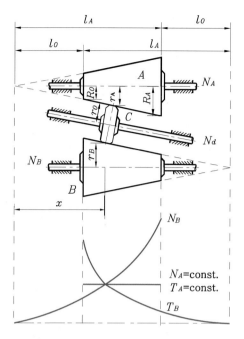

그림 7.20 ▶ 2쌍의 원추 마찰차

이 변속장치에서는 두 축 중에서 어느 것을 원동축으로 운전하여도 결과는 달라지지 않는다. 속도비의 최대, 최소값을 구하면

$$x = l_A \text{일 때 } i_{\max} = \frac{R_A}{R_0}$$

$$x = l_0 \text{일 때 } i_{\min} = \frac{R_0}{R_A}$$

종동축에 작용하는 토크는 접촉면에서 작용하는 접선력이 F일 때

$$F = \frac{T_A}{r_A} = T_A \frac{l_A}{R} \frac{1}{x}$$

$$\therefore T_B = F r_B = \frac{T_A [l_A (R + R_0)] - Rx}{Rx} \tag{7.35}$$

그림 7.21은 원추차의 사이에 중간차의 역할로 마찰차 대신 벨트를 사용한 것으로, 벨트의 이동에 따라 속도비를 변화시킬 수 있는 에반스의 마찰차(Evans' friction cone)이다.

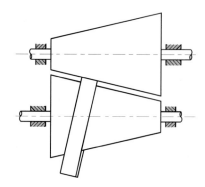

그림 7.21 ▶ 에반스 마찰차

/7.5.3/ 구면차에 의한 무단변속기구

그림 7.22는 구형의 마찰차를 이용한 변속기구로서 직교하는 두 축 사이의 회전을 전달한다. 원동축 I과 종동축 II는 반지름 r인 롤러이고, 이 사이에 반구형 마찰차를 설치하여 접촉점의 위치를 구의 기울기(θ)를 조정해 변화시키면, 접촉점에서 구의 회전중심축까지의 거리 r_A와 r_B가 바뀌면서 원하는 변속이 가능하다.

I축과 II축의 회전속도를 각각 N_A, N_B라 하고, 구의 회전속도가 N, 반지름이 R일 때 먼저 I축과 구 사이의 속도비는

$$\frac{N}{N_A} = \frac{r}{r_A} = \frac{1}{\cos\theta}\frac{r}{R} \tag{7.36}$$

이고, 구와 II축의 속도비는

$$\frac{N}{N_B} = \frac{r}{r_B} = \frac{1}{\sin\theta}\frac{r}{R} \tag{7.37}$$

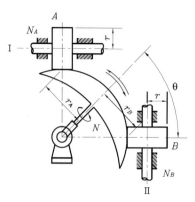

그림 7.22 ▶ 구면차를 이용한 무단변속기구

이다. 이제 원동축과 종동축의 속도비는 다음과 같다.

$$i = \frac{N_B}{N_A} = \frac{r_B}{r_A} = \tan\theta$$

그림 7.23은 링코운식 변속장치에 사용되는 기본적인 형태이다. 원동축 I에는 볼록한 원추차, 종동축 II에는 오목한 원추차를 조합한 것으로, II축의 출력이 변속에 의해 정지상태를 얻을 수 있는 특징이 있다. 접촉점에서 두 축의 회전중심까지의 거리를 x, r_B라 할 때 각각의 회전속도를 N_A, N_B라고 하면, 속도비 i는

$$i = \frac{N_B}{N_A} = \frac{x}{r_B}$$

이고, x를 변화시켜 변속한다.

그림 7.24는 두 개의 구면 사이에 롤러를 끼우고 중간의 롤러의 기울기를 변화시켜 원하는 속도비를 얻을 수 있다.

그림 7.25는 원동차와 종동차 사이에 중간차의 위치를 좌우로 바꾸어 주면 양 차의 접촉 반지름이 변화하게 된다.

그림 7.26과 같은 경우에는 회전 방향을 용이하게 바꾸어 줄 수 있는데, 원동축 I과 종동축 II의 접촉을 $\overline{mm}$ 또는 $\overline{m'm'}$ 면으로 변경하도록 되어 있다.

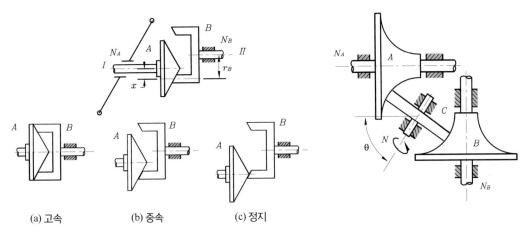

(a) 고속 (b) 중속 (c) 정지

그림 7.23 ▶ 링코운 방식 무단변속기구

그림 7.24 ▶ 구면차를 이용한 무단변속기

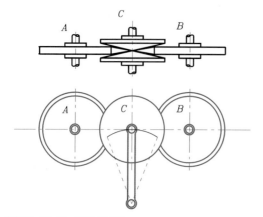

그림 7.25 ▶ 셀러 쐐기차

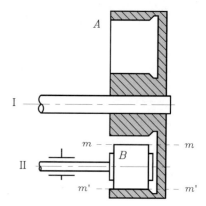

그림 7.26 ▶ 회전 방향의 변화

그림 7.27과 7.28은 콥방식 무단변속기구와 반구형 무단변속기구이다. 이것은 마찰차 A, B 사이에 중간차 C를 갖는 경우로서 속도비 i는

$$i = \frac{N_B}{N_A} = \frac{r_1}{r_2}$$

이고, 중간차 C의 사용 가능한 최대, 최소반지름을 r_{max}, r_{min} 이라고 하면 최대·최소 속도비는 다음과 같다.

$$i_{min} = \frac{r_{min}}{r_{max}}, \quad i_{max} = \frac{r_{max}}{r_{min}}$$

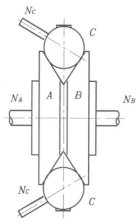

그림 7.27 ▶ 콥방식

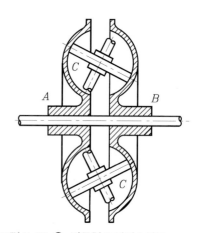

그림 7.28 ▶ 반구형 무단변속기구

1   400 rpm으로 회전하는 마찰차의 원동차 지름이 350 mm, 종동차의 지름이 700 mm, 마찰차의 폭이 100 mm일 때 마찰차의 전달마력을 구하시오. 단 마찰계수 $\mu = 0.2$, 허용접촉압력 $p = 3$ kgf/mm²이다.

2   원동차의 평균지름과 회전수가 각각 $D_A = 300$ mm, $N_A = 300$ rpm이고 속도비가 3인 4 kW의 동력을 전달하는 직교하는 원추 마찰차의 접촉면압력이 2 kgf/mm²이고, 마찰계수가 0.25일 때 마찰차의 폭과 원추각은 얼마인가?

3   원동차가 500 rpm으로 5 PS의 동력을 전달하는 서로 직교하는 원추 마찰차의 속도비가 3/5, 종동차의 최대지름이 800 mm, 접촉면폭이 200 mm, 마찰계수가 0.25일 때 축의 스러스트하중과 접촉면압력을 구하시오.

4   5 PS의 동력을 전달하는 원동차의 지름과 회전속도가 $D_A = 300$ mm, $N_A = 900$ rpm, 종동차의 지름이 $D_B = 600$ mm인 주철제 V홈 마찰차가 있다. 홈의 각도가 40°이고 허용접촉면압력이 4 kgf/mm², 마찰계수가 0.2일 때 홈의 깊이와 개수를 구하시오.

연습문제 풀이

1   5.864 Ps

2   $b = 173.248$ mm, $\alpha = 71.565°$, $\beta = 18.43°$

3   $Q_A = 78.168$ kgf, $Q_B = 130.233$ kgf, $P_0 = 0.76$ kgf/mm

4   $h = 4.84$ mm, $n = 4$

CHAPTER

08

기어 전동장치

우리가 흔히 말하는 기어(gear) 또는 치차(齒車)는 영어로는 toothed wheel이라고 하며, 독일어로는 Zahnrad라고 한다.

기어는 구름접촉을 하는 원통의 표면 위에 요철(凹凸)면을 만들어서 한쌍이 서로의 미끄럼접촉으로, 회전운동을 정확한 속도비로 전달하는 요소를 기어(gear, 齒車)라고 한다. 이때 구름접촉하는 원통의 표면에 상응하는 곳을 피치면(pitch surface)이라 하고, 미끄럼접촉을 하는 요철(凹凸) 부분을 이(齒, tooth)라고 한다.

한국 산업규격 KS B 0102에 의하면 '차례로 물리는 이에 의하여 운동을 전달시키는 기계요소'라고 정의하고 있고, 미국기계학회(ASME)에서는 '연속적으로 물리는 이(teeth)에 의해 운동을 전달하는 기계요소의 한쌍 또는 단체(單体)'라고 정의하고 있다.

8.1 치형곡선의 기초이론

마찰차는 서로 접촉하는 2개의 마찰차에 발생되는 마찰력에 의해서 동력을 전달하게 되므로, 큰동력의 전달은 불가능하나 기어에서는 요철(凹凸) 부분이 접촉하면서 미는 힘으로 동력을 전달하므로 큰 동력의 전달이 가능하고, 결정된 속도비로 맞물리면서 운동을 전달하기 위해서는 맞물리고 있는 요철(凹凸) 부분의 형상이 갖추어야 할 조건을 만족해야 한다.

그림 8.1에서 O_a, O_b를 중심으로 회전하는 물체인 A와 B가 H점에서 접촉한다고 하자. H점에서 A의 속도를 V_a, B의 속도를 V_b, 이들의 공통법선 방향의 분속도 V_{an}, V_{bn}과 공통접선 방향의 분속도 V_{at}, V_{bt}로 나누면 A와 B가 접촉하기 위해서는 공통법선 방향의 분속도인 V_{an}과 V_{bn}이 같지 않으면 안 된다(즉, $V_{an} = V_{bn}$).

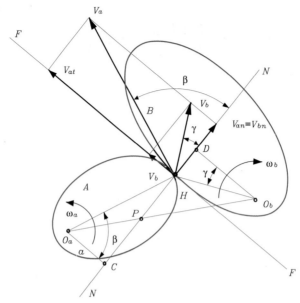

그림 8.1 ▶ 치형곡선에 대한 기구학적 고찰

V_a, V_b가 공통법선과 이루는 각을 β, γ라고 하면

$$v_{an} = v_a \cos \beta, \quad v_{bn} = v_b \cos \gamma \tag{8.1}$$

이므로 $v_a \cos \beta = v_b \cos \gamma$ 이다.

A, B의 각속도를 ω_a, ω_b라고 하면

$$v_a = \overline{O_a H} \cdot \omega_a, \quad v_b = \overline{O_b H} \cdot \omega_b \tag{8.2}$$

이므로,

$$\overline{O_a H} \cdot \omega_a \cos \beta = \overline{O_b H} \cdot \omega_b \cos \gamma \tag{8.3}$$

따라서 각속도비 i 는

$$i = \frac{\omega_a}{\omega_b} = \frac{\overline{O_b H} \cos \gamma}{\overline{O_a H} \cos \beta} \tag{8.4}$$

다음에 각각의 회전중심 O_a, O_b로부터 공통법선에 내린 선과 공통법선과의 교점을 C, D라고 한다면

$$\angle HO_a C = \beta, \quad \angle HO_b D = \gamma \tag{8.5}$$

이므로

$$\overline{O_aC} = \overline{O_aH} \cdot \cos\beta, \quad \overline{O_bD} = \overline{O_bH} \cdot \cos\gamma \tag{8.6}$$

$$\therefore \ = \frac{\omega_a}{\omega_b} = \frac{\overline{O_bD}}{\overline{O_aC}} \tag{8.7}$$

여기서 공통법선과 $\overline{O_aO_b}$와의 교점을 P라고 하면, $\triangle O_aPC \equiv \triangle O_bPD$이므로

$$\frac{\overline{O_bD}}{\overline{O_aC}} = \frac{\overline{O_bP}}{\overline{O_aP}} = \frac{\overline{PD}}{\overline{CP}} \tag{8.8}$$

위의 관계로부터

$$\therefore i = \frac{\omega_a}{\omega_b} = \frac{\overline{O_bP}}{\overline{O_aP}} = \frac{\overline{PD}}{\overline{CP}} \tag{8.9}$$

로 쓸 수 있다. 이 관계식은 A, B 두 물체가 직접 접촉에 의해서 운동을 전달할 때, 두 물체의 접촉점에 세운 공통법선이 두 물체의 회전중심을 연결하는 선 $\overline{O_aO_b}$를 나누는 길이에 반비례 함을 알 수 있고, 이때 점 P를 피치점(pitch point)이라고 한다. 이런 이유로 이(tooth)의 형상은 접촉점에 세운 공통법선이 항상 피치점을 통과하지 않으면 안 된다. 이것을 까뮈(Chales E.L. Camus, 1699~1768)의 정리라고 하고, 기어물림법칙인 동시에 공액법칙(conjugate law)이며 치형이론의 기본법칙이다.

/8.1.1/ 사이클로이드 곡선(cycloid curve)

하나의 임의의 원 위에 또 다른 하나의 원이 구를 때, 구름원 위의 한 점이 그리는 곡선을 사이클로이드 곡선이라 하고, 외접 구름원의 궤적을 에피사이클로이드 곡선(epicycloid curve), 내접 구름원의 궤적일 때를 하이포사이클로이드 곡선(hypocycloid curve)이라고 한다. 이들 곡선을 갖는 치형을 사이클로이드 치형이라고 한다. 즉, 기어의 기초원의 원주를 잇수로 나누어서, 좌우 두 방향으로 곡선을 그려서 얻어지는 일정 부분을 치형으로 갖는다.

이 곡선의 특징은 맞물리는 두 기어의 중심거리가 어긋나면 물림이 이루어지지 않으며, 가공이 어려운 단점 때문에 계기류나 시계 등의 소형기어이면서 정확한 운동전달 부분에 사용된다. 미끄럼률이 균일하고, 마멸이 균일하며, 운동이 원활한 장점이 있다.

내접하는 구름원의 크기가 점점 커지면 하이포사이클로이드가 점점 직선에 가까워지고, 피치원의 1/2 크기가 되면 피치원의 지름, 즉 직선이 되고, 더욱 커지면 이뿌리 부분이 가늘어지

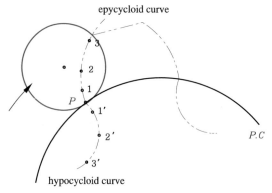

그림 8.2 ▶ 사이클로이드 곡선

게 되므로, 내접 구름원의 크기는 피치원의 1/3 정도로 한다. 물림 압력각은 물림의 처음과 끝에서 최대가 되고 피치점에서 영(zero)이 된다. 즉, 압력각이 변한다. 외접 구름원의 크기가 무한대가 되면 인벌류트 곡선이 된다.

/8.1.2/ 인벌류트 곡선(involute curve)

인벌류트 곡선은 원통 위에 감은 실을 풀 때, 실 위의 한 점이 그리는 궤적이다. 이때 실을 감은 원통이 기어의 기초원(base circle)이 되고, 원통의 크기가 변하면 인벌류트 곡선도 변한다.

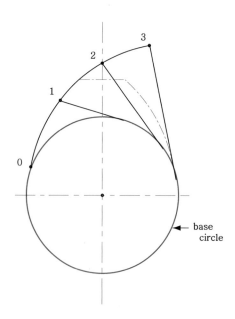

그림 8.3 ▶ 인벌류트 곡선

인벌류트 치형은 이 곡선으로 이루어진 치형을 의미하며 현재 사용되고 있는 대부분의 기어에 쓰이고 있다. 즉, 기초원의 원주를 잇수로 등분해서 좌우 두 방향으로 인벌류트 곡선을 그려서 얻어지는 일정 부분을 치형으로 사용한다. 사이클로이드 곡선과 비교 설명하면 사이클로이드 곡선에서 외접구름원의 크기가 피치원의 크기와 같게 되면 에피사이클로이드(epycycloid)는 카아디오이드(cardioid)라고 하는 하트형이 된다. 또 구름원의 지름이 무한대로 되면 구름원은 직선이 되고, 사이클로이드 곡선 중에서 외접구름원이 무한대인 특별한 경우이다.

이 곡선이 기어의 치형(齒形: tooth profile)에 쓰이는 이유는 여러 가지 장점을 가지고 있기 때문이다. 맞물리는 두 기어의 중심거리가 다소 틀려도 속도비에는 영향이 없으므로 변형을 시킨 전위기어를 가공 사용할 수 있고, 제작상의 오차 및 조립상의 오차가 다소 있어도 사용상에 큰 영향을 미치지 않는다. 또 다른 장점은 가공공구인 랙(rack) 커터의 치형이 직선이기 때문에 공구의 제작비가 싸고, 공구를 높은 정밀도로 가공할 수 있는 큰 이점이 있기 때문이다.

그림 8.4에서 두 개의 기초원에 그은 공통접선($\overline{cd}$)과 중심선과의 교점(P)이 피치점이다. 이때의 공통접선 $\overline{cd}$는 인벌류트 곡선이 서로 접하는 H점을 지난다. 또 이들 곡선은 c점과 d점을 순간중심으로 하는 인벌류트 곡선이므로 두 치형의 접촉점인 점 H를 지나는 공통법선과도 일치하게 되므로 치형조건을 만족한다. 접촉점 H는 회전하면서 $\overline{cd}$ 선 위를 따라 이동하므로 인벌류트의 접촉점의 궤적은 직선이고, 이 직선은 기어에 작용하는 힘의 방향을 나타내게 되므로 작용선(line of action)이라고 한다. 또 이 작용선이 두 피치원의 공통접선인 $\overline{NN'}$

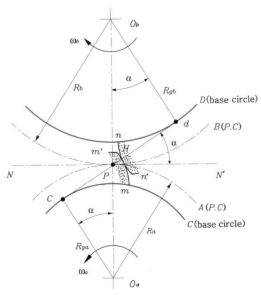

그림 8.4 ▶ 인벌류트 곡선의 접촉

표 8.1 사이클로이드 치형과 인벌류트 치형의 비교

사이클로이드(cycloid)	인벌류트(involute)
접촉점의 궤적이 원호이다.	접촉점의 궤적이 직선이다.
압력각이 피치점에서 0°이고 피치점에서 멀어질수록 커진다.	압력각은 일정하다.
중심거리가 틀리면(1% 이상) 원활한 전동이 불가능하다.	중심거리가 변하면 압력각이 변하나 속도비는 불변이다.
미끄럼률이 균일하며 마멸이 균일하므로 치형오차가 작게 되어 계기류와 같이 부하가 적고 정확한 곳에 사용된다.	모듈과 압력각이 같으면 서로 정확하게 물린다.
전위기어를 사용할 수 없다.	전위기어를 사용할 수 있다.
호환성이 없다.	호환성이 우수하다.
운동이 정숙하고 소음, 진동이 적다.	소음, 진동이 크다.
가공이 어렵다.	가공이 쉽고 값이 싸다.

선과 이루는 각 α를 압력각(pressure angle)이라고 한다. 인벌류트 치형에서는 압력각이 항상 일정하고, KS에서는 20°로 규정하고 있다. 사이클로이드 치형의 압력각은 피치점에서 0이고, 피치점에서 멀리 떨어질수록 커진다. 즉, 회전에 따라 변한다.

/8.1.3/ 원호치형곡선(arc tooth profile)

원호치형은 1940년 영국의 Harry walker에 의해서 발표된 것으로, 이름 그대로 원호로서 치형이 만들어진 치형으로 서로 맞물리는 이의 곡률 ρ_1과 ρ_2가 같은 경우로서, 접촉이 이뿌리에서 이끝까지 동시에 물리는 면접촉이라서 큰 힘을 전달할 수 있고, 원호끼리의 접촉이므로 접촉이 원활하고 마모에 강하다.

또 원호치형의 범주에 속하나 힘을 받으면 탄성변형이 생겨서 정확한 면접촉이 어려운 원

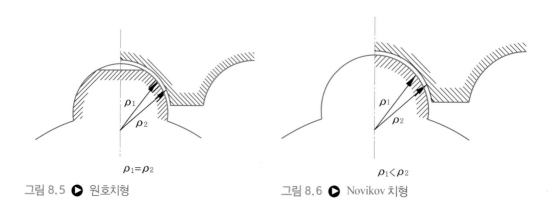

$\rho_1 = \rho_2$

그림 8.5 ▶ 원호치형

$\rho_1 < \rho_2$

그림 8.6 ▶ Novikov 치형

호치형의 단점을 보완해서, 1956년 소련의 공군기술장교인 Novikov가 접촉하는 두 기어의 곡률이 약간 다르게 한 치형을 갖는 Novikov 치형을 발표하였는데, 인벌류트 치형 기어보다 몇 배나 더 큰 면압강도를 갖는 대동력 전달용에 적합한 치형이나 소음이 큰 것이 결점이다.

소형이면서 큰 동력과 고속운전을 할 수 있는 치형을 얻기 위하여 많은 연구가 진행되고 있으며, 1980년초부터는 기존의 치형인 사이클로이드와 인벌류트 치형 또는 원호치형 등의 장점들을 갖는 두 치형의 합성치형들에 대한 연구들이 속속 진행되고 있다.

8.2 기어 각 부분의 명칭과 이의 크기

/8.2.1/ 기어 각 부분의 명칭

기어의 용어는 KSB 0102에 규정되어 있고 그림 8.7에서 각각의 명칭을 보여 준다. 하나의 이(tooth)는 직선기어인 랙(rack)인 경우는 피치선의 아래위로, 원형기어인 경우는 피치원의 아래와 위쪽으로 구분된다. 아래쪽 면을 이뿌리면(tooth flank), 위쪽 면을 이끝면(tooth face)이라 하고, 또 피치원에서 이끝까지의 높이를 이끝높이(addendum, h_k), 피치원에서 이뿌리까지의 높이를 이뿌리높이(dedendum, h_f), 피치원의 위쪽에 있는 이끝을 연결한 원을 이끝원(addendum circle), 피치원 아래쪽의 이뿌리를 연결한 원을 이뿌리원(dedendum circle), 이들 두 원 사이의 높이를 전체 이높이(whole depth, $h = h_k + h_f$), 이끝틈새(top clearance) C_k는 맞물리는 상대방 이끝높이($h_k{}'$)와 이뿌리높이(h_f)의 차를 말하며($C_k = h_f - h_k{}'$), 서로 맞물려 회전하기 위해서는 $h_f > h_k$이다. 유효이높이(working depth, $h_e = h_k + h_k$)는 이물림이 유효하게 이루어지는 높이이다. 피치(p)는 피치원주상에서 인접한 이의 같은 부분까지의 원호 길이로서 원주피치(circular pitch)를 말한다. 이두께(tooth thickness)는 피치원에서 측정한 이의 두께를 말한다.

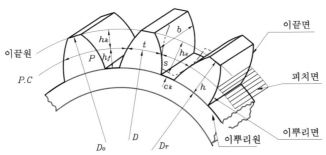

그림 8.7 ▶ 스퍼기어의 각 부분의 명칭

/8.2.2/ 이(齒) 크기의 표시방법

이의 크기는 보통 다음과 같이 3가지 방법으로 나타낸다.

(1) 원주피치(circular pitch) p[mm]

피치원상에서 측정한 이와 이 사이의 거리로서, 기준 피치원지름을 D[mm], 잇수를 Z라고 할 때 기준 피치원의 원주의 길이를 잇수 Z로 나눈 값을 원주피치라고 한다.

$$p = \frac{\pi D}{Z} \, [\text{mm}] \tag{8.10}$$

이 값이 클수록 이의 크기는 커진다.

(2) 모듈(module) m[mm]

메트릭 시스템에서 이의 크기를 나타내는 방법으로 기준 피치원지름 D[mm]를 잇수 Z로 나눈 값이다.

$$m = \frac{D}{Z} = \frac{p}{\pi} \, [\text{mm}] \tag{8.11}$$

원주피치(기준피치)는

$$p = \pi m \, [\text{mm}] \tag{8.12}$$

KS에서는 모듈을 제정하고 있으며 표 8.4에서 보는 바와 같다.

(3) 지름피치(diametral pitch) p_d[1/inch]

인치 시스템을 사용하고 있는 영국이나 미국에서 사용되는 방법으로 기준 피치원지름 D [inch]로 잇수 Z를 나눈 값이다.

$$p_d = \frac{Z}{D} = \frac{25.4}{m} \, [1/\text{inch}] \tag{8.13}$$

위의 모듈식과 지름피치식으로부터 다음과 같은 관계식이 얻어진다.

$$p_c = \pi m = \pi \left(\frac{25.4D}{Z} \right) = \pi \frac{25.4}{p_d} \, [\text{mm}] \tag{8.14}$$

위의 식에서 지름피치는 모듈의 역수이나, 지름피치(P_d)가 인치(inch) 단위이므로 값에서는 모듈의 역수가 되지는 않는다. 또 지름피치의 값이 클수록 이의 크기는 작다.

표 8.2 원주피치와 지름피치와의 관계

종류 \ 기준	모듈(m) 기준	원주피치(p) 기준	지름피치(p_d) 기준
모듈(m)	$m = \dfrac{D}{Z}$	$m = \dfrac{p}{\pi}$	$m = \dfrac{25.4}{p_d}$
원주피치(p)	$p = \pi m$	$p = \dfrac{\pi D}{Z}$	
지름피치(p_d)	$p_d = \dfrac{25.4}{m}$	$p_d = \dfrac{\pi}{p}$	$p_d = \dfrac{Z}{D}$

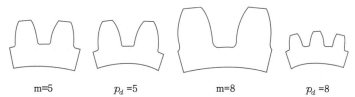

m=5 p_d =5   m=8 p_d =8

그림 8.8 ▶ 모듈과 지름피치의 크기 비교

(4) 표준이의 크기

표 8.3 표준기어의 비례치수(미터식과 인치식 치수 비교)

각부의 명칭 \ 형식	미터식[mm]	인치식[in]
모듈(m)	$m = \dfrac{p}{\pi} = \dfrac{D}{Z} = \dfrac{D_0}{Z+2} = \dfrac{25.4}{p_d}$	$p_d = \dfrac{\pi}{p} = \dfrac{Z}{D} = \dfrac{Z+2}{D_0}$
피치원지름(D)	$D = mZ = \dfrac{pZ}{\pi} = \dfrac{D_0 \cdot Z}{Z+2}$	$D = \dfrac{Z}{p_d} = \dfrac{pZ}{\pi}$
바깥지름(D_0)	$D_0 = (Z+2)m = D + 2m$	$D_0 = (Z+2)p_d = D + \dfrac{p_d}{2}$
이뿌리원지름(D_r)	$D_r = (Z-2.31416)m$ $= D - 2.31416m$	$D_r = (Z-2.31416)p_d$ $= D - (2.31416)p_d$
원주피치(p)	$p = \pi m = \dfrac{\pi \cdot D}{Z} = \dfrac{\pi D_0}{Z+2}$	$p = \dfrac{\pi}{p_d} = \dfrac{\pi D}{Z}$
잇수(Z)	$Z = \dfrac{D}{m} = \left(\dfrac{D_0}{m}\right) - 2$	$Z = p_d \cdot D = D_0 P_d - 2$
이끝높이(h_k)	$h_k = m = 0.3183p$	$h_k = \dfrac{1}{p_d} = 0.3183p$

(계속)

형식 각부의 명칭	미터식[mm]	인치식[in]
이뿌리높이(h_f)	$h_f = h_k + c = 1.15708m$	$h_f = h_k + c = \dfrac{1.15708}{p_d} = 0.3983p$
총이높이(h)	$h = h_k + h_f = 2.15708m$	$h = h_k + h_f = \dfrac{2.15708}{p_d} = 0.6866p$
이두께(t)	$t = \dfrac{\pi m}{2} = \dfrac{p}{2} = 1.5708m$	$t = \dfrac{\pi}{2p_d} = \dfrac{p}{2} = \dfrac{1.5708}{p_d}$
이끝틈새(c)	$c = 0.15708\,m = \dfrac{t}{10}$	$c = \dfrac{0.15708}{p_d} = \dfrac{t}{10}$

표 8.4 모듈과 지름피치값

모 듈 $m\,[\mathrm{mm}]$	원주피치 $p = \pi m\,[\mathrm{mm}]$	지름피치 모듈로 환산한 값 $p_d = 25.4/m$	모 듈 $m\,[\mathrm{mm}]$	원주피치 $p = \pi m\,[\mathrm{mm}]$	지름피치 모듈로 환산한 값 $p_d = 25.4/m$
0.2	0.628	127.00	3	9.425	8.467
0.25	0.785	101.600	3.25	10.210	7.815
0.3	0.942	84.667	3.5	10.996	7.257
(0.35)	(1.100)	(72.571)	3.75	11.781	6.773
0.4	1.257	63.500	4	12.566	6.350
(0.45)	(1.141)	(56.444)	4.5	14.137	5.644
0.5	1.157	50.800	5	15.708	5.080
(0.55)	(1.728)	(46.182)	5.5	17.279	4.618
0.6	1.885	42.333	6	18.850	4.233
(0.65)	(2.042)	(39.077)	7	21.991	3.629
0.7	2.199	36.286	8	25.133	3.175
(0.75)	(2.356)	(33.867)	9	28.274	2.822
0.8	2.513	31.750	10	31.416	2.540
0.9	2.827	28.222	11	34.558	2.009
1.0	3.142	25.400	12	37.699	2.117
1.25	3.297	20.320	13	40.841	1.954
1.5	4.712	16.933	14	43.982	1.814
1.75	5.498	14.514	15	47.124	1.693
2	6.283	12.700	16	50.269	1.588
2.25	7.069	11.289	18	56.549	1.411
2.5	7.854	10.160	20	62.832	1.270
2.75	8.639	9.236	22	69.115	1.155

A, B 두 기어가 서로 맞물려 돌아갈 때 치형의 표준치수를 표준평기어(spur gear)에 대하여 표시하면 다음과 같다. A, B 두 기어의 잇수 Z_a, Z_b, 압력각을 α, 기준 피치원지름 $D_a = Z_a m$, $D_b = Z_b m$, 이끝원지름 $D_{oa} = (Z_a + 2)m$, $D_{ob} = (Z_b + 2)m$, 기초원지름 $d_a = Z_a m \cdot \cos\alpha$,

$d_b = Z_b m \cdot \cos \alpha$, 이뿌리원지름 $D_{ra} = (Z_a - 2k)m$, $D_{rb} = (Z_b - 2k)m$ 그리고 중심거리 $C = (Z_a + Z_b)m/2$로 된다.

8.3 기어의 분류

/8.3.1/ 두 축의 상대위치에 의한 분류

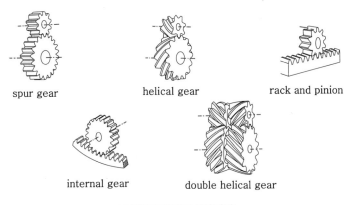

spur gear   helical gear   rack and pinion

internal gear   double helical gear

(a) 평행축 기어(두 축이 평행)

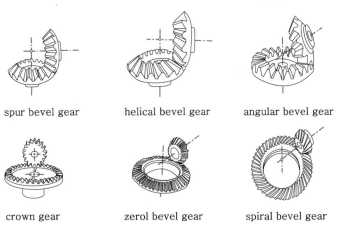

spur bevel gear   helical bevel gear   angular bevel gear

crown gear   zerol bevel gear   spiral bevel gear

(b) 교차축 기어(두 축이 어느 각도를 가짐)

(계속)

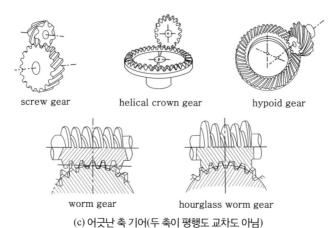

screw gear   helical crown gear   hypoid gear

worm gear   hourglass worm gear

(c) 어긋난 축 기어(두 축이 평행도 교차도 아님)

그림 8.9 ● 축의 상대위치에 의한 분류

많은 종류가 있는 기어를 분류하는 방법으로 서로 맞물리고 있는 2개의 축이 상대적으로 서로 평행한 경우, 서로 어느 각을 이루고 만나는 경우, 서로 만나지도 않고 평행하지도 않은, 즉 어긋난 경우 등으로 나누어 생각할 수가 있다. 물림 상태에 따라서 성능이나 가공상의 방법 등이 현저히 다르다.

/8.3.2/ 가공방법에 따른 분류

(1) 성형절삭법

세이퍼(shaper)의 테이블 위에 치형곡선과 같은 형판(型板)과 가공할 소재를 설치하고, 바이트(bite)로 치형 한 개씩 차례로 절삭하는 형판에 의한 가공방법이 있고, 기어의 1개의 치형홈과 똑같게 만든 총형바이트(formed milling cutter)를 사용해서 소재를 회전시켜 가면서 한 개씩 이를 깎아나가는 방법이 있다. 정밀한 절삭가공은 기대하기 힘들다.

(2) 창성절삭법

기어를 가공할 소재와 절삭공구를 각각의 피치원이 미끄러짐 없이 정확한 구름접촉으로 운동을 전달하는 것과 같은 상대운동을 주면서 치형을 깎아내는 방법으로, 직선공구인 랙커터(rack cutter)를 사용하거나 원형인 피니언 커터(pinion cutter)를 사용하는 형삭법(形削法, gear shaping)과 회전하면서 절삭하는 호브(hob)로 절삭하는 호빙(hobbing)법이 있다. 창성법에 의한 절삭방법은 작업의 능률이나 가공된 기어의 정밀도 등이 우수하여 현재는 거의 이 방법에 의한다.

/8.3.3/ 크기에 의한 분류

기어의 외형, 즉 크기에 의해서 분류하는 방법으로서 보통 다음과 같은 크기로 나눈다.

- 초대형 기어 : 피치원의 지름이 1,000[mm] 이상
- 대   형 기어 : 피치원의 지름이 250~1,000[mm]
- 중   형 기어 : 피치원의 지름이 40~250[mm]
- 소   형 기어 : 피치원의 지름이 10~40[mm]
- 초소형 기어 : 피치원의 지름이 10[mm] 이하

8.4 물림특성

/8.4.1/ 내접 물림(annular gearing)

기어가 내접할 때 큰 쪽의 피치원은 기어의 이가 안쪽으로 향해 있는 것을 내기어(internal gear)라고 한다. 이의 형상은 인벌류트 치형이지만 외접기어와는 반대로 그림 8.10과 같이 안쪽을 향해 있다. 이때 내기어의 치형은 원 C(반지름 $\overline{O_a E}$)를 기초원으로 하고 있으며, 안쪽에 있는 작은 기어는 원 $D(\overline{O_b F}$)를 기초원으로 하는 치형이다.

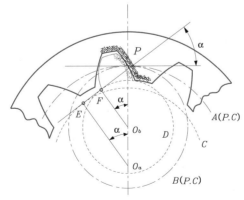

그림 8.10 ▶ 내접기어의 물림

/8.4.2/ 랙 (rack)의 물림

기어가 외접할 때 한쪽 기어의 크기가 무한대로 될 때 피치원의 지름이 무한대로 된다. 즉, 이때 기어의 형상은 직선으로 되고 이의 형상도 직선으로 된다. 이런 피치원이 직선인 기어를 랙(rack)이라고 한다. 이때 맞물리는 상대기어를 피니언(pinion)이라 하고, 그림 8.11에서 볼수 있다. 랙의 피치원이 직선이기 때문에 피치선(pitch line)이라고 한다. 이때 랙의 피치선과 피니언의 피치원의 상대운동은 피니언은 구름접촉을 하고 랙은 직선운동을 한다.

/8.4.3/ 인벌류트 함수

인벌류트 치형은 치형 중에서 제일 많이 사용되고 있으므로 설계와 공작 그리고 검사에 이르기까지 체계적으로 처리할 필요가 있다. 우선 이 치형을 방정식으로 표시할 수 있으므로 치형곡선의 해석이 가능하다. 치형곡선을 표현하는 방법으로 다른 좌표로도 가능하겠으나, 접선좌표(tangential coordinate)로 표현하는 것이 훨씬 더 편리하다.

그림 8.12에서 O를 원점으로 하는 곡선 G_1Q의 방정식은 접선 $\overline{QT}$ 와 $\overline{OQ}$ 의 연장선과 이루는 각을 압력각(pressure angle) α라고 한다. 여기서 $\overline{OG_1}$ 과 $\overline{OQ}$ 와의 이루는 각을 ϕ 로 하고, $\overline{OG_2}$ 와 $\overline{OQ}$ 와의 이루는 각을 α(압력각), $\overline{OG_1}$ 과 $\overline{OG_2}$ 와의 이루는 각을 θ 라고 하

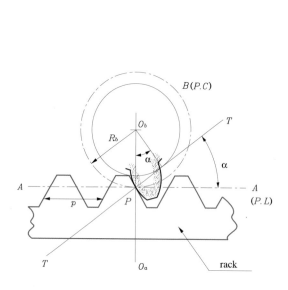

그림 8.11 ▶ 랙과 피니언의 물림

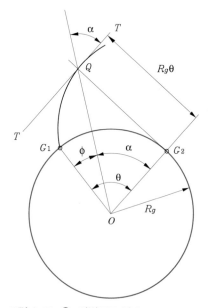

그림 8.12 ▶ 인벌류트 함수

면 인벌류트 곡선은 기초원에 감은 실을 풀 때 얻어지는 궤적이므로, 그림 8.12에서 다음과 같은 관계가 있음을 알 수 있다. 표 8.5에 인벌류트 함수표를 수록하였다.

$$\widehat{G_1 G_2} = \overline{R_g \theta} = R_g(\alpha + \phi) = \overline{QG_2} = R_g \tan\alpha$$

여기서

$$\phi + \alpha = \tan\alpha \,\text{이므로}$$
$$\therefore \phi = \tan\alpha - \alpha \,[\text{rad}] = \text{inv}\,\alpha \tag{8.15}$$

위 식의 ϕ를 인벌류트 함수(involute function)라 하고, $\phi = inv\,\alpha$로 표시하며, 이때의 α를 인벌류트각이라고 한다. Q점이 피치원상의 점인 피치점과 일치할 때의 α는 압력각을 나타낸다. 기초원의 반지름 R_g는 그림에서 $\triangle OG_2 Q$에서 $\overline{OG_1} = \overline{OG_2} = R_g$이므로

$$R_g = \overline{OQ}\cos\alpha \tag{8.16}$$

위의 식에서 값이 일정($\overline{OQ}\cos\alpha =$ 일정)하다면 곡선은 인벌류트 곡선으로 된다. 인벌류트 함수값을 계산하기가 불편하므로 계산하여 정리해 놓은 표 8.5를 이용하면 편리하다.

예제 8-1 중심점에서 어느 거리만큼 떨어져 있는 원주상에 있는 이의 두께를 알고 있으면서 거리가 다른 원주상에 있는 이두께를 구하는 방법이다. 그림 8.13에서 반지름 R_1 위의 이두께 t_1 및 기초원의 반지름 R_g를 알고 있을 때, 반지름이 R_2가 되는 곳의 이두께 t_2를 구하시오.

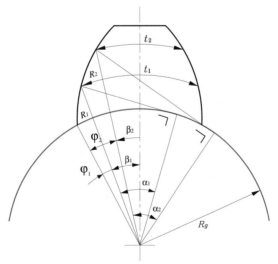

그림 8.13 ▶ 임의의 반경에서 이두께 계산

그림에서

$$R_1 \beta_1 = \frac{t_1}{2}, \quad R_2 \beta_2 = \frac{t_2}{2} \text{ 가 성립하므로}$$

$$\frac{t_1}{2R_1} - \frac{t_2}{2R_2} = \beta_1 - \beta_2 = \varphi_2 - \varphi_1 = \text{inv}\,\alpha_2 - \text{inv}\,\alpha_1$$

따라서

$$t_2 = 2R_2\left(\frac{t_1}{2R_1} + \text{inv}\,\alpha_1 - \text{inv}\,\alpha_2\right) \tag{8.17}$$

여기서 인벌류트 치형의 기초원반지름 R_g를 이미 알고 있기 때문에

$$R_g = R_1\cos\alpha_1, \quad R_g = R_2\cos\alpha_2 \tag{8.18}$$

위 식 (8.18)에서 α_1, α_2를 구할 수 있고, 이 값을 식 (8.17)에 대입하면 반지름 R_2에서 이두께 t_2를 구할 수 있다.

인벌류트기어의 이의 가공은 피니언 커터, 홉, 랙 등의 치절공구를 가공할 소재의 외경 이 끝원부터 시작해서 이의 깊이를 더해 가면서 절삭해 나간다. 공구의 가공깊이가 적으면 가공되어 나온 이의 두께가 표준 이두께보다 크게 되어 이의 물림이 부정확하게 되므로, 이를 절삭하는 중에 기어의 이두께를 측정해 가면서 가공깊이를 조절하여 표준가공깊이로 절삭해 줘야 한다.

이때 이두께를 측정하는 방법은 한 개의 이두께를 측정하는 방법, 몇 개의 이를 걸쳐서 측정하는 걸치기 이두께 측정방법, 오버핀(over pin)법 등이 있으나 걸치기 이두께법은 가공 중에 사용할 수도 있고, 전체적인 피치오차까지 추정할 수 있는 장점이 있으므로 널리 사용되고 있다. 이 걸치기 이두께 측정법에서 인벌류트 함수가 어떻게 사용되고 있는가 알아보자. 그림 8.14와 같이 인벌류트기어를 몇 개의 이를 겹쳐 걸치기 이두께 S_m을 측정하는 방법으로서 이두께용 마이크로미터를 사용한다.

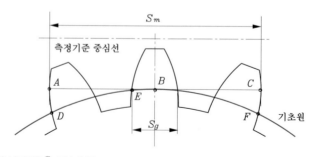

그림 8.14 ▶ 걸치기 이두께(S_m)의 측정

그림 8.14에서 걸친 이의 수가 n, 법선피치 p_n(또는 p_g), 기초원에서의 원호 이두께를 S_g 라고 하면

$$\overline{AB} = \widehat{BD}, \quad \overline{BC} = \widehat{BF}$$

$2\,\overline{AB} = S_m$, $\overline{AB} = \widehat{DE} + \widehat{EB}$, $\widehat{DE}$는 법선피치 p_n과 같고, $\widehat{BE}$는 기초원 위의 원호 이두께 의 반이므로

$$\therefore S_m = 2\overline{AB} = (\widehat{DE} + \widehat{EB}) \times 2 = 2p_n + S_g$$

걸치기한 이의 수 $n = 3$이고, 법선피치가 $2p_n$이므로 이들 간에는 $p_n(n-1)$의 관계로 표시 하면

$$S_m = p_n(n-1) + S_g \tag{8.19}$$

로 표시된다.

기초원 위의 원호 이두께 S_g는 다음과 같이 구할 수 있다. 그림 8.15에서 기준피치원 위의 원호 이두께 S는 원주피치 $p\,(= \pi m)$의 반이고, $\angle AOB$는 기준피치원의 원주는 2π 라디안 (radian)이므로 잇수 Z와의 관계로 표시하면

$$\angle AOB = \frac{2\pi}{Z} \cdot \frac{1}{2} = \frac{\pi}{Z}\,[\text{rad}]$$

그림 8.15에서 알 수 있듯이

$$\angle \text{COA} = \angle \text{BOD} = \text{inv}\,\alpha$$

의 관계가 있으므로

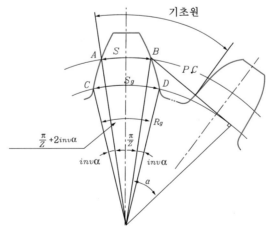

그림 8.15 ▶ 원호 이두께

$$\angle\,COD = \frac{\pi}{Z} + 2\,\mathrm{inv}\,\alpha$$

여기서 기초원 반지름 R_g와 기준피치원의 반지름 R, 또 기준압력각 α와의 관계식인 $R_g = R\cos\alpha$ 를 고려하면 기초원의 지름 D_g, 기준피치원의 지름 D와 기준압력각과의 관계는 $D_g = D\cos\alpha$이다. 다시 기준피치원의 지름과 잇수와 모듈의 관계식인 $D = mZ$를 대입하면 $D_g = mZ\cos\alpha$임을 쉽게 알 수 있으므로

$$S_g = \frac{D_g}{2}\left(\frac{\pi}{Z} + 2\,\mathrm{inv}\,\alpha\right) = Zm\cos\alpha\left(\frac{\pi}{2Z} + \mathrm{inv}\alpha\right) \tag{8.20}$$

로 표시할 수 있다. 식 (8.19)에 식 (8.20)을 대입하고, 또 법선피치식과 원주피치식을 고려하면 $(p = \pi m,\ p_n = p\cos\alpha)$

$$S_m = \pi m\cos\alpha(n-1) + Zm\cos\alpha\left(\frac{\pi}{2Z} + \mathrm{inv}\alpha\right)$$

$$= \pi m\cos\alpha\,n - \pi m\cos\alpha + Zm\cos\alpha\frac{\pi}{2Z} + Zm\cos\alpha\,\mathrm{inv}\alpha$$

이므로, 걸치기 이두께 식은

$$\therefore S_m = m\cos\alpha\left\{\pi\left(n - \frac{1}{2}\right) + Z\,\mathrm{inv}\,\alpha\right\} \tag{8.21}$$

예를 들어, 압력각 20°(KS 규격)라고 하면 $\cos 20° = 0.93969$, $\mathrm{inv}20° = 0.01490$이므로 이 값을 대입하면

$$S_m = m(2.95203n + 0.01400Z - 1.47560)$$

로 계산되고, 걸치기 이의 수 n의 값은

$$n = \frac{Z \cdot \alpha°}{180°} + 0.5$$

로 계산된다.

/8.4.4/ 물림률(contact ratio)

기어에서 실제로 회전을 전달하기 위해서 2~3개에 불과한 이만 맞물린다. 이물림 상태를 표현하기 위한 방법으로 물림률(contact ratio)이 사용된다. 그림 8.16에서 보듯이 인벌류트기

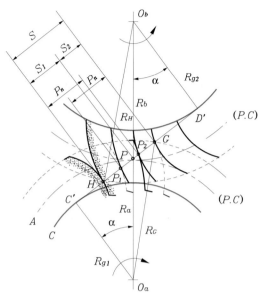

그림 8.16 ▶ 이의 물림길이

어의 두 기초원의 공통접선인 $\overline{CD'}$ 선상에서 맞물림이 이루어지고 있는데, 이 공통접선(共通接線)을 작용선(line of action)이라고 한다. 이 작용선상에서 맞물림이 실제로 일어나는 곳은 구동기어가 화살표 방향으로 회전할 때 만나는 점 G와 H 사이에서이다. 즉, 물림이 H에서 시작해서 피치점 P를 지나서 G점에서 끝나므로 작용선 $\overline{HPG}$ 의 길이를 물림길이(length of action) S라고 하고, $\overline{HP}$ 를 접근물림길이(length of approach) S_1, $\overline{PG}$ 를 퇴거물림길이(length of recess) S_2 라고 한다.

이의 물림이 연속적으로 중단되지 않고 원활하게 이루어지기 위해서는 한쌍의 이물림이 끝나기 전에 다른 한쌍의 맞물림이 시작되어야 한다. 이 조건을 충족시키기 위해서는 작용선 $\overline{HPG}$ 의 길이는 작용선 방향의 피치인 법선피치(normal pitch) P_n 보다 커야 하며, 물림길이를 법선피치로 나눈 값을 물림률(contact ratio)이라 한다.

그림 8.17에서 법선피치를 p_n , 피치원상의 피치를 p_c , 기초원상의 피치를 p_g 라 하고 잇수를 Z라고 하면

$$p_c = \frac{2\pi R}{Z}, \quad p_g = \frac{2\pi R_g}{Z} = \frac{\pi D_g}{Z}$$

그림 8.17에서 $R_g = R\cos\alpha$ 이므로

$$p_g = \frac{2\pi R\cos\alpha}{Z} = p_c\cos\alpha \tag{8.22}$$

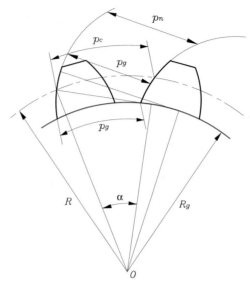

그림 8.17 ⊙ 법선피치, 피치원 및 기초원에서의 피치

법선피치(p_n)와 기초원피치(p_g)와의 관계는

$$p_n = \frac{\pi D_g}{Z} = \frac{2\pi R \cos\alpha}{Z} = p_g$$

$$\therefore p_n = p_g = p_c \cos\alpha \tag{8.23}$$

표준기어에서는 물림압력각 α_b와 기준압력각 α 는 같으므로 그림 8.16에서와 같이 물림길이 식은 A, B 두 기어의 잇수를 Z_1, Z_2, 모듈을 m 이라고 하면 다음 식으로 표시된다.

직선 $\overline{C'HPGD'}$과 $\triangle HO_b D'$에서 접근물림길이

$$S_1 = \overline{HP} = \overline{HD'} - \overline{PD'} = \sqrt{R_H^2 - R_{g2}^2} - R_b \sin\alpha$$

$$= \sqrt{\left(\frac{(Z_2+2)m}{2}\right)^2 - \left(\frac{Z_2 \cos\alpha \cdot m}{2}\right)^2} - \frac{mZ_2 \sin\alpha}{2}$$

$$= \frac{m}{2}\left\{\sqrt{(Z_2+2)^2 - (Z_2\cos\alpha)^2} - Z_2\sin\alpha\right\} \tag{8.24}$$

같은 방법으로 직선 $\overline{C'HPGD'}$과 $\triangle C'O_a G$에서

$$S_2 = \overline{C'G} - \overline{C'P} = \frac{m}{2}\left\{\sqrt{(Z_1+2)^2 - (Z_1\cos\alpha)^2} - Z_1\sin\alpha\right\}$$

$$물림길이 \quad S = S_1 + S_2 \tag{8.25}$$

그림 8.16에서 작용선 위의 이의 간격은 $\overline{HP_2} = \overline{GP_1} = p_n$, 즉 법선피치($p_n$)이다. 물림길이를 법선피치로 나눈 값을 물림률(contact ratio)이라 하고, 연속적으로 두 기어의 이가 맞물려 돌아가기 위해서는 물림길이가 법선피치의 길이보다 길어야 하므로($S \geq p_n$), 표준 평기어의 물림률(ϵ)은 아래와 같이 표시할 수 있다.

$$\text{물림률 } \epsilon = \frac{\text{물림길이}}{\text{법선피치}} = \frac{S}{p_n} = \frac{S}{\pi m \cos\alpha}$$

$$= \frac{\text{접근물림길이}}{\text{법선피치}} + \frac{\text{퇴거물림길이}}{\text{법선피치}}$$

$$= \epsilon_1 + \epsilon_2$$

$$= \frac{S_1}{p_n} + \frac{S_2}{p_n} = \frac{S_1}{\pi m \cos\alpha} + \frac{S_2}{\pi m \cos\alpha}$$

$$= \frac{\sqrt{(Z_2 + 2)^2 - (Z_2 \cos\alpha)^2} - Z_2 \sin\alpha}{2\pi\cos\alpha} + \frac{\sqrt{(Z_1 + 2)^2 - (Z_1 \cos\alpha)^2} - Z_1 \sin\alpha}{2\pi\cos\alpha}$$

$$= \frac{1}{2\pi\cos\alpha}\left\{ \sqrt{(Z_1 + 2)^2 - (Z_1 \cos\alpha)^2} + \sqrt{(Z_2 + 2)^2 - (Z_2 \cos\alpha)^2} - (Z_1 + Z_2)\sin\alpha \right\} \tag{8.26}$$

위 식에서 물림률(ϵ)은 압력각과 잇수에 의해서 결정됨을 알 수 있다.

예를 들어, $m = 4\,\text{mm}$, $\alpha = 20°$, $Z_1 = 20$, $Z_2 = 40$인 표준기어의 물림률을 계산해 보면, 위에서 물림길이에 관한 식 (8.24), (8.25)와 물림률에 관한 식 (8.26)으로부터

$$S = S_1 + S_2 = 10.117 + 9.192 = 19.309\,\text{mm}$$

법선피치 $p_n = 11.809\,\text{mm}$이므로

$$\varepsilon = \varepsilon_1 + \varepsilon_2 = 0.857 + 0.778 = 1.635$$

그림 8.18은 이 결과를 이해하기 쉽도록 도시한 것이다.

그림에서 물림률 $\epsilon = 1.635$로서 물림이 시작할 때는 2쌍의 이가 맞물리고, 계속 회전하여 피치점 부근에 다다르면 한쌍의 이가 맞물리고 있고, 계속해서 회전해 나가면 다시 두 쌍의 이가 맞물려 돌아감을 알 수 있다. 이런 물림을 반복해 나아간다.

여기서 물림률이 1.635라 함은 물림의 처음과 끝의 $0.635p_n$만큼의 범위에서는 두 쌍의 이가 물리고, $(1.635 - 2 \times 0.635)p_n = 0.365p_n$의 범위에서는 한쌍의 이만이 맞물려 돌아간다는 의미이다. 예를 들어, 물림률이 1.4라면 물림이 시작할 때, $0.4p_n$과 물림이 끝나갈 때 $0.4p_n$의

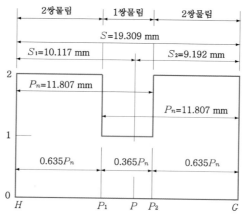

그림 8.18 ◐ 기어의 실제 물림상태를 나타내는 물림률

범위에서는 2쌍의 이가 물리고, $(1.4 - 2 \times 0.4) = 0.6 p_n$의 범위에서는 1쌍의 이가 맞물려 돌아간다는 의미이다.

식 (8.26)으로부터 인벌류트기어의 이의 물림은 압력각이 작을수록 물림률은 크게 된다. 그러므로 물림률의 관점에서는 $\alpha = 20°$의 경우는 $\epsilon = 2$로 할 수 없는데 반하여, $\alpha = 14.5°$의 경우는 최대 $\epsilon = 2.6$까지 얻을 수 있으므로 보다 유리하다. 그러나 압력각이 작을수록 언더컷(under cut)이 커져서 ϵ 값이 커진다. 일반적으로 $\epsilon > 1.2$가 좋고, 대개의 경우 1.4 이상이다. 물림률 $\epsilon = 1$일 때가 두 기어의 중심을 서로 멀리할 수 있는 한계이다. 다시 말하면 두 기어가 맞물려서 순조롭게 연속적으로 운동할 수 있는 한계이다. 즉, $\epsilon < 1$일 때는 순조로운 회전운동을 전달하기는 불가능하다. 즉, 치면(齒面)의 접촉이 계속 유지될 수 없다.

/ 8.4.5 / 미끄럼률(specific sliding, sliding ratio)

한쌍의 기어가 맞물려 회전할 때 피치원상에서는 구름접촉을 하므로, 피치원상의 한 점인 피치점에서는 구름접촉을 하지만, 피치점이 아닌 다른 점에서는 미끄럼접촉으로 이루어진다. 이로 인하여 마찰의 발생과 동력손실이 생기므로 효율을 저하시킨다. 미끄럼량은 피치원의 크기나 이의 형상 그리고 물림압력각 등의 크기에 따라서 다르다. 이렇게 다른 값의 미끄럼 값을 직접 비교하는 것은 합리적이지 못하다. 그래서 미끄럼의 정도를 나타내는 무차원 값인 미끄럼률(specific sliding)로 나타낸다.

그림 8.19에서 두 개의 이의 접촉에서 이끝면을 따라서 이동하는 길이를 각각 $d S_1$, $d S_2$라고 할 때 두치면에서 일어나는 미끄럼량은 $d S_1 - d S_2$이다.

미끄럼률은 미끄럼의 정도를 나타내는 것이므로, 기어 O_1, 기어 O_2의 각각 치면에 대한

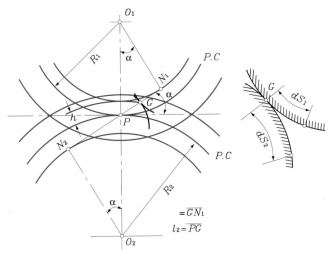

그림 8.19 ● 이의 미끄럼 길이

미끄럼률을 σ_1, σ_2라고 하면

$$\sigma_1 = \frac{dS_2 - dS_1}{dS_1}$$

$$\sigma_2 = \frac{dS_1 - dS_2}{dS_2} \tag{8.27}$$

인벌류트 곡선의 기하학적 성질로, 접촉점에 각 곡선의 곡률 반지름을 ρ_1, ρ_2, 압력각을 α, 또 피치원의 반지름을 R_1, R_2, 피치점에서 접촉점까지의 거리를 l, 접촉점이 피치점에서 외측에 있을 때를 (+), 내측에 있을 때를 (-)로 놓으면

$$\rho_1 = R_1\sin\alpha - l$$

$$\rho_2 = R_2\sin\alpha + l \tag{8.28}$$

기어의 회전에 의하여 피치원 주위의 미소변위를 dx라고 하면 각 기어의 회전각변위 $d\omega_1$, $d\omega_2$는

$$d\omega_1 = \frac{dx}{R_1}$$

$$d\omega_2 = \frac{dx}{R_2}$$

로 표시되고, 위의 식들로부터

$$dS_1 = \rho_1 \cdot d\omega_1 = \rho_1\frac{dx}{R_1}, \quad dS_2 = \rho_2 \cdot d\omega_2 = \rho_2\frac{dx}{R_2} \tag{8.29}$$

로 된다. 기어 O_1을 구동차로 할 때 피치점에 접근하는 접근측과 피치점을 지난 뒤의 퇴거측에 대한 미끄럼률은 다음과 같이 된다.

(1) 접근측

$$\sigma_{1d} = \frac{dS_2 - dS_1}{dS_1} = \frac{(R_2\sin\alpha + l)\dfrac{dx}{R_2} - (R_1\sin\alpha - l)\dfrac{dx}{R_1}}{(R_1\sin\alpha - l)\dfrac{dx}{R_1}}$$

$$= \frac{l(R_1 + R_2)}{R_2(R_1\sin\alpha - l)} \quad (\text{O}_1 \text{ 기어의 이뿌리면}) \tag{8.30}$$

$$\sigma_{2a} = \frac{dS_1 - dS_2}{dS_2} = \frac{(R_1\sin\alpha - l)\dfrac{dx}{R_1} - (R_2\sin\alpha + l)\dfrac{dx}{R_2}}{(R_2\sin\alpha + l)\dfrac{dx}{R_2}}$$

$$= \frac{-l(R_1 + R_2)}{R_1(R_2\sin\alpha + l)} \quad (\text{O}_2 \text{ 기어의 이끝면}) \tag{8.31}$$

(2) 퇴거측

$$\sigma_{1a} = \frac{dS_2 - dS_1}{dS_1} = \frac{(R_2\sin\alpha - l)\dfrac{dx}{R_2} - (R_1\sin\alpha + l)\dfrac{dx}{R_1}}{(R_1\sin\alpha + l)\dfrac{dx}{R_1}}$$

$$= \frac{l(R_1 + R_2)}{R_2(R_1\sin\alpha + l)} \quad (\text{O}_1 \text{ 기어의 이끝면}) \tag{8.32}$$

$$\sigma_{2d} = \frac{dS_1 - dS_2}{dS_2} = \frac{(R_1\sin\alpha + l)\dfrac{dx}{R_1} - (R_2\sin\alpha - l)\dfrac{dx}{R_2}}{(R_2\sin\alpha - l)\dfrac{dx}{R_2}}$$

$$= \frac{l(R_1 + R_2)}{R_1(R_2\sin\alpha - l)} \quad (\text{O}_2 \text{ 기어의 이뿌리면}) \tag{8.33}$$

위의 식에서 피치점에서는 접촉점까지의 거리 $l = 0$이므로 미끄럼률은 $\sigma = 0$이 되지만, 이 끝과 이뿌리 부분으로 갈수록 l이 커지기 때문에 당연히 미끄럼률도 커지고, 이로 인한 이끝과 이뿌리 부분의 마모가 커진다. 싸이클로이드 치형에서의 미끄럼률은 이끝면과 이뿌리면에서 절대값에 차이가 있으나 치면에 걸쳐서 거의 균일하게 분포되어 있어, 인벌류트기어에 비하여 균일하고 마멸도 적다. 그림 8.20은 미끄럼률의 분포를 나타낸다.

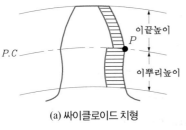

(a) 싸이클로이드 치형

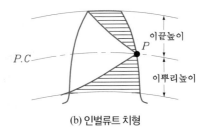

(b) 인벌류트 치형

그림 8.20 ▶ 치형곡선에 따라 상이한 미끄럼률 분포

표 8.5 인벌류트 함수표 (inv α = tan α − α[rad])

α°	.0	.1	.2	.3	.4	.5	.6	.7	.8	.9
10	0.00179	0.00185	0.00191	0.00196	0.00202	0.00208	0.00214	0.00220	0.00227	0.00233
11	0.00239	0.00246	0.00253	0.00260	0.00267	0.00274	0.00281	0.00289	0.00296	0.00304
12	0.00312	0.00320	0.00328	0.00336	0.00344	0.00353	0.00362	0.00370	0.00379	0.00384
13	0.00398	0.00407	0.00416	0.00426	0.00436	0.00446	0.00456	0.00466	0.00477	0.00487
14	0.00498	0.00509	0.00520	0.00532	0.00543	0.00555	0.00566	0.00578	0.00590	0.00603
15	0.00615	0.00628	0.00640	0.00653	0.00667	0.00680	0.00693	0.00707	0.00721	0.00735
16	0.00749	0.00764	0.00778	0.00794	0.00808	0.00823	0.00839	0.00854	0.00870	0.00886
17	0.00903	0.00919	0.00936	0.00952	0.00969	0.00987	0.01004	0.01022	0.01040	0.01058
18	0.01076	0.01095	0.01113	0.01132	0.01152	0.01171	0.01191	0.01211	0.01231	0.01251
19	0.01272	0.01192	0.01313	0.01335	0.01356	0.01378	0.01400	0.01422	0.01445	0.01467
20	0.01490	0.01514	0.01537	0.01561	0.01585	0.01609	0.01634	0.01659	0.01684	0.01709
21	0.01735	0.01760	0.01787	0.01813	0.01840	0.01867	0.01894	0.01921	0.01949	0.01977
22	0.02005	0.02034	0.02063	0.02092	0.02122	0.02151	0.02182	0.02212	0.02243	0.02274
23	0.02305	0.02337	0.02368	0.02401	0.02433	0.02466	0.02499	0.02533	0.02566	0.02601
24	0.02635	0.02670	0.02705	0.02740	0.02776	0.02812	0.02849	0.02885	0.02922	0.02960
25	0.02998	0.03036	0.03074	0.03115	0.03152	0.03192	0.03232	0.03272	0.03312	0.03353
26	0.03395	0.03436	0.03479	0.03521	0.03564	0.03607	0.03651	0.03695	0.03739	0.03784
27	0.03829	0.03874	0.03920	0.03960	0.04013	0.04060	0.04108	0.04156	0.04204	0.04253
28	0.04302	0.04351	0.04401	0.04452	0.04502	0.04554	0.04605	0.04658	0.04710	0.04763
29	0.04816	0.04870	0.04925	0.04979	0.05034	0.05090	0.05146	0.05203	0.05260	0.05317
30	0.05375	0.05434	0.05492	0.05552	0.05612	0.05672	0.05733	0.05794	0.05356	0.05918
31	0.05981	0.06044	0.06108	0.06172	0.06237	0.06302	0.06368	0.06434	0.06561	0.06569
32	0.06636	0.06705	0.06774	0.06843	0.06913	0.06984	0.07055	0.07127	0.07199	0.07272
33	007345	0.07419	0.07498	0.07568	0.07644	0.07720	0.07797	0.07874	0.07952	0.08007
34	0.08110	0.08189	0.08270	0.08351	0.08432	0.08514	0.08597	0.08680	0.08764	0.08849
35	0.08934	0.09020	0.09107	0.09194	0.09282	0.09370	0.09459	0.09549	0.09640	0.09731
36	0.09822	0.09914	0.10008	0.10102	0.10196	0.10292	0.10388	0.10484	0.10581	0.10680
37	0.10778	0.10878	0.10978	0.11079	0.11180	0.11283	0.11386	0.11490	0.11594	0.11680
38	0.11806	0.11913	0.12021	0.12129	0.12238	0.12348	0.12459	0.12571	0.12683	0.12797
39	0.12911	0.13025	0.13141	0.13258	0.13375	0.13493	0.13612	0.13732	0.13853	0.13974

8.5 이의 간섭과 언더컷

/8.5.1/ 이의 간섭과 언더컷(interference, undercut)

두 기어가 맞물려서 회전할 때 한쪽 기어의 이끝이 상대방 기어 이뿌리 부분에 맞닿아서 회전이 불가능한 경우가 있다. 이런 현상을 이의 간섭(interference)이라고 한다. 다시 말하면 그림 8.21에서 인벌류트기어인 A, B기어의 접촉은 두 기어의 기초원인 C와 D의 공통접선 $\overline{C'D'}$ 선상(작용선)에서 이루어진다. 그림과 같이 회전을 시킬 때 B기어의 이끝원의 반지름이 $\overline{O_b C'}$ 보다 크면, 즉 상대방 기어의 이뿌리원이 있는 곳보다 큰 경우에는 A, B 두 기어는 C' 점에서 접촉하고 난후부터는 A기어 치형의(기초원의 안쪽에는 인벌류트 곡선이 없음) 인벌류트 곡선이 아닌 부분과 접촉하게 되므로 정확한 물림이 이루어지지 않는다. 왜냐하면 기초원까지만 인벌류트 곡선이기 때문이다. 이런 경우에 B기어의 이끝의 경로가 A기어 이뿌리의 간섭 현상이 생겨서 회전이 불가능해진다. 이런 현상이 생기는 것을 이의 간섭(干涉, interference)이라 하고, 간섭이 생기기 시작하는 점인 C' 및 D'점을 간섭점이라고 한다.

그림 8.22은 피니언 커터로 기어를 절삭하는 경우이다. 피니언 커터인 B가 C'점에 이르기까지는 가공되는 A기어 치형은 기초원 위에 위치해 있으므로 인벌류트 곡선이 가공되지만,

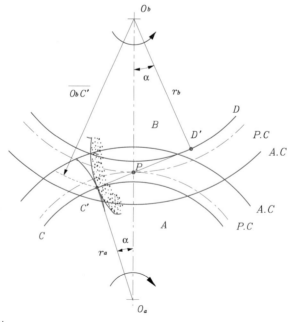

그림 8.21 ▶ 이의 간섭

계속 절삭해 나가면 피니언 커터의 이끝의 각이 진 부분이 그리는 궤적인 트로코이드 (trochoid) 곡선(그림 8.24 참조)으로 *A*기어의 이뿌리 부분이 절삭되며 파여서 이뿌리에 필렛 (fillet)이 형성된다. 이런 현상을 언더컷(under cut)이라고 한다.

언더컷이 된 이(齒)는 이뿌리부가 가늘어지게 되고 유효치면의 감소로 인한 물림길이가 짧아지면서 이의 강도도 감소되므로 가능하다면 언더컷이 일어나지 않게 해야 한다.

언더컷은 잇수가 적을 경우, 맞물리는 기어의 잇수비가 클 경우 또는 잇수가 적은 피니언과 랙이 맞물릴 때 그리고 압력각이 작을 때 일어나기 쉽다.

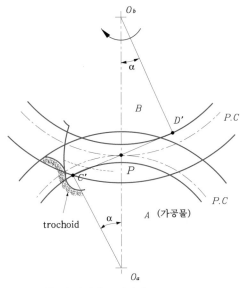

그림 8.22 ▶ 피니언 커터로 치형절삭할 때 발생하는 언더컷

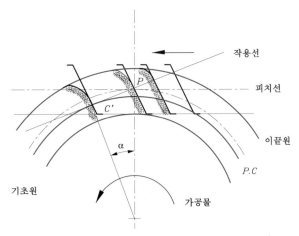

그림 8.23 ▶ 랙 커터에 의한 치형절삭

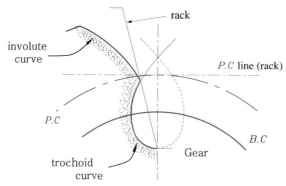

그림 8.24 ▶ 트로코이드 곡선으로 인한 언더컷

　같은 크기의 원주피치라도 커터의 잇수가 많을수록 그리고 절삭되는 기어의 잇수가 적을수록 언더컷이 발생하기 쉽다. 그림 8.23과 같이 랙 커터로 절삭하는 경우와 그림 8.24에서 볼 수 있듯이 기초원의 안쪽 부분만이 아니고, 절삭하는 기어의 기초원 부근의 인벌류트 곡선의 부분까지 트로코이드(trochoid) 곡선으로 절삭되는 경우가 있다.

/8.5.2/ 전위와 언더컷의 관계

　언더컷 현상은 물림률이 나빠지고 이의 강도가 저하되는 등 바람직하지 않으므로 이를 방지하기 위한 방법으로 압력각을 크게 하거나 이끝높이 또는 이뿌리높이를 표준이의 크기보다 작게 가공하는 등의 방법이 있다.

　절삭공구의 절삭깊이를 가공할 소재에 표준기어를 가공할 때보다 가감하여 절삭하면 표준기어보다 이뿌리 높이가 높거나 또는 낮게 가공된다.

　즉, 랙 커터나 홉(hob)의 피치선을 표준기어를 절삭할 때보다 절삭되는 기어 소재의 기준피치원에 대해서 보다 깊게 또는 얕게 해서 가공하는 것을 전위가공이라고 한다. 전위시키는 방법은 커터를 표준위치보다 깊게 하여 가공하는 경우(이뿌리 부분이 더 깊게 절삭됨)를 부전위(− 전위), 표준위치보다 얕게 하여 가공하는 경우(이뿌리 부분이 더 얕게 절삭됨)를 정전위(+ 전위)라고 한다.

　이와 같이 하여 가공된 기어를 전위기어(profile shifted gears)라 하고, 커터를 깊게 또는 얕게 한 양을 전위량(amount of addendum modification)이라고 한다.

　전위계수(addendum modification coefficient)는 전위량을 모듈로 나눈 값이다. 전위시켜서 가공하는 전위기어는 인벌류트 곡선이 갖는 특성상 커터의 위치를 옮겨서 가공해도 같은 인벌류트 곡선을 얻을 수 있으므로, 같은 랙형 커터로 가공한 인벌류트 곡선은 임의의 한 쌍의

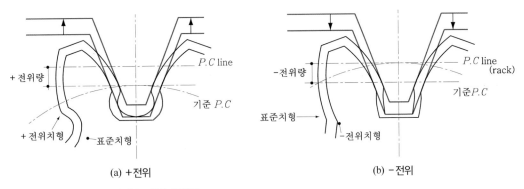

그림 8.25 ▶ 전위량에 따른 치형의 변화

기어는 서로 맞물린다.

표준기어와 비교하면 물림피치원의 크기나 중심거리 및 물림 압력각 등은 틀리지만, 기어 전동장치의 장점인 회전각 속도비는 변하지 않는다.

랙 커터로 가공할 때 언더컷을 피하기 위한 조건에 대하여 알아보자. 랙 공구의 이끝선이 간섭점을 넘어서지 않게 해야 하기 때문에, 그림 8.26에서 기초원과 작용선과의 접점인 간섭점 C를 랙 커터의 이끝선이 넘지 않아야 한다. 이것이 언더컷이 생기지 않게 하는 한계점이다.

랙 커터의 이끝 높이(addendum)는 모듈과 같기 때문에

$$\overline{CP} = R\sin\alpha, \quad \overline{PD} = \overline{CP}\sin\alpha, \quad \therefore \ \overline{PD} = R\sin^2\alpha = m$$

절삭되는 잇수를 Z라고 할 때 기준 피치원반지름 R은 $D = mZ$이므로,

$$R = m \cdot Z/2$$

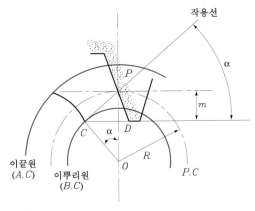

그림 8.26 ▶ 언더컷 방지의 한계

위의 두 식에서

$$\frac{m \cdot Z}{2} \sin^2 \alpha = m$$

여기서 언더컷을 방지하기 위한 최소 잇수를 Z_g 라고 하면,

$$Z_g = \frac{2}{\sin^2 \alpha} \tag{8.34}$$

위의 식은 이끝높이(addendum)와 이뿌리높이(dedendum)가 같은 표준기어에서 언더컷이 일어나지 않도록 하는 최소 잇수를 구하는 중요한 식이다. 여기서 α 는 공구 압력각이며 압력각의 크기에 따라 언더컷 방지 최소 잇수도 변한다. 예를 들면, 압력각이 20°인 경우는 17.097의 값이 되므로 잇수가 18개부터는 언더컷이 생기지 않고, 압력각이 14.5°인 경우는 31.903이므로 32개부터는 언더컷이 생기지 않는 최소잇수이다.

표준기어로 절삭할 경우 언더컷 발생을 도저히 피할 수 없을 때 전위기어를 채택하여 언더컷을 방지할 수 있다. 이때 필요한 전위량을 구해보자.

그림 8.27에는 전위량이 0인 표준기어와 (+) 전위량을 준 전위기어의 피치선과 이끝원이 각각 도시되어 있다. 또한 표준기어 절삭 시 랙 커터의 이끝선과 전위기어 절삭 시 랙 커터의 이끝선도 나타나 있는데 이 위치에 주의해야 아래 수식 전개과정을 이해할 수 있다.

$\triangle OPC$에서

$$\overline{OC} = \sqrt{R^2 - (R\sin\alpha)^2} = \sqrt{R^2(1 - \sin^2\alpha)} = R\cos\alpha$$
$$\triangle DOC \text{에서} \quad \overline{DO} = \overline{OC}\cos\alpha = R\cos^2\alpha$$

$\triangle DOC$에서 언더컷을 방지하려면 랙 커터의 이끝선(점선으로 표시된 선분 $\overline{CD}$ 를 수평으로 연장하여 랙 커터의 이끝에 닿은 선)이 그림 8.26에서 언급된 바와 같이 언더컷 한계점인 C 점보다 아래로 내려오면 안 된다. 피치원 반경이 R, 이끝높이가 h_k 일 때, 언더컷 방지를 위한 조건에서 필요한 전위량 y 에 관한 식이 다음과 유도된다.

$$R + y - h_k \geq \overline{DO} = R\cos^2\alpha$$
$$y - h_k \geq R\cos^2\alpha - R = R(\cos^2\alpha - 1) = -R(\sin^2\alpha)$$

위의 식으로부터 언더컷을 방지할 수 있는 전위량 y 는 다음과 같다.

$$y \geq h_k - R\sin^2\alpha$$

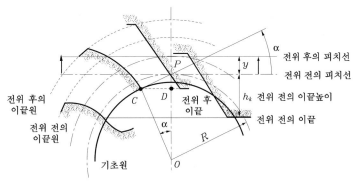

그림 8.27 ▶ 언더컷을 방지하기 위한 전위량

표준스퍼기어에서는 랙 커터의 이끝높이(addendum)는 $h_k = m$이고 피치원의 반지름은 $R = m \cdot \dfrac{Z}{2}$ 이므로 언더컷이 일어나지 않는 전위량 한계는

$$y \geq h_k - R\sin^2\alpha = m - \frac{m \cdot Z}{2}\sin^2\alpha = m\left(1 - \frac{Z}{2}\sin^2\alpha\right) \qquad (8.35)$$

위의 식으로부터 표준기어에서는 전위량인 y값이 없으므로 $y = 0$을 대입하여, 언더컷이 일어나지 않는 기준 압력각의 크기와 최소잇수와의 관계를 나타내는 중요한 수식으로

$$Z \geq \frac{2}{\sin^2\alpha} \qquad (8.36)$$

를 유도할 수 있다. 이 식은 표준기어에서 언더컷을 방지하기 위한 한계잇수 계산식인 식 (8.34)와 동일함을 알 수 있다. 전위량 y를 모듈로 나눈 값을 전위계수 x 라 정의하면

$$x = \frac{y}{m} \geq 1 - \frac{Z}{2}\sin^2\alpha \qquad (8.37)$$

위의 식은 언더컷을 방지할 수 있는 전위량을 결정하는 전위계수에 관한 중요한 식이다.

/8.5.3/ 스퍼기어에서 전위계수의 선택방법

전위기어를 가공할 때 동일한 공구를 사용한 경우라도 전위량을 주는 방법에 따라 언더컷을 없애기도 하고, 이두께의 변화는 물론 미끄럼률과 물림률의 조정도 가능하다. 그 이외의 여러 가지 물림조건을 만족시키는 일도 가능하다. 이와 같이 여러 가지 장점이 있는 전위기어의 전위계수에 관련된 사항에 대하여 알아보자.

표 8.6 표준스퍼어 기어의 언더컷 방지 한계잇수

공구 압력각(α_c)	20°	15°	14.5°
최소잇수(Z_g)	17	30	32

표준스퍼기어에서 언더컷을 방지하기 위한 최소잇수식 (8.34)으로부터 공구 압력각 α_c에 대한 언더컷 한계잇수를 계산한 결과가 표 8.6에 나와 있다.

한편, 전위스퍼기어에서 전위량을 조정하여 언더컷을 방지하기 위한 한계전위계수는 식 (8.37)을 이용하여 각각의 공구압력각을 대입하여 계산하면 표 8.7과 같다. 여기서 별표는 DIN870인데 실용적인 전위계수라 한다. 예를 들면, 공구 압력각이 $\alpha_c = 20$일 때 언더컷 방지 전위계수는 이론적으로 $\frac{17-Z}{17}$ 이어야 하는데, 이 전위량을 주면 언더컷은 방지되나 기초원까지 인벌류트 곡선 치형이 가공된다. 그런데 기초원 근방에서는 인벌류트 곡선의 곡율변화가 심하고 잇면 접촉 시 미끄럼률값도 크고, 접촉응력값도 크며 절삭 시 오차가 발행하기 쉬운 곳이기 때문에 가능한 한 이 부분의 치형곡선은 사용하지 않는 것이 유리하다. 따라서 실제로는 약간 언더컷을 허용한 실용적인 값인 $\frac{14-Z}{17}$을 사용하는 것이 좋다.

앞에서 설명된 $x = \frac{Z_g - Z}{Z_g}$를 알기 쉽게 그림으로 나타내면 그림 8.28과 같이 Z와 x의 관계가 경사선이 되고 언더컷 발생여부를 알려주는 경계가 된다. 그림에서 전위계수를 경사선 밑으로 정하면 언더컷이 생기고 경사선 위의 값으로 하면 언더컷이 생기지 않게 된다. 예를 들어, 공구 압력각이 14.5°이고 잇수 10인 기어를 가공할 때, 언더컷이 생기지 않기 위해서는 전위계수는 $x = \frac{32-10}{32} = 0.688$로 취한다. 이때 전위량은 0.688 m(m : 모듈)이 된다.

그림 8.29에서 (a)는 표준기어에서 한계잇수 32개보다 적은 잇수이므로 절삭 시 언더컷이 심하게 발생한 것이고, (b)는 랙 커터를 전위시켜서 절삭하여 언더컷이 생기지 않은 것을 보여준다.

표 8.7 언더컷 방지 한계전위계수

전위계수 (x) \ 공구 압력각(α_c)	20°	15°	14.5°
$x = \dfrac{Z_g - Z}{Z_g}$	$x = \dfrac{17-Z}{17}$	$x = \dfrac{30-Z}{30}$	$x = \dfrac{32-Z}{32}$
$x = \dfrac{Z_g' - Z}{Z_g}$ (DIN)	$x = \left(\dfrac{14-Z}{17}\right)^*$	$x = \left(\dfrac{25-Z}{30}\right)^*$	$x = \left(\dfrac{26-Z}{32}\right)^*$

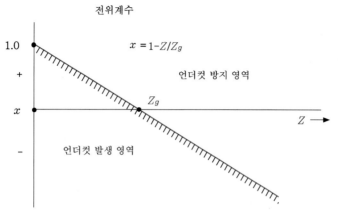

그림 8.28 ▶ 언더컷 발생 경계를 보여 주는 전위계수

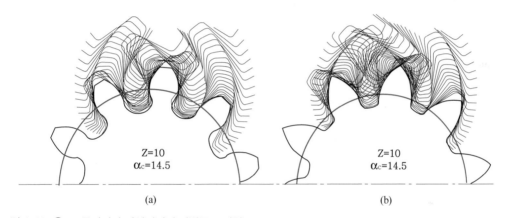

그림 8.29 ▶ 표준기어와 전위기어의 인벌류트 치형

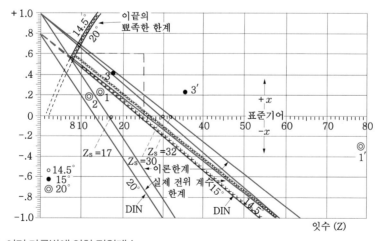

그림 8.30 ▶ 여러 가공법에 의한 전위계수

그림 8.30은 각종 문헌에 나오는 여러 가지 가공법에 의한 전위계수를 계산한 것으로서, 가로축은 잇수를, 세로축은 전위계수를 나타낸다. 그림의 왼쪽 위에 있는 곡선은 이끝 첨도(尖度)의 한계를 나타내는 것으로, 전위계수를 이 곡선상으로 잡으면 이끝이 양쪽 치면에 의해서 깎여서 뾰족하게 된다. 이런 이유로 언더컷 한계 직선과 이끝 첨단 한계선으로 이루어지는 바른쪽 구역이 전위계수의 선택범위가 되므로, 여기서 알 수 있듯이 전위기어의 가장 큰 장점은 언더컷의 한계잇수가 적어지므로 같은 성능일 때 기어의 크기가 작아진다는 것이다.

앞의 그림에서 전위계수의 선택범위를 간단히 결정할 수 있다. 표준 이높이에 압력각 14.5° 인 표준공구를 사용하면 전위기어의 최소 잇수는 8개이고, 20°일 때는 최소 잇수가 7개이다.

표준기어가 20°일 때의 실용적인 최소 잇수 14개는, 14.5°일 때의 실용적인 최소 잇수 25개에 비하면 현저하게 적은 잇수의 기어를 사용할 수가 있다. 전위계수의 선택은 적정 범위 내에서 자유롭게 선택하여 사용하면 된다.

전위된 스퍼기어의 비례치수가 표 8.9에 수록되어 있다.

표 8.8 언더컷 방지를 위한 최소 잇수 비교

종류	압력각, 잇수	공구 압력각	최소 잇수(Z_g)
표준공구 사용	전위기어의 최소 잇수	$\alpha = 20°$	7개
		$\alpha = 14.5°$	8개
	표준기어의 실용(DIN)	$\alpha = 20°$	14개
		$\alpha = 14.5°$	25개
	표준기어의 이론식	$\alpha = 20°$	17개
		$\alpha = 14.5°$	32개

표 8.9 전위 스퍼기어의 비례치수 $[\text{inv}\alpha° = \tan\alpha° - \pi\alpha°/180°\,(\text{radian})]$

명칭	기호	피니언	기어
물림 압력각	α_b	$\text{inv}\alpha_b = \text{inv}\alpha + 2\tan\alpha\left(\dfrac{x_1 + x_2}{Z_1 + Z_2}\right)$	
표준기어의 중심거리	C_o	$C_o = \dfrac{(Z_1 + Z_2)}{2}m$	
중심거리	C	$C = \left(\dfrac{Z_1 + Z_2}{2}\right)m + ym$	
중심거리 증가계수	y	$y = \dfrac{Z_1 + Z_2}{2}\left(\dfrac{\cos\alpha}{\cos\alpha_b} - 1\right)$	

(계속)

명칭	기호	피니언	기어
이끝원지름	d_k	$d_{k1} = (Z_1 + 2)m + 2(y - x_2)m$	$d_{k2} = (Z_2 + 2)m + 2(y - x_1)m$
기준 피치원지름	d_0	$d_{01} = Z_1 m$	$d_{02} = Z_2 m$
물림 피치원지름	d_b	$d_{b1} = \dfrac{2cZ_1}{Z_1 + Z_2}$	$d_{b2} = \dfrac{2cZ_2}{Z_1 + Z_2}$
기초원지름	d_g	$d_{g1} = Z_1 m \cos\alpha$	$d_{g2} = Z_2 m \cos\alpha$
전이높이 (공구표준절삭깊이량)	h	$h = (2 + k)m - (x_1 + x_2 - y)m$	

/8.5.4/ 중심거리 불변의 전위기어 계산

전위 가공하면 당연히 기어의 지름이 변하고 이들 맞물림에서는 중심거리가 변한다. 즉, '+' 전위를 하면 지름이 커지고, '−' 전위를 하면 지름이 작아진다.

피니언에 x_1 만큼 전위량을 주었을 때 맞물리는 상대 기어의 전위량을 $x_2 = -x_1$ 값만큼 '−' 전위시키면 같은 크기의 전위량이고 부호가 반대이므로 중심거리가 표준기어와 같게 된다.

전위량은 $x_2 = -x_1$

압력각은 $\alpha_b = \alpha_0$ 이므로

중심거리 증가계수 $y = 0$

이때 중심거리는

$$C = \frac{Z_1 + Z_2}{2}m \tag{8.38}$$

로 된다.

물론 여기서 x_1 의 값은 언더컷이 생기지 않는 한계값 이상으로 취하고, 실용상 $x_2 = -\left(x_1 + \dfrac{C_n}{2\sin\alpha_0}\right)$ 으로 하며, 이때의 x_2 도 언더컷이 생기지 않는 한계 이상으로 해야 한다.

단 여기서 C_n 은 백래시인데 식 (8.75), (8.76)에서 설명한 바와 같이 백래시를 고려한 중심거리 증가량이 더해진 것이다.

압력각과 잇수로 계산하면 다음과 같다.

압력각 $\quad \alpha_0 = 14.5°$: $Z_1 + Z_2 \geq 64$(이론한계)

$\qquad\qquad\qquad\qquad\quad Z_1 + Z_2 \geq 52$(실용한계)

$$\text{압력각} \quad \alpha_0 = 20° \ : \ Z_1 + Z_2 \geq 34(\text{이론한계})$$

$$Z_1 + Z_2 \geq 28(\text{실용한계})$$

이때 피니언은 이끝높이가 증가하고 맞물리는 상대 기어에서 이끝높이는 감소한다. 이러한 방식을 장단치 방식이라고도 한다.

언더컷 최소 잇수인 $z = 8$ 이상에서는 어느 것이든 가능하며, 저속고부하 운전에 유리하고 표준치형의 이보다 면압강도와 굽힘강도가 큰 장점이 있다.

예제 8-2 표준 인벌류트기어에서 $Z = 35$, $m = 6$, $\alpha = 14.5°$일 때 바깥지름에서의 이두께 T_t를 구하시오.

인벌류트 치형의 이두께 T_t를 고려하면

$$T_t = 2R_t \left(\frac{T}{2R} + \text{inv}\alpha - \text{inv}\alpha_t \right)$$

위 식에서 바깥반지름 R_t는

$$R_t = \frac{m(Z+2)}{2} = \frac{6 \times 37}{2} = 111\,\text{mm}$$

피치원상에서의 이두께 T는 원주피치의 반이므로

$$T = \frac{p}{2} = \frac{\pi \times 6}{2} = 9.425\,\text{mm}$$

이끝에서의 압력각인 α_t를 구하기 위해 기초원반지름과의 관계를 고려한다.

$$R_g = R\cos\alpha = R_t\cos\alpha_t$$

$$\alpha_t = \cos^{-1}\left(\frac{R\cos\alpha}{R_t} \right) = \cos^{-1}\left(\frac{105 \times \cos 14.5}{111} \right) = 23.68°$$

그러므로 $\text{inv}\,14.5$와 $\text{inv}\,23.68$을 인벌류트 함수표에서 찾으면

$$\text{inv}\,14.5 = 0.005545,\ \text{inv}\,23.68 = 0.0252592$$

따라서 이두께는

$$T_t = 2 \times 111 \times \left(\frac{9.425}{2 \times 105} + 0.005545 - 0.0252592 \right) = 5.587\,\text{mm}$$

예제 8-3 서로 맞물려 회전하는 한쌍의 기어 잇수가 각각 $Z_1 = 15$, $Z_2 = 30$이고, 공구 압력각이 $\alpha = 14.5°$, 랙 커터의 모듈 $m = 8$로 하면 두 기어에서 모두 언더컷이 발생한다. 언더컷을 방지하기 위하여 전위기어를 설계하고자 한다. 두 기어의 전위계수와 전위량을 구하시오.

(1) 두 기어의 전위계수 : 전위계수를 각각 구하면

$$x_1 = 1 - \frac{Z_1}{2} \cdot \sin^2 \alpha = 1 - \frac{15}{2} \cdot \sin^2 14.5 = 0.53$$

$$x_2 = 1 - \frac{Z_2}{2} \cdot \sin^2 \alpha = 1 - \frac{30}{2} \cdot \sin^2 14.5 = 0.05965$$

(2) 전위량 : 모듈을 이용하여 두 기어의 전위량을 구하면

$$x_1\,m = 0.53 \times 8 = 4.24\,\text{mm}$$

$$x_2\,m = 0.05965 \times 8 = 0.4772\,\text{mm}$$

예제 8-4 공구 압력각이 $\alpha = 14.5°$이고 모듈이 $m = 4$인 랙 커터로 $Z_1 = 12$, $Z_2 = 30$인 한쌍의 기어를 가공할 경우 언더컷이 발행한다. 언더컷을 방지하기 위하여 전위기어로 설계하려 한다. 다음 물음에 답하시오.

(1) 전위계수와 전위량을 구하시오.
(2) 전위기어의 중심거리를 구하시오.
(3) 전위기어의 이끝원 지름을 구하시오.

(1) 전위계수와 전위량 : 전위기어의 전위계수는

$$x_1 = 1 - \frac{Z_1}{2} \sin^2 \alpha = 1 - \frac{12}{2} \times \sin^2 14.5 = 0.624$$

$$x_2 = 1 - \frac{Z_2}{2} \sin^2 \alpha = 1 - \frac{30}{2} \times \sin^2 14.5 = 0.0596$$

전위기어의 전위량을 구하면

$$x_1 m = 0.624 \times 4 = 2.496\,\text{mm}$$

$$x_2 m = 0.0596 \times 4 = 0.2384\,\text{mm}$$

(2) 중심거리 : 전위기어의 중심거리는 다음 식으로 계산한다.

$$C_f = \frac{m\,(Z_1 + Z_2)}{2} + \frac{m\,(Z_1 + Z_2)}{2}\left(\frac{\cos \alpha}{\cos \alpha_b} - 1\right)$$

표 8.9에서 전위스퍼기어의 비례치수에서 물림 압력각 α_b를 구하면

$$\text{inv}\ \alpha_b = \text{inv}\ \alpha + 2\ \tan\alpha \cdot \frac{x_1 + x_2}{Z_1 + Z_2}$$

$$= \text{inv}\ 14.5 + 2\ \tan 14.5 \times \frac{0.624 + 0.0596}{12 + 30} = 0.013964$$

인벌류트 함수표에서 α_b를 찾으면 $\alpha_b = 19.6°$

따라서 전위기어의 중심거리는

$$C_f = \frac{4 \times (12 + 30)}{2} + \frac{4 \times (12 + 30)}{2} \times \left(\frac{\cos 14.5}{\cos 19.6} - 1 \right) = 86.32 \text{ mm}$$

(3) 이끝원 지름

$$D_{k1} = (Z_1 + 2) m + 2 (y - x_2) m$$
$$D_{k2} = (Z_2 + 2) m + 2 (y - x_1) m$$

표 8.9에서 전위스퍼기어의 비례치수에서 중심거리 증가계수 y를 구하면

$$y = \frac{Z_1 + Z_2}{2} \left(\frac{\cos \alpha}{\cos \alpha_b} - 1 \right) = \frac{12 + 30}{2} \times \left(\frac{\cos 14.5}{\cos 19.6} - 1 \right) = 0.582$$

따라서

$$D_{k1} = (12 + 2) \times 4 \ + \ 2 \times 4 \times (0.582 - 0.0596) = 60.18 \text{ mm}$$
$$D_{k2} = (30 + 2) \times 4 \ + \ 2 \times 4 \times (0.582 - 0.624) = 127.66 \text{ mm}$$

8.6 이의 강도 설계

/8.6.1/ 위험단면의 고찰

단순한 운동전달용 기어가 아니고 한쌍의 이의 맞물림에 의한 동력전달용 기어인 경우 전달하중이 항상 치면에 수직인 방향, 즉 작용선의 방향으로 작용한다. 이 힘의 분력들에 의해서 생기는 이뿌리의 응력들은 굽힘응력, 압축응력, 전단응력들이고, 치면의 접촉면에는 접촉

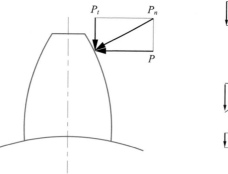

그림 8.31 ▶ 치면에 작용하는 하중과 이뿌리에 발생하는 응력

응력이 생긴다(그림 8.31). Niemann은 전단응력과 굽힘응력을 합성하여 상당주응력으로 설계하는 방식을 제안하기도 했으나, 일반적으로 전단응력은 무시하고 굽힘응력만 고려하여 설계한다.

이들로 인하여 이뿌리에는 주로 굽힘응력에 의한 굽힘파괴가 발생한다. 또 면압강도에 의한 치면 손상은 치면의 마모와 피로에 의해서 피치점 부근에 주로 나타나는 작은 구멍 모양의 점부식(pitting) 현상이 있으며, 잇면 사이의 미끄럼에 의한 피로박리(flaking)와 치면의 마찰열과 윤활유에 의한 부식, 열에 의한 융착 현상 등이 나타나는데, 스코오링(scoring) 현상은 이들 피로박리 및 융착 현상을 말한다.

표면이 경화되거나 취성재료인 경우는 굽힘강도에 의하고, 재료가 연하거나 장시간 연속운전을 하는 경우는 면압강도(접촉응력)를 검토하고, 고속운전되고 높은 하중이 걸릴 경우는 스코오링에 의한 설계가 바람직하다.

한 개 이에 작용하는 전달하중 전체가 집중하중으로 작용한다고 가정하고, 여러 사람이 각자의 강도계산방법을 제안하였다.

먼저 Bach는 유효 이뿌리원의 필렛 부분간의 단면을 위험단면으로 주장했고, Niemann은 하중 작용선의 연장선이 치형 중심선과 교점에서 접촉점까지 거리의 중간점에서 필렛 곡선에 접선을 그었을 때, 이때 양쪽 접선간의 단면을 최대응력이 일어나는 위험단면이라고 주장하였다.

또 Buckingham은 하중의 작용선과 이의 중심선과 만나는 점에서 필렛 곡선에 접선을 그었을 때 두 접점간의 단면을 위험단면이라고 주장하였고, Hofer는 광탄성실험을 통하여 얻은 결과로 압력각이 20°와 15°일 때 하중작용점의 위치에 관계없이 치형의 중심선과 좌우로 30°를 이루는 선이 필렛 곡선에 접할 때, 이 접점을 통과하는 단면이 위험단면이라고 주장하였다.

또한 Wilfred Lewis는 하중작용선의 연장선이 중심선과 만나는 교점을 정점으로 해서 이뿌리곡선에 내접하는 포물선을 갖는 균일 강도의 외팔보로 가정한 굽힘강도식을 유도하였다.

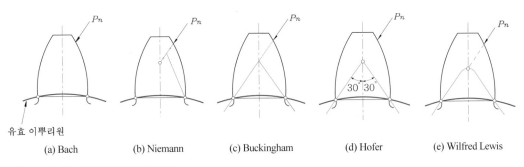

유효 이뿌리원

(a) Bach   (b) Niemann   (c) Buckingham   (d) Hofer   (e) Wilfred Lewis

그림 8.32 ▶ 위험단면 결정의 고찰

/8.6.2/ 굽힘강도

이의 굽힘강도에 대해서는 미국의 W. Lewis가 1893년에 발표한 공식이 설계의 기본공식으로 지금까지 널리 쓰이고 있다. 그림 8.33에서와 같이 잇면에 수직으로 작용하는 전달하중 P_n이 한 개의 이끝에만 집중적으로 작용한다고 가정하고, 이의 중심선과 P_n의 방향의 연장선과 만나는 교점 A점을 정점으로 하면서 이뿌리원에 내접하는 포물선 CAB를 갖는 균일강도의 외팔보로 가정하였다.

그림에서 위험단면은 접점 B, C를 잇는 단면이 된다. 길이가 l, 이뿌리 두께가 S_f인 하나의 외팔보 형태의 이에 전달하중 P_n의 수평분력인 P_1이 작용할 때의 이뿌리 부분의 굽힘모멘트 M은

$$M = P_1 l = P_n \cos\beta \times l \tag{8.39}$$

치폭이 b일 때 단면계수 $Z = \dfrac{1}{6} b S_f^{\,2}$이므로 이때 굽힘응력 σ_b는

$$\sigma_b = \frac{M}{Z} = \frac{6P_1 l}{b S_f^{\,2}} = \frac{6P_n \cos\beta \times l}{b S_f^{\,2}} \tag{8.40}$$

그림에서 피치점에서의 전달하중을 P라고 할 때, 전달하중 $P_n = P/\cos\alpha$이므로 위 식에 대입하면

$$P = \sigma_b b \frac{\cos\alpha}{\cos\beta} \times \frac{S_f^{\,2}}{6l} \tag{8.41}$$

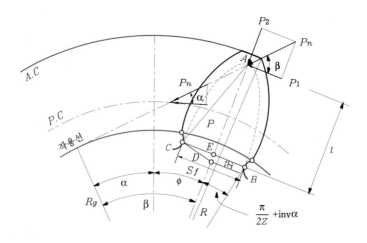

그림 8.33 ▶ Lewis의 굽힘강도

그림 8.33에서 직각삼각형 $\triangle ACD \equiv \triangle CDE$ 에서 $x \cdot l = \left(\dfrac{S_f}{2}\right)^2$ 관계식이 성립하므로 식 (8.41)에 대입하면 Lewis 굽힘강도 설계식(Lewis 공식)이 유도된다.

$$P = \sigma_b b \left(\frac{\cos\alpha}{\cos\beta}\right) \frac{S_f^{\,2}}{6l} = \sigma_b b \left(\frac{\cos\alpha}{\cos\beta}\right) \frac{4x}{6} = \sigma_b b \frac{2x}{3}\left(\frac{\cos\alpha}{\cos\beta}\right) = \sigma_b b p y_p \quad (8.42)$$

$$y_p \equiv \frac{2x}{3p}\frac{\cos\alpha}{\cos\beta} \qquad (8.43)$$

여기서 $y_p \equiv \dfrac{2x}{3p}\dfrac{\cos\alpha}{\cos\beta}$ 로 정의된 y_p 를 치형계수(toothed form factor) 또는 Lewis계수라고 하는데, 잇수에 따라 결정되는 일종의 형상계수이다. 이 치형계수는 피치기준 치형계수임에 주의해야 한다. y_p 값은 잇수 Z 와 압력각 α 의 함수로 표시할 수 있다.

또 모듈(m)을 사용하여 Lewis 공식을 전개하고자 할 때는 $p = \pi m$ 을 식 (8.42)에 대입하여 모듈기준 Lewis 공식이 얻어진다.

$$P = \sigma_b b p y_p = \sigma_b b \pi m y_p = \sigma_b b m y_m \qquad (8.44)$$

$$y_m = \pi y_p \qquad (8.45)$$

즉, 모듈과 함수관계가 있는 모듈기준 치형계수($y_m = \pi y_p$)가 정의된다. 식 (8.43)으로부터 다음 식이 성립함은 자명하다.

$$y_m = \frac{2x}{3m} \cdot \frac{\cos\alpha}{\cos\beta} \qquad (8.46)$$

식 (8.42), (8.44)로 구해진 이 Lewis 공식은 기어의 굽힘강도 설계에 예외없이 적용되는 아주 유용하고 중요한 식이다. 실제 설계에서는 굽힘응력(σ_b) 대신 기어 소재의 허용굽힘응력(σ_a)을 대입하여 기어의 피치나 모듈 등 치수를 결정하게 된다. Lewis 공식은 전달하중, 허용굽힘응역, 치폭(b), 모듈이나 피치, 치형계수 총 5개의 변수로 이루어진 식이다. 여기서 5개 중 4개의 값이 결정되면 나머지 하나의 미지수는 쉽게 계산되나, 3개만 알려지면 미지수가 2개인 부정방정식이 된다. 경우에 따라서 1~2개의 변수만 주어지고 나머지 값을 결정하려면 여러 가지 경우의 해가 존재하게 되므로 기어굽힘강도 설계에서는 여러 가지 설계결과가 나올 수 밖에 없다.

Lewis 공식을 적용할 때는 특별히 주의하여 모듈기준 치형계수(y_m)인지, 피치기준 치형계수(y_p)인지를 반드시 확인해야 한다.

표 8.10 스퍼기어의 모듈기준 치형계수 y_m 값

잇수 Z	압력각 $\alpha = 14.5°$ 표준기어		압력각 $\alpha = 20°$			
			표준기어		낮은이 표준기어	
	y_m	$y_m(\beta=\alpha)$	y_m	$y_m(\beta=\alpha)$	y_m	$y_m(\beta=\alpha)$
12	0.237	0.355	0.277	0.415	0.338	0.496
14	0.261	0.399	0.308	0.468	0.365	0.540
15	0.207	0.415	0.319	0.490	0.374	0.556
17	0.289	0.446	0.330	0.512	0.391	0.587
18	0.293	0459	0.335	0.522	0.399	0.603
19	0.299	0.471	0.340	0.534	0.409	0.616
20	0.305	0.481	0.346	0.543	0.415	0.628
22	0.313	0.496	0.354	0.559	0.426	0.647
24	0.313	0.509	0.359	0.572	0.434	0.663
26	0.327	0.522	0.367	0.587	0.443	0.679
28	0.332	0.534	0.372	0.597	0.448	0.688
30	0.334	0.540	0.377	0.606	0.453	0.697
38	0.347	0.565	0.400	0.650	0.469	0.729
43	0.352	0.575	0.411	0.672	0.474	0.738
50	0.357	0.587	0.422	0.694	0.486	0.757
60	0.362	0.603	0.433	0.713	0.493	0.773
75	0.369	0.613	0.443	0.735	0.504	0.792
100	0.374	0.622	0.454	0.757	0.512	0.807
150	0.378	0.635	0.464	0.779	0.523	0.829
랙	0.390	0.660	0.484	0.823	0.550	0.880

표 8.10은 표준기어의 모듈기준 치형계수 y_m 의 수치값을 나타낸다. 일반적으로 왼쪽 줄의 y_m 값을 사용한다. 오른쪽 줄은 $\alpha = \beta$, 즉 $\phi = 0$일 때 y_m 값은 영국규격인데, 높은 정밀도의 기어에 사용할 수 있는 것으로, 작용하중 P_n 이 피치점에서 한 개의 이에 집중하중이 작용할 때의 값이다.

식 (8.42)와 식 (8.44)는 유도과정에서 알 수 있듯이 정하중의 경우이고, 실제 기어전동 운전 상황에서는 전달동력 크기의 변화, 기어의 가공정밀도, 구동 중에 일어나는 이의 변형, 축의 변형에 의해서 가중되는 하중, 치면 사이의 미끄럼속도 및 주기성 등의 영향을 받게 되는 동적인 하중을 받게 되고, 이로 인한 치차의 원주속도가 변하게 되므로 Carl. G. Barth는 이들을 고려하여 실험에 의한 속도계수(f_v)를 발표하였다. 이 속도계수를 적용하면 식 (8.44)는

$$P = f_v \sigma_b b m y_m \tag{8.47}$$

으로 되고, 표 8.11은 Barth의 속도계수 f_v 값을 나타낸다.

표 8.11 속도계수 f_v

f_v의 수식	적용범위	적용 실예
$f_v = \dfrac{3.05}{3.05 + v}$	$v = 0.5 \sim 10$ m/s(저속용) 거친 다듬질한 기어	윈치, 크레인 등
$f_v = \dfrac{6.1}{6.1 + v}$	$v = 5 \sim 20$ m/s(중속용) 다듬질한 기어	일반기계, 전동기 등
$f_v = \dfrac{5.55}{5.55 + \sqrt{v}}$	$v = 20 \sim 50$ m/s(고속용) 정밀가공, 연삭, 랩핑, 세이빙 등을 한 기어	송풍기, 터빈 등 고속용 기계
$f_v = \dfrac{0.75}{1 + v} + 0.25$	$v < 20$ m/s 비금속 기어	경하중용, 소형기어

또한 Buckingham은 재료의 탄성에 의한 것이거나 가공이나 장착에 의한 오차 또는 반복하중에 의하여 부가되는 동적하중에 대한 하중계수(f_w)를 다음과 같이 제안하였다.

충격받는 경우　　　　　　　　$f_w = 0.67$

변동하중인 경우　　　　　　　$f_w = 0.74$

하중이 조용히 작용하는 경우　$f_w = 0.80$

물림률을 고려한 물림계수(f_c)는 평치차의 대개의 경우는 물림률이 $2 > \epsilon > 1$이므로 $\epsilon = 2$일 때 $f_c = 2$로 하고, 안전을 고려하여 흔히 $f_c = 1$로 계산한다. 이들을 전부 고려하면 식 (8.44)는 다음과 같이 된다.

$$P = f_v \cdot f_w \cdot f_c \cdot \sigma_b \cdot b \cdot m \cdot y_m = \sigma_a b \, m \, y_m \tag{8.48}$$

위 식에서 기어재료의 허용굽힘응력 σ_a를 $\sigma_a = f_v f_w f_c \sigma_b$로 묶어서 생각할 수 있다. 표 8.12에 기어재료의 허용굽힘응력 σ_b가 수록되어 있다.

치폭 b는 모듈 m을 기준으로 하여 정하며, $b = km$으로 하고, 여기서 k는 치폭계수라 하고, 표 8.13에 예시하였다.

우선 치폭이 크면 전달하중이 커지므로 이의 크기를 작게 할 수 있고, 물림률도 좋아지는 장점이 있는 반면, 큰 치폭은 접촉이 좋지 않고 이로 인한 치면의 하중이 균일하게 작용하기가 어렵고, 또 가공하기가 어렵다.

Lewis 공식에 대입할 기어의 전달하중 P와 전달토크 및 전달마력과의 관계식을 알아보자. RPM이 주어진 경우 피치원의 원주속도를 구하여 다음 식을 이용한다. 기어의 전달하중이 기어의 피치원상에 접선력으로 작용하는 회전운동으로 생각하여 전달토크는

$$T = PR \, (R : \text{피치원의 반지름}) \tag{8.49}$$

표 8.12 재료의 허용응력

재질	기호	허용반복굽힘응력 $\sigma_b[\text{kg/mm}^2]$	브리넬경도 H_B	인장강도 $\sigma_B[\text{kg/mm}^2]$
주강	SC42	12	140	> 40
	SC46	18	160	> 45
	SC49	20	190	> 49
기계구조용탄소강	SM25C	20	110~163	> 45
	SM35C	26	120~235	> 52
	SM45C	30	163~269	> 58
표면경화강	SM15K	30	기름담금질 400	> 50
	SNC21	35~40		> 80
	SNC22	40~55	물담금질 600	> 95
니켈·크롬강	SNC1	35~40	210~255	> 70
	SNC2	40~60	250~302	> 80
	SNC3	40~60	270~321	> 90
주철	GC15	7	140~160	> 12
	GC20	9	160~180	> 17
	GC25	10	180~240	> 22
	GC30	13	190~240	> 27
포금	–	> 19	85	> 5
델타메탈		35~60	–	10~20
인청동(주물)		20~30	70~100	6~7
니켈청동(주물)		64~90	180~260	20~30

표 8.13 치폭계수 k (모듈기준)

기어의 종류	스퍼기어	헬리컬기어(치직각 모듈기준)	베벨기어
일반전동용 기어	5~11	10~18	5~8
대동력전달용 기어	15~20	18~20	8~10

전달마력은 공학단위를 사용하면

$$H_{PS} = \frac{P\,v}{75}\,[PS] \ , \ H_{kW} = \frac{P\,v}{102}\,[\text{kW}] \tag{8.50}$$

여기서 $P[\text{kgf}]$ 값은 식 (8.49)에서 계산된 값이고, v 는 피치원의 원주속도 [m/s]이다.
　또한 전달마력은 SI 단위를 사용하면

$$H_{PS} = \frac{P\,v}{735.5}\,[PS] \ , \ H_{kW} = \frac{P\,v}{1,000}\,[\text{kW}] \tag{8.51}$$

여기서 P[N]의 단위는 Newton이고 v는 피치원의 원주속도 [m/s]이다.

/8.6.3/ 면압강도

서로 맞물리는 한쌍의 기어 사이에 동력전달에 의하여 작용하는 수직하중으로 인한 접촉압력이 지나치게 커지면 반복하중에 의해서 마모가 생기는 것은 물론이고, 피로 현상인 피팅(pitting, 점부식)이 생긴다. 이 피팅 현상은 여러 가지 종류가 있으며, 이로 인한 치면의 손상으로 진동이나 소음을 일으키기도 하고 더 나아가서는 파손되기도 한다.

이런 이유로 치면의 접촉응력이 재료의 허용압축응력 한도 이내가 되도록 설계해야 하고, 이에 대한 면압강도식은 Hertz식이 많이 사용되고 있다.

한쌍의 이가 서로 맞물릴 때의 접촉선을 두 개의 원주가 서로 평행으로 접하는 것으로 생각하고, 이때 두 개의 원주면의 곡률 반지름을 r_1, r_2, 재료의 탄성계수를 E_1, E_2, 접촉길이를 b, 접촉면에 수직으로 작용하는 하중을 P_n이라 하면, 최대접촉압축응력 σ_c에 대하여 Hertz는 다음과 같이 발표하였다.

$$\sigma_c^2 = \frac{0.35\, P_n \left(\dfrac{1}{r_1} + \dfrac{1}{r_2} \right)}{b \left(\dfrac{1}{E_1} + \dfrac{1}{E_2} \right)} \tag{8.52}$$

이 식을 두 개의 원주가 아닌 서로 접하는 기어에서 치면의 곡률 반지름은 위치에 따라 다르므로 피치점에서 치면의 곡률 반지름으로 한다. 이유는 피치점 부근에서 가장 큰 전달하중을 받게 되고, 이 피치점 부근에서 피팅 현상도 일어나기 쉬우므로, 가장 약한 부분으로 취급되기 때문이다.

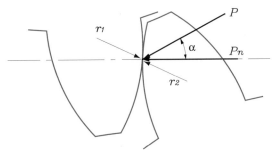

그림 8.34 ▶ 면압강도 설계를 위한 치면의 접촉응력해석

그림 8.34에서

$$r_1 = \frac{D_1}{2} \sin\alpha, \quad r_2 = \frac{D_2}{2} \sin\alpha \tag{8.53}$$

또 수평분력 $P = P_n \cos\alpha$, 접촉길이는 치폭 b 로 하면 식 (8.52)는

$$\sigma_c{}^2 = \frac{0.35 P \dfrac{2}{D_1 \sin\alpha} \cdot \dfrac{D_1 + D_2}{D_2}}{b \cos\alpha \left(\dfrac{1}{E_1} + \dfrac{1}{E_2} \right)} \tag{8.54}$$

두 기어의 잇수를 Z_1, Z_2 라 하면 $Z_1 / Z_2 = D_1 / D_2$, $D = mZ$ 이므로

$$P = \frac{\sigma_c^2 b m \sin 2\alpha}{1.4} \frac{Z_1 Z_2}{Z_1 + Z_2} \left(\frac{1}{E_1} + \frac{1}{E_2} \right)$$

여기서 접촉면 응력계수를 $k = \dfrac{\sigma_c^2 \sin 2\alpha}{2.8} \left(\dfrac{1}{E_1} + \dfrac{1}{E_2} \right)$로 정의하면

$$P = k m b \frac{2 Z_1 Z_2}{Z_1 + Z_2} \tag{8.55}$$

위 식에다가 속도계수 f_v 를 고려하면 식 (8.55)는

$$P = f_v k m b \frac{2 Z_1 Z_2}{Z_1 + Z_2} \tag{8.56}$$

위의 k 를 접촉면응력계수[kgf/mm^2] 또는 비응력계수라 하고, 이 값은 기어의 재질과 경도, 압력각의 크기 등에 따라 값이 결정되고, 표 8.14는 이들의 k 값을 보여 준다. 기어의 강도설계는 굽힘강도와 면압강도를 계산하여 안전한 쪽을 택한다. 즉, 전달하중 P를 두 가지 관점에서 계산하여 작은 값이 안전한 설계하중이다. 비교적 작은 부하이며, 마멸이 적을 때는 굽힘강도를 고려하고 큰 부하로 장시간 동안 운전할 때는 면압강도를 주로 고려해야 한다.

(1) 피팅(pitting)의 종류

주로 과대한 치면 접촉력과 반복하중에 의한 심한 마모로 인하여 치면에 피로 현상인 점부식(pitting)이 생긴다. 이로 인한 소음, 진동 등의 원인이 되고 효율 또한 저하되며, 계속 진전되면 잇면의 파손이 일어난다.

표 8.14 기어재료의 접촉면응력계수 k 값

기어재료		최대접촉응력 σ_c [kgf/mm²]	k [kgf/mm²]	
기어(경도 H_B)	피니언(경도 H_B)		$\alpha = 20°$	$\alpha = 14.5°$
강철 (150)	강철 (150)	35	0.027	0.020
〃 (150)	〃 (200)	40	0.039	0.029
〃 (150)	〃 (250)	50	0.053	0.040
강철 (200)	강철 (200)	50	0.053	0.040
〃 (200)	〃 (250)	56	0.069	0.052
〃 (200)	〃 (300)	63	0.086	0.066
강철 (250)	강철 (250)	60	0.086	0.066
〃 (250)	〃 (300)	70	0.107	0.081
〃 (250)	〃 (350)	75	0.130	0.098
강철 (300)	강철 (300)	75	0.130	0.098
〃 (300)	〃 (350)	84	0.154	0.116
〃 (300)	〃 (400)	88	0.168	0.127
강철 (350)	강철 (350)	90	0.182	0.137
〃 (350)	〃 (400)	100	0.210	0.159
〃 (350)	〃 (500)	102	0.226	0.170
강철 (400)	강철 (400)	120	0.311	0.234
〃 (400)	〃 (500)	123	0.329	0.248
〃 (400)	〃 (600)	127	0.348	0.262
강철 (500)	강철 (500)	134	0.389	0.293
〃 (600)	〃 (600)	162	0.569	0.430
주 철	강철 (150)	35	0.039	0.030
〃	〃 (200)	50	0.079	0.059
〃	〃 (250)	63	0.130	0.098
주 철	주철	60	0.130	0.186
인 청 동	강철 (150)	35	0.041	0.031
〃	〃 (200)	50	0.082	0.062
〃	〃 (250)	60	0.135	0.092

이 피팅은 여러 가지 형태로 나타나며 주로 피치원 부근에서 작은 구멍들이 많이 생기고, 나중에는 이들이 모여서 큰 구멍이 생기는데 이것을 P형 피팅이라 하고, 그림 8.35(a)에 나타내었다.

또 다른 형태는 강하게 맞물림이 일어나는 이뿌리 부분이나 이끝 부분에서 표면이 불규칙하게 거친 면이 나타나는 현상으로 이것을 B형 피팅이라 한다(그림 8.35(b)).

맞물림에서 미끄럼이 가장 심한 이끝 주위에 나타나며, 치폭 전체 또는 치폭의 일부에서 예리한 바늘들이 긁고 지나간 자국과 같은 형태로 나타나는 S형 피팅이 있다(그림 8.35(c)).

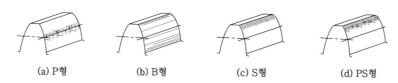

(a) P형	(b) B형	(c) S형	(d) PS형

그림 8.35 ▶ 피팅의 형태

때로는 이끝에 일어나는 S형 피팅 현상이 더욱 커지면서 피치원 부근에서 일어나는 P형 피팅과 연결이 되어 나타나는 경우가 있는데, 이것을 PS형 피팅이라고 한다(그림 8.35(d)). 이 피팅 현상을 피하기 위한 설계방법으로는 기어 소재의 허용접촉응력보다 사용접촉응력이 낮은 값이 되게 해야 한다.

(2) 스코링(scoring) 강도

맞물리는 두 치면의 접촉은 두 강체간의 직접 접촉이 아니라 윤활유가 두 잇면 사이에 유막이 만들어져 있다. 고속 고하중으로 운전하는 경우에 치면의 압력이 높아지고, 유막이 파괴되어 금속끼리의 접촉으로 인한 치면의 온도가 올라가서 유막이 타고 눌러 붙는다. 이런 현상을 스코링(scoring)이라 하고, 이로 인한 치면의 손상이 발생한다.

이 스코링을 방지하기 위하여 다음의 여러 가지 방법이 적용되고 있다.

① 압력계수(pv)값을 제한하는 방법

기어재료의 단위 면적당 압력인 p 와 기어의 원주속도 v 와의 곱의 값인 pv 값으로 한계를 결정하는 방법이 있다.

② pvs 값을 제한하는 방법

압력과 속도의 곱인 pv 값에 피치원으로부터 이뿌리나 이끝의 물림한계점까지의 물림길이인 s를 곱한 pvs 값으로 한계값을 정하는 방법이다. 물론 사용하는 윤활유의 종류에 따라 값의 차이가 있고, 표 8.15는 한계 pvs값을 보여 준다.

표 8.15 pvs 의 한계값

윤활유의 종류	pvs의 한계값 [kgf/sec]
기어유	1.10×10^7
광 유	8.2×10^6
하이포이드유 (고압용 윤활유)	2.00×10^7

표 8.16 최고 온도의 허용한도

윤활유의 종류	t_{max} [℃]
광물유 SAE 10	120
광물유 SAE 30	190
광물유 SAE 60(일반기계용)	260
광물유 SAE 90(기어용)	315

③ 최고 온도를 제한하는 방법

접촉하는 잇면의 최고온도를 Bolk, Leger 및 Dudley가 제시한 식으로 계산한 값이 윤활유의 종류에 따라 허용한계값 이내로 정하는 방법이다.

예제 8-5 중심거리가 100 mm인 서로 맞물려 회전하는 한쌍의 스퍼기어의 속도비가 $i=1/4$, 모듈이 $m=6$, 압력각이 $\alpha=20°$일 때 다음을 구하시오.

(1) 스퍼기어의 피치원지름을 구하시오.
(2) 스퍼기어의 잇수를 구하시오.
(3) 언더컷이 발생하지 않는 최소잇수를 구하시오.

(1) 피치원지름 : 중심거리와 속도비를 이용한다.

$$C = \frac{D_1 + D_2}{2} = 100 \text{ mm} \quad ①$$

$$i = \frac{D_1}{D_2} = \frac{1}{4} \qquad ②$$

위의 ①식과 ②식을 연립하여 풀면

$$D_1 + D_2 = 200, \ 4D_1 = D_2$$
$$\therefore \ D_1 = 40 \text{ mm}, \ D_2 = 160 \text{ mm}$$

(2) 스퍼기어의 잇수 : 피치원지름과 모듈을 이용하여 구한다.

$$Z_1 = \frac{D_1}{m} = \frac{40}{6} = \frac{40}{6.67} ≒ 7개$$

$$Z_2 = \frac{D_2}{m} = \frac{160}{6} = 26.67 ≒ 27개$$

(3) 최소잇수 : 스퍼기어의 언더컷이 발생하지 않는 최소잇수를 구하면

$$Z_g = \frac{2}{\sin^2 \alpha} = \frac{2}{\sin^2 20} ≒ 17개$$

예제 8-6 허용굽힘응력이 $30\,\mathrm{kgf/mm^2}$인 한쌍의 스퍼기어 모듈이 $m=4$, 이폭이 $b=70\,\mathrm{mm}$, 원주속도가 $v=3.6\,\mathrm{m/s}$, 잇수가 각각 $Z_1=50$, $Z_2=100$일 때 다음을 구하시오.

(1) 피니언의 굽힘강도에 의한 전달마력[kW]을 구하시오.
$$\left(y_m=0.361,\ f_v=\frac{3.05}{3.05+v}\right).$$
(2) 면압강도에 의한 전달마력을 구하시오($k=0.075[\mathrm{kgf/mm^2}]$).

(1) 굽힘강도에 의한 전달마력

$$H_{kw}=\frac{Pv}{102}$$

위 식에서 전달력 P는 Lewis 공식에 의해 구한다.

$$P=f_v\sigma_b bmy_m$$

속도계수를 구하면

$$f_v=\frac{3.05}{3.05+v}=\frac{3.05}{3.05+3.6}=0.4586$$

그러므로 전달력 P는

$$P=0.4586\times30\times70\times4\times0.361=1390.66\,\mathrm{kgf}$$

따라서 전달마력은

$$H_{kw}=\frac{1390.66\times3.6}{102}=49.1\,\mathrm{kW}$$

(2) 면압강도에 의한 전달마력

$$P=f_v kbm\frac{2Z_1 Z_2}{Z_1+Z_2}$$

$$\therefore P=0.4586\times0.075\times70\times4\times\frac{2\times50\times100}{50+100}=642.1\,\mathrm{kgf}$$

따라서 전달마력은

$$H_{kw}=\frac{Pv}{102}=\frac{642.1\times3.6}{102}=22.7\,\mathrm{kW}$$

다음 표와 같은 한쌍의 스퍼기어의 하중계수가 $f_w = 0.8$이고, 속도계수가 $f_v = \dfrac{6.1}{6.1 + v}$

일 때 다음을 구하시오.

	압력각	모 듈	잇 수	회전수[rpm]	이 폭	재질(경도 H_B)
피니언	14.5°	4	35	1,200	50	SM35C(200)
기 어			70	600		GC25

(1) 스퍼기어의 굽힘강도에 의한 전달력을 구하시오.
(2) 스퍼기어의 면압강도에 의한 전달력을 구하시오.
(3) 스퍼기어의 전달마력을 구하시오.
(4) 기어의 이폭과 잇수를 구하시오.

(1) 굽힘강도에 의한 전달하중
  ① 피니언의 전달하중 : Lewis 공식에 의해 전달하중을 구한다.

$$P_1 = f_w f_v \sigma_b b m y_m$$

위 식에서 속도계수를 구하기 위해 피니언의 피치원지름과 원주속도를 구하면

$$D_1 = m \ Z_1 = 4 \times 35 = 140\,\text{mm}$$

$$v = \frac{\pi D_1 N_1}{1,000 \times 60} = \frac{\pi \times 140 \times 1,200}{1,000 \times 60} = 8.796\,\text{m/s}$$

속도계수는

$$f_v = \frac{6.1}{6.1 + v} = \frac{6.1}{6.1 + 8.796} = 0.4095$$

피니언의 치형계수를 표 8.10에서 찾아서 보간법으로 계산하면

$$\frac{0.347 - 0.342}{38 - 34} = \frac{y_m - 0.342}{35 - 34}$$

그러므로

$$y_m = 0.34325$$

피니언의 허용굽힘응력은 표 8.12에서 찾으면

$$\sigma_b = 26\,\text{kgf/mm}^2$$

따라서 전달하중은

$$P_1 = 0.8 \times 0.4095 \times 26 \times 50 \times 4 \times 0.34325 = 584.73\,\text{kgf}$$

  ② 기어의 전달하중
$$P_2 = f_w f_v \sigma_b b m y_m$$

위 식에서 기어의 재질에 따라 허용굽힘응력을 표 8.12에서 찾으면

$$\sigma_b = 11 \,\text{kgf}/\text{mm}^2$$

표 8.10에서 치형계수 y_m를 찾아서 계산하면

$$\frac{0.369 - 0.365}{75 - 60} = \frac{y_m - 0.365}{70 - 60}$$

$$y_m = 0.440$$

따라서 기어의 전달하중은

$$P_2 = 0.8 \times 0.4095 \times 10 \times 50 \times 4 \times 0.3663 = 240 \,\text{kgf}$$

(2) 면압강도에 의한 전달하중

스퍼기어의 면압강도에 의한 전달하중을 구하면

$$P_3 = f_v k m b \frac{2Z_1 \times Z_2}{Z_1 + Z_2}$$

위 식에서 비응력계수 k는 표 8.14에서 찾으면 $k = 0.059$
따라서 전달하중은

$$P_3 = 0.4095 \times 0.059 \times 4 \times 50 \times \frac{2 \times 35 \times 70}{35 + 70} = 225.5 \,\text{kgf}$$

(3) 스퍼기어의 전달마력 : 위에서 구한 3가지의 전달하중 중 최소값으로 스퍼기어의 전달마력을 구한다.

$$H_{PS} = \frac{P_3 v}{75} = \frac{225.5 \times 8.796}{75} = 26.45 \,\text{PS}$$

예제 8-8 다음 표와 같이 중심거리가 $C = 400 \,\text{mm}$이고, 15 kw의 동력을 전달하는 표준기어에 대해 다음 물음에 답하시오.

	압력각	모듈	잇수	회전수[rpm]	이폭	재질
피니언	14.5°	m	Z_1	1000	$10 \times m$	SM45C($H_B = 250$)
기 어			Z_2	250		GC30

(1) 기어의 모듈을 구하시오 $\left(f_v = \frac{6.1}{6.1 + v}, \ y_m = 0.313 \right)$.

(2) 기어의 이폭과 잇수를 구하시오.

(3) 면압강도에 의한 허용전달하중을 구하여 위의 결과를 검토하시오.

(1) 모듈

　① 피니언의 굽힘강도에 의한 모듈 : Lewis 공식을 이용해 모듈을 구한다.

$$m = \frac{P}{f_v \sigma_b b y_m}$$

위 식에서 전달하중 P를 전달동력을 이용하여 구하기 위해 피치원지름을 구한다.

$$P = \frac{102 H_{kw}}{v}$$

$$i = D_1 \,/\, D_2 = N_2 \,/\, N_1 = 200 \,/\, 800 \quad \text{ⓐ}$$

$$C = (D_1 + D_2) \,/\, 2 = 400 \quad\quad\quad \text{ⓑ}$$

ⓐ식과 ⓑ식을 연립하여 풀면

$$D_1 = 160 \, \text{mm}, \ D_2 = 640 \, \text{mm}$$

원주속도를 구하면

$$v = \frac{\pi D_1 N_1}{1{,}000 \times 60} = \frac{\pi \times 160 \times 800}{1{,}000 \times 60} = 6.702 \, \text{m/s}$$

전달하중은

$$P = \frac{102 \times 15}{6.702} = 228.3 \, \text{kgf}$$

속도계수 f_v는

$$f_v = \frac{6.1}{6.1 + v} = \frac{6.1}{6.1 + 6.702} = 0.4765$$

피니언의 허용굽힘응력은 표 8.12에서 $\sigma_b = 28 \, \text{kgf/mm}^2$이다. 따라서 모듈은

$$m = \frac{228.29}{0.4765 \times 28 \times 10 \ m \times 0.313}$$

$$\therefore \ m = \sqrt{\frac{228.29}{0.4765 \times 30 \times 10 \times 0.313}} = 2.26$$

모듈은 2.26이 없으므로 $m = 2.5$를 선택한다.

　② 기어의 굽힘강도에 의한 모듈

$$m = \frac{P}{f_v \sigma_b b y_m}$$

기어의 허용굽힘응력은 표 8.12에서 $\sigma_b = 13 \, \text{kgf/mm}^2$이다. 따라서 기어의 모듈은

$$m = \frac{228.29}{0.4765 \times 13 \times 10 \times m \times 0.313}$$

그러므로

$$m = \sqrt{\frac{228.29}{0.4765 \times 13 \times 10 \times 0.313}} = 3.43$$

모듈은 3.43이 없으므로 $m = 3.5$를 선택한다.

따라서 기어의 모듈은 안전상 큰 값인 $m = 3.5$를 최종 선택한다.

(2) 이폭과 잇수 : 앞에서 구한 모듈을 이용한다.

$$b = 10 \times m = 10 \times 3.5 = 35 \, \text{mm}$$

잇수를 구하면

$$Z_1 = \frac{D_1}{m} = \frac{160}{35} = 45.7 \doteqdot 46 \text{개}$$

$$Z_2 = \frac{D_2}{m} = \frac{640}{3.5} = 182.85 \doteqdot 183 \text{개}$$

(3) 면압강도측면의 검토 : 면압강도에 의한 표준기어의 허용전달하중은

$$P = f_v k m b \frac{2Z_1 \cdot Z_2}{Z_1 + Z_2}$$

위 식에서 비응력계수 k는 표 8.14에서 찾으면 $k = 0.098 \, \text{kgf/mm}^2$

$$\therefore P = 0.4765 \times 0.098 \times 3.5 \times 3.5 \times \frac{2 \times 46 \times 183}{46 + 183} = 420.6 \, \text{kgf}$$

면압강도에 의한 허용전달하중보다 굽힘강도에 의한 전달하중이 작기 때문에 (420.6 > 228.9) 앞에서 구한 모듈은 면압강도 측면에서 안전한 값임을 알 수 있다.

8.7 헬리컬기어

이가 서로 맞물릴 때 평기어에서는 이폭 전체가 일시에 물렸다가 물림이 끝날 때는 일시에 떨어져 나가므로, 이가 받는 급격한 하중의 변화에 의해서 탄성변형의 급격한 변동으로 인한 진동이나 소음의 원인이 된다.

이에 비하여 헬리컬기어(helical gear)는 첫째로, 원통면에 잇줄이 축선과 일정한 각인 나선각(helix angle 보통 $10° \sim 30°$)을 갖는 이의 물림이 한쪽에서 시작해서 점점 접촉폭이 증가했다가 차차로 감소하여 끝나므로, 작용하중에 의한 탄성변형의 변동도 이와 같으므로 충격이

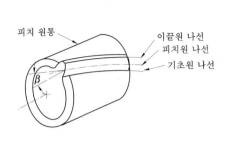
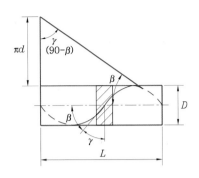

그림 8.36 ▶ 헬리컬기어의 나선구조

그림 8.37 ▶ 헬리컬기어의 실물

나 진동 그리고 소음도 자연히 적게 되므로 고속운전이 가능하다. 둘째로, 평기어보다 물림길이가 길어지므로 물림률이 커지며, 물림 상태가 원활하여 운전성능도 좋아지기 때문에 큰 동력을 전달할 수 있다. 보다 큰 동력을 전달하려면 더블 헬리컬기어를 사용한다. 셋째로, 물림률이 좋아 잇수가 적은 경우도 사용 가능하므로 큰 각속비(회전속도의 비)를 얻을 수 있어 10 : 1까지는 무리 없이 사용할 수 있다. 넷째로, 실험결과를 보거나 위의 여러 가지 장점으로 보아서 평기어보다 효율이 좋다(효율 98%). 단점으로는 이가 축방향과 비틀려 있어서 축 방향으로 스러스트 하중(thrust load)이 생기므로 설치할 때 이를 고려한 스러스트 베어링을 사용해야 한다. 또한 제작과 검사가 평기어보다 어렵다.

헬리컬기어에서 치형을 표시하는 방법으로는 축 단면으로 절단했을 때 나타나는 치형을 이용하는 축직각 방식과 이에 수직인 단면으로 절단했을 때 나타나는 치형을 이용하는 치직각 방식이 있다.

/8.7.1/ 축직각 방식과 치직각 방식

(1) 축직각 방식

축에 직각인 단면에서 정의된 치형으로 축직각 피치(p_s), 축직각 모듈(m_s)을 기준으로 치형의 치수가 결정된다. 스퍼(spur)기어의 잇줄이 축방향에 일정한 각도만큼 비틀어진 상태로 가공하는 방법이다. 정밀가공이 요구되며 보통 피니언 커터를 사용한다.

(2) 치직각 방식

잇줄과 직각인 단면에서 정의된 치형으로 치직각 피치(p_n), 치직각 모듈(m_n)을 기준으로 치형의 치수가 결정된다. 가공할 때 랙(rack) 커터나 호브(hob)를 사용하므로 스퍼기어 가공공구를 그대로 사용할 수 있기 때문에 편리하며 경제적이다. 가공할 때 절삭공구의 날이 잇줄방향으로 가공홈에 직각으로 운동하므로 축직각 방식보다 치직각 방식이 보다 합리적이다. 치직각 모듈과 치직각 압력각이 가공공구의 모듈과 압력각과 같게 된다.

그림 8.38에서 이의 비틀림각이 β일 때 치직각 피치 p_n과 축직각 피치 p_s는

$$p_n = p_s \cos\beta \tag{8.57}$$

치직각 모듈 m_n과 축직각 모듈 m_s 사이의 관계는

$$m_n = \frac{p_n}{\pi} = \frac{p_s \cos\beta}{\pi} = m_s \cos\beta \tag{8.58}$$

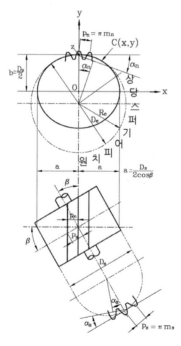

그림 8.38 ▶ 치직각 방식과 축직각 방식의 비교

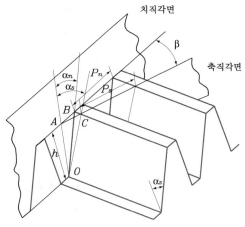

그림 8.39 ▶ 치직각 압력각과 축직각 압력각

치직각 압력각 α_n과 축직각 압력각 α_s와의 관계는 그림 8.39에서 직각 삼각형 △OAB에서

$$\overline{AB} = h\tan\alpha_n$$

직각 삼각형 △ABC에서

$$\overline{AB} = \overline{AC}\cos\beta$$

직각 삼각형 △OAC에서

$$\overline{AC} = h\tan\alpha_s$$

이들로부터

$$\overline{AB} = \overline{AC}\cos\beta = h\tan\alpha_s \times \cos\beta$$

$$\therefore \tan\alpha_n = \tan\alpha_s\cos\beta \tag{8.59}$$

즉, 여기서 $\alpha_n < \alpha_s$이므로 치직각 압력각이 축직각 압력각보다 작음을 알 수 있다.

/8.7.2/ 헬리컬기어의 치수

그림 8.40에서 비틀림각(helix angle)이 β인 헬리컬기어가 동력을 전달할 때 치직각 방향으로 두 기어 접촉면에서 전달되는 법선방향 하중 P_n은 전달하중 P(피치원에 접선방향으로 작용하며 실제로 동력을 전달하는 하중이다)와 축방향의 스러스트 P_t로 분해될 수 있다. 그 크기는 각각 다음과 같다.

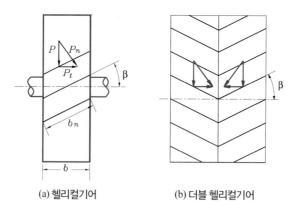

| (a) 헬리컬기어 | (b) 더블 헬리컬기어 |

그림 8.40 ▶ 헬리컬기어의 스러스트 하중과 이를 상쇄시킬 수 있는 더블 헬리컬기어

$$P_t = P \tan\beta \qquad\qquad (8.60)$$
$$P_n = P / \cos\beta$$

또 헬리컬기어의 잇줄길이는 스퍼기어의 $1 / \cos\beta$ 이므로 비틀림각 β가 크면 잇줄길이가 커지고, 이로 인한 물림률이 커지며 물림 상태가 좋아져서 고속, 고하중에서도 소음이 적으나 축방향의 힘이 커지는 결점이 있으므로 보통 $\beta = 15 \sim 30°$로 한다.

헬리컬기어에서 나타나는 스러스트 하중을 해결하는 방법으로 두 개의 헬리컬기어를 대칭으로 가공한 더블 헬리컬기어(double helical gear)로 하면 전달동력은 커지고 스러스트도 서로 상쇄되어 없어지는 장점이 있으나 고가이다. 더블 헬리컬기어는 그림 8.41과 같이 여러 가지 형태를 가진다.

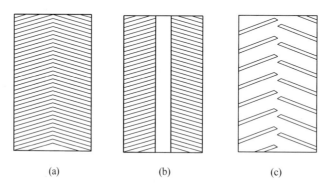

| (a) | (b) | (c) |

그림 8.41 ▶ 더블 헬리컬기어의 여러 모양

헬리컬기어의 각부의 치수는 다음과 같다.

(1) 축직각 피치원지름(D_s)

$$D_s = m_s Z = \frac{m_n Z}{\cos\beta} = \frac{D_n}{\cos\beta} \tag{8.61}$$

(2) 축직각 모듈(m_s)

$$m_s = \frac{m_n}{\cos\beta} \tag{8.62}$$

(3) 축직각 압력각(α_s)

$$\tan\alpha_s = \frac{\tan\alpha_n}{\cos\beta} \tag{8.63}$$

(4) 바깥지름(D_k)

$$D_k = D_s + 2m_n = \left(\frac{Z}{\cos\beta} + 2\right) m_n \tag{8.64}$$

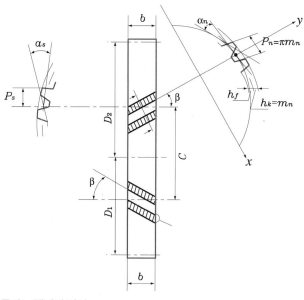

그림 8.42 ▶ 서로 맞물리는 헬리컬 기어

표 8.17 헬리컬기어의 비례치수

명칭 \ 치형방식	치직각 방식	축직각 방식
모듈	$m_n = m_c$ (m_c : 공구모듈)	$m_s = \dfrac{m_n}{\cos\beta}$
잇수	$Z(= Z_n = Z_s)$	
비틀림각	$\beta, \sin\beta_g = \sin\beta\cos\alpha_n$ (β : 기초원비틀림각)	
압력각	$\alpha_n = \alpha_c$ (α_c : 공구압력각)	$\alpha_s, \tan\alpha_s = \dfrac{\tan\alpha_n}{\cos\beta}$
피치원지름	$D_n = \dfrac{Zm_n}{\cos\beta}$	$D_s = Z\ m_s$
기초원지름	$D_g = \dfrac{Z\cos\alpha_n}{\cos\beta_g}m_n$	$D_g = Z\cos\alpha_s\cdot\ m_s$
바깥지름	$D_k = d + 2h_k = \left(\dfrac{Z}{\cos\beta} + 2\right)m_n$	$D_k = d + 2h_k = Z\ m_s + 2m_n$ $= (Z + 2\cos\beta)m_s$
어덴덤높이	$h_k = m_n$	
데덴덤높이	$h_f = 1.25m_n$	
이높이	$h = 2.25m_n$	
중심거리	$C = \dfrac{(Z_1 + Z_2)}{2\cos\beta}m_n$	$C = \dfrac{(Z_1 + Z_2)}{2}m_s$
원주피치	$p_n = \pi \cdot m_n$	$p_s = \pi \cdot m_s = \dfrac{\pi}{\cos\beta}m_n$
정면원주이두께	$t = \dfrac{\pi m_n}{2}$	$t = \dfrac{\pi m_s}{2\cos\beta}$
상당평기어잇수	$Z_e = \dfrac{Z}{\cos^3\beta}$	

(5) 중심거리(C)

$$C = \frac{D_{s1} + D_{s2}}{2} = \frac{(Z_1 + Z_2)\,m_s}{2} = \frac{(Z_1 + Z_2)\,m_n}{2\cos\beta} \tag{8.65}$$

/8.7.3/ 헬리컬기어의 상당스퍼기어

헬리컬기어를 설계하거나, 성형치절삭 방법으로 가공할 경우 공구번호를 결정할 때에는 스퍼기어에 상당하는 상당스퍼기어의 잇수 Z_e 를 기준으로 한다.

그림 8.38에 나타낸 바와 같이 헬리컬기어를 잇줄에 직각이 되게 절단하면 절단면에서 나타나는 피치원은 그림에 표시된 (x, y) 좌표계에서 타원 $C(x, y)$ 이 된다. 이 타원의 장축길이는 $a = \dfrac{D_s}{2\cos\beta}$, 단축길이는 $b = \dfrac{D_s}{2}$ 임을 알 수 있다. 타원의 곡률반경은 타원상의 점(x, y)에 따라 달라진다. 여기서 점 $Z(0, b)$에서 계산된 곡률반경을 반지름(R_e)으로 하는 원을 그리면 이 원이 헬리컬기어의 상당스퍼기어 피치원이 된다.

일반적으로 타원의 장축을 $2a$, 단축을 $2b$로 할 때 타원상의 임의의 점 (x, y)에서 계산된 곡률 반지름 ρ는

$$\rho = \left\{ a^2 - \left(1 - \frac{b^2}{a^2} \right) x \right\}^{3/2} \bigg/ ab \tag{8.66}$$

여기에 $a = \dfrac{D_s}{2\cos\beta}$, $b = \dfrac{D_s}{2}$ 를 대입하고 좌표값 $(0, b)$를 대입하면 곡률반지름은

$$\therefore \rho = R_e = \frac{a^2}{b} = \left(\frac{D_s}{2\cos\beta} \right)^2 \times \frac{2}{D_s} = \frac{D_s}{2\cos^2\beta}$$

따라서 상당스퍼기어의 피치원지름 D_e는

$$D_e = 2R_e = \frac{D_s}{\cos^2\beta} \tag{8.67}$$

이것은 피치원의 지름이 D_e이고 원주피치 p_n인 스퍼기어로 생각하고 잇줄 방향으로 이를 절삭하면 헬리컬기어의 상당스퍼기어가 가공된다는 의미이다. 다시 말하면 이 헬리컬기어는 피치원의 지름이 D_e인 가상 스퍼기어가 서로 맞물려 회전하는 것으로 생각할 수 있다. 이렇게 가상한 스퍼기어를 헬리컬기어의 상당스퍼기어(equivalent spur gear)라 하고, 상당스퍼기어의 피치원지름을 D_e, 상당스퍼기어의 잇수를 Z_e로 표시한다.

헬리컬기어의 잇수를 Z_s라고 하고 상당스퍼기어의 잇수로 환산해보자. 축직각 방식의 잇수는 치직각 방식의 잇수와 같고, 이를 보통 헬리컬기어의 잇수 Z로 표기함에 유의하면 다음과 같이 유도된다.

$$Z_e = \frac{D_e}{m_n} = \frac{\dfrac{D_s}{\cos^2\beta}}{m_s\cos\beta} = \frac{D_s}{m_s} \times \frac{1}{\cos^3\beta} = \frac{Z_s}{\cos^3\beta} = \frac{Z}{\cos^3\beta} \tag{8.68}$$

/8.7.4/ 헬리컬기어의 강도 계산

(1) 굽힘강도의 식

헬리컬기어의 굽힘강도 계산식은 상당스퍼기어의 잇수가 $Z_e = \dfrac{Z_s}{\cos^3 \beta}$ 인 스퍼기어로 계산할 수 있다. 이때 그림 8.40에서 작용하는 치면 접촉에 의한 전달하중은 $P_n = \dfrac{P}{\cos \beta}$ 이고, 잇줄길이는 $\dfrac{b}{\cos \beta}$ 이므로, 스퍼기어에서의 굽힘강도 계산식인 Lewis 공식에 P 대신 P_n, 치폭 b 대신 $\dfrac{b}{\cos \beta}$ 를 대입하면

$$\frac{P}{\cos \beta} = f_v f_w \sigma_b \frac{b}{\cos \beta} m_n y_m$$

$$P = f_\nu f_w \sigma_b b m_n y_m = f_\nu f_w \sigma_b b p y_p \tag{8.69}$$

즉, 스퍼기어의 Lewis 공식과 동일해진다. 단 이때의 치형계수는 상당스퍼기어의 잇수를 기준으로 구한 치형계수를 사용해야 한다(그림 8.43 참조).

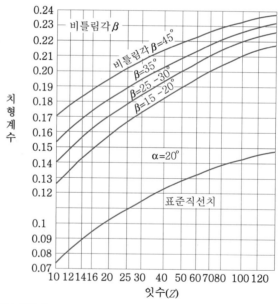

그림 8.43 ▶ 헬리컬기어의 치형계수($\alpha = 20°$)

(2) 면압강도의 식

앞에서 정의된 바와 같이 헬리컬기어를 상당스퍼기어로 생각하여 스퍼기어의 경우와 같이 면압강도식 (8.56)을 적용한다. 식 (8.56)에서 모듈은 헬리컬 기어를 절삭하는 공구 모듈 m_c와 치직각 모듈 m_n이 동일하므로 이것을 대입하고, 잇수는 상당스퍼기어 잇수를 대입한다. 그림 8.40에 도시된 $P_n = \dfrac{P}{\cos\beta}$, 치폭을 $b_n = \dfrac{b}{\cos\beta}$ 그리고 치면계수 C_w를 추가하여 식을 정리하면

$$P = f_v\, C_w\, k\, b \cdot \frac{2\, Z_{e1}\, Z_{e2}}{Z_{e1} + Z_{e2}} \cdot m_n \,(m_n = m_c : 공구모듈) \tag{8.70}$$

여기서 가공 정밀도에 따라 정해지는 치면계수 C_w는 맞물림이 정확하게 정밀가공하거나 래핑(lapping)한 경우는 $C_w = 1.0$이나 보통은 $C_w = 0.75$로 한다. k는 표 8.14에 나와 있는 치면의 허용접촉응력으로 최대접촉응력을 안전계수로 나눈 값을 대입하는 경우도 있다.

또한 축직각 모듈 m_s와 잇수 Z_s를 사용하려면 $m_n = m_s\cos\beta$이고, $Z_e = \dfrac{Z_s}{\cos^3\beta}$ 이므로 식 (8.70)에 대입하면

$$P = f_v\, C_w\, k\, b \cdot \frac{2\left(\dfrac{Z_{s1}}{\cos^3\beta}\right)\left(\dfrac{Z_{s2}}{\cos^3\beta}\right)}{\dfrac{Z_{s1}}{\cos^3\beta} + \dfrac{Z_{s2}}{\cos^3\beta}} \cdot m_s\cos\beta \tag{8.71}$$

$$= \frac{f_v\, C_w\, k\, b\, m_s}{\cos^2\beta} \cdot \frac{2\, Z_{s1}\, Z_{s2}}{Z_{s1} + Z_{s2}}$$

/8.7.5/ 전위 헬리컬기어

치직각 방향의 전위계수를 x_n, 축직각 방향의 전위계수 x_s 와의 관계는 다음과 같다.

$$x_s = x_n\cos\beta \tag{8.72}$$

전위 헬리컬기어의 기본 설계식은 전위 스퍼기어의 식에 모듈 m 대신 치직각 모듈 m_n을 대입하면 얻을 수 있다. 맞물려 회전하는 기어의 잇수를 각각 Z_1, Z_2, 전위계수를 x_{n1}, x_{n2}라고 하면 축직각 방식의 맞물림 압력각은 다음과 같이 정의한다.

$$\text{inv}\,\alpha_{\text{ws}} = 2\tan\alpha_n \left(\frac{x_{n1} + x_{n2}}{Z_1 + Z_2} \right) + \text{inv}\alpha_s \tag{8.73}$$

중심거리 증가계수 y는

$$y = \frac{Z_1 + Z_2}{2\cos\beta} \left(\frac{\cos\alpha_s}{\cos\alpha_{ws}} - 1 \right) \tag{8.74}$$

마찬가지로 중심거리 C는 다음과 같다.

$$C = \frac{Z_1 + Z_2}{2\cos\beta} m_n + y\,m_n + \Delta C \tag{8.75}$$

위 식에서 중심거리 증가량 ΔC는 백래시를 고려한 값이며, 치직각 방향의 백래시를 B_n이라고 하면, ΔC와의 관계는 다음과 같다.

$$\begin{aligned}
\Delta C &= \frac{B_n}{2\sin\alpha_{ws}\cos\beta_b} \\
&= \frac{B_n}{2\sin\alpha_{ws}\sqrt{1 - \sin^2\beta\cos^2\alpha_n}} \doteqdot \frac{B_n}{2\sin\alpha_n} \\
&\therefore\, B_n = 2\Delta\,C\sin\alpha_n
\end{aligned} \tag{8.76}$$

헬리컬기어의 언더컷 방지를 위한 전위계수의 한계값은 상당스퍼기어 잇수가 Z_e일 때

$$x_n = 1 - \frac{Z\sin^2\alpha_n}{2\cos^3\beta} = 1 - \frac{Z_e\sin^2\alpha_n}{2} \tag{8.77}$$

따라서

$$\alpha_n = 14.5°\text{일 경우} \quad x = \frac{26 - Z_e}{32} \tag{8.78}$$

$$\alpha_n = 20°\text{일 경우} \quad x = \frac{14 - Z_e}{17} \tag{8.79}$$

예제 8-9 비틀림각이 $\beta = 25°$인 한쌍의 헬리컬기어 잇수가 $Z_1 = 35$, $Z_2 = 105$이고 치직각 모듈이 $m_n = 5$일 때 다음을 구하시오.

(1) 헬리컬기어의 피치원지름을 구하시오.
(2) 헬리컬기어의 바깥지름을 구하시오.
(3) 헬리컬기어의 중심거리를 구하시오.

(1) 피치원지름

잇수와 치직각 모듈을 이용하여 헬리컬기어의 피치원지름을 구하면

$$D_1 = \frac{m_n \, Z_{s1}}{\cos} \beta = \frac{5 \times 35}{\cos 25} = 193.1 \, \text{mm}$$

$$D_2 = \frac{m_n \, Z_{s2}}{\cos} \beta = \frac{5 \times 105}{\cos 25} = 579.27 \, \text{mm}$$

(2) 바깥지름

$$D_1 = m_n \left(\frac{Z_{s1}}{\cos} \beta + 2 \right) = 5 \times \left(\frac{35}{\cos 25} + 2 \right) = 203.1 \, \text{mm}$$

$$D_2 = m_n \left(\frac{Z_{s2}}{\cos} \beta + 2 \right) = 5 \times \left(\frac{105}{\cos 25} + 2 \right) = 589.27 \, \text{mm}$$

(3) 중심거리

$$C = \frac{m_n (Z_{s1} + Z_{s2})}{2 \cos \beta} = \frac{5 \times (35 + 105)}{2 \times \cos 25} = 386.18 \, \text{mm}$$

예제 8-10 하중계수가 $f_w = 0.8$인 한쌍의 헬리컬기어에 대해 다음을 구하시오.

	치직각		잇 수	회전수 [rpm]	이 폭	비틀림각
	압력각	모 듈				
피니언	20°	6	25	750	60	25°
기 어			75	250		

(1) 헬리컬기어의 피치원지름과 이끝원지름을 구하시오.
(2) 헬리컬기어의 굽힘강도를 구하시오 $\left(\sigma_a = 25 \, \text{kgf/mm}^2, \, f_v = \frac{3.05}{3.05 + v} \right)$.
(3) 굽힘강도에 의한 전달마력을 구하시오.

(1) 피치원지름과 이끝원지름 : 헬리컬기어의 피치원지름을 구하면

$$D_1 = \frac{m_n \, Z_{s1}}{\cos \beta} = \frac{6 \times 25}{\cos 25} = 165.51 \, \text{mm}$$

$$D_2 = \frac{m_n \, Z_{s2}}{\cos \beta} = \frac{6 \times 75}{\cos 25} = 496.52 \, \text{mm}$$

헬리컬기어의 이끝원지름을 구하면

$$D_{01} = \left(\frac{Z_{s1}}{\cos \beta} + 2 \right) m_n = D_1 + 2 m_n = 174.51 \, \text{mm}$$

$$D_{02} = \left(\frac{Z_{s2}}{\cos \beta} + 2 \right) m_n = D_2 + 2 m_n = 508.52 \, \text{mm}$$

(2) 헬리컬기어의 굽힘강도

① 피니언의 굽힘강도 : Lewis 공식을 이용하여 굽힘강도를 구한다.

$$P_1 = f_w f_v \sigma_b b m y_{e1}$$

위 식에서 속도계수를 구하면

$$v = \frac{\pi D_1 N_1}{1,000 \times 60} = \frac{\pi \times 165.51 \times 750}{1,000 \times 60} = 6.5\,\text{m/s}$$

$$\therefore f_v = \frac{3.05}{3.05 + v} = \frac{3.05}{3.05 + 6.5} = 0.32$$

상당스퍼기어의 잇수를 구하면

$$Z_{e1} = \frac{25}{\cos^3 25} = 33.58 ≒ 34개$$

상당스퍼기어 잇수에 대한 모듈기준 치형계수 y_{e1}은 표 8.10을 이용하면

$$y_{e1} = 0.388$$

따라서 피니언의 허용굽힘하중은

$$P_1 = 0.8 \times 0.32 \times 25 \times 60 \times 6 \times 0.388 = 893.95\,\text{kgf}$$

② 기어의 굽힘강도

$$P_2 = f_w f_v \sigma_b b m y_{e2}$$

위 식에서 상당스퍼기어 잇수는

$$Z_{e2} = \frac{75}{\cos^3 25} = 100.75 ≒ 101개$$

모듈기준 치형계수 y_{e2} 는 표 8.10을 이용하면

$$y_{e2} = 0.4542$$

따라서 기어의 허용굽힘하중은

$$P_2 = 0.8 \times 0.32 \times 25 \times 60 \times 6 \times 0.4542 = 1,046.48\,\text{kgf}$$

(3) 헬리컬기어의 전달마력 : 앞에서 구한 피니언과 기어의 전달하중에서 작은 값으로 헬리컬기어의 전달마력을 구해야 굽힘강도의 관점에서 안전하다.

$$H_{ps} = \frac{P_1 v}{75} = \frac{893.95 \times 6.5}{75} = 77.48\,\text{ps}$$

예제 8-11 다음 표와 같은 헬리컬기어에 대해 물음에 답하시오.

	치직각		잇 수	회전수 [rpm]	이 폭	비틀림각	재 질
	압력각	모 듈					
피니언	20°	3	50	1,500	$b = 6p_n$	25°	SM45C (H_B 200)
기 어			250	500			

(1) 헬리컬기어의 이폭과 상당스퍼잇수를 구하시오.

(2) 헬리컬기어의 굽힘강도에 의한 전달하중을 구하시오$\left(f_v = \dfrac{6.1}{6.1 + v} \right)$.

(3) 헬리컬기어의 면압강도에 의한 전달하중을 구하시오($C_w = 0.85$).

(4) 헬리컬기어의 전달마력을 구하시오.

(1) 이폭과 상당잇수 : 헬리컬기어의 이폭을 구하면

$$b = 6 \, p_n$$

위 식에서 치직각 피치는

$$p_n = \pi m_n = \pi \times 3 = 9.425 \, \text{mm}$$
$$\therefore \ b = 6 \times 9.425 = 56.55 \, \text{mm}$$

헬리컬기어의 상당스퍼기어 잇수는

$$Z_{e1} = \frac{Z_{s1}}{\cos^3 \beta} = \frac{50}{\cos^3 25} = 67.16 \fallingdotseq 68 \text{개}$$

$$Z_{e2} = \frac{Z_{s2}}{\cos^3 \beta} = \frac{250}{\cos^3 25} = 335.82 \fallingdotseq 336 \text{개}$$

(2) 굽힘강도에 의한 전달하중

① 피니언의 전달하중 : Lewis 공식에 의해 피니언의 허용전달하중을 구한다.

$$P_1 = f_v \sigma_b b m y_{e1}$$

위 식에서 속도계수를 구하면

$$D_{s1} = m_s Z_{s1} = m_n \frac{Z_{s1}}{\cos \beta} = \frac{3 \times 50}{\cos 25} = 165.51 \, \text{mm}$$

$$v = \frac{\pi D_{S1} N_1}{1,000 \times 60} = \frac{\pi \times 165.51 \times 2,500}{1,000 \times 60} = 21.67 \, \text{m/s}$$

$$f_v = \frac{6.1}{6.1 + v} = \frac{6.1}{6.1 + 21.67} = 0.22$$

피니언의 허용굽힘응력은 표 8.12에서 $\sigma_b = 28 \, \text{kgf/mm}^2$이다.

상당스퍼기어 잇수에 대한 모듈기준 치형계수는 표 8.10을 이용하여 보간법으로 구한다.

$$\frac{0.443 - 0.433}{75 - 60} = \frac{y_{e1} - 0.433}{68 - 60}$$

$$y_{e1} = 0.4383$$

따라서 전달하중은

$$P_1 = 0.22 \times 30 \times 56.55 \times 3 \times 0.4383 = 490.76 \, \text{kgf}$$

② 기어의 전달하중

$$P_2 = f_v \sigma_b b m y_{e2}$$

위 식에서 상당스퍼기어 잇수에 대한 모듈기준 치형계수는 표 8.10를 이용한다.

$$\frac{0.474 - 0.464}{300 - 150} = \frac{y_{e2} - 0.464}{336 - 150}$$

그러므로

$$y_{e2} = 0.4764$$

따라서 전달하중은

$$P_2 = 0.22 \times 30 \times 56.55 \times 3 \times 0.4764 = 533.42 \, \text{kgf}$$

(3) 면압강도에 의한 허용전달하중

$$P_3 = \frac{f_v \, C_w \, k \, b \, m_s}{\cos^2 \beta} \cdot \frac{2 \, Z_{s1} \, Z_{s2}}{Z_{s1} + Z_{s2}}$$

위 식에서 비응력계수 k는 표 8.14에 의해 $k = 0.053 \, \text{kgf/mm}^2$이다. 축직각 모듈은

$$m_s = \frac{m_n}{\cos \beta} = \frac{3}{\cos 25} = 3.31 \, \text{mm}$$

따라서 허용전달하중은

$$P_3 = 0.22 \times \frac{0.85}{\cos^2 25} \times 0.053 \times 56.55 \times 3.31 \times \frac{2 \times 50 \times 250}{50 + 250} = 188.21 \, \text{kgf}$$

(4) 전달마력 : 앞에서 구한 3가지 경우의 전달하중 가운데 가장 작은 값으로 전달마력을 구해야 안전한 설계가 된다.

$$H_{ps} = \frac{P_3 \, v}{75} = \frac{188.21 \times 21.67}{75} = 54.38 \, \text{ps}$$

8.8 베벨기어

/8.8.1/ 베벨기어와 그 종류

원추 마찰차와 같이 두 축선이 평행하지 않고 임의의 각도로 한 점에서 만나는 경우에 원추면에 이(齒)를 가공하여 제작한 기어를 베벨기어(bevel gear)라고 한다. 그림 8.44와 같이 O점을 포함한 원추체를 피치원추(pitch cone)라 하고, 양축의 교차각을 축각 Σ, 두 피치원추의 꼭지각(정수리각, 정각 : 頂角)의 반을 각각 피치원추각 δ_1, δ_2라 한다.

베벨기어의 치형은 그림 8.44, 8.46에서 보는 바와 같이 바깥쪽에서 안쪽으로 가면서 일정하게 이폭이 작아진다. 바깥쪽을 대단부 또는 외단부(heel), 작은 쪽을 소단부 또는 내단부(toe)라고 한다. 베벨기어의 치형은 외단부를 기준으로 표시한다. 이런 이유로 베벨기어는 외단부의 모듈을 기준으로 설계하고 호칭은 외단부의 모듈로 한다.

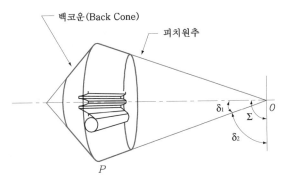

그림 8.44 ▶ 베벨기어의 성립

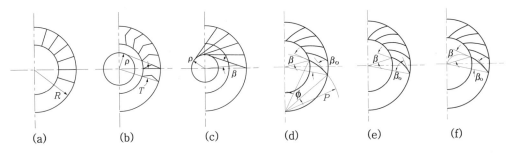

그림 8.45 ▶ 베벨기어의 여러 가지 잇줄 모양

(a) 직선 베벨기어   (b) 헬리컬 베벨기어   (c) 곡선 베벨기어   (d) 마이터기어

그림 8.46 ▶ 베벨기어의 종류

베벨기어는 잇줄의 모양에 따라 다음과 같이 분류된다(그림 8.46, 그림 8.47 참조).

(1) 직선 베벨기어(straight bevel gear)

잇줄이 원추의 모선과 일치하고 직선으로 가공된 베벨기어

(2) 헬리컬 베벨기어(helical bevel gear)

이물림을 원활하게 하기 위하여 잇줄이 직선으로 되어 있으나 모선에 대해 임의의 각으로 경사지게 가공된 베벨기어

(3) 마이터기어(miter gear)

2축의 교차각이 직각이고 잇수와 크기가 동일한(속도비가 1 : 1) 한쌍의 베벨기어

(4) 곡선 베벨기어(spiral bevel gear)

잇줄이 곡선 모양으로 된 베벨기어이며, 인벌류트 곡선, 트로코이드 곡선, 원호 등이 있다. 원주속도 5 m/s 이상 또는 1,000 rpm의 고속회전이나 저속에서의 원활한 운동을 원할 때 사용된다.

(5) 제로울 베벨기어(zerol bevel gear)

곡선 베벨기어 중 이(齒)폭 중앙점의 비틀림각이 0인 베벨기어이다. 제로울기어의 상당스퍼기어 잇수는 치직각 단면이고, 이나비의 중앙에서의 나선각을 β로 할 때 $Z_e = \dfrac{Z}{\cos^3\beta \cdot \cos\delta}$ 이다.

(6) 하이포이드 기어(hypoid gear)

교차하지도 않고 평행하지도 않는 두 축 사이의 운동을 전달하는데 사용되며, 피치면은 회전 쌍곡선면을 갖는다. 속도비를 크게 설정할 수 있는 동시에 대동력전달이 가능하고, 운전이 원활하며, 치면의 마멸도 균일하게 되는 등의 장점 때문에 자동차의 후진기어장치에 주로 많이 사용되며, 경전철 등에 사용된다. 면압이 높으므로 고압용 윤활유가 사용된다.

(7) 크라운 베벨기어(crown bevel gear)

두 축의 교각이 90°보다 크고 또 한쪽 기어의 잇줄이 축과 직각으로 되어 있는 베벨기어.

한편 헬리컬 베벨기어나 스파이럴 베벨기어의 경우에는 잇줄의 비틀림 방향과 축의 회전 방향이 동일하면 축방향의 추력이 발생하여 양쪽 기어가 서로 가까워지려 하고, 이(齒)의 가느다란 끝쪽, 즉 내단부(toe)에 큰 힘을 작용하여 기어의 이(齒)를 손상시킨다.

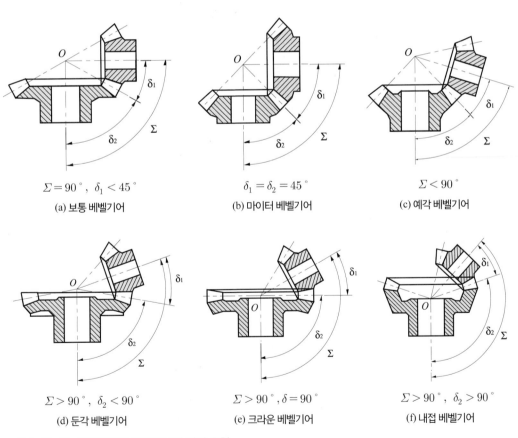

$\Sigma = 90°, \ \delta_1 < 45°$
(a) 보통 베벨기어

$\delta_1 = \delta_2 = 45°$
(b) 마이터 베벨기어

$\Sigma < 90°$
(c) 예각 베벨기어

$\Sigma > 90°, \ \delta_2 < 90°$
(d) 둔각 베벨기어

$\Sigma > 90°, \delta = 90°$
(e) 크라운 베벨기어

$\Sigma > 90°, \ \delta_2 > 90°$
(f) 내접 베벨기어

그림 8.47 ▶ 축각에 따른 베벨기어의 여러 유형

따라서 일반적으로 잇줄의 비틀림 방향과 기어의 회전 방향을 서로 반대가 되게 하여 기어가 서로 멀어지려고 하는 힘이 작용하도록 하여 이(齒)에 무리가 발생하지 않도록 한다. 축각과 피치원추각의 관계에 따라 베벨기어는 그림 8.47과 같이 분류할 수 있다.

/8.8.2/ 베벨기어의 속도비 및 각부 치수

(1) 표준직선치 베벨기어의 치수

직선 베벨기어의 각부의 명칭 및 속도비, 주요 치수 등의 계산식은 그림 8.48에 도시된 용어를 사용한 다음 수식과 같다.

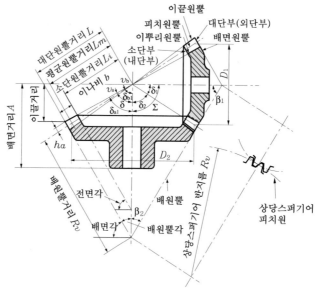

그림 8.48 ▶ 직선 베벨기어

① 피치원추각 δ_1, δ_2

앞에서 설명했듯이 피치원추각(pitch cone angle)은 피치원추의 정수리각(꼭지각, 頂角)의 1/2인 각을 일컬으며, 마찰차에서 사용된 식 (7.19)와 같다.

$$\tan\delta_1 = \frac{\sin\Sigma}{\dfrac{n_1}{n_2} + \cos\Sigma} = \frac{\sin\Sigma}{\dfrac{Z_2}{Z_1} + \cos\Sigma} \qquad \tan\delta_2 = \frac{\sin\Sigma}{\dfrac{n_2}{n_1} + \cos\Sigma} = \frac{\sin\Sigma}{\dfrac{Z_1}{Z_2} + \cos\Sigma} \qquad (8.80)$$

② 속도비 i

속도비는 원추 마찰차와 마찬가지로 피치원지름이 $D = mz$이므로

$$i = \frac{N_2}{N_1} = \frac{D_1}{D_2} = \frac{z_1}{z_2} = \frac{\sin\delta_1}{\sin\delta_2} \tag{8.81}$$

③ 축각 Σ

두 축이 이루는 각을 축각이라 하고, 각각의 원추각의 합이 된다.

$$\Sigma = \delta_1 + \delta_2 \tag{8.82}$$

④ 배(背)원추각 β_1, β_2

외단부의 치형에 접하는 원추를 배원추(back cone)라 하고, 배원추 꼭지각의 $\frac{1}{2}$이다.

$$\beta_1 = \Sigma - \delta_1, \ \beta_2 = \Sigma - \delta_2 \tag{8.83}$$

⑤ 피치원지름 D_1, D_2

베벨기어의 모듈(대단부 기준)이 m일 때

$$D_1 = \frac{N_2}{N_1}D_2 = mz_1, \quad D_2 = \frac{N_1}{N_2}D_1 = mz_2 \tag{8.84}$$

⑥ 바깥지름 D_{a1}, D_{a2}

이끝높이 $h_a = m$으로 할 경우

$$D_{a1} = D_1 + 2h_a\cos\delta_1 = (z_1 + 2\cos\delta_1)m \tag{8.85}$$

$$D_{a2} = D_2 + 2h_a\cos\delta_2 = (z_1 + 2\cos\delta_2)m$$

⑦ 원추거리(외단원뿔거리) L

피치원추의 꼭지점에서 베벨기어의 외단부까지 모선의 길이를 외단원뿔거리 또는 원추거리(cone distance)라 하며, 기하학적으로 다음과 같이 표현된다.

$$L = \frac{D_1}{2\sin\delta_1} = \frac{D_2}{2\sin\delta_2} \tag{8.86}$$

⑧ 이끝각 θ_a 및 이뿌리각 θ_b

베벨기어의 피치원추의 모선과 이끝원추의 모선 또는 이뿌리원추의 모선과 이루는 각각의

이끝각(addendum angle) 및 이뿌리각(dedendum angle)이라 한다.

$$\tan\theta_a = \frac{h_a}{L}, \qquad \tan\theta_b = \frac{h_a}{L} \tag{8.87}$$

여기서 h_a : 이끝높이, h_b : 이뿌리높이

표 8.18 표준 직선치(齒) 베벨기어의 치수

각부 명칭	치수계산식	
	피니언(pinion)	기어(gear)
모듈(module)	m	
원주피치(circular pitch)	$p = \pi m$	
원호 이두께(circular tooth thickness)	$t = \dfrac{\pi m}{2} = \dfrac{p}{2}$	
잇수(number of teeth)	z_1	z_2
피치원추각(pitch cone angle)	$\tan\delta_1 = \dfrac{\sin\varSigma}{\dfrac{z_2}{z_1} + \cos\varSigma}$	$\tan\delta_2 = \dfrac{\sin\varSigma}{\dfrac{z_1}{z_2} + \cos\varSigma}$
축각(shaft angle)	$\varSigma = \delta_1 + \delta_2$	
이끝높이(addendum)	$h_a = m$	
이뿌리높이(dedendum)	$h_b = 1.25m$	
전체 이높이(whole depth of tooth)	$h \geqq 2.25m$	
피치원지름(pitch circle diameter)	$D_1 = mz_1$	$D_2 = mz_2$
이끝원지름(outside diameter)	$D_{a1} = D + 2h_a\cos\delta_1$	$D_{a2} = D + 2h_b\cos\delta_2$
원추거리(pitch cone radious)	$L = \dfrac{D_1}{2\sin\delta_1}$	$L = \dfrac{D_2}{2\sin\delta_2}$
이끝각(addendum angle)	$\tan\theta_a = h_a/L$	
이뿌리각(dedendum angle)	$\tan\theta_b = h_b/L$	
이끝 원추각(face angle)	$\delta_{a1} = \delta_1 + \theta_a$	$\delta_{a2} = \delta_2 + \theta_a$
이뿌리 원추각(root angle)	$\delta_{b1} = \delta_1 - \theta_b$	$\delta_{b2} = \delta_2 - \theta_b$
이폭(tooth width)	$b = \left(\dfrac{1}{3} \sim \dfrac{1}{4}\right)L$	
상당스퍼기어의 잇수(equivalent number of teeth)	$Z_{e1} = z_1/\cos\delta_1$	$Z_{e2} = z_2/\cos\delta_2$

⑨ 이끝원추각 δ_a 및 이뿌리원추각 δ_b

베벨기어축선과 이끝원추의 모선 또는 이뿌리 원추의 모선과 이루는 각각의 각을 이끝원추각(face angle) 및 이뿌리 원추각(root angle)이라 한다.

$$\delta_{a1} = \delta_1 + \theta_a, \qquad \delta_{a2} = \delta_2 + \theta_a$$
$$\delta_{b1} = \delta_1 - \theta_b, \qquad \delta_{b2} = \delta_2 - \theta_b \tag{8.88}$$

⑩ 이폭(치폭) b

베벨기어의 치폭은 일반적으로 다음과 같이 설계한다.

$$b = \left(\frac{1}{3} \sim \frac{1}{4}\right) L \tag{8.89}$$

피치원추의 정수리각(頂角)의 1/2을 피치원추각(pitch cone angle)이라고 한다. δ_1과 δ_2를 두 베벨기어의 피치원추각이라 하고, z_1, z_2를 각각의 기어 잇수라고 할 때 잇수를 이용하여 원추각을 계산할 수 있다. 그림 8.47에 원추각에 따른 여러 가지 베벨기어의 유형이 도시되어 있다. 그림 8.47(a)에 도시된 보통 베벨기어부터 그림 8.47(f)의 내접 베벨기어까지 각 경우에 대한 피치원추각 계산식은 다음과 같다.

• 보통 베벨기어(straight bevel gear) : 일반적으로 사용되는 경우로서 두 축이 이루는 축각은 $\Sigma = 90°$이며, 이때 $\Sigma = \delta_1 + \delta_2 = 90°$이므로, 베벨기어 각각의 피치원추각 δ_1, δ_2는

$$\tan\delta_1 = \frac{z_1}{z_2} \qquad \tan\delta_2 = \frac{z_2}{z_1} \tag{8.90}$$

• 마이터기어(miter gear) : 속도를 변화시키지 않고 단지 운동 방향을 직각으로 변화시키는 베벨기어이다. 따라서 $\Sigma = 90°, \delta_1 = \delta_2 = 45°, Z_1 = Z_2, N_1 = N_2$가 된다. 단, N_1 : 피니언의 회전속도, N_2 : 기어의 회전속도

• 예각 베벨기어(acute bevel gear) : 축각 $\Sigma = (\delta_1 + \delta_2) < 90°$인 베벨기어로서

$$\tan\delta_1 = \frac{\sin\Sigma}{\dfrac{z_2}{z_1} + \cos\Sigma} = \frac{\sin\Sigma}{\dfrac{N_2}{N_1} + \cos\Sigma}$$

$$\tan\delta_2 = \frac{\sin\Sigma}{\dfrac{z_1}{z_2} + \cos\Sigma} = \frac{\sin\Sigma}{\dfrac{N_1}{N_2} + \cos\Sigma} \tag{8.91}$$

- 둔각 베벨기어(obtuse bevel gear) : 축각이 $180° > \Sigma = (\delta_1 + \delta_2) > 90°$인 베벨기어로서

$$\tan\delta_1 = \frac{\sin(180° - \Sigma)}{\dfrac{z_2}{z_1} - \cos(180° - \Sigma)} = \frac{\sin(180° - \Sigma)}{\dfrac{N_2}{N_1} - \cos(180° - \Sigma)}$$

$$\tan\delta_1 = \frac{\sin(180° - \Sigma)}{\dfrac{z_1}{z_2} - \cos(180° - \Sigma)} = \frac{\sin(180° - \Sigma)}{\dfrac{N_1}{N_2} - \cos(180° - \Sigma)} \tag{8.92}$$

- 크라운 베벨기어(crown bevel gear) : $\Sigma = (\delta_1 + \delta_2) > 90°$이면서 $\delta_2 = 90°$일 경우의 베벨기어로서 일명 크라운기어라고 한다.

- 내접 베벨기어(internal bevel gear) : 축각 $\Sigma = (\delta_1 + \delta_2) > 90°$이고, 기어의 피치원추각 (pitch cone angle)이 $\delta_2 > 90°$인 경우이다.

$$\tan\delta_1 = \frac{\sin(180° - \Sigma)}{\dfrac{z_2}{z_1} - \cos(180° - \Sigma)} = \frac{\sin(180° - \Sigma)}{\dfrac{N_2}{N_1} - \cos(180° - \Sigma)}$$

$$\tan\delta_2 = \frac{\sin(180° - \Sigma)}{\cos(180° - \Sigma) - \dfrac{z_1}{z_2}} = \frac{\sin(180° - \Sigma)}{\cos(180° - \Sigma) - \dfrac{N_1}{N_2}} \tag{8.93}$$

/8.8.3/ 베벨기어의 상당스퍼기어

헬리컬기어의 경우와 마찬가지로 베벨기어에서도 공작기계를 이용해서 절삭할 때 인벌류트 치형 커터의 선정이나 기어의 강도계산을 위해 베벨기어에서도 헬리컬기어와 마찬가지로 상당스퍼기어를 정의하여 설계시 사용한다.

베벨기어의 운동은 원추의 정점을 중심으로 하는 구면상의 운동이므로, 이것을 평면 위에 표시하기가 곤란하다. 이런 이유로 배원추를 전개해서 배원추거리를 피치원반지름으로 하는 스퍼기어가 서로 맞물린다고 가상한다. 이 가상스퍼기어가 베벨기어에 상응하는 상당스퍼기어이다.

그림 8.49에서 두 베벨기어 1,2가 맞물려 돌아갈 때 한쌍의 베벨기어의 공통모선 $\overline{OP}$에서 접촉하는 원추모선과 서로 직각을 이루는 배원추(back cone) PO_1A, PO_2B에서 외단부의 접점인 P점의 접촉을 생각해 보자. O_1, O_2를 중심으로 해서 $\overline{O_1P}$와 $\overline{O_2P}$를 피치원 반지름으로 하는 가상적인 스퍼기어를 생각할 수 있다. 이 상당스퍼기어의 피치원 반지름을 각각 R_{e1},

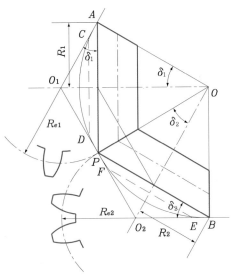

그림 8.49 ▶ 베벨기어의 상당스퍼기어

R_{e2}라 하고, 베벨기어의 대단부의 반지름을 각각 R_1, R_2, 원추각을 각각 δ_1, δ_2라 하면

$$R_1 = R_{e1}\cos\delta_1, \qquad R_2 = R_{e2}\cos\delta_2$$

즉,
$$R_{e1} = \frac{R_1}{\cos\delta_1}, \qquad R_{e2} = \frac{R_2}{\cos\delta_2} \qquad (8.94)$$

그러므로 상당스퍼어기어의 피치원반지름 R_e, 베벨기어의 대단부의 반지름을 R, 원추각을 δ라 할 때 일반식으로 표시하면

$$R_e = \frac{R}{\cos\delta} \qquad (8.95)$$

또 상당스퍼기어의 피치는 베벨기어의 피치와 같으므로 잇수 $Z = \dfrac{\pi D}{p}$를 이용하면 직선베벨기어에서 상당스퍼기어 잇수를 계산하는 식은 다음과 같다.

$$Z_e = \frac{\pi D_e}{p} = \frac{2\pi R_e}{p} = \frac{2\pi}{p}\frac{R}{\cos\delta} = \frac{Z}{\cos\delta} \qquad (8.96)$$

/8.8.4/ 베벨기어의 강도설계

그림 8.50과 같이 베벨기어의 평균 피치원지름에서 치면에 작용하는 하중 P_n은 접선방향의 하중 P와 상당스퍼기어의 반지름 방향의 하중 P_r의 분력으로 분류된다. 따라서

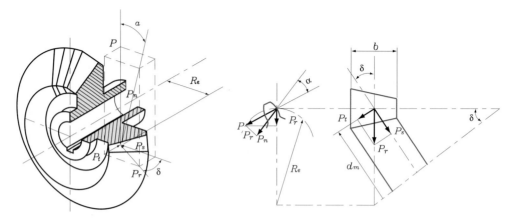

그림 8.50 ▶ 베벨기어에 작용하는 하중

$$P_n = P/\cos\alpha$$
$$P = P_n\cos\alpha$$
$$P_r = P\,\tan\alpha$$

상당스퍼기어의 반지름 방향 하중 P_r은 다시 베벨기어의 반지름 방향 하중 P_s와 축방향의 하중 P_t로 나누어진다.

$$P_s = P_r\cos\delta = P\tan\alpha\cos\delta$$
$$P_t = P_r\sin\delta = P\tan\alpha\sin\delta$$

위 식에서 P_t는 축방향의 추력이며 P와 P_s의 합력 P_R은 베어링하중으로 작용하게 된다.

$$P_R = \sqrt{P^2 + P_s^2} = P\sqrt{1 + (\tan\alpha\cos\delta)^2} \tag{8.97}$$

그림 8.50에서 이폭(치폭)을 b, 대단부 피치원지름을 d, 평균 피치원지름을 d_m이라 하면 작용하는 접선방향 하중 P로 인한 베벨기어의 전달토크 T를 계산해 보자. 베벨기어의 이의 대단부, 소단부 치수가 크게 다르므로 이의 평균 피치원지름 원주에 하중 P가 작용한다고 보면

$$T = P\frac{d_m}{2} \tag{8.98}$$

여기서 $d_m = d - b\sin\delta$로 계산된다.

(1) 굽힘에 의한 강도설계

베벨기어의 강도설계는 외단부를 기준으로 계산하는 방법과 이(齒)폭의 중앙을 기준으로

계산하는 두 가지 방법이 있다. 먼저 하중이 외단부에 작용한다고 가정하면 상당스퍼기어 잇수 Z_e, 외단부의 모듈 m, 압력각 α의 상당스퍼기어에 대한 Lewis 공식을 적용한다.

그림 8.51에 도시된 바와 같이 상당스퍼기어 모듈은 베벨기어의 외단부의 모듈이고, 베벨기어의 안쪽으로 갈수록 전달하중, 즉 전달토크가 작아지게 된다. 축 중심으로부터 하중점까지의 반지름(모멘트 팔)은 x/L의 비로 감소하게 되므로, 상당스퍼기어의 전달토크 T는 다음과 같이 수정되어야 한다. 즉, 베벨기어의 전달토크 T'이라고 할 때, 수정계수는 다음과 같이 구할 수 있다.

$$T' = \frac{1}{b} \int_{L-b}^{L} T\left(\frac{x}{L}\right)^2 dx = T\left(1 - \frac{b}{L} + \frac{b^2}{3L^2}\right)$$

$$\frac{T'}{T} = 1 - \frac{b}{L} + \frac{b^2}{3L^2}$$

위 식에서 3번째 항은 작은 값이므로 무시하면 베벨기어의 실제 전달토크와 상당스퍼기어의 전달토크의 관계는 다음과 같다.

$$\frac{T'}{T} = \frac{L-b}{L} \equiv \lambda \tag{8.99}$$

위 수정계수 λ를 베벨기어계수라고 하며, 베벨기어에서 아주 중요한 계수이다. 예를 들면, 베벨기어의 소단부 치수는 예외 없이 대단부 치수에 λ를 곱해서 구한다. 표 8.18에 있는 표준 직선치베벨기어의 치수항목에서 이끝높이, 이뿌리높이, 이끝틈새, 이두께는 대단부 치수인데 소단부 치수는 베벨기어계수를 곱하여 간단히 구할 수 있다.

베벨기어계수 λ는 굽힘강도를 고려하는 Lewis 설계공식에도 다음과 같이 적용된다.

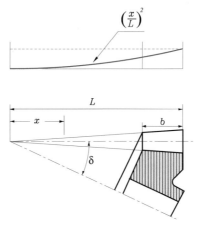

그림 8.51 ▶ 베벨기어의 굽힘강도 계산

$$P = f_v \sigma_b b m y_e \frac{L-b}{L} \qquad (8.100)$$

여기서 P 는 베벨기어의 대단부에서 피치원 접선방향 전달하중이고, 치형계수 y_e 는 압력각 α 와 상당스퍼기어 잇수 Z_e 를 이용하여 치형계수를 표 8.10에서 구한다.

한편 이(齒)폭의 중앙부를 기준으로 하여 평균 피치원지름 d_m 에서의 상당스퍼기어를 고려하여 이때의 모듈을 m_m 이라고 하면

$$m_m = \frac{d_m}{z} = \frac{d - b\sin\delta}{z} = m - \frac{b\sin\delta}{z}$$

이고, $\sin\delta = mz/2L$ 이므로 위 식은 다음과 같이 정리된다.

$$m_m = m\left(1 - \frac{b}{2L}\right)$$

따라서 이(齒)폭의 중앙부에 전달하중 P 가 작용한다고 가정하면 Lewis 공식에 의한 굽힘강도를 고려한 전달하중은 다음과 같다.

$$P = f_v \sigma_b b m_m y_e \qquad (8.101)$$

위 식에서 압력각 α 와 상당잇수 Z_e 는 대단부(외단부)를 기준으로 한 방법과 동일하므로 치형계수 y_e 는 동일하지만 베벨기어계수 λ 를 고려할 필요는 없다.

(2) 피로에 의한 면압강도

베벨기어의 잇면의 면압강도는 스퍼기어의 경우와 마찬가지로 대단부(외단부)나 중앙부에서의 상당스퍼기어에 대하여 피치원지름과 잇수를 이용하여 구한다.

$$P = f_v k m b \frac{2 Z_{e1} Z_{e2}}{Z_{e1} + Z_{e2}} \qquad (8.102)$$

여기서 P : 잇면의 전달하중

$\quad\quad k$: 접촉면 응력계수(kgf/mm^2)

$\quad\quad m$: 베벨기어 대단부의 모듈(상당스퍼기어의 모듈)

한편 미국의 AGMA(American Gear Manufacture's Association)에서는 베벨기어의 면압강도 계산에 다음 식을 사용하고 있다. 상당스퍼기어의 전달하중 P 는

$$P = 1.336 b \sqrt{d_1} f_m f_s \cdots\cdots \text{직선치} \qquad (8.103)$$

$$P = 1.367b\sqrt{d_1}\,f_m f_s \cdots\cdots \text{ 헬리컬, 스파이럴 등의 곡선치} \qquad (8.104)$$

여기서 b : 이폭(mm)

$\quad\quad d_1$: 피니언의 피치원지름(mm)

$\quad\quad f_m$: 재료에 의한 계수(표 8.19 참조)

$\quad\quad f_s$: 사용기계에 의한 계수(표 8.20 참조)

표 8.19 베벨기어 재료에 관한 계수 f_m

베벨기어의 재료		f_m
피니언	기어	
주철 및 주강	주철	0.31
조질강	조질강	0.35
기름담금질강	기름담금질강	0.85
기름담금질강	주철	0.45
기름담금질강	연강 및 주강	0.45
침탄강	침탄강	1.00
침탄강	주철	0.40
침탄강	연강 및 주강	0.48
침탄강	조질강	0.50
침탄강	기름담금질강	0.82

표 8.20 베벨기어가 사용되는 기계장치에 따른 계수 f_s

사용기계	f_s
자동차, 전동차	2.00
항공기, 공작기계(벨트전동), 기중기, 섬유기계, 송풍기, 원심분리기, 감속기, 방적기, 경하중 고속기	1.00
공기압축기, 컨베이어, 냉동기, 광산기계, 쇄석기	0.75
공작기계, 분쇄기, 압연기	0.65~0.55

/8.8.5/ 전위 베벨기어의 주요 치수

베벨기어의 잇수가 z, 피치원추각이 δ일 때 전위 베벨기어의 상당스퍼기어의 잇수 Z_e는

$$Z_e = \frac{z}{\cos\delta} \qquad (8.105)$$

베벨기어의 전위는 상당스퍼기어로 가정하여 설계한다. 전위계수 x_1, x_2, 기준압력각(공구압력각) α_w, 물림 압력각 α_b일 때 인벌류트 함수의 관계식은 다음과 같다.

$$\mathrm{inv}\alpha_w = \mathrm{inv}\alpha_0 + 2\frac{x_1 + x_2}{Z_{e1} + Z_{e2}}tan\alpha_0 \tag{8.106}$$

또한 중심거리 증가계수 y는 다음과 같다.

$$y = \left(\frac{Z_{e1} + Z_{e2}}{2}\right)\left(\frac{\cos\alpha_0}{\cos\alpha_w} - 1\right) \tag{8.107}$$

상당스퍼기어의 중심거리는

$$A_e = A_{e0} + ym = \frac{(Z_{e1} + Z_{e2})m}{2} + ym \tag{8.108}$$

맞물림 피치원지름은

$$D_{e1} = \left(\frac{2Z_{e1}}{Z_{e1} + Z_{e2}}\right)A_e$$
$$D_{e2} = \left(\frac{2Z_{e2}}{Z_{e1} + Z_{e2}}\right)A_e \tag{8.109}$$

이끝원반지름은 다음과 같다.

$$D_{ea1} = 2\left(1 + y - x_2 + \frac{Z_{e1}}{2}\right)m$$
$$D_{ea2} = 2\left(1 + y - x_1 + \frac{Z_{e2}}{2}\right)m \tag{8.110}$$

맞물림 원추각은 원추거리가 L일 때

$$\tan\delta_{w1} = \frac{Z_{e1}}{Z_{e1} + Z_{e2}}\frac{A_e}{L}, \tan\delta_{w2} = \frac{Z_{e2}}{Z_{e1} + Z_{e2}}\frac{A_e}{L} \tag{8.111}$$

이끝 원추각은 다음 식으로 주어진다.

$$\tan\delta_{wa1} = \left(\frac{2 + Z_{e1}}{2} + y - x_2\right)\frac{m}{L}$$
$$\tan\delta_{wa2} = \left(\frac{2 + Z_{e2}}{2} + y - x_1\right)\frac{m}{L} \tag{8.112}$$

베벨기어의 언더컷 방지를 위한 전위계수 한계치는 다음과 같다.

$$\alpha = 14.5° 일 때 \quad x = (32 - Z_e)/32$$

$$\alpha = 20° 일 때 \quad x = (17 - Z_e)/17$$

특별히 주의할 것은 전위 베벨기어의 축각(Σb)과 피치원추각(δ_{b1}, δ_{b2})의 관계는 $\Sigma_b = \delta_{b1} + \delta_{b2}$ 인데, 전위계수가 $x_1 + x_2 = 0$일 때는 당연히 $\Sigma_b = \Sigma (= \delta_1 + \delta_2)$로 되나, $x_1 + x_2 \neq 0$일 때는 $\Sigma_b = \Sigma$가 될 수 없다.

예제 8-12 두 축의 축각이 $\Sigma = 80°$이고, $z_1 = 28$, $z_2 = 39$인 한쌍의 베벨기어의 모듈이 $m = 3$일 때 다음을 구하시오.

(1) 베벨기어의 원추각을 구하시오.
(2) 베벨기어의 피치원지름, 바깥지름을 구하시오.
(3) 베벨기어의 상당스퍼잇수와 원추거리를 구하시오.

(1) 베벨기어의 원추각 : 베벨기어의 잇수를 이용한다.

$$\delta_1 = \tan^{-1}\left(\frac{\sin\Sigma}{z_2/z_1 + \cos\Sigma}\right) = \tan^{-1}\left(\frac{\sin 80}{39/28 + \cos 80}\right) = 32.16°$$

$$\delta_2 = \tan^{-1}\left(\frac{\sin\Sigma}{z_1/z_2 + \cos\Sigma}\right) = \tan^{-1}\left(\frac{\sin 80}{28/39 + \cos 80}\right) = 47.84°$$

(2) 피치원지름과 바깥지름 : 베벨기어의 피치원지름을 구하면

$$D_1 = mz_1 = 3 \times 28 = 84\,\mathrm{mm}$$

$$D_2 = mz_2 = 3 \times 39 = 117\,\mathrm{mm}$$

베벨기어의 바깥지름을 구하면

$$D_{a1} = mz_1 + 2m\cos\delta_1 = 3 \times 28 + 2 \times 3 \times \cos 32.16 = 89.1\,\mathrm{mm}$$

$$D_{a2} = mz_2 + 2m\cos\delta_2 = 3 \times 39 + 2 \times 3 \times \cos 47.84 = 121.03\,\mathrm{mm}$$

(3) 상당잇수와 원추거리

$$z_{e1} = \frac{z_1}{\cos\delta_1} = \frac{30}{\cos 32.16} = 33.1 개 ≒ 34 개$$

$$z_{e2} = \frac{z_2}{\cos\delta_2} = \frac{39}{\cos 47.84} = 58.1 개 ≒ 59 개$$

베벨기어의 원추거리는

$$L = \frac{D_1}{2}\sin\delta_1 = \frac{D_2}{2}\sin\delta_2 = \frac{84}{2 \times \sin 32.16} = 78.9\,\mathrm{mm}$$

$N_1 = 200\,\mathrm{rpm}$, $z_1 = 35$, $z_2 = 52$인 한쌍의 직교하는 직선 베벨기어의 모듈이 $m = 5$, 이폭이 $b = 60\,\mathrm{mm}$, 압력각이 $\alpha = 14.5°$일 때 다음을 구하시오.

(1) 베벨기어의 굽힘강도를 구하시오.

$$\left(f_v = \frac{3.05}{30.5 + v},\ \sigma_b = 20\,\mathrm{kgf/mm^2},\ y_{e1} = 0.352,\ y_{e2} = 0.3728 \right)$$

(2) 베벨기어의 면압강도를 구하시오($f_m = 0.3$, $f_s = 0.65$).

(3) 베벨기어의 전달동력(PS)을 구하시오.

(1) 굽힘강도

  ① 피니언의 굽힘강도

$$P_1 = f_v \sigma_b b m y_{e1} \frac{L - b}{L}$$

위 식에서 피니언의 피치원지름을 구하면

$$D_1 = m z_1 = 5 \times 35 = 175\,\mathrm{mm}$$

피니언의 원주속도는

$$v = \frac{\pi D_1 N_1}{1{,}000 \times 60} = \frac{\pi \times 175 \times 200}{1{,}000 \times 60} = 1.833\,\mathrm{m/s}$$

속도계수는

$$f_v = \frac{3.05}{3.05 + 1.833} = 0.625$$

베벨기어의 원추각은 축각이 $\Sigma = 90°$이므로

$$\delta_1 = \tan^{-1}\left(\frac{z_1}{z_2}\right) = \tan^{-1}\left(\frac{35}{52}\right) = 33.94°$$

$$\delta_2 = 90 - 33.94 = 56.06°$$

피니언의 상당스퍼기어 잇수는

$$z_{e1} = \frac{z_1}{\cos \delta_1} = \frac{35}{\cos 33.94} = 42.19 ≒ 43개$$

피니언의 원추거리를 구하면

$$L = \frac{D_1}{2 \sin \delta_1} = \frac{175}{2 \times \sin 33.94} = 156.72\,\mathrm{mm}$$

따라서 굽힘강도는

$$P_1 = 0.625 \times 20 \times 60 \times 5 \times 0.352 \times \frac{(156.72 - 60)}{156.72} = 814.64\,\mathrm{kgf}$$

② 기어의 굽힘강도

$$P_2 = f_v \sigma_b b m y_{e2} \frac{L-b}{L}$$

기어의 상당잇수를 구하면

$$z_{e2} = \frac{z_2}{\cos \delta_2} = \frac{52}{\cos 56.06} = 93.1 = 94 \text{개}$$

따라서 기어의 굽힘강도는

$$P_2 = 0.625 \times 20 \times 60 \times 5 \times 0.3728 \times \frac{(156.72-60)}{156.72} = 862.78 \text{ kgf}$$

(2) 베벨기어의 면압강도 : 직선 베벨기어이므로

$$P_3 = 1.336 \sqrt{d_1} f_m f_s b = 1.336 \times \sqrt{175} \times 0.3 \times 0.65 = 206.78 \text{ kgf}$$

(3) 베벨 기어의 전달마력 : 위에서 구한 세 경우의 회전력 P_1, P_2, P_3 중에서 가장 작은 값을 기준으로 전달마력을 구한다.

$$H_{ps} = \frac{P_3 v}{75} = \frac{206.78 \times 1.833}{75} = 5.05 \text{ PS}$$

예제 8-14 축각이 60°인 한쌍의 직선 베벨기어의 잇수가 $Z_1 = 25$, $Z_2 = 75$, 모듈이 $m = 5$일 때 다음을 구하시오.

(1) 베벨기어의 피치원추각을 구하시오.
(2) 베벨기어의 피치원지름과 바깥지름을 구하시오.

(1) 피치원추각 : 속도비를 이용하여 베벨기어의 원추각을 구하면

$$\delta_1 = \tan^{-1} \left(\frac{\sin \theta}{(Z_2 / Z_1) + \cos \theta} \right) = \tan^{-1} \left(\frac{\sin 60}{(75/25) + \cos 60} \right) = 13.9°$$

$$\delta_2 = \tan^{-1} \left(\frac{\sin \theta}{(Z_1 / Z_2) + \cos \theta} \right) = \tan^{-1} \left(\frac{\sin 60}{(25/75) + \cos 60} \right) = 46.1°$$

(2) 피치원지름과 바깥지름 : 베벨기어의 피치원지름은

$$D_1 = m Z_1 = 5 \times 25 = 125 \text{ mm}$$
$$D_2 = m Z_2 = 5 \times 75 = 375 \text{ mm}$$

바깥지름은

$$D_{01} = D_1 + 2m \cos \delta_1 = 125 + 2 \times 5 \times \cos 13.9 = 134.71 \text{ mm}$$
$$D_{02} = D_2 + 2m \cos \delta_2 = 375 + 2 \times 5 \times \cos 46.1 = 381.93 \text{ mm}$$

다음 표와 같이 축각이 90°이고, 감속기에 사용되는 직선 베벨기어에 대해 답하시오.

	압력각	모듈	잇 수	회전수[rpm]	치 폭	재 질
피니언	20°	4	20	600	40	GC30
기 어			60	200		

(1) 베벨기어의 피치원지름과 원추각을 구하시오.

(2) 굽힘강도에 의한 전달하중을 구하시오$\left(f_v = \dfrac{3.05}{3.05+v} \right)$.

(3) 면압강도에 의한 전달하중을 구하시오.

(4) 베벨기어의 전달마력을 구하시오.

(1) 피치원지름과 원추각 : 베벨기어의 피치원지름은

$$D_1 = m\,Z_1 = 4 \times 20 = 80\,\mathrm{mm}$$

$$D_2 = m\,Z_2 = 4 \times 60 = 240\,\mathrm{mm}$$

베벨기어의 원추각은

$$\delta_1 = \tan^{-1}(Z_1\,/\,Z_2) = \tan^{-1}(20\,/\,60) = 18.43°$$

$$\delta_2 = \tan^{-1}(Z_2\,/\,Z_1) = \tan^{-1}(60\,/\,20) = 71.57°$$

(2) 굽힘강도에 의한 전달하중

① 피니언의 전달하중 : Lewis 공식에 의해 피니언의 허용전달하중을 구한다.

$$P_1 = f_w f_v \sigma_b b m y_{e1} \frac{L-b}{L}$$

위 식에서 속도계수를 구하면

$$v = \frac{\pi D_1 N_1}{1,000 \times 60} = \frac{\pi \times 80 \times 600}{1,000 \times 60} = 2.513\,\mathrm{m/s}$$

$$\therefore f_v = \frac{3.05}{3.05+v} = \frac{3.05}{3.05+2.513} = 0.548$$

베벨기어의 허용굽힘응력은 표 8.12를 이용하면 $\sigma_b = 13\,\mathrm{kgf/mm^2}$ 이다.
상당스퍼기어 잇수에 대한 치형계수는

$$y_{e1} = 0.354$$

베벨기어의 원추거리는

$$L = \frac{D_1}{2\sin\delta_1} = \frac{80}{2 \times \sin 18.43} = 126.52\,\mathrm{mm}$$

따라서 전달하중은

$$P_1 = 0.548 \times 13 \times 40 \times 4 \times 0.354 \times \frac{126.52 - 40}{126.52} = 275.93\,\mathrm{kgf}$$

② 기어의 전달하중

$$P_2 = f_w f_v \sigma_b b m y_{e2} \frac{L-b}{L}$$

위 식에서 상당잇수에 대한 y_{e2}를 구하면

$$Z_{e2} = \frac{Z_2}{\cos\delta_2} = \frac{60}{\cos 71.57} = 189.79 \fallingdotseq 190\,\text{개}$$

표 8.10을 이용하면

$$\frac{0.474 - 0.464}{300 - 150} = \frac{y_{e2} - 0.464}{190 - 150}$$

$$\therefore\ y_{e2} = 0.467$$

따라서 기어의 전달하중은

$$P_2 = 0.548 \times 13 \times 40 \times 4 \times 0.467 \times \frac{(126.52 - 40)}{126.52} = 364\,\mathrm{kgf}$$

(3) 면압강도에 의한 전달하중

$$P_3 = 1.336b\sqrt{D_1}\,f_m f_s$$

위 식에서 재료에 대한 계수 f_m을 표 8.19에서 $\quad f_m = 0.3$

사용 기계에 대한 계수 f_s는 표 8.20에서 $\quad f_s = 1.0$

$$P_3 = 1.336 \times 40 \times \sqrt{80} \times 0.3 \times 1.0 = 143.4\,\mathrm{kgf}$$

(4) 베벨기어의 전달마력 : 위에서 구한 3가지 경우의 전달하중에서 가장 작은 값으로 전달마력을 구한다.

$$H_{PS} = \frac{P_3 v}{75} = \frac{143.4 \times 2.513}{75} = 4.8\,PSs$$

8.9 웜과 웜휠

/8.9.1/ 개 요

그림 8.52와 같이 작은 나사 모양의 기어를 웜(worm), 맞물려 회전하는 상대편의 큰 기어를 웜휠(worm wheel)이라 하며, 서로 직각을 이루지만 한 평면 내에 있지 않아 서로 만나지 않는 두 축 사이에 회전력을 전달한다. 여기서 한쌍의 웜과 웜휠을 웜기어(worm gear)라 하고, 물

그림 8.52 ▶ 웜기어의 실물

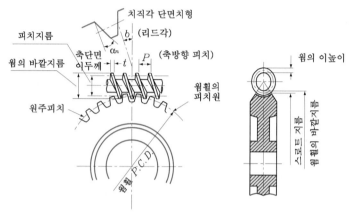

그림 8.53 ▶ 웜기어의 각부의 명칭

림이 원활하여 소음과 진동이 적고, 큰 동력을 전달할 수 있고, 큰 감속비를 얻을 수 있는 특징 때문에 감속장치나 공작기계의 분할장치 등에 널리 사용되고 있다. 웜기어는 10~500 정도의 큰 감속비를 용이하게 얻을 수 있으며, 100 : 1까지는 무리없이 사용이 가능하다. 또한 웜휠을 구동측으로 하여 웜을 회전시킬 수 없는 특징 때문에 역회전 방지기구로도 사용되고 있다.

반면 치면의 미끄럼이 커서 마찰손실이 커지고 이에 따라 전동 효율이 낮은 것이 큰 단점이다. 또한 웜과 웜휠에 축방향의 추력하중이 생기며, 웜휠에 사용 가능한 재질은 그 종류가 적고 비교적 고가이다. 또한 교환성이 없고, 가공 시에 특수공구가 필요하며, 웜휠의 연삭이 어렵고, 정밀도 측정도 곤란한 단점들을 가지고 있다.

한쌍의 웜기어의 치형은 웜치형을 기준으로 한다. 웜치형의 가공은 직선치형인 기준 랙을 이용해서 가공하고, 모듈과 피치 등은 축직각 방식으로 표시하며, 압력각은 치직각단면으로 한다.

웜기어의 형식은 그림 8.54와 같이 다음 3종류가 있다.

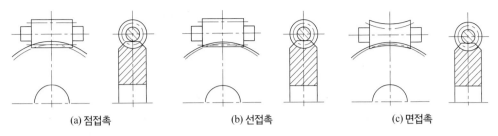

(a) 점접촉   (b) 선접촉   (c) 면접촉

그림 8.54 ◉ 웜기어의 여러 형식

- 원통웜과 헬리컬기어 : 기본적인 웜 형식으로서 잇면의 접촉이 점접촉이며 경하중전달용으로 사용되며 제작이 간단하다.
- 원통웜과 웜휠 : 일반적으로 사용되며 웜휠의 중앙부를 오목하게 만들어 선 접촉이 이루어진다. 따라서 부하 능력이 향상된다.
- 장구형 웜과 웜휠 : 장구형 웜(hourgloss worm)이라고 하며, 웜의 원형에 일치시키기 위해 웜휠의 형태를 오목하게 들어가도록 장구 모양으로 제작한 것이다. 잇면의 접촉이 면접촉이고, 접촉길이가 길어져 큰 동력의 전달이 가능하지만 제작이 다소 어렵다는 단점이 있다(그림 8.55 참조).

그림 8.55 ◉ 장구형 웜

/8.9.2/ 웜기어의 속도비

그림 8.56에서 웜의 줄수를 z_w, 웜휠의 잇수를 z_g, 웜과 웜휠의 회전속도를 각각 N_w, N_g라고 할 때 웜기어의 속도비 i는

$$i = \frac{N_g}{N_w} = \frac{z_w}{z_g}$$

가 된다. 위 식에서

$$z_w = \frac{L}{p}, \quad z_g = \frac{\pi d_g}{p}$$

여기서 L : 웜의 리드

p : 웜의 피치

d_g : 웜휠의 피치원지름

따라서 웜이 1회전할 때 축방향으로 움직인 거리, 즉 웜의 리드와 이것에 맞물려 회전한 만큼의 웜휠의 원호길이는 서로 같으므로 감속비 i는 다음과 같이 정리된다.

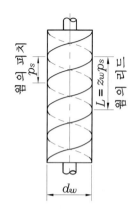
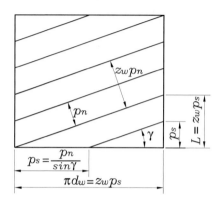

그림 8.56 ▶ 웜과 웜의 피치원통 전개

$$i = \frac{N_g}{N_w} = \frac{L}{\pi d_g} \tag{8.113}$$

스퍼기어를 이용하여 큰 감속비를 얻으려면 기어의 바깥지름이 크게 되어 공간을 크게 차지하고, 언더컷의 발생으로 일반적으로 1 : 6 이상의 감속은 곤란하며, 이보다 큰 속도비를 얻기 위해서는 2단 감속, 3단 감속의 장치를 구성해야만 한다. 그러나 웜기어 장치는 1단 감속장치로 1 : 100 정도 이상의 속도비를 무리없이 얻을 수 있다.

웜의 줄수는 일반적으로 1~3개 정도를 사용하고 특별한 경우에는 6개까지도 사용한다.

8.9.3 웜기어의 각부 치수

(1) 압력각

웜의 치형은 헬리컬기어에서와 같이 축직각 단면치형과 치직각 단면치형으로 나눌 수 있으므로 이들 단면에 대한 압력각의 관계를 생각해 보자.

웜의 피치원통에서 헬리코이드의 리드각의 방향에 투영한 치형이 직선으로 되므로 이 직선단면에 대하여 압력각을 기준한다. 치직각 단면치형의 압력각 α_n, 축직각 단면치형의 압력각이 α_s, 리드각이 γ일 때(식 (8.59) 참조),

$$\tan\alpha_n = \tan\alpha_s \cdot \cos\gamma \tag{8.114}$$

리드각을 크게 하면 간섭이 일어날 수 있으므로 간섭을 피하기 위해서 압력각을 크게 하는 방법을 택하기도 한다(그림 8.57 참고). 웜의 줄수가 많으면 큰 힘을 전달할 수 있지만, 높은 회전정밀도를 얻기 위해서는 압력각을 작게 하고, 1줄 웜으로 하는 것이 바람직하다.

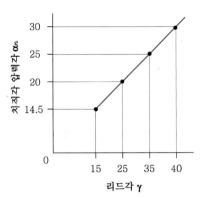

그림 8.57 ▶ 리드각과 압력각의 관계

물론 줄수가 적을 때는 압력각을 작게 하고, 줄수가 3~4개로 많을 때는 압력각을 크게 해주는 것이 보통이다.

(2) 피치(pitch)

웜과 웜휠의 축직각 모듈과 치직각 모듈이 각각 m_s, m_n일 때
축직각 피치 p_s와 치직각 피치 p_n은

$$p_s = \pi m_s, \ p_n = \pi m_n$$

웜의 리드각을 γ라고 하면 다음의 관계식이 성립된다.

$$p_n = p_s \cos\gamma, \ m_n = m\cos\gamma$$

AGMA에서는 피치 p를 다음과 같이 정하여 웜기어를 제작하고 있다.

$$p = \frac{1}{4}, \ \frac{5}{16}, \ \frac{3}{8}, \ \frac{1}{2}, \ \frac{5}{8}, \ \frac{3}{4}, \ 1, \ 1\frac{1}{4}, \ 1\frac{1}{2}, \ 1\frac{3}{4}, \ 2 \ (inch)$$

웜기어의 치형은 웜의 치형을 기준으로 하며, 일반적으로 각부 치수의 계산은 축직각 단면의 치형을 기준으로 한다.

① 이끝높이

$$z_w = 1, 2일 \ 때, \ h_a = m_s$$
$$z_w = 3, 4일 \ 때, \ h_a = 0.9m_s$$

② 총 이높이 h

이끝틈새 $C \geq 0.25m_s$로 할 경우에는

$$z_w = 1,2일 \ 때, \ h = 2.25m_s$$
$$z_w = 3,4일 \ 때, \ h = 2.05m_s$$

③ 웜의 피치원지름 d_w

축과 일체로 된 경우, $d_w = 2p_s + 12.7 \ \mathrm{mm}$

축에 구멍이 있는 경우, $d_w = 2.4p_s + 28 \ \mathrm{mm}$

④ 웜의 바깥지름 d_{aw}

$$d_{aw} = d_w + 2h_a$$

⑤ 리드 L

$$L = p_s z_w$$

⑥ 웜의 길이 l

$$l = (4.5 + 0.02z_g)p_s$$

⑦ 리드각 γ

$$\gamma = \tan^{-1}\frac{l}{\pi d_w}$$

⑧ 웜휠의 이끝높이 증가량 h_c

$$z_w = 1,2일 \ 때, \ h_c = 0.750h_a$$
$$z_w = 3,4일 \ 때, \ h_c = 0.500h_a \, (\alpha_n < 20°)$$
$$= 0.375h_a \, (\alpha_n > 20°)$$

⑨ 웜휠의 이(齒)폭 b

$$z_w = 1,2일 \ 경우, \ b = 2.4p_s + 6 \ \mathrm{mm}$$
$$z_w = 3,4일 \ 경우, \ b = 2.15p_s + 5 \ \mathrm{mm}$$

⑩ 웜휠의 피치원지름 d_g

$$d_g = m_s z_g$$

⑪ 웜휠의 목지름(throat diameter) d_t

$$d_t = d_g + 2h_a$$

⑫ 웜휠의 바깥지름 d_{ag}

$$d_{ag} = d_t + 2h_c$$

또는 림의 양측면이 이루는 각, 즉 페이스각(face angle)이 θ 일 때 다음과 같이 정의된다.

$$d_{ag} = d_t + (d_w - 2h_a)(1 - \cos\frac{\theta}{2}) \tag{8.115}$$

θ 는 일반적으로 $60° \sim 90°$ 로 설계하며, 스트리벡의 경험식에 의해 다음과 같이 결정할 수 있다.

$$\tan\frac{\theta}{2} = \frac{K}{\dfrac{d_{aw}}{2p} + 0.6} \tag{8.116}$$

⑬ 웜휠의 유효치폭 b_e

$$b_e = 2\sqrt{h_a(d_w + h_a)} \tag{8.117}$$

⑭ 중심거리 C

$$C = \frac{1}{2}(d_w + d_g) \tag{8.118}$$

표 8.21 스트리벡 경험식의 K값

z_g	28	36	41	56	62	68	76	84
K	1.9	2.1	2.3	2.5	2.6	2.7	2.8	2.9

표 8.22 웜의 페이스각과 압력각

페이스각(θ)	15° 이하	25° 이하	35° 이하	36° 이상
압력각(α)	14.5°	20°	25°	30°

표 8.23 웜기어의 표준비례치수

웜		웜휠	
치직각 모듈	$m_n = \dfrac{p}{\pi} = m_s \cos\beta$	축직각모듈	$m_s = \dfrac{p_s}{\pi} = \dfrac{p}{z} = \dfrac{m_n}{\cos\beta}$
축방향 피치	$p_n = \pi m_n$	축직각피치	$p_s = p = \pi m_s$
잇줄의 수	z_w	잇 수	$z = \dfrac{D}{m_s} = \dfrac{m_n z}{\cos\beta}$
리드	$l = z_w p_n = z_w \pi m_n$		$l = \dfrac{d\omega \cdot \pi}{\epsilon}\,(\epsilon : 회전비)$
리드각	$\tan\gamma = \dfrac{l}{\pi d_w}$	나선각	$\beta = \gamma$
이끝높이	$\begin{aligned} h_a &= m_s &(z_w = 1, 2) \\ h_a &= 0.9m_s &(z_w = 3, 4) \end{aligned}$		$h_a = m_s(1 + 0.2\cos\beta)$
이뿌리높이	$\begin{aligned} h_b &= 1.16m_s &(z_w = 1, 2) \\ h_b &= 1.06m_s &(z_w = 3, 4) \end{aligned}$		
전체 이높이	$c \geqq 0.25m_s$로 할 때 $\quad h = 2.25m_s(z_w = 1, 2)$ $h = 2.05m_s(z_w = 3, 4)$		
웜휠의 이끝높이 증가량	$h_c = 0$		$h_c = 0.750h_a \qquad\qquad ....(z_w = 1, 2)$ $h_c = 0.500h_a\,(\alpha < 20°)$ $\quad\ = 0.375h_a\,(\alpha > 20°) \ \ ....(z_w = 3, 4)$
피치원지름	$d_w = 2.0p_s + 12.7\,(축일체식)$ $d_w = 2.4p_s + 28 \qquad (구멍식)$		$d_g = m_s z_g$
		목지름	$d_t = d_g + 2h_a$
이끝원지름	$d_{aw} = d_w + 2h_a$		$d_{ag} = d_g + 2h_a$
이끝 둥금새	$r_{af} = 0.05\pi m_n$	이모서리 둥금새	$r = 0.25\pi m_s$
이뿌리 둥금새	$r_{bf} = 0.07\pi m_s$	드로트 지름	$d_d = d_w + 2h_a$
웜의 길이	$L = (14.2 + 0.063z_w)\pi m_s$ $L = (4.50 + 0.020z_g)\pi m_s$	이나비	$\begin{aligned} b &= 7.50m_s + 6.5\,(z_w = 1, 2) \\ b &= 6.75m_s + 5 \quad\ (z_w = 3, 4) \end{aligned}$
	또는 $\ L = \sqrt{d_g^2 - (d_g^2 - 4h_a)^2}$	유효이나비	$b_e = 2\sqrt{h_a(d_w + h_a)}$
중심거리	$C = \dfrac{d_w + d_g}{2}$		

/8.9.4/ 웜기어에 작용하는 힘들과 효율

그림 8.58은 웜의 나사단면과 웜휠의 잇면이 피치점에서 접촉하고 있는 경우에 작용하는 힘의 분력들을 도시한 것이다. 접촉면에 작용하는 수직력 P_n이 작용하면 웜의 리드각 방향으로 마찰력 μP_n이 작용한다.

웜휠의 피치원주에 작용하는 접선력, 즉 웜의 축방향 추력 P와 접촉면에 작용하는 수직력 P_n과의 관계식은 다음과 같다.

$$P = P_n \cos\alpha_n \cos\gamma - \mu P_n \sin\gamma$$

$$\therefore P_n = \frac{P}{\cos\alpha_n \cos\gamma - \mu\sin\gamma} \tag{8.119}$$

여기서 α_n : 치형의 치직각 압력각, γ : 웜의 리드각

웜의 피치원주에 작용하는 접선력, 즉 웜휠의 축방향의 추력 P_z는

$$P_z = P_n \cos\alpha_n \sin\gamma + \mu P_n \cos\gamma$$

가 되고, 위 두 식을 대입하여 정리하면 P_z는 다음과 같다.

$$P_z = P\frac{\tan\gamma + \dfrac{\mu}{\cos\alpha_n}}{1 - \dfrac{\mu}{\cos\alpha_n}\tan\gamma} \tag{8.120}$$

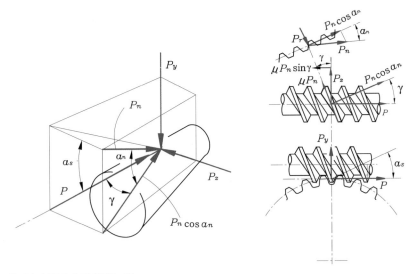

그림 8.58 ▶ 웜과 웜휠에 작용하는 힘

$\dfrac{\mu}{\cos \alpha_n} = \mu' = \tan\rho'$ 으로 놓으면 축방향의 추력의 크기는 다음과 같은 식으로 표현된다.

$$P_z = P\tan(\gamma + \rho') \tag{8.121}$$

웜휠과 웜에 작용하는 축직각 방향의 힘을 구하기 위해 먼저 웜과 웜휠의 반지름 방향의 작용력 P_y 를 구하면 다음과 같다.

$$P_y = P_n \sin\gamma$$

웜휠의 축직각 방향의 힘 P_{Rg} 와 웜의 축직각 방향의 힘 P_{Rw} 는 다음과 같이 구할 수 있다.

$$P_{Rg} = \sqrt{P^2 + P_y^2}$$
$$P_{Rw} = \sqrt{P_y^2 + P_z^2} \tag{8.122}$$

웜의 피치원주에서 접선 방향의 작용력 P_z 에 의해 작용하는 T, 즉 웜휠을 회전시키기 위해 웜에 가해지는 토크 T는 웜의 피치원지름을 d_w 라고 하면 다음과 같다.

$$T = P_z \dfrac{d_w}{2} = P\dfrac{d_w}{2}\tan(\gamma + \rho') \tag{8.123}$$

접촉면에 마찰이 없다고 가정하면 $\mu = 0$, $\mu' = 0$, $\rho' = 0$ 이고 이때의 토크 T'은 다음과 같이 된다.

$$T' = P\dfrac{d_w}{2}\tan\gamma \tag{8.124}$$

이때의 웜기어의 효율식은

$$\eta = \dfrac{T'}{T} = \dfrac{\tan\gamma}{\tan(\gamma + \rho)} \tag{8.125}$$

즉, 웜기어의 효율은 마찰이 없을 때의 토크 T'과 마찰을 고려했을 경우의 토크 T와의 비가 된다.

효율을 크게 하기 위해서는 마찰을 적게 하고, 리드각(γ)을 크게 하면 된다.

웜기어의 효율이 최대가 되는 수식은

$$\dfrac{d\eta}{d\gamma} = \dfrac{\sec^2\gamma\tan(\gamma + \rho) - \tan\gamma\sec^2(\gamma + \rho)}{\tan^2(\gamma + \rho)} = 0$$

을 만족하는 조건을 구하면 된다.

위 식을 정리하면

$$\sin\gamma\cos\gamma = \sin(\gamma+\rho)\cos(\gamma+\rho)$$

2γ와 $2(\gamma+\rho)$가 서로 보각을 이루도록 하면 이때 효율 η가 최대가 되고, 이때의 리드각은

$$\gamma = 45° - \frac{\rho}{2} \tag{8.126}$$

이 값을 효율식인 식 (8.125)에 대입하면 최대효율식을 얻는다.

$$\eta_{\max} = \tan^2\left(45° - \frac{\rho}{2}\right) \tag{8.127}$$

효율을 향상시키기 위해서는 진입각을 크게 해야 한다. 즉, 웜의 리드를 크게 하고 지름을 작게 해야 한다. 따라서 웜기어의 효율 η는 마찰각 ρ와 마찰계수 μ를 작게 하거나 리드각 γ를 크게 하면 향상되는 것을 알 수 있다.

마찰계수 μ는 웜기어의 재질, 미끄럼속도, 다듬질 정도, 윤활유의 종류, 접촉 압력 등에 의해 변화하게 된다. 효율은 μ에 따라 큰 차이를 보이므로 정확한 맞물림이 이루어지도록 가공 및 조립 정밀도를 높이고, 예비운전을 통하여 접촉면의 윤활을 향상시키고 윤활에 주의가 필요하다. 이러한 여러 조건을 만족시키면 일반적으로 $\mu = 0.02 \sim 0.05$의 값을 갖는다.

그림 8.59는 마찰계수 μ에 따라 리드각 γ와 효율 η의 관계를 도시한 것이다. 리드각 γ

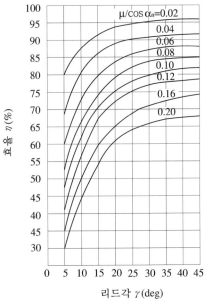

그림 8.59 ▶ 리드각, 마찰계수와 효율의 관계

가 10° 이하에서는 η가 큰 기울기를 이루며, 효율이 급격하게 감소하게 되고, 리드각 γ가 30° 이상에서는 효율 η는 거의 일정하게 유지됨을 확인할 수 있다. 또한 무리하게 리드각 γ를 크게 하는 것은 이의 간섭을 일으키고, 웜의 이뿌리가 작아져 이(齒)의 강도가 약해지므로 압력각 α_n을 가능한 크게 하고, 웜의 줄수를 많이 하는 것이 바람직하나, 리드각이 30° 이상에서는 효율의 증가가 적으므로 보통 3줄 이상 사용은 피한다. 따라서 가공상의 어려움이 있더라도 리드각 $\gamma = 10° \sim 30°$, 웜의 줄수를 2~3줄로 설계하는 것이 좋다.

웜휠을 구동축, 웜을 종동축으로 하여 회전시킬 때의 효율을 η'이라고 하면, 회전 방향이 반대이므로 마찰각 ρ'은 음의 값을 갖는다. 즉,

$$\eta' = \frac{\tan(\gamma - \rho')}{\tan\gamma} \tag{8.128}$$

이 된다.

위 식에서 회전운동이 가능하기 위해서는 $\eta' > 0$, 즉 $\gamma > \rho'$이어야 하고, 반대로 $\gamma \leq \rho'$일 때에는 $\eta' \leq 0$, 즉 웜휠로 웜을 회전시킬 수 없는 자동체결(self locking) 상태가 된다. 이 원리를 이용하여 웜기어는 역회전방지용 기구로 사용하기도 한다. 예를 들어, 물건을 들어올려 정지시키거나 로프 등을 잡아당겨진 상태로 유지할 수 있는 기계에 사용되기도 한다. 그러나 자동체결은 마찰에 의한 것이므로 진동 등으로 점점 풀어질 수 있으므로 확실히 고정시키기 위해서는 브레이크장치 등과 같은 다른 역전방지 장치와 병용되는 것이 바람직하다.

/8.9.5/ 강도설계

웜재료는 강이나 담금질한 강을 사용하고, 웜휠은 주철이나 인청동 또는 포금 등을 사용한다. 즉, 웜휠의 재료는 웜에 비해 상대적으로 약한 재료를 사용하므로 웜기어의 강도설계는 일반적으로 웜휠의 이(齒)에 대한 강도설계만으로도 충분하다.

웜기어는 다른 기어와 비교하여 치면 사이의 미끄럼이 상당히 커서 마모와 발열이 문제가 되므로, 이(齒)의 설계에서는 굽힘강도 설계보다는 마멸강도 및 발열강도 측면을 우선 고려해야 한다.

(1) 굽힘강도

웜과 웜휠의 접촉이나 작용하중 상태 등이 정확히 해석하기에 복잡하고 어려우므로, 정확하게 강도를 구하기가 힘드므로 보통 웜휠을 헬리컬기어와 같다고 보고 구한다.

웜휠의 피치원주상의 최대전달하중 P는 Lewis의 설계식을 적용하여 다음과 같이 계산된다.

표 8.24 웜휠재료에 따른 허용굽힘응력

웜휠의 재료	허용굽힘응력 σ_b [kgf/mm²]	
	하중방향이 일정할 때	양방향 회전을 할 때
주 철	8.5	5.5
기어용 청동	17.0	11.0
안티몬 청동	10.5	7.0
합성수지	3.0	2.0
인청동	5.0~8.0	9~10

표 8.25 웜휠의 치형계수 y

치직각 압력각 α_n	치형계수 y
14.5°	0.100
20°	0.125
25°	0.150
30°	0.175

표 8.26 웜휠의 속도계수 f_v (v_g : 웜힐의 피치원 원주속도 m/s)

웜휠재료	속도계수 f_v
금속재료	$f_v = \dfrac{6}{6+v_g}$
합성 수지, 경금속	$f_v = \dfrac{1+0.25v_g}{1+v_g}$

$$P = f_w f_v \sigma_b p_n b\, y \qquad\qquad (8.129)$$

여기서 σ_b : 재료의 허용굽힘응력[kg/mm²] f_w : 하중계수

p_n : 치직각피치[mm] f_v : 속도계수

b : 이폭[mm] y : 치형계수

(2) 웜기어의 내마모강도

정적하중인 경우에는 Buckingham의 실험식을 이용하여 치면의 마멸을 고려한 허용전달하중 P를 구할 수 있다.

표 8.27 웜휠의 내마모계수 K

웜재료	웜휠재료	K [kgf/mm^2]		
		리드각 $\gamma \leq 10°$	리드각 $\gamma = 10 \sim 25°$	리드각 $\gamma \geq 25°$
강(경도 $H_B = 250$ 이상)	인청동	0.042	0.05250	0.0630
담 금 질 강	주 철	0.035	0.04375	0.0525
담 금 질 강	인청동	0.056	0.07000	0.0840
담 금 질 강	안티몬청동	0.085	0.10625	0.1275
담 금 질 강	합성 수지	0.025	0.031	0.0375
주 철	인청동	0.54	0.067	0.081

표 8.28 보정계수 ξ의 값

리드각(γ)	보정계수(ξ)
$\gamma < 10°$	1.00
$10° \leq \gamma \leq 25°$	1.25
$\gamma > 25°$	1.50

$$P = f_v \xi d_g b_e K \tag{8.130}$$

여기서 ξ : 웜의 리드각 r에 의한 보정계수

d_g : 웜휠의 피치원지름[mm]

b_e : 유효치폭[mm]

K : 내마멸계수

(3) 웜의 발열강도

웜의 발열 현상은 기어의 치형, 재질, 미끄럼속도, 가공 정밀도, 전달하중의 조건, 윤활유의 상태 및 냉각장치 등 여러 가지 조건에 따라서 영향을 받는다. 발열을 고려한 허용전달하중 P는

$$P = C\ b\ p_s \tag{8.131}$$

여기서 b : 웜휠의 치폭[mm]　　　　　　　C : 발열계수

p_s : 축직각단면의 웜의 피치[mm]

발열계수 C의 값은 Kutzbach의 실험식에 의하면 다음과 같다.

$$C = \frac{0.4}{1 + 0.5v_s} \text{(주철과 주철)}$$

$$C = \frac{0.6}{1 + 0.5v_s} \text{(강과 인청동, 강과강)} \tag{8.132}$$

여기서 v_s [m/s]는 웜의 미끄럼속도이며, 리드각이 γ 일 때 웜의 원주속도 v_w [m/s]와의 관계는 다음과 같다.

$$v_w = \frac{\pi \cdot d_\omega \cdot N_\omega}{1,000 \times 60} \quad (d_\omega : \text{웜의 } P.C.D, N_\omega : \text{웜의 회전수 rpm})$$

$$v_s = \frac{v_w}{\cos\gamma} \tag{8.133}$$

예제 8-16 $N_w = 900$ rpm이고 속도비가 $i = 1/20$인 한쌍의 웜기어에서 웜의 모듈이 $m_s = 5$, 비틀림 $\gamma = 20°$일 때 다음을 구하시오(단 웜의 줄수 $z_w = 4$).

(1) 웜휠의 잇수, 웜휠의 피치원지름, 웜의 피치, 웜휠의 회전수, 웜휠의 원주속도를 구하시오.

(2) 웜기어의 굽힘강도를 구하시오(단 $\sigma_b = 23$ kgf/mm², $f_v = \frac{3.04}{3.05 + v_g}$).

(3) 웜기어의 면압강도를 구하시오.
   (단, 치폭 $b = 50$ mm, $K = 35 \times 10^{-3}$ kgf/mm², $B_e = 40$ mm)

(4) 웜기어의 발열에 의한 강도를 구하시오$\left(\text{단 } d_w = 60, C = \frac{0.6}{1 + 0.5v_g}\right)$.

(5) 웜기어의 전달마력을 구하시오.

(1) $z_g, d_g, p_s, p_n, p_n, N_g, v_g$

   ① 웜휠의 잇수 : 웜휠의 잇수는 속도비를 이용하여 구한다.
   $$i = \frac{4}{z_g} = \frac{1}{20}$$
   따라서 $z_g = 20 \times 4 = 80$개

   ② 웜휠의 피치원지름 : 축직각 모듈과 잇수의 곱으로 구할 수 있다.
   $$d_g = m_s z_g = 5 \times 80 = 400\,\text{mm}$$

   ③ 축직각 피치와 치직각 피치
   축직각 피치는 $p_s = \pi m_s = \pi \times 5 = 15.71\,\text{mm}$
   치직각 피치는 $p_n = p_s \cos\gamma = 15.71 \times \cos 20 = 14.76\,\text{mm}$

④ 웜휠의 회전수 : 속도비를 이용하여 구한다.

$$i = \frac{N_g}{900} = \frac{1}{20} \quad \text{따라서} \quad N_g = \frac{900}{20} = 45\,\text{rpm}$$

⑤ 웜휠의 원주속도

$$v_g = \frac{\pi d_g N_g}{1,000 \times 60} = \frac{\pi \times 400 \times 45}{1,000 \times 60} = 0.9424 \ \text{m/s}$$

(2) 웜기어의 굽힘강도

$$P = f_v \, \sigma_b b p_n y$$

위 식에서 속도계수는

$$f_v = \frac{3.05}{3.05 + v_g} = \frac{3.05}{3.05 + 0.9424} = 0.7639$$

압력각 20°에 대해서 표 8.10에서 치형계수를 찾으면 $y = 0.125$이다.

$$\therefore P = 0.7639 \times 23 \times 50 \times 14.76 \times 0.125 = 1,620.8\,\text{kgf}$$

(3) 웜기어의 면압강도 : 치면의 마멸을 고려한 웜기어의 면압강도는

$$P = f_v \xi d_g B_e K$$

위 식에서 비틀림각 γ에 의한 계수 ξ는 표 8.28에서 $\xi = 1.25$이므로

$$P = 0.7639 \times 1.25 \times 400 \times 40 \times 35 \times 10^{-3} = 534.73 \ \text{kgf}$$

(4) 웜기어의 발열에 관한 강도

$$P = Cbp_s$$

위 식에서 발열에 관한 계수 C를 구하기 위해서 웜의 원주속도를 구하면

$$v_w = \frac{\pi d_w N_w}{1,000 \times 60} = \frac{\pi \times 60 \times 900}{1,000 \times 60} = 28.27\,\text{m/s}$$

웜의 미끄럼속도를 구하면

$$v_s = \frac{v_w}{\cos \gamma} = \frac{2.827}{\cos 20} = 3\,\text{m/s}$$

$$C = \frac{0.6}{1 + 0.5 v_s} = \frac{0.6}{1 + 0.5 \times 3} = 0.24$$

$$\therefore P = 0.24 \times 50 \times 15.71 = 188.52\,\text{kgf}$$

(5) 웜기어의 전달마력

위에서 구한 3가지 전달하중 중에서 제일 작은 값을 기준으로 전달마력을 구한다.

$$H_{PS} = \frac{Pv}{75} = \frac{188.52 \times 0.9424}{75} = 2.368 \ PS$$

예제 8-17 다음 표와 같은 웜기어에 대한 물음에 답하시오.

	압력각	축직각 모듈	잇 수	피치원 지름	회전수 [rpm]	이 폭	재질
웜			3줄	40	1500		GC25
웜휠	20°	4	60	240	50	$b=20$ $B_e=18$	청동

(1) 웜기어의 굽힘강도에 의한 전달하중을 구하시오$\left(f_v = \dfrac{6.1}{6.1+v_g} ,\ y = 0.125\right)$.

(2) 웜기어의 면압강도에 의한 전달하중을 구하시오.

(3) 웜기어의 발열에 의한 전달하중을 구하시오$\left(C = \dfrac{0.6}{1+0.5v_s}\right)$.

(4) 웜기어의 전달마력을 구하시오.

(1) 굽힘강도에 의한 허용전달하중 : Lewis 공식에 의해 허용전달하중을 구한다.

$$P_1 = f_v \sigma_b b p_n y$$

위 식에서 속도계수를 구하기 위해 웜휠의 원주속도를 구하면

$$v_g = \frac{\pi D_g N_g}{1,000 \times 60} = \frac{\pi \times 240 \times 50}{1,000 \times 60} = 0.628 \, \mathrm{m/s}$$

그러므로 속도계수는

$$f_v = \frac{6.1}{6.1+v_g} = \frac{6.1}{6.1+0.628} = 0.9067$$

표 8.24에서 웜휠의 허용굽힘응력을 구하면 $\sigma_b = 11.3 \, \mathrm{kgf/mm^2}$이다.
웜휠의 축직각 피치는

$$p_s = \pi m_s = \pi \times 4 = 12.57 \, \mathrm{mm}$$

웜의 리드각을 구하면

$$\gamma = \tan^{-1}\left(\frac{p_s Z_w}{\pi D_w}\right) = \tan^{-1}\left(\frac{12.57 \times 3}{\pi \times 40}\right) = 16.7°$$

그러므로 치직각 피치는

$$p_n = p_s \cos\gamma = 12.57 \times \cos 16.7 = 12.04 \, \mathrm{mm}$$
$$\therefore P_1 = 0.9067 \times 11.3 \times 20 \times 12.04 \times 0.125 = 308.4 \, \mathrm{kgf}$$

(2) 면압강도에 의한 허용전달하중

$$P_2 = f_v \zeta D_g B_e K$$

위 식에서 ζ는 표 8.28에 의해 $\zeta = 1.25$이다.

K는 표 8.27에 의해 $K = 67.5 \times 10^{-3}\,\mathrm{kgf/mm^2}$이다.

$$\therefore P_2 = 0.9067 \times 1.25 \times 240 \times 20 \times 42 \times 10^{-3} = 228.49\,\mathrm{kgf}$$

(3) 발열에 의한 허용전달하중

$$P_3 = C b\, p_s$$

위 식에서 $v_w = \dfrac{\pi \times 40 \times 1{,}500}{1{,}000 \times 60} = 3.142\,\mathrm{m/s}$

$$v_s = \dfrac{v_w}{\cos}\gamma = \dfrac{3.142}{\cos 16.7} = 3.28\,\mathrm{m/s}$$

$$\therefore C = \dfrac{0.6}{1 + 0.5 \times 3.28} = 0.227$$

따라서 $P_3 = 0.227 \times 30 \times 12.57 = 57.07\,\mathrm{kgf}$

(4) 전달마력 : 위에서 구한 3가지 경우의 전달하중에서 가장 작은 값을 이용하여 전달마력을 구한다.

$$H_{PS} = \dfrac{P_3 v_g}{75} = \dfrac{57.07 \times 0.628}{75} = 0.478\,\mathrm{PS}$$

예제 8-18 다음 표와 같이 속도비가 $1 : 50$인 양방향 회전 웜기어에 대해 다음 물음에 답하시오.

	압력각	축직각 모듈	잇 수	피치원 지름	회전수 [rpm]	이 폭	재 질	리드각
웜	20°	8	3줄	100	1,200	60	니켈 크롬강	25°
웜휠			150	1,200	24		인청동	

(1) 웜기어의 굽힘강도에 의한 전달마력을 구하시오.

$$\left(y = 0.125,\ \sigma_b = 10\,\mathrm{kgf/mm^2},\ f_v = \dfrac{6}{6 + v_g} \right)$$

(2) 웜기어의 면압강도에 의한 전달마력을 구하시오.

$$(B_e = 42\,\mathrm{mm},\ \phi = 1.25,\ K = 42 \times 10^{-3}\,\mathrm{kgf/mm^2})$$

(3) 웜기어의 발열에 의한 전달마력을 구하시오($C = 0.6 / (1 + 0.5\ v_s)$).

(4) 웜기어의 효율을 구하시오($\mu = 0.1$).

(1) 굽힘강도에 의한 허용전달마력

$$H_{ps} = \dfrac{P v}{75}$$

위 식에서 굽힘강도에 의한 전달하중 P는 Lewis 공식을 이용해 구한다.

$$P = f_v \sigma_b b P_n y$$

여기서 속도계수는

$$v_g = \frac{\pi D_g N_g}{1,000 \times 60} = \frac{\pi \times 1,200 \times 24}{1,000 \times 60} = 1.51 \text{ m/s}$$

$$f_v = \frac{6}{6 + 1.51} = 0.799$$

치직각 피치는

$$p_n = p_s \cos\gamma = \pi m_s \cos\gamma = \pi \times 8 \times \cos 25 = 22.78 \text{ mm}$$

그러므로 전달하중은

$$P = 0.799 \times 10 \times 60 \times 22.78 \times 0.125 = 1,365.1 \text{ kgf}$$

따라서 전달마력은

$$H_{ps} = \frac{1,365.1 \times 1.51}{75} = 24.78 \text{ ps}$$

(2) 면압강도에 의한 전달마력 : 면압강도에 의한 허용전달하중은

$$P = f_v \varphi D_g B_e K = 0.799 \times 1.25 \times 1,200 \times 42 \times 10^{-3} = 2,114.154 \text{ kgf}$$

따라서 전달마력은

$$H_{ps} = \frac{2,114.154 \times 1.51}{75} = 42.56 \text{ ps}$$

(3) 발열강도에 의한 전달마력 : 웜기어의 발열에 의한 허용전달하중은

$$P = C b p_s$$

위 식에서 미끄럼속도는

$$v_w = \frac{\pi \times 100 \times 1,200}{1,000 \times 60} = 6.283 \text{ m/s}$$

$$v_s = \frac{v_w}{\cos\gamma} = \frac{6.283}{\cos 25} = 6.933 \text{ m/s}$$

발열에 대한 계수는

$$C = \frac{0.6}{1 + 0.5 v_s} = \frac{0.6}{1 + 0.5 \times 6.933} = 0.1343$$

축직각 피치를 구하면

$$p_s = \pi m_s = \pi \times 4 = 25.13 \text{ mm}$$

그러므로 전달하중은

$$P = 0.1343 \times 60 \times 25.13 = 202.5 \, \text{kgf}$$

따라서 전달마력은

$$H_{ps} = \frac{202.5 \times 1.51}{75} = 4.08 \, \text{ps}$$

(4) 웜기어의 효율

$$\eta = \tan \frac{\gamma}{\tan(\gamma + \rho')}$$

위 식에서 마찰각을 구하면

$$\rho' = \tan^{-1}\left(\frac{\mu}{\cos \alpha}\right) = \tan^{-1}\left(\frac{0.1}{\cos 20}\right) = 6.074°$$

따라서 효율은

$$\eta = \frac{\tan 25}{\tan(\,25 + 6.074\,)} = 0.7738$$

8.10 기타의 기어

/8.10.1/ 나사기어 (Screw Gear)

그림 8.60과 같이 피치원통의 지름이 D인 원통에 밑변이 πD인 직각 삼각형 ABC를 감아올리면 직각 삼각형의 경사변인 $\overline{AC}$는 자연히 원통 위에 나선을 만들게 된다. 이와 같이 만들어진 나선을 원주상에 피치 p_c만큼 간격을 띄워가면서 감아돌리면 서로 평행인 나선이 같은 간격으로 생기게 된다. 이렇게 해서 생긴 원통에 나선과 같은 방향에 이를 가공한 것이 나사기어이다. 한 개의 나선으로는 연속운동을 전달할 수 없으므로 여러 개의 나선을 가공하는 것이다. 이때 가공된 나선의 수에 따라서 1줄 나선(single thread), 2줄 나선(double thread), 다수 나선(multiple threads)이라 명칭한다. 헬리컬기어와 다른 점은 한쌍의 헬리컬기어를 점접촉시킨 상태에서 두 기어의 비틀림각을 다르게 하면, 두 축이 평행하지 않고 어긋나게 된다. 이런 상태의 것이 나사기어이다. 나사기어에서 피치원통의 지름을 $D = 2R$, 나사의 리드(Lead)를 L, 원주방향의 피치(circumferential pitch)를 p_c, 치직각피치(normal pitch)를 p_n, 축

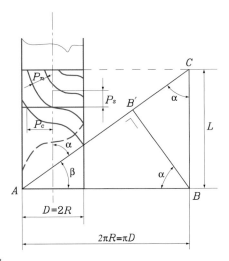

그림 8.60 ▶ 나사기어의 나선

방향 피치(axial pitch)를 p_s, 나선각(helix angle)을 α, 잇수(나사의 줄수)를 Z, 진행각(lead angle)을 $\beta = 90° - \alpha$ 로 하면 $\triangle ABC$ 에서 다음과 같은 관계식을 얻을 수 있다.

$$L = \pi D \tan\beta = \pi D \tan(90° - \alpha) = \pi D \cot\alpha \tag{8.134}$$

$$\text{원주피치(circular pitch)} : p_c = \frac{\pi D}{Z}$$

$$\text{치직각피치(normal pitch)} : p_n = p_c \cos\alpha$$

$$\text{축직각피치(axial pitch)} : p_s = \frac{L}{Z} = \frac{\pi D \cot\alpha}{Z} = p_c \cot\alpha \tag{8.135}$$

$P_n = \pi m_n$ 이므로 m_n 으로 표시하면 $\triangle ABB'$ 에서

$$Z = \frac{\overline{BB'}}{p_n} = \frac{\overline{AB}\cos\alpha}{p_n} = \frac{2\pi R \cos\alpha}{p_n} = \frac{2R\cos\alpha}{m_n} \tag{8.136}$$

위의 식을 피치반지름 R로 표시하면

$$R = \frac{m_n}{2} \times \frac{Z}{\cos\alpha} \tag{8.137}$$

나사기어는 경사진 직선이(齒)이므로 헬리컬기어와 구별하기 어렵지만 기어의 맞물림이 점 접촉이 되고, 양쪽기어의 비틀림각이 서로 다르므로 평행하지도 교차하지도 않는 축에 사용 된다는 차이점이 있다. 나사기어의 맞물림 상태는 다음과 같다.

그림 8.61에서 두 개의 피치원통 I, II의 접촉점이 P일 때, 이(齒)의 방향은 P점을 지나는 접선 $N-N$의 방향에 의해 결정된다. 이때 두 축의 교차각이 θ일 때 $\theta = \alpha_1 + \alpha_2$, $\theta = \alpha_1 - \alpha_2$의 두 가지 경우가 있다. 이런 경우에는 잇줄 방향에 미끄럼이 발생한다. 나사기어의 잇수를 Z_1, Z_2, 각속도를 ω_1, ω_2, 양쪽 기어의 피치원통의 반지름을 R_1, R_2로 하면 미끄럼속도 v_s는 다음과 같다.

$$v_s = R_1\omega_1 \sin\alpha_1 \pm R_2\omega_2 \sin\alpha_2 \tag{8.138}$$

위의 식 중 (+)부호는 $\theta = \alpha_1 + \alpha_2$, (−)부호는 $\theta = \alpha_1 - \alpha_2$의 경우이다.

여기서 속도비는 접촉점 P에서 법선 방향의 속도가 동일하므로

$$R_1\omega_1 \cos\alpha_1 = R_2\omega_2 \cos\alpha_2$$

치직각 피치가 같아야 하기 때문에 다음 식이 성립한다.

$$p_n = \frac{2\pi R_1}{Z_1}\cos\alpha_1 = \frac{2\pi R_2}{Z_2}\cos\alpha_2 \tag{8.139}$$

따라서

$$\frac{\omega_1}{\omega_2} = \frac{Z_2}{Z_1} = \frac{R_2\cos\alpha_2}{R_1\cos\alpha_1} \tag{8.140}$$

위 식에서 알 수 있듯이 회전 각속도비는 나선각의 코사인(cosine)에 반비례하고 잇수에도 반비례한다. 즉, 나사기어에서의 각속도비는 양 피치원통의 반지름에 반비례하는 것뿐만 아니라 이(齒)의 경사각의 영향을 받는다.

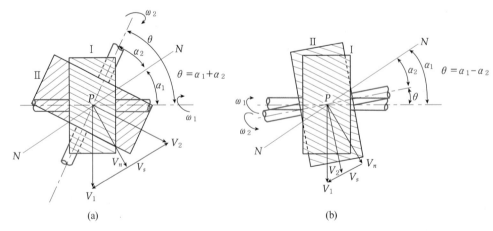

그림 8.61 ▶ 나사기어의 전개

그러므로 이(齒)의 경사각만을 적당히 변경해 주면 기어의 크기를 바꾸지 않고도 어느 범위 안에서 각속도비를 자유롭게 변경할 수 있다. 웜과 웜휠은 이 원리를 이용한 대표적인 예이다.

나사기어는 점접촉을 이루므로 큰 동력을 전달하기 어렵고, 기어 잇줄 방향으로 미끄럼이 발생한다는 단점이 있는 것이 특징이므로, 두 축이 평행하지도, 교차하지도 않는 비교적 가벼운 부하의 전달에 적합하다.

/8.10.2/ 비원형 기어

(1) 개 요

기어는 동력전달을 주체로 하는 기계요소 중의 하나이다. 최근 산업이 급속히 발전됨에 따라 고부하, 고속화 그리고 소형·경량화, 고정밀화 등의 요구가 증대되고 있으나 기계제작의 측면에서는 일반적으로 어려운 문제에 당면하고 있다. 그 요구에 부응하기 위해서는 간단하면서도 복잡하고 매끄러운 운동전달을 하는 특성을 가진 각종 기구를 개발해야 하는 실정이다. 특히 비원형 기어 중에서도 타원을 피치곡선으로 갖고, 회전속도가 주기적으로 변하는 타원계 비원형 기어(엽형)의 설계는 비교적 용이하며, 응용 예로는 유량계에 사용되는 오발기어(oval gear)를 들 수 있다.

비원형 기어는 각속비가 변화하는 기구, 축거리가 변화하는 기구, 각속비 및 축거리의 쌍방이 변화하는 기구 등에 이용되며, 간단한 기계구조에 따라 복잡한 운동을 전달하는 일이 가능하다.

비원형 기어의 특징은 다음과 같다.

- 간소한 기구로서 소형화
- 임의의 부등속 회전전달
- 맞물린 치면의 미끄럼접촉이 적기 때문에 마모피로가 적음
- 고부하 전달이 가능

(2) 비원형 기어의 기초이론

① 피치동경

그림 8.62에 도시된 바와 같이 한 개의 비원형 기어를 놓고 원동축을 피니언, 종동축을 기어라 하고, 그의 회전 중심을 $O_1 O_2$라 한다. $O_1 O_2$의 거리를 일정 중심거리 b라 놓고, 회전중심

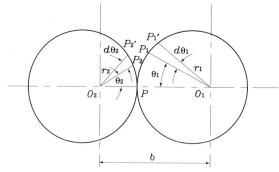

그림 8.62 ▶ 비원형 기어의 피치동경

에서 피치곡선까지의 거리를 피치동경(動經)이라 하고, 각각 $r_1 r_2$라 한다. 다시 회전각도를 $\theta_1 \theta_2$라 하고, 회전 방향은 반시계 방향을 (+), 시계 방향을 (−)라 한다. 피니언이 (+)방향으로 θ_1으로 회전하고 기어도 $-\theta_2$ 회전하고, $P_1 P_2$가 $\overline{O_1 O_2}$상에서 접촉하고, 다시 피니언이 미소각 $d\theta_1$ 회전하고 기어도 미소각 $-d\theta_2$ 회전하고, $P_1' P_2'$이 $\overline{O_1 O_2}$상에서 접촉하게 되면 다음의 관계가 성립한다.

$$r_1 + r_2 = b \tag{8.141}$$

$$r_1 \cdot d\theta_1 = r_2 \cdot d\theta_2 \tag{8.142}$$

중심거리를 $b = 1$이라 하고, 위의 식 (8.141), (8.142)에서 r_1, r_2를 구한다.

원동축, 종동축이 외기어인 경우는 다음과 같다.

$$r_1 = \frac{d\theta_2 / d\theta_1}{1 + d\theta_2 / d\theta_1} \tag{8.143}$$

$$r_2 = \frac{1}{1 + d\theta_2 / d\theta_1} \tag{8.144}$$

원동축, 종동축이 내기어인 경우는 다음과 같은 관계가 성립한다. 중심거리를 $b = 1$이라 하고 아래의 식 (8.145), (8.146)에서 r_1, r_2를 구한다.

$$(r_1 - r_2) = b \tag{8.145}$$

$$r_1 \cdot d\theta_1 = r_2 \cdot d\theta_2 \tag{8.146}$$

$$r_1 = -\frac{d\theta_2 / d\theta_1}{(1 - d\theta_2 / d\theta_1)} b \tag{8.147}$$

$$r_2 = -\frac{1}{(1 - d\theta_2 / d\theta_1)} b \tag{8.148}$$

여기서 $-\dfrac{d\theta_2}{d\theta_1}$ 는 각속비를 표시하는 것이다. 식 (8.143), (8.144), (8.147), (8.148)은 각속비가

주어진다면 피치동경이 일차적으로 구해진다는 것을 의미한다.

원동축, 종동축의 양기어가 같은 형태로 상호성이 있을 경우에 원동축이 일정의 속도로 1회전할 때 종동축의 속도가 1회전 1회 변하는 것을 편심기어라 하고, 2회 변하는 것을 타원형 기어라 한다.

그의 피치라인을 극좌표 $P(r, \theta)$로 나타내기 위한 곡선의 식은 다음과 같다.

$$r = \frac{b}{2} \cdot \frac{1 - \epsilon^2}{1 + \epsilon\cos n\theta} \tag{8.149}$$

편심기어의 편심량과 피치라인의 장경(長經) 및 단경(短經)은 다음과 같다.

$$\text{편심량} = \frac{b\epsilon}{2} \tag{8.150}$$

$$\text{장경} = b \tag{8.151}$$

$$\text{단경} = b\sqrt{1 - \epsilon^2} \tag{8.152}$$

타원형 기어의 최대 피치라인과 최소 피치라인은 다음과 같다.

$$r_{\max} = \frac{b}{2} \cdot 1 - \frac{\epsilon^2}{1 + \epsilon\cos n\theta} = \frac{b}{2}(1 + \epsilon) \tag{8.153}$$
$$\text{장경} = b(1 + \epsilon)$$

$$r_{\min} = \frac{b}{2} \cdot 1 - \frac{\epsilon^2}{1 + \epsilon\cos n\theta} = \frac{b}{2}(1 - \epsilon) \tag{8.154}$$
$$\text{단경} = b(1 - \epsilon)$$

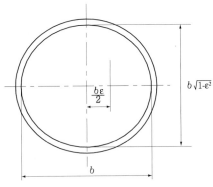

그림 8.63 ▶ 편심기어의 피치동경

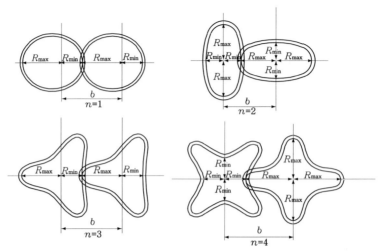

그림 8.64 ▶ 타원계 엽형기어의 피치동경

그림 8.63에서 보는 것처럼 식 (8.149)에서 $n \times \theta$ 가 π 일 때 최대 피치동경이 되고, $n \times \theta$ 가 0일 때 최소 피치동경이 된다.

② 타원주비율 (R_π)

일반적으로 톱니바퀴에서 피치원지름은 모듈과 톱니수의 곱이 된다.

$$D = m \cdot Z \tag{8.155}$$

단 $D = \dfrac{b}{2} + \dfrac{b}{2}$ 이다.

이것은 원주의 길이(피치원의 길이)가 진원이기 때문에 원주율 π(정수)와 D의 곱이고 항상 일정하게 결정되기 때문이다. 그러나 타원의 경우는 편평도에 의해 그 정수는 변하고, 또 타원의 둘레(주장, 周長)를 산출하는 것에 의해 톱니수, 모듈을 결정하지 않으면 안 된다. 여기에서 진원의 원주율 π에 대해 타원의 원주율 E_π라 하면

$$E_\pi = f(\varepsilon)$$

가 된다.

또 이 E_π를 구하는 데에는 식 (8.149)에서 $b = 1$로 하고 r의 θ에 대한 미분식은

$$\frac{dr}{d\theta} = \frac{1-\varepsilon}{2} \cdot \frac{n\varepsilon \sin n\theta}{(1+\varepsilon \cos n\theta)^2} \tag{8.156}$$

이고, E_π, 즉 극 방정식의 타원의 둘레(주장, 周長)는

$$E_\pi = \int^{2\pi} \sqrt{r^2 + \left(\frac{dr}{d\theta}\right)^2} \tag{8.157}$$

가 된다.

위 수식을 수치적분법으로 구하면 각각의 ϵ의 값에 대해서 E_π를 구할 수 있다.

또 타원주율 E_π를 원주율 π를 제외한 값을 타원주비율 R_π로 하면

$$R_\pi = \frac{E_\pi}{\pi} \tag{8.158}$$

가 되고 타원계 기어의 실제 축간거리의 결정식은 다음과 같은 식이 된다.

$$b = R_\pi \cdot m \cdot z \tag{8.159}$$

③ 속도비

일반적으로 원동축의 각속도에 대한 종동축의 각속도의 비를 속도비라 한다. 원동축의 회전각도에 관한 종동축의 회전각도를 위상이라고 한다. 편평도가 크게 되면 속도비의 변화도 위상의 차가 크게 된다.

각속비$(d\theta_2/d\theta_1)$는 식 (8.141)과 식 (8.142)를 이용해서 다음과 같이 구해진다.

$$\frac{d\theta_2}{d\theta_1} = \frac{1 - \epsilon^2}{1 + \epsilon + 2\epsilon\cos n\theta_1} \tag{8.160}$$

위상의 차$(\theta_2 - \theta_1)$는 다음 식과 같이 주어진다.

$$\theta_2 - \theta_1 = \frac{1}{n}cos^{-1}\left\{\frac{2\varepsilon + (1 + \epsilon^2)\cos n\theta_1}{1 + \epsilon^2 + 2\varepsilon\cos n\theta_1}\right\} - \theta_1 \tag{8.161}$$

④ 각속비

그림 8.65와 같이 회전운동을 하고 있을 때 이것이 회전한 각 $\theta_2 - \theta_1$의 관계를 생각해 보면 O_2차가 단경점 B에서 θ_2만큼 회전해서 P점으로, O_1차의 장경점 A에서 θ_1만큼 회전해서 P점과 접촉하고 있는 상태는 정확히 서로 교환할 경우의 O_1차가 단경 B'에서 $\theta_1'(\theta_1' = \theta_2)$만큼 회전하고, O_2차가 장경점 A'에서 $\theta_2'(\theta_2' = \theta_1)$만큼 회전했을 때와 똑같은 관계를 가진다.

그림 8.66은 이심률이 0.1, 0.2, 0.3, 0.4일 때의 1.4엽까지의 피치 곡선의 변화를 나타낸다.

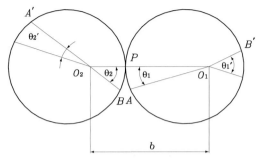

그림 8.65 ▶ 편심기어의 구름운동과 각속비

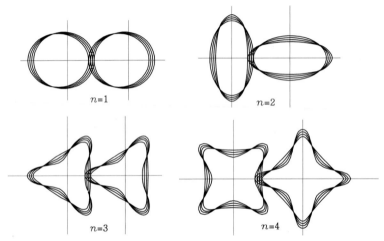

그림 8.66 ▶ 이심률에 따른 피치곡선의 변화

(3) 비원형 기어의 응용

부등속운동기구로서는 링크, 캠, 비원형 기어 등을 이용한 기구가 일반적으로 사용되고 있다.

① 링크기구

- 고부하·고속도하에서 운동의 재현성, 다수의 출력동작단(端)의 동기성, 고·저온(溫), 진동 등의 환경하에서의 신속성, 내구성 등이 우수하다.
- 기구의 운동이 유한개의 기구정수(定數)에 의해 결정되므로 입출력 변수에 그 기구정수를 넘는 조건을 엄밀히 부여하는 것이 불가능하다.

② 캠기구

- 복잡한 변위곡선을 만족하고, 링크기구에 비해서 좁은 공간에서의 사용이 가능하다.

- 캠과 종동절이 고차(高次)의 대우(對偶)를 이루고, 미끄럼률이 크므로 기구적 수명이 짧으며, 용수철 등의 병용에 의한 구동력 증대와 신속성 저하가 문제가 되며, 비원형 기어가 있다.

③ 부등속 회전기구

캠기구와 마찬가지로 복잡한 변위곡선을 만족하는 부등속운동을 실현하는 것이 가능하다. 또한 서로 구름접촉을 하는 피치곡선 근방에서 이(齒)가 맞물려 있기 때문에 캠기구에 비해서 미끄럼이 작고, 스프링 등을 병용할 필요가 없기 때문에 기계적 수명, 출력에 대한 구동력, 고속운전에 대한 신뢰성 등에서 캠기구보다 우수하다.

④ 부등속 회전기구의 장점

- 캠에 비해 미끄럼이 적기 때문에 복잡한 운동을 확실하게 고속·고하중으로 전달한다.
- 링크에 비해 간단하고 간결한 설계가 가능하며 구성도 용이하다.
- 자동화 기구의 설계상 필요한 움직임을 그대로 기어의 형상에 넣을 수 있어서 메커니즘이 간단하다.

⑤ 부등속 회전기구의 단점

- 서로 구름접촉을 하는 피치곡선상에서 이(齒)의 정수(定數) 할당, 맞물림 압력각에 의한 피치곡선 압력각의 제약, 피치곡선의 대(大)곡률부에 있어서의 치형 형성의 조건, 이의 간섭 등에 대한 검토가 필요하다.
- 원형 기어나 캠에 비하여 설계상의 제약이 많다.

1. 다음 그림은 전동마력 9 PS, 1,200 rpm의 전동기가 회전할 때 평기어(spur gear)를 사용하여 축 I에서 축 II로 회전수를 $\frac{1}{4}$로 감속시키는 감속기를 나타낸다.

   (1) 축 I과 축 II에 발생하는 토크를 구하시오.

   (2) ②번 단판마찰클러치에서 클러치의 마찰직경이 200 mm이고 마찰계수가 0.1일 때 클러치를 잇기 위해 클러치의 축방향으로 가해야 하는 힘[kgf]을 구하시오.

   (3) 축 II의 지름을 50 mm, 축의 길이 300 mm, 기어의 자중을 70 kg으로 하고, 축의 자중을 무시할 때 축의 위험속도와 자중까지 고려한 위험속도를 각각 구하시오(단 축재료의 비중량 $\gamma = 7.85 \times 10^{-6}\,\mathrm{kg/mm^3}$, Young's Modulds $\mathrm{E} = 2.1 \times 10^4\,\mathrm{kg/mm^2}$).

   (4) 축 I에 설치된 스퍼어기어의 치면(齒面)에 수직으로 작용하는 반경방향 하중이 170 kgf일 때 기본동적부하용량이 848 kgf인 볼베어링 ③을 사용할 경우 수명시간을 계산하시오(단 하중계수 $f_w = 1.2$로 한다).

   (5) 축 II에 작용하는 굽힘모멘트선도(B. M. D.)를 그리시오. 여기서 축 I과 축 II에 설치된 ⑤스퍼어기어에서 동력전달시 서로 주고받는 반경방향하중은 동일함에 주의할 것

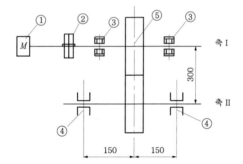

부품 번호	부품명
①	Motor
②	Clutch
③	볼 베어링
④	미끄럼 베어링
⑤	스퍼기어

그림 P8.1 ▶ 연습문제 1

2. 다음 그림은 나사압출기를 나타낸다. 압출기 모터는 1,312 rpm으로 회전하며 55 kW 동력을 발생시킨다.

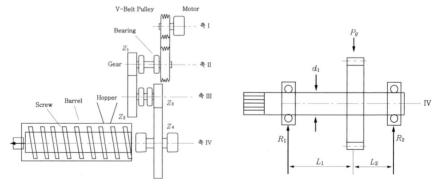

그림 P8.2 ▶ 연습문제 2

(1) 원동축 I과 종동축 II에 설치된 V-belt 풀리의 지름이 각각 $D_1 = 180$ mm, $D_2 = 360$ mm이고, 축간 중심거리 $C = 600$ mm, 벨트의 마찰계수 $\mu = 0.25$일 때 원동축과 종동축에서 풀리와 벨트의 접촉각 θ_1, θ_2을 구하시오.

(2) V-belt의 V홈 각도가 38°일 때 유효마찰계수를 구하시오.

(3) D형 V-belt를 선정하였을 때 필요한 벨트의 가닥수를 구하시오. 단, D형 V벨트의 단면적은 467.1 mm^2 ,허용장력은 100 kgf, 비중량 $\gamma = 1.2 \times 10^{-6}$ kg/mm^{3}이다. 동력전달효율은 80%로 가정하고 부하수정계수는 0.9로 한다.

(4) 축 I, II, III, IV에 설치된 압력각 20°, 모듈 $m = 6$인 스퍼어 기어의 잇수를 $Z_1 = 22$, $Z_2 = 65$, $Z_3 = 19$, $Z_4 = 47$로 설계할 때 축 I, II, III, IV에 걸리는 전동토크를 계산하시오.

(5) II축과 III축에 작용하는 기어의 접선력을 P$_1$, III축과 IV축에 작용하는 기어의 접선력을 P$_3$라 할 때 P$_1$, P$_3$를 각각 구하시오.

(6) (5)문항에서 P$_3$는 기어의 접선방향 회전력임을 고려하여 기어의 치면끼리 주고받는 치면에 수직인 하중을 P$_g$를 구하시오.

(7) 위 우측 그림과 같이 P$_g$가 IV축에 집중하중으로 작용한다고 보고 베어링 반력 R$_1$, R$_2$를 계산하시오(단 $L_1 = 300$ mm, $L_2 = 100$ mm)

(8) (7)문항의 결과을 이용하여 IV축에 작용하는 최대굽힘모멘트, 최대비틀림모멘트를 구하고 상당굽힘모멘트와 상당비틀림모멘트를 계산하여 축지름 d_1을 설계하시오(단 동적효과계수는 굽힘에 대하여 1.5, 비틀림에 대하여 2.0으로 정하고 축재료의 최대전단강도는 20 kgf/mm^2).

(9) 반력 R$_1$을 받는 베어링으로 기본동적부하용량이 4,450 kgf인 볼베어링을 사용할 경우 수명시간을 계산하시오. 단, 하중계수 $f_w = 1.2$로 한다.

연습문제 풀이

1 (1) $T = 716,200 \dfrac{H}{N}$ [kg$\cdot$mm]이므로

$T_1 = 716,200 \dfrac{9}{1200} = 5371.5$ kg$\cdot$mm

$T_2 = 716,200 \dfrac{9}{1,200 \times \dfrac{1}{4}} = 21,486$ kg$\cdot$mm

(2) $T_1 = \mu P \dfrac{D}{2}$ 이므로, $P = \dfrac{T_1}{\mu \dfrac{D}{2}} = \dfrac{5,371.5}{0.1 \times 100} = 537.15$ kgf

(3) ① 자중을 무시할 때, 축의 위험속도

$$\frac{1}{N_{cr}^2} = \frac{1}{N_1^2} \text{이므로, } N_{cr} = N_1 = \frac{30}{\pi}\sqrt{\frac{g}{\delta_1}} = \frac{30}{\pi}\sqrt{\frac{9,800}{6.11 \times 10^{-3}}} = 12,093.83 \text{ rpm}$$

$$\therefore \delta_1 = \frac{wL^3}{48EI} = \frac{70 \times 300^3}{48(2.1 \times 10^4)\left(\dfrac{50^4\pi}{64}\right)} = 6.11 \times 10^{-3}$$

② 자중을 고려할 때, 축의 위험속도

$$\frac{1}{N_{cr}^2} = \frac{1}{N_0^2} + \frac{1}{N_1^2}$$

$$N_0 = \frac{30}{\pi}\sqrt{\frac{g}{\delta_0}} = \frac{30}{\pi}\sqrt{\frac{9,800}{2.52 \times 10^{-4}}} = 59,550.33 \text{ rpm}$$

$$\therefore \delta_0 = \frac{5wL^4}{384EI} = \frac{5\left(7.84 \times 10^{-4} \times \dfrac{50^2\pi}{4}\right)300^4}{384(2.1 \times 10^4)\left(\dfrac{50^4\pi}{64}\right)} = 2.52 \times 10^{-4}$$

$$\therefore w = \gamma A = \gamma \times \frac{\pi d^2}{4}$$

$$\frac{1}{N_{cr}^2} = \frac{1}{59,550.33^2} + \frac{1}{12,093.83^2}$$

$$N_{cr} = 11,851.14 \text{ rpm}$$

(4) $L_h = 500 \times f_h{}^r = 500 \times (1.25)^3 = 976.56\,h$

$$f_h = \frac{c}{P}f_n = \frac{c}{P_0 f_w}f_n = \frac{848}{170 \times 1.2} \times 0.3 = 1.25$$

$$f_n = \left(\frac{33.3}{N}\right)^{\frac{1}{r}} = \left(\frac{33.3}{1,200}\right)^{\frac{1}{3}} = 0.3$$

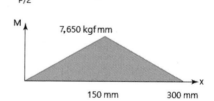

(5) $M = \dfrac{PL}{4} = \dfrac{(P_0 f_w)L}{4} = \dfrac{204 \times 150}{4} = 7,650 \text{ kgf . mm}$

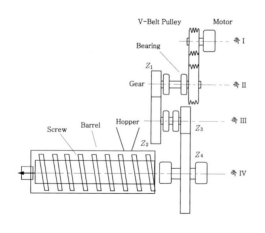

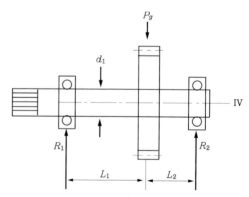

2 나사(screw) 압출기의 설계는 매우 복잡하지만 입력축에서 감속기를 거쳐 스크루 로터까지 동력전달 과정에서 사용되는 기계요소에 대하여 다음과 같은 순서로 설계할 수 있다.

① V벨트의 설계

② 기어설계

③ 스크루축 설계

④ 스크루의 기하학적 형상

⑤ 압출량 계산

여기서는 ③항의 스크루축 설계까지만 다룬다.

(1) V벨트의 설계

모터의 동력, 축의 회전수, 속도비, 축간 중심거리를 정하였으므로 V벨트의 접촉각과 유효마찰계수를 다음과 같이 계산할 수 있다.

원동축(I) : $D_1 = 180\,\text{mm}$

종동축(II) : $D_2 = 360\,\text{mm}$

- 축간 중심거리 : $C = 600\,\text{mm}$
- 마찰계수 : $\mu = 0.25$

원동축과 종동축의 접촉각을 각각 θ_1, θ_2라 하면,

$$\theta_1 = 180° - 2\sin^{-1}\left(\frac{D_2 - D_1}{2C}\right) = 180° - 2\sin^{-1}\left(\frac{360 - 180}{2 \times 597.61}\right) = 162.68°$$

$$\theta_2 = 180° + 2\sin^{-1}\left(\frac{D_2 - D_1}{2C}\right) = 180° + 2\sin^{-1}\left(\frac{360 - 180}{2 \times 597.61}\right) = 197.32°$$

(2) 유효마찰계수 계산

홈이 없는 경우의 마찰계수 $\mu = 0.25$이므로 홈에 끼어박히는 V벨트에서의 유효마찰계수 μ'은 다음 식으로 계산된다.

$$\mu' = \frac{\mu}{\sin\dfrac{\alpha}{2} + \mu\cos\dfrac{\alpha}{2}}$$

위 식에서 V벨트의 각도 α는 40°, 풀리의 홈각 α'은 38°이므로, $\alpha' = 38°$, $\mu = 0.25$를 적용하여 유효마찰계수를 계산하면 $\mu' = 0.44$가 된다.

(3) V벨트의 가닥수 선정

모터축의 회전수가 1,312 rpm이고, V벨트 풀리의 유효지름이 180 mm이므로 원주속도는 다음과 같다.

$$v = \frac{\pi DN}{1,000 \times 60} = 12.36\,\text{m/s}$$

벨트의 장력비는 $e^{\mu'\theta_1}$이므로 $\mu' = 0.44$, $\theta_1 = 162.68° = 2.84(\text{rad})$를 대입하여 풀면, $e^{\mu'\theta_1} = 3.49$가 된다.

B형 벨트의 단면적은 137.5 mm²이고 허용장력 30 kgf, 비중을 $1.2 \times 10^{-6}\,\text{kg/mm}^3$로 계산하면 단위 길이당 벨트의 무게는 $165 \times 10^{-6}\,\text{kg/mm}$가 된다.

따라서 벨트 1줄의 전달동력을 계산하면

$$H_1 = \frac{v}{102}\left(T_e - \frac{wv^2}{g}\right)\left(\frac{e^{\mu'\theta_1}-1}{e^{\mu'\theta_1}}\right)$$

$$H_1 = \frac{12.36}{102}\left(30 - \frac{165\times10^{-3}\times12.36^2}{9.8}\right)\left(\frac{3.49-1}{3.49}\right) = 2.37\,\text{kW}$$

실제 전달동력은 효율을 80%로 고려하면 1.9 kW가 된다. 그러나 스크루 압출기에 사용된 모터 동력은 55 kW이므로 벨트의 수는 55/1.9=29개가 필요하게 된다.

따라서 이 시스템에서 B형 벨트 선정이 잘못되었음을 알 수 있다.

그러므로 허용장력이 큰 D형을 선정하여 다시 계산하면 다음과 같다.

D형 벨트의 단면적은 467.1 mm²이고 허용장력 100 kgf, 비중을 1.2×10^{-6} kg/mm³로 계산하면 단위 길이당 벨트의 무게는 561×10^{-6} kg/mm가 된다.

따라서 D형 벨트 1줄의 전달동력을 계산하면

$$H_1 = \frac{v}{102}\left(T_e - \frac{wv^2}{g}\right)\left(\frac{e^{\mu'\theta_1}-1}{e^{\mu'\theta_1}}\right)$$

$$H_1 = \frac{12.36}{102}\left(100 - \frac{561.1\times10^{-3}\times12.36^2}{9.8}\right)\left(\frac{3.49-1}{3.49}\right) = 7.88\,\text{kW}$$

V벨트의 치수

형	a[mm]	b[mm]	단면적 A	각도 α	인장강도[kgf]	허용장력[kgf]
A	12.5	9.0	83.0	40	180 이상	18
B	16.5	11.0	137.5	40	300 이상	30
C	22.0	14.0	467.1	40	500 이상	50
D	31.5	19.0	467.1	4	1,000 이상	100

실제 전달동력은 효율 80%를 고려하여 계산하면 7.88 kW×0.8=6.3 kW가 되므로 벨트의 수는 55/6.3=8.7이 되므로 벨트의 수는 9개로 결정한다. 그런데 여기서 부하수정계수를 0.9로 고려하면 55/0.9×6.3=9.7이 되어 벨트의 수는 10개가 된다.

따라서 D형 10가닥의 V벨트로 설계한다.

(4) 기어잇수 및 각 축의 전동토크 설계

모터의 실제 회전수가 1,312 rpm일 때 스크루축의 회전수가 90 rpm이 되도록 기어의 잇수비와 기어를 설계한다.

• 입력측 회전수 N_1= 1,312 rpm
• 스크루 축의 회전수 N_4= 90 rpm
• V벨트 풀리의 지름 D_{p1}=180 mm, D_{p2}=360 mm
• 기어의 치수

표준스퍼기어($\alpha = 20°$)

모듈 m =6

기어재질 : S45C, HB500

입력축의 회전수(N_1=1,312)가 V벨트에서 1/2로 감속되어 축Ⅱ에서 656 rpm이 되므로, 스크루축의 회전수가 90 rpm이 되도록 다음과 같이 2단 감속으로 기어의 잇수를 각각 계산한다.

기어의 잇수를 각각 Z_1, Z_2, Z_3, Z_4라 하고, 최소잇수를 19개 이상으로 설계하면

$$i = \frac{N_4}{N_2} = \frac{90}{656} = \frac{Z_1}{Z_2} \times \frac{Z_3}{Z_4} = \frac{22}{65} \times \frac{19}{47}$$

따라서 기어의 잇수는 각각 $Z_1 = 22$, $Z_2 = 65$, $Z_3 = 19$, $Z_4 = 47$로 선정된다.

그림에서 I, II, III, IV축의 전동토크를 각각 T_1, T_2, T_3, T_4라 하고, 회전수를 각각 N_1, N_2, N_3, N_4라 하면,

$$N_1 = 1,312 \, \text{rpm}$$

$$N_2 = N_1 \times D_{p1}/D_{p2} = 1,312 \times 180/360 = 656 \, \text{rpm}$$

$$N_3 = N_2 \times Z_1/Z_2 = 656 \times 22/65 = 222 \, \text{rpm}$$

$$N_4 = N_3 \times Z_3/Z_4 = 222 \times 19/47 = 89.74 \fallingdotseq 90 \, \text{rpm}$$

따라서 각 축의 전동토크는 다음과 같이 계산된다.

$$T_1 = 974,000 \times H/N_1 = 974,000 \times 55/1,312 = 40,831 \, \text{kgf} \cdot \text{mm}$$

$$T_2 = 974,000 \times H/N_2 = 974,000 \times 55/656 = 81,662 \, \text{kgf} \cdot \text{mm}$$

$$T_3 = 974,000 \times H/N_3 = 974,000 \times 55/222 = 241,306 \, \text{kgf} \cdot \text{mm}$$

$$T_4 = 974,000 \times H/N_4 = 974,000 \times 55/90 = 595,222 \, \text{kgf} \cdot \text{mm}$$

(5) 기어의 접선력 계산

모듈 $m = 6$이고, 잇수가 각각 $Z_1 = 22$, $Z_2 = 65$, $Z_3 = 19$, $Z_4 = 47$이므로 각 기어의 피치원지름 D_1, D_2, D_3, D_4는 다음과 같이 계산된다.

$$D_1 = m Z_1 = 6 \times 22 = 132 \, \text{mm} \qquad D_2 = m Z_2 = 6 \times 65 = 390 \, \text{mm}$$

$$D_3 = m Z_3 = 6 \times 19 = 114 \, \text{mm} \qquad D_4 = m Z_4 = 6 \times 47 = 282 \, \text{mm}$$

II축과 III축에 작용하는 기어의 접선력을 P_1, III축과 IV축에 작용하는 기어의 접선력을 P_3라 하면

$$T_2 = P_1 \times D_1/2$$

$$T_3 = P_1 \times D_2/2$$

에서

$$P_1 = 2 \times T_2/D_1 = 2 \times 81,662/132 = 1,237 \, \text{kgf}$$

가 되며,

$$T_3 = P_3 \times D_3/2 \qquad T_4 = P_3 \times D_4/2$$

에서

$$P_3 = 2 \times T_3/D_3 = 2 \times 241,306/114 = 4,233 \, \text{kgf}$$

가 된다.

따라서 II - III축 기어의 접선력 $P_1 = 1,237 \, \text{kgf}$

III - IV축 기어의 접선력 $P_3 = 4,233 \, \text{kgf}$

가 된다.

(6) 기어의 치면에서 전달되는 법선하중(회전력) 계산

기어의 회전력은 압력각 α의 방향으로 작용하므로 II축과 III축에 작용하는 기어의 회전력을 P_{11}, III축과 IV축에 작용하는 기어의 회전력을 P_{33}라 하면

$$P_{11} = P_1/\cos 20 = 1,237/\cos 20 = 1,316 \, \text{kgf}$$

$$P_{33} = P_3/\cos 20 = 4,233/\cos 20 = 4,505 \, \text{kgf} = P_g$$

가 된다(문제에서는 $P_{33} = P_g$로 표기됨).

- 기본 설계 데이터

  입력측 동력 $H = 55 \, \text{kW}$ 　　　　　　　입력측 회전수 $N_1 = 1,312 \, \text{rpm}$

- 스크루축의 지름 설계 : 스크루축의 지름을 설계하기 위해서 위에서 계산된 각 축의 회전수와 비틀림모멘트는 다음과 같다.

  각 축의 회전수는

  $$N_1 = 1,312 \, \text{rpm} \, , \; N_2 = 656 \, \text{rpm} \, , \; N_3 = 222 \, \text{rpm} \, , \; N_4 = 90 \, \text{rpm}$$

  이 되며, 각 축의 전동토크는

  $$T_1 = 40,831 \, \text{kg}_f \cdot \text{mm} \, , \quad T_2 = 81,662 \, \text{kg}_f \cdot \text{mm} \, ,$$

  $$T_3 = 241,306 \, \text{kg}_f \cdot \text{mm} \, , \quad T_4 = 595,222 \, \text{kg}_f \cdot \text{mm}$$

  가 된다.

IV축에서 굽힘모멘트를 구하기 위하여 집중하중 P_g를 받는 단순보라 가정하면, 그림과 같이 나타낼 수 있다.

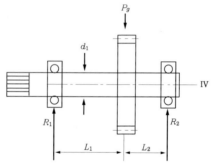

기어의 회전력 P_g를 받는 축(IV)

그림 문제 8.3에서 기어의 회전력 P_g는 위에서 계산한 P_{33}와 같으므로 4,505 kgf가 된다.

(7) 반력계산

　　$L_1 = 300 \, \text{mm} \, , \; L_2 = 100 \, \text{mm}$ 일 때 축의 자중을 무시한 단순보로 계산하면 베어링에 작용하는 반력 R_1과 R_2는 다음과 같다.

$$R_1 = \frac{P_{33} \times L_1}{L_1 + L_2} = \frac{4,505 \times 100}{300 + 100} = 1,126.25 \, \text{kgf}$$

$$R_2 = 4,505 - 1,126.25 = 3,378.75 \, \text{kgf}$$

따라서 최대굽힘모멘트 M_{max}은

$$M_{\text{max}} = R_1 \times L_1 = 1,126 \times 300 = 337,875 \, \text{kgf} \cdot \text{mm}$$

가 된다.

(8) 스크루 축지름 설계

　　스크루축의 경우 배럴 내부에 투입되는 원료의 이송, 혼합 및 압축 등의 과정에서 실제로 축에 발생하는 굽힘모멘트는 불규칙하게 변하므로 축의 동적 효과를 고려하여 축을 설계해야 하므로 이와 같이 동적 효과를 고려한 상당비틀림모멘트와 상당굽힘모멘트는 다음 식을 이용한다.

상당비틀림모멘트 $T_e = \sqrt{(k_m M)^2 + (k_t T)^2}$

상당굽힘모멘트 $M_e = \dfrac{1}{2}\left[k_m M + \sqrt{(k_m M)^2 + (k_t T)^2} \right]$

여기서 k_m : 축의 굽힘 동적효과계수, k_t : 축의 비틀림 동적효과계수

비틀림 및 굽힘모멘트에 대한 동적효과계수

하중의 종류	회전축		정지축	
	비틀림[k_t]	굽힘[k_m]	비틀림[k_t]	굽힘[k_m]
정하중, 작은 변동하중	1.0	1.5	1.0	1.0
급속 변동하중, 작은 충격	1.0~1.5	1.5~2.0	1.5~2.0	1.5~2.0
심한 충격하중	1.5~3.0	2.5~3.0	1.5~2.0	1.5~2.0

표 5.2에서 급속 변동하중을 받는 회전축으로 가정하면 동적 효과계수는 각 $k_m = 1.5$, $k_t = 2.0$ 이므로 축 Ⅳ에 작용하는 전동토크 $T_4 = 595{,}222\,\mathrm{kgf \cdot mm}$와 최대굽힘모멘트 $M_{\max} = 337{,}875\,\mathrm{kgf \cdot mm}$를 위 식에 대입하면 다음과 같다.

상당비틀림모멘트 $T_e = \sqrt{(k_m M)^2 + (k_t T)^2} = \sqrt{(2 \times 337{,}875)^2 + (1.5 \times 595{,}222)^2}$
$= 1{,}119{,}727\ \mathrm{kgf \cdot mm}$

상당굽힘모멘트 $M_e = \dfrac{1}{2}\left\{ k_m M + \sqrt{(k_m M)^2 + (k_t T)^2} \right\}$

$= \dfrac{1}{2}\left\{ 2 \times 337{,}875 + \sqrt{(2 \times 337{,}875)^2 + (1.5 \times 595{,}222)^2} \right\}$

$= 897{,}739\ \mathrm{kgf \cdot mm}$

스크루축의 최대전단강도 τ가 $20\,\mathrm{kgf/mm^2}$이므로

$T_e = \tau z_p = \dfrac{\pi d^3}{16}\tau$에서

$d = \left(\dfrac{16 \times T_e}{\pi \tau_a} \right)^{\frac{1}{3}} = \left(\dfrac{16 \times 1{,}119{,}727}{\pi \times 20} \right)^{\frac{1}{3}} = 65.8\ \mathrm{mm}$

따라서 스크루축의 지름은 키홈의 영향 등을 고려하여 $70\,\mathrm{mm}$로 설계한다.

(9) 볼베어링의 수명계산

기본 동적부하용량 $C = 4{,}450\ \mathrm{kgf}$

하중 $P = f_w P_o = 1.2 \times R_1 = 1{,}126.25\ \mathrm{kgf}$

속도계수 $f_N = \left(\dfrac{33.3}{N_4} \right)^{1/3} = \left(\dfrac{33.3}{90} \right)^{1/3} = 0.7179$

수명계수 $f_h = f_N \dfrac{C}{P} = 0.7179 \times \dfrac{4{,}450}{1126.25} = 2.8365$

수명시간 $L_h = 500 f_h^3 = 500 \times 2.8365^3 = 11{,}411\,[\mathrm{hr}]$

감아걸기 전동장치

원동축의 회전을 종동축에 전달하여 동력을 전달하는 감아걸기 전동장치에는 벨트, 로프, 체인 또는 다른 유사한 탄성체 또는 유연성을 갖는 재료로 제작된 동력전달용 기계요소가 사용된다. 축간 거리에 의해서 체인전동, 벨트전동 및 로프전동장치로 구분된다. 일반적으로 축간 거리가 1~4 m인 경우는 체인전동, 2~15 m인 경우는 평벨트전동, 2~5 m인 경우는 V벨트 전동, 수십~수백 m인 경우는 로프전동이 사용된다. 이러한 감아걸기 전동장치는 정확한 속도비를 얻을 수 없는 단점은 있으나, 축간거리를 크게 할 수 있고 충격하중을 흡수하며, 동력전달계의 구조를 간단하게 하여 설치비 및 유지보수비용을 절감할 수 있는 장점이 있다. 각 감아걸기 전동장치에서 체인을 감아서 회전하며 동력전달하는 회전체를 스프로킷휠(sprocket wheel), 벨트를 감아 회전하는 회전체를 풀리(pulley), 로프를 감아 회전하는 회전체를 시브휠 (sheave wheel)이라 부른다.

9.1 평 벨트 전동

9.1.1 평 벨트의 종류

(1) 가죽 벨트

쇠가죽을 탠(tan)으로 무두질한 것이 보통 사용된다. 두께는 3~10 mm의 것이 있으며, 1급 품은 인장강도 $\sigma_B = 2.5 \text{ kg/mm}^2$ 이상, 늘임은 2.0 kg/mm^2의 응력으로 16% 이하, 2급품은 $\sigma_B = 2.0 \text{ kg/mm}^2$ 이상, 늘임은 2.0 kg/mm^2의 응력으로 20% 이하로 되어 있다. 가죽의 연결은 양단을 경사로 깎아내고 접착제로 붙이는 것이 가장 효율(80~90%)이 높으나, 간단한 것은 가죽끈 또는 철사로 접합한다.

(2) 고무 벨트

직물 벨트에 고무(rubber)를 입힌 것으로 습기에 강하고, 인장강도가 크고, 마찰계수도 크지만, 열의 방열이 나쁘고 장시간 연속운전에는 적합하지 않다.

인장강도는 포층일매(布層一枚)의 10 mm 나비에 대하여 45~65 kg, 늘임은 이들 인장력에 대하여 20% 이하이다.

(3) 직물 벨트

목면, 마, 합성섬유의 직물로 엔드리스(endless) 벨트를 만들 수 있으며, 낮은 마력의 고속회전용에 적합하다.

/9.1.2/ 벨트거는 법

평행한 두 축간에 벨트를 걸 경우 그림 9.1을 오픈 벨트 구동(open-belt drive)이라 한다. 이 벨트 방식은 장력에 의해 벨트의 처짐이 발생하게 되는데, 벨트의 긴장측이 아래쪽에 오고 이완측이 위쪽에 오는 것이 좋으나, 초기의 체결장력을 크게 했을 때는 어느 쪽에 오든지 구별 없이 사용한다. 그림 9.2는 크로스 벨트 구동(cross-belt drive) 방식으로 회전 방향이 오픈 벨트 방식과는 달리 구동풀리와 종동풀리의 회전방향이 반대가 되고, 접촉각을 증가시킬 수 있으므로 전달마력이 증가하는 장점이 있다. 그림 9.3은 벨트의 풀리가 한 평면상에 모두 있지 않고 직교하는 평면상에 각각 설치된 경우를 나타낸다. 벨트 풀리의 위치는 벨트가 다른 풀리의 중립면을 지나도록 되어 있어야 벨트가 벗겨지지 않는다. 그렇지 않을 경우는 안내 풀리가 필요하다. 그림 9.4는 평 벨트 전동장치에서 동력의 단속(斷續)을 아이들 풀리와 구동 풀리를 사용하여 만들어내는 구조를 나타낸다. 평 벨트를 포크를 이용하여 좌우로 움직임으로써 클러치가 없이 동력의 단속을 이룰 수 있다.

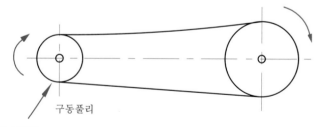

구동풀리

그림 9.1 ▶ 오픈 벨트 구동

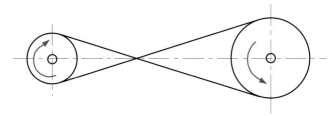

그림 9.2 ◉ 크로스 벨트 구동

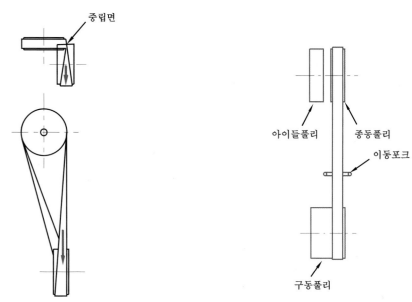

그림 9.3 ◉ 직교하는 평면상에 설치된 풀리   그림 9.4 ◉ 아이들 풀리를 이용한 동력의 단속(斷續)

/9.1.3/ 벨트의 길이

두 축간의 거리를 l로 할 때 벨트의 길이 L은 다음과 같다(그림 9.5).

(1) 오픈 벨트의 경우

$$L = \frac{1}{2}\pi(D_1 + D_2) + (D_1 - D_2)\phi + 2l\cos\phi \tag{9.1}$$

$l\sin\phi = \dfrac{D_1 - D_2}{2}$ 로부터 $\sin\phi \cong \phi = \dfrac{D_1 - D_2}{2l}$

$l\cos\phi = \sqrt{l^2 - (R_1 - R_2)^2}$ 과 같고 2항 정리로 전개하면

$$\sqrt{l^2 - (R_1 - R_2)^2} = l \left\{ 1 - \left(\frac{R_1 - R_2}{l} \right) \right\}^{\frac{1}{2}}$$

$$= l \left\{ 1 - \frac{1}{2} \left(\frac{R_1 - R_2}{l} \right)^2 - \frac{1}{8} \left(\frac{R_1 - R_2}{l} \right)^4 \cdots \right\}$$

제2항까지를 취하여 식 (9.1)에 대입하고 정리하면 다음과 같다.

$$L \fallingdotseq 2l + \frac{1}{2}\pi(D_1 + D_2) + \frac{(D_1 - D_2)^2}{4l}$$

$$\theta = \pi \pm 2\sin^{-1}\left(\frac{D_1 - D_2}{2l} \right) \fallingdotseq \pi \pm \frac{D_1 - D_2}{l} \,[\text{rad}] \tag{9.2}$$

(+는 큰 풀리, −는 작은 풀리)

(2) 크로스 벨트의 경우

$$L = \frac{1}{2}\pi(D_1 + D_2) + (D_1 + D_2)\phi + 2l\cos\phi \tag{9.3}$$

ϕ가 작을 때는 $\sin\phi \cong \phi = \dfrac{D_1 + D_2}{2l}$, $\ l\cos\phi = \sqrt{l^2 - (R_1 + R_2)^2} \fallingdotseq l\left\{ \dfrac{(D_1 + D_2)^2}{8l^2} \right\}$

이들 값을 위 식에 대입하여 정리하면 다음과 같다.

$$L \fallingdotseq 2l + \frac{1}{2}\pi(D_1 + D_2) + \frac{(D_1 + D_2)^2}{4l}$$

$$\theta = \pi + 2\sin^{-1}\left(\frac{D_1 + D_2}{2l} \right) \fallingdotseq \pi + \frac{D_1 + D_2}{l} \,[\text{rad}] \tag{9.4}$$

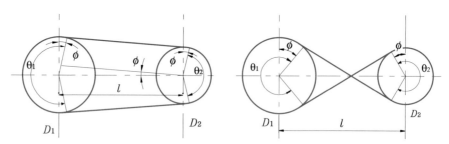

그림 9.5 ● 오픈, 크로스 벨트에서 벨트 길이

지름이 각각 200 mm, 600 mm인 풀리가 있고 중심거리가 2,000 mm일 때, 벨트의 정미 길이는 얼마인가?

오픈 벨트의 경우

$$L = 2l + \frac{\pi}{2}(D_1 + D_2) + \frac{(D_2 - D_1)^2}{4l} = 2 \times 2,000 + \frac{3.14}{2} \times (200 + 600)$$

$$+ \frac{(600 - 200)^2}{4 \times 200} = 4,000 + 1,256 + 200 = 5,456 \text{ cm}$$

크로스 벨트의 경우

$$L = 2l + \frac{\pi}{2}(D_1 + D_2) + \frac{(D_1 + D_2)^2}{4l}$$

$$= 2 \times 2,000 + \frac{3.14}{2} \times (200 + 600) + \frac{(200 + 600)^2}{4 \times 2,000}$$

$$= 4,000 + 1,256 + 800 = 6,056 \text{ mm}$$

/9.1.4/ 평 벨트의 장력과 전달동력

벨트의 전동은 풀리와 벨트 사이의 마찰력에 의해 동력전달이 일어나므로, 수직항력을 발생시키기 위하여 초장력(initial tension)을 줄 필요가 있다. 이것을 T_0로 하고, 운전 중의 긴장측의 장력을 T_1, 이완측의 장력을 T_2로 하면 운전 중 긴장측은 늘어나고 이완측은 줄어들므로 T_1과 T_2는 장력의 변화를 ΔT라고 했을 때

$$T_1 = T_0 + \Delta T$$
$$T_2 = T_0 - \Delta T$$

따라서 초기장력은

$$T_0 = \frac{T_1 + T_2}{2} \tag{9.5}$$

이 식은 최대장력을 정의하여 준다. 다시 말하면 정지 상태에서 장력은 $T_1 = T_2 = T_0$가 되고 서서히 부하를 증가시키면 T_1은 ΔT만큼 늘어나게 되고, T_2는 ΔT만큼 줄어들게 된다. 따라서 부하를 점점 더 증가시키면 어느 한계에 와서 T_2는 0이 된다. T_2는 압축(−)이 될 수 없으므로 이때의 장력이 최대장력이 된다. 즉, $T_1 = 2T_0$가 최대장력이 된다. T_1과 T_2의 관계를 좀 더 자세히 알아보기 위하여 그림 9.6과 같이 회전하고 있는 풀리 위의 벨트에서

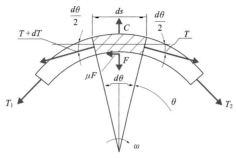

그림 9.6 ▶ 아이텔바인의 식 유도

미소길이 ds를 취하고, 여기에 작용하는 힘의 평형을 생각해 보자. 이완측에 작용하는 장력을 T로 하고, 긴장측에 작용하는 장력을 $T + dT$로 하면 미소편에 작용하는 원심력 C와 풀리를 수직으로 누르는 힘(수직항력) F와의 관계는 다음과 같다.

풀리의 반지름 R, 벨트의 선속도 v, 벨트의 단위길이당 중량을 w로 하면 $ds = R\,d\theta$에서

$$C = \left(\frac{wds}{g}\right)\frac{v^2}{R} = \frac{wv^2}{g}d\theta \tag{9.6}$$

$d\theta$가 매우 작을 때 $\sin\dfrac{d\theta}{2} ≒ \dfrac{d\theta}{2}$, $\cos\dfrac{d\theta}{2} ≒ 1$가 성립함을 이용하여

풀리 반경방향의 힘의 평형에서 2차항 이상의 미분량을 무시하면

$$F = T\sin\frac{d\theta}{2} + (T + dT)\sin\frac{d\theta}{2} - C$$

$$= Td\theta - C = Td\theta - \frac{wv^2}{g}d\theta = \left(T - \frac{wv^2}{g}\right)d\theta \tag{9.7}$$

풀리 접선방향의 힘의 평형에서

$$(T + dT)\cos\frac{d\theta}{2} = T\cos\frac{d\theta}{2} + \mu F$$

$\cos\dfrac{d\theta}{2} ≒ 1$를 이용하고 2차항 이상의 미분량을 무시하면

$$\mu F = dT \tag{9.8}$$

식 (9.8)을 식 (9.7)으로 나누면

$$\frac{\mu F}{F} = \frac{dT}{\left(T - \dfrac{wv^2}{g}\right)d\theta}$$

위 식을 정리하면 $\mu d\theta = \dfrac{dT}{T - \dfrac{wv^2}{g}}$

$\theta = 0$, $T = T_2$ 이고 $\theta = \theta$, $T = T_1$ 이므로 양변을 적분하면

$$\mu \int_0^\theta d\theta = \int_{T_2}^{T_1} \frac{dT}{T - (wv^2/g)}$$

$$\frac{T_1 - (wv^2/g)}{T_2 - (wv^2/g)} = e^{\mu\theta} \tag{9.9}$$

이 식을 아이텔바인(Eytelwein)의 식이라 한다.

벨트의 선속도가 10 m/sec 이하의 저속에서는 원심력을 무시할 수 있으므로 위 식에서 $\dfrac{wv^2}{g}$ 을 생략할 수 있다. 즉,

$$\frac{T_1}{T_2} = e^{\mu\theta} \tag{9.10}$$

이 식은 벨트 원심력을 무시한 경우의 아이텔바인 식이 된다. 여기서 긴장측 장력과 이완측 장력의 비 $\dfrac{T_1}{T_2} = e^{\mu\theta} = k$ 를 장력비라 하는데, 일반적으로 2~5의 값을 가진다.

여기서 유효장력(effective tension) $P = T_1 - T_2$ 를 정의하면 식 (9.9)를 이용하여 각각 T_1, T_2 를 P 에 써서 나타낼 수 있다.

$$T_1 - \frac{w}{g}v^2 = \left(T_2 - \frac{w}{g}v^2\right)e^{\mu\theta}$$

$$\begin{cases} P = T_1 - T_2 = \left(T_1 - \dfrac{w}{g}v^2\right)\dfrac{e^{\mu\theta} - 1}{e^{\mu\theta}} \\ \therefore \ T_1 = \dfrac{e^{\mu\theta}}{e^{\mu\theta} - 1}P + \dfrac{wv^2}{g}, \qquad T_2 = \dfrac{1}{e^{\mu\theta} - 1}P + \dfrac{wv^2}{g} \end{cases} \tag{9.11}$$

이 유효장력(effective force) P 는 벨트전동장치에서 풀리를 회전시키는 회전력을 의미하며 전동마력을 계산하는 중요한 힘이다.

마찰계수 μ 값은 마찰면의 면압 및 미끄럼속도에 의하여 변화하지만, 보통은 응력의 영향을 생각하여 다음과 같은 실험식이 사용된다. v 를 원주속도 [m/sec]로 하면

$$\mu = 0.22 + 0.012v$$

μ 값은 보통 0.2~0.3 정도로 한다.

두 축 사이의 거리가 클 때는 벨트의 접촉각은 $\theta = \pi$로 생각할 수 있으므로 $\mu = 0.24$로 하면 아이텔바인의 식에서

$$e^{\mu\theta} = 2.718^{0.24\pi} = 2.13 \fallingdotseq 2$$

이므로 대체로 $T_1 = 2T_2$로 볼 수 있다. 따라서 $T_0 \fallingdotseq 1.5P$가 된다. 이때 베어링에는 $2T_0 = T_1 + T_2 = 3P$의 하중이 작용한다.

벨트에 생기는 응력은 긴장측의 인장응력 σ_t와 풀리에 감기며 굽혀질 때의 굽힘응력 σ_b로 구분된다. 벨트의 두께를 t, 나비를 b, 작은 풀리의 반지름을 R, 벨트의 탄성계수를 E로 하면

$$\sigma_t = \frac{T_1}{bt}$$

$$\sigma_b = E\epsilon = \frac{E\{2\pi(R+t) - 2\pi(R+t/2)\}}{2\pi(R+t/2)} \fallingdotseq \frac{t}{2R}E$$

풀리의 직경이 작을수록 굽힘응력이 커지게 된다. 따라서 벨트에 생기는 응력은

$$\sigma = \sigma_t + \sigma_b = \frac{T_1}{bt} + \frac{t}{2R}E \tag{9.12}$$

벨트의 설계는 보통 T_1을 벨트의 허용응력 σ_a로 나누어서 단면적을 구한다. σ_a의 값은 벨트의 인장강도 σ_B의 1/10 이하로 할 필요가 있다.

전달동력은 식 (9.11)의 유효장력 P[kgf]로 다음과 같이 계산된다.

$$P = \left(T_1 - \frac{wv^2}{g}\right)\left(\frac{e^{\mu\theta} - 1}{e^{\mu\theta}}\right)$$

$$H_{PS} = \frac{Pv}{75} = \frac{v}{75} \cdot \frac{e^{\mu\theta} - 1}{e^{\mu\theta}}\left(T_1 - \frac{wv^2}{g}\right)[PS] \tag{9.13}$$

원심력을 무시할 때는

$$H_{PS} = \frac{T_1 v}{75} \cdot \frac{e^{\mu\theta} - 1}{e^{\mu\theta}}[PS] \tag{9.14}$$

SI 단위를 사용할 경우 $T_1[N]$이 Newton으로 주어지면

$$H_{PS} = \frac{T_1 v}{735.5} \cdot \frac{e^{\mu\theta} - 1}{e^{\mu\theta}}[PS] \tag{9.15}$$

표 9.1 $(e^{\mu\theta}-1)/e^{\mu\theta}$의 값

$\theta°$　　μ	0.1	0.2	0.3	0.4	0.5
90	0.145	0.270	0.376	0.467	0.549
100	0.160	0.295	0.408	0.502	0.582
120	0.189	0.342	0.467	0.567	0.649
140	0.217	0.386	0.520	0.624	0.705
160	0.244	0.428	0.567	0.673	0.752
180	0.270	0.467	0.610	0.715	0.792

예제 9-2　평 벨트 구동에서 지름 200 mm, 1,200 rpm의 구동차로부터 1,800 mm 떨어진 종동차를 300 rpm으로 회전시켜서 2.2 kW를 전달하려고 한다. 지금 오픈 벨트를 사용할 때 벨트의 장력은 얼마인가? 단, 벨트의 무게는 1 m당 0.2 kg, 마찰계수는 0.3으로 한다.

$D_1 = 200 \text{ mm}$, $N_1 = 1,200 \text{ rpm}$, $l = 1,800 \text{ mm}$, $N_2 = 300 \text{ rpm}$,
$H_w = 2.2 \text{ kW}$, $w = 0.2 \text{ kg/m}$, $\mu = 0.3$ 이므로

$$v = \frac{\pi D_1 N_1}{1,000 \times 60} = \frac{3.14 \times 200 \times 1,200}{1,000 \times 60} = 12.56 \text{ m/s}$$

벨트의 회전력은

$$P = \frac{102 \cdot H_w}{v} = \frac{102 \times 2.2}{12.56} = 17.87 \text{ kg}$$

종동차의 지름 D_2는

$$D_2 = \frac{D_1 \cdot N_1}{N_2} = \frac{200 \times 1,200}{300} = 800 \text{ mm}$$

벨트의 감기각은 작은 쪽을 택하여

$$\theta_1 = 180° - 2\sin^{-1}\left(\frac{D_2 - D_1}{2l}\right) = 180° - 2\sin^{-1}\left(\frac{800 - 300}{2 \times 1,800}\right)$$
$$= 180° - 2 \times 7°58' = 164°04' = 164.07°$$

긴장측의 장력 T_1은

$$T_1 = P \cdot \frac{e^{\mu\theta}}{e^{\mu\theta} - 1} + \frac{w \cdot v^2}{g}$$

$e^{\mu\theta}/(e^{\mu\theta} - 1)$의 값은 표 9.1에서 $\mu = 0.3$, $\theta = 160°$에서 0.567, $\theta = 170°$에서 0.589이므로 보간법으로 구하면

$$T_1 = \frac{1}{0.567} \times 17.87 + \frac{0.2 \times (12.56)^2}{9.8} = 31.35 + 3.22 = 34.57 \text{ kg}$$

/9.1.5/ 플라이휠 및 풀리

그림 9.7과 같이 풀리나 플라이휠(flywheel)이 회전할 때는 림(rim)의 원주에는 균일하게 분포하는 반지름 방향의 힘인 원심력 F_C가 작용하고, 림의 단면에는 인장력 F가 나타난다. 풀리의 반지름 r, 풀리의 회전 선속도 v, 풀리재료의 단위길이당 중량을 w로 하면 원호길이가 $ds = r\,d\theta$인 림의 미소단면적에 작용하는 원심력은 $F_C = (\frac{wds}{g})\frac{v^2}{r} = \frac{wv^2}{g}d\theta$가 된다. 이 원심력의 수직방향 성분을 림의 전체 반원호 길이에 대하여 적분하면 림 단면에서 작용하는 인장력 F와 평형을 이룬다. 즉,

$$2F = \int_0^\pi \frac{wv^2}{g}\sin\theta\,d\theta = 2\frac{wv^2}{g}$$

이렇게 계산된 림의 단면에 나타나는 인장력 F는 다음과 같이 인장응력 σ_t로 계산된다.

$$\sigma_t = F/A = \frac{w\,v^2}{g\,A} = \frac{\gamma\,v^2}{g}\ [\mathrm{kg/cm^2}] \tag{9.16}$$

여기서 w는 풀리(림)의 단위원주 길이당 중량인데, $w = \gamma A\,[\mathrm{kgf/cm}]$이므로 위와 같이 환산된다. 비중량 γ값은 주철은 $0.0073[\mathrm{kgf/cm^3}]$, 연강은 $0.00768[\mathrm{kgf/cm^3}]$으로 한다.

여기서 중요한 것은 플라이휠 내부에 발생하는 인장응력은 휠의 원주속도의 제곱에 비례하고 휠 재료의 비중량에 비례한다는 사실이다. 보통 플라이휠은 무거울수록 회전관성이 커지므로 에너지 축적에 유리하기 때문에 비중량이 큰 재료를 많아 사용해 왔으나 인장응력리 커져서 위험하다. 따라서 고속회전하는 림에는 경합금을 사용한다. 노후된 차량이 많았던 시절 플라이휠이 주행 중 계속된 고속회전으로 인하여 산산조각으로 분해되어 차량이 고속도로변에 서 있는 일이 많이 발생하였다. 대형 차량의 플라이휠은 고속회전 중 인장응력으로 인한

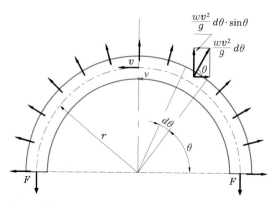

그림 9.7 ▶ 플라이휠 림의 응력해석

파괴가 발생하면 수많은 파편들이 방사상으로 사방으로 흩어질 수 있는 아주 위험한 흉기로 돌변하므로 특히 안전에 주의해야 한다.

여기서 그림 9.8에 도시된 풀리에서 암(arm)의 영향을 고려해 보자. 한 개의 암을 외팔보로 생각했을 때 암의 굽힘강도 해석해 보자. 외팔보 끝에 $\frac{3P}{z}$의 접선방향 하중이 작용하는 것으로 볼 수 있으므로,

$$\frac{3P}{z} \cdot \frac{D - d_b}{2} = \frac{\pi h_1{}^2 h_2}{32} \sigma_a$$

여기서 z는 암의 개수이고, $h_1/h_2 = 2:1$로 놓으면

$$h_1 = 3.13 \times \sqrt[3]{\frac{P(D - d_b)}{z\sigma_a}} \tag{9.17}$$

암의 수는 경험적으로

$$z = \left(\frac{1}{3} \sim \frac{1}{6}\right)\sqrt{D} \tag{9.18}$$

보통 $\sigma_a = 110 \sim 150[\text{kg/cm}^2]$으로 잡는다.

풀리는 보통 주철제(허용속도 20 m/sec), 고속도(30 m/sec 이상)의 것에는 강판제, 경합금제가 사용된다. 풀리 각부의 치수 비율은 대체로 다음과 같다(단위 : mm).

림의 나비 : $B = 1.1b + 10$ …… 오픈 벨트

$\qquad\qquad\quad = 2b$ …… 크로스 벨트

단 b는 벨트의 나비이다.

림의 두께 : $s = \dfrac{D}{360} + 2 \geq 3$

중고의 치수 : $h = \left(\dfrac{1}{50} \sim \dfrac{1}{100}\right)B$

보스의 길이 : $l = B$ …… $B = (1.2 \sim 1.5)d$일 때

$\qquad\qquad\quad l = 0.7B$ …… $B > 1.5d$일 때

$\qquad\qquad\quad l > 2d$ …… 유차(遊車)

$\qquad\qquad\quad l_1 = (0.4 \sim 0.5)d$

보스의 바깥지름 : $d_b = \dfrac{5}{3}d + 10$

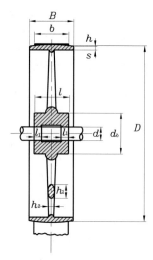

그림 9.8 ▶ 암과 림을 보여 주는 풀리의 단면도

/9.1.6/ 단차(stepped pulley)와 속도변환

그림 9.9와 같이 2개의 단차를 사용하여 표준의 등비급수 속도열의 공비와 같은 공비의 배열로 설계하는 것이 보통이다. 여기서 1개의 벨트속도로 변환한다면 풀리와 벨트의 접촉길이는

$$\frac{\pi(D_1 + d_1)}{2} + \frac{(D_1 - d_1)^2}{4l} = \frac{\pi(D_m + d_m)^2}{2} + \frac{(D_m - d_m)^2}{4l} \tag{9.19}$$

의 관계가 있다. 속도비 u는

$$u_1 = \frac{D_1}{d_1}, \quad u_2 = \frac{D_2}{d_2}, \quad u_3 = \frac{D_3}{d_3}, \quad u_4 = \frac{D_4}{d_4}$$

일반적으로

$$u_{n-1} = \frac{D_{n-1}}{d_{n-1}}, \quad u_n = \frac{D_n}{d_n}$$

축 I의 단차의 지름을 φ_1의 비로, 축 II의 단차의 지름을 φ_2의 비로 단을 붙이면

$$\frac{D_n}{D_{n-1}} = \varphi_1, \quad \frac{d_{n-1}}{d_n} = \varphi_2$$

공비 φ를 갖는 등비급수 속도열을 얻기 위해서는

$$\begin{cases} \dfrac{u_n}{u_{n-1}} = \dfrac{D_n}{D_{n-1}} \cdot \dfrac{d_{n-1}}{d_n} = \varphi \\ \varphi_1 \varphi_2 = \varphi \end{cases} \tag{9.20}$$

그리고 쌍방의 단차가 동일공비($\varphi_1 = \varphi_2$)로 단이 붙여진다면

$$\varphi_1{}^2 = \varphi_2{}^2 = \varphi, \quad \varphi_1 = \varphi_2 = \sqrt{\varphi}$$

또 원동축(I축)의 회전수를 N으로 하고, 공비를 φ로 한 종동축 회전수(속도열)를 n_1, n_2, ……, n_p로 하면

$$\begin{cases} \dfrac{D_m}{d_m} = \dfrac{n_m}{N} = \varphi^{n-1}, \dfrac{n_m}{N} = \varphi^{n-1} \dfrac{D_1}{d_1} \\ \therefore \varphi = {}^{n-1}\sqrt{\dfrac{n_1}{n_m}} = {}^{n-1}\sqrt{\dfrac{n_p}{n_1}} \end{cases} \tag{9.21}$$

일반적으로 φ는 1.25~2 정도로 한다.

이와 같은 단차를 $10 \times (d_{\max} - d_{\min})$보다 큰 중심거리로 배치하고 한 개의 벨트(즉, 벨트 길이 일정)로 각 단차에 걸어서 변속하게 한다.

D_1, d_1, l 이 주어지면 식 (9.19), (9.21)의 관계에서 2차 방정식을 풀어서 D_m, d_m을 구할 수 있다.

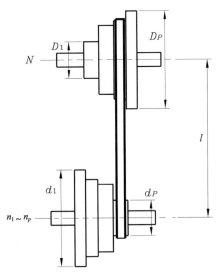

그림 9.9 ▶ 평 벨트 전동에 의한 속도변환

그림에서 두 축 사이의 거리는 1,500 mm이고, 원동축 I은 100 rpm으로 회전하고 있다. $D_1 = 540$ mm, 종동축 II의 회전수를 300 rpm 및 200 rpm으로 하기 위해서는 d_1, d_2 및 D_2를 얼마로 하면 좋은가? 단, 벨트는 오픈 벨트로 한다.

$$\frac{n_1}{N} = \frac{D_1}{d_1}$$

이므로

$$\frac{300}{100} = \frac{540}{d_1}$$

$d_1 = 180\,\text{mm}$ 이므로 식 (9.14)에서

$$\frac{\pi}{2}(540 + 180) + \frac{(540 - 180)^2}{4 \times 1,500} = \frac{\pi}{2}(D_2 + d_2) + \frac{(D_2 - d_2)^2}{4 \times 1,500}$$

$$\frac{D_2}{d_2} = \frac{n_2}{N} = \frac{200}{100} = 2$$

$D_2 = 2d_2$를 대입하고, D_2를 소거하여 정리하면

$$d_2{}^2 + 28,260d_2 - 6,912,000 = 0$$

여기서 $d_2 = 242.505$로 계산되므로 다음과 같이 설계한다.

$$d_1 = 180\,\text{mm},\ d_2 = 243\,\text{mm},\ D_2 = 486\,\text{mm}$$

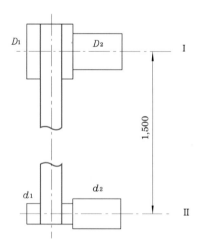

9.2 V벨트 전동

V벨트는 그림 9.10과 같이 직물을 고무로 고형화한 것으로 40°의 사다리꼴을 갖는 엔드리스 벨트이다. V풀리에 걸어서 사용하면 평 벨트 때보다 겉보기 마찰계수가 크게 되어 큰 마찰력이 얻어지므로 축간거리를 작게 할 수 있는 특징이 있다.

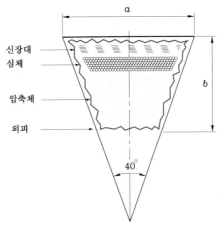

그림 9.10 ▶ V벨트의 단면구조

표 9.2 V벨트 및 V풀리의 치수

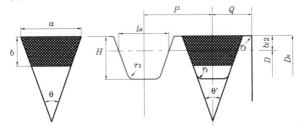

	V벨트 치수									V벨트 풀리 치수				
형	a [mm]	b [mm]	단면적 A [mm²]	θ [°]	인장강도 [kgf/본]	중량* ω [kgf/m]	허용장력 T_1 [kgf]	허용인장 응력 [kgf/mm²]	최소 피치원지름 [mm]	H [mm]	P [mm]	Q [mm]	r_2 [mm]	r_3 [mm]
M	10.0	5.5	44.0	40	100 이상	0.0528	10	0.23	50	9	-	-	0.5~1	1~2
A	12.5	9.0	83.0	40	180 이상	0.0996	18	0.22	65	12.5	16	10	0.5~1	1~2
B	16.5	11.0	137.5	40	300 이상	0.165	30	0.22	120	15	20	12	0.5~1	1~2
C	22.0	14.0	236.7	40	500 이상	0.284	50	0.21	180	19	26	16	1~1.5	2~3
D	31.5	19.0	467.1	40	1000 이상	0.561	100	0.21	300	25	37	24	1.5~2	3~4
E	38.0	25.0	732.3	40	1500 이상	0.879	150	0.20	480	32	44	29	1.5~2	4~5

* 중량 ω [kgf/m] : 비중량 $\gamma=1.2$ [gf/cm³]를 기준으로 $\omega=\gamma A$로 계산된 값

표 9.3 V풀리 홈의 각도와 나비

형 별	D	$\theta'°$	l_0
A	71~100 101~125 125 초과	34 36 38	9.2
B	125~160 161~200 200 초과	34 36 38	12.5
C	200~250 251~315 315 초과	34 36 38	16.9
D	355~450 450 초과	36 38	24.9
E	500~630 630 초과	36 38	28.7

표 9.4 세폭 V벨트

	형	3V	5V	8V
단면치수	a [mm]	9.5	16.0	25.5
	b [mm]	8.0	13.5	23.0
	θ [°]	40	40	40
기계적 성질	인장강도 N	2,451 이상	5,393 이상	12,749 이상
	늘음률 %	8 이하	8 이하	8 이하

표 9.2와 표 9.3은 표준 V벨트의 치수와 인장강도 및 V풀리 치수를 표시하고 표 9.4는 세폭 V벨트의 치수를 나타낸다.

V벨트는 굽힘을 받을 경우 그 곡률 반지름의 대소에 의하여 V벨트의 각도 및 나비에 변화를 가져오게 하므로, V풀리의 홈의 각도 θ' 및 홈의 나비는 풀리의 피치지름 D 에 따라 알맞게 선정해야 한다.

/9.2.1/ V벨트의 길이 및 축간거리

V벨트는 오픈 벨트식으로 사용하고, 축간거리는 대체로 큰 풀리의 지름보다 크고 큰 풀리와 작은 풀리의 지름의 합보다는 작게 하는 것이 좋다. 속도비는 1/7 정도까지로 하고, 감는

각도는 작은 풀리에 있어서 120° 이하는 피하는 편이 좋다.

V벨트의 길이는 사다리꼴 단면의 중앙을 지나는 원주길이(유효길이 : pitch length)로 표시한다.

V벨트는 일반적으로 표준형의 엔드리스 벨트이므로 풀리의 센터거리를 V벨트의 길이에 의하여 산출할 필요가 있고, 센터거리는 다음과 같이 표시된다.

$$l = \frac{1}{4}\left\{B + \sqrt{B^2 - 8(r_2 - r_1)^2}\right\}$$

$$B = L - \pi(r_2 - r_1) \tag{9.22}$$

여기서 r_1, r_2는 풀리의 유효 반지름이고, L은 벨트의 길이로서 규격화되어 있다(표 9.5).

보통 벨트 풀리의 위치를 정확하게 식 (9.22)에 의해 고정하게 되면 벨트의 착탈이 어려우며, 벨트의 장력을 일정하게 조절하기가 어렵다. 따라서 그림 9.11과 같은 긴장 풀리를 설치하거나 풀리의 중심거리를 조절할 수 있는 장치를 붙인다.

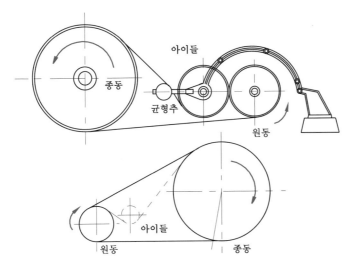

그림 9.11 ▶ 긴장 풀리의 설치

표 9.5 V벨트의 길이

호칭 번호	유효둘레				
	A형	B형	C형	D형	E형
80	2,032	2,032	2,032		
81	2,057	2,057			
82	2,083	2,083	2,083		

(계속)

호칭 번호	유효둘레				
	A형	B형	C형	D형	E형
83	2,108	2,108			
84	2,134	2,134			
85	2,159	2,159	2,032		
86	2,184	2,184			
87	2,210	2,210			
88	2,235	2,235	2,235		
89	2,261	2,261			
90	2,286	2,286	2,286		
91	2,311	2,311			
92	2,337	2,337	2,337		
93	2,362	2,362			
94	2,388	2,388			
95	2,413	2,413	2,413		
96	2,438	2,438			
97	2,464	2,464			
98	2,489	2,689	2,489		
99	2,515	2,515			
100	2,540	2,540	2,540	2,540	
102	2,591	2,591	2,591		
105	2,667	2,667	2,667	2,667	
108	2,743	2,743	2,743		
110	2,794	2,794	2,794	2,794	
112	2,845	2,845	2,845		
115	2,921	2,921	2,921	2,921	
118	2,997	2,997	2,997		
120	3,048	3,048	3,048	3,048	
122	3,099	3,099	3,099		
125	3,175	3,175	3,175	3,175	
128	3,251	3,251	3,251		
130	3,302	3,302	3,302	3,302	
132		3,353	3,353		
135	3,429	3,429	3,429	3,429	
138		3,505	3,505		
140	3,556	3,556	3,556	3,556	
142			3,607		
145	3,683	3,683	3,683	3,683	
148			3,759		
150	3,810	3,810	3,810	3,810	
155	3,937	3,937	3,937	3,937	

(계속)

호칭 번호	유효둘레				
	A형	B형	C형	D형	E형
160	4,064	4,064	4,064	4,064	
165	4,191	4,191	4,191	4,191	
170	4,318	4,318	4,318	4,318	
175		4,445	4,445	4,445	
180	4,572	4,572	4,572	4,572	4,572
185		4,699	4,699	4,699	
190		4,826	4,826	4,826	
195		4,953	4,953		
200		5,080	5,080	5,080	
205			5,207		
210		5,334	5,334	5,334	5,334
215			5,461		
220		5,588	5,588		
225			5,715		
230			5,842	5,842	
240			6,096	6,096	6,096
250			6,350	6,350	
260			6,604	6,604	
270			6,858	6,858	6,858
280				7,112	
300				7,620	7,620
310			7,874		
330			8,382	8,382	

/9.2.2/ V벨트의 접촉각과 전달능력

원동차의 지름이 종동차의 것보다 작으면 풀리와 벨트 사이의 접촉호는 반원이 되지 못하고, 따라서 적절한 T_1/T_2의 비를 유지할 수 없다. 보통 V벨트의 장력비 T_1/T_2는 4~8 정도이고, 초장력은 평 벨트의 절반 정도로 된다.

접촉각의 반각 ψ는 다음의 식으로 산출된다.

$$\cos\psi = \frac{r_2 - r_1}{l} \qquad (9.23)$$

/9.2.3/ V벨트의 마찰계수

그림 9.12에 있어서 V벨트를 V풀리 홈에 누르는 힘을 F, 홈면에 수직하게 생기는 반력을 R이라 하면 홈면에 μR의 마찰력이 생겨 다음과 같은 관계가 성립한다.

$$F = 2\left(R\sin\frac{\theta}{2} + \mu R\cos\frac{\theta}{2}\right)$$

$$\therefore\ R = \frac{F}{2\left(\sin\dfrac{\theta}{2} + \mu\cos\dfrac{\theta}{2}\right)}$$

따라서 V풀리의 회전력은

$$2\mu R = \frac{\mu F}{\sin(\theta/2) + \mu\cos(\theta/2)} = \mu' F$$

여기서

$$\mu' = \frac{\mu}{\sin\left(\dfrac{\theta}{2}\right) + \mu\cos\left(\dfrac{\theta}{2}\right)} \tag{9.24}$$

μ'은 V벨트의 마찰계수에 상당하므로 이것을 겉보기 마찰계수 또는 유효마찰계수라고 한다. 보통 V벨트의 마찰계수는 $\mu = 0.2\sim0.4$ 정도이므로 위와 같이 환산된 유효마찰계수는 $\mu' = 0.4\sim0.55$ 정도이다. 따라서 평 벨트와 동일 회전력을 얻고자 할 때 장력은 작아도 된다. 표 9.6은 μ'값을 표시한다.

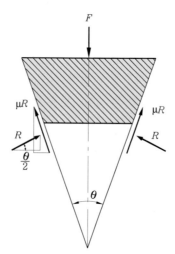

그림 9.12 ▶ V벨트의 겉보기 마찰계수

표 9.6 $\mu' = \mu / \{ \sin(\theta/2) + \mu \cos(\theta/2) \}$ 의 값

$\theta[°]$	μ				
	0.20	0.25	0.30	0.35	0.40
34	0.41	0.47	0.52	0.56	0.59
35	0.41	0.46	0.51	0.55	0.59
36	0.40	0.46	0.50	0.55	0.58
37	0.39	0.45	0.50	0.54	0.57
38	0.39	0.44	0.49	0.53	0.57
39	0.38	0.44	0.49	0.53	0.56
40	0.38	0.43	0.48	0.52	0.56

/9.2.4/   V벨트의 장력과 전달마력

V벨트에서는 평 벨트의 유효장력 계산식에서 μ 대신에 겉보기 마찰계수 μ'를 대입하면 평 벨트에서 유도한 식을 그대로 사용할 수 있다. V벨트의 형별에 따른 전달마력의 범위는 표 9.7에 표시되어 있다. 표 9.7에서 전달마력에 따라 V벨트의 형별이 선택되면 표 9.2에서 선택된 V벨트의 허용장력 T_1과 중량 ω를 얻을 수 있다. 평 벨트의 전달동력 계산식 (9.13)에 T_1[kgf], ω[kgf/m], RPM으로부터 계산한 벨트의 선속도 v[m/sec] 그리고 표 9.6의 겉보기 마찰계수 μ'값을 찾아서 대입하면, 한 개의 V벨트가 전달하는 전달동력 H_0[PS] 계산식은

$$H_0 = \frac{Pv}{75} = \frac{v}{75} \left(T_1 - \frac{wv^2}{g} \right) \left(\frac{e^{\mu'\theta} - 1}{e^{\mu'\theta}} \right) \qquad (9.25)$$

이 식에서 접촉각 θ가 180°일 때 H_0[PS]를 계산할 결과가 표 9.8에 수록되어 있다. V벨트의 속도는 최고 25 m/sec까지 취할 수 있으나 내구력을 생각하여 $v = 10 \sim 15$ m/sec로 사용하

표 9.7   전달마력과 V벨트의 형식

전달마력 [ps]	V벨트 속도 m/sec		
	10 이하	10~17	17 이상
2 이하	A	A	A
2~5	B	B	A, B
5~10	B, C	B	B
10~25	C	B, C	B, C
25~50	C, D	C	C
50~100	D	C, D	C, D
100~150	E	D	D
150 이상	E	E	E

는 편이 좋다. $v = 10\,\text{m/sec}$ 이하의 경우는 원심력의 영향을 생략할 수 있다.

벨트와 풀리의 접촉각 θ 가 $180°$ 보다 작게 되면 전달마력도 역시 감소하므로 표 9.9에 수록된 접촉각 수정계수 k_1 을 곱하여 전달마력을 산출하고, 표 9.10에 제시된 과부하 운전기계 등에 대한 수정계수 k_2 를 곱하여 전달마력을 산출한다. 즉, V벨트의 가닥수를 z 라고 하면 전달가능한 마력은

$$H = z\,H_0\,k_1\,k_2 \tag{9.26}$$

여기서 H_0 는 한 개의 V벨트가 전달할 수 있는 동력으로 표 9.7에 수록된 값을 사용하고 z 는 필요한 벨트 가닥수이다. 이 식 (9.26)으로부터 필요한 벨트의 가닥수 z 를 구할 수 있다.

$$z = \frac{H}{H_0\,k_1\,k_2} \tag{9.27}$$

표 9.8 V 벨트 1가닥의 전달마력(단위 : PS)

선속도 v [m/sec]	접촉각 $\theta = 180°$일 때 V벨트 1가닥이 전달가능한 마력					선속도 v [m/sec]	접촉각 $\theta = 180°$일 때 V벨트 1가닥이 전달가능한 마력				
	A	B	C	D	E		A	B	C	D	E
5.0	0.9	1.2	3.0	5.5	7.5	12.5	2.1	2.8	6.5	12.5	17.0
5.5	1.0	1.3	3.2	6.0	8.2	13.0	2.2	2.8	6.7	12.9	17.5
6.0	1.0	1.4	3.4	6.5	8.9	13.5	2.2	2.9	6.9	13.3	18.0
6.5	1.1	1.5	3.6	7.0	9.9	14.0	2.3	3.0	7.1	13.7	18.5
7.0	1.2	1.6	3.8	7.5	10.3	14.5	2.3	3.1	7.3	14.1	19.0
7.5	1.3	1.7	4.0	8.0	11.0	15.0	2.4	3.2	7.5	14.5	19.5
8.0	1.4	1.8	4.3	8.4	11.6	15.5	2.5	3.3	7.7	14.8	20.0
8.5	1.5	1.9	4.6	8.8	12.2	16.0	2.5	3.4	7.9	15.1	20.5
9.0	1.6	2.1	4.9	9.2	12.8	16.5	2.5	3.5	8.1	15.4	21.0
9.5	1.6	2.2	5.2	9.6	13.4	17.0	2.6	3.6	8.3	15.7	21.4
10.0	1.7	2.3	5.5	10.0	14.0	17.5	2.6	3.7	8.5	16.0	21.8
10.5	1.8	2.4	5.7	10.5	14.6	18.0	2.7	3.8	8.6	16.3	22.2
11.0	1.9	2.5	5.9	11.0	15.2	18.5	2.7	3.9	8.7	16.6	22.6
11.5	1.9	2.6	6.1	11.5	15.8	19.0	2.8	4.0	8.8	16.7	23.0
12.0	2.0	2.7	6.3	12.0	16.4	19.5	2.8	4.1	8.9	17.2	23.3
						20.0	2.8	4.2	9.0	17.5	23.5

만일 접촉각 θ가 180°가 아닌 경우에 한 가닥의 V벨트가 전달할 수 있는 마력을 식 (9.25)를 이용하여 직접 계산한 전달가능한 마력을 H_0^*라 하면 식 (9.26)은 다음과 같이 수정되어야 한다.

$$H = z\,H_0^*\,k_2 \tag{9.28}$$

$$z = \frac{H}{H_0^*\,k_2} \tag{9.29}$$

접촉각 θ가 180°일 때 계산된 값이 표 9.8에 수록된 전달마력값임을 유의할 필요가 있다. 접촉각 θ가 180°와 다를 때는 접촉각 수정계수 k_1을 이용하여 식 (9.27)을 사용하거나 식 (9.25)에서 직접 계산된 H_0^*값을 이용하여 식 (9.29)로 벨트의 가닥수를 구하는 과정을 숙지해야 한다. V벨트의 전동효율은 95% 정도이나 벨트의 가닥수를 구할 때 이 효율은 보통 고려하지 않는다.

표 9.9 접촉각 θ에 대한 접촉각수정계수(k_1)

감은각 $\theta[°]$	수정계수
180°	1.00
170	0.98
160	0.95
150	0.92
140	0.89
130	0.86
120	0.82
110	0.78
100	0.74
90	0.69

표 9.10 기동하중 최대 부하를 고려한 부하수정계수(k_2)

피크 부하 또는 운전 상황	수정계수
120~150%일 때(기동 부하)	0.75
150~200%일 때(기동 부하)	0.60
200~250%일 때(기동 부하)	0.50
약간 충격있는 것(경공작 기계)	0.90
왕복 압축기(크랭크)	0.85
급격히 역전하는 것(크레인, 권상기)	0.75
격렬한 충격이 있는 것(분쇄기, 공작기계)	0.70
방적기, 광산용 기계	0.60

매분 500회전, 15마력의 공기 압축기를 구동하는 V벨트를 설계하시오. 단, 전동기는 1,450 rpm, 풀리 사이의 중심거리는 약 500 mm로 한다.

벨트속도를 15 m/sec로 하고, 표에서 B형을 선택한다. 전동기축 풀리는 유효지름

$$D_1 = \frac{v}{\pi n_1} = \frac{15 \times 10^3 \times 60}{1,450\pi} = 197.6 \fallingdotseq 200 \text{ mm}$$

압축기축 풀리는

$$D_2 = D_1 \frac{n_1}{n_2} = 200 \times \frac{1,450}{500} = 580 \text{ mm}$$

작은 풀리의 접촉각도는

$$\theta = \pi \pm 2\sin^{-1}\left(\frac{D_2 - D_1}{2l}\right) \fallingdotseq \pi \pm \frac{D_2 - D_1}{l} \text{ 에서}$$

$$\theta = \pi - \frac{580 - 200}{500} = 2.38[\text{rad}] = 136.5°$$

벨트와 풀리 사이의 마찰계수를 $\mu = 0.3$으로 하고, 표에서 작은 풀리의 홈각도를 $\theta = 36°$로 선택하면 겉보기 마찰계수는

$$\mu' = \frac{\mu}{\sin(\theta'/2) + \mu\cos(\theta'/2)} = \frac{0.3}{\sin(36/2) + 0.3\cos(36/2)} = 0.505$$

$$\therefore \mu'\theta' = 0.505 \times 2.38 = 1.20$$

따라서 $e^{\mu'\theta'} = 3.32$이다. B형 V벨트의 한 줄의 허용인장강도는 안전계수를 10으로 하면 표에서

$$T_a = 300 \times \frac{1}{10} = 30 \text{ kg}$$

B형 벨트의 단면적은 $A = 137.5 \text{ mm}^2$이므로 벨트 비중을 $\gamma = 1.2 \times 10^{-6} \text{ kg/mm}^3$로 하면 벨트 무게는

$$w = rA = 1.2 \times 10^{-6} \times 137.5 = 165 \times 10^{-6} \text{ kg/mm} = 165 \times 10^{-3} \text{ kg/m}$$

식 (9.25)로 계산된 벨트 한 가닥의 전달동력은

$$
\begin{aligned}
H_0^* &= \frac{v}{102}\left(T_a - \frac{wv^2}{g}\right)\left(\frac{e^{\mu\theta} - 1}{e^{\mu\theta}}\right) \\
&= \frac{15}{102} \times \left(30 - \frac{165 \times 10^{-3} \times 15^2}{9.8}\right) \times \left(\frac{3.32 - 1}{3.32}\right) = 2.66 \text{ kW} = 1.96 \text{ PS}
\end{aligned}
$$

여기서 접촉각 136.5도를 직접 대입하여 계산했으므로 표 9.9의 접촉각에 대한 수정계수는 고려하지 않는다. 표 9.10에 의한 부하수정계수 $k_2 = 0.75$로 하면 실제의 동력전달에 필요한 V벨트의 가닥수는 식 (9.29)에서

$$z = \frac{H}{H_0^* k_2} = \frac{15}{1.96 \times 0.75} = 10.23$$

따라서 벨트의 가닥수가 11개로 계산되는데, 너무 많은 수이므로 풀리의 폭이 커져서 균일접촉 등 문제가 생긴다. 따라서 C형 V벨트를 선정한다면 다음과 같은 값이 산출된다.

$$T_a = 50 \, \text{kg}$$

$$A = 236.7 \, \text{mm}^2$$

$$w = 1.2 \times 10^{-6} \times 236.7 = 284 \times 10^{-6} \, \text{kg/mm} = 284 \times 10^{-3} \, \text{kg/m}$$

$$H_0^* = \frac{15}{102} \times \left(50 - \frac{284 \times 10^{-3} \times 15^2}{9.8}\right)\left(\frac{3.32 - 1}{3.32}\right) = 4.41 \, \text{kW} = 3.24 \, \text{PS}$$

$$z = \frac{H}{H_0^* \, k_2} = \frac{15}{3.24 \times 0.75} = 6.17$$

즉, C형 V벨트 7가닥을 시용하면 된다.

/9.2.5/ V벨트의 최대전달마력과 선속도 관계

한 개의 V벨트가 전달하는 전달동력 H_0[PS] 계산식은 식 (9.25)에서 다음과 같이 벨트의 선속도 v와 3차 함수관계가 있다. 그런데 V벨트의 선속도 v를 최고 25 m/sec까지 취할 수 있으나 내구력을 생각하여 $v = 10 \sim 15$ m/sec로 사용하는 편이고 $v = 10$ m/sec에서는 벨트의 원심력에 의한 영향을 생략할 수 있으나 전달가능한 동력이 작아지므로 적당한 선속도를 찾아서 V벨트를 운전할 필요가 있다. 선속도 v에 관한 3차식이므로 v에 관하여 도함수를 구하면

$$H_0(v) = \frac{Pv}{75} = \frac{v}{75}\left(T_1 - \frac{wv^2}{g}\right)\left(\frac{e^{\mu'\theta} - 1}{e^{\mu'\theta}}\right) \tag{9.30}$$

$$\frac{dH_0(v)}{v} = \left(\frac{e^{\mu'\theta} - 1}{75 \, e^{\mu'\theta}}\right)\left[\left(T_1 - \frac{wv^2}{g}\right) - \frac{2\omega v^2}{g}\right] = \left(\frac{e^{\mu'\theta} - 1}{75 \, e^{\mu'\theta}}\right)\left(T_1 - \frac{3wv^2}{g}\right) \tag{9.31}$$

식 (9.30)에서 $H_0(v)$는 선속도 v의 3차함수이고 3차항의 계수가 음수(–)이므로 극대값과 극소값을 가진다. 그런데 극소값은 $H_0(v)$가 음수(–)이므로 무의미한 해이다. 따라서 식 (9.31) 도함수를 0으로 하는 v의 값은 $T_1 - \frac{3wv^2}{g} = 0$에서 최대전달마력을 전달하는 선속도 v^*가 다음과 같고 최대전달마력도 다음과 같이 구해진다.

$$v = v^* = \sqrt{\frac{T_1 g}{3 w}} \tag{9.32}$$

$$H_0)_{\max} = H_0(v^*) = \frac{2}{3}\left(\frac{e^{\mu'\theta} - 1}{e^{\mu'\theta}}\right)\frac{T_1}{75}\sqrt{\frac{T_1 g}{3 \omega}} \tag{9.33}$$

또한 식 (9.30)에서 전달동력 $H_0(v)$를 0으로 하는 선속도 v를 구할 수 있다. 전달마력

$$H_0(v) = \frac{Pv}{75} = \frac{v}{75}\left(T_1 - \frac{wv^2}{g}\right)\left(\frac{e^{\mu'\theta} - 1}{e^{\mu'\theta}}\right) = 0\text{가 성립하려면}$$

$$v\left(T_1 - \frac{wv^2}{g}\right) = 0\text{에서}$$

$$v = v_0 = \sqrt{\frac{T_1 g}{\omega}} \tag{9.34}$$

여기서 최대전달마력을 전달하는 선속도 v^*는 전달동력이 0이 되는 선속도 v_0와 다음과 같은 관계식이 성립한다.

$$v_0 = \sqrt{3}\, v^* \tag{9.35}$$

이상의 결과를 그래프로 그리면 그림 9.13과 같다. 이 결과는 V벨트에서 유도된 식이나 마찰계수만 평 벨트인 경우의 값으로 취하면, 최대마력을 전달할 수 있는 평 벨트 전동장치의 선속도도 동일한 방법으로 계산할 수 있다.

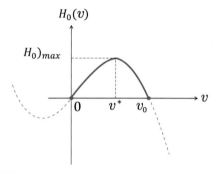

그림 9.13 ▶ 최대전달마력과 선속도

/9.2.6/ V벨트의 공진

V벨트의 고유진동수가 원동기, 피동기의 진동 및 벨트의 가진(加振)과 일치할 때 공진(共振)을 일으킨다. 벨트의 가진주파수 N_j는 벨트의 길이를 L[m], 벨트의 속도를 v[m/s]라고 했을 때 반복되는 운동으로부터

$$N_j = \frac{v}{L}\text{[Hz]} \tag{9.36}$$

또한 원동기, 피동기 또는 불균일한 부하를 주는 기계로 인한 진동수는 구동 및 종동 풀리의 회전수를 n_D, n_F라고 했을 때

$$N_t = \frac{n_D}{60} \ \text{또는} \ N_t = \frac{n_F}{60} \ [\text{Hz}] \tag{9.37}$$

다음으로 벨트의 고유진동수를 구해 보자. 양축의 중심거리를 l, 정지 시 벨트의 장력을 T_0, 벨트의 단면적을 A, 질량을 ρ라고 하면 벨트에서 파동의 속도 c는

$$c = \frac{\pi a}{l} \sqrt{1 + \frac{T_0 l^2}{E I \pi^2}} \tag{9.38}$$

여기서 $a = \sqrt{\dfrac{EI}{\rho A}}$ 이다. 만일 벨트가 유연하고 T_0가 크다면 식 (9.38)에서 둘째 항의 역할이 매우 크므로, 다음과 같이 장력을 받는 선의 음파속도로 나타낼 수 있다.

$$c = \sqrt{\frac{T_0}{\rho A}} \tag{9.39}$$

길이가 l 이고, v 의 속도로 움직이는 선의 고유진동수를 구하면 선에서 파동의 속도가 c이므로 주기 T는

$$T = \frac{l}{c+v} + \frac{l}{c-v} = \frac{2cl}{c^2 - v^2}$$

따라서 움직이는 벨트의 고유진동수 f 는

$$f = \frac{1}{T} = \frac{c^2 - v^2}{2cl} = \frac{c}{2l} - \frac{v^2}{2l}\frac{1}{c}$$

$$\therefore f = \frac{1}{2l}\left(\sqrt{\frac{T_0}{\rho A}} - v^2 \sqrt{\frac{\rho A}{T_0}} \right) \tag{9.40}$$

이 식에서 알 수 있는 것은, 첫째 움직이고 있는 벨트와 같은 시스템의 고유진동수는 정지하고 있는 시스템의 고유진동수보다 작다는 것이다. 다시 말하면 움직이는 작용은 시스템의 강성을 작게 하는 효과가 있다. 둘째로 v 가 증가하여 어느 속도 이상이 되면 f 가 마이너스가 되는데, 이는 곧 시스템이 불안정하게 됨을 나타낸다.

그림 9.14는 V벨트의 자유진동과 가진주파수 N_j 및 N_t와의 관계를 나타내며, 각각이 일치하는 곳에서 공진이 발생하고, 가장 큰 진폭이 발생하는 것으로 생각되는 가진주파수의 공진을 피하도록 설계하는 것이 바람직하다.

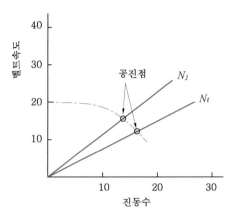

그림 9.14 ▶ V벨트의 진동수

/9.2.7/ V벨트의 초장력

벨트의 초장력이 크면 전동능력은 크게 되지만, 너무 크면 축에 대한 굽힘모멘트가 크게 되어 축이 부러질 수 있다.

초장력의 식은 다음과 같다.

$$T_0 = 0.9\left\{37.5\left(\frac{2.5 - k_1}{k_1}\right)\frac{P_d}{zv} + \frac{wv^2}{g}\right\} \tag{9.41}$$

여기서 P_d는 설계마력, k_1은 접촉각도에 의한 수정계수(표 9.9), v는 벨트의 속도 그리고 z는 벨트의 개수이다.

/9.2.8/ 치형 벨트운동

치형 벨트(toothed belt)는 일반 산업용 기계뿐만 아니라 소형 사무용 기계, 의료용 기계, 통신용 기계, 가전기구 등에도 사용된다. 치부 및 커버는 고무로 만들어져 있고, 치면은 고무를 도포한 포로 씌워져 있다. 치형 벨트의 심선은 이 뿌리부에 있고, 심선의 중심선이 풀리 피치 라인과 합치도록 설계되어 있다.

그림 9.15에서 벨트가 풀리에 완전히 맞물렸을 때 $d_2 = d_1$이 되어야 한다. 그러나 벨트의 장력에 의하여 벨트는 늘어나게 되고 벨트 대치선이 다각형이 되기 때문에 그에 적합한 d_1을 사용한다. 벨트의 초장력이 너무 크면 절단될 수 있다. 표 9.11은 규격의 일부를 표시한다.

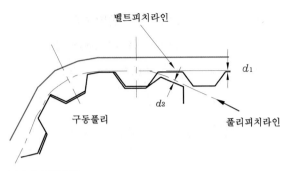

벨트피치라인

구동풀리

d_1

d_2

풀리피치라인

그림 9.15 ▶ 치형 벨트와 풀리의 맞물림

표 9.11 치형 벨트의 치수 및 인장강도

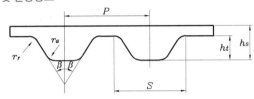

기호		종류				
		XL	L	H	XH	XXH
치 수	p [mm]	5.080	9.525	12.700	22.225	31.750
	2β	50	40	40	40	40
	S [mm]	2.57	4.65	6.12	12.57	19.05
	ht[mm]	1.27	1.91	2.29	6.35	9.53
	hs[mm]	2.3	3.6	4.3	11.2	15.7
	rr[mm]	0.38	0.51	1.02	1.57	2.29
	ra[mm]	0.38	0.51	1.02	1.29	1.52
	인장강도 KN/25.4	1.96 이상	2.65 이상	6.77 이상	9.32 이상	10.8 이상
시험	늘음률[%]	4.0 이상	4.0 이상	4.0 이상	4.0 이상	4.0 이상

이붙이 벨트의 전동마력 용량 산출식은 벨트의 허용장력으로부터 다음과 같이 구한다.

$$P_r = 0.6891 \times d \times n \times (T_{1a} - T_c) \times K_w \times K_m \times 10^{-6} \,[\mathrm{PS}] \tag{9.42}$$

여기서 P_r : 벨트 최대 전동마력 용량 [PS]

d : 작은 풀리 피치지름 [mm]

n : 작은 풀리 회전수 [rpm]

T_{1a} : 벨트폭 25.4 mm의 허용장력 [kg]

T_c : 벨트폭 25.4 mm의 원심력 [kg], $T_c = wv^2/g$

표 9.12 허용장력과 단위 중량

형	T_{1a} [kg]	w [kg/m]
XL	18.6	0.068
L	24.9	0.096
XH	63.5	0.133
XH	86.6	0.312
XXH	106.1	0.402

표 9.13 맞물림수에 의한 보정계수 K_m

맞물림 잇수	K_m
6 이상	1.0
5	0.8
4	0.6
3	0.4
2	0.2

표 9.14 벨트폭의 보정계수 K_w

벨트폭[mm]	6.35	9.40	12.7	19.05	25.4	50.8	101.6	152.4
K_w	0.15	0.27	0.42	0.71	1.00	2.14	4.76	7.50

w : 벨트폭 25.4 mm의 단위 중량 [kg/m] (표 9.12)

v : 벨트의 속도 [m/sec]

K_w : 벨트폭의 보정계수(표 9.14)

K_m : 작은 풀리에 벨트의 맞물림 잇수 Z_m에 의한 보정계수($Z_m = Z \cdot \varphi / 360°$)(표 9.13)

벨트의 초장력은

$$T_i = \frac{75 \times P_r}{v}\left(1 + \frac{2}{e^{\mu'\phi}}\right)$$

에서 $e^{\mu'\phi} \fallingdotseq \infty$로 보고

$$T_i = \frac{75 \times P_r}{v} \tag{9.43}$$

로 한다. 전동마력 P_r의 50~70%를 사용 전동마력이 되도록 벨트 폭을 결정한다.

벨트의 길이는 규격에 정해져 있으므로 사용할 때는 벨트길이 산출식에 의하여 개략의 길이를 구하고, 여기에 가장 가까운 벨트를 선정하고, 그 길이에 기초를 둔 축간거리를 정한다.

로프 전동

로프 전동은 와이어 로프나 섬유 로프를 벨트 대신에 홈바퀴(sheave pully)에 걸어감고, 로프와 홈면 사이의 마찰력에 의하여 축에 운동과 동력을 전달하는 장치로서 V벨트 장치와 비슷하다. 와이어 로프는 두 축 사이의 거리가 멀고 또 대마력을 전달할 경우에 사용되었으나 최근에는 엘리베이터, 하역기계, 광산, 선박 등에 사용된다.

/9.3.1/ 로프의 종류

마닐라마, 목면, 나일론 등의 실을 꼬아 합친 섬유 로프(textile rope)와 경강의 소선을 꼬아서 만든 와이어 로프(wire rope)가 있다.

면 로프는 강도나 풍우에 대한 내구성은 떨어지나, 탄성이 있고 유연하므로 옥내용으로 많이 쓰인다. 와이어 로프는 강하고 내구성도 있고 또 코어(core)에 마사를 넣어서 유연성을 주고 있다. 옥외의 장거리용으로 사용된다.

표 9.15에 와이어 로프의 단면의 예를 표시하고, 표 9.16에는 종별과 용도를 표시한다.

표 9.15 와이어 로프의 단면 구성

종별	1호	2호	3호	4호	5호	6호
단면						
구성	7가닥, 6꼬임, 중심 섬유심	12가닥, 6꼬임, 중심 및 각 스트랜드 중심 섬유심	19가닥, 6꼬임, 중심 섬유심	24가닥, 6꼬임, 중심 및 스트랜드 중심 섬유심	30가닥, 6꼬임, 중심 및 각 스트랜드 중심 섬유심	37가닥, 6꼬임, 중심 섬유심
구성 기호	(7×6)	(12×6)	(19×6)	(24×6)	(30×6)	(37×6)

(계속)

종별	7호	8호	9호	10호	11호	12호
단면						
구성	61가닥, 6꼬임, 중심 섬유심	삼각심(三角心), 7가닥선, 6꼬임, 중심 섬유심	삼각심, 24가닥, 6꼬임, 중심 섬유심	19가닥, 6꼬임, 중심 섬유심	19가닥, 6꼬임, 중심 섬유심	25가닥, 6꼬임, 중심 섬유심
구성 기호	(61×6)	$F(\triangle + 7) \times 6$	$F(\triangle + 12 + 12) \times 6$	$S(19 \times 6)$	$W(19 \times 6)$	$6 \times F(19 + 6)$

로프는 휘어질 때 실이나 와이어가 서로 마찰되므로 유류를 칠하여 마찰을 적게 한다. 또 옥외용의 섬유 로프에는 방부제를 사용한다.

표 9.16 와이어 로프의 구성, 종별, 용도

호별	구성기호	보통 Z		보통 Z 또는 S		랭 Z 또는 S	
		종별	주요한 용도	종별	주용한 용도	종별	주요한 용도
1	6×7	도금	정 삭	–	–	A·B	원치·삭도
2	6×12	도금	동 삭	–	–	–	–
3	6×19	도금	정삭 동삭	A·B	크레인·원치	A·B	원치·삭도
4	6×24	도금	정삭 동삭	A	동 삭	–	–
5	6×30	도금	동 삭	–	–	–	–
6	6×37	도금	동 삭	A·B	크레인	–	–
7	6×61	도금	동 삭	A·B	크레인	–	–
8 가	6×F(△+7)	–	–	–	–	A·B	원치·삭도
나	9×F{(3×2+3)+7}	–	–	–	–	A·B	원치·삭도
9 가	6×F(△+12+12)	–	–	–	–	A·B	원치·삭도
나	6×F{(3×2+3)+12+12}	–	–	–	–	A·B	원치·삭도
10	6×S(19)	도금	동 삭	A·B 엘리베이터	동삭·착점 엘리베이터	A·B	동 삭
11	6×W(19)	도금	동 삭	A·B 엘리베이터	동삭 엘리베이터	A·B	동 삭
12	6×Fi(19+6)	도금	동 삭	A·B 엘리베이터	동삭 크레인 엘리베이터	A·B	동 삭
13	6×Fi(22+7)	–	–	A·B	동삭 크레인	A·B	동 삭
14	7×7+6×F(19+6)	–	–	B	동 삭	B	동 삭
15	8×S(19)	–	–	엘리베이터	엘리베이터	–	–
16	8×W(19)	–	–	엘리베이터	엘리베이터	–	–
17	8×Fi(19+6)	–	–	엘리베이터	엘리베이터	–	–

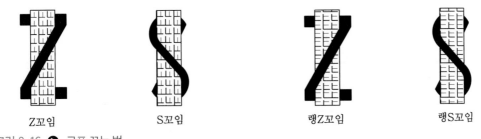

| Z꼬임 | S꼬임 | 랭Z꼬임 | 랭S꼬임 |

그림 9.16 ▶ 로프 꼬는 법

로프의 구성은 실이나 와이어 소선을 여러 가닥 꼬아 합쳐서 작은 염선(strand)을 만들고, 이것을 그림 9.16과 같이 섬유 로프에는 3~4줄을, 와이어 로프에는 6~8줄을 꼬아 합친 것이며, 그것을 꼰 방향이 염선을 꼰 방향과 대칭 방향으로 꼬아 합친 것을 보통 꼬임(common lay), 염선과 동일 방향의 것을 랭 꼬임(Lang's lay)이라고 한다. 또 로프를 꼰 방향에 따라 Z꼬임(오른쪽 꼬임)과 S꼬임(왼쪽 꼬임)이 있다. 랭 꼬임은 처지기 쉽고 내구성도 있으나, 보통 꼬임이 잘 되풀리지 않으므로 일반적으로 사용된다. 로프는 그 외접원의 지름을 호칭지름으로 한다.

/9.3.2/ 시브 휠과 로프 드럼(sheave wheel and rope drum)

로프 풀리를 시브 휠이라고 부른다. 시브 휠은 면, 마 로프의 동력용에서는 그림 9.17(a)와 같이 홈의 측면에서 로프와 접촉하고, 안내차나 인장차에서는 그림 9.17(b)와 같이 홈의 밑바닥에 접촉하도록 한다. 시브 휠은 측면 가장자리가 높아서 로프에 걸었다 떼었다 하기가 어렵다.

홈의 각도가 너무 작으면 로프가 속으로 먹어 들어가서 이완측에서의 떨어짐이 어렵게 되므로 보통 30~60°로 한다. 홈의 측면은 로프가 상하지 않도록 잘 다듬는다.

와이어 로프에서는 그림 9.17(c)와 같이 홈의 밑바닥에 나무, 가죽, 고무 등을 끼워넣고 마찰을 크게 하는 수가 있다.

시브 휠의 지름은 너무 작으면 로프가 상하므로 보통 로프지름의 30배 이상으로 하고, 와이어 로프의 경우는 소선지름의 1,000배 이상으로 하는 것이 좋다. 또 와이어 로프 드럼은 권상용에 많이 사용된다. 표 9.16은 사용 로프에 대한 시브 휠 또는 드럼의 유효지름을 표시한다. 시브 휠의 재질은 주철제가 보통이나, 강판 용접으로 된 조립식도 있다.

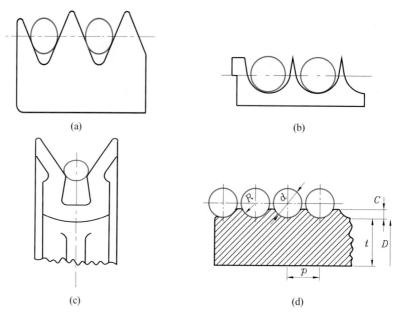

그림 9.17 ◐ 시브 휠의 홈

표 9.17 로프와 휠 및 드럼의 지름

가정 계산조건	로프의 구성, 지름, 종별	6×37 18 mm A 종		6×F (29) 28 mm C 종	
	장력에 대한 안전계수	7	11	7	11
	T [kg]	2,500	5,600	7,900	5,000
Hüttle에 의한 계산 결과	D [mm]	450	360	800	640
	D/d	25	20	29	23
Drucker에 의한 계산 결과	D [mm]	1,100	720	1,900	1,200
	D/d	61	40	68	43

(주) Hüttle 식 : $D > 9 \times \sqrt{T}$, Drucker 식 : $D > T/0.00075\delta Bd$, D : 휠, 드럼의 유효지름, d : 로프의 지름

/9.3.3/ 로프를 거는 법과 전달동력

(1) 로프를 거는 법

로프 전동에서는 축간거리를 면, 마 로프의 경우 15~30 m, 와이어 로프의 경우 50~150 m 로 하고, 로프 자신의 무게로 충분히 초장력이 얻어지는 수가 많으나 인장차의 조정으로 초장력을 주는 수도 있다. 그리고 속도비는 1 : (1~2)가 보통이고 1 : 5 정도까지도 한다.

평 벨트 걸기와 같이 긴장측을 아래로 하여 사용하는 편이 합리적이지만, 축간거리가 길

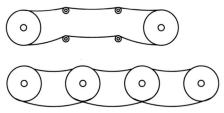

그림 9.18 ▶ 안내차의 사용 및 구간전동

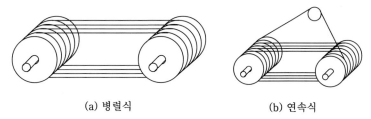

(a) 병렬식   (b) 연속식

그림 9.19 ▶ 로프를 거는 법

경우에는 이완측이 늘어져서 밑에 있는 긴장측의 로프에 접촉하는 수가 있으므로, 이런 때는 위쪽을 긴장측으로 하는 수도 있다. 또 그림 9.18과 같이 도중에 안내차로 지지하든가 몇 개의 구간으로 나누어서 전동하는 수도 있다.

로프를 거는 법은 크로스 걸기는 없고 그림 9.19(a)와 같이 로프를 몇 줄이고 나란히 거는 병렬식(multiple system)과 1줄의 긴 로프로 그림 9.19(b)와 같이 구동차와 종동차 사이를 몇 바퀴 감은 연속식(continuous system)이 있다.

로프는 장력이 크게 되면 신장도 크게 되나, 병렬식은 각 로프의 장력을 동일하게 하는 것이 곤란하고, 각 로프의 이음이 많아서 진동을 일으키기 쉽다.

연속식은 인장차에 의하여 장력을 균일하게 조절할 수 있고 축간거리가 짧아도 전동할 수 있는 이점이 있으나, 로프가 끊어졌을 때는 곧 운전이 불가능하게 된다.

(2) 로프의 길이

로프 전동에서는 축간거리가 길기 때문에 로프는 늘어지고, 자연적으로 늘어져 있는 모양을 현수선이라 하며 이것은 근사적으로 포물선으로서 계산할 수 있다(그림 9.20).

로프가 정지하였을 때는 로프의 상측, 하측을 모두 같은 모양, 같은 길이로 보아도 좋으므로, 이것을 시브 휠의 지름 D가 동일하고 동일 높이에 있는 상태에서 생각하면 포물선 AB의 방정식은 $y = ax^2$으로 표시되므로 $x = l/2$일 때 $y = h$이면 $a = 4h/l^2$을 얻는다.

$$\therefore y = \frac{4h}{l^2}x^2$$

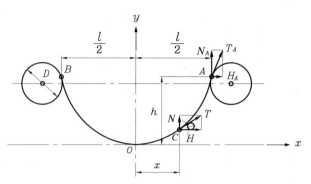

그림 9.20 ▶ 로프의 길이와 늘어짐

또

$$\frac{dy}{dx} = \frac{8h}{l^2}x$$

로프 AB의 길이 L'은

$$
\begin{aligned}
L' &= 2\int_0^{l/2}\sqrt{(dx)^2 + (dy)^2} = 2\int_0^{l/2}\sqrt{1 + \left(\frac{dy}{dx}\right)^2}\,dx \\
&= 2\int_0^{l/2}\left\{1 + \frac{1}{2}\left(\frac{dy}{dx}\right)^2\right\}dx = 2\int_0^{l/2}\left\{1 + \frac{32h^2}{l^4}x^2\right\}dx \\
&= l\left(1 + \frac{8h^2}{3l^2}\right)
\end{aligned}
\tag{9.44}
$$

따라서 로프의 전 길이 L은

$$L \fallingdotseq \pi D + 2l\left(1 + \frac{8h^2}{3l^2}\right) \tag{9.45}$$

단 D는 시브 휠의 피치원(로프가 감겼을 때 로프의 중심을 지나는 원)의 지름이라 한다. 로프 단위 길이의 중량을 w로 하고, C점에서의 자중에 의한 장력의 수평분력을 H, 수직분력을 N으로 하여 $N = wx$로 놓으면 다음과 같이 표시할 수 있다.

$$\frac{dy}{dx} = \frac{N}{H} = \frac{wx}{H}$$

따라서

$$H = \frac{wl^2}{8h}$$

A 점에서 로프의 자중에 의한 장력은 $N = wl/2$로 놓으면 이 값은 최대값이고

$$T = \sqrt{H^2 + N^2} = \sqrt{\left(\frac{wl^2}{8h}\right)^2 + \left(\frac{wl}{2}\right)^2} = \frac{wl^2}{8h}\sqrt{1 + \frac{16h^2}{l^2}}$$

$$\fallingdotseq \frac{wl^2}{8h} + wh \tag{9.46}$$

위 식에서 첫째 항에 비해서 둘째 항의 영향은 $h \ll l$ 일 때 매우 작으므로 늘어진 최대량은

$$h \fallingdotseq \frac{wl^2}{8T_A} \tag{9.47}$$

와이어 로프에서는 $h/l = 0.03 \sim 0.06$ 정도이므로

$$T = 3.5wl \tag{9.48}$$

연속식인 로프에서는 긴장측과 이완측의 장력이 거의 같다.

(3) 로프의 강도와 전달동력

섬유 로프는 기름을 침윤시키거나, 타르를 칠하기 때문에 시브와의 마찰계수는 $0.15 \sim 0.2$ 정도이지만, V형 홈에 끼워져서 돌기 때문에 겉보기 마찰계수는 $0.3 \sim 0.35$이다. 로프 속도는 $15 \sim 25$ m/s이고, 30 m/s를 한도로 한다. 또 로프는 비교적 무거우므로 장력의 설계에는 원심력을 고려해야만 한다.

로프의 호칭지름에 대한 허용인장응력은 헴프 로프(대마심, hemp rope)는 $8 \sim 15$ kg/cm^2, 면 로프는 $8 \sim 10$ kg/cm^{2}이다.

와이어 로프 소선의 지름이 작은 것은 유연성이 있으나 굵어지면 시브 휠의 지름을 크게 해야만 한다. 와이어 소선의 지름을 d', 시브 휠의 곡률 반지름을 $D/2$로 하면 와이어가 받는 굽힘응력 σ_b는 그 탄성계수를 E로 할 때

$$M = \frac{2EI}{D}, \quad \sigma_b = \frac{M}{I} \cdot \frac{d'}{2}$$

$$\therefore \sigma_b = \frac{d'}{D} \cdot E$$

이 식은 로프를 구성하는 소선이 서로 평행한 경우이므로, 실제는 수정계수 c 를 곱한다. 즉,

$$\sigma_b = c\frac{d'}{D}E \tag{9.49}$$

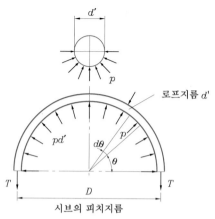

그림 9.21 ▶ 로프로 인하여 시브 휠에 발생하는 면압

수정계수 c는 바흐(Bach)에 의하면 3/8을 사용한다.

과다한 마모와 파열을 막기 위하여 와이어 로프에 의하여 시브에 발생하는 면압은 어느 한계 이내여야 한다. 그림 9.21에서 p를 와이어의 시브 홈면과의 접촉면 압력으로 하면, 와이어 로프의 장력 T와의 관계는 다음과 같다.

$$2T = \int_0^\pi pd' \frac{D}{2} \sin\theta d\theta = pd'D$$

$$\therefore p = \frac{2T}{d'D} \tag{9.50}$$

와이어의 지름 d'은 작으므로 p는 상당히 큰 값으로 되는 일이 있다. 이것이 반복하여 압축응력으로 되어 식 (9.49)의 반복굽힘응력과 함께 로프의 수명에 큰 영향을 미친다. 표 9.18은 와이어 로프와 시브의 최대 면압을 나타낸다. 이 값 이내에 면압이 되도록 장력 또는 지름 d', D를 결정해야 한다.

표 9.19는 와이어의 표준인장강도이며, 와이어 로프의 안전계수는 5~10 정도로 한다. 표 9.20에 각종 로프의 허용인장응력과 사용조건을 표시한다. 와이어 로프의 속도는 6~25 m/s로 하고, 시브 휠과의 마찰계수는 표 9.21과 같다. 섬유질 로프의 겉보기 마찰계수는 V벨트 때와 같이 $\mu' = \mu/(\sin\theta/2 + \cos\theta/2)$이 된다.

로프의 전달동력은 벨트의 경우와 같이 식 (9.25)로부터 구할 수 있다. 즉,

$$H = \frac{v}{75}\left(T_1 - \frac{wv^2}{g}\right)\frac{e^{\mu'e} - 1}{e^{\mu'e}} \tag{9.51}$$

로프는 굵으면 자중도 크고 휨에 의하여 생기는 마모도 심하므로 가느다란 로프를 여러 개

걸어서 사용한다. 줄수는 일반적으로 계산값보다도 1~2줄 많이 한다. 전동효율은 저속으로 줄 수가 적으면 94~97%, 고속으로 여러 개를 걸 경우에는 80% 정도이다.

표 9.18 시브와 와이어 로프 사이의 최대 레이디얼 압력(kg/cm²)

와이어 로프 종류	시브의 재료		
	주 철	주 강	망간강
6×7(1호)	21	39	105
6×19(3호)	35	63	176
6×37(6호)	42	76	211
6×F(△+7)(8호)	32	60	155
6×F(△+12+12)(9호)	56	102	281
6×F(30)	56	102	281

표 9.19 와이어의 강도

종 별	엘리베이터종	도금종	A종	B종
와이어의 표준 인장강도 [kg/mm²]	135	150	165	180

표 9.20 각종 로프의 허용인장력과 사용조건

종류		허용인장응력 σ [kg/cm²]	속도 v [m/s]	회전비 u	D	축간거리 l [m]
섬유 로프	무명	8~10	16~25	1 : 2 최대 (1 : 5)	≥ 39d	10~30 (> 6)
	대마	8~15				
와이어 로프		50~80	6~10(소동력) 20~25(대동력)	1 : 1	≥ 150d (D>1 m)	50~100 (최대 150)

표 9.21 와이어 로프와 시브와의 마찰계수

홈바닥	건 조	그리스 사용
금속 대 금속	0.17	0.07
목재 끼워넣기	0.24	0.14
가죽 끼워넣기	0.50	0.20

벨트나 로프와 같은 마찰 전동은 어느 정도의 슬립을 피할 수 없지만 체인 전동은 체인 (chain)을 스프로킷 휠(sprocket wheel)의 이에 걸어서 전동하기 때문에 비교적 큰 속도비라도 확실하게 동력을 전달할 수 있다. 따라서 축간거리가 길어서 기어 전동을 사용할 수 없고, 속도비는 확실하게 유지하고 싶을 때 체인 전동이 사용된다.

체인 전동은 마찰에 의하지 않으므로 초압을 거의 가할 필요가 없고, 베어링의 마모도 적다. 전달마력은 비교적 크고 습기나 열의 영향이 없는 것이 특징이지만, 소음 및 진동을 일으키기 쉽고 고속도의 전동에는 적합하지 않다.

전달효율은 보통 90%로 좋고, 사일런트 체인에서는 98% 이상으로 되어 기어와 같은 정도의 높은 값이 얻어진다. 체인의 종류에는 롤러 체인과 사일런트 체인이 있다.

/9.4.1/ 롤러 체인(roller chain)

동력용 롤러 체인은 그림 9.22와 같이 롤러를 가진 롤러 링크(roller link)와 핀을 사용한 핀 링크를 교대로 결합한 것이며, 링크의 수가 홀수인 경우는 오프셋 링크(offset link)를 사용한다.

큰 동력을 전달하는 체인은 수열의 링크를 긴 핀으로 결합하여 다열 체인으로 한다.

롤러 체인의 길이를 구하기 위하여 스프로킷 휠의 잇수를 z_1, z_2, 체인의 피치를 p, 축간거리를 l로 하면 링크의 수 i는 벨트길이의 식에 준하여 근사적으로 다음과 같이 된다.

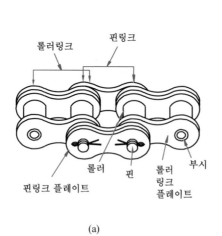

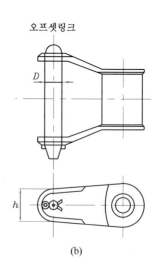

(a)

(b)

그림 9.22 ◉ 전동용 롤러 체인

$$i = \frac{\pi + 2\o}{2\pi} z_1 + \frac{\pi - 2\o}{2\pi} z_2 + 2\frac{l}{p} \cos \phi$$

$$\fallingdotseq \frac{z_1 + z_2}{2} + \frac{2l}{p} + p\frac{\{(z_1 - z_2)/(2\pi)\}^2}{l} \tag{9.52}$$

속도비는 1/7 정도까지를 보통으로 하고, 저속의 경우는 1/10 정도까지 가능하다. 축간거리는 $(30\sim 50)p$ 정도가 좋겠고, 감아걸기 각도가 작을 때는 인장 활차를 써서 120° 이상으로 되도록 한다. 수평으로 걸 때는 체인의 이완축을 아래로 하고 스프로킷 휠의 이끝에서 체인이 떨어지기 쉽도록 한다.

그림 9.23은 롤러 체인용 스프로킷을 나타낸다. 스프로킷의 치형에는 S형과 U형이 KS에 규정되어 있다(그림 9.24, 9.25). 핀의 중심을 통과하는 피치원은 롤러 체인의 피치를 p, 롤러 체인의 롤러 바깥지름을 d, 잇수를 z라고 할 때

$$D_p = \frac{p}{\sin\dfrac{\pi}{z}} \tag{9.53}$$

이고 스프로킷의 바깥지름 D_0와 이뿌리원 지름 D_B는

$$D_0 = p\left(0.6 + \cot\frac{\pi}{z}\right) \tag{9.54}$$

$$D_B = D_p - d \tag{9.55}$$

이뿌리 부분 원호의 반지름 $R = 0.5025d + 0.038$로 한다.

체인의 송출속도는 스프로킷 휠의 회전수를 n으로 할 때

$$v = npz \tag{9.56}$$

그러나 체인은 그림 9.26과 같이 z 변형의 다각형에 벨트를 감아 붙인 것처럼 되어 종동차의 각속도는 주기적으로 변동한다. 그림 9.26에서 구동차의 실선 위치의 체인속도는

$$v = \pi D_p n \cdots\cdots (v_{\max}) \tag{9.57}$$

이지만, 파선의 위치(반 피치의 원위치)에서는

$$v = \pi D_p n \cos\frac{\alpha}{2} \cdots\cdots (\text{v}_{\min}) \tag{9.58}$$

로 변화하므로 스프로킷의 각속도를 ω로 하면 체인의 속도는 끊임없이 주기적으로 $D_p \cdot \omega/2$

와 $D_p \cdot \omega \cos (\pi / z) / 2$의 사이를 변화한다. 이와 같이 운동이 파상이기 때문에 구동차와 종동차가 동일 잇수로 위상이 일치할 때를 제외하고는, 일반적으로 종동차의 각속도는 일정하게 되지 않는다.

따라서 잇수가 적으면 운동이 원활하지 않게 되므로 보통 17매 이상으로 한다. 또 체인은 보통 짝수 개의 링크로 하므로 스프로킷은 홀수로 한다. 스프로킷의 잇수가 적으면 체인 속도의 변동이 크고 충격적으로 되어 마모도 격심하다. 또 잇수가 대단히 많으면 체인이 늘어나서

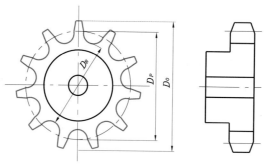

그림 9.23 ▶ 롤러 체인용 스프로킷

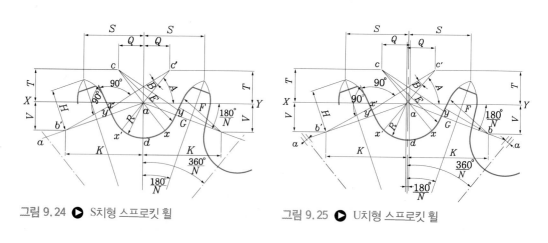

그림 9.24 ▶ S치형 스프로킷 휠   그림 9.25 ▶ U치형 스프로킷 휠

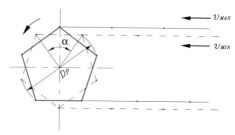

그림 9.26 ▶ 체인의 최대속도와 최저속도

롤러가 이끝에 걸리도록 되어 벗겨지기 쉽다.

체인의 속도는 일반적으로 1~4 m/s이고, 10 m/s를 넘지 않도록 한다. 표 9.22는 롤러 체인을 충격에서 보호하기 위한 스프로킷의 적당한 최고 회전수이다.

/9.4.2/ 롤러 체인의 전달동력과 수명

(1) 전동능력

벨트전동과 크게 다른 점은 체인 전동에서는 초장력을 줄 필요가 없고 이완측의 장력은 자중에 의해서만 발생하므로 이것을 무시할 수 있다는 점이다. 따라서 긴장측의 장력이 벨트전동의 유효장력에 해당하는 회전력이 된다. 지금 장력을 T [kgf], 체인의 평균속도를 v [m/s]로 하면,

$$H = \frac{Tv}{75}(m_2/m_1)\,[PS]\ , \quad H' = \frac{Tv}{102}(m_2/m_1)\,[\text{kW}] \tag{9.59}$$

표 9.23 롤러 체인의 부하계수 m_1

운전상황		전동기 터빈	내연기관	
			유체 기구가 붙어있을 때	기구가 붙어있지 않을 때
평활한 전동	부하변동이 작은 컨베이어, 원심 펌프, 원심 블로어, 부하변동이 없는 일반 기계	1.0	1.0	1.2
다소 충격이 따르는 전동	다소 부하변동이 있는 컨베이어, 압축기, 분쇄기, 일반공작 기계, 토건 기계, 제지 기계	1.3	1.2	1.4
큰 충격이 따르는 전동	프레스, 분쇄기, 광산 기계, 믹서, 롤러, 역전 또는 충격하중이 걸리는 일반 기계	1.5	1.4	1.7

표 9.24 롤러 체인의 다열계수 m_2

열 수	2	3	4	6	6
다열계수	1.7	2.5	3.3	3.9	4.6

여기서 m_1은 하중의 동적효과를 고려한 부하계수(표 9.23)이고, m_2는 스프로킷 휠과 체인에 하중이 고르게 분포하지 않기 때문에 접촉효율을 고려한 다열계수(표 9.24)를 나타낸다.

또 전동마력능력을 피로한도로부터 정하는 경우는 저속 때 링크의 피로로부터[1]

$$H = 0.004\, z^{1.03} \cdot n^{0.9} \cdot p^{1.0 - 0.07p} \tag{9.60}$$

정수 0.004는 No. 41의 체인에 대하여 0.0022로 된다. 고속 때는 부시의 피로한도로부터

$$H = \frac{1000 K z^{1.5} p^{0.8}}{n^{1.5}} \tag{9.61}$$

$$K = 29\,(\text{No. 25, 35의 체인})$$

$$K = 3.4\ (\text{No. 41의 체인})$$

$$K = 17\ (\text{No. 40} \sim 120\text{의 체인})$$

z : 작은 스프로킷의 잇수, n : 작은 스프로킷의 회전수[rpm], p : 피치로 된다.

표 9.25 체인 호칭과 속도에 따른 전달마력

스프로킷 속도 [rev/min]	호칭번호													
	25	35	40	41	50	60	80	100	120	140	160	180	200	240
50	0.05	0.16	0.37	0.20	0.72	1.24	2.88	5.52	9.33	14.4	20.9	28.9	38.4	61.8
100	0.09	0.29	0.69	0.38	1.34	2.31	5.38	10.3	17.4	26.9	39.1	54.0	71.6	115
150	0.13*	0.41*	0.99*	0.55*	1.92*	3.32	7.75	14.8	25.1	38.8	56.3	77.7	103	166
200	0.16*	0.54*	1.29	0.71	2.50	4.30	10.0	19.2	32.5	50.3	72.9	101	134	215
300	0.23	0.78	1.85	1.02	3.61	6.20	14.5	27.7	46.8	72.4	105	145	193	310
400	0.30*	1.01*	2.40	1.32	4.67	8.03	18.7	35.9	60.6	93.8	136	188	249	359
500	0.37	1.24	2.93	1.61	5.71	9.81	22.9	43.9	74.1	115	166	204	222	0
600	0.44*	1.46*	3.45*	1.90*	6.72*	11.6	27.0	51.7	87.3	127	141	155	169	
700	0.50	1.68	3.97	2.18	7.73	13.3	31.0	59.4	89.0	101	112	123	0	
800	0.56*	1.89*	4.48*	2.46*	8.71*	15.0	35.0	63.0	72.8	82.4	91.7	101		
900 A형	0.62	2.10	4.98	2.74	9.69	16.7	39.9	52.8	61.0	69.1	76.8	84.4		
1,000	0.68*	2.31*	5.48	3.01	10.7	18.3	37.7	45.0	52.1	59.0	65.6	72.1		
1,200	0.81	2.73	6.45	3.29	12.6	21.6	28.7	34.3	39.6	44.9	49.9	0		
1,400	0.93*	3.13	7.41	2.61	14.4	18.1	22.7	27.2	31.5	35.6	0			
1,600	1.05*	3.53*	8.36	2.14	12.8	14.8	18.6	22.3	25.8	0				
1,800	1.16	3.93	8.96	1.79	10.7	12.4	15.6	18.7	21.6					
2,000	1.27	4.32*	7.72*	1.52*	9.23*	10.6	13.3	15.9	0					
2,500	1.56	5.28	5.51*	1.10*	6.58*	7.57	9.56	0.40						
3,000	1.84	5.64	4.17	0.83	4.98	5.76	7.25	0						

B형   C형   D형

A형 : 수동급유, B형 : 오일통 또는 디스크 윤활, C형 : 오일 스트림 급유, C′형 : C형 중에서 파손되는 영역

---

[1] Design Manual, Roller and Silent Chain: American Sprocket Chain Manufactures Assn., 1968, p. 46.

한 줄 체인의 속도에 대한 전달마력 H_r은 대개 15,000시간의 수명을 갖는 마력용량으로 표 9.25와 같다. 이것은 17개의 잇수를 갖는 스프로킷을 기준으로 한 것으로 전체 전달마력은 다음과 같다.

$$H = K_1 \, K_2 \, H_r \tag{9.62}$$

여기서 K_1은 치수 보정계수(표 9.26)이고, K_2는 다열계수로서 표 9.24의 m_2와 같다.

표 9.27은 체인의 파단하중을 표시한다. 보통의 운전 상태에서 안전계수는 7~10 정도이고, 이것에 부하계수를 곱해서 보정하여 식 (9.62)를 사용할 수 있다. 다열 체인의 경우에는 하중이 균일하게 분배되지 않으므로 체인의 수에 해당하는 다열계수를 곱한다.

일반적으로 체인 전동에는 마찰과 마모를 적게 하기 위해서 충분한 윤활이 필요하다.

표 9.26 치수보정계수

드라이빙 스프로킷의 치수	치의 수정계수, K_1	드라이빙 스프로킷의 치수	치의 수정계수, K_1
11	0.53	22	1.29
12	0.62	23	1.35
13	0.70	24	1.41
14	0.78	25	1.46
15	0.85	30	1.73
16	0.92	35	1.95
17	1.00	40	2.15
18	1.05	45	2.37
19	1.11	50	2.51
20	1.18	55	2.66
21	1.26	60	2.80

표 9.27 롤러 체인의 파단하중

롤러 체인의 호칭 번호	파단하중[kg]
25	360
35	800
41	1,060
40	1,420
50	2,210
60	3,200
80	5,650
100	8,850
120	12,800

10 kW, 1150 rpm의 전동기로 600 rpm의 인벌류트 펌프를 롤러 체인에 의하여 구동하려고 한다. 체인과 스프로킷의 치수를 결정하시오. 단, 축간거리는 500 mm, 1일 24시간 운전으로 한다.

운전시간이 길기 때문에 부하계수를 1.2로 하고, 체인속도를 6 m/sec로 하면 동력은

$$L_w = 1.2 \times \frac{10}{0.735} = 16.3 \text{ ps}$$

표에서 40번 체인($p = 12.7\,\text{mm}$)을 2열로 사용한다. 스프로킷의 잇수는

$$z_1 = \frac{v}{np} = \frac{6 \times 60 \times 1,000}{1,150 \times 12.7} = 24.6 \fallingdotseq 25 \ , \quad z_2 = 25 \times \frac{1,150}{600} = 48$$

잇수에 따른 보정계수 $K_2 = 1.46$과 줄수에 따른 보정계수 $K_1 = 1.7$을 사용하여 40번 체인을 2열 사용했을 때 전달동력은

$$L_w{}' = 1.7 \times 1.46 \times 6.45 = 16 \text{ ps}$$

따라서 안전하다. 스프로킷의 바깥지름

$$D_1 = \frac{p}{\sin(180°/z_1)} = \frac{12.7}{\sin(180°/25)} = 101.6\,\text{mm}$$

$$D_2 = 101.6 \times \frac{1150}{600} \fallingdotseq 194.7\,\text{mm}$$

스프로킷의 바깥지름

$$D_{01} = p\left(0.6 + \cot\frac{180°}{z_1}\right) = 12.7\left(0.6 + \cot\frac{180°}{25}\right) = 108.6\,\text{mm}$$

$$D_{02} = 12.7\left(0.6 + \cot\frac{180°}{48}\right) = 201.4\,\text{mm}$$

체인의 길이는

$$i = \frac{z_1 + z_2}{2} + \frac{2l}{p} + \frac{p\{(z_1 - z_2)/(2\pi)\}^2}{l}$$

$$= \frac{25 + 48}{2} + \frac{2 \times 500}{12.7} + \frac{12.7\{(25 - 48)/2\pi\}^2}{500} = 120.1 \fallingdotseq 122\text{개}$$

(2) 충격 피로파괴 수명

고속 회전으로 체인을 사용하면 스프로킷의 이와 맞물릴 때 반복충격에 의하여 롤러나 부시가 피로파손하는 경우가 있다. 롤러나 부시의 피로파손수명은 다음 식으로 표현한다.

$$n^2 \times \frac{T}{Z_1} \qquad\qquad (9.63)$$

여기서 n : 작은 스프로킷의 회전수

T : 체인의 장력

Z_1 : 작은 스프로킷의 잇수

위 식을 세로축에, 롤러, 부시가 파손할 때까지의 충격횟수를 가로축으로 하여(n, T, Z_1을 광범위하게 변화시킨 실험) 선도로 나타내면 그림 9.27과 같이 직선적 관계가 얻어진다.

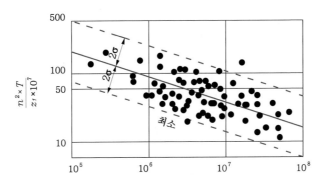

롤러,부시가 파괴될 때까지의 충돌회전수

그림 9.27 ▶ 롤러 부시의 균열 실험

(3) 마모수명

롤러 체인은 핀과 부시가 베어링의 역할을 하고, 운동 중에는 스프로킷과 맞물릴 때 압력을 받으면서 미끄럼 마찰을 하므로 시간과 더불어 마모가 진행된다. 마모는 그림 9.28과 같이 핀

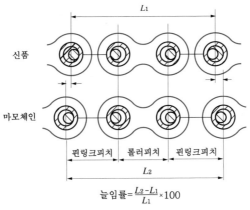

늘임률$= \frac{L_2 - L_1}{L_1} \times 100$

그림 9.28 ▶ 체인의 마모 늘임

과 부시 사이의 틈새의 증가로써 나타나고, 결과로 체인의 길이가 길게 되어 마모늘임이 발생한다. 따라서 체인의 원활한 전동을 가지려면 허용 늘임량을 사용한도로 생각하여 늘임 1.5%를 체인의 마모수명으로 생각하면 좋다.

/9.4.3/ 사일런트 체인(silent chain)

사일런트 체인은 그림 9.29와 같이 롤러 대신에 두 이를 형성하는 강판제 링크 플레이트를 핀으로 연결한 것이고, 체인의 양측 또는 중앙에는 체인이 가로로 이동하여 스프로킷에서 벗어나는 것을 방지하기 위해 안내 링크를 넣는다.

체인의 링크 플레이트의 양단 외측사면(치)이 그림 9.30과 같은 스프로킷의 돌기치를 한 이 간격을 두고 밀착하여 맞물려가므로 소음이 적고, 체인의 핀이나 구멍이 마모하여 피치가 크게 되어도 체인과 이와의 접촉은 보존된다. 체인의 면각 β는 50∼80°의 것이 사용되지만 52°의 것이 가장 많다. 스프로킷의 치각 ϕ는 잇수를 z로 하는 중심과 이루는 삼각형의 관계에서

$$\frac{\beta}{2} = \frac{\phi}{2} + \frac{2\pi}{z}$$

$$\therefore \phi = \beta - \frac{4\pi}{z} \tag{9.64}$$

잇수는 $\beta = 52°$에 대하여 17∼120매가 사용되고, β를 크게 하면 11매까지 줄일 수 있다. 축간거리는 $30 \sim 50p$ 정도가 좋다. 사일런트 체인의 속도는 4∼6 m/sec가 가장 적당하나, 윤활장치와 밀폐기가 구비되고 피치가 작으면 10 m/sec까지 허용된다. 표 9.28은 체인의 치수와 전달마력을 표시한 것이고, 표 9.29는 사일런트 체인의 파단강도를 나타낸다.

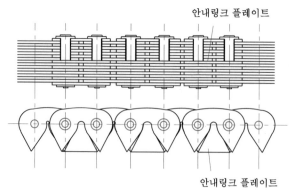

안내링크 플레이트

안내링크 플레이트

그림 9.29 ▶ 사일런트 체인

링크 플레이트

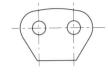

안내링크 플레이트

그림 9.30 ▶ 사일런트 체인용 스프로킷의 치형

표 9.28 사일런트 체인 25.4 mm 당 전달마력 [PS]

사일런트 체인의 피치 p [mm]	나비 b [mm]	속도 [m/s]						
		3	4	5	6	7	8	9
9.52	12.7～76.2	1.96	2.32	2.59	2.83	2.98	3.20	3.42
12.70	12.7～101.6	2.52	3.00	3.38	3.68	3.90	3.96	4.02
15.88	25.4～152.4	3.13	3.70	4.16	4.55	4.82	5.04	5.26
19.05	25.4～152.4	3.86	4.53	5.24	5.58	5.90	6.26	6.62
25.40	50.8～254.0	5.28	6.21	7.02	7.65	8.13	8.61	9.09
31.75	76.2～304.8	6.13	7.22	8.12	8.87	9.41	9.70	10.0
38.10	76.2～304.8	8.07	9.52	10.7	11.7	12.4	13.0	13.2
50.80	152.4～457.2	10.7	12.6	14.3	15.6	16.5	17.2	17.6

표 9.29 사일런트 체인의 치수 및 파단강도

피치 [mm]	체인축 [mm]	파단강도 [KN]	피치 [mm]	체인축 [mm]	파단강도 [KN]
9.525	19.5	25.0	25.40	50.8	177.8
	25.4	33.3		76.2	266.8
	38.1	50.0		101.6	355.8
	50.8	66.6		127.0	444.8
	76.2	100.0		152.4	533.7
12.70	25.4	44.5	38.10	76.2	100.3
	38.1	66.6		101.6	533.7
	50.8	88.9		127.0	667.2
	76.2	133.3		152.1	800.7
	101.6	177.8			
19.05	38.1	100.1	50.80	76.2	533.7
	50.8	133.4		101.6	711.6
	76.2	200.1		127.0	889.6
	101.6	266.9		152.4	1067.5
	127.0	333.6			

체인의 파손하중 P_b는 상급 제품에 대하여

$$P_b = 385\,p\,b\,[\text{kg}] \qquad\qquad (9.65)$$

p : 피치[cm], b : 체인의 나비[cm]로 구해진다.

스프로킷의 이의 형상이 인벌류트 치형으로 된 것도 사용되고 있는데, 이것은 직선치의 것보다 정밀하고, 체인의 속도가 30 m/sec, 전달동력이 100 kW나 되는 고속, 대용량의 전동도 가능하다.

1 원동축의 회전수가 1,500 rpm, 종동축은 800 rpm으로 4 kW를 전달하는 평 벨트 전동장치에 있어서 종동차의 지름을 510 mm, 축간거리를 1.5 m로 하면 벨트에 걸리는 장력은 얼마인가? 단, 벨트의 마찰계수는 0.25로 한다.

2 420 rpm으로 구동해야 할 송풍기를 7.5 kW, 1800 rpm의 전동기로 V벨트를 써서 운전하려고 한다. 이것에 적당한 V벨트의 크기와 줄수를 결정하시오. 단 축간거리는 800 mm이며, 벨트속도는 18 m/sec 정도로 전동효율은 66%로, 벨트의 마찰계수는 0.25로 한다.

3 축간거리 25 m에 와이어 로프를 걸고 축간거리에 대한 중앙의 최대신장의 비 h/l 을 2%로 할 때, 와이어 로프에 생기는 장력과 중앙에서의 최대신장량을 구하시오. 단 로프의 중량은 0.45 kg/m로 한다.

4 40번 롤러 체인의 평균속도 $v_m = 2$ m/sec일 때 몇 마력을 전달시킬 수 있는가? 단 안전율을 15로 한다.

5 그림과 같이 4마력, 900 rpm의 모터축에서 1.5 m 떨어진 축에 평 벨트를 사용하여 동력을 전달하고자 한다. 모터축의 풀리 지름은 200 mm이고 종동축의 풀리 지름은 600 mm이다. 오픈 벨트를 사용할 때 안전한 벨트의 폭을 구하시오. 단 벨트의 무게는 800 kgf/m³, 두께는 5 mm, 전체 길이는 4,283 mm, 허용응력은 25 kg/cm², 마찰계수는 0.3이다. 이때 벨트의 초기장력은 얼마이며 벨트의 공진이 발생하겠는가?

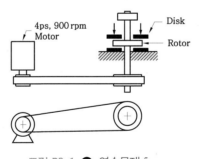

그림 P9.1 ▶ 연습문제 5

연습문제 풀이

1 $N_1 = 1,500$[rpm], $N_2 = 800$[rpm], $D_2 = 210$[mm]

$$D_1 = \frac{N_2}{N_1} D_2 = \frac{800}{1500} \times 510 = 272 \text{[mm]}$$

$$\nu = \frac{\pi \times 272 \times 1,500}{1,000 \times 60} = 21.36 \text{[m/s]}$$

$$Pe = \frac{102 \times 4}{21.36} = 19.1\,[\mathrm{kgf}]$$

$$Pe = \left(T_t - \frac{wv^2}{g}\right)(1 - e^{-\mu\theta}) \;:\; \text{아이텔바인의 식}$$

오픈 벨트이고, $w = 0.2[\mathrm{kg/m}]$라고 하면

$$\theta = 180 - 2\sin^{-1}\left(\frac{D_2 - D_1}{2l}\right) \qquad\qquad \Rightarrow \quad T_t = \frac{Pe}{1 - e^{-\mu\theta}} + \frac{wv^2}{g}$$

$$l = 1.5[\mathrm{m}] = 1{,}500[\mathrm{mm}] \qquad\qquad\qquad = \frac{19.1}{1 - e^{(-0.25 \times 2.98)}} + \frac{0.2 \times 21.36}{9.81} = 36.8\,[\mathrm{kgf}]$$

$$\therefore \theta = 180 - 2\sin^{-1}\left(\frac{510 - 2{,}722}{2 \times 1{,}500}\right) = 170.9(°) = 2.98[\mathrm{rad}]$$

2 B형 V벨트 4줄
- 유효지름 : D_1

$$D_1 = \frac{60 \times 10^3 \times \nu}{\pi N_1} = \frac{60 \times 10^3 \times 18}{1{,}800\pi} = 191[\mathrm{mm}]$$

- 송풍기 쪽의 풀리 : D_2

$$D_2 = D_1 \frac{N_1}{N_2} = 191 \times \frac{1{,}800}{420} = 819[\mathrm{mm}]$$

- 작은쪽 풀리의 감아걸기 각도 : θ

$$\theta = \pi \pm 2\sin^{-1}\left(\frac{D_2 - D_1}{2l}\right) = \pi \pm \frac{D_2 - D_1}{l} \text{에서}$$

$$\theta = \pi - \frac{819 - 191}{800} = 2.36[\mathrm{rad}] = 136(°)$$

- 마찰계수 : 0,25, 작은 풀리의 홈 각도
$\theta' = 36°$, 겉보기 마찰계수 μ'가

$$\mu' = \frac{\mu}{\sin\left(\dfrac{\theta'}{2}\right) + \mu\cos\left(\dfrac{\theta'}{2}\right)} = \frac{0.25}{\sin\left(\dfrac{36°}{2}\right) + 0.25\cos\left(\dfrac{36°}{2}\right)} = 0.457$$

- 도표에서 허용장력

$T_1 = 30\,\mathrm{kgf}$, $A = 137$, $A = 137.5\,\mathrm{mm}^2$이므로 벨트의 비중을 $\gamma = 1.2 \times 10^{-6}[\mathrm{kgf}]$로 하면,
벨트의 무게 $w = \gamma A = 1.2 \times 10^{-6} \times 137.5 = 165 \times 10^{-3}[\mathrm{kgf/mm}]$

$\therefore$ 벨트 1줄의 전달동력

$$L_w = \frac{\nu}{102}\left(T_1 - \frac{w\nu}{g}\right)\left(1 - \rho^{-\mu'\theta}\right)$$

$$= \frac{18}{102}\left(30 - \frac{165 \times 10^{-3} \times 18^2}{9.8}\right)\left(1 - \rho - 10.457 \times 2.36\right) = 2.858\,[\mathrm{kW}]$$

$\Rightarrow$ 전동효율이 66%

실제전달동력 $Lw' = Lw \times 0.66 = 2.858 \times 0.66 = 1.886\,[\mathrm{kW}]$

$\therefore$ 벨트의 줄수는 $z = \dfrac{7.5}{1.886} = 4$줄

B형 V벨트 4줄을 사용해야 적당하다.

3 수평분력 $H = \dfrac{wl^2}{8h}$

로프의 자중에 의한 장력 $N = \dfrac{wl}{2}$

$$T = \sqrt{H^2 + N^2} = \sqrt{\left(\dfrac{w\ell^2}{8h}\right)^2 + \left(\dfrac{w\ell}{2}\right)^2} = \dfrac{wl^2}{8h}\sqrt{1 + \dfrac{16h^2}{l^2}} = \dfrac{wl^2}{8h} + wh$$

$\therefore T = \dfrac{wl^2}{8h} + wh$

$h = 0.02l = 0.02 \times 0.5[\text{m}]$

$w = 0.75[\text{kg/m}]$

$T = \dfrac{0.45 \times 25^2}{8 \times 0.5} + 0.45 \times 0.5 = 70.54\,[\text{kgf}]$

$h \ll l$ 이고 최대신장량은 $h = \dfrac{wl^2}{8\,T} = \dfrac{0.45 \times 25^2}{8 \times 70.54} = 0.498[\text{m}]$

4 2.5 PS

5 공진이 발생하지 않는다.

10 브레이크

10.1 브레이크의 기능

브레이크와 클러치는 구조적으로 마찰력을 이용하는 기계요소이다. 브레이크의 기능은 기계적 운동에너지를 열에너지로 흡수하여 축의 회전속도를 조절하는 기계요소이기도 하다. 브레이크와 클러치는 구조는 유사하나 그 기능은 서로 반대이다. 보통 원동축(driving shaft)과 종동축(driven shaft) 사이에서 클러치는 종동축의 속도가 원동축의 속도와 동일해지도록 하여 동력전달을 하는 역할을 한다. 반면 브레이크는 클러치와 같은 구조를 가지지만 전달되는 동력을 감소시켜 원동축을 원하는 속도로 조정하는 역할을 하므로, 클러치는 (+)의 토크를 전달하고, 브레이크는 (−)의 토크를 전달하는 기계요소라고 생각할 수 있다.

일반적으로 제동작용은 정지요소가 운동요소에 마찰력을 가함으로써 시작된다. 그 결과 운동요소의 운동에너지가 열에너지로 변환된다. 이는 열 소산(heat dissipation)이 클러치의 경우보다 브레이크에서 더 중요한 문제임을 의미한다. 왜냐하면 클러치는 토크의 전달요소로서 동작하지만 브레이크는 전달되는 토크를 열에너지 혹은 기타의 에너지로 변환 소모시켜야 하기 때문이다. 브레이크 재료는 좋은 마모 특성과 높은 마찰계수를 나타내야 하며, 고온에 견딜 수 있는 능력을 가져야 한다. 대부분의 브레이크 재료는 온도가 특정값 이상으로 증가하면 마찰계수가 급격히 감소한다. 이는 제동을 지속하는 동안 브레이크가 열을 충분히 빨리 소산할 수 없기 때문이다. 자동차용 석면 브레이크 라이닝은 232℃ 이상에서 열화되기 시작한다.

따라서 브레이크를 설계하고자 할 때 일반적으로 고려해야 할 점은 다음의 두 가지로 요약할 수 있다.

- 적절한 제동토크 혹은 제동력을 제공할 수 있는 브레이크 구조를 가져야 한다.
- 차량 혹은 기계장치의 운동에너지가 변환되며 발생하는 열을 흡수하고 소산할 수 있어야 한다.

10.2   브레이크의 유형

브레이크 유형(Types of Brakes)이 그림 10.1에 표시되어 있다. 브레이크에 직접 가하는 힘인 조작력에 따른 분류가 나와 있다. 조작력은 마찰력에 필요한 수직항력을 발생시키는데, 순수한 기계장치로 발생시키거나 유압장치나 전자석을 이용하기도 한다. 제동방식으로는 기계식 마찰브레이크가 가장 많이 사용된다. 비기계식 브레이크는 특수 용도에 사용되며 실질적으로 마찰에 의한 마모 현상은 발생하지 않는다. 이러한 유형으로 대표적인 것은 히스테리시스 브레이크, 와류 브레이크, 자기입자 브레이크 등이 있다. 이들은 사용빈도가 높거나 지속적으로 특히 인장 브레이크로 사용되는 경우 별도의 냉각장치가 필요하다. 마찰 부위는 브레이크 슈(shoe)가 접촉하여 마찰력을 발생시키기 위한 기계적 구조물인데 드럼이나 디스크가 대부분 사용된다.

1980년대부터 자동차 제동장치에는 흡입 메니폴드 진공을 이용한 '유압 부스터'가 적용되기 시작하여 작은 조작력으로도 큰 제동력이 발생하므로 운전자에게 많은 편의를 제공하고 있다. 최근에는 ABS(Anti-lock Brake System)가 거의 모든 차량에 장착되어 보다 안전한 운전이 가능하게 되었다.

브레이크 마찰면에서는 금속간 접촉이 발생하는데, 일반적으로 마찰 라이닝과 매끄러운 금속면에서 마찰이 일어난다. 마찰 라이닝은 소결금속이나 석면 브레이크 라이닝이 광범위하게 사용되고 있다. 그러나 요즈음에는 석면이 발암물질이므로 사용이 금지되어 다른 재료로 대체되고 있다. 표 10.1을 보면 다양한 기준에 따른 브레이크의 성능이 비교 분류되어 있다.

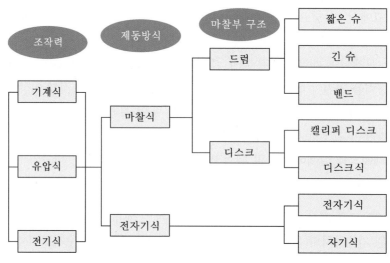

그림 10.1 ▶ 브레이크의 유형

표 10.1 브레이크 성능의 비교

브레이크의 유형	최대 사용 온도	브레이크 지수*	안정성	건조도	마모도	사용처
밴드 브레이크	저온	높음	낮다	효율이 높을 경우 나쁘다.	좋음	윈치, 호이스트, 굴착기, 트랙터
외장형 드럼 브레이크	저온	보통	보통	습도가 높을수록 나쁘다.	좋음	제분기, 엘리베이터
내장형 드럼 브레이크	외장형보다 고온	보통	보통	습도가 높을수록 비효율적이다.	좋음 (밀봉상태)	자동차
내장형 드럼 브레이크 (2개의 shoe)	외장형보다 고온	높음	낮다	습도가 높을수록 비효율적이다.	좋음 (밀봉상태)	자동차
내장형 드럼 브레이크 (duo-servo 형식)	저온	높음	낮다	습도가 높을수록 비효율적이다.	좋음 (밀봉상태)	자동차
캘리퍼 디스크 브레이크	고온	낮음	높다	양호	나쁨	승용차 전륜 산업용기계
디스크 브레이크	고온	낮음	높다	양호	나쁨	공작기계 산업용기계

* 브레이크 지수＝제동력/조작력

10.3 제동에 따른 에너지와 브레이크 용량($\mu q v$)

앞에서도 언급하였듯이 브레이크의 주된 목적은 운동에너지를 흡수하여 열의 형태로 발산하는 것이다. 보통 발산되어야 하는 에너지에 대한 해석은 다음과 같은 예를 통해 살펴볼 수 있다.

앰블런스가 96 km/h의 속도로 운행하다가 제동하여 7초 동안에 완전 정지한다고 하자. 앰블런스의 무게가 1,400 kg이고 차의 무게의 65%가 제동 시 앞차축에 하중으로 작용한다고 하면, 앞차축에 작용하는 하중은

$$1{,}400 \times 9.81 \times 0.65 = 8{,}927 \,[\text{N}]$$

그리고 양 브레이크에 나누어서 제동되기 때문에 하나의 브레이크가 흡수하는 에너지의 양은 다음과 같이 계산할 수 있다.

$$E = \frac{1}{2} m \left(V_i^2 - V_f^2 \right)$$

$$= \frac{1}{2} \times \left(\frac{8927}{9.81} \times 0.5 \right) \times \left[\left(\frac{96 \times 1000}{3600} \right)^2 - 0^2 \right] = 161.8 \,[\text{kJ}]$$

만약 앰블런스가 7초에 걸쳐 일정한 가속도로 감속되어 정지되었다면 발산되어야 하는 열량은

$$161.8 \times 10^3 / 7 = 23.1 \,[\text{kW}]$$

로 구할 수 있다. 이러한 브레이크 시스템을 Fourier의 방정식을 사용하여 대류 열전달식을 유도하면 다음과 같은 식으로 정리할 수 있다.

$$Q = hA\Delta T = hA\left(T_s - T_f \right) \tag{10.1}$$

여기서 Q : 열소산량[W]

h : 대류열전달계수[W/m$^2 \cdot$ K]

T_s : 브레이크 표면 온도[K 혹은 °C]

T_f : 주위 유체의 온도[K 혹은 °C]

A : 방열 면적[m^2]

위의 식으로부터 브레이크에서 발생한 열을 발산하는 브레이크의 성능에 대한 다음과 같은 사실을 정리해 낼 수 있다.

• 접촉 면적이 클수록 브레이크 성능은 향상된다.
• 브레이크 재료의 열전달계수가 클수록 브레이크 성능은 향상된다.

만약 주위의 유체가 공기인 경우 열전달계수는 공기유동속도와 브레이크의 기하학적 형상에 따라 영향을 받게 된다. 디스크 브레이크의 경우 접촉 면적과 공기유동속도를 증가시키기 위한 방법으로 디스크에 원주형의 구멍을 뚫는 방법이 있다. 이 방법은 디스크 마찰면의 질량이나 관성을 줄이는 효과도 있기 때문에 브레이크의 성능을 향상시킨다.

일정 속도에서 완전제동을 위해 소산되어야 할 시간당 에너지는 마찰면 사이의 압력의 함수로 정의할 수 있으므로, 마찰면에 가할 수 있는 최대허용압력은 브레이크 설계에서 가장 중요한 변수이다. 마찰면 사이의 최대허용압력과 마찰재료의 마찰계수, 브레이크의 기하학적 형상에 따라 브레이크가 흡수할 수 있는 시간당 에너지가 결정된다. 마찰면에 가해지는 수직항력을 P[kgf], 두 마찰면 미끄럼운동의 상대속도를 v[m/sec], 마찰면의 단면적을 A[mm^2]라 하면 제동마력 H_{PS}는

표 10.2 브레이크 재료에 따른 q, μ 허용최대온도

재료	q [kgf/cm^2]	μ	정상작동 시 최대온도[℃]
금속과 금속	10~16	0.2~0.25	-
금속과 나무	3~6	0.2~0.25	65
금속 또는 나무와 가죽	1~3	0.3~0.4	65
강과 코르크(cork) 부착	0.6~1	0.35	-
주조 블록	10		340
금속에 합성고무로 압축된 석면	5~6.5	0.3~0.4	205
금속에 합성수지 접합제로 주조된 석면	5~6.5	0.3~0.4	260
습식(오일)	40	0.1	-
금속에 신축성 있는 직조석면	3	0.35~0.45	150
주철과 소결금속	25	0.2~0.4	205

$$H_{PS} = \frac{\mu P v}{75}$$

단위 마찰면적당 에너지 소산율(마찰 일량)을 계산하면 $q\left(=\dfrac{P}{A}\right)$를 마찰면 재료의 단위 면적당 허용압력이라 할 때

$$\frac{75\,H_{PS}}{A} = \frac{\mu P v}{A} = \mu q v\,[\mathrm{m \cdot kgf/mm^2 \cdot sec}] \tag{10.2}$$

이다. 여기서 $\mu q v$를 브레이크 용량이라 정의한다. 브레이크 용량은 브레이크에서 사용된 마찰면 재료가 단위 시간당 단위 면적에서 방출할 수 있는 에너지를 의미한다. 즉, 마찰면적 1[mm^2]에서 1초간 흡수하여 열로 방출해야 하는 에너지이다. 브레이크 용량이 크면 온도상승을 줄일 수 있다. 브레이크 용량을 크게 하는데는 한계가 있으므로 브레이크의 면적을 증가시키면 브레이크의 온도상승을 줄일 수 있다. 표 10.2는 여러 가지 브레이크 재료의 q, μ와 온도상승의 한계치를 나타낸다.

10.4 마찰 재료

브레이크 라이닝 재료는 다음과 같은 특성을 가져야 한다.

• μ는 온도가 변화해도 어느 정도 일정한 값을 유지할 것

- 쉽게 마모되지 않을 것

- 적절한 기계적 강도를 가질 것

- 브레이크 슈(shoe)에 잘 밀착되고 브레이크 드럼보다 낮은 강도를 가질 것

- 열발산 특성이 탁월할 것

- 습기에 대하여 기계적 성질이 민감하게 변하지 않을 것

- 기름에 노출되어도 큰 물성변화가 없을 것

- 낮은 수축률과 팽창률을 보여야 하며 단가가 높지 않을 것

브레이크 드럼은 주철 또는 주강 재료를 주로 사용하며, 브레이크 블록은 주철, 주강, 나무 또는 목편에 가죽, 석면직물 등을 라이닝한 마찰계수가 크고, 내마모성이 높은 재료를 사용한다. 또한 건조 상태에서 마찰계수 μ값이 크지만 이에 반하여 재료의 마모율이 크기 때문에 이를 방지하고, 재료의 내구성을 보다 오래 유지할 수 있도록 마찰면에 약간 기름을 쳐서 사용한다. 표 10.3은 여러 가지 마찰재료의 특성을 표시한다.

표 10.3 마찰재료의 성질

마찰재료	마찰계수		허용압력 p [kg/cm^2]	최고사용온도[℃]
	습식	건식		
주철	0.05~0.12	0.12~0.2	10~17	300
청동	0.05~0.1	0.1~0.2	4~8	150
담금질강	0.05~0.07	–	7~10	250
소결합금	0.05~0.1	0.1~0.4	10	500
목재	0.1~0.15	0.2~0.35	3~5	100
파이버	0.05~0.1	0.3~0.5	0.5~2	90
코르크	0.2~0.25	0.3~0.5	0.5~1	90
벨트	0.15~0.2	0.2~0.25	0.3~0.7	130
피혁	0.1~0.15	0.3~0.5	0.7~2.5	90
석면직물	0.1~0.2	0.3~0.6	3~6	200
석면성형물	0.08~0.12	0.2~0.5	3.5~8	200

* 상대 재료 : 담금질강, 주철 또는 주강으로 한다.

10.5 블록 브레이크

/10.5.1/ 단식 블록 브레이크

단식 블록 브레이크(Block Brake)는 구조가 간단하지만 제동축에 굽힘모멘트가 작용하므로 큰 회전력의 제동에는 사용되지 않는다. 일반적으로 제동축 지름 50[mm] 이하에 주로 사용된다.

그림 10.2는 단식 블록 브레이크의 세 가지 유형을 도시하고 있다. 각 종류는 c값, 즉 제동 막대의 모멘트 중심점과 제동력이 작용하는 작용점 사이의 거리에 따라 구별된다. 또한 단식이므로 한 개의 블록을 사용하며, 브레이크 드럼의 회전 방향에 따라 마찰력이 달라짐에 주의해야 한다. 마찰력의 방향이 드럼이 우회전하는 경우에 대하여 그림에 표시되어 있다. 막대의 치수 b/a의 표준값은 3~6이고 최대 10을 넘어서는 안 된다. 또한 수동조작의 경우 사람이 수동으로 가할 수 있는 힘 F는 10~15[kgf]가 보통이고, 최대 20[kgf]를 초과하면 곤란하다. 브레이크 블록과 브레이크 바퀴 사이의 최대 틈새의 표준치로서 2~3[mm] 정도가 적당한 값이다.

여기서 T : 브레이크의 제동토크[kgf·mm]

D : 브레이크 드럼의 지름[mm]

Q : 브레이크의 제동력[kgf] $\left[= \dfrac{2T}{D}\right]$

P : 브레이크 바퀴와 브레이크 블록 사이의 수직항력[kgf]

F : 브레이크 막대의 끝에 작용하는 조작력[kgf]

μ : 브레이크 바퀴와 브레이크 블록 사이의 마찰계수

a, b, c : 브레이크 막대의 치수[mm]

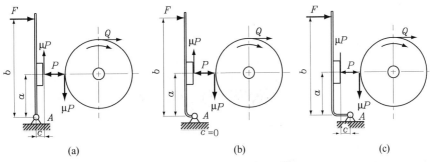

그림 10.2 ▶ 단식 블록 브레이크의 세 가지 유형

라 하면 $T= \dfrac{QD}{2} = \dfrac{\mu PD}{2}$이다.

제동막대에 가해지는 조작력과 브레이크 드럼에 의해 블록에 가해지는 수직항력과 마찰력을 고려하여, 이상의 3개의 힘에 의한 모멘트를 힌지점 A를 모멘트 중심으로 하여 유도하면 다음과 같다.

그림 10.2(a)의 경우 : 브레이크 마찰력의 작용선이 점 A의 바깥쪽에 위치한다.

$$\text{우회전일 때 } Fb - Pa - \mu Pc = 0 \quad \therefore F = \frac{P}{b}(a + \mu c) = \frac{Q}{\mu b}(a + \mu c)$$

$$\text{좌회전일 때 } Fb - Pa + \mu Pc = 0 \quad \therefore F = \frac{P}{b}(a - \mu c) = \frac{Q}{\mu b}(a - \mu c) \tag{10.3}$$

그림 10.2(b)의 경우 : 브레이크 마찰력의 작용선이 힌지점 A와 동일선상에 위치한다. $c = 0$가 되므로 회전 방향에는 관계가 없고 우회전과 좌회전이 같게 된다.

$$Fb - Pa = 0 \quad \therefore F = P\frac{a}{b} \tag{10.4}$$

그림 10.2(c)의 경우 : 브레이크 마찰력의 작용선이 힌지점 A의 안쪽에 위치한다.

$$\text{우회전일 때 } Fb - Pa + \mu Pc = 0 \quad \therefore F = \frac{P}{b}(a - \mu c) = \frac{Q}{\mu b}(a - \mu c)$$

$$\text{좌회전일 때 } Fb - Pa - \mu Pc = 0 \quad \therefore F = \frac{P}{b}(a + \mu c) = \frac{Q}{\mu b}(a + \mu c) \tag{10.5}$$

이상 세 가지 경우의 단식 블록 브레이크를 비교해 보면 그림 10.2(a)의 경우는 브레이크 막대를 굽혀서 만들 필요가 없다는 이점이 있으나, 제동력은 축의 회전 방향에 따라 변화하게 된다. 하지만 제동력의 차이는 μ에 따라 10% 미만이므로 제동력은 그리 큰 차이를 보이지 않는다. 그림 10.2(b)는 회전 방향에 의한 제동력의 방향변화는 없으나 브레이크 막대를 굽혀서 제작해야 하는 단점이 있다. 그림 10.2(c)의 경우는 브레이크 막대를 더욱 크게 굽혀야 하며, 이때 제동력이 회전방향에 따라 변화하게 되는 것은 그림 10.2(a)의 경우와 같다. 그림 10.2(a)의 좌회전, 그림 10.2(c)의 우회전의 경우는 $\dfrac{a}{\mu} \leq c$로 되면 $F \leq 0$로 되고, 브레이크 막대에 힘을 작용시키지 않더라도 자동적으로 브레이크가 걸리므로 축의 회전은 정지되며, 따라서 축의 회전속도를 조정하기 위한 브레이크로는 사용할 수 없다.

또한 쐐기형상의 V형 블록을 사용한 블록 브레이크의 경우 동일한 힘 F를 작용시킬 경우 평면 블록 브레이크에 비해 보다 큰 제동력을 얻을 수 있다. 그림 10.3을 보면 홈의 각도 α를

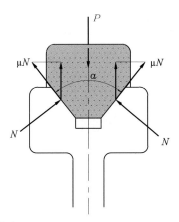

그림 10.3 ▶ 쐐기형 단식 블록 브레이크

갖는 V블록을 힘 F로서 브레이크 바퀴에 수직항력을 가하여 제동할 때 경사면에 수직한 힘을 N, 마찰계수를 μ라 하면 다음 식이 성립된다.

$$F = 2\left(N\sin\frac{\alpha}{2} + \mu N\cos\frac{\alpha}{2}\right)$$

또는

$$N = \frac{F}{2\left(\sin\dfrac{\alpha}{2} + \mu\cos\dfrac{\alpha}{2}\right)}$$

브레이크의 제동력 P는 브레이크 바퀴와 블록의 미끄럼 방향에 작용하는 마찰력이므로 그 크기는 2개의 경사면을 생각하여 다음과 같이 한다.

$$P = 2 \times \mu N = 2 \times \mu \times \frac{F}{2\left(\sin\dfrac{\alpha}{2} + \mu\cos\dfrac{\alpha}{2}\right)} = \frac{\mu}{\sin\dfrac{\alpha}{2} + \mu\cos\dfrac{\alpha}{2}}F \qquad (10.6)$$

위의 식에 있어서

$$\mu' = \frac{\mu}{\sin\dfrac{\alpha}{2} + \mu\cos\dfrac{\alpha}{2}} \qquad (10.7)$$

라 하면

$$P = \mu' F$$

위 식에서 μ'은 원래의 마찰계수 μ가 블록형상이 V블록 형태로 바뀔 때 마치

$$\frac{1}{\sin\dfrac{\alpha}{2}+\mu\cos\dfrac{\alpha}{2}}$$ 배로 증가한 것으로 생각할 수 있다. 따라서 μ'을 등가마찰계수라 한다. 따라서 V블록의 제동력은 보통 평면형 블록(그림 10.2와 같은)의 경우의 μ 대신에 μ'을 취하고 평면형 블록에서 유도된 식 (10.3)~(10.5)를 그대로 사용하면 된다. 예를 들어, $\mu=0.2\sim0.4$, $\alpha=36$이라 하면 $\mu'=0.40\sim0.58$로 되고, 마찰계수가 1.5~2배로 증가한 효과를 표시한다. α가 작을수록 큰 제동력 P가 얻어지나 너무 작게 하면 쐐기가 V홈에 꼭 끼어 박히므로 보통 $\alpha\geq45$로 한다. 일반적으로 단식 블록 브레이크는 축에 굽힘모멘트가 작용하고 베어링하중이 크므로 제동토크가 큰 경우에는 사용하지 않는 것이 좋다.

/10.5.2/ 블록 브레이크의 용량

그림 10.4에서 블록과 브레이크 드럼 사이의 제동압력 $q[\text{kgf/mm}^2]$는 다음 식으로 표시할 수 있다.

$$q=\frac{P}{A}=\frac{P}{be} \tag{10.8}$$

여기서 P : 블록을 브레이크 드럼에 밀어붙이는 힘[kgf]

　　　 b : 브레이크 블록의 나비[mm]

　　　 e : 브레이크 블록의 길이[mm]

　　　 $D\,(=2r)$: 브레이크 드럼의 지름[mm]

　　　 A : 브레이크 블록의 마찰면적[mm²]

e의 값은 D가 작을수록 압력이 균일하게 되는 장점이 있으나, 보통 $\beta\fallingdotseq50\sim70°(\text{degree})$가 되도록 e/D의 값을 취한다. 브레이크 면적 A는 마찰열의 발산을 고려하여 정한다.

브레이크 드럼의 원주속도[m/s]를 v, 브레이크 드럼의 제동력[kgf]을 Q, 제동마력[PS]을

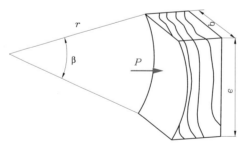

그림 10.4 ▶ 브레이크 블록

H_{PS}, 블록을 브레이크 드럼에 밀어붙이는 힘[kgf]을 P라 하면 다음이 성립한다.

$$Q = \mu P \text{ 이고 } P = qA \text{ 이므로}$$

$$75H_{PS} = Qv = \mu Pv = \mu qAv$$

$$H_{PS} = \frac{Qv}{75} = \frac{\mu Pv}{75} = \frac{\mu qAv}{75} \tag{10.9}$$

따라서 마찰면의 단위 면적당 일량은

$$\frac{75H_{PS}}{A} = \frac{\mu Pv}{A} = \mu qv \ [\text{m} \cdot \text{kgf}/\text{mm}^2 \cdot \text{s}] \tag{10.10}$$

μqv는 마찰계수, 브레이크 압력[kgf/mm^2], 속도[m/s]의 곱으로 이루어지며 브레이크 용량이라고 한다. 또한 브레이크 블록의 접촉면적 1[mm^2]\당 1초간에 흡수하고 또 열로 발산해야 되는 에너지이기도 하다.

$A = \dfrac{75H_{PS}}{\mu qv}$ 이므로 브레이크 면적 A는 제동마력 H_{PS}와 브레이크 용량 μqv의 값에서 결정된다. 자연냉각되는 브레이크의 경우 사용빈도가 높을 때는 브레이크 용량 0.06[m $\cdot$ kgf/mm^2] 이하로 하고, 사용빈도가 낮은 경우에는 0.1[m $\cdot$ kgf/mm^2 $\cdot$ s] 이하로, 발열 상태가 좋고 사용빈도가 낮은 경우에는 0.3[m $\cdot$ kgf/mm^2 $\cdot$ s] 이하로 하는 것이 좋다.

10.6 밴드 브레이크

밴드 브레이크(Band Brake)는 브레이크 드럼의 외원주에 강철제의 밴드를 감고 밴드에 장력(tension)을 가하여 밴드와 드럼 사이에서 마찰력을 발생시켜 제동토크를 얻는 브레이크이다. 밴드 브레이크에서 밴드의 장력과 제동토크에 관한 역학적 해석은 벨트-풀리 전동장치에서 벨트에서 장력의 함수로 표현된 전달토크의 해석과 유사하다. 특히 밴드 양단에 걸리는 큰 장력과 작은 장력의 비(ratio)는 벨트 양단의 두 장력의 비와 동일하다. 이러한 장력의 비를 아이텔바인(Eytelwein)의 식이라고 한다. 여기서는 아이텔바인의 식을 유도하고 이를 이용하여 제동막대에 밴드를 고정시키는 방식에 따라 단동식, 차동식, 합동식의 3가지로 분류되는 밴드 브레이크를 설명하기로 한다.

/10.6.1/ 밴드 브레이크의 제동력과 아이텔바인의 식

밴드에 걸리는 장력의 크기는 밴드와 드럼과의 접촉위치에 따라 달라지고, 회전 방향에 따라 밴드 양단의 두 장력의 대소관계가 달라짐에 주의해야 한다. 그림 10.5(a)에서 n점의 밴드의 장력을 T_t, m점에서 장력을 T_s라 하면 밴드가 감겨져 있는 mn 사이에 있어서 장력은 T_s에서 T_t로 접촉각 θ가 커짐에 따라 증가한다. 이러한 현상은 드럼이 시계 방향으로 회전할 때 밴드에 걸리는 마찰력의 방향이 원주를 따라 n점(T_t 작용점)에서 m점(T_s 작용점) 쪽으로 나타나기 때문이다. 즉, T_s와 밴드에 걸리는 마찰력의 합력이 T_t과 평형을 이루게 된다. 이 마찰력을 밴드 브레이크의 제동력($Q = T_t - T_s$)이라 한다. T_s에서 T_t로 증가하는 장력을 θ의 함수로 구하기 위하여 그림 10.5(b)와 같이 밴드의 미소요소를 고려한다. 그림에 나타난 기호설명은 다음과 같다.

T_t, T_s : 밴드의 양단의 장력[kgf] ($T_t > T_s$)

θ : 밴드와 브레이크 드럼의 접촉각[rad]

μ : 밴드와 브레이크 드럼 사이의 마찰계수

T : 회전토크[kgf·mm]

그림 10.5(b)에서 mn 사이의 임의의 미소길이 ds를 취하여 생각해 보자. 점 m에서 임의의 각 α인 위치에 미소길이 ds의 중심각은 $d\alpha$이다. 그림과 같이 밴드의 양단에서 각이 $d\alpha$만큼 변할 때 장력이 T에서 $T + dT$로 변한다고 하자. 밴드가 브레이크 드럼에 작용하는 압력을 P라 하면 미소면적에 작용하는 수직항력은 Pds라 할 수 있고, 그 사이에는 μPds만큼의 마찰력, 즉 제동력이 발생한다. 그림 10.5(b)에서 미소면적에 작용하는 반지름방향의 힘에 대한

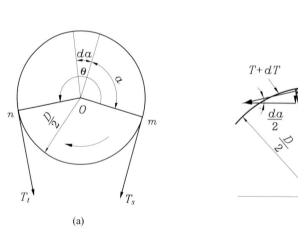

(a)   (b)

그림 10.5 ▶ 브레이크 밴드의 미소요소에 작용하는 힘

평형식을 세우면 다음과 같다.

$$Pds = T\sin\frac{d\alpha}{2} + (T+dT)\sin\frac{d\alpha}{2} = 2T\sin\frac{d\alpha}{2} + dT\sin\frac{d\alpha}{2} \qquad (10.11)$$

이 식의 우변에서 dT, $d\alpha$는 미소량이므로 제2항 $dT\sin\frac{d\alpha}{2}$는 무시할 수 있고 근사적으로 $\sin\frac{d\alpha}{2} \fallingdotseq \frac{d\alpha}{2}$가 성립하므로 간단히 하면

$$Pds = 2T\sin\frac{d\alpha}{2} = 2T\frac{d\alpha}{2} = Td\alpha \qquad (10.12)$$

원주 방향의 힘의 평형을 생각해 보자. 미소면적에 반지름 방향으로 걸리는 수직항력이 Pds이므로 드럼의 회전에 따른 마찰력은 μPds가 된다. 따라서 원주 방향에 대한 힘의 평형식은 다음과 같다.

$$T\cos\frac{d\alpha}{2} + \mu Pds = (T+dT)\cos\frac{d\alpha}{2}$$

$\cos\frac{d\alpha}{2} \fallingdotseq 1$이므로

$$\therefore \mu Pds = dT \qquad (10.13)$$

이 식 (10.13)의 양변을 식 (10.12)의 양변으로 서로 나누면

$$\mu = \frac{dT}{Td\alpha}$$

$$\therefore \mu d\alpha = \frac{dT}{T} \qquad (10.14)$$

이 식을 브레이크 드럼과 밴드가 접촉하고 있는 길이 m에서 n까지 적분하면

$$\int_{T_s}^{T_t}\frac{dT}{T} = \mu\int_{0}^{\theta} d\alpha$$

$$\therefore \ln\frac{T_t}{T_s} = \mu\theta \quad \text{(단, } \log_e \text{를 } \ln \text{이라 표시한다.)}$$

이 식에서 로그 기호를 없애고 정리하면 다음과 같다.

$$\therefore \frac{T_t}{T_s} = e^{\mu\theta} \qquad (10.15)$$

이를 아이텔바인(Eytelwein)의 식이라 하며 밴드 브레이크 및 벨트 – 풀리 전동장치에서 아주 중요한 식이다. 이 식은 앞에서 논한 바와 같이 회전하고 있는 드럼이나 풀리에 감겨있는 밴드나 벨트의 양단에서 큰 장력(긴장측 장력)과 작은 장력(이완측 장력)의 비(ratio)를 마찰계수와 접촉각으로 계산할 수 있게 해주는 아주 유용한 식이다.

브레이크 제동력 Q는 회전토크와 크기가 같고, 방향이 반대인 제동토크를 발생시켜야 하므로 $Q = \dfrac{2T}{D}$로 계산된다. 또한 제동력 Q는 밴드 양단의 장력의 차, 즉 그림 10.5(a)에서 큰 장력 T_t에서 작은 장력 T_s을 빼준 값이므로

$$T_t - T_s = Q \tag{10.16}$$

식 (10.15)와 (10.16)에서 T_s를 소거하면

$$T_t = Q\frac{e^{\mu\theta}}{e^{\mu\theta} - 1} \tag{10.17}$$

마찬가지로 T_t을 소거하면

$$T_s = Q\frac{1}{e^{\mu\theta} - 1} \tag{10.18}$$

/10.6.2/ 밴드 브레이크의 제동력

(1) 단동식 밴드 브레이크

단동식 밴드 브레이크의 구조가 그림 10.6(a)에 도시되어 있다. 제동력 Q를 발생시키기 위해 막대에 조작력 F를 가해야 한다. 필요한 조작력 F는 그림과 같이 우회전의 경우에 모멘트 평형식으로부터 구할 수 있다.

$$Fl = T_s a$$
$$F = Q\frac{a}{l} \cdot \frac{1}{e^{\mu\theta} - 1} \tag{10.19}$$

회전 방향이 반대로 되면, 즉 좌회전의 경우는 T_t과 T_s가 반대로 되므로

$$F = Q\frac{a}{l} \cdot \frac{e^{\mu\theta}}{e^{\mu\theta} - 1} \tag{10.20}$$

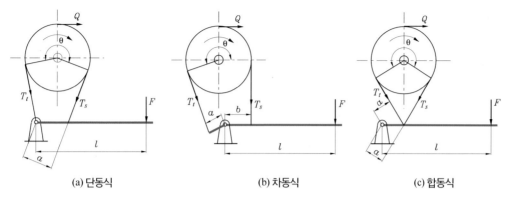

| (a) 단동식 | (b) 차동식 | (c) 합동식 |

그림 10.6 ▶ 밴드 브레이크의 세가지 유형

이상과 같이 단동식 밴드 브레이크에서는 조작력 F가 일정할 때 회전 방향에 의하여 브레이크의 제동력이 다르게 되고, $\mu\theta$의 값이 클수록 그 차이가 커짐을 알 수 있다.

(2) 차동식 밴드 브레이크(differential band brake)

그림 10.6(b)에 도시된 바와 같이 막대에 조작력 F를 작용시키면 T_s의 장력이 작용하는 밴드는 이완되고, T_t이 작용하는 밴드에는 심한 인장력이 작용하게 된다. T_s와 T_t의 차에 의해 브레이크 드럼을 죄는 효과가 발생하고 이 힘이 제동력으로 작용하게 된다.

우회전의 경우 그림 10.6(b)에서 모멘트 평형식을 세우면 다음과 같이 조작력과 제동력의 관계식을 얻을 수 있다.

$$Fl = T_s b - T_t a$$

$$\therefore F = \frac{Q(b - ae^{\mu\theta})}{l(e^{\mu\theta} - 1)} \tag{10.21}$$

여기서 조작력 F는 b와 $ae^{\mu\theta}$와의 차에 크게 영향을 받는다는 것을 알 수 있다. 좌회전의 경우는 T_t와 T_s가 반대로 되므로 다음과 같이 된다.

$$F = \frac{Q(be^{\mu\theta} - a)}{l(e^{\mu\theta} - 1)} \tag{10.22}$$

그리고 우회전의 경우는 $ae^{\mu\theta} \geq b$, 좌회전의 경우는 $a \geq be^{\mu\theta}$로 되면 $F \leq 0$이 되기 때문에 밴드 브레이크에는 항상 제동력이 작용하는 상태가 되어, 이 제동력에 의한 제동토크보다 작은 토크가 전달되는 기계 시스템의 경우 자동적으로 정지되기 때문에 축의 속도조절을 위한 브레이크로서의 기능을 수행할 수 없게 된다. 이와 같은 작용을 자동체결작용(self-locking action)이라 한다.

만일 우회전의 경우 $ae^{\mu\theta} = b$, 즉 $F = 0$이 되면 $e^{\mu\theta}$는 항상 1보다 크고 좌회전의 경우 $be^{\mu\theta}$는 항상 a보다 크게 되므로 F는 결코 0이 되지 않는다. 따라서 이와 같은 형태의 밴드 브레이크는 드럼의 좌회전은 자유롭게 할 수 있고, 우회전은 할 수 없는 역전방지 장치로도 사용할 수 있다. b와 $ae^{\mu\theta}$ 또는 a와 $be^{\mu\theta}$와의 비가 너무 작으면 밴드 브레이크에 진동이 발생할 수 있으므로 보통 2.5~3.0으로 잡는다. 그리고 a, b 중에서 작은 편의 값은 30~50[mm]로 잡는다.

(3) 합동식 밴드 브레이크(integral band brake)

그림 10.6(c)와 같이 두 장력이 모두 브레이크 바퀴를 죄는 방향으로 작용하도록 구조가 되어 있으므로 제동 효과가 합해진다.

따라서 모멘트 평형에서 $Fl = T_t a + T_s a$

$$\therefore F = \frac{a}{l}(T_t + T_s) = \frac{a}{l} Q \frac{e^{\mu\theta} + 1}{e^{\mu\theta} - 1} \tag{10.23}$$

즉, 차동식 브레이크의 식 (2.21)에서 $a = -b$를 대입한 결과와 같다. 합동식 밴드 브레이크의 특징은 회전 방향에 관계없이 동일한 제동력 F를 유지한다는 것이다. 또한 단동식의 경우보다 조작력 F는 $(e^{\mu\theta} + 1)$배만큼 큰 값이 필요하다.

/10.6.3/ 밴드 브레이크의 밴드 설계

밴드 브레이크의 밴드는 상당히 큰 장력을 받으므로 밴드의 두께나 폭을 설계할 때 주의해야 한다. 밴드의 폭을 w[mm], 두께를 h[mm], 허용인장강도를 σ_t[kgf/mm^2]라 하면 장력이 가장 큰 값을 기준으로 설계해야 하므로 T_t를 이용한다.

$$h = \frac{T_t}{\sigma_t w} \tag{10.24}$$

강철밴드에서는 마모를 고려한 경우 $\sigma_t = 5 \sim 6$[kgf/mm^2], 마모를 고려하지 않은 경우는 $\sigma_t = 6 \sim 8$[kgf/mm^2] 정도로 한다. 그리고 h를 2~4[mm] 정도로 하여 밴드의 처짐량이 적정 수준을 유지할 수 있도록 한다. 밴드와 브레이크 드럼 사이의 틈새 δ는 브레이크 드럼의 크기에 따라 $\delta = 1 \sim 5$[mm] 정도로 한다. 브레이크 드럼의 재료는 주철 또는 주강을 사용한다. 브레이크 막대의 치수 a, b는 밴드의 감은 것이 원주의 0.7 정도이면 $b = (2.5 \sim 3)a$, $a = (30 \sim 50)$[mm] 정도가 적당하다.

표 10.4 밴드 브레이크의 기본설계치수

브레이크 링의 지름 D[mm]	250	300	350	400	450	500
브레이크 링의 폭 B[mm]	50	60	70	80	100	120
밴드의 폭 w[mm]	40	50	60	70	80	100
밴드의 두께 h[mm]	2	3	3	4	4	4
내장(라이닝)의 폭 w'[mm]	40	50	60	70	80	100
라이닝의 두께 t(주물)	4~5	4~6.5	5~8	6.5~8	6.5~10	6.5~10

표 10.4는 밴드 브레이크에서 드럼, 밴드 및 라이닝의 기본설계치수이다.

그리고 라이닝의 두께는 석면직물에서는 4~10[mm], 목재에서는 30~45[mm] 정도이다. 브레이크에서 밴드 또는 블록에 나무, 가죽, 석면 등을 라이닝해야 하는 경우 볼트 또는 구리, 알루미늄의 리벳을 사용하고 머리부가 돌출하지 않도록 주의해야 한다.

예제 10-1 항구에 정박하기 위해 배(ship)에서 던진 밧줄이 그림 10.7과 같이 캡스턴(capstan)에 두 바퀴 감겨 있다. 배에서 밧줄에 가해지는 장력이 750 N이라고 할 때 선원이 반대쪽에서 배를 고정시키기 위하여 밧줄을 당겨야 하는 장력은 150 N이다.

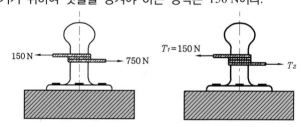

그림 10.7 ▶ 배를 고정시키는 캡스턴(capstan)에 감긴 밧줄

(1) 밧줄과 캡스턴 사이의 마찰계수를 구하시오(좌측 그림 참조).
(2) 만일 밧줄이 세 바퀴 감겨있을 때 선원이 150 N의 힘으로 밧줄을 당길 경우 밧줄의 미끄럼이 일어나지 않는 범위 내에서 반대쪽 밧줄이 지탱할 수 있는 장력의 크기를 구하시오(우측 그림 참조).

(1) 아이텔바인의 식 $e^{\mu\theta} = \dfrac{T_t}{T_s}$ 에서 장력이 큰 쪽(긴장측)의 장력 $T_t = 750\,\text{N}$, 작은 쪽(이완측)의 장력 $T_s = 150\,\text{N}$이고, 밧줄과 캡스턴의 접촉각은 두 바퀴 감겨 있으므로 4π이다. 아이텔바인의 식에 대입하여 정리하면 다음과 같이 마찰계수 μ가 구해진다.

$$\mu = \frac{1}{\theta}\ln\left(\frac{T_t}{T_s}\right) = \frac{1}{4\pi}\ln\left(\frac{750}{150}\right) = 0.128$$

(2) 문제에서 선원이 당기는 장력이 이완측의 장력임을 알 수 있다. 밧줄이 세 바퀴 감겨있으므로 접촉각은 6π이다. 아이텔바인의 식에 대입하여 긴장측의 장력을 구하면

$$\frac{T_t}{T_s} = e^{\mu\theta}$$

$$T_t = T_s e^{\mu\theta} = 150\, e^{0.128 \times 6\pi} = 1677N$$

10.7 디스크 브레이크

디스크 브레이크(Disc Brakes)는 자동차나 자동화장치 등에 사용되는 브레이크로 잘 알려져 있으며, 값이 비싸기 때문에 자동차나 모터사이클 등의 안전이 요구되는 곳에 주로 사용된다. 이 브레이크는 주철제 디스크, 바퀴와 축의 체결부 등으로 구성되어 있으며, 피스톤에 의해 작동하는 두 개의 패드가 삽입되어 있다. 또한 그림 10.8과 같이 전체 브레이크는 축에 끼워진 캘리퍼에 의해 고정되어 있다. 디스크 브레이크의 제동력 전달 순서는 다음과 같다. 브레이크 페달을 밟게 되면 고압의 유체(hydraulically pressuried fluid)가 실린더로 힘을 전달하고, 실린더는 다시 반대쪽 피스톤을 가압하게 된다. 그리고 피스톤에 의해 브레이크 패드와 디스크가 접촉되어 마찰하게 된다. 이러한 제동방식 브레이크의 장점은 언제든지 제동 작용이 가능한 점, 통풍이 용이하여 열의 발산이 좋다는 점, 접촉면에서의 스러스트하중이 균일하다는 점, 설계가 쉽다는 점 등이 있다. 분리형 패드를 사용하기 때문에 축이 회전함에 따라 디스크의 냉각이 가능하며, 냉각된 디스크와 가열된 브레이크 패드 사이의 열전달에 의해 브레이크 패드도 냉각 효과를 얻을 수 있다.

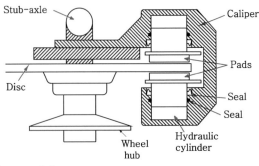

그림 10.8 ▶ 자동차용 디스크 브레이크

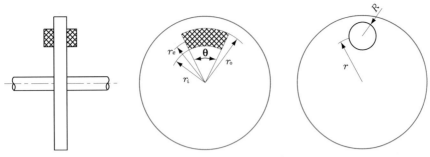

그림 10.9 ▶ 캘리퍼 디스크 브레이크

그림 10.9에서 r_e를 패드까지의 유효 반지름이라 하면, 디스크 브레이크에서 브레이크 패드 한 개당 브레이크 토크는

$$T = \mu F r_e \tag{10.25}$$

여기서 F는 마찰을 일으키는 마찰면에서의 수직항력인데, 이를 디스크 브레이크의 제동력이라 한다. 압력이 일정(p_{av})하다고 가정할 경우는

$$F = p_{av}\theta \frac{r_o^2 - r_i^2}{2} \tag{10.26}$$

또는 반지름 방향에 대하여 마모가 균일하다고 가정하면

$$F = p_{\max}\theta r_i(r_o - r_i) \tag{10.27}$$

여기서 θ : 패드각

$\qquad\quad r_i$: 패드의 안쪽 반지름

$\qquad\quad r_o$: 패드의 바깥쪽 반지름

브레이크 패드에서의 마모가 균일하다고 하면 패드와 디스크 사이의 평균압력과 최대압력 사이의 관계를 다음 식으로 표시할 수 있다.

$$\frac{p_{av}}{p_{\max}} = \frac{2r_i/r_o}{1 + (r_i/r_o)} \tag{10.28}$$

고리(ring)형 디스크 브레이크에서 패드와 디스크 접촉부의 압력이 일정한 경우, 유효 반지름은 식 (10.29)와 같고, 식 (10.30)은 패드의 마모가 균일하다고 가정한 경우의 유효 반지름이다.

$$r_e = \frac{2\left(r_o^3 - r_i^3\right)}{3\left(r_o^2 - r_i^2\right)}$$

$$(10.29)$$

$$r_e = \frac{r_i + r_o}{2}$$

$$(10.30)$$

원형 패드를 사용하는 디스크 브레이크의 경우 유효 반지름은 $r_e = r\delta$로 쓸 수 있는데, 여기서 δ의 값은 표 10.5에 패드 반지름과 반지름 방향 위치의 비에 대한 함수 R/r(그림 10.9 참조)로 표시하고 있다. 원형 패드를 사용하는 경우 마찰면의 수직항력은 다음과 같다.

$$F = \pi R^2 p_{av}$$

$$(10.31)$$

표 10.5 원형 패드를 사용하는 디스크 브레이크의 설계값

R/r	$\delta = R_e/r$	p_{max}/p_{av}
0	1.000	1.000
0.1	0.983	1.093
0.2	0.969	1.212
0.3	0.957	1.367
0.4	0.947	1.578
0.5	0.938	1.875

예제 10-2 전륜 구동 차량에 그림 10.9와 같은 캘리퍼 브레이크가 사용되었는데, 각 브레이크에 820[N·m]의 제동토크를 가지도록 설계하였다. 브레이크의 형상은 $r_i = 100$ mm, $r_o = 160$ mm, $\theta = 45°$이다. 마찰계수 $\mu = 0.35$인 브레이크 패드가 사용되었다. 이때 브레이크의 제동력과 평균, 최대접촉압력을 구하시오.

브레이크 패드 한 개당 제동토크＝820/2＝410[N·m]
유효 반지름은

$$r_e = \frac{0.1 + 0.16}{2} = 0.13\,[\mathrm{m}]$$

이므로 제동력은 다음과 같다.

$$F = \frac{T}{\mu r_e} = \frac{410}{0.35 \times 0.13} = 9.011\,[\mathrm{kN}]$$

최대접촉압력은

$$p_{\max} = \frac{F}{\theta r_i (r_o - r_i)}$$

$$= \frac{9.011 \times 10^3}{45 \times (2\pi/360) \times 01 \times (0.16 - 0.1)} = 1.912 \times 10^6 \,[\mathrm{N/m^2}]$$

평균접촉압력은

$$p_{av} = p_{\max} \frac{2r_i/r_p}{1 + (r_i/r_o)}$$

$$= 1.912 \times 10^6 \times \frac{2 \times 0.1/0.16}{1 + (0.1/0.16)} = 1.471 \times 10^6 \,[\mathrm{N/m^2}]$$

10.8 드럼 브레이크

드럼 브레이크(Drum Brakes)는 실린더의 원주 내부 혹은 외부의 마찰을 이용하는 제동장치이다. 드럼 브레이크는 브레이크 슈(shoe: 마찰재가 접합되어 있음)와 브레이크 드럼으로 구성되어 있다. 따라서 제동 시 브레이크 슈가 드럼을 가압하여 마찰 토크를 생성한다. 드럼 브레이크는 브레이크 슈가 드럼의 내부에 있는가 외부에 있는가에 따라 구분할 수 있으며, 브레이크 슈의 길이에 따라서도 그 종류를 구분하기도 한다.

Short-shoe internal 브레이크는 보통 원심 브레이크로 사용되는데, 특히 임계속도(critical speed)에 제동이 시작되도록 하는 데 편리하다. Long-shoe internal 드럼 브레이크는 자동차의 제동장치에 주로 사용된다. 드럼 브레이크는 보통 Self-energising 특성을 가지도록 설계할 수 있는 장점이 있다. 즉, 마찰력이 수직항력을 비선형적으로 증가시키도록 하면 이로 인하여 마찰 토크가 상당히 증가될 수 있다. 이러한 현상은 양(+)의 피드백(positive feedback) 시스템에서 흔히 볼 수 있는 현상이다. Self-energising 특성을 가진 브레이크에서는 큰 제동토크를 발생시킬 수 있는 장점이 있지만 제동토크를 정밀하게 제어할 수 없는 단점도 있다. 드럼 브레이크의 또 다른 문제점은 제동의 안정성에 있다. 만약 브레이크가 마찰계수의 작은 변화에 민감하게 반응하지 않아서 제동토크에 큰 영향을 미치지 않는다면 안정적인 시스템이라고 말할 수 있다. 이와 반대로 마찰계수의 작은 변화로 인하여 제동토크가 크게 변한다면 브레이크 시스템은 비안정적이 된다. 이런 경우 마찰계수를 인위적으로 높이거나 마찰계수가 감소하는 만큼 제동토크를 감소시키는 등의 방법을 써서 시스템을 안정적으로 유도하는 것이 좋다.

/10.8.1/ Short-shoe external 드럼 브레이크

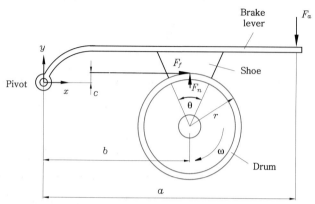

그림 10.10 ▶ Short-shoe external 드럼 브레이크

브레이크의 개념도가 그림 10.10에 도시되어 있다. 브레이크 드럼과 브레이크 슈(shoe) 사이의 접촉각이 45° 이하이며, 슈와 드럼 사이에 작용하는 힘은 균일하고, 접촉 면적의 중앙에 집중 하중 F_n이 작용하는 것으로 모델링하여 해석할 수 있다. 이 브레이크는 10.5절의 단식 블록 브레이크와 구조가 유사하다. 앞에서는 블록을 하나의 점으로 간주하여 드럼에 접촉하는 것으로 해석하였으나 여기서는 브레이크 슈의 크기와 접촉각까지 고려하게 된다. long-shoe 브레이크의 해석과정을 설명하는데 필요한 도입 부분이므로 여기서 다시 한 번 자세히 설명하기로 한다.

최대허용압력이 p_{max} 이라면 접촉면의 수직하중 F_n은 다음과 같이 가정할 수 있다.

$$F_n = p_{max} r \theta w \tag{10.32}$$

여기서 w : 브레이크 슈의 폭

θ : 브레이크 슈와 라이닝간의 접촉각(radian)

또한 마찰력 F_f 는

$$F_f = \mu F_n \tag{10.33}$$

여기서 μ : 마찰계수

이다. 그리고 브레이크 드럼에서의 제동토크는

$$T = F_f \cdot r = \mu F_n \cdot r \tag{10.34}$$

이다. 피봇점에서의 모멘트 평형식을 세워 보면

$$\sum M_{pivot} = aF_a - bF_n + cF_f = 0$$

$$F_a = \frac{bF_n - cF_f}{a} = F_n \frac{b - \mu c}{a} \qquad (10.35)$$

이다. 이러한 힘의 항들은 피봇점에서의 반력으로도 표시할 수 있다.

$$R_x = -F_f$$

$$R_y = F_a - F_n$$

그림 10.10에는 브레이크 드럼의 회전 방향과 힘의 방향 등이 표시되어 있다. 그림을 보면 마찰모멘트 $\mu F_n c$는 모멘트 aF_a와 더해지게 되어 제동토크가 증가하도록 한다. 이러한 제동 작용을 Self-energising이라 한다. 만약 브레이크의 방향이 반대가 된다면 마찰모멘트 $\mu F_n c$는 음수가 되며, 막대의 조작력 F_a에 의해서 제동토크가 발생한다. 이러한 작용을 Self-de-energising이라 부른다. 식 (10.35)에서 보면 브레이크가 Self-energising이고, $\mu c > b$라면 제동을 위해 필요한 힘은 0 혹은 음(−)의 값이 되고, 이러한 제동 작용을 자동체결 작용(Self-locking)이라고 한다.

/10.8.2/ Long-shoe external 드럼 브레이크

브레이크 슈와 드럼의 접촉각이 45°보다 크며, 브레이크 슈와 라이닝 사이의 압력이 short-shoe external 드럼 브레이크에서처럼 균일하지 않기 때문에 앞에서의 해석을 따르는 것은 정확하지 않다. 대부분의 드럼 브레이크는 접촉각이 90°보다 크며, 브레이크 슈는 강체가 아니며, 슈의 국부변형으로 인하여 브레이크의 압력 분포는 달라지게 된다.

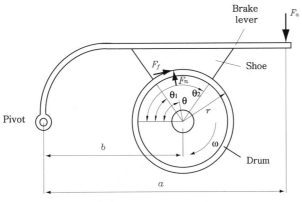

그림 10. 11 ▶ Long-shoe external 드럼 브레이크

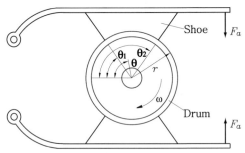

그림 10.12 ▶ Double long-shoe external 드럼 브레이크

그림 10.11에서와 같은 드럼 브레이크의 경우, 브레이크 슈에 의해 드럼에 가해지는 힘은 베어링에 의해 지지된다. 이러한 비대칭 하중을 방지하고 균형을 유지시켜 주기 위해서 보통은 두 개의 브레이크 슈를 양쪽에 사용하는 경우가 많은데 그림 10.12에 도시되어 있다.

그림 10.11을 참조하여 다음의 식들은 long-shoe 드럼 브레이크의 성능을 계산하는 데 쓸 수 있다. 먼저 브레이크의 제동토크는 다음과 같다.

$$T = \mu w r^2 \frac{p_{\max}}{(\sin\theta)_{\max}}(\cos\theta_1 - \cos\theta_2) \tag{10.36}$$

여기서 μ : 마찰계수

　　　w : 브레이크 슈의 폭

　　　r : 브레이크 드럼의 반지름

　　　$p_{\max}$: 라이닝 재료의 최대허용압력[N/m^2]

　　　θ : 접촉위치(angular location)

　　　$(\sin\theta)_{\max}$: $\sin\theta$의 최대값

　　　θ_1 : 브레이크 슈의 피봇에서 라이닝의 안쪽 끝부분까지의 각도

　　　θ_2 : 브레이크 슈의 피봇에서 라이닝의 바깥쪽 끝부분까지의 각도

위의 제동토크식은 접촉위치 θ와 압력 p가 최대압력 $p_{\max}$과 다음과 같은 관계식을 가진다는 가정하에 유도된 식이다.

$$p = \frac{p_{\max}\sin\theta}{(\sin\theta)_{\max}} \tag{10.37}$$

압력 p는 $\theta = 90°$인 지점에서 최대값을 갖는다. 만약 $\theta_2 > 90°$라면 압력은 θ_2에서 최대값을 가지게 된다. 식 (10.37)은 브레이크 슈와 드럼의 변형이 없다는 가정과 드럼에서는 마모가 없고 슈의 마모는 마찰일, 즉 압력값에 비례한다는 가정하에 유도된 식임을 주의해야 한다.

그리고 식에서 $\theta = 0$이라면 압력도 0이 된다. 이것은 피봇에 가까운 위치일수록 마찰재료는 제동 작용에 큰 영향을 미치지 못한다는 것을 의미한다. 이러한 사실을 근거로 하여 제동 작용에 큰 영향을 미치는 위치를 계산해 보면, $\theta_1 = 10°$에서 $\theta_1 = 30°$ 사이의 영역이 가장 큰 영향을 미치며 슈와 드럼의 마모도 심하다.

그림 10.11과 같은 회전 방향으로 해석해 보면, 제동력의 크기는

$$F_a = \frac{M_n - M_f}{a} \qquad (10.38)$$

여기서 M_n : 수직력(normal force)에 의한 모멘트[N·m]

$\qquad M_f$: 마찰력에 의한 모멘트[N·m]

$\qquad a$: 브레이크 피봇과 제동력의 작용선 사이의 직선거리[m]

수직모멘트 M_n과 마찰모멘트 M_f를 수식으로 표현하면 다음과 같다.

$$M_n = \frac{wrbp_{\max}}{(\sin\theta)_{\max}} \left[\frac{1}{2}(\theta_2 - \theta_1) - \frac{1}{4}(\sin2\theta_2 - \sin2\theta_1) \right] \qquad (10.39)$$

$$M_f = \frac{\mu wrp_{\max}}{(\sin\theta)_{\max}} \left[r(\cos\theta_1 - \cos\theta_2) + \frac{b}{4}(\cos2\theta_2 - \cos2\theta_1) \right] \qquad (10.40)$$

만약 $M_n = M_f$가 되도록 브레이크의 기하학적 형상이나 재료를 선택하게 되면 제동력은 0이 된다. 이런 브레이크는 자결 작용(self-locking)을 할 수 있다. 하지만 브레이크 드럼과 슈 사이에 아주 작은 접촉이라도 생기게 되면, 두 평면상에 접점이 생기게 되어 빠르게 제동 작용을 일으키게 된다. 이와는 반대로 브레이크의 형상이나 재료 등을 self-energising이 되지 않도록 선택하게 되면, 이러한 브레이크 시스템은 M_n과 M_f의 크기에 상당히 큰 영향을 받는 시스템이 된다.

그림 10.11에서 드럼의 회전 방향이 반대가 되면, 브레이크는 self de-energising 상태가 되고 제동력은 다음과 같다.

$$F_a = \frac{M_n + M_f}{a} \qquad (10.41)$$

피봇점에서의 반력은 수직 방향의 힘과 수평 방향의 힘으로 나누어서 계산할 수 있으며, self-energising 상태의 브레이크는 다음과 같이 쓸 수 있다.

$$R_x = \frac{wrp_{\max}}{(\sin\theta)_{\max}} \left[[0.5(\sin^2\theta_2 - \sin^2\theta_1)] - \mu\left(\frac{\theta_2}{2} - \frac{\theta_1}{2} - \frac{1}{4}(\sin2\theta_2 - \sin2\theta_1)\right) \right] - F_x$$

$$\qquad (10.42)$$

$$R_y = \frac{wrp_{\max}}{(\sin\theta)_{\max}} \left[[0.5(\sin^2\theta_2 - \sin^2\theta_1)] + \mu\left(\frac{\theta_2}{2} - \frac{\theta_1}{2} - \frac{1}{4}(\sin2\theta_2 - \sin2\theta_1)\right) \right] + F_y$$

$$(10.43)$$

이와는 반대로 self de-energising 상태의 브레이크의 경우는 다음과 같다.

$$R_x = \frac{wrp_{\max}}{(\sin\theta)_{\max}} \left[[0.5(\sin^2\theta_2 - \sin^2\theta_1)] + \mu\left(\frac{\theta_2}{2} - \frac{\theta_1}{2} - \frac{1}{4}(\sin2\theta_2 - \sin2\theta_1)\right) \right] - F_x$$

$$(10.44)$$

$$R_y = \frac{wrp_{\max}}{(\sin\theta)_{\max}} \left[[0.5(\sin^2\theta_2 - \sin^2\theta_1)] - \mu\left(\frac{\theta_2}{2} - \frac{\theta_1}{2} - \frac{1}{4}(\sin2\theta_2 - \sin2\theta_1)\right) \right] + F_y$$

$$(10.45)$$

예제 10-3 마찰 토크가 75 N·m인 long-shoe 드럼 브레이크를 설계하려고 한다. 드럼의 회전속도는 140 rpm이고 초기 설계값으로 브레이크 슈의 라이닝의 마찰계수 $\mu = 0.25$, 최대 허용압력 $p_{\max} = 0.5 \times 10^6$ N/m²이다. 브레이크의 형상이 $r = 0.1$ m, $b = 0.2$ m, $a = 0.3$ m, $\theta_1 = 30°$, $\theta_2 = 150°$라면 브레이크의 제동력을 구하시오.

식 (10.36)으로부터 브레이크 슈의 폭을 구하면

$$w = \frac{T(\sin\theta)_{\max}}{\mu r^2 p_{\max}(\cos\theta_1 - \cos\theta_2)}$$

$$= \frac{75\sin90}{0.25 \times 0.1^2 \times 0.5 \times 10^6 (\cos30 - \cos150)} = 0.0346 \text{ m}$$

브레이크 슈의 폭은 0.035 mm인 표준 크기로 정한다. 따라서 실제 최대압력은

$$p_{\max} = 0.5 \times 10^6 \times \frac{0.0346}{0.035} = 494,900 \text{ N/m}^2$$

식 (10.39)에서 브레이크 슈의 피봇에 관한 수직력의 모멘트를 구할 수 있다.

$$M_n = \frac{0.035 \times 0.1 \times 0.2 \times 0.4949 \times 10^6}{\sin90}$$

$$\times \left[\frac{1}{2}\left(120 \times \frac{2\pi}{360}\right) - \frac{1}{4}(\sin300 - \sin60) \right] = 512.8 \text{ N·m}$$

그리고 식 (10.40)에서 마찰력에 의한 모멘트를 구할 수 있다.

$$M_f = \frac{0.25 \times 0.035 \times 0.1 \times 0.4949 \times 10^6}{\sin90}$$

$$\times \left[0.1(\cos30 - \cos150) + \frac{0.2}{4}(\cos300 - \cos60) \right] = 75 \text{ N·m}$$

따라서 제동력 F_a는 식 (10.41)에 의해 다음과 같다.

$$F_a = \frac{M_n - M_f}{a} = \frac{512.8 - 75}{0.3} = 1459 \text{ N}$$

그림 10.12에 double long-shoe external 드럼 브레이크가 도시되어 있다. 그림에서 볼 수 있듯이 위쪽 슈는 self energising 상태이며, 따라서 마찰모멘트는 제동하중을 감소 시킨다. 아래쪽 슈는 self de-energising 상태이므로 마찰모멘트는 최대압력을 줄이는 역할을 한다. 따라서 self energising 상태의 브레이크와 self de-energising 상태의 브레이크의 수직모멘트와 마찰모멘트는 다음과 같은 관계를 가지게 된다.

$$M_n^{'} = \frac{M_n p_{\max}^{'}}{p_{\max}} \tag{10.46}$$

$$M_f^{'} = \frac{M_f p_{\max}^{'}}{p_{\max}} \tag{10.47}$$

여기서 $M_n^{'}$: self de-energising 상태의 브레이크에서 수직력에 의한 모멘트[N·m]

$\quad\quad M_f^{'}$: self de-energising 상태의 브레이크에서 마찰력에 의한 모멘트[N·m]

$\quad\quad p_{\max}^{'}$: self de-energising 상태의 브레이크에서 최대 압력[N/m^2]

예제 10-4 그림 10.13에 double long-shoe external 드럼 브레이크가 도시되어 있는데, 이와 같은 브레이크의 라이닝 최대압력이 1.4 MPa을 넘지 않도록 드럼 브레이크를 설계하시오. 브레이크 슈의 폭은 30 mm이고 마찰계수는 0.28이다.

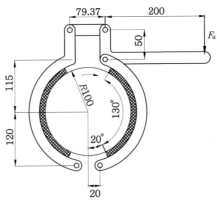

그림 10.13 ▶ double long-shoe external 브레이크

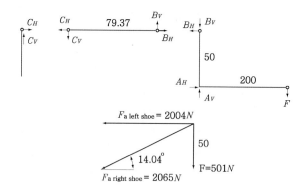

그림 10.14 ▶ 그림 10.13의 자유물체도

먼저 그림 10.13으로부터 θ_1과 θ_2를 계산하면

$$\theta_1 = 20° - \tan^{-1}\left(\frac{20}{120}\right) = 10.54°$$

$$\theta_2 = 20° + 130° - \tan^{-1}\left(\frac{20}{120}\right) = 140.5°$$

$\sin\theta$의 최대값은 $\sin90° = 1$일 경우이다. 또한 피봇과 브레이크 드럼의 중앙 사이의 직선거리는

$$b = \sqrt{0.02^2 + 0.12^2} = 0.1217 \text{ m}$$

수직모멘트(normal moment) M_n과 마찰모멘트 M_f는 각각 다음과 같다.

$$
\begin{aligned}
M_n &= \frac{wrbp_{\max}}{(\sin\theta)_{\max}}\left[\frac{1}{2}(\theta_2 - \theta_1) - \frac{1}{4}(\sin2\theta_2 - \sin2\theta_1)\right] \\
&= \frac{0.03 \times 0.1 \times 0.1217 \times 1.4 \times 10^6}{\sin90} \times \left[\frac{1}{2}((140.5 - 10.54) \times \frac{2\pi}{360})\right. \\
&\quad \left. - \frac{1}{4}(\sin281 - \sin21.08)\right] = 751.1 \text{ N} \cdot \text{m} \\
M_f &= \frac{\mu wrp_{\max}}{(\sin\theta)_{\max}}\left[r(\cos\theta_1 - \cos\theta_2) + \frac{b}{4}(\cos2\theta_1 - \cos2\theta_1)\right] \\
&= \frac{0.28 \times 0.03 \times 0.1 \times 1.4 \times 10^6}{\sin90}\left[0.1(\cos10.54 - \cos140.5)\right. \\
&\quad \left. + \frac{0.1217}{4}(\cos281 - \cos21.08)\right] = 179.8 \text{ N} \cdot \text{m}
\end{aligned}
$$

제동력이 작용하는 작용선과 피봇간의 직선거리는

$$a = 0.12 + 0.115 + 0.05 = 0.285 \text{ m}$$

이다. 왼편 브레이크 슈에 작용하는 제동력은

$$F_{a\,left\,shoe} = \frac{M_n - M_f}{a} = \frac{751.1 - 179.8}{0.285} = 2,004 \text{ N}$$

이고, 제동토크는 다음과 같다.

$$T_{a\,left\,shoe} = \mu w r^2 \frac{p_{\max}}{(\sin\theta)_{\max}}(\cos\theta_1 - \cos\theta_2)$$
$$= 0.28 \times 0.03 \times 0.1^2 \times 1.4 \times 10^6 \times (\cos 10.54 - \cos 140.5)$$
$$= 206.4 \text{ N} \cdot \text{m}$$

오른편 슈의 제동력은 그림 10.14를 참고로 하여 결정한다.

$$F - A_V + B_V = 0$$
$$A_H = B_H$$
$$B_H = C_H, \ A_H = C_H$$
$$0.2F = 0.05 B_H, F = B_H/4.$$

여기서 $B_H = 2,004 \text{ N}$ 이므로

$$F = 2,004/4 = 501 \text{ N}$$

따라서 레버에 작용하는 최대하중 $F = 501 \text{ N}$ 이다.

$$C_V = 0, \ B_V = 0$$

오른손 레버에 작용하는 제동력은 F와 B_H를 합성함으로써 얻을 수 있고, 두 힘이 이루는 각은 $\tan^{-1}(0.05/0.2) = 14.04°$ 이다

$$F_{a\,right\,shoe} = \frac{2004}{\cos 14.04} = 2,065 \text{ N}$$

제동력 벡터와 피봇 사이의 직선거리는 다음과 같다.

$$a = (0.235 - 0.01969\tan 14.04) \times \cos 14.04 = 0.2232 \text{ m}$$

그리고 오른편 슈의 수직모멘트와 마찰모멘트는 식 (10.46)과 (10.47)을 통해 얻을 수 있다.

$$M_n' = \frac{M_n p_{\max}'}{p_{\max}} = \frac{751.1 p_{\max}'}{1.4 \times 10^6}$$

$$M_f' = \frac{M_f p_{\max}'}{p_{\max}} = \frac{179.8 p_{\max}'}{1.4 \times 10^6}$$

오른편 슈의 최대압력은

$$F_{a\,right\,shoe} = \frac{M_n' - M_f'}{a} = 2065 = \frac{751.1 \times p_{\max}' - 179.8 p_{\max}'}{1.4 \times 10^6 \times 0.2232}$$

$$p_{\max}' = 1.130 \times 10^6 \text{ N/m}^2$$

따라서 제동토크는

$$T_{a\,right\,shoe} = \mu w r^2 \frac{p'_{\max}}{(\sin\theta)_{\max}}(\cos\theta_1 - \cos\theta_2)$$
$$= 0.28 \times 0.03 \times 0.1^2 \times 1.13 \times 10^6 \times (\cos 10.54 - \cos 140.5)$$
$$= 166.6\,\text{N} \cdot \text{m}$$

이다. 그러므로 전체 제동토크는 다음과 같다.

$$T_{total} = T_{a\,left\,shoe} + T_{a\,right\,shoe}$$
$$= 206.4 + 166.6 = 373\,\text{N} \cdot \text{m}$$

/10.8.3/ Long-shoe internal 드럼 브레이크

현대의 모든 자동차용 브레이크는 피봇점(anchor pins)을 갖는 내확 슈 브레이크이다. 2개의 슈가 점 O_1과 O_2에 피봇점을 갖고 제동력은 1개의 유압실린더에 2개의 같은 크기의 피스톤으로 각각의 슈에 작용된다. 회전드럼당 적어도 1개의 슈는 자력 브레이크 역할을 한다. 즉, 슈는 회전하는 브레이크와 함께 회전하고 드럼 사이에서 쐐기 작용을 한다. 이와 같은 방식으로 큰 제동력을 발생시키므로 큰 페달압력이 필요하지 않다. 어떤 자동차에서는 실제로 제동의 대부분을 차지하는 전륜의 2개의 슈 모두를 자력 브레이크 형태를 갖도록 한다. 차가 전진할 때 슈의 마찰력은 그 각 피봇에 대하여 반시계 방향 모멘트를 갖고 이러한 모멘트는 브레이크 작동을 도와준다. 그러나 후진 시 피봇에 대한 마찰력의 모멘트는 브레이크 드럼의 압력을 감소시켜 브레이크 효율도 낮추는 역할을 한다.

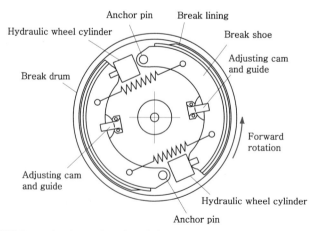

그림 10. 15 ▶ 자동차용 Long-shoe internal 드럼 브레이크

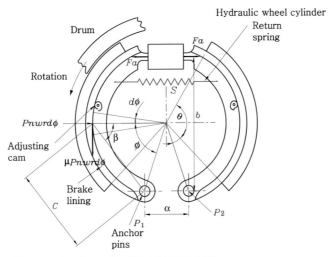

그림 10.16 ◉ 자동차용 Long-shoe internal 드럼 브레이크의 설계

그림 10.16에서 2개의 슈는 크기가 같고 마찰면과 비교하여 상대적으로 단단한 강체로 가정하였다. 따라서 임의의 위치에서 접촉면의 압력은 피봇점에 대한 거리의 함수가 된다. 즉, 압력은

$$p_n = Ka\sin\Phi \qquad (10.48)$$

여기서 K : 브레이크 상수[kgf/mm^2]

왼쪽 슈를 $K = K_L$, 오른쪽 슈를 $K = K_R$이라 하고, 마찰면의 면적을 dA라 하면

$$dA = wr \ d\Phi$$

p_n이 마찰면과 드럼에 미치는 압력이므로 면적 dA에서의 수직력과 마찰력은

$$dN = p_n wr \, d\Phi = Kwr\sin\Phi \, d\Phi$$

$$dF = \mu p_n wr \ d\Phi = K\mu wr\sin\Phi \, d\Phi$$

M_{nL}, M_{fL}이 각각 P_1에 작용하는 수직력과 마찰력에 대한 모멘트라면

$$M_{nL} - M_{fL} - F_a b = 0$$

마찬가지로

$$- M_{nR} - M_{fR} + F_a b = 0$$

이제

$$M_{nL} = \int_{\theta_1}^{\theta+\theta_1} (K_L awr\sin\Phi\, d\Phi)(a\sin\Phi)$$

$$= \frac{K_L a^2 wr}{4}(2\theta\sin2\theta_2 + \sin2\theta_1) \tag{10.49}$$

그리고

$$M_{fL} = \int_{\theta_1}^{\theta_2} (K_L a\mu wr\sin\Phi\, d\Phi)(r - a\cos\Phi)$$

$$= \frac{K_L a\mu wr}{2}[2r(\cos\theta_1 - \cos\theta_2) - a(\cos^2\theta_1 - \cos^2\theta_2)] \tag{10.50}$$

$$M_{nR} = \frac{K_R a^2 wr}{4}(2\theta - \sin2\theta_2 + \sin2\theta_1) \tag{10.51}$$

$$M_{fR} = \frac{K_R a\mu wr}{2}[2r(\cos\theta_1 - \cos\theta_2) - a(\cos^2\theta_1 - \cos^2\theta_2)] \tag{10.52}$$

위의 식들을

$$M_{nL} - M_{fL} - F_a b = 0$$

$$-M_{nR} - M_{fR} + F_a b = 0$$

에 대입하여 풀면

$$K_L = \frac{2F_a b}{awr\left[\dfrac{a}{2}(2\theta - \sin2\theta_2 + \sin2\theta_1) - \mu\{2r(\cos\theta_1 - \cos\theta_2) - a(\cos^2\theta_1 - \cos^2\theta_2)\}\right]}$$

$$K_R = \frac{2F_a b}{awr\left[\dfrac{a}{2}(2\theta - \sin2\theta_2 + \sin2\theta_1) - \mu\{2r(\cos\theta_1 - \cos\theta_2) - a(\cos^2\theta_1 - \cos^2\theta_2)\}\right]}$$

양 슈에 작용하는 마찰력의 드럼 중심에 대한 모멘트에서 전체 제동토크를 구하면

$$\int_{\theta_1}^{\theta_2} K_L\, aa\mu wr^2\sin\Phi\, d\Phi + \int_{\theta_1}^{\theta_2} K_R\, \mu awr^2\sin\Phi\, d\Phi$$

$$= a\mu r^2(K_L + K_R)(\cos\theta_1 - \cos\theta_2) \tag{10.53}$$

양 슈에 대한 F_a는 같지만 $K_L > K_R$이라는 점에 유의해야 한다. 즉, 둘 가운데 한 개의 슈가 드럼에 대한 전체 제동토크의 50% 이상을 담당한다.

이러한 슈에 작용하는 마찰력의 방향은 제동력 F_a의 모멘트와 같은 반시계 방향이기 때문

에 이것은 자력적이다. 반대 방향이면 오른쪽 슈가 자력적이 되고 전체 제동토크도 같게 된다. $M_{fL} > M_{nL}$이면 브레이크는 자동체결이 되므로 피해야 한다. 자력의 정도는 M_{fL}/M_{nL}의 비로 측정된다.

/10.8.4/ 내확 브레이크 설계 선택사양

브레이크가 설치된 바퀴가 항상 회전한다고 가정하고, 둘 가운데 한 개의 슈가 드럼에 대한 전체 제동토크의 50% 이상을 담당하므로, 오른쪽 슈에 대한 최대압력은 왼쪽 슈의 최대압력보다 낮다고 가정할 수 있다.

이러한 조건하에서 다음과 같은 여러 가지 설계 선택사양으로 유도할 수 있다.

- 오른쪽 슈에 대한 작동력을 증가시킨다. 이렇게 하면 제동토크는 증가하지만, 기존의 구조보다 더 복잡한 휠 실린더 디자인이 필요하다.
- 오른쪽 슈의 폭을 감소시킨다. 이렇게 변화시키면 제동토크에 영향을 주지 않고 브레이크 자체 중량을 감소시킬 수 있다.
- 오른쪽 슈를 바꾼다. 이렇게 변화시키면 두 개의 자기작동 슈를 만드는 결과가 되어 제동토크가 증가된다. 이러한 경우 두 개의 별도 휠 실린더가 필요하다.

예제 10-5   그림 10.17과 같은 자동차용 long-shoe internal 드럼 브레이크의 제동력과 제동토크를 구하시오. 브레이크 라이닝의 마찰계수는 0.32이고, 최대 라이닝 압력은 1.2 MPa이다. 드럼의 반지름은 68 mm이고 슈의 폭은 25 mm이다.

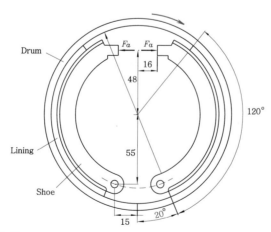

그림 10.17 ▶

피봇점과 브레이크 축선에 따라 달라지는 브레이크 라이닝 각도는 그림을 통해서는 구할 수 없고 계산해야 한다.

$$b = \sqrt{0.015^2 + 0.055^2} = 0.057 \text{ m}$$

$\theta_1 = 4.745°$, $\theta_2 = 124.7°$이다. 만약 $\theta_2 > 90°$이라면, $\sin\theta$의 최대값은

$$\sin 90° = 1 = (\sin\theta)_{\max}$$

이다. 브레이크의 회전 방향은 그림과 같고, 오른편 슈는 self-energising이다. 따라서 오른편 슈의 수직모멘트와 마찰모멘트는 다음과 같다.

$$M_n = \frac{0.025 \times 0.068 \times 0.057 \times 1.2 \times 10^6}{1}$$
$$\times \left\{ \frac{1}{2} \left((124.7 - 4.745) \times \frac{2\pi}{360} \right) - \frac{1}{4} (\sin 249.4 - \sin 9.49) \right\}$$
$$= 153.8 \text{ N} \cdot \text{m}$$

$$M_f = \frac{0.32 \times 0.025 \times 0.068 \times 1.2 \times 10^6}{1}$$
$$\times \left\{ 0.068 (\cos 4.745 - \cos 124.7) + \frac{0.05701}{4} (\cos 249.4 - \cos 9.49) \right\}$$
$$= 57.1 \text{ N} \cdot \text{m}$$
$$a = 0.055 + 0.048 = 0.103 \text{ m}$$

제동력 F_a는 다음과 같다.

$$F_a = \frac{M_n - M_f}{a} = \frac{153.8 - 57.1}{0.103} = 938.9 \text{ N}$$

오른편 슈에 작용하는 제동토크는

$$T_{a \, right \, shoe} = \frac{\mu w r^2 p_{\max}}{(\sin\theta)_{\max}} (\cos\theta_1 - \cos\theta_2)$$
$$= \frac{0.32 \times 0.025 \times 0.068^2 \times 1.2 \times 10^6}{1} \times (\cos 4.745 - \cos 124.7)$$
$$= 69.54 \text{ N} \cdot \text{m}$$

오른편 슈와는 반대로 왼편 슈는 self de-energising 상태이므로 오른편 슈에서 적용한 최대압력을 그대로 쓸 수 없고 다시 계산해야 한다. 이를 위해 식 (10.46)과 (10.47)을 써서 수직모멘트와 마찰모멘트를 계산하면 다음과 같다.

$$M_n' = \frac{M_n p_{\max}'}{p_{\max}} = \frac{153.8 p_{\max}'}{1.2 \times 10^6}$$

$$M_f' = \frac{M_f p_{\max}'}{p_{\max}} = \frac{57.1 p_{\max}'}{1.2 \times 10^6}$$

왼편 슈의 제동력 F_a를 계산하면

$$F_a = \frac{M_n + M_f}{a}$$

$F_a = 938.9$ N 이므로 앞에서 구한 값을 제동력에 대한 식에 대입하여 정리하면,

$$938.9 = \frac{153.8 p'_{\max} + 57.1 p'_{\max}}{1.2 \times 10^6 \times 0.103}$$

$$p'_{\max} = 0.5502 \times 10^6 \ \text{N}/\text{m}^2$$

따라서 왼편 슈에 작용하는 제동토크는 다음과 같이 구할 수 있다.

$$
\begin{aligned}
T_{a\,left\,shoe} &= \frac{\mu w r^2 p'_{\max}}{(\sin\theta)_{\max}}(\cos\theta_1 - \cos\theta_2) \\
&= \frac{0.32 \times 0.025 \times 0.068^2 \times 0.5502 \times 10^6}{1} \times (\cos 4.745 - \cos 124.7) \\
&= 31.89 \ \text{N} \cdot \text{m}
\end{aligned}
$$

그러므로 전체 제동토크는

$$
\begin{aligned}
T_{total} &= T_{a\,right\,shoe} + T_{a\,left\,shoe} \\
&= 69.54 + 31.89 = 101.4 \ \text{N} \cdot \text{m}
\end{aligned}
$$

이다.

10.9 ABS

전자제어 시스템이 자동차의 브레이크장치에 응용된 것으로 ABS(Antilock Brake System)를 들 수 있다. 이 기술은 운전자가 한계상황(예를 들면, 젖거나 언 도로)에 가까운 상태에서 자동차를 감속할 때 안전한 제동을 유지하도록 도움을 준다. 도로사정이 나쁜 상태에서 일반 자동차를 운전하는 운전자가 제동을 하면 제동 효율이 떨어지고, 미끄럼 현상 등으로 인하여 자동차의 안전한 방향 제어는 불가능한 상태가 된다.

그러나 ABS가 부착된 자동차는 낮은 마찰조건에 대한 제동의 최적화를 위해 제동력을 전자제어 시스템으로 조정함으로써 미끄러짐을 방지한다. 그림 10.18은 일반적인 ABS의 구성도이다. 일반적인 제동소자인 브레이크 페달, 마스터 실린더, 진공 부스터, 휠 실린더 캘리퍼/디스크, 브레이크 라인 외에 이 시스템은 각 바퀴에 각속도 센서와 전자 제어 모듈, 유압 브레이크 압력 조정기 등을 갖추고 있다. ABS의 원리를 알기 위해서는 우선 바퀴 잠김(wheel

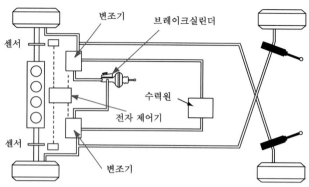

그림 10.18 ▶ ABS 시스템의 구조

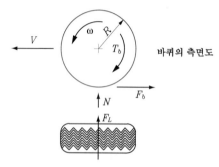

그림 10.19 ▶ 브레이크 제동 시 힘의 분포

lock)과 제동 과정에 발생할 수 있는 자동차의 미끄러짐 현상에 대해 알아야 한다. 그림 10.19에 브레이크 제동 중 노면과 바퀴에 발생하는 힘에 대한 블록 다이어그램이 도시되어 있다.

그림 10.19에서와 같이 속도 V로 차가 달리고 바퀴가 각속도 ω로 회전하고 있다고 가정하면, 바퀴가 제동 없이 구를 때 속도 V는 다음과 같다.

$$V = R\omega \tag{10.54}$$

여기서 R : 타이어 반지름

제동을 위하여 브레이크 페달을 밟으면 캘리퍼가 유압에 의하여 디스크 방향으로 힘을 받는데 이 힘은 바퀴 회전에 반대하는 토크 T_b처럼 작용한다. 그리고 자동차의 방향을 유지하는 가로 방향 힘 F_L이 그림 10.19에 표시된 것과 같이 발생한다.

바퀴의 각속도가 급히 감소하면 자동차속도 V와 도로 위의 타이어속도, 즉 ωR의 차이가 생기고 이로 인해 사실상 타이어는 도로 표면에 따라 미끄러진다. 미끄럼률(slip ratio) S는 제동력과 횡력을 결정한다.

자동차속도에 대한 백분율로써 미끄럼률은 다음과 같이 표현된다.

$$S[\%] = \frac{V - \omega R}{V} \times 100\,[\%] \tag{10.55}$$

(미끄러짐 없이 회전하는 바퀴의 미끄럼률 $S = 0$이고, 완전히 잠긴 바퀴의 미끄럼률 $S = 100$이다.)

제동력과 횡력은 타이어와 도로면 사이의 접촉에 의한 수직항력 N과 제동력(F_b)과 횡력 (F_L)의 마찰계수에 비례한다.

$$F_b = N\mu_b \tag{10.56}$$

$$F_L = N\mu_L \tag{10.57}$$

여기서 μ_b는 제동마찰계수이며, μ_L은 횡마찰계수를 나타낸다.

위의 계수들은 그림 10.20에서처럼 미끄러짐에 크게 의존한다. 실선은 건조한 정상 상태의 도로에 대한 것이고 점선은 젖거나 언 미끄러운 도로에 대한 것이다. 브레이크 페달의 힘이 0에서부터 증가함에 따라 미끄러짐도 0에서부터 증가하고, μ_b가 $S = S_0$일 때까지 계속 증가한다. 그 이상으로 미끄러질 때는 μ_b가 감소해서 제동 효과가 떨어진다.

반면에 μ_L은 S가 증가하면 거의 선형적으로 감소해 완전히 잠긴 바퀴에 대해 횡력은 최소값을 갖게 된다. 젖거나 언 도로에 대해 $S = 100\%$인 경우, μ_L은 너무 낮아 횡력이 자동차 방향을 제어하기에는 부족하게 된다. 그러나 미끄러짐이 최적으로 조절되면 미끄러운 도로에서도 자동차가 방향을 유지할 수 있다. 이것이 ABS의 원리이다. 숙련된 운전자들은 바퀴 잠김 (wheel lock)을 피하기 위해 브레이크를 펌프처럼 동작(pumping brake)시켜야 한다는 것을 경험적으로 잘 알고 있다. 이 운전경험이 ABS의 원리가 되는 셈이다.

모든 ABS 시스템에서 브레이크의 압력을 전자적으로 제어하여 미끄러짐을 방지한다는 원리를 사용하고 있다. 그림 10.18의 ABS 구조도를 참조하여 보면, 이 ABS 시스템은 미끄러짐이 최소인 상태를 유지하기 위해 브레이크 압력을 수십 Hz~수백 Hz로 맥동시키며 조절하여

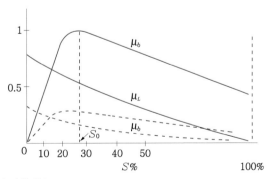

그림 10.20 ▶ 미끄럼률과 마찰계수

그림 10.20의 S_0값 주위로 미끄럼률이 유지되도록 한다. ABS 시스템에서는 제동력 F_b가 바퀴에 작용하는 토크 T_w를 측정하여 이를 근거로 복잡한 논리회로에 의해 동작한다.

$$T_w = RF_b \qquad (10.58)$$

이 토크 반대 방향으로 캘리퍼가 브레이크 압력 P에 대해 브레이크 토크 T_b를 가한다.

$$T_b = k_b P \qquad (10.59)$$

여기서 k_b는 브레이크에 대한 상수이다. 이 두 토크의 차이 때문에 감속이 일어난다. 뉴턴 역학에 의해 바퀴의 토크 T_w는 브레이크 토크와 바퀴 감속에 대해 다음과 같은 관계가 있다.

$$T_w = T_b + I_w \frac{d\omega}{dt} \qquad (10.60)$$

여기서 I_w는 바퀴의 관성모멘트이고, $d\omega/dt$는 바퀴의 각속도 변화율(각가속도)이다.

ABS 제어가 없는 경우 급제동에 의한 제동력 때문에 바퀴에 잠김이 일어난다는 것은 잘 알려진 사실이다. 이런 경우에 대한 ABS의 동작 상태에 대해 알아보자. 제동력이 가해졌을 때 T_b는 증가하고, ω는 감소해 미끄러짐이 증가하여 결국은 바퀴의 토크는 최대값에 이른다(커다란 제동력을 가했다고 가정했을 때).

그림 10.21은 바퀴의 토크와 미끄러짐에 대한 상관도로 최고점 T_w를 보이고 있다.

전자 제어 시스템은 바퀴의 토크가 최대가 되는 지점을 전자적으로 감지한 후 브레이크 압력이 감소하도록 브레이크 압력 조절기를 통해 명령한다. 이 지점은 그림 10.21에 ABS에서 미끄럼의 상한으로 나와 있다. 제동 압력이 감소함에 따라 미끄러짐이 감소하고 바퀴토크는 다시 최대점을 지난다. 바퀴의 토크는 최고점을 지나 미끄럼의 하한에 해당하는 토크값이 된

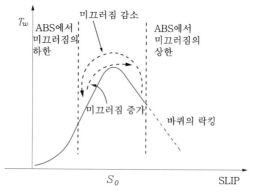

그림 10.21 ▶ 바퀴토크와 미끄러짐의 상관도

다. 이 지점에서 브레이크 압력은 다시 증가하여 시스템은 브레이크가 걸리면서 ABS 시스템의 설계치(S_0)인 최적값에 가깝게 미끄러짐을 유지하며 이러한 동작을 계속 반복한다.

최근 ECU를 비롯한 디지털 제어장치가 발달함에 따라 ABS 제동에 관련된 복잡한 제어동작을 더욱 정밀하고 신뢰도 높게 실현할 수 있는 여러 가지 ABS 시스템이 개발되었지만, 여기서는 가장 기본적이고 초기 단계의 모델인 보쉬(Bosch)회사의 제품을 소개하기로 한다.

그림 10.22에 도시된 1978년 보쉬(Bosch)회사에 의해 설계된 ABS 시스템은 대량생산되어 벤츠자동차에 가장 많이 장착된 첫 번째 anti-lock break system으로서, 1980년대 중반까지 주류를 이루었다. 이 모델은 기존 유압으로 동작하는 브레이크 시스템의 기본 원리를 크게 벗어나지 않는 범위에서 몇 가지 기능이 추가되었다. 이 ABS 시스템에서 제동력을 조절하는 유압은 운전자가 페달을 누르는 힘에 의해 만들어진 마스터실린더(master cylinder)의 유압을 초과하지는 못한다. 이 ABS 시스템의 동작 원리는 다음과 같다.

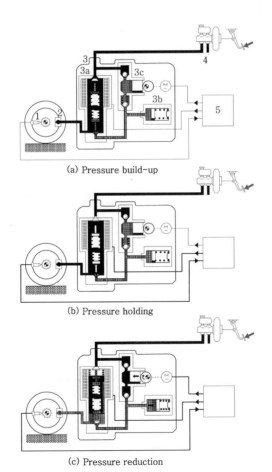

(a) Pressure build-up

(b) Pressure holding

(c) Pressure reduction

1 Wheel speed sensor
2 Wheel brake cylinder
3 Hydraulic modulator
3a Solenoid Valve
3b Accumulator
3c Return pump
4 Master cylinder
5 ECU

그림 10.22 ▶ ABS 브레이크 압력조절장치의 예(Bosch)

그림 10.22에 도시된 바와 같이 차량의 바퀴에 설치되어 있는 속도 센서가 운전 중 회전속도를 감지하여 이를 엔진제어장치인 ECU에 보내 처리하게 되는데, 만약 바퀴(wheel)의 미끄럼(skid)이 ECU에 의해 감지되면 유압조절기(hydraulic modulator)의 구성요소인 솔레노이드 밸브가 작동하여 제동유압을 3가지 방식으로 조절한다.

먼저 ABS 시스템이 작동하지 않는 평상 주행 시에는 마스터실린더(master cylinder)와 휠실린더(wheel cylinder)는 유압회로상으로 연결되어 있다. 운전자가 브레이크 페달을 밟으면 그 힘에 따라 유압회로의 유압이 상승한다(그림 10.22(a)). 그림 10.22(b)를 살펴보면 그림 10.22(a)에서 휠실린더에 걸려 있는 유압을 일정하게 유지하기 위하여 솔레노이드 밸브는 마스터실린더와 휠실린더를 유압회로상 분리시키는 방향으로 동작한다. 이때 휠실린더에 걸려 있는 압력 때문에 유압회로의 return line은 초기 상태를 유지하게 되고 결과적으로는 제동유압은 일정한 값이 유지된다. 그림 10.22(c)에서는 제동유압을 감소시키기는 방향으로 솔레노이드 밸브가 동작한다. 여기서 휠실린더는 마스터실린더와 유압회로상 차단된 상태에서 유압회로의 return line에 연결된 유압완충기(accumulator)와 연결되게 된다. 유압완충기의 압력감쇄 특성 때문에 이 경우 제동유압은 감소하게 되고 결론적으로 제동토크의 감소로 나타난다.

이상과 같이 3가지 단계로 제어되는 솔레노이드 밸브에 의해 휠실린더에 걸리는 제동압력은 증가되거나 일정하게 유지 또는 감소되면서 바퀴의 미끄럼을 방지하기 위한 차량의 제동동작을 실현하게 된다. 이렇게 제동압력을 조절해 주는 현상은 도로환경, 제동여건에 따라 다르지만, ABS 시스템 장착차량에서 일반적으로 1초당 4~10 cycle 혹은 그 이상의 속도로 반복되며 제동압력이 맥동된다.

그림 10.23은 ABS 동작 중의 제동 특성에 관한 것이다. 이 예에서 자동차는 초기에 55 mph로 움직이고 올라가는 브레이크 압력 때문에 보이는 바와 같이 제동이 걸리며, 바퀴 속도는

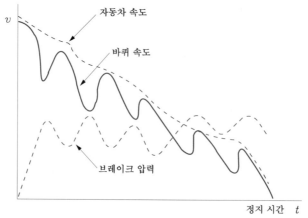

그림 10.23 ▶ ABS 제동 시 브레이크 압력의 맥동

미끄러짐 한계에 도달할 때까지 떨어진다. 이때 ABS는 브레이크 압력을 줄이고 바퀴 속도는 다시 증가한다. 높은 브레이크 압력으로 바퀴는 다시 잠김(lock) 상태가 되려 하고 이때 다시 ABS는 브레이크 압력을 줄인다. 이 압력의 맥동 동작은 자동차가 멈출 때까지 반복된다. 주어진 조건하에서 최대감속을 위해 미끄러짐을 그림 10.21에서의 S_0 근처로 유지해야 하지만 미끄러짐을 S_0 근처로 유지하면 횡력이 감소하게 된다. 그러나 대부분의 경우 횡력은 방향제어를 하기에 충분히 크다. 또 다른 ABS 시스템에서는 미끄러짐의 진동중심을 S_0의 아래로 이동시켜 방향제어를 좋게 하고 제동효율의 일부를 소모시킨다. 이는 미끄러짐의 상하한계를 정해 조절할 수 있다.

ABS 시스템의 또 다른 장점은 브레이크 압력 조절기가 바퀴 미끄러짐의 제어에도 사용될 수 있다는 것이다. 바퀴의 미끄러짐은 제동 시와 마찬가지로 자동차가 앞으로 움직일 때도 나타날 수 있다. 일반적으로 주행할 때 앞서 정의된 미끄러짐으로는 음의 수를 나타낸다. 즉, 바퀴는 실질적으로 순수하게 구르는 바퀴보다 빠른 속도로 움직인다.

젖은 길이나 빙판길에서는 마찰계수가 매우 낮아서 미끄러짐이 더 많이 발생한다. 극한 상황으로 바퀴 중 하나는 얼음이나 눈 위에 있고 다른 바퀴는 건조한 표면 위에 있다고 가정해 보자. 두 바퀴의 마찰력은 큰 차이가 있으며, 이 차이로 인해 낮은 마찰을 받는 바퀴가 헛돌게 되고 상대적으로 낮은 토크가 건조한 쪽의 바퀴에 전해지기 때문에 그런 상황에서는 운전하기가 힘들다.

이 어려움은 헛도는 바퀴에 제동력을 가함으로써 해결할 수 있다. 이 경우 상대적으로 건조한 바퀴쪽으로 토크를 보내도록 하는 것이 보통이며, 어느 ABS 시스템은 헛도는 바퀴에 유압 브레이크 압력 조절기를 통해 제동력을 보낸다(각 바퀴에 각각 분리된 조절기가 있다고 가정). 이 조절기는 두 바퀴의 속도를 측정하여 제어한다. 물론 ABS 시스템은 이미 설명한 바와 같이 바퀴속도 측정을 기본으로 하기 때문에 두 바퀴의 속도를 비교하여 헛바퀴가 돌지 않도록 바퀴에 제동을 거는 데 기술적으로 어려움은 없다.

이상에 기술한 과정에서 ABS 시스템의 최적 미끄럼률(S_0)을 찾는 작업을 ABS 튜닝(tuning)이라 한다. 각 자동차회사마다 독특한 ABS 튜닝기술을 가지고 있다. 국내 자동차 회사들도 수출용 모델에 대해서는 수출대상국 현지에 가서 그곳의 도로조건에 적합한 ABS 시스템 튜닝을 하려고 노력하고 있고, 이러한 작업은 반드시 필요하다. 북미지역에 수출되는 차와 유럽 지역에 수출되는 차는 두 지역의 기후 특성이 다른 만큼 장착되는 ABS 시스템의 특성도 다르다는 것은 공학도로서 관심을 가져야 하는 부분이다.

그림 10.24에는 ABS의 우수한 제동성능이 도시되어 있다. 3가지 경우에 ABS가 장착된 차량과 그렇지 않은 차량의 제동성능을 비교한 그림이다. 그림 10.24(a)는 마찰계수가 크게 차이

가 나는 빙판과 아스팔트 두 종류의 노면상에서 좌우 바퀴가 각각 주행할 때 브레이크를 밟은 순간을 나타낸다. 그림 10.24(a-1)은 ABS가 장착된 차량의 제동성능이고, (a-2)는 ABS가 장착되지 않은 차량의 경우이다. 두 노면의 마찰계수가 크게 달라서 제동력이 좌우바퀴에서 차이가 나므로 (a-2)에서 차량이 직진하지 못하고 방향을 잃는 상황이 도시된 반면, (a-1)에서는 ABS 동작으로 제동력이 좌우 바퀴에 동일하게 유지되므로 직진하며 제동되는 상황이 나와 있다. 그림 10.24(b-1)에서는 ABS 장착차량이 돌발 상황에서 장애물과의 충돌을 피할 수 있을 정도로 급제동과 핸들조작이 가능함을 보여 주는 반면, ABS 비장착 차량에서는 (b-2)와 같이 장애물과 충돌할 수밖에 없음을 보여 준다. 그림 10.24(c)에서는 ABS 장착차량에서 제동력이 최대로 걸리도록 바퀴의 잠김을 방지하는 제동압력 맥동장치 덕택에 제동거리가 상당히 감소된 경우가 (c-1)에 도시되어 있고, 제동 시 바퀴가 잠길 수 있는 ABS 비장착 차량에서 제동거리가 ABS를 장착한 경우보다 상대적으로 길어질 수 있는 상황이 (c-2)에 도시되어 있다.

ABS는 최근 소형 승용차량에도 기본 스펙(standard specification)으로 장착되고 있을 정도록 범용화, 대중화되었다. ABS를 잘 이해하고 사용하면 안전운전에 많은 도움이 될 것이다. 예를 들면, 노면에 빙판이 여기저기 덮여 있을 때, 속도를 충분히 줄이고 주행하고 있음에도 불구하고 바퀴가 순간적으로 조금씩 미끄러져서 방향을 잃을 수밖에 없는 상황에서는, 브레이크를 살짝 밟은 상태로 미끄러운 노면 구간을 통과하는 것이 오히려 더 안전하다. 왜냐하면 ABS가 동작하며 좌우 바퀴에 걸리는 제동력을 끊임없이 조정해 주므로 운전자가 원하는 대로 주행방향을 유지할 수 있기 때문이다. 단, 여기서 유념할 것은 차량 주행방향과 직각방

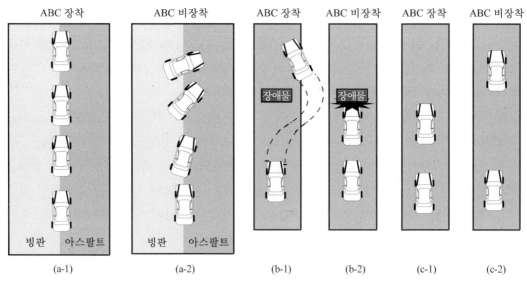

ABC 장착	ABC 비장착	ABC 장착	ABC 비장착	ABC 장착	ABC 비장착

빙판 　 아스팔트 　 　 빙판 　 아스팔트

장애물 　 장애물

(a-1) 　 (a-2) 　 (b-1) 　 (b-2) 　 (c-1) 　 (c-2)

그림 10.24 ▶ ABS의 제동성능

향으로 발생하는 바퀴의 측면 미끄러짐은 ABS도 방지할 수 없다는 사실이다. 즉, 사이드 슬립(side slip)이 발생하지 않도록 충분히 속도를 줄여서 주행해야 한다는 원칙이 최우선으로 지켜져야 한다.

10.10 플라이휠

/10.10.1/ 플라이휠의 기능과 목적

플라이휠(flywheel)은 일반적으로 회전하는 축의 끝부분에 설치하여 원하는 시간 동안 토크가 일정하게 유지될 수 있도록 하는 기계요소이다. 또한 플라이휠은 목적에 따라 에너지를 저장하고 방출하는 기능을 할 수 있으므로 에너지 저장고와 같은 역할을 하기도 한다. 그러므로 이를 응용하여 에너지 전달이 불안정한 시스템에 사용하여 이와 같은 단점을 보완하는 기계요소로서 쓰이기도 한다. 이러한 플라이휠은 일반적으로 두 가지 형태의 시스템으로 구분되어 사용된다.

하나는 일정 시간 동안의 동작만이 요구되는 기계류이다. 이 형태의 기계에서 플라이휠은 부하가 걸리지 않는 동안에 동력원으로부터 에너지를 흡수하고, 동작 사이클에서는 짧은 시간 내에 많은 양의 저장된 에너지를 방출함으로써 순간적으로 많은 에너지가 요구되는 시스템에 적합한 동작을 하게 된다. 이와 같은 기계장치에는 전동 프레스, 리베터 등이 있다. 이들 기계장치에서 분명한 것은 작은 작업 기간에 많은 양의 에너지가 요구되는 점이다. 플라이휠이 없다면 정격 용량이 매우 큰 모터를 써야 하고, 작업이 없는 사이클에서도 모터는 거의 부하가 걸리지 않는 상태로 계속해서 동작해야 하기 때문에 시스템상에서는 큰 손실이다. 그러나 플라이휠에 의해 기계는 보다 작은 동력 시스템을 사용해서 짧은 시간 내에 큰 동력을 얻을 수 있으며 ,시스템이 사용되지 않는 동안에도 동력을 저장할 수 있다.

두 번째 형태는, 예컨대 내연기관과 증기엔진 등의 경우와 같이 최고점에서 방출되는 출력 토크를 균일하게 하는 것이 목적인 경우이다. 이때 플라이휠은 작업 행정 중 피스톤으로부터 불균일한 동력의 흐름 때문에 일어나는 속도변동(speed fluctuation)을 완화시킨다.

첫 번째 형태의 기계에서는 동력원으로부터 동력을 일정하게 공급받아 시스템의 요구사항에 따라 다르게 동력을 공급한다. 시스템 동작의 시작 시점에서 플라이휠은 가장 큰 에너지를 가지고 있으며 최고속도로 회전한다. 시스템이 동작하면서 저장된 에너지가 방출되고 플라이휠의 속도는 감소된다. 이러한 속도변동은 플라이휠 설계에서 중요한 변수이며 속도변동은 설계 허용치를 초과해서는 안 된다.

플라이휠은 사용될 시스템의 종류에 따라 두 가지 유형으로 제작될 수 있다. 자동차와 같이 작은 지름이 요구되는 시스템에서는 일체형으로 설계하는 것이 유리하며, 큰 지름이 적합한 곳이나 미세한 속도 제어가 요구되는 시스템이라면 축에 암을 설치하여 림 타입의 큰 플라이 휠을 사용하는 것이 적합하다.

/10.10.2/ 플라이휠의 관성모멘트와 토크선도

(1) 관성모멘트

그림 10.25에서

r : 중심과 림(rim)상의 임의의 지점까지의 반지름

γ : 플라이휠 재료의 비중량

I : 플라이휠 전체의 관성모멘트

I_1 : 림 부분의 관성모멘트

I_2 : 원판 부분의 관성모멘트

I_3 : 보스(boss) 부분의 관성모멘트

라 하였을 때 플라이휠의 관성모멘트를 구해 보도록 하자.

먼저 림 부분의 관성모멘트 I_1을 구해 보면

$$I_1 = \int_{r_2}^{r_1} \frac{(2\pi r dr)b_1 \gamma}{g} \times r^2 = \frac{\pi b_1 \gamma}{2g}(r_1^4 - r_2^4) \tag{10.61}$$

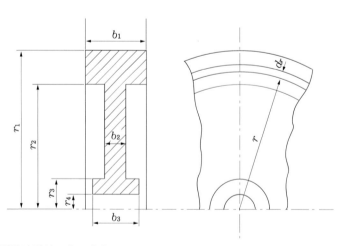

그림 10.25 ▶ 관성차의 관성모멘트 계산

동일한 방법으로 원판 부분과 보스 부분의 관성모멘트 I_2와 I_3를 구하면 다음과 같다.

$$I_2 = \frac{\pi b_2 \gamma}{2g}(r_2^4 - r_3^4) \tag{10.62}$$

$$I_3 = \frac{\pi b_3 \gamma}{2g}(r_3^4 - r_4^4) \tag{10.63}$$

따라서 플라이휠의 관성모멘트 I는

$$I = I_1 + I_2 + I_3$$

실제의 플라이휠에 대해서 계산해 보면 전체의 관성모멘트 중에서 림의 관성모멘트 I_1이 그 대부분을 차지하고, 원판부의 관성모멘트 I_2는 대단히 작기 때문에 보통 무시할 수 있다. 따라서 플라이휠이 설치된 크랭크축의 1사이클 중의 변동에너지 ΔE를 구하기도 한다.

먼저 그림 10.26을 보면 4사이클, 1실린더 디젤 엔진의 토크 곡선을 표시하고 있다. 이것을 보면 1사이클을 완료하기까지 토크는 회전 방향(+ 측)과 반대 방향(- 측)으로 아주 심하게 변동하고 있음을 알 수 있다. 이 그림에서 토크 곡선상의 (+)의 면적과 (-)의 면적을 각각 측정해서 합을 구하고, 그 값을 4π로 나누면 평균토크 T_m을 구할 수 있다. 특수한 기계 이외에서는 1사이클 중에 기계에서 발생 또는 소비하는 에너지 E는 T_m을 평균토크라 하면 다음 식으로 주어진다.

$$E = 4\pi T_m \tag{10.64}$$

한편 플라이휠의 관성모멘트를 I라 하고, 각속도를 ω라 하면 플라이휠에 축적된 에너지는 $\frac{1}{2}I\omega^2$이다. 따라서 외부의 일을 함으로써 각속도가 ω_1으로부터 ω_2로 저하되었다면 일에 소비된 에너지 ΔE는 다음 식으로 주어진다.

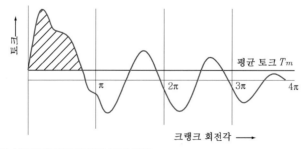

그림 10.26 ▶ 4사이클 1실린더 디젤 엔진의 토크 곡선

$$\Delta E = \frac{I}{2}(\omega_1^2 - \omega_2^2) = I\omega^2\delta \tag{10.65}$$

단 δ는 각속도 변동률로서 $\delta = \dfrac{\omega_1 - \omega_2}{\omega_1}$으로 표시되는 값이다.

따라서

$$\omega_1 - \omega_2 = \delta\omega_1$$

또 근사적으로 $\dfrac{\omega_1 + \omega_2}{2} = \omega$로 볼 수 있으므로 다음과 같이 된다.

$$\omega_1 + \omega_2 = 2\omega$$

$$N = \frac{60\omega}{2\pi}$$

$$\Delta E = I\omega^2\delta = I\left(\frac{\pi}{30}\right)^2 N^2\delta$$

$$\therefore \delta = \frac{\Delta E}{\omega^2 I} \tag{10.66}$$

E에 대한 변동에너지 ΔE의 비는

$$q = \Delta E / E$$

여기서 q를 에너지 변동계수라 하는데, q는 대체로 일정한 값으로 정해져 있으므로 E를 알면 q에 의하여 ΔE를 구할 수 있다. 여러 가지 기계장치에 대한 q의 값을 표시하면 표 10.6과 같다.

표 10.6 각종 기관, 기계에 대한 에너지 변동계수 q

기관종류				q		기관종류	q
증기기관	단통기관			0.15~0.25			
	단형복식기관			0.15~0.25			
	복식기관(크랭크각 90도)			0.05~0.08			
	3기통기관			0.03			
디젤기관	4사이클	단동	1기통	1.2~1.3	압축식	복동단통	0.155~0.22
			2기통	1.55~1.85		복동복통	0.093~0.125
			3기통	0.5~0.88		복동단열대향형	0.20~0.25
			4기통	0.19~0.25		복동복렬대동형	0.05~0.15
			5기통	0.33~0.37		V형 복동(전부하 시)	0.05~0.06
			6	0.12~0.14		V형 복동(1/2부하 시)	0.52~0.55
	2사이클	단동각종		(위의 1/2)		반양형 복동(전부하 시)	0.05~0.055
		복동 3, 4기통		0.06~0.07		반양형 복동(1/2부하 시)	0.13~0.16
		복동 5, 6기통		0.014~0.017		반양형 복동(1/4부하 시)	0.50~0.60

또 각속도의 변동계수 δ는 작은 편이 좋으나, 너무 작을 경우에는 같은 ΔE에 대하여 큰 I가 필요하고, 플라이휠이 큰 지름을 갖게 되므로 일정 값 이하로 제한할 필요가 있다. 그리고 기계의 성능상으로서도 제한을 받는다. 표 10.7은 실용화되어 있는 δ의 값을 표시한다.

표에서 볼 수 있듯이 에너지 변동계수 q는 왕복기계의 종류와 용량 등에 따라서 다르나, 보통 실린더의 수가 2 이하에서는 0.5~1.2 정도이고 실린더수가 8개이면 최소 0.1 정도로 보게 된다.

또한 내연기관의 경우 사이클수에 따라 다음의 식을 이용할 수 있다.

$$E = 4500 \frac{H_{PS}}{N} \, [\text{kgf} \cdot \text{m}] \cdots\cdots \text{2사이클 형식}$$

$$E = 9000 \frac{H_{PS}}{N} \, [\text{kgf} \cdot \text{m}] \cdots\cdots \text{4사이클 형식} \qquad (10.67)$$

절단기, 단조기 등과 같이 연속 작업을 필요로 하지 않는 기계에서는 ΔE가 단일 동작을

표 10.7 기관의 종류에 의한 허용각속도 변동계수 δ(kent)

종류	δ
공기압축식, 왕복펌프, 기타의 일반공장 동력용 증기기관	$\frac{1}{20} \sim \frac{1}{40}$
제지, 제분기	$\frac{1}{40} \sim \frac{1}{50}$
일반공장 동력용 디젤기관	$\frac{1}{20} \sim \frac{1}{70}$
벨트전동에 의한 직류발전기, 운전용 디젤기관	$\frac{1}{70} \sim \frac{1}{80}$
벨트전동에 의한 압축기	$\frac{1}{60} \sim \frac{1}{75}$
직결직류발전기, 운전용 내연기관	$\frac{1}{100} \sim \frac{1}{150}$
직결교류발전기, 운전용 내연기관	$\frac{1}{150} \sim \frac{1}{250}$
공작기계	$\frac{1}{35}$
방직기계	$\frac{1}{150} \sim \frac{1}{300}$
왕복펌프. 전단기	$\frac{1}{20} \sim \frac{1}{30}$

수행하는 시스템으로 해석할 수 있다.

(2) 토크선도

플라이휠의 설계를 위해서는 앞서 다루었던 관성모멘트와 함께 토크선도를 고려해야 한다. 즉, 사이클이 이루어지는 동안 시간의 변화에 따른 토크의 변동과 에너지의 최대변화량을 계산함으로써 플라이휠의 관성모멘트와 평균토크 등의 플라이휠 용량을 알 수 있다. 전형적인 부하선도가 그림 10.25에 도시되어 있다. 이때 플라이휠이 설치된 축은 매우 강성이 크고, 작업속도가 아주 낮은 것으로 가정하여 비틀림 진동 효과를 전적으로 무시할 수 있다고 하자.

축은 구동토크 T_m과 부하토크 T 그리고 관성토크 $I\dfrac{d\omega}{dt}$로부터 평형을 이루고 있다고 가정한다. 따라서 다음의 식이 성립한다.

$$I\frac{d\omega}{dt} = T - T_m$$

$$\omega dt = d\theta$$

$$\therefore\ I\omega d\omega = (T - T_m)d\theta \tag{10.68}$$

이 식은 토크선도상의 임의의 두 점 A와 B를 설정하고 이 구간에 대해 적분할 수 있다.

$$I\int_A^B \omega d\omega = \int_A^B (T - T_m)d\theta \tag{10.69}$$

식의 우변은 구간 A와 B 사이에 플라이휠이 축에 전달한 에너지를 나타낸다. 이것을 U_{AB}로 표시하고, 식의 좌변을 적분하면 다음과 같다.

$$\frac{1}{2}I\left(\omega_A^2 - \omega_A^2\right) = U_{AB} \tag{10.70}$$

그리고 토크부하선도상의 임의의 구간 A, B에서 플라이휠이 공급하는 에너지가 크랭크 회전각인 축상을 따라 최대가 되도록 선택한다고 하면, 식 (10.70)은 다음과 같이 쓸 수 있다.

$$\frac{1}{2}I\left(\omega_{\max}^2 - \omega_{\min}^2\right) = U_{\max} \tag{10.71}$$

따라서 식 (10.71)은 속도변동으로 인하여 발생할 수 있는 시스템의 최대운동에너지를 나타낸다. 이 식을 변형하면

$$I\left(\frac{\omega_{\max} + \omega_{\min}}{2}\right)(\omega_{\max} - \omega_{\min}) = U_{\max} \tag{10.72}$$

속도변동계수를 C_s라 하면 속도변동계수는 다음과 같이 정의된다.

$$C_s = \frac{\omega_{\max} - \omega_{\min}}{\omega_m} \tag{10.73}$$

여기서
$$\omega_m = \frac{\omega_{\max} + \omega_{\min}}{2} \tag{10.74}$$

식 (10.73)과 (10.74)를 식 (10.72)에 대입하여 정리하면

$$I = \frac{U_{\max}}{C_s \omega_m^2} \tag{10.75}$$

식 (10.73)과 (10.74)를 연립하여 풀면 다음 식으로 정리할 수 있다.

$$\omega_{\max} = \omega_m \left(1 + \frac{1}{2} C_s\right) \tag{10.76}$$

$$\omega_{\min} = \omega_m \left(1 - \frac{1}{2} C_s\right) \tag{10.77}$$

여러 종류의 기계장치에서 속도변동계수 C_s의 전형적인 값이 표 10.8에 도시되어 있다.

/10.10.3/ 플라이휠의 강도

플라이휠 각부의 강도를 알기 위해서는 1사이클 중의 최대토크에 대하여 계산해야 한다. 또 플라이휠은 중량이 크므로 회전 중에는 림 부분이 원심력에 의하여 원주 방향의 인장응력을 받는다. 따라서 플라이휠의 강도는 원심력에 의하여 생기는 인장응력을 기준으로 하는데, 휠 전체를 하나로 생각하지 않고 풀리의 경우처럼 림 부분의 강도를 생각한다. 림의 부분만

표 10.8 속도변동계수

기계장치	C_s	기계장치	C_s
분쇄기	0.200	기계공구	0.030
전기기계	0.003	제지기계	0.025
직접구동, 전기기계	0.002	펌핑용 기계	0.030~0.050
벨트전동엔진	0.030	전단기	0.030~0.050
제분기계	0.020	스피닝 머신	0.010~0.020
기어 트랜스미션	0.020	직조기	0.025

회전한다고 가정하고 얇은 회전원통으로 생각하여 인장응력 σ_t를 구하면 식 (9.16)과 같이 유도되며 그 결과는 다음과 같다.

$$\sigma_t = \frac{D^2 \omega^2 \gamma}{4g} = \frac{v^2 \gamma}{g} \tag{10.78}$$

여기서 ω : 평균각속도

γ : 관성차재의 비중

D : 평균지름

v : 림의 평균원주속도$\left(= \frac{D}{2}\omega\right)$

즉, σ_t는 림의 두께나 지름에는 관계 없고, 원주속도 v에 의해서만 결정된다는 사실에 유의해야 한다. 주철제의 경우에는 인장응력에 취약하므로 $v = 30[\text{m/sec}]$ 이하로 잡고, 그 이상의 경우에는 보통 주강을 사용한다.

1   그림 P10.1에 브레이크의 개략도를 나타내었다. 브레이크가 750 rpm에서 2,764 kgf·cm의 토크를 흡수하여 제동할 능력이 요구될 때 브레이크 블록, 암의 끝에 있는 핀과 브레이크에 필요한 스프링을 설계하시오. 단, 블록과 드럼 사이의 마찰계수는 0.3이고, 브레이크의 투영면적 0.45 cm²에 대하여 매분 6,910 kgf·m의 에너지가 소산된다고 가정한다. 바닥 B, 암 A와 브레이크 블록과 스프링 등의 모든 조립품의 치수를 전체 도면으로 나타내시오.

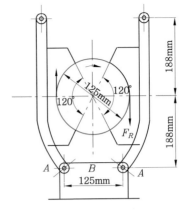

그림 P10. 1 ▶ 연습문제 1

2   그림 P10.2는 전자 크레인 브레이크의 구조를 나타낸 것이다. 각 브레이크 슈(shoe)의 길이는 12.5 cm(투영길이)이며 마찰계수는 0.3 그리고 허용 베어링 압력은 0.35 MPa(평균)이며, 레버에 작용하는 힘은 450 N이다.
    (1) 시계 방향 회전에 대한 제동토크를 결정하시오.
    (2) 반시계 방향 회전에 대한 제동토크를 결정하시오.
    (3) 브레이크 슈의 폭을 결정하시오.

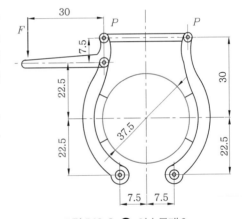

그림 P10.2 ▶ 연습문제 2

3   그림 P10.3의 내확 브레이크로 12.5 PS, 600 rpm의 동력을 제동하고자 할 때 필요한 유압(hydraulic pressure)을 구하시오(단, 유압 실린더의 안지름이 18 mm이고, 브레이크 슈와 드럼 사이의 마찰계수는 0.3이다).

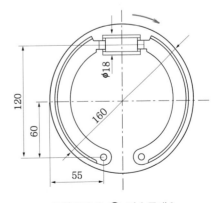

그림 P10. 3 ▶ 연습문제 3

4 그림 P10.4에는 간단한 밴드 브레이크가 도시되어 있다. 이 브레이크의 최대허용압력은 0.6 MPa이고, 브레이크의 밴드 폭은 100 mm이다. 마찰계수는 0.3이고 밴드와 드럼의 접촉각은 270°라 할 때 브레이크 밴드의 인장력을 구하시오. 또한 드럼의 지름을 0.36 m라 할 때 제동토크를 구하시오.

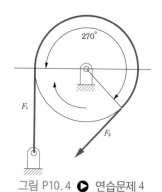

그림 P10.4 ▶ 연습문제 4

5 그림 P10.5에는 double long-shoe external 드럼 브레이크가 도시되어 있다. 브레이크 슈의 페이스 폭을 50 mm, 최대허용 라이닝 압력은 1 MPa이다. 그리고 마찰계수를 0.32라 할 때 이 브레이크의 제동력과 제동토크를 구하시오.

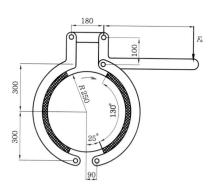

그림 P10.5 ▶ 연습문제 5

6 그림 P10.6에는 double short-shoe external 드럼 브레이크가 도시되어 있다. 드럼이 100 rpm으로 회전할 때 필요한 제동력이 2.4 kN이다. 브레이크 라이닝의 마찰계수를 0.35라 할 때 브레이크의 제동토크를 구하고, 이때 필요한 브레이크 재료의 열 발산율을 구하시오.

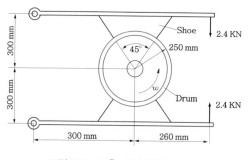

그림 P10.6 ▶ 연습문제 6

연습문제 풀이

2 (1) 278 Nm   (2) 205.43 Nm

3 56.44 kgf/cm^2

4 32.629 Nm

5 737 kN, 4,776.54 Nm

6 786.75 Nm, 8.28 kW

11 스프링

11.1 스프링의 종류와 특징

스프링은 탄성 이용을 주목적으로 한 기계요소로, 하중과 변형과의 관계, 탄성에너지의 흡수 또는 축적, 고유진동의 성질, 진동의 절연 및 충격 완화 등의 성질을 갖는다.

스프링을 재료에 따라 분류하면 금속 스프링으로서 강 스프링(탄소강 스프링, 합금강 스프링) 및 비철금속 스프링(동합금 스프링, 니켈합금 스프링 등), 비금속 스프링으로서 고무 스프링, 공기 스프링 및 액체 스프링 등이 있다. 또 금속 스프링은 형상에 따라 코일 스프링(원통형, 원추형, 사각형, 통형), 겹판 스프링, 토션바, 벌류트 스프링, 스파이럴 스프링, 링 스프링, 박판 스프링, 접시 스프링, 와셔류(스프링와셔, 이붙이와셔, 파동형와셔), 지그재그 스프링, 스냅 스프링 등으로 분류된다. 이들 중 코일 스프링은 제작비가 비교적 싸며, 특히 성형을 위한 전용기를 사용하면 염가로 제작할 수 있고, 스프링으로서의 기능이 확실히 유효하며 또 경량 소형으로 제작할 수 있는 특징이 있다. 겹판 스프링은 장치하는 방법이 간단하고 에너지 흡수 능력이 큰 이점과 스프링 작용 이외에 구조용의 일부분으로서의 기능을 겸할 수 있게 하는 것과 제조가공이 비교적으로 용이한 것 등의 이점을 가지고 있다. 토션바는 스프링에 축적되는 에너지가 크고 또 경량으로 간단한 형상을 얻을 수 있는 것 외에 스프링 특성과 이론치가 잘 일치하는 이점이 있으나, 장치 부분의 가동 등이 복잡하여 전자에 비하여 비싸다. 벌류트 스프링은 제작이 용이하고 코일 사이의 마찰에 의한 내부감쇠를 갖게 되는 것과 스프링 특성이 변형과 동시에 단단하게 되는 비선형 특성을 갖는 것 등의 특징이 있다. 스파이럴 스프링은 제작이 용이하고 한정된 장소에 큰 에너지를 저장할 수 있다.

링 스프링은 한정된 공간에 큰 에너지를 흡수할 수 있는 충격 외에 큰 감쇠 능력을 갖고 있다.

접시 스프링은 하중의 방향에 비교적 작은 용적으로 큰 부하용량을 갖는 것 외에 비선형 스프링 특성을 이용할 수 있다. 스프링은 일반적으로 사용 상태에 따라 단순한 하중 또는 변형보다도 오히려 복잡한 하중조건하에 있게 되므로, 그것을 구성하는 소재에 생기는 응력은 복잡한 조합응력 상태에 있을 때가 많다.

그러나 설계상으로는 미소한 응력성분을 무시하고 강도에 더욱더 영향을 미치는 응력상태를 고려하는 것이 보통이다. 이 견지에서 소재가 받는 주요한 응력 상태에 따라 분류하면, 소재가 굽힘을 받는 스프링으로서 겹판 스프링, 비틀림코일 스프링, 스파이럴 스프링, 접시 스프링, 와셔류 및 지그재그 스프링 등과 소재가 비틀림을 받는 스프링으로서 인장 및 압축코일 스프링, 토션바 및 벌류트 스프링 그리고 소재가 인장 및 압축을 받는 스프링으로서 륜 스프링, 소재가 비틀림과 굽힘과의 짝맞춤 응력을 받는 스프링으로서 굽힘코일 스프링, 횡하중을 받는 코일 스프링 등이 있다. 이 분류에 따라 코일 스프링의 하중과 소재의 응력 상태 등이 외견상 다른 점이 주목된다.

다음에 스프링이 사용되는 환경의 관점에서 볼 때 그 수명이 다할 때까지 대부분 정적하중을 받는 것과 진동하중을 받는 것으로 구분된다. 전자는 하중의 규정 또는 조정에 사용되는 스프링이나 축적에너지 이용을 목적으로 하는 스프링으로, 후자는 복원성의 이용, 진동의 완화 또는 충격의 흡수 등에 사용되는 스프링이며 동적조건에서 사용된다. 스프링에서는 정적강도와 안정의 문제를 고려할 필요가 있고, 동적조건에서 사용되는 스프링에서는 흔히 피로강도나 스프링의 공진의 문제를 검사할 필요가 있다.

표 11.1 스프링의 사용재료에 따른 분류

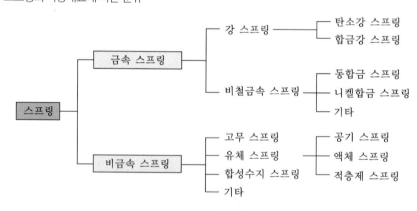

표 11.2 스프링의 형상에 따른 분류

스프링	• 압축 인장 코일 스프링(원통, 원뿔, 북형, 통형 등이 있다) • 비틀림 코일 스프링 • 겹침판 스프링 • 박판 스프링 • 비틀림봉 스프링(토션바) • 굽힘봉 스프링 • 와류 스프링 • 축수 스프링 • 접시 스프링 • 링 스프링 • 기타

표 11.3 스프링의 종류

종류	기호	용도(참고)						비고
		일반용	도전	비자	내열	내식	내피로	
스프링강 강재	SUP6	○						주로 냉간 성형 스프링에 사용 한다.
	SUP7	○						
	SUP9	○						
	SUP9A	○						
	SUP10	○						
	SUP11A	○						
	SUP12	○						
	SUP13	○						
경강선	SWB	○						주로 열간 성형 스프링에 사용 한다.
	SWC							
피아노선	SWP	○					○	
스프링용 탄소강 오일 템퍼선	SWO	○						
밸브 스프링용 탄소강 템퍼선	SWC						○	
밸브 스프링용 크롬 바나듐강 오일 템퍼선	SWOCV-V				○		○	
밸브 스프링용 실리콘 크롬강 오일 템퍼선	SWOSC-V				○		○	
스프링용 실리콘 망간강 오일 템퍼선	SWOSM	○						
스프링용 실리콘 크롬강 오일 템퍼선		○			○			

(계속)

종류	기호	용도(참고)						비고
		일반용	도전	비자	내열	내식	내피로	
스프링용 스테인레스강선	SUS302	○			○	○		주로 열간 성형 스프링에 사용한다.
	SUS304	○			○	○		
	SUS316	○			○	○		
	SUS631J1	○			○	○		
황동선	C2600W-H		○	○		○		
	C2600W-EH							
	C2700W-H		○	○		○		
	C2700W-EH							
양백선	C2800W-H		○	○		○		냉간성형 스프링에 사용한다.
	C7521W-H		○	○		○		
	C7541W-H		○	○		○		
	C7701W-H		○	○		○		
인청동선	C5102W-H		○	○		○		
	C5191W-H		○	○		○		
	C5212W-H		○	○		○		
베릴륨강선	C1720W-H		○	○		○		

11.2 스프링 상수

스프링은 필요에 따라 병렬 또는 직렬로 결합하여 사용되는 경우가 많다. 이 경우 등가스프링 상수를 구하여 설계해야 한다. 등가스프링 상수를 유도하는 과정을 변형이 수반되는 물체에서 힘의 평형원리를 적용하는 다음에 열거된 3가지 조건을 적용하는 고체역학적 접근법으로 정리해 볼 필요가 있다. 물체의 변형이 없다고 가정하는 정역학에서는 ⓐ 조건만 적용하여 힘의 평형 원리만으로 문제가 해결된다. 그러나 변형이 발생하면 ⓑ 조건(보통 후크의 법칙이나 $f = kx$ 등)이 적용되어야 문제가 풀린다. 그런데 일반적으로 조립된 여러 물체에서 변형이 발생하면 ⓑ 조건뿐만 아니라 ⓒ 조건까지 적용해야 해석이 가능하다.

ⓐ 힘의 평형
ⓑ 힘과 변형량 사이에 성립하는 관계식
ⓒ 각 변형량에서 성립해야 하는 기하학적 적합성(Geometric Compatibility)

병렬연결에서는 그림 11.1(a)와 같이 각각 스프링 상수가 k_1, k_2이고 변형량을 δ_1, δ_2라 하면 조건 ⓐ를 적용하면 $f = f_1 + f_2$이고, 조건 ⓑ에서 $f_1 = k_1 \cdot \delta_1$, $f_2 = k_2 \cdot \delta_2$가 성립한다. 그런데 그림에서 조건 ⓒ를 적용하면 $\delta = \delta_1 = \delta_2$임이 성립해야 등가스프링이라 볼 수 있다. 그림 11.1(b) 등가스프링에서 등가스프링 상수를 k_{eq}, 변형량을 δ라 하면 조건 ⓑ에서 $f = k_{eq} \cdot \delta$가 성립한다. 조건 ⓐ에서 $f = f_1 + f_2$를 적용하여 $k_{eq} \cdot \delta = k_1 \cdot \delta_1 + k_2 \cdot \delta_2$가 성립하고 $\delta = \delta_1 = \delta_2$ 이므로 병렬연결에서 등가스프링 상수는 다음과 같이 유도된다.

$$k_{eq} = k_1 + k_2 \tag{11.1}$$

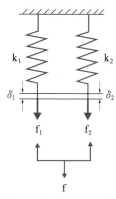

(a) 병렬로 연결된 스프링의 자유물체도   (b) 등가스프링의 자유물체도

그림 11.1 ▶ 병렬연결 스프링의 등가스프링 상수

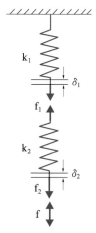

(a) 직렬로 연결된 스프링의 자유물체도   (b) 등가스프링의 자유물체도

그림 11.2 ▶ 직렬연결 스프링의 등가스프링 상수

직렬연결에서는 그림 11.2(a)와 같이 각각 스프링 상수가 k_1, k_2이고, 변형량이 δ_1, δ_2라 하자. 조건 ⓐ를 적용하면 정지해 있거나 가속운동하지 않는 줄이나 로프에 걸리는 장력은 모두 동일하므로 $f = f_1 = f_2$이다. 조건 ⓑ에서 $f_1 = k_1 \cdot \delta_1$, $f_2 = k_2 \cdot \delta_2$가 성립한다. 그런데 그림에서 조건 ⓒ를 적용하면 $\delta = \delta_1 + \delta_2$임이 성립해야 등가스프링이라 볼 수 있다. 그림 11.1(b) 등가스프링에서 등가스프링 상수를 k_{eq} , 변형량을 δ라 하면 조건 ⓑ에서 $f = k_{eq} \cdot \delta$가 성립한다. 조건 ⓒ에서 $\delta = \delta_1 + \delta_2$임이 명백하므로,

$$\frac{f}{k_{eq}} = \frac{f_1}{k_1} + \frac{f_2}{k_2}$$

조건 ⓐ에서 $f = f_1 = f_2$를 적용하면 직렬연결에서 등가스프링 상수는 다음과 같이 유도된다.

$$\frac{1}{k_{eq}} = \frac{1}{k_1} + \frac{1}{k_2} \tag{11.2}$$

11.3 스프링에 축적되는 에너지 계산 공식

/11.3.1/ 스프링에 축적되는 에너지

충격을 흡수하거나 스프링 모터로 할 때 스프링은 에너지 저장기로서 사용되는 수가 있다. 보통의 경우 스프링의 힘은 하중에 비례하므로 스프링이 흡수하는 에너지는

$$U = \frac{1}{2} W \delta$$

로 표시된다. 그러나 코일 스프링에서는

$$W = \frac{\pi}{8} \times \frac{d^3 \tau}{D}, \delta = \frac{\pi D^2 \tau N}{Gd}$$

이므로

$$U = \frac{1}{2} \times \frac{\pi}{8} \times \frac{d^3 \tau}{D} \times \frac{\pi D^2 \tau N}{Gd} \tag{11.3}$$

$$= \frac{\tau^2}{4G} \times \frac{\pi d^2 \pi D N}{4} = \frac{\tau^2}{4G} \times [체적]$$

로서 표시할 수 있다. 같은 방법으로 겹판 스프링에서는

$$U = \frac{1}{2} W\delta = \frac{1}{2} \times \frac{2nbh^2\sigma}{3L} \times \frac{\sigma L^2}{4Eh} \qquad (11.4)$$

$$= \frac{\sigma^2}{6E} \times \frac{nbhL}{2} = \frac{\sigma^2}{6E} \times [체적]$$

이 된다.

따라서 동 체적에 대하여 축적되는 에너지의 크기를 코일 스프링과 겹판 스프링에 관하여 비교하기 위하여

$$G = \frac{E}{2(1+\nu)} \left[\nu \doteqdot 0.3\right]$$

의 관계를 식 (11.3)에 대입하면

$$U = \frac{\tau^2 \times 2 \times 1.3}{4 \times E} \times [체적] = \frac{\tau^2}{1.54E} \times [체적]$$

으로 되고 동 체적(동 중량)일 때 코일 스프링은 겹판 스프링에 대하여 약 3.9배의 에너지를 축적할 수 있다.

/11.3.2/ 스프링의 역학적 계산공식

표 11.4, 11.5, 11.6 등은 각종 스프링에 생기는 응력 σ, 하중 W, 처짐 δ, 탄성에너지 u를 표시한 기본공식이고, 모두 이론적인 것이므로 실제 설계에 있어서는 다음에 배우게 되는 이론과 경험에 따라 적절하게 수정해야 한다.

표 11.4 각종 스프링에 생기는 응력, 하중, 처짐, 탄성에너지

종류	형상	σ	W	δ	u
평판 스프링		$\dfrac{6l\,W}{bh^2} = \dfrac{3h\,E\delta}{2l^2}$	$\dfrac{bh^3E}{4l^3}\delta = \dfrac{bh^2\sigma}{6l}$	$\dfrac{4l^3W}{bh^3E} = \dfrac{2l^2\sigma}{3hE}$	$\dfrac{1}{18} \cdot \dfrac{\sigma^2}{E}$
		$\dfrac{6l\,W}{bh^2} = \dfrac{h\,E\delta}{l^2}$	$\dfrac{bh^3E}{6l^3}\delta = \dfrac{bh^2\sigma}{6l}$	$\dfrac{6l^3W}{bh^3E} = \dfrac{l^2\sigma}{hE}$	$\dfrac{1}{6} \cdot \dfrac{\sigma^2}{E}$

(계속)

종류	형상	σ	W	δ	u
겹판 스프링		$\dfrac{6lW}{Nbh^2} = \dfrac{hE\delta}{l^2}$	$\dfrac{Nbh^3E}{6l^3}\delta = \dfrac{Nbh^2\sigma}{6l}$	$\dfrac{6l^3W}{Nbh^3E} = \dfrac{l^2\sigma}{hE}$	$\dfrac{1}{6}\cdot\dfrac{\sigma^2}{E}$
비틀림 코일 스프링		$\dfrac{6RW}{bh^2} = \dfrac{1}{2}\cdot\dfrac{hE\delta}{lR}$	$\dfrac{bh^3E}{12lR^2}\delta = \dfrac{bh^2\sigma}{6R}$	$\dfrac{12lR^2W}{bh^3E} = \dfrac{2lR\sigma}{hE}$	$\dfrac{1}{6}\cdot\dfrac{\sigma^2}{E}$
		$\dfrac{32RW}{\pi d^3} = \dfrac{1}{2}\cdot\dfrac{dE\delta}{lR}$	$\dfrac{\pi d^4E}{64lR^2}\delta = \dfrac{\pi d^3\sigma}{32R}$	$\dfrac{64lR^2W}{\pi d^4E} = \dfrac{2lR\sigma}{dE}$	$\dfrac{1}{8}\cdot\dfrac{\sigma^2}{E}$
태엽 스프링		$\dfrac{6RW}{bh^2} = \dfrac{1}{2}\cdot\dfrac{hE\delta}{lR}$	$\dfrac{bh^3E}{12lR^2}\delta = \dfrac{bh^2\sigma}{6R}$	$\dfrac{12lR^2W}{bh^3E} = \dfrac{2lR\sigma}{hE}$	$\dfrac{1}{6}\cdot\dfrac{\sigma^2}{E}$

표 11.5 구형 단면의 비틀림 공식에 있어서 k_1, k_2, k_3의 값

a/b	k_1	k_2	k_3	a/b	k_1	k_2	k_3
1.0	0.2082	0.1406	0.1541	2.5	0.2576	0.2094	0.1330
1.1	0.2140	0.1540	0.1487	3.0	0.2672	0.2633	0.1356
1.2	0.2189	0.1661	0.1443	3.5	0.2752	0.2733	0.1385
1.3	0.2234	0.1771	0.1409	4.0	0.2817	0.2808	0.1413
1.4	0.2273	0.1869	0.1383	5.0	0.2915	0.2913	0.1458
1.5	0.2310	0.1958	0.1363	6.0	0.2984	0.2983	0.1492
1.6	0.2343	0.2037	0.1348	7.0	0.3033	0.3033	0.1517
1.7	0.2375	0.2108	0.1337	8.0	0.3071	0.3071	0.1535
1.8	0.2404	0.2174	0.1329	9.0	0.3100	0.3100	0.1550
1.9	0.2427	0.2231	0.1324	10.0	0.3123	0.3123	0.1562
2.0	0.2459	0.2287	0.1322	∞	0.3333	0.3333	0.1667

단 l은 판자 또는 소선의 길이, n은 코일 스프링의 유효권수 또는 겹판 스프링의 판수, E는 종탄성계수라 한다.

그리고 직접전단응력은 $\tau_0 = 1.5\,W/A$이고 이것은 A_1, A_2 점의 응력 τ_1, τ'_1에 가해져야 한다.

표 11.6 각종 스프링에 생기는 응력, 하중, 처짐, 강성에너지(전단을 생기게 하는 경우)

종류	형상		τ	W	δ	u
토션바			$\dfrac{16RW}{\pi d^2}$ $=\dfrac{1}{2}\cdot\dfrac{dG\delta}{lR}$	$\dfrac{\pi d^4 G}{32lR^2}\delta=\dfrac{\pi d^2\tau}{16R}$	$\dfrac{32lR^2W}{\pi d^4 G}=\dfrac{2lR\tau}{dG}$	$\dfrac{1}{4}\cdot\dfrac{\tau^2}{G}$
원통 코일 스프링			$\dfrac{16rW}{\pi d^3}=\dfrac{dG\delta}{N4\pi r^2}$	$\dfrac{d^4G}{64Nr^2}\delta=\dfrac{\pi d^3\tau}{16r}$	$\dfrac{64nrW}{d^4G}=\dfrac{4\pi Nr^2\tau}{dG}$	$\dfrac{1}{4}\cdot\dfrac{\tau^2}{G}$
			$\dfrac{rW}{0.2082a^2}$ $=\dfrac{aG\delta}{2096\pi Nr^2}$	$\dfrac{a^4G}{14.23\pi Nr^3}\delta$ $=\dfrac{0.2082a^3\tau}{r}$	$\dfrac{14.23\pi Nr^3W}{d^4G}$ $=\dfrac{2.96\pi Nr^2\tau}{aG}$	$0.154\dfrac{\tau^2}{G}$
			$\dfrac{rW}{k_1ab^2}$ $=\dfrac{k_2bG\delta}{2\pi k_1Nr^2}$	$\dfrac{k_1ab^3G}{2\pi Nr^3}\delta$ $=\dfrac{k_1ab^2\tau}{r}$	$\dfrac{2\pi Nr^3W}{k_2ab^3G}$ $=\dfrac{2\pi K_1Nr^2\tau}{k_2bG}$	$k_3\dfrac{\tau^2}{G}$
원추 코일 스프링			$\dfrac{16r_2W}{\pi d^2}$ $=r_2dG\delta/\pi N\cdot$ $(r_1+r_2)\cdot(r_1^2+r_2^2)$	$d^4G\delta/16N\cdot(r_1+r_2)$ $\cdot(r_1^2+r_2^2)$ $=\dfrac{\pi d^3\tau}{16r_2}$	$16N(r_1+r_2)\cdot$ $(r_1^2+r_2^2)W/a^4G$ $=\pi N(r_1+r_2)\cdot$ $(r_1^2+r_2^2)\tau/r_2dG$	$\dfrac{r_1^2+r_2^2}{8r_2^2}\cdot\dfrac{\tau^2}{G}$
벌류트 코일 스프링			r_2W/k_1ab^2 $=2k_2bGr_2\delta/$ $\pi k_1N(r_1+r_2)$ $\cdot(r_1^2+r_2^2)$	$2k_2ab^3G\delta/\pi N\cdot$ $(r_1+r_2)\cdot(r_1^2+r_2^2)$ $=k_1ab^2\tau/r_2$	$\pi N(r_1+r_2)\cdot$ $(r_1^2+r_2^2)W/$ $2k_2ab^2G=\pi k_1N$ $(r_1+r_2)\cdot(r_1^2+r_2^2))$ $\tau/2k_2bGr_2$	$\dfrac{k_3(r_1^2+r_2^2)}{2r_2^2}$ $\cdot\dfrac{\tau^2}{G}$

여기서 τ : 최대전단응력[kgf/mm^2], G : 횡탄성계수[kgf/mm^2], W : 하중[kgf]

δ : 처짐[mm], n : 코일 스프링의 유효권수, l : 소선의 길이[mm], u : 스프링 재료의 단위 체적마다의 강성에너지[kgf/mm^3], k_1, k_2, k_3 : 표 11.5를 참조하라.

비틀림에 의한 구형단면 바의 단위 거리만큼 떨어져 있는 두 단면 사이의 휨각 θ_1은 $\theta_1=$ $\dfrac{T}{\beta Gba^3}=\dfrac{WR}{\beta Gba^3}$ 이므로 스프링의 $\theta_1=\delta/Rl$, $l=2\pi RN$ 관계를 대입하면 휨은

$$\delta=\frac{2\pi WR^3N}{\beta Gba^3} \tag{11.5}$$

과 같이 된다.

구형단면의 바가 스프링으로 감겨지면 단면은 사다리꼴로 되는 경향이 있고, 따라서 실제로 이 모양에 대한 응력과 휨은 더 복잡하다.

위의 식들은 구형단면을 유지하는 것으로 가정한 대략의 식이다. 만약 변동하중이 작용할 때는 응력집중계수 K를 곱하여 비틀림 전단응력을 산출한다.

11.4 원통형 스프링

11.4.1 원형단면의 헬리컬 스프링

작용하는 하중의 상태에 따라서 압축 코일 스프링, 인장 코일 스프링, 비틀림 코일 스프링 등이 있다.

그림 11.3은 원형단면의 바(지름 d, 길이 l)로 코일 헬리컬 스프링을 형성하고, 하중 W를 가한 상태이다. 여기서 코일의 수를 N, 코일의 반지름을 R로 하면 스프링의 단면에는 하중과 등가인 전단력 W와 비틀림모멘트 $T = WR$이 작용하여 외력에 대하여 평형을 이루게 된다. T에 의한 비틀림 전단응력은

$$\tau_1 = \frac{16RW}{\pi d^3} = \frac{8DW}{\pi d^3} \tag{11.6}$$

또 W에 의한 직접전단응력은

$$\tau_2 = \frac{4W}{\pi d^2} \tag{11.7}$$

스프링의 중간 높이에서 실제 응력은

$$\tau_2 = 1.23 \times \frac{W}{A} = \frac{16WR}{\pi d^3} \times \frac{0.615}{c_1} \tag{11.8}$$

여기서 스프링 지수 c_1은 스프링 자체의 직경과 스프링 선재(線材)의 직경의 비(ratio)를 의미하며 다음과 같이 정의된다.

$$c_1 = 2R/d = (4 \sim 10) \tag{11.9}$$

따라서 코일 중간 높이에 생기는 합응력은 $\tau = \tau_1 + \tau_2$이고

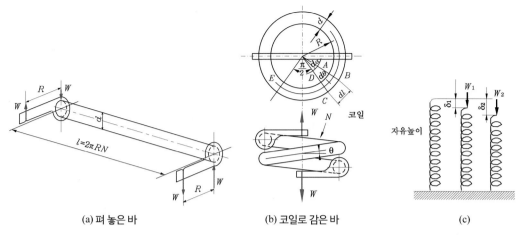

(a) 펴 놓은 바 (b) 코일로 감은 바 (c)

그림 11.3 ▶ 원형단면 헬리컬 스프링

$$\tau = \frac{16\,WR}{\pi d^3}\left(1 + \frac{0.615}{c_1}\right) \tag{11.10}$$

식 (11.10)에서 식 (11.9)를 이용하여 변형하면

$$\tau = \frac{8\,Wc_1}{\pi d^2}\left(1 + \frac{0.615}{c_1}\right) \tag{11.11}$$

$$\tau = \frac{2\,Wc_1^3}{\pi R^2}\left(1 + \frac{0.615}{c_1}\right) \tag{11.12}$$

스프링의 힘은 토크 WR에 의한 d 단면의 회전으로 고려되므로 그림 (b)의 소편 $ABCD$를 취하고, AB 단면에 대하여 인접한 dl 거리의 CD 단면의 회전각을 $d\theta$로 하면

$$d\theta = \frac{WR \cdot dl}{I_P\,G}, \quad \left(\theta = \frac{T \cdot l}{I_p\,G}\right)$$

따라서 코일 원통 중심선상의 상당 휨은

$$d\delta = R \cdot d\theta = \frac{WR^2 dl}{I_p\,G}$$

$d\delta$를 적분하고, $l = 2\pi RN$ 및 $I_P = \pi d^4/32$를 대입하면

$$\delta = \frac{WR^2 l}{I_P\,G} = \frac{64\,WR^3 N}{d^4\,G} = \frac{8\,WD^3 N}{d^4\,G} \tag{11.13}$$

또는

$$\delta = \frac{8 W c_1{}^3 N}{G d} = \frac{4 W c_1{}^4 N}{G R} \tag{11.14}$$

그림 11.3(c)에서 스프링 상수 k는 일정하므로

$$k = \frac{W_1}{\delta_1} = \frac{W_2}{\delta_2} = \frac{W_2 - W_1}{\delta_2 - \delta_1} \tag{11.15}$$

W 대신에 k 및 δ로 대치하면 식 (11.13) 및 식 (11.14)는

$$k = \frac{G d^4}{64 R^3 N} = \frac{G d}{8 c_1{}^3 N} = \frac{G R}{4 c_1{}^4 N} \tag{11.16}$$

만약 스프링에 작용하는 하중이 반복응력하중이면 피로와 응력집중을 고려해야 한다. 곡률을 가진 형상에 대한 응력집중계수 K_c는 실험적으로 구하면

$$K_c = \frac{4 c_1 - 1}{4 c_1 - 4} \tag{11.17}$$

이므로 식 (11.10), (11.11), (11.12)의 우변의 1 대신에 K_c를 대입하여 최대전단응력 τ를 구할 수 있다. 보통 코일 스프링에서 응력집중을 고려한 응력수정계수 K는

$$K = K_c + \frac{0.615}{c_1} = \frac{4 c_1 - 1}{4 c_1 - 4} + \frac{0.615}{c_1}$$

로 나타낸다. 여기서 K를 와알(wahl)의 응력수정계수라 하며 스프링 지수 c_1에 대한 K값의 변화는 그림 11.4에 나타내었다. 실제 코일제작 재료인 선재(線材) 단면의 응력집중현상은 그림 11.5를 보면 알 수 있다.

$2R/d$의 값이 작으면 K는 무시할 수 없으므로, 특히 $D/d \le 4$ 이하의 스프링은 사용하지 않는 편이 좋다. 스프링에 대한 허용응력 τ_a는 와이어의 지름의 대소에 따라서 다르고, 보통 탄소강 와이어 지름에 대한 허용응력은 그림 11.6의 선도와 같다.

압축 스프링에서는 상용응력을 이 값의 80% 이하로 하는 것이 좋고, 또 밀착할 때의 응력은 이 값을 넘지 않도록 한다.

인장 스프링에서 사용응력은 이 허용응력의 64% 이하가 좋다. 또 반복하중의 경우는 사용 상태에 따라서 피로한도 이하로 취해야 한다. 또 와이어의 횡탄성계수 G는 각 스프링용 강선에 대하여 $8 \times 10^3 \, \mathrm{kg/mm^2}$로 대략 일정하고, 스테인리스강선에 대하여 $7.5 \times 10^3 \, \mathrm{kg/mm^2}$, 청동

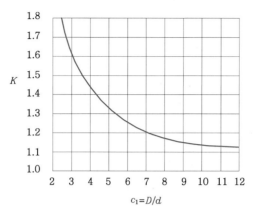

그림 11.4 ▶ 스프링 지수 c_1과 Wahl의 응력수정계수 K

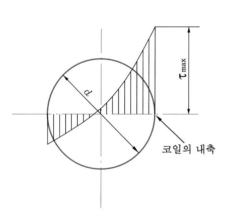

그림 11.5 ▶ 코일 선재(線材) 단면의 실제 전단응력분포

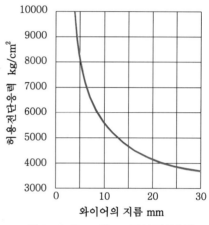

그림 11.6 ▶ 코일 스프링의 허용응력

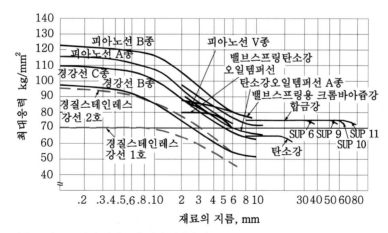

그림 11.7 ▶ 압축 코일 스프링의 정하중에 의한 최대응력

에 대하여 $4.5 \times 10^3 \, \mathrm{kg/mm^2}$, 황동에 대하여 $4 \times 10^3 \, \mathrm{kg/mm^2}$이다.

또 여러 종류의 재료를 스프링 재료로 사용할 때의 허용최대응력을 그림 11.7에 나타내었다. 스프링으로서의 허용응력은 여기에 표시하는 값보다 작게 도시치의 80% 이하로 해야 한다. 밀착권-인장 코일 스프링은 하중이 없을 때도 스프링에 인장력이 작용하고 있다. 이 초장력 W_i가 외부 인장하중 W에 의하여 $W > W_i$로 되어서 스프링으로서 작용하고, $(W - W_i)$와 δ가 비례한다. 따라서 δ와 W와의 관계는

$$\delta = \frac{8ND^3(W - W_i)}{G \cdot d^4} \tag{11.18}$$

스프링 상수 k는

$$k = \frac{W - W_i}{\delta} = \frac{Gd^4}{8ND^3} \tag{11.19}$$

인장력 W_i에 의하여 발생하는 비틀림응력 τ_i는

$$W_i = \frac{\pi d^3}{8D} \tau_i$$

로 계산되지만 초장력의 크기는 강선스프링에 대하여 그림 11.8에 표시하는 범위에서 선택하는 것이 바람직하다.

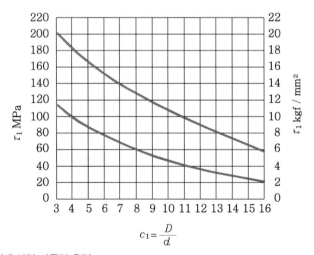

그림 11.8 ▶ 초장력에 의한 비틀림 응력

/11.4.2/ 이중 코일 스프링

먼저 설치된 스프링 상수가 부적당할 경우 이 코일 스프링과 동일한 중심축 상에 제2의 코일 스프링을 설치하는 경우로, 원하는 스프링 상수값을 얻을 수 있으므로 실무적으로 많이 적용되는 스프링 설계법이다.

11.2절에서 등가스프링 상수 유도과정에서 언급한 조건 ⓐ, 조건 ⓑ, 조건 ⓒ를 이용하여 이중 코일 스프링을 스프링의 병렬연결의 경우로 해석하면 유용한 식을 얻을 수 있다. 그림 11.9(a)에서 조건 ⓒ를 적용하면 $\delta = \delta_1 = \delta_2$임이 명백하므로 이 관계식으로 이용하여 이중 코일 스프링식을 전개할 수 있다.

실제 이중 코일 스프링의 구조가 그림 11.9(b)에 도시되어 있다. 코일의 지름 D_1, 와이어의 지름 d_1, 유효권수 N_1의 코일 스프링의 외측에 이것과 동심으로 코일의 지름 D_2, 와이어의 지름 d_2, 유효권수 N_2의 스프링을 씌워서 이것에 $W \, \mathrm{kg}$의 하중을 가하면 내측 스프링과 외측 스프링과의 처짐은 동일하므로 두 스프링간의 관계식은 다음과 같이 된다.

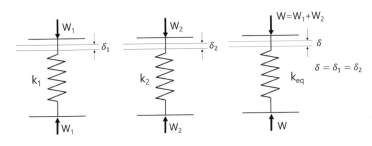

그림 11.9(a) ▶ 이중 코일 스프링의 개략도

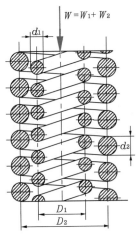

그림 11.9(b) ▶ 이중 코일 스프링의 실제 형상

$$\delta_1 = \delta_2$$

$$\frac{8\,W_1 D_1{}^3 N_1}{G d_1{}^4} = \frac{8\,W_2 D_2{}^3 N_2}{G d_2{}^4}$$

$$\therefore \frac{W_1 D_1{}^3 N_1}{d_1{}^4} = \frac{W_2 D_2{}^3 N_2}{d_2{}^4}$$

$$\frac{W_1}{W_2} = \left(\frac{D_2}{D_1}\right)^3 \cdot \left(\frac{d_1}{d_2}\right)^4 \cdot \left(\frac{N_2}{N_1}\right) \qquad (11.20)$$

또

$$W = W_1 + W_2 \qquad (11.21)$$

식 (11.20) 및 (11.21)에서 W_1 및 W_2가 구해지고, 따라서 식 (11.10) 또는 식 (11.11), (11.12)로부터 2개의 스프링 응력을 각각 구할 수 있다.

/11.4.3/ 구형단면을 갖는 원통형 스프링

나비 a, 높이 b를 가진 구형단면의 와이어로 코일 스프링을 제작하면 구형단면의 극단면계수는 $Z_p = \dfrac{2}{9} a^2 b$ 이지만, 계수 $\dfrac{2}{9}$는 b/a의 값에 의하여 조금씩 다르므로 b/c의 비에 따라서 표 11.7에서 계수를 택해야 한다.

스프링의 비틀림 전단응력은

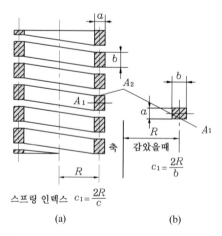

그림 11.10 ▶ 구형단면의 헬리컬 스프링

표 11.7 구형 바의 비틀림에 대한 계수

b/a	1.00	1.20	1.50	1.75	2.00	2.50	3.00	4.00	5.00	6.00	8.00	10.00
α_1	0.208	0.219	0.321	0.239	0.246	0.258	0.267	0.282	0.291	0.299	0.307	0.312
α_2	0.208	0.235	0.269	0.291	0.309	0.336	0.355	0.378	0.392	0.402	0.414	0.421
β	0.1406	0.166	0.196	0.214	0.229	0.249	0.263	0.281	0.291	0.299	0.307	0.312

주) α_1, β는 길이 단위 25.4 mm로 할 때의 값이다.

$$\tau_1 = \frac{WR}{\alpha_1 b a^2} \; [\text{A}_1 \text{ 점에서}] \tag{11.22}$$

$$\tau'_1 = \frac{WR}{\alpha_2 b a^2} \; [\text{A}_2 \text{ 점에서}] \tag{11.23}$$

11.5 헬리컬 스프링

축에 비틀림을 가하는 것과 같이 코일 스프링에 비틀림하중을 가할 때 코일의 각 단면에는 그림 11.11(b)와 같이 굽힘을 받게 된다. 그리고 굽어 있는 보와 같아서 응력은 내측이 외측보다 더 크게 된다. 발생응력은 비틀림모멘트 M을 가할 때

$$\sigma = K\frac{M}{z} \tag{11.24}$$

K : 응력집중계수

M : 비틀림모멘트이며, 와이어의 단면이 구형이면 K는

$$K_1 = \frac{3c_1^2 - c_1 - 0.8}{3c_1(c_1 - 1)} \quad \cdots\cdots\cdots \text{ 내측}$$

$$K_2 = \frac{3c_1^2 + c_1 - 0.8}{3c_1(c_1 + 1)} \quad \cdots\cdots\cdots \text{ 외측}$$

$$c_1 = 2R/h$$

h : 단면두께

원형단면일 때

$$K_3 = \frac{4c_1^2 - c_1 - 1}{4c_1(c_1 - 1)} \quad \cdots\cdots\cdots \text{ 내측}$$

$$K_4 = \frac{4c_1{}^2 + c_1 - 1}{4c_1(c_1 + 1)} \quad \text{.........} \quad 외측$$

$$c_1 = 2R/d$$

또 스프링 와이어가 굽힘 작용을 받았을 때 곡률 반지름과 굽힘모멘트와의 관계는 길이 l 의 직선 보 때와 같으며(스프링 지수에 대하여 곡률은 각변량에 영향을 주지 않는다)

$$\frac{1}{r} = \frac{M}{EI}$$

로 표시되나, 코일 스프링에서는 와이어의 길이 l 을 포함하는 중심각을 θ 로 하면 $r = l/\theta$ 이 므로, 코일 스프링이 비틀림을 받을 때 회전하는 각도는

$$\theta = \frac{Ml}{EI}[\text{rad}], \quad \sigma = \frac{E \cdot d \cdot \theta}{4\pi RN} \tag{11.25}$$

또 구형단면의 나선형 스프링에서는 응력집중계수 $K \coloneqq 1$ 이므로 그 응력은

$$\sigma = \frac{6M}{bh^2}[\text{kg/cm}^2] \tag{11.26}$$

로 표시할 수 있으며, 비틀림각은

$$\theta = \frac{12Ml}{Ebh^3}[\text{rad}] \tag{11.27}$$

h : 와이어의 두께, b : 나비(cm)로 구할 수 있다.

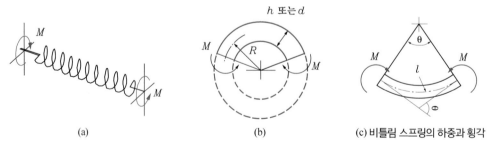

(a)   (b)   (c) 비틀림 스프링의 하중과 횡각

그림 11.11 ▶ 헬리컬 스프링

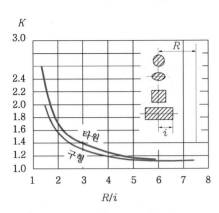

그림 11.12 ▶ 직선 보와 굽은 보와의 응력비

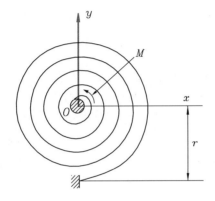

그림 11.13 ▶ 나선형 스프링

나선형 스프링은 그림 11.13과 같이 외단이 고정되고, 내단의 권심의 중심 O 주위에 토크 M이 작용할 때 각변위 ϕ[rad], 응력 σ와 M과의 관계는 스프링의 길이 l로 할 때 다음 식과 같이 된다.

판두께 h, 판의 나비 b의 구형단면의 경우

$$\phi = \frac{12\,Ml}{Ebh^3} \tag{11.28}$$

$$\sigma = \frac{6\,M}{b\,h^2}$$

스프링의 길이 l은 모멘트가 $M_{\min}$에서 $M_{\max}$까지 작용하고, 바가 n회전하여 $\theta = 2\pi n$의 각변위를 한다면

$$l = \frac{2\pi n E I}{M_{\max} - M_{\min}}$$

로 한다.

11.6 겹판 스프링

/11.6.1/ 구조

그림 11.14와 같이 삼각형 또는 사다리꼴의 스프링을 같은 폭으로 끊어서 길이가 다른 가느다란 판자를 겹쳐서 스프링으로 한 것으로서, U볼트, 클립(clip) 등으로 고정한다. 철도차량, 자동차의 현가속장치로서 널리 사용되고 있다.

가장 긴 스프링판(leaf plate)을 모판(main leaf)이라 하고, 모판이 파단하면 못 쓰게 되므로 모판과 같은 길이의 준모판을 1~2판 놓는 수가 많다. 모판과 준모판을 온 길이판(full length leaf)이라 하고, 판자 중 스팬 이상의 길이 스프링판이 된다. 모판 이외의 스프링판을 자판이라 하고, 인접한 스프링판의 길이의 차로써 나타난 단을 스텝(step)이라 한다.

그리고 모판 다음의 스프링판의 단부를 스프링 귀에 따라 모판을 보호할 목적으로 모판보다 길게 감는데, 이것을 둘째 판 감기라 하고, 그림 11.15는 둘째 판 감기의 형상을 도시한

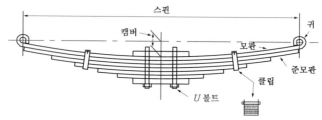

그림 11.14 ▶ 겹판 스프링의 구조

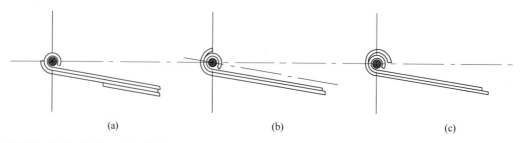

그림 11.15 ▶ 둘째 판 감기의 형상

것이다. 특히 스프링 귀를 3/4 정도 감은 것을 군부나팔(military lapper)이라 하고, 군용차에 주로 사용된다.

스프링판의 끝부분을 둥글게 감은 부분을 스프링 귀(spring eye)라 하고 귀의 중심거리를 스팬이라 하며, 그 허용차는 ±3%라 한다. 그리고 귀에는 부싱(bushing)을 집어넣는다. 부싱에는 그림 11.16(a)와 같은 청동제 금속 부싱과 (b)와 같은 고무 부싱이 있다. 고무 부싱은 승용차, 소형승용차에 주로 사용된다.

스프링판은 조립 전에서는 번호가 커짐에 따라 곡률도 보통 크게 만들어진다. 따라서 이것을 겹치면 그림 11.17과 같이 판자 사이에 틈이 생긴다. 이와 같이 각 판의 캠버(camber)를 바꾸는 것을 닙(nip)이라 하고, 닙을 붙여서 조립하면 모판에는 음의 응력이, 자판에는 양의 응력이 생기며 최소자판과 모판에서는 하중을 작용시키지 않는 상태에서도 응력에 상당한 차가 생겨 모판을 보호하는 역할을 한다.

앞에서 말한 캠버란 스프링 귀를 맺는 선과 모판의 중점과의 거리를 말하고, 최소자판의 중점까지의 거리를 높이(height)라 한다.

스프링판의 단면 형상에는 그림 11.18과 같이 6가지가 있다.

그림 11.18(a)는 각형으로 보통 사용되는 형상이다. (b)는 둥근 각형이고, 자동차 등에 사용되는 수가 있다. (c)의 중저형은 판간 마찰을 감소시키는 윤활제를 넣기 쉽게 한 형상이고, 약간 凹면으로 한 것이다.

(d)의 파라보리크형은 반복굽힘파괴는 인장측에서부터 시작하므로, 단면의 중립축을 중앙

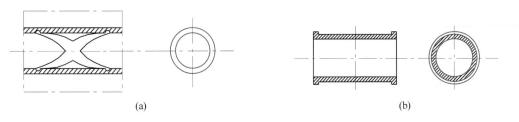

(a)   (b)

그림 11.16 ▶ 부싱의 구조열

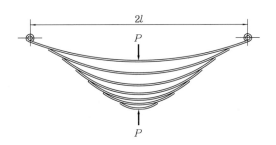

그림 11.17 ▶ 닙(nip)

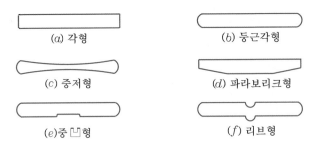

그림 11.18 ▶ 겹판 스프링 단면의 여러 가지 형상

에서 인장측에 가까워지게 하여 피로한도를 올린 것이다.

(e)의 중 凹형도 스프링의 부하 시에 있어서 인장응력을 감소시킴과 동시에 경량화를 도모하기 위하여 압축응력측의 일부에 홈을 판 것이다.

(f)의 리브 부착형은 중앙에 리브가 홈을 붙여 이것이 들려 끼워맞추어져서 조합되었을 때 판자의 가로 미끄럼을 방지할 수 있게 한 것으로서, 철도차량에 주로 사용된다.

다음 스프링판의 판수는 6∼14매가 보통 사용되나, 스프링판 사이의 마찰을 작게 하기 위해서는 3∼5매가 좋다. 대하중량으로써 두꺼운 판을 너무 많이 겹치면 겹판 스프링으로서의 이점이 없어진다. 스프링판의 중앙부에 있어서 밴드(band) 또는 센터 볼트에 의해 조이고, 일체의 스프링으로서 작용시킨다(그림 11.19). 또 그림 11.20에서 보는 클립으로 겹판 스프링의 상호 분리 또는 가로 마찰 등을 방지하기 위하여 몇 군데서 죈다.

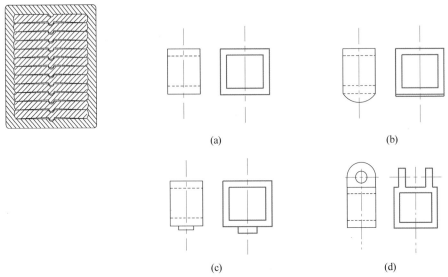

(a)

(b)

(c)

(d)

그림 11.19 ▶ 밴드(band)

표 11.8 겹판 스프링의 스프링판의 단면 치수(단위 : mm)

갑종		을종				병종	
b	h	b	h	b	h	b	h
75	10 11	45	5 6	90	8 9 10 11	45	5 6
		50	6 7 8		13	50	7 8
90	10 11 13	60	6 7 8	100	10 11 13 16	65	7 8
		65	6 7 8 9 10			70	7 8 9 10
100	10 11 13	70	7 5 9 10 11	115	10 11 13 16		11
				125	16 20	80	8 9 10 11
125	13 16	80	7 8 9 10	150	25 30	90	9 10 11
			11 13	180	30	100	10 11 12

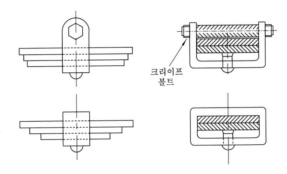

그림 11.20 ▶ 클립

/11.6.2/ 겹판 스프링의 종류

(1) 형상에 의한 종류

① 반타원식(semi-elliptic spring)

그림 11.21의 (a)~(h)와 같고 1조의 겹판 스프링을 사용한 것으로서 대부분의 자동차, 화차 등에 사용된다.

② 타원스프링(full-elliptic spring)

그림 11.21(i), (j)와 같이 2개의 겹판 스프링으로 구성되고, 주로 철도차량의 보울스터 스프링(KS B OP 3의 3.109 참조)에 사용된다.

③ 1/4 타원스프링

그림 11.21(k)의 경우이고, 반타원스프링의 또 절반인 형식이다.

/11.6.3/ 겹판 스프링의 설계 공식

겹판 스프링의 계산에는 전개법과 판단법의 두 가지가 있다. 그림 11.22(a)와 같이 겹판 스프링을 길이의 방향으로 이등분하고, 그림 11.22(b)와 같이 동일 평면상에 다시 나란히 놓아 단일판 스프링의 특성이 원(原)의 겹판 스프링의 특성과 같다고 생각하는 방법이며, 겹쳐 있는 스프링판 상호의 접촉이 온 길이에 행하여진다고 가정하고, 곡률 반지름에 비하여 판 두께가 아주 작다고 하면 동일 점의 곡률 $1/\rho$은 각 판에서 서로 같다고 생각할 수 있다. 판단법은 그림 11.23과 같이 각 판은 그 선단에서만 옆의 스프링판과 접촉하고, 어느 스프링판에서 다음 스프링판에의 힘의 전달은 선단에서만 행해진다는 가정을 기초로 한 것이다.

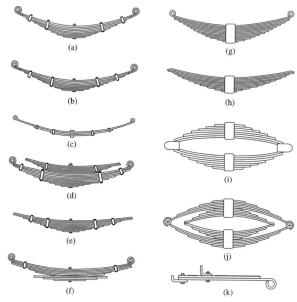

그림 11.21 ● 겹판 스프링의 종류

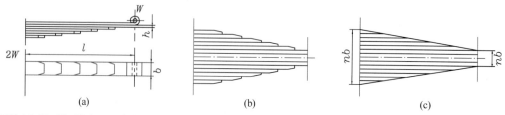

그림 11.22 ● 겹판 스프링의 전개도

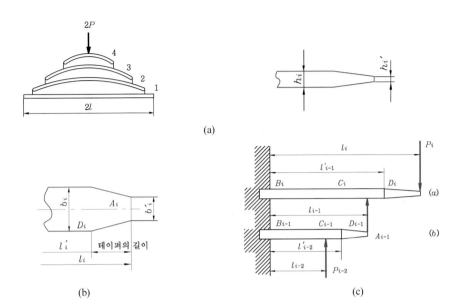

그림 11.23 ▶ 판단법

　이상 2가지 방법을 비교하면 전개법에서는 스프링판의 스텝, 선단의 테이퍼, 스프링판 두께의 구성의 차이에 의한 영향이 계산식에 반영되어 있지 않은 데 반하여 판단법에서는 계산이 약간 복잡하다.

　가정이 실정에 가깝기 때문에 계산결과가 실측치에 일치하고, 개개의 스프링판에 대한 응력분포를 정확하게 계산할 수 있다는 장점이 있다.

　따라서 보통의 설계에 사용할 때에는 전개법으로서 충분하나 전개하여 사다리꼴 또는 삼각형 등으로 되지 않는 경우에는 판단법이 널리 사용된다.

(1) 전개법

① 스프링판 두께가 일정한 겹판 스프링의 경우

　두께 h가 같은 경우에는 스프링판의 단부의 형상과 스텝을 무시하고, 그림 11.22(c)와 같이 변형하여 생각하면 사다리꼴의 캔틸레버의 식으로부터 처짐과 응력을 구할 수가 있다.

$$\delta = \phi \frac{Wl^3}{3EI_o} = \phi \frac{4Wl^3}{Enbh^3}$$

$$k = \frac{2W}{\delta} = \frac{6EI_0}{\phi l^3}$$

$$\sigma = \frac{6l}{nbh^2}W = \frac{3Eh}{2\phi l^2} \tag{11.29}$$

② 스프링판의 두께가 다른 경우

폭 b이고, 두께 h_1의 스프링판이 n_1매, 두께 h_2의 것이 n_2매, ……, h_m의 것이 n_m개로서 구성되는 겹판 스프링의 전개법에 의한 계산법은 위 식의 nbh^3 대신에, $b(n_1h_1^3 + n_2h_2^3 + … + n_mh_m^3)$로 놓은 것을 사용하면 된다.

$$\delta = \phi_1 \frac{4Wl^3}{Eb(n_1h_1{}^3 + n_2h_2{}^3 + …… + n_mh_m{}^3)}$$

$$k = \frac{2W}{\delta} = \frac{Eb(n_1h_1{}^3 + n_2h_2{}^3 + …… + n_mh_m{}^3)}{2\phi_1l^3}$$

$$\sigma = \frac{6l_ihW}{b(n_1h_1{}^3 + n_2h_2{}^3 + …… + n_mh_m{}^3)} \tag{11.30}$$

위의 응력식은 두께가 h_i인 스프링판의 응력을 표시한다. 따라서 최대굽힘응력은 판자에 생긴다.

철도차량용 겹판 스프링의 설계실험식 스프링판의 총판수가 비교적 많고, 몇 매의 온길이 판이 있을 경우, 예를 들면 기관차 및 대차용 스프링에 대하여 다음 계산식이 사용된다.

$$\delta = \frac{5.5W(l-0.6u)^3}{Enbh^3} \, [\text{mm}] \tag{11.31}$$

$$\sigma = \frac{5.5W(l-0.6u)}{nbh^2} \, [\text{kgf/mm}^2] \tag{11.32}$$

단 $2u$: 밴드의 폭[mm], $2W$: 하중[kgf], $2l$: 스팬[mm]

총판수도 적고 온길이판의 매수도 적을 경우, 예를 들면 객대차용 스프링에 대해서는 다음 과 같다.

$$\delta = \frac{5.3Wl^3}{Enbh^3} \, [\text{mm}] \tag{11.33}$$

$$\sigma = \frac{5.3Wl^2}{bh^2} \, [\text{kgf/mm}^2] \tag{11.34}$$

(2) 판간마찰

겹판 스프링이 취해질 때 각 스프링판 사이에 슬립(slip)이 생겨 스프링판 사이에는 마찰력 이 생기고, 이것은 하중에 대한 저항으로 나타난다. 겹판 스프링 자동차의 현승용으로 장치하였을 경우, 마찰의 양이 적당히 조정되어 있으면 차를 탄 사람의 기분이 좋고 너무 많으면 기분을 해친다. 마찰계수는 $\mu = 0.14 \sim 0.20$ 정도이다.

스프링판 사이에 기름이 없는 경우에는

$$\mu = (10 - 0.05b)\frac{h\sqrt{n-1}}{l + 420} \tag{11.35}$$

의 식으로 계산한다.

11.7 접시형 스프링 및 링 스프링

그림 11.24와 같이 중앙에 구멍이 뚫려 있는 접시형 원판의 주위를 지지하고, 중앙 구멍 가장자리에 수직력 P kg을 가하면 점선과 같이[δ 만큼] 처져서 판 스프링과 같이 작용한다. 하중(W)과 휨(δ)의 관계는 $h/t = 1.5$일 때 그림 11.25와 같은 특성을 나타낸다.

즉, $\delta/t = 1.0$에 해당하는 하중에서는 하중이 변하지 않아도 힘은 $\delta/t = 2.0$까지 계속 진행된다. 따라서 $h/t = 1.5$일 때 $\delta/t = 1.5$를 기준으로 설계하는 것이 좋다. a/b의 비는 2.0 전후의 것이 가장 많이 사용된다. 접시 스프링(belleville spring)에서 하중 P와 휨 δ 및 원판 구멍 가장자리에 발생하는 최대응력 σ와의 관계는 다음과 같이 표시된다.

a : 원판의 지름[cm] b : 구멍의 반지름[cm]

t : 판의 두께[cm] h : 접시 높이[cm]

E : 재료의 탄성계수[kg/cm^2] ν : 포아송의 비($\nu = 0.3$)

로 하면

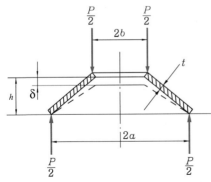

그림 11.24 ▶ 접시형 스프링

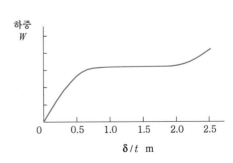

그림 11.25 ▶ W와 δ의 관계

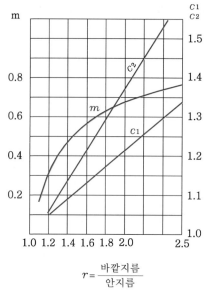

그림 11.26 ▶ 안지름과 바깥지름의 비율에 대한 m, c_1, c_2 설계값

$$P^{1*} = \frac{E\delta}{(1-\nu^2)m\,a^2}\left\{\left(h-\frac{\delta}{2}\right)+(h-\delta)t+t^2\right\}[\text{kg}] \qquad (11.36)$$

$$\sigma = \frac{E\delta}{(1-\nu^2)m\,a^2}\left\{c_1\left(h-\frac{\delta}{2}\right)+c_2 t\right\}[\text{kg/cm}^2] \qquad (11.37)$$

단 식 중의 m, c_1 및 c_2는 a/b의 비를 ρ로 놓을 때

$$m = \frac{6}{\pi \log_e \rho}\left(\frac{\rho-1}{\rho}\right)^2 \qquad (11.38)$$

$$c_1 = \frac{6}{\pi \log_e \rho}\left(\frac{\rho-1}{\log_e \rho}-1\right) \qquad (11.39)$$

$$c_2 = \frac{6}{\pi \log_e \rho}\left(\frac{\rho-1}{2}\right) \qquad (11.40)$$

로부터 산출되는 값이다.

병렬은 동일 휨에 대하여 하중능력이 크고, 직렬은 동일 하중에 대하여 휨이 커진다.

11.8 고무 스프링

11.8.1 고무 스프링의 뜻과 특성

고무가 스프링의 작용을 주는 기구의 구성부품으로서 사용되기 시작한 것은 제2차 세계대전 직전부터였다. 완충, 방진 등으로 고무를 사용할 경우는 방진고무라 한다. 고무 스프링은 보통 천연성의 생고무를 가소성형하여 이것을 금속편에 접착시켜서 사용하고, 특히 내유성을 필요로 하는 곳에는 합성고무를 사용한다. 방진고무는 금속과는 달리 변형하더라도 체적이 변하지 않는 성질이 있고, 탄성계수 E도 변형률(strain)과 더불어 변화하고, 스프링 상수도 정확하게 결정하기 어려우나 다음과 같은 우수한 특색이 있다.

- 1개로서 2축, 3축 방향의 스프링 작용을 동시에 시킬 수 있고, 스프링 상수도 비교적 자유로이 선택할 수 있다.
- 형상도 자유로이 선택할 수 있다. 또 금속과 용이하게 강력히 접착할 수가 있다. 비틀림, 압축 등에서 사용할 수 있으므로 더욱 몇 개의 조합도 가능하다.
- 소형, 경중량으로 할 수 있고 지지장치 전체도 간단하게 할 수 있다.
- 내부마찰이 있기 때문에 서징의 염려가 없고, 큰 감쇠력을 얻을 수가 있다. 특히 고주파진동의 절록에는 큰 효과가 있다.
- 방음 효과도 크다.

그러나 반대로 노화 현상이 있고 내유성이 작다. 그리고 압축과 굽힘, 비틀림 등에 비하여 인장력은 약하므로 작용하중은 인장하중의 방향만은 피하는 것이 좋다.

고무의 노화, 변질을 방지하려면 0~70℃의 온도 범위에서 사용해야 되며, 일광의 직사를 피하고, 특히 오존(O_3)에 접촉하지 않도록 하며, 기름에 접촉되지 않도록 주의해야 한다.

방진고무는 내연기관, 터빈 등의 고속기관과 정밀 기계류의 지지장치에 널리 사용된다. 그

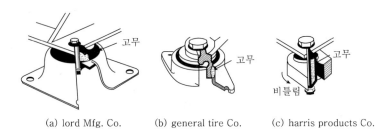

(a) lord Mfg. Co.　　(b) general tire Co.　　(c) harris products Co.

그림 11.27 ▶ 고무 스프링의 사용 예

림 11.27(a), (b)는 기계 또는 구조물을 지지하는 경우, 그림 (c)는 비틀림의 경우에 있어서 방진고무의 사용 예이다.

/11.8.2/ 고무 스프링의 형상

고무 스프링의 형상에는 그림 11.28과 같이 압축형, 전단형, 복합형, 비틀림형이 있다.

(1) 압축형[그림 11.28(a)]

작동 상태에서 고무는 압축되어 있고, 항상 수직으로 큰 하중을 받는 경우에 사용된다.

(2) 전단형[그림 11.28(b)]

작동 상태에서 고무는 전단력을 받고 있고, 수직 방향에, 특히 연하게 지지하려 할 때 사용된다.

(3) 복합형[그림 11.28(c)]

작동 상태에서 압축과 전단력을 받고 있고, 2축 또는 3축 방향의 스프링 상수를 요소의 값으로 고르려 할 때 사용된다.

(4) 비틀림형

그림 11.29와 외부의 4각 케이스와 내부의 4각 막대와의 사이에 고무를 장입하여 케이스와 막대 사이의 스프링에 대한 탄성을 이용한다. 일반적으로 비틀림형은 동시에 압축형, 전단형,

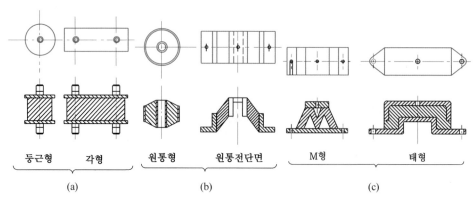

| 둥근형 | 각형 | 원통형 | 원통전단면 | M형 | 태형 |

(a)   (b)   (c)

그림 11.28 ▶ 방진고무의 형상

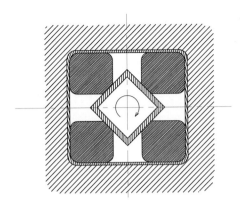

그림 11.29 ▶ 비틀림형 고무 스프링

복합형의 작용을 겸하여 할 수 있다. 그림 11.28(b)의 원통형의 것도 축 둘레의 토션 고무로 이용된다.

/11.8.3/ 고무 스프링의 설계

고무는 비압축성이 있으므로 고무가 충분히 팽창 수축할 수 있는 자유표면도를 취하도록 설계해야 하고, 형상에 따라서는 응력집중이 생기므로 이것을 피하는 형상을 고르는 것이 중요하다. 그리고 접착면에 응력이 집중하므로 그 근방에 있어서 특히 주의를 필요로 한다. 그림 11.30은 응력집중을 피하는 구조의 예이다.

표 11.9에 대표적인 방진고무 스프링의 계산식의 일람표를 나타내었다.

표 11.9 방진고무 스프링의 계산식 일람표

고무 스프링의 종류	스프링 형상(그림)	작은 처짐 계산식	통용 범위	큰 처짐 계산식
4각형 전단 고무 스프링		$P = f \cdot \dfrac{G \cdot F}{S}$ F는 전단 방향 단면적	휨각 20° 이내	$P = F \cdot G \cdot \tan^{-1}\dfrac{f}{S}$
원통형 전단 고무 스프링		$P = f \cdot \dfrac{2 \cdot \pi \cdot h \cdot G}{\log \dfrac{r_2}{r_1}}$	휨각 20° 이내	$f = \dfrac{P}{2 \cdot \pi \cdot h \cdot G} \log \dfrac{r_2}{r_1}$ $+ \dfrac{1}{6}\left(\dfrac{P}{2\pi h\,G}\right)^3\left(\dfrac{1}{r_2{}^2} - \dfrac{1}{r_1{}^2}\right)$

(계속)

고무 스프링의 종류	스프링 형상(그림)	작은 처짐 계산식	통용 범위	큰 처짐 계산식
원통형 비틀림 고무 스프링		$M = \phi \cdot \dfrac{4\pi l\, G}{\dfrac{1}{r_1^{\,2}} + \dfrac{1}{r_2^{\,2}}}$	휨각 20° 이내	$\phi = \dfrac{M}{4\pi l\, G}\left[\left(\dfrac{1}{r_1^2} - \dfrac{1}{r_2^2}\right) + \dfrac{1}{9}\left(\dfrac{M}{2\pi l\, G}\right)^2 \times \left(\dfrac{1}{r_1^6} - \dfrac{1}{r_2^6}\right)\right]$
원통형 비틀림 고무 스프링		$M = \phi \cdot \dfrac{\pi G(r_2^{\,4} - r_1^{\,4})}{2s}$	휨각 20° 이내	$M = \dfrac{2\pi G}{3}\left[r_2^3 \tan^{-1}\left(\dfrac{r_2 \cdot \phi}{s}\right) - r_1^3 \tan^{-1}\left(\dfrac{r_1 \cdot \phi}{s}\right)\right]$ $- \dfrac{\pi s\, G}{3\phi}(r_2^2 - r_1^2) + \dfrac{\pi s^3 G}{3\phi^3}$ $\log\dfrac{1 + \left(\dfrac{r_2\phi}{3}\right)^2}{1 + \left(\dfrac{r_1\phi}{s}\right)^2}$
원통형 압축 고무 스프링		$P = f \cdot \dfrac{\pi d^2 E}{4h}$	휨각 20° 이내	

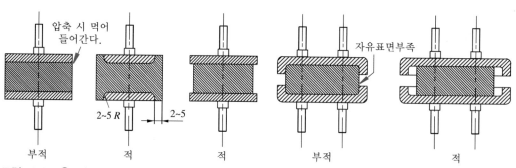

압축 시 먹어 들어간다.

자유표면부족

부적   적   적   부적   적

2~5 R   2~5

그림 11.30 ▶ 집중응력을 피하는 구조 예

예제 11-1 다음 그림과 같은 인장 코일 스프링이 있다. 스프링 고정 시의 인장력은 22.5 N(2.3 kgf) 이고 이때의 연신은 5 mm이다. 이 스프링을 고정위치에서 56 mm까지 신축시켜 사용하려 한다. 다음 물음에 답하시오.

(1) 이 스프링의 설계안은 적절한가?(스프링의 처짐을 검토한다)

(2) 처진다고 하면 몇 mm까지 늘어나게 할 수 있는가?

(3) 처진다고 하면 권수 N을 얼마나 더 늘리면 56 mm까지 신축이 가능한가?

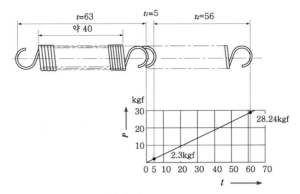

그림 11.31 ▶ 인장 코일 스프링의 형상과 치수

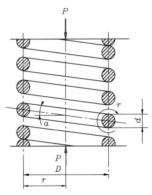

그림 11.32 ▶ 인장·압축 코일 스프링에 걸리는 하중과 응력

(1) 인장 스프링은 하중 방향으로는 인장 하중으로, 스프링의 신축은 훅의 법칙에 따르
나 소선에 대해서는 비틀림 모멘트에 의한 비틀림 응력이 된다. 따라서 (1)의 물음
은 설계목적($l_1 + l_2 + 61\mathrm{mm}$)에 대하여 τ_0가 허용응력 이내로 되는가의 여부를
검토하는 데 있다. 계산의 수순은

① 스프링 정수를 구한다.

$$k = \frac{P}{\delta} = \frac{78 \times 10^3 \times 2^4}{8 \times 20 \times 12^3} = 4.51 \ \mathrm{N/mm} = 0.46 \ \mathrm{kgf/mm} \qquad \text{(i)}$$

이 값은 압축·인장 코일 스프링을 1 mm 늘리는(압축)데 4.51 N(0.46 kgf)의 힘이
필요하다는 것을 나타내고 있다. 따라서 이 스프링을 밀착 상태에서 61 mm 늘리
는 데는

$$P = 4.51 \, (0.46) \times 61 = 275.1 \, \mathrm{N} \, (28.1 \, \mathrm{kgf}) \qquad \text{(ii)}$$

의 힘이 필요하다.

② τ_0 의 계산

$$\tau_0 = \frac{8DP}{\pi d^3} = \frac{8 \times 12 \times 275.1 \, (28.1)}{\pi \times 2^3} = 1{,}050.8 \ \mathrm{N/mm^2} = 107.2 \ \mathrm{kgf/mm^2} \quad \text{(iii)}$$

$\phi 2$ 의 피아노선 B종의 허용응력(실제 사용상의 최대응력)은 그림에서 읽은 값의 64%이다.

그러므로

$$1,030\,(\text{N/mm}^2) \times 0.64 = 659.2\,(\text{N/mm}^2) = 105\,(\text{kgf/mm}^2) \times 0.6 \text{ (iv)}$$
$$= 67.2\,(\text{kgf/mm}^2)$$

따라서 과제의 조건에서 이 스프링은 처진다.

(2) 계산에 의하여 τ_0에 대한 허용값의 한계를 $659.2\,(\text{N/mm}^2) = 67.2\,(\text{kgf/mm}^2)$ 라 하면

$$P = \frac{\pi d^3 \tau_0}{8D} = \frac{\pi \times 2^3 \times 659.2\,(67.2)}{8 \times 12} = 172.6 = 17.6\,\text{kgf} \qquad \text{(v)}$$

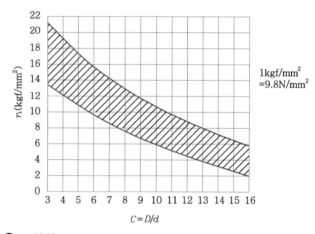

그림 11.33 ▶ τ_i 의 값

이때의 $(l_1 + l_2)$ 치수는

$$\frac{28.2}{61} = \frac{17.6}{l_1 + l_2} \qquad \therefore l_1 + l_2 = \frac{61 \times 17.6}{28.2} = 38.1\,\text{mm} \qquad \text{(vi)}$$

(3) $\tau_0 = \dfrac{Gd\delta}{\pi N_a D^2}$ $\quad \therefore N_a = \dfrac{Gd\delta}{\pi D^2 \tau_0} = \dfrac{78 \times 10^3 \times 2 \times 61}{\pi \times 12^2 \times 659.2} \fallingdotseq 32$ $\qquad$ (vii)

즉, 권수를 32로 하면 61 mm까지 늘려도 처짐이 생기지 않는다.

이상의 계산은 응력수정을 하지 않은 값이므로 기준의 값으로 사용한다.

응력수정은 코일 스프링이 1개의 직선봉이라는 가정에서 출발한 것이나, 실제는 굽힘봉으로서 곡률의 영향이 있으므로 수정할 필요가 있는 것이다.

수정식에는 A. M. Wahl의 식, Röber의 식, Wood의 식, Göner의 식 등이 있으나 여기서는 Wahl의 식을 채용하였다.

수정계산은 다음과 같이 한다.

$$C = \frac{D}{d} = 6 \tag{viii}$$

$$x = \frac{4C-1}{4C-4} + \frac{0.615}{C} = 1.15 + 0.1025 = 1.25 \tag{ix}$$

수정응력은 $\tau = k\tau_0$이므로 (iv), (v), (vi)의 각 계산값을 1.25배 하면 각각의 수정값을 구할 수 있다. (vii)의 경우는 $32 \div 1.25 = 25.6 ≒ 26$이 된다.

또한 인장 스프링 가운데 밀착감김의 냉간성형 코일 스프링에는 초장력 P_i 가 생긴다. 이 경우 초장력에 의한 비틀림응력 τ_i는 강에 대해서는 그림의 사선 범위 내로 잡는다. 그러면

$$P_i = \frac{\pi d^3}{8D}\tau_i \tag{x}$$

가 된다. τ_i를 계산에 의하여 구할 경우에는

$$\tau_i = \frac{G}{100C} = \frac{78 \times 10^3 (8 \times 10^3)}{100 \times 6} = 130 (13.3) [\text{N/mm}^2 (\text{kgf/mm}^2)] \tag{xi}$$

가 되므로 앞서의 계산에 대해서 이 값을 가산할 필요가 있다.

이상에서 말한 것은 정하중에 대한 계산이다. 과제의 스프링이 신축을 반복하는 반복하중인 경우에는 피로강도를 검토할 필요가 있다.

정하중이란 스프링의 사용 상태에 있어서 하중변동이 거의 없는 것을 말하며, 반복하중이 있더라도 그 스프링의 사용기간을 통하여 1만 회 이하의 반복일 경우에는 정하중으로 취급한다.

| 연 습 문 제 |

1 다음과 같은 벨트용 코일 스프링을 설계하시오. 밸브는 스프링의 장력이 10~15 kg의 범위에서 작동하고, 15 kg에서 밸브 리프트(행정)는 7.5 mm로 한다. 스프링 재료는 밸브 스프링용 탄소강을 오일 템퍼링한 선으로 사용하고 스프링 지수는 10으로 한다.

2 내연기관(4 사이클)의 스프링 코일의 지름 $D=30$ mm, 와이어의 지름 $d=4$ mm, 권수 $N=12$이다. 이 스프링의 고유진동수는 얼마인가?

3 반타원형 겹판 스프링에서 스팬 $L=1,500$ mm, $b=50$ mm, $h=10$ mm, $N=20$이다. 이 스프링의 중앙에 $W=1,550$ kg의 하중을 가하면 응력은 얼마나 되며, 또 휨은 얼마나 되는가?

4 70 kgf의 하중을 받고 처짐이 16 mm인 코일 스프링이 있다. 이 스프링의 $D=15$ mm, $d=4$ mm, $G=0.84\times10^4$ kgf/mm^{2}일 때 유효감김수 n은 얼마인가?

5 철도 차량용 겹판 스프링의 설계 실험식을 구하시오. 스프링판의 총판수가 비교적 많고, 몇 장의 온 길이 판이 있을 경우, 즉 화차용 스프링에서 길이 $2l=1,000$ mm, 하중 $2W=1,600$ kgf, 강판의 수 $n=14$, 강판의 폭 $b=85$ mm, 강판의 두께 $h=6$ mm, 밴드의 폭 $2\mu=100$ mm이다. 단, $E=2.1\times10^4$ kgf/mm^{2}이다.

연습문제 풀이

1 $d=2.9$ mm, $D=29$ mm, $k=0.66$ kgf/mm, $N_t=6$
   $W_s=34.2$ mm, $H_s=22$ mm, $H=56.2$ mm, $p=11.84$ mm

2 131.85 Hz

3 249.12 mm

4 19번

5 $\delta=84.63$ mm, $\sigma=48.27$ kgf/mm^2

12 캠

12.1 캠의 종류

12.1.1 캠의 종류

  캠기구는 원동절(cam)의 회전에 의하여 종동절(follower)에 여러 특성의 직선왕복운동 또는 왕복각운동(요동)을 주기적으로 일으키는 기구이다. 캠의 윤정곡선은 여러 종류가 있으며, 이 것의 적정한 설계제작에 의하여 종동절에 바라는 형식과 성질의 운동을 일으키게 한다.

  평면캠은 종동절의 운동이 캠축에 직각으로 일어나고, 입체캠은 종동절의 운동이 캠축에 평행으로 된다. 그림 12.1~12.11은 각종 캠기구를 나타낸 것이다.

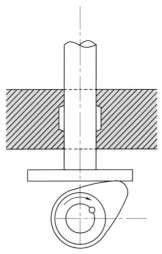

그림 12.1 ▶ 버섯형 종동절의 평면캠

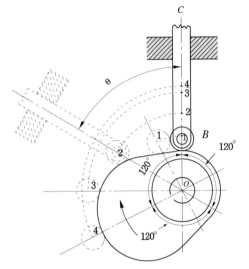

그림 12.2 ▶ 롤의 종동절의 평면캠

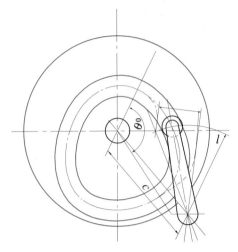

그림 12.3 ▶ 확동캠

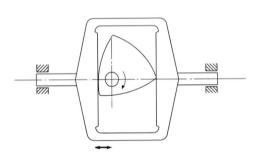

그림 12.4 ▶ 요크캠 (일정 나비캠)

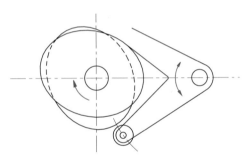

그림 12.5 ▶ 복합캠

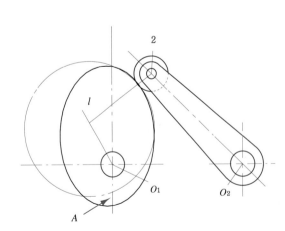

그림 12.6 ▶ 요동절의 평면캠

일정 나비캠

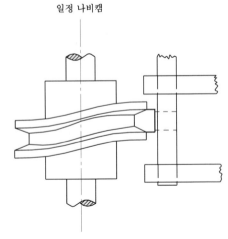

그림 12.7 ▶ 왕복운동 원통캠

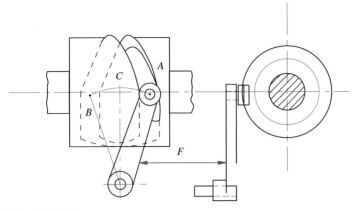

그림 12.8 ▶ 요동운동용 원통캠

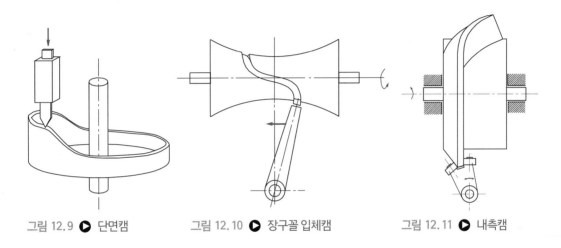

그림 12.9 ▶ 단면캠　　　그림 12.10 ▶ 장구꼴 입체캠　　　그림 12.11 ▶ 내측캠

/12.1.2/ 자주 사용되는 캠기구

그림 12.12(a)~(i)에 대표적인 캠기구의 개략도를 제시한다. 그림 (a), (b)는 캠의 원점이라 할 수 있는 것이며, 실제로 많이 사용되는 것은 그림 (c), (d), (e), (f), (g) 등이다.

그림 (d)의 원판홈 캠에는 홈의 안에서 홈면에 접촉하여 회전하는 롤러 방식의 캠폴로어가 들어있다. 따라서 홈폭은 캠폴로어의 지름보다 0.01~0.02 mm 정도 클 필요가 있다.

캠폴러어의 접촉점이 캠 홈의 내면에서 외면으로 또는 그 반대로 이동할 때 생기는 충격을 피할 수 없으므로 캠폴로어나 홈면이 상하기 쉽고 진동이나 소음의 원인이 된다.

이것을 방지하기 위한 캠이 그림 (e)의 공역캠이다. Y형의 요동종절에 2개의 캠폴로어를 설치하고, 2개의 캠면에 대하여 예압을 주면서 고정하는 것으로 원판홈 캠의 결점을 제거하고 있다.

예압은 Y 형의 한쪽 레버를 다른 쪽 레버에 볼트 등으로 밀어붙여 Y 형의 열림각도를 작게 하는 방법으로 준다. 다만 이 캠은 CAD에 의해서만 제작가능하다.

그림 (h)는 롤러 대신에 나이프 에지를 캠면과의 접촉에 사용한 종절의 일부를 나타낸 것이다.

스위스형 자동반의 바이트 이송과 절입이나 주축의 이동 등에 이용되고 있다. 자동 반의 캠은 1회전에 의하여 1부품 가공의 전 공정을 제어하므로 캠폴로어가 롤러일 때는 판캠의 지름이 너무 커지기 때문이다.

양말이나 자동 편물기 등에도 이와 비슷한 것을 이용하고 있다. 그림 (i)는 비대칭 주먹밥형 등폭곡선의 판캠 1개로 종절에게 정방향 궤적을 그리게 하는 특수한 것의 예이다.

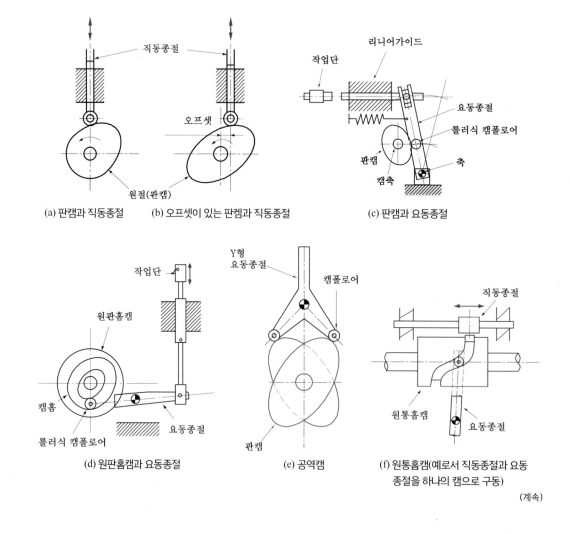

(a) 판캠과 직동종절   (b) 오프셋이 있는 판캠과 직동종절   (c) 판캠과 요동종절

(d) 원판홈캠과 요동종절   (e) 공역캠   (f) 원통홈캠(예로서 직동종절과 요동종절을 하나의 캠으로 구동)

(계속)

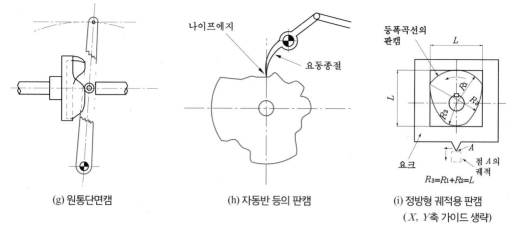

(g) 원통단면캠   (h) 자동반 등의 판캠   (i) 정방형 궤적용 판캠
                                                           (X, Y축 가이드 생략)

그림 12.12 ▶ 대표적인 캠기구

배럴 캠기구와 올러기어 캠기구는 원절축과 종절축이 공간에서 교차하지 않고 투영면에서 직교한다. 이에 대하여 베럴렐 캠기구는 원절과 종절의 축이 평행이기 때문에 이 명칭이 붙여진 것이다.

캠기구에도 결점이 있어 다음과 같은 점에 주의할 필요가 있다.

- 종절이 기동하거나 정지하는 타이밍은 캠회전각에 대하여 일정하고, 종절의 스트로크를 조절할 수 있는 범위는 운동 특성을 유지하는 조건일 경우, 그 수 %에 불과할 정도이다. 스토퍼에 의하여 스트로크 도중에 종절의 운동을 정지시키면 충격이 발생하여 캠기구의 이점을 상실한다.
- 설계는 경험과 감만으로 할 수 없고 엄밀한 설계계산을 필요로 한다. 이것에 대해서는 후술하기로 한다.
- 좋은 캠을 제작하기 위해서는 금긋기와 줄다듬질의 공정만으로는 불충분하고, NC 공작기계가 필요하며, 이를 위한 프로그래밍이 요구된다.

12.2 ## 캠의 기본 운동식과 특성

일반적으로 널리 사용되는 캠의 종동절의 상승운동은 포물선운동(등가속도운동), 단현운동, 사이클로이드 곡선운동 등으로 많이 설계되고, 이들의 운동 특성을 나타내는 변위(displacement), 속도, 가속도의 방정식은 기구학에서 논의한 바와 같다. 표 12.1과 12.2에는 이들의 상승전폭에 대한 식과 하강식(3가지만)을 나타내었다.

표에서 H는 캠의 회전각 θ_o에 대한 양정(lift)이고, h는 캠의 θ 회전에 대한 상승(rise)이다.

그림 12.13~12.15는 표 12.2에 표시한 캠들의 상승운동과 이것에 대칭으로 하강운동을 접속한 선도이며, 360°를 1주기로 한 운동 특성과 캠의 윤정곡선을 나타내고 있으나, 실제로는 이들 변위곡선의 접속은 필요에 따라서 요구조건을 만족시켜야 하므로, 변위곡선이나 윤정곡선의 대칭형은 드물게 되고, 또 하강의 운동식은 정부의 부호 등이 변하게 된다.

표 12.1 기초곡선식 및 캠의 계수 $f\left(f = \dfrac{2\pi R_0 \theta_0}{360° \, H}\right)$

곡선명칭	방정식	f
등속운동	$h = H \cdot \theta / \theta_0$	$1/\tan\phi_m$
등가속도운동	$h = 2H(\theta/\theta_0)^2, \, o \leq \theta \leq \theta_0/2$	$2/\tan\phi_m$
가속도 변화율 일정(I)	$h = 4H(\theta/\theta_0)^3, \, o \leq \theta \leq \theta_0/2$	$3/\tan\phi_m$
가속도 변화율 일정(II)	$h = H(\theta/\theta_0)^2 \cdot \left(3 - \dfrac{2\theta}{\theta_0}\right)$	$\dfrac{3}{2} \times \dfrac{1}{\tan\phi_m}$
단현운동	상승 : $h = \dfrac{H}{2} \cdot (1 - \cos\pi \cdot \theta/\theta_0)$ 하강 : $h = \dfrac{H}{2} \cdot (1 + \cos\pi \cdot \theta/\theta_0)$	$\dfrac{\pi}{2} \times \dfrac{1}{\tan\phi_m}$
사이클로이드	상승 : $h = H\left(\dfrac{\theta}{\theta_0} - \dfrac{1}{2\pi}\sin 2\pi \dfrac{\theta}{\theta_0}\right)$ 하강 : $h = H\left(1 - \dfrac{\theta}{\theta_0} + \dfrac{1}{2\pi}\sin 2\pi \dfrac{\theta}{\theta_0}\right)$	$2/\tan\phi_m$
	상기 곡선은 $\theta = \dfrac{\theta_0}{2}$ 에서 응력각 최대	
복합현운동	$h = \dfrac{H}{2}\left\{\left(1 - \cos\pi\dfrac{\theta}{\theta_o}\right) - \dfrac{1}{4}\left(1 - \cos 2\pi \dfrac{\theta}{\theta_o}\right)\right\}$ $\theta = \dfrac{2}{3}\theta_0$ 에서 최대 압력각	$\dfrac{3\sqrt{3}\,\pi}{8} \cdot \dfrac{1}{\tan\phi_m}$ $\fallingdotseq 2/\tan\phi_m$
5차다항식	상승 $h = H\left\{7.5\left(\dfrac{\theta}{\theta_0}\right)^2 - 10\left(\dfrac{\theta}{\theta_0}\right)^4 + 3.5\left(\dfrac{\theta}{\theta_0}\right)^5\right\}$ $\theta = 0.553\theta_0$ 에서 압력각 최대 하강 $h = H\left\{1 - 2.5\left(\dfrac{\theta}{\theta_0}\right)^2 - 2.5\left(\dfrac{\theta}{\theta_0}\right)^3 + 7.5\left(\dfrac{\theta}{\theta_0}\right)^4 - 3.5\left(\dfrac{\theta}{\theta_0}\right)^5\right\}$	$\dfrac{1.74}{\tan\phi_m}$

표 12.2 변위, 속도, 가속도의 식

캠종류	변위 h	속도 v	가속도 a
포물선 운동 [등가속도]	$h = 2H\dfrac{\theta^2}{\theta_0{}^2}, \theta/\theta_0 \leq 0.5$ $h = H\left[1 - 2\left(1 - \dfrac{\theta}{\theta_0}\right)^2\right], \quad \dfrac{\theta}{\theta_0} \geq 0.5$	$\dfrac{dh}{dt} = \dfrac{4H\omega\theta}{\theta_0{}^2}$ $\dfrac{dh}{dt} = \dfrac{4H\omega}{\theta_0}\left(1 - \dfrac{\theta}{\theta_0}\right)$	$\dfrac{d^2h}{dt^2} = \dfrac{4H\omega^2}{\theta_0{}^2}$ $\dfrac{d^2h}{dt^2} = -\dfrac{4H\omega^2}{\theta_0{}^2}$
단현 운동	$h = \dfrac{H}{2}\left(1 - \cos\dfrac{\pi\theta}{\theta_0}\right)$	$\dfrac{dh}{dt} = \dfrac{\pi H\omega}{2\theta_0}\sin\dfrac{\pi\theta}{\theta_0}$	$\dfrac{d^2h}{dt^2} = \dfrac{\pi^2 H\omega^2}{2\theta_0}\cos\dfrac{\pi\theta}{\theta_0}$
사이클 로이드 운동	$h = H\left(\dfrac{\theta}{\theta_0} - \dfrac{1}{2\pi}\sin 2\pi\dfrac{\theta}{\theta_0}\right)$	$\dfrac{dh}{dt} = \dfrac{H\omega}{\theta_0}\left(1 - \cos 2\pi\dfrac{\theta}{\theta_0}\right)$	$\dfrac{d^2h}{dt^2} = \dfrac{2\pi H\omega^2}{\theta_o^2}\sin\dfrac{2\pi\theta}{\theta_0}$

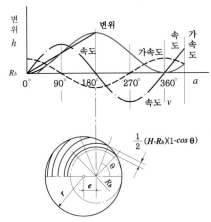

그림 12.13 ▶ 등가속도캠

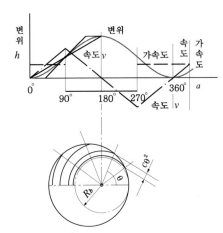

그림 12.14 ▶ 단현운동캠

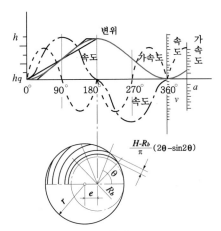

그림 12.15 ▶ 사이클로이드 곡선캠(중앙에서 가속도 급변)

그림 12.16~12.18은 표 12.2의 3가지 식에 대한 기본 상승운동의 특성과 각 특성치의 최대치를 비교하여 나타낸 것이다.

캠기구에서 종동절의 관성력은 가속도에 비례하므로 가속도가 작아야 좋으나, 등가속도 운동캠은 가속도의 급격한 변화가 있어서 바람직하지 못하고, 단현운동캠의 가속도는 운동 시초와 끝을 제외하고는 점진적인 변화를 하고 있다.

사이클로이드 곡선 운동캠은 3가지 중에서 가속도가 가장 크지만 급격히 변화하지 않으므로 충격이 작다. 그러나 그림 12.15와 같이 최대양정점에서 곧 강하로 연결되면 이곳에서 가속도의 방향이 급변하게 되므로, 이 점에 잠시 정지(가속도 0)를 주고 강하를 하게 하면 가속도의 급변을 완화할 수 있다.

고속회전하는 캠기구에서는 가속도의 급격한 변화를 피해야 하고, 필요하다면 타의 곡선을 접촉하여 가속도가 시종 원활하게 변화하도록 변위곡선에 완화곡선(easement curve)을 접속하여 수정된 운동곡선으로 할 수 있다.

그림 12.19는 표 12.1에 있는 등속운동캠의 변위곡선에 대하여 완화곡선(예 : 등가속도 곡선)을 접속한 것으로, 시점과 최고점의 부근에서 가속도가 유한치가 되도록 하여 충격을 완화한 것이다. 또 표 12.1에 있는 복합현운동의 캠의 운동은 그림 12.20과 같이 시점에 있어서의 속도, 가속도는 0이 되므로 정지의 상태에서 연결하여도 진동과 충격이 일어나지 않는다. 양정의 종점에서 부의 가속도를 가지고 있으므로, 그대로 복귀운동에 연결하여 원활하게 변화하여 복귀 종점에서 다시 0이 된다. 이 곡선은 단현운동곡선과 달리 운동의 시·종점에서 가속도가 0이 되므로 충격이 일어나지 않는 특징이 있다.

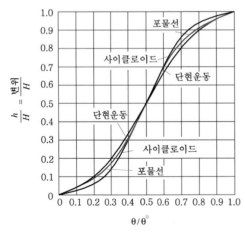

그림 12.16 ▶ 변위곡선의 비교

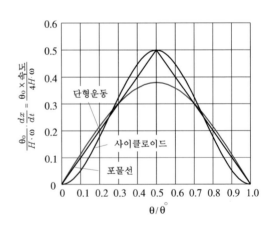

그림 12.17 ▶ 속도곡선의 비교

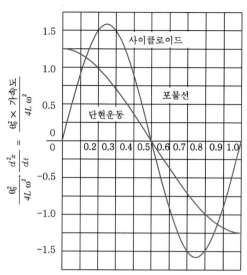

그림 12.18 ▶ 가속도의 비교

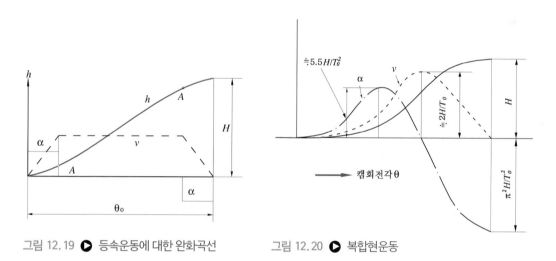

그림 12.19 ▶ 등속운동에 대한 완화곡선   그림 12.20 ▶ 복합현운동

12.3 캠 곡선 및 무차원 표시

12.3.1 캠 곡선

캠 곡선이란 캠의 외형이나 홈의 윤곽선을 말하는 것이 아니라 종절의 말단, 즉 작업단의 운동 특성을 나타내는 것이다. 운동 특성이란 작업단의 변위, 속도, 가속도 및 약동이 캠의 회전각에 대하여 어떻게 변화하는가 하는 특성을 의미한다.

그림 12.21에 제시하는 바와 같이 직교좌표의 횡축에 시간 t를, 종축에 변위 s, 속도 v 및 가속도 α를 잡고 변위가 경사진 직선으로 시각 t_2까지 증가하는 경우를 생각한다.

시각 t_o에서 t_1까지는 정지, 즉 시각 t_o에서 t_1까지 제로였던 것이 시각 t_1에서 갑자기 유한의 값 v를 갖게 되는 것이다.

속도 v의 시간에 대한 변화의 비율은 가속도 α이므로 시각 t_1에서는 다음과 같이 된다.

$$\alpha = \frac{\Delta v}{\Delta t} = \lim_{\Delta t \to 0} \frac{v - 0}{\Delta t} = \infty \tag{12.1}$$

시각 t_1에서 갑자기 무한대의 가속도가 생긴다는 것은 뉴턴의 법칙에 따라

$$\text{힘} = \text{질량} \times \text{무한대의 가속도} = \text{무한대의 힘} \tag{12.2}$$

이 된다.

이론상 이와 같은 장치는 파괴된다는 것을 의미한다.

그러나 실제로는 이 이론대로의 장치를 만들 수 없다. 왜냐하면 완전한 강체는 실재하지 않기 때문이다.

예를 들어, 대상에서 정지하고 있는 물체에 어떤 방법으로 등속운동을 하는 바를 부딪쳐 봤자 상호간에 특징적 탄성 변형이 생기면서, 정지물체는 극단시간이기는 하나 그림 12.21의 파선으로 나타내는 속도로 제로에서 기동하기 때문이다.

이를 응용한 것이 밟기 기동식 크랭크 프레스인데 연속회전하고 있는 플라이휠에서의 뛰어들기 키에 의하여 크랭크 샤프트와 램이 그림 12.21의 파선과 같은 움직임을 실현한다.

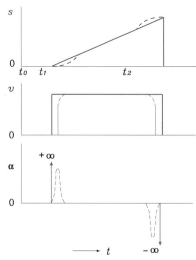

그림 12.21 ▶ 등속도일 경우의 운동 특성

이와 같은 운동 부분이 있는 기계에서는 진동과 충격을 피할 수 없을 뿐만 아니라 마모도 빠르다. 그래서 운동의 시점과 종점에서는 속도, 가속도가 다같이 제로이고 운동의 전기간에 걸쳐 가속도가 연속적인 것이 바람직하다.

이 목적을 위하여 개발된 캠 곡선만 하더라도 50종이 넘는다.

/12.3.2/ 변위, 속도, 가속도, 약동의 무차원 표시

실제의 캠기구에서는 기계의 목적에 따라 변위, 속도, 정류(일시적 정지)의 시간이 천차만 별이다. 그래서 실제의 단위 mm, mm/s, mm/s^2 등을 사용하면 캠의 회전각에 대응하는 변위, 속도, 가속도를 비교할 때 우열의 기준이 확실하지 않다.

디멘션(dimension)을 떼어버리고 추상하는 쪽이 오히려 편리하다.

이것을 캠 곡선의 무차원화에 의한 표시라 한다. 종절이 직진운동을 할 때, 시간 $t = 0$에서 움직이기 시작한다.

그리고 변위가 단조롭게 증대하다가 $t = t_h$[초]일 때, 최대변위 h[mm]가 되는 것으로 한다. 최대변위(스트로크)에 이르는 도중의 변위를 s라 하면 무차원 시간 T와 무차원 변위 S는 다음과 같이 정의된다.

$$T = \frac{t}{t_h} \tag{12.3}$$

$$S = \frac{s}{h} \tag{12.4}$$

이때 변위 s를 시간 t의 함수라 하고

$$s = s(t) \tag{12.5}$$

로 나타내면 이것은 다음과 같이 바꾸어 쓸 수 있다.

$$S = S(T) \tag{12.6}$$

따라서 $T = 0$일 때에는 $S = 0$이 되고, $T = \dfrac{t_h}{t_h} = 1$일 때에는 $S = h/h = 1$로 된다. S를 T로 순차미분한 것을 무차원 속도 V, 무차원 가속도 A, 무차원 약동 J라 부른다.

$$V = V(T) = \frac{dS}{dT} \tag{12.7}$$

$$A = A(T) = \frac{d^2 S}{dT^2} \tag{12.8}$$

$$J = J(T) = \frac{d^2 S}{dT^3} \tag{12.9}$$

이와 같이 무차원화된 S, V, A, J를 실제의 단위를 갖는 변위 s, 속도 v, 가속도 α, 약동 j로 환산할 때에는 다음에 제시하는 식 (12.10)~(12.13)을 사용한다.

$$s = hS \tag{12.10}$$

$$v = \frac{h}{t_h} V \tag{12.11}$$

$$\alpha = \frac{h}{t_h{}^2} A \tag{12.12}$$

$$j = \frac{h}{t_h{}^3} \tag{12.13}$$

무차원값의 최대값에는 첨자 m, 최소값에는 첨자 o, 최종값에는 첨자 h를 붙인다.

변위가 요동각일 때는 각 변위를 $\tau(\mathrm{rad})$로, 각속도를 $\dot{\tau}(\mathrm{rad/s})$으로, 각가속도를 $\ddot{\tau}(\mathrm{rad/s^2})$로 나타낸다.

이들 무차원화 표시에는 직진운동과 마찬가지로 S, V, A, J를 사용하되 실제의 수치로 환산할 때는 식 (12.10)~(12.13)을 준용한다.

이에 대하여 원절, 즉 캠의 회전각에는 θ를 사용한다. 각도의 호칭단위로서는 θ도 τ도를 사용하는 경우가 많으나 계산의 경우에는 반드시 rad으로 환산할 필요가 있다.

삼각함수의 경우에는 '도'든 'rad'이든 상관이 없으나 전자의 단위로 변환하는 것을 잊어서는 안 된다. 이것은 25°나 60°라 표시하면 시각적으로 알기 쉽지만 이것을 0.4363 rad 또는 1.0472 rad이라 하면 시각적으로 불분명하기 때문이다.

/12.3.3/ 변형 정현곡선의 무차원 특성과 실제의 특성

캠 곡선은 50종이 넘는다고 했는데 자동기에 많이 사용되는 곡선은 변형 정현, 변형 사다리꼴, 변형 등속도이다.

(1) 변형 정현곡선

이 캠 곡선을 그림 12.22에 제시한다. 이 곡선은 고속 중하중에 적합하고, 그 계산식은 3구

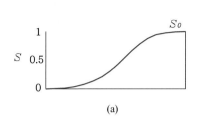

(a)

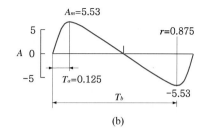

(b)

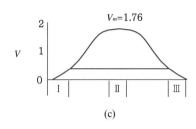

(c)

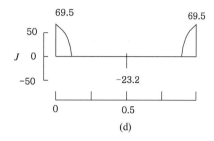

(d)

그림 12.22 ▶ 변형 정현곡선

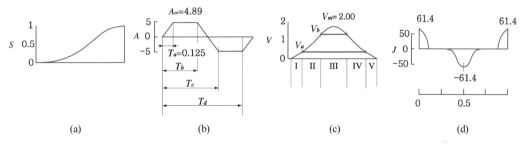

(a)　　　　　(b)　　　　　(c)　　　　　(d)

그림 12.23 ▶ 변형 사다리꼴곡선

간으로 되어 있다. 그림에 제시한 I, II, III의 로마 숫자는 구간을 표시한다.

다음에 제시하는 계산식은 T_a에 0.125를 대입하고 계산한 것이다. $T_a = 0.125$는 +의 가속도(각가속도)가 최대값으로 될 때이다.

변형 정현곡선의 식을 다음에 제시한다.

구간 I : $0 \leq T \leq 0.125$

$$S = 0.4399\,T - 0.035\sin 4\pi T$$
$$V = 0.44(1 - \cos 4\pi T)$$
$$A = 5.53\sin 4\pi T$$
$$J = 69.5\cos 4\pi T \tag{12.14}$$

구간 II : $0.125 < T \leq 0.875$

$$S = 0.315 \left[1 - \cos \left\{ 4.19 \left(t - 0.125 \right) \right\} \right] + 0.44 \left(T - 0.125 \right) + 0.02$$

$$V = 1.32 \left\{ 4.19 \left(T - 0.125 \right) \right\} + 0.44$$

$$J = -23.2 \sin \left\{ 4.19 \left(T - 0.125 \right) \right\}$$

(12.15)

구간 III : $0.875 < T \leq 1$

$$S = 0.035 \left[\cos 4\pi \left(T - 0.875 \right) \right\} - 1 \right] + 0.44 \left(T - 0.875 \right) + 0.98$$

$$V = -0.44 \sin \left\{ 4\pi \left(T - 0.875 \right) \right\} + 0.44$$

$$A = -5.53 \cos \left\{ 4\pi \left(T - 0.875 \right) \right\}$$

$$J = 69.5 \sin \left\{ 4\pi \left(T - 0.875 \right) \right\}$$

(12.16)

$$V_m = 1.76$$

$$A_m = \pm 5.53$$

$$J_m = +69.5$$

(12.17)

$$-23.2$$

$$\left(A \times V \right)_m = \pm 5.46$$

$$\left(V \times V \right)_m = 3.10$$

$$\left(S \times V \right)_m = 1.13$$

(12.18)

식 (12.18)은 캠축에 필요한 토크를 계산할 때 필요한 것으로서 $(A \times V)$는 관성부하 토크, $(V \times V)$는 점성부하 토크, $(S \times V)$는 스프링부하 토크에 관계하고 있다.

이 토크의 계산에 대해서는 생략하기로 한다. 첨자의 m은 앞에서도 말한 바와 같이 각각의 최대값을 나타낸다. 다만 $(A \times V)_m$은 A_m에 V_m을 곱한 값이 아니고, $(A \times V)$의 최대값을 의미하는 것이므로 전 구간에 있어서 $A \times V$를 T에 대하여 미분하고 그 극대값을 구한 결과이다.

(2) 사다리꼴 변형곡선

그림 12.23에 캠 곡선을 제시한다. 이 곡선은 구간이 5개로 나누어져 있다. A_m은 변형정현보다 작으므로 고속 경하중에 적합하다.

(3) 변형 등속도곡선

그림 12.24에 캠 곡선을 제시한다. 이 곡선은 속도가 느려 가공이나 조립에 있어서 작업단의 툴에 등속도가 요구될 때 사용된다.

그림 12.21에 실선으로 나타낸 결점을 T의 시점이나 종점 근방에서 완충곡선에 의하여 보정한 것이라고 생각하면 된다. 무차원 시간 $T = 0$에서 $T = 1$에 대응하는 캠의 회전각을 분할각 θ_h 라 부른다. 캠이 θ_h 회전하면 작업단은 전변위 h에 해당하는 범위를 운동하는 셈이다. 또 이 θ_h에 대응하는 스트로크 시간을 t_h로 나타내고 캠축이 1회전에 필요한 시간을 t_1 이라 하면 t_h는 다음 식으로 구할 수 있다.

$$t_h = t_r \cdot \frac{\theta_h \, \text{rad}}{2\pi \text{rad}} = t_r \cdot \frac{\theta_h}{360°} \tag{12.19}$$

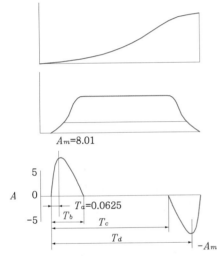
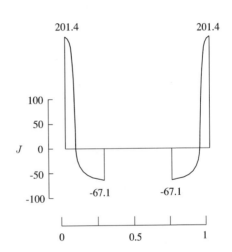

그림 12.24 ▶ 변형 등속도곡선

캠의 압력각과 기초원

/12.4.1/ 직동 종동절의 경우

그림 12.25는 롤러 종동절을 갖는 평면캠이다. 롤러의 중심은 피치곡선(pitch curve)에 따라서 움직이게 되고, 캠의 윤곽곡선은 롤러에 접하는 작용면이다. 기초원은 캠윤곽의 최소 반지름 R_o를 반지름으로 하는 원이지만, 롤러 평면캠에 있어서는 롤러의 반지름 R_r를 가한 것을 반지름 R_b로 하는 피치곡선의 최소 반지름을 가지고 기초원으로 대신한다($R_b = R_o + R_r$).

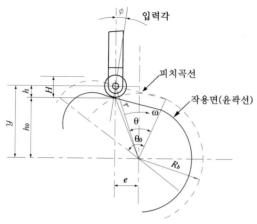

그림 12.25 ▶ 방사상캠의 압력각

압력각의 변화는 $dh/d\theta$와 기초원의 크기에 따라서 변하고, 그 관계는 다음 식으로 표시된다.

$$\tan\phi = \frac{1}{r} \cdot \frac{dh}{d\theta} \tag{12.20}$$

캠과 롤러의 중심거리는 $r = R_b + h$이다.

식 (12.20)은 $dh/d\theta$, 즉 변위선도의 경사가 클수록 압력각 ϕ가 크고, 동시에 R_t가 클수록 ϕ가 작아짐을 표시한다. 또 그림 12.26과 같이 최대압력각 ϕ_m이 존재하는 피치곡선상의 A점을 통과하는 피치원의 반지름을 r_p, 이때의 캠의 회전각을 θ_p로 하고, 또 캠이 θ_o각 회전하여 H의 변위를 하였다면 피치원의 원호 ca는 변위선(기초곡선)의 피치선의 길이 $l\,(l = 2\pi r_p$

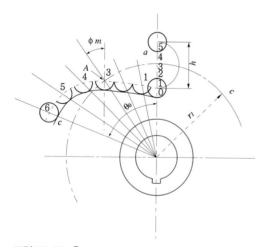

그림 12.26 ▶

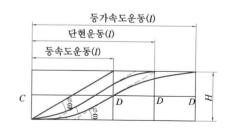

그림 12.27 ▶

$\theta_o / 360°$)과 같다. 그러나 그림 12.27과 같이 변위곡선의 길이 l 은 동일 최대압력각 ϕ_m 과 동일양정 H라도 캠의 종류에 따라서 다르다. 캠계수 f 를 $f = \dfrac{l}{H}$ 이라 놓으면

$$cd = f\,H = \frac{2\pi r_p \theta_o}{360°}$$

$$\therefore \; r_p = \frac{360° f H}{2\pi \theta_o} \tag{12.21}$$

최대압력각을 30°로 허용하면

$$f = 2.72 \,(\text{단현운동})$$
$$f = 3.06 (\text{사이클로이드 곡선운동})$$

최대압력각 ϕ_m 은 $dh/d\theta$ 의 값이 최대로 되는 곳에 나타나므로

$$-\frac{1}{r^2}\left(\frac{dh}{d\theta}\right)^2 + \frac{1}{r} \cdot \frac{d^2h}{d\theta^2} = 0$$

$$r_p = \frac{\left(\dfrac{dh}{d\theta}\right)_p^2}{\left(\dfrac{d^2h}{d\theta^2}\right)_t} \tag{12.22}$$

$$\tan\phi_m = \frac{\left(\dfrac{d^2h}{d\theta^2}\right)}{\left(\dfrac{dh}{d\theta}\right)_p} \; (\theta \;:\; \mathrm{rad}) \tag{12.23}$$

식 (12.23)에 속도, 가속도 θ_o 및 ϕ 의 허용치 ϕ_m 을 대입하면 $\theta = \theta_t$ 가 얻어진다.

식 (12.21) 및 식 (12.22)에서는 피치원 반지름 r_t 가 얻어진다.

캠의 크기치수는 최대압력각 ϕ_m 과 무차원 최대속도 V_m 으로부터 결정된다. 최대양정 H_m 까지는 회전각을 θ_o rad로 하면 원동캠, 판캠, 혹은 평면홈 캠의 유효 반지름 r_e 는

$$r_e = \frac{H \cdot V_m}{\theta_o \cdot \tan\phi_m} \tag{12.24}$$

에 의하여 결정된다. 판캠에 있어서 롤러중심궤적의 최대반지름을 r_h, 최소반지름(기초원 반지름)을 r_t 로 할 때

$$H = r_h - r_b, \, r_e = (r_h + r_b)/2 \tag{12.25}$$

이다.

그림 12.28은 단현운동 및 사이클로이드 곡선운동에 있어서의 최대압력각에 관한 선도이며, θ_c 및 ϕ_m 을 원주상에 취하여 이것을 직선으로 연결하고, 중앙의 횡선과의 교점의 눈금을 읽으면 H/R_b 에서 R_b 를 얻을 수 있다.

그림 12.29와 같은 원동캠의 압력각 관계는 캠의 외주반지름을 R_o로 할 때

$$R_o = \frac{180}{\pi} \cdot \frac{fH}{\theta_o} \qquad ①$$

또 $\tan\phi_m = \left(\dfrac{dy}{dx}\right)_{\max}$ 이므로

$$\frac{dy}{dx} = \frac{dh}{d\theta} \cdot \frac{180}{\pi R_o} = \frac{dh}{dt} \cdot \frac{180}{\pi w R_o}$$

$$\therefore \tan\phi_m = \frac{180}{\pi w R_o} \left(\frac{dh}{dt}\right)_{\max} \qquad (12.26)$$

식 ①과 식 (12.26)에서

$$f = \frac{1}{\tan\phi} \cdot \frac{\theta_o}{Hw} \left(\frac{dh}{dt}\right)_{\max} \qquad (12.27)$$

각종 변위곡선에서 $(dh/dt)_{\max}$ 을 구하고, 식 (12.27)에 대입하여 산출한다.

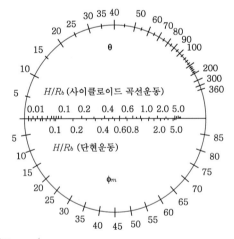

그림 12.28 ▶ 최대압력각 선도

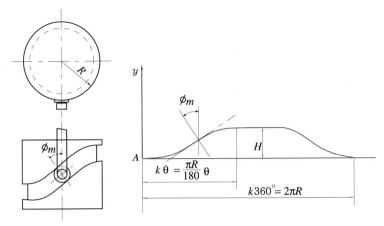

그림 12.29 ▶ 원동캠의 압력각

/12.4.2/ 편심직동 종동절의 경우

롤러 중심의 운동 방향이 캠 축심으로부터 e만큼 떨어져 있는 직선 종동부의 경우를 생각하면, 그림 12.30에서 $PQ = dh/d\theta = MN$으로 취하여 Q와 O를 연결하고 O에서 PQ에 수선 OR을 내리면

$$\angle ROQ = \frac{1}{y}\left(\frac{dh}{d\theta} - e\right)$$

$$\therefore \tan\phi = \frac{1}{y}\left(\frac{dh}{d\theta} - e\right)$$

$$y = \sqrt{R_b - e^2} + h \tag{12.28}$$

여기서 롤러 중심과 축심을 연결하는 직선에 대한 캠의 회전각 θ'(캠 윤곽에 있어서의 겉보기 회전각)과 캠의 실제의 회전각 θ와는 같지 않다. 방정식의 변수는 θ이지만, 윤정을 그릴 때 필요한 것은 ϕ이다. 또 r의 변화도 그대로 h의 것과 같지 않다.

$$r = \{(h_o + h)^2 + e^2\}^{1/2} = (y^2 + e^2)^{1/2}$$

$$= (R_b{}^2 - e^2)^{1/2} \tag{12.29}$$

또 $$\theta' = \theta - \Delta$$

여기서 $$\Delta = \delta - \beta \tag{12.30}$$

$$\delta = \cos^{-1}\frac{e}{r} \qquad \beta = \cos^{-1}\frac{e}{R_b}$$

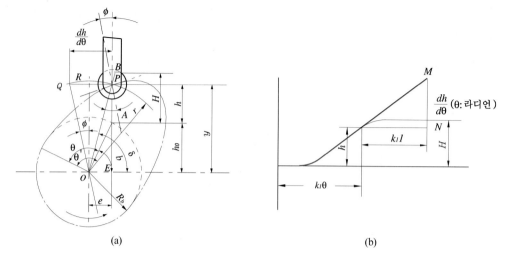

그림 12.30 ▶ 편심직동 종동절의 압력각

12.5 캠의 설계

12.5.1 종동절이 직접 접촉하는 캠

(1) 편심하지 않는 경우

그림 12.31에 있어서 종동절이 최하위치를 통과하는 기초원을 긋고, $\overline{OA}$ 를 캠의 회전각을

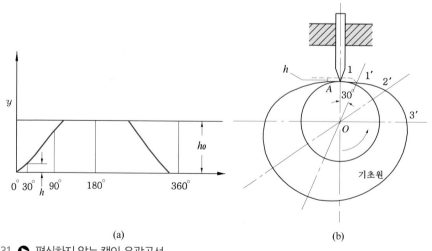

그림 12.31 ▶ 편심하지 않는 캠의 윤곽곡선

재는 기준선이라 한다. 지름캠을 화살표 방향으로 회전시키면 30° 회전할 때는 h만큼 상승한다. $\angle AO1' = 30°$로 잡고 $\overline{A1} = h$, $\overline{O1} = \overline{O1'}$이라 하여 $1'$이 구해진다. 이 $1'$은 캠의 윤곽곡선의 한 점으로 된다. 따라서 같은 방법으로 $2'$, $3'$, …… 을 구하여 그 점들을 연결한 곡선이 캠의 윤곽곡선으로 된다.

(2) 종동절이 롤러를 가진 경우

만일 종동절이 그 선단에 중심을 둔 롤러를 가진 경우에는 그림 12.32와 같이 종동절이 첨단을 가진 것으로 보고, 앞과 마찬가지로 캠윤곽을 그림의 파선과 구하며, 다음에 이 윤곽 위에 중심을 두며, 롤러의 반지름과 같은 한 반지름의 원을 다수 그리고, 이들에게 내접한 곡선을 그리면 구하려는 캠의 윤곽곡선을 얻을 수 있다.

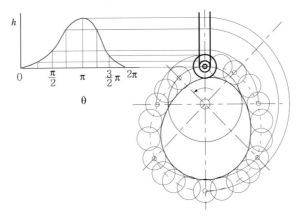

그림 12.32 ▶ 롤러를 가진 평판캠

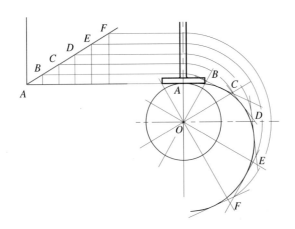

그림 12.33 ▶

(3) 종동절의 첨단이 평면일 경우

버섯형 캠과 같이 종동절의 선단이 평면일 경우는 그림 12.33과 같이 앞과 마찬가지로 종동절의 선단이 평면의 중앙에 있는 것으로 하여 캠의 윤곽 $ABCDE$……를 그리고, 다음에 이 A, B, C점에서 OA, OB, OC……에 직각인 곡선을 그리면 이것이 구하려는 캠의 윤곽곡선이 된다. 종동절의 선단이 구면의 경우도 마찬가지 방법으로 그릴 수가 있다.

(4) 편위가 있을 경우

종동절의 축선이 캠의 회전중심을 지나지 않는 편위캠에서는 그림 12.34와 같이 편위 e일 경우, A점이 종동절이 최하점에 왔을 때의 선단의 위치라 하고, O를 중심으로 OA를 반지름으로 한 원이 기초원이다. 캠 곡선을 그리려면 먼저 O를 중심으로 e를 반지름으로 하는 원을 그리고, 종동절의 축선과의 교점을 A'이라 한다. OA'을 기점으로 하고, 앞에서와 같이 분할하여 OA', OB', OC'……으로 하며, B', C'……의 각 점에서 원에 접선을 긋고, 이 접선상에 $\overline{B'B} = \overline{A'b'}$, $\overline{C'C} = \overline{A'c'}$, $\overline{D'D} = \overline{A'd}$ …… (또는 $\overline{OB} = \overline{Ob'}$, $\overline{OC} = \overline{Oc'} =$, $\overline{OD}$ $\overline{Od'}$ ……으로 해도 좋다)와 같이 A, B, C, D……을 구하고, 이들을 결합하면 편위캠의 윤곽곡선을 얻게 된다.

/12.5.2/ 종동절이 요동운동을 할 경우

종동절이 요동운동을 할 때의 캠선도는 가로에는 시간 또는 캠의 각속도를 취하는 것은 직선운동 때와 마찬가지지만, 세로에는 요동암의 각변위를 취할 경우 요동암 위에 있는 한 점의

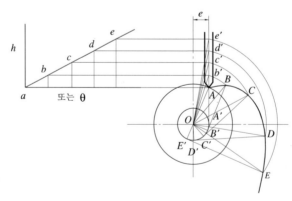

그림 12.34 ▶ 편위가 있는 캠의 윤곽곡선

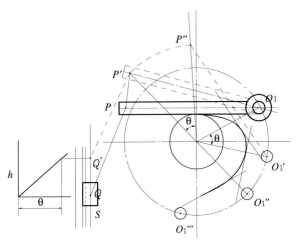

그림 12.35 ▶ 종동절의 요동운동

원호를 따라 측정한 변위를 취할 경우 또는 그 점의 수직 방향의 변위를 취할 경우 등의 여러 가지 그리는 방법이 있다.

그림 12.35에서는 요동암에 의해 슬라이더 S를 움직일 경우에 슬라이더의 변위를 종축에 취했을 때의 캠선도가 주어졌다고 한다. P, Q점은 최저위치의 경우라 하고, 캠이 θ만큼 회전하여 Q가 Q'에 왔다고 할 때 Q'을 중심으로 한 반지름 PQ인 원호와 O_1을 중심으로 한 반지름 O_1P인 원호와의 교점 P'을 구하면 그때의 요동암의 위치가 파선과 같이 얻어지게 된다.

캠이 θ만큼 회전하는 대신에 캠은 정지하고 요동암이 반대 방향으로 θ만큼 위치를 바꾸더라도 캠과 요동암의 상대위치는 같으므로, O_1, O_1'에 옮기면 P'은 P''에 온다. 같은 방법으로 하여 O_1'', O_1'''……을 구하여 요동암의 하면에 상당하는 선을 긋고, 이들에 내접하는 곡선을 그리면 구하려는 캠의 윤곽을 얻게 된다.

접촉부에 롤러가 있을 때도 같은 방법으로 롤러의 중심위치를 다수 구하여 각 위치에 롤러와 같은 반지름의 작은 원을 그리고, 이들에 내접할 곡선을 구하면 된다.

12.5.3 / 원호 및 직선으로 이루어진 캠

지금까지 설명해온 캠에서는 종동절에 요구되는 운동에 의거하여 캠선도를 그리고, 그에 따라 캠의 윤곽을 얻는 것이므로, 종동절에 복잡한 운동이 필요한 자동공작기계 같은 데는 흔히 사용되나, 캠의 윤곽을 실제로 제작하기는 매우 어렵다. 그러나 내연기관의 밸브개폐에 사용될 때는 밸브의 리프트 등이 요구될 뿐으로, 종동운동은 어떠하거나 그리 문제되지 않으므로, 이러한 때는 캠의 윤곽을 원호와 직선이 되게 하면 제작이 훨씬 쉽고, 또 정확한 것을 만들 수 있다.

/12.5.4/ 원반캠

원반을 편심축에 붙인 것을 원반캠(circular disc cam)이라 한다. 종동절의 접촉단은 보통 그림 12.36과 같은 평면으로 하나, 이때의 종동절운동은 단현운동이 된다.

편심원반의 반지름을 r, 편심을 e라고 하면 회전중심에서 종동절의 최저위치까지의 거리 OA는 $r-e$이다(그림의 파선 부분). 이 위치에서 캠이 θ만큼 회전했을 때의 종동절변위를 s라 하면,

$$s = \overline{OM} + \overline{O'B} - \overline{OA}$$
$$= e\cos(\pi-\theta) + r - (r-e)$$
$$= e(1-\cos\theta)$$

따라서 종동절의 속도 v, 가속도 a는

$$v = \frac{dy}{dt} = e\,\omega\sin\theta,$$
$$a = \frac{dv}{dt} = e\,\omega^2\cos\theta$$

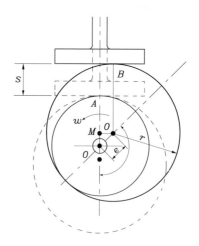

그림 12.36 ▶ 단원반캠

/12.5.5/ 접선캠(tangent cam)

서로 인접하는 원호와 직선과의 조합에 의한 윤곽을 가진 그림 12.37에서 보는 캠을 접선캠이라 하고, 속칭 버섯캠(mushroom cam)으로 통한다.

이 캠의 변위, 속도, 가속도를 구하는 방법을 생각한다. 이와 같은 직선부를 가진 종동절은 선단에 롤러를 가지게 하는 것이 좋다. 종동절의 선단의 롤러(반지름 r)가 2개의 원의 공통접선상의 AB에 있을 경우는 그림의 (b)와 같이 된다.

캠의 회전각 θ에 대한 종절의 변위 y는

$$y = \overline{ab} = \overline{OM_1} - (\overline{M_1 b} + \overline{Oa}) = \overline{OM_1} - \overline{OM}$$

$$\overline{OM_1} = \overline{OM}/\cos\theta, \quad \overline{OM} = r_g + r$$

$$\therefore \ y = (r_g + r)\left(\frac{1}{\cos}\theta - 1\right)$$

속도 v, 가속도 a는

$$v = \frac{dy}{dt} = (r_g + r)\frac{\tan\theta}{\cos\theta} \cdot \omega$$

$$a = \frac{dv}{dt} = (r_g + r)\frac{1 + \sin^2\theta}{\cos^3\theta} \cdot \omega^2$$

롤러가 다른 원호 BC상에 있을 경우는 $\triangle OI_1 L$에 있어서 $\overline{OI_1} = \rho$, $\overline{OL} = f$, $\overline{I_1 L} = e$라 놓으면, 정현법칙에 의하여

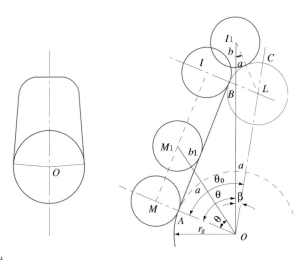

그림 12.37 ▶ 버섯캠

$$\frac{\rho}{\sin\{180° - (\alpha + \beta)\}} = \frac{e}{\sin\beta}$$

$$\therefore \frac{\rho}{\sin(\alpha + \beta)} = \frac{e}{\sin\beta}$$

따라서

$$\rho = e\,\frac{\sin(\alpha + \beta)}{\sin\beta} = e\,(\cos\alpha + \cot\beta \cdot \sin\alpha)$$

한편

$$\frac{f}{\sin\alpha} = \frac{e}{\sin\beta}$$

이므로

$$\sin\alpha = \frac{f\sin\beta}{e}$$

$$\cos\alpha = \sqrt{1 - \frac{f^2\sin^2\beta}{e^2}}$$

ρ 의 식에 대입하면

$$\rho = \sqrt{(e^2 - f^2\sin^2\beta)} + f\cos\beta$$

종동절의 변위 y 는

$$y = ab = \rho - (r_g + r)$$

$$= \sqrt{e^2 - f^2\sin^2\beta} + f\cos\beta - (r_g + r)$$

속도 v, 가속도 a는 $d\theta/dt = \omega$ 라 하고, $\dfrac{d\beta}{dt} = -\omega$로 된다.

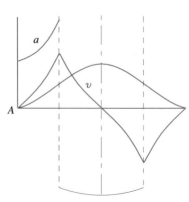

그림 12.38 ▶ 변위, 속도, 가속도 선도

$$v = \frac{dy}{dt} = f\left\{\sin\beta + \frac{f}{2e} \cdot \frac{\sin 2\beta}{\sqrt{1-\left(\frac{f}{e}\right)^2\sin^2\beta}}\right\} \cdot \omega$$

$$a = \frac{dv}{dt} = -f\left[\cos\beta + \frac{\frac{f}{e}\cos 2\beta + \left(\frac{f}{e}\right)^3\sin^4\beta}{\left\{1-\left(\frac{f}{e}\right)^2\sin^2\beta\right\}^{3/2}}\right] \cdot \omega^2$$

변위, 속도, 가속도 선도는 그림 12.38과 같은 모양으로 된다.

/12.5.6/ 원호캠

그림 12.39에 원호캠(circular arc cam)을 도시한다. 이것은 기초원(O를 중심)과 정부원(O_1을 중심)과를 O_2를 중심으로 한 원호 $A_0 A_1$으로서 접속시킨 형체로 된다.

먼저 기초원$[r_g = (1.5\sim2.0)h_0]$과 유극 i를 가진 원을 그리고, 종동절의 평판각이 접촉을 시작하는 점을 φ의 각도로 잡고 A_0라 하고, $\rho = A_0 O_2$를 약 $15h_0$에 같게 잡는다.

그림에서 정부원의 반지름을 r_n이라 하면

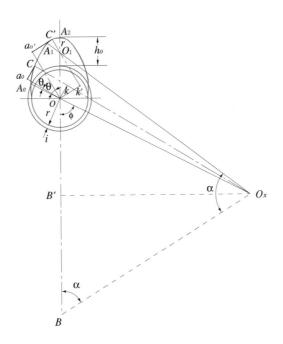

그림 12. 39 ▶ 원호캠

$$(\rho - r_n) \sin(\pi - 2\alpha) = m \sin\phi$$

에서

$$r_n = \rho - \frac{m \sin\phi}{\sin 2\alpha}$$

로 된다. 단

$$\overline{O_1 O_2} = \overline{O_1 B}, \; m = \overline{OO_2}$$

이다. 또

$$\overline{OB} = \overline{A_2 B} - r_g - h_0 - i, \; \overline{A_2 B} = \overline{A_1 O_2} = \overline{A_0 O_2} = \rho$$

$$\therefore \; \overline{OB} = \rho - r_g - h_0 - i = \overline{OO_2} - h_0 = m - h_0$$

따라서

$$\overline{B'B} = \overline{OB} - m \cos\phi = m(1 - \cos\phi) - h_0$$

로 되므로

$$\tan\alpha = \frac{m \sin\phi}{m(1 - \cos\phi) - h_0}$$

에 의하여 결정된다.

다음 종동절의 운동은 접속원호에 접촉하는 사이와 정부원호에 접촉하는 사이와는 각각 다르므로, 따로 생각하지 않으면 안 된다.

그림에 있어서 $A_0 A_1$ 의 부분에 대하여 생각하면 평면판의 종동절이 θ 만큼 회전하여 a_0 점에 있으면 캠과 평면판의 접촉은 C 점에서 일어난다.

$$Oa_0 = kC = O_2 C - O_2 k = \rho - m \cos\theta$$

그러므로 변위 y_1 는

$$y_1 = Oa_0 - OA_0 = (\rho - m \cos\theta)(\rho - m)$$

$$= m(1 - \cos\theta)$$

따라서 속도 v_1, 가속도 a_1은

$$v_1 = \frac{dy_1}{dt} = m\omega \sin\theta$$

$$a_1 = \frac{d^2 y_1}{dt^2} = m\,\omega^2 \cos\theta$$

또 점의 미끄럼속도 v_s 는

$$v_s = kC \cdot \omega = (\rho - m\cos\theta) \cdot \omega$$

로 된다. 다음에 $A_1 A_2$ 의 부분을 생각한다. $OO_1 = l$ 이라 하면

$$Oa_0' = O_1 C' + O_1 k' = r_n + OO_1 \cos(\phi - \theta)$$

$$= r_n + l\cos(\phi - \theta) = r_g + y_2 + i$$

$$OA_2 = r_g + h_0 + i = r_n + l$$

그러므로

$$OA_2 - Oa_0' = h_0 - y_2 = l\{1 - \cos(\phi - \theta)\}$$

이 식에서 변위 y_2 가 구해진다.

$$y_2 = h_0 - l\{1 - \cos(\phi - \theta)\}$$

그러므로

$$v_2 = l\omega \sin(\phi - \theta)$$

$$a_2 = -l\omega^2 \cos(\phi - \theta)$$

또 미끄럼속도 v_s 는

$$v_s = \overline{k'C'} \cdot \omega = \{r_n + l\cos(\phi - \theta)\} \cdot \omega$$

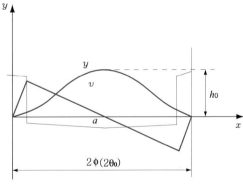

그림 12.40 ▶ 원호캠의 선도

12.6 예제

예제 12-1 캠의 회전각 120°로 600 mm의 양정을 이루는 단현운동의 평면 캠의 최대압력각을 30°로 억제하려면 기초원의 반지름을 얼마로 해야 하는가?

$\phi_m = 30°$, $\theta_0 = 120°$ 를 단현운동의 속도, 가속도와 더불어 θ_p 를 구하면

$$\theta_p = 45°58'$$

이 θ_p 및 $H = 60\,\mathrm{mm}$ 를 이용하면

$$R_p = 72.7\,\mathrm{mm}$$

$\theta_p = 45°58'$ 에 대한 변위식에서 $h = 19.2\,\mathrm{mm}$ 가 구해지므로 기초원의 반지름은

$$R_b = 53.5\,\mathrm{mm}$$

예제 12-2 70° 회전에 대하여 25.4 mm의 양정을 갖는 사이클로이드 캠이 있다. 이 캠의 기초원반지름이 $R_b = 102$ mm, 롤러의 반지름이 $R_r = 20.32$ mm이고, 캠이 600 rpm으로 회전할 때 0.1 간격의 θ / θ_0 의 값에 대한 압력각을 구하고, 또 종동절의 최대가속도를 구하시오.

$$h = H\left(\frac{\theta}{\theta_0} - \frac{1}{2\pi}\sin\frac{2\pi\theta}{\theta_0}\right)$$

$$\frac{dh}{d\theta} = \frac{H}{\theta_0}\left(1 - \cos\frac{2\pi\theta}{\theta_0}\right)$$

$$\theta_0 = 70° = 1.22173\,\mathrm{rad}$$

$$\frac{H}{\theta_p} = 0.81851$$

$$\omega = \frac{2\pi n}{60} = \frac{2\pi 600}{60} = 20\,\pi\,\mathrm{rad/sec}$$

최대가속도의 값은 $\theta / \theta_0 = 25$ 에서 일어나므로

$$\left(\frac{d^2 h}{dt^2}\right)_{\max} = \frac{2\pi H \omega^2}{\theta_0{}^2} = \frac{2\pi \times 25.4 \times 400\pi^2}{1.22173^2} = 421,465.64\,\mathrm{mm/sec}^2$$

상세한 계산결과를 다음에 표시한다.

θ/θ_0	$2\pi\theta/\theta_0$	$\sin\dfrac{2\pi\theta}{\theta_0}$	$\cos\dfrac{2\pi\theta}{\theta_0}$	$\dfrac{\sin(2\pi\theta/\theta_0)}{2\pi}$	h	$r_p=R_b+h$	$dh/d\theta$	$\tan\phi=\dfrac{1}{r}\cdot\dfrac{dh}{d\theta}$	ϕ
0	0	0	1	0	0	4	0	0	0
0.1	36°	0.58779	0.80902	0.09355	0.00645	4.00645	0.15632	0.03902	2° 14.1′
0.2	72°	0.95106	0.30902	0.15137	0.04863	4.04863	0.56558	0.13970	7° 57.2′
0.3	108°	0.95106	− 0.30902	0.15137	0.14863	4.14863	1.07145	0.25827	14° 28.9′
0.4	144°	0.58779	− 0.80902	0.09355	0.30645	4.30645	1.48070	0.34383	18° 58.5′
0.5	180°	0	− 1	0	0.5	4.5	1.63702	0.36378	19° 59.4′
0.6	216°	− 0.58779	− 0.80902	− 0.09355	0.69355	4.69355	1.48070	0.31548	17° 30.6′
0.7	252°	− 0.95106	− 0.30902	− 0.15137	0.85137	4.85137	1.07145	0.22086	12° 27.2′
0.8	288°	− 0.95106	0.30902	− 0.15137	0.95137	4.95137	0.56558	0.11423	6° 31.0′
0.9	324°	− 0.58779	0.80902	− 0.09355	0.99355	4.99355	0.15632	0.03130	1° 47.6′
1.0	360°	0	1	0	1	5	0	0	0

예제 12-3 1행정에 대한 캠축의 회전각이 60°, 양정(행정)이 30 mm, 종동절의 운동곡선이 사이클로이드 곡선을 갖는 캠이 있다. 60 rpm으로 회전시킬 때의 행정의 변위식을 구하고, 행정의 최대속도와 최대가속도의 값을 구하시오.

$$h = H\left(\frac{\theta}{\theta_2} - \frac{1}{2\pi}\sin\frac{2\pi\theta}{\theta_0}\right) \tag{1}$$

전행정 회전각 60°로부터 $\theta_0 = \pi/3\,\mathrm{rad}$

행정 30 mm로부터 $H = 30\,\mathrm{mm}$

회전속도 60 rpm으로부터 $\omega = d\theta/dt = 2\pi\,\mathrm{rad}$을 식 (1)에 대입하면 변위식은

$$h = 30\{6t - (1/2\pi)\sin 12\pi t\}\,\mathrm{mm}$$

또 최대속도 v_m 과 최대가속도 a_m 은

$$v_m = 2.00\,(H/T_0) = 2.00 \times H \fallingdotseq (\theta_0/\omega) = 360\,\mathrm{mm}$$

$$a_m = \pm 6.28 \times (H/T_0^{\,2}) = \pm 6.28 \times H \fallingdotseq (\theta_0/\omega)^2 = \pm 6782.4\,\mathrm{mm/s^2}$$

예제 12-4 전행정회전각 60°, 양정 30 mm, 기초원지름 ϕ180 mm, 종동절 롤러의 지름 ϕ30 mm의 직동절의 판캠이 있다. 캠의 윤곽곡선이 사이클로이드 곡선일 때의 최대압력각을 구하시오.

사이클로이드의 속도식에서 최대식의 조건은

$$\frac{dh}{d\theta} = \frac{H}{\theta_0}\left(1 - \cos\frac{2\pi\theta}{\theta_0}\right)$$

$$\theta = \theta_0/2,\ \ dh/d\theta = 2H/\theta_0$$

그러므로 $\theta = \theta_2/2$의 위치에서 최대압력각으로 된다고 보고

$$\tan\phi_m = \frac{1}{r} \cdot \frac{dh}{d\theta} = \frac{2H/\theta_0}{(R_b + R_r) + h} = \frac{2 \times 30\,(\pi/3)}{90 + 15 + 15} \fallingdotseq 0.48$$

$$\therefore \phi_m \fallingdotseq 25.5°$$

예제 12-5 변형 사다리꼴형 곡선일 때의 최대압력각을 구하시오.

$$\frac{dh}{d\theta} = \frac{dh}{dt} \cdot \frac{dt}{d\theta} = \frac{v}{w} = v \times \frac{T_0}{\theta_0}$$

$$\frac{dh}{d\theta}\bigg|_{\max} \fallingdotseq v_m \times \frac{T_0}{\theta_0}$$

압력각의 최대치는 근사적으로 다음 식에 의하여 구해진다.

$$\tan\phi_m \fallingdotseq \frac{v_m \cdot (T_0/\theta_0)}{R_b + R_r + h}$$

변형 사다리꼴형 곡선의 최대속도는 $v_m = 2.0 \times H/T_0$, 따라서

$$\tan\phi_m \fallingdotseq \frac{2.0 \times (30/T_0) \times (3\,T_0/\pi)}{90 + 15 + 15} \fallingdotseq 0.48$$

$$\therefore \phi_0 \fallingdotseq 25.5°$$

예제 12-6 캠의 회전각 120°로 600 mm의 양정을 이루는 단현운동의 평면캠의 최대압력각을 30°로 억제하려면 기초원의 반지름을 얼마로 해야 하는가?

$\phi_m = 30°, \theta_o = 120°$를 단현운동의 속도, 가속도와 θ_p를 구하면

$$\theta_p = 45°58'$$

이 θ_p 및 $H = 60\,\mathrm{mm}$를 식 (12.24)에 대입하면

$$R_p = 72.7\,\mathrm{mm}$$

$\theta_p = 45°58'$에 대한 변위식에서 $h = 19.2\,\mathrm{mm}$ 가 구해지므로 기초원의 반지름

$$h = 30\{6t - (1/2\pi)\sin 12\pi t\}\,\mathrm{mm}$$

또 최대속도 v_m 과 최대가속도 a_m 은

$$v_m = 2.00(H/T_o) = 2.00 \times H \simeq (\theta_o/w) = 360\,\mathrm{mm}$$

$$a_m = \pm 6.28 \times (H/T_o{}^2) = \pm 6.28 \times H \simeq (\theta_o/w)^2 = \pm 6782.4\,\mathrm{mm/s^2}$$

예제 12-7 전행정 회전각 60°, 양정 30 mm, 기초원지름 ϕ180 mm, 종동절 롤러의 지름 ϕ30 mm 의 직동종절의 판캠이 있다. 캠의 윤곽곡선이 사이클로이드 곡선일 때의 최대압력각을 구하시오.

사이클로이드의 속도식에서 최대치의 조건은

$$\frac{dh}{d\theta} = \frac{H}{\theta_o}\left(1 - \cos\frac{2\pi\theta}{\theta_o}\right)$$

$$\theta = \theta_o/2,\ dh/d\theta = 2H/\theta_o$$

그러므로 $\theta = \theta_2/2$ 위치에서 최대압력각으로 된다고 보고

$$\tan\phi_m = \frac{1}{r}\cdot\frac{dh}{d\theta} = \frac{2H/\theta_o}{(R_b + R_r) + h}$$

$$= \frac{2\times 30\,(\pi/3)}{90 + 15 + 15} \simeq 0.48$$

$$\therefore\ \phi_m \simeq 25.5°$$

예제 12-8 변형 사다리꼴형 곡선일 때의 최대압력각을 구하시오.

$$\frac{dh}{d\theta} = \frac{dh}{dt}\cdot\frac{dt}{d\theta} = \frac{v}{w} = v\times\frac{T_o}{\theta_o}$$

$$\frac{dh}{d\theta}\bigg|_{\max} \simeq v_m\times\frac{T_o}{\theta_o}$$

압력각의 최대치는 근사적으로 다음 식에 의하여 구해진다.

$$\tan\phi_m \simeq \frac{v_m\cdot(T_o/\theta_o)}{R_b + R_r + h}$$

변형 사다리꼴형 곡선의 최대속도는 $v_m = 2.0\times H/T_o$에 따라서

$$\tan\phi_m \simeq \frac{2.0\times(30/T_o)\times(3T_o/\pi)}{90 + 15 + 15} \simeq 0.48$$

$$\therefore\ \phi_m \simeq 25.5°$$

1 평면판 종동절에 다음의 운동을 주는 평면캠을 작도하시오.

   (1) 캠이 120° 회전하는 사이에 종동절이 25 mm 상승하고, 다음에
   (2) 캠이 30° 회전하는 사이에 정지하고
   (3) 캠이 80° 회전하는 사이에 종동절은 처음의 위치로 되돌아오고
   (4) 캠이 130° 회전하는 사이에 정지한다.

2 평면판 종동절의 사이클로이드 캠의 기초원 반지름이 $R_b = 100$ mm, $\theta_0 = 70°$에 대한 전양정이 25 mm이다. $\theta / \theta_0 = 0$, 0.2, 0.4, 0.6, 0.8, 1.0의 값에 대한 접촉점 C까지의 반지름 r_a 및 각 η의 값을 계산하시오.

3 롤러식 직동 종동절을 갖는 사이클로이드 캠의 기초원의 반지름 $R_g = 100$ mm, 70° 회전각에 대한 전양정이 25 mm 되게 절삭한다. 0.1 간격의 θ / θ_0 값에 대한 중심거리 a 및 각 η를 구하시오. 단 커터의 반지름은 $R_c = 62.5$ mm, 롤러의 반지름은 $R_r = 20$ mm로 한다.

13 최적설계

13.1 최적설계 개요

최적설계(最適設計, optimal design)는 용어가 의미하는 그대로 응용수학에서의 최적화(optimization)이론을 공학설계(engineering design)에 이용하는 분야로 정의할 수 있다. 최적화라는 말은 주어진 상황 하에서 가장 좋은 결과 또는 최소값이나 최대값을 달성하기 위한 조건을 찾아내는 과정을 의미한다. 그러므로 최적화는 설계자나 기술자이면, 항상 염두에 두어야 하는 당연한 임무라고 생각할 수 있다. 때때로 최적화하려는 노력이 실질적으로 별 이득을 얻을 수 없는 설계문제도 있겠지만, 모든 공학문제는 궁극적으로 최적화의 대상으로 볼 수 있다. 자연에서 일어나는 현상도 에너지 최소화의 정리 등에 의하여 설명될 수 있고, 일상생활 환경에서 하중을 받을 때 골격(骨格)에 발생하는 여러 응력이 최소화되도록 모든 동물의 신체구조가 축대칭이나 면대칭 구조로 되어 있다는 사실 그리고 조류의 뼈가 중공축과 같은 구조인 사실 등은 조물주에 의하여 최적화된 결과로 생각할 수 있다는 점이 흥미롭다.

최적화는 비교적 긴 역사를 가지고 과학 전반에 걸쳐 진행되어 왔으나, 수학적으로 또는 기술적 용어로서의 최적(optimum)은 18세기 초부터 쓰이기 시작했다고 전해진다. 금세기에 와서야 선형계획법(linear programming)과 OR(operations research) 등의 발전과 함께 현대적 최적화이론이 시작되었고, 지금은 산업공학은 말할 것도 없고 특히 기계, 화공, 전기전자, 조선, 토목공학 등에서 활발하게 연구되고 적용되고 있다. 1960~70년대 공학설계의 개념은 역학에 근거한 설계공식으로 이루어진 설계기술을 주로 다루어 왔기 때문에, 그 응용도가 낮았으며 사실상 무시된 상태이기도 하였다. 경제성을 떠나서는 성립되지 못하는 것이 공학(engineering)이므로 1970년대 후반부터 최적설계 방법론이 IOWA 주립대학교의 J. S. Arora 교수에 의해 보급되기 시작했고, 우리나라에서도 KAIST 곽병만 교수가 본격적으로 최적설계를 공학설계에 적용한 이래, 각 공과대학에서 설계교과목에서 다루고 있다. 최근에는 공학전문분야에 관계없이 설계기술자이면 필수적으로 숙지해야 할 설계방법론(design tool)으로 자리매김하였다고 할 수 있다. 상용 최적설계 프로그램도 많이 보급되어 있으므로 기계설계의 여러 단계에서 쉽게 적용할 수 있는 환경이 조성되었다.

한 가지 주의할 것은 최적화의 좋은 점만 생각하다 보면 최적설계가 만능이고 공학설계의 전부인 것으로 간주될 수 있다. 최적설계 기법을 적용하려면 우선 설계문제가 합리적이고 타당하게 정립되어야 한다. 설계자의 주관에 의해 잘못 설정된 설계문제에 컴퓨터와 인력이 과다 투입된 결과가 무용지물인 것은 당연하다. 주관적으로 설정된 최적설계의 목적함수가 객관적으로 충분히 검증받은 후 최적화 과정으로 넘어가야 한다.

여기서는 최적설계를 일반적인 설계 과정의 일부로 그 개념을 소개하고, 기계공학분야에서 성립되는 최적설계의 개요와 구체적인 최적화 이론을 소개하며, 분야별 적용 사례를 소개하고자 한다. 1부 1.3절의 '최근의 설계추세와 CAD' 뒷부분에 간략하게 소개된 최적설계 내용에 이어서 다음에 상세하게 기술하였다.

13.2 최적설계의 수식화

제품의 설계단계로는 필요성 또는 요구에 따라서, 이에 해당하는 문제의 정의, 목표의 선정, 구상설계 결과 제시된 안(案) 선정, 해석 그리고 최적화를 거쳐서 도면을 얻기까지의 기본설계와 생산을 위한 생산설계 단계로 나눌 수 있겠다. 경제성 있는 합리적인 설계를 위하여 기본설계 단계에서 가능한 한 최적설계를 도입해야 한다.

최적설계가 합리적이기 위해서는 수식화가 필요하며, 이 단계가 가장 중요하면서도 어렵다. 항공기나 인공위성 등에서는 무게를 최소화하는 것이 '최적'일 수 있고, 자동차 등에서는 승차감을 '가장 좋게'하는 것이거나 '연비를 좋게 하는 것'일 수 있다. 가장 보편타당한 것은 비용을 최소화한다거나 또는 성능을 최대화하는 것으로 생각할 수 있겠으나, 이들을 구체적으로 실현하기 위하여 모든 인자를 고려한다거나 정량적으로 나타내는 것은 실제로 어려운 경우가 많으므로, 설계자는 이 '최적'을 정의하는데 가장 신중을 기해야 할 것이다. 성능에 영향을 상대적으로 덜 미치는 인자를 생략하고 정량적으로 산출하는데 복잡한 식이 필요한 경우는 선형화, 간략화하는 등 여러 가지 방법이 있다.

합리적인 최적설계의 과정으로 우선 수학적으로 문제를 정립해야 한다. 전형적인 최적설계의 수식화는

① 목적함수를 정의하여 설계자의 최적에 대한 기준을 정량적으로 표시한다. 비용, 무게, 이윤, 성능 등이 된다.

② 설계변수를 정의해야 하며, 이는 설계하고자 하는 시스템을 표현하는 변수로 설계자가 정한다.

③ 최적설계에서 최적화 대상이 되는 시스템의 상태변수와 상태방정식이 있게 되는데, 이는 시스템의 설계변수가 정해졌을 때 시스템의 상태나 응답을 계산해 주는 시스템방정식이고, 모든 해석방법은 곧 이 시스템방정식의 풀이에 그 주목적이 있다.

④ 최적설계에서 최적화 대상과 설계변수에 제한이 있게 마련이다. 물리적 크기, 무게의 제한, 재료가 견딜 수 있는 응력의 제한 등이 그 예이다. 이들을 수식으로 표현하면 보통 부등식이 되고 이를 제한조건식이라 부른다.

그러므로 모든 최적설계 문제는 ④의 여러 가지 제한조건을 모두 만족시키면서 ①의 목적함수를 최적(최대 또는 최소)으로 하는 설계변수를 결정하는 문제로 귀착된다.

설계변수들을 벡터로 정의하여 $x \equiv (x_1, x_2, \cdots x_n)$, 그리고 목적함수를 f 로 표시하면 전형적인 최적설계 문제는 다음과 같이 표시된다.

$$\text{minimize} \quad f(x_1, \cdots, x_n) \tag{13.1}$$

$$\text{subject to} \quad h_i(x_1, \cdots, x_n) = 0, i = 1, \cdots, m \tag{13.2}$$

$$g_j(x_1, \cdots, x_n) \leq 0, j = 1, \cdots, p \tag{13.3}$$

여기서 목적함수는 $f = f(x)$로 표시될 수 있고, 설계변수 x 의 함수이다. 식 (13.2)는 등식제한조건식이고, 식 (13.3)은 부등식제한조건식이다.

일반적으로 구조물 최적설계는 설계대상 시스템에서 역학적 원리에 의해 성립하는 변수간 관계식이 존재하는데, 이 변수는 상태변수(state variable)와 설계변수(design variable)로 구별된다. 상태변수는 설계변수와 분리할 수 있다. 왜냐하면 기계공학 시스템의 대부분의 문제에서 물리적으로 설계변수와 달리 상태변수가 자연스럽게 정의되어 상태변수를 구하는 시스템의 해석법이 많이 알려져 있기 때문이다. 참고문헌[6]에서 예로 든 정적 구조물의 최적설계에서 시스템 방정식은 유한요소법에서 얻은 방정식이 될 것이다. 요소의 수에 따라 상태변수의 수가 결정될 것이며, 상태변수값을 구할 수 있다. 상태변수에 관해서 참고문헌[3, 4, 6]을 참조하기 바란다. 상태변수를 분리하여 설계변수만으로 표현된 목적함수를 정하고, 위의 ①~④단계에 따라 수식화하면 최적설계 문제가 성립된다.

구체적인 예로서 보단면(beam cross-section)을 최적설계하는 문제를 생각해 보자. 그림 13.1에 도시된 단순지지보의 단면을 설계하는데 있어서 역학적으로 꼭 필요한 단면만 유지하고

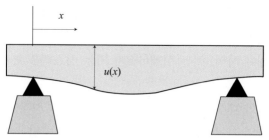

그림 13.1 ▶ 보 단면의 최적설계

불필요한 단면을 제거하여 전체 보의 무게를 최소화하고자 한다. 이러한 설계목표에 따라 목적함수를 다음과 같이 설정할 수 있다.

$$\text{minimize} \int u(x)dx \tag{13.4}$$

여기서 $u(x)$는 보의 길이에 따라 변하는 단면을 나타내는 함수이다. 우선 이 문제에 적용되는 지배방정식은 다음과 같다.

$$\frac{d^4w}{dx^4} = \frac{q}{EI(x)} \tag{13.5}$$

여기서 w, q, E, $I(x)$는 각각 보의 처짐량, 단위 길이당 보의 무게, Young's modulus, 단면 2차 모멘트를 나타낸다. 제한조건식으로는 보 재료의 항복강도 만족조건, 처짐량(w)의 허용범위, 보의 고유진동수값(f)의 허용범위, 단면(u)의 허용범위 등이 될 것이다. 이를 부등식제한조건으로 표시하면

$$\sigma \leq \sigma_Y$$
$$\omega \leq \omega_{\max}$$
$$f \leq f_{critical}$$
$$u_{LL} \leq u \leq u_{UL} \tag{13.6}$$

이상과 같은 최적설계 문제를 풀려면 식 (13.4)와 같은 범함수(functional)를 최소화하는 함수 $u(x)$를 구하면 된다. 풀이과정은 수학적으로 복잡하므로 생략하고 구해진 해를 $u^*(x)$로 표기하여 그림으로 그리면 다음 그림 13.2(a)와 같다.

그림 13.2(a)을 검토하면 최적설계를 통하면 상당한 중량(제작비용) 감소가 가능하다는 사실을 알 수 있다. 다만 실제 시공상의 어려움 때문에 그림 13.2(b)와 같이 최적설계안(案)이 제시될 수 있다. 그림 13.2(c), 13.2(d)는 실제 구조물 사진을 보여 준다. 2부 11장 스프링 단원

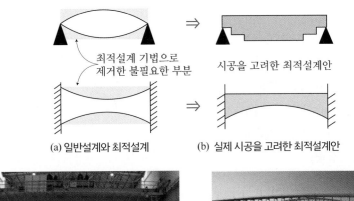

(a) 일반설계와 최적설계   (b) 실제 시공을 고려한 최적설계안

(c) 최적설계 구조물(자유단)

(d) 최적설계 구조물(고정단)

그림 13.2 ▶ 중량(제작비용)이 최소화되도록 설계된 보

에서 현재 사용되는 leaf spring 형상을 검토해 보면 그림 13.2(c)와 유사한 점을 알 수 있다.

설계 엔지니어는 최소한의 비용으로 공학적으로 제공가능한 혜택을 최대한 많은 사람들에게 누리도록 해야 한다는 공학의 기본자세에 충실해야 한다. 많은 구조물들이나 기계장비들이 아직 최적설계 관점에서 재검토되지 못하여 불필요한 중량 때문에 사용자들이 어려움을 겪고 있다. 최적설계를 통하여 비용절감을 하여 안전장치나 시설에 투자를 하면 사회적으로도 보다 안전하고 윤택한 삶을 사용자들에게 제공할 수 있을 것이다.

기계요소에 대한 최적설계의 한 예로 인장이나 비틀림을 받는 코일 스프링을 생각해 보자. 우선 기호를 다음과 같이 정의한다.

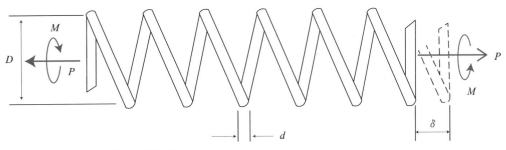

그림 13.3 ▶ 코일 스프링의 최적설계

d : 스프링선의 직경

D : 코일의 평균 직경

N : 스프링 역할을 하는 코일의 감긴 횟수

Q : 스프링 역할을 못하는 부분의 감긴 횟수

E : Young's modulus(횡탄성계수)

G : Shear modulus(전단탄성계수)

P : 가해진 힘(인장력)

k : 스프링 상수

δ : 스프링의 축방향 변형량

K_c : Wahl의 응력집중계수

K_1 : 비틀림에 대한 응력집중계수

τ : 전단력

τ_{max} : 허용전단응력

σ : 굽힘응력

σ_{max} : 허용굽힘응력

M : 가해진 비틀림 모멘트

θ : 비틀림각

f : 서어징 진동의 고유진동수

ρ : 스프링 재료의 밀도

g : 중력가속도

c : D/d(코일 스프링의 직경/스프링선의 직경)

인장－압축을 받는 코일 스프링에서 식 (11.16)과 (11.17)로부터

$$P = k\delta \tag{13.7}$$

$$k = \frac{d^4 G}{8 D^3 N} \tag{13.8}$$

$$K_c = \frac{4c - 1}{4c - 4} + \frac{0.615}{c} \tag{13.9}$$

$$\tau = \frac{8 K_c P D}{\pi d^3} \tag{13.10}$$

$$f = \frac{d}{2\pi D^2 N} \sqrt{\frac{G}{2\rho}} \tag{13.11}$$

가 얻어지고, K_c는 실험적으로 구해진 Wahl의 응력수정계수이다.

스프링의 무게를 목적함수 F로 하고 설계변수를 d, D, N으로 취하면

$$F = F(d, D, N) = \frac{(N+Q)\pi^2 D d^2 \rho g}{4} \tag{13.12}$$

이며 이를 최소화하는 문제를 생각해 보자.

제한조건식을 전개해 보자. 우선 부하 P가 작용할 때 변형량이 적어도 어떤 일정한 변형량 Δ보다 커야 된다는 조건이 통상 스프링설계에서 요구되므로

$$\min f(x_1, \cdots x_n) \tag{37}$$

$$h_i(x_1, \cdots, x_n) = 0, i = 1, \cdots, m \tag{38}$$

$$g_j(x_1, \cdots, x_n) \leq 0, j = 1, \cdots, p \tag{39}$$

$$g_1(d, D, N) = \Delta - \frac{8PD^3 N}{d^4 G} \leq 0 \tag{13.13}$$

또한 재료의 파단을 방지해야 하므로 스프링에서 발생하는 전단응력이 스프링 재료의 허용 전단응력 $\tau_{\max}$를 넘지 않는 조건으로

$$g_2(d, D, N) = \frac{8PD}{\pi d^3}\left(\frac{4D-d}{4D-4d} + \frac{0.615d}{D}\right) - \tau_{\max} \leq 0 \tag{13.14}$$

동하중을 받으며 진동이 발생할 때 공진이 일어나면 안 된다. 따라서 서어징주파수는 적어도 스프링의 위험주파수 ω보다 커야 하므로

$$g_3(d, D, N) = \omega - \frac{d}{2\pi D^2 N}\sqrt{\frac{G}{2\rho}} \leq 0 \tag{13.15}$$

끝으로 설치공간제약 때문에 스프링의 외경이 어떤 직경 $\overline{D}$를 넘지 않아야 한다. 즉,

$$g_4(d, D, N) = D + d - \overline{D} \leq 0 \tag{13.16}$$

이상의 역학적 제한조건뿐만 아니라 이들 외에도 물리적 실체(實體)인 스프링을 얻기 위하여 스프링선의 직경, 코일 스프링의 직경, 코일의 감긴수 등이 음수가 되어서는 안 될 것이다. 즉,

$$g_5(d, D, N) = -d \leq 0 \tag{13.17}$$

$$g_6(d, D, N) = -D \leq 0 \tag{13.18}$$

$$g_7(d, D, N) = -N \leq 0 \tag{13.19}$$

이상에서 최소무게의 스프링 설계 문제는 설계변수 d, D, N을 잘 선정하여 조건식 (13.13)에서 식 (13.19)까지 만족시키면서 식 (13.12)의 목적함수 $F(d, D, N)$을 최소화하는 것이다. 물론 설계자에 따라서는 설계변수에 크기의 제한을 다르게 할 수도 있을 것이다. 이때 주의할 점은 자칫하면 수학적으로 해를 구할 수 없는 문제로 수식화할 수도 있다는 것이다.

한편 그림 13.3의 코일 스프링이 하중으로 비틀림모멘트 M을 받는 경우에는

$$\sigma = \frac{10.2 M K_1}{d^3} \tag{13.20}$$

$$K_1 = 1.425 \left(\frac{d}{D}\right)^{0.115} \tag{13.21}$$

$$\theta = \frac{3670 NDM}{E d^4} \tag{13.22}$$

으로 되고 여기서 θ는 도($°$)로 측정한 각도이다.

이 최적설계 문제를 간단히해 보자. 만일 θ가 일정한 값으로 측정된 경우 이를 상수로 취급할 수 있으므로 그 값을 식 (13.22)에 대입하고, N에 관하여 풀어서 목적함수식 (13.12)에 대입하여 N을 소거하면 최소화하려는 무게는

$$F(d, D) = \frac{\pi^2 \rho g Q}{4} D d^2 + \frac{\pi^2 \rho g E \theta}{14,680 M} d^6 \tag{13.23}$$

이 되며, 응력제한조건과 설계변수가 양수일 조건 등을 적으면

$$g_1(d, D) = \frac{14.5 M}{d^{2.885} D^{0.115}} - \sigma_{\max} \leq 0 \tag{13.24}$$

$$g_2(d, D) = -d \leq 0 \tag{13.25}$$

$$g_3(d, D) = -D \leq 0 \tag{13.26}$$

이 될 것이다.

13.3 최적설계 문제의 분류

최적설계 문제는 편의상 여러 관점에서 분류할 수 있다. 설계변수나 상태변수가 유한차원 (finite dimensional) 벡터로 나타나느냐 또는 어떤 시간이나 공간변수에 대한 함수인 무한차원 (infinite dimensional) 벡터로 표시되느냐에 따라 표 13.1과 같이 분류할 수 있다. 이러한 관점

표 13.1 최적설계 문제의 분류

목적함수	제한조건식	상태방정식	설계변수	분 류
함수 (function)	함수 (function)	대수방정식	$b \in R^n$	유한차원 최적설계
범함수 (functional)	범함수 또는 구간함수 (pointwise function)	상미분방정식	$b \in R^n$ $u(t) \in R^p$	연속계 최적설계
		편미분방정식	$b \in R^n$ $u(x) \in R^p$ $v(x) \in R^q$	분포계 최적설계

$b=$설계변수, $u(x), u(t) =$설계변수(함수), $v(x) =$경제관련 설계변수(함수)

에서는 크게 유한차원 최적설계 문제와 무한차원 최적설계 문제로 크게 분류할 수 있으며, 무한차원 문제는 편의상 연속계 최적설계와 분포계(分布系) 최적설계로 대별할 수 있다. 이 표에서 R^n은 n차원 벡터 공간을 나타내며, $u(x)$등은 공간변수 x의 함수 u를 나타낸다. 이 두 종류의 최적설계 문제는 반복계산(iteration)을 하는 수치해석 방법을 통하여 급강하법 (steepest descent method) 또는 구배투영법(gradient projection method) 등 최적화 기법을 적용 하여 최적해를 구할 수 있다. 여기서는 주로 유한차원 문제를 다루고 무한차원 문제는 참고문 헌[3, 4, 6]을 참조하기 바란다.

또 다른 분류 방법은 제한조건 유무에 따라 크게 제한조건식이 없는 경우와 제한조건식이 있는 경우로 나눌 수 있다. 또한 유한차원 문제에서 최적화를 수행하는 설계변수 숫자에 따라 1차원 최적화 문제와 2차 이상 다변수 최적화 문제로 나눌 수 있다. 제한 조건이 있는 경우도 크게 선형 문제와 비선형 문제로 나눌 수 있다. 유한차원 문제를 이 방법에 따라 분류하고 몇 가지 해법들을 소개하고자 한다.

/13.3.1/ 제한조건이 없는 1차원 문제(단일변수 문제)

반복계산법(exhaustive search), 황금분할법(golden section search), 피보나치법(Fibonacci search), 이차보간법(quadratic interpolation) 등이 있다. 변수가 1개인 최적설계 문제는 위에 나 열한 방법으로 직접 최적해를 구할 수 있고, 변수가 1개 이상인 경우도 변수 1개에 대하여 1차원 문제를 풀고, 또 다른 변수에 대하여 이 방법을 반복적으로 적용하여 최적해를 구할 수 있으므로 다변수 문제에서도 적용되는 방법으로 이해하면 된다.

여기서 목적함수는 uni-modal function으로 가정하는데 이 함수는 일단 감소하면 계속 감소 하다가 일단 증가하면 계속 증가하는 특성을 가진다. 보통 최적화 문제는 전 구간보다는 부분

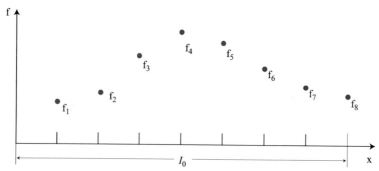

그림 13.4 ▶ 반복계산법[5]

구간에서 최적해를 구하는 것이 공학적으로 의미가 있으므로, 설계하고자 하는 구간에서만 uni-modal function 특성을 가지면 적용가능하다. 함수값이 계속 증가하다가 감소하는 경우도 마찬가지로 uni-modal 함수로 본다.

　uni-modal 함수 f에서 가장 단순하게 최대값을 구하는 과정이 그림 13.4에 도시된 반복계산법(exhaustive search)이다. 최대값을 구하려는 구간 I_0 를 임의의 증분으로 나누어 각 점에서 함수값을 계산하여 최대값을 찾는 원시적 방법이므로 천문학적 분량의 계산을 해야 한다.

　그림 13.5는 황금분할법(golden section method)을 도시하고 있다. 그림 13.5(a)에서 고대 이집트 피라미드 건축과정에서 이미 활용된 황금분할비를 적용하는 과정을 알아보자. 황금분할비율 β 에 대하여 다음 식이 성립한다[6].

$$\frac{1}{1-\beta} = \frac{1-\beta}{\beta} \tag{13.27}$$

　이 식을 풀면 $\beta = 0.382$가 된다. 이 비율로 최소값을 찾을 설계변수의 구간 [0, 1]을 3구간으로 나누면 좌측구간(구간 1)의 길이는 0.382가 되고, 중간구간(구간 2)은 0.236, 우측구간(구간 3)은 0.382가 된다. 여기서 3구간으로 나누는 두 점 $\beta, 1-\beta$ 에서 함수 f 값을 계산하여 비교하면,

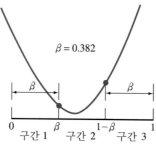

그림 13.5(a) ▶ (a) 구간 [0,1]에서 황금분할비 적용과정

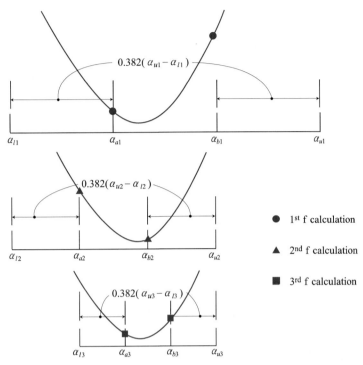

$$0.382(\alpha_{u1} - \alpha_{l1})$$

α_{l1} α_{a1} α_{b1} α_{u1}

$$0.382(\alpha_{u2} - \alpha_{l2})$$

α_{l2} α_{a2} α_{b2} α_{u2}

●   1st f calculation

▲   2nd f calculation

■   3rd f calculation

$$0.382(\alpha_{u3} - \alpha_{l3})$$

α_{l3} α_{a3} α_{b3} α_{u3}

그림 13.5(b) ▶ 구간 $[\alpha_{l1}, \alpha_{u1}]$에서 황금분할법으로 최소값을 찾는 과정

$$f(\beta) \leq f(1-\beta)$$

이므로 구간 3에서는 최소값이 존재할 수 없으므로 구간 3을 버린다. 남은 구간을 다시 황금분할비로 3등분하여 위의 과정을 반복하여 최소값이 존재하는 구간을 찾는 것이 황금분할법이다. 구체적으로 설명하면 그림 13.5(b)와 같이 최소값을 찾고자 하는 설계변수에 대하여 $[\alpha_{l1}, \alpha_{u1}]$ 구간을 분할비로 3구간으로 나누어 구간 경계인 두 점에서 함수값을 계산하여 비교하면

$$f(\alpha_{a1}) < f(\alpha_{b1})$$

이므로 3구간 중 우측 구간에는 최소값이 존재할 수 없으므로 우측 구간을 버린다. 남은 구간에 대하여 같은 계산과정을 반복하면 최소값이 존재하는 구간이 $[\alpha_{l1}, \alpha_{u1}]$에서 $[\alpha_{l2}, \alpha_{u2}]$를 거쳐서 $[\alpha_{l3}, \alpha_{u3}]$로 점차 좁혀지므로, 최종적으로 최소값이 존재하는 무한히 작은 구간을 찾아낼 수 있고, 그 구간의 평균값이 최소값을 구할 수 있는 설계변수값이 된다.

일반적으로 구간 $[a, b]$에서 허용오차(sensitivity)의 값을 ϵ으로 표기할 때, 최소값이 존재하는 무한히 작은 구간길이(증분:increment)에 도달하기 위하여 황금분할법에서 계산해야 하는 계산횟수 n은 다음 식으로 계산가능하다.

$$(0.618)^{n-1} = \frac{\epsilon}{b-a} \qquad (13.28)$$

여기서 ϵ 값은 전술한 반복계산법에서 구간을 쪼개는 증분에 해당한다. 예를 들면, [0,1] 구간에서 반복계산법으로 최소값을 구하려면 $\epsilon = 0.001$이면 1,000번 계산해야 한다. 반면 황금분할법을 사용하면 $(n-1) \log 0.618 = \log 0.001$에서 $n = 15.35$이므로 약 16번만 계산하면 f 가 최소값을 가지는 증분이 0.001인 구간을 찾아낼 수 있다. 이 황금분할법은 다변수 최적화 문제를 반복계산을 통하여 해를 구하는 과정에서, 하나의 변수에 대한 최적화를 진행할 때 많이 적용되는 아주 중요한 방법이다.

/13.3.2/ 제한조건이 없는 다변수문제

격자탐색법(lattice search), univariate search, 급강하방법(steepest descent method), generalized Newton's method, conjugate direction method, Fletcher Powell 방법 등이 있다.

그림 13.6에 격자탐색법의 과정이 도시되어 있다. 그림에 도시된 등고선은 목적함수값이 동일하게 계산되는 설계변수의 조합 (x_1, x_2)를 이은 선이다. 2개의 설계변수 공간 (x_1, x_2)를 격자로 나누어 기준 격자점 1을 중심으로 주위 격자점 2~9에서 함수값을 계산한 후, 함수값이 최소인 격자점(그림에서는 격자점 5)으로 기준격자를 옮기며 반복 계산하는 방법이다. 계산이 진행된 후 함수값이 감소하는 격자가 없을 경우에는 격자 크기를 감소시켜서 동일한 과정을 반복하면 된다.

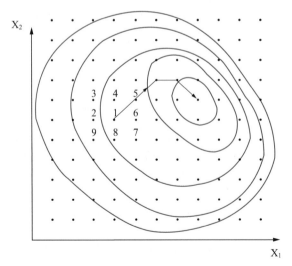

그림 13.6 ▶ 격자탐색법[5]

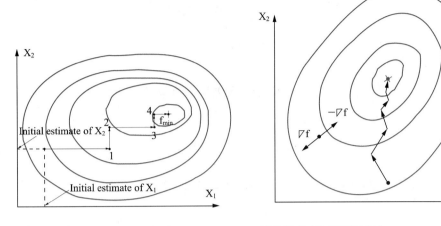

그림 13.7 ▶ Univariate search[5]

그림 13.8 ▶ 급강하법[5]

그림 13.7에는 univariate search 법이 도시되어 있는데 두 설계변수 가운데 x_1 을 고정하고 x_2 를 목적함수값이 감소하는 방향으로 움직이다가 함수값이 증가하면 거기서 멈춘다. 다음에는 x_2 를 고정하고 x_1 을 함수값이 감소할 때까지 변화시킨다. 이러한 과정을 반복하면 최종적으로 목적함수를 최소로 하는 점에 도달하게 된다.

그림 13.8에는 급강하방법(steepest descent method)이 도시되어 있다. 급강하법은 모든 최적화 알고리즘의 기초가 되는 중요한 방법이다. 그림에 도시된 등고선은 목적함수값이 동일하게 계산되는 설계변수의 조합 (x_1, x_2) 를 이은 선이므로, 이 등고선에 볼록한 방향으로 수직인 방향은 ∇f 로 계산된다.

$$\nabla f = \frac{\partial f}{\partial x_1} \vec{i_1} + \frac{\partial f}{\partial x_2} \vec{i_2} \tag{13.29}$$

여기서 $\vec{i_1}$, $\vec{i_2}$ 는 각각 x_1, x_2 방향의 단위벡터이다.

이 gradient vector의 방향을 이용하는 방법이 급강하법이다. 처음 시작하는 점 (x_1, x_2) 위치에 관계없이 가장 빨리 함수값이 감소하는 방향은 $-\nabla f$ 이므로 이 방향으로만 계속 진행하면 최소값에 도달가능하다.

여기서 등식제한조건이 있는 경우의 급강하법으로 최적해를 찾는 과정을 소개하고자 한다. 그림 13.9에는 그림 13.8의 제한조건이 없는 경우와 달리 $h(x_1, x_2) = 0$ 인 등식제한조건이 추가된 경우이다. 즉, 제한조건식으로 그려진 곡선상의 점에서만 최적해를 찾아야 한다. 우선 첫 번째 시작점(trial point)에서 $-\nabla f$ 방향으로 목적함수값이 감소되도록 움직인 후, 여기서 ∇h 방향으로 진행하여 등식제한조건을 만족하는 점까지 복귀한다. 여기서 다시 $-\nabla f$ 방향

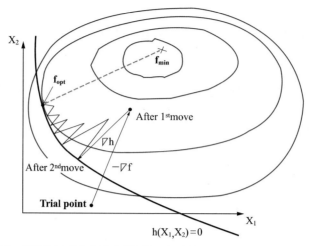

그림 13.9 ▶ 등식제한조건을 만족시키며 최적해를 찾는 급강하법

으로 진행하여 목적함수값을 줄인 후, 제한조건식 곡선으로 복귀한다. 이러한 과정을 반복하면 그림에서 f_{opt} 으로 표시된 점까지 찾아갈 수 있다.

일반적으로 목적함수의 형태가 설계변수에 대하여 복잡하게 표현되므로 해석적으로 편도함수 $\dfrac{\partial f}{\partial x_1}$, $\dfrac{\partial f}{\partial x_2}$ 를 구하기 어렵기 때문에 수치해석적 방법을 이용한다. 등고선의 모양이 심한 비대칭 형태이거나 날카로운 협곡 등을 가지고 있을 때는 반복계산과정이 수렴하기 어려운 경우도 있다. 반복계산을 하기 위한 자세한 수치해석적 알고리즘은 참고문헌[3, 4, 6]을 참고하기 바란다.

/13.3.3/ 제한조건이 있는 다변수 문제

(1) 선형계획법(linear programming : LP)

목적함수와 제한 조건에 들어가는 함수가 모두 선형함수인 경우이며, 표준형은 다음과 같다.

$$\text{목적함수} \ \ B^T x$$
$$\text{제한조건} \ \ Ax \geq C, \, x \geq 0 \tag{13.30}$$

여기서 B, A, C는 문제에 따라 값이 정해질 행렬이고, x는 최적해를 구하려는 설계변수이다. 산업공학적 문제, 경제 활동과 관련된 문제가 주로 여기에 속하고, 인적, 물적 자원, 기계 토지 등의 최적분배, 생산계획, 재고관리, 교통, 수송, 파이프 배열, 기타 네트워크 문제 등 매우 다양하게 응용되고 있다. LP문제의 풀이방법은 널리 알려져 있고 많은 참고문헌[3~6]에서 Simplex method를 중심으로 소개되고 있으니 참조하기 바란다.

(2) 이차보간식(QP : quadratic programming)

제한조건식은 선형이지만 목적함수가 2차항까지 포함된 문제로 그 표준형은 다음과 같다.

$$\text{목적함수} \quad B^T x + \frac{1}{2} x^T Q x$$

$$\text{제한조건} \quad Ax \geq C,\ x \geq 0 \tag{13.31}$$

여기서 A, B, C, Q 는 문제에 따라 정해진 행렬이고 x 가 해를 구하고자 하는 설계변수 벡터이다. 이러한 형식의 문제는 특수분야의 공학해석과 장비나 시설에 대한 배치안(配置案) 문제 등이 있고, 복잡한 비선형문제를 2차계획법 문제로 근사화시킬 때 등이 있다. 해법으로는 필요조건식에 근거를 둔 Wolfe's 방법, 수정된 Simplex 방법 등이 있으니 참고문헌[3~6]을 참조하기 바란다.

(3) 비선형계획법(NLP : nonlinear programming)

LP문제를 제외한 나머지 종류의 최적화 문제를 통틀어 비선형계획법(NLP : nonlinear programming) 범주에 넣을 수 있다. 어느 특정한 해법도 모든 비선형계획법 문제에 효과적으로 적용될 수 없고 문제에 따라 풀이방법이 달라져야 한다.

이상에서 소개한 바와 같이 다양한 유형의 최적설계 문제가 있지만 두 가지 해법으로 최적해를 구할 수 있다. 하나는 답에서 만족해야 할 조건, 즉 필요조건(optimality criterion method)에서 시작하여 간접적으로 해를 찾는 방법이다. 이 방법은 비교적 변수가 적을 때 응용할 수 있다. 다른 하나는 13장 3.2절의 '제한조건이 없는 경우'에서 소개된 보다 직접적인 방법으로 최소화하고자 하는 목적함수의 값이 감소하는 방향으로 초기의 설계변수값을 변화시켜 가며 반복계산하면서 최적해에 접근하는 방법이다. 최근 컴퓨터 연산능력이 1980년대에는 상상할 수 없을 정도로 발전하였으므로, 개인 PC에서도 얼마든지 이 방법으로 최적화 문제를 풀 수 있다.

13장 3.2절에서 소개한 기울기(gradient)에 근거를 둔 확장된 급강하법, 가용방향법(feasible direction method), 파라미터를 도입하여 제한조건이 없는 문제로 변형한 후 이를 연속적으로 풀어서 제한 조건식이 자동적으로 만족되도록 해를 찾는 벌칙함수법(penalty function method) 등 매우 다양하다. 이러한 여러 가지 방법은 다시 함수의 미분을 구하여 사용하는 방법과 수치적으로 증분(increment)을 이용하여 미분값을 구하거나, 아예 미분을 구하지 않는 방법으로 대별할 수 있다. 이들에 대해서는 참고문헌[3~6]을 참조하기 바란다.

이 절에서는 최적화의 문제에서 해답이면 만족해야 할 조건, 즉 필요조건을 간략히 소개하여 변수가 작고 제한 조건식이 작을 경우에 적용해보기로 한다. 또한 이 조건에 바탕을 두고 개발된 여러 가지 수치해석적 최적화 기법을 이해하는데 도움을 주고자 한다. 최적화의 이론은 앞서 설명과 같이 응용수학의 한 분야로 볼 수 있으며, 많은 연구결과가 문헌에 소개되어 있으므로 이 분야를 계속 공부하려면 참고문헌을 참조하기 바란다.

수학적인 최적화, 예를 들면 최소화의 문제에서 궁극적으로 찾고자 하는 것은 제한조건을 만족하는 허용 영역 내에서 목적함수를 가장 적게 하는 점과 그 최소값을 찾는 것이지만, 전체 허용영역과 그 위에서 정의된 목적함수의 형태를 알 수 없는 입장에서 최소점을 찾는다는 것과 그 점이 최소점인지 확인하는 방법이 매우 어렵다. 즉, 설계변수로 이루어진 공간에서 목적함수가 어떤 형태를 가지는지 대부분 문제에서 알 수 없는 경우가 많다. 설계변수가 1차원에서 3차원까지는 수학적으로 알기 쉽게 목적함수가 직선, 평면 그리고 곡면으로 나타나므로 비교적 기하학적으로 쉽게 그 형태를 알 수 있으나, 4차원 이상에서는 설계변수값에 따라 목적함수가 어떻게 변하는지 기하학적으로 파악하기가 불가능하다.

허용영역 내의 어떤 점에서 목적함수값이 그 점의 어떤 근방의 모든 점에서의 값과 비교하여 가장 적거나 또는 적어도 같은 값을 줄 때 그 점을 상대적 최소점(relative minimum), 즉 극소점이라 부른다. 그 점 부근에서 뿐만 아니라 허용영역 내의 모든 점에서의 값과 비교하여 가장 적거나 적어도 이보다 적은 함수값을 주는 점이 없을 때 이 점을 절대적 최소점(absolute minimum)이라 한다. 대부분의 축차적인 방법은 극소점을 찾는 과정에 불가하므로, 실제 문제에서는 이렇게 얻은 점이 과연 최소점인지 확인하기 위해 여러 다른 점에서 다시 축차적으로 계산하여 얻은 값과 비교 검토할 필요가 있다.

먼저 제한 조건식이 없는 경우를 생각해 보자. 단일변수 함수 $f(x)$를 $\bar{x}$ 근방에서 Taylor 급수로 전개하면,

$$f(\bar{x}+h) = f(\bar{x}) + f'(\bar{x})h + \frac{1}{2}f''(\bar{x}+\theta h)h^2 \qquad (13.32)$$

여기서 θ는 0과 1 사이의 어떤 값이다. 이 식에서 만약 $f'(\bar{x}) = 0$이면 $f(\bar{x}+h)$는 h를 잘 잡아서 $f(\bar{x})$보다 적게 만들 수가 있으므로 $f(\bar{x})$는 극소값이 될 수 없다. 다시 말해 $f(\bar{x})$가 극소값을 가지려면 $f'(\bar{x}) = 0$이 필수적이고, 이것이 $\bar{x}$가 $f(x)$의 극소점이 되기 위한 필요조건이다. $f'(x) = 0$을 만족하는 점을 극점(stationary point)이라 한다. 만약 $f'(\bar{x}) = 0$이고 $f''(\bar{x}) > 0$이면 모든 h에 대해서 $f(\bar{x}+h) \geq f(\bar{x})$이므로, $f'(\bar{x}) = 0$과 $f''(\bar{x}) > 0$은 $\bar{x}$가

극소점이 되기 위한 하나의 충분조건이다.

이상과 같은 이론은 다변수함수 $f(x_1, \cdots, x_n)$ 에서도 성립한다. 즉, $\nabla f(\overline{x_1}, \cdots, \overline{x_n}) = 0$은 $(\overline{x_1}, \cdots, \overline{x_n})$ 가 극소점이 되기 위한 필요조건이다. 이 조건과 $\nabla^2 f(\overline{x_1}, \cdots, \overline{x_n})$ 이 positive definite하다는 조건은 하나의 충분조건이 된다.

이제 등식 제한조건만 있는 다음과 같은 비선형계획법(NLP) 문제를 생각해 보자.

$$\min f(x_1, \cdots, x_n) \tag{13.33}$$

$$\text{subject to } h_i(x_1, \cdots, x_n) = 0, \ i = 1, \cdots, m \tag{13.34}$$

이 경우 등식에서, 예를 들어 $(x_1, \cdots, x_m)$을 $(x_{m+1}, \cdots, x_n)$의 함수로 풀어서 $f(x_1, \cdots, x_n)$에 대입하면 $f(x_1, \cdots, x_n) = F(x_{m+1}, \cdots, x_n)$으로 되고 문제는 제한조건식이 없이 목적함수 $F(x_{m+1}, \cdots, x_n)$을 설계변수 $(x_{m+1}, \cdots, x_n)$에 대해서 최소화하는 문제와 같게 될 것이다. 그러나 이러한 방법은 아주 간단한 경우 외에는 변수를 소거하기가 어려우므로 다음과 같이 Lagrange의 승수(multiplier) $(\lambda_1, \cdots \lambda_m)$를 도입하면 제한 조건을 보다 쉽게 다룰 수 있다.

결과만 요약하면 다음과 같은 필요조건을 얻게 된다. 즉, $(\overline{x_1}, \cdots, \overline{x_n})$가 위 문제의 극소점이라면 Lagrange 승수 $(\overline{\lambda_1}, \cdots, \overline{\lambda_n})$가 존재하며 이 경우 Lagrange의 함수

$$L(x_1, \cdots, x_n) = f(x_1, \cdots, x_n) + \sum \lambda_i h_i(x_1, \cdots, x_n) \tag{13.35}$$

가 $(\overline{x_1}, \cdots, \overline{x_n})$에서 극값을 가지게 된다. 다시 말해 필요조건은

$$\nabla f(x_1, \cdots, x_n) + \sum_{i=1}^{m} \lambda_i \nabla h_i(x_i, \cdots, x_n) = 0 \tag{13.36}$$

과

$$h(x_1, \cdots, x_n) = 0 \tag{13.37}$$

를 만족해야 한다는 것이다.

다음에 부등식 제한조건까지 포함된 일반적인 비선형계획법 문제, 즉

$$\min f(x_1, \cdots, x_n) \tag{13.38}$$

$$\text{subject to } h_i(x_1, \cdots, x_n) = 0, \ i = 1, \cdots, m \tag{13.39}$$

$$g_i(x_1, \cdots, x_n) \leq 0, \ j = 1, \cdots, p \tag{13.40}$$

의 경우에 대해서 필요조건을 요약하면 다음과 같다. 이에 대한 증명은 참고문헌을 참조기

바란다. 만약 $(\overline{x_1},\cdots,\overline{x_n})$가 위의 비선형계획법의 극소점이라면 $(\overline{\lambda_1},\cdots,\overline{\lambda_m})$와 음수가 아닌 $(\overline{\mu_1},\cdots,\overline{\mu_p})$가 존재하며 이 경우 Lagrange의 함수

$$L(x_1,\cdots,x_n) = f(x_1,\cdots,x_n) + \sum \lambda_i h_i + \sum \mu_j g_j \qquad (13.41)$$

가 $(\overline{x_1},\cdots,\overline{x_n})$에서 극값을 가져야 하고, $\mu_j g_j = 0 \quad j=1,\cdots,p$를 만족해야 한다. 식으로 나타낸 필요조건은 $(\overline{x_1},\cdots,\overline{x_n})$가

$$\nabla f + \sum \lambda_i \nabla h_i + \sum \mu_j \nabla g_j = 0 \qquad (13.42)$$

$$h_i = 0, \quad i = 1,\cdots,m \qquad (13.43)$$

$$\mu_j g_j = 0, \quad j = 1,\cdots,p \qquad (13.44)$$

$$\mu_j \geq 0, \quad j = 1,\cdots,p \qquad (13.45)$$

를 만족해야 한다는 것이다. 이 조건을 Kuhn-Tucker의 필요조건이라 부른다. 여기서 미지수는 $(x_1,\cdots x_n)$, $(\lambda_1,\cdots \lambda_m)$, $(\mu_1,\cdots \mu_p)$로 $(m+n+p)$개이고, 방정식 수도 $(m+n+p)$개로 동일하므로 일반적으로 해가 존재하는 데 보통 여러 개의 해를 얻게 된다.

이들은 필요조건이므로 이들의 해는 극소점에 대한 후보점을 제시할 뿐이므로 이들에 대해 충분조건을 검토하거나, 아니면 모든 후보점에서 계산된 함수값을 비교하여 최소점을 선정할 수 있을 것이다. 이 필요조건에서 주의할 점은 부등식 제한조건에 해당하는 Lagrange의 승수는 음이 되어서는 안 된다는 것이다. 반면, 등식제한조건만 있는 경우에 도입한 Lagrange의 승수에는 이와 같은 부호의 제한이 없다.

13.5 Kuhn-Tucker의 필요조건 적용 예

앞절까지 이상의 최적설계(optimal design) 문제를 수식화하는 과정을 살펴보았고, 최적해를 구하기 위한 필요조건을 소개하였다. 이 내용을 다시 정리하면 다음과 같다.

일반적인 비선형계획법(NLP : Non-Linear Programing) 형태의 최적설계 문제에서

$$\min f(x_1,\cdots,x_n)$$
$$h_i(x_1,\cdots,x_n) = 0, \quad i = 1,\cdots,m$$
$$g_j(x_1,\cdots,x_n) \leq 0, \quad j = 1,\cdots,p$$

Lagrange 승수를 도입하여 새로운 목적함수를 다음과 같이 설정할 때,

$$L(x_1,\cdots,x_n) = f + \sum \lambda_i h_i + \sum \mu_j g_j$$

Kuhn-Tucker의 필요조건

$$\nabla f + \sum \lambda_i \nabla h_i + \sum \mu_j \nabla g_j = 0$$

$$h_i = 0, \ \ i = 1, \cdots, m$$

$$\mu_j g_j = 0, \ \ j = 1, \cdots, p$$

$$\mu_j \geq 0, \ \ j = 1, \cdots, p$$

이 조건은 미지수의 숫자와 방정식의 숫자가 일치하지만 심한 비선형 방정식일뿐만 아니라 부호의 제한까지 주어져 있어 쉽게 풀 수가 없고, 보통 많은 해가 존재한다. 이 Kuhn-Tucker 의 필요조건에서 구한 해는 최적화 문제의 해답에 대한 후보를 제시할 뿐이므로 충분조건을 검토하거나, 이들을 서로 비교, 검토하여 최종해를 선정해야 한다.

실제로 이용하기는 계산과정이 복잡해서 어렵지만 개념을 명확히 설명하기 위해 하나의 충분조건 예를 소개하면 다음과 같다. 이 충분조건은 Lagrange 함수에 대한 2차 미분이 필요하다. 즉, $x*$가 문제 (37)~(39)에 대한 국부해(local minimum)가 되기 위한 충분조건(sufficient condition)은 앞에서 설명한 Kuhn-Tucker 조건을 만족하고, Lagrange 함수 L 의 2차 미분 행렬

$$\nabla^2 L = \nabla^2 f + \sum \lambda_i \nabla^2 h_i + \sum \mu_j \nabla^2 g_j \tag{13.46}$$

을 Hessian 행렬이라 하며, $x*$에서 등식으로 만족하게 되는 모든 등식 조건식과 부등식 조건 식의 gradient에 수직인 벡터들의 집합, 즉 소위 접평면 위에서 이 Hessian 행렬이 positive definite 해야 한다는 것이다. 이는 미적분학에서 단일변수함수 $f(x)$ 의 도함수를 0으로 하는 여러 개의 극점 가운데 $f(x)$ 가 최소값을 가지도록 하는 극점을 찾는 과정과 유사하다. 즉, $f(x)$ 가 최소값을 가지려면 $\frac{df(x)}{dx} = 0$를 풀어서 구한 여러 개의 극점 x^* 가운데 $\frac{d^2 f(x)}{dx^2} > 0$ 를 만족시키는 x^* 에서 최소값을 가진다는 이론을 다변수함수로 확장한 것으로 이해하면 된다.

비교적 미지수나 제한조건식의 숫자가 적을 경우에만 필요조건을 해석적으로 취급할 수 있지만 일반적으로는 거의 불가능하다. 더구나 충분조건의 검토는 더욱 힘들며 직관과 경험에 의존하여 후보해 중에서 답을 고를 수 있다. 다음 절에는 간단한 함수형태로 목적함수가 주어질 때 해석적으로 해를 구하는 예가 소개된다.

/13.5.1/ 2차원 문제의 예

필요조건을 해석적으로 푸는 예를 소개하기 위해 다음과 같은 간단한 최적화 문제를 생각해 보자.

$$\min f(x_1, x_2) = (x_1 - 3)^2 + (x_2 - 2)^2$$
$$\text{subject to} \ \ h_1 = x_1 + 2x_2 - 4 = 0$$
$$g_1 = x_1^2 + x_2^2 - 5 \leq 0$$
$$g_2 = -x_1 \leq 0$$
$$g_3 = -x_2 \leq 0$$

이 문제를 그림 13.10과 같이 도식화하면 점 (3, 2)로부터 빗금친 영역 안에서 $x_1 + 2x_2$ $- 4 = 0$로 표현되는 선분상의 어떤 점까지의 최단거리를 구하는 것과 같다. 고교시절 공통수학에서 흔히 소개되는 최소값 문제이나, 여기서는 Lagrange 승수를 이용하는 해법을 설명한다. 이 문제에 대한 Lagrange의 함수 L 은 다음과 같다.

$$L = f + \mu_1 g_1 + \mu_2 g_2 + \mu_3 g_3 + \lambda_1 h_1 \tag{13.47}$$
$$= (x_1 - 3)^2 + (x_2 - 2)^2 + \mu_1(x_1^2 + x_2^2 - 5) - \mu_2 x_1 - \mu_3 x_2 + \lambda_1(x_1 + 2x_2 - 4)$$

여기서 λ_1, μ_1, μ_2, μ_3는 Lagrange 승수이다. 그러므로 Kuhn-Tucker의 필요조건 식 (13.39)부터 식 (13.42)까지 적용하여 정리하면 다음과 같다.

$$\frac{\partial L}{\partial x_1} = 0 = 2(x_1 - 3) + 2\mu_1 x_1 - \mu_2 + \lambda_1 \tag{13.48}$$

$$\frac{\partial L}{\partial x_2} = 0 = 2(x_2 - 2) + 2\mu_1 x_2 - \mu_3 + 2\lambda_1 \tag{13.49}$$

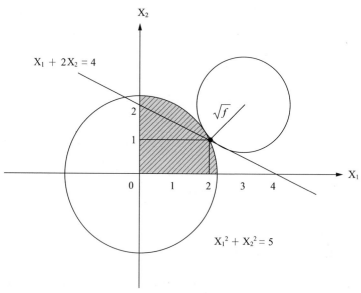

그림 13.10 ⊙ 2차원 최적설계 문제

표 13.2 Kuhn-Tucker 필요조건을 만족시키는 경우의 수

경 우	부등식 제한조건	Lagrange 승수
1	$g_1 = g_2 = g_3 = 0$	−
2	$g_1 = g_2 = 0, g_3 < 0$	$\mu_3 = 0$
3	$g_1 = g_3 = 0, g_2 < 0$	$\mu_2 = 0$
4	$g_2 = g_3 = 0, g_1 < 0$	$\mu_1 = 0$
5	$g_1 = 0, g_2 < 0, g_3 < 0$	$\mu_2 = \mu_3 = 0$
6	$g_2 = 0, g_3 < 0, g_1 < 0$	$\mu_1 = \mu_3 = 0$
7	$g_3 = 0, g_1 < 0, g_2 < 0$	$\mu_1 = \mu_2 = 0$
8	$g_3 < 0, g_1 < 0, g_2 < 0$	$\mu_1 = \mu_2 = \mu_3 = 0$

$$x_1 + 2x_2 - 4 = 0 \tag{13.50}$$

$$\mu_1 (x_1^2 + x_2^2 - 5) = 0 \tag{13.51}$$

$$\mu_2 x_1 = 0 \tag{13.52}$$

$$\mu_3 x_2 = 0 \tag{13.53}$$

$$\mu_1 \geq 0, \ \mu_2 \geq 0, \ \mu_3 \geq 0 \tag{13.54}$$

이상의 비선형 방정식을 풀 때 부등식 제한조건식의 경우에 따라 다음 8가지로 구분하여 생각하면 편리하다. 부등식 제한조건식 g_1, g_2, g_3가 0이 아니면 그 부등식을 위해 도입된 Lagrange 승수는 0이 되어야 함이 식 (13.48), (13.49), (13.50)에서 명백하므로 이를 이용한다.

여기서 경우 1에서는 2개의 미지 변수 x_1, x_2가 $h_1 = 0$을 포함하여 4개의 방정식을, 경우 2~4에서는 3개의 방정식을 만족시켜야 하므로 특수한 경우가 아니면 해가 존재할 수 없다.

이 문제에서는 이 특수한 경우가 아니므로 경우 5~경우 8을 생각하면 된다.

경우 5 : 이 경우 $g_1 = 0, h_1 = 0$을 풀면 해가 두 개 구해진다. 즉

$$해1 : x_1^* = -0.4, \ x_2^* = 2.2, \ \mu_1^* = -8.75$$

$$해2 : x_1^* = 2, \ x_2^* = 1, \ \mu_1^* = 0.25$$

이와 같이 해 x_1^*, x_2^* 와 Lagrange 승수 μ_1^*를 구할 수 있다. 같은 방법으로 다음 각 경우에 대하여 해를 구하면

경우 6 : $\quad\quad\quad x_1^* = 0, \ x_2^* = 2, \ \mu_2^* = -6$

경우 7 :
$$x_1^* = 4, \ x_2^* = 0, \ \mu_3^* = -8$$

경우 8 :
$$x_1^* = 2.4, \ x_2^* = 0.8$$

여기서 경우 5의 해 1과 경우 6과 경우 7은 Lagrange 승수의 부호가 음이므로 식 (13.51)을 만족시키지 못하여 해가 될 수 없다.

또한 경우 8은 부등 제한조건식을 만족하지 못하므로 역시 제외된다. 따라서 이 문제의 최종해는 경우 5의 해 2이다. 앞에서 언급한대로 충분조건을 검토해 본다거나 또는 직관적으로 보면 이 문제의 해임을 알 수 있다. 이때 목적함수의 값은 2이다.

/13.5.2/ 열교환기의 설계문제[5]

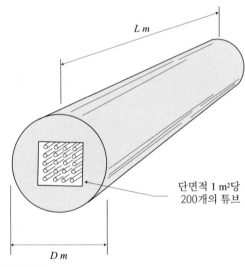

그림 13.11 ◉ 열교환기의 최적설계

총 길이 100 m의 튜브와 셸(shell)로 이루어진 그림과 같은 열교환기에서 필요한 열전달 면적을 확보하면서 제작비와 설치비를 최소화하도록 설계하고자 한다. 총 제작비용 및 설치비는 다음과 같다(단위 : 달러).

- 튜브의 비용 : $900
- 셸의 비용 : $1,100D^{2.5}L$
- 열교환기에 의하여 점유된 면적의 비용 : $320DL$

여기서 L은 열교환기의 길이이며, D는 셸의 직경, 단위는 m이다. 또한 셸 단면적 $1 \ m^2$에 튜브가 200개 들어가도록 설계하려할 때 열교환기의 직경 D와 길이 L을 설계변수로 하는 최적설계 문제를 생각해 보자.

총 비용을 목적함수로 정의하면 다음과 같다.

$$mimimize \ f(D, L) = 900 + 1,100D^{2.5}L + 320DL \tag{3.55}$$

튜브의 총 길이가 100 m이어야 할 제한조건은 다음과 같이 표시된다.

$$(\frac{\pi D^2}{4}m^2)(L,m)\ (200\,튜브/m^2) = 100\,m$$

즉, $50\pi D^2 L = 100$이므로

$$h(D, L) = 50\pi D^2 L - 100 = 0 \tag{3.56}$$

등식제한조건 $h = 0$에 대하여 Lagrange 승수 λ를 도입하여 Kuhn-Tucker의 필요조건을 적용하면 다음과 같다.

$$2,750D^{1.5}L + 320L + \lambda 100\pi DL = 0$$
$$1,100D^{2.5} + 320D + \lambda 50\pi D^2 = 0$$
$$50\pi D^2 L = 100$$

이상의 3개 연립 방정식을 풀면 해는 다음과 같다.

$$D^* = 0.7m, \ L^* = 1.3\,m, \ \lambda^* = 8.78$$

그러므로 이때 최적설계 결과값, 즉 최소비용은 1,777달러로 계산된다.

/13.5.3/ 코일 스프링의 설계문제

13.2절에서 소개된 코일 스프링 최적설계 문제의 해를 구해보자. 앞에서 목적함수는

$$F(d, D) = \frac{\pi^2 \rho g Q}{4}Dd^2 + \frac{\pi^2 \rho g E\theta}{14,680M}d^6 \tag{13.57}$$

로 유도되었고, 응력제한조건과 설계변수가 양수일 조건 등을 적으면

$$g_1(d, D) = \frac{14.5M}{d^{2.885}D^{0.115}} - \sigma_{\max} \leq 0 \tag{13.58}$$

$$g_2(d, D) = -d \le 0 \tag{13.59}$$

$$g_3(d, D) = -D \le 0 \tag{13.60}$$

이상의 비틀림 스프링 문제를 검토해 보면, d 와 D 에서 하나만 0이어도 첫 번째 제한조건 식 (13.58)은 만족될 수 없음을 주지해야 한다. 그러므로 식 (13.58)만 고려하여 g_1 에 대한 Lagrange 승수 μ 하나만 도입하여 Kuhn-Tucker 필요조건을 구하면 다음과 같다.

$$\frac{2\pi^2 \rho g Q}{4} D d + 6\frac{\pi^2 \rho g E\theta}{14,680 M} d^5 - 2.885\mu\frac{14.5M}{d^{3.885} D^{0.115}} = 0 \tag{13.61}$$

$$\frac{\pi^2 \rho g Q}{4} d^2 - 0.115\mu\frac{14.5M}{d^{2.885} D^{1.116}} = 0 \tag{13.62}$$

$$\mu\left(\frac{14.5\mu}{d^{2.885} D^{0.115}} - \sigma_{\max}\right) = 0 \tag{13.63}$$

$$\mu \ge 0 \tag{13.64}$$

식 (13.63)에서 $\mu = 0$인 경우와 $g_1 = 0$인 경우로 나누어 생각한다. 만약 $\mu = 0$이면 $d = 0$이 되어 이는 식 $g_1 < 0$을 만족시키지 못한다. 그러므로 $g_1 = 0$이 되어 다음과 같이 풀 수 있다.

$$d^{2.885} D^{0.115} = \frac{14.5M}{\sigma_{\max}}$$

식 (13.61), (13.62)로부터

$$D = 7,801 \times 10^{-5}\frac{E\theta}{MQ} d^4$$

$$d = \left(\frac{43.517M}{\sigma_{\max}}\right)^{0.299}\left(\frac{MQ}{E\theta}\right)^{0.3438}$$

이며, 식 (13.62)으로부터 $\mu \ge 0$이므로 이는 Kuhn-Tucker 필요조건을 만족시키는 해이다.
수치를 다음과 같이 정하면

$$E = 2 \times 10^{11} Pa$$

$$\sigma_{\max} = 1.5 \times 10^8 Pa$$

$$\theta = 20°$$

$$Q = 2rev,\ M = 0.3Nm$$

$$\rho g = 7.7 \times 10^4\,\mathrm{N/m^3}$$

최적설계 결과는

$$d^* = 2.806 \, \text{mm}$$

$$D^* = 29.43 \, \text{mm}$$

$$\mu^* = 5.08 \times 10^{-8}$$

이며 스프링의 최소 무게는 $W_{\min} = 0.4254N$이다.

/13.5.4/ 튜브형 기둥의 무게 최소화

그림 13.12에 도시된 튜브형 단면을 가진 기둥이 주어진 하중 P를 지지하도록 설계하고자 한다. 생각할 수 있는 최적설계 문제는 응력 제한조건과 Euler의 국부좌굴방지 조건을 만족시키면서 기둥의 무게를 최소화하는 R과 t를 결정하는 것이다. 이 문제에서 t가 R에 비하여 작다고 생각하면 단면적 A와 관성모멘트 I는 다음과 같다.

$$A = 2\pi R t, \; I = \pi R^3 t \tag{13.65}$$

ρ를 기둥재료의 밀도라 하면 목적함수인 기둥의 무게 f는 다음과 같다.

$$f(R, t) = 2\rho g L \pi R t \tag{13.66}$$

이 기둥의 Euler 좌굴하중 P_{cr}과 응력 σ는 다음과 같다.

$$P_{cr} = \frac{\pi^2 EI}{4L^2} = \frac{\pi^3 ER^3 t}{4L^2} \tag{13.67}$$

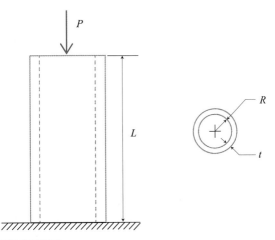

그림 13.12 ◉ 튜브형 기둥의 최적설계

$$\sigma = \frac{P}{A} = \frac{P}{2\pi Rt} \tag{13.68}$$

Euler의 좌굴을 방지하기 위한 구조적 성능 제한조건은 $P \leq P_{cr}$ 이므로

$$g_1(R,t) = P - \frac{\pi^3 ER^3 t}{4L^2} \leq 0 \tag{13.69}$$

재료의 항복을 방지해야 하므로 $\sigma \leq \sigma_Y$ (재료의 항복응력) 조건에서

$$g_2(R,t) = \frac{P}{2\pi Rt} - \sigma_Y \leq 0 \tag{13.70}$$

이다.

참고문헌[8]에 의하면 튜브형 셸의 임계 좌굴응력 σ_{cr} 은

$$\sigma_{cr} = \frac{KEt}{R}$$

이므로 국부좌굴 제한 조건은

$$\sigma \leq \sigma_{cr}$$

$$\frac{P}{2\pi Rt} \leq \frac{KEt}{R} \text{ 이므로}$$

$$g_3(R,t) = P - 2\pi KEt^2 \leq 0 \tag{13.71}$$

이다. 여기서 K는 비례 상수이며 강철의 경우 약 0.6이다.

이상에서 최적설계 문제는 제한 조건식 (13.69), (13.70), (13.71)을 만족하면서 식 (13.66)의 목적함수를 최소화시키는 R과 t를 구하는 문제가 된다. 부등식제한조건 g_1, g_2, g_3 에 대하여 Lagrange 승수 μ_1, μ_2, μ_3 를 각각 도입하여 부등식 제한조건을 없앤 목적함수를 Lagrange 함수 L이라 하면

$$L = 2\rho g L\pi Rt + \mu_1 (P - \frac{\pi^3 ER^3 t}{4L^2}) + \mu_2 (\frac{P}{2\pi Rt} - \sigma_Y) + \mu_3 (P - 2\pi KEt^2) \tag{13.72}$$

이다. Kuhn-Tucker 필요조건은 다음과 같다.

$$\frac{\partial L}{\partial R} = 0 = 2\rho g L\pi t - \mu_1 \frac{3\pi^3 ER^2 t}{4L^2} - \mu_2 \frac{P}{2\pi R^2 t} \tag{13.73}$$

$$\frac{\partial L}{\partial t} = 0 = 2\rho g L\pi R - \mu_1 \frac{\pi^3 ER^3}{4L^2} - \mu_2 \frac{P}{2\pi Rt^2} - \mu_3 4\pi KEt \tag{13.74}$$

$$\mu_1 (P - \frac{\pi^2 E R^3 t}{4L^2}) = 0 \tag{13.75}$$

$$\mu_2 (\frac{P}{2\pi Rt} - \sigma_Y) = 0 \tag{13.76}$$

$$\mu_3 (P - 2\pi K E t^2) = 0 \tag{13.77}$$

$$\mu_1, \mu_2, \mu_3 \geq 0 \tag{13.78}$$

이들은 5개의 미지의 변수가 $R, t, \mu_1, \mu_2, \mu_3$인 연립 비선형 방정식이 된다. 일반적으로 해를 구하기 어렵다. 여기서 주어진 방정식을 푸는 가장 간편한 방법은 앞에서 13장 5.1절의 2차원 최적설계 문제 풀이에서와 같이 식 (13.75), (13.76), (13.77)을 만족시키는 경우의 수를 따져서 우선 해를 구하는 것이다.

표 13.3에 정리된 8가지 경우를 검토해 보자. 우선 경우 1에서는 미지수 R, t가 3개의 방정식을 동시에 만족시켜야 하므로 특수한 경우가 아니면 해가 존재하지 않는다. 또한 경우 7, 8에서는 t와 R이 0이어야 하므로 이것은 해가 아니다. 그러므로 경우 2에서 경우 6까지를 분석하면 된다.

경우 2
$$\mu_1 = \mu_3 = 0, \ \mu_2 = \frac{4\rho g \pi^2 R^2 t^2 L}{P} > 0$$

$$R = \frac{2L}{\pi}(\frac{2\sigma_Y}{E})^{0.5}, \ t = \frac{P}{4L}(\frac{E}{2\sigma_Y^3})^{0.5}$$

여기서 Lagrange 승수 μ_1, μ_2가 모두 음이 아니므로 이는 해이다.

표 13.3 Kuhn-Tucker 필요조건을 만족시키는 경우의 수

경우	부등식 제한조건	Lagrange 승수
1	$g_1 = g_2 = g_3 = 0$	–
2	$g_1 = g_2 = 0, g_3 < 0$	$\mu_3 = 0$
3	$g_1 = g_3 = 0, g_2 < 0$	$\mu_2 = 0$
4	$g_1 = 0, \ g_2 < 0, \ g_3 < 0$	$\mu_2 = \mu_3 = 0$
5	$g_1 < 0, g_2 = 0, g_3 = 0$	$\mu_1 = 0$
6	$g_2 = 0, g_3 < 0, g_1 < 0$	$\mu_1 = \mu_3 = 0$
7	$g_3 = 0, g_1 < 0, g_2 < 0$	$\mu_1 = \mu_2 = 0$
8	$g_3 < 0, g_1 < 0, g_2 < 0$	$\mu_1 = \mu_2 = \mu_3 = 0$

경우 3
$$\mu_1 = \frac{8\rho g L^3}{3\pi^2 ER^2} > 0, \ \mu_2 = 0, \ \mu_3 = \frac{\rho g L R}{3KEt} > 0$$

$$R = (\frac{PK}{E})^{1/6}(\frac{2}{\pi})^{5/6}L^{2/3}, \quad t = (\frac{P}{2\pi KE})^{1/2}$$

그런데 이 해는 $g_1 = 0$, $g_3 = 0$인 두 그래프의 교점인데, 그림 13.13에서 이 교점은 $g_2 > 0$ 인 영역에 있으므로 해가 될 수 없다.

경우 4

$\mu_1(\frac{\pi^3 ER^2}{2L^2}) = 0$이므로 $\mu_1 = 0$은 해이다. 그러나 식 (13.73), (13.74)에서 $R = t = 0$ 이므로 이는 해가 될 수 없다.

경우 5　　$\mu_1 = 0$이므로 식 (13.73)에서 $\mu_2 = \frac{4\rho g L \pi^2 R^2 t^2}{P} > 0$, $\mu_3 = 0$

$$R = \frac{1}{\sigma_y}(\frac{PKE}{2\pi})^{1/2}, \quad t = (\frac{P}{2\pi KE})^{1/2}$$

경우 6

이 경우에는 2개의 방정식이 같게 되므로 필요조건의 유일해는 존재하지 않고 무수히 많은 해가 존재한다. 즉,

$$Rt = \frac{P}{2\pi\sigma_Y}, \quad \mu_2 = \frac{4\rho g L \pi^2 R^2 t^2}{P} > 0$$

이는 $g_1 < 0$, $g_3 < 0$의 조건을 만족하는 어떠한 R 과 t 의 조합도 최적해의 후보가 될 수 있음을 뜻한다. 또한 목적함수의 값은 이상의 모든 조합에 대하여도 항상 일정함을 알 수 있다.

경우 2와 경우 5에서는 $g_2 = 0$의 조건이 있으므로, 이들의 목적함수는 경우 6과 같은 값을 가짐을 알 수 있다. 그러므로 경우 2와 경우 5는 경우 6의 특수한 경우임을 알 수 있다.

다음과 같은 수치를 대입하여 최적해를 그래프로 그리면 그림 13.13과 같다.

$$\sigma_Y = 2.5 \times 10^8 \, Pa$$

$$E = 2 \times 10^{11} \, Pa$$

$$\rho g = 80,000 \, \text{N}/\text{m}^3$$

$$K = 0.6$$

$$L = 3.7 \, \text{m}$$

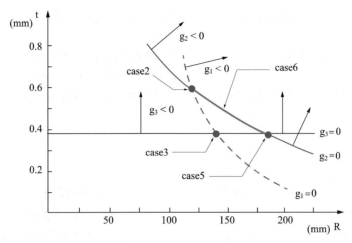

그림 13.13 ▶ 튜브형 기둥의 최적설계 결과

$$P = 1.1 \times 10^5 \, N$$

그림 13.13에서 제한 조건식 $g_1 \le 0$, $g_2 \le 0$, $g_3 \le 0$를 만족하는 허용영역(feasible region)은 $g_2(R,t) = 0$로 도시되는 곡선 상에서 두껍게 표시된 부분이다. 경우 2와 경우 5의 해는 경우 6에서 얻어진 해, 즉 두껍게 표시된 곡선부의 양끝 경계점임을 알 수 있다.

13.6 Kuhn-Tucker 필요조건의 기하학적 의미

13.6.1 Lagrange 승수의 기하학적 의미

2차원 최적화문제에서 등식제한 조건이 1개 있는 경우를 예시해보면 그림 13.14와 같이 된다. 여기서 f값이 동일한 (x_1, x_2)점의 궤적이 등고선으로 도시되어 있고, 목적함수 f의 최소값은 가장 안쪽에 있는 등고선 내부에 위치한 '+' 표시가 된 점이다.

이 최적화문제에 대한 Kuhn-Tucker 필요조건은

$$\nabla f(x_1, x_2) + \lambda \nabla h(x_1, x_2) = 0 \tag{13.79}$$

으로 되고 이 조건식의 의미는 $-\nabla f$ 벡터와 ∇h 벡터가 서로 평행(수학적으로 선형종속이 됨)이 되는 상태를 나타낸다. 즉, 그림 13.14에서 점 b에서는 $-\nabla f$ 와 ∇h가 평행하지 않기 때문에 $h(x_1, x_2) = 0$로 그려지는 곡선을 따라 a점 쪽으로 이동하게 되면 목적함수 f 값이 계속 감소하기 때문에 b 점은 극소점이 될 수 없는 것이다.

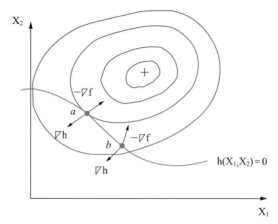

그림 13.14 ▶ 등식제한 조건의 경우 필요조건

한편 극소점인 a에서는 $-\nabla f$와 ∇h가 평행이므로 $h(x_1, x_2) = 0$을 만족시키면서 양쪽 어느 쪽으로 진행하더라도 목적함수 f를 더 줄어들게 할 수 없다. 다시 말해서 식 (13.79)는 a가 극소점이면 만족해야 할 필요조건임을 알 수 있다. 이 문제에 Lagrange 승수는 $\nabla f = -\lambda \nabla h$이므로 서로 평행한 두 벡터 ∇f, ∇h의 scale factor이고 부호에는 제한이 없음을 알 수 있다. 이러한 Kuhn-Tucker의 필요조건과 Lagrange 승수의 의미는 변수가 하나 이상인 다차원 최적설계 문제에서도 위와 같이 적용된다. 다차원 최적설계에서 목적함수와 제한조건식 사이에 성립하는 벡터 관계식으로 형성되는 흥미로운 다차원공간의 세계를 독자들이 마음껏 상상해 보기 바란다.

여기서 두 벡터를 힘 벡터라고 생각해 보면 또 다른 흥미로운 사실을 발견할 수 있다. b점에서 두 벡터가 힘의 평형을 이루지 못하고 그 합력방향으로 진행하여 a점에 도달하면 두 벡터가 힘의 평형을 이루어 더 이상 좌우로 움직일 수 없다고 이해하면 좋다. 이 점 a가 극소점이 되고 이 점에 도달하기 위해 Kuhn-Tucker의 필요조건이 제시되었다고 생각하면 흥미롭다.

다음에는 부등식제한조건의 경우를 살펴보자. 제한조건이 하나인 경우 Kuhn-Tucker의 필요조건은

$$\nabla f + \mu \nabla g = 0 \tag{13.80}$$

$$\mu g = 0 \tag{13.81}$$

$$\mu \geq 0 \tag{13.82}$$

식 (13.81)은 $g = 0$으로 되어 해가 제한영역의 경계에 있거나 $g < 0$으로 내부에 있어 $\mu = 0$이 되는 경우를 포함시키는 일반식을 나타내는 것이고(이를 Complementary Slackness Condition이라 한다), 내부에 극소점이 있는 경우는 국부적으로 제한조건이 없는 경우와 같으므로 여기서

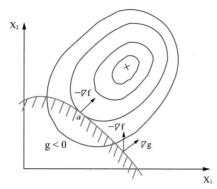

x_2

$-\nabla f$

a

$-\nabla f$

$g < 0$

∇g

x_1

그림 13.15 ▶ 부등식제한 조건의 경우 필요조건

는 $g = 0$으로 경계에 있는 경우를 기하학적으로 살펴보고자 한다.

그림 13.15에서 보면 식 (13.80)은 앞의 등식제한조건식의 경우와 마찬가지로 ∇f와 ∇g가 평행(서로 선형종속)임을 나타낸다. 그런데 앞의 경우와 다른 것은 Lagrange 승수 μ가 음수가 아니어야 한다는 것이다. 이것은 다시 말해 ∇f와 ∇g는 접선(tangent plane)에서 볼 때 같은 쪽이 아니어야 한다는 것이다. 만약 이들 벡터가 같은 쪽에 있으면 목적함수 f와 제한식 g가 같이 줄어드는 경우가 되어 f를 줄이려고 할 경우 제한조건식 g를 생각 안해도 $g < 0$를 자동적으로 만족하게 한다는 것이다. 요약하면 부등식 조건의 경우는 경계에서 극소점이 있게 되려면 해당 Lagrange 승수는 $\mu \geq 0$ 조건이 더 필요하게 되는 것이다. 앞에서 언급한대로 내부에서 극소점이 있으면 $\mu = 0$으로 역시 이 조건이 만족하게 되는 것이다.

보다 일반적인 경우는 여러 개의 등식과 부등수제한조건이 있을 경우로 앞에서 설명한 두 개념으로 상상할 수 있을 것이다. 독자는 제한조건식 2개 또는 3개인 경우에 대해 2차원에서의 문제를 도형으로 그려보면 이해에 도움이 될 것이다.

/13.6.2/ Lagrange 승수와 최적화 과정의 민감도(sensitivity)

Lagrange 승수의 또 다른 수학적 의미는 다음의 민감도에 관한 정리에서 설명할 수 있다. 일반적 비선형계획법 문제를 생각해 보자.

$$\min f(x)$$
$$\text{subject to } h(x) = c$$
$$g(x) \leq d$$

여기서 $c = 0, d = 0$일 경우에 대한 국부적인 해(local solution)가 x^*이고, 해당 Lagrange 승수

가 $\mu (\geq 0)$와 λ라고 하면 함수 f, g, h가 2차 미분까지 연속함수이고, 제한조건식의 영역 (feasible domain)이 비정상적인 경우(abnormal)가 아니면 0 근처의 임의의 c, d값에 대해 연속인 국부해 $x(c, d)$가 있고,

$$\nabla_c f(x(c, d)|_{0,0} = -\lambda \tag{13.83}$$

$$\nabla_d f(x(c, d)|_{0,0} = -\mu \tag{13.84}$$

가 된다는 것이다. 여기서 ∇_c는 변수 c에 대한 미분을 취한 기호를 말한다.

이 정리를 개념적으로 설명하면 Lagrange 승수는 등식조건식의 수준(c의 값)을 0에서부터 c로 바꿀 때, 목적함수 f의 최적치, 즉 f_{opt}가 얼마나 민감하게 바뀌게 되는지를 나타내는 것이고, μ는 부등식 제한조건식의 수준을 0에서 d로 바꿀 때 f_{opt}에 관한 민감도를 나타낸다. 2차원의 한 경우로 그림 13.16에서 보면

$$\frac{\partial f_{opt}}{\partial d} = -\mu \leq 0$$

이 되어 부등제한조건식의 수준을 0에서 d로 증가시키면 이에 따른 최적치는 감소하거나 적어도 증가하지 않는다는 것을 나타낸다. 이는 그림에서 보다시피 제한영역이 커지게 되는 경우이므로 적어도 원래의 최적치보다 나쁘지 않게 됨을 알 수 있다.

Lagrange 승수는 역학분야에서 여러 가지 제한 조건의 처리에서 많이 이용되는 흥미로운 파라미터이다. 동역학분야에서는 Lagrangian 또는 Hamiltonian 등과 관련하여 만약 제한조건이 변위의 차원이면, 이에 대한 Lagrange 승수는 힘의 차원을 가지게 되고, 이 변위조건을 만족시키기 위한 제한력(constraint force)으로 작용한다는 물리적 의미를 가진다.

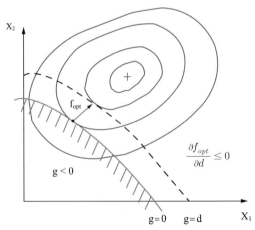

그림 13. 16 ⏵ 부등식제한조건의 경우 필요조건

|연습문제|

1. 세 변의 길이가 a인 삼각형에 내접하는 사각형의 최대면적을 구하시오. 단 사각형의 밑변이 삼각형의 밑변의 일부분인 경우로 한정하여 최적화 문제로 유도하되 Lagrange 승수를 도입하여 푸시오.

2. 다음과 같이 목적함수와 제한조건이 주어진 최적설계 문제를 풀어보자.
   - 목적함수   minimize $f(x_1, x_2) = (x_1 - 3)^2 + (x_2 - 3)^2$
   - 제한조건 $g_1(x_1, x_2) = -x_1 \leq 0$
   $g_2(x_1, x_2) = -x_2 \leq 0$
   $g_3(x_1, x_2) = -x_1 + x_2 - 4 \leq 0$

   (1) 최소값이 존재하기 위한 Kuhn-Tucker의 필요조건을 구하고 그 필요조건을 만족시키는 모든 해를 열거하시오.
   (2) 충분조건까지 고려하여 최적해를 구하시오.

3. 다음과 같이 목적함수와 제한조건이 주어진 최적설계 문제를 급강하법을 사용하여 반복계산하는 과정에 대한 다음 문항에 답하시오.
   - 목적함수   minimize $f(x_1, x_2) = (x_1 - 10)^2$
   - 제한조건 $g_1(x_1, x_2) = x_1^2 + x_2 - 2 \leq 0$
   $g_2(x_1, x_2) = -x_1 + x_2^2 \leq 0$

   (1) (x_1, x_2) 공간에서 좌표점 (1, 1)에서 시작하여 목적함수 최소값을 향하여 급강하 방향으로 첫 번째로 움직인 후, 그 점의 좌표를 구하시오.
   (2) 급강하 방향으로 움직인 좌표점은 제한조건을 만족시키지 못하므로 이를 만족시키는 방향으로 제한조건식으로 형성된 영역으로 복귀시켜야 한다. 이 과정에서 Lagrange 승수의 부호가 양($+$) 또는 음($-$)인지 조사하고 그 이유를 그래프를 그려서 설명하시오.

4. [Project 과제] 9장 감아걸기 전동장치에서 풀리의 긴장측 장력과 이완측 장력을 각각 T_1, T_2라 할 때 유효장력(effective tension)은 $P = T_1 - T_2$로 정의된다. 여기서 P는 벨트전동장치에서 풀리를 회전시키는 회전력을 의미하며, 전동마력을 계산하는 중요한 힘이며 클수록 좋다. 그런데 베어링하중에 해당하는 $L = T_1 + T_2$(벨트의 접촉각 $\theta = 180°$인 경우)은 적을수록 좋다. 최적설계의 관점에서 유효장력을 최대화하면서 동시에 베이링하중을 최소화해야 하는 어려운 문제이다. 이 경우는 제3의 목적함수를 $\dfrac{P}{L} = \dfrac{T_1 - T_2}{T_1 + T_2}$로 정의하여 이를 최대화하는 최적설계 문제로 풀 수 있다. 벨트의 접촉각 $\theta = 180°$인 경우에 대하여 이 목적함수를 최대화하는 최적설계 문제를 완성하고 그 해를 구하시오. 단 여기서 $\dfrac{P}{L}$값은 미끄럼(slip) 발생을 방지하기 위하여 경험적으로 0.6 이하로 유지한다는 사실도 제한조건으로 고려하라. 그리고 마찰계수 μ값은 v를 원주속도[m/sec]라 할 때 다음과 같은 실험식을 사용하라.
$$\mu = 0.22 + 0.012v$$

APPENDIX

부록

기계설계 프로젝트 문제(Open-End Problem)

다음은 필자에게 10년 전 경 어떤 아마추어 발명가로부터 자신이 에너지 보존법칙을 깰 수 있는 Mechanism (기구)을 발명했다고 주장하며 그 내용을 검토해 달라고 보낸 메일이다. 기계공학을 전공한 학생 입장에서 아래 내용을 검토하여 거기에서 간과된 심각한 오류를 찾아내어 논술하시오.

안녕하십니까?

방해 드릴까 싶어 걱정되기도 하지만...중략...제가 에너지 보존법칙을 깼다고 알리고 싶어 메일 드립니다. 이 법칙을 깨뜨린 경제적 가치는 제가 구태여 말하지 않아도 너무 잘 아시리라 생각합니다.

문제는 "진실로 그게 가능한가?"일겁니다.

당장 거부감이 들겠지만 고등학교 1학년 물리의 기초역학 문제나 될 정도이니 약간의 인내심을 발휘하여 잠깐 참고 읽어 봐주시기 바랍니다. 전문가 수십 명과 토론해 봤는데 아무도 반대하지 못했습니다. 반대 이유를 찾지 못하여 인정할 수 밖에 없다고 생각하시면 부디 벙어리처럼 침묵하지 마시고 지구 온난화방지와 에너지문제에 시달리고 있는 불쌍한 지구상의 인간들을 위해 저를 칭찬해주시기 바랍니다. 특허를 여러 건 출원하신 분이라 기대를 걸고 메일을 보냅니다.

설명!

첨부한 그림의 맨 위의 1a에서 수직기둥상에 그림처럼 수평지지대를 설치하고 화살표의 위치에서 위로 당겨 올릴 때에 추(W)가 a점에 있을 때나 b점에 있을 때나 모두 동일한 무게를 지시했습니다. 이는 추의 무게에 의한 모멘트가 수직 기둥상에 걸리기 때문 일 것으로 생각합니다. 따라서 2개의 소형바퀴는 큰 응력을 받겠지요.

이것은 일례로 M‒16의 총구를 붙잡고 들어올려 수평되게 하려면 큰 힘이 드나 방아쇠 근방의 허리를 붙잡고 들어 올릴 때는 큰 힘이 들지 않는 것과 비슷하다고 생각합니다.

이때나 저때나 M‒16의 무게는 동일하나 총구를 붙잡고 올릴 때는 큰 힘이 들어갑니다. 그래서 이번에는 1b의 그림처럼 반지름 50 cm의 원형 철편을 제작하여 1a와 같은 실험을 해봤습니다. 이때도 역시 추가 a 점에 있을 때나, b점에 있을 때나 화살표 위치에서 저울눈의 지시치는 동일했습니다.

이때 스프링 저울을 위로 아래로 오르내려도 저울 지시치는 일정합니다(그러나 반지름이 30 cm인 철편에서는 원래 무게의 1.5배 정도가 화살표의 위치에서 측정 되었습니다). 이때 b점의 위치를 회전중심에서 1 m의 위치라면 a점이 10 cm 이동할 때 b점은 20 cm 상하로 이동하게 됩니다.

일의 크기 W=f * s [J]로 정의 됩니다(w=f * s=10 * 0.1=1 [J]).

스프링 저울의 위치에서 같은 힘으로 움직인 거리(바꿔 말하면, 입력 input)는 10 cm인데, b점에서는 20 cm 움직인 이동한 결과가 나왔습니다. 일례로 힘(f)이 10 N이었다면, b점에서의 결과(output or 출력)는, 즉 일의 크기는 2배가 나옵니다.

$$W=f * s=10 * 0.2=2 \text{ [J]}$$

이 실험에서 추론해 볼 때에 "에너지 보존법칙"이 깨진 결과가 나왔습니다. 이 실험에서 어떤 "오류가 있는가?"가 제 질문이었습니다.

아직 누구도 제대로 반대한 사람이 없습니다. 달리 말하면 "같은 일로 동일한 무게를 더 높이 올려 보낼 수 있다"입니다.

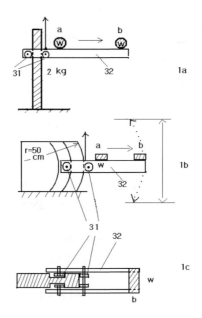

 1 kg(10 N)을 0.1 m 위로 가져 갈 때 위에서 본 것처럼 1 [J]이 들어갑니다. 1 kg을 0.2 m 가져갈 때에는 2 [J] 들어갑니다. 그러나 앞에서 본 것처럼 a점에서 0.1 m 수평지지대 당겨 올릴 때에 끝의(1 m 떨어진) b점은 0.2 m 올라가게 되므로 입력은 1 [J]이나 출력(결과, output)은 2 J [J]이 되었으므로 입력(input)보다 큰 결과가 나왔습니다. 물론 b점이 더 먼 지점에 있다면 3 J, 4 J 이상도 가능합니다. 바꿔 말하면, 입력의 3배, 4배도 가능합니다.

 어떤 오류가 있겠는지요?

 두서없는 글을 읽어 주셔서 감사합니다.

(풀이)────────────────────────────────

 '첨부한 그림의 맨 위의 1a에서 수직기둥상에 그림처럼 수평지지대를 설치하고 화살표의 위치에서 위로 당겨 올릴 때에 추(W)가 a점에 있을 때나 b점에 있을 때나 모두 동일한 무게를 지시 했습니다'는 심각한 오류이다.

 그림 A.1 자유물체도(free body diagram)에서 수평지지대는 편심하중을 받으므로 모멘트가 발생하고 그림과 같이 기울어짐(tilting)이 발생한다. 연결부를 확대하여 보면 작용하는 모멘트로 인하여 접촉점에서 반력이 발생한다. 이 반력이 수직항력으로 작용하므로 수평지지대를 위로 밀어 올릴 때 이 운동을 방해하는 방향으로 그림 A.2에 도시된 바와 같이 마찰력 μR이 작용한다. 반력은 편심하중으로 인한 모멘트 때문에 발생하는데, 추의 위치가 a점에 있을 때보다 b점에 있을 때 더 커지게 되므로 마찰력도 더 커진다. 추(W)가 a점에 있을 경우 수평지지대를 위로 밀어 올리는 힘과 추(W)가 b점에 있을 경우 힘이 동일할 수 없다.

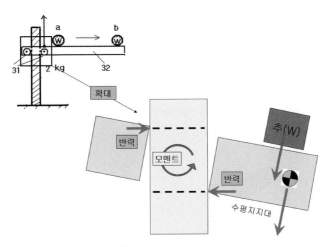

그림 A.1 ▶ 접촉부의 자유물체도(free body diagram)

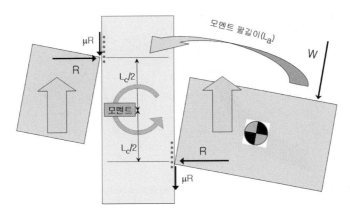

그림 A.2 ▶ 접촉부의 자유물체도에 도시된 마찰력

수식으로 정리해 보면, 편심으로 인한 모멘트와 두 반력으로 인한 우력(Couple)이 동일하므로,

$$WL_a = R\,L_c$$

따라서 반력은 $R = \dfrac{WL_a}{L_c}$, 마찰력은 $2\mu R = \dfrac{2\mu\,WL_a}{L_c}$ 이므로 a점과 b점의 모멘트 팔 길이(L_a)가 크게 다르므로 이 두 가지 경우의 마찰력이 동일할 수 없다. 수직기둥이 곡률을 가질 경우에 대한 그림 A.3에서도 마찬가지로 두 가지 경우 마찰력이 동일할 수 없다.

이 두 가지 경우의 마찰력이 같아서 수평지지대를 들어 올리는 힘이 동일하게 측정되었다고 주장하는 아마추어 발명가의 치명적 오류는 기계공학을 공부하는 학생들이 한 번 깊이 생각해볼 가치가 있다.

우선 오차가 큰 스프링저울로 측정했을 것으로 추정된다. 만일 로드셀과 같은 정밀한 힘 측정장치를 사용했다면 두 가지 경우 밀어 올리는 힘이 분명히 차이가 있었을 것이다. 그리고 자유물체도(free body diagram)를 그리는 훈련을 받지 않은 사람들은 도저히 이해할 수 없는 부분이 그림 A.1과 그림 A.2이다.

서로 접촉하고 있는 물체를 분리시켜서 각 부분에 작용하는 외력과 마찰력, 반력 등을 그려 넣어야만 정확한 힘 해석이 가능하다는 사실을 다시 한번 상기할 필요가 있다.

아마추어 발명가들께서 열심히 노력하는 점은 높게 평가할 만하지만 역학의 기본을 무시하고 무리한 논리전개를 할 경우 개인적으로는 말할 것도 없고 사회에 크나 큰 손해를 끼칠 수도 있는 것이다.

열역학 법칙을 무시한 장치를 고안, 특허출원하여 특허등록까지 된 문서를 가지고 찾아온 사람들을 만난 자리에서 필자는 머릿속이 상당히 혼란스러웠다. 특허출원단계부터 특허 등록결정을 내리는 여러 단계에서 전문가들은 과연 무엇을 하고 있었을까?

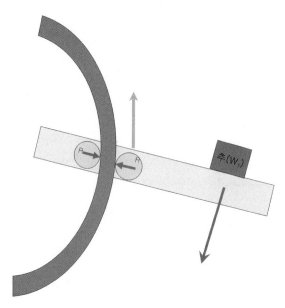

그림 A.3 ▶ 곡률을 가진 수직기둥과 수평지지대 사이에 작용하는 반력

차량 충돌사고에서 안전하게 살아남기 위한 상식

필자가 건설교통부 자동차 제작결함심의위원으로 활동할 당시, 담당 공무원이 한 이야기이다.

"...해마다 우리나라 읍면동 소재지 인구에 해당하는 국민이 교통사고로 목숨을 잃는다. 즉, 읍면동이 하나 씩 사라져 가는 셈이다....."

2015년 2,315만 대의 차량이 등록된 우리나라에서 도로교통공단 통계에 의하면 총 232,035건의 교통사고가 발생하여 사망자 4,621명 부상자 350,400명이 발생하였다.

복잡한 물류체계가 운용되는 현대사회에서 교통사고로 인한 개인의 불행을 방지하고 이로 인한 사회적 비용을 줄여야 한다. 그런데 약의 부작용을 우려하여 투약을 하지 않을 수 없는 것처럼 교통사고가 걱정되어 차를 타지 않을 수는 없다.

교통사고는 확률적으로도 피하기 어렵다. 1980년대 미국연방교통안전국의 통계에 의하면 운전자가 평생 운전을 하며 출퇴근한다고 가정할 때, 10년에 한 번은 반드시 교통사고를 겪으며, 20년에 한 번은 중상을 입을 교통사고를 당하고, 30년에 한 번은 교통사고로 죽을 고비를 넘긴다고 확률적으로 예상을 했다. 도로여건이 우리보다 양호한 미국에서 집계된 통계에 근거한 예상인데 우리나라는 어떨까? 독자들 상상에 맡기기로 한다.

여기서는 교통사고에서 일반인들이 간과하기 쉬운 기계공학적 역학이론을 살펴보기로 한다. 아주 간단한 지식이지만 역학에 문외한인 대부분의 운전자들에게 널리 알려 교통사고로 인한 피해가 최소화되도록 노력하자.

(1) 차량충돌 시 발생하는 1차 충돌과 2차 충돌, 그리고 잘 알려져 있지 않은 3차 충돌

교통사고시 차량충돌은 순간적이긴 하지만 정확한 순서로 3단계로 진행된다.

1차 충돌 : 차체와 차체가 부딪히는 충돌(그림 B.1)
2차 충돌 : 차체 내부와 인체(骨格)가 부딪히는 충돌(그림 B.3)
3차 충돌 : 인체의 골격과 인체의 장기(臟器)가 부딪히는 충돌 (그림 B.4)

그림 B.1 ▶ 1차 충돌

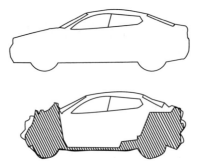

그림 B.2 ▶ 생존공간
(빗금친 부분이 변형되며 충돌에너지를 흡수해야 하고 나머지 공간은 승객생존을 위해 확보되어야 하는 공간)

그림 B.3 ▶ 2차 충돌

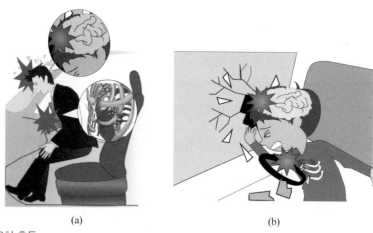

(a)   (b)

그림 B.4 ▶ 3차 충돌

1차 충돌은 상대방 차와 내 차의 차체끼리 부딪히는 충돌이다. 여기서 차체의 강도(stregth) 및 강성(rigidity)이 중요하다. 충돌 시 차량의 운동에너지를 흡수할 수 있도록 차체가 알맞게 변형되면서 탑승자가 살아남을 수 있는 공간인 생존공간(그림 B.2 참조)이 확보되어야 한다. 차체가 휴지조각처럼 구겨지며 거의 형체가 남지 않는다면 탑승자는 1차 충돌에서 사망한다. 생존공간만 확보된다면 차체가 많이 변형되는 것이 바람직하며, 그러면 이어지는 2차 충돌과 3차 충돌에서 인체가 손상받는 정도는 줄어든다. 세계적으로 유명한 V사의 차량은 안전을 위해 충돌 시 변형이 이상적으로 진행되도록 하는 설계기술로 유명하다.

1차 충돌 시 차체가 정지하므로 차체의 운동에너지는 0으로 되므로 충돌상황이 종료되었다고 생각할 수 있으나 그 다음에도 여전히 심각한 상황이 전개된다. 가장 치명적인 것은 충돌 직전 차체와 같은 속도로 달리고 있던 탑승자의 운동속도이다(사고 차량에 탑승하고 있었으므로).

그림 B.3에 도시된 바와 같이, 2차 충돌은 1차 충돌 후 남아있는 탑승자의 운동에너지($\frac{1}{2}mv^2$)와 관성으로 인하여 인체의 골격이 차체의 내부(핸들, 계기판, 앞 유리창 등)에 부딪히는 충돌이다. 최근에는 안전벨트와 에어백이 장착되는 차량이 대부분이어서 2차 충돌로 인한 상해가 많이 감소하였다. 안전벨트는 탑승자가 차체 내부와 충돌하지 않도록 몸을 구속시키는 역할을 하고 에어백은 안전벨트를 착용해도 피할 수 없는 차체 내부 구조물과 인체 골격의 충돌 시 그 사이에서 완충역할을 하므로 교통사고 치사율도 많이 감소하였다.

2차 충돌에 이어서 3차 충돌이 발생하는데 이는 잘 알려져 있지 않고 아주 치명적인 충돌현상이다.

(2) 안전벨트와 에어백도 막을 수 없는 3차 충돌

앞에서 언급한 2차 충돌 직후 3차 충돌이 진행되는데, 2차 충돌에서 인체 골격이 가지고 있는 운동에너지로 인하여 골격이(1차 충돌직 후 정지한) 차체 내부와 충돌하였듯이, 3차 충돌에서는 인체 내부의 장기(臟器)에 남아있는 운동에너지와 관성에 의하여 2차 충돌을 겪으며 정지해 있는 인체의 골격 내부와 장기가 충돌하는 현상이다. 이 현상은 안전벨트를 매고 있어도 에어백이 정상작동해도 막을 수 없다.

예를 들면, 충돌직전 차체 속도가 시속 80 km일 때, 1차 충돌에서 차체가 부서지며 운동에너지를 변형에너지로 흡수하여 차체의 속도는 0으로 되지만 인체의 속도는 여전히 시속 80 km이므로 치명적인 위험에 노출될 수 밖에 없다. 인체의 골격이 이 속도로 차체 내부에 부딪히는 2차 충돌에서 골격이 변형되며 운동에너지가 감소되지만, 그 감소량은 미미하고 2차 충돌과 거의 같은 속도로 인체의 장기(臟器)가 골격(骨格)의 내부와 충돌하므로 이 속도가 크면 살아남기 어렵다. 뇌출혈, 내장파열, 심장 관상동맥 파열 등이 3차 충돌로 인한 사망원인이다. 그림 B.4(a)에는 뇌와 두개골, 허파와 갈비뼈가 부딪히는 현상을 보여 주고, 그림 B.4(b)에서는 심장과 갈비뼈의 충돌을 도시하고 있다. 어린이들이 에어백(air bag)에 머리를 부딪쳐 사망하는 원인이 바로 3차 충돌이다. 이 3차 충돌은 에어백이 폭발하듯 팽창하면서 일어나기 때문에 매우 치명적이므로 자동차 제작사에서 '에어백이 팽창될 때 어린이 머리와 부딪히면 위험하다'라는 경고문을 에어백 설치위치에 넣고 있다.

3차 충돌이 치명적인 이유는 안전벨트를 착용해도 막을 수 없다는 것이다. 과거 교통사고 사례에서 치명적인 차량충돌 상황에서 안전벨트가 끊어지며 차창 밖으로 탑승자가 날라가서 논두렁에 떨어져서 살아남은 경우가 있었다. 이 탑승자는 구사일생으로 2차 충돌은 벨트가 끊어지는 바람에 모면했고, 3차 충돌이 발생했지만 논두렁이 푹신하여 인체골격의 운동에너지를 고스란히 흡수했기 때문에 3차 충돌 충격이 인체가 감당할 수 있는 수준이었기 때문이다. 반면 안전벨트가 끊어지지 않았던 다른 탑승자는 사고차 내부에서 치명적인 2차, 3차 충돌을 겪으며 내장파열로 사망하였다.

안전벨트와 에어백을 하늘같이 믿어서 그런지 운전하다 보면 자신이 불사신(不死身)인 양 험하게 운전하는 사람들을 많이 볼 수 있다. 아무리 차체가 튼튼해도, 안전벨트 및 사이드 에어백까지 장착된 차량이라도 교통사고 시 충돌속도가 크면 3차 충돌 때문에 살아남기 어렵다. 충돌속도가 시속 60 km이면 치명상을 입을 확률이 높고 80 km 정도면 거의 사선(死線)을 넘었다고 봐야 한다. 따라서 규정속도를 반드시 지키는 안전운전 습관이 중요하다. 만일 사고를 피할 수 없는 상황이면 끝까지 포기하지 말고 브레이크를 밟아서 최후의 순간까지 속도를 줄여야 한다. 핸들조작은 그 다음 여유가 있다면 해야 한다. 많은 운전자들이 위급상황에서 핸들조작을 우선하는데 크게 잘못된 운전습관이다.

오토바이 사고의 치사율이 높은 이유는 오토바이는 차체가 없으므로 1차 충돌이 없고 상대방 차체와 인체가 부딪히는 2차 충돌부터 일어나기 때문이다. 당연히 3차 충돌속도도 높을 수밖에 없다.

현대 자동차공학이 총동원된 어떠한 최첨단 차량에서도 3차 충돌을 해결할 방법이 없고, 인류가 개발한 어떤 공학적 기구나 장치도 이 3차 충돌은 막을 수 없다.

(3) 전쟁터 같은 도로환경에서 나를 지켜줄 수 있는 안전도가 높은 차량은?

1부 2장 '기계재료 및 응력' 단원에서 식 (2.44)가 의미하는 충격응력의 관점에서도 살펴보자. 차체 및 인체에 발생하는 충격응력을 감소시키려면 우선 충돌직전 차체의 운동에너지를 최소화 해야 하고, 차체가 충돌 시 알맞게 변형되며 생존공간이 확보되어야 한다. 이러한 설계원리에 충실한 자동차 메이커의 차량을 선택해야 한다.

각론으로 들어가면,

① 차체가 커서 충격을 충분히 흡수하며 변형되어도 생존공간이 여유있게 확보되는 차량
② 연비가 부담스럽지만 가능한 한 중량이 무거운 차량
③ 전륜구동 차량보다는 후륜구동 차량(axle shaft가 차체의 강성을 더해줌)
④ 차체의 강성을 확보해 주는 H frame이 장착된 차량(Jeep 차종에 한함)
⑤ 차체 무게중심이 낮아 전복사고 확률이 낮은 일반 승용차량(SUV는 전복사고에 취약)
⑥ 자동변속 차량보다는 수동변속 차량(위급상황에서 엔진 브레이크를 동작시키기 쉬움)

<삽화 : 김선영>

참고문헌

1. 곽병만, "최적설계" 강의노트, 기계공학과, 한국과학원(KAIS), 1983
2. 곽병만, "최적설계(I)", 대한기계학회지, Vol. 23, No.1, 1983
3. Arora J. S.저, 류연선, 임오강, 박경진 공역, 최적설계입문, 인터비전, 2001
4. Arora J. S., Introduction to Optimum Design, 2nd Ed., Elsevier Academic Press, 2004
5. Stoecker, W.F., Design of Themal Systems, 2nd ed., McGraw-hill, 1980
6. Haug, E.J. and J.S. Arora, Applied Optimal Design, Wileg-Interscience, 1979
7. Polak, E., Computalional Methods in Optimization: A Unified Approach, Academic Press, 1971.
8. Timoshenko, S.P. and Gere, J.M., The Theory of Elasticity, McGraw-Hill, 1962
9. 대한용접 · 접합학회, "용접 · 접합편람 Vol. III: 공정 및 열가공", 2008
10. 정선모, 한동철 공저, "표준 기계설계학", 동명사, 1985
11. 정재천, 최상훈, 이용복, 장희석 공저, "종합 기계설계", 청문각, 2002

찾아보기

INDEX

AUTHOR INTRODUCTION
지은이

장희석

서울대학교 공과대학 기계공학과(공학사, 1980)
한국과학기술원 기계공학과(공학석사, 1982)
한국과학기술원 생산공학과(공학박사, 1989)
미국 MIT 기계공학과 Post-Doc.(한국과학재단 지원, 1991)
미국 오하이오 주립대학 용접공학과 국비파견교수(학술진흥재단 지원, 1998~1999)

명지대학교 공과대학 기계공학과 교수(1983.3.~현재)
건설교통부 자동차 제작결함(리콜판정) 심의위원(2002.5.~2007.1.)
성남시 설계자문위원회 위원(건축기계 분야: 2009.1.10.~2011.1.9.)
국토해양부 중앙건설기술심의위원(기계설비 분야: 2010.1.~ 2013.12.)
용인시 설계자문/안전관리/재난기금운용 위원회 위원(2010.1.~현재)
대한용접·접합학회 종신회원/기술이사/기술·국제·사업 부회장(1988~2014)
제67차 세계용접학회 연차총회 조직위원장(2014.7.13.~18, 서울 워커힐)
대한용접·접합학회 회장(2015)
뿌리기술(금형, 열처리, 소성가공, 표면처리, 주조, 용접) 연합학회 회장(2015)
세계용접학회 저항용접 및 고상접합 위원회 위원장(2016.7.~현재)

교육과학기술부 실업계고교 국정교과서 "고등학교 기계설계" 집필책임자(2011.3.1.)
E-mail : hschang@mju.ac.kr

최신기계설계

2017년 1월 25일 제1판 1쇄 인쇄 | 2017년 1월 31일 제1판 1쇄 펴냄
지은이 장희석 | **펴낸이** 류원식 | **펴낸곳** **청문각출판**

편집팀장 우종현 | **본문편집** 디자인이투이 | **표지디자인** 유선영
제작 김선형 | **홍보** 김은주 | **영업** 함승형·박현수·이훈섭 | **인쇄** 영프린팅 | **제본** 한진제본

주소 (10881) 경기도 파주시 문발로 116(문발동 536-2) | **전화** 1644-0965(대표)
팩스 070-8650-0965 | **등록** 2015. 01. 08. 제406-2015-000005호
홈페이지 www.cmgpg.co.kr | **E-mail** cmg@cmgpg.co.kr
ISBN 978-89-6364-310-6 (93550) | **값** 45,500원